Stephen J. Chapman 著

王順忠　陳秋麟　譯

電機機械基本原理

Electric Machinery Fundamentals 5th edition

內附光碟

McGraw Hill　美商麥格羅‧希爾
電機機械　系列叢書

東華書局

國家圖書館出版品預行編目(CIP)資料

電機機械基本原理 / Stephen J. Chapman 著；王順忠，陳秋麟譯.
-- 四版. -- 臺北市：麥格羅希爾，臺灣東華，2012. 03
　　664 面； 19 * 26 公分
譯自：Electric Machinery Fundamentals, 5th ed.
ISBN 978-986-157-849-1（平裝附光碟）

1. CST: 電機工程

448.2　　　　　　　　　　　　　　　　　100027495

電機機械基本原理 第五版

繁體中文版© 2012 年，美商麥格羅希爾國際股份有限公司台灣分公司版權所有。本書所有內容，未經本公司事前書面授權，不得以任何方式（包括儲存於資料庫或任何存取系統內）作全部或局部之翻印、仿製或轉載。

Traditional Chinese translation copyright © 2012 by McGraw-Hill International Enterprises LLC Taiwan Branch
Original title: Electric Machinery Fundamentals, 5e (ISBN: 978-0-07-352954-7)
Original title copyright © 2008, 2005, 1999, 1991, 1985 by McGraw Hill LLC
All rights reserved.

作　　　者	Stephen J. Chapman
譯　　　者	王順忠　陳秋麟
合 作 出 版 暨 發 行 所	美商麥格羅希爾國際股份有限公司台灣分公司 台北市 104105 中山區南京東路三段 168 號 15 樓之 2
	臺灣東華書局股份有限公司 100004 臺北市重慶南路一段 147 號 4 樓 TEL: (02) 2311-4027　　FAX: (02) 2311-6615 劃撥帳號：00064813 網址：www.tunghua.com.tw 讀者服務：service@tunghua.com.tw
總 經 銷	臺灣東華書局股份有限公司
出 版 日 期	西元 2025 年 1 月　四版十二刷

ISBN：978-986-157-849-1

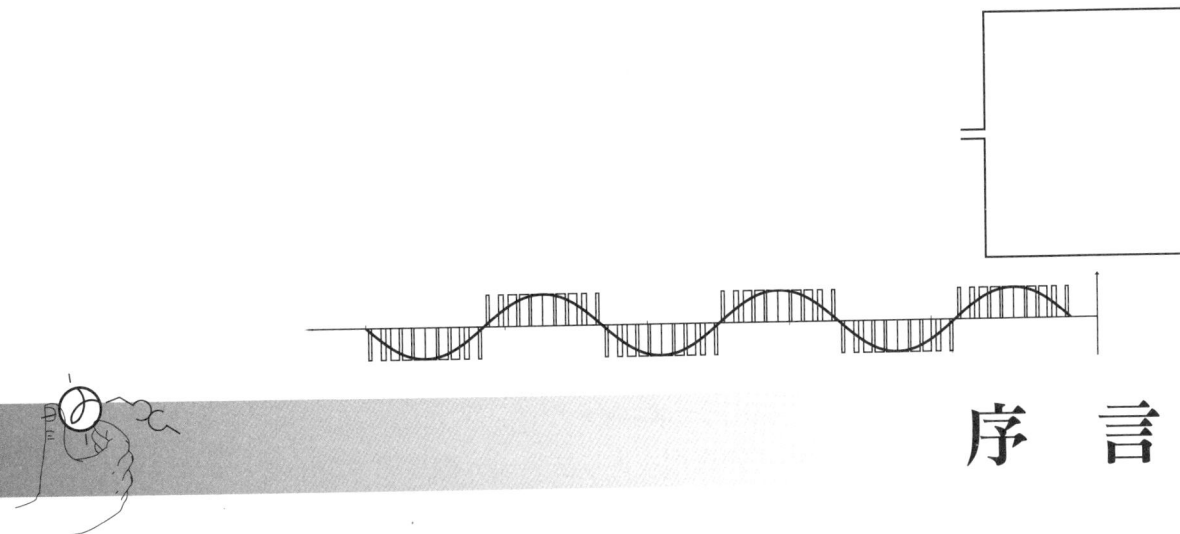

序 言

　　自從第一版的「電機機械基本原理」出版至今,大型且更精密的固態馬達驅動元件有了快速的進步,在第一版中曾經提到,在變速的應用中我們選擇的方法是直流馬達,這句話今天已不再成立。現在,在需要速度控制的應用系統內,通常選擇一個具有固態馬達驅動的交流感應電動機。直流電動機已被歸入有直流電源可用之特殊用途上,如在汽車的用電系統上。

　　第三版已增加內容來反應這些改變。交流電動機與發電機現編列在第三到六章,放在直流機教材之前。另外,直流機內容與前版比較,則有些縮減,本版本延續此相同架構。

　　此外,前一版第三章電力(固態)電子學在第五版已刪除,因許多老師反應指出此章教材若要作快速複習會嫌太詳細,但對作為電力電子課程教材又嫌不足,因很少有老師使用此章教材,故第五版將第三章刪除,但把它加到補充教材放在書本網址內(本章中譯本放在隨書光碟中),歡迎會用到此章教材的老師和同學到網頁上下載。

　　每章開始前增加該章學習目標以提升學生之學習成效。

　　第一章介紹基本電機觀念,並以此觀念應用到最簡單的電機——線性直流機。第二章講變壓器,它們為非旋轉電機,但它們有許多類似於旋轉電機的分析技巧。

　　第二章以後,教師可選擇先上直流或交流機。第三到六章為交流機,第七與八章講直流機。這些章節順序已完全獨立,所以教師可以最適合學生的順序來教授。例如,一學期著重在第一至六章之交流機上,而其餘時間則用在直流機上。或是一學期著重在第一、二、七與八章之直流機上,而其他時間則上交流機。第九章為單相與特殊用途馬達,如萬用馬達、步進馬達、無刷直流馬達與蔽極式馬達等。

每章最後的作業已有修改或訂正過,且自上一版超過 70% 的習題已有更新或修改過。

最近幾年,教授電機工程系學生的方法有很大改變,如 MATLAB® 等卓越的分析工具,已廣泛應用在大學工程課程上。這些工具可執行複雜的計算,且可使學生以交談式探討問題特性。新版電機機械基本原理選擇使用 MATLAB 來增強學生的學習經驗。例如,學生們可使用 MATLAB 來計算第六章感應馬達的轉矩——速度特性,與探討雙鼠籠感應馬達之特性。

本書不教授 MATLAB 並假設學生先前已學過 MATLAB。另外本書不強調學生有 MATLAB 軟體,MATLAB 可加強學生學習經驗,但若沒有 MATLAB,包含 MATLAB 的例題可以跳過,但本書其餘部分仍須明白。

過去 25 年來,沒有許多人的幫忙本書無法完成。很高興本書一直受到大家歡迎,主要原因是由於許多讀者一直提供優異的意見與回應。能完成第五版新書,我要特別感謝:

Ashoka K.S. Bhat
University of Victoria

William Butuk
Lakehead University

Shaahin Filizadeh
University of Manitoba

Rajesh Kavasseri
North Dakota State University

Ali Keyhani
The Ohio State University

Andrew Knight
University of Alberta

Xiaomin Kou
University of Wisconsin–Platteville

Ahmad Nafisi
California Polytechnic State University, San Luis Obispo

Subhasis Nandi
University of Victoria

Jesús Fraile-Ardanuy
Universidad Politécnica de Madrid

Riadh Habash
University of Ottawa

Floyd Henderson
Michigan Technological University

M. Hashem Nehrir
Montana State University–Bozeman

Ali Shaban
California Polytechnic State University, San Luis Obispo

Kuang Sheng
Rutgers University

Barna Szabados
McMaster University

Tristan J. Tayag
Texas Christian University

Rajiv K. Varma
The University of Western Ontario

Stephen J. Chapman

Melbourne, Victoria, Australia

MATLAB is a registered trademark of The MathWorks, Inc.
The MathWorks, Inc., 3 Apple Hill Drive, Natick, MA 01760-2098 USA
E-mail: info@mathworks.com; www.mathworks.com

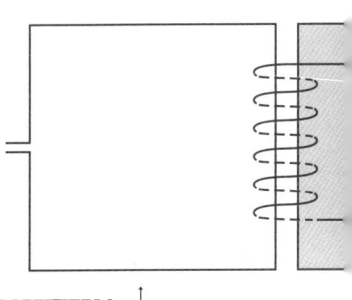
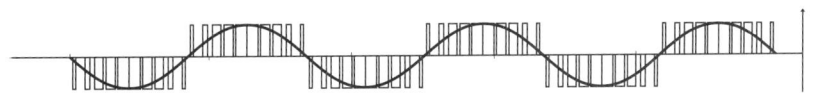

目　錄

序　言 ·· iii

第一章　電機機械原理簡介 ·· 1

1.1　電機機械、變壓器與日常生活 ·· 1
1.2　單位與符號說明 ·· 2
1.3　旋轉運動、牛頓定理與功率關係 ······································ 3
1.4　磁　場 ·· 8
1.5　法拉第定律——從一時變磁場感應電壓 ·························· 27
1.6　導線感應力的產生 ·· 31
1.7　磁場中運動導體的感應電壓 ·· 32
1.8　一個簡單例子——線性直流機 ·· 34
1.9　交流電路之實功、虛功與視在功率 ································ 45
1.10　總　結 ·· 51

第二章　變壓器 ·· 63

2.1　變壓器對日常生活的重要性 ·· 64
2.2　變壓器的型式及結構 ·· 64
2.3　理想變壓器 ·· 66

v

2.4 實際單相變壓器的操作理論 ··· 74
2.5 變壓器的等效電路 ·· 82
2.6 標么系統 ·· 90
2.7 變壓器的電壓調整率及效率 ·· 96
2.8 變壓器的分接頭及電壓調整率 ··· 104
2.9 自耦變壓器 ··· 105
2.10 三相變壓器 ··· 112
2.11 以兩單相變壓器作三相電壓轉換 ·· 121
2.12 變壓器的額定及一些相關問題 ··· 126
2.13 儀器變壓器 ··· 135
2.14 總　結 ··· 137

第三章 交流電機基本原理 ··· 147

3.1 置於均勻磁場內之單一匝線圈 ··· 148
3.2 旋轉磁場 ·· 154
3.3 交流電機內的磁力和磁通分佈 ··· 163
3.4 交流電機的感應電壓 ··· 164
3.5 交流電機的感應轉矩 ··· 171
3.6 交流電機的繞組絕緣 ··· 174
3.7 交流機的功率潮流與損失 ··· 177
3.8 電壓調整率與速度調整率 ··· 178
3.9 總　結 ··· 179

第四章 同步發電機 ·· 185

4.1 同步發電機之結構 ·· 186
4.2 同步發電機的轉速 ·· 188
4.3 同步發電機內部所產生的電壓 ··· 189
4.4 同步發電機之等效電路 ·· 190
4.5 同步發電機之相量圖 ··· 196
4.6 同步發電機之功率及轉矩 ··· 197

- 4.7 同步發電機模型之參數量測 ································· 200
- 4.8 單獨運轉之同步發電機 ·· 205
- 4.9 交流發電機之並聯運轉 ·· 216
- 4.10 同步發電機暫態 ·· 233
- 4.11 同步發電機額定 ·· 241
- 4.12 總　結 ··· 252

第五章　同步電動機 ·· **263**
- 5.1 電動機之基本運轉原理 ·· 263
- 5.2 同步電動機穩態運轉 ··· 267
- 5.3 啟動同步電動機 ··· 281
- 5.4 同步發電機和同步電動機 ····································· 288
- 5.5 同步電動機額定 ··· 288
- 5.6 總　結 ··· 290

第六章　感應電動機 ·· **299**
- 6.1 感應電動機的構造 ·· 300
- 6.2 感應電動機的基本觀念 ·· 301
- 6.3 感應電動機的等效電路 ·· 305
- 6.4 感應電動機的功率與轉矩 ····································· 310
- 6.5 感應電動機的轉矩-速度特性 ································· 318
- 6.6 感應電動機轉矩-速度特性曲線的變化 ····················· 332
- 6.7 感應電動機的設計趨勢 ·· 340
- 6.8 感應電動機的啟動 ·· 342
- 6.9 感應電動機的速度控制 ·· 348
- 6.10 固態感應電動機驅動器 ······································· 358
- 6.11 決定電路模型的參數 ·· 366
- 6.12 感應發電機 ·· 374
- 6.13 感應電動機的額定 ··· 379
- 6.14 總　結 ·· 380

第七章 直流電機原理 ... **395**

- 7.1 曲線極面間之簡單旋轉迴圈 ... 396
- 7.2 簡單之四迴圈直流電機之換向 ... 407
- 7.3 實際直流電機之換向和電樞構造 ... 411
- 7.4 實際電機之換向問題 ... 423
- 7.5 實際直流電機之內生電壓及感應轉矩方程式 ... 432
- 7.6 直流電機之構造 ... 438
- 7.7 直流電機之電力潮流及損失 ... 441
- 7.8 總　結 ... 443

第八章 直流電動機與發電機 ... **451**

- 8.1 直流電動機簡介 ... 452
- 8.2 直流電動機的等效電路 ... 453
- 8.3 直流機的磁化曲線 ... 454
- 8.4 外激和分激式直流電動機 ... 456
- 8.5 永磁式直流電動機 ... 476
- 8.6 直流串激電動機 ... 479
- 8.7 複激式直流電動機 ... 485
- 8.8 直流電動機啟動器 ... 489
- 8.9 華德-里翁納德系統和固態速度控制器 ... 498
- 8.10 直流電動機效率之計算 ... 505
- 8.11 直流發電機簡介 ... 509
- 8.12 他激式發電機 ... 510
- 8.13 分激式直流發電機 ... 516
- 8.14 串激式直流發電機 ... 521
- 8.15 積複激直流發電機 ... 523
- 8.16 差複激直流發電機 ... 528
- 8.17 總　結 ... 530

第九章　單相及特殊用途電動機 **545**

- 9.1　萬用電動機 546
- 9.2　單相感應電動機之簡介 549
- 9.3　單相感應電動機的啟動 554
- 9.4　單相感應電動機之速度控制 565
- 9.5　單相感應電動機之電路模型 567
- 9.6　其他形式的電動機 575
- 9.7　總　結 586

第十章　電力電子簡介 **1**

- 10.1　電力電子元件 1
- 10.2　基本整流電路 10
- 10.3　脈波電路 19
- 10.4　交流相位控制的電壓調整 25
- 10.5　直流轉直流功率控制——截波器 33
- 10.6　變頻器 39
- 10.7　頻率轉換器 55
- 10.8　諧波問題 63
- 10.9　總　結 64

附錄 A　三相電路之複習 **591**

- A.1　三相電壓及電流的產生 591
- A.2　三相電路中之電壓及電流 595
- A.3　三相電路中的功率關係 599
- A.4　平衡三相系統的分析 602
- A.5　單線圖 609
- A.6　使用功率三角形 610

附錄 B 線圈節距與分佈繞組 **617**

B.1 交流電機線圈節距之效應 617
B.2 交流電機之分佈繞組 626
B.3 總　結 634

附錄 C 同步電機的凸極理論 **637**

C.1 凸極式同步發電機等效電路之建立 638
C.2 凸極式同步電機的轉矩及功率方程式 644

附錄 D 單位變換因數及常數表 **647**

索　引 **649**

電機機械原理簡介

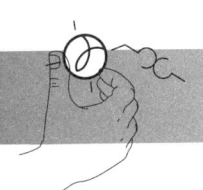

學習目標

- 學習旋轉電機基本原理：角速度、角加速度、轉矩與旋轉牛頓定理。
- 學習磁場如何產生。
- 瞭解磁路。
- 瞭解鐵磁性材料特性行為。
- 瞭解鐵磁性材料之磁滯現象。
- 瞭解法拉第定律。
- 瞭解載流導線如何產生感應力。
- 瞭解於磁場中運動的導線如何產生感應電壓。
- 瞭解簡單線性電機之操作。
- 認識實功率、虛功率與視在功率之定義。

1.1 電機機械、變壓器與日常生活

電機機械 (electrical machine) 是把機械能轉成電能，或把電能轉成機械能的裝置。當這種裝置用來把機械能轉換成電能時，稱為發電機 (generator)；用來把電能轉換成機械能時，稱為電動機 (motor)。任何能轉換成上述兩種能量的電機機械，便可以當發電機或電動機使用。幾乎所有實用上的電動機和發電機，都是經由磁場的作用來完成能量的轉

換，而本書也僅討論那些利用磁場的作用來完成能量轉換的電機機械。

變壓器 (transformer) 是另一種相關的裝置，它把某一準位的交流電能轉換成另一準位的交流電能。因為變壓器的操作原理和發電機及電動機一樣，也是利用磁場的作用來完成電壓準位的轉換，所以變壓器通常和發電機及電動機一起討論。

上述三種電機裝置在日常生活中到處可見。在家中，電動機驅動電冰箱、冰凍機、吸塵器、攪拌器、冷氣機、電風扇與其他許多類似的器具；在工廠中，電動機幾乎供應所有工作機械的運動能量。當然，必須有發電機供應電能給這些電動機使用。

為什麼電動機和發電機會如此普遍？答案非常簡單：電能是一種乾淨而且有效率的能源，它容易作長途傳送且容易控制，電動機不像內燃機，需要有良好的通風和燃料的供應，所以在不希望有因燃燒而引起污染的環境中非常適合使用。相反地，我們可以在一個地方把熱能或機械能轉成電能的形式，再利用電線把電能傳送到使用的地點去，如此一來，便可以在家中、辦公室或工廠中乾淨地使用這些能量了。在電能的傳送過程中，我們使用變壓器來減少在產生及使用電能的兩地之間，因傳送而產生的能量損失。

1.2 單位與符號說明

電機機械的設計和研究，是電機工程中一個很老的領域。研究工作開始於十九世紀後期，在那時候，電機工程上所使用的單位在國際上正開始被標準化，而且廣泛的被工程師們使用。伏特、安培、歐姆、瓦特與其他類似的單位都是公制單位系統中的一部分，其長久以來便被用來描述電機機械的量。

然而，在英語系的國家，由於機械方面的能量，長期使用英制單位系統 (英寸、英尺、英磅等)，所以許多年來，電機和機械分別使用不同的單位系統。

1954 年，一種根據公制系統發展出來，範圍廣泛的單位系統被接受成為國際性的標準 *Systeme International* (SI)。這一單位系統稱為國際性系統，幾乎為全世界所接受。美國是唯一不使用的國家，即使英國和加拿大都已使用了 SI 系統。

隨著時代的變遷，SI 單位必將成為美國的標準，且像電機與電子工程協會 (IEEE) 之專業組織也對所有事物制訂標準化公制單位。然而，有許多人從小到大已習慣了使用英制單位，所以英制單位在日常生活中，仍將被使用一段很長的時間。在美國，工科的學生在整個專業生涯中必定會遭遇到這兩種不同的單位系統，因此對這兩種單位系統均必須相當熟悉。也因此，在本書的習題及例題中包括了 SI 及英制單位，在例題中強調較新的 SI 單位，但是舊的單位系統並沒有完全忽略不用。

符　號

本書中向量、電的相量與複數值用粗體字表示 (例如 **F**)，而純量用斜體字表示 (如 *R*)。此外，特殊字型用來表示如磁動勢 ($\mathcal{F}$) 之磁場量。

1.3　旋轉運動、牛頓定理與功率關係

幾乎所有的電機機械都是沿著這個機械本身的軸 (shaft) 在旋轉，由於電機有旋轉的特性，所以必須瞭解旋轉運動的一些基本概念。在這一節中，我們簡單的回顧一些應用在旋轉機械的觀念，如距離、速度、加速度、牛頓定理與功率等，至於更詳細的討論請翻閱參考文獻 2、4 與 5。

通常，要完全描述一個在空間中旋轉的物體需要三次元的向量，但正常的電機均在一個固定的軸上旋轉，因此僅需一個角的次元來描述。對於一已知的軸端而言，旋轉的方向可以用順時針方向 (clockwise, CW) 及逆時針方向 (counterclockwise, CCW) 來描述，為了描述的方便，一個逆時針方向的角或旋轉，我們假設為正值，順時針方向的角或旋轉我們假設為負值。在本節中的觀念裡，沿固定軸的旋轉均簡化成純量。

旋轉運動中的各個重要的觀念均在底下加以描述，並且可以和直線運動中各個量加以比較。

角位置 θ

物體的角位置 θ 係從某一任意參考點所量得的角度，通常以弳度 (radians) 或度 (degrees) 為單位，角位置對應於直線運動中的距離。

角速度 ω

角速度係角位置對時間的變化率，如果逆時針方向旋轉，則角速度設為正值。角速度對應於直線運動中的速度，如同一維空間中的線性速度被定義為沿直線 (r) 對時間之位移變化率

$$v = \frac{dr}{dt} \tag{1-1}$$

同理，角速度 ω 之定義為角位移 θ 對時間的變化率

$$\omega = \frac{d\theta}{dt} \tag{1-2}$$

如果角位置的單位是弳度，則角速度的單位是弳度／秒。

工程師們在處理一般的電機機械時，通常不用弳度／秒為單位而使用每秒轉數或每

分鐘轉數來描述軸速度。速度在電機的研究上十分重要，因此使用不同的單位時我們以不同的符號來表示速度，使用這些不同的符號，可以減少單位上的混淆。下面所列是本書用來表示角速度的符號：

ω_m 以弳度／秒為單位的角速度

f_m 以轉數／秒為單位的角速度

n_m 以轉數／分為單位的角速度

下標 m 表示上述的符號是代表機械的量，以用來區別電氣的量。在機械量和電氣量不會發生混淆的地方，我們將不使用下標。

這幾個角速度之間的關係如下所示：

$$n_m = 60 f_m \tag{1-3a}$$

$$f_m = \frac{\omega_m}{2\pi} \tag{1-3b}$$

角加速度 α

角加速度是角速度對時間的變化率，以數學的觀點來看，如果角速度漸增，則角加速度設為正值。角加速度對應於直線運動中的加速度，如同在一度空間的直線加速度被下式所定義

$$a = \frac{dv}{dt} \tag{1-4}$$

角加速度亦被下式所定義

$$\alpha = \frac{d\omega}{dt} \tag{1-5}$$

如果角速度以弳度／秒為單位，則角加速度以弳度／秒平方為單位。

轉矩 τ

在直線運動中，一力 (force) 作用在物體上時，會改變該物體的速度，如果作用在物體上的淨力為零，其速度保持不變，而作用力愈大，則物體速度的變化也愈快。

在旋轉運動中，也有類似上面所述的觀念，當一物體在旋轉時，除非存在一轉矩 (torque)，否則物體將以等角速度旋轉，而且轉矩愈大，物體角速度的變化也愈快。

轉矩是什麼？大致上我們可以稱它是作用在物體上的「扭力」。直覺上，轉矩是易於瞭解的，假設一個可以沿著軸自由旋轉的圓柱，在圓柱上加一作用力，如果此作用力

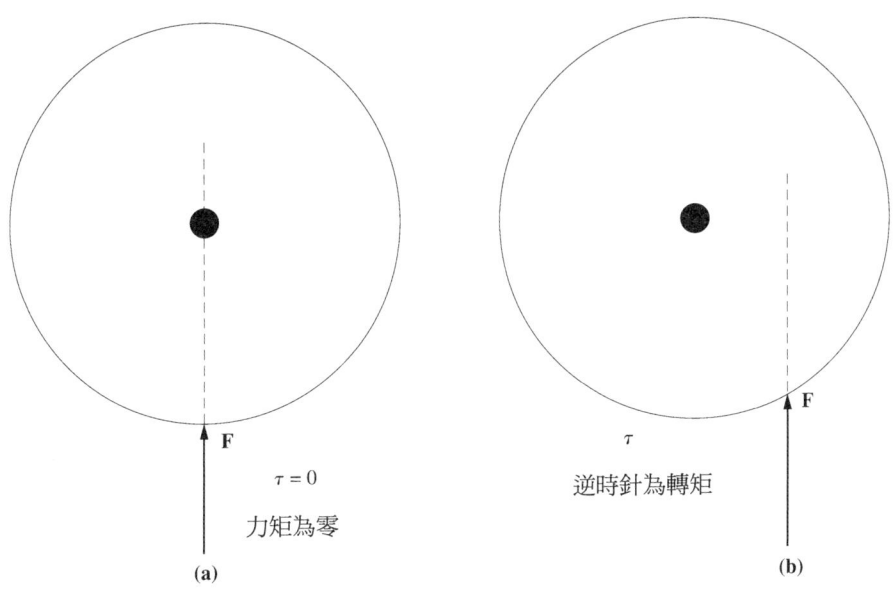

圖 1-1 (a) 施於圓柱上的力通過軸心，τ＝0。(b) 施於圓柱上的力不通過軸心，此處的轉矩 τ 為逆時針方向。

的方向剛好經過圓柱的軸 (圖 1-1a)，則圓柱不會旋轉；然而以同樣大小的作用力，如果此力的方向通過軸的右方 (圖 1-1b)，則圓柱將沿逆時針方向旋轉。轉矩或扭力的大小是根據 (1) 作用力的大小，(2) 旋轉軸至作用力延伸線的距離所決定。

物體的轉矩定義為作用力與作用力延伸線至旋轉軸之最短距離的乘積。如果以 **r** 表示從轉軸指向施力點的向量，**F** 表示作用力，則轉矩可以描述如下

$$\begin{aligned} \tau &= (\text{作用力})(\text{垂直距離}) \\ &= (F)(r\sin\theta) \\ &= rF\sin\theta \end{aligned} \tag{1-6}$$

其中 θ 表示向量 **r** 及 **F** 之間的夾角。如果轉矩引起順時針方向的旋轉，我們稱之為順時針力矩，反之則稱為逆時針力矩 (圖 1-2)。

轉矩的單位在 SI 單位系統為牛頓-米；在英制單位系統則為磅-呎。

牛頓旋轉定律

在直線運動中，牛頓定理描述作用在物體上的力和此物體加速度的關係，如下式所示：

$$F = ma \tag{1-7}$$

上式中

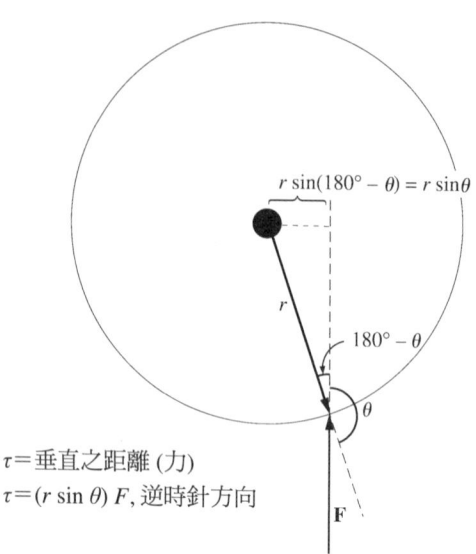

圖 1-2 物體所受轉矩公式的推導。

F = 作用在物體上的淨力
m = 物體質量
a = 所產生的加速度

在 SI 單位系統中，力的單位為牛頓，質量的單位為公斤，加速度的單位為米／秒平方；在英制系統中，力的單位為磅，質量的單位為斯拉克 (slug)，加速度的單位為呎／秒平方。

類似上式的另一公式用來描述作用在物體上的轉矩和此物體角加速度之間的關係，此一關係稱為牛頓旋轉定律 (Newton's law of rotation)，其公式如下

$$\tau = J\alpha \tag{1-8}$$

其中 τ 表示作用在物體上的淨力矩，單位為牛頓-米或磅-呎；α 表示所產生的角加速度，單位為弳度／秒平方；J 表示物體的轉動慣量 (moment of inertia)，單位為公斤-米平方或斯拉克-呎平方。轉動慣量的計算超出本書的範圍，如需詳細的資料請參閱本章後面所附的參考文獻 2。

功 W

直線運動中，功的定義為經過一段距離 (distance) 的力 (force) 之作用，如下式所示：

$$W = \int F\, dr \tag{1-9}$$

上式中,假設作用力的方向和運動的方向在同一線上,對於作用力的大小固定且方向和運動的方向在同一線上時,上式簡化成

$$W = Fr \tag{1-10}$$

在 SI 單位系統中,功的單位為焦耳;在英制系統中為呎-磅。

旋轉運動中,功的定義為經過一角度 (angle) 的力矩 (torque) 之作用,如下式所示:

$$W = \int \tau\, d\theta \tag{1-11}$$

如果轉矩為常數,則

$$W = \tau\theta \tag{1-12}$$

功率 P

功率就是做功的比率,或單位時間內所增加的功,如下式所示:

$$P = \frac{dW}{dt} \tag{1-13}$$

通常功率的單位為焦耳／秒 (瓦特),但也可使用呎-磅／秒或馬力。

根據功率的定義,同時假設作用力大小為常數且其方向和運動方向在同一線上,則功率可以表示如下:

$$P = \frac{dW}{dt} = \frac{d}{dt}(Fr) = F\left(\frac{dr}{dt}\right) = Fv \tag{1-14}$$

同理,假設轉矩為常數,則旋轉運動中的功率可以表示如下:

$$P = \frac{dW}{dt} = \frac{d}{dt}(\tau\theta) = \tau\left(\frac{d\theta}{dt}\right) = \tau\omega$$
$$P = \tau\omega \tag{1-15}$$

式 (1-15) 在電機機械的研究上十分重要,因為它可以描述電動機或發電機軸上的功率。

如果功率以瓦特為單位,轉矩以牛頓-米為單位,角速度以弳度／秒為單位,則式 (1-15) 正確地描述功率、轉矩、角速度之間的關係。上述三個量中的任何一個如果使用其他的單位時,則上式必須引入一個常數來作單位上的轉換。在實際的美國工程應用中,通常轉矩以磅-呎為單位,角速度以每分鐘轉數為單位,功率則以瓦特或馬力為單位,在式 (1-15) 中加入適當的轉換因數,則可得下列二式:

$$P\,(瓦特) = \frac{\tau\,(磅\text{-}呎)\, n\,(每分鐘轉數)}{7.04} \tag{1-16}$$

$$P\,(馬力) = \frac{\tau\,(磅\text{-}呎)\,n\,(每分鐘轉數)}{5252} \qquad (1\text{-}17)$$

上式中,轉矩以磅-呎為單位,角速度以每分鐘轉數為單位。

1.4 磁　場

如前所述,磁場是電動機、發電機、變壓器作能量轉換的主要機制,下面有四個基本定理,用來描述磁場在這些裝置中如何被使用:

1. 一段通過電流的導線會在其周圍產生磁場。
2. 如果通過一線圈的磁場隨時間而變化,則會在這線圈上感應出電壓 [這就是變壓器操作 (transformer action) 的基本原理]。
3. 一段帶有電流的導線放置在磁場中,會感應出一作用力在這導線上 [這就是電動機操作 (motor action) 的基本原理]。
4. 一段導線在磁場中運動,則此導線會感應出一電壓 [這就是發電機操作 (generator action) 的基本原理]。

本節將詳述由通過電流的電線所產生的磁場,其他三種原理留到往後的各節中說明。

磁場的產生

安培定律說明了電流如何產生磁場:

$$\oint \mathbf{H} \cdot d\mathbf{l} = I_{\text{net}} \qquad (1\text{-}18)$$

上式中,$\mathbf{H}$ 表示由電流 I_{net} 所產生的磁場強度,$d\mathbf{l}$ 為沿積分路徑的長度之微分。在 SI 單位系統中,I 的單位為安培,H 的單位為安-匝/米。為了瞭解上式的意義,我們以圖 1-3 為例子來說明。圖 1-3 為一腳繞著 N 匝線圈的鐵心,如果鐵心是由鐵或其他類似的金屬 [統稱為鐵磁材料 (ferromagnetic material)] 所製成,則由電流所產生的磁場會被限制在鐵心內,如此一來,安培定律中的積分路徑就等於鐵心的平均長度 l_c。因線圈有 N 匝,當其流有電流 i 時,穿越積分路徑的電流 I_{net} 為 Ni,因此安培定律變成

$$H l_c = Ni \qquad (1\text{-}19)$$

上式中,H 是磁場強度向量 $\mathbf{H}$ 的大小,因此在鐵心中由供應的電流所產生的磁場強度大小為

第一章　電機機械原理簡介　**9**

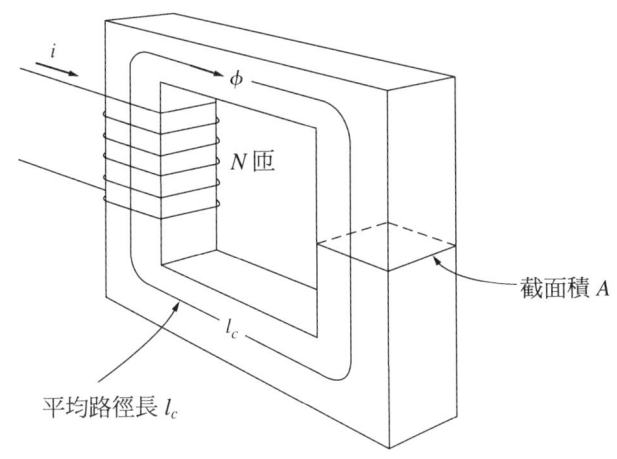

圖 **1-3**　簡單的鐵心。

$$H = \frac{Ni}{l_c} \tag{1-20}$$

磁場強度 **H** 可以視為電流在建立磁場時其作用的大小，而磁通量的大小也和鐵心的材料有關。對一種材料而言，其磁場強度 **H** 和磁通密度 **B** 之間的關係為

$$\mathbf{B} = \mu \mathbf{H} \tag{1-21}$$

上式中

H＝磁場強度
μ＝材料的導磁係數
B＝產生的總磁通密度

因此實際上所產生的磁通密度為下列兩項的乘積：

H，表示建立磁場時電流作用的大小
μ，表示某一材料中建立磁場的難易程度

磁場強度的單位為安-匝／米，導磁係數的單位為亨利／米，磁通密度的單位為韋伯／米平方 (webers per square meter)，稱為特士拉 (teslas, T)。

真空中的導磁係數以 μ_0 表示，其值為

$$\mu_0 = 4\pi \times 10^{-7} \text{ H/m} \tag{1-22}$$

其他各種材料的導磁係數和 μ_0 的比值我們稱為相對導磁係數 (relative permeability)：

$$\mu_r = \frac{\mu}{\mu_0} \tag{1-23}$$

利用相對導磁係數,我們可以很方便的比較各種不同材料的磁化能力。例如,現代電機常使用的鋼其相對導磁係數為 2000 到 6000 或者更高,這表示,對一已知的電流而言,在鋼中產生的磁通可以為空氣中 2000 到 6000 倍 (空氣中和真空中的導磁係數大致上相等)。很明顯地,變壓器或電動機鐵心所使用的金屬,在加強和聚集磁場方面扮演著設備中重要的角色。

也因為鐵的導磁係數比空氣的高出很多,所以絕大部分的磁通會如同圖 1-3 中所示被限制在鐵心內,而不會脫離鐵心到導磁係數小很多的空氣中。那些脫離鐵心的少量漏磁通在決定變壓器或電動機中線圈之間的磁交鏈和線圈本身的自感時相當重要。

在如圖 1-3 所示的鐵心中,其磁通密度的大小為

$$B = \mu H = \frac{\mu N i}{l_c} \tag{1-24}$$

而對一已知的面積,其上的總磁通為

$$\phi = \int_A \mathbf{B} \cdot d\mathbf{A} \tag{1-25a}$$

上式中,$d\mathbf{A}$ 是此面積上的一微小單位。如果磁通密度向量垂直於面積 A,而且磁通密度在整個面積上均為常數,則上式可以簡化為

$$\phi = BA \tag{1-25b}$$

因此圖 1-3 中由電流 i 所產生的總磁通為

$$\phi = BA = \frac{\mu N i A}{l_c} \tag{1-26}$$

其中 A 表示鐵心的截面積。

磁 路

由式 (1-26) 可以看出纏繞鐵心的線圈中的電流 (current) 在鐵心內產生磁通,這現象和電壓在電路中產生電流的情形很類似,因此可定義出「磁路」,其行為和電路類似。在設計電機機械和變壓器時,常用磁路的模式來簡化相當複雜的設計過程。

如圖 1-4a 為一簡單的電路,電壓源 V 推動電流 I 流經電阻 R,歐姆定律可以表示出它們之間的關係:

$$V = IR$$

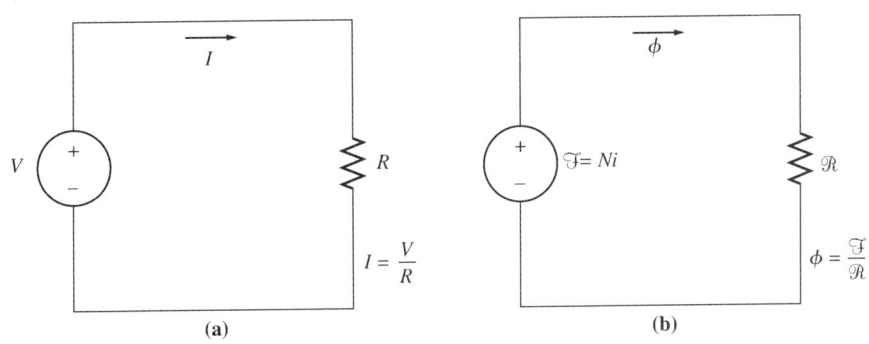

圖 1-4 (a) 簡單的電路。 (b) 類似變壓器鐵心的磁路。

在電路中，電壓或電動勢推動電流；同樣地，在磁路中其相對應的量稱為磁動勢 (magnetomotive force, mmf)。磁路中的磁動勢等於供應給鐵心的有效電流：

$$\mathcal{F} = Ni \tag{1-27}$$

上式中，$\mathcal{F}$ 是磁動勢的符號，其單位為安-匝 (ampere-turns)。

就像電路中的電壓源一樣，磁路中的磁動勢也有極性。磁動勢的正端是磁通流出的一端；而磁動勢的負端是磁通流入的那一端。由線圈所圍繞的鐵心的極性可由修改過的右手定則得到：如果右手四指順著線圈電流流動的方向，則拇指就指向磁動勢正端的方向 (見圖 1-5)。

在電路中，電流 I 的流動是由供應的電壓所引起；同樣地，在磁路中，磁動勢產生

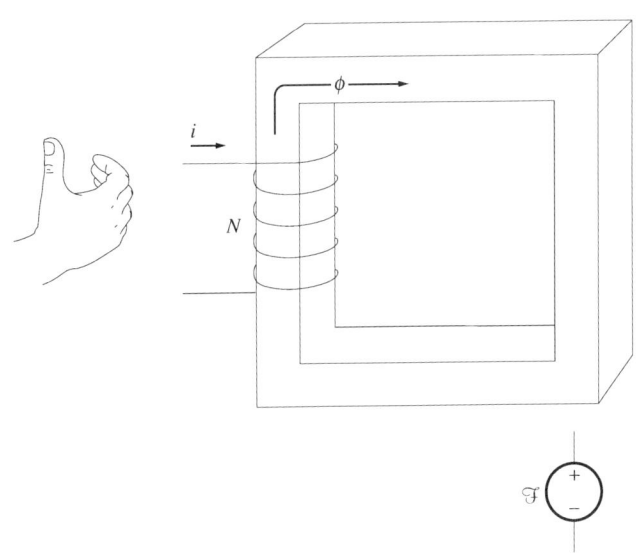

圖 1-5 決定磁路中磁動勢源的極性。

了磁通 ϕ。電路中電壓和電流之間的關係為歐姆定律 ($V=IR$)；同樣地，磁動勢和磁通之間的關係為

$$\mathcal{F} = \phi \mathcal{R} \tag{1-28}$$

上式中

$\mathcal{F}$ = 磁路中的磁動勢

ϕ = 磁路中的磁通量

$\mathcal{R}$ = 磁路中的磁阻

磁路中的磁阻對應於電路中的電阻，磁阻的單位為安-匝／韋伯 (ampere-turns per weber)。

電路中電導為電阻的倒數，同樣地在磁路亦定義——磁導 $\mathcal{P}$ (permeance) 其為磁阻的倒數

$$\mathcal{P} = \frac{1}{\mathcal{R}} \tag{1-29}$$

根據上式，磁動勢和磁通之間的關係亦可表示為

$$\phi = \mathcal{F}\mathcal{P} \tag{1-30}$$

在某些情況下，使用磁導將比磁阻容易處理。

如何計算圖 1-3 中鐵心的磁阻呢？根據式 (1-26) 鐵心的總磁通為

$$\phi = BA = \frac{\mu NiA}{l_c} \tag{1-26}$$

$$= Ni\left(\frac{\mu A}{l_c}\right)$$

$$\phi = \mathcal{F}\left(\frac{\mu A}{l_c}\right) \tag{1-31}$$

比較式 (1-31) 和 (1-28)，可得鐵心的磁阻為

$$\mathcal{R} = \frac{l_c}{\mu A} \tag{1-32}$$

磁路中的磁阻也遵守著電路中電阻的規則，數個串聯磁阻的等效磁阻就等於各個磁阻的總和：

$$\mathcal{R}_{eq} = \mathcal{R}_1 + \mathcal{R}_2 + \mathcal{R}_3 + \cdots \tag{1-33}$$

同樣地，數個並聯磁阻的等效磁阻亦根據下式計算

$$\frac{1}{\mathcal{R}_{eq}} = \frac{1}{\mathcal{R}_1} + \frac{1}{\mathcal{R}_2} + \frac{1}{\mathcal{R}_3} + \cdots \qquad (1\text{-}34)$$

磁導串並聯的計算亦和電導串並聯的計算方法相同。

利用磁路的觀念來計算鐵心內的磁通始終為一種近似法，在最佳的情況下，誤差值保持在 5% 以內。引起這些誤差的原因如下：

1. 磁路的觀念中假設磁通均被限制在鐵心內，不幸地，這並不完全正確。鐵磁性鐵心的導磁率雖為空氣的 2000 到 6000 倍，但仍有少部分的磁通脫離鐵心到周圍低導磁率的空氣中。鐵心外的磁通稱為漏磁通 (leakage flux)，它在電機機械的設計上扮演著重要的角色。
2. 計算磁阻時，我們假設一定的平均路徑長度及鐵心截面積，這些假設並不十分好，尤其是在轉角的地方。
3. 鐵磁材料的導磁率隨著材料中磁通量的大小而改變，這個非線性關係在以下將有更詳細的說明，這又導致磁路分析中另一個誤差的來源，因為磁阻的計算和材料的導磁率有關係。
4. 如果鐵心的磁通路徑中有氣隙存在，則氣隙的有效截面積會比氣隙兩端鐵心的截面積大，這額外的有效面積係由磁場在氣隙中產生的「邊緣效應」(fringing effect) 所引起 (如圖 1-6)。

在計算中欲彌補這些固有誤差，我們可以使用修正過的有效平均路徑長度和截面積代替實際的長度和面積。

雖然磁路的觀念在先天上有許多限制，但它仍是實用電機機械設計上最簡單的設計工具。使用馬克斯威爾方程式 (Maxwell's equations) 作精確的計算是十分困難的，而且

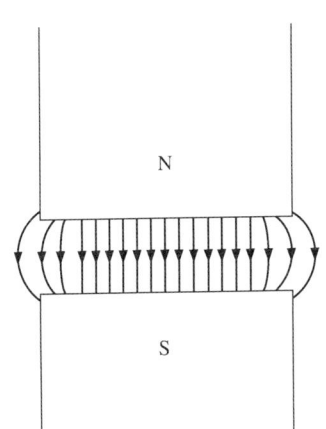

圖 1-6　磁場在氣隙中所產生的邊緣效應。
　　　 注意因氣隙所造成的截面積的增加。

我們也不必使用它，因為使用這種近似法也能得到令人滿意的結果。

下面的例子說明基本磁路的計算，例子中的答案使用三位有效數字。

例題 1-1 圖 1-7a 為一鐵磁性鐵心，此鐵心的三邊有相同的寬度，第四邊較窄，鐵心的深度 10 cm (深入紙內的方向)，其他的尺寸如圖中所示。鐵心的左邊纏繞著 200 匝的線圈，假設相對導磁係數 μ_r 為 2500，當輸入電流為 1A 時會產生多少磁通？

解：我們將解此問題二次：一次用手算，一次用 MATLAB 程式，並驗證這兩種方法所得結果是一樣的。

鐵心的三邊有相同的截面積，第四邊的截面積不同，所以把鐵心分成兩部分：(1) 較窄的一邊，(2) 其他三邊。相對於此鐵心的磁路如圖 1-7b 所示。

第一部分的平均路徑長度為 45 cm，截面積為 10 cm×10 cm＝100 cm²，因此第一部分的磁阻為

$$\mathcal{R}_1 = \frac{l_1}{\mu A_1} = \frac{l_1}{\mu_r \mu_0 A_1} \qquad (1\text{-}32)$$

$$= \frac{0.45 \text{ m}}{(2500)(4\pi \times 10^{-7})(0.01 \text{ m}^2)}$$

$$= 14{,}300 \text{ A} \cdot \text{turns/Wb}$$

第二部分的平均路徑長度為 130 cm，截面積為 15 cm×10 cm＝150 cm²，因此第二部分的磁阻為

$$\mathcal{R}_2 = \frac{l_2}{\mu A_2} = \frac{l_2}{\mu_r \mu_0 A_2} \qquad (1\text{-}32)$$

$$= \frac{1.3 \text{ m}}{(2500)(4\pi \times 10^{-7})(0.015 \text{ m}^2)}$$

$$= 27{,}600 \text{ A} \cdot \text{turns/Wb}$$

因此鐵心的總磁阻為

$$\begin{aligned}\mathcal{R}_{eq} &= \mathcal{R}_1 + \mathcal{R}_2 \\ &= 14{,}300 \text{ A} \cdot \text{turns/Wb} + 27{,}600 \text{ A} \cdot \text{turns/Wb} \\ &= 41{,}900 \text{ A} \cdot \text{turns/Wb}\end{aligned}$$

總磁動勢為

$$\mathcal{F} = Ni = (200 \text{ turns})(1.0 \text{ A}) = 200 \text{ A} \cdot \text{turns}$$

鐵心的總磁通為

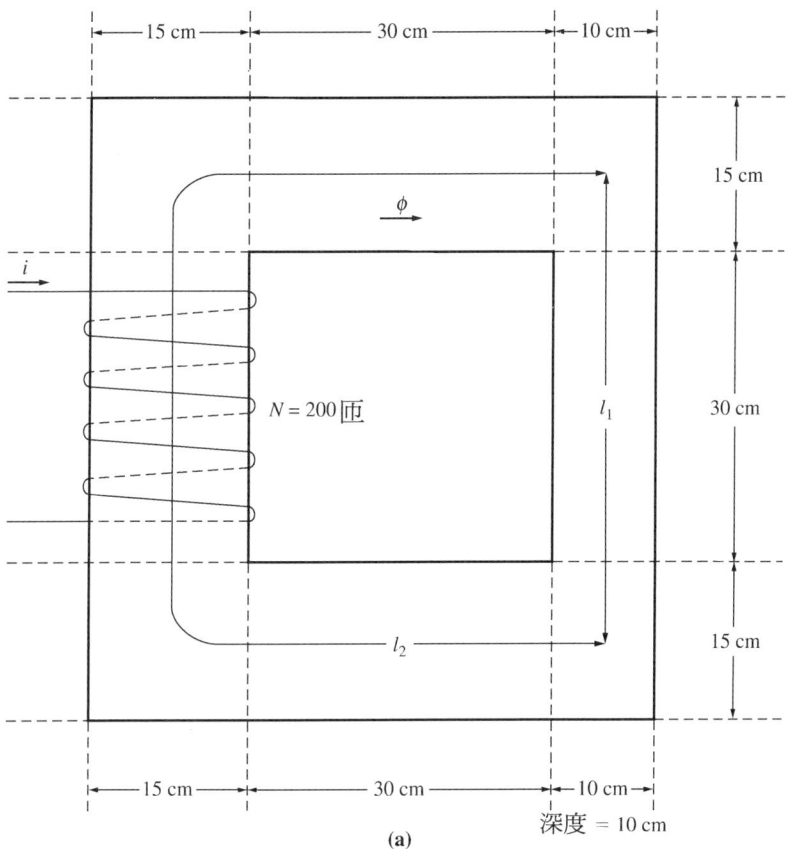

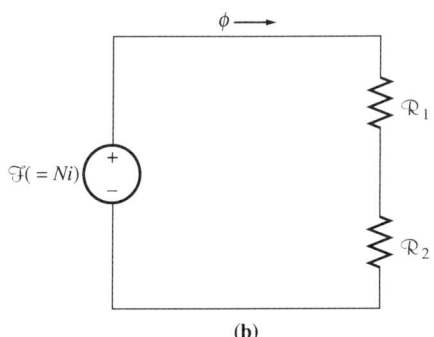

圖 1-7 (a) 例題 1-1 中的鐵心。 (b) 相對於 (a) 所代表的磁路。

$$\phi = \frac{\mathcal{F}}{\mathcal{R}} = \frac{200 \text{ A} \cdot \text{turns}}{41{,}900 \text{ A} \cdot \text{turns/Wb}}$$
$$= 0.0048 \text{ Wb}$$

以上計算可用 MATLAB script 檔來執行，一計算鐵心磁通之簡單 script 如下所示：

```
% M-file: ex1_1.m
% M-file to calculate the flux in Example 1-1.
l1 = 0.45;                    % Length of region 1
l2 = 1.3;                     % Length of region 2
a1 = 0.01;                    % Area of region 1
a2 = 0.015;                   % Area of region 2
ur = 2500;                    % Relative permeability
u0 = 4*pi*1E-7;               % Permeability of free space
n = 200;                      % Number of turns on core
i = 1;                        % Current in amps

% Calculate the first reluctance
r1 = l1 / (ur * u0 * a1);
disp (['r1 = ' num2str(r1)]);

% Calculate the second reluctance
r2 = l2 / (ur * u0 * a2);
disp (['r2 = ' num2str(r2)]);

% Calculate the total reluctance
rtot = r1 + r2;

% Calculate the mmf
mmf = n * i;

% Finally, get the flux in the core
flux = mmf / rtot;

% Display result
disp (['Flux = ' num2str(flux)]);
```

當程式完成，其結果是：

```
» ex1_1
r1 = 14323.9449
r2 = 27586.8568
Flux = 0.004772
```

此程式所得結果與手算結果一樣。◀

例題 1-2 圖 1-8a 為一鐵磁性鐵心，其平均路徑長度為 40 cm，在鐵心的結構中有一 0.05 cm 的氣隙，鐵心的截面積為 12 cm^2，相對導磁係數為 4000，鐵心上的線圈有 400 匝。假設氣隙的有效截面積較鐵心的截面積增加 5%，根據上面所給的資料，試計算：

(a) 整個磁通路徑的磁阻 (包括鐵心和氣隙)。
(b) 欲在氣隙中產生 0.5 T 的磁通密度需多少電流。

解：相對於此鐵心的磁路如圖 1-8b 所示。

(a) 鐵心的磁阻為

$$\mathcal{R}_c = \frac{l_c}{\mu A_c} = \frac{l_c}{\mu_r \mu_0 A_c} \tag{1-32}$$

$$= \frac{0.4 \text{ m}}{(4000)(4\pi \times 10^{-7})(0.012 \text{ m}^2)}$$

$$= 66,300 \text{ A} \cdot \text{turns/Wb}$$

氣隙的有效面積為 $1.05 \times 12 \text{ cm}^2 = 12.6 \text{ cm}^2$，所以氣隙的磁阻為

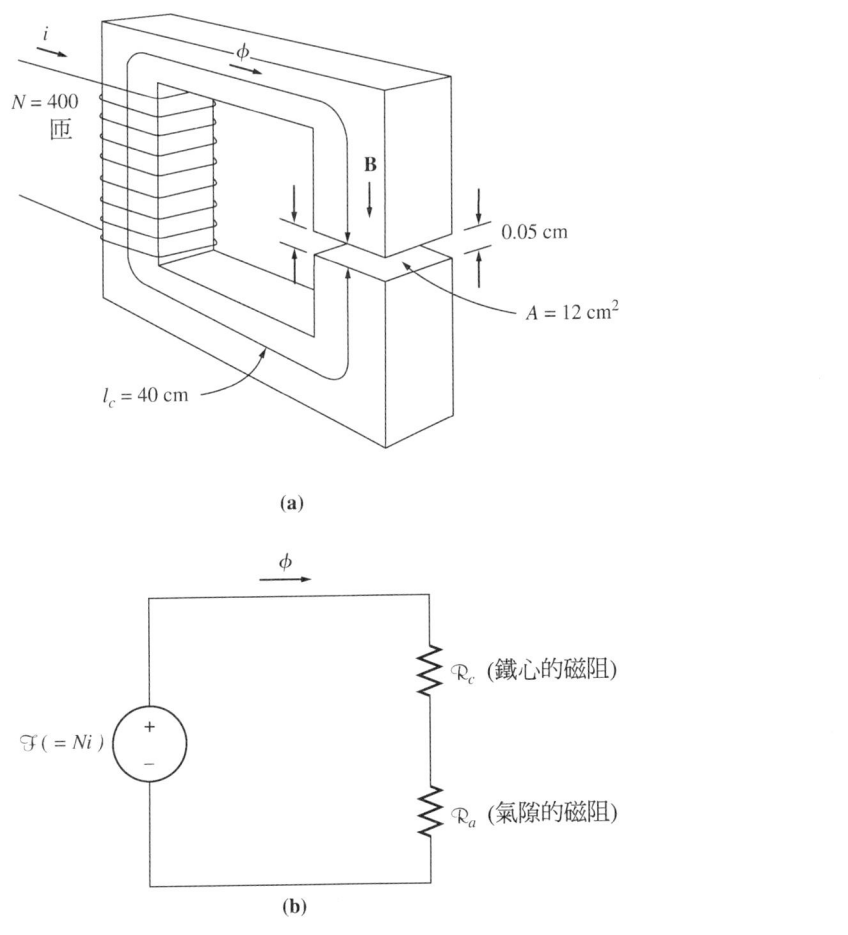

圖 1-8 (a) 例題 1-2 的鐵心。(b) 相對於 (a) 的磁路。

$$\mathcal{R}_a = \frac{l_a}{\mu_0 A_a} \qquad (1\text{-}32)$$

$$= \frac{0.0005 \text{ m}}{(4\pi \times 10^{-7})(0.00126 \text{ m}^2)}$$

$$= 316{,}000 \text{ A} \cdot \text{turns/Wb}$$

因此磁通路徑的總磁阻為

$$\mathcal{R}_{eq} = \mathcal{R}_c + \mathcal{R}_a$$
$$= 66{,}300 \text{ A} \cdot \text{turns/Wb} + 316{,}000 \text{ A} \cdot \text{turns/Wb}$$
$$= 382{,}300 \text{ A} \cdot \text{turns/Wb}$$

雖然氣隙的長度較鐵心小 800 倍,但氣隙提供了大部分的磁阻。

(b) 根據式 (1-28)

$$\mathcal{F} = \phi \mathcal{R} \qquad (1\text{-}28)$$

同時因為 $\phi = BA$ 和 $\mathcal{F} = Ni$,因此上式變成

$$Ni = BA\mathcal{R}$$

因此

$$i = \frac{BA\mathcal{R}}{N}$$

$$= \frac{(0.5 \text{ T})(0.00126 \text{ m}^2)(383{,}200 \text{ A} \cdot \text{turns/Wb})}{400 \text{ turns}}$$

$$= 0.602 \text{ A}$$

必須注意的是,題目要求的是氣隙 (air-gap) 的磁通,因此計算時使用氣隙的有效截面積。 ◀

例題 1-3 圖 1-9a 表示一直流電動機簡化後的轉子和定子,定子的平均路徑長度為 50 cm,截面積為 12 cm^2;轉子的平均路徑長度為 5 cm,截面積亦可假設為 12 cm^2。每一個在轉子和定子間的氣隙長度均為 0.05 cm,其截面積 (包括邊緣) 為 14 cm^2。鐵心的導磁係數為 2000,其上的線圈有 200 匝,如果線圈流有 1 A 的電流,試求建立在氣隙的磁通密度。

解:為了決定氣隙中的磁通密度,必須先計算出供應給鐵心的磁動勢和磁通路徑的總磁阻,利用這兩個資料可以算出鐵心的總磁通,最後利用已知氣隙的截面積,可以算出氣隙的磁通密度。

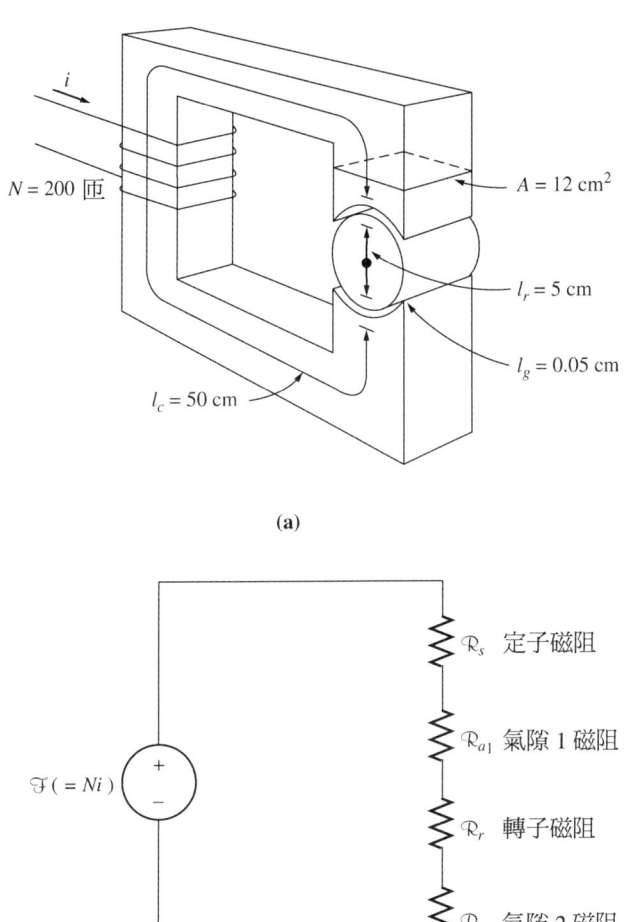

圖 1-9 (a) 直流電動機定子和轉子的簡化圖。 (b) 相對於 (a) 的磁路。

定子的磁阻為

$$\mathcal{R}_s = \frac{l_s}{\mu_r \mu_0 A_s}$$
$$= \frac{0.5 \text{ m}}{(2000)(4\pi \times 10^{-7})(0.0012 \text{ m}^2)}$$
$$= 166{,}000 \text{ A} \cdot \text{turns/Wb}$$

轉子的磁阻為

$$\mathcal{R}_r = \frac{l_r}{\mu_r \mu_0 A_r}$$

$$= \frac{0.05 \text{ m}}{(2000)(4\pi \times 10^{-7})(0.0012 \text{ m}^2)}$$
$$= 16{,}600 \text{ A} \cdot \text{turns/Wb}$$

氣隙的磁阻為

$$\mathcal{R}_a = \frac{l_a}{\mu_r \mu_0 A_a}$$
$$= \frac{0.0005 \text{ m}}{(1)(4\pi \times 10^{-7})(0.0014 \text{ m}^2)}$$
$$= 284{,}000 \text{ A} \cdot \text{turns/Wb}$$

對應於此電機的磁路如圖 1-9b 所示。整個磁通路徑的總磁阻為

$$\mathcal{R}_{eq} = \mathcal{R}_s + \mathcal{R}_{a1} + \mathcal{R}_r + \mathcal{R}_{a2}$$
$$= 166{,}000 + 284{,}000 + 16{,}600 + 284{,}000 \text{ A} \cdot \text{turns/Wb}$$
$$= 751{,}000 \text{ A} \cdot \text{turns/Wb}$$

供應鐵心的淨磁動勢為

$$\mathcal{F} = Ni = (200 \text{ turns})(1.0 \text{ A}) = 200 \text{ A} \cdot \text{turns}$$

因此鐵心的總磁通為

$$\phi = \frac{\mathcal{F}}{\mathcal{R}} = \frac{200 \text{ A} \cdot \text{turns}}{751{,}000 \text{ A} \cdot \text{turns/Wb}}$$
$$= 0.00266 \text{ Wb}$$

最後,電動機的氣隙磁通密度為

$$B = \frac{\phi}{A} = \frac{0.000266 \text{ Wb}}{0.0014 \text{ m}^2} = 0.19 \text{ T}$$

鐵磁性材料的磁化特性

本節中稍早曾提到,導磁係數由下面的公式所定義

$$\mathbf{B} = \mu \mathbf{H} \tag{1-21}$$

而且曾說明了鐵磁性材料的導磁係數比自由空間的導磁係數可高出 6000 倍。在前面的討論和例題中,導磁係數均假設為常數而與供應到材料中的磁動勢無關。雖然自由空間中的導磁係數為常數,但鐵和其他鐵磁性材料中並非如此。

為了說明鐵磁性材料中導磁係數變化的情形,我們供應一直流電流到圖 1-3 中的鐵心,且電流的大小由零安培慢慢的增加到最大的容許值,把磁通量對磁動勢的值繪出,可得如圖 1-10a 的曲線,這曲線稱為飽和曲線 (saturation curve) 或磁化曲線

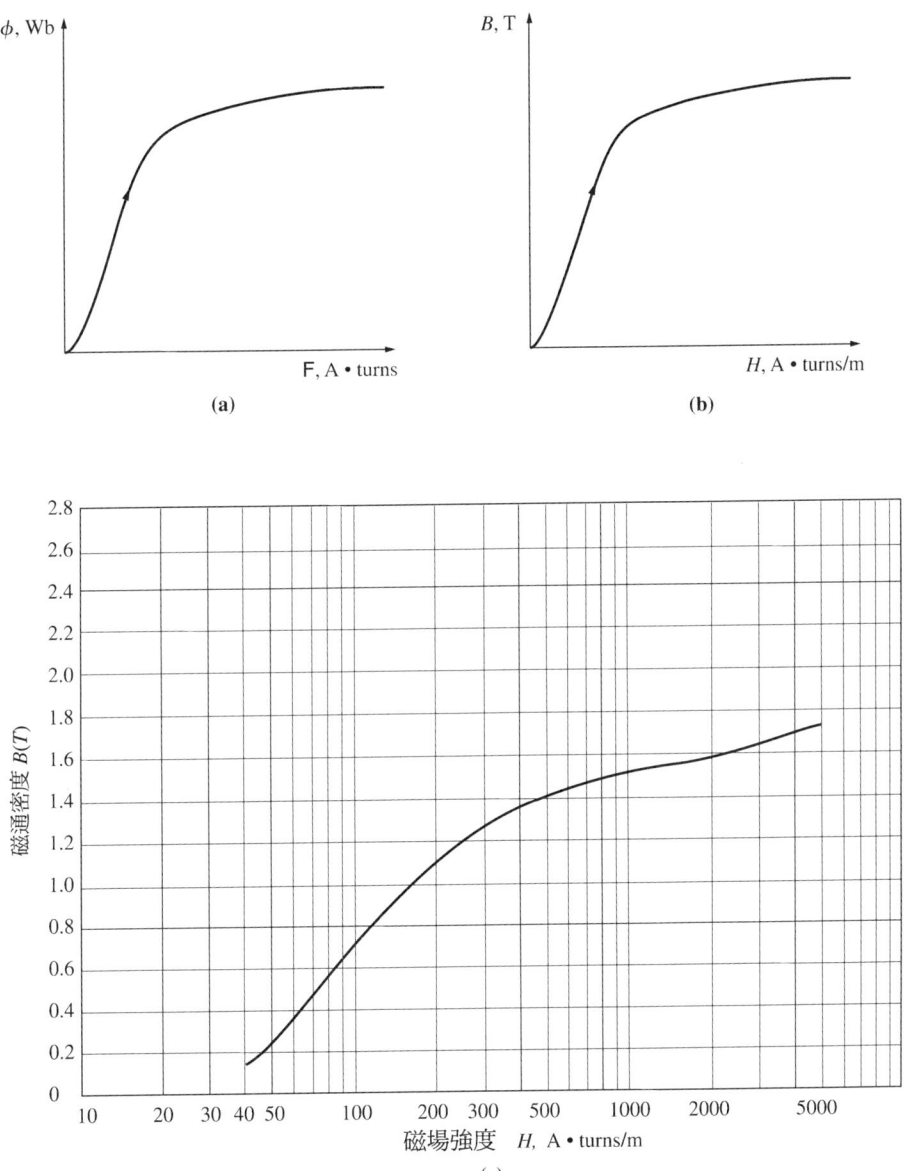

圖 1-10 (a) 鐵磁性鐵心的磁化曲線。(b) 以磁通密度和磁場強度表示的磁化曲線。(c) 典型鋼片的磁化曲線。(d) 典型鋼片的相對導磁係數對磁場強度的作圖。

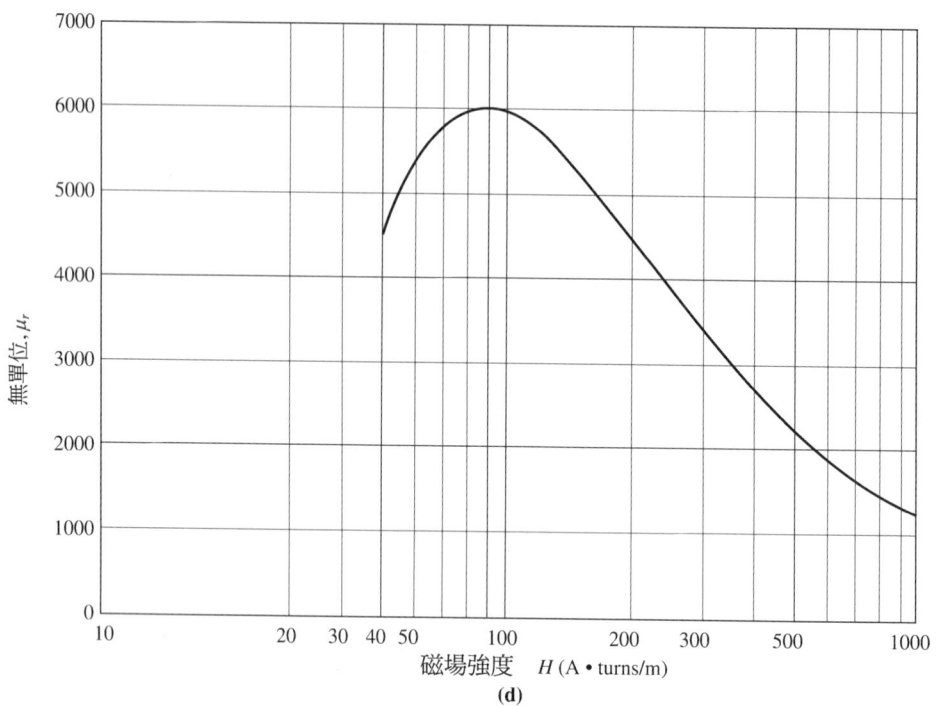

圖 1-10 （續）

(magnetization curve)。起初,增加微量的磁動勢即產生大量的磁通,到後來,即使磁動勢大量增加,磁通的增量卻很少。最後,磁動勢再增加而磁通幾乎沒有改變,曲線上這個區域就稱為飽和區 (saturation region),此時我們稱鐵心已經飽和;磁通大量增加的區域稱為未飽和區 (unsaturation region),也稱鐵心未飽和,介於這兩區域間的部分有時稱為曲線的膝部。注意到在未飽和區內,相對於外加磁動勢,鐵心內所產生磁通為線性的,且不管磁動勢是否在飽和區,它最後會趨於一定值。

圖 1-10b 是另一個類似的曲線,其為磁通密度 **B** 和磁場強度 **H** 之間的關係。根據式 (1-20) 和式 (1-25b)

$$H = \frac{Ni}{l_c} = \frac{\mathcal{F}}{l_c} \tag{1-20}$$

$$\phi = BA \tag{1-25b}$$

我們可以很容易的看出,對一已知的鐵心而言,磁場強度和磁動勢成正比,磁通密度和磁通量成正比,因此 B 對 H 的曲線和磁通對磁動勢的曲線有相同的形狀。根據圖 1-10b 中磁通密度對磁場強度的曲線,在任一點的斜率依照定義就是鐵心在該 H 值時的導磁係數。從曲線上可以看出,導磁係數在未飽和區時很大且幾乎保持常數,而當鐵心飽和

時就降到一個很小的值。

圖 1-10c 是典型鋼片的磁化曲線,為了使巨大的飽和區能在圖上表示出來,我們把磁場強度取了對數值。

電機機械中使用鐵磁性材料的優點在於對一已知的磁動勢而言,其所獲得的磁通量較空氣中高出很多。但如果所產生的磁通必須跟供應的磁動勢成比例關係,則鐵心僅能在曲線的未飽和區操作。

因實際發電機與電動機要靠磁通以產生電壓和轉矩,所以它們被設計產生愈多磁通愈好。結果,大部分電機操作在接近磁化曲線膝部,而相對於產生它的磁動勢,鐵心內的磁通是非線性的,此非線性而導致電機一些特別的行為將在稍後做解釋,我們將用 MATLAB 來求解,包含實際電機非線性問題。

例題 1-4 試求出圖 1-10c 中,對應於下列各磁場強度時的相對導磁係數: (a) $H=50$,(b) $H=100$,(c) $H=500$,(d) $H=1000$ A・turns/m。

解: 材料的導磁係數的公式為

$$\mu = \frac{B}{H}$$

相對導磁係數的公式為

$$\mu_r = \frac{\mu}{\mu_0} \tag{1-23}$$

因此,對一已知的磁場強度可以求出其導磁係數。

(a) 當 $H=50$ A・turns/m,$B=0.25$ T,所以

$$\mu = \frac{B}{H} = \frac{0.25 \text{ T}}{50 \text{ A・turns/m}} = 0.0050 \text{ H/m}$$

以及

$$\mu_r = \frac{\mu}{\mu_0} = \frac{0.0050 \text{ H/m}}{4\pi \times 10^{-7} \text{ H/m}} = 3980$$

(b) 當 $H=100$ A・turns/m,$B=0.72$ T,所以

$$\mu = \frac{B}{H} = \frac{0.72 \text{ T}}{100 \text{ A・turns/m}} = 0.0072 \text{ H/m}$$

以及

$$\mu_r = \frac{\mu}{\mu_0} = \frac{0.0072 \text{ H/m}}{4\pi \times 10^{-7} \text{ H/m}} = 5730$$

(c) 當 $H = 500$ A·turns/m，$B = 1.40$ T，所以

$$\mu = \frac{B}{H} = \frac{1.40 \text{ T}}{500 \text{ A·turns/m}} = 0.0028 \text{ H/m}$$

以及

$$\mu_r = \frac{\mu}{\mu_0} = \frac{0.0028 \text{ H/m}}{4\pi \times 10^{-7} \text{ H/m}} = 2230$$

(d) 當 $H = 1000$ A·turns/m，$B = 1.51$ T，所以

$$\mu = \frac{B}{H} = \frac{1.51 \text{ T}}{1000 \text{ A·turns/m}} = 0.00151 \text{ H/m}$$

以及

$$\mu_r = \frac{\mu}{\mu_0} = \frac{0.00151 \text{ H/m}}{4\pi \times 10^{-7} \text{ H/m}} = 1200$$

值得注意的是，當磁場強度增加時，相對導磁係數先增加而後再減少。圖 1-10d 是上述材料其相對導磁係數對磁場強度的曲線，所有鐵磁性材料都有這種典型的曲線。由圖上的 μ_r 對 H，可看出，在例題 1-1 到 1-3 中相對導磁係數為常數的假設，只在一小段的範圍內適用。

下面的例子中，不再假設相對導磁係數為一常數，而 B 和 H 的關係則由一已給的曲線查得。

例題 1-5 一方型鐵心，其平均路徑長度為 55 cm，截面積為 150 cm²，在鐵心的一側繞有 200 匝的線圈，鐵心的磁化曲線如圖 1-10c 所示。
(a) 欲在鐵心內產生 0.012 Wb 的磁通，須供應多少電流？
(b) 在此電流時，求鐵心的相對導磁係數？
(c) 鐵心的磁阻？

解：
(a) 所需的磁通密度為

$$B = \frac{\phi}{A} = \frac{1.012 \text{ Wb}}{0.015 \text{ m}^2} = 0.8 \text{ T}$$

從圖 1-10c 中查出所需的磁場強度為

$$H = 115 \text{ A·turns/m}$$

根據式 (1-20)，產生此磁場強度所需的磁動勢為

$$\mathcal{F} = Ni = Hl_c$$
$$= (115 \text{ A} \cdot \text{turns/m})(0.55 \text{ m}) = 63.25 \text{ A} \cdot \text{turns}$$

因此所需的電流為

$$i = \frac{\mathcal{F}}{N} = \frac{63.25 \text{ A} \cdot \text{turns}}{200 \text{ turns}} = 0.316 \text{ A}$$

(b) 在此電流下，鐵心的導磁係數為

$$\mu = \frac{B}{H} = \frac{0.8 \text{ T}}{115 \text{ A} \cdot \text{turns/m}} = 0.00696 \text{ H/m}$$

因此，相對導磁係數為

$$\mu_r = \frac{\mu}{\mu_0} = \frac{0.00696 \text{ H/m}}{4\pi \times 10^{-7} \text{ H/m}} = 5540$$

(c) 鐵心的磁阻為

$$\mathcal{R} = \frac{\mathcal{F}}{\phi} = \frac{63.25 \text{ A} \cdot \text{turns}}{0.012 \text{ Wb}} = 5270 \text{ A} \cdot \text{turns/Wb}$$

鐵磁性鐵心中的能量損失

下面的討論中，不再使用直流電流，而以如圖 1-11a 所示的交流電流供應給鐵心使用。假設鐵心內起初沒有磁通，當電流第一次增加的過程中，磁通量沿著圖 1-11b 中路徑 ab 上升，這如同圖 1-10 中所示的磁化曲線。當電流再次減少時，磁通量卻不沿 ab 下降，而沿路徑 bcd 下降。當電流再次增加時，磁通量沿路徑 deb 上升。此時鐵心內的磁通不僅由供應的電流所決定，還必須考慮鐵心內原先所擁有的磁通。上述的現象稱為磁滯 (hysteresis)，圖 1-11b 中路徑 bcdeb 稱為磁滯迴線 (hysteresis loop)。

注意，如果有一很大的磁動勢供應給鐵心，然後把磁動勢移去，則磁動勢將沿路徑 abc 變化。當磁動勢移去後，鐵心內的磁通量並沒有降為零，而在鐵心內有磁場存在，這磁場稱為鐵心的剩磁 (residual flux)，這正是永久磁鐵的製造方法。如欲將鐵心內的磁通降為零，必須對鐵心施予一反向的強制磁動勢 (coercive magnet motive) $\mathcal{F}_c$。

磁滯是怎麼發生的？為了瞭解鐵磁性材料的行為，必須對鐵磁性材料的結構有一些瞭解。鐵和其他類似金屬 (鈷、鎳或其合金) 的原子易於擁有自己的磁場，而且原子間緊密的排列在一起。在這些金屬內有許多稱為分域 (domain) 的小區域，每一個分域中的原子均沿著同一磁場方向排列，所以每一分域的作用就好像一個小的永久磁鐵。這許多細小的分域在材料中雜亂無章的排列著，因此整個鐵塊似乎沒有磁通存在。圖 1-12 是一鐵塊內分域結構的例子。

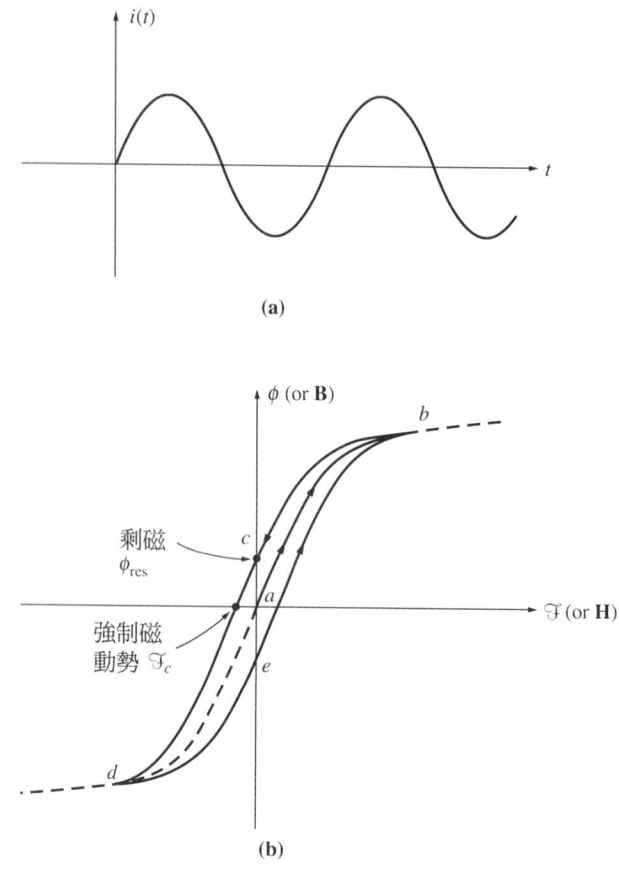

圖 1-11 由交流電流 $i(t)$ 所形成鐵心的磁滯迴線。

　　當一外部磁場供應給鐵塊時，會使得鐵塊中指向和外部磁場同向的分域擴大，擴大的原因乃是原子會自然改變方向而沿著外部磁場的方向排列。這些額外的原子排列使得鐵塊中的磁通增加，如此又使得更多的原子指向磁場的方向，又產生了更強的磁場，就是這正回授效應使得鐵塊的導磁係數遠大於空氣的導磁係數。

　　當外部磁場繼續增加，原先和外部磁場指向不同的分域最後都將重新排列成和磁場有相同的方向。此時再增加外部的磁動勢所能增加的磁通量與在自由空間所能增加的量相同。(當所有原子均排列整齊後，就不再有回授效應來加強磁場。) 就這觀點而言，鐵塊已經飽和了，這也就是圖 1-10 曲線飽和的區域。

　　當外部磁場移去後，分域並不完全再重新雜亂的排列，這就是磁滯產生的關鍵。為什麼分域仍順序排列？此乃因轉動分域內的原子需要能量 (energy)。原先完成排列的能量是由外部磁場供應，當外部磁場一移走，就再也沒有能量來源來供應給所有的分域重新恢復原先雜亂的排列，此時鐵塊已變成永久磁鐵了。

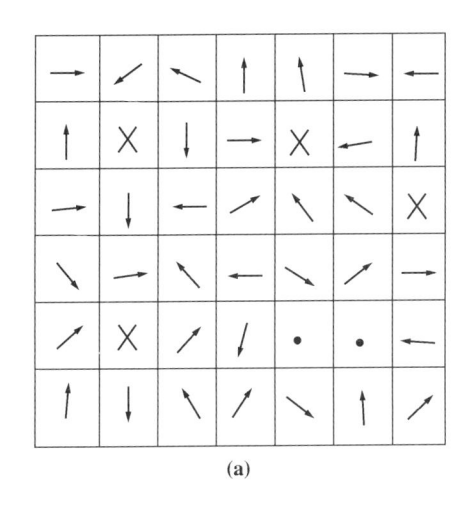

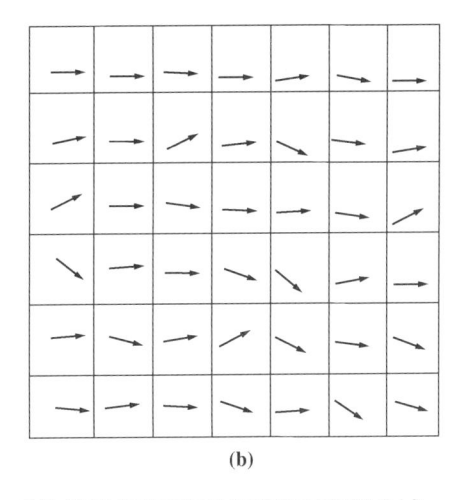

圖 1-12 (a) 原本雜亂排列的磁分域。(b) 受外部磁場影響而排列整齊的磁分域。

　　一旦分域因外加磁場而排列後，其中一些分域會保持這種排列狀態直到有外來的能量時才改變，例如不同方向的磁動勢、機械的撞擊或熱。上述的情形均會供應能量給分域以改變其排列方向。(這就是為什麼當永久磁鐵掉落、以鐵鎚敲打或加熱都會使永久磁鐵失去磁性的原因。)

　　由於改變鐵中分域的排列方向需要能量，使得所有電機機械和變壓器中會有一共同形式的能量損失，鐵心的*磁滯損失* (hysteresis loss) 就是每一外加交流電流週期中，分域重新定位所需的能量。對一已知的交流電流，我們可以證明磁滯迴線所包圍的面積和每一週期的能量損失成正比，供應到鐵心的磁動勢較小，則所形成磁滯迴線的面積就較小，所引起的損失也較小。圖 1-13 說明了這個觀點。

　　渦流損失 (eddy current loss) 是另一種由於鐵心內磁場變化所引起的能量損失，我們將等介紹法拉第定律後再加以解釋。磁滯損失和渦流損失都會使鐵心產生熱，所以這兩種損失在設計電機機械或變壓器時均須加以考慮。由於上述兩種損失均發生於鐵心的金屬內，他們統稱為*鐵心損失* (core loss)。

1.5　法拉第定律──從一時變磁場感應電壓

到目前為止，所有的討論都集中在磁場的產生和其性質，接著我們來看看一個存在的磁場如何影響其周圍的環境。

　　首先要考慮的主要影響是*法拉第定律* (Faraday's law)，其為變壓器操作的基本原理。法拉第定律的敘述如下：當磁通穿過一匝線圈繞組時，會使線圈感應出一正比於磁通時變率的電壓，寫成方程式的形式：

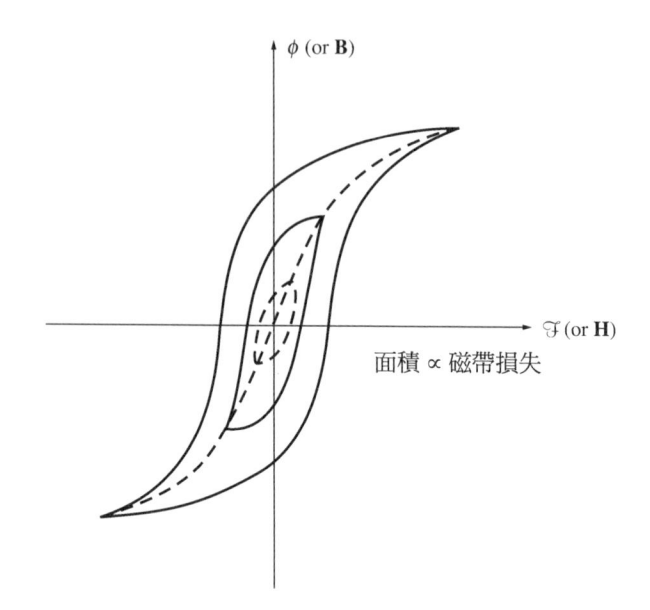

圖 1-13 磁動勢的大小影響磁滯迴線的面積。

$$e_{\text{ind}} = -\frac{d\phi}{dt} \tag{1-35}$$

上式中，e_{ind} 表示線圈的感應電壓，ϕ 是穿過線圈的磁通。如果線圈有 N 匝，而穿過每一匝線圈的磁通都相同時，線圈所感應出的全部電壓為

$$\boxed{e_{\text{ind}} = -N\frac{d\phi}{dt}} \tag{1-36}$$

上式中

e_{ind} ＝線圈的感應電壓

N ＝線圈匝數

ϕ ＝穿過線圈的磁通量

方程式中的負號稱為冷次定律 (Lenz's law)。冷次定律敘述如下：如果把線圈的兩端短路，則線圈中感應電壓所引起的電流將產生一反抗外加磁場變化的磁場，因為感應電壓反抗外在的改變，因此式 (1-36) 中加入一個負號。圖 1-14 可以幫助我們更瞭解這個觀念，如果圖中所示的磁通其強度隨時間增加，則線圈的感應電壓將會建立一磁通以反抗磁通的增加，圖 1-14b 中的電流會產生反對磁通增加的磁通，所以線圈感應電壓的極性須如圖中所示。由於感應電壓的極性可以由物理上的考慮來決定，式 (1-35) 和 (1-36) 中

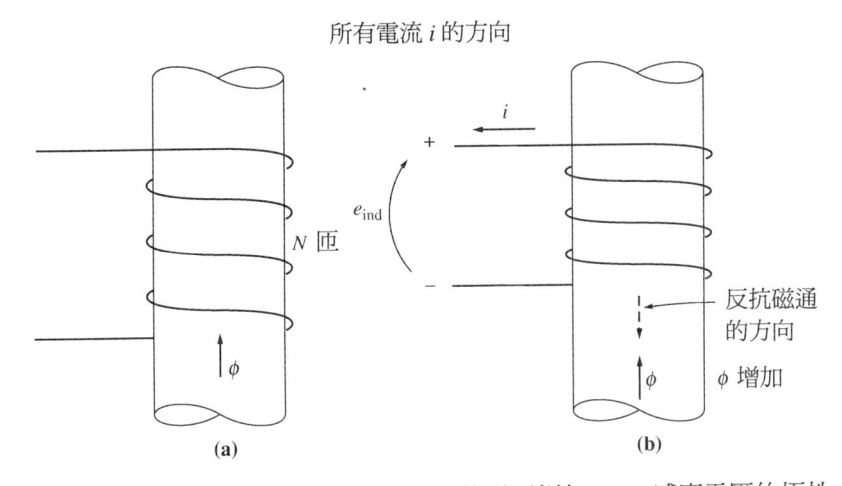

圖 1-14 冷次定律的意義：(a) 通過鐵心的磁通增加；(b) 感應電壓的極性。

的負號常常不使用，往後本書在敘述法拉第定理時均不用此負號。

　　使用式 (1-36) 時牽涉到一個實用上的問題，此式假設穿過每一匝線圈的磁通均相同，事實上，會有少許的漏磁通脫離鐵心到周圍的空氣中。如果線圈緊密的結合在一起，絕大部分的磁通將通過每一匝線圈，則式 (1-36) 就可以有效的使用。但是當漏磁通量很大或須高準確度時，必須使用不作此假設的不同表示方法。線圈中第 i 匝的電壓大小為

$$e_i = \frac{d(\phi_i)}{dt} \tag{1-37}$$

如果線圈有 N 匝，則線圈的總電壓為

$$e_{\text{ind}} = \sum_{i=1}^{N} e_i \tag{1-38}$$

$$= \sum_{i=1}^{N} \frac{d(\phi_i)}{dt} \tag{1-39}$$

$$= \frac{d}{dt}\left(\sum_{i=1}^{N} \phi_i\right) \tag{1-40}$$

式 (1-40) 括號內的項稱為線圈的**磁交鏈** (flux linkage) λ，法拉第定律可重新以磁交鏈的方式表示

$$\boxed{e_{\text{ind}} = \frac{d\lambda}{dt}} \tag{1-41}$$

其中

30 電機機械基本原理

$$\lambda = \sum_{i=1}^{N} \phi_i \quad (1\text{-}42)$$

磁交鏈的單位是韋伯-匝。

法拉第定律是變壓器操作的基本原理，而冷次定律可以預測變壓器線圈感應電壓的極性。

法拉第定律也可以說明前面所提到的渦流損失。如同鐵心外的線圈會因時變的磁通而感應出電壓一樣，鐵心內也會因時變的磁場而感應出電壓，此電壓會在鐵心內引起漩渦式的電流，因其形狀如同河流中的漩渦一樣，所以稱此電流為渦流 (eddy current)。渦流流經具有電阻的鐵心，能量就消耗在鐵心中，而使鐵心變熱。

由於渦電流所造成的能量損失與電流漩渦 (swirl) 和鐵心電阻大小有關，漩渦愈大產生的感應電壓也愈大 (由於漩渦內磁通也愈大)；感應電壓愈大，會造成更大電流流過鐵心，而導致更大的 I^2R 損失。另一方面，在漩渦內一固定感應電壓下，鐵心的電阻愈大，其流過的電流愈小。

這些事實給予我們兩個減少變壓器或電機內磁性材料渦流損的方法，若一鐵磁性鐵心因交流磁通限制而被分解成許多小細片或稱為疊片 (lamination)，則最大電流漩渦會減少，因而導致較小的感應電壓、較小的電流和較低的渦流損。渦流損的減少大約與疊片的厚度成正比，所以疊片厚度愈薄愈好。許多鐵心是由薄疊片並排組疊而成，疊片間會塗佈絕緣樹脂，所以渦電流的路徑會被侷限於很小的區域內；另外，因絕緣層相當薄，所以利用並排組疊的疊片來減少渦流損對於鐵心的磁路特性影響很小。

第二種減少渦流損的方法為增加鐵心材質的電阻值，此種作法通常在鋼製鐵心材質內加入矽，使得鐵心的電阻變大，則對相同的磁通量而言渦電流會變小，而使得 I^2R 損失也變小。

利用疊片或具高電阻鐵心材質都可有效抑制渦電流，在許多例子中兩個方法會同時使用，使得鐵心的渦流損遠低於磁滯損。

例題 1-6 圖 1-15 所示為一繞有線圈的鐵心，如果鐵心中的磁通如下式所示：

$$\phi = 0.05 \sin 377t \quad \text{Wb}$$

而且線圈為 100 匝，則產生在線圈兩端的感應電壓為何？依圖上所示的方向，在磁通增加的時間內感應電壓的極性為何？(假設沒有漏磁通)

解：根據前面的討論，當磁通量增加時，感應電壓的極性須如圖 1-15 中所示的極性。感應電壓的大小則為

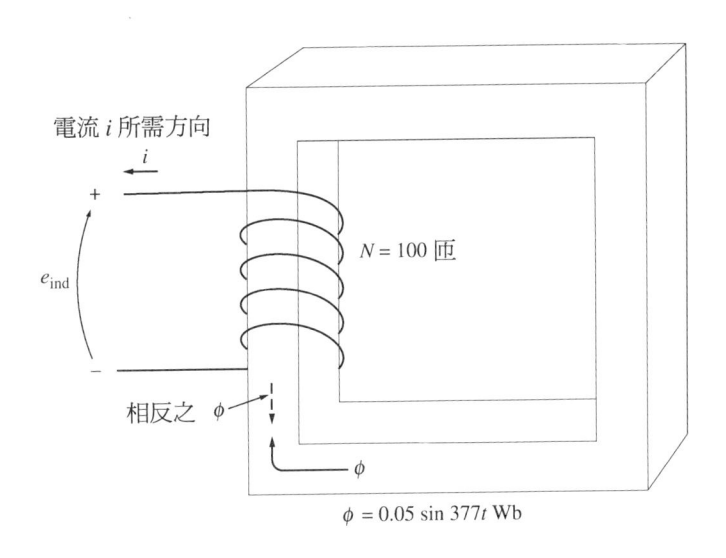

圖 1-15　例題 1-6 的鐵心，感應電壓的方向如圖所示。

$$e_{\text{ind}} = N \frac{d\phi}{dt}$$
$$= (100 \text{ turns}) \frac{d}{dt}(0.05 \sin 377t)$$
$$= 1885 \cos 377t$$

或

$$e_{\text{ind}} = 1885 \sin(377t + 90°) \text{ V}$$

1.6　導線感應力的產生

磁場會對在此磁場中帶有電流的導體感應一力量，這是磁場對其周圍環境的第二個影響。圖 1-16 說明了這個基本觀念，圖中導體放在磁通密度為 **B** 的固定磁場中，磁場的方向指向紙內，導體長度為 l 公尺，流過 i 安培的電流。導體所受力的大小為

$$\mathbf{F} = i(\mathbf{l} \times \mathbf{B}) \tag{1-43}$$

上式中

　　i ＝導線中電流的大小
　　l ＝導線的長度，為一向量，它的方向和電流流動的方向相同
　　B ＝磁通密度向量

力的方向由右手定則決定，也就是說，如果右手食指代表向量 **l**，中指代表向量 **B**，則拇指將指向導線受力的方向。此力的大小由下式表示

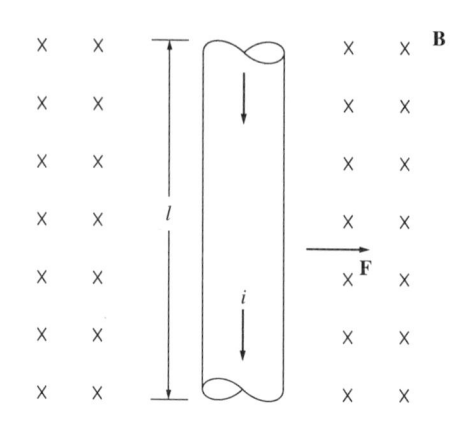

圖 1-16 磁場中一帶有電流的導線。

$$F = ilB \sin \theta \qquad (1\text{-}44)$$

上式中，θ 是導線和磁通密度之間的夾角。

例題 1-7 圖 1-16 所示為一帶有電流的導線置於一磁場中，磁通密度為 0.25 T，方向指向紙內，如果導體長度為 1.0 m，且由上端向下端流有 0.5 A 的電流，試求導線所受力的大小和方向？

解：作用力的方向由右手定則決定，其為向右。力的大小為

$$F = ilB \sin \theta \qquad (1\text{-}44)$$
$$= (0.5 \text{ A})(1.0 \text{ m})(0.25 \text{ T}) \sin 90° = 0.125 \text{ N}$$

因此，

$$\mathbf{F} = 0.125 \text{ N}, \qquad 向右$$

磁場中帶有電流的導線會受一作用力，此為電動機操作 (motor action) 的基本原理。幾乎所有的電動機都是根據這基本原理以產生力和轉矩而使電動機轉動。

1.7 磁場中運動導體的感應電壓

下面將討論磁場對它周圍環境的第三種影響。如果導線以適當方向的移動通過磁場，在導線上將感應出一電壓，這觀念如圖 1-17 所示。導線感應的電壓如下式所示

$$e_{\text{ind}} = (\mathbf{v} \times \mathbf{B}) \cdot \mathbf{l} \qquad (1\text{-}45)$$

上式中

$\mathbf{v}$ = 導線的速度

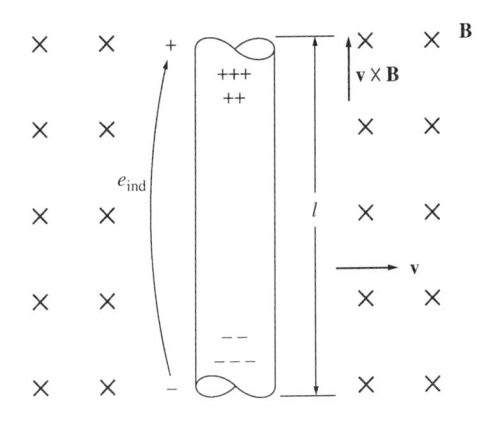

圖 1-17 在磁場中移動的導體。

B = 磁通密度向量
l = 導體在磁場中的長度

向量 **l** 為沿著導線的方向朝著相對於 **v**×**B** 向量使角度最小端，所建立電壓的正端將是向量 **v**×**B** 的方向，下面的例子將說明此一觀念。

例題 1-8 圖 1-17 所示為一導體以 5.0 m/s 的速度在磁場中向右移動，磁通密度為 0.5 T，方向指向紙內，導體長 1.0 m，試問感應電壓的大小及極性？

解：此例中 **v**×**B** 的方向為向上，所以導線的頂端將感應一相對於底端為正的電壓，向量 **l** 的方向必須選擇向上，所以使得它相對於 **v**×**B** 向量之角度為最小。

因為 **v** 和 **B** 垂直，且 **v**×**B** 和 **l** 平行，所以感應電壓的大小為

$$e_{\text{ind}} = (\mathbf{v} \times \mathbf{B}) \cdot \mathbf{l} \tag{1-45}$$
$$= (vB \sin 90°) l \cos 0°$$
$$= vBl$$
$$= (5.0 \text{ m/s})(0.5 \text{ T})(1.0 \text{ m})$$
$$= 2.5 \text{ V}$$

因此感應電壓的大小為 2.5 V，導線的頂端為正端。◀

例題 1-9 圖 1-18 所示為一導體以 10 m/s 的速度在磁場中向右移動，磁通密度為 0.5 T，方向指向紙外，導體長 1.0 m，其方位如圖所示。試問感應電壓的大小和極性？

解：**v**×**B** 的方向為向下，因導線不是上下垂直的擺放，因此 **l** 的方向選擇如圖所示，以使 **l** 和 **v**×**B** 間有最小的夾角。導體的感應電壓是底端為正極，其大小為

$$\begin{aligned} e_{\text{ind}} &= (\mathbf{v} \times \mathbf{B}) \cdot \mathbf{l} \\ &= (vB \sin 90°) \, l \cos 30° \\ &= (10.0 \text{ m/s})(0.5 \text{ T})(1.0 \text{ m}) \cos 30° \\ &= 4.33 \text{ V} \end{aligned}$$

(1-45)

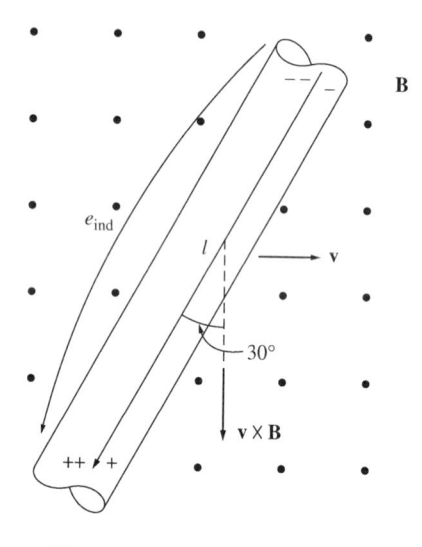

圖 1-18 例題 1-9 中的導體。

在磁場中移動的導線會感應出一電壓，此為發電機操作的基本原理，所以稱此現象為發電機操作 (generator action)。

1.8 一個簡單例子──線性直流機

線性直流機 (linear dc machine) 大概是最簡單也最容易瞭解之直流機，然而其操作原理及行為與一般發電機及電動機相同。所以線性直流機為研究電機機械之好的起點。

圖 1-19 所示為一線性直流機，它由一蓄電池與一電阻透過一開關連接在一對平滑、無摩擦之軌道上。沿著軌床為固定強度之磁場，方向為進入紙面，而一導電金屬構置於軌道上。

此奇怪裝置之行為為何？它的行為可由針對此機器之四個基本方程式之應用而得知，這些方程式為

1. 磁場內導體所受力之方程式：

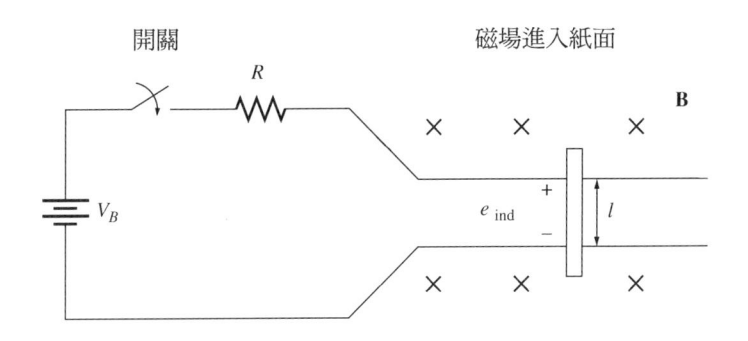

圖 1-19　線性直流機，磁場方向進入紙面。

$$\boxed{\mathbf{F} = i(\mathbf{l} \times \mathbf{B})} \tag{1-43}$$

其中　$\mathbf{F}$ ＝導體所受之力
　　　i ＝導體上電流大小
　　　$\mathbf{l}$ ＝導體長度，$\mathbf{l}$ 方向定義為電流流向
　　　$\mathbf{B}$ ＝磁通密度向量

2. 磁場內移動導體所產生感應電壓方程式：

$$\boxed{e_{\text{ind}} = (\mathbf{v} \times \mathbf{B}) \cdot \mathbf{l}} \tag{1-45}$$

其中　e_{ind} ＝導體所感應電壓
　　　$\mathbf{v}$ ＝導體移動速度
　　　$\mathbf{B}$ ＝磁通密度向量
　　　$\mathbf{l}$ ＝磁場內導體長度

3. 克希荷夫電壓定律。由圖 1-19 可得

$$V_B - iR - e_{\text{ind}} = 0$$

$$\boxed{V_B = e_{\text{ind}} + iR = 0} \tag{1-46}$$

4. 軌道上導體之牛頓定律：

$$\boxed{F_{\text{net}} = ma} \tag{1-7}$$

我們將利用這四個方程式來說明此直流機之基本特性。

啟動線性直流機

圖 1-20 為於啟動狀態下之線性直流機。只要閉合開關即可啟動直流機。開關閉合導體上會有電流流動，由克希荷夫電壓定律可得：

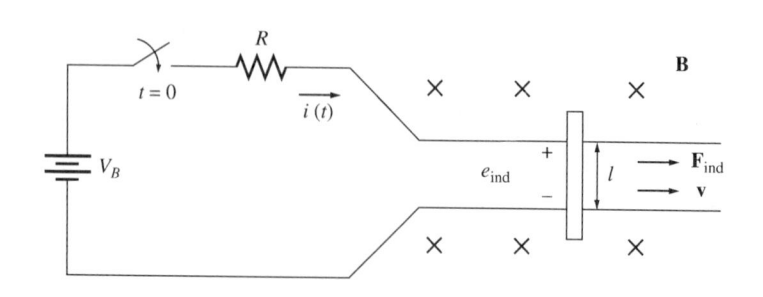

圖 1-20 啟動線性直流機。

$$i = \frac{V_B - e_{ind}}{R} \tag{1-47}$$

因為開始導體上之 $e_{ind}=0$，所以 $i=V_B/R$。電流往下流過導體，但由式 (1-43)，磁場內導體有電流流過會在導線上感應一力，由此直流機之幾何形狀，可得

$$F_{ind} = ilB \quad 往右 \tag{1-48}$$

因此導體將往右移動 (根據牛頓定律)。然而，當導體速度增加時，導體上會感應一電壓，此電壓如式 (1-45) 所示，在此可減化為

$$e_{ind} = vBl \quad 正端在上 \tag{1-49}$$

此電壓會使流到導體之電流減少，因由克希荷夫電壓定律

$$i\downarrow = \frac{V_B - e_{ind}\uparrow}{R} \tag{1-47}$$

當 e_{ind} 增加，電流 i 會減少。

此動作使得導體會到達一固定的穩態速度，當導體上所受之淨力為零時。這發生在當 e_{ind} 增加到與 V_B 相等時。在這時候，導體之移動速度為

$$V_B = e_{ind} = v_{ss}Bl$$
$$v_{ss} = \frac{V_B}{Bl} \tag{1-50}$$

除非有外力干擾，否則此導體將永遠以無載速度滑行。當電動機被啟動後，其速度 v、感應電壓 e_{ind}、電流 i 與感應的力 F_{ind} 如圖 1-21 所示。

在啟動下，線性直流機之行為可說明如下：

1. 開關閉合產生一電流 $i=V_B/R$。
2. 電流在導體上產生一力為 $F=ilB$。
3. 導體往右加速，當它加速時產生一感應電壓 e_{ind}。

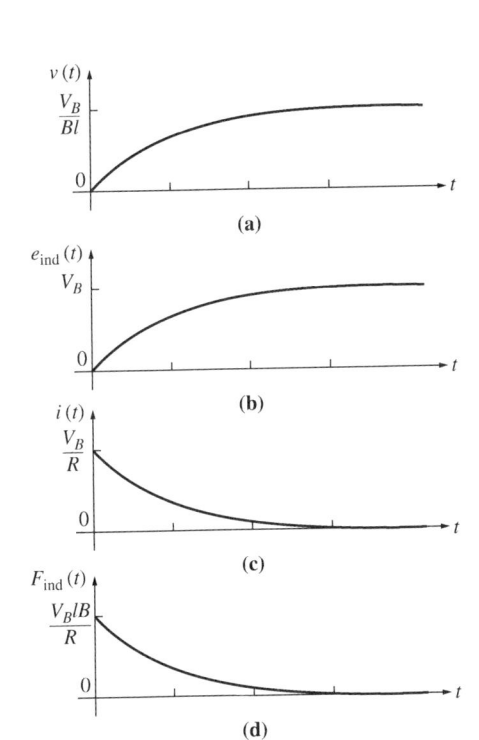

圖 1-21 啟動時之線性直流機。(a) 速度 $v(t)$；(b) 感應電壓 $e_{\text{ind}}(t)$；(c) 電流 $i(t)$；(d) 感應力 $F_{\text{ind}}(t)$。

4. 感應電壓使得電流 $i = (V_B - e_{\text{ind}}\uparrow)/R$ 減少。
5. 感應力因此減少 ($F = i\downarrow lB$) 直到 $F = 0$，在此時，$e_{\text{ind}} = V_B$，$i = 0$，而導體以一固定的無載速度 $v_{ss} = V_B/Bl$ 運動。

這是實際電動機啟動行為之精確的觀察。

當作電動機之線性直流機

假設一線性機開始運轉於如上所述之無載穩態狀況下，當此機有外加負載時將會發生什麼狀況？為了得到答案，我們看圖 1-22，此處有一與運動反方向之力 $\mathbf{F}_{\text{load}}$ 加於導體上，因為導體原本在穩態下，當外加 $\mathbf{F}_{\text{load}}$ 後，將得到一與運動方向相反之淨力 ($\mathbf{F}_{\text{net}} = \mathbf{F}_{\text{load}} - \mathbf{F}_{\text{ind}}$)，此力將使導體速度變慢。但就在導體速度變慢瞬間，導體上之感應電壓也下降 ($e_{\text{ind}} = v\downarrow Bl$)。當感應電壓減少，導體上電流會上升：

$$i\uparrow = \frac{V_B - e_{\text{ind}}\downarrow}{R} \tag{1-47}$$

如此使得感應力也增加 ($F_{\text{ind}} = i\uparrow lB$)。這整個連鎖反應結果為感應力增加，直到與外加力相等且反向為止，而導體又以另一個穩態但較低速度運動。當有負載加於導體上時，其速度 v、感應電壓 e_{ind}、電流 i 與感應力 F_{ind}，如圖 1-23 所示。

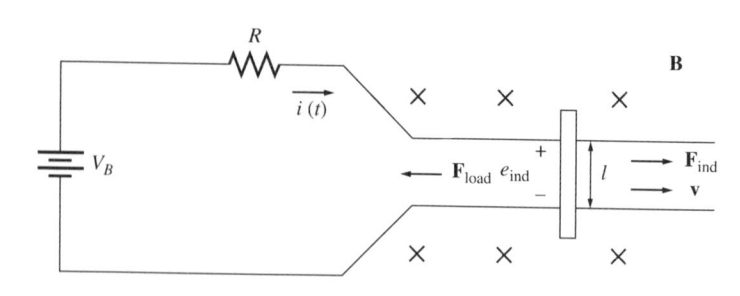

圖 1-22 當作電動機之線性直流機。

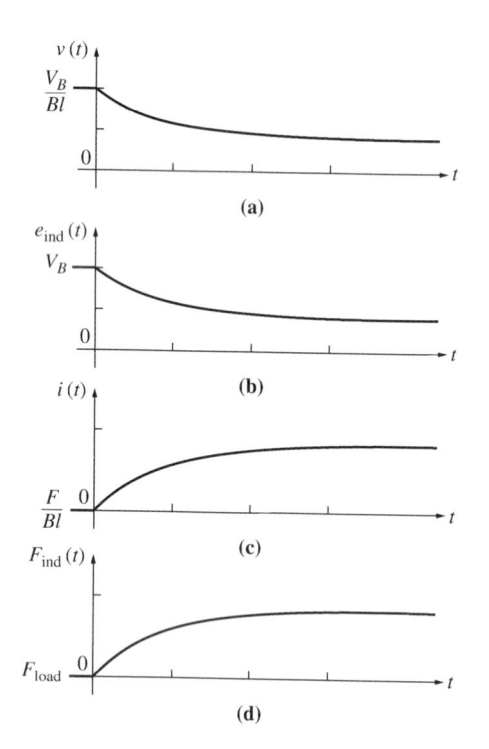

圖 1-23 線性直流機運轉於無載狀態與加載如一電動機。(a) 速度 $v(t)$；(b) 感應電壓 $e_{ind}(t)$；(c) 電流 $i(t)$；(d) 感應力 $F_{ind}(t)$。

現若有一感應力在導體運動方向，而功率是由電的形式轉換成機械的形式以維持導體運動。此功率之轉換為

$$P_{conv} = e_{ind}i = F_{ind}v \tag{1-51}$$

消耗在導體上之電功率 $e_{ind}i$ 等於機械功率 $F_{ind}v$。因為功率是由電的形式轉換成機械形式，此導體當電動機運轉。

以上行為可整理為：

1. 一外力 $\mathbf{F}_{load}$ 加於反運動方向，造成一反運動方向之淨力 $\mathbf{F}_{net}$。
2. 產生的加速度 $a = F_{net}/m$ 為負的，所以導體速度下降（$v\downarrow$）。
3. 電壓 $e_{ind} = v\downarrow Bl$ 下降，則 $i = (V_B - e_{ind}\downarrow)/R$ 增加。

4. 感應力 $F_{ind}=i\uparrow lB$ 增加直到 $|\mathbf{F}_{ind}|=|\mathbf{F}_{load}|$ 在一較低速度 v。
5. 電功率 $e_{ind}i$ 轉換為 $F_{ind}v$ 之機械功率，而此機器之行為如一電動機。

實際直流電動機當加載時有更精確之類似行為：當負載加於轉軸上時，電動機會減速，此會使其內部電壓減少，電流增加，此增加電流會使其感應轉矩增加，而此感應轉矩會等於電動機在一新的、較低的速度時之負載轉矩。

注意到此線性電動機由電的形式轉換成機械形式之功率為 $P_{conv}=F_{ind}v$，在實際運轉的電動機，此由電的形式轉換成機械形式之功率為

$$P_{conv} = \tau_{ind}\omega \tag{1-52}$$

其中感應轉矩 τ_{ind} 為感應力 F_{ind} 之旋轉形式，而角速度 ω 為線性速度 v 之旋轉形式。

當作發電機之線性直流機

假設此線性機又操作於無載穩態情況下，此時在運動方向加一外力並看有何反應。

圖 1-24 所示為在運動方向加一外力 $\mathbf{F}_{app}$ 之線性機，此外力將使此導體在運動方向加速，且導體速度 v 也增加。當速度增加，$e_{ind}=v\uparrow Bl$ 也增加且會比蓄電池電壓 V_B 大，當 $e_{ind}>V_B$，電流會反向，而可用下式表示

$$i = \frac{e_{ind} - V_B}{R} \tag{1-53}$$

因為此電流往上流過此導體，而會感應一力為

$$F_{ind} = ilB \quad \text{往左} \tag{1-54}$$

感應力的方向可由右手定則決定。此感應力與外加於導體上之力相反。

最後，此感應力將與外加力相等且反向，而導體將會以一更高速度運動。注意到此時蓄電池正在充電。此線性機現為發電機，它轉換機械功率 $F_{ind}v$ 為電功率 $e_{ind}i$。

以上行為可整理為：

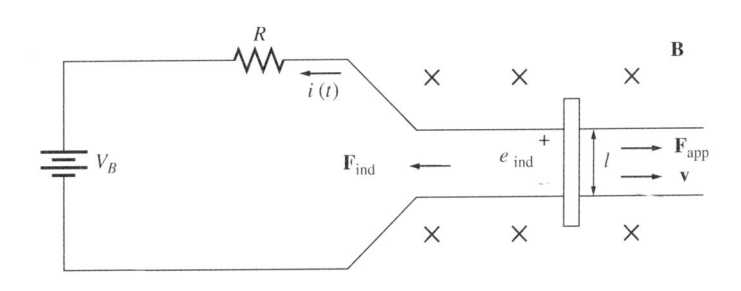

圖 1-24 當作發電機之線性直流機。

1. 於運動方向加一外力 $\mathbf{F}_{app}$；則在運動方向可得一淨力 $\mathbf{F}_{net}$。
2. 加速度 $a=F_{net}/m$ 為正，所以導體加速 ($v\uparrow$)。
3. 電壓 $e_{ind}=v\uparrow Bl$ 增加，而 $i=(e_{ind}\uparrow -V_B)/R$ 也增加。
4. 感應力 $F_{ind}=i\uparrow lB$ 增加直到 $|\mathbf{F}_{ind}|=|\mathbf{F}_{load}|$ 在一更高速度 v 為止。
5. 一機械功率 $F_{ind}v$ 轉變成電功率 $e_{ind}i$，而此機器之行為為一發電機。

實際直流發電機亦有此行為：在運動方向加一轉矩於軸上，則軸速度會增加，內部電壓也增加，而電流由發電機流至負載。此機械功率轉換為電功率大小可用式 (1-52) 表示為

$$P_{conv} = \tau_{ind}\omega \tag{1-52}$$

相同機器既當電動機又當發電機是相當有趣的，兩者唯一差別在於外力是加於運動方向 (發電機) 或反運動方向 (電動機)。當 $e_{ind}>V_B$，此機器為發電機，而當 $e_{ind}<V_B$，此機器為一電動機。不管它是電動機或發電機，其感應力 (電動機行為) 與感應電壓 (發電機行為) 是一直存在的，只是它對於運動方向之外力相對方向決定整個機器行為是電動機或是發電機。

另外有一很有趣事實為：當此機器為發電機時，它移動較快速，而當它是電動機時移動較慢，但不管是電動機或是發電機，它總是以相同方向移動。許多初學者期望一機器在一轉向時為一發電機，而在反轉向時為一電動機，這是不可能的。而僅有的小變化為操作速度與電流方向改變。

線性機之啟動問題

圖 1-25 所示為一線性機。它外加一 250 V 直流電，內部電阻 R 大約 0.1 Ω。(此電阻 R 為實際直流機內部電阻之模式化，這對一中型容量直流電動機而言，此內部電阻值是十分合理的。)

圖中給實際數值是為突顯此機器之主要問題 (與它們的簡化線性模型)。在啟動情況下，導體速度為零，則 $e_{ind}=0$，啟動電流為

$$i_{start} = \frac{V_B}{R} = \frac{250\ V}{0.1\ \Omega} = 2500\ A$$

此電流很大，通常超過額定電流 10 倍。此電流會對電動機造成損壞，實際交流與直流機在啟動時同樣有大電流問題。

要如何預防此大啟動電流所造成的損壞呢？最簡單的方法為在啟動時外加電阻於電路上以限制電流，直到 e_{ind} 建立至足以限制啟動電流為止。圖 1-26 所示為外加啟動電阻於線性機上。

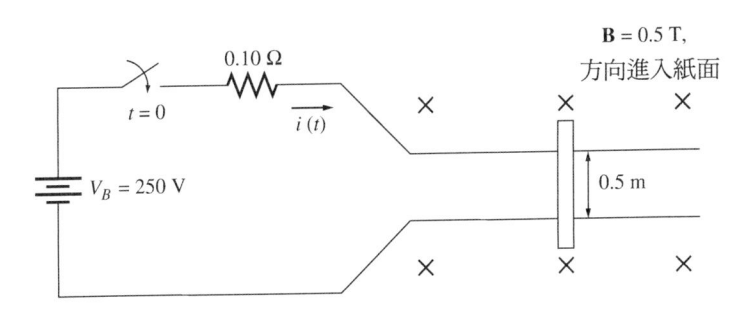

圖 1-25 有元件值之線性直流機以說明過大啟動電流問題。

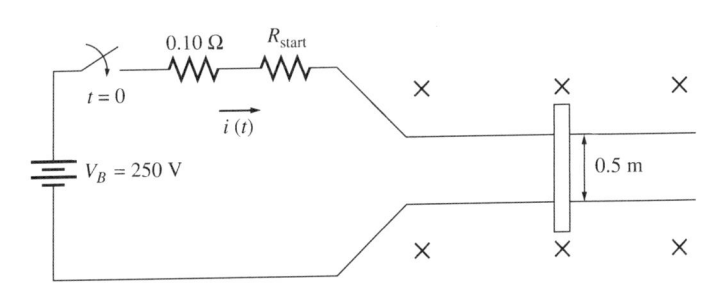

圖 1-26 外加一串聯電阻於線性直流機以控制啟動電流。

此問題同樣存在於實際直流機，而它是以相同方式處理——於啟動時加一電阻於電動機電樞電路以限制啟動電流。在實際交流機對於大啟動電流之控制會用不同方式，此在第六章會介紹。

例題 1-10 圖 1-27a 所示之線性直流機，其蓄電池電壓為 120 V，內部電阻 0.3 Ω，磁通密度 0.1 T。

(a) 求最大啟動電流？無載穩態速度？
(b) 若有一 30 N 力往右加於導體上，則穩態速度之改變為何？此導體將產生或消耗多少功率？蓄電池將產生或消耗多少功率？說明此二圖之差異，並說明此機器是當電動機或發電機？
(c) 若有一 30 N 力往左加於導體上，則新的穩態速度為何？現在此機器是發電機或是電動機？
(d) 假設有一力往左加於導體上，計算導體上以力為函數之速度，而力由 0 N 至 50 N 每個間隔 10 N，並畫出速度對外力曲線。
(e) 若導體無負載，而它突然移動到一磁場減弱到 0.08 T 處，則此導體之移動速度為何？

42 電機機械基本原理

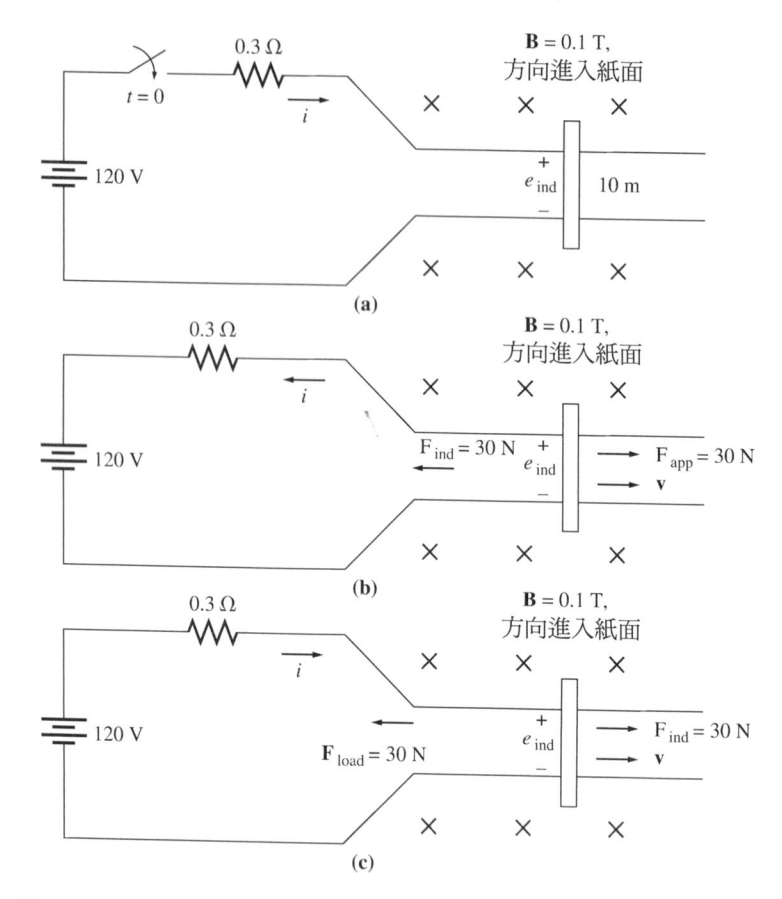

圖 1-27 例題 1-10 之線性直流機。(a) 啟動狀態；(b) 當發電機操作；(c) 當電動機操作。

解：

(a) 在啟動時，導體速度為零，則 $e_{\text{ind}}=0$，因此，

$$i = \frac{V_B - e_{\text{ind}}}{R} = \frac{120 \text{ V} - 0 \text{ V}}{0.3 \text{ }\Omega} = 400 \text{ A}$$

在到達穩態時，$\mathbf{F}_{\text{ind}}=0$ 而 $i=0$，則

$$VB = e_{\text{ind}} = v_{ss}Bl$$

$$v_{ss} = \frac{V_B}{Bl}$$

$$= \frac{120 \text{ V}}{(0.1 \text{ T})(10 \text{ m})} = 120 \text{ m/s}$$

(b) 參照圖 1-27b，若有一 30 N 力往右加於導體上，最後穩態速度將發生於感應力 $\mathbf{F}_{\text{ind}}$ 等於外加力 $\mathbf{F}_{\text{app}}$ 且反向，所以導體上之淨力為零：

$$F_{\text{app}} = F_{\text{ind}} = ilB$$

因此

$$i = \frac{F_{\text{ind}}}{lB} = \frac{30 \text{ N}}{(10 \text{ m})(0.1 \text{ T})}$$
$$= 30 \text{ A} \quad \text{往上流過導體}$$

而導體上感應電壓 e_{ind} 為

$$e_{\text{ind}} = V_B + iR$$
$$= 120 \text{ V} + (30\text{A})(0.3 \text{ }\Omega) = 129 \text{ V}$$

則最後穩態速度為

$$v_{\text{ss}} = \frac{e_{\text{ind}}}{Bl}$$
$$= \frac{129 \text{ V}}{(0.1 \text{ T})(10 \text{ m})} = 129 \text{ m/s}$$

導體產生 $P = (129 \text{ V})(30\text{A}) = 3870$ W 功率，而蓄電池消耗 $P = (120 \text{ V})(30 \text{ A}) = 3600$ W，兩者相差 270 W 為電阻上損失，此電機為發電機。

(c) 參照圖 1-25c，此時外力往左，而感應力往右，在穩態時，

$$F_{\text{app}} = F_{\text{ind}} = ilB$$
$$i = \frac{F_{\text{ind}}}{lB} = \frac{30 \text{ N}}{(10 \text{ m})(0.1 \text{ T})}$$
$$= 30 \text{ A} \quad \text{往下流過導體}$$

而導體上感應電壓 e_{ind} 為

$$e_{\text{ind}} = V_B - iR$$
$$= 120 \text{ V} - (30 \text{ A})(0.3 \text{ }\Omega) = 111 \text{ V}$$

而最終速度為

$$v_{\text{ss}} = \frac{e_{\text{ind}}}{Bl}$$
$$= \frac{111 \text{ V}}{(0.1 \text{ T})(10 \text{ m})} = 111 \text{ m/s}$$

此機器現為一電動機，它轉換蓄電池之電功率為導體運動之機械功率。

(d) 此小題適合用 MATLAB 來解，我們可利用 MATLAB 之向量計算來決定每個作用力下之導體速度。MATLAB 所執行的計算為在 (c) 內手算結果，以下程式計算電流、感應電壓與速度，然後畫出作用於導體上之力對速度曲線。

```
% M-file: ex1_10.m
% M-file to calculate and plot the velocity of
% a linear motor as a function of load.
VB = 120;                    % Battery voltage (V)
r = 0.3;                     % Resistance (ohms)
l = 1;                       % Bar length (m)
B = 0.6;                     % Flux density (T)

% Select the forces to apply to the bar
F = 0:10:50;                 % Force (N)

% Calculate the currents flowing in the motor.
i = F ./ (l * B);            % Current (A)

% Calculate the induced voltages on the bar.
eind = VB - i .* r;          % Induced voltage (V)

% Calculate the velocities of the bar.
v_bar = eind ./ (l * B);     % Velocity (m/s)

% Plot the velocity of the bar versus force.
plot(F,v_bar);
title ('Plot of Velocity versus Applied Force');
xlabel ('Force (N)');
ylabel ('Velocity (m/s)');
axis ([0 50 0 200]);
```

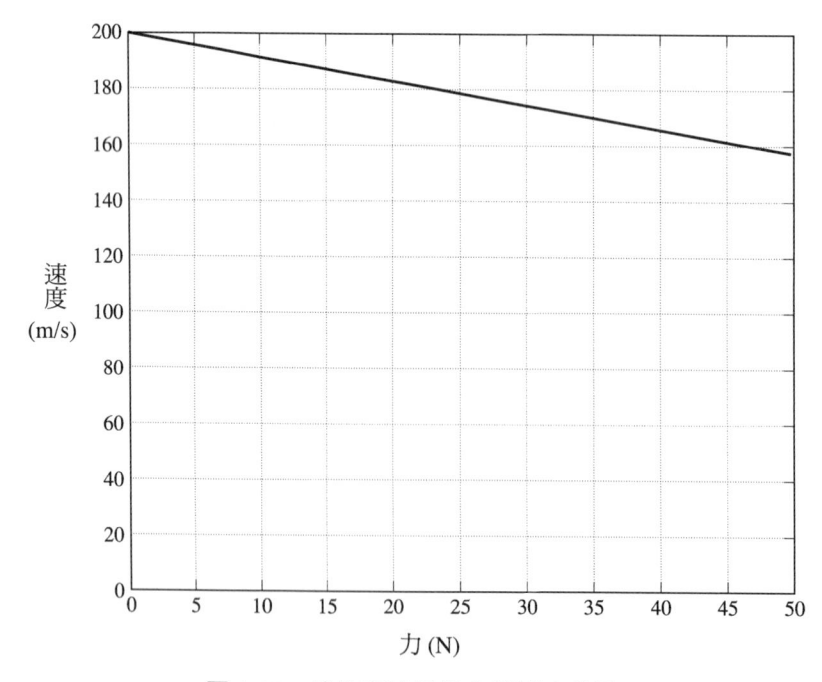

圖 1-28　線性直流機外力對速度曲線。

所畫出曲線如圖 1-28 所示。注意到當負載增加時，導體速度會愈來愈慢。

(e) 若導體一開始未加載，則 $e_\text{ind} = V_B$，若導體突然移至一較弱磁場處，將會有一暫態發生，一旦此暫態消失，e_ind 將會再等於 V_B。 ◀

此現象可用來決定導體最後速度，初始速度 (initial speed) 為 120 m/s，最後速度 (final speed) 為

$$V_B = e_\text{ind} = v_{ss} Bl$$
$$v_{ss} = \frac{V_B}{Bl}$$
$$= \frac{120 \text{ V}}{(0.08 \text{ T})(10 \text{ m})} = 150 \text{ m/s}$$

因此當磁通減弱，導體將加速。實際直流電動機亦有此現象：當直流電動機磁通減弱，它會加速。而線性機與實際直流電動機有相同行為。

1.9　交流電路之實功、虛功與視在功率

本節描述單相交流電路內之實功、虛功與視在功率間之關係，對於三相交流電路之類似分析，請見附錄 A。

如圖 1-29a 所示之直流電路，其供給直流負載之功率等於載兩端電壓與流過負載之電流的乘積，為

$$P = VI \tag{1-55}$$

然而對於一弦波交流電路而言，功率會比較複雜，因為供給負載之交流電壓與電流間存在著相位差，供給交流負載之瞬時 (instantaneous) 功率仍舊是瞬時電壓與電流的乘積，但平均 (average) 功率則受到電壓與電流間的相位角所影響，接著將闡述此相位差對於供給交流負載之平均功率的影響。

圖 1-29b 所示為一單相電壓源供電給一阻抗為 $\mathbf{Z} = Z \angle \theta\ \Omega$ 之單相負載電路，若假設負載為電感性，則負載之阻抗角 θ 為正，且電流落後電壓 θ 度。

供給此負載之電壓為

$$v(t) = \sqrt{2} V \cos \omega t \tag{1-56}$$

其中 V 為負載電壓的 rms 值，而電流為

$$i(t) = \sqrt{2} I \cos(\omega t - \theta) \tag{1-57}$$

其中 I 為流過負載之電流的 rms 值。

在任何一時間 t，供給負載之瞬時功率為

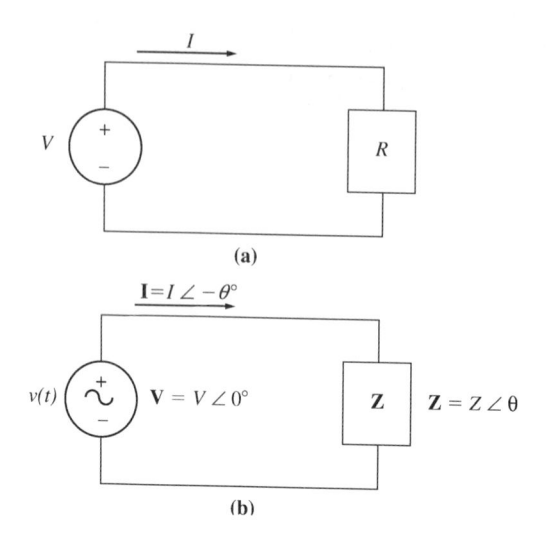

圖 1-29 (a) 供給一電阻為 R 之負載的直流電壓源。(b) 供電給一阻抗為 $Z=Z\angle\theta\ \Omega$ 之負載的交流電壓源。

$$p(t) = v(t)i(t) = 2VI \cos \omega t \cos(\omega t - \theta) \tag{1-58}$$

此式內之角 θ 為負載的阻抗角 (impedance angle)。對電感性負載而言，阻抗角為正，且電流波形落後電壓波形 θ 度。

式 (1-58) 利用三角恆等式，整理後瞬時功率可表示為

$$p(t) = VI \cos \theta (1 + \cos 2\omega t) + VI \sin \theta \sin 2\omega t \tag{1-59}$$

上式第一項代表與電壓同相 (in phase) 的電流分量所產生之功率，而第二項代表與電壓相位差 90° 之電流分量之功率，組成此式之兩個量如圖 1-30 所示。

注意到瞬時功率第一項總是為正，但它以功率脈動方式取代一固定值，此項之平均值為

$$P = VI \cos \theta \tag{1-60}$$

此平均值即為式 (1-59) 中第二項供給負載之平均或實功率 (P)。實功率單位為瓦 (W)，其中 1 W＝1 V×1 A。

注意到瞬時功率第二項有一半時間為正另一半時間為負，所以此項所供給之平均功率為零。此項代表著功率先由電源送至負載，然後再由負載回送到電源，此功率在電源與負載間來回傳送，就是我們所知的虛功率 (reactive power)(Q)。虛功率代表著電感磁場或電容電場內能量的儲存與釋放。

一負載的虛功率可表示為

$$Q = VI \sin \theta \tag{1-61}$$

其中 θ 為負載的阻抗角。習慣上，電感性負載的 Q 為正而電容性負載的 Q 為負，因為

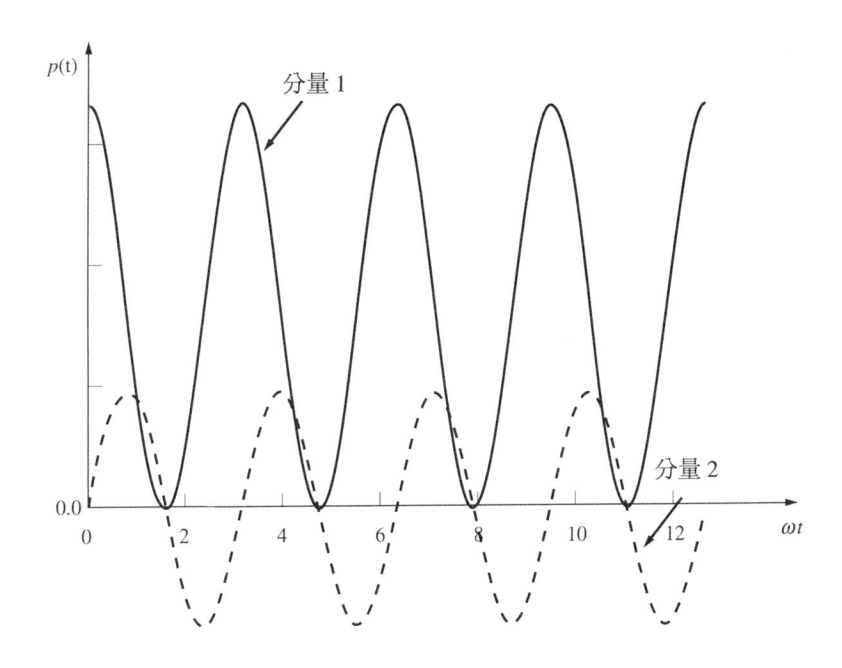

圖 1-30 供給一單相負載的功率分量對時間波形。第一個量表與電壓同相之電流分量產生功率,而第二個量表與電壓相位差 90° 之電流分量之功率。

電感性負載的阻抗角 θ 為正,而電容性負載的阻抗角為負。虛功率的單位為乏 (var),其中 1 var = 1 V × 1 A,即使虛功率之因次單位與瓦相同,但習慣上還是以虛功率來與供給負載之實功作區別。

供給負載之視在功率 (S) 定義為負載兩端電壓與流過負載電流的乘積,若不考慮電壓與電流間之相位角差,則此功率即為「出現」在負載上之功率。因此,一負載的視在功率可表示為

$$S = VI \tag{1-62}$$

視在功率的單位為伏安 (VA),其中 1 VA = 1 V × 1 A。就如虛功率一樣,視在功率也有不一樣的單位避免跟實功和虛功混淆。

功率方程式的另一種表示

若負載有固定的阻抗,則利用歐姆定理,可推導出供給負載之實功、虛功與視在功率的另一種表示方式。因負載兩端的電壓大小為

$$V = IZ \tag{1-63}$$

將式 (1-63) 代入式 (1-60) 至 (1-62),可得到以電流和阻抗表示之實功、虛功與視在功率方程式為

$$P = I^2 Z \cos \theta \tag{1-64}$$

$$Q = I^2 Z \sin \theta \tag{1-65}$$

$$S = I^2 Z \tag{1-66}$$

其中 |Z| 為負載阻抗 Z 的大小值。

又負載 Z 之阻抗可表示成

$$Z = R + jX = |Z| \cos \theta + j|Z| \sin \theta$$

由上式可知 R = |Z| cos θ 與 X = |Z| sin θ，所以負載之實功與虛功也可表示為

$$P = I^2 R \tag{1-67}$$

$$Q = I^2 X \tag{1-68}$$

其中 R 為負載 Z 的電阻，而 X 為其電抗。

複數功率

為簡化計算，實功與虛功有時可以複數功率 (complex power) **S** 來表示為

$$\mathbf{S} = P + jQ \tag{1-69}$$

供給一負載的複數功率 **S** 可由下列計算得到

$$\mathbf{S} = \mathbf{VI}^* \tag{1-70}$$

其中星號 (∗) 表共軛複數運算子。

為瞭解上式，假定負載電壓為 **V** = V∠α，而流過負載的電流為 **I** = I∠β，則供給負載之複數功率為

$$\begin{aligned}\mathbf{S} = \mathbf{VI}^* &= (V\angle\alpha)(I\angle-\beta) = VI \angle(\alpha - \beta) \\ &= VI \cos(\alpha - \beta) + jVI \sin(\alpha - \beta)\end{aligned}$$

阻抗角 θ 為電壓與電流間的相角差 (θ = α − β)，故此式可簡化為

$$\begin{aligned}\mathbf{S} &= VI \cos \theta + jVI \sin \theta \\ &= P + jQ\end{aligned}$$

阻抗角、電流角與功率間之關係

由基本的電路理論知，一電感性負載 (圖 1-31) 有一正的阻抗角 θ，因為電感的電抗為正。若一負載的阻抗角 θ 為正，則流過此負載的電流之相角將落後 (lag) 負載電壓的相角 θ 度。

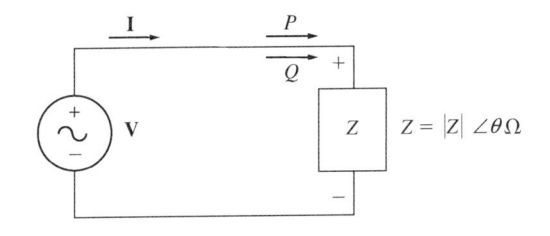

圖 1-31　具有正阻抗角 θ 之電感性負載。此負載產生一落後的電流，並消耗電源產生的實功 P 與虛功 Q。

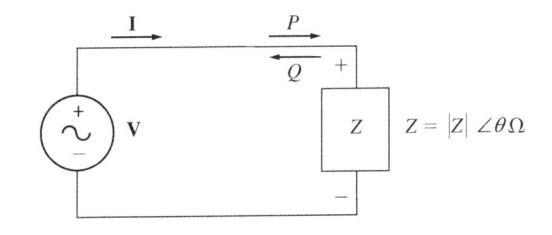

圖 1-32　具有負阻抗角 θ 之電容性負載。此負載產生一領先的電流，並消耗電源的實功，但供應虛功給電源。

$$\mathbf{I} = \frac{\mathbf{V}}{\mathbf{Z}} = \frac{V\angle 0°}{|Z|\angle \theta} = \frac{V}{|Z|} \angle -\theta$$

另外，若負載之阻抗角 θ 為正，則負載所消耗的虛功率為正 [式 (1-65)]，且負載同時消耗電源產生的實功和虛功。

相對地，一電容性負載 (圖 1-32) 有負的阻抗角 θ，因為電容之電抗為負。若一負載的阻抗角 θ 為負，則流過此負載的電流之相角將領先 (lead) 負載電壓的相角 θ 度；另外，若負載之阻抗角 θ 為負，則負載所消耗的虛功率 Q 為負 [式 (1-65)]，且負載消耗電源的實功，但供應虛功給電源。

功率三角形

供給負載之實功、虛功與視在功率之間的關係可以功率三角形 (power triangle) 來表示。如圖 1-33 所示。左下角之角度為阻抗角 θ，三角形鄰邊為實功 P，而對邊為虛功 Q。斜邊為視在功率 S。

$\cos \theta$ 的值即為負載的功因 (power factor)，功因的定義為視在功率 S 的一部分，此部分即為實際供給負載之實功率，則

$$\text{PF} = \cos \theta \tag{1-71}$$

$\cos \theta = \dfrac{P}{S}$

$\sin \theta = \dfrac{Q}{S}$

$\tan \theta = \dfrac{Q}{P}$

圖 1-33　功率三角形。

其中 θ 為負載的阻抗角。

注意到 $\cos\theta = \cos(-\theta)$，所以由一 +30° 的阻抗角產生的功因與 −30° 阻抗角產生的功因是一樣的，因為我們無法單獨由功因得知負載為電感性或電容性，而當引用到功因時，常用的說法為電流領先或落後電壓。

功率三角形使得實功、虛功、視在功率與功因之間關係變得很清楚，並且提供方便的各種功率量間的互算方法，當某些量已知時。

例題 1-11 圖 1-34 所示為一交流電壓源供電給一阻抗 $Z = 20\angle-30°\ \Omega$ 的負載，計算供給負載的電流 **I**、功因、實功、虛功、視在功率與複數功率。

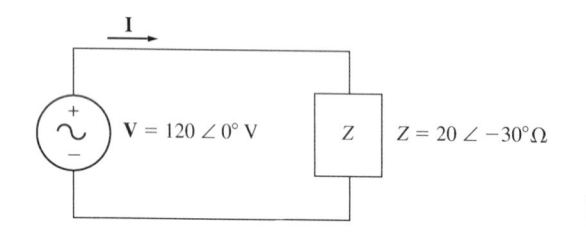

圖 1-34 例題 1-11 之電路。

解：
供給負載的電流為

$$\mathbf{I} = \frac{\mathbf{V}}{\mathbf{Z}} = \frac{120\angle 0°\ \text{V}}{20\angle-30°\ \Omega} = 6\angle 30°\ \text{A}$$

功因為

$$\text{PF} = \cos\theta = \cos(-30°) = 0.866\ \text{領先} \tag{1-71}$$

(注意到此為電容性負載，所以阻抗角 θ 為負，且電流領先電壓。)

供給負載實功為

$$P = VI\cos\theta$$
$$P = (120\ \text{V})(6\ \text{A})\cos(-30°) = 623.5\ \text{W} \tag{1-60}$$

虛功為

$$Q = VI\sin\theta$$
$$Q = (120\ \text{V})(6\ \text{A})\sin(-30°) = -360\ \text{VAR} \tag{1-61}$$

視在功率為

$$S = VI$$
$$Q = (120\ \text{V})(6\ \text{A}) = 720\ \text{VA} \tag{1-62}$$

複數功率為

$$\begin{aligned} \mathbf{S} &= \mathbf{VI}^* \\ &= (120\angle 0° \text{ V})(6\angle -30° \text{ A})^* \\ &= (120\angle 0° \text{ V})(6\angle 30° \text{ A}) = 720\angle 30° \text{ VA} \\ &= 623.5 - j360 \text{ VA} \end{aligned} \qquad (1\text{-}70)$$

1.10 總　結

本章對一單軸旋轉的機械系統做了簡略的複習，同時也介紹了磁場的來源及其效應，這對變壓器、電動機和發電機的瞭解十分重要。然後也對所研究之最簡單的線性直流電動機／發電機做了結論。

以往在英語系國家中，都習慣使用英制單位來測量電機中有關機械的量，但最近除了美國以外，幾乎全世界都以 SI 單位取代英制單位，而美國也在轉變中。由於 SI 單位愈來愈重要，本書中大部分的例題都使用 SI 單位。

在討論旋轉機械的那一節中，我們以沿著單軸旋轉的特殊情形來解釋角位置、角速度、角加速度、轉矩、牛頓定律、功與功率，其中一些主要的關係 (例如功率和速度方程式) 使用了 SI 和英制兩種單位。

我們解釋了由電流產生的磁場，而且詳細的探討了鐵磁材料的特性。利用分域理論，我們解釋了鐵磁材料磁化曲線的形狀及磁滯的觀念，同時也對渦流損失加以討論。

法拉第定律敘述了通過線圈的磁通會使線圈產生電壓，此電壓和磁通對時間的變化率成正比。法拉第定律是變壓器的基本原理，第三章中我們將作更詳細的探討。

流有電流的導線如果適當的放置在磁場中，導線上將受到一作用力，這是所有實用電動機的基本原理。

磁場內適當放置且移動的導線會感應出電壓，此為實用發電機的基本原理。

由一在磁場內移動的導體所構成之簡單線性直流機，說明了許多實際電動機與發電機之特性，當有負載加上時，它會減速；而當電動機運轉，會將電能轉換為機械能。當有一力拉此導體，使它的速度比無載穩態速度快時，它就是一發電機，將機械能轉換為電能。

在交流電路中，實功率 P 為電源供給負載的平均功率，虛功率 Q 為在電源與負載間來回交換的功率量，習慣上電感性負載 $(+\theta)$ 消耗正的虛功，而電容性負載 $(-\theta)$ 消耗負的虛功 (或提供正的虛功)，視在功率 S 為「出現」在負載上之功率，而只考慮電壓與電流的大小值。

問　題

1-1 何謂轉矩？其在旋轉機械中扮演什麼角色？
1-2 何謂安培定律？
1-3 何謂磁場強度？何謂磁通密度？它們之間有什麼關係？
1-4 磁路的觀念如何幫助變壓器及電機機械鐵心的設計？
1-5 何謂磁阻？
1-6 何謂鐵磁性材料？為何鐵磁性材料的導磁係數如此高？
1-7 鐵磁性材料的相對導磁係數如何隨磁動勢而變化？
1-8 何謂磁滯？試以分域理論解釋磁滯現象。
1-9 何謂渦流損失？如何減少鐵心中的渦流損失？
1-10 為何暴露在交變磁通中的鐵心均製成薄片狀？
1-11 何謂法拉第定律？
1-12 磁場欲對一導線產生作用力需有哪些條件？
1-13 磁場欲在導線上感應出電壓需有哪些條件？
1-14 為何線性機為觀察實際直流機行為之很好例子？
1-15 圖 1-19 之線性機運轉於穩態下，當蓄電池電壓增加時，導體將有何變化？請詳加說明。
1-16 線性機之磁通減少為何使得速度增加？
1-17 電感性負載內其電流是領先或落後電壓？負載的虛功率為正或負？
1-18 實功、虛功與視在功率的定義為何？計量單位為何？它們之間有何關係？
1-19 功因定義為何？

習　題

1-1 電動機轉軸以 1800 r/min 的速度旋轉，試問轉軸的速度為多少 rad/sec？

1-2 一靜止飛輪，其轉動慣量為 4 kg·m^2，以 6 N·m 的轉矩 (逆時針方向) 供應給此飛輪，則 5 秒後飛輪的速度為何？試分別以 rad/sec 及 r/min 為單位來表示。

1-3 如圖 P1-1 所示，一 10 N 力施於一半徑 $r = 0.15$ m 圓柱上，圓柱的慣量 $J = 4$ kg·m^2，試問圓柱所產生的轉矩大小及方向？角加速度 α 又為何？

1-4 一電動機提供 50 N·m 的轉矩給它的負載，如果電動機轉軸以 1500 r/min 的速度旋轉，試問提供給負載的機械功率是多少瓦？又是多少馬力？

1-5 圖 P1-2 為一鐵磁性鐵心，鐵心深度 5 cm，其他尺寸如圖上所示。試求欲產生

r = 0.15 m
J = 4 kg·m²

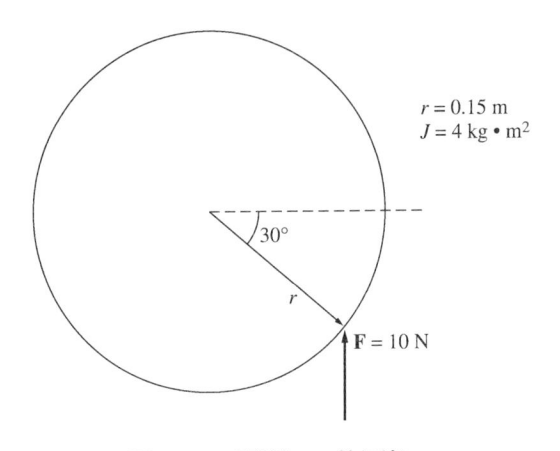

30°

r

F = 10 N

圖 P1-1 習題 1-3 的圓柱。

―10 cm―|―20 cm―|5 cm|

15 cm

i →

φ

500 匝

15 cm

+
−

φ

15 cm

鐵心深度 = 5 cm

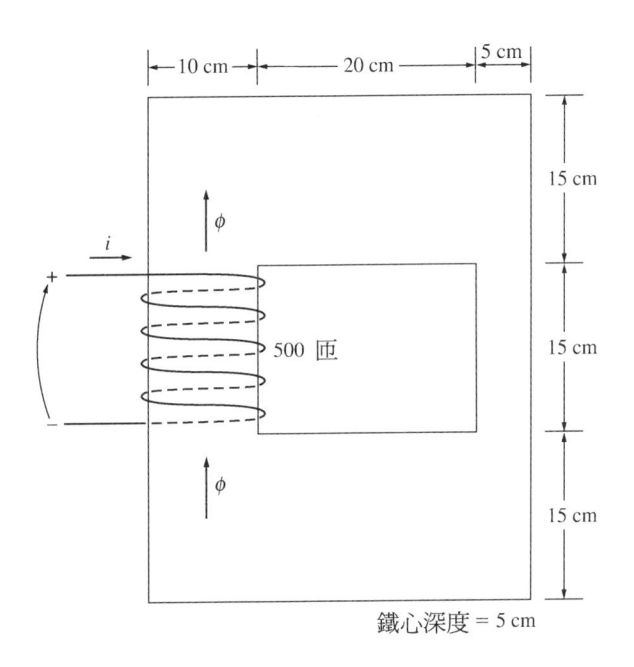

圖 P1-2 習題 1-5 和 1-16 的鐵心。

0.005 Wb 的磁通所需的電流？在此電流下，鐵心上部的磁通密度為何值？鐵心右側的磁通密度為何值？假設鐵心的相對導磁係數為 800。

1-6 圖 P1-3 所示為一相對導磁係數為 1500 的鐵心，鐵心的尺寸如圖上所示，其深度為 5 cm，左右兩邊氣隙各為 0.050 及 0.070 cm。由於邊緣效應使氣隙的有效面積較實際面積大 5%，如果線圈有 300 匝，且其流有 1.0 A 的電流，試求鐵心左邊、中間、右邊三腳的磁通量各為多少？每一氣隙的磁通密度各為多少？

1-7 圖 P1-4 中的鐵心，其左腳上之繞組 (N_1) 有 600 匝，而右腳之繞組 (N_2) 為 200

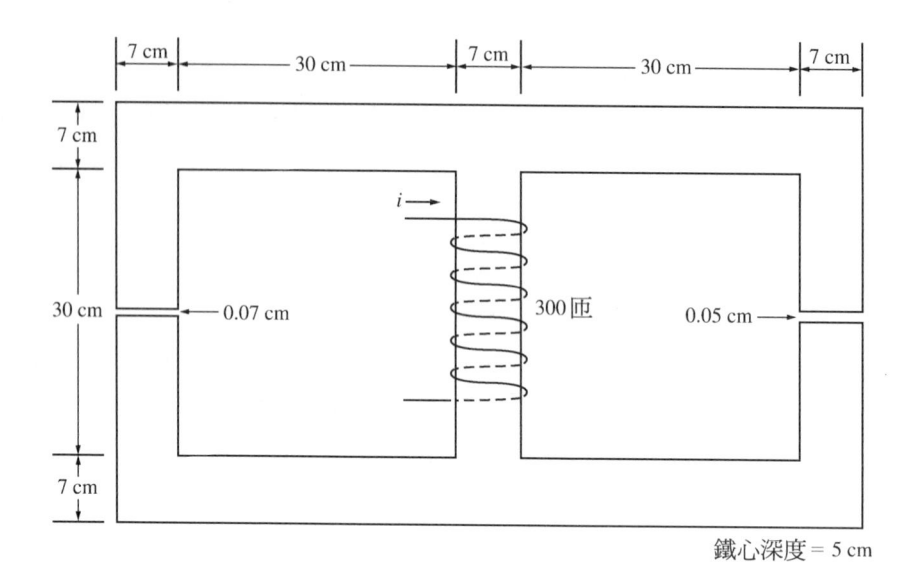

圖 P1-3　習題 1-6 的鐵心。

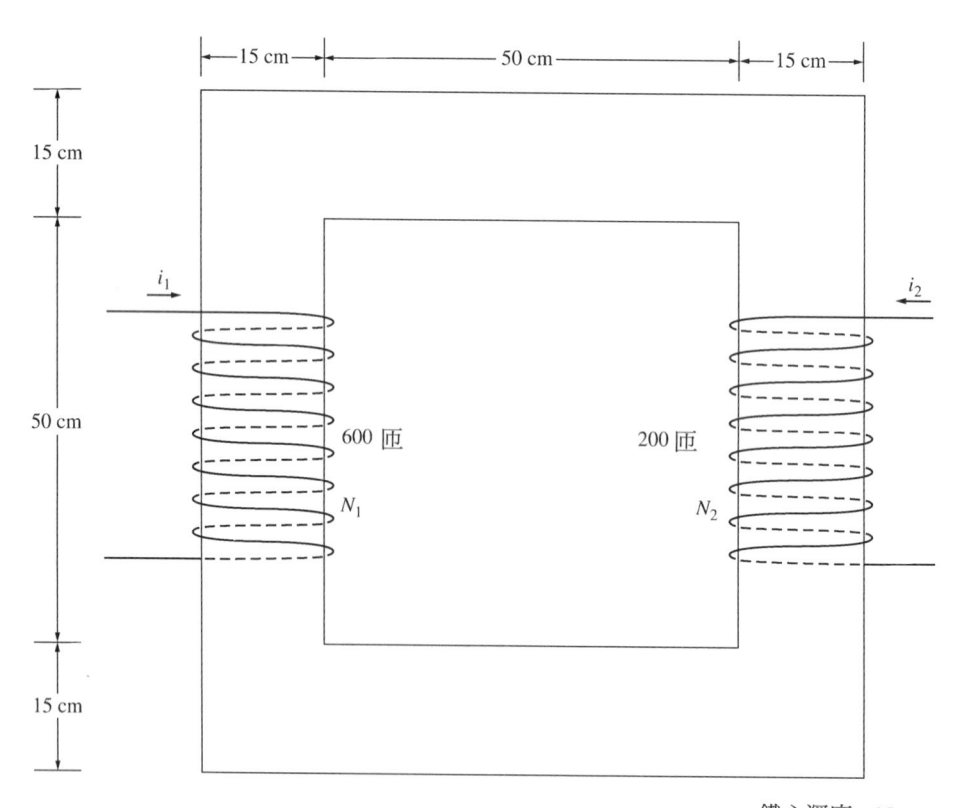

鐵心深度 = 5 cm

圖 P1-4　習題 1-7 和 1-12 的鐵心。

鐵心深度 = 15 cm

匝，線圈纏繞方向及鐵心的尺寸如圖上所示。當 $i_1=0.5$ A，$i_2=1.00$ A 時，鐵心內將產生多少磁通？假設 $\mu_r=1200$ 且為定值。

1-8 圖 P1-5 所示的鐵心，其深度 5 cm，左邊腳上繞有 100 匝的線圈，鐵心的相對導磁係數為 2000。試求鐵心每一腳上的磁通各為多少？每腳上的磁通密度各為多少？假設由於邊緣效應使氣隙的有效面積增加 5%。

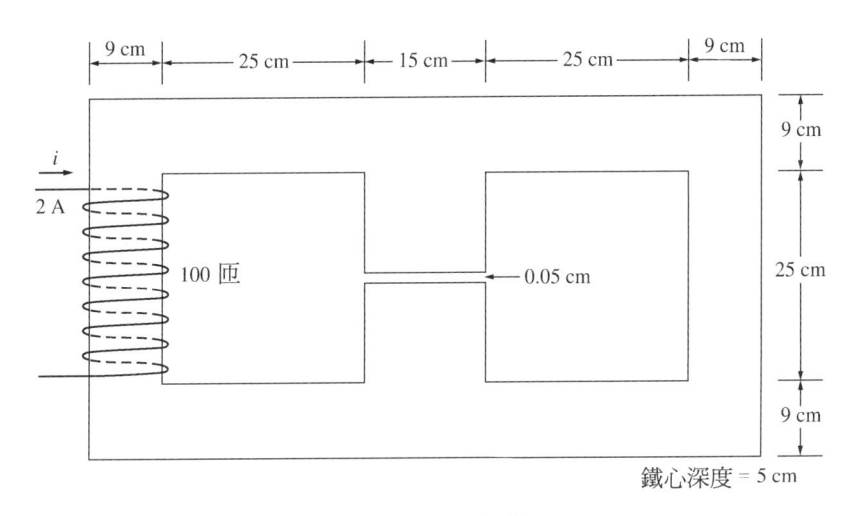

圖 P1-5 習題 1-8 的鐵心。

1-9 一流過 2.0 A 的導線置於圖 P1-6 的磁場中，試計算導線所受作用力的大小及方向。

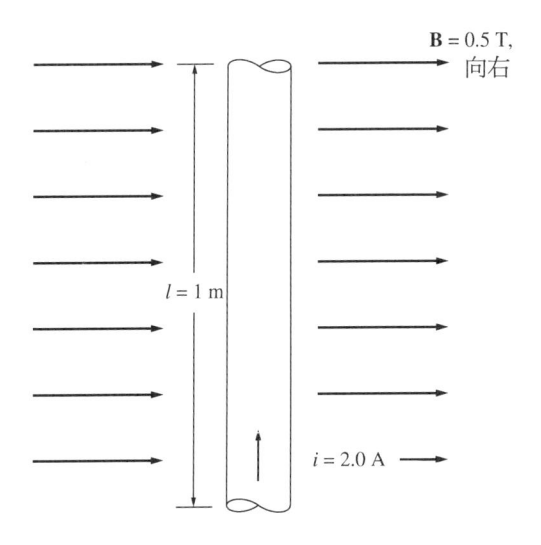

圖 P1-6 置於磁場中帶有電流的導線 (習題 1-9)。

1-10 一導線在如圖 P1-7 所示的磁場中移動，根據圖上所給的資料，試決定導線上感應電壓的大小及方向。

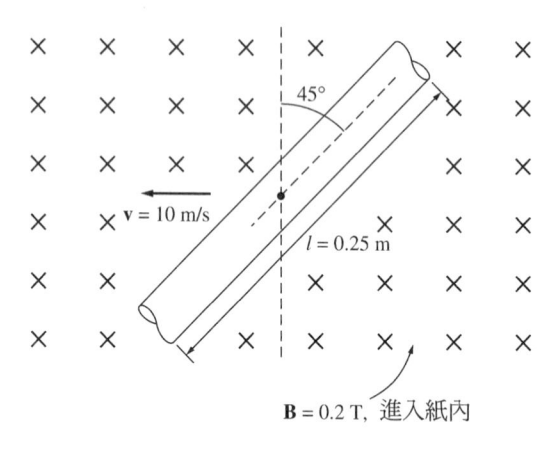

圖 P1-7 在磁場中移動的導線 (習題 1-10)。

1-11 就圖 P1-8 所示的導線，重做習題 1-10。

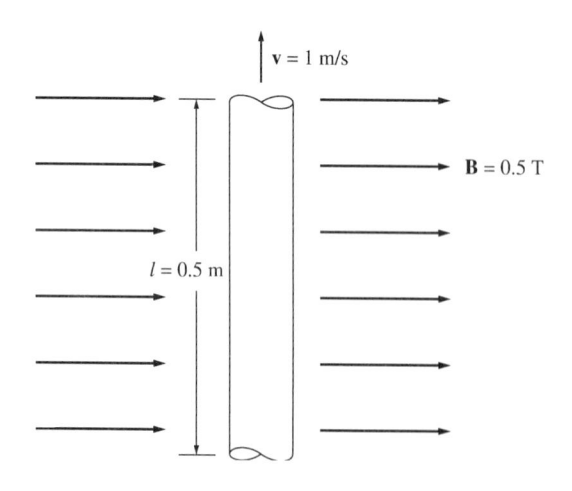

圖 P1-8 在磁場中移動的導線 (習題 1-11)。

1-12 圖 P1-4 中的鐵心其磁化曲線如圖 P1-9 所示，不再假設 μ_r 為常數，就習題 1-7 所給的電流值，試求鐵心內所產生的磁通為多少？在此情況下鐵心的相對導磁係數為多少？習題 1-7 所做 $\mu_r = 1200$ 的假設適合嗎？在一般的情況下此假設適合嗎？

1-13 圖 P1-10 中鐵心的深度為 5 cm，中間腳上繞有 400 匝的線圈，其他的尺寸如圖上所示。鐵心由具有如圖 1-10c 的磁化曲線的鋼所組成。試回答下列各問題：
(a) 欲在鐵心中間腳上產生 0.5 T 的磁通密度需多少電流？

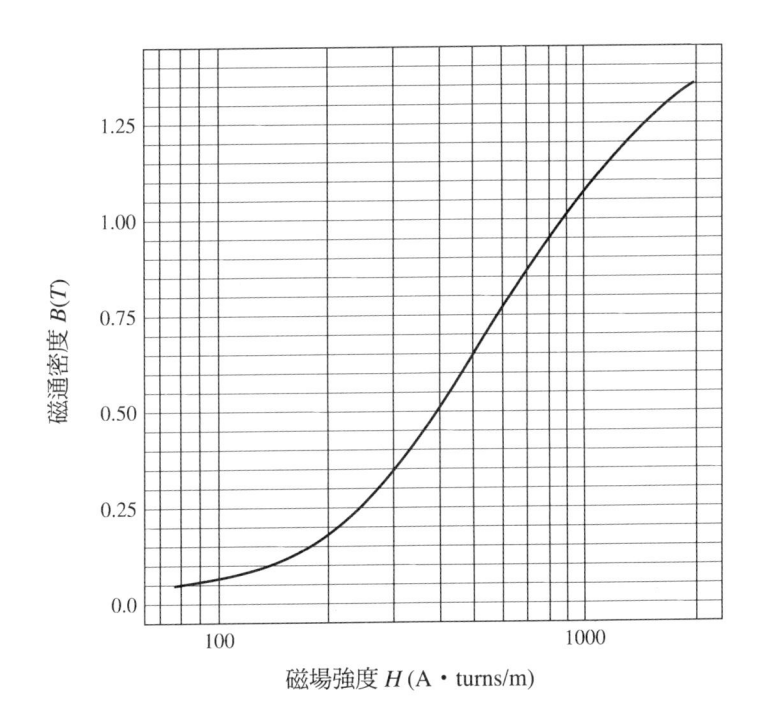

圖 P1-9 習題 1-12 和 1-14 鐵心的磁化曲線。

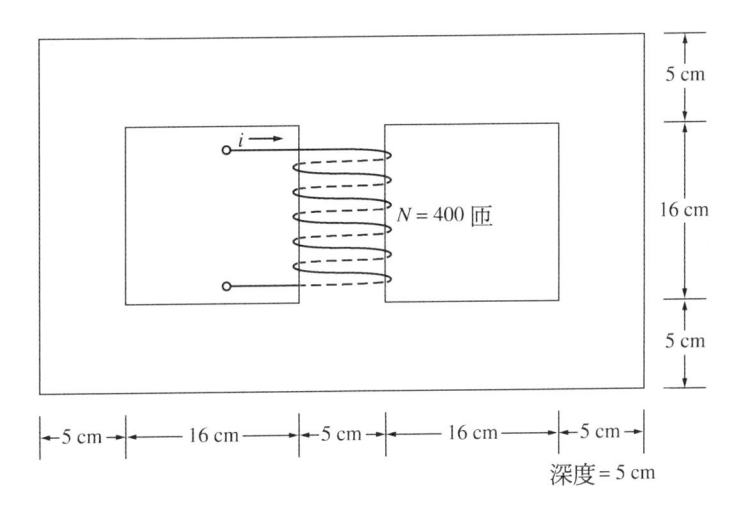

圖 P1-10 習題 1-13 的鐵心。

(b) 欲在鐵心中間腳上產生 1.0 T 的磁通密度需多少電流？其是否為 (a) 中的兩倍？
(c) 在 (a) 的條件下，鐵心右邊及中間腳的磁阻各為多少？
(d) 在 (b) 的條件下，鐵心右邊及中間腳的磁阻各為多少？

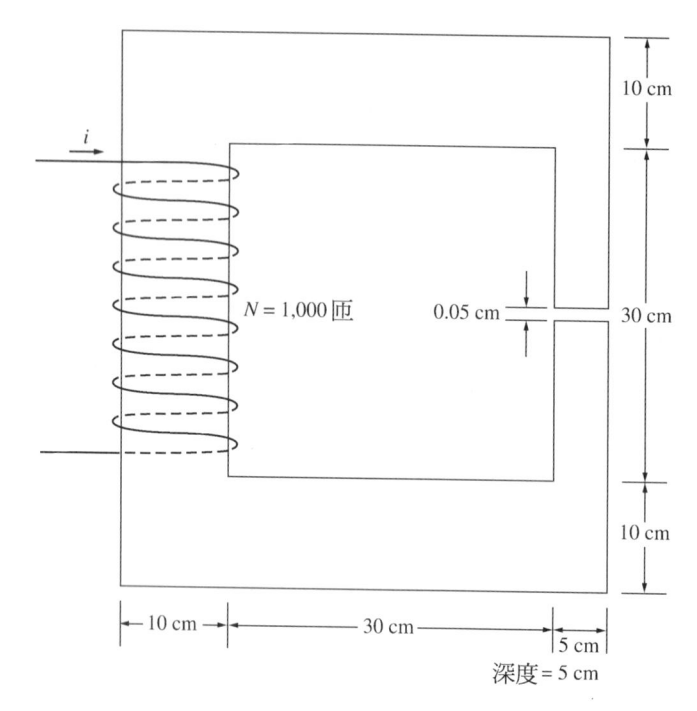

圖 P1-11　習題 1-14 的鐵心。

(e) 由上面的答案中，對於實際鐵心的磁阻能下什麼結論？

1-14 圖 P1-11 所示的鐵心其深度為 5 cm，鐵心的氣隙長度為 0.05 cm，線圈有 1000 匝，鐵心材料的磁化曲線如圖 P1-9 所示。假設由於邊緣效應使氣隙的有效面積增加 5%，欲在氣隙產生 0.5 T 的磁通密度需多少電流？在此電流下鐵心的四邊其磁通密度各為多少？氣隙的總磁通量有多少？

1-15 一變壓器鐵心的有效平均路徑長 6 in，其中一腳上的線圈有 200 匝，鐵心截面積 0.25 in^2，鐵心材料的磁化曲線如圖 1-10c 所示，如果線圈流有 0.3 A 的電流，試求鐵心內的總磁通為多少？磁通密度為多少？

1-16 圖 P1-2 的鐵心有如圖 P1-12 所示的磁通 ϕ，試繪出線圈兩端的電壓波形。

1-17 圖 P1-13 為一簡單直流電動機的鐵心，其金屬的磁化曲線如圖 1-10c 和 d 所示，假設各氣隙的截面積為 18 cm^2 且寬度為 0.05 cm，轉軸鐵心的有效長度為 5 cm。

(a) 欲在鐵心中建立最大的磁通密度且要避免鐵心的飽和，鐵心的合理最大磁通密度是多少？

(b) 在 (a) 的磁通密度下，鐵心的總磁通為多少？

(c) 此電機的最大場電流為 1 A，在不超過最大電流下，選擇一個合理的線圈數來提供所欲建立的磁通密度。

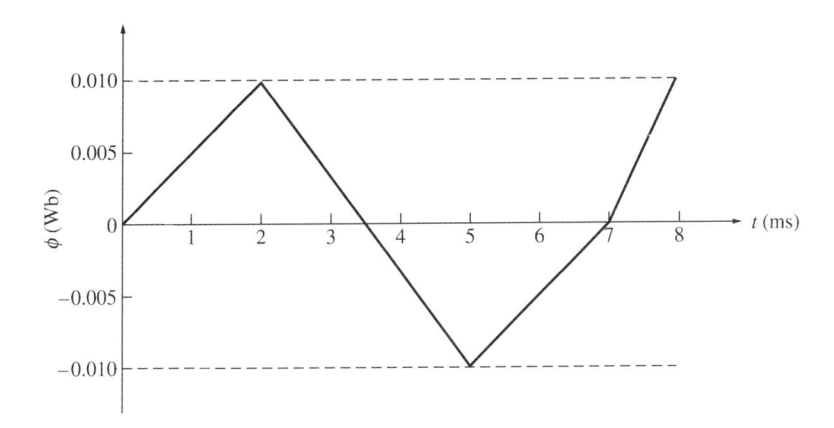

圖 P1-12 習題 1-16 的磁通時間函數。

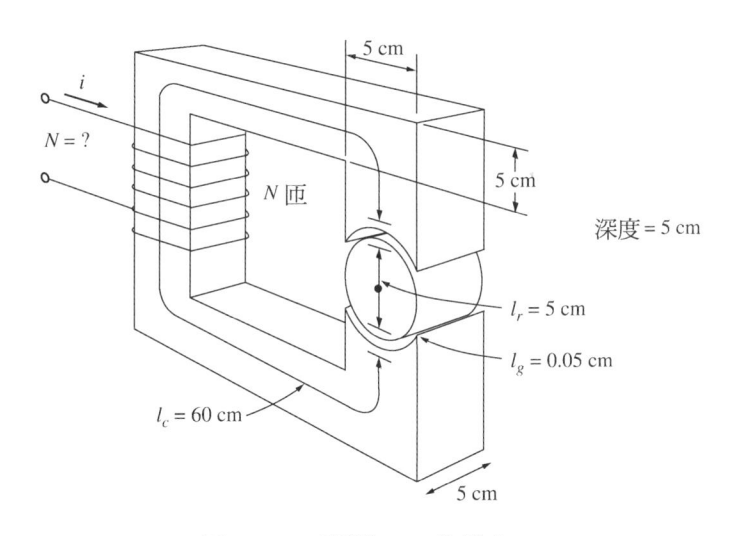

圖 P1-13 習題 1-17 的鐵心。

1-18 若供給一負載的電壓為 $\mathbf{V} = 208\angle-30°$ V，且流過負載的電流為 $\mathbf{I} = 2\angle20°$ A。
   (a) 求負載所消耗之複數功率 **S**。
   (b) 此負載是電感或電容性？
   (c) 計算此負載之功因。

1-19 圖 P1-14 所示為供電給三個負載之單相交流電力系統，電壓源 $\mathbf{V} = 240\angle0°$ V，三個負載的阻抗為

$$Z_1 = 10\angle30°\ \Omega \qquad Z_2 = 10\angle45°\ \Omega \qquad Z_3 = 10\angle-90°\ \Omega$$

回答下列關於此電力系統的問題。
   (a) 若圖內所示之開關打開，求由電源所供給之電流 **I**、功因、實功、虛功與視在

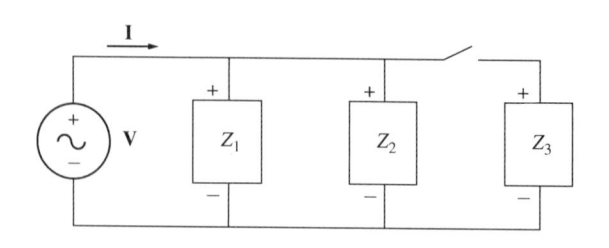

圖 P1-14 習題 1-19 之電路。

功率。

(b) 當開關打開時，每個負載消耗多少實功、虛功與視在功率？

(c) 若圖內所示之開關閉合，求由電源所供給之電流 **I**、功因、實功、虛功與視在功率。

(d) 當開關閉合時，每個負載消耗多少實功、虛功與視在功率？

(e) 當開關閉合時，由電源流出之電流有何改變？為什麼？

1-20　證明式 (1-59) 可由式 (1-58) 利用三角恆等式推導得到。

$$p(t) = v(t)i(t) = 2VI \cos \omega t \cos(\omega t - \theta) \tag{1-58}$$

$$p(t) = VI \cos \theta (1 + \cos 2\omega t) + VI \sin \theta \sin 2\omega t \tag{1-59}$$

提示：可使用以下等式

$$\cos \alpha \cos \beta = \frac{1}{2}[\cos(\alpha - \beta) + \cos(\alpha + \beta)]$$
$$\cos(\alpha - \beta) = \cos \alpha \cos \beta + \sin \alpha \sin \beta$$

1-21　圖 P1-15 所示之線性機磁通密度為 0.5 T，方向進入紙面，電阻 0.25 Ω，導體長 l = 1.0 m，蓄電池電壓為 100 V。

(a) 在啟動時之初始力為何？初始電流為何？

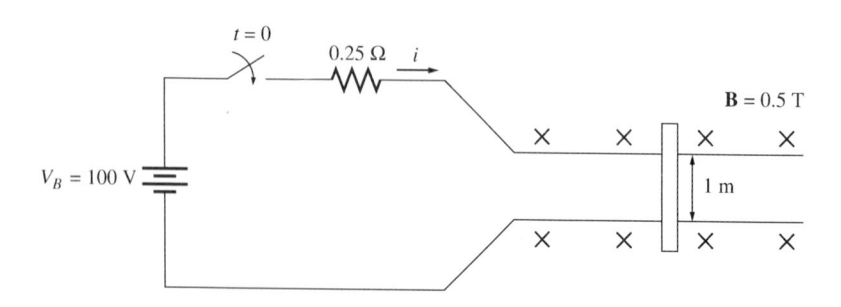

圖 P1-15 習題 1-21 之線性機。

(b) 導體之無載穩態速度為何？
(c) 若加一 25 N 反運動方向之力於導體，則新的穩態速度為何？此情況下此機器之效率為何？

1-22 一線性電機有以下參數：

$$\mathbf{B} = 0.5 \text{ T 進入紙面} \qquad R = 0.25 \text{ }\Omega$$
$$l = 0.5 \text{ m} \qquad V_B = 120 \text{ V}$$

(a) 若加一 20 N 負載於反運動方向，此導體之穩態速度為何？
(b) 若導體運動到一磁通密度為 0.45 T 處，則會發生什麼狀況？又最終穩態速度為何？
(c) 若 V_B 減為 100 V，其餘與 (b) 同，則新的穩態速度為何？
(d) 由 (b) 與 (c) 結果，控制一線性機 (或實際直流機) 速度之二種方法為何？

1-23 如習題 1-22 之線性電機：
(a) 當此電機作電動機操作，導體上加 0 N 至 30 N 負載，求每格 5 N 負載下之導體速度，並畫出在不同負載下之導體速度曲線。
(b) 假設電動機操作於 30 N 負載下，當磁通密度由 0.3 T 變到 0.5 T 每 0.05 T 一個步階，求不同磁通密度下之導體速度，並畫出速度曲線。
(c) 假設電動機操作於無載 0.5 T 磁通密度下，則空載導體速度為何？現若加上 30 N 負載，則新的導體速度為何？需要多少的磁通密度才能使加 30 N 負載的導體速度與空載速度一樣？

參考文獻

1. Alexander, Charles K., and Matthew N. O. Sadiiku: *Fundamentals of Electric Circuits*, 4th ed., McGraw-Hill, New York, 2008.
2. Beer, F., and E. Johnston, Jr.: *Vector Mechanics for Engineers: Dynamics*, 7th ed., McGraw-Hill, New York, 2004.
3. Hayt, William H.: *Engineering Electromagnetics*, 5th ed., McGraw-Hill, New York, 1989.
4. Mulligan, J. F.: *Introductory College Physics*, 2nd ed., McGraw-Hill, New York, 1991.
5. Sears, Francis W., Mark W. Zemansky, and Hugh D. Young: *University Physics*, Addison-Wesley, Reading, Mass., 1982.

CHAPTER 2

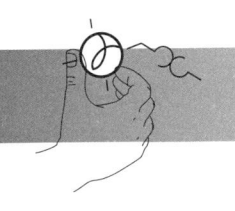

變壓器

學習目標

- 瞭解變壓器在電力系統內之角色。
- 瞭解理想變壓器繞組端電壓、電流與阻抗間關係。
- 瞭解實際變壓器如何近似於理想變壓器之操作。
- 能夠瞭解如何將銅損、漏磁通、磁滯與渦流效應建模於變壓器等效電路上。
- 利用變壓器等效電路來求變壓器之電壓和電流轉換。
- 能夠計算變壓器的損失和效率。
- 能夠藉由量測來推導變壓器的等效電路。
- 瞭解標么系統量測。
- 能夠計算變壓器的電壓調整率。
- 瞭解自耦變壓器。
- 瞭解三相變壓器，包含如何僅使用兩個單相變壓器組成三相變壓器之特例。
- 瞭解變壓器的額定容量。
- 瞭解儀表用變壓器──比壓器和比流器。

變壓器 (transformer) 是一種利用磁場作用，將某一頻率與電壓準位之交流電力轉換成另一相同頻率但不同電壓準位交流電力之設備。變壓器由兩個或多個纏繞於同一個鐵磁性材料鐵心的線圈所組成，這些線圈通常不直接連線，而僅由存在鐵心中的共同磁通鏈接。

變壓器中的一個線圈連接交流電源,而第二個 (或可能有第三個) 線圈供應電能給負載。連接交流電源的繞組稱一次繞組 (primary winding) 或輸入繞組 (input winding),連接到負載的稱二次繞組 (secondary winding) 或輸出繞組 (output winding),如果有第三個繞組則稱之為三次繞阻 (tertiary winding)。

2.1 變壓器對日常生活的重要性

美國第一個配電系統是由愛迪生發明的直流 120 V 系統,其供應電能給白熾燈使用。愛迪生的第一個中央式電力站於 1882 年 9 月在紐約市開始運轉,很不幸地,由於其發電及傳輸電壓太低,當供應大量功率時需大量的電流,這會引起傳輸線上大量的壓降及損失,因此限制了發電站的供電範圍。在 1880 年代,中央式電力站僅供應城市中幾條街的電力來克服上述的問題。直流電力系統無法以低電壓供應電能至較遠的距離,基於這個事實,發電站必須是區域式小型電廠,因此顯得沒有效率。

變壓器的發明及交流電源的發展消除了電力系統及電能準位上的限制。變壓器理想地把一電壓準位轉換到另一電壓準位而不影響能量的供應,如果變壓器把電路的電壓升高,其電流必須減少,以使得變壓器輸入功率等於輸出功率。因此,交流電能可以由一發電廠產生後將其電壓升高,以供應長距離低損失的能量傳輸,最後要使用時再把電壓降下來。傳輸線上的能量損失和電流的平方成正比,所以把傳輸電壓升高 10 倍,則傳輸損失將減少為原先的 1%。如果沒有變壓器,今天我們幾乎不可能如此方便的使用電能。

現代電力系統中,交流電能的發電電壓為 12 到 25 kV,而傳輸電壓則介於 110 kV 和接近 1000 kV 之間,再以變壓器降低至 12 到 34.5 kV 之間以供區域配電,最後我們可以在家中、辦公室及工廠中安全的使用 120 V 的電壓。

2.2 變壓器的型式及結構

變壓器的主要目的是在一相同頻率下,將一電壓準位的電能轉換至另一電壓準位,在實際應用上變壓器也有其他不同的目的 (例如電壓取樣、電流取樣、阻抗轉換),本章中僅就電力變壓器加以討論。

電力變壓器根據鐵心的型式而有兩種不同的構造。第一種稱為內鐵式 (core form),其鐵心由矩形鋼薄片所組成,線圈則纏繞在矩形鐵心的兩邊,如圖 2-1 所示。第二種稱為外鐵式 (shell form),其鐵心由具有三支腳的鋼薄片所組成,線圈則纏繞在中間腳上,如圖 2-2 所示。上述兩種型式其鐵心皆由薄片所組成,薄片間有很薄的絕緣層,以減低渦流損失。

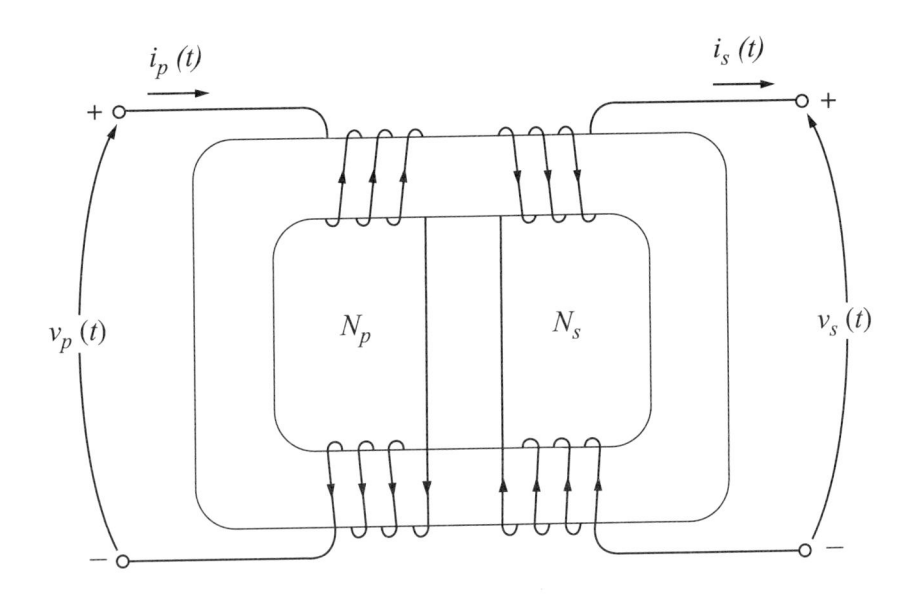

圖 2-1　內鐵式變壓器的結構。

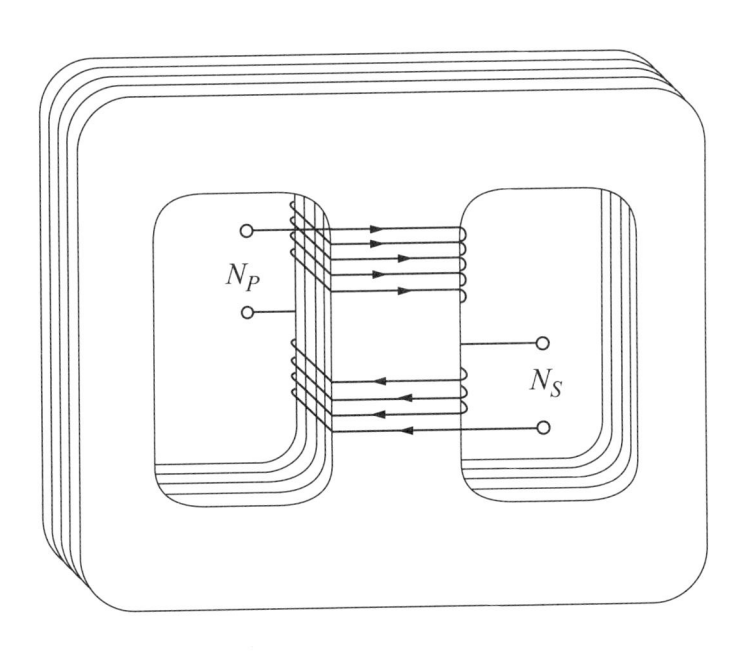

圖 2-2　外鐵式變壓器的結構。

變壓器的一次和二次繞組其纏繞方式係一繞組纏繞在另一繞組之上，而低壓繞組均在最裡面，如此安排有以下兩個目的：

1. 簡化高壓繞組和鐵心之間的絕緣問題。
2. 這樣的繞法比把兩繞組分開纏繞有較少的漏磁通。

電力變壓器根據它們在電力系統中的使用而有不同的名稱。連接發電機輸出端將電壓升到傳輸準位 (110 kV 以上) 的變壓器稱為單位變壓器 (unit transformer)；在傳輸線的受電端用來把傳輸準位降到配電準位 (由 2.3 kV 到 34.5 kV) 的變壓器稱為變電變壓器 (substation transformer)；最後將配電電壓降到實際使用電壓 (110、208、220 V 等) 的變壓器稱為配電變壓器 (distribution transformer)。所有這些變壓器基本上都一樣，唯一的不同是其使用場合不一樣。

除了各種電力變壓器外，另外有兩種特殊變壓器用來量測電機機械及電力系統內的電壓和電流。第一種特殊變壓器稱為比壓器 (potential transformer)，其特別設計用來取樣一高電壓而產生與此高電壓成正比的二次低電壓。電力變壓器也可產生與一次電壓成正比的二次電壓，它們之間的差別在於比壓器僅能處理很小的電流。第二種特殊變壓器稱為比流器 (current transformer)，其特別設計用來產生和一次電流成正比的二次電流，此二次電流遠比一次電流來得小。這兩種特殊變壓器將在本章的最後部分討論。

2.3 理想變壓器

理想變壓器 (ideal transformer) 是一種包含一次和二次繞組而且沒有損失的裝置，其輸入電壓和輸出電壓，輸入電流和輸出電流之間的關係可以由兩個很簡單的方程式表示。圖 2-3所示為一理想變壓器。

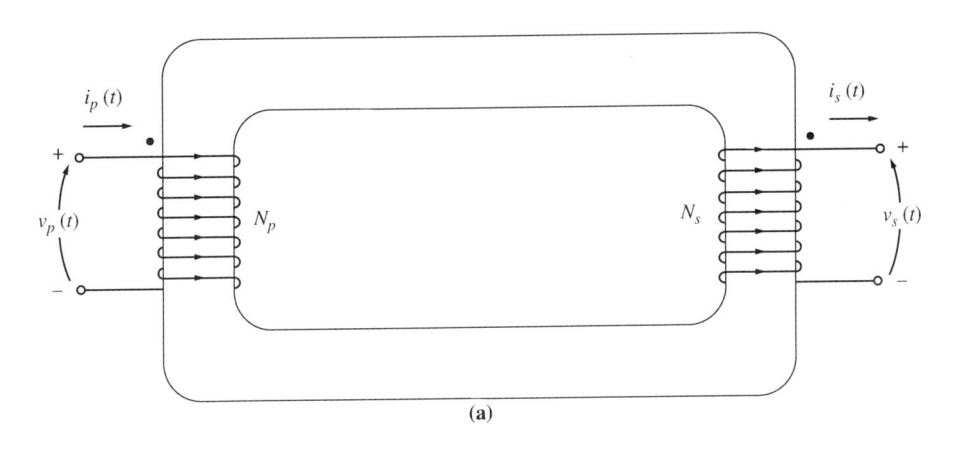

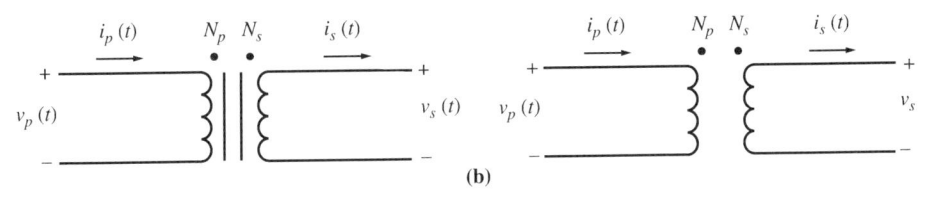

圖 2-3 (a) 理想變壓器。(b) 理想變壓器的符號。有時會畫出鐵心符號，有時不會。

圖 2-3 所示的變壓器其一次側有 N_P 匝，二次側有 N_S 匝，而一次側所供應的電壓 $v_P(t)$ 和產生在二次側的電壓 $v_S(t)$ 之間的關係為

$$\boxed{\frac{v_P(t)}{v_S(t)} = \frac{N_P}{N_S} = a} \tag{2-1}$$

上式中 a 定義為變壓器的匝數比 (turns ratio)：

$$a = \frac{N_P}{N_S} \tag{2-2}$$

一次側電流 $i_P(t)$ 和二次側電流 $i_S(t)$ 之間的關係為

$$\boxed{N_P i_P(t) = N_S i_S(t)} \tag{2-3a}$$

或

$$\boxed{\frac{i_P(t)}{i_S(t)} = \frac{1}{a}} \tag{2-3b}$$

如以相量表示，則方程式可寫成

$$\boxed{\frac{\mathbf{V}_P}{\mathbf{V}_S} = a} \tag{2-4}$$

及

$$\frac{\mathbf{I}_P}{\mathbf{I}_S} = \frac{1}{a} \tag{2-5}$$

上式中 $\mathbf{V}_P$ 和 $\mathbf{V}_S$，$\mathbf{I}_P$ 和 $\mathbf{I}_S$ 有相同的相角，此表示匝數比僅影響電壓和電流的大小，對其相角沒有影響。

式 (2-1) 到 (2-5) 敘述了變壓器一次側及二次側之間電壓及電流的關係，但仍有一個問題待回答，那就是一次側電路供應一正電壓給一次繞組上的特點端點時，二次側電路的極性 (polarity) 如何？對實際的變壓器，我們可以打開變壓器，檢查其繞組的方向來確定二次側的極性。為了避免這些麻煩，變壓器使用了點法則 (dot convention)，圖 2-4 中每一繞組所作點的記號用來說明二次繞組電壓電流的極性。其關係如下所述：

1. 如果一次側繞組有打點線圈端的電壓相對於沒有打點的線圈端為正，則二次側有打點的線圈端也將為正電壓；亦即有打點的線圈端有相同的極性。
2. 如果一次側電流從有打點的線圈端流入，則二次側電流將從有打點的線圈端流出。

點法則的物理意義及其能決定極性的原因將在 2.4 節討論實際變壓器時再解釋。

理想變壓器的功率

一次側電路供應到變壓器的功率 P_in 如下式所示：

$$P_\text{in} = V_P I_P \cos \theta_P \tag{2-6}$$

上式中 θ_P 表示一次側電壓和電流之間的相角差。變壓器二次側供應到負載的功率 P_out 如下式所示：

$$P_\text{out} = V_S I_S \cos \theta_S \tag{2-7}$$

上式中 θ_S 表示二次側電壓和電流之間的相角差。理想變壓器並不影響電壓和電流的相角，即 $\theta_P = \theta_S = \theta$，所以理想變壓器的一次側和二次側有相同的功率因數 (same power factor)。

輸入到理想變壓器一次側的功率和由二次側輸出的功率間有什麼關係？這關係可以經由式 (2-4) 和 (2-5) 來說明。變壓器的輸出功率為

$$P_\text{out} = V_S I_S \cos \theta \tag{2-8}$$

應用式 (2-4) 和 (2-5)，$V_S = V_P/a$ 及 $I_S = aI_P$，因此

第二章　變壓器　69

$$P_{\text{out}} = \frac{V_P}{a}(aI_P)\cos\theta$$

$$\boxed{P_{\text{out}} = V_P I_P \cos\theta = P_{\text{in}}} \tag{2-9}$$

由上式知，理想變壓器其輸入功率等於輸出功率。

虛功率 Q 和視在功率 S 也有同樣地關係：

$$\boxed{Q_{\text{in}} = V_P I_P \sin\theta = V_S I_S \sin\theta = Q_{\text{out}}} \tag{2-10}$$

及

$$\boxed{S_{\text{in}} = V_P I_P = V_S I_S = S_{\text{out}}} \tag{2-11}$$

經由變壓器的阻抗轉換

一裝置或元件的阻抗 (impedance) 定義為跨在其上的相電壓和流經此元件相電流兩者的比，其如下式所示：

$$Z_L = \frac{\mathbf{V}_L}{\mathbf{I}_L} \tag{2-12}$$

變壓器能改變電壓和電流的準位，所以也改變了電壓對電流的比值 (ratio) 及元件的視在阻抗，這是變壓器一個有趣的性質。參考圖 2-4 可以瞭解這個觀念，如果二次側電流為 $\mathbf{I}_S$，二次側電壓為 $\mathbf{V}_S$，則負載的阻抗為

$$Z_L = \frac{\mathbf{V}_S}{\mathbf{I}_S} \tag{2-13}$$

變壓器一次側的視在阻抗為

$$Z'_L = \frac{\mathbf{V}_P}{\mathbf{I}_P} \tag{2-14}$$

因一次側的電壓可以表示為

$$\mathbf{V}_P = a\mathbf{V}_S$$

一次側的電流可以表示為

$$\mathbf{I}_P = \frac{\mathbf{I}_S}{a}$$

所以一次側的視在阻抗可以表示如下

$$Z'_L = \frac{\mathbf{V}_P}{\mathbf{I}_P} = \frac{a\mathbf{V}_S}{\mathbf{I}_S/a} = a^2 \frac{\mathbf{V}_S}{\mathbf{I}_S}$$

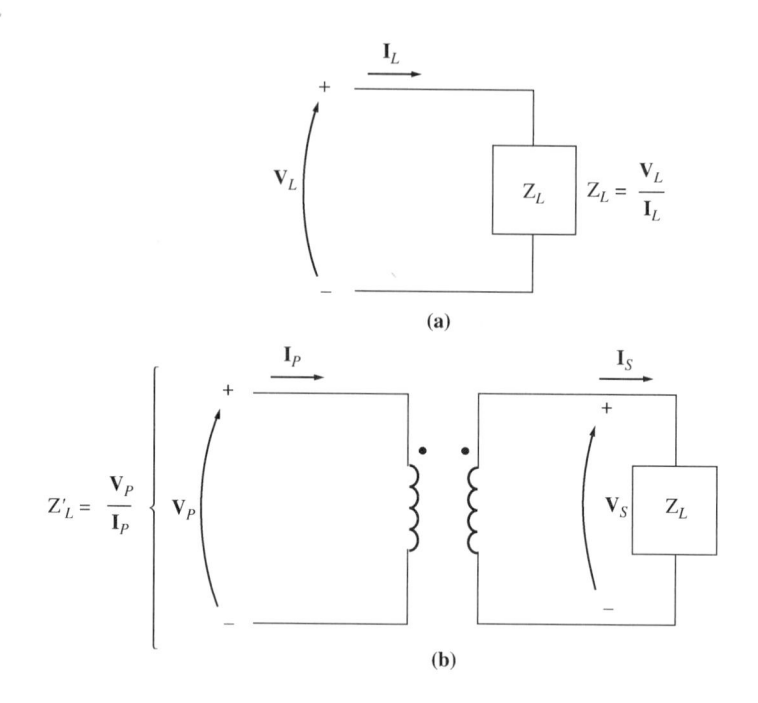

圖 2-4 (a) 阻抗的定義。(b) 經由變壓器的阻抗轉換。

$$Z'_L = a^2 Z_L \tag{2-15}$$

只要適當的選擇變壓器的匝數比,我們可以使負載和電源具有相同的阻抗。

包含理想變壓器電路的分析

分析包含理想變壓器電路中電壓及電流最簡單的方法為將此電路中變壓器的一側以其等效電路取代。以等效電路取代變壓器的一側後 (此時變壓器已不存在),電壓及電流可以從新的電路中求得。新電路中沒有被取代的部分其所求得電壓和電流的值與原先電路中的值相等;至於被取代的部分可以利用由新電路所求得的值和變壓器的匝數比來決定。以等效電路來取代變壓器一側的過程也就是所謂由變壓器的一次側參考 (referring) 至二次側。

等效電路是如何形成的?等效電路的形狀和原始電路相同,被取代的一側其電壓由式 (2-4) 來做比例調整,其阻抗由式 (2-15) 來做比例調整。等效電路中電壓源的極性由原電路中打點的記號來決定,如果原電路中變壓器兩繞組打點的方向相反,則等效電路中電壓源的極性亦須反相。

我們以下面的例題來說明包含理想變壓器的電路分析。

例題 2-1 一單相電力系統包括一 480 V、60 Hz 的發電機經由阻抗為 $Z_{line}=0.18+j0.24\ \Omega$ 的傳輸線供應能量給阻抗為 $Z_{load}=4+j3\ \Omega$ 的負載。回答下列問題。

(a) 上述的電力系統如圖 2-5a 所示,求負載兩端的電壓?傳輸線的損失多少?
(b) 假設在發電機末端接上 1:10 的升壓變壓器,在傳輸線的末端接上 10:1 的降壓變壓器,如圖 2-5b 所示,求負載兩端的電壓?傳輸線的損失多少?

解:

(a) 圖 2-5a 所示的電力系統中沒有變壓器,因此 $\mathbf{I}_G = \mathbf{I}_{line} = \mathbf{I}_{load}$,系統的線電流為

$$\begin{aligned}
\mathbf{I}_{line} &= \frac{\mathbf{V}}{Z_{line}+Z_{load}} \\
&= \frac{480\angle 0°\ \text{V}}{(0.18\ \Omega+j0.24\ \Omega)+(4\ \Omega+j3\ \Omega)} \\
&= \frac{480\angle 0°}{4.18+j3.24} = \frac{480\angle 0°}{5.29\angle 37.8°} \\
&= 90.8\angle -37.8°\ \text{A}
\end{aligned}$$

所以負載端的電壓為

$$\begin{aligned}
\mathbf{V}_{load} &= \mathbf{I}_{line}Z_{load} \\
&= (90.8\angle -37.8°\ \text{A})(4\ \Omega+j3\ \Omega)
\end{aligned}$$

(a)

(b)

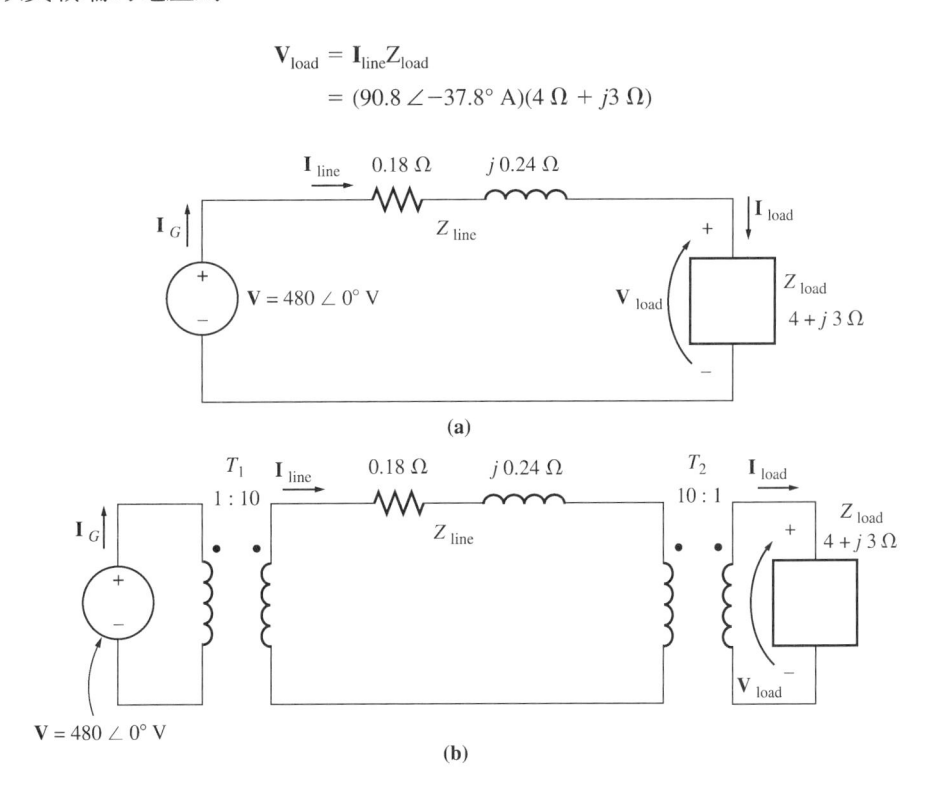

圖 2-5 例題 2-1 的電力系統:(a) 不使用變壓器;(b) 使用變壓器。

$$= (90.8 \angle -37.8° \text{ A})(5 \angle 36.9° \text{ Ω})$$
$$= 454 \angle -0.9° \text{ V}$$

傳輸線的損失為

$$P_{\text{loss}} = (I_{\text{line}})^2 R_{\text{line}}$$
$$= (90.8 \text{ A})^2 (0.18 \text{ Ω}) = 1484 \text{ W}$$

(b) 圖 2-5b 的電力系統包含了變壓器，為了分析這個系統，必須將其轉換到一個共同的電壓準位，如下面兩個步驟：

1. 從負載端參考到傳輸線的電壓準位，如此可以除去變壓器 T_2。
2. 將已包括等效負載的傳輸線元件參考到電源端，如此可以除去變壓器 T_1。 ◀

參考至傳輸線電壓準位的等效負載電阻為

$$Z'_{\text{load}} = a^2 Z_{\text{load}}$$
$$= \left(\frac{10}{1}\right)^2 (4 \text{ Ω} + j3 \text{ Ω})$$
$$= 400 \text{ Ω} + j300 \text{ Ω}$$

傳輸線準位的總阻抗為

$$Z_{\text{eq}} = Z_{\text{line}} + Z'_{\text{load}}$$
$$= 400.18 + j300.24 \text{ Ω} = 500.3 \angle 36.88° \text{ Ω}$$

等效電路如圖 2-6a 所示。再把傳輸線準位的總阻抗 ($Z_{\text{line}} + Z'_{\text{load}}$) 經由 T_1 參考至電源端：

$$Z''_{\text{eq}} = a^2 Z_{\text{eq}}$$
$$= a^2 (Z_{\text{line}} + Z'_{\text{load}})$$
$$= \left(\frac{1}{10}\right)^2 (0.18 \text{ Ω} + j0.24 \text{ Ω} + 400 \text{ Ω} + j300 \text{ Ω})$$
$$= (0.0018 \text{ Ω} + j0.0024 \text{ Ω} + 4 \text{ Ω} + j3 \text{ Ω})$$
$$= 5.003 \angle 36.88° \text{ Ω}$$

注意到 $Z''_{\text{load}} = 4 + j3 \text{ Ω}$，$Z''_{\text{line}} = 0.0018 + j0.0024 \text{ Ω}$。整個完整的等效電路如圖 2-6b 所示，發電機的電流為

$$I_G = \frac{480 \angle 0° \text{ V}}{5.003 \angle 36.88° \text{ Ω}} = 95.94 \angle -36.88° \text{ A}$$

我們已經算出 $\mathbf{I}_G$，現在回過頭來計算 $\mathbf{I}_{\text{line}}$ 及 $\mathbf{I}_{\text{load}}$，經由 T_1 我們可得

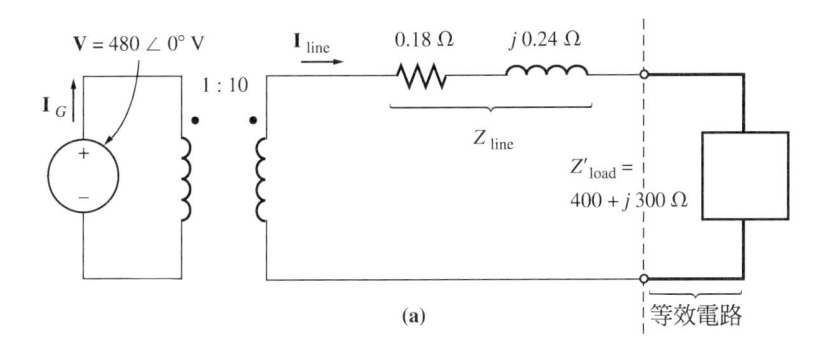

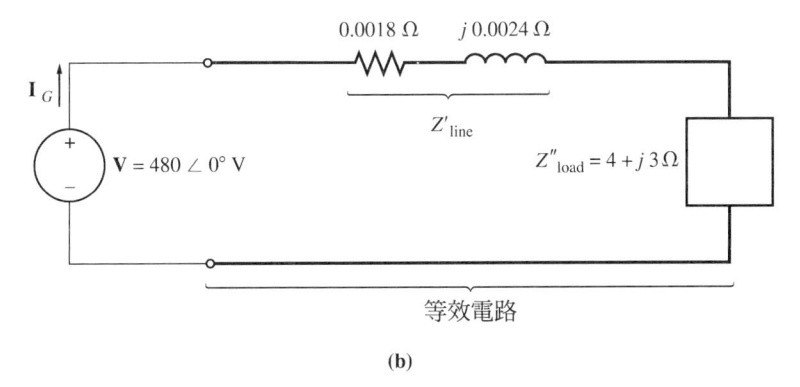

圖 2-6 (a) 負載端參考到傳輸系統的電壓準位。(b) 負載端及傳輸線均參考到發電機端的電壓準位。

$$N_{P1}\mathbf{I}_G = N_{S1}\mathbf{I}_{\text{line}}$$

$$\mathbf{I}_{\text{line}} = \frac{N_{P1}}{N_{S1}}\mathbf{I}_G$$

$$= \frac{1}{10}(95.94 \angle -36.88° \text{ A}) = 9.594 \angle -36.88° \text{ A}$$

經由 T_2

$$N_{P2}\mathbf{I}_{\text{line}} = N_{S2}\mathbf{I}_{\text{load}}$$

$$\mathbf{I}_{\text{load}} = \frac{N_{P2}}{N_{S2}}\mathbf{I}_{\text{line}}$$

$$= \frac{10}{1}(9.594 \angle -36.88° \text{ A}) = 95.94 \angle -36.88° \text{ A}$$

負載端的電壓為

$$\mathbf{V}_{\text{load}} = \mathbf{I}_{\text{load}} Z_{\text{load}}$$
$$= (95.94 \angle -36.88° \text{ A})(5 \angle 36.87° \text{ Ω})$$
$$= 479.7 \angle -0.01° \text{ V}$$

線路的損失為

$$P_{\text{loss}} = (I_{\text{line}})^2 R_{\text{line}}$$
$$= (9.594 \text{ A})^2 (0.18 \text{ Ω}) = 16.7 \text{ W}$$

由上面的例子可知，提高傳輸電壓使得傳輸損失減少約 90%，而有變壓器的系統其電壓降亦比沒有變壓器的系統來得低。這例子說明了現代電力系統中使用高傳輸電壓及變壓器的重要性。

實際的電力系統所產生的電力其電壓範圍為 4 至 30 kV，為作長距離傳輸，利用升壓變壓器 (step-up transformer) 將此電壓升高到很高準位 (500 kV)，然後再用降壓變壓器 (step-down transformer) 將電壓降至配電或用戶端能使用之電壓準位。就如在例題 2.1 中所看到的，此種電能傳輸方式可大大減少電力系統內的傳輸損失。

2.4 實際單相變壓器的操作理論

2.3 節所敘述的理想變壓器實際上永遠無法製造出來，我們所能製造的是實際變壓器——兩個或兩個以上的線圈繞組纏繞在一個鐵磁性的鐵心上。實際變壓器的特性和理想變壓器很相近，兩者之間僅有很小的差別。在本節中我們將討論實際變壓器。

參考圖2-7將有助於瞭解實際變壓器的操作。圖2-7為一包含兩線圈繞組的變壓器，其一次側連接一交流電源，二次繞組開路，此變壓器的磁滯迴線如圖 2-8 所示。

變壓器的基本操作原理可由法拉第定律來推導。

$$e_{\text{ind}} = \frac{d\lambda}{dt} \tag{1-41}$$

上式中 λ 表示鐵心中的磁交鏈 (flux linkage)，電壓也就是由此磁交鏈感應出的。磁交鏈 λ 是穿越鐵心中每一匝線圈的磁通的總合：

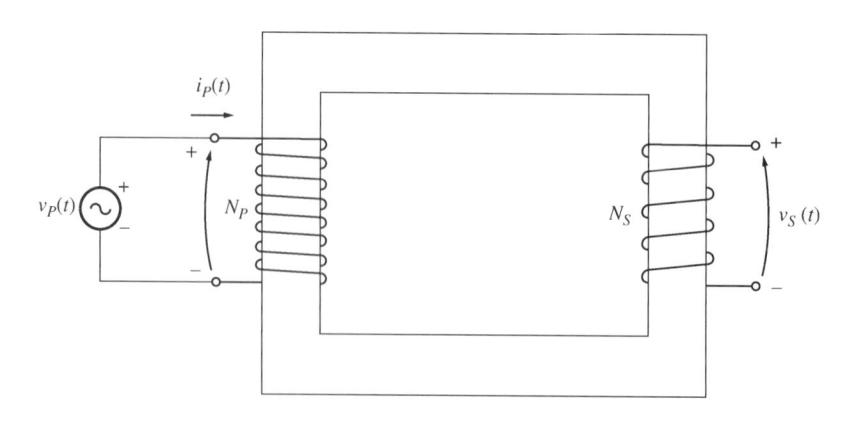

圖 2-7 二次側開路的實際變壓器。

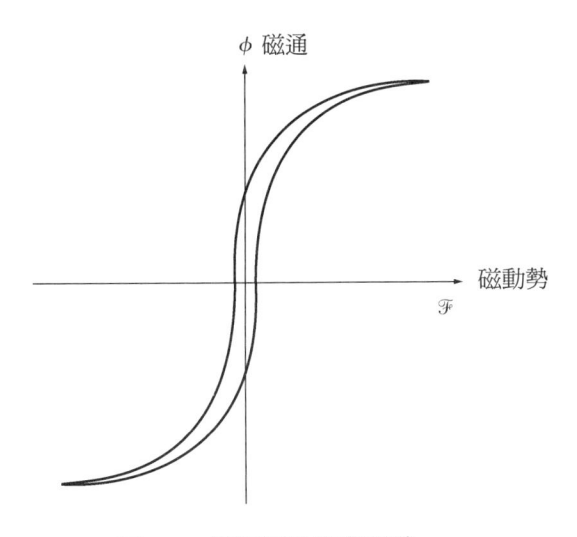

圖 2-8 變壓器的磁滯迴線。

$$\lambda = \sum_{i=1}^{N} \phi_i \tag{1-42}$$

鐵心的總磁交鏈並不正好等於 $N\phi$，此乃因每匝線圈在鐵心的位置各有不同，因此通過每匝線圈的磁通均有少許的差別。

然而，我們可以定義鐵心中每一匝線圈的平均磁通 (average flux)。假設鐵心的總磁交鏈為 λ，線圈有 N 匝，則每匝的平均磁通為

$$\overline{\phi} = \frac{\lambda}{N} \tag{2-16}$$

因此法拉第定律可以寫為

$$e_{\text{ind}} = N \frac{d\overline{\phi}}{dt} \tag{2-17}$$

變壓器的電壓比

如圖 2-7 中，電源 $v_P(t)$ 直接跨在變壓器的一次繞組，則變壓器對此電壓將有何反應？利用法拉第定律可以說明這個問題，若忽略繞組電阻，由式 (2-17) 可以解得變壓器一次繞組的平均磁通，如下式所示：

$$\overline{\phi}_P = \frac{1}{N_P} \int v_P(t)\, dt \tag{2-18}$$

式 (2-18) 敘述了繞組的平均磁通和所供應電壓的積分成正比，而且和一次繞組的匝數 $1/N_P$ 成反比。

76 電機機械基本原理

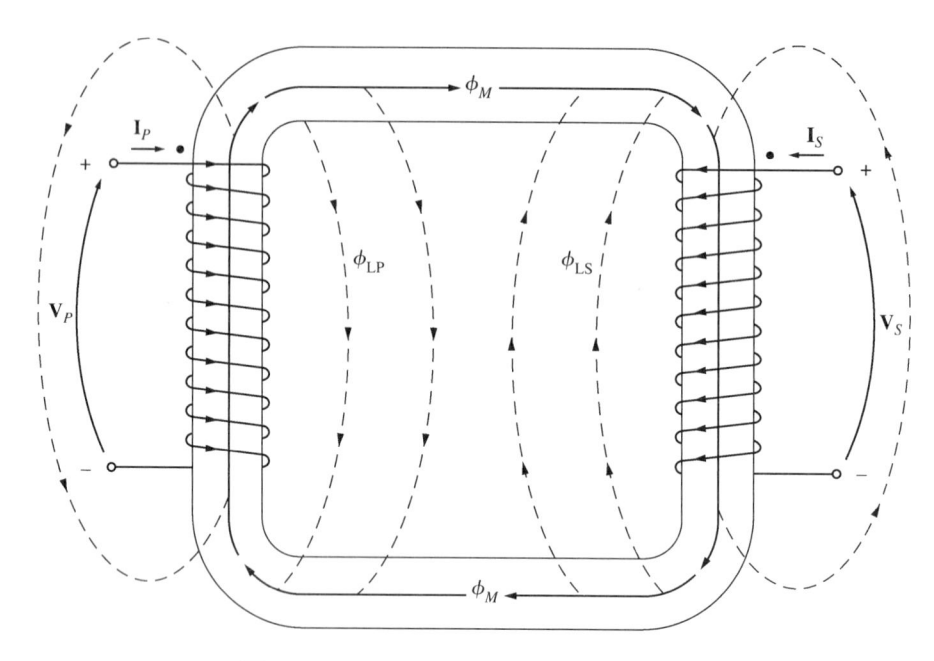

圖 2-9 變壓器鐵心中的互磁通及漏磁通。

此磁通是變壓器一次側線圈 (primary coil) 中的磁通，其對二次側鐵心有何影響呢？此影響必須根據到底有多少磁通到達二次側才能決定。並不是所有在一次側所產生的磁通都能穿過二次側──有一部分的磁通脫離了鐵心跑到空氣中去了 (見圖 2-9)。這些僅通過變壓器一邊鐵心而不通過另一邊鐵心的磁通，我們稱之為*漏磁通* (leakage flux)。因此變壓器一次側鐵心的磁通可以分成兩個分量，第一個分量為通過兩側繞組的部分，稱為*互磁通* (mutual flux)，第二個分量為僅通過一次側繞組，但不通過二次側繞組的部分，稱之為漏磁通：

$$\overline{\phi}_P = \phi_M + \phi_{LP} \tag{2-19}$$

上式中　$\overline{\phi}_P$ ＝一次側的總平均磁通
　　　　ϕ_M ＝交鏈一次側及二次側的磁通分量
　　　　ϕ_{LP} ＝一次側的漏磁通

變壓器二次側鐵心中的磁通亦有類似上述的情形，即二次側鐵心內的磁通也有互磁通和漏磁通：

$$\overline{\phi}_S = \phi_M + \phi_{LS} \tag{2-20}$$

上式中

$\bar{\phi}_S$ ＝二次側的總平均磁通

ϕ_M ＝交鏈一次側及二次側的磁通分量

ϕ_{LS} ＝二次側的漏磁通

由於把一次側的磁通分成互磁通及漏磁通兩個分量，一次側電路的法拉第定律可以重新表示如下

$$v_P(t) = N_P \frac{d\bar{\phi}_P}{dt}$$
$$= N_P \frac{d\phi_M}{dt} + N_P \frac{d\phi_{LP}}{dt} \tag{2-21}$$

上式中的第一項定義為 $e_P(t)$，第二項定義為 $e_{LP}(t)$，則式 (2-21) 可寫為

$$v_P(t) = e_P(t) + e_{LP}(t) \tag{2-22}$$

同樣地，變壓器二次側鐵心的電壓可以表示為

$$v_S(t) = N_S \frac{d\bar{\phi}_S}{dt}$$
$$= N_S \frac{d\phi_M}{dt} + N_S \frac{d\phi_{LS}}{dt} \tag{2-23}$$
$$= e_S(t) + e_{LS}(t) \tag{2-24}$$

變壓器一次側由互磁通所引起的電壓為

$$e_P(t) = N_P \frac{d\phi_M}{dt} \tag{2-25}$$

二次側由互磁通所引起的電壓為

$$e_S(t) = N_S \frac{d\phi_M}{dt} \tag{2-26}$$

由上二式，可得如下的關係式

$$\frac{e_P(t)}{N_P} = \frac{d\phi_M}{dt} = \frac{e_S(t)}{N_S}$$

因此

$$\boxed{\frac{e_P(t)}{e_S(t)} = \frac{N_P}{N_S} = a} \tag{2-27}$$

上式說明了一次側中由互磁所引起的電壓對二次側中由互磁通所引起的電壓之間的比值，等於變壓器的匝數比。對一個設計良好的變壓器而言，$\phi_M \gg \phi_{LP}$，$\phi_M \gg \phi_{LS}$，因

此變壓器一次側的總電壓對二次側總電壓的比近似於

$$\frac{v_P(t)}{v_S(t)} = \frac{N_P}{N_S} = a \tag{2-28}$$

變壓器的漏磁通愈小，則其電壓比愈近似 2.3 節中所討論的理想變壓器。

實際變壓器的磁化電流

一交流電源連接至如圖 2-7 所示的變壓器時，即使二次側開路，在一次側的電路中仍會有電流流動，這電流就是曾在第一章中所解釋用來在鐵心中產生磁通的電流。此電流包含兩個分量：

1. 磁化電流 (magnetization current) i_M，此分量用來產生鐵心所需的磁通。
2. 鐵心損失電流 (core-loss current) i_{h+e}，此分量用來補償鐵心的磁滯損及渦流損失。

　　圖 2-10 為一典型變壓器鐵心的磁化曲線，如果變壓器鐵心的磁通已知，則磁化電流的大小可直接由圖 2-10 求得。

　　當忽略漏磁效應時，鐵心的平均磁通為

$$\overline{\phi}_P = \frac{1}{N_P} \int v_P(t) dt \tag{2-18}$$

如果一次側電壓為 $v_P(t) = V_M \cos \omega t$ V，則所產生的磁通為

$$\begin{aligned}\overline{\phi}_P &= \frac{1}{N_P} \int V_M \cos \omega t \, dt \\ &= \frac{V_M}{\omega N_P} \sin \omega t \quad \text{Wb}\end{aligned} \tag{2-29}$$

根據圖 2-10a 的磁化曲線，將每一個不同時間的磁通其所需磁化電流的大小描述出來，可以得到如圖 2-10b 所示磁化電流的波形。下面是一些有關磁化電流的敘述：

1. 變壓器中的磁化電流並不是正弦型式，其所包含的高頻分量乃是由鐵心的磁飽和所引起。
2. 當磁通的峯值達到飽和點時，欲增加少量的磁通須增加大量的磁化電流。
3. 磁化電流的基本分量落後供應電壓 90° 的相角。
4. 磁化電流中的高頻率分量相對於基本分量可能會相當的大，一般來說，變壓器鐵心飽和的程度愈嚴重，諧波分量就愈大。

　　變壓器無載電流中另一分量為用來補償鐵心中磁滯及渦流損失的部分，此即稱為鐵

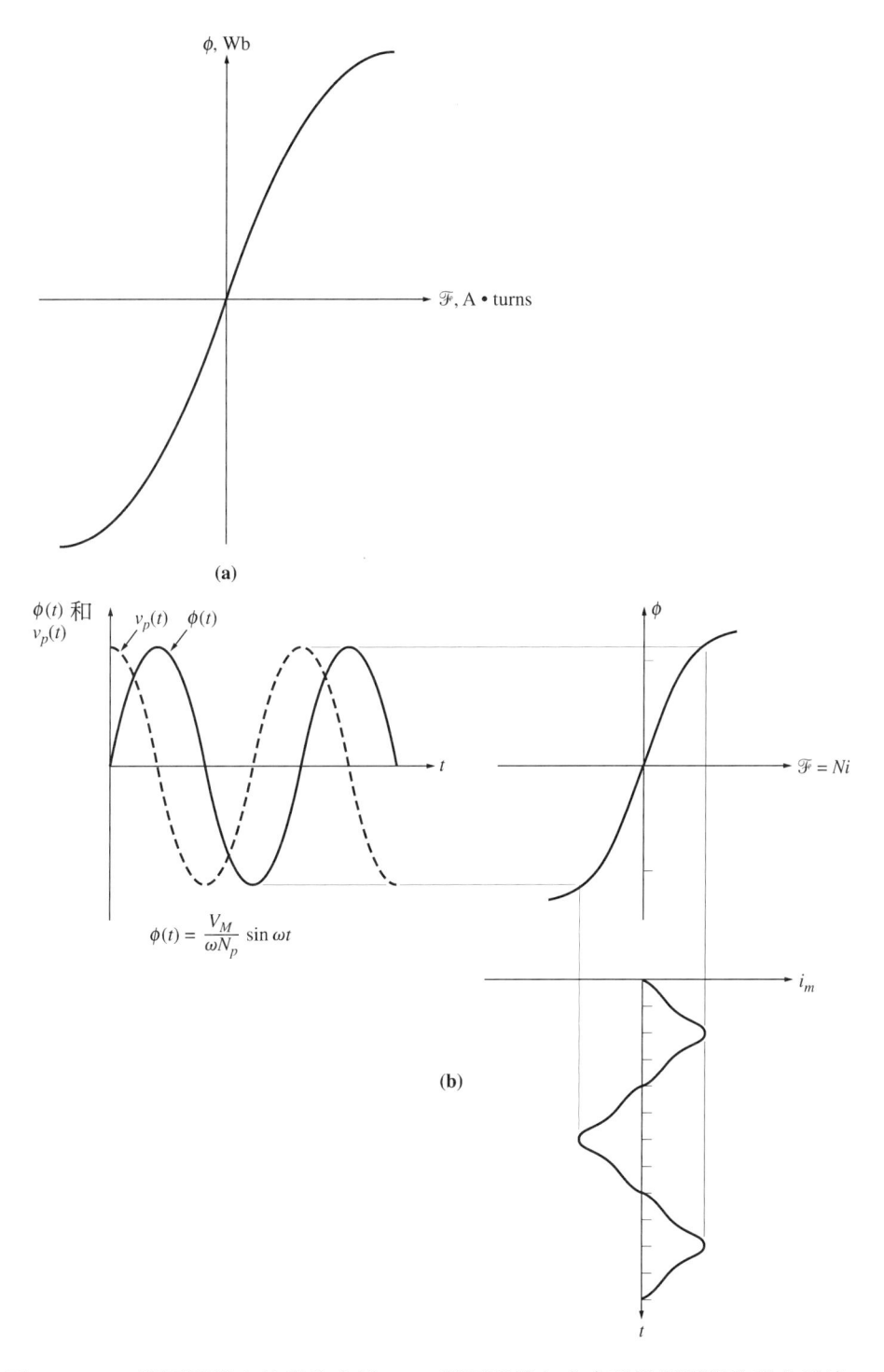

圖 2-10 (a) 變壓器鐵心的磁化曲線。(b) 變壓器鐵心中由磁通所引起的磁化電流。

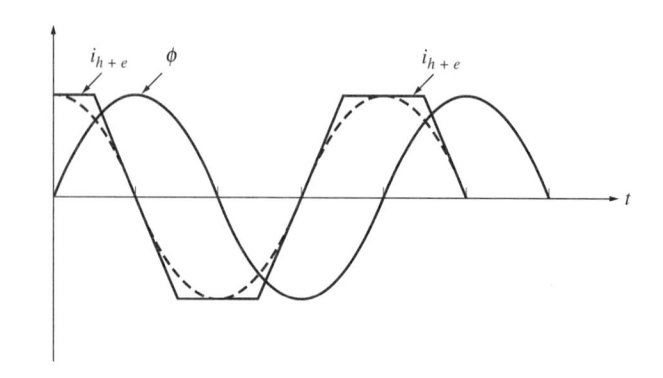

圖 2-11 變壓器的鐵心損失電流。

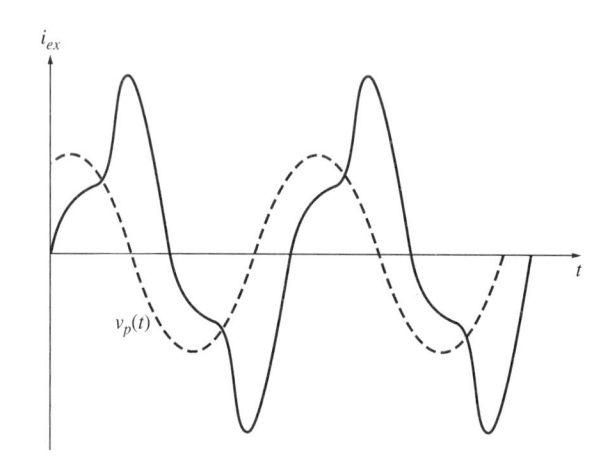

圖 2-12 變壓器的總激磁電流。

心損失電流。假設鐵心的磁通是正弦形式,則因為鐵心的渦流和 $d\phi/dt$ 成正比,所以當鐵心磁通經過零點時渦流為最大值。雖然磁滯損失為高度地非線性,但其他在鐵心磁通經過零點時有最大值。因此鐵心損失電流在磁通經過零點時有最大值,如圖 2-11 所示。

下面是有關鐵心損失電流的一些敘述:

1. 由於磁滯效應為非線性,所以鐵心損失電流亦為非線性。
2. 鐵心損失電流的基本分量和供應電壓的相角同相。

鐵心的無載總電流稱為變壓器的激磁電流 (excitation current),其為磁化電流和鐵心損失電流的總和:

$$i_{ex} = i_m + i_{h+e} \tag{2-30}$$

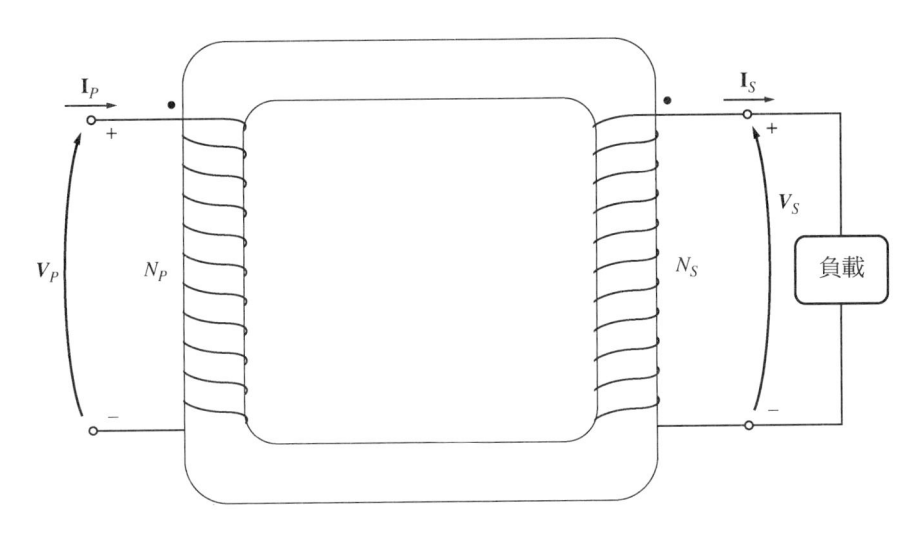

圖 2-13 二次側連接至負載的實際變壓器。

圖 2-12 所示為一典型變壓器的總激磁電流。在一良好設計的電力變壓器，其激磁電流遠小於變壓器的滿載電流。

變壓器的電流比及點法則

如圖 2-13 所示，在變壓器二次側加上負載，注意圖上打點的記號。前面討論理想變壓器時已說明過，這些打點的記號可以用來決定電壓及電流的極性。點法則的物理意義為流入有打點記號繞組端的電流會產生一正磁動勢 $\mathcal{F}$，而流入沒有打點記號繞組端的電流會產生負磁動勢。如果兩電流分別流入有打點記號的繞組端，其所產生的磁動勢為兩者相加；如果一電流流入而另一電流流出，則所產生的磁動勢為兩者相減。

圖 2-13 中，一次側電流產生正磁動勢 $\mathcal{F}_P = N_P i_P$，二次側電流產生負磁動勢 $\mathcal{F}_S = -N_S i_S$ 勢，因此鐵心的淨磁動勢為

$$\mathcal{F}_{\text{net}} = N_P i_P - N_S i_S \tag{2-31}$$

此淨磁動勢產生鐵心中的淨磁通，因此鐵心的淨磁動勢可表示為

$$\boxed{\mathcal{F}_{\text{net}} = N_P i_P - N_S i_S = \phi \mathcal{R}} \tag{2-32}$$

上式中 $\mathcal{R}$ 是變壓器鐵心的磁阻。在設計良好的變壓器中，鐵心在未飽和前其磁阻非常小(幾乎為零)，因此一次和二次側電流的關係可近似於

$$\mathcal{F}_{\text{net}} = N_P i_P - N_S i_S \approx 0 \tag{2-33}$$

只要鐵心尚未飽和。所以，

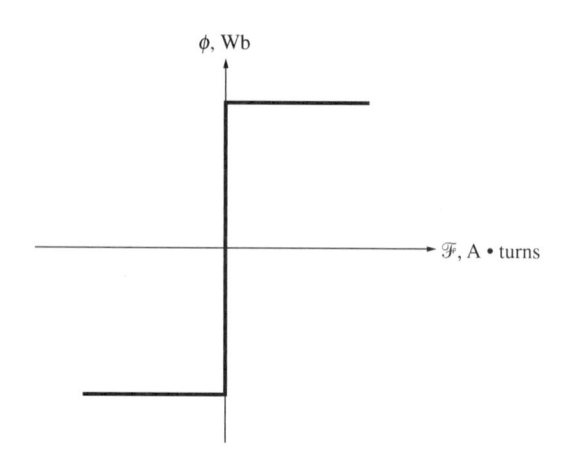

圖 2-14 理想變壓器的磁化曲線。

$$\boxed{N_P i_P \approx N_S i_S} \tag{2-34}$$

或

$$\boxed{\frac{i_P}{i_S} \approx \frac{N_S}{N_P} = \frac{1}{a}} \tag{2-35}$$

在 2-3 節中對於點法則所作的說明，就是基於鐵心中的磁動勢趨近於零的事實。為了使鐵心中的磁動勢為零，一邊的電流須流入有點記號的那端，而另一邊須流出。同樣地，電壓必須建立起對應於上述電流方向的極性方。(如果變壓器線圈的結構知道的話，其電壓的極性亦可由冷次定律決定。)

將實際變壓器轉換成理想變壓器須作以下的假設：

1. 鐵心中必須沒有磁滯及渦流。
2. 鐵心的磁化曲線須如圖 2-14 所示。即對一未飽和的鐵心而言，其淨磁動勢 $\mathscr{F}_{net}=0$，亦即表示 $N_P i_P = N_S i_S$。
3. 鐵心的漏磁通為零，也就是說鐵心內所有的磁通均耦合了兩邊的繞組。
4. 變壓器繞組的電阻為零。

上述這些條件雖然無法完全吻合，但一良好設計的電力變壓器可以十分接近這些條件。

2.5 變壓器的等效電路

實際變壓器的損失在變壓器精確模型的分析中必須加以考慮，建立這樣一個模型所須考慮的項目如下：

1. 銅損 (copper loss, I^2R)：銅損是變壓器一次和二次繞組電阻的熱損失，此損失與繞組中電流的平方成正比。
2. 渦流損失 (eddy current loss)：渦流損失是變壓器鐵心電阻的熱損失，其與外加電壓的平方成正比。
3. 磁滯損失 (hysteresis loss)：磁滯損失是由於鐵心中磁區在每半週期重新排列所引起，請參考第一章的說明。損失與變壓器外加電壓呈複雜且非線性的關係。
4. 漏磁通 (leakage flux)：磁通 ϕ_{LP} 及 ϕ_{LS} 離開鐵心且僅通過一個繞阻，稱為漏磁通；漏磁通 ϕ_{LP} 及 ϕ_{LS} 會產生一次線圈和二次線圈的漏電感，此漏電感所引起的效應必須加以考慮。

實際變壓器正確的等效電路

我們可以將實際變壓器所有主要的缺點加以考慮而建立一變壓器的等效電路，每一缺點均依次加以考慮，而且其效應均包括在變壓器的模型中。

銅損是最簡單的效應，它是一次和二次繞組中電阻的損失，在一次電路中以電阻 R_P 來取代，二次電路中以 R_S 來取代。

2.4 節中曾說明了一次繞組的漏磁通 ϕ_{LP} 產生了電壓 e_{LP}，其為

$$e_{LP}(t) = N_P \frac{d\phi_{LP}}{dt} \tag{2-36a}$$

二次繞組的漏磁通 ϕ_{LS} 產生電壓 e_{LS}

$$e_{LS}(t) = N_S \frac{d\phi_{LS}}{dt} \tag{2-36b}$$

絕大部分的漏磁路徑均經由空氣，而空氣的磁阻比鐵心高很多且為常數，所以磁通 ϕ_{LP} 正比於一次電路電流 i_P。同樣地，ϕ_{LS} 正比於二次電路電流 i_S：

$$\phi_{LP} = (\mathcal{P}N_P)i_P \tag{2-37a}$$

$$\phi_{LS} = (\mathcal{P}N_S)i_S \tag{2-37b}$$

上式中，$\mathcal{P}$ ＝磁路徑的導磁係數
　　　　N_P ＝一次線圈匝數
　　　　N_S ＝二次線圈匝數

式 (2-37) 代入式 (2-36) 中可得

$$e_{LP}(t) = N_P \frac{d}{dt}(\mathcal{P}N_P)i_P = N_P^2 \mathcal{P} \frac{di_P}{dt} \tag{2-38a}$$

$$e_{LS}(t) = N_S \frac{d}{dt}(\mathcal{P}N_S)i_S = N_S^2 \mathcal{P}\frac{di_S}{dt} \tag{2-38b}$$

把這些式中的常數結合在一起可得如下的方程式

$$\boxed{e_{LP}(t) = L_P \frac{di_P}{dt}} \tag{2-39a}$$

$$\boxed{e_{LS}(t) = L_S \frac{di_S}{dt}} \tag{2-39b}$$

上式中 $L_P = N_P^2 \mathcal{P}$ 稱為一次線圈的漏電感，$L_S = N_S^2 \mathcal{P}$ 稱為二次線圈的漏電感。因此漏磁通可以一次及二次漏電感來模式化。

鐵心的激磁效應如何模式化？首先在未飽和區，磁化電流 i_m 正比於供應至鐵心的電壓，且相位落後 90°，所以其效應可以跨在一次電壓源的感抗 X_M 來模式化。接下來，鐵心損失電流 i_{h+e} 正比於供應至鐵心的電壓，且相位相同，所以其效應可以跨在一次電壓源的電阻 R_C 來模式化 (注意：上述兩種電流均為非線性，所以 X_M 和 R_C 僅是實際激磁效應的近似值)。

所得到的等效電路如圖 2-15 所示，此電路中 R_P 為一次側繞組電阻，X_P ($=\omega L_P$) 是由於一次側漏電感所造成的感抗，R_S 為二次側繞組電阻，X_S ($=\omega L_S$) 是由於二次側漏電感所造成的感抗，鐵心激磁部分被模式化為一電阻 R_C (磁滯與鐵損) 並聯一感抗 X_M (磁化電流)。

注意到激磁部分的元件被放在一次側繞組電阻 R_P 和感抗 X_P 右邊，這是因為實際加在鐵心上的電壓為輸入電壓扣除掉繞組上的壓降。

雖然圖 2-15 是變壓器的準確模型，但並不十分有用，因為在分析包含變壓器的實際電路時，通常必須把整個電路轉換成單一電壓準位 (如同在例題 2-1 中所做的轉換)。因此在解問題時，圖 2-15 的等效電路必須參考至一次側 (如圖 2-16a) 或參考至二次側 (如圖 2-16b)。

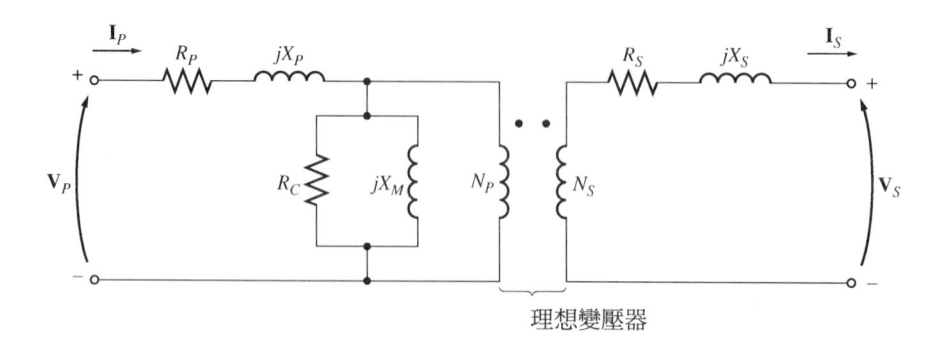

圖 2-15　實際變壓器的模型。

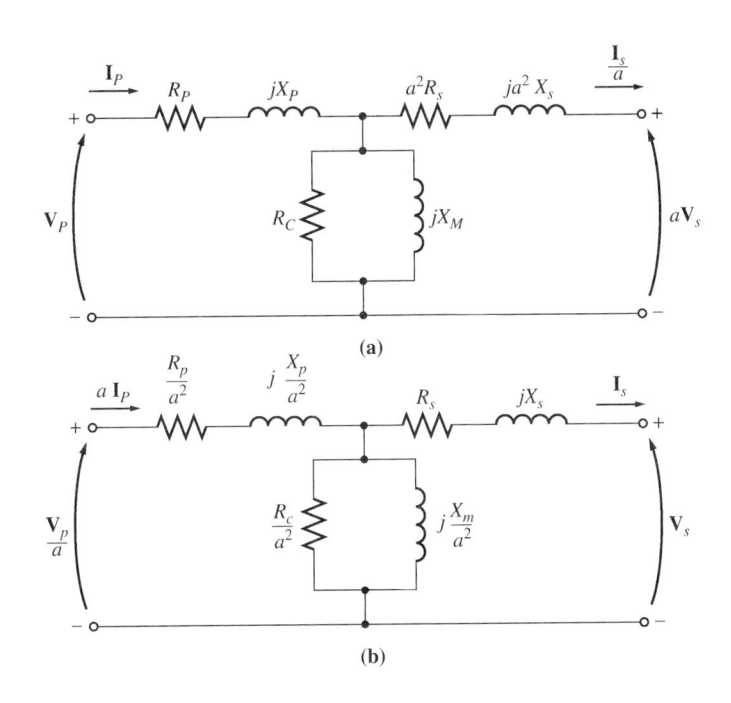

圖 2-16　(a) 參考至一次側的變壓器模型。(b) 參考至二次側的變壓器模型。

變壓器的近似等效電路

上面分析所得到的變壓器模型對於實際工程上的應用而言太過於複雜，其中一個較不方便的地方在於激磁分支，其使得電路的分析必須增加一個節點。但流過激磁分支的電流遠小於變壓器的負載電流，事實上典型的電力變壓器，其激磁電流約為滿載電流的 2%～3%，所以可得到一與原始變壓器模型一樣工作行為的簡化等效電路。激磁分支被移到變壓器前面，留下一、二次側阻抗彼此串聯，這些阻抗相加後就得到如圖 2-17a 和 b 所示之近似等效電路。

在某些應用上，可以將激磁分支完全忽略，也不會引起嚴重的誤差，在這種情形下，等效電路可以再化簡如圖 2-17c 和 d 所示。

變壓器模型中各分量數值的求法

變壓器模型中各電阻和電感的值可以完全求出，只要以兩個試驗——開路試驗和短路試驗就可以獲得適當的近似值。

在開路試驗 (open-circuit test) 中，變壓器的二次繞組開路而一次繞組接上額定電壓，參考圖 2-16，在這些條件下，所有的電流均通過變壓器的激磁分支，由於 R_P 及 X_P

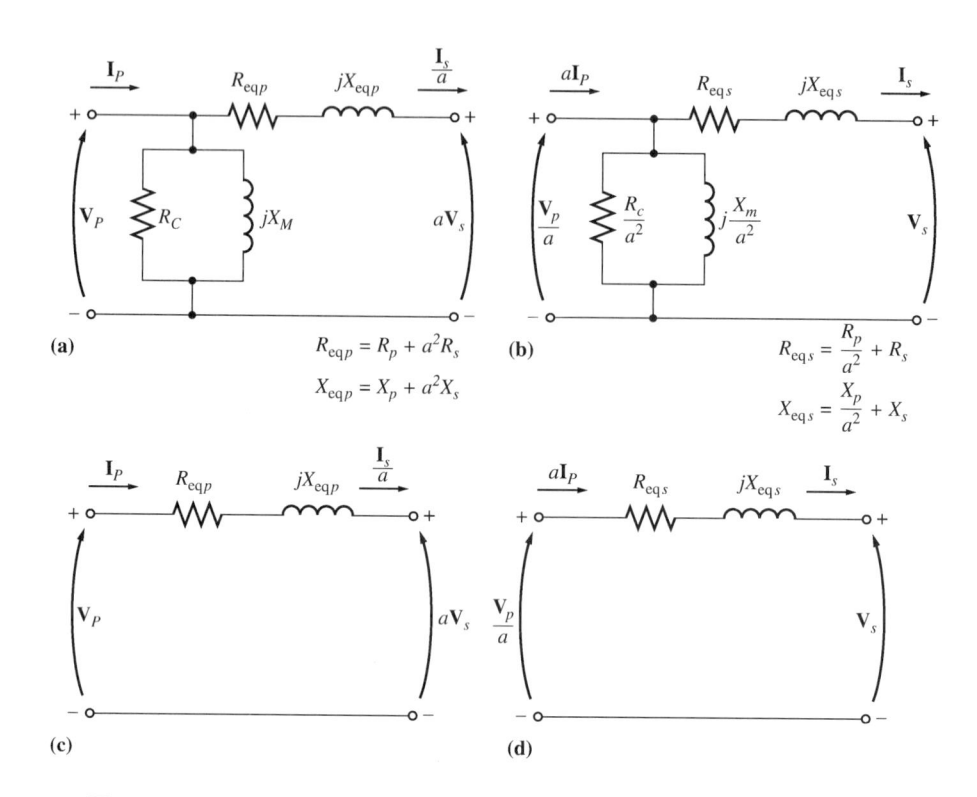

圖 2-17 變壓器的近似模型。(a) 參考至一次側；(b) 參考至二次側；(c) 忽略激磁分支，參考至一次側；(d) 忽略激磁分支，參考至二次側。

上的壓降和 R_C 及 X_M 上的壓降比較起來甚小，因此可以視為輸入電壓均跨在激磁分支上。

開路試驗的接線如圖 2-18 所示，額定電壓加到變壓器的一次側，同時測量變壓器的輸入電壓、輸入電流及輸入實功率(此量測通常於變壓器低壓側進行，因低壓側較容易施工)。從上述測量得到的三個量可以求得輸入電流的功率因數、激磁阻抗的大小與相角。

計算 R_C 及 X_M 最簡單的方法是利用激磁分支的導納 (admittance)。鐵心損失電導 G_C 為

$$G_C = \frac{1}{R_C} \tag{2-40}$$

磁化電感的電納為

$$B_M = \frac{1}{X_M} \tag{2-41}$$

這兩個元件並聯，所以總激磁導納為

瓦特計

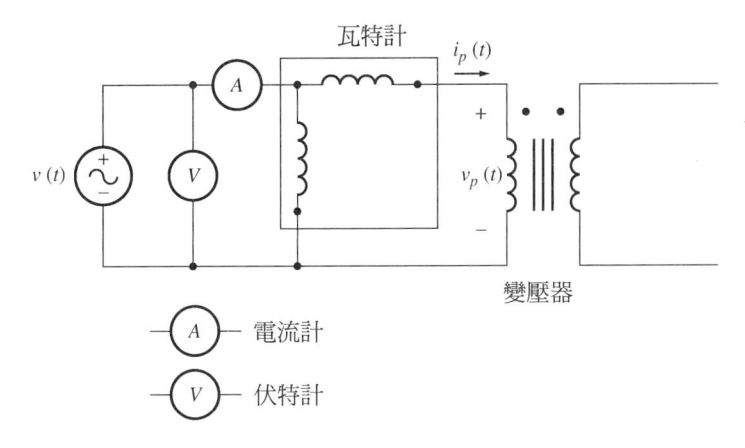

圖 2-18　開路試驗的接線圖。

$$Y_E = G_C - jB_M \tag{2-42}$$

$$Y_E = \frac{1}{R_C} - j\frac{1}{X_M} \tag{2-43}$$

激磁導納的大小 (參考至變壓器的量測側) 可以由開路試驗中測量所得的電壓及電流求出：

$$|Y_E| = \frac{I_{OC}}{V_{OC}} \tag{2-44}$$

激磁導納的角度 (angle) 可由開路的功率因數 (PF) 求得：

$$PF = \cos\theta = \frac{P_{OC}}{V_{OC}I_{OC}} \tag{2-45}$$

功率因數角 θ 為

$$\theta = \cos^{-1}\frac{P_{OC}}{V_{OC}I_{OC}} \tag{2-46}$$

實際變壓器其功率因數均為落後，其電流的相位均落後電壓 θ 角度，因此導納 Y_E 為

$$Y_E = \frac{I_{OC}}{V_{OC}}\angle-\theta$$

$$Y_E = \frac{I_{OC}}{V_{OC}}\angle-\cos^{-1}PF \tag{2-47}$$

比較式 (2-43) 和 (2-47)，可以發現由開路試驗所得到的數據便能決定參考至低壓側的 R_C 和 X_M 的值。

在短路試驗 (short-circuit test) 中，變壓器低壓側短路而高壓側連接至一可變的電壓

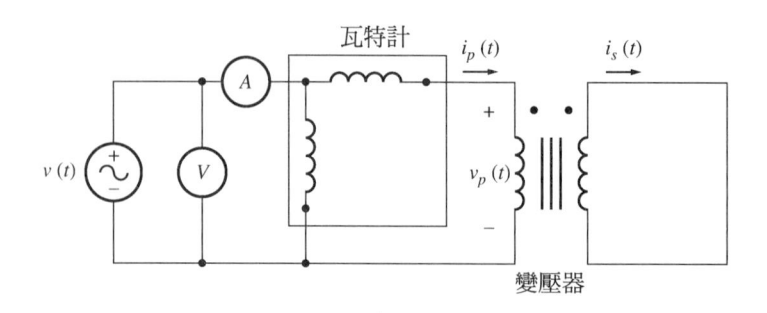

圖 2-19 短路試驗的接線圖。

源,如圖 2-19 所示 (此量測通常在變壓器高壓側進行,因為高壓側的電流較小,小的電流較容易施工)。調整輸入電壓直到短路繞組內的電流等於其額定值 (必須很小心的保持一次側電壓在安全範圍以免將繞組燒毀),接著測量輸入電壓、輸入電流與輸入實功率之值。

在短路試驗中,因輸入電壓很低,可以忽略流過激磁分支的電流,如此一來所有的壓降可視為均跨在串聯的元件上。參考至一次側串聯阻抗的大小為

$$|Z_{SE}| = \frac{V_{SC}}{I_{SC}} \tag{2-48}$$

電流的功率因數為

$$PF = \cos\theta = \frac{P_{SC}}{V_{SC}I_{SC}} \tag{2-49}$$

其為落後的功率因數。因此電流的相角落後電壓,而總串聯阻抗的相角是正值:

$$\theta = \cos^{-1}\frac{P_{SC}}{V_{SC}I_{SC}} \tag{2-50}$$

因此

$$Z_{SE} = \frac{V_{SC}\angle 0°}{I_{SC}\angle -\theta°} = \frac{V_{SC}}{I_{SC}}\angle \theta° \tag{2-51}$$

所以串聯阻抗 Z_{SE} 等於

$$Z_{SE} = R_{eq} + jX_{eq}$$

$$Z_{SE} = (R_P + a^2R_S) + j(X_P + a^2X_S) \tag{2-52}$$

利用短路試驗的技巧雖可求得參考至高壓側的串聯阻抗,但卻無法個別求出一次側及二次側的阻抗值,然而在解正常的問題時這分解的步驟是不需要的。

注意到開路試驗通常在變壓器低壓側進行,而短路試驗通常在變壓器高壓側進行,

所以 R_C 和 X_M 通常是參考至低壓側求得，而 R_{eq} 和 X_{eq} 通常是參考至高壓側，最後所有的參數必須參考至同一側 (不是高壓就是低壓側) 以求得最後的等效電路。

例題 2-2 求一 20 kVA、8000/240 V、60 Hz 變壓器之等效電路阻抗，於二次側進行開路試驗 (可減少量測的最大電壓)，而於一次側進行短路試驗 (可減少量測的最大電流)，所得到的數據如下：

開路試驗 (二次側)	短路試驗 (一次側)
V_{OC} = 240 V	V_{SC} = 489 V
I_{OC} = 7.133 A	I_{SC} = 2.5 A
V_{OC} = 400 W	P_{SC} = 240 W

試求參考至一次側之近似等效電路的阻抗，並繪出此近似等效電路圖。

解：變壓器的匝比 $a = 8000/240 = 33.3333$，開路試驗時的功率因數為

$$\text{PF} = \cos\theta = \frac{P_{OC}}{V_{OC} I_{OC}} \tag{2-45}$$

$$\text{PF} = \cos\theta = \frac{400 \text{ W}}{(240 \text{ V})(7.133 \text{ A})}$$

$$\text{PF} = 0.234 \text{ 落後}$$

激磁導納為

$$Y_E = \frac{I_{OC}}{V_{OC}} \angle -\cos^{-1} \text{PF} \tag{2-47}$$

$$Y_E = \frac{7.133 \text{ A}}{240 \text{ V}} \angle -\cos^{-1} 0.234$$

$$Y_E = 0.0297 \angle -76.5° \text{ S}$$

$$Y_E = 0.00693 - j\,0.02888 = \frac{1}{R_C} - j\frac{1}{X_M}$$

因此，參考至低壓 (二次) 側的激磁分支的參數值為

$$R_C = \frac{1}{0.00693} = 144 \text{ }\Omega$$

$$X_M = \frac{1}{0.02888} = 34.63 \text{ }\Omega$$

短路試驗時的功率因數為

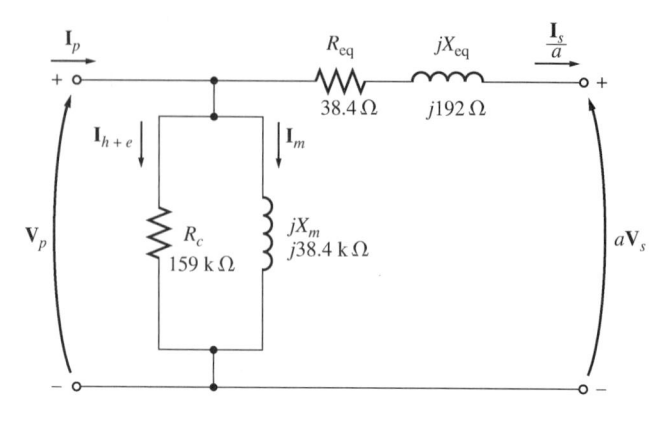

圖 2-20　例題 2-2 的等效電路圖。

$$\text{PF} = \cos\theta = \frac{P_{SC}}{V_{SC}I_{SC}} \tag{2-49}$$

$$\text{PF} = \cos\theta = \frac{240\text{ W}}{(489\text{ V})(2.5\text{ A})} = 0.196 \text{ 落後}$$

串聯阻抗為

$$Z_{SE} = \frac{V_{SC}}{I_{SC}} \angle \cos^{-1}\text{PF}$$

$$Z_{SE} = \frac{489\text{ V}}{2.5\text{ A}} \angle 78.7°$$

$$Z_{SE} = 195.6 \angle 78.7° = 38.4 + j192\text{ }\Omega$$

因此，參考至高壓 (一次) 側的等效電阻和電抗為

$$R_{eq} = 38.4\text{ }\Omega \qquad X_{eq} = 192\text{ }\Omega$$

所得到的參考至高壓 (一次) 側的簡化等效電路，可由轉換激磁分支的參數值至高壓側而求得。

$$R_{C,P} = a^2 R_{C,S} = (33.333)^2 (144\text{ }\Omega) = 159\text{ k}\Omega$$

$$X_{M,P} = a^2 X_{M,S} = (33.333)^2 (34.63\text{ }\Omega) = 38.4\text{ k}\Omega$$

所求得的等效電路如圖 2-20 所示。　◀

2.6　標么系統

如例題 2-1 所示，在解包含變壓器的電路時，必須將各個不同準位的電壓參考至一共同的電壓準位，如此才能取得系統中的電壓和電流。

下面將介紹另一種不用作電壓準位轉換而能解包含變壓器電路的方法。求解時所需的轉換由此方法本身自動處理，使用者不必擔心計算過程中的阻抗轉換。由於阻抗轉換可以避免，因此包含多個變壓器的電路可以很容易的求解，同時也可以減少錯誤的機會，此一計算方法就是標么系統 (per-unit system, pu system)。

使用標么系統還有另外一個優點，當一個電機或變壓器的大小改變時，其內部阻抗亦跟著改變，所以一次側電路中 0.1 Ω 的感抗對某一變壓器而言可能大得離譜，而對另一變壓器而言又可能小得離譜——這完全根據設備的電壓和功率額定值。然而在標么系統中，相對於設備的額定值，任一種型式或結構的電機機械與變壓器其阻抗值落在一個很小的範圍內，利用此一事實，可以檢查問題的解。

在標么系統中，電壓、電流、功率、阻抗與其他的電氣量並不是以 SI 單位 (伏特、安培、歐姆、瓦特等) 來量測，而是以某一基準值 (base) 的分數來量測。每一個量都可以用標么基準值來表示，如下面方程式所示

$$標么值 = \frac{實際值}{基準值} \tag{2-53}$$

上式中「實際值」即以伏特、安培、歐姆等為單位。

習慣上對一已知的標么系統選擇兩個基準值來加以定義，通常我們選擇電壓和功 (或視在功率)。只要這兩個基準值選定後，其他量的基準值便可由已選定的這兩個量依據平常使用的一些電的定律來決定。在單相系統中，這些基準量之間的關係為

$$P_{\text{base}}, Q_{\text{base}}, 或\ S_{\text{base}} = V_{\text{base}} I_{\text{base}} \tag{2-54}$$

$$R_{\text{base}}, X_{\text{base}}, 或\ Z_{\text{base}} = \frac{V_{\text{base}}}{I_{\text{base}}} \tag{2-55}$$

$$Y_{\text{base}} = \frac{I_{\text{base}}}{V_{\text{base}}} \tag{2-56}$$

及

$$Z_{\text{base}} = \frac{(V_{\text{base}})^2}{S_{\text{base}}} \tag{2-57}$$

一旦基準值 S (或 P) 及 V 被選定以後，其他的基準值均能很容易的由式 (2-54) 到式 (2-57) 中求出。

就一電力系統而言，我們對系統中某一特定點選擇基準視在功率和基準電壓。根據式 (2-11) 所示，變壓器的輸入功率等於輸出功率，所以變壓器對基準視在功率沒有影響。另一方面，電壓值經由變壓器而改變，所以每一個點的電壓基準值 (base quantity) 根據變壓器的匝數比而改變，因此在使用標么系統時，對於參考至一共同電壓準位的過程可以自動被處理。

例題 2-3 圖 2-21 所示為一簡單的電力系統，此系統包括一 480 V 的發電機，其連接到一 1：10 的理想升壓變壓器、一條傳輸線、一 20：1 的理想降壓變壓器及一負載。傳輸線的阻抗為 20＋j 60 Ω，負載阻抗為 10∠30° Ω。選擇發電機端 480 V 和 10 kVA 為系統基準值。

(a) 求系統中每一點的電壓、電流、阻抗及視在功率的基準值。
(b) 將此系統轉換成標么等效電路。
(c) 求出系統中供應到負載的功率。
(d) 求出傳輸線損失的功率。

解：

(a) 在發電機區，$V_{\text{base}} = 480$ V，$S_{\text{base}} = 10$ kVA，所以

$$I_{\text{base 1}} = \frac{S_{\text{base}}}{V_{\text{base 1}}} = \frac{10{,}000 \text{ VA}}{480 \text{ V}} = 20.83 \text{ A}$$

$$Z_{\text{base 1}} = \frac{V_{\text{base 1}}}{I_{\text{base 1}}} = \frac{480 \text{ V}}{20.83 \text{ A}} = 23.04 \text{ Ω}$$

變壓器 T_1 的匝數比為 $a = 1/10 = 0.1$，所以傳輸線區的基準電壓為

$$V_{\text{base 2}} = \frac{V_{\text{base 1}}}{a} = \frac{480 \text{ V}}{0.1} = 4800 \text{ V}$$

其他的基準量為

$$S_{\text{base 2}} = 10 \text{ kVA}$$

$$I_{\text{base 2}} = \frac{10{,}000 \text{ VA}}{4800 \text{ V}} = 2.083 \text{ A}$$

$$Z_{\text{base 2}} = \frac{4800 \text{ V}}{2.083 \text{ A}} = 2304 \text{ Ω}$$

變壓器 T_2 的匝數比為 $a = 20/1 = 20$，所以負載區的基準電壓為

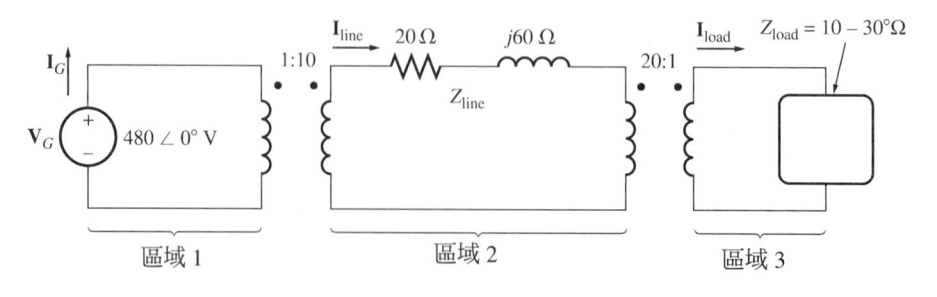

圖 2-21 例題 2-3 的電力系統。

$$V_{\text{base 3}} = \frac{V_{\text{base 2}}}{a} = \frac{4800 \text{ V}}{20} = 240 \text{ V}$$

其他的基準量為

$$S_{\text{base 3}} = 10 \text{ kVA}$$

$$I_{\text{base 3}} = \frac{10{,}000 \text{ VA}}{240 \text{ V}} = 41.67 \text{ A}$$

$$Z_{\text{base 3}} = \frac{240 \text{ V}}{41.67 \text{ A}} = 5.76 \text{ }\Omega$$

(b) 欲將電力系統轉換成標么系統，則系統中每一區域的分量均須除以該區的基準值。所以發電機的標么電壓為其實際電壓除以基準電壓：

$$V_{G,\text{pu}} = \frac{480 \angle 0° \text{ V}}{480 \text{ V}} = 1.0 \angle 0° \text{ pu}$$

傳輸線的標么阻抗為其實際阻抗除以傳輸線的基準阻抗：

$$Z_{\text{line,pu}} = \frac{20 + j60 \text{ }\Omega}{2304 \text{ }\Omega} = 0.0087 + j0.0260 \text{ pu}$$

同時，負載的標么阻抗為

$$Z_{\text{load,pu}} = \frac{10 \angle 30° \text{ }\Omega}{5.76 \text{ }\Omega} = 1.736 \angle 30° \text{ pu}$$

所以此系統的標么等效電路如圖 2-22 所示。

(c) 在此標么系統中流過的電流為

$$\mathbf{I}_{\text{pu}} = \frac{\mathbf{V}_{\text{pu}}}{Z_{\text{tot,pu}}}$$

$$= \frac{1 \angle 0°}{(0.0087 + j0.0260) + (1.736 \angle 30°)}$$

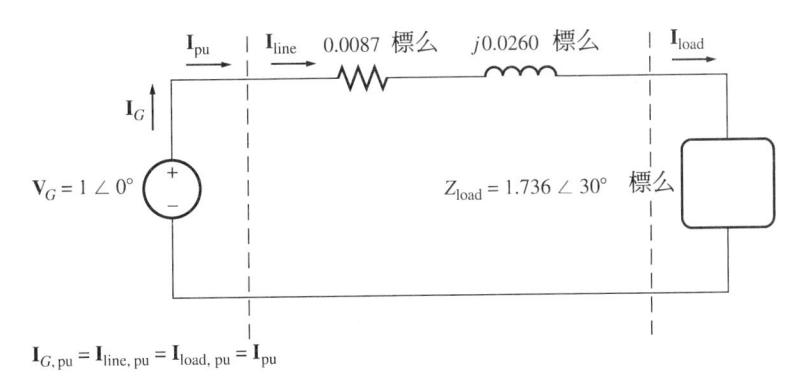

圖 2-22 例題 2-3 的標么等效電路。

$$= \frac{1\angle 0°}{(0.0087 + j0.0260) + (1.503 + j0.868)}$$

$$= \frac{1\angle 0°}{1.512 + j0.894} = \frac{1\angle 0°}{1.757\angle 30.6°}$$

$$= 0.569\angle -30.6° \text{ pu}$$

因此負載所吸收的標么功率為

$$P_{\text{load,pu}} = I_{\text{pu}}^2 R_{\text{pu}} = (0.569)^2(1.503) = 0.487$$

而負載的實際功率為

$$P_{\text{load}} = P_{\text{load,pu}} S_{\text{base}} = (0.487)(10,000 \text{ VA})$$

$$= 4870 \text{ W}$$

(d) 傳輸線損失功率的標么值為

$$P_{\text{line,pu}} = I_{\text{pu}}^2 R_{\text{line,pu}} = (0.569)^2(0.0087) = 0.00282$$

傳輸線實際損失功率為

$$P_{\text{line}} = P_{\text{line,pu}} S_{\text{base}} = (0.00282)(10,000 \text{ VA})$$

$$= 28.2 \text{ W}$$

◀

當僅分析單一個裝置 (變壓器或馬達) 時，通常以其本身的額定值當做標么系統的基準值。如果一標么系統以變壓器本身的額定值為基準時，則不論電力或配電變壓器，其特性即使在很大範圍的額定電壓和額定功率下都不會有很大的變化。例如，變壓器的串聯內電阻通常大約為 0.01 pu，而串聯感抗通常在 0.02 到 0.10 pu 之間。一般來講，變壓器容量愈大，其串聯阻抗愈小。磁化感抗通常在 10 到 40 pu 之間，而鐵心損失電阻通常在 50 到 200 pu 之間。由於標么值在比較不同大小變壓器的特性時提供了方便及有意義的方法，因此變壓器的阻抗通常都以標么值或百分比的形式記載在名牌 (nameplate) 上。

同樣的觀念也可以應用在同步機和感應機上，使得同步機及感應機的標么阻抗也落在很小的範圍內。

如果單一電力系統中包含多個電機和變壓器，則系統的基準電壓和基準功率可以任意選擇，但整個系統必須有相同的基準值，我們通常選擇系統中最大元件的額定值為基準值。當系統的基準值改變時，我們可以將原有的標么值轉回原有的實際值後，再轉換成新的標么值，但我們也可利用下面的方程式來將其轉換成新的標么值：

$$(P, Q, S)_{\text{pu on base 2}} = (P, Q, S)_{\text{pu on base 1}} \frac{S_{\text{base 1}}}{S_{\text{base 2}}} \qquad (2\text{-}58)$$

$$V_{\text{pu on base 2}} = V_{\text{pu on base 1}} \frac{V_{\text{base 1}}}{V_{\text{base 2}}} \qquad (2\text{-}59)$$

$$(R, X, Z)_{\text{pu on base 2}} = (R, X, Z)_{\text{pu on base 1}} \frac{(V_{\text{base 1}})^2 (S_{\text{base 2}})}{(V_{\text{base 2}})^2 (S_{\text{base 1}})} \qquad (2\text{-}60)$$

例題 2-4 試繪出例題 2-2 中變壓器的近似等效電路，以變壓器的額定值為系統的基準值。

解：例題 2-2 中，變壓器的額定為 20 kVA，8000/240 V，其參考至高壓側的近似等效電路如圖 2-20 所示，所以須先求出一次側的阻抗基準值

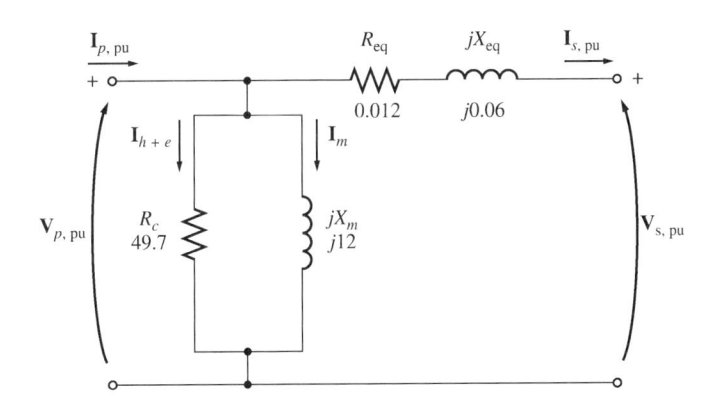

圖 2-23 例題 2-4 的標么等效電路。

$$V_{\text{base 1}} = 8000 \text{ V}$$
$$S_{\text{base 1}} = 20{,}000 \text{ VA}$$
$$Z_{\text{base 1}} = \frac{(V_{\text{base 1}})^2}{S_{\text{base 1}}} = \frac{(8000 \text{ V})^2}{20{,}000 \text{ VA}} = 3200 \text{ }\Omega$$

因此，

$$Z_{\text{SE,pu}} = \frac{38.4 + j192 \text{ }\Omega}{3200 \text{ }\Omega} = 0.012 + j0.06 \text{ pu}$$

$$R_{C,\text{pu}} = \frac{159 \text{ k}\Omega}{3200 \text{ }\Omega} = 49.7 \text{ pu}$$

$$Z_{M,\text{pu}} = \frac{38.4 \text{ k}\Omega}{3200 \text{ }\Omega} = 12 \text{ pu}$$

此變壓器的近似標么等效電路如圖 2-23 所示。

2.7 變壓器的電壓調整率及效率

由於實際變壓器有串聯內阻抗,當輸入電壓固定時,變壓器的輸出電壓會隨負載的變化而改變。為方便變壓器在這方面做比較,習慣上定義一個量稱為**電壓調整率** (voltage regulation, VR)。**滿載電壓調整率** (full-load voltage regulation) 是變壓器無載輸出電壓對滿載輸出電壓的一個比較量,其由下式定義

$$\boxed{\text{VR} = \frac{V_{S,\text{nl}} - V_{S,\text{fl}}}{V_{S,\text{fl}}} \times 100\%} \qquad (2\text{-}61)$$

無載時,$V_S = V_P/a$,所以電壓調整率亦可表示為

$$\boxed{\text{VR} = \frac{V_P/a - V_{S,\text{fl}}}{V_{S,\text{fl}}} \times 100\%} \qquad (2\text{-}62)$$

如果變壓器的等效電路使用標么值,則電壓調整率可以表示為

$$\boxed{\text{VR} = \frac{V_{P,\text{pu}} - V_{S,\text{fl,pu}}}{V_{S,\text{fl,pu}}} \times 100\%} \qquad (2\text{-}63)$$

通常在實用上變壓器的電壓調整率都儘可能的低,對於一個理想的變壓器而言,VR＝0。然而並不是所有的場合都希望有低的電壓調整率——有時也故意使用高阻抗及高電壓調整率的變壓器來降低電路的故障電流。

下面將討論如何決定變壓器的電壓調整率。

變壓器的相量圖

要決定變壓器的電壓調整率前,必須先瞭解變壓器中的電壓降。考慮圖 2-18b 中的簡化等效電路,忽略激磁分支的效應,僅考慮串聯阻抗。變壓器的電壓調整率須根據變壓器的串聯阻抗和流經變壓器電流的相角來決定,為了瞭解阻抗和電流如何影響變壓器的電壓調整率,最簡單的方法就是繪出變壓器電壓和電流的相量圖 (phasor diagram)。

下面所有相量圖中,相電壓 $\mathbf{V}_S$ 的相角均設為 0°,而其他的電壓和電流均以此為參考。應用克希荷夫電壓定律到圖 2-17b 的等效電路,則一次側電壓可以求得

$$\frac{\mathbf{V}_P}{a} = \mathbf{V}_S + R_{eq}\mathbf{I}_S + jX_{eq}\mathbf{I}_S \tag{2-64}$$

變壓器的相量圖正好可以表示上面的方程式。

圖 2-24 為一在落後功率因數下操作的變壓器的相量圖,由圖上可以很容易的看出,對落後的負載而言,$V_P/a > V_S$,所以電壓調整率一定大於零。

圖 2-25a 為一單位功率因數的相量圖,同樣地 $V_P/a > V_S$,所以 VR > 0,但此時電壓調整率比落後功率因數時為小。假如二次電流領先,則 V_S 可能比 V_P/a 大,在這情形下變壓器有負的電壓調整率,如圖 2-25b 所示。

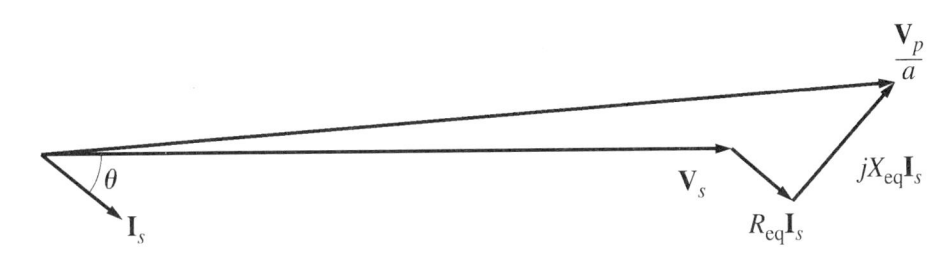

圖 2-24 變壓器操作於落後功因時的相量圖。

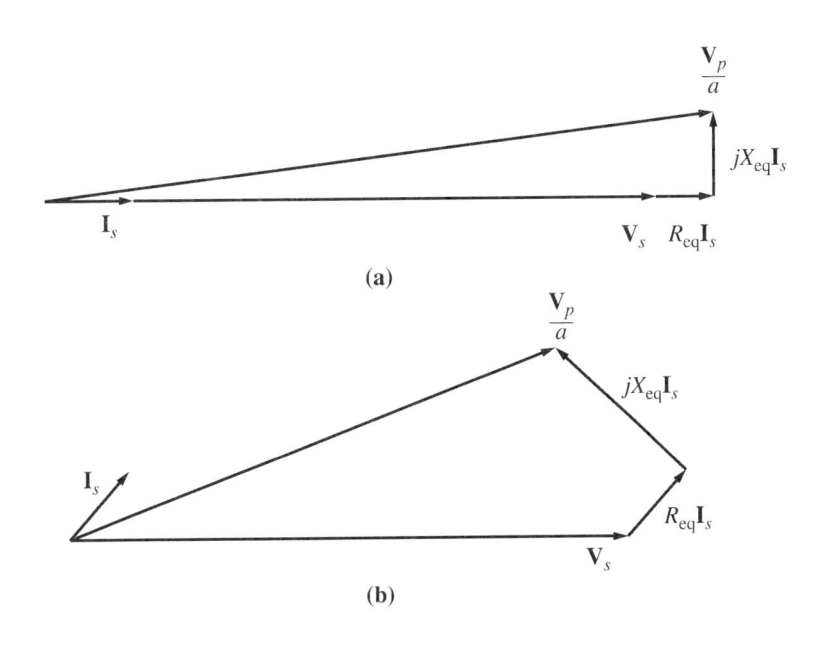

圖 2-25 變壓器操作於:(a) 單位功因;(b) 超前功因時的相量圖。

變壓器的效率

我們對變壓器之間也做效率的比較和評斷,其效率由下式所定義

$$\eta = \frac{P_{\text{out}}}{P_{\text{in}}} \times 100\% \tag{2-65}$$

$$\eta = \frac{P_{\text{out}}}{P_{\text{out}} + P_{\text{loss}}} \times 100\% \tag{2-66}$$

上面的式子也適用於馬達和發電機。

利用變壓器的等效電路,可以很容易的計算其效率。變壓器中的損失有下列三種形式:

1. 銅損 (I^2R):此損失可由等效電路中的串聯電阻求得。
2. 磁滯損失:此損失曾在第一章中解釋過,其可由電阻 R_C 求得。
3. 渦流損失:此損失也曾在第一章中解釋過,其亦可由電阻 R_C 求得。

對一已知的負載求變壓器的效率時,可以先求出每一個電阻的損失再利用式 (2-67) 即可。因變壓器的輸出功率為

$$P_{\text{out}} = V_S I_S \cos \theta_S \tag{2-7}$$

所以變壓器的效率可以表示為

$$\eta = \frac{V_S I_S \cos \theta}{P_{\text{Cu}} + P_{\text{core}} + V_S I_S \cos \theta} \times 100\% \tag{2-67}$$

例題 2-5　測試一 15 kVA，2300/230 V 變壓器，以求其激磁分支參數、串聯阻抗與電壓調整率。試驗所得到的數據如下：

	開路試驗 (低壓側)	短路試驗 (高壓側)
	V_{OC} = 230 V	V_{SC} = 47 V
	I_{OC} = 2.1 A	I_{SC} = 6.0 A
	P_{OC} = 50 W	P_{SC} = 160 W

上面的數據係根據圖 2-18 及 2-19 的接線方法測得。
(a) 試求此變壓器參考至高壓側的等效電路。
(b) 試求此變壓器參考至低壓側的等效電路。
(c) 使用 V_P 的正確公式，試求 0.8 PF 落後、1.0 PF 與 0.8 PF 超前時的滿載電壓調整率。
(d) 繪出電壓調整率曲線，當負載由無載增加至滿載在 0.8 PF 落後、1.0 與 0.8 超前下。
(e) 當 0.8 PF 落後時，此變壓器的滿載效率如何？

解：
(a) 變壓器的匝比 $a = 2300/230 = 10$，變壓器激磁分路等效電路值可由參考至二次 (低壓) 側的開路試驗 (open-circuit test) 數據計算得到，而串聯元件可由參考至一次 (高壓) 側的短路試驗 (short-circuit test) 數據計算得到。由開路試驗數據，其開路阻抗角為

$$\theta_{OC} = \cos^{-1}\frac{P_{OC}}{V_{OC}I_{OC}}$$

$$\theta_{OC} = \cos^{-1}\frac{50 \text{ W}}{(230 \text{ V})(2.1 \text{ A})} = 84°$$

因此激磁導納為

$$Y_E = \frac{I_{OC}}{V_{OC}} \angle -84°$$

$$Y_E = \frac{2.1 \text{ A}}{230 \text{ V}} \angle -84° \text{ S}$$

$$Y_E = 0.00913 \angle -84° \text{ S} = 0.000954 - j0.00908 \text{ S}$$

參考至二次側激磁分支元件的數值為

$$R_{C,S} = \frac{1}{0.000954} = 1050 \ \Omega$$

$$X_{M,S} = \frac{1}{0.00908} = 110 \ \Omega$$

根據短路試驗的數據，短路阻抗的相角為

$$\theta_{SC} = \cos^{-1} \frac{P_{SC}}{V_{SC} I_{SC}}$$

$$\theta_{SC} = \cos^{-1} \frac{160 \ W}{(47 \ V)(6 \ A)} = 55.4°$$

因此等效串聯阻抗為

$$Z_{SE} = \frac{V_{SC}}{I_{SC}} \angle \theta_{SC}$$

$$Z_{SE} = \frac{47 \ V}{6 \ A} \angle 55.4° \ \Omega$$

$$Z_{SE} = 7.833 \angle 55.4° = 4.45 + j6.45 \ \Omega$$

參考至一次側串聯元件的數值為

$$R_{eq,P} = 4.45 \ \Omega \qquad X_{eq,P} = 6.45 \ \Omega$$

所得到參考至一次側的簡化等效電路可由轉換激磁分支的元件值至一次側而求得。

$$R_{C,P} = a^2 R_{C,S} = (10)^2 (1050 \ \Omega) = 105 \ k\Omega$$

$$X_{M,P} = a^2 X_{M,S} = (10)^2 (110 \ \Omega) = 11 \ k\Omega$$

其等效電路如圖 2-26a 所示。

(b) 為求參考至低壓側的等效電路，將 (a) 中求得的阻抗除以匝數比 a^2，便可得到參考至二次側的等效電路。因 $a = N_P/N_S = 10$，所以

$$R_C = 1050 \ \Omega \qquad R_{eq} = 0.0445 \ \Omega$$
$$X_M = 110 \ \Omega \qquad X_{eq} = 0.0645 \ \Omega$$

參考至低壓側的等效電路如圖 2-26b 所示。

(c) 變壓器二次側的滿載電流為

$$I_{S,\text{rated}} = \frac{S_{\text{rated}}}{V_{S,\text{rated}}} = \frac{15,000 \ VA}{230 \ V} = 65.2 \ A$$

利用式 (2-64) 求 V_P/a：

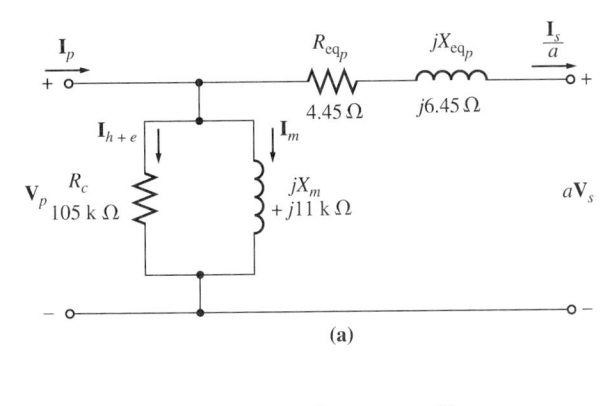

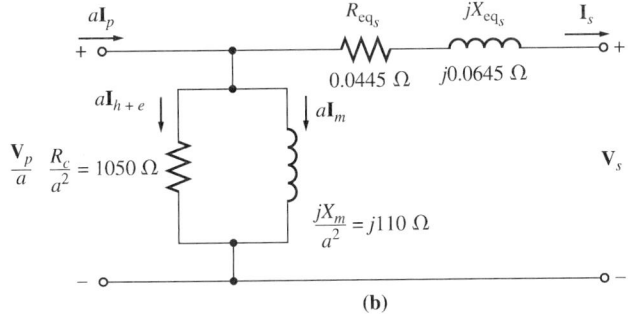

圖 2-26 例題 2-5 的轉換等效電路：(a) 參考至一次側；(b) 參考至二次側。

$$\frac{\mathbf{V}_P}{a} = \mathbf{V}_S + R_{eq}\mathbf{I}_S + jX_{eq}\mathbf{I}_S \tag{2-64}$$

當 PF＝0.8 落後，$\mathbf{I}_S$＝65.2∠−36.9° A，所以

$$\begin{aligned}\frac{\mathbf{V}_P}{a} &= 230\angle 0°\text{ V} + (0.0445\ \Omega)(65.2\angle-36.9°\text{ A}) + j(0.0645\ \Omega)(65.2\angle-36.9°\text{ A}) \\ &= 230\angle 0°\text{ V} + 2.90\angle-36.9°\text{ V} + 4.21\angle 53.1°\text{ V} \\ &= 230 + 2.32 - j1.74 + 2.52 + j3.36 \\ &= 234.84 + j1.62 = 234.85\angle 0.40°\text{ V}\end{aligned}$$

電壓調整率為

$$\text{VR} = \frac{V_P/a - V_{S,\text{fl}}}{V_{S,\text{fl}}} \times 100\% \tag{2-62}$$

$$= \frac{234.85\text{ V} - 230\text{ V}}{230\text{ V}} \times 100\% = 2.1\%$$

當 PF＝1.0，$\mathbf{I}_S$＝65.2∠0° A，所以

$$\frac{\mathbf{V}_P}{a} = 230 \angle 0° \text{ V} + (0.0445 \text{ }\Omega)(65.2 \angle 0° \text{ A}) + j(0.0645 \text{ }\Omega)(65.2 \angle 0° \text{ A})$$
$$= 230 \angle 0° \text{ V} + 2.90 \angle 0° \text{ V} + 4.21 \angle 90° \text{ V}$$
$$= 230 + 2.90 + j4.21$$
$$= 232.9 + j4.21 = 232.94 \angle 1.04° \text{ V}$$

電壓調整率為

$$\text{VR} = \frac{232.94 \text{ V} - 230 \text{ V}}{230 \text{ V}} \times 100\% = 1.28\%$$

當 PF＝0.8 超前，$\mathbf{I}_S$＝65.2∠36.9° A，所以

$$\frac{\mathbf{V}_P}{a} = 230 \angle 0° \text{ V} + (0.0445 \text{ }\Omega)(65.2 \angle 36.9° \text{ A}) + j(0.0645 \text{ }\Omega)(65.2 \angle 36.9° \text{ A})$$
$$= 230 \angle 0° \text{ V} + 2.90 \angle 36.9° \text{ V} + 4.21 \angle 126.9° \text{ V}$$
$$= 230 + 2.32 + j1.74 - 2.52 + j3.36$$
$$= 229.80 + j5.10 = 229.85 \angle 1.27° \text{ V}$$

電壓調整率為

$$\text{VR} = \frac{229.85 \text{ V} - 230 \text{ V}}{230 \text{ V}} \times 100\% = -0.062\%$$

圖 2-27 所示為此三種情形下的相量圖。

(d) 繪以負載為函數之電壓調整率最佳方法為，使用 MATLAB 在不同負載下重複 (c) 之計算。

```
% M-file: trans_vr.m
% M-file to calculate and plot the voltage regulation
% of a transformer as a function of load for power
% factors of 0.8 lagging, 1.0, and 0.8 leading.
VS = 230;                    % Secondary voltage (V)
amps = 0:6.52:65.2;          % Current values (A)
Req = 0.0445;                % Equivalent R (ohms)
Xeq = 0.0645;                % Equivalent X (ohms)

% Calculate the current values for the three
% power factors. The first row of I contains
% the lagging currents, the second row contains
% the unity currents, and the third row contains
% the leading currents.
I(1,:) = amps .* ( 0.8 - j*0.6);      % Lagging
I(2,:) = amps .* ( 1.0          );    % Unity
I(3,:) = amps .* ( 0.8 + j*0.6);      % Leading
```

第二章 變壓器 103

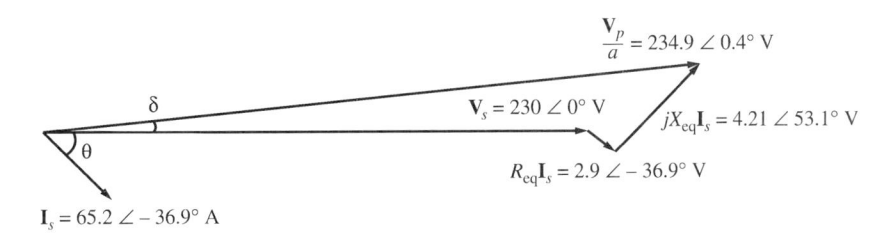

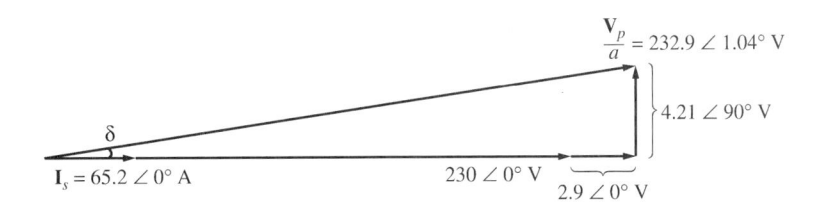

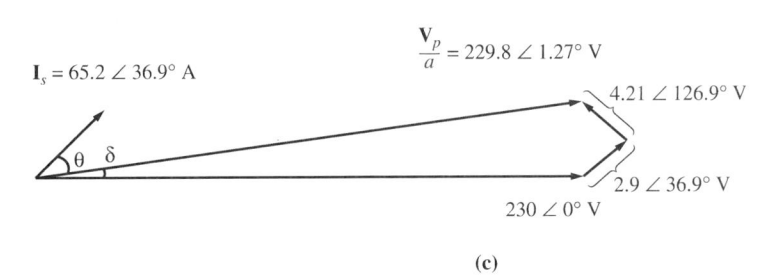

圖 2-27 例題 2-5 變壓器的相量圖。

```
% Calculate VP/a.
VPa = VS + Req.*I + j.*Xeq.*I;

% Calculate voltage regulation
VR = (abs(VPa) - VS) ./ VS .* 100;

% Plot the voltage regulation
plot(amps,VR(1,:),'b-');
hold on;
plot(amps,VR(2,:),'k-');
plot(amps,VR(3,:),'r-.');
title ('Voltage Regulation Versus Load');
xlabel ('Load (A)');
ylabel ('Voltage Regulation (%)');
legend('0.8 PF lagging','1.0 PF','0.8 PF leading');
hold off;
```

所得到之曲線如圖 2-28 所示。

(e) 欲求變壓器的效率，首先計算出變壓器的損失，變壓器的銅損為

電壓調整率負載

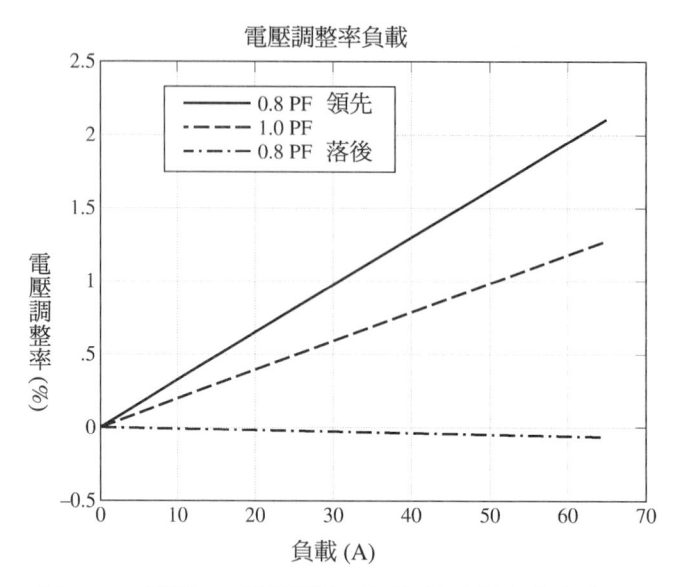

圖 2-28 例題 2-5 變壓器之電壓調整率對負載曲線。

$$P_{Cu} = (I_S)^2 R_{eq} = (65.2 \text{ A})^2 (0.0445 \text{ }\Omega) = 189 \text{ W}$$

鐵損為

$$P_{core} = \frac{(V_P/a)^2}{R_C} = \frac{(234.85 \text{ V})^2}{1050 \text{ }\Omega} = 52.5 \text{ W}$$

在此功率因數下,變壓器的輸出功率為

$$P_{out} = V_S I_S \cos \theta$$
$$= (230 \text{ V})(65.2 \text{ A}) \cos 36.9° = 12,000 \text{ W}$$

因此,變壓器的效率為

$$\eta = \frac{V_S I_S \cos \theta}{P_{Cu} + P_{core} + V_S I_S \cos \theta} \times 100\% \tag{2-68}$$
$$= \frac{12,000 \text{ W}}{189 \text{ W} + 52.5 \text{ W} + 12,000 \text{ W}} \times 100\%$$
$$= 98.03\%$$

◀

2.8 變壓器的分接頭及電壓調整率

本章前面各節在討論變壓器時,其匝數比或一次側對二次側的電壓比均被當成一固定的值,然而對幾乎所有的配電變壓器而言卻不是如此。配電變壓器的繞組有一串分接頭 (tap),其允許配電變壓器在被送離工廠後其匝數比能做少量的改變。一典型的配電變

壓器可能有 4 個額外的分接頭,每個分接頭能對正常滿載電壓做 2.5% 的調整,如此使得變壓器能在其額定電壓上下 5% 作調整。

例題 2-6　一 500 kVA,13,200/480 V 的配電變壓器其一次側有 4 個 2.5% 的分接頭,試求每一分接頭的分壓比。

解:此變壓器的電壓比有下列五種可能:

+5.0% 分接頭	13,860/480 V
+2.5% 分接頭	13,530/480 V
正常額定	13,200/480 V
−2.5% 分接頭	12,870/480 V
−5.0% 分接頭	12,540/480 V

◀

分接頭允許變壓器作這方面的調整以適應區域電壓的變化,但正常情況下,當變壓器正在供應負載功率時不可切換分接頭,必須將負載移去後才能切換。

變壓器有時使用在因負載變化而使電壓變化很大的電力線上,此電壓變化可能是由於介於發電機和此特定負載之間傳輸線的高阻抗所引起。負載所接受的必須是一固定的電壓,然而電力公司是如何經由此高阻抗傳輸線提供可控制的電壓以滿足隨時改變的負載呢?

一種解決上述問題的方法就是使用一種特殊變壓器,稱為有載切換分接頭變壓器 [tap changing under load (TCUL) transformer] 或電壓調整器 (voltage regulator)。基本上,TCUL 變壓器是一種可以在有載情況下切換分接頭的變壓器,而電壓調整器則是在 TCUL 變壓器內裝上電壓偵側電路來自動切換分接頭以使系統電壓保持固定。目前的電力系統中經常會使用這類的特殊變壓器。

2.9　自耦變壓器

在某些場合中,所須改變的電壓準位其範圍可能很小,例如把 110 V 升高到 120 V 或從 13.2 kV 升高到 13.8 kV,這種小的電壓提升可能是導因於電力系統傳輸時的壓降。在這種情況下使用前面所提到的兩個繞組的變壓器可能太浪費而且價格也較貴,因此在電壓準位變化不大的場合,我們使用所謂的自耦變壓器 (autotransformer)。

圖 2-29 是一升壓自耦變壓器的示意圖,圖 2-29a 為一兩分離線圈的變壓器,而圖 2-29b 則把第一個繞組直接和第二個繞組連接在一起,第一繞組和第二繞組其電壓仍維持匝數比的關係,但此時整個變壓器的輸出卻是第一繞組電壓和第二繞組電壓的總和。

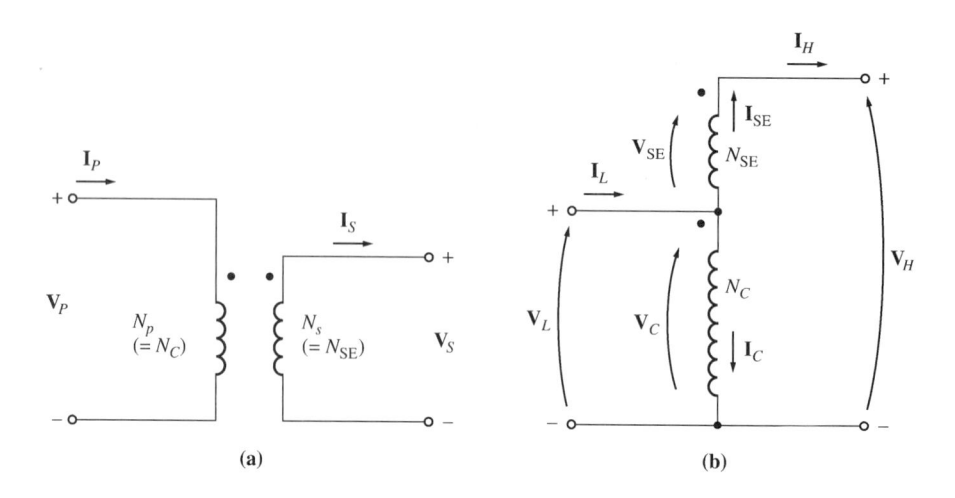

圖 2-29 (a) 變壓器的一般接線方法；(b) 當作自耦變壓器的接線方法。

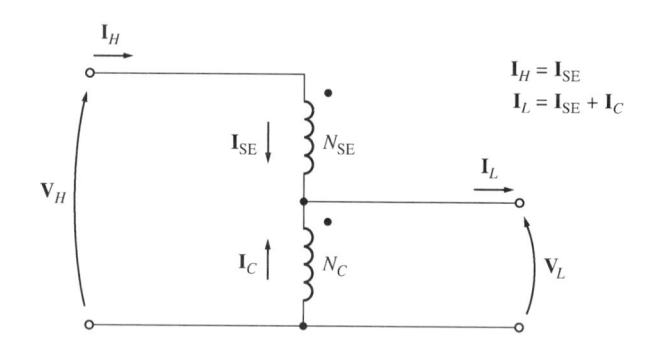

圖 2-30 降壓自耦變壓器的接線方法。

第一繞組的電壓出現在變壓器的兩側，故稱其為共同繞組 (common winding)，而第二繞組和共同繞組串聯，故稱其為串聯繞組 (series winding)。

圖 2-30 所示為一降壓自耦變壓器，其輸入電壓是共同繞組和串聯繞組電壓的總和，而輸出電壓僅為共同繞組的電壓。

因為自耦變壓器其線圈間有直接的連接，所以其使用的一些術語和其他型式的變壓器有些不同。跨在共同線圈上的電壓稱為共同電壓 V_C (common voltage)，其所流過的電流稱為共同電流 I_C (common current)；跨在串聯線圈上的電壓稱為串聯電壓 V_{SE} (series voltage)，其所流過的電流稱為串聯電流 I_{SE} (series current)。低壓側的電壓和電流分別稱為 V_L 和 I_L；高壓側的電壓和電流分別稱為 V_H 和 I_H。自耦變壓器的一次側 (輸入功率的一側) 可以是高壓側或低壓側，這要根據此變壓器是拿來做升壓或降壓而決定。由圖 2-29b 可以得到線圈中電壓和電流的關係如下式所示

$$\frac{\mathbf{V}_C}{\mathbf{V}_{SE}} = \frac{N_C}{N_{SE}} \tag{2-69}$$

$$N_C \mathbf{I}_C = N_{SE} \mathbf{I}_{SE} \tag{2-70}$$

而線圈電壓和變壓器端點電壓的關係如下

$$\mathbf{V}_L = \mathbf{V}_C \tag{2-71}$$

$$\mathbf{V}_H = \mathbf{V}_C + \mathbf{V}_{SE} \tag{2-72}$$

線圈電流和變壓器端電流的關係如下

$$\mathbf{I}_L = \mathbf{I}_C + \mathbf{I}_{SE} \tag{2-73}$$

$$\mathbf{I}_H = \mathbf{I}_{SE} \tag{2-74}$$

自耦變壓器內電壓及電流的關係

變壓器兩側的電壓有何關係？我們可以很容易的決定 $\mathbf{V}_H$ 和 $\mathbf{V}_L$ 之間的關係，因為高壓側電壓可以表示為

$$\mathbf{V}_H = \mathbf{V}_C + \mathbf{V}_{SE} \tag{2-72}$$

但 $\mathbf{V}_C/\mathbf{V}_{SE} = N_C/N_{SE}$，所以

$$\mathbf{V}_H = \mathbf{V}_C + \frac{N_{SE}}{N_C} \mathbf{V}_C \tag{2-75}$$

由圖上可看出 $\mathbf{V}_L = \mathbf{V}_C$，因此可得

$$\mathbf{V}_H = \mathbf{V}_L + \frac{N_{SE}}{N_C} \mathbf{V}_L$$
$$= \frac{N_{SE} + N_C}{N_C} \mathbf{V}_L \tag{2-76}$$

或

$$\boxed{\frac{\mathbf{V}_L}{\mathbf{V}_H} = \frac{N_C}{N_{SE} + N_C}} \tag{2-77}$$

接下來看看自耦變壓器兩側電流有何關係？由圖上可看出

$$\mathbf{I}_L = \mathbf{I}_C + \mathbf{I}_{SE} \tag{2-73}$$

根據式 (2-70)，$\mathbf{I}_C = (N_{SE}/N_C)\mathbf{I}_{SE}$，所以

$$\mathbf{I}_L = \frac{N_{SE}}{N_C} \mathbf{I}_{SE} + \mathbf{I}_{SE} \tag{2-78}$$

由於 $\mathbf{I}_H = \mathbf{I}_{SE}$，可得到

$$\mathbf{I}_L = \frac{N_{\text{SE}}}{N_C}\mathbf{I}_H + \mathbf{I}_H$$

$$= \frac{N_{\text{SE}} + N_C}{N_C}\mathbf{I}_H \tag{2-79}$$

或

$$\boxed{\frac{\mathbf{I}_L}{\mathbf{I}_H} = \frac{N_{\text{SE}} + N_C}{N_C}} \tag{2-80}$$

自耦變壓器在額定視在功率上的優點

自耦變壓器在功率的傳遞上有一很有趣的事實，那就是由一次側傳到二次側的功率並不完全經由繞組，基於此一結果，如果平常的變壓器連接成自耦變壓器使用時，其所能處理的功率將比其原先的額定值來得大。

為了瞭解這個觀念，再回顧圖 2-29b。由圖上可知，輸入到自耦變壓器的視在功率為

$$S_{\text{in}} = V_L I_L \tag{2-81}$$

而其輸出視在功率為

$$S_{\text{out}} = V_H I_H \tag{2-82}$$

根據式 (2-77) 和 (2-80)，可以很容易的證明輸入視在功率等於輸出視在功率：

$$S_{\text{in}} = S_{\text{out}} = S_{\text{IO}} \tag{2-83}$$

上式中 S_{IO} 定義成自耦變壓器的輸入或輸出視在功率。然而，變壓器內繞組的視在功率為

$$S_W = V_C I_C = V_{\text{SE}} I_{\text{SE}} \tag{2-84}$$

因此輸入到變壓器的一次側功率 (與二次側輸出的功率) 和變壓器實際繞組內的真正功率之間的關係為

$$S_W = V_C I_C$$
$$= V_L(I_L - I_H)$$
$$= V_L I_L - V_L I_H$$

根據式 (2-80)，可得到

$$S_W = V_L I_L - V_L I_L \frac{N_C}{N_{\text{SE}} + N_C}$$

$$= V_L I_L \frac{(N_{\text{SE}} + N_C) - N_C}{N_{\text{SE}} + N_C} \tag{2-85}$$

$$= S_{IO} \frac{N_{SE}}{N_{SE} + N_C} \qquad (2\text{-}86)$$

因此，自耦變壓器一次側或二次側的視在功率和經由繞組所傳送功率的比率為

$$\boxed{\frac{S_{IO}}{S_W} = \frac{N_{SE} + N_C}{N_{SE}}} \qquad (2\text{-}87)$$

式 (2-87) 描述了自耦變壓器在額定視在功率上比一般變壓器優良的地方。上式中，S_{IO} 是進入自耦變壓器一次側或是離開二次側的視在功率，而 S_W 是經由繞組傳送的功率 (其餘的功率並不經由變壓器內繞組的耦合來傳送)。如果串聯繞組愈小，則上述的優點愈明顯。

例如，有一 5000 kVA 的自耦變壓器連接 110 kV 的系統到 138 kV 的系統，則其 N_C/N_{SE} 的匝數比為 110：28，如此的一個自耦變壓器其繞組的真正額定可能為

$$S_W = S_{IO} \frac{N_{SE}}{N_{SE} + N_C} \qquad (2\text{-}86)$$

$$= (5000 \text{ kVA}) \frac{28}{28 + 110} = 1015 \text{ kVA}$$

上述的場合如果使用一般變壓器則其繞組額定須為 1015 kVA，這樣看來，此自耦變壓器將可以比一般變壓器小 5 倍，而且更便宜。基於上述的理由，在兩電壓很接近的系統間以自耦變壓器連接將有很多好處。

下面的例題中將說明自耦變壓器的分析及其在額定上的優點。

例題 2-7 一 100 VA，120/12 V 的變壓器連接成升壓自耦變壓器，如圖 2-31 所示，其

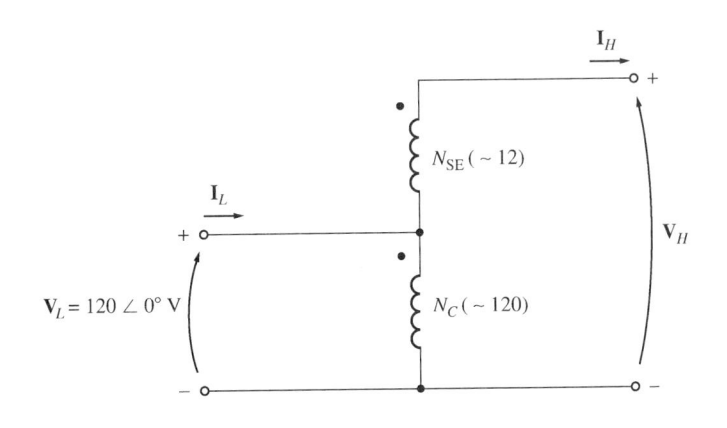

圖 2-31 例題 2-7 的自耦變壓器。

一次側電壓為 120 V。
(a) 此自耦變壓器二次側電壓為多少？
(b) 此自耦變壓器最大的操作額定為多少 VA？
(c) 計算利用一般 120/12 V 變壓器連接成此自耦變壓器，其在容量上的提升。

解：

為得到一次側為 120 V 之升壓自耦變壓器，其共用繞組 N_C 與串聯繞組 N_{SE} 的匝比必須為 120:12 (或 10:1)。

(a) 此為一升壓自耦變壓器，二次側電壓為 V_H，根據式 (2-76)，

$$\mathbf{V}_H = \frac{N_{SE} + N_C}{N_C} \mathbf{V}_L \tag{2-76}$$

$$= \frac{12 + 120}{120} 120 \text{ V} = 132 \text{ V}$$

(b) 任一繞組的最大額定伏安為 100 VA，此能提供多少輸入或輸出視在功率？檢視串聯繞組可找到答案。串聯繞組上的電壓 V_{SE} 為 12 V，且其伏安額定為 100 VA，因此串聯繞組的最大電流為

$$I_{SE,max} = \frac{S_{max}}{V_{SE}} = \frac{100 \text{ VA}}{12 \text{V}} = 8.33 \text{ A}$$

因 I_{SE} 等於二次側電流 I_S (或 I_H)，且二次側電壓 $V_S = V_H = 132$ V，所以二次側的視在功率為

$$S_{out} = V_S I_S = V_H I_H$$
$$= (132 \text{ V})(8.33 \text{ A}) = 1100 \text{ VA} = S_{in}$$

(c) 在額定的優點可由 (b) 或是分別代入式 (2-87) 計算求得。根據 (b) 的答案，

$$\frac{S_{IO}}{S_W} = \frac{1100 \text{ VA}}{100 \text{ VA}} = 11$$

或由式 (2-87)，

$$\frac{S_{IO}}{S_W} = \frac{N_{SE} + N_C}{N_{SE}} \tag{2-87}$$

$$= \frac{12 + 120}{12} = \frac{132}{12} = 11$$

此自耦變壓器的額定為原先的 11 倍。 ◀

由於普通變壓器低壓側耐壓的問題，在正常情況下，不可能將普通變壓器如例題 2-7 所述接成一自耦變壓器。所以自耦變壓器在製造時，其串聯繞組要和共同繞組有同

樣的絕緣等級。

在電力系統中,兩個很接近的電壓準位需要轉換時,最常使用自耦變壓器,因為此二電壓準位愈接近,則自耦變壓器的優點愈顯著。另外,自耦變壓器也常被製成可調變壓器,其低壓分接頭可以沿著繞組上下移動,如此便可很方便的得到可調的交流電壓。

自耦變壓器的主要缺點為其一次側和二次側直接連接,所以其兩側之間沒有電氣上的隔離。當應用在不須電氣隔離的場合中,自耦變壓器可以很方便且便宜的連接兩個電壓很接近的系統。

自耦變壓器的內阻抗

和一般變壓器比較起來自耦變壓器還有另一個缺點,此一缺點就是當自耦變壓器在功率上的優點愈顯著,則其有效內阻抗將隨同一因數減少。

此一敘述的證明將在習題中留給讀者自行證明。

自耦變壓器的內阻抗較一般雙繞組變壓器的阻抗來得小,在某些應用中是一個嚴重的問題,因為當電力系統故障 (短路電流) 時需要串聯阻抗限制電流之流動。這種由自耦變壓器所提供的較小內阻抗之效果,故在選用自耦變壓器時這一點須詳加考慮。

例題 2-8 額定為 1000 kVA,12/1.2 kV,60 Hz 的變壓器,把其當做一般雙繞組變壓器使用時,其串聯電阻及感抗各為 0.01 pu 及 0.08 pu。將此變壓器連接成 13.2/12 kV 的降壓自耦變壓器時,試回答下列問題:
(a) 此自耦變壓器的額定值為多少?
(b) 此自耦變壓器串聯阻抗的標么值為何?

解:
(a) N_C/N_{SE} 的比必為 12:1.2 或 10:1,而此變壓器的電壓額定為 13.2/12 kV,因此其視在功率額定為

$$S_{IO} = \frac{N_{SE} + N_C}{N_{SE}} S_W$$
$$= \frac{1 + 10}{1} 1000 \text{ kVA} = 11{,}000 \text{ kVA}$$

(b) 正常使用時，變壓器的阻抗標么值為

$$Z_{eq} = 0.01 + j0.08 \text{ pu} \quad \text{分開繞組}$$

當自耦變壓器使用時，功率額定變為原先的 11 倍，所以自耦變壓器的阻抗標么值為

$$Z_{eq} = \frac{0.01 + j0.08}{11}$$
$$= 0.00091 + j0.00727 \text{ pu} \quad \text{自耦變壓器} \quad ◀$$

2.10 三相變壓器

目前世界上幾乎所有主要的發電和配電系統都是三相交流系統，由於三相系統在現代生活上的重要性，所以有必要瞭解變壓器如何在三相系統中使用。

　　三相電路使用的變壓器可由下面兩種方法來構成。第一種方法就是以三個單相變壓器做三相排列的連接；另一種方法就是製造一個包含纏繞著共同鐵心的三套繞組之三相變壓器，這兩種型式的三相變壓器分別如圖 2-32 及 2-33 所示。兩種設計 (三個分開的變壓器與單一個三相變壓器) 目前皆有使用，兩者在實際應用上都有可能碰到。單一個三相變壓器比較輕、小、便宜且效率較高，但使用三個單相變壓器所組成的三相變壓器，有發生故障時可各別更換故障單相變壓器之優點，電力公司只要庫存單相變壓器一種備用品即可支援所有三相變壓器需求，可以節省成本。

三相變壓器的連接

三相變壓器不論其是分開的或是結合在同一鐵心，均包括了三個變壓器，其一次側和二次側都可以分別做 Y 或 Δ 連接，因此三相變壓器就有下列四種連接方法：

1. Y-Y 連接
2. Y-Δ 連接
3. Δ-Y 連接
4. Δ-Δ 連接

這些連接方法如圖 2-34 所示。

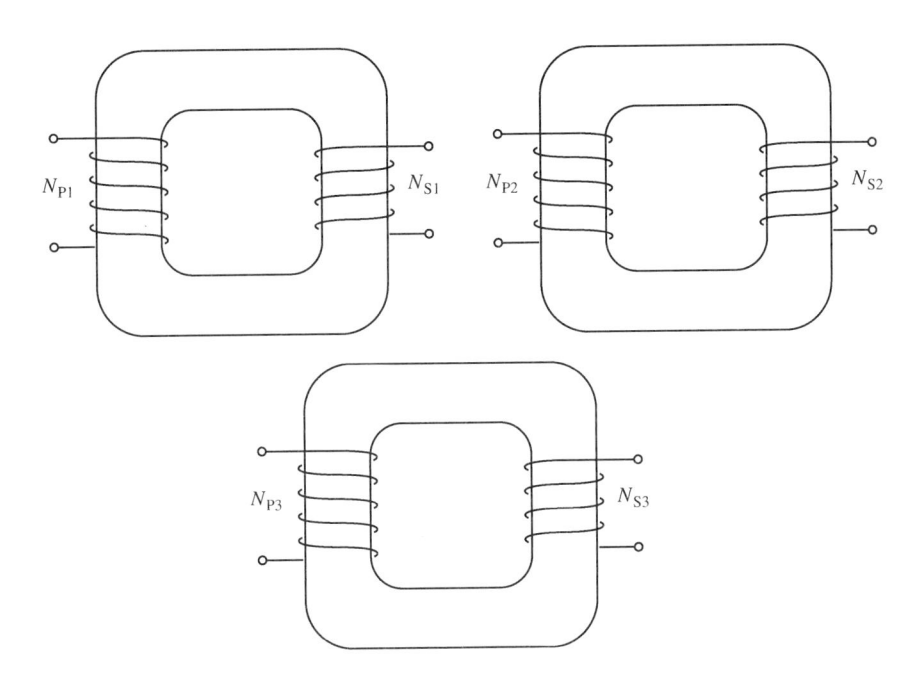

圖 2-32 由獨立變壓器組成的三相變壓器。

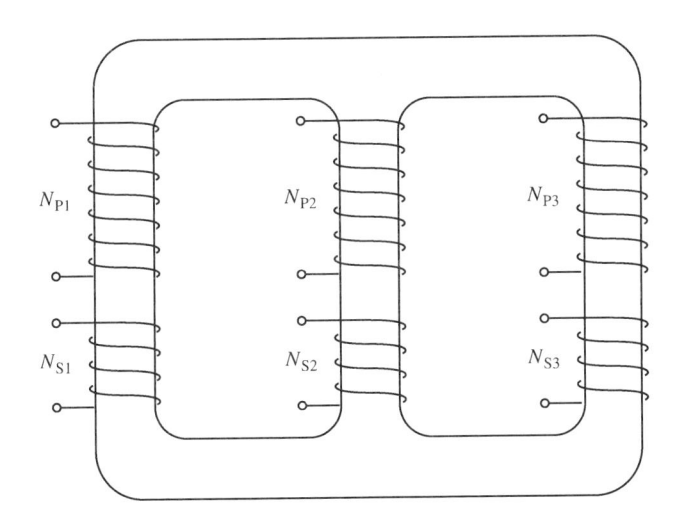

圖 2-33 由單一鐵心所繞成的三相變壓器。

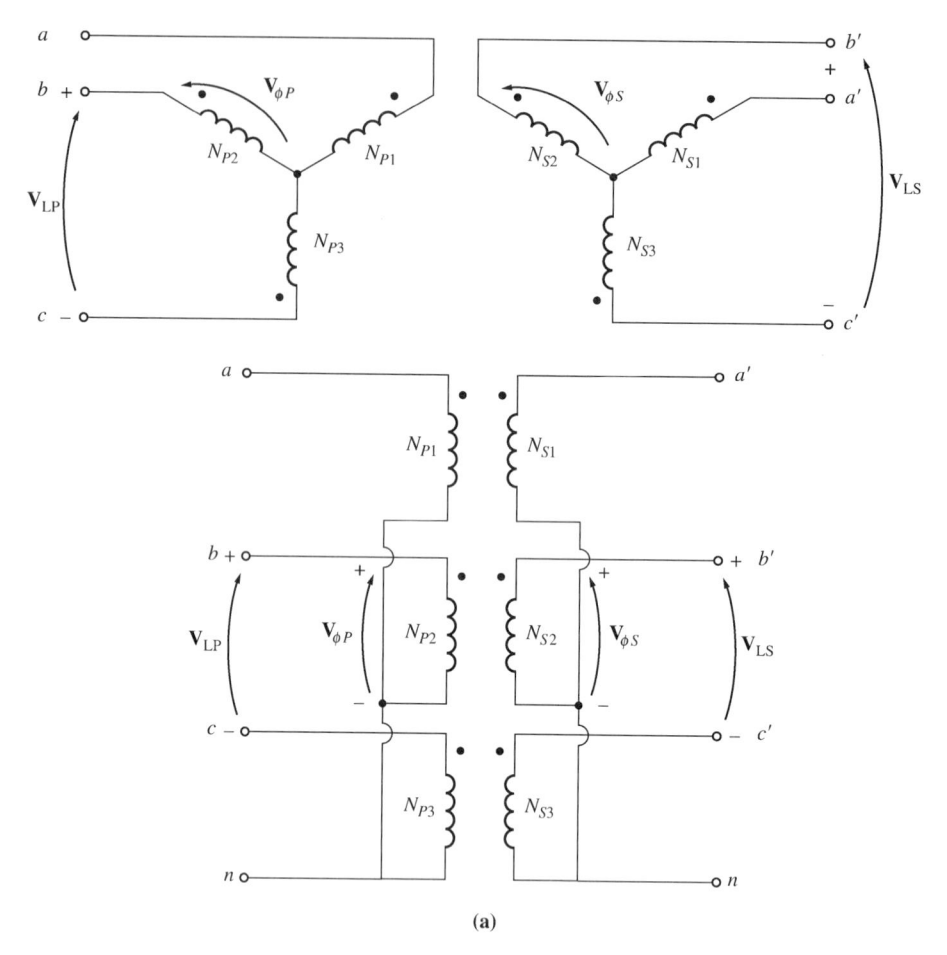

圖 2-34 三相變壓器的接線圖：(a) Y-Y 連接；(b) Y-Δ 連接；(c) Δ-Y 連接；(d) Δ-Δ 連接。

分析任何三相變壓器的關鍵在於，只觀察其排列中的單一個變壓器，三相變壓器排列中任一個單一變壓器的行為跟前面討論過的單相變壓器完全相同。在三相變壓器中，阻抗、電壓調整率、效率以及其他類似的計算皆以每一相為基礎來處理，就如同前面已經討論過單相變壓器的技巧一樣。

下面將討論三相變壓器各種連接法的優劣點。

Y-Y 連接：圖 2-37a 所示為 Y-Y 連接的三相變壓器，其每相一次側的電壓為 $V_{\phi P} = V_{LP}/\sqrt{3}$，此一次側相電壓和二次側相電壓之間的比即變壓器的匝數比，而二次側相電壓和二

圖 2-34　（續）(b)Y-Δ。

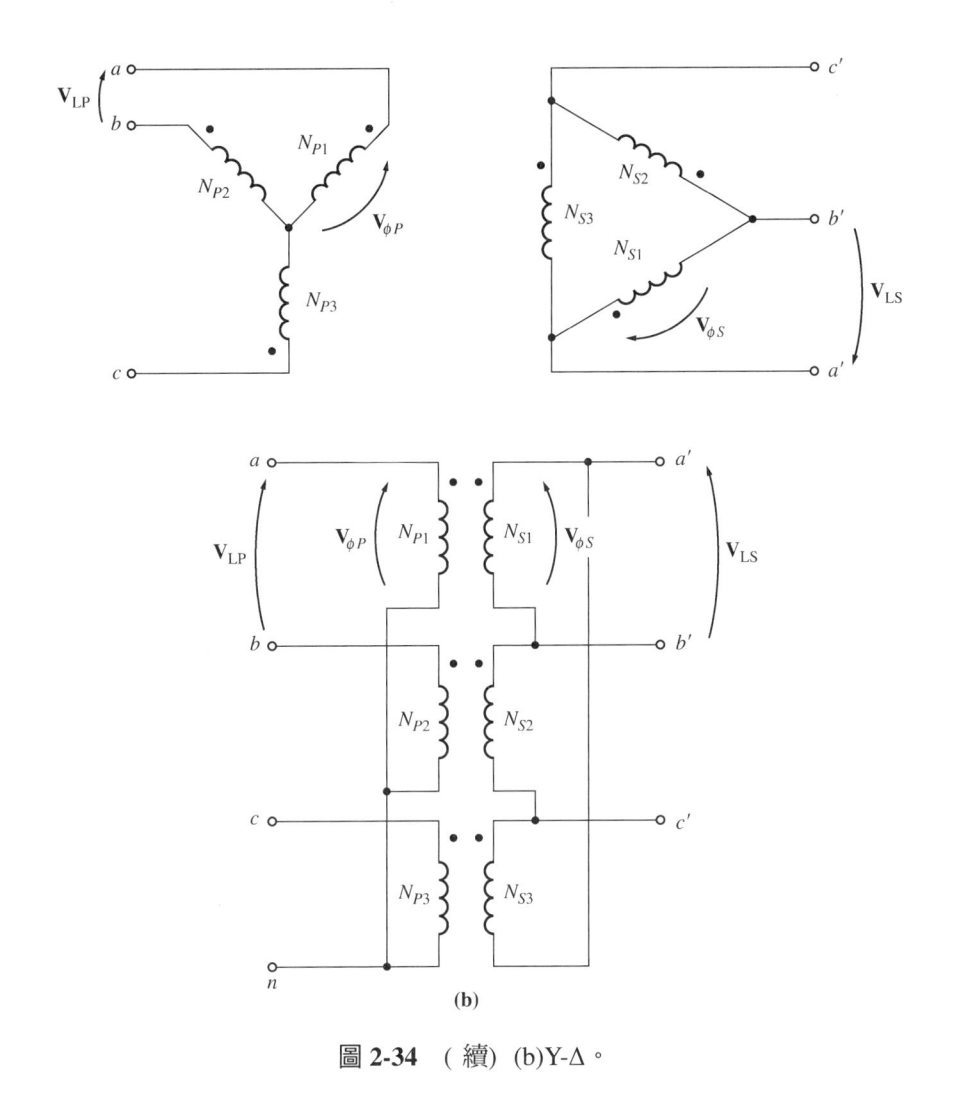

次側線電壓之間的關係為 $V_{LS} = \sqrt{3}\ V_{\phi S}$，因此就整體而言，變壓器一次側和二次側的電壓比為

$$\boxed{\dfrac{V_{LP}}{V_{LS}} = \dfrac{\sqrt{3}V_{\phi P}}{\sqrt{3}V_{\phi S}} = a \qquad Y-Y} \tag{2-88}$$

Y-Y 連接法有下面兩個非常嚴重的問題：

1. 如果變壓器電路供應一不平衡負載，則變壓器的相電壓將會嚴重的不平衡。
2. 會有嚴重的三次諧波電壓。

如果有一組三相電壓供應給 Y-Y 連接的變壓器，則每一相電壓之間將各有 120° 的

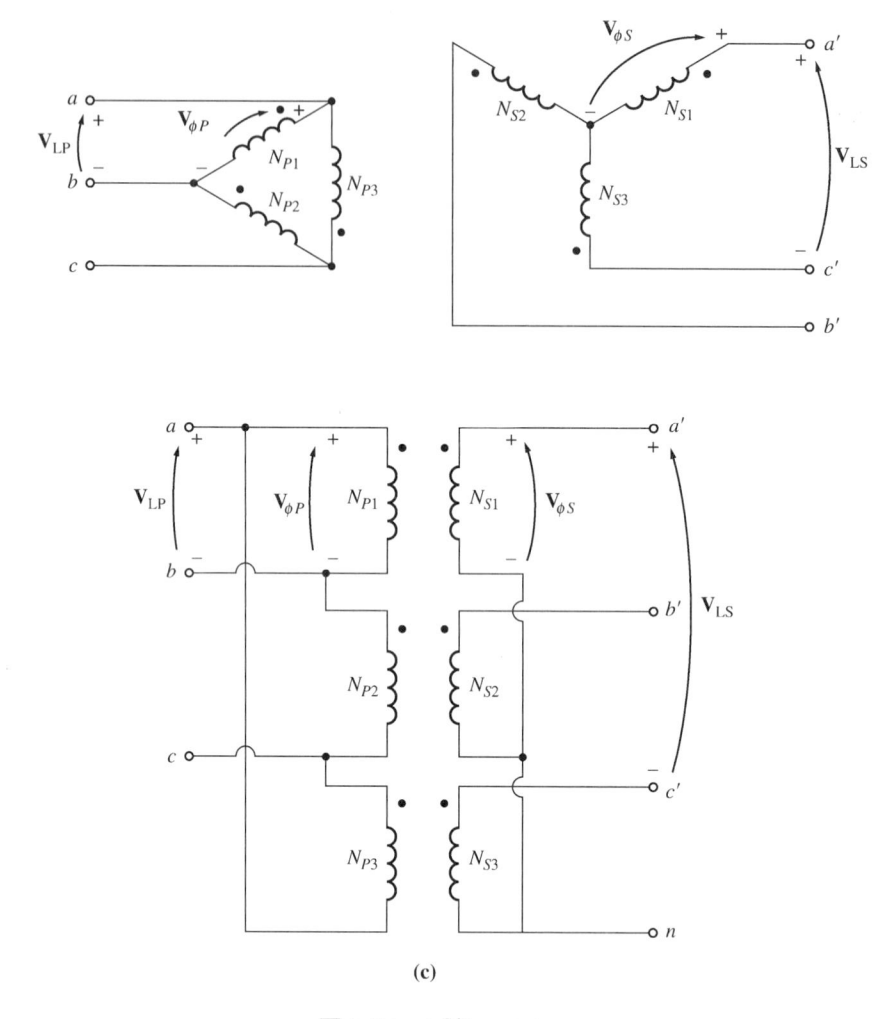

圖 2-34　(續) (c) Δ-Y。

相角差,然而每一基本波週期內有三個三次諧波週期,因此每一相電壓內的三次諧波分量都會同相。由於鐵心的非線性,每個變壓器內都會有三次諧波存在,而三次諧波由於同相的關係均直接相加,這使得在 50 Hz 或 60 Hz 的基本波電壓內產生很大的三次諧波電壓,有時會比基本波還大。

上面所提到的不平衡和三次諧波的問題可以用下面兩種技巧解決:

1. 變壓器的中性點直接接地,特別是一次側的中性點。這樣的連接允許相加後的三次諧波引起一流入中性點的電流,以免建立起一很大的三次諧波電壓。此中性點也提供不平衡負載一電流迴路。
2. 在原有變壓器的排列上多加上一組 Δ 連接的第三繞組,如此將使三次諧波電壓在此

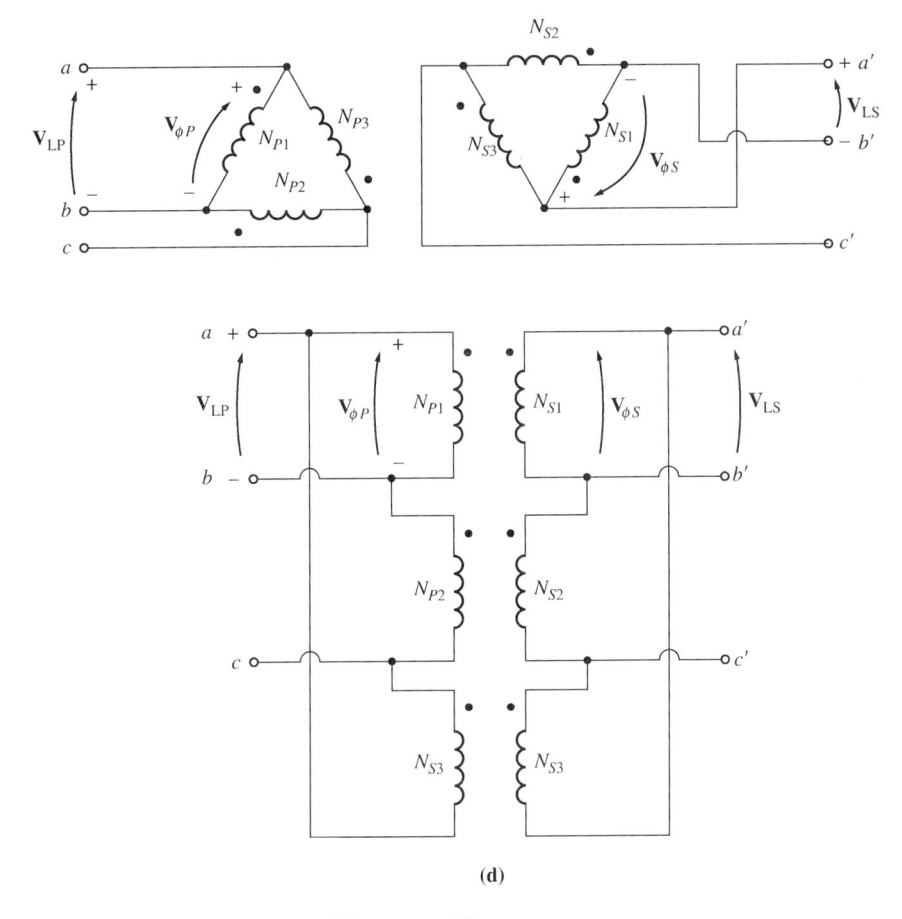

圖 2-34　（續）(d) Δ-Δ。

Δ連接的繞組內產生迴流，進而消除三次諧波電壓，與上述將中性點接地的方法類似。

此第三繞組並不一定需要放在變壓器的殼外，但習慣上均如此放置以順便提供變電站的輔助電源。由於第三繞組必須能承受三次諧波的迴流，其額定通常設計成主繞組額定的三分之一。

使用 Y-Y 連接時，必須使用上述的技巧來補救其缺點，但在實用上，因同樣的工作可由其他形式的連接法來完成，因此很少使用 Y-Y 連接法。

Y-Δ 連接：三相變壓器的 Y-Δ 連接法如圖 2-34b 所示，此種連接法其一次側線電壓和一次側相電壓之間的關係為 $V_{LP}=\sqrt{3}\,V_{\phi P}$，而其二次側線電壓等於二次側相電壓 $V_{LS}=V_{\phi S}$，再根據一次側相電壓和二次側相電壓之比為

$$\frac{V_{\phi P}}{V_{\phi S}} = a$$

所以對整個變壓器而言，其一次側線電壓和二次側線電壓之間的關係為

$$\frac{V_{LP}}{V_{LS}} = \frac{\sqrt{3}V_{\phi P}}{V_{\phi S}}$$

$$\boxed{\frac{V_{LP}}{V_{LS}} = \sqrt{3}a \qquad Y-\Delta} \tag{2-89}$$

由於三次諧波會在 Δ 側產生迴流而消失，因此 Y-Δ 連接沒有三次諧波的問題。另外當不平衡發生時，Δ 部分會重新分配，所以對不平衡負載而言，Y-Δ 連接法較穩定。

然而此種連接法會產生一個問題，由於二次側為 Δ 連接，因此二次側相對於一次側電壓會有 30° 的相角位移。此相角位移在兩變壓器並聯運轉時須特別注意，因為變壓器並聯運轉時，同側同相的電壓除了大小須相等外，相位也須相同。

在美國，習慣上連接成二次側落後一次側 30°，雖然這是一種標準接法，但當舊有的設備要並聯新設備前，最好還是重新檢查它們之間的相角關係是否匹配。

如果系統的相序是 abc，則圖 2-34b 的接法將使二次側電壓落後 30°，而如果系統相序為 acb，則圖 2-34b 的接法將使二次側電壓落後一次側電壓 30°。

Δ-Y 連接：三相變壓器的 Δ-Y 連接法如圖 2-34c 所示，此連接法其一次側線電壓等於一次側相電壓 $V_{LP} = V_{\phi P}$，而二次側線電壓和二次側相電壓之間的關係為 $V_{LS} = \sqrt{3}V_{\phi S}$，因此變壓器對線的電壓比為

$$\frac{V_{LP}}{V_{LS}} = \frac{V_{\phi P}}{\sqrt{3}V_{\phi S}}$$

$$\boxed{\frac{V_{LP}}{V_{LS}} = \frac{a}{\sqrt{3}} \qquad \Delta-Y} \tag{2-90}$$

這種連接法和 Y-Δ 連接法有相同的優點及相角位移，圖 2-34c 中的連接法同樣使二次側電壓落後一次側電壓 30°。

Δ-Δ 連接：圖 2-34d 所示為 Δ-Δ 連接法，其各電壓的關係為 $V_{LP} = V_{\phi P}$ 和 $V_{LS} = V_{\phi S}$，因此一次側和二次側線電壓之間的關係為

$$\boxed{\frac{V_{LP}}{V_{LS}} = \frac{V_{\phi P}}{V_{\phi S}} = a \qquad \Delta-\Delta} \tag{2-91}$$

此種連接法沒有相角位移也沒有不平衡或諧波的問題產生。

三相變壓器的標么系統

標么系統應用在三相變壓器就如同應用在單相變壓器一樣，單相基準值的式 (2-53) 到 (2-56) 同樣可以應用在三相系統中的每一相。如果整個三相變壓器的基準伏安為 S_base，則每一相的基準伏安為

$$S_{1\phi,\text{base}} = \frac{S_\text{base}}{3} \tag{2-92}$$

每相的電流基準值和阻抗基準值為

$$I_{\phi,\text{base}} = \frac{S_{1\phi,\text{base}}}{V_{\phi,\text{base}}} \tag{2-93a}$$

$$\boxed{I_{\phi,\text{base}} = \frac{S_\text{base}}{3\,V_{\phi,\text{base}}}} \tag{2-93b}$$

$$Z_\text{base} = \frac{(V_{\phi,\text{base}})^2}{S_{1\phi,\text{base}}} \tag{2-94a}$$

$$\boxed{Z_\text{base} = \frac{3(V_{\phi,\text{base}})^2}{S_\text{base}}} \tag{2-94b}$$

三相變壓器線上的量也可用標么值來表示。線電壓基準值和相電壓基準值之間的關係須根據變壓器的連接法來決定，Δ 連接時，$V_{L,\text{base}} = V_{\phi,\text{base}}$，Y 連接時，$V_{L,\text{base}} = \sqrt{3}\,V_{\phi,\text{base}}$。線電流的基準值則為

$$I_{L,\text{base}} = \frac{S_\text{base}}{\sqrt{3}\,V_{L,\text{base}}} \tag{2-95}$$

將標么系統應用在三相變壓器的問題就如同前面已講解過的單相問題類似。

例題 2-9 一 50 kVA，13,800/208 V，Δ-Y 連接的配電變壓器，其阻抗標么值為 $0.01 + j\,0.07$ pu。
(a) 試求出變壓器參考至高壓側的每相阻抗值。
(b) 利用 (a) 所求得的阻抗，計算出變壓器滿載且 0.8 落後功因時的電壓調整率。
(c) 利用標么系統重作 (b)。

解：

(a) 高壓側線電壓基準值為 13,800 V，而變壓器視在功率基準值為 50 kVA，因高壓側為 Δ 連接，其相電壓等於線電壓，所以其阻抗基準值為

$$Z_{base} = \frac{3(V_{\phi, base})^2}{S_{base}} \tag{2-94b}$$

$$= \frac{3(13,800 \text{ V})^2}{50,000 \text{ VA}} = 11,426 \text{ }\Omega$$

變壓器的標么阻抗為

$$Z_{eq} = 0.01 + j0.07 \text{ pu}$$

因此參考至高壓側的實際阻抗為

$$Z_{eq} = Z_{eq,pu} Z_{base}$$

$$= (0.01 + j0.07 \text{ pu})(11,426 \text{ }\Omega) = 114.2 + j800 \text{ }\Omega$$

(b) 整個三相變壓器的電壓調整率可由其排列中單一個變壓器來決定，而單一變壓器的電壓即為相電壓，所以，

$$VR = \frac{V_{\phi P} - aV_{\phi S}}{aV_{\phi S}} \times 100\%$$

一次側額定相電壓為 13,800 V，則一次側額定相電流為

$$I_\phi = \frac{S}{3V_\phi}$$

額定視在功率 S＝50 kVA，因此

$$I_\phi = \frac{50,000 \text{ VA}}{3(13,800 \text{ V})} = 1.208 \text{ A}$$

二次側的額定相電壓為 208 V/$\sqrt{3}$ = 120 V，參考至高壓側時，$V'_{\phi S} = aV_{\phi S}$ = 13,800 V。假設變壓器二次側在額定電壓和額定電流下操作，則一次側相電壓為

$$\mathbf{V}_{\phi P} = a\mathbf{V}_{\phi S} + R_{eq}\mathbf{I}_\phi + jX_{eq}\mathbf{I}_\phi$$

$$= 13,800\angle 0° \text{ V} + (114.2 \text{ }\Omega)(1.208\angle -36.87° \text{ A}) + (j800 \text{ }\Omega)(1.208\angle -36.87° \text{ A})$$

$$= 13,800 + 138\angle -36.87° + 966.4\angle 53.13°$$

$$= 13,800 + 110.4 - j82.8 + 579.8 + j773.1$$

$$= 14,490 + j690.3 = 14,506\angle 2.73° \text{ V}$$

因此，

$$VR = \frac{V_{\phi P} - aV_{\phi S}}{aV_{\phi S}} \times 100\%$$

$$= \frac{14,506 - 13,800}{13,800} \times 100\% = 5.1\%$$

(c) 在標么系統下,輸出電壓為 1∠0°,輸出電流為 1∠−36.87°,因此輸入電壓為

$$V_P = 1\angle 0° + (0.01)(1\angle -36.87°) + (j0.07)(1\angle -36.87°)$$
$$= 1 + 0.008 - j0.006 + 0.042 + j0.056$$
$$= 1.05 + j0.05 = 1.051\angle 2.73°$$

電壓調整率為

$$VR = \frac{1.051 - 1.0}{1.0} \times 100\% = 5.1\%$$

由上面的結果可以看出,不論以實際值或標么值來計算,變壓器的電壓調整率均相同。

2.11 以兩單相變壓器作三相電壓轉換

除了標準三相變壓器的連接外,也可以僅用兩個單相變壓器來進行三相電壓的轉換。這些方法有時是用在需要產生三相電力但沒有三條電力線可用的地方,例如在農村地區,電力公司的配電線通常只有通電三相中之一或兩相,因此地區之電力需求較少,供應三相電力不符經濟成本。若有需要三相電力的獨立用戶,可透過兩相有電的配電線路,使用兩個變壓器來提供三相電力。使用兩個變壓器來產生三相電力時,變壓器對功率的處理能力會降低,但卻可以滿足一些經濟上的要求。

一些比較重要的兩變壓器連接法如下:

1. 開 Δ (或 V-V) 連接
2. 開 Y-開 Δ 連接
3. 史考特 T (Scott-T) 連接
4. 三相 T 連接

本節將介紹每一種連接方法。

開 Δ (或 V-V) 連接

在某些情況下,整個變壓器連接可能無法完成三相轉換。例如,由三個單相變壓器組成 Δ-Δ 連接的三相變壓器,其中有一個單相變壓器故障需要修理,這情形就如同圖 2-35 所示。假設所剩下來二次側的電壓分別為 $\mathbf{V}_A = \mathbf{V}\angle 0°$ 及 $\mathbf{V}_B = \mathbf{V}\angle -120°$ V,則跨在原先放置第三個變壓器的空隙上的電壓為

122 電機機械基本原理

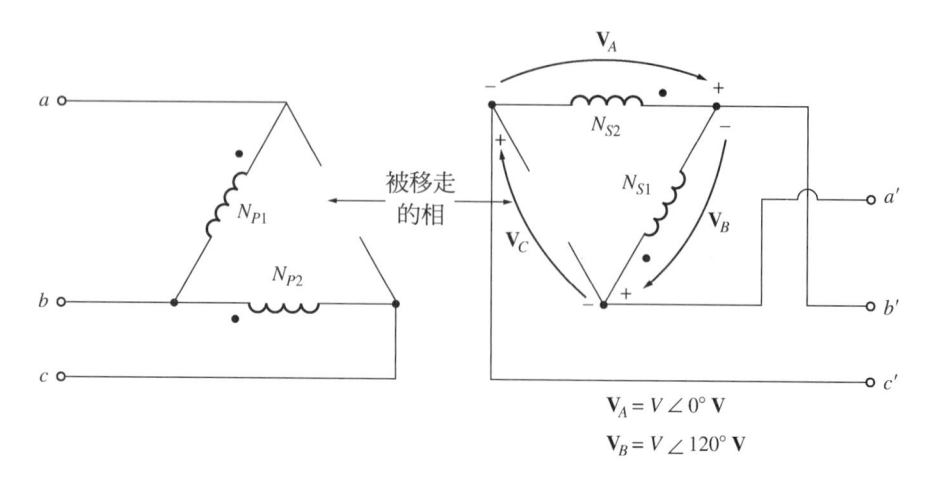

圖 2-35 變壓器的開 Δ 或 V-V 連接。

$$\begin{aligned}\mathbf{V}_C &= -\mathbf{V}_A - \mathbf{V}_B \\ &= -V\angle 0° - V\angle -120° \\ &= -V - (-0.5V - j0.866V) \\ &= -0.5V + j0.866V \\ &= V\angle 120° \quad \text{V}\end{aligned}$$

此電壓和第三個變壓器仍存在時完全相同，此 C 相有時稱為鬼相 (ghost phase)。由上面可知，即使其中一個單相變壓器被移走，仍舊能以開 Δ 連接方式僅用兩個變壓器，使功率繼續流通。

當被移走一變壓器後，開 Δ 連接能供應多少視在功率？由表面上看來，因為還有兩個變壓器，似乎能供應原有額定的三分之二。事實上並不這麼簡單，為了瞭解這一點，請參考圖 2-36。

圖 2-36a 為一正常操作的變壓器連接一電阻性的負載，如果排列中每一變壓器的額定電壓為 V_ϕ，額定電流為 I_ϕ，則能供給負載的最大功率為

$$P = 3V_\phi I_\phi \cos \theta$$

由於是電阻性負載，電壓 V_ϕ 和電流 I_ϕ 之間的夾角 $\theta=0°$，所以

$$\begin{aligned}P &= 3V_\phi I_\phi \cos \theta \\ &= 3V_\phi I_\phi\end{aligned} \tag{2-96}$$

圖 2-36b 為開 Δ 變壓器，此變壓器中電壓和電流的相角必須特別注意。由於少了一

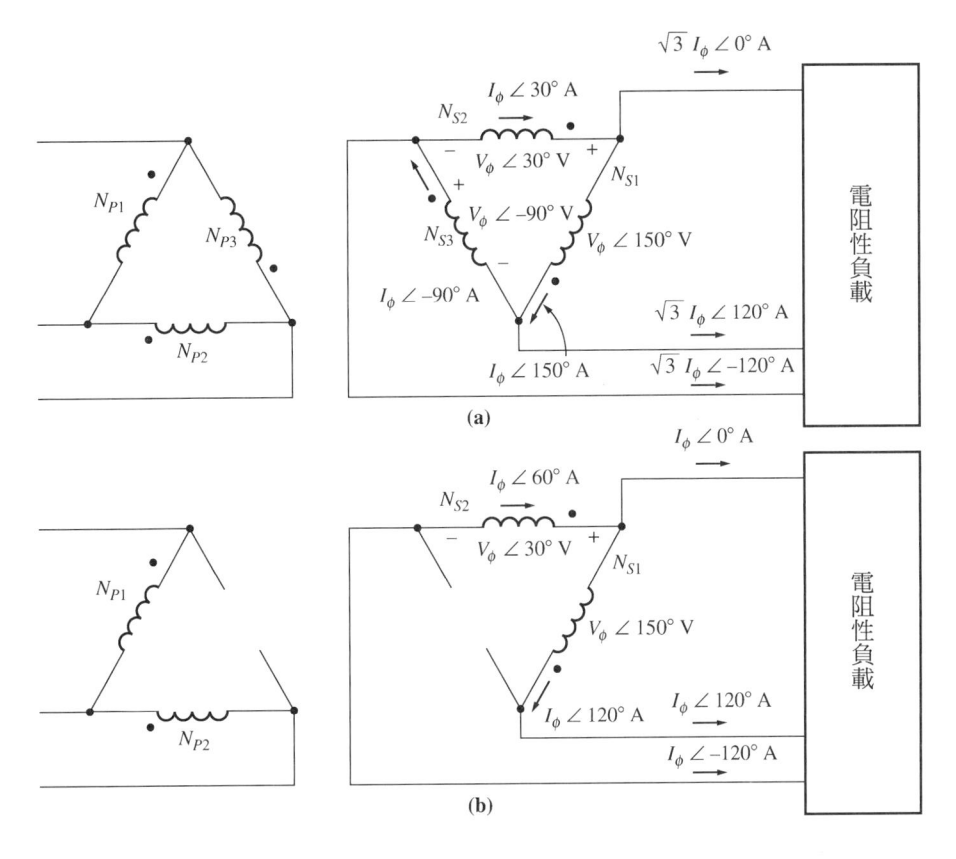

圖 2-36 (a) Δ-Δ 連接變壓器的電壓和電流。(b) 開 Δ 連接變壓器的電壓和電流。

個變壓器，故變壓器線電流等於每一變壓器中的相電流，而在每一變壓器中電壓和電流之間有 30° 的相角差，因此，要決定其所能供應的最大功率必須分析每個個別的變壓器。對第一個變壓器而言，電壓的相角為 150°，電流的相角為 120°，其能供應的最大功率為

$$\begin{aligned} P_1 &= 3V_\phi I_\phi \cos(150° - 120°) \\ &= 3V_\phi I_\phi \cos 30° \\ &= \frac{\sqrt{3}}{2} V_\phi I_\phi \end{aligned}$$

(2-97)

對第二個變壓器而言，電壓的相角為 30°，電流的相角為 60°。其所能供應的最大功率為

$$\begin{aligned} P_2 &= 3V_\phi I_\phi \cos(30° - 60°) \\ &= 3V_\phi I_\phi \cos(-30°) \\ &= \frac{\sqrt{3}}{2} V_\phi I_\phi \end{aligned}$$

(2-98)

因此，開 Δ 連接所能供應的最大功率為

$$P = \sqrt{3}V_\phi I_\phi \tag{2-99}$$

不論是開 Δ 連接或正常連接，其每一變壓器的電壓額定和電流額定均相同，所以這兩種不同連接法其輸出功率的比值為

$$\frac{P_{\text{open }\Delta}}{P_{3\text{ phase}}} = \frac{\sqrt{3}V_\phi I_\phi}{3V_\phi I_\phi} = \frac{1}{\sqrt{3}} = 0.577 \tag{2-100}$$

由上式可看出，開 Δ 連接法所能輸出的功率僅為原先額定的 57.7%。

那麼我們不禁要問，開 Δ 連接所剩餘的額定功率到那裡去了呢？不管如何，開 Δ 連接的兩個變壓器應能供應原有功率額定的三分之二，為了找到答案，我們檢查開 Δ 連接的虛功率。第一個變壓器的虛功率為

$$\begin{aligned}Q_1 &= 3V_\phi I_\phi \sin(150° - 120°)\\ &= 3V_\phi I_\phi \sin 30°\\ &= \tfrac{1}{2}V_\phi I_\phi\end{aligned}$$

第二個變壓器的虛功率為

$$\begin{aligned}Q_2 &= 3V_\phi I_\phi \sin(30° - 60°)\\ &= 3V_\phi I_\phi \sin(-30°)\\ &= -\tfrac{1}{2}V_\phi I_\phi\end{aligned}$$

由上面可以看出，一個變壓器產生虛功率，而另一個變壓器消耗虛功率，這使得兩個變壓器所能輸出的功率被限制為原先的 57.7% 而不是我們預期的 66.7%。

由另一個角度來看開 Δ 連接的額定值，也可以看成剩下的兩個變壓器僅能提供其本身額定的 86.6%。

當我們要提供少量的三相功率而其他皆供給單相負載，開 Δ 連接有時會被使用。圖 2-37 就是這種情況下的連接法，圖中變壓器 T_2 要比 T_1 來得大很多。

開 Y-開 Δ 連接

開 Y-開 Δ 連接和開 Δ 連接非常類似，其不同點在於一次側由兩相對地的電壓所推動，如圖 2-38 所示。通常開 Y-開 Δ 連接使用在需要三相電源的商業用戶卻沒有全部三相電源的場合，用戶可以此替代方式得到三相電源，直到設備容量需第三相電源為止。

此方法的最大缺點在於一次側中性點上會有很大的電流。

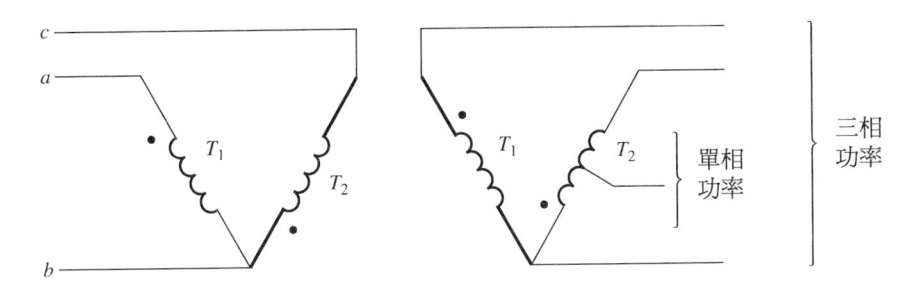

圖 2-37 利用開 Δ 連接以供應少量三相功率及大量的單相功率，圖中 T_2 的容量較 T_1 大。

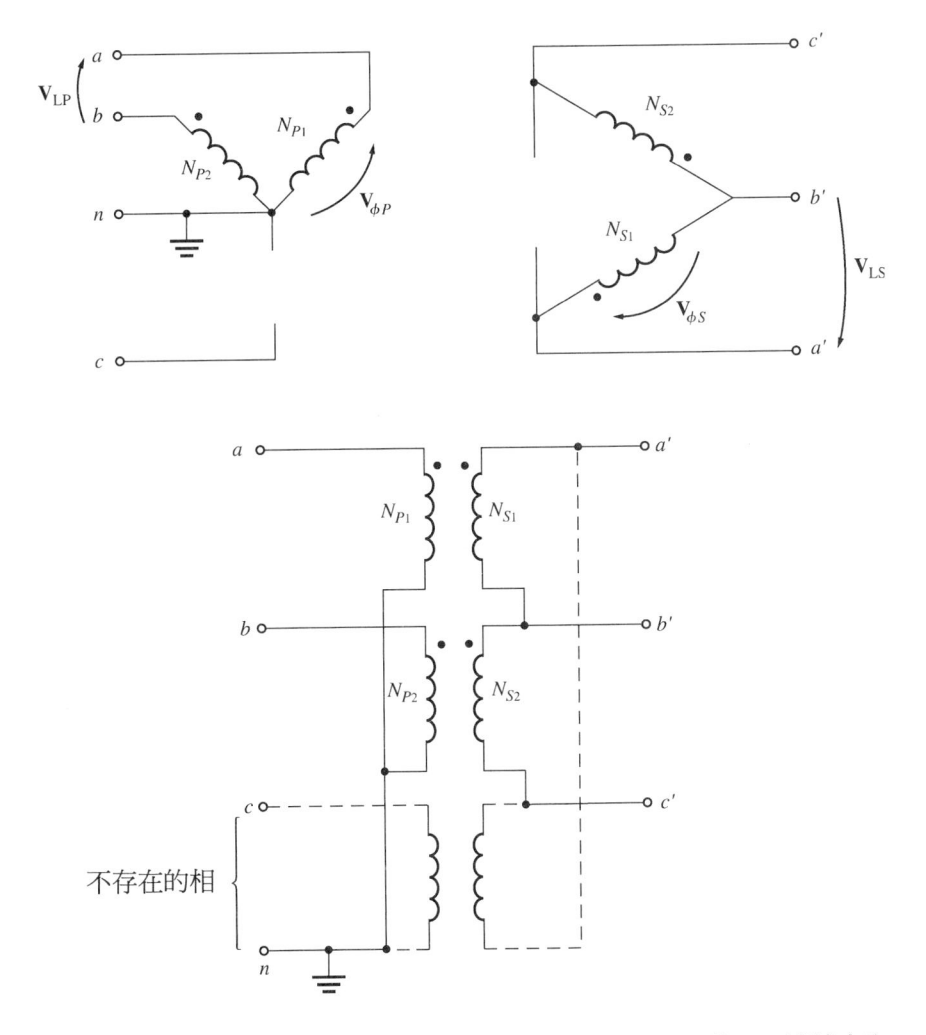

圖 2-38 開 Y-開 Δ 連接的接線圖。注意：此連接與圖 2-34b 的 Y-Δ 連接完全相同，除了此連接沒有第三個變壓器和多了一個中性點。

史考特 T 形連接

史考特 T 形連接可以將三相電源轉換成相角相差 90° 的兩相電源。早期交流功率的傳輸，兩相和三相功率系統均十分普通，在那時，經常需要將兩相系統和三相系統連接，史考特 T 形連接法就是為了這個目的而發展出來。

在今天，兩相功率僅限於某些特殊控制的應用，而史考特 T 形連接法仍被用來產生這些應用所需的功率。

史考特 T 形連接包括了兩個相同額定的單相變壓器，其中一個的一次側繞組上有一分接頭，此分接頭的電壓為滿載電壓的 86.6%，如圖 2-39a 所示，變壓器 T_2 上 86.6% 的分接頭和變壓器 T_1 的中間分接頭連接。加在一次側繞組上的電壓如圖 2-39b 所示，所產生加在這兩個變壓器一次側上的電壓如圖 2-39c 所示，由於一次側上 V_{p1} 和 V_{p2} 相差 90°，因此可在二次側得到相差 90° 的兩相電源。

使用史考特 T 形連接法也可以把兩相電源轉換成三相電源，但目前很少有兩相發電機，因此幾乎沒有這種用法。

三相 T 形連接

史考特 T 形連接使用兩個變壓器來轉換不同電壓準位的三相功率 (three-phase power) 和兩相功率 (two-phase power)。將史考特 T 形連接作一簡單的修改後也能用來轉換兩個不同電壓準位的三相功率，其接法如圖 2-40 所示。由圖上可看出，變壓器 T_2 一次側及二次側的 86.6% 分接頭分別連接到 T_1 一次側及二次側的中間分接頭。在此 T_1 稱為主變壓器 (main transformer)，T_2 稱為 *teaser* 變壓器 (teaser transformer)。

史考特 T 形連接法中，三相輸入電壓在兩個變壓器的一次繞組上產生相差 90° 的兩相電壓，使得兩個變壓器的二次繞組也產生相差 90° 的兩相電壓，而三相 T 形連接卻在二次側重新組合產生三相電壓輸出。

三相 T 形連接法相較其他三相兩變壓器連接法 (開 Δ 和開 Y-開 Δ) 有一個主要的優點，那就是在一次側及二次側均可以獲得中性點。由於三相 T 形連接比完整的三相變壓器便宜，故有時被用做獨立的三相配電變壓器。

由於 teaser 變壓器一次側及二次側繞組底下的部分並沒有使用，即使此部分被移去也不會影響整個變壓器的操作，事實上這也是典型配電變壓器的作法。

2.12 變壓器的額定及一些相關問題

變壓器有四個主要額定：

1. 視在功率 (kVA 或 MVA)

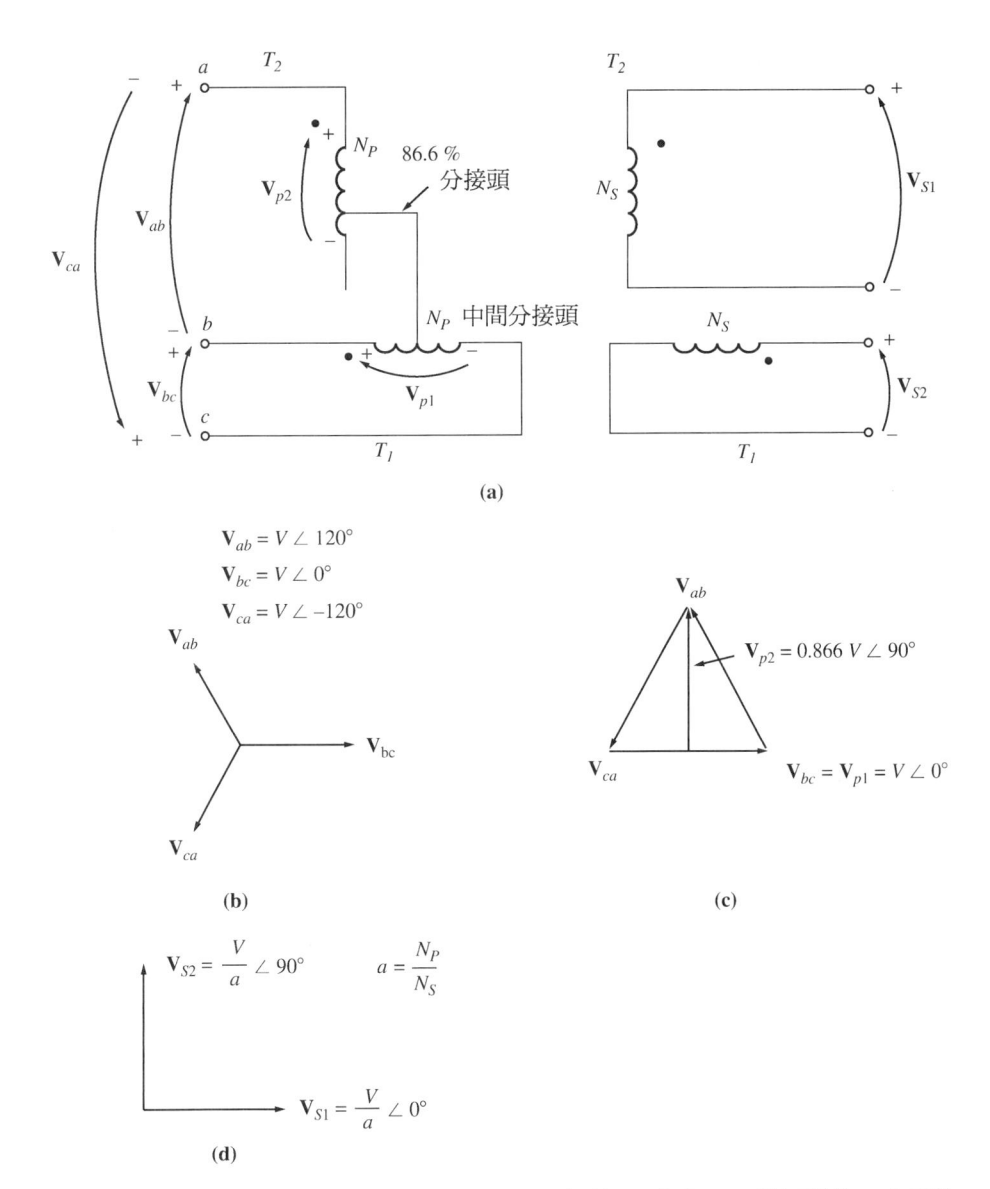

圖 2-39 史考特 T 形連接。(a) 接線圖；(b) 三相輸入電壓；(c) 變壓器內一次側的電壓；(d) 二次側二相電壓。

2. 一次與二次側電壓 (V)
3. 頻率 (Hz)
4. 標么串聯電阻和電抗

大部分的變壓器會在名牌 (nameplate) 上顯示這些額定。本節將檢視為何這些額定可用來特性化變壓器，同時也會說明變壓器在第一次通電瞬間，產生突入電流的問題。

128 電機機械基本原理

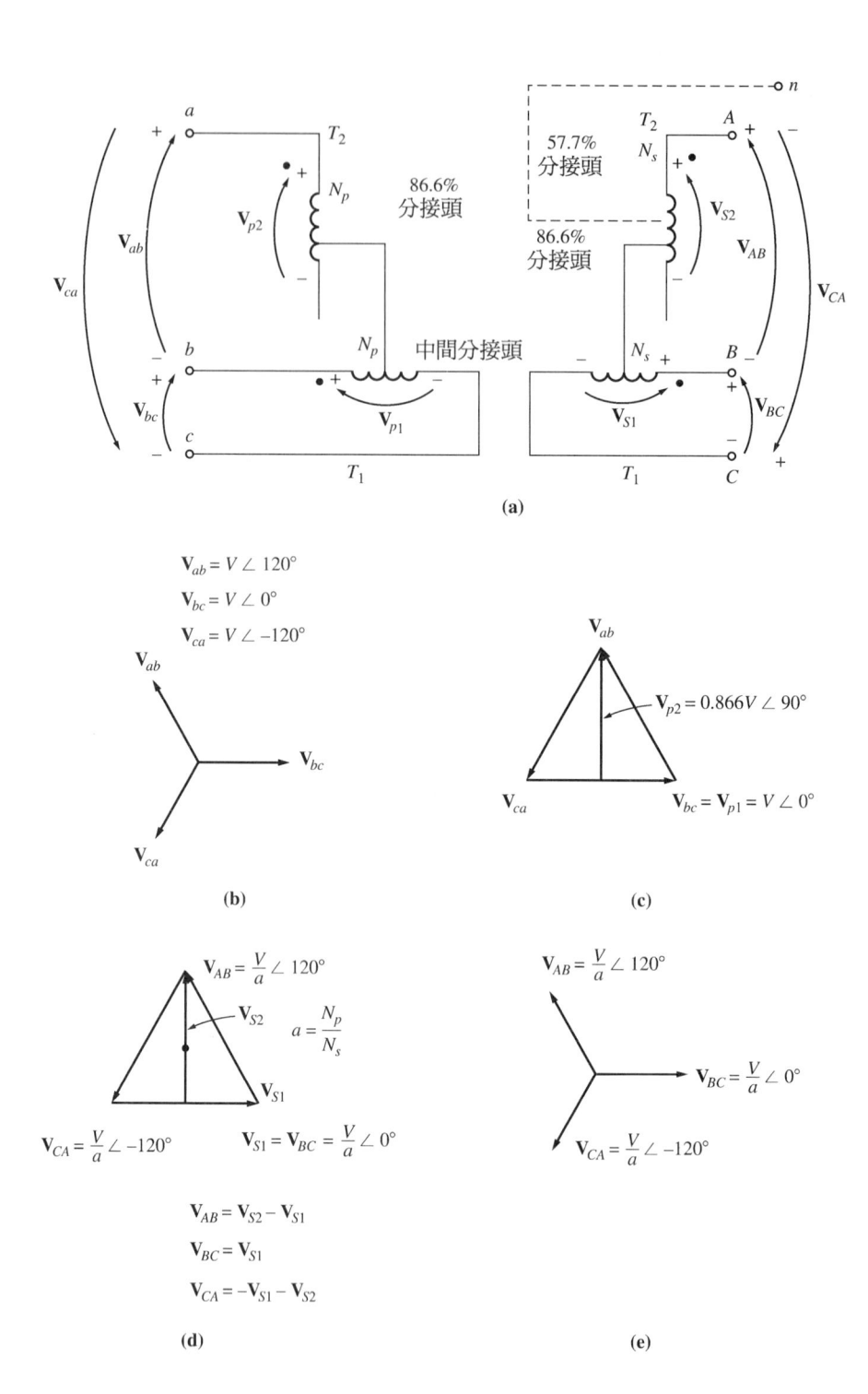

$\mathbf{V}_{ab} = V \angle 120°$
$\mathbf{V}_{bc} = V \angle 0°$
$\mathbf{V}_{ca} = V \angle -120°$

$\mathbf{V}_{p2} = 0.866V \angle 90°$

$\mathbf{V}_{bc} = \mathbf{V}_{p1} = V \angle 0°$

$\mathbf{V}_{AB} = \dfrac{V}{a} \angle 120°$

$\mathbf{V}_{CA} = \dfrac{V}{a} \angle -120°$ $\mathbf{V}_{S1} = \mathbf{V}_{BC} = \dfrac{V}{a} \angle 0°$

$a = \dfrac{N_p}{N_s}$

$\mathbf{V}_{AB} = \mathbf{V}_{S2} - \mathbf{V}_{S1}$
$\mathbf{V}_{BC} = \mathbf{V}_{S1}$
$\mathbf{V}_{CA} = -\mathbf{V}_{S1} - \mathbf{V}_{S2}$

$\mathbf{V}_{AB} = \dfrac{V}{a} \angle 120°$

$\mathbf{V}_{BC} = \dfrac{V}{a} \angle 0°$

$\mathbf{V}_{CA} = \dfrac{V}{a} \angle -120°$

圖 2-40 三相 T 形連接。(a) 接線圖；(b) 三相輸入電壓；(c) 一次側繞組的電壓；(d) 二次側繞組的電壓；(e) 二次側的三相輸出電壓。

變壓器電壓和頻率的額定

變壓器的電壓額定有兩種功能，第一個功能就是保護繞組的絕緣，避免由於供應過高電壓所引起的故障，但這並不是實用變壓器最嚴重的限制。第二個功能和變壓器的磁化曲線及磁化電流有關。圖 2-10 為一變壓器的磁化曲線，如果一穩定電壓

$$v(t) = V_M \sin \omega t \quad \text{V}$$

供應給變壓器的一次繞組，則變壓器的磁通將為

$$\phi(t) = \frac{1}{N_P} \int v(t) \, dt$$

$$= \frac{1}{N_P} \int V_M \sin \omega t \, dt$$

$$\boxed{\phi(t) = -\frac{V_M}{\omega N_P} \cos \omega t} \tag{2-101}$$

如果電壓 $v(t)$ 增加 10%，則鐵心內的最大磁通也會增加 10%。然而在磁化曲線某一特定點以上的區域，欲增加 10% 的磁通所須增加的磁化電流將遠大於 10%，這個觀念可由圖 2-41 來解釋。當電壓增加，磁化電流變成高得無法接受。最高的供應電壓 (也就是額定電壓) 被設定成鐵心所能接受的最大磁化電流。

如果最大磁通保持固定，則電壓和頻率將有下面的關係式：

$$\phi_{\max} = \frac{V_{\max}}{\omega N_P} \tag{2-102}$$

因此，一個 60 Hz 的變壓器操作於 50 Hz 的電源時，供應電壓須減少六分之一，否則鐵心中的磁通將會過高。此隨頻率而減少的電壓稱為減免額定 (derating)。同理，50 Hz 的變壓器操作於 60 Hz 的電源，如果不引起絕緣上的問題的話，則供應電壓可以提高 20%。

例題 2-10 一 1 kVA，230/115 V，60 Hz 單相變壓器，一次側 850 匝二次側 425 匝，其磁化曲線如圖 2-42 所示。

(a) 計算並畫出磁化電流當變壓器操作在 230 V，60 Hz 電源下，其磁化電流有效值 (rms) 是多少？

(b) 計算並畫出磁化電流當變壓器操作在 230 V，50 Hz 電源下，其磁化電流有效值是多少？此磁化電流與 60 Hz 時之比較為何？

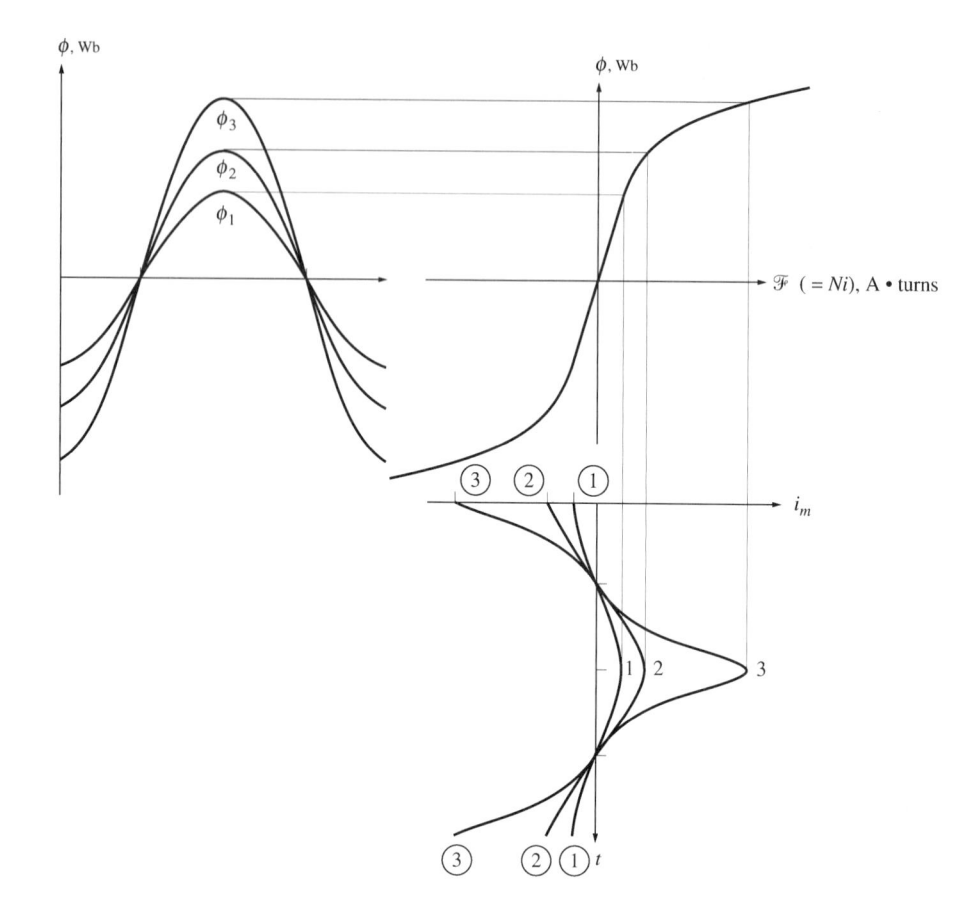

圖 2-41　變壓器鐵心中的峯值磁通對所需磁化電流的影響。

解：解此問題最佳方法為計算鐵心之時間函數磁通，然後利用磁化曲線以找出相對於每個磁動勢之磁通值，而磁化電流可由下式求得

$$i = \frac{\mathcal{F}}{N_P} \tag{2-103}$$

若加於鐵心上之電壓為 $v(t) = V_M \sin \omega t$ 伏，則由式 (2-102) 可得磁通為：

$$\boxed{\phi(t) = -\frac{V_M}{\omega N_P} \cos \omega t} \tag{2-101}$$

此變壓器之磁化曲線可存放於一 `mag_curve_1.dat`. 檔案中，此檔案可利用 MATLAB 將磁通值轉換為相對應之 mmf 值，而式 (2-103) 可用來找出所要之磁化電流。最後，磁化電流之有效值可由下式求得

230/115 V 變壓器之磁化曲線

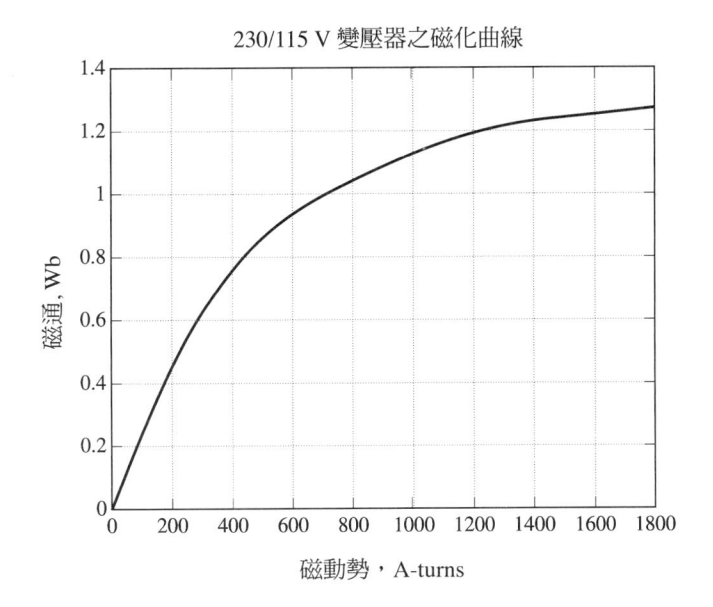

圖 2-42 例題 2-10，230/115 V 變壓器之磁化曲線。

$$I_{\text{rms}} = \sqrt{\frac{1}{T}\int_0^T i^2 \, dt} \tag{2-104}$$

執行這些計算之 MATLAB 程式如下所示：

```
% M-file: mag_current.m
% M-file to calculate and plot the magnetization
% current of a 230/115 transformer operating at
% 230 volts and 50/60 Hz. This program also
% calculates the rms value of the mag. current.
% Load the magnetization curve. It is in two
% columns, with the first column being mmf and
% the second column being flux.
load mag_curve_1.dat;
mmf_data = mag_curve_1(:,1);
flux_data = mag_curve_1(:,2);

% Initialize values
VM = 325;                   % Maximum voltage (V)
NP = 850;                   % Primary turns

% Calculate angular velocity for 60 Hz
freq = 60;                  % Freq (Hz)
w = 2 * pi * freq;

% Calculate flux versus time
time = 0:1/3000:1/30;       % 0 to 1/30 sec
```

```
flux = -VM/(w*NP) * cos(w .* time);

% Calculate the mmf corresponding to a given flux
% using the flux's interpolation function.
mmf = interp1(flux_data,mmf_data,flux);

% Calculate the magnetization current
im = mmf / NP;

% Calculate the rms value of the current
irms = sqrt(sum(im.^2)/length(im));
disp(['The rms current at 60 Hz is ', num2str(irms)]);

% Plot the magnetization current.
figure(1)
subplot(2,1,1);
plot(time,im);
title ('\bfMagnetization Current at 60 Hz');
xlabel ('\bfTime (s)');
ylabel ('\bf\itI_{m} \rm(A)');
axis([0 0.04 -2 2]);
grid on;

% Calculate angular velocity for 50 Hz
freq = 50;                          % Freq (Hz)
w = 2 * pi * freq;

% Calculate flux versus time
time = 0:1/2500:1/25;               % 0 to 1/25 sec
flux = -VM/(w*NP) * cos(w .* time);

% Calculate the mmf corresponding to a given flux
% using the flux's interpolation function.
mmf = interp1(flux_data,mmf_data,flux);

% Calculate the magnetization current
im = mmf / NP;
% Calculate the rms value of the current
irms = sqrt(sum(im.^2)/length(im));
disp(['The rms current at 50 Hz is ', num2str(irms)]);

% Plot the magnetization current.
subplot(2,1,2);
plot(time,im);
title ('\bfMagnetization Current at 50 Hz');
xlabel ('\bfTime (s)');
ylabel ('\bf\itI_{m} \rm(A)');
axis([0 0.04 -2 2]);
grid on;
```

當此程式執行時,其結果為

```
» mag_current
The rms current at 60 Hz is 0.4894
The rms current at 50 Hz is 0.79252
```

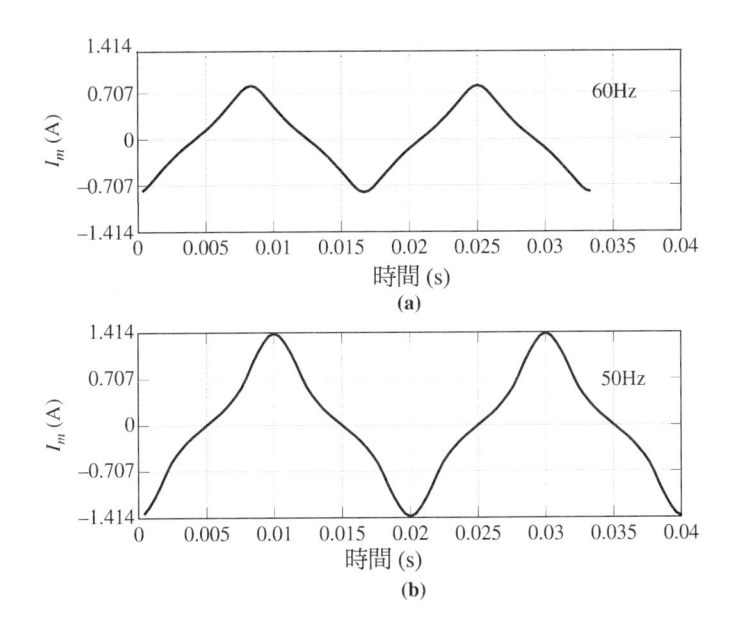

圖 2-43 (a) 操作在 60 Hz 時之磁化電流。(b) 操作在 50 Hz 時之磁化電流。

所得磁化電流如圖 2-43 所示。注意到當頻率由 60 Hz 變到 50 Hz 時，其磁化電流有效值增加超過 60%。 ◀

變壓器的額定視在功率

變壓器額定視在功率的主要目的是，配合額定電壓可以設定流入變壓器繞組的電流量，此電流控制變壓器 i^2R 損失，同時也控制著線圈的熱量。此熱量對變壓器而言非常重要，因過熱的線圈將嚴重縮短變壓器的絕緣壽命。

變壓器以視在功率作為額定，而不用實功或虛功率，是因為在一定的電流下所產生的熱是相同的，不管此電流是來自於端電壓的那一相；也就是電流大小影響繞組產生的熱，而跟電流相位無關。

變壓器真正的額定伏安可能不只一個值，實際的變壓器在自然情況下有某一額定伏安值，而在強迫冷卻下將有一更高的額定值。變壓器額定功率的關鍵在於限制變壓器繞組熱點的溫度，以保護其壽命。

如果變壓器為了某些原因 (例如操作於較正常為低的頻率的電源) 而降低操作電壓時，其額定伏安也須等量的減少，否則變壓器繞組的電流將超過最大容許值而引起過熱。

突入電流的問題

突入電流的問題和變壓器的電壓準位有關。假設電壓

$$v(t) = V_M \sin(\omega t + \theta) \quad \text{V} \tag{2-105}$$

在變壓器連接到電源線的瞬間供應給變壓器，則在第一個半週期內磁通所能達到的最高值要根據供電壓的相角決定。如果初始電壓為

$$v(t) = V_M \sin(\omega t + 90°) = V_M \cos \omega t \quad \text{V} \tag{2-106}$$

而且鐵心的初始磁通為零，在這些條件下，鐵心磁通於第一個半週的最大值恰好等於穩態時的最大值：

$$\phi_{\max} = \frac{V_{\max}}{\omega N_P} \tag{2-102}$$

這磁通準位和穩態磁通一樣，因此不會引起特殊的問題。但如果供應電壓為

$$v(t) = V_M \sin \omega t \quad \text{V}$$

則第一半週的最大磁通將變成

$$\phi(t) = \frac{1}{N_P} \int_0^{\pi/\omega} V_M \sin \omega t \, dt$$

$$= -\frac{V_M}{\omega N_P} \cos \omega t \Big|_0^{\pi/\omega}$$

$$= -\frac{V_M}{\omega N_P}[(-1) - (1)]$$

$$\boxed{\phi_{\max} = \frac{2V_{\max}}{\omega N_P}} \tag{2-107}$$

此時的最大磁通為正常穩態時的 2 倍，再一次參閱圖 2-10，很容易的可以發現，鐵心內的最大磁通加倍將產生一巨大的磁化電流，事實上在此週期內，變壓器如同短路一樣，有一很大的電流 (見圖 2-44)。

供應電壓的相角為 90° 時，沒有問題產生，相角等於 0° 時則為最壞的情況。介於 90° 和 0° 之間的相角會產生不同程度過多的電流。變壓器啟動時供應電壓的相角無法控制，在其連接到電源後的前幾個週期裡可能會有很大的突入電流，因此變壓器及電力系統必須能夠忍受這些電流。

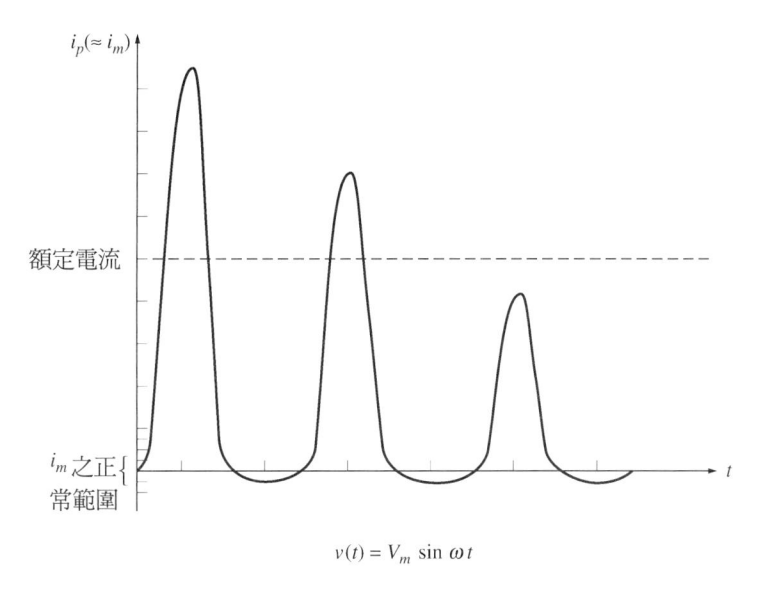

圖 2-44 變壓器開啟時，由磁化電流所導致的突入電流。

變壓器的名牌

典型配電變壓器名牌 (nameplate) 上的資料包括變壓器的額定電壓、額定仟伏安、額定頻率及串聯標么阻抗，同時也包括每一分接頭的額定電壓和變壓器內部接線圖。

名牌中也包括變壓器的設計型式及一些操作上的參考。

2.13 儀器變壓器

比壓器和比流器是電力系統中用來測量的特殊變壓器。

比壓器 (potential transformer) 是一種特殊繞組的變壓器，其一次側電壓很高，而二次側電壓很低。比壓器的額定功率很低，僅用來供應監督電力系統的一些儀器所需的電壓取樣。由於比壓器最主要的目的在於電壓取樣，因此必須十分精確，以免和實際值偏差太大。購買時可以根據應用上的需求來選擇各種不同精確度等級的比壓器。

比流器 (current transformer) 是用來取樣電力線中的電流，同時把電流降至安全且可測量的準位。圖2-45是一典型比流器的示意圖，由圖上可以看出，比流器的二次側繞組纏繞一環狀的鐵磁性材料，其一次側的單一條電力線直接穿過此鐵環的中心，由一次側電力線上的電流在鐵環內產生一小的取樣磁通，再由此磁通在二次繞組上感應出電壓和電流。

和本章中其他的變壓器不一樣的是，比流器失去磁耦合的能力，其互磁通 ϕ_M 比漏

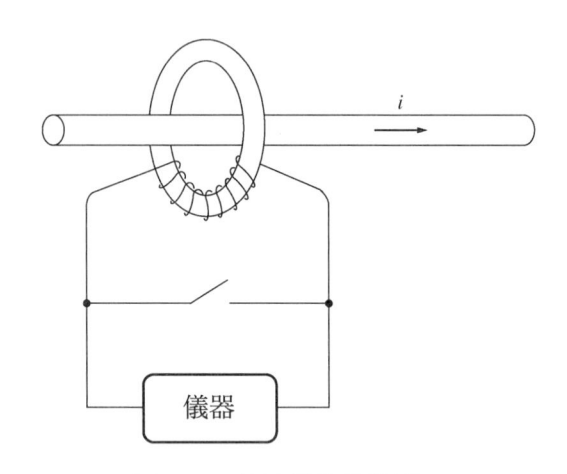

圖 2-45 比流器的接線圖。

磁通 ϕ_L 還要小，因此式 (2-1) 到 (2-5) 這些電壓和電流比的公式不適用於比流器。儘管如此，比流器二次側電流卻和一次側巨大的電流成正比，因此可以準確的提供電力線上電流的取樣值以供測量之用。

比流器的額定為一次電流和二次電流的比值，典型的額定可能為 600：5、800：5 或 1000：5。比流器二次側電流的標準額定值為 5A。

二次側開路的比流器其二次側上會有一很高的電壓產生，因此在任何時間均須保持比流器的二次側有一電流迴路。事實上，大部分使用比流器電流的電驛或其他設備均有短路互鎖器 (shorting interlock)，此短路互鎖器在設備被移走前 (為了檢查或調整等原因) 必須先關上，假如沒有這種結構，則當設備被移走時，比流器的二次側會有一很危險的高電壓。

2.14　總　結

變壓器是一種經由磁場的作用，將某一電壓準位的電能轉換成另一電壓準位電能的設備。變壓器使得長距離的電力傳輸變得更經濟，所以在日常生活中扮演著重要的角色。

根據法拉第定律，供應電壓給變壓器的一次側，則在鐵心內會產生磁通，這隨時間變化的磁通會在變壓器二次繞組上感應出電壓。變壓器鐵心的導磁係數很高，而鐵心所需要的淨磁動勢非常小，因此一次電路磁動勢的大小必須近似於二次側磁動勢的大小，且其方向相反，基於這個事實可以得到變壓器的電流比。

實際的變壓器有漏磁通、磁滯、渦流、銅損等效應，這些效應均在變壓器的等效電路推導中加以考慮，同時以變壓器的電壓調整率及效率來測量這些缺點。

使用標么系統時可以不考慮系統中不同的電壓準位，因此分析包括變壓器的系統時，使用標么值是一種很方便的方法。另外以變壓器本身額定來表示的標么阻抗其值落在一很小的範圍內，這一點可以很方便的用來檢查所解問題的答案。

自耦變壓器和一般變壓器不同的地方在於其兩個繞組為直接連接，其一邊的電壓為單一個繞組上的電壓，另一邊的電壓則為兩個繞組上電壓的和。由於只有部分的功率經由繞組傳送，因此自耦變壓器的額定功率比同樣大小尺寸的普通變壓器的額定功率大。然而自耦變壓器的兩個線圈直接連接，因此破壞了一次側和二次側之間電氣上的絕緣。

三相電路的電壓準位可由兩個或三個變壓器做適當的連接來轉換。電路中的電壓和電流可以利用比壓器和比流器來取樣，這兩種設備在大的配電系統中是非常普遍的。

問　題

2-1　變壓器的匝數比和電壓比是否相同？何故？

2-2　為何變壓器的磁化電流限制了變壓器鐵心所能供應電壓的上限？

2-3　變壓器的激磁電流包括了哪些分量？它們在變壓器的等效電路中如何被模式化？

2-4　何謂變壓器的漏磁通？為何其在變壓器等效電路中被模擬成一電感器？

2-5　列舉並敘述變壓器中的各種損失。

2-6　為何負載的功率因數影響變壓器的電壓調整率？

2-7　為何短路試驗僅顯示出變壓器的 i^2R 損失而沒有激磁損失？

2-8　為何開路試驗僅顯示出變壓器的激磁損失而沒有 i^2R 損失？

2-9　標么系統如何消除電力系統中不同電壓準位的問題？

2-10 為何自耦變壓器所能處理的功率比同樣大小的普通變壓器大？
2-11 何謂變壓器的分接頭？為何要使用分接頭？
2-12 三相變壓器作 Y-Y 連接時會發生哪些問題？
2-13 何謂 TCUL 變壓器？
2-14 如何能只用兩個變壓器來組成三相變壓器？有哪些連接法可以使用？它們各有哪些優缺點？
2-15 試解釋為何開 Δ 連接的變壓器所能供應的負載功率僅為正常連接時的 57.7%。
2-16 60 Hz 的變壓器可以操作在 50 Hz 的系統嗎？在這些操作下有哪些事項必須注意？
2-17 變壓器在接上電源的瞬間會有哪些問題發生？能否以什麼方法來減輕這問題？
2-18 何謂比壓器？如何使用？
2-19 何謂比流器？如何使用？
2-20 一額定 18 kVA，20,000/480 V，60 Hz 的配電變壓器，能否在 50 Hz 下安全的供應 15 kVA 給 415 V 的負載？何故？
2-21 當人站在一個巨大的電力變壓器旁邊時，為何耳朵會嗡嗡作響？

習 題

2-1 一 100 kVA，8000/277 V 的配電變壓器，其電阻和電抗值如下：

$$R_P = 5\ \Omega \qquad R_S = 0.005\ \Omega$$
$$X_P = 6\ \Omega \qquad X_S = 0.006\ \Omega$$
$$R_C = 50\ \text{k}\Omega \qquad X_M = 10\ \text{k}\Omega$$

其參考至高壓側之激磁分路阻抗為已知。
(a) 求此變壓器參考至低壓側之等效電路。
(b) 求此變壓器的標么等效電路。
(c) 若變壓器在 227 V，0.85 PF 落後時提供額定負載，則此時變壓器之輸入電壓為何？電壓調整率是多少？
(d) 變壓器工作於 (c) 的情況下，其銅損和鐵損是多少？
(e) 變壓器工作於 (c) 的情況下，其效率是多少？

2-2 圖 P2-1 所示為一單相電力系統。圖中電源經由 38.2+j140 Ω 的傳輸阻抗供應給一 100 kVA，14/2.4 kV 的變壓器，此變壓器參考至低壓側的等效串聯阻抗為 0.10+j0.40 Ω。變壓器的負載為 90 kW，2300 V，PF＝0.80 落後。

(a) 試求此系統電源的電壓。
(b) 求此變壓器的電壓調整率。
(c) 試求整個系統的效率。

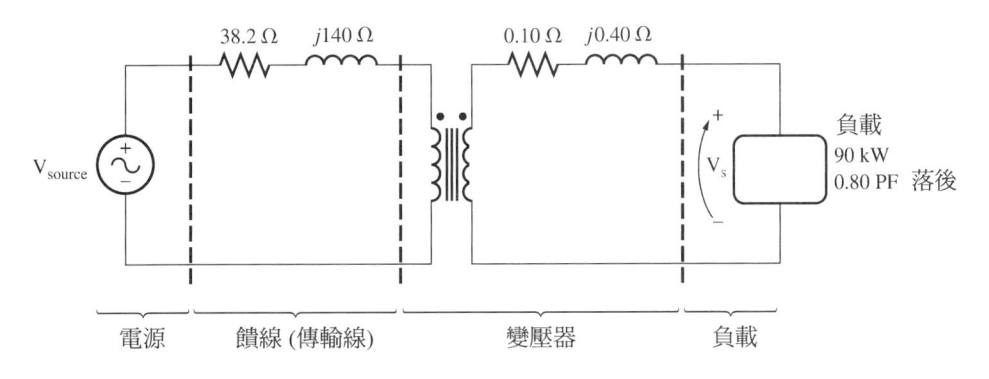

圖 P2-1 習題 2-2 的電路。

2-3 一理想變壓器的二次側電壓為 $v_s(t)$＝282.8 sin 377t V，匝比為 100：200 (a＝0.50)，若二次側電流為 $i_s(t)$＝7.07 sin (377t－36.87°) A，則一次側電流為何？此變壓器的電壓調整率及效率是多少？

2-4 一實際變壓器的二次側電壓為 $v_s(t)$＝282.8 sin 377t V，匝數比為 100：200 (a＝0.50)。如果二次側的電流 $i_s(t)$＝7.07 sin (377t－36.87°) A，則一次側電流為何？試計算此變壓器的電壓調整率及效率。此變壓器參考至一次側的阻抗如下：

$$R_{eq} = 0.20 \text{ Ω} \qquad R_C = 300 \text{ Ω}$$
$$X_{eq} = 0.80 \text{ Ω} \qquad X_M = 100 \text{ Ω}$$

2-5 當美國與加拿大人到歐洲旅遊時，他們會遇到不同的電力系統。北美插座上電壓為 120 V rms 60 Hz，而在歐洲為 230 V 50 Hz。許多遊客攜帶小型升／降壓變壓器，來轉換旅遊當地電壓以適合他們的電器使用。典型變壓器額定為 1 kVA 115/230 V，115 V 側有 500 匝而 230 V 側有 1000 匝，變壓器磁化曲線如圖 P2-2 所示，而在本書網址可找到其檔案為 `p22.mag`。

(a) 假設此變壓器接至一 120 V，60 Hz 電源，而 240 V 側不接負載，繪出流進變

壓器之磁化電流 (如果可以，使用 MATLAB 以精確繪出電流)。磁化電流之 rms 值是多少？此磁化電流為滿載電流的百分之多少？

(b) 若此變壓器接 240 V，50 Hz 電源，而 120 V 側沒接負載，繪出流進變壓器之磁化電流 (如果可以，使用 MATLAB 以精確繪出電流)。磁化電流 rms 值是多少？此磁化電流為滿載電流的百分之多少？

(c) 哪個情況之磁化電流有較高百分比？為何？

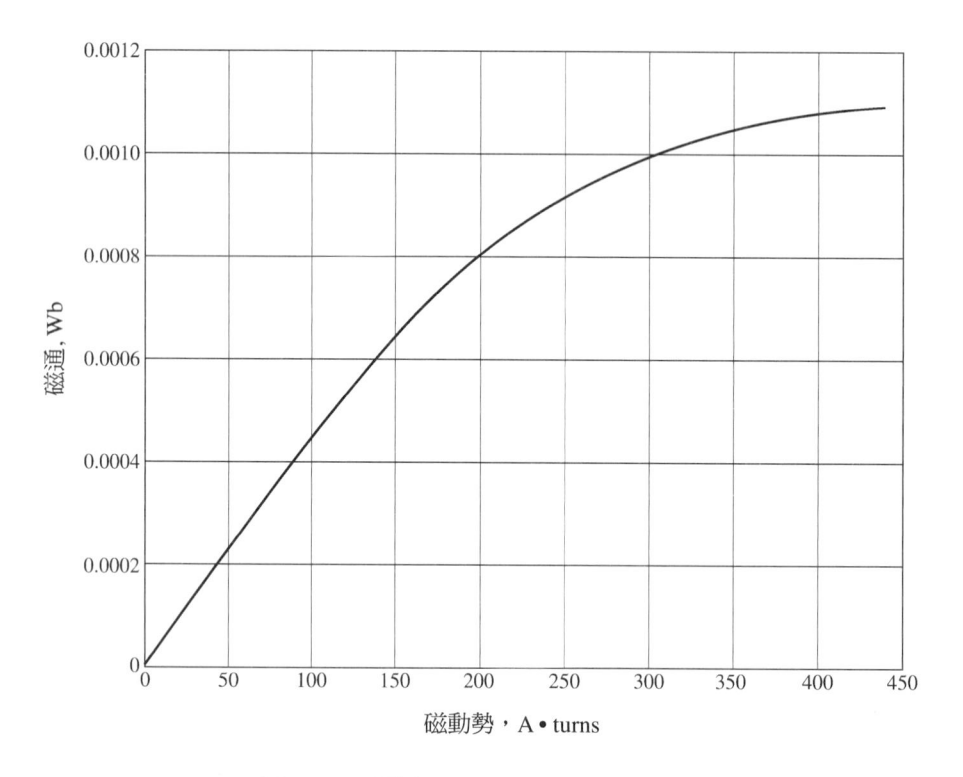

圖 P2-2　習題 2-5 變壓器之磁化曲線。

2-6　一 1000 VA，230/115 V 的變壓器，為求其等效電路所作測試之數據如下：

開路試驗 (二次側)	短路試驗 (一次側)
V_{OC} = 115 V	V_{SC} = 17.1 V
I_{OC} = 0.11 A	I_{SC} = 8.7 A
P_{OC} = 3.9 W	P_{SC} = 38.1 W

(a) 試繪出此變壓器參考至低壓側的等效電路。
(b) 試計算額定條件下的電壓調整率，分別在(1) 0.8 PF 落後，(2) 1.0 PF，(3) 0.8

PF 超前時。

(c) 試計算額定條件下功率因數 0.8 PF 落後時的效率。

2-7 一 30 kVA，8000/230 V 的配電變壓器，其參考至一次側的阻抗為 $20+j\,100\;\Omega$，激磁分支上元件參考至一次側的值為 $R_C=100$ kΩ，$X_M=20$ kΩ。

(a) 如果一次側電壓為 7967 V 且負載阻抗 Z_L 為 $2.0+j\,0.7\;\Omega$，則變壓器二次側的電壓為何？求此條件下的電壓調整率。

(b) 如果 (a) 中負載以 $-j\,3.0\;\Omega$ 的電容器代替，則二次側的電壓為何？求出此條件下的電壓調整率。

2-8 一 150 MVA，15/200 kV 單相電力變壓器，其標么電阻為 1.2%，標么電抗為 5% (數據由名牌上取得)，磁化阻抗為 $j\,80$ 標么。

(a) 求參考於低壓側之等效電路。

(b) 求功因 0.8 落後，滿載電流下之電壓調整率。

(c) 求變壓器於 (b) 操作條件下之銅損及鐵損。

(d) 假設一次電壓固定為 15 kV，繪出由無載到滿載時以負載電流為函數之二次側電壓。重複計算當功因為 0.8 落後、1.0 與 0.8 超前。

2-9 一 5000 kVA，230/13.8 kV 的單相變壓器，根據名牌上的資料，其電阻標么值為 1%，感抗標么值為 5%。對低壓側所作開路試驗得到如下的數據：

$$V_{OC} = 13.8 \text{ kV} \qquad I_{OC} = 21.1 \text{ A} \qquad P_{OC} = 90.8 \text{ kW}$$

(a) 試繪出參考至低壓側的等效電路。

(b) 如果二次側電壓為 13.8 kV，且供應 4000 kW，0.8 PF 落後的負載，試分別求出此變壓器的電壓調整率及效率。

2-10 一三相變壓器組，電壓比為 34.5/11 kV，其能處理的功率為 500 kVA。對下列各種連接方式分別求出每一個個別變壓器的額定 (高電壓、低電壓、匝數比、視在功率)：(a) Y-Y，(b) Y-Δ，(c) Δ-Y，(d) Δ-Δ，(e) 開 Δ，(f) 開 Y-開 Δ。

2-11 一 100 MVA，230/115 kV，Δ-Y 的三相電力變壓器，其電阻標么值為 0.015 pu，電抗標么值為 0.06 pu，激磁分支元件值為 $R_C=100$ pu，$X_M=20$ pu。

(a) 若此變壓器供應一 80 MVA，PF＝0.8 落後的負載，畫出其單相的相量圖。

(b) 求此操作情況下變壓器的電壓調整率。

(c) 畫出參考至低壓側之單相等效電路，並求出參考至低壓側之所有阻抗值。

(d) 求工作於 (b) 的情況下之變壓器損失和效率。

2-12. 三個 20 kVA，24,000/277 V 的配電變壓器，以 Δ-Y 方式連接。此變壓器組於低壓側進行開路試驗，所得到的數據為：

$$V_{\text{line,OC}} = 480 \text{ V} \qquad I_{\text{line,OC}} = 4.10 \text{ A} \qquad P_{3\phi,\text{OC}} = 945 \text{ W}$$

於高壓側進行短路試驗，所得到的數據為：

$$V_{\text{line,SC}} = 1400 \text{ V} \qquad I_{\text{line,SC}} = 1.80 \text{ A} \qquad P_{3\phi,\text{SC}} = 912 \text{ W}$$

(a) 求此變壓器組的標么等效電路。
(b) 求在額定負載，PF＝0.90 落後下之電壓調整率。
(c) 求此操作情況下變壓器組的效率是多少？

2-13 三個 100 kVA，8314/480 V 的單相變壓器以 Δ-Y 的方式連接成一 14,000/480 V 三相變壓器，此三相變壓器的電源為一無限匯流排。由高壓側做短路試驗得到其中一個變壓器的量測記錄如下：

$$V_{\text{SC}} = 510 \text{ V} \qquad I_{\text{SC}} = 12.6 \text{ A} \qquad P_{\text{SC}} = 3000 \text{ W}$$

(a) 如果此變壓器以額定電壓供應 0.8 PF 落後的額定功率，試求變壓器一次側線對線的電壓。
(b) 試求此狀況下的電壓調整率。
(c) 假設一次側電壓固定為 8314 V，繪出由無載到滿載下以負載電流為函數之二次側電壓。重複計算當功因為 0.8 落後、1.0 與 0.8 超前。
(d) 繪出由無載到滿載下以負載電流為函數之電壓調整率。重複計算當功因為 0.8 落後，1.0 與 0.8 超前。
(e) 畫此變壓器的標么等效電路。

2-14 一 13.8 kV 的單相發電機經由阻抗為 $Z_{\text{line}} = 60\angle 60° \text{ Ω}$ 的傳輸線供應功率給阻抗為 $Z_{\text{load}} = 500\angle 36.87° \text{ Ω}$ 的負載。
(a) 如果發電機直接連接至負載 (如圖 P2-3a 所示)，試求負載端電壓和發電機端電壓的比值，並求傳輸線上的損失。
(b) 電源供應多少功率給負載 (輸電系統的效率)？
(c) 在發電機端接上 1：10 的升壓變壓器，在負載端接上 10：1 的降壓變壓器，試求此時負載端電壓和發電機端電壓的比值，並求傳輸線上的損失 (假設此變壓器為理想變壓器)。
(d) 此時電源供應多少功率給負載？
(e) 比較有用與沒用變壓器時，其輸電系統的效率。

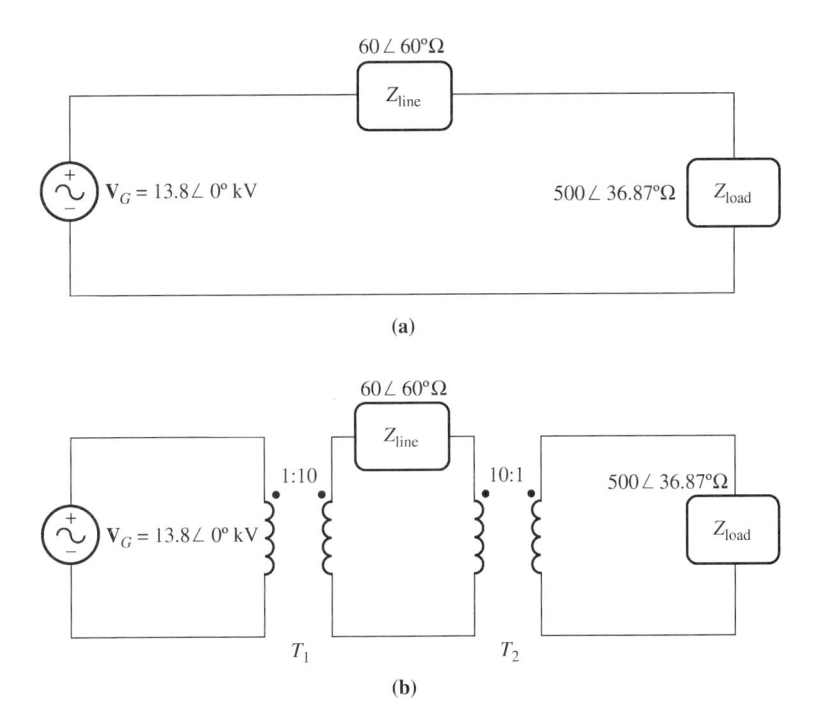

圖 P2-3 習題 2-14 的電路：(a) 不使用變壓器；(b) 使用變壓器。

2-15 三相 Y-Y 連接法，且中性點接地的自耦變壓器，用來連接 12.6 kV 的配電線至 13.8 kV 的配電線，此變壓器須可以處理 2000 kVA 的功率。

(a) 試求所需的 N_C/N_{SE} 的匝數比。
(b) 單一個自耦變壓器的繞組須能處理多少視在功率？
(c) 此自耦變壓器電力傳輸的優點為何？
(d) 如果其一個自耦變壓器改連接成普通變壓器，則其額定變為多少？

2-16 證明：當串聯阻抗為 Z_{eq} 的變壓器接成自耦變壓器時，此自耦變壓器的串聯阻抗標么 Z'_{eq} 為

$$Z'_{eq} = \frac{N_{SE}}{N_{SE} + N_C} Z_{eq}$$

注意：此表示式恰為自耦變壓器在功率上所佔優勢的倒數。

2-17 一 10 kVA，480/120 V 的普通變壓器被用來從 600 V 的電源供應給 120 V 的負載，設此變壓器為理想變壓器，且設絕緣等級為 600 V 以上。

(a) 繪出變壓器的適當連接法以滿足上述的需求。
(b) 試求出在此種配置下變壓器的 kVA 額定值。

(c) 試求出上述條件下一次側及二次側的最大電流。

2-18 一 10 kVA，480/120 V 的普通變壓器被用來從 600 V 電源供應給 480 V 的負載，設此變壓器為理想變壓器，且絕緣等級為 600 V 以上。
(a) 繪出變壓器的適當連接法以滿足上述的需求。
(b) 求在此配置下變壓器的 kVA 額定值。
(c) 求出上述條件下一次側及二次側的最大電流。
(d) 習題 2-18 和習題 2-17 有相同的變壓器，但變壓器於兩種操作情況下最大差別在於視在功率容量不同，為何？使用自耦變壓器的最佳操作狀況為何？

2-19 一三相配電線路供應一 14.4 kV 兩相電力給一偏遠農村馬路 (中性線還可用)，一農夫由一 480 V 饋線引電供給 200 kW，PF＝0.85 落後的三相負載，和 60 kW，PF＝0.9 落後的單相負載。單相負載平均分散於之三相負載間，若使用開 Y-開 Δ 連接方式來供電，求每個變壓器的電壓及電流值，求每個變壓器所供應的實功和虛功。假設變壓器為理想，則每個變壓器的最小 kVA 額定需求是多少？

2-20 一 50 kVA，20,000/480 V，60 Hz 的單相配電變壓器，其開路及短路試驗的數據如下：

開路試驗 (由二次側量測)	短路試驗 (由一次側量測)
V_{OC} = 480 V	V_{SC} = 1130 V
I_{OC} = 4.1 A	I_{SC} = 1.30 A
P_{OC} = 620 W	P_{SC} = 550 W

(a) 試求 60 Hz 時此變壓器的標么等效電路。
(b) 在額定及單位功因操作下，變壓器的效率是多少？電壓調整率為何？
(c) 試求此變壓器操作於 50 Hz 時的額定值。
(d) 試繪出此變壓器操作於 50 Hz 參考至一次側的等效電路。
(e) 變壓器操作於 50 Hz 電力系統，在額定及單位功因下，變壓器的效率是多少？電壓調整率為何？
(f) 變壓器於額定條件、60 Hz 操作，其效率和操作於 50 Hz 時之差別為何？

2-21 證明：如圖 2-34b 所示的 Y-Δ 接的三相變壓器，其二次側的電壓落後一次側電壓 30°。

2-22 證明：如圖 2-34c 所示的 Δ-Y 接的三相變壓器，其二次側的電壓落後一次側電壓 30°。

2-23 一 10 kVA，480/120 V 的單相變壓器連接成自耦變壓器使用，將 600 V 的配電線連接到 480 V 的負載，下面所列為其當作普通變壓器時，對一次 (480 V) 側所做試驗的數據：

開路試驗 (由二次測量測)	短路試驗 (由一次測量測)
V_{OC} = 120 V	V_{SC} = 10.0 V
I_{OC} = 1.60 A	I_{SC} = 10.6 A
P_{OC} = 38 W	P_{SC} = 25 W

(a) 試求此變壓器當作普通變壓器時的標么等效電路。在 1.0 功因之額定下，此變壓器的效率為何？又此狀況下的電壓調整率為何？

(b) 繪出此變壓器當作 600/480 V 的降壓自耦變壓器時的連接法。

(c) 試求出此變壓器當作自耦變壓器時的 kVA 額定值。

(d) 以自耦變壓器的形式回答 (a) 的問題。

2-24 圖 P2-4 所示為由一三相 480 V，60 Hz 發電機，經由一傳輸線，供給兩個負載所構成的電力系統單線圖，傳輸線兩端各有一變壓器 (註：單線圖於附錄 A 三相電路探討中有介紹)。

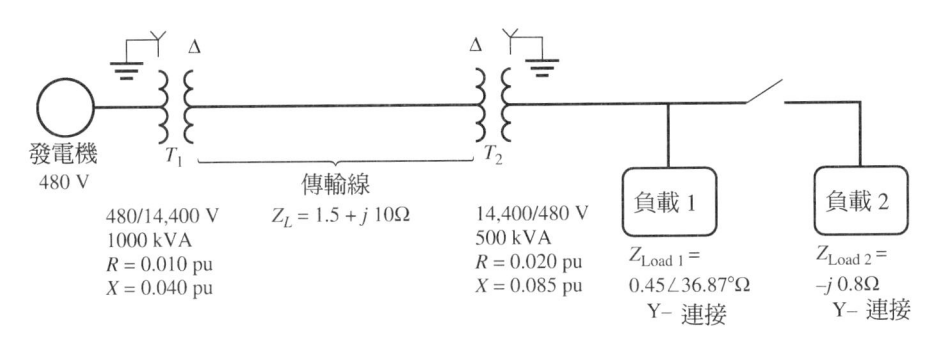

發電機 480 V
T_1
480/14,400 V
1000 kVA
R = 0.010 pu
X = 0.040 pu

傳輸線 Z_L = 1.5 + j 10 Ω

T_2
14,400/480 V
500 kVA
R = 0.020 pu
X = 0.085 pu

負載 1
$Z_{Load\,1}$ = 0.45∠36.87° Ω
Y- 連接

負載 2
$Z_{Load\,2}$ = $-j$ 0.8 Ω
Y- 連接

圖 P2-4 習題 2-24 的電力系統。注意上面的標示，有的是標么值，有的是實際值。

(a) 試繪出此電力系統的標么等效電路。

(b) 當開關打開時，試求此發電機所供應的實功率 P、虛功率 Q 與視在功率 S。此時變壓器的功率因數為何？

(c) 當開關關上時，試求此發電機所供應的實功率 P、虛功率 Q 與視在功率 S。此時變壓器的功率因數為何？

(d) 試分別求出開關打開及關上時的傳輸損失 (包括變壓器及傳輸線)。加入第二個負載對此系統的影響為何？

參考文獻

1. Beeman, Donald: *Industrial Power Systems Handbook,* McGraw-Hill, New York, 1955.
2. Del Toro, V.: *Electric Machines and Power Systems,* Prentice-Hall, Englewood Cliffs, N.J., 1985.
3. Feinberg, R.: *Modern Power Transformer Practice,* Wiley, New York, 1979.
4. Fitzgerald, A. E., C. Kingsley, Jr., and S. D. Umans: *Electric Machinery,* 6th ed., McGraw-Hill, New York, 2003.
5. McPherson, George: *An Introduction to Electrical Machines and Transformers,* Wiley, New York, 1981.
6. M.I.T. Staff: *Magnetic Circuits and Transformers,* Wiley, New York, 1943.
7. Slemon, G. R., and A. Straughen: *Electric Machines,* Addison-Wesley, Reading, Mass., 1980.
8. *Electrical Transmission and Distribution Reference Book*, Westinghouse Electric Corporation, East Pittsburgh, 1964.

CHAPTER 3

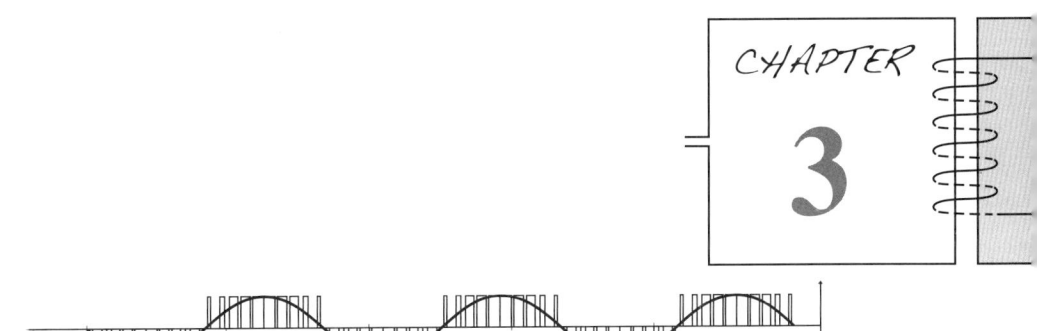

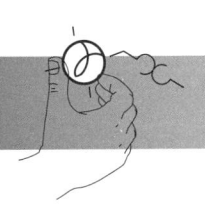

交流電機基本原理

學習目標

- 學習在均勻磁場內之旋轉線圈如何產生交流電。
- 學習在均勻磁場內之載流線圈如何產生轉矩。
- 學習如何由一三相定子產生一旋轉磁場。
- 瞭解旋轉轉子與磁場如何在定子繞組內感應交流電壓。
- 瞭解電氣頻率、極數與電機轉速間之關係。
- 瞭解交流機如何產生轉矩。
- 瞭解繞組絕緣對電機壽命之影響。
- 瞭解電機內損失形式與功率潮流圖。

交流電機包括發電機和電動機，交流發電機將機械能轉變為交流電能，交流電動機將交流電能轉變為機械能。交流機基本原理很簡單，但若由實際電機之複雜結構卻是十分難瞭解。本章首先利用簡單例子來說明交流機操作原理，接著再考慮發生在實際交流機之一些複雜問題。

交流電機主要分為同步機和感應機兩大類，同步機 (synchronous machine) 包括同步發電機和同步電動機，它們的磁場電流是由另外的直流電源所供應，而感應機型 (induction machine) 的發電機和電動機的磁場電流是電磁感應 (變壓器作用) 到磁場繞組所產生的。大部分同步與感應機的場電路是放在轉子上。本章包含兩種型式的三相交流

148 電機機械基本原理

電機的共同基本觀念;在第四、五章將詳細介紹同步機,第六章將討論感應機。

3.1 置於均勻磁場內之單一匝線圈

我們將由旋轉於均勻磁場內之單一匝線圈來開始研究交流機。在一均勻磁場內之單一線圈為可產生弦波交流電壓之最簡單電機。此並不能代表實際交流機,因為在實際交流機中磁通大小與方向並不是固定的。然而,控制線圈之電壓與轉矩的因素與控制實際交流機是相同的。

圖 3-1 所示為由一大的靜止磁鐵所產生的固定、均勻的磁場與一磁場內之旋轉線圈所構成之簡單電機。此電機旋轉部分稱為轉子 (rotor),靜止部分稱為定子 (stator)。我們現在將求出旋轉於磁場內的轉子電壓。

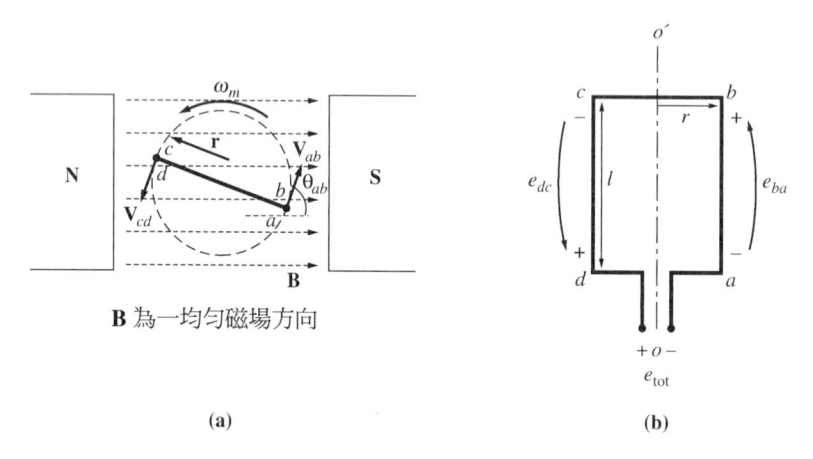

圖 3-1 均勻磁場內之旋轉線圈。(a) 前視圖;(b) 線圈。

單一旋轉線圈之感應電壓

若此電機之轉子是轉動的,則線圈將會感應一電壓。為了求出電壓大小與形狀請看圖 3-2。線圈為矩形,ab 與 cd 邊與紙面垂直,bc 與 da 邊與紙面平行,磁場是固定且均勻,由左至右橫過紙面。

為了得到線圈上總電壓 e_tot,將分別求出線圈每段電壓,然後再將結果加起來。由式 (1-45) 可求得每段電壓:

$$e_\text{ind} = (\mathbf{v} \times \mathbf{B}) \cdot \mathbf{l} \tag{1-45}$$

1. ab 段。在此段,導線速度與旋轉路徑正切,而磁場 **B** 方向往右,如圖 3-2b 所示。
   $\mathbf{v} \times \mathbf{B}$ 方向進入紙面,此與 ab 段方向相同。因此,此導體段所感應電壓為

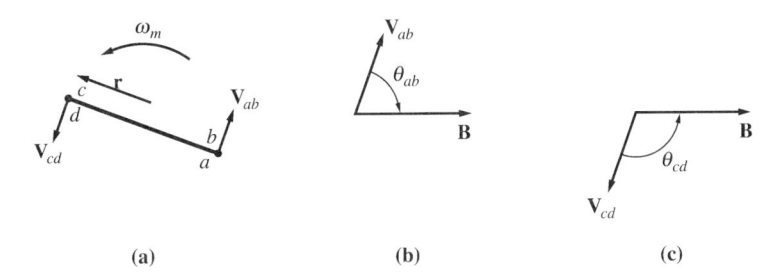

圖 3-2 (a) 線圈相對於磁場之速度與方向。(b) ab 邊相對於磁場之運動方向。(c) cd 邊相對於磁場之運動方向。

$$e_{ba} = (\mathbf{v} \times \mathbf{B}) \cdot \mathbf{l}$$
$$= vBl \sin \theta_{ab} \quad \text{進入紙面} \tag{3-1}$$

2. bc 段。此段前半部之 $\mathbf{v} \times \mathbf{B}$ 方向為進入紙面,而另一半之 $\mathbf{v} \times \mathbf{B}$ 方向為離開紙面。因長度 $\mathbf{l}$ 在紙面上。所以導線兩部分之 $\mathbf{v} \times \mathbf{B}$ 與 $\mathbf{l}$ 垂直。因此 bc 段電壓為零:

$$e_{cb} = 0 \tag{3-2}$$

3. cd 段。在此段導線速度與旋轉路徑正切,而磁場 $\mathbf{B}$ 方向向右,如圖 3-2c 所示。$\mathbf{v} \times \mathbf{B}$ 方向進入紙面,與 cd 段方向相同。因此,此段之感應電壓為

$$e_{dc} = (\mathbf{v} \times \mathbf{B}) \cdot \mathbf{l}$$
$$= vBl \sin \theta_{cd} \quad \text{離開紙面} \tag{3-3}$$

4. da 段。正如 bc 段,$\mathbf{v} \times \mathbf{B}$ 與 $\mathbf{l}$ 垂直。因此此段電壓也為零:

$$e_{ad} = 0 \tag{3-4}$$

線圈之總感應電壓 e_{ind} 為每段電壓和:

$$e_{\text{ind}} = e_{ba} + e_{cb} + e_{dc} + e_{ad}$$
$$= vBl \sin \theta_{ab} + vBl \sin \theta_{cd} \tag{3-5}$$

注意 $\theta_{ab} = 180° - \theta_{cd}$ 且 $\sin \theta = \sin(180° - \theta)$,因此,感應電壓變為

$$e_{\text{ind}} = 2vBl \sin \theta \tag{3-6}$$

圖 3-3 所示為感應電壓 e_{ind} 之波形。

有另一種方式可表示式 (3-6),它可清楚的看出單一匝線圈與實際交流機間之行為關係。為了推導此表示,再看圖 3-1,若線圈以一固定角速度 ω 旋轉,則線圈角度 θ 將隨時間線性增加,即

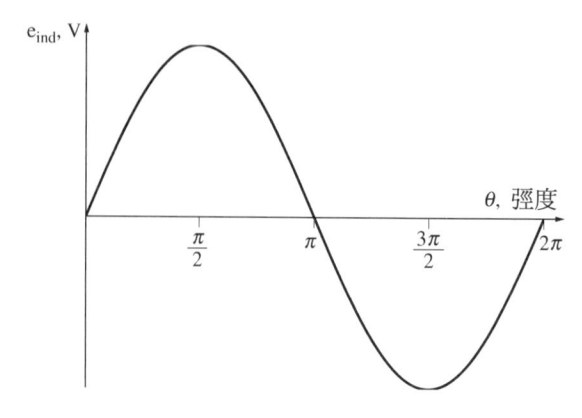

圖 3-3 e_{ind} 對 θ 波形。

$$\theta = \omega t$$

而線圈邊之切線速度 v 可表示成

$$v = r\omega \tag{3-7}$$

其中 r 為由旋轉軸至線圈邊之半徑，而 ω 為線圈之角速度。將此兩式代到式 (3-6) 得

$$e_{\text{ind}} = 2r\omega Bl \sin \omega t \tag{3-8}$$

注意到由圖 3-1b 可知線圈面積 A 等於 $2rl$，因此，

$$e_{\text{ind}} = AB\omega \sin \omega t \tag{3-9}$$

最後，最大磁通發生於線圈與磁通密度相垂直時，此磁通大小等於線圈表面積與通過線圈磁通密度之乘積

$$\phi_{\max} = AB \tag{3-10}$$

因此，最後電壓方程式為

$$\boxed{e_{\text{ind}} = \phi_{\max}\omega \sin \omega t} \tag{3-11}$$

所以，線圈所產生電壓為一弦波，其大小等於機器內部磁通與其旋轉速度乘積。實際交流機也是這樣。通常，實際電機之電壓與三個因數有關：

1. 電機磁通
2. 轉速
3. 電機構造 (線圈數等)

載有電流線圈所感應之轉矩

現若轉子線圈在磁場內某個任意角度 θ，且有電流 i 流過，如圖 3-4 所示。若線圈內有電流，則線圈將會感應一轉矩。為了此轉矩大小與方向，請看圖 3-5，在線圈上每段所受力可用式 (1-43) 表示

$$\mathbf{F} = i(\mathbf{l} \times \mathbf{B}) \tag{1-43}$$

其中　$i=$ 線段內電流大小

　　　$\mathbf{l}=$ 線段長度，$\mathbf{l}$ 方向被定義與電流同方向

　　　$\mathbf{B}=$ 磁通密度向量

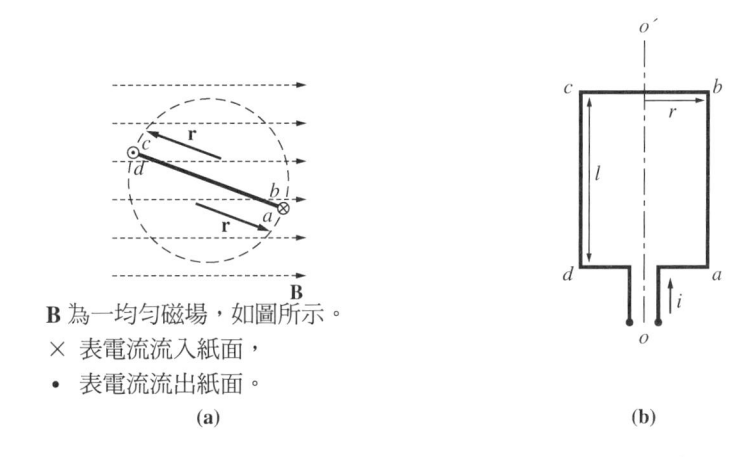

B 為一均勻磁場，如圖所示。
× 表電流流入紙面，
• 表電流流出紙面。

(a)　　　　　　　　　　(b)

圖 3-4　一載流線圈置於一均勻磁場內。(a) 前視圖；(b) 線圈。

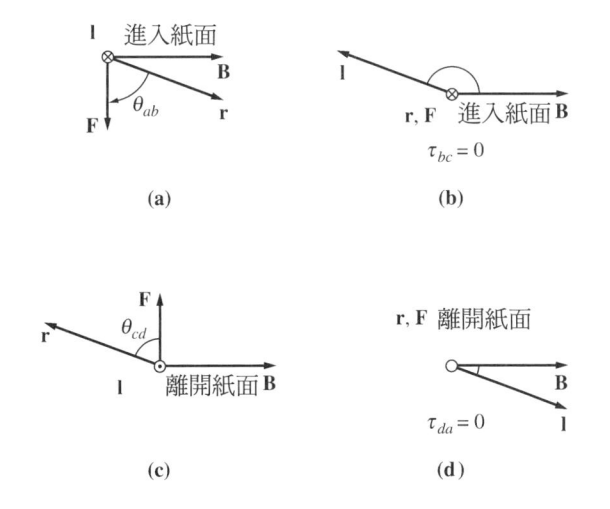

(a)　　　　　　　　　　(b)

(c)　　　　　　　　　　(d)

圖 3-5　(a) ab 段力與轉矩之推導。(b) bc 段力與轉矩之推導。
(c) cd 段力與轉矩之推導。(d) da 段力與轉矩之推導。

線段上轉矩為

$$\tau = (受力)(垂直距離)$$
$$= (F)(r\sin\theta)$$
$$= rF\sin\theta \qquad (1\text{-}6)$$

其中 θ 為 **r** 與 **F** 向量間之夾角。若朝著順時針方向旋轉,轉矩方向將為順時針;而若朝逆時針方向旋轉,則轉矩將為逆時針方向。

1. *ab* 段。在此段,電流流入紙面,磁場 **B** 向右,如圖 3-5a 所示。**l**×**B** 方向向下,因此,此段所感應的力為

$$\mathbf{F} = i(\mathbf{l}\times\mathbf{B})$$
$$= ilB \quad 向下$$

所得轉矩為

$$\tau_{ab} = (F)(r\sin\theta_{ab})$$
$$= rilB\sin\theta_{ab} \quad 順時針 \qquad (3\text{-}12)$$

2. *bc* 段。在此段,電流在紙面上,磁場 **B** 向右,如圖 3-5b 所示。**l**×**B** 方向進入紙面,因此,此段所感應的力為

$$\mathbf{F} = i(\mathbf{l}\times\mathbf{B})$$
$$= ilB \quad 進入紙面$$

此段所產生轉矩為 0,因 **r** 與 **l** 向量為平行(兩者皆進入紙面),且 θ_{bc} 為 0。

$$\tau_{bc} = (F)(r\sin\theta_{ab})$$
$$= 0 \qquad (3\text{-}13)$$

3. *cd* 段。在此段,電流流出紙面,磁場 **B** 向右,如圖 3-5c 所示。**l**×**B** 方向向上,因此,此段所感應的力為

$$\mathbf{F} = i(\mathbf{l}\times\mathbf{B})$$
$$= ilB \quad 向上$$

所產生轉矩為

$$\tau_{cd} = (F)(r\sin\theta_{cd})$$
$$= rilB\sin\theta_{cd} \quad 順時針 \qquad (3\text{-}14)$$

4. *da* 段。在此段,電流在紙面上,磁場 **B** 向右,如圖 3-5d 所示。**l**×**B** 方向離開紙面,因此,此段所感應的力為

$$\mathbf{F} = i(\mathbf{l}\times\mathbf{B})$$
$$= ilB \quad 離開紙面$$

此段所產生的轉矩為 0，因為向量 **r** 與 **l** 平行 (兩者皆離開紙面)，且 θ_{da} 為 0。

$$\tau_{da} = (F)(r \sin \theta_{da}) \\ = 0 \quad\quad (3\text{-}15)$$

總圈所感應總轉矩 τ_{ind} 為各邊轉矩之和：

$$\tau_{\text{ind}} = \tau_{ab} + \tau_{bc} + \tau_{cd} + \tau_{da} \\ = rilB \sin \theta_{ab} + rilB \sin \theta_{cd} \quad\quad (3\text{-}16)$$

注意到 $\theta_{ab} = \theta_{cd}$，所以所感應轉矩應為

$$\tau_{\text{ind}} = 2rilB \sin \theta \quad\quad (3\text{-}17)$$

所得到轉矩 τ_{ind} 為角度函數如圖 3-6 所示。注意到最大轉矩發生在線圈面與磁場平行時，而當線圈面與磁場垂直，其轉矩為零。

有另一種方式可表示式 (3-17)，它可清楚地看出單一線圈與實際交流機行為間關係。為了推導此式，請看圖 3-7。若線圈內電流如圖所示，則將產生一 $\mathbf{B}_{\text{loop}}$ 磁通密度，方向如圖所示。$\mathbf{B}_{\text{loop}}$ 大小為

$$\mathbf{B}_{\text{loop}} = \frac{\mu i}{G}$$

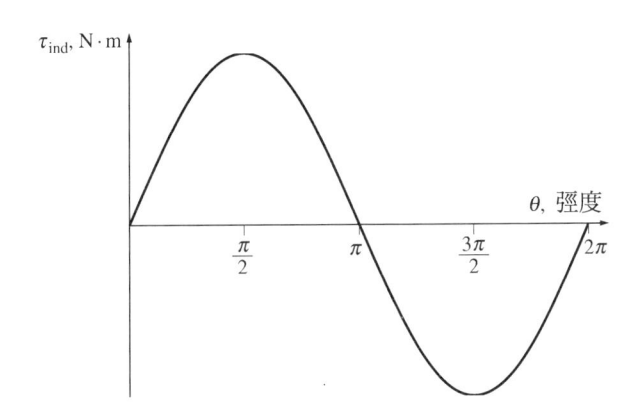

圖 3-6 τ_{ind} 對 θ 之波形。

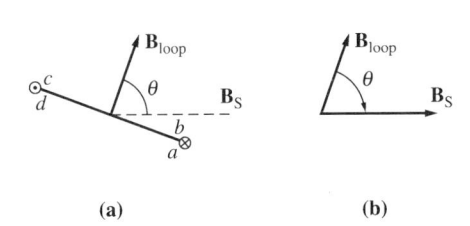

圖 3-7 感應轉矩方程式之推導。(a) 線圈內電流產生一垂直線圈面之磁通密度 $\mathbf{B}_{\text{loop}}$；(b) $\mathbf{B}_{\text{loop}}$ 與 $\mathbf{B}_S$ 之幾何關係。

其中 G 為與線圈幾何形狀有關之因數。[1] 又線圈面積 A 等於 $2rl$，將此兩式代到式 (3-17) 可得

$$\tau_{\text{ind}} = \frac{AG}{\mu} B_{\text{loop}} B_S \sin \theta \qquad (3\text{-}18)$$

$$= k B_{\text{loop}} B_S \sin \theta \qquad (3\text{-}19)$$

其中 $k = AG/\mu$ 為與電機結構有關之因數，B_S 為定子磁場，用來與轉子磁場作區別，θ 為 $\mathbf{B}_{\text{loop}}$ 與 $\mathbf{B}_S$ 間夾角。$\mathbf{B}_{\text{loop}}$ 與 $\mathbf{B}_S$ 夾角利用三角恆等式，可看出與式 (3-17) 之 θ 是相等的。

感應轉矩之大小與方向可以式 (3-19) 表示為叉積形式：

$$\boxed{\tau_{\text{ind}} = k \mathbf{B}_{\text{loop}} \times \mathbf{B}_S} \qquad (3\text{-}20)$$

此式應用到圖 3-7 之線圈產生一進入紙面的轉矩向量，其方向為順時針，大小可用式 (3-19) 求得。

因此，一線所感應轉矩與線圈的磁場強度，外部磁場強度，與它們間夾角的 sine 值成正比。實際交流機也是如此，通常實際電機所產生轉矩與四個因數有關：

1. 轉子磁場強度
2. 外部磁場強度
3. 兩磁場夾角的 sine 值
4. 電機結構 (如幾何形狀等)

3.2　旋轉磁場

在 3.1 節中，我們指出若一電機內存在兩磁場，則會有一試著排列此兩磁場之轉矩產生。若一個磁場是由交流機定子所產生，另一個由轉子產生，則轉子將感應一轉矩且使轉子沿它自己與定子磁場轉動。

若有某些方法可使定子磁場旋轉，則轉子感應的轉矩將使它沿著一個圓方向「追趕」定子磁場，這就是所有交流電動機之基本操作原理。

如何使定子磁場旋轉？交流機運作時一個重要原理是：若一組三相電流每相振幅相等，且各差 120° 的相角流入三相電樞繞組，則會產生一個一定大小的旋轉磁場。此電樞的三相繞組必須沿著電機表面各相差 120° 的電氣角。

---

[1] 若線圈是一個圓，則 $G = 2r$，其中 r 為圓半徑，所以 $B_{\text{loop}} = \mu i / 2r$。若為一矩形，則 G 隨實際線圈之長寬比改變。

第三章 交流電機基本原理 155

這個觀念可用一簡單的情況來說明，如圖 3-8a 所示，一個空的定子僅含三個線圈，各差 120°。因為這種繞組每個僅能產生一 N 和一 S 的磁極，是屬於二極的繞組。

為了瞭解上述的觀念，我們可以加一組電流至圖 3-8 的定子，觀察在特定瞬間會發生什麼情形。假設流入三個線圈的電流是

$$i_{aa'}(t) = I_M \sin \omega t \quad \text{A} \tag{3-21a}$$

$$i_{bb'}(t) = I_M \sin(\omega t - 120°) \quad \text{A} \tag{3-21b}$$

$$i_{cc'}(t) = I_M \sin(\omega t - 240°) \quad \text{A} \tag{3-21c}$$

aa' 線圈中的電流由 a 端流入，由 a' 端流出，所產生的磁場強度為

$$\mathbf{H}_{aa'}(t) = H_M \sin \omega t \angle 0° \quad \text{A} \cdot \text{turns}/\text{m} \tag{3-22a}$$

其中 0° 是磁場強度向量在空間中的相角，如圖 3-8b 所示。磁場強度向量 $\mathbf{H}_{aa'}(t)$ 的方向是根據右手定則決定：如果四指是沿著線圈內電流方向彎曲，則大姆指所指就是磁場強度的方向。注意到磁場強度向量 $\mathbf{H}_{aa'}(t)$ 的大小是隨著時間而變動的，但其方向則固定不變。同理，磁場強度向量 $\mathbf{H}_{bb'}(t)$ 和 $\mathbf{H}_{cc'}(t)$ 為

$$\mathbf{H}_{bb'}(t) = H_M \sin(\omega t - 120°) \angle 120° \quad \text{A} \cdot \text{turns}/\text{m} \tag{3-22b}$$

$$\mathbf{H}_{cc'}(t) = H_M \sin(\omega t - 240°) \angle 240° \quad \text{A} \cdot \text{turns}/\text{m} \tag{3-22c}$$

由這些磁場強度所產生的磁通密度由式 (1-21) 所決定：

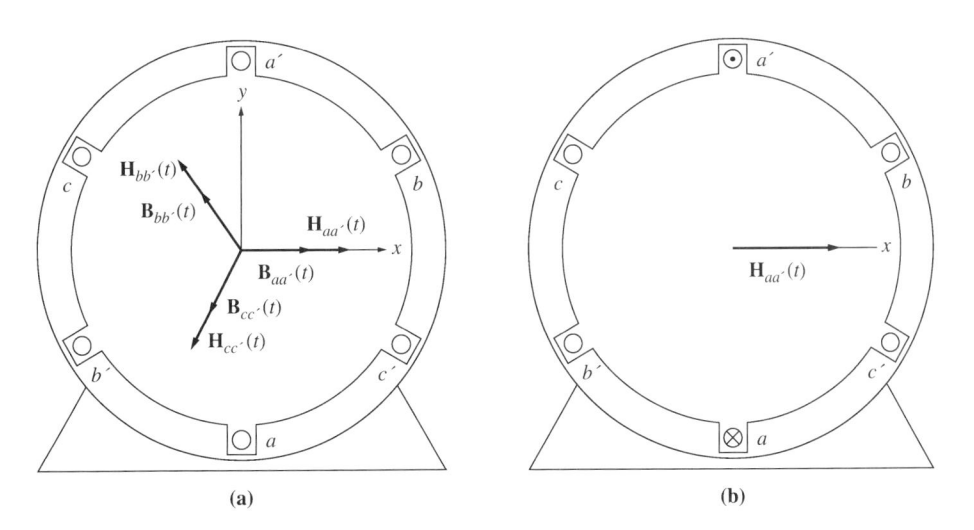

圖 3-8 (a) 簡單的三相定子。假設電流由 a、b、c 端流入，由 a'、b'、c' 端流出為正。每個線圈所產生的磁場強度也標示在上面。(b) 流經 aa' 線圈的電流所產生磁場強度向量 $\mathbf{H}_{aa'}(t)$。

分別是

$$\mathbf{B}_{aa'}(t) = B_M \sin \omega t \angle 0° \quad \text{T} \tag{3-23a}$$

$$\mathbf{B}_{bb'}(t) = B_M \sin(\omega t - 120°) \angle 120° \quad \text{T} \tag{3-23b}$$

$$\mathbf{B}_{cc'}(t) = B_M \sin(\omega t - 240°) \angle 240° \quad \text{T} \tag{3-23c}$$

其中 $B_M = \mu H_M$。我們可以察看某個特定時刻的電流和分別對應的磁通密度，以決定在定子中最後的總淨磁場。

例如當 $\omega t = 0°$ 時，由線圈 aa' 產生的磁場是

$$\mathbf{B}_{aa'} = 0 \tag{3-24a}$$

由線圈 bb' 產生的磁場是

$$\mathbf{B}_{bb'} = B_M \sin(-120°) \angle 120° \tag{3-24b}$$

而線圈 cc' 產生的磁場是

$$\mathbf{B}_{cc'} = B_M \sin(-240°) \angle 240° \tag{3-24c}$$

由三個線圈加在一起產生的總磁場為

$$\begin{aligned}
\mathbf{B}_{net} &= \mathbf{B}_{aa'} + \mathbf{B}_{bb'} + \mathbf{B}_{cc'} \\
&= 0 + \left(-\frac{\sqrt{3}}{2}B_M\right)\angle 120° + \left(\frac{\sqrt{3}}{2}B_M\right)\angle 240° \\
&= \left(\frac{\sqrt{3}}{2}B_M\right)\left[-(\cos 120°\,\hat{\mathbf{x}} + \sin 120°\,\hat{\mathbf{y}}) + (\cos 240°\,\hat{\mathbf{x}} + \sin 240°\,\hat{\mathbf{y}})\right] \\
&= \left(\frac{\sqrt{3}}{2}B_M\right)\left(\frac{1}{2}\hat{\mathbf{x}} - \frac{\sqrt{3}}{2}\hat{\mathbf{y}} - \frac{1}{2}\hat{\mathbf{x}} - \frac{\sqrt{3}}{2}\hat{\mathbf{y}}\right) \\
&= \left(\frac{\sqrt{3}}{2}B_M\right)(-\sqrt{3}\,\hat{\mathbf{y}}) \\
&= -1.5 B_M \hat{\mathbf{y}} \\
&= 1.5 B_M \angle -90°
\end{aligned}$$

其中 $\hat{\mathbf{x}}$ 為圖 3-8 中 x 方向之單位向量，而 $\hat{\mathbf{y}}$ 為 y 方向之單位向量，所得到的總磁場如圖 3-9a 所示。

再舉另一個例子，當 $\omega t = 90°$ 時，電流為

$$i_{aa'} = I_M \sin 90° \quad \text{A}$$
$$i_{bb'} = I_M \sin(-30°) \quad \text{A}$$
$$i_{cc'} = I_M \sin(-150°) \quad \text{A}$$

第三章　交流電機基本原理　157

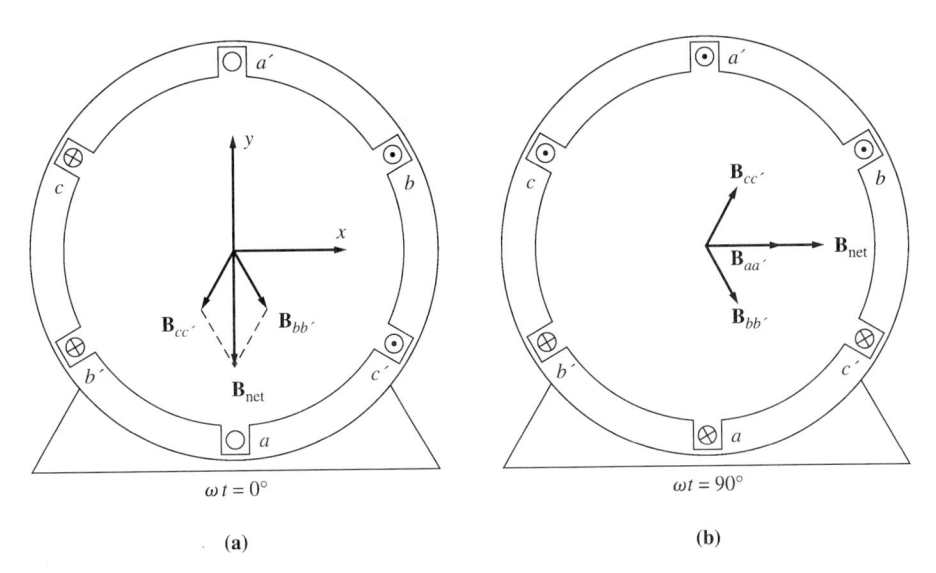

圖 3-9　(a) $\omega t = 0°$ 時定子的磁場向量。(b) $\omega t = 90°$ 時定子的磁場向量。

磁場為

$$\mathbf{B}_{aa'} = B_M \angle 0°$$
$$\mathbf{B}_{bb'} = -0.5\, B_M \angle 120°$$
$$\mathbf{B}_{cc'} = -0.5\, B_M \angle 240°$$

結果淨磁場為

$$\begin{aligned}
\mathbf{B}_{\text{net}} &= \mathbf{B}_{aa'} + \mathbf{B}_{bb'} + \mathbf{B}_{cc'} \\
&= B_M \angle 0° + \left(-\frac{1}{2} B_M\right) \angle 120° + \left(-\frac{1}{2} B_M\right) \angle 240° \\
&= B_M \left[\hat{\mathbf{x}} - \frac{1}{2}\left(\cos 120° \hat{\mathbf{x}} + \sin 120° \hat{\mathbf{y}}\right) - \frac{1}{2}\left(\cos 240° \hat{\mathbf{x}} + \sin 240° \hat{\mathbf{y}}\right) \right] \\
&= B_M \left(\hat{\mathbf{x}} + \frac{1}{4} \hat{\mathbf{x}} - \frac{\sqrt{3}}{4} \hat{\mathbf{y}} + \frac{1}{4} \hat{\mathbf{x}} + \frac{\sqrt{3}}{4} \hat{\mathbf{y}} \right) \\
&= \frac{3}{2} B_M \hat{\mathbf{x}} \\
&= 1.5 B_M \angle 0°
\end{aligned}$$

如圖 3-9b 所示。注意到雖然磁場方向改變，但是磁場大小不變，此磁場是以一定大小沿逆時針方向旋轉。

旋轉磁場的證明

在任何時間 t，旋轉磁場都是一樣的大小 $1.5B_M$，且會以角速度 ω 繼續旋轉，以下會證明這種有關所有時間 t 之說法。

參考圖 3-8，利用該圖裡的座標系統，x 軸向右，y 軸向上。向量 $\hat{\mathbf{x}}$ 是水平方向的單位向量，向量 $\hat{\mathbf{y}}$ 是垂直方向的單位向量。欲求定子總磁通密度，可將三個磁通密度作向量加法。

定子的淨磁通密度為

$$\mathbf{B}_{net}(t) = \mathbf{B}_{aa'}(t) + \mathbf{B}_{bb'}(t) + \mathbf{B}_{cc'}(t)$$
$$= B_M \sin \omega t \angle 0° + B_M \sin(\omega t - 120°) \angle 120° + B_M \sin(\omega t - 240°) \angle 240° \text{ T}$$

此三個磁場可分別以其 x 分量和 y 分量表示。

$$\mathbf{B}_{net}(t) = B_M \sin \omega t \, \hat{\mathbf{x}}$$
$$- [0.5 B_M \sin(\omega t - 120°)]\hat{\mathbf{x}} + \left[\frac{\sqrt{3}}{2} B_M \sin(\omega t - 120°)\right]\hat{\mathbf{y}}$$
$$- [0.5 B_M \sin(\omega t - 240°)]\hat{\mathbf{x}} - \left[\frac{\sqrt{3}}{2} B_M \sin(\omega t - 240°)\right]\hat{\mathbf{y}}$$

結合 x 分量和 y 分量可得

$$\mathbf{B}_{net}(t) = [B_M \sin \omega t - 0.5 B_M \sin(\omega t - 120°) - 0.5 B_M \sin(\omega t - 240°)]\hat{\mathbf{x}}$$
$$+ \left[\frac{\sqrt{3}}{2} B_M \sin(\omega t - 120°) - \frac{\sqrt{3}}{2} B_M \sin(\omega t - 240°)\right]\hat{\mathbf{y}}$$

利用角度相加的三角恆等式，

$$\mathbf{B}_{net}(t) = \left[B_M \sin \omega t + \frac{1}{4} B_M \sin \omega t + \frac{\sqrt{3}}{4} B_M \cos \omega t + \frac{1}{4} B_M \sin \omega t - \frac{\sqrt{3}}{4} B_M \cos \omega t\right]\hat{\mathbf{x}}$$
$$+ \left[-\frac{\sqrt{3}}{4} B_M \sin \omega t - \frac{3}{4} B_M \cos \omega t + \frac{\sqrt{3}}{4} B_M \sin \omega t - \frac{3}{4} B_M \cos \omega t\right]\hat{\mathbf{y}}$$

$$\boxed{\mathbf{B}_{net}(t) = (1.5 B_M \sin \omega t)\hat{\mathbf{x}} - (1.5 B_M \cos \omega t)\hat{\mathbf{y}}} \tag{3-25}$$

式 (3-25) 是總磁通密度的表示式。要注意磁場的大小是個固定值 $1.5B_M$，而角度是以角速 ω 沿逆時針方向連續改變。當 $\omega t = 0°$，$\mathbf{B}_{net} = 1.5B_M \angle -90°$，當 $\omega t = 90°$，$\mathbf{B}_{net} = 1.5B_M \angle 0°$，這些結果和所述特定時間的情況是一致的。

電氣頻率和磁場旋轉速率的關係

圖 3-10 表示一定子內的旋轉磁場可以表成一個 N 極 (磁通離開定子) 和一個 S 極 (磁通進入定子)。對應外加電流的每一個電氣週期這些磁極就沿定子表面完成一次機械性旋轉,所以,磁場的機械性旋轉速率以每秒的轉數為單位時和以赫茲為單位的電氣性頻率相等,即

$$f_{se} = f_{sm} \quad 兩極 \tag{3-26}$$

$$\omega_{se} = \omega_{sm} \quad 兩極 \tag{3-27}$$

式中 f_{sm} 和 ω_{sm} 是定子磁場的機械轉速以每秒的轉數和每秒的強度為單位,而 f_{se} 和 ω_{se} 是定子電流的電氣頻率,以赫茲和每秒的強度為單位。

注意圖 3-10 中兩極式定子繞組的次序是 (取逆時針方向)

$$a\text{-}c'\text{-}b\text{-}a'\text{-}c\text{-}b'$$

若定子內的繞組是這種型式的 2 倍,將會發生何種現象?圖 3-11a 顯示出這種定子,其繞組型式為 (取逆時針方向)

$$a\text{-}c'\text{-}b\text{-}a'\text{-}c\text{-}b'\text{-}a\text{-}c'\text{-}b\text{-}a'\text{-}c\text{-}b'$$

這正是前述繞組型式的重複兩次。當三相電流加到此定子,會產生兩個 N 極和兩個 S 極,如圖 3-11b。在這種繞組中,一極在一個電氣週期裡只移動了半個定子表面的距離,因為一個電氣週期是 360 電氣度,而機械的移動是 180 機械度,所以定子裡電氣角 θ_{se} 和機械角 θ_{sm} 的關係為

$$\theta_{se} = 2\theta_{sm} \tag{3-28}$$

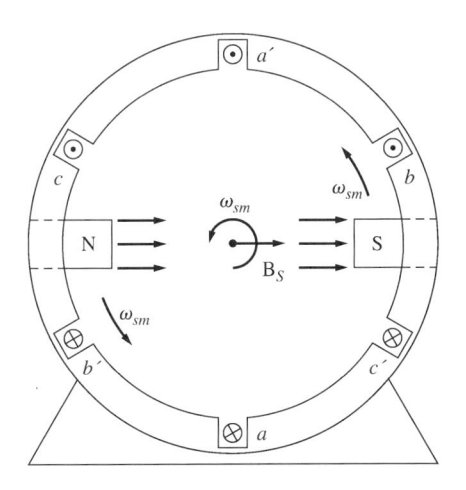

圖 3-10 定子內的旋轉磁場以移動的 N 極和 S 極表示。

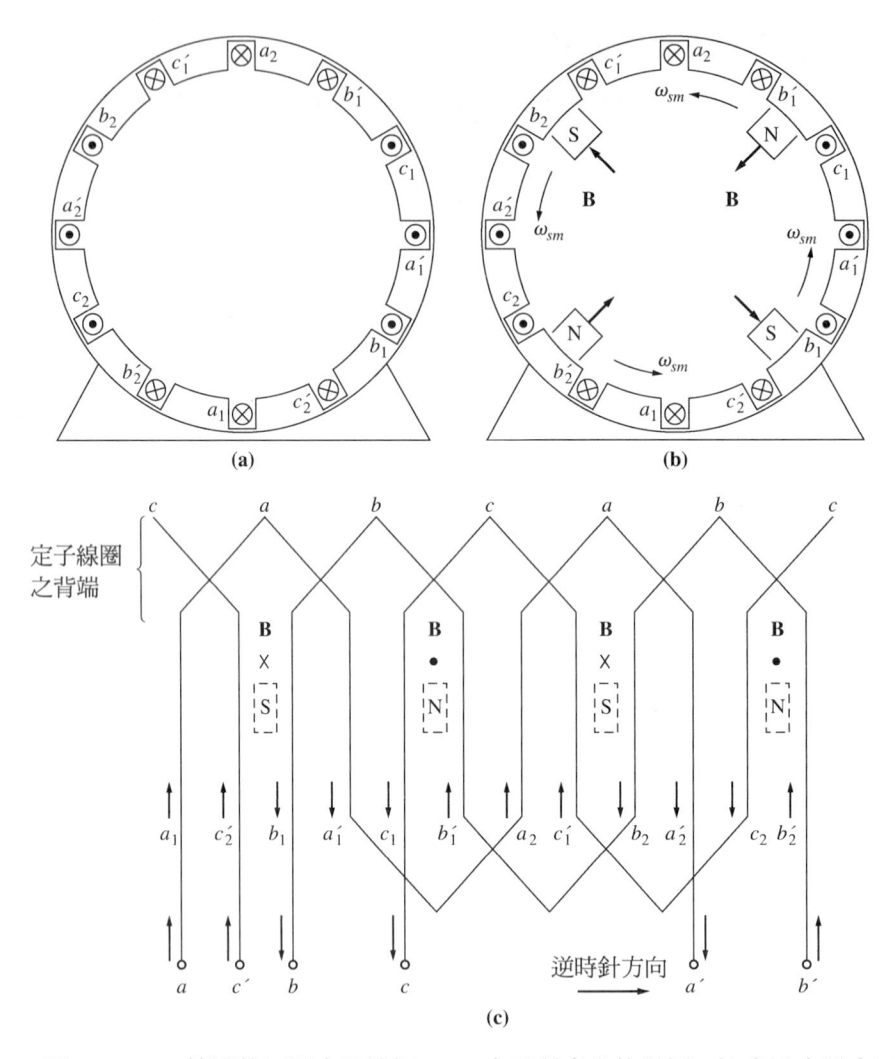

圖 3-11 (a) 簡單的四極定子繞組。(b) 定子所產生的磁極,注意沿定子表面每 90° 就改變一次極性。(c) 從定子內部看到的繞組圖,說明了定子電流如何產生 N 極和 S 極。

所以對四極繞組而言,電流的電氣頻率是機械旋轉頻率的 2 倍:

$$f_{se} = 2f_{sm} \qquad 四極 \tag{3-29}$$

$$\omega_{se} = 2\omega_{sm} \qquad 四極 \tag{3-30}$$

通常若交流電機定子的磁極數目是 P,則在定子內部表面有 $P/2$ 個次序為 $a\text{-}c'\text{-}b\text{-}a'\text{-}c\text{-}b'$ 的繞組。定子內電氣值和機械值的關係式為

$$\boxed{\theta_{se} = \frac{P}{2}\theta_{sm}} \tag{3-31}$$

$$f_{se} = \frac{P}{2} f_{sm} \tag{3-32}$$

$$\omega_{se} = \frac{P}{2} \omega_{sm} \tag{3-33}$$

又 $f_{sm} = n_{sm}/60$，我們可以列出電氣頻率(赫茲)和磁場旋轉速率(每分鐘轉數)的關係為

$$f_{se} = \frac{n_{sm} P}{120} \tag{3-34}$$

將磁場旋轉方向反向

關於旋轉磁場的另一有趣事實是，若將三個線圈中任二個的電流交換，則磁場旋轉的方向將會相反。這表示可以僅交換三個線圈中任二個線圈就可以使一個交流電動機反向旋轉。下面我們將證明這個結果。

為了證明旋轉方向相反，把圖 3-8 中的 bb' 相和 cc' 相交換，並計算所產生的淨磁通密度 $\mathbf{B}_{net}$。

定子所產生的淨磁通密度為

$$\begin{aligned}\mathbf{B}_{net}(t) &= \mathbf{B}_{aa'}(t) + \mathbf{B}_{bb'}(t) + \mathbf{B}_{cc'}(t) \\ &= B_M \sin \omega t \angle 0° + B_M \sin(\omega t - 240°) \angle 120° + B_M \sin(\omega t - 120°) \angle 240° \text{ T}\end{aligned}$$

每個磁場可分解為它的 x 和 y 分量：

$$\begin{aligned}\mathbf{B}_{net}(t) = {} & B_M \sin \omega t \, \hat{\mathbf{x}} \\ & - [0.5 B_M \sin(\omega t - 240°)] \hat{\mathbf{x}} + \left[\frac{\sqrt{3}}{2} B_M \sin(\omega t - 240°)\right] \hat{\mathbf{y}} \\ & - [0.5 B_M \sin(\omega t - 120°)] \hat{\mathbf{x}} - \left[\frac{\sqrt{3}}{2} B_M \sin(\omega t - 120°)\right] \hat{\mathbf{y}}\end{aligned}$$

合併 x 分量和 y 分量，可得

$$\begin{aligned}\mathbf{B}_{net}(t) = {} & [B_M \sin \omega t - 0.5 B_M \sin(\omega t - 240°) - 0.5 B_M \sin(\omega t - 120°)] \hat{\mathbf{x}} \\ & + \left[\frac{\sqrt{3}}{2} B_M \sin(\omega t - 240°) - \frac{\sqrt{3}}{2} B_M \sin(\omega t - 120°)\right] \hat{\mathbf{y}}\end{aligned}$$

再利用三角恆等式，

$$\begin{aligned}\mathbf{B}_{net}(t) = {} & \left[B_M \sin \omega t + \frac{1}{4} B_M \sin \omega t - \frac{\sqrt{3}}{4} B_M \cos \omega t + \frac{1}{4} B_M \sin \omega t + \frac{\sqrt{3}}{4} B_M \cos \omega t\right] \hat{\mathbf{x}} \\ & + \left[-\frac{\sqrt{3}}{4} B_M \sin \omega t + \frac{3}{4} B_M \cos \omega t + \frac{\sqrt{3}}{4} B_M \sin \omega t + \frac{3}{4} B_M \cos \omega t\right] \hat{\mathbf{y}}\end{aligned}$$

$$\mathbf{B}_{\text{net}}(t) = (1.5B_M \sin \omega t)\hat{\mathbf{x}} + (1.5B_M \cos \omega t)\hat{\mathbf{y}} \tag{3-35}$$

這回所得到的是大小相同,但以順時針方向旋轉的磁場。故知交流機內交換定子任兩相電流,可使磁場旋轉方向相反。

例題 3-1　寫出一 MATLAB 程式來模式化圖 3-9 所示之三相定子之旋轉磁場行為。

解:定子內線圈之幾何形狀是固定的,如圖 3-9 所示,線圈內電流為

$$i_{aa'}(t) = I_M \sin \omega t \quad \text{A} \tag{3-21a}$$
$$i_{bb'}(t) = I_M \sin (\omega t - 120°) \quad \text{A} \tag{3-21b}$$
$$i_{cc'}(t) = I_M \sin (\omega t - 240°) \quad \text{A} \tag{3-21c}$$

而所產生之旋轉磁場為

$$\mathbf{B}_{aa'}(t) = B_M \sin \omega t \angle 0° \quad \text{T} \tag{3-23a}$$
$$\mathbf{B}_{bb'}(t) = B_M \sin (\omega t - 120°) \angle 120° \quad \text{T} \tag{3-23b}$$
$$\mathbf{B}_{cc'}(t) = B_M \sin (\omega t - 240°) \angle 240° \quad \text{T} \tag{3-23c}$$
$$\phi = 2rlB = dlB$$

一畫出 $\mathbf{B}_{aa'}$、$\mathbf{B}_{bb'}$、$\mathbf{B}_{cc'}$ 與 $\mathbf{B}_{\text{net}}$ 之時間函數的 MATLAB 程式如下所示:

```
% M-file: mag_field.m
% M-file to calculate the net magnetic field produced
% by a three-phase stator.

% Set up the basic conditions
bmax = 1;                % Normalize bmax to 1
freq = 60;               % 60 Hz
w = 2*pi*freq;           % angular velocity (rad/s)

% First, generate the three component magnetic fields
t = 0:1/6000:1/60;
Baa = sin(w*t)    .* (cos(0) + j*sin(0));
Bbb = sin(w*t-2*pi/3) .* (cos(2*pi/3) + j*sin(2*pi/3));
Bcc = sin(w*t+2*pi/3) .* (cos(-2*pi/3) + j*sin(-2*pi/3));

% Calculate Bnet
Bnet = Baa + Bbb + Bcc;

% Calculate a circle representing the expected maximum
% value of Bnet
circle = 1.5 * (cos(w*t) + j*sin(w*t));
```

```
% Plot the magnitude and direction of the resulting magnetic
% fields.  Note that Baa is black, Bbb is blue, Bcc is
% magenta, and Bnet is red.
for ii = 1:length(t)
   % Plot the reference circle
   plot(circle,'k');
   hold on;

   % Plot the four magnetic fields
   plot([0 real(Baa(ii))],[0 imag(Baa(ii))],'k','LineWidth',2);
   plot([0 real(Bbb(ii))],[0 imag(Bbb(ii))],'b','LineWidth',2);
   plot([0 real(Bcc(ii))],[0 imag(Bcc(ii))],'m','LineWidth',2);
   plot([0 real(Bnet(ii))],[0 imag(Bnet(ii))],'r','LineWidth',3);
   axis square;
   axis([-2 2 -2 2]);
   drawnow;
   hold off;
end
```

程式執行後可畫出三條磁場曲線與一條淨磁場曲線，執行此程式並觀察 B_{net} 行為。　◀

3.3　交流電機內的磁力和磁通分佈

在 3.2 節中，我們討論到交流電機中的磁通，是假設它們是在自由空間中產生的。由線圈產生的磁通密度垂直於線圈所在的平面，並依照右手定則決定其方向。

可是在實際的電機中並不那樣簡單，首先，電機的中間有一鐵磁性的轉子，而且在轉子與定子之間有一小小的氣隙。轉子有可能是圓柱形的，如圖 3-12a 所示；也有可能是在圓柱表面有凸極凸出，如圖 3-12b 所示。如果轉子是圓柱形的，我們就說此電機有隱極式 (nonsalient pole) 轉子；而如果轉子有凸極凸出，我們就說此電機有凸極式 (salient pole) 轉子。隱極式 (或稱圓柱型) 轉子比凸極式轉子易於瞭解與分析，在這裡我們僅討論圓柱型轉子的電機，而凸極式轉子的電機在附錄 C 中有簡短的討論，若要更詳細的資料，請參閱參考文獻 1、2。

參閱圖 3-12a 圓柱型轉子的電機，氣隙的磁阻比轉子或定子的磁阻要大得多，所以磁通密度向量 **B** 會以最短路徑，垂直的通過轉子與定子之間的氣隙。

為了要在這樣的電機之中產生弦波式的電壓，磁通密度向量 **B** 必須在氣隙的表面弦波式的變化它的大小，而磁通密度要以弦波式變化只有在磁場強度 **H** (和磁動勢 $\mathcal{F}$) 以弦波式變化的情況之下才有可能 (見圖 3-13)。

為了達到磁動勢以弦波式變化的目的，最直接的方式是將線圈繞組放在緊密排列在電機表面的槽中，並且在每個槽中的線圈數目以弦波式來變化。圖 3-14a 顯示出這樣的繞組，而圖 3-14b 顯示出以這樣的繞組所產生的磁動勢。每個槽中的導線數是以下式決定

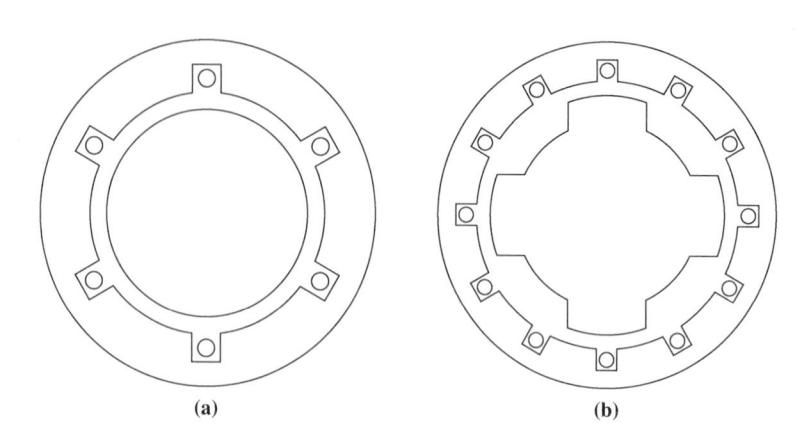

圖 3-12 (a) 圓柱型或隱極式轉子的交流電機。(b) 凸極式轉子的交流電機。

$$n_C = N_C \cos \alpha \tag{3-36}$$

式中 N_C 是代表在 0° 角處的導線數目。如圖 3-14b 所示，這樣的導線分佈產生了近似弦波式的磁動勢，而且，如果電機表面的槽數愈多，則弦波的近似會愈理想。

實際上，因為真實電機中的槽數有限，而且每個槽中只能放入整數個導線，因此繞組的分佈不可能如式 (3-36) 一樣準確，所產生的磁動勢只能近似弦波，高次諧波的成分是一定會存在的。但分數節距繞組可用來消除這些不要的諧波成分，我們將在附錄 B.1 中加以討論。

而且對於電機的設計者而言，在每個槽中放入相同數目的導線是比較方便的，而不是依照式 (3-36)。這類型式的繞組在附錄 B.2 中會加以描述，它們會比依照式 (3-36) 所設計的繞組有更強的諧波成分，因此在附錄 B.1 中所討論的消除諧波的技巧將更為重要。

3.4　交流電機的感應電壓

正如一組三相電流在定子內可產生一個旋轉磁場，一個旋轉磁場也能在定子線圈內產生一組三相電壓。本節將導出三相定子中感應電壓的方程式，為容易推導起見，我們將從僅有一匝的線圈開始，再將結果擴充到更普遍的三相定子。

在一兩極式定子的線圈內的感應電壓

圖 3-15 顯示一帶有弦波式分佈之磁場的旋轉轉子，在一靜止線圈內轉動的情形。注意這和 3.1 節中磁場靜止而線圈旋轉的情況相反。

我們將假設在氣隙中的磁通密度向量 **B**，其大小隨著角度作弦波式的變化，而其方

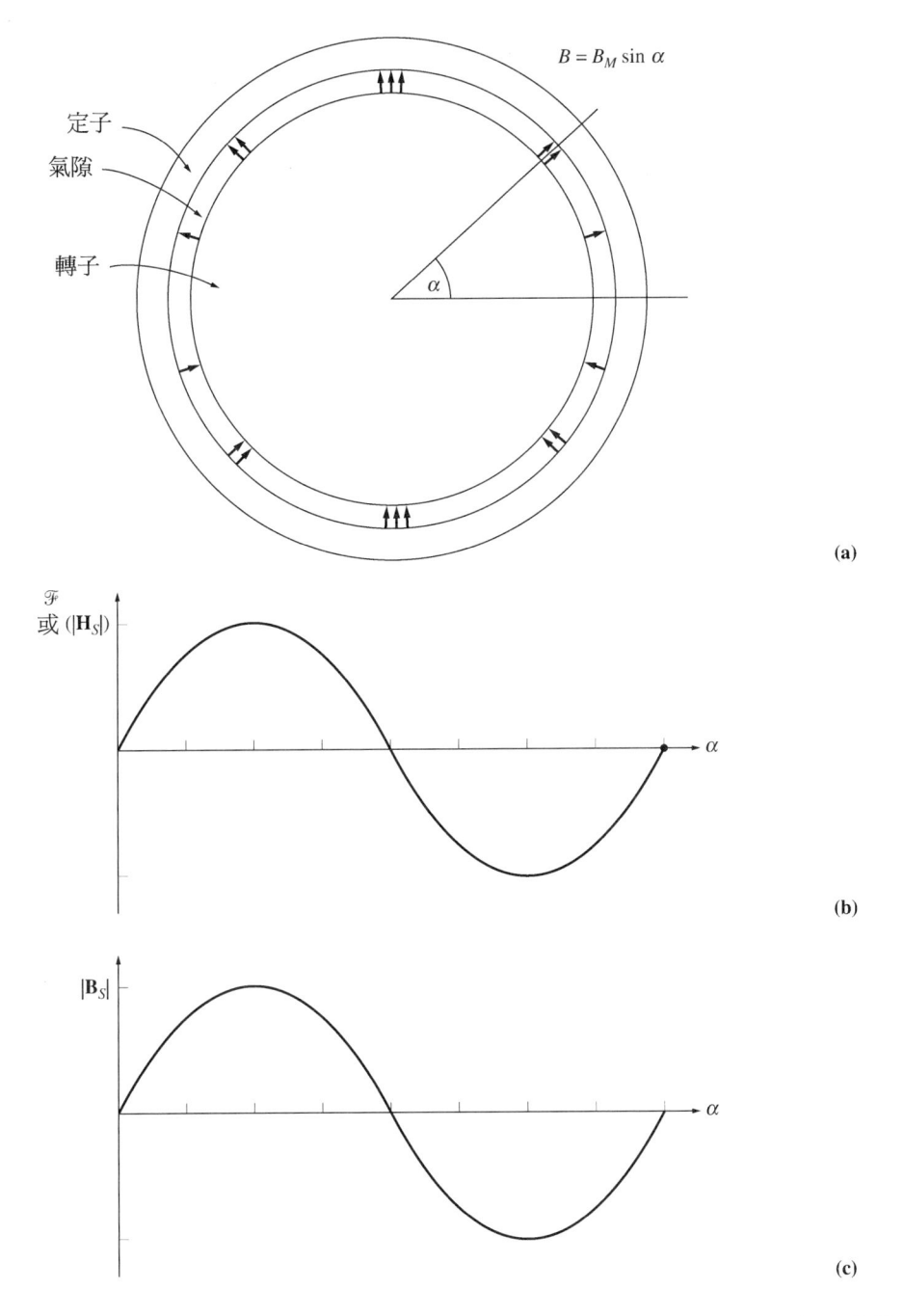

圖 3-13 (a) 在圓柱型鐵心之中以弦波式變化的氣隙磁通密度。(b) 氣隙中的磁動勢或磁場強度以角度的函數作圖。(c) 氣隙中的磁通密度以角度的函數作圖。

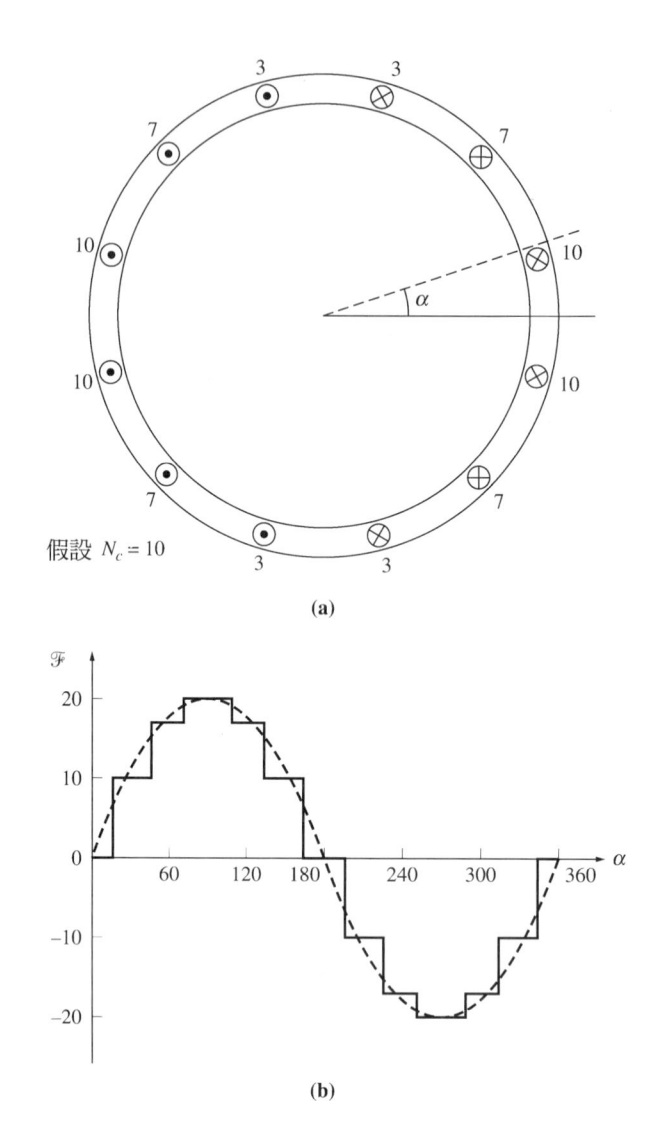

圖 3-14 (a) 交流電機為了產生弦波式變化的氣隙磁通密度，所用的定子繞組分佈，每個槽中的導線數目皆在圖上標示出來。(b) 由這種繞組所產生的磁動勢分佈，並與理想的分佈作比較。

向都是呈輻射狀向外。這種磁通分佈是電機設計者所渴望達到的 (當無法達到此種磁通分佈時將會有何影響，可見附錄 B.2 之分析)。如果 α 是以磁通密度的最大值為基準來量測，那麼任一點的磁通密度大小 **B** 可以表示為

$$B = B_M \cos \alpha \tag{3-37a}$$

在氣隙的某些位置磁通密度向量的方向是向著轉子，此時式 (3-37a) 的符號是負的。因

氣隙磁通密度：
$$B(\alpha) = B_M \cos(\omega_m t - \alpha)$$

因此處的 B 為負，
電壓完全進入紙內。

(b)

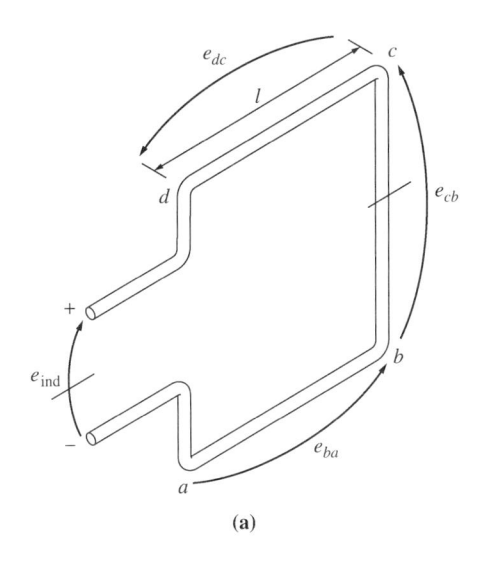

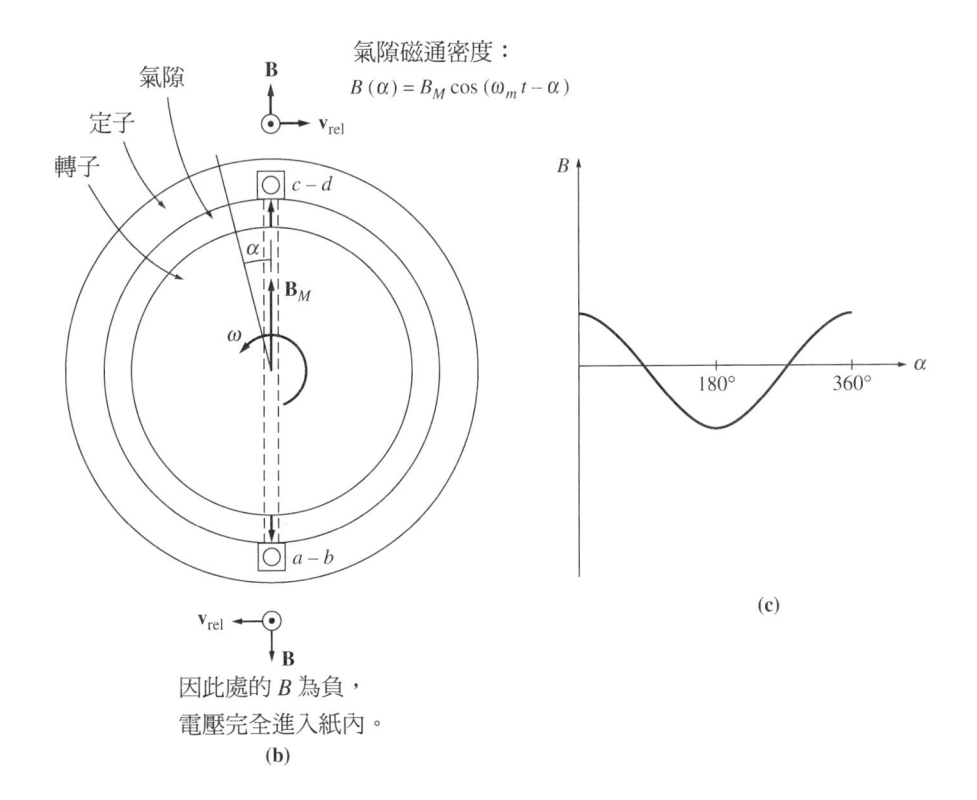

圖 3-15 (a) 在一個靜止的定子線圈內的旋轉轉子磁場，線圈的細部圖。(b) 在線圈上的磁通密度和速度向量，上面所顯示的速度是以靜止的磁場為基準。(c) 在氣隙中的磁通密度分佈。

為轉子本身以 ω_m 的角度速在定子內旋轉，因此在定子的任一角度 α 的磁通密度向量 **B** 的大小為

$$B = B_M \cos(\omega t - \alpha) \tag{3-37b}$$

一導線內感應電壓的方程式為

$$e = (\mathbf{v} \times \mathbf{B}) \cdot \mathbf{l} \tag{1-45}$$

式中　**v** ＝導線相對磁場之運動速度
　　　B ＝磁通密度向量
　　　l ＝磁場內導線長度

可是上式是從一導線在靜止磁場中運動而導出。現在的情況是導線靜止而磁場在運動，上式就不能直接拿來使用。若以磁場為參考，則磁場視為靜止而導線就像在運動一般，那麼上式就能適用。假想我們坐在磁場上面，即與磁場同步，那麼磁場就好像是靜止的，而線圈是以 $\mathbf{v}_{rel}$ 的速度在運動，我們就可以應用上式。圖 3-15b 說明從一靜止磁場和運動導線的觀點所看到的向量磁場和速度。

線圈上感應的總電壓是其四個邊上感應電壓的總和，它們分別求得如下：

1. *ab* 段。對 *ab* 段來說，$\alpha = 180°$。假設 **B** 的方向是由轉子輻射狀向外，則在 *ab* 段 **v** 和 **B** 之間的夾角為 $90°$，而 $\mathbf{v} \times \mathbf{B}$ 的方向和 **l** 平行，因此

$$\begin{aligned} e_{ba} &= (\mathbf{v} \times \mathbf{B}) \cdot \mathbf{l} \\ &= vBl \quad \text{方向指向紙外} \\ &= -v[B_M \cos(\omega_m t - 180°)]l \\ &= -vB_M l \cos(\omega_m t - 180°) \end{aligned} \tag{3-38}$$

式中的負號是由於電壓的極性和我們原先假設的極性相反。

2. *bc* 段。因為向量 $\mathbf{v} \times \mathbf{B}$ 和 **l** 互相垂直，所以 *bc* 段的電壓為零

$$e_{cb} = (\mathbf{v} \times \mathbf{B}) \cdot \mathbf{l} = 0 \tag{3-39}$$

3. *cd* 段。對 *cd* 段來說，$\alpha = 0°$。假設 **B** 的方向是由轉子輻射狀向外，則在 *cd* 段 **v** 和 **B** 之間的夾角為 $90°$，而 $\mathbf{v} \times \mathbf{B}$ 的方向和 **l** 平行，因此

$$\begin{aligned} e_{dc} &= (\mathbf{v} \times \mathbf{B}) \cdot \mathbf{l} \\ &= vBl \quad \text{方向指向紙外} \\ &= v(B_M \cos \omega_m t)l \\ &= vB_M l \cos \omega_m t \end{aligned} \tag{3-40}$$

4. *da* 段。因為向量 **v**×**B** 和 **l** 互相垂直，所以 *da* 段的電壓為零：

$$e_{ad} = (\mathbf{v} \times \mathbf{B}) \cdot \mathbf{l} = 0 \tag{3-41}$$

因此，線圈的總電壓等於

$$\begin{aligned} e_{\text{ind}} &= e_{ba} + e_{dc} \\ &= -vB_M l \cos(\omega_m t - 180°) + vB_M l \cos \omega_m t \end{aligned} \tag{3-42}$$

因為 $\cos \theta = -\cos(\theta - 180°)$，

$$\begin{aligned} e_{\text{ind}} &= vB_M l \cos \omega_m t + vB_M l \cos \omega_m t \\ &= 2vB_M l \cos \omega_m t \end{aligned} \tag{3-43}$$

因為線圈邊導體的速度為 $v = r\omega_m$，式 (3-43) 可以寫成

$$\begin{aligned} e_{\text{ind}} &= 2(r\omega_m)B_M l \cos \omega_m t \\ &= 2rlB_M \omega_m \cos \omega_m t \end{aligned}$$

最後，通過線圈的磁通可以表示為 $\phi = 2rlB_M$ (參閱習題 3-9)，而對於二極的定子而言，$\omega_m = \omega_e = \omega$，因此感應電壓可以表示為

$$\boxed{e_{\text{ind}} = \phi \omega \cos \omega t} \tag{3-44}$$

式 (3-44) 說明了單一線圈的感應電壓，若定子有 N_C 匝的線圈，則總感應電壓為

$$\boxed{e_{\text{ind}} = N_C \phi \omega \cos \omega t} \tag{3-45}$$

注意到在這個簡單的交流電機線圈中，所產生的電壓是弦波式的，且其大小決定於電機中的磁通 ϕ、轉子的角速度，和一個與電機構造有關的常數 (在這個例子中是 N_C)。此與在 3.1 節中由簡單的旋轉線圈所得結果是一樣的。

注意到式 (3-45) 包含了 $\cos \omega t$ 這一項，而不像本章的其他公式中是 $\sin \omega t$，這其中的差別只是因為我們當初推導公式時的參考點不同，若我們將參考點旋轉 90°，那麼我們得到的就會是 $\sin \omega t$，而不是 $\cos \omega t$。

三相線圈組的感應電壓

如果三個繞組每個各有 N_C 匝，如圖 3-16 般置於轉子磁場的周圍，則每個繞組所感應的電壓大小將會相等，且相角差 120°。三個繞組的感應電壓分別為

$$e_{aa'}(t) = N_C \phi \omega \sin \omega t \quad \text{V} \tag{3-46a}$$

$$e_{bb'}(t) = N_C \phi \omega \sin(\omega t - 120°) \quad \text{V} \tag{3-46b}$$

$$e_{cc'}(t) = N_C \phi \omega \sin(\omega t - 240°) \quad \text{V} \tag{3-46c}$$

所以,一組三相電流能在電機的定子部分產生一個均勻的旋轉磁場,同樣地,一個均勻的旋轉磁場能在相同的定子產生三相電壓。

三相定子電壓的均方根值

三相定子中任一相的峯值電壓為

$$E_{\max} = N_C \phi \omega \tag{3-47}$$

因 $\omega = 2\pi f$,上式亦可寫成

$$E_{\max} = 2\pi N_C \phi f \tag{3-48}$$

所以三相定子中任一相電壓的均方根值為

$$E_A = \frac{2\pi}{\sqrt{2}} N_C \phi f \tag{3-49}$$

$$\boxed{E_A = \sqrt{2}\pi N_C \phi f} \tag{3-50}$$

發電機之端電壓之均方根值視定子為 Y 接或 Δ 接而異。如果是 Y 接,則端電壓為 $\sqrt{3}$ 乘以 E_A;如果是 Δ 接則端電壓恰等於 E_A。

例題 3-2 下列資料是從圖 3-16 之簡單的兩極發電機得來。轉子磁場的磁通密度是

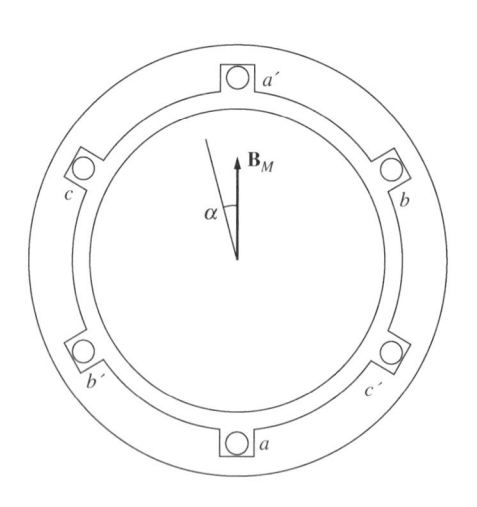

圖 3-16　由各相距 120° 的三個線圈所產生的三相電壓。

0.2 T，且轉軸速度為 3600 r/min。定子的直徑為 0.5 m，它的線圈長為 0.3 m，且每一繞組有 15 匝。本機為 Y 接，回答下列問題。

(a) 發電機三相電壓對時間的函數為何？
(b) 本發電機相電壓的均方根值為何？
(c) 本發電機端電壓的均方根值為何？

解：本電機之磁通量可求得為

$$\phi = 2rlB = dlB$$

式中 d 為直徑，l 為線圈長度，所以本電機中的磁通為

$$\phi = (0.5 \text{ m})(0.3 \text{ m})(0.2 \text{ T}) = 0.03 \text{ Wb}$$

轉子的轉速為

$$\omega = (3600 \text{ r/min})(2\pi \text{ rad})(1 \text{ min}/60 \text{ s}) = 377 \text{ rad/s}$$

(a) 相電壓的峯值為

$$E_{\max} = N_C \phi \omega$$
$$= (15 \text{ turns})(0.03 \text{ Wb})(377 \text{ rad/s}) = 169.7 \text{ V}$$

因此三相電壓為

$$e_{aa'}(t) = 169.7 \sin 377t \quad \text{V}$$
$$e_{bb'}(t) = 169.7 \sin (377t - 120°) \quad \text{V}$$
$$e_{cc'}(t) = 169.7 \sin (377t - 240°) \quad \text{V}$$

(b) 相電壓的均方根值為

$$E_A = \frac{E_{\max}}{\sqrt{2}} = \frac{169.7 \text{ V}}{\sqrt{2}} = 120 \text{ V}$$

(c) 因為發電機是 Y 接，因此

$$V_T = \sqrt{3}E_A = \sqrt{3}(120 \text{ V}) = 208 \text{ V}$$

◀

3.5　交流電機的感應轉矩

交流電機在正常運作時有兩個磁場存在，一個磁場在轉子迴路裡，另一個磁場在定子迴路裡。此二磁場相互作用就產生轉矩，就如同兩個永久磁鐵互相接近時會產生排斥轉矩一樣。

　　圖 3-17 所示為一簡化的交流電機，定子的磁通分佈是弦波式的，其峯值的方向向上，且轉子上只有單一線圈。此電機定子的磁通分佈為

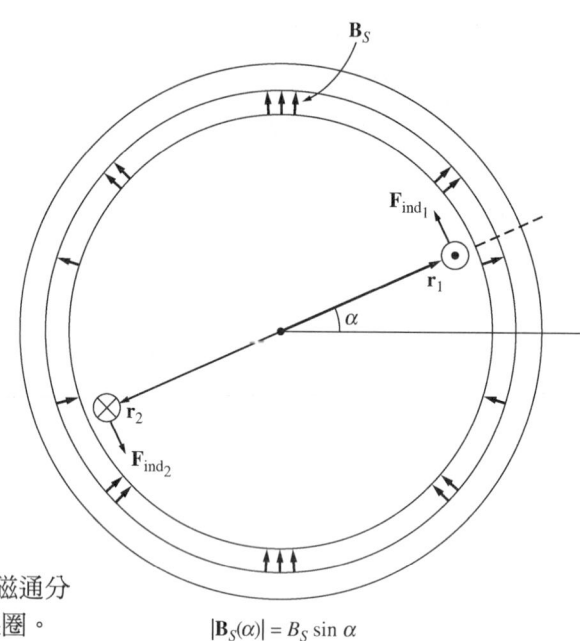

圖 3-17 簡化的交流電機，定子的磁通分佈是弦波式的，且轉子上只有單一線圈。

$$|\mathbf{B}_S(\alpha)| = B_S \sin \alpha$$

$$B_S(\alpha) = B_S \sin \alpha \tag{3-51}$$

式中 B_S 為峯值磁通密度的大小；當磁通密度向量的方向是由轉子表面向外指向定子表面時，$B_S(\alpha)$ 為正。此簡單的交流電機在轉子產生了多少轉矩？為了找出答案，我們將個別分析兩個導體所受的力和力矩。

導體 1 所受的感應力為

$$\mathbf{F} = i(\mathbf{l} \times \mathbf{B}) \tag{1-43}$$
$$= ilB_S \sin \alpha \quad \text{方向如圖所示}$$

所受的力矩為

$$\tau_{\text{ind},1} = (\mathbf{r} \times \mathbf{F})$$
$$= rilB_S \sin \alpha \quad \text{逆時針方向}$$

導體 2 所受的感應力為

$$\mathbf{F} = i(\mathbf{l} \times \mathbf{B}) \tag{1-43}$$
$$= ilB_S \sin \alpha \quad \text{方向如圖所示}$$

所受的力矩為

$$\tau_{\text{ind},1} = (\mathbf{r} \times \mathbf{F})$$
$$= rilB_S \sin \alpha \quad \text{逆時針方向}$$

第三章 交流電機基本原理 173

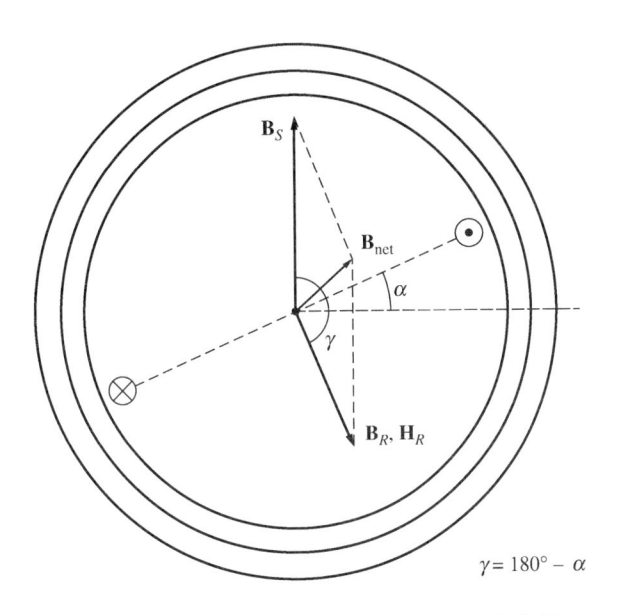

圖 3-18 圖 3-17 之交流機內部的各磁通密度量。

因此導體迴圈所受的轉矩為

$$\boxed{\tau_{\text{ind}} = 2rilB_S \sin \alpha \quad \text{逆時針方向}} \tag{3-52}$$

檢視圖 3-18 所發現的兩個事實可以簡化式 (3-52) 的表示式：

1. 流入轉子線圈電流 i 產生了一個自身的磁場，其方向是由右手定則來決定，而磁場強度 $\mathbf{H}_R$ 的大小正比於流入轉子的電流：

$$\mathbf{H}_R = Ci \tag{3-53}$$

式中 C 是比例常數。

2. 定子磁通密度 $\mathbf{B}_S$ 的峯值與轉子磁場強度 $\mathbf{H}_R$ 的峯值之間的角度為 γ，而且

$$\gamma = 180° - \alpha \tag{3-54}$$

$$\sin \gamma = \sin (180° - \alpha) = \sin \alpha \tag{3-55}$$

結合這兩個觀察，轉子迴圈所受的轉矩可以表示為

$$\tau_{\text{ind}} = K\mathbf{H}_R B_S \sin \alpha \quad \text{逆時針方向} \tag{3-56}$$

式中 K 是跟電機構造有關的常數。注意此轉矩的大小和方向可以下式表示

$$\boxed{\tau_{\text{ind}} = K\mathbf{H}_R \times \mathbf{B}_S} \tag{3-57}$$

最後，因 $B_R = \mu H_R$，此式可以重新表示為

$$\boxed{\tau_{\text{ind}} = k\mathbf{B}_R \times \mathbf{B}_S} \tag{3-58}$$

式中 $k = K/\mu$。注意到一般來說 k 不會是常數，因為導磁係數 μ 隨著電機磁飽和的程度而有所不同。

式 (3-58) 與我們推導均勻磁場內單一線圈之式 (3-20) 是相同的。不僅是上述的單迴路轉子，只有常數 k 會隨著機器的不同而不同。此式將用於交流電機轉矩的定性分析，所以 k 的實際值並不重要。

本機中淨磁場是轉子和定子磁場的向量和 (假設尚未飽和)：

$$\mathbf{B}_{\text{net}} = \mathbf{B}_R + \mathbf{B}_S \tag{3-59}$$

這可用來導出電機所產生轉矩的等效方程式，由式 (3-58)

$$\tau_{\text{ind}} = k\mathbf{B}_R \times \mathbf{B}_S \tag{3-58}$$

但由式 (3-59)，$\mathbf{B}_S = \mathbf{B}_{\text{net}} - \mathbf{B}_R$，因此

$$\begin{aligned}\tau_{\text{ind}} &= k\mathbf{B}_R \times (\mathbf{B}_{\text{net}} - \mathbf{B}_R) \\ &= k(\mathbf{B}_R \times \mathbf{B}_{\text{net}}) - k(\mathbf{B}_R \times \mathbf{B}_R)\end{aligned}$$

因為任意向量和本身的叉積為零，故可再簡化為

$$\boxed{\tau_{\text{ind}} = k\mathbf{B}_R \times \mathbf{B}_{\text{net}}} \tag{3-60}$$

故所產生的轉矩可以用 $\mathbf{B}_R$ 和 $\mathbf{B}_{\text{net}}$ 的叉積及同的常數 k 來表示。上式的大小值為

$$\boxed{\tau_{\text{ind}} = kB_R B_{\text{net}} \sin \delta} \tag{3-61}$$

式中 δ 為 $\mathbf{B}_R$ 和 $\mathbf{B}_{\text{net}}$ 的夾角。

式 (3-58) 到 (3-61) 有助於瞭解導出交流機轉矩的性質。以圖 3-19 的簡單同步機為例，它的磁場是以逆時針方向旋轉，則該機轉子軸上的感應轉矩方向為何？利用右手定則於式 (3-58) 或 (3-60)，感應轉矩是順時針方向，或是和轉子的旋轉方向相反。故知本機應為發電機運作。

3.6　交流電機的繞組絕緣

交流電機設計的最重要處之一是它的繞組絕緣。如果電動機或發電機的絕緣崩潰，電機將會短路。即使可能的話其修復費用也非常的昂貴。為了防止繞組因過熱而崩潰，所以有必要限制繞組的溫度。我們可以利用冷氣循環系統來達成這個目的，但最終此電機所

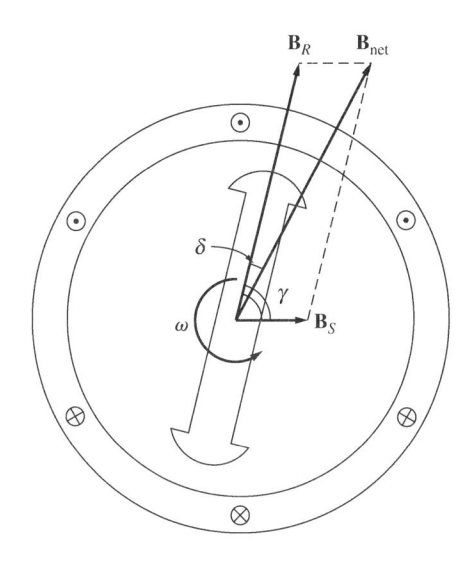

圖 3-19 顯示其轉子及定子磁場的簡化之同步機。

能供應的最大功率還是會被繞組的溫度所限制。

絕緣很少在某一個臨界點就立刻崩潰的。相反地，隨著溫度的升高，絕緣的能力漸漸薄弱，使它們可能因為另外一個原因而崩潰，如地震、振動或電氣衝擊等。有一個古老的定則說，某一絕緣型式之馬達，隨著溫度每超過繞組的額定溫度 10°C，其壽命就減低一半。這個定則到今天仍有某些程度的適用性。

為了將電機絕緣的溫度限制標準化，美國的 National Electrical Manufacturers Association (NEMA) 定義了一套絕緣系統等級。每個絕緣系統等級指明了那個等級所能容許的最大上升溫度。對於大馬力 (大於 1) 的交流電動機有三種常用的 NEMA 絕緣等級：B、F 及 H。每一級各代表比前級能承受更高的繞組溫度。舉例來說，連續操作之交流電流電動機的電樞繞組，對 B 級來說不可超過 80°C，F 級不可超過 105°C，H 級不可超過 125°C。

對一典型電機而言，運轉溫度對絕緣壽命有很大的影響，典型曲線如圖 3-20 所示，此曲線說明了一電機在不同的絕緣等級下，繞組溫度對機器 4 小時的平均壽命之關係。

對每一型的交流電動機和發電機，其特定的溫度限制在 NEMA Standard MG1-1993，*Motors and Generators* 中有詳細的記載。類似的標準在 International Electrotechnical Commission (IEC) 及其他國家的標準機構中也有定義。

176 電機機械基本原理

圖 **3-20** 各種不同絕緣等級下組溫度對平均壽命曲線。

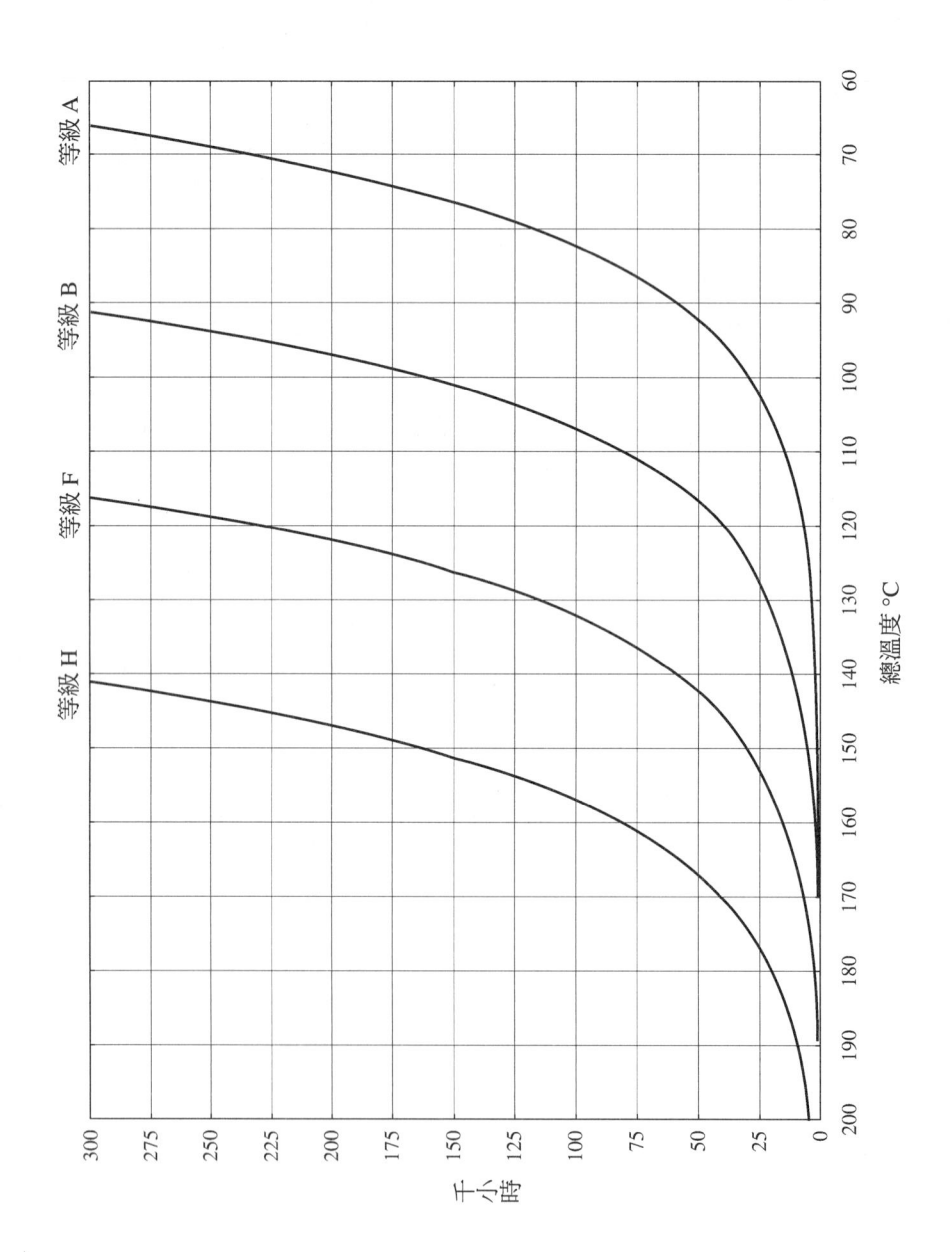

3.7 交流機的功率潮流與損失

交流發電機吸取機械功率而產生電功率,而交流電動機吸取電功率而產生機械功率。在其他情況下,並非所有輸入至電機的功率都會變成另一種有用形式——通常在處理過程中會有損失存在。

一交流機之效率可定義為

$$\eta = \frac{P_\text{out}}{P_\text{in}} \times 100\% \tag{3-62}$$

發生在一電機內部之輸入與輸出功率之差為損失,因此

$$\eta = \frac{P_\text{in} - P_\text{loss}}{P_\text{in}} \times 100\% \tag{3-63}$$

交流機之損失

發生在交梳機內之損失可分為四類:

1. 電氣或銅損 (I^2R 損失)
2. 鐵損
3. 機械損
4. 雜散負載損

電氣或銅損 銅損為發生在定子 (電樞) 與轉子 (場) 繞組線圈內之電阻熱損失,三相交流機之定子銅損 (SCL) 為

$$P_\text{SCL} = 3I_A^2 R_A \tag{3-64}$$

其中 I_A 為電樞每相電流,R_A 為每相電阻。

一同步交流機之轉子銅損 (RCL) (感應機將在第六章中討論) 為

$$P_\text{RCL} = I_F^2 R_F \tag{3-65}$$

其中 I_F 場繞組電流,R_F 為場繞組電阻。此處之電阻為正常操作溫度下之值。

鐵損 鐵損為發生在電動機金屬部分之磁滯與渦流損。這些損失在第一章已談過,在定子,它們隨著磁通密度平方 (B^2) 改變當在磁場旋轉速度之 1.5 次方 ($n^{1.5}$)。

機械損 機械損為機械效應之損失，有兩種基本形式：磨擦 (friction) 與風阻 (windage)。磨擦損為軸承磨擦所造成損失，而風阻損失是由於電機轉動與空氣磨擦所造成，這些損失隨電機轉速三次方而變。

機械損與鐵損一般會算在一起稱為無負載旋轉損 (no-load rotational loss)。在無載時，所有輸入功率被用來克服這些損失，因此，量測輸入-交流機定子之功率就如同一電動機在無載時，將可得這些損失的近似值。

雜散損 雜散損為不能歸類於前幾類之損失。不論多麼小心計算損失，有些總是無法包括在以上之一類，所有這些損失皆可稱為雜散損。就大部分機器而言，雜散損一般為全載時之 1%。

功率潮流圖

計算一電機之功率損失最常用的方法為功率潮流圖 (power-flow diagram)。一交流發電機之功率潮流圖如圖 3-21a 所示，在圖中，機械功率為輸入，然後減掉雜散損、機械損與鐵損。當減掉這些損失，所剩下的機械功率將被轉換成電的功率 P_{conv} 被轉換的機械功率為

$$P_{\text{conv}} = \tau_{\text{ind}}\omega_m \tag{3-66}$$

而有相同量的電功率被產生。然而，這並不是出現在電機輸出端的功率，還必須扣除 I^2R 損失，才是輸出端功率。

在交流電動機中，功率潮流圖恰好相反，如圖 3-21b 所示。

在以下三章中，將會有計算交流電動機與發電機效率之習題。

3.8 電壓調整率與速度調整率

發電間通常會以電壓調整率 (voltage regulation, VR) 來相互比較，電壓調整率是測定一發電機當負載改變時，其端電壓可以保持固定之能力，它被定義為

$$\text{VR} = \frac{V_{\text{nl}} - V_{\text{fl}}}{V_{\text{fl}}} \times 100\% \tag{3-67}$$

其中 V_{nl} 為無載端電壓，而 V_{fl} 為滿載端電壓。這是發電機電壓電流特性之大略量測——一正的電壓調整率表示下降特性，而一負的電壓調整率表上升的特性。一小的 VR 是比較好的，表示發電機端電壓在負載變動時較容易保持固定。

同理，電動機通常使用速度調整率 (speed regulation, SR) 來相互比較，速度調整率

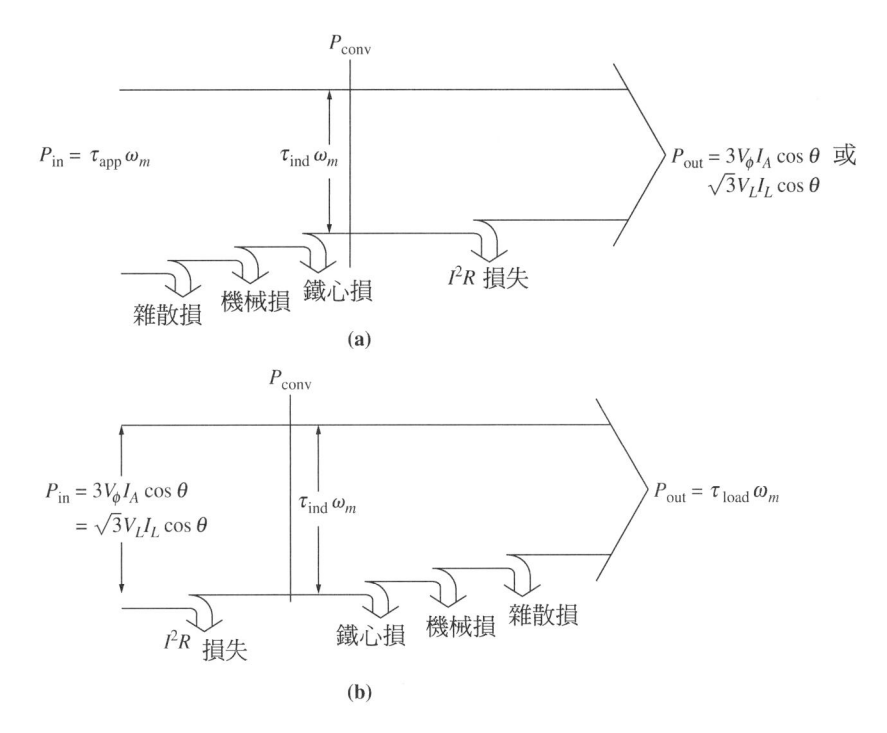

圖 3-21 (a) 三相交流發電機的功率流程圖；(b) 三相交流電動機的功率流程圖。

為測定電動機當負載改變時，其軸速度可以保持固定之能力，它被定義為

$$\mathrm{SR} = \frac{n_{\mathrm{nl}} - n_{\mathrm{fl}}}{n_{\mathrm{fl}}} \times 100\% \tag{3-68}$$

或

$$\mathrm{SR} = \frac{\omega_{\mathrm{nl}} - \omega_{\mathrm{fl}}}{\omega_{\mathrm{fl}}} \times 100\% \tag{3-69}$$

這是電動機轉矩速度特性之大略量測——正速度調整率表負載增加時速度會下降，而負的速度調整率表負載增加時轉速會增加。速度調整率大小說明轉矩-速度曲線的斜率有多陡峭。

3.9 總　結

交流電機主要分為同步機和感應機二類。主要差別是同步機的轉子須加上直流的磁場電流，而感應機是藉變壓器原理在轉子產生感應的磁場電流。在以後的三章裡會詳細說明。

一組三相系統的電流加到一組間阻 120° 的定子三個線圈裡，將會在定子裡產生一

個均勻的旋轉磁場。該磁場的旋轉方向可藉著交換三相中任意兩條線而改變 (反轉)。相對地，一旋轉磁場可以在同樣的線圈裡產生一組三相電壓。

在超過兩極的定子裡，機械性的旋轉一週，以電氣觀點而言不只是一週。在此種定子裡，一個機械性旋轉產生 $P/2$ 個電氣週期。因此這類電機的電壓及電流的電氣角和磁場的機械角的關係式為

$$\theta_{se} = \frac{P}{2}\theta_{sm}$$

定子的電氣頻率和磁場的機械轉速之間的關係為

$$f_{se} = \frac{n_{sm}P}{120}$$

一交流機之損失形式有電氣或銅損 (I^2R)、鐵損、機械損與雜散損。每種損失在本章中皆有加以描述，進而定義整個電機效率。最後，發電機之電壓調整率定義為

$$\boxed{VR = \frac{V_{nl} - V_{fl}}{V_{fl}} \times 100\%}$$

而電動機之速度調整率定義為

$$\boxed{SR = \frac{n_{nl} - n_{fl}}{n_{fl}} \times 100\%}$$

問 題

3-1 什麼是同步機和感應機之間最主要差異？

3-2 為何交換任二相的電流，就可使定子磁場反方向旋轉？

3-3 交流機的電氣頻率和磁場轉速之間的關係為何？

3-4 交流機中的感應力矩公式為何？

習 題

3-1 圖 3-1 單一線圈旋轉於均勻磁場中，有以下特性：

$$\mathbf{B} = 1.0 \text{ T} \quad 往右 \qquad r = 0.1 \text{ m}$$
$$l = 0.3 \text{ m} \qquad \omega_m = 377 \text{ rad/s}$$

(a) 計算此旋轉線圈之感應電壓 $e_{tot}(t)$。

(b) 線圈所產生的電壓之頻率是多少？

(c) 若有一 10 Ω 電阻負載接於線圈端點，計算流過此電阻之電流。
(d) 計算在 (c) 情況下，線圈所感應之轉矩的大小與方向。
(e) 計算在 (c) 情況下，線圈可產生多少瞬間和平均電功率。
(f) 計算在 (c) 情況下，線圈消耗多少機械功率，此與所產生的電功率比較為何？

3-2 建表求出磁場在 2、4、6、8、10、12 與 14 極，操作頻率為 50、60 與 400 Hz 時的旋轉速度。

3-3 美國第一個交流電力系統以 133 Hz 頻率運轉，若電力系統內之交流電是由一四極發電機所產生，則發電機的軸會轉得多快？

3-4 一三相，Y 接四極繞組安裝於一 24 槽定子，每槽線圈有 40 匝，每相線圈為串聯。每極磁通為 0.060 Wb，磁場轉速為 1800 r/min。
(a) 繞組所產生電壓的頻率為何？
(b) 此定子產生之相電壓與端電壓為何？

3-5 一三相，Δ 接六極繞組安裝於一 36 槽定子，每槽線圈有 150 匝，每相線圈為串聯，每極磁通為 0.060 Wb，磁場轉速為 1000 r/min。
(a) 繞組所產生的電壓之頻率是多少？
(b) 此定子產生的相電壓和端電壓為何？

3-6 一三相，Y 接 60 Hz，二極同步機，每相定子繞子有 5000 匝，要產生一 13.2 kV 之端電壓 (線對線) 須多大轉子磁通？

3-7 在交換任兩相電流後，修改例題 3-1 之 MATLAB 程式，所產生的淨磁場有何改變？

3-8 若一交流電機有如圖 P3-1 所示的轉子和定子磁場，那麼此電機所感應轉矩的方向為何？此電機是當作電動機或是發電機？

3-9 一兩極定子半徑為 r，長度為 l，其磁通密度分佈為

$$B = B_M \cos(\omega_m t - \alpha) \quad \text{(3-37b)}$$

試證明每個極面下的總磁通為

$$\phi = 2rlB_M$$

3-10 在交流馬達發展初期，馬達設計者對於控制機器的鐵損 (磁滯與渦流損) 面臨到很大的困難，因當時尚未發展出低磁滯之鋼，且所使用的疊片也不像現在的細，為了控制這些損失，在美國早期之交流馬達是以 25 Hz 的交流電源來供電運轉，而電燈系統是由 60 Hz 的交流電源供電。

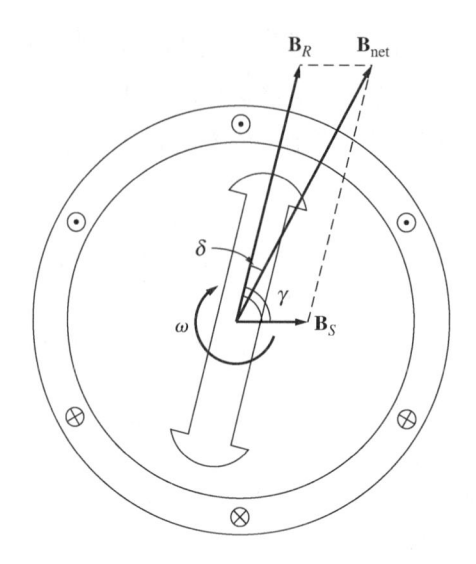

圖 P3-1　問題 3-8 的交流電機。

(a) 建一個表說明操作在 25 Hz 時，2、4、6、8、10、12 與 14 極交流機旋轉磁場的速率。在這些早期的馬達中，哪個轉速最快？
(b) 就一操作於固定磁通密度 B 馬達而言，馬達運轉於 25 Hz 與 60 Hz 時之鐵損比較為何？
(c) 為何早期工程師需提供另一個 60 Hz 電力系統給電燈使用？

3-11　近年來，馬達持續被改善而可直接接 60 Hz 電源運轉，使得 25 Hz 的電力系統變少消失，可是在許多工廠內，操作於 25 Hz 的電動機還保持著良好的運轉，擁有者並不打算丟棄這些電動機。為維持這些電動機運轉，某些人利用馬達-發電機組來產生 25 Hz 的電力，馬達-發電機組是由接於同一軸心的兩個電機所構成，一個當作電動機運轉，另一個當發電機運轉。若兩電機的極數不同，但因軸速度相同，則由式 (3-34) 知，兩電機之電氣頻率會不同，兩電機之極數應該為多少才能將 60 Hz 的電轉為 25 Hz 的電？

$$f_{se} = \frac{n_{sm} P}{120} \tag{3-34}$$

參考文獻

1. Del Toro, Vincent: *Electric Machines and Power Systems*, Prentice-Hall, Englewood Cliffs, N.J., 1985.
2. Fitzgerald, A. E., and Charles Kingsley: *Electric Machinery*, McGraw-Hill, New York, 1952.
3. Fitzgerald, A. E., Charles Kingsley, and S. D. Umans: *Electric Machinery*, 5th Ed., McGraw-Hill, New York, 1990.
4. International Electrotechnical Commission, *Rotating Electrical Machines Part 1: Rating and Performance*, IEC 33–1 (R1994), 1994.
5. Liwschitz-Garik, Michael, and Clyde Whipple: *Alternating-Current Machinery*, Van Nostrand, Princeton, N.J., 1961.
6. McPherson, George: *An Introduction to Electrical Machines and Transformers*, Wiley, New York, 1981.
7. National Electrical Manufacturers Association: *Motors and Generators,* Publication MG1-1993, Washington, 1993.
8. Werninck. E. H. (ed.): *Electric Motor Handbook*, McGraw-Hill Book Company, London, 1978.

CHAPTER 4

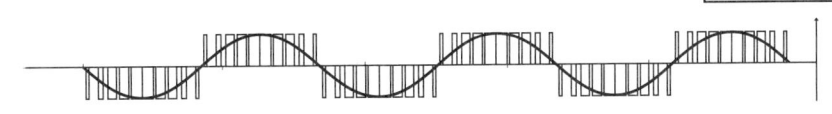

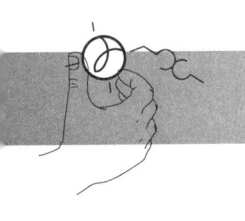

同步發電機

學習目標

- 瞭解同步發電機的等效電路。
- 能夠畫同步發電機之相量圖。
- 瞭解同步發電機的功率與轉矩方程式。
- 知道如何藉由量測開路特性 (OCC) 和短路特性 (SCC) 來推導同步機的特性。
- 瞭解一單獨運轉的同步發電機其端電壓如何隨負載變化,且能計算不同負載下之端電壓。
- 瞭解兩部或多部同步發電機並聯運轉所需之條件。
- 瞭解同步發電機並聯運轉的操作程序。
- 瞭解同步發電機與一大電力系統 (或無限匯流排) 之並聯運轉。
- 瞭解同步發電機之靜態穩定度限度,與為何暫態穩定度限度小於靜態穩定度限度。
- 瞭解故障 (短路) 情況下的暫態電流。
- 瞭解同步發電機的額定,和每個額定值的限制條件。

同步發電機 (synchronous generator) 或交流發電機 (alternator) 為用來將機械功率轉換為交流電功率的電機。本章將探討同步發電機之運轉情形，包含獨自運轉及與其他發電機共同運轉兩種情形。

4.1 同步發電機之結構

同步發電機的轉子磁場可藉由將轉子設計成永久磁鐵，或供應一直流電給轉子繞組形成一電磁鐵而得到。接著以原動機帶動發電機之轉部而在電機內部產生旋轉磁場。此旋轉磁場在發電機定部繞組中將感應產生一組三相電壓。

一電機內通常會有場繞組 (field winding) 與電樞繞組 (armature winding)，場繞組主要是用來產生主磁場，而電樞繞組是用來感應電壓。就同步機而言，場繞組位於轉子，所以轉子繞組 (rotor winding) 與場繞組是互用的，同理，定子繞組 (stator winding) 與電樞繞組也是互用的。

同步發電機的轉部實際上是一大塊電磁鐵。轉部的磁極可以是凸極式或平滑式。所謂凸 (salient) 這個字，意指「突出」或「突起」，而凸極 (salient pole) 就是指突出於轉部表面之磁極。另一方面，平滑極 (non-salient pole) 就是指繞組嵌入於轉子表面之磁極。圖 4-1 即為平滑極轉部，注意到電磁鐵繞組被嵌到轉子表面的凹槽內，而圖 4-2 則是凸極轉部，注意到電磁繞組被繞在凸極上，而不是被嵌到轉子表面的凹槽。平滑極轉部一般都是用在雙極或四極轉部，而凸極轉部則用於四極或更多極的轉部。

由於轉部受限於變化磁場，故其使用薄疊片之構造以減少渦電流損失。

若轉子為一電磁鐵，則轉部上的磁場電路必須要有直流電源供應。由於轉部是在旋轉的，為了要供應直流功率至其場繞組，我們必須要使用特殊的裝置。底下為供應此直流功率的兩種常見之法：

1. 藉著滑環 (slip ring) 及電刷 (brush) 由外部直流電源供應此直流功率。

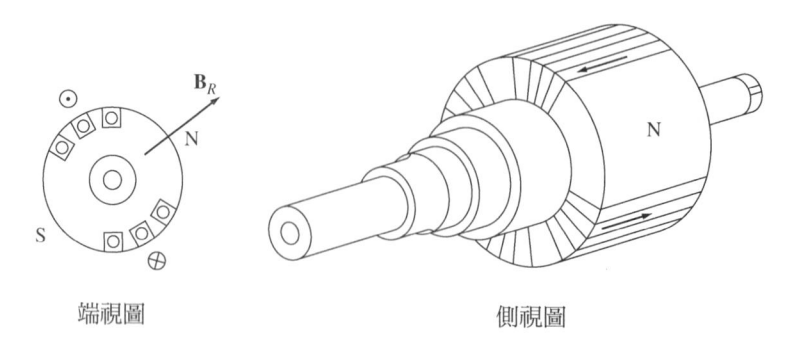

端視圖　　　　　　　　　側視圖

圖 4-1 同步電機之平滑極雙極轉部。

2. 藉著架設於同步發電機之軸上的特殊直流電源供應此直流功率。

滑環為與電機軸絕緣但完全包圍在軸上的金屬環，直流轉部繞組的一端連接至同步電機轉軸上兩個滑環的其中之一，而電刷則騎在滑環上，若直流電壓源的正端連接至某一電刷且負端連接至另一個電刷，則在任何時間下將有同樣的直流電壓供應至磁場繞組而與轉部之角位置或轉速無關。

使用滑環及電刷來供應直流功率至同步電機的磁場繞組時將產生一些問題，因為電刷必須校正使其能規則地裝置在電機上，所以會增加電機所需的維修份量。另外，在較大的磁場電流下電刷的壓降會有可能造成相當的功率損失，撇開這些問題不看，所有小型同步電機仍使用滑環及電刷，因為沒有其他供應直流磁場電流的方法比其更具經濟效益。

在大型的發電機及電動機上，使用無電刷激磁機 (brushless exciter) 來供應直流磁場電流至電機，無電刷激磁機是一個小型的交流發電機，其磁場電路架設在定部上而電樞電路架設在轉軸上，激磁發電機的三相輸出經由也是架設在發電機轉軸上的三相整流電路整流後成為直流電流，然後再將之饋入主直流磁場電流電路。藉由控制激磁發電機上的小直流磁場電流 (裝置於定部)，則可以不須滑環及電刷即可調整主電機的磁場電流。圖 4-2 為此種安置法的簡圖，而直流電機轉部和裝設於同一轉軸上的無電刷激磁機在轉部及定部之間並沒有機械上的連接，所以無電刷激磁機所需的維修份量比使用滑環及電刷來得少。

為了使發電機之激磁完全和外部電源無關，常在系統中使用一個小型的引導激磁機。所謂引導激磁機 (pilot exciter) 是一個將永久磁鐵 (permanent magnet) 裝置於轉軸而定部為三相繞組的小型交流發電機。它提供激磁機的磁場電路所需的功率，再依序控制主電機的磁場電路，若在發電機軸上裝有引導激磁機，則不需外部電功率即可使發電機運轉 (見圖 4-3)。

許多具有無電刷激磁機的同步發電機也有滑環和電刷，所以在緊急時一個輔助的直流磁場電流電源是很有用的。

同步發電機的定部已在第三章中描述過了，更詳細定部結構請看附錄 B。它通常是使用預先成型的定部線圈而製為雙層繞組。繞組本身為分佈式及弦形以減少輸出電壓及電流之諧波含量，附錄 B 中亦有詳細描述。

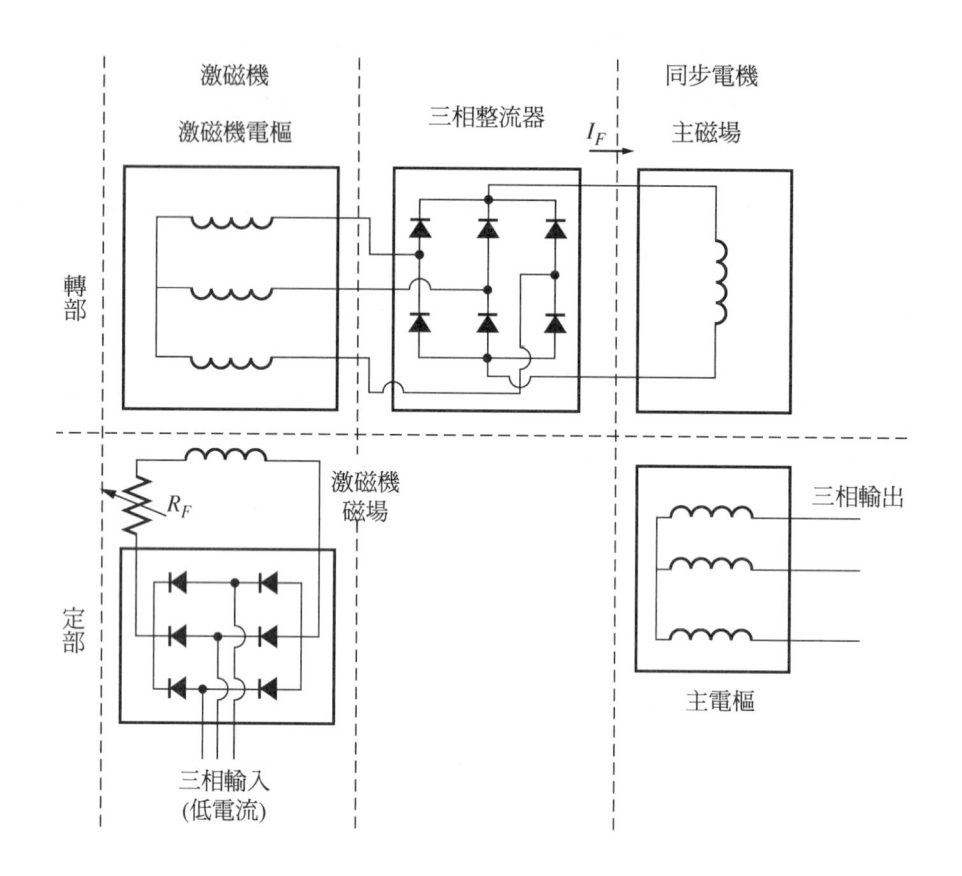

圖 4-2 無電刷激磁機電路。一個小的三相電流經整流而用來供應激磁機之磁場電路，此激磁機之磁場電路位於定部。位於轉部的激磁機電樞電路其輸出經整流而用來供應主電機之磁場電流。

4.2 同步發電機的轉速

同步發電機之所以稱為同步 (synchronous)，其意義就是指其產生之電頻率鎖定於或同步於發電機的機械轉速。同步發電機的轉部包含一個有直流電流供應的電磁鐵。轉部磁場指向任何轉部所轉到的方向。現在，電機中磁場的旋轉速率和定部電頻率的關係如式 (3-34)：

$$f_{se} = \frac{n_{sm}P}{120}$$

(3-34)

其中　f_{se} ＝電頻率，Hz
　　　n_{sm} ＝磁場的機械轉速，r/min（＝同步電機的轉部轉速）
　　　P ＝極數

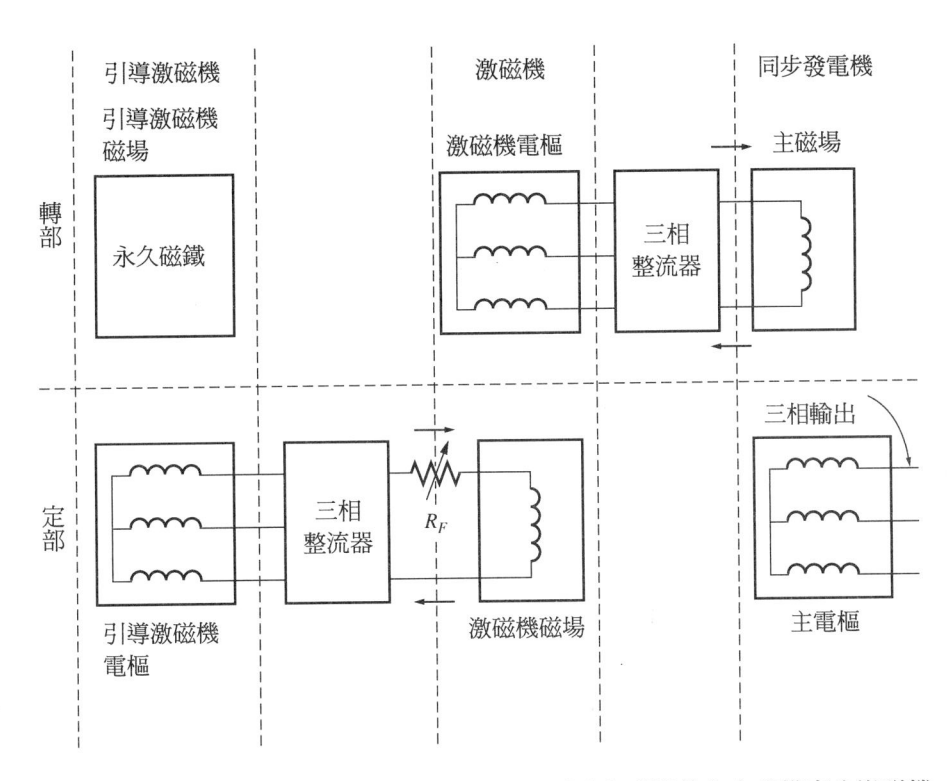

圖 4-3 包含引導激磁機之無電刷激磁簡圖。引導激磁機的永久磁鐵產生激磁機的磁場電流，再依序產生主電機之磁場電流。

既然轉部以同樣磁場的轉速在轉動，此等式也代表轉部轉速和其所產生之電頻率間的關係。電功率是以 50 或 60 Hz 產生的，故發電機必須以依電機上磁極數而定的固定轉速轉動。舉例說明，在雙極電機中欲產生 60 Hz 的電功率，則轉部須以 3600 r/min 的轉速轉動。欲在四極電機中產生 50 Hz 的電功率，則轉部須以 1500 r/min 的轉速轉動。已知電頻率下轉部所需之轉速將永遠可以式 (3-34) 算出。

4.3 同步發電機內部所產生的電壓

在第三章中，在給定之定部相位中所感應之電壓的強度已知為

$$E_A = \sqrt{2}\pi N_C \phi f \tag{3-50}$$

此電壓根據電機中的磁通 ϕ、電頻率、轉速與電機之構造而定。在解同步電機的問題時，此等式常被重寫為一個強調電機運轉時的可變量的較簡單之形式。此簡單的形式為

$$\boxed{E_A = K\phi\omega} \tag{4-1}$$

其中 K 是代表電機結構的常數。若 ω 以每秒電弳來表示,則

$$K = \frac{N_c}{\sqrt{2}} \tag{4-2}$$

若 ω 是以每秒機械弳來表示,則

$$K = \frac{N_c P}{\sqrt{2}} \tag{4-3}$$

內部產生之電壓 E_A 直接與磁通和轉速成正比,在磁通本身依流於轉部磁場電路中之電流而定。磁場電流 I_F 和磁通 ϕ 的關係將以圖 4-4a 的形態出現。既然 E_A 和磁通直接成正比,則內部產生之電壓 E_A 和磁場電流的關係將如圖 4-4b 所示。此種圖形被稱為電機之磁化曲線 (magnetization curve) 或開路特性 (open-circuit characteristic)。

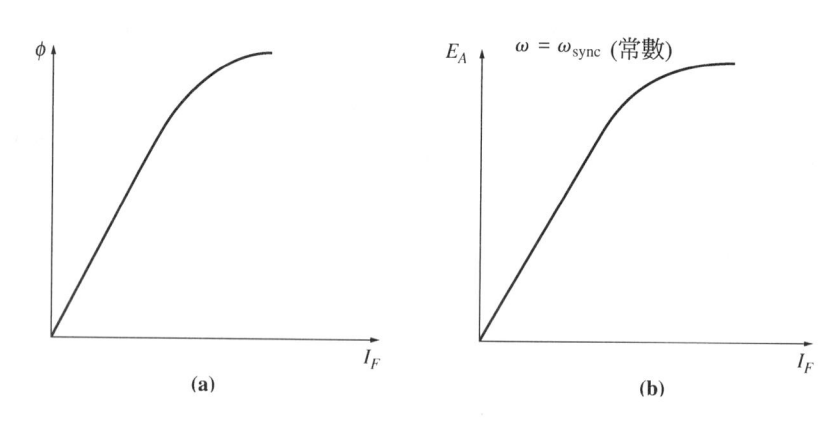

圖 4-4　(a) 同步發電機之磁場電流對磁通圖。(b) 同步發電機之磁化曲線。

4.4　同步發電機之等效電路

電壓 $\mathbf{E}_A$ 為同步發電機中的一相的內部產生電壓。然而,此電壓 $\mathbf{E}_A$ 通常並非出現在發電機終端的電壓。事實上,只有當電機中沒有電樞電流流過時,內電壓 $\mathbf{E}_A$ 才會和單相輸出電壓 $\mathbf{V}_\phi$ 相同。為什麼單相輸出電壓 $\mathbf{V}_\phi$ 和 $\mathbf{E}_A$ 不相等?而此兩電壓之間有何種關係?欲回答這些問題要先來看看同步發電機之模型。

造成 $\mathbf{E}_A$ 和 $\mathbf{V}_\phi$ 不同的原因有數個因素：

1. 因定部中電流流動而造成氣隙磁場的失真，稱為電樞反應 (armature reaction)
2. 電樞線圈的自感
3. 電樞線圈的電阻
4. 凸極轉部之外形造成的效應

我們將探討前三項因素所造成的效應，並從它們推出一個電機模型。在本章中，同步電機運轉時，由於凸極外形造成的效應將予以忽略；換句話說，所有在此章中的電機被視為具有平極轉部或整圓轉部。若電機中的確含有凸極轉部則做此假設會導致計算結果有些微的不精確，但其誤差可相對地視為甚小。在附錄 C 中有對於突起的轉部磁極的簡短討論。

第一個提到的效應，通常也是最大的，即為電樞反應。當同步發電機的轉部旋轉時，在發電機定部繞組中將感應一電壓 $\mathbf{E}_A$。若有負載接至發電機端點時，電流將流通。但三相定部電流的流通將使電機中自己產生磁場。此定部 (stator) 磁場造成原本的轉部磁場失真，改變其相電壓。此效應稱為電樞反應 (armature reaction)，因為電樞 (定部) 電流影響了一開始產生它的磁場。

欲瞭解電樞反應，可參考圖 4-5。圖 4-5a 所示為在三相定部中旋轉之雙極轉部。定部未接負載。轉部磁場 $\mathbf{B}_R$ 產生內部電壓 $\mathbf{E}_A$，且其峯值和 $\mathbf{B}_R$ 之方向一致。正如前章所示，此電壓將會在圖的頂端正向出導體並在末端負向入導體。當發電機無負載時，將無電樞電流流通，則 $\mathbf{E}_A$ 和相電壓 $\mathbf{V}_\phi$ 會相等。

現在假設發電機接至落後負載，因為負載是落後的，電流的峯值將在落後於電壓峯值的角度出現。圖 4-5b 中所示即為此效應。

在定部繞組中流通之電流自己會產生磁場。此定部磁場稱為 $\mathbf{B}_S$，而如圖 4-5c 中所示其方向是由右手定則所決定。此定部磁場 $\mathbf{B}_S$ 自己在定部產生了一個電壓，且在圖中此電壓稱為 $\mathbf{E}_{\text{stat}}$。

定部繞組中出現了兩種電壓，則單相中的總電壓即為內部生成電壓 $\mathbf{E}_A$ 和電樞反應電壓 $\mathbf{E}_{\text{stat}}$ 的和：

$$\mathbf{V}_\phi = \mathbf{E}_A + \mathbf{E}_{\text{stat}} \tag{4-4}$$

淨磁場 $\mathbf{B}_{\text{net}}$ 恰為轉部及定部磁場的和：

$$\mathbf{B}_{\text{net}} = \mathbf{B}_R + \mathbf{B}_S \tag{4-5}$$

既然 $\mathbf{E}_A$ 和 $\mathbf{B}_R$ 的角度是相同的，且 $\mathbf{E}_{stat}$ 和 $\mathbf{B}_S$ 的角度是相同的，則所產生的淨磁場 $\mathbf{B}_{net}$ 也會和 $\mathbf{V}_\phi$ 的方向一致。圖 4-5d 所示為其所產生的電壓及電流。

$\mathbf{B}_R$ 與 $\mathbf{B}_{net}$ 之間的角度稱為同步發電機的內角 (internal angle) 或轉矩角 (torque angle) δ，此角度和發電機的輸出功率成正比，在 4.6 節中將會作介紹。

要如何將電樞反應在相電壓上的效應模型化？首先，電壓 $\mathbf{E}_{stat}$ 位於電流 $\mathbf{I}_A$ 之最大值平面之後 90° 角之處。其次，電壓 $\mathbf{E}_{stat}$ 和電流 $\mathbf{I}_A$ 是直接成正比的。若 X 是一個比例常數，則電樞反應電壓可被表示為

$$\mathbf{E}_{stat} = -jX\mathbf{I}_A \tag{4-6}$$

於是單相上之電壓為

$$\boxed{\mathbf{V}_\phi = \mathbf{E}_A - jX\mathbf{I}_A} \tag{4-7}$$

觀察圖 4-6 所示之電路。此電路之克希荷夫電壓定律之方程式為

$$\mathbf{V}_\phi = \mathbf{E}_A - jX\mathbf{I}_A \tag{4-8}$$

這正是先前描述電樞反應電壓的同一個式子。因此，電樞反應電壓可模型化為一個串聯於內部生成電壓的電感。

除了電樞反應的作用之外，定部線圈本身也具有自感和電阻。若定部自感稱為 L_A (則相對應之電抗為 X_A) 且定部電阻稱為 R_A，則 $\mathbf{E}_A$ 和 $\mathbf{V}_\phi$ 之間的總差值為

$$\mathbf{V}_\phi = \mathbf{E}_A - jX\mathbf{I}_A - jX_A\mathbf{I}_A - R_A\mathbf{I}_A \tag{4-9}$$

電樞反應之效應及電機中之自感都是以電抗來表示的，且常被合併為一個單一的電抗，稱為電機的同步電抗 (synchronous reactance)：

$$X_S = X + X_A \tag{4-10}$$

因此，描述 $\mathbf{V}_\phi$ 的最終方程式為

$$\boxed{\mathbf{V}_\phi = \mathbf{E}_A - jX_S\mathbf{I}_A - R_A\mathbf{I}_A} \tag{4-11}$$

現在將可繪出三相同步發電機的等效電路圖。圖 4-7 所示為此發電機全部的等效電路。此圖顯示出以直流電源供應至轉部磁場電路，而此電路是被模型化為串聯的線圈電感及電阻。和 R_F 串聯的是一個用以控制磁場電流的可變電阻 R_{adj}。等效電路的其他部分由每一相的模型所組成。每一相都有一個內部生成電壓和一個串聯電抗 X_S (包含線圈自感和電樞反應的總和) 及一個串聯電阻 R_A。此三相的電壓及電流是完全相同的，除了在角度上各差了 120°。

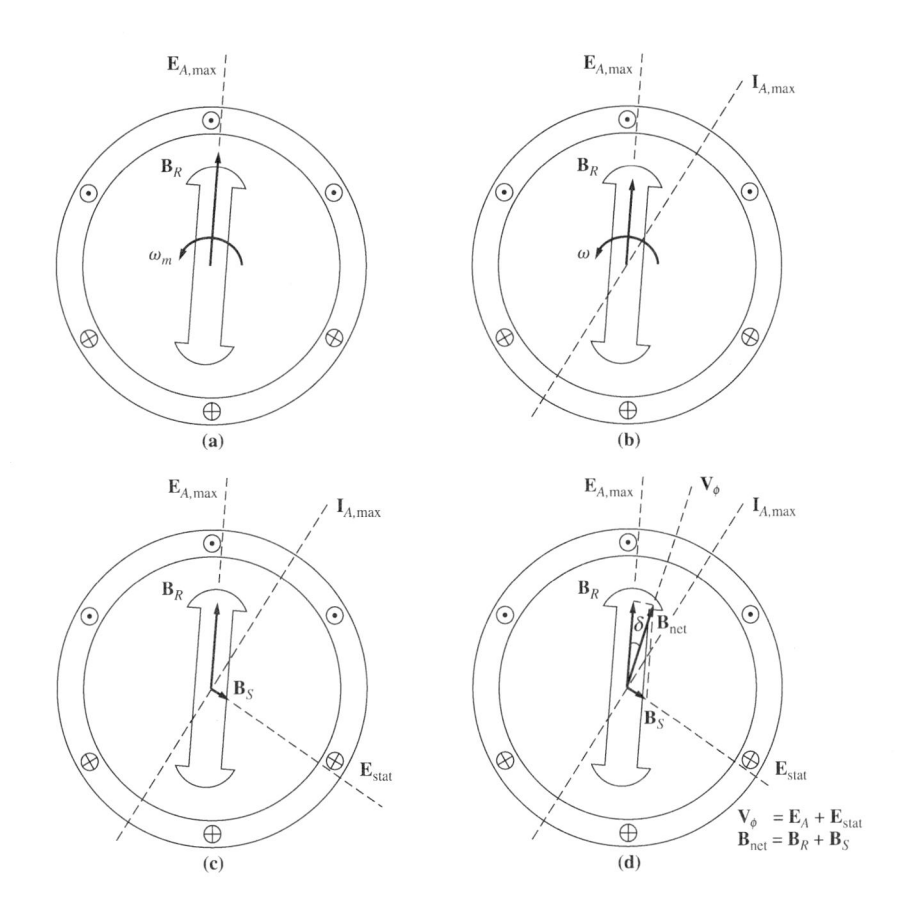

圖 4-5 電樞反應之模型的成形：(a) 旋轉磁場產生內部生成電壓 $\mathbf{E}_A$。(b) 當連接至落後負載時此電壓將產生落後的電流。(c) 定部電流產生了自己的磁場 $\mathbf{B}_S$，而 $\mathbf{B}_S$ 又在電機的定部繞組中產生了自己的電壓 $\mathbf{E}_{stat}$。(d) 磁場 $\mathbf{B}_S$ 加入 $\mathbf{B}_R$ 並使其失真而成為 $\mathbf{B}_{net}$。電壓 $\mathbf{E}_{stat}$ 加入 $\mathbf{E}_A$ 而產生了單相的輸出 $\mathbf{V}_\phi$。

如圖 4-8 所示，此三相可以是 Y 連接或是 Δ 連接。若其為 Y 連接，則端電壓 V_T（等於線對線電壓 V_L）和相電壓 V_ϕ 的關係為

$$V_T = V_L = \sqrt{3} V_\phi \tag{4-12}$$

若其為 Δ 連接，則

$$V_T = V_\phi \tag{4-13}$$

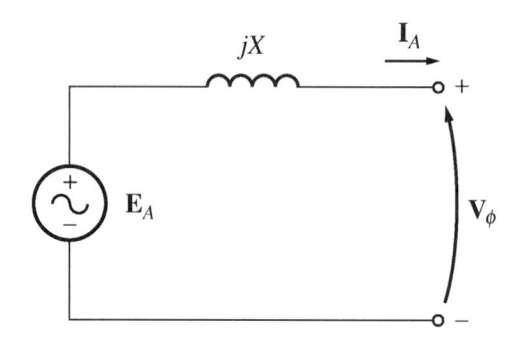

圖 4-6　一個簡單的電路 (見課文)。

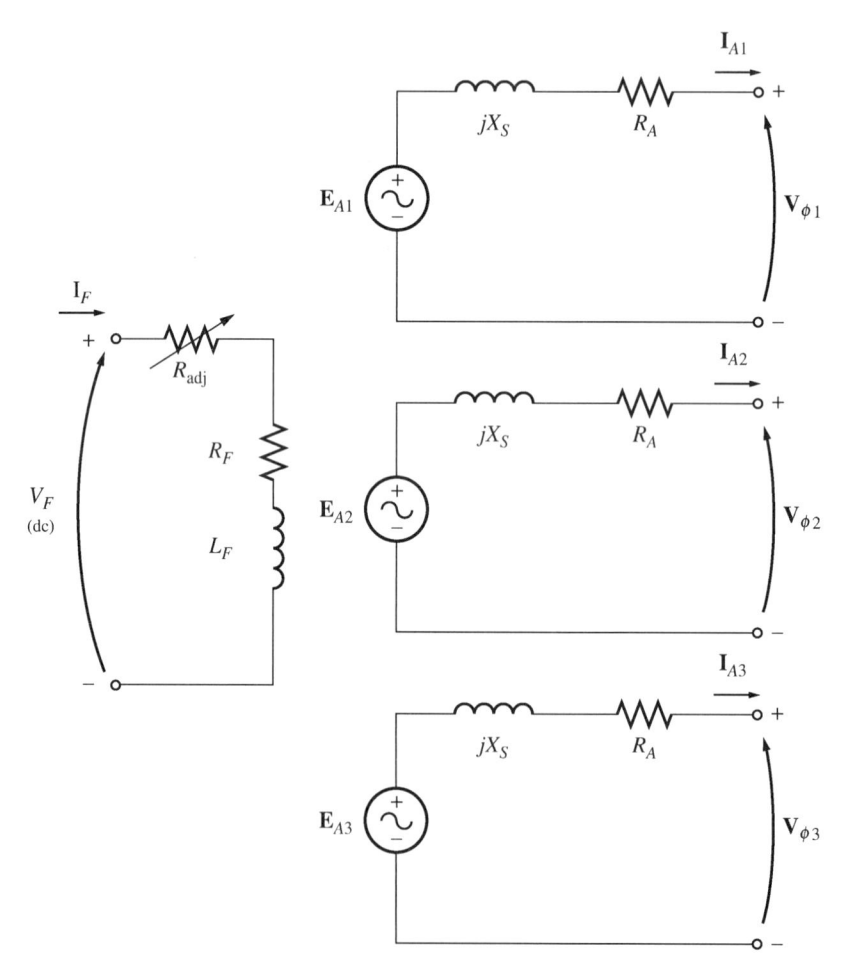

圖 4-7　三相同步發電機的全部等效電路。

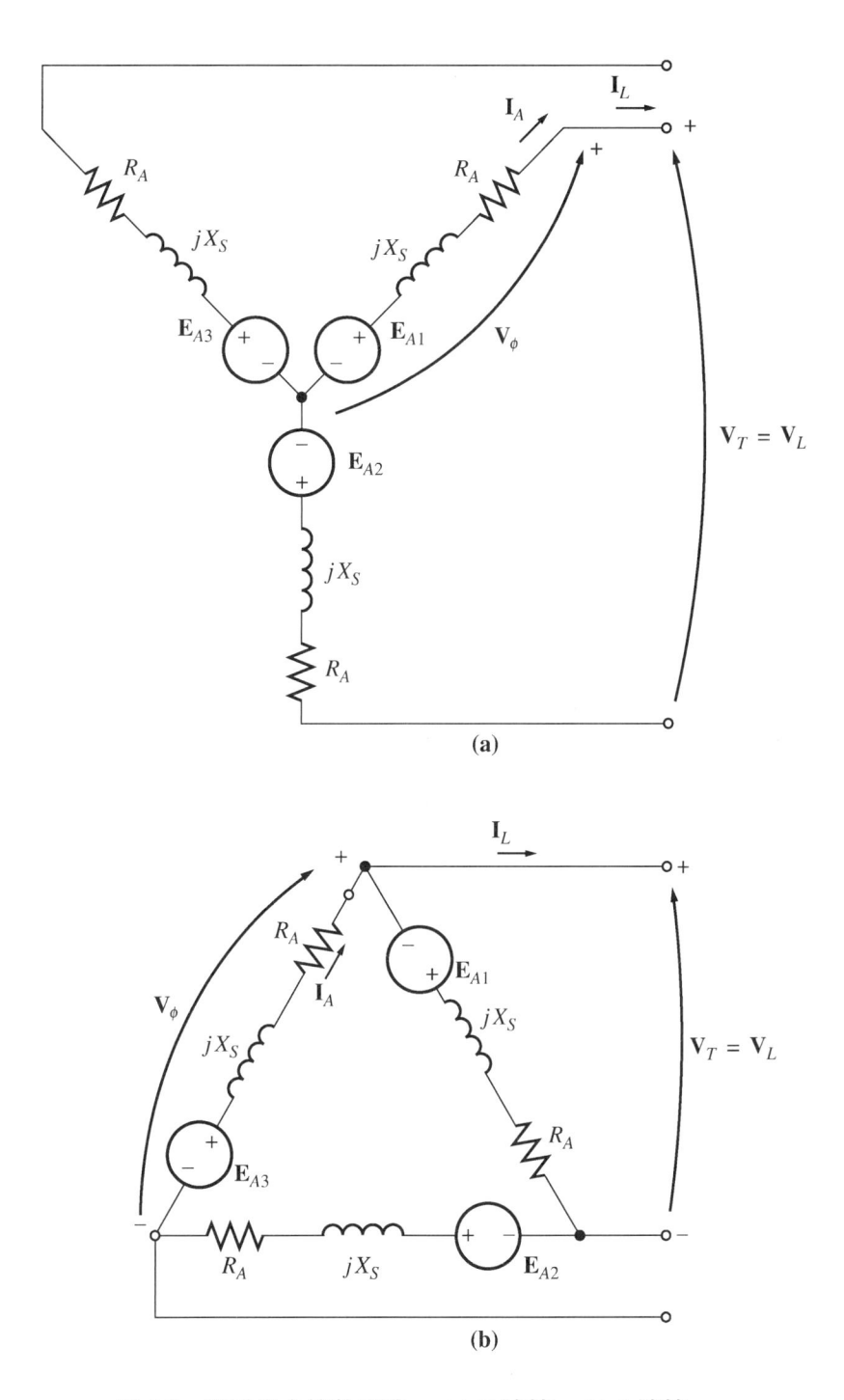

圖 4-8　發電機之等效電路：(a) Y 連接；(b) Δ 連接。

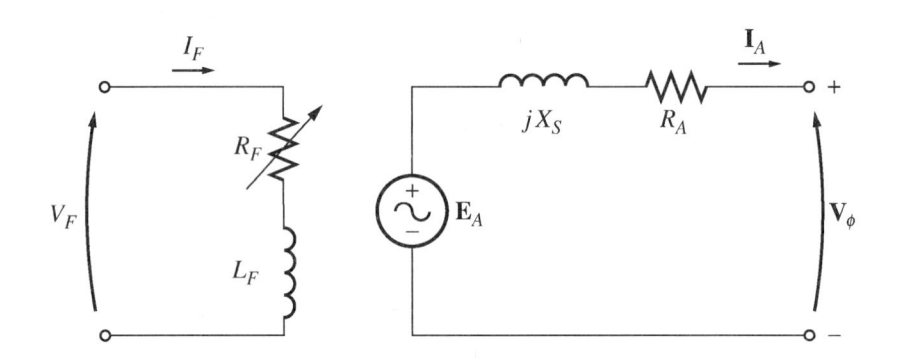

圖 4-9 同步發電機之每相等效電路，內部磁場電路電阻和外部可變電阻已合併為一個電阻 R_F。

由於同步發電機的三相間除了相角之外其餘完全相同的這個事實，導致了每相等效電路 (per-phase equivalent circuit) 的使用。圖 4-9 所示即為此電機之每相等效電路。在使用每相等效電路時有一項重要的事實我們必須牢記在心：只有當與三相連接之負載為平衡時，此三相才會具有相同的電壓及相同的電流。若發電機之負載是不平衡的，則必須用到更精巧的分析技術。這些技術已超過了本書的範圍。

4.5 同步發電機之相量圖

由於同步發電機中的電壓為交流電壓，故它們常以相量來表示。因為相量是有大小和角度的，所以它們之間的關係必須使用二度空間圖形來表示。當使用此種方法畫出某相中的電壓 ($\mathbf{E}_A$、$\mathbf{V}_\phi$、$jX_S\mathbf{I}_A$ 與 $R_A\mathbf{I}_A$) 和電流 $\mathbf{I}_A$ 以顯示其關係時，我們就稱此種圖形為相量圖 (phasor diagram)。

舉例說明，圖 4-10 為連接單位功率因數負載（純電阻負載）之發電機相量圖。由式 (4-11) 可知，總電壓 $\mathbf{E}_A$ 和端電壓 $\mathbf{V}_\phi$ 之差值是電阻性及電感性之電壓降。$\mathbf{V}_\phi$ 可任意地定為角度 0° 且所有的電壓和電流均以之為參考。

此相量圖可以和發電機在落後的功率因數及領先的功率因數下工作時的相量圖相比較。圖 4-11 所示即為上述兩個相量圖。注意，若已知相電壓及電樞電流，則落後負載下所需之內部生成電壓 $\mathbf{E}_A$ 將比領先負載下所需之 $\mathbf{E}_A$ 大。因此，欲在落後負載下得到同樣的端電壓，就必須有較大的磁場電流，這是因為

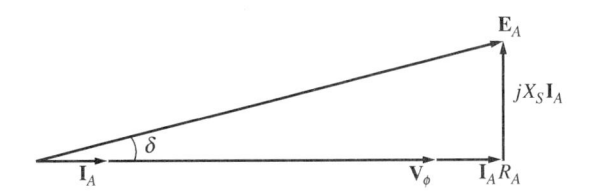

圖 4-10 單位功率因數下同步發電機之相量圖。

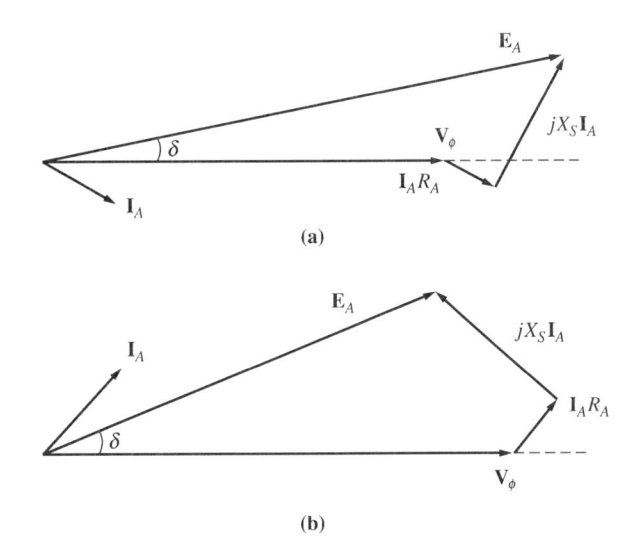

圖 4-11 同步發電機之相量圖：(a) 落後功因；(b) 領先功因。

$$E_A = K\phi\omega \tag{4-1}$$

而 ω 必須是定值以保持固定頻率。

　　反過來說，在已知磁場電流及負載電流之大小的情形下，落後負載之端電壓較低而領先負載較高。

　　在真實的同步電機中，同步電抗通常比 R_A 大得多，所以在定性的電壓變化研究中常可忽略 R_A。當然在精確的數值研究時，一定要考慮 R_A。

4.6　同步發電機之功率及轉矩

同步發電機就是用來做發電機的同步電機。它將機械功率轉換為三相電功率。機械功率的來源，即原動機 (prime mover)，可以是柴油機、汽渦輪機、水渦輪機或其他類似的裝置。不論功率源為何，都必須有一個最基本的特性──不論要求的功率為何，其轉速必

$$P_{\text{conv}} = \tau_{\text{ind}}\omega_m$$

$P_{\text{in}} = \tau_{\text{app}}\omega_m$ ，雜散損失，摩擦及風阻損失，鐵心損失，I^2R 損失（銅損），$P_{\text{out}} = \sqrt{3}\,V_L I_L \cos\theta$

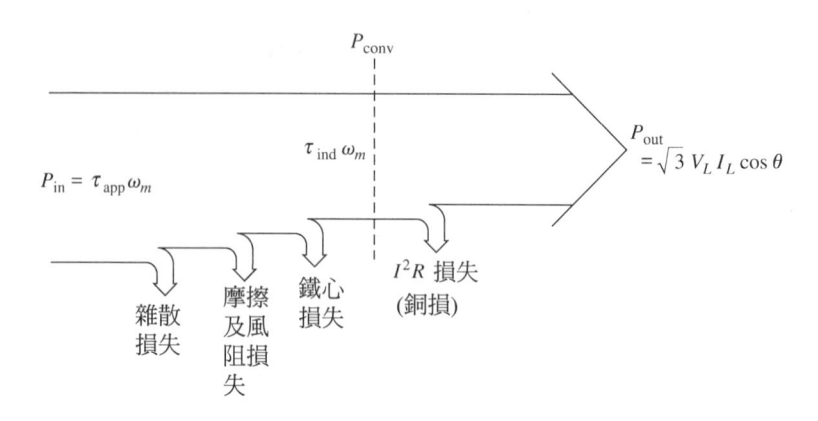

圖 4-12 同步發電機之功率流程圖。

須幾乎為定值。若非如此，則所生成之電力系統的頻率將紊亂。

並非所有進入同步發電機之機械功率都變成電機的輸出電功率。輸出功率和輸入功率之間的差值即代表功率損失。圖 4-12 所示為同步發電機之功率流程圖。輸入之機械功率即發電機中之軸功率 $P_{\text{in}} = \tau_{\text{app}}\omega_m$，而內部的機械功率轉換為電的形式則是

$$P_{\text{conv}} = \tau_{\text{ind}}\omega_m \tag{4-14}$$

$$= 3E_A I_A \cos\gamma \tag{4-15}$$

其中 γ 是 $\mathbf{E}_A$ 和 $\mathbf{I}_A$ 所夾的角度。輸入發電機之功率和在發電機中轉換的功率之差值代表電機的機械損、鐵心損失與雜散損失。

就線的量而言，同步發電機的輸出電功率可被表示為

$$P_{\text{out}} = \sqrt{3}V_L I_L \cos\theta \tag{4-16}$$

而就相而言，

$$P_{\text{out}} = 3V_\phi I_A \cos\theta \tag{4-17}$$

就線路而言，其輸出虛功率為

$$Q_{\text{out}} = \sqrt{3}V_L I_L \sin\theta \tag{4-18}$$

而就相而言，

$$Q_{\text{out}} = 3V_\phi I_A \sin\theta \tag{4-19}$$

若電樞電阻 R_A 可忽略（因為 $X_S \gg R_A$），則發電機的輸出功率可近似地用一個很有用的式子來表示。欲導出此式，先檢視圖 4-13 中的相量圖。圖 4-13 顯示出當定部電阻被忽略時發電機的簡化相量圖。注意垂直線段 bc 可被表示為 $E_A \sin\delta$ 或 $X_S I_A \cos\theta$。所以，

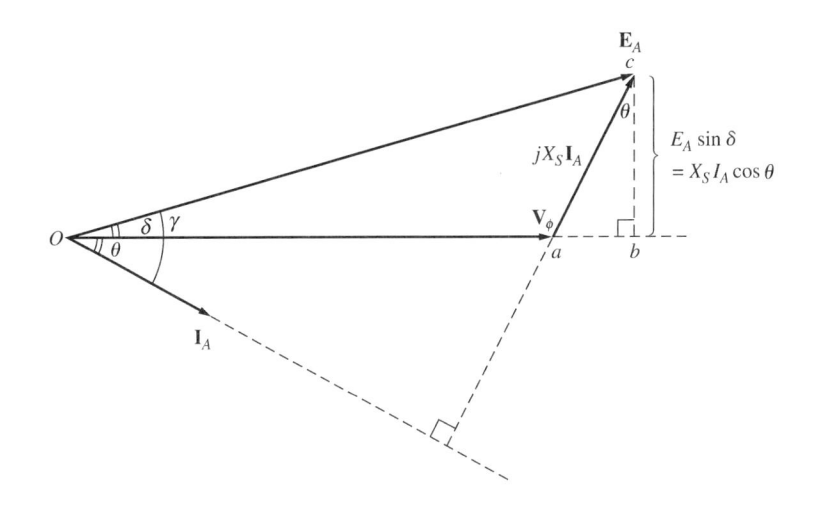

圖 4-13 忽略電樞電阻之簡化相量圖。

$$I_A \cos \theta = \frac{E_A \sin \delta}{X_S}$$

代入式 (4-17)

$$P_{\text{conv}} = \frac{3V_\phi E_A}{X_S} \sin \delta \tag{4-20}$$

既然在式 (4-20) 中電阻均設為 0，在發電機中將無電損失，且此式代表 P_{conv} 及 P_{out}。

式 (4-20) 顯示出同步發電機之功率是根據 $\mathbf{V}_\phi$ 和 $\mathbf{E}_A$ 之間的角度 δ 而定。角 δ 被稱為電機之內角 (internal angle) 或轉矩角 (torque angle)。也注意到當 $\delta = 90°$ 時產生最大功率。當 $\delta = 90°$，$\sin \delta = 1$，且

$$P_{\text{max}} = \frac{3V_\phi E_A}{X_S} \tag{4-21}$$

此式所示的最大功率被稱為發電機的靜態穩定限度 (static stability limit)。一般真實的發電機甚至不會接近此限度，就真實電機而言，典型的滿載轉矩角為 20° 至 30°。

現在再來看看式 (4-17)、(4-19) 與 (4-20)。若 $\mathbf{V}_\phi$ 設為常數，則實功率的輸出是直接和 $I_A \cos \theta$ 及 $E_A \sin \delta$ 的量成正比的。且虛功率的輸出是直接和 $I_A \sin \theta$ 成正比。在畫變換負載之同步發電機相量圖時此事實是很有用的。

由第三章可知，發電機中之感應轉矩可表示為

$$\tau_{\text{ind}} = k\mathbf{B}_R \times \mathbf{B}_S \tag{3-58}$$

或

$$\tau_{\text{ind}} = k\mathbf{B}_R \times \mathbf{B}_{\text{net}} \tag{3-60}$$

式 (3-60) 的量可表示為

$$\tau_{\text{ind}} = kB_R B_{\text{net}} \sin \delta \tag{3-61}$$

其中 δ 是轉部磁場和淨磁場之夾角，即所謂的轉矩角 (torque angle)。因為 $\mathbf{B}_R$ 產生電壓 $\mathbf{E}_A$ 而 $\mathbf{B}_{\text{net}}$ 產生電壓 $\mathbf{V}_\phi$，$\mathbf{E}_A$ 和 $\mathbf{V}_\phi$ 之間的角度 δ 與 $\mathbf{B}_R$ 和 $\mathbf{B}_{\text{net}}$ 之間的角度 δ 是相同的。

由式 (4-20) 可導出另一種同步發電機的感應轉矩表示式。因為 $P_{\text{conv}} = \tau_{\text{ind}} \omega_m$，故感應轉矩可表示為

$$\boxed{\tau_{\text{ind}} = \frac{3V_\phi E_A}{\omega_m X_S} \sin \delta} \tag{4-22}$$

此式使用電的度量來表示感應轉矩，而式 (3-60) 則使用磁的度量來表示相同的訊息。

注意到同步發電機由機械能轉成電能之功率 P_{conv} 和轉子感應轉矩 τ_{ind} 皆與轉矩角 δ 有關，如式 (4-20) 和 (4-22) 所示。

$$\boxed{P_{\text{conv}} = \frac{3V_\phi E_A}{X_S} \sin \delta} \tag{4-20}$$

$$\boxed{\tau_{\text{ind}} = \frac{3V_\phi E_A}{\omega_m X_S} \sin \delta} \tag{4-22}$$

當轉矩角 δ 到達 90° 時，此兩個量會到達最大值，每個瞬間發電機不能超過此限度。實際發電機典型的滿載轉矩角為 20° 至 30°，所以它們能提供的絕對最大瞬間功率與轉矩至少是滿載值的 2 倍。此備轉的功率和轉矩，對包含這些發電機的電力系統穩定度是必備的，4.10 節中將會進一步作介紹。

4.7　同步發電機模型之參數量測

在我們導出的同步發電機等效電路中有三個量必須要被決定，如此才能完整地描述真實同步發電機的行為：

1. 磁場電流和磁通間的關係 (及由此可知的磁場電流和 E_A 間的關係)
2. 同步電抗
3. 電樞電阻

此節之中描述了在同步發電機中決定這些量的簡單技巧。

程序中的第一步是進行發電機的開路試驗 (open-circuit test)。欲進行此試驗,將發電機以額定轉速轉動且不另加負載並使其磁場電流為 0。然後逐漸增加其磁場電流並依序測其相對應之端電壓。由於終端開路,故 $I_A=0$,可知 E_A 等於 V_ϕ。因此可以根據上述的資訊而建構出 E_A (或 V_T) 對 I_F 的圖。此圖即為所謂的發電機之開路特性 (open-circuit characteristic, OCC)。利用此特性,我們可以由任何已知的磁場電流求得對應的內部生成電壓。圖 4-14a 所示為一典型的開路特性。注意到在高磁場電流而觀察到飽和情形之前,此曲線幾乎是完全線性的。未飽和時,同步電機之機架中的鐵材其磁阻是氣隙磁阻的數千分之一,因此一開始的時候幾乎全部的磁動勢都跨在氣隙之上,而所造成的磁通增加也是線性的。最後當鐵材飽和了,鐵材之磁阻會戲劇性地增加,則磁動勢再增加時造成的磁通增加就會慢得多了。開路特性 (OCC) 中的線性部分稱之為氣隙線 (air-gap line)。

程序中的第二步是進行短路試驗 (short-circuit test)。欲進行此試驗,再次將磁場電流調為零並由安培計將發電機之終端短路。則當磁場電流增加可量到對應的電樞電流 I_A

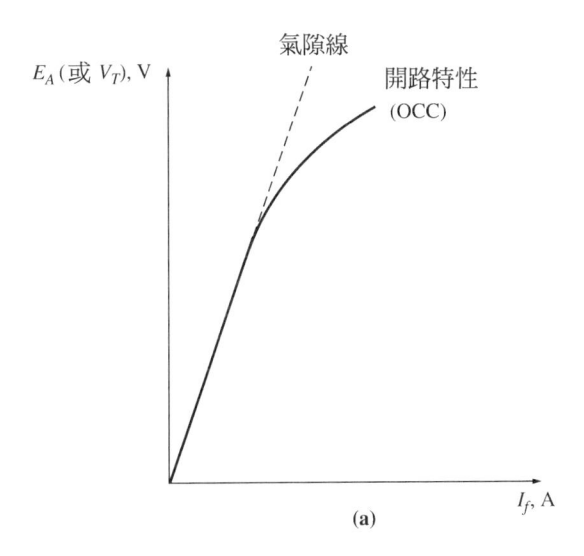

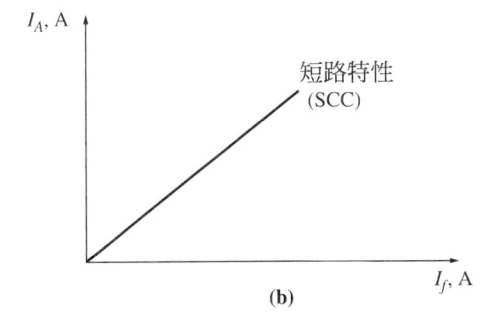

圖 4-14 (a) 同步發電機之開路特性 (OCC)。(b) 同步發電機之短路特性 (SCC)。

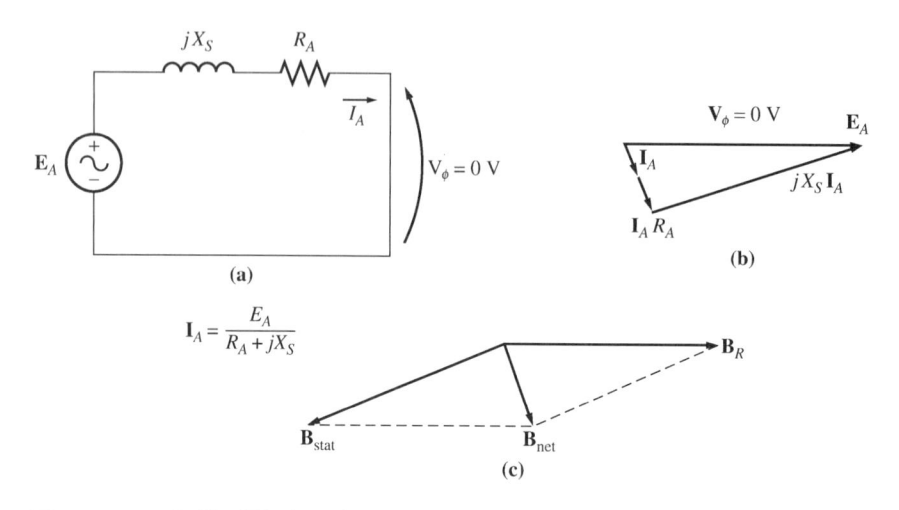

圖 4-15 (a) 短路試驗時同步發電機之等效電路。(b) 生成之相量圖。(c) 短路試驗時的磁場。

或線電流 I_L。此圖示於圖 4-14b 中且稱之為短路特性 (short-circuit characteristic, SCC)。此特性本身是一條直線。欲瞭解為什麼此特性是一直線，先檢視圖 4-9 中的等效電路並將電機之終端短路。圖 4-15a 所示即為此圖。注意到當終端短路時，電樞電流 I_A 為

$$\mathbf{I}_A = \frac{\mathbf{E}_A}{R_A + jX_S} \tag{4-23}$$

而其大小為

$$I_A = \frac{E_A}{\sqrt{R_A^2 + X_S^2}} \tag{4-24}$$

圖 4-15b 所示為其相量圖，而圖 4-17c 所示則是相關之磁場。因為 $\mathbf{B}_S$ 幾乎和 $\mathbf{B}_R$ 對消，淨磁場 $\mathbf{B}_{net}$ 將會很小 (相對於內部的電阻及電感之壓降而已)。因為在電機中的淨磁場如此地小，此電機不會飽和且短路特性 (SCC) 是線性的。

欲瞭解上述兩特性的作用，注意圖 4-15 中當 $\mathbf{V}_\phi = 0$ 時，電機之內部阻抗 (internal machine impedance) 為

$$Z_S = \sqrt{R_A^2 + X_S^2} = \frac{E_A}{I_A} \tag{4-25}$$

因為 $X_S \gg R_A$，此式可化簡為

$$X_S \approx \frac{E_A}{I_A} = \frac{V_{\phi,oc}}{I_A} \tag{4-26}$$

若在某狀況下 E_A 和 I_A 已知，則同步電抗 X_S 可依式 (4-26) 求得。

因此，可得到在給定磁場電流時決定同步電抗之近似方法

1. 就給定之磁場電流由開路特性 (OCC) 中求得內部生成電壓 E_A。
2. 就給定之磁場電流由短路特性 (SCC) 中求得短路電流 $I_{A,SC}$。
3. 利用式 (4-26) 求 X_S。

然而此方法仍有問題。內部生成電壓 E_A 由開路特性而得，此時由於大的磁場電流導致電機已部分飽和，而 I_A 是由短路特性而得，此時在任何磁場電流下電機是未飽和的。因此，在高磁場電流時，由開路特性所得之 E_A 並非在相同磁場電流時短路情形下的 E_A，此差異使得接下來的 X_S 成為近似值。

然而，在飽和點之前此方法所求得的答案都是準確的，所以利用式 (4-26) 可輕易求得電機之未飽和同步電抗 (unsaturated synchronous reactance) $X_{S,u}$，只要所取之磁場電流是在開路特性曲線上的線性部分 (在氣隙線上)。

同步電抗之近似值是根據開路特性的飽和程度而變化，所以在給定問題中所使用之同步電抗值必定是在電機中以近似負載所求得的。圖 4-16 所示為將近似同步電抗視為磁場電流之函數的圖形。

欲求飽和同步電抗之更精確的估計，可參考本書中參考文獻 2 的 5.3 節。

如果知道繞組電阻和同步電抗一樣重要，可在電機靜止時加直流電壓至繞組並測其流過之電流而得到電阻之近似值。使用直流電壓代表在測量過程中繞組之電抗為零。

這種技巧並不是完全精確的，因為交流電阻會比直流電阻高一點 (由於高頻時的集

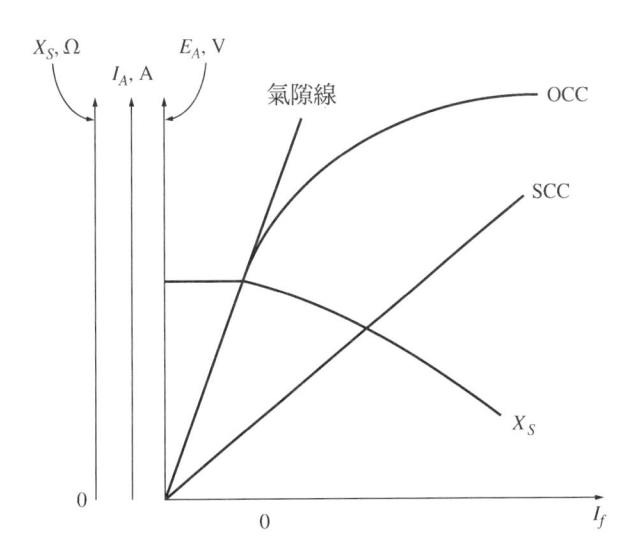

圖 4-16 同步發電機之近似同步電抗作為電機中磁場電流之函數的簡圖。在低磁場電流時所得之常數電抗即為電機中之未飽和同步電抗。

膚效應)，如果有必要，所測得的電阻值可代入式 (4-26) 中來改善 X_S 的估計 (在近似估計中這項改善並無多大的幫助——在計算 X_S 時因飽和造成的誤差比略由各 R_A 造成的大多了)。

短路比

另一個用來描述同步發電機的參數就是短路比。發電機之短路比 (short-circuit ratio) 定義為開路時額定電壓所需之磁場電流和短路時額定電流所需之磁場電流的比值。可以看出此值即為用式 (4-26) 所算出之近似飽和同步電抗 pu 值的倒數。

雖然除了由飽和同步電抗而能得到的電機資訊外，短路比並不能再提供新的資訊，重要的是知道這是什麼，因為這個術語在工業界中會常常提到。

例題 4-1 對一部 200 kVA，480 V，50 Hz，Y 連接之同步發電機做額定磁場電流 5 A 之試驗，所得數據如下：

1. 額定 I_F 之時所測之 $V_{T,OC}$ 為 540 V。
2. 額定 I_F 之時所測之 $I_{L,SC}$ 為 300 A。
3. 當在兩端加 10 V 的直流電壓時，可量得 25 A 的電流。

求出在額定情況下發電機模型中之電樞電阻及近似同步電抗 (以 Ω 表示)。

解：上述發電機是 Y 連接的，所以電阻測定中的直流電流是流經 2 個繞組。因此，電阻為

$$2R_A = \frac{V_{DC}}{I_{DC}}$$

$$R_A = \frac{V_{DC}}{2I_{DC}} = \frac{10 \text{ V}}{(2)(25 \text{ A})} = 0.2 \text{ Ω}$$

額定磁場電流時之內部生成電壓為

$$E_A = V_{\phi,OC} = \frac{V_T}{\sqrt{3}}$$

$$= \frac{540 \text{ V}}{\sqrt{3}} = 311.8 \text{ V}$$

因為發電機是 Y 連接的，短路電流 I_A 恰與線電流相等：

$$I_{A,SC} = I_{L,SC} = 300 \text{ A}$$

因此，在額定磁場電流時同步電抗可由式 (4-25) 求得：

$$\sqrt{R_A^2 + X_S^2} = \frac{E_A}{I_A} \tag{4-25}$$

$$\sqrt{(0.2\ \Omega)^2 + X_S^2} = \frac{311.8\ \text{V}}{300\ \text{A}}$$

$$\sqrt{(0.2\ \Omega)^2 + X_S^2} = 1.039\ \Omega$$

$$0.04 + X_S^2 = 1.08$$

$$X_S^2 = 1.04$$

$$X_S = 1.02\ \Omega$$

在估計 X_S 時將 R_A 併入會有多少效應？並不大。若 X_S 是由式 (4-26) 求出，結果是

$$X_S = \frac{E_A}{I_A} = \frac{311.8\ \text{V}}{300\ \text{A}} = 1.04\ \Omega$$

因為忽略 R_A 所造成的誤差遠少於因為飽和效應造成之誤差，近似之估計常使用式 (4-26)。

圖 4-17 所示為最終的每相等效電路。

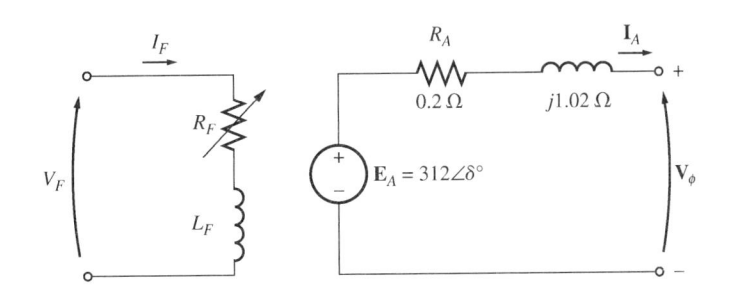

圖 4-17 例題 4-1 中的發電機每相等效電路。

4.8 單獨運轉之同步發電機

同步發電機在負載大幅變化時的行為是根據負載的功率因數及發電機是否為單獨運轉或是和其他同步發電機並聯運轉。在本節，我們將學習同步發電機獨自運轉之行為。我們將在 4.9 節中學習同步發電機並聯運轉之行為。

經由本節，將以忽略 R_A 後的簡化相量圖來說明觀念。在某些數值運算的例子中電阻 R_A 將會併入考慮。

除非在本節中有特別說明，發電機之轉速將視為恆定，且所有的終端特性是在假設轉速恆定的情形下所得。並且除非磁場電流有明顯的改變，發電機之轉部磁通亦將視為

同步發電機獨自運轉時負載變化的效應

欲瞭解同步發電機獨自運轉時的運轉特性,要從一個供應負載的發電機來著手。圖 4-18 所示為供應負載之單一發電機圖。我們增加負載後會發生什麼事?

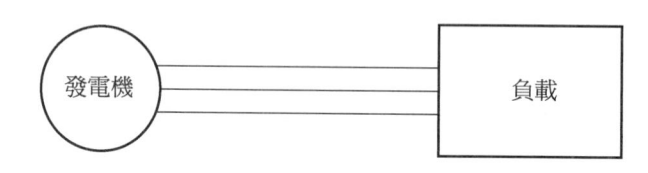

圖 4-18 供應負載之單一發電機。

負載的增加就是指從發電機取得之實功率和/或虛功率的增加。此種負載上的增加亦造成從發電機汲取之負載電流增加。因為磁場電阻未改變,磁場電流為定值,因此磁通 ϕ 為定值。因為原動機也保持固定轉速 ω,內部生成電壓的大小 $E_A = K\phi\omega$ 也是定值。

若 E_A 是定值,那到底負載變動時是什麼改變了?欲知其解必須建構一個顯示負載增加之相量圖,並牢記發電機的限制。

首先,看看在落後功因下工作的發電機。若在相同的功率因數下加入更多負載,則 $|\mathbf{I}_A|$ 增加但和 $\mathbf{V}_\phi$ 所夾的角度 θ 保持和以前一樣。因此,電樞反應電壓 $jX_S\mathbf{I}_A$ 將比以前大但保持同樣的角度。如今既然

$$\mathbf{E}_A = \mathbf{V}_\phi + jX_S\mathbf{I}_A$$

$jX_S\mathbf{I}_A$ 必定是張於 0° 的 $\mathbf{V}_\phi$ 和 $\mathbf{E}_A$ 之間,但 $\mathbf{E}_A$ 的大小卻限制在增加負載之前的值。若在相量圖上畫出這些限制,則可找到唯一的一點使電樞反應電壓能平行於原始的方向而在大小上則有增加。所得之圖示於圖 4-19a。

若此限制之現象存在,則可看出當負載增加時 $\mathbf{V}_\phi$ 迅速降低。

現在假設發電機是連接到單位功率因數的負載,在相同的功率因數下加入新負載會發生什麼事?同於先前的限制,我們可看出這一次 $\mathbf{V}_\phi$ 的降低就慢多了 (見圖 4-19b)。

最後,讓發電機連接到領先功率因數的負載。在相同的功率因數下加入新負載,電樞反應電壓將位在原先的外方,而 $\mathbf{V}_\phi$ 的確上升了 (見圖 4-19c)。在最後這個情形中,發電機之負載增加造成了端電壓的增加。這樣的結果並非僅憑直覺就可猜測到的。

由對同步發電機的討論可得到如下的一般性結論:

1. 若發電機加入落後負載 ($+Q$ 或電感性虛功率負載),$\mathbf{V}_\phi$ 和端電壓 V_T 明顯地降低。

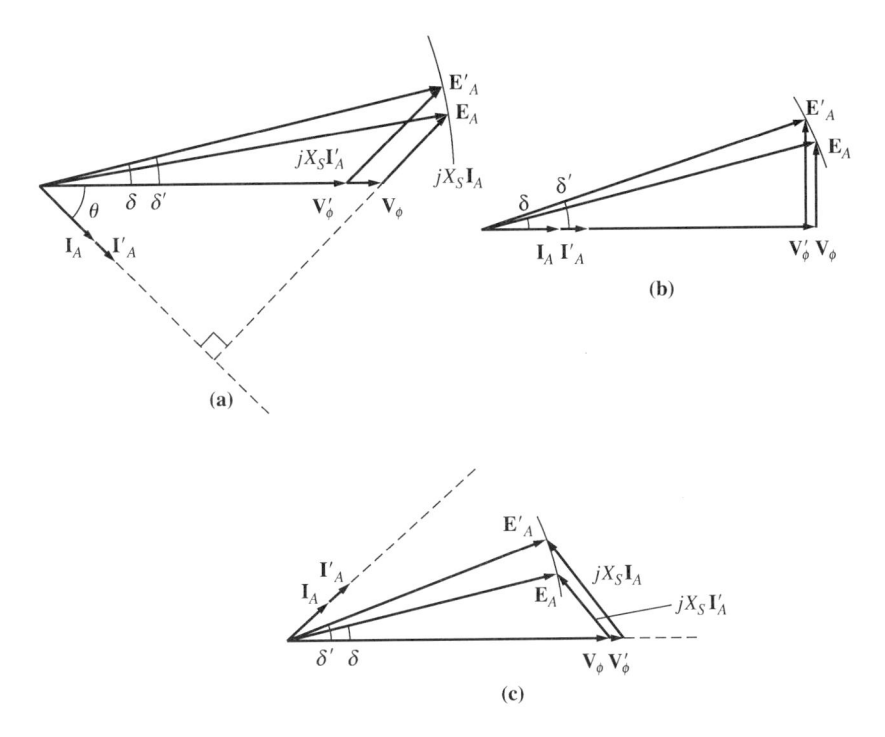

圖 4-19 固定功率因數時增加發電機之負載對端電壓所產生的效應。
(a) 落後功率因數；(b) 單位功率因數；(c) 領先功率因數。

2. 若發電機加入單位功率因數負載 (無虛功率)，V_ϕ 和端電壓 V_T 有些微的下降。
3. 若發電機加入領先負載 ($-Q$ 或電容性虛功率負載)，V_ϕ 和端電壓 V_T 將上升。

有一種簡便的方法可比較兩部發電機的電壓行為稱為電壓調整率 (voltage regulation)。發電機之電壓調整率 (VR) 可以下式定義

$$\boxed{\text{VR} = \frac{V_{\text{nl}} - V_{\text{fl}}}{V_{\text{fl}}} \times 100\%} \tag{3-67}$$

其中 V_{nl} 是發電機之無載電壓而 V_{fl} 是發電機之滿載電壓。同步發電機若運轉於落後的功率因數下，將有相當大的正電壓調整率，運轉於單位功率因數之同步發電機則有小的正電壓調整率，而運轉於領先功率因數之同步發電機則有負的電壓調整率。

一般來說，即使負載本身變動，我們仍希望保持供應至負載的電壓為定值。要如何去修正端電壓的變化？一個明顯的方法就是改變 $\mathbf{E}_A$ 的大小來補償負載的改變。回憶 $E_A = K\phi\omega$。因為一般系統中頻率是不變的，E_A 的控制必定是藉由改變電機中的磁通。

舉例說明，若發電機上加入落後負載，則端電壓會降低，正如先前所示。欲回復

至其原先之值，要降低電阻 R_F。若 R_F 降低，磁場電流將會提升。I_F 的增加使得磁通增加，並將導致 E_A 的增加，而 E_A 的增加使得電壓及端電壓增加。這種想法可總述如下：

1. 降低發電機中的磁場電阻以增加其磁場電流。
2. 磁場電流的增加使電機中之磁通增加。
3. 磁通的增加使內部生成電壓 $E_A = K\phi\omega$ 增加。
4. E_A 的增加使 V_ϕ 及發電機之端電壓增加。

相反的程序可降低端電壓，在一連串的負載變化後仍可藉由調整磁場電流來調整發電機之端電壓。

範 例

以下的三個例題來說明電機中包含電壓、電流及功率潮流之簡單計算。第一個例題在計算中考慮了電樞電阻 R_A，而另二個則省略了 R_A。第一個例題的部分提出了一個問題：負載變化時必須如何調整發電機之磁場電流以保持 V_T 為定值？另外，第二個例題的部分則提出了另一個問題：如果負載變化時不更動磁場，端電壓會如何變化？你應該將計算而得之發電機行為作個比較，看看和本節所作的定性討論是否一致。最後，第三個例題利用 MATLAB 程式來推導同步發電機之端點特性。

例題 4-2 一部 480 V，60 Hz，Δ 連接之四極同步發電機之開路特性 OCC，如圖 4-20a 所示。此發電機之同步電抗為 0.1 Ω，而電樞電阻為 0.015 Ω。滿載時，此電機供應 0.8 PF 落後之 1200 A 的電流。在滿載的情況下，摩擦和風阻損失為 40 kW，且鐵心損失為 30 kW。忽略任何磁場電路之損失。

(a) 此發電機之轉速為何？
(b) 在無載時欲使端電壓為 480 V，則必須供應多少的磁場電流至發電機？
(c) 若發電機現在連接至負載且負載汲取 0.8 PF 落後之 1200 A 的電流，欲保持端電壓為 480 V 需要多大的磁場電流？
(d) 現在發電機供應多少功率？原電動機供應多少的功率至發電機？電機之整體效率為何？
(e) 若發電機之負載突然脫離，其端電壓會有何種變化？
(f) 最後，假設連接至負載且供應 0.8 PF 領先之 1200 A 的電流。欲保持 V_T 為 480 V，需要多大的磁場電流？

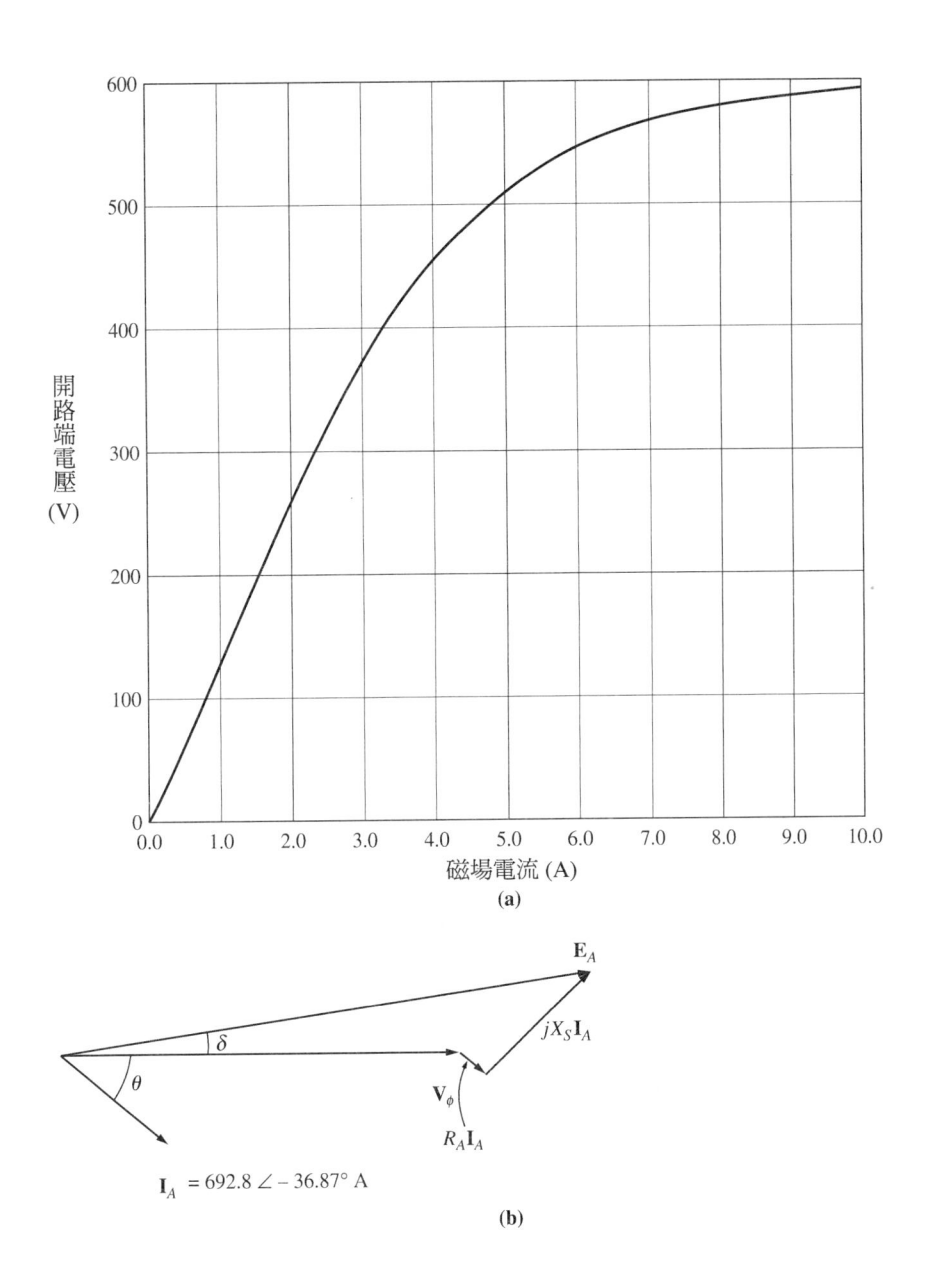

圖 4-20 (a) 例題 4-2 中發電機之開路特性。(b) 例題 4-2 中發電機之相量圖。

解：此發電機為 Δ 連接，所以其相電壓和線電壓是相等的 $V_\phi = V_T$，而其相電流與線電流之關係則為 $I_L = \sqrt{3}\,I_\phi$。

(a) 同步發電機所產生的電頻率和轉軸旋轉的機械速率間的關係如式 (3-34) 所示為：

$$f_{se} = \frac{n_m P}{120} \tag{3-34}$$

因此，

$$n_m = \frac{120 f_{se}}{P}$$

$$= \frac{120(60\ \text{Hz})}{4\ \text{poles}} = 1800\ \text{r/min}$$

(b) 在此電機中，$V_T = V_\phi$。因為此電機未連接負載，$\mathbf{I}_A = 0$ 且 $\mathbf{E}_A = V_\phi$。因此，$V_T = V_\phi = E_A = 480\ \text{V}$，且根據開路特性，$I_F = 4.5\ \text{A}$。

(c) 若發電機正供應 1200 A 的電流，則電機中之電樞電流為

$$I_A = \frac{1200\ \text{A}}{\sqrt{3}} = 692.8\ \text{A}$$

因圖 4-20b 所示為此發電機之相量圖。若端電壓被定為 480 V，內部生成電壓 $\mathbf{E}_A$ 的大小則為

$$\begin{aligned}
\mathbf{E}_A &= \mathbf{V}_\phi + R_A \mathbf{I}_A + jX_S \mathbf{I}_A \\
&= 480\angle 0°\ \text{V} + (0.015\ \Omega)(692.8\angle -36.87°\ \text{A}) + (j0.1\ \Omega)(692.8\angle -36.87°\ \text{A}) \\
&= 480\angle 0°\ \text{V} + 10.39\angle -36.87°\ \text{V} + 69.28\angle 53.13°\ \text{V} \\
&= 529.9 + j49.2\ \text{V} = 532\angle 5.3°\ \text{V}
\end{aligned}$$

欲使端電壓保持在 480 V，$\mathbf{E}_A$ 必須調至 532 V。由圖 4-20 可得所需之磁場電流為 5.7 A。

(d) 可由式 (4-16) 算出發電機所供應的功率：

$$\begin{aligned}
P_{\text{out}} &= \sqrt{3} V_L I_L \cos\theta \\
&= \sqrt{3}(480\ \text{V})(1200\ \text{A})\cos 36.87° \\
&= 798\ \text{kW}
\end{aligned} \tag{4-16}$$

欲決定輸入發電機的功率，使用功率流程圖 (圖 4-12)。根據功率流程圖，輸入機械功率為

$$P_{\text{in}} = P_{\text{out}} + P_{\text{elec loss}} + P_{\text{core loss}} + P_{\text{mech loss}} + P_{\text{stray loss}}$$

雜散損在此無特別指定，故將其忽略。在此發電機中，電損失為

$$P_{\text{elec loss}} = 3I_A^2 R_A$$
$$= 3(692.8 \text{ A})^2(0.015 \text{ }\Omega) = 21.6 \text{ kW}$$

鐵心損失為 30 kW，且摩擦及風阻損失為 40 kW，所以發電機之總輸入功率為

$$P_{\text{in}} = 798 \text{ kW} + 21.6 \text{ kW} + 30 \text{ kW} + 40 \text{ kW} = 889.6 \text{ kW}$$

因此，此電機之整體效率為

$$\eta = \frac{P_{\text{out}}}{P_{\text{in}}} \times 100\% = \frac{798 \text{ kW}}{889.6 \text{ kW}} \times 100\% = 89.75\%$$

(e) 若發電機之負載突然脫離，電流 $\mathbf{I}_A$ 會降至零，使得 $\mathbf{E}_A = \mathbf{V}_\phi$。既然磁場電流沒有改變，$|\mathbf{E}_A|$ 也不會變，而 V_ϕ 和 V_T 將會上升至與 $\mathbf{E}_A$ 同值。因此，若負載突然脫離，發電機之端電壓將會升至 532 V。

(f) 若發電機之端電壓為 480 V 且負載汲取 0.8 PF 領先之 1200 A 的電流，則內部生成電壓為

$$\mathbf{E}_A = \mathbf{V}_\phi + R_A \mathbf{I}_A + jX_S \mathbf{I}_A$$
$$= 480 \angle 0° \text{ V} + (0.015 \text{ }\Omega)(692.8 \angle 36.87° \text{ A}) + (j0.1 \text{ }\Omega)(692.8 \angle 36.87° \text{ A})$$
$$= 480 \angle 0° \text{ V} + 10.39 \angle 36.87° \text{ V} + 69.28 \angle 126.87° \text{ V}$$
$$= 446.7 + j61.7 \text{ V} = 451 \angle 7.1° \text{ V}$$

因此，若 V_T 要維持 480 V 則內部生成電壓 E_A 必須調至 451 V。使用開路特性，磁場電流會被調至 4.1 A。 ◀

何種負載 (領先或落後) 需要更大的磁場電流以保持額定電壓？何種負載 (領先或落後) 會在發電機上造成更大的熱壓？為什麼？

例題 4-3 一部 480 V，50 Hz，Y 連接，六極之同步發電機，其每相同步電抗為 1.0 Ω。當其為 0.8 PF 落後時，滿載電樞電流為 60 A。當 60 Hz且滿載時，此發電機之摩擦及風阻損失為 1.5 kW，而鐵心損失為 1.0 kW。因為電樞電阻被忽略，故假設 I^2R 損失可忽略不計。無載時磁場電流已調整至使端電壓為 480 V。

(a) 此發電機之轉速為何？
(b) 在下列情況中發電機之端電壓分別為何？

 1. 0.8 落後功率因數之額定電流負載。
 2. 1.0 單位功率因數之額定電流負載。
 3. 0.8 領先功率因數之額定電流負載。

(c) 當發電機運轉於 0.8 PF 落後之額定電流負載時，其效率為何 (忽略未知的電損失)？
(d) 滿載時原動機必須供應多少的轉軸轉矩？其感應之反轉矩有多少？
(e) 當發電機運轉於 0.8 PF 落後，試求其電壓調整率？運轉於 1.0 單位功率因數？運轉於 0.8 PF 領先？

解： 此發電機為 Y 連接，所以其相電壓為 $V_\phi = V_T / \sqrt{3}$。亦即當 V_T 調整至 480 V 時，$V_\phi = 277$ V。磁場電流已被調至使 $V_{T,\text{nl}} = 480$ V，所以 $V_\phi = 277$ V。無載時，電樞電流為零，所以電樞反應電壓及 $I_A R_A$ 電壓降為零。因為 $\mathbf{I}_A = 0$，內部生成電壓 $E_A = V_\phi = 277$ V，內部生成電壓 E_A ($= K\phi\omega$) 只有在磁場電流改變時才會改變。因為本題中磁場電流一開始調好之後就不予以更動，內部生成電壓之大小為 $E_A = 277$ V 且在本題中將不會變動。

(a) 同步發電機之轉速以每分鐘轉數可以式 (3-34) 表示為：

$$f_{se} = \frac{n_{sm} P}{120} \tag{3-34}$$

所以

$$n_{sm} = \frac{120 f_{se}}{P}$$

$$= \frac{120(50 \text{ Hz})}{6 \text{ poles}} = 1000 \text{ r/min}$$

另外，轉速若以每秒弳度來表示

$$\omega_m = (1000 \text{ r/min})\left(\frac{1 \text{ min}}{60 \text{ s}}\right)\left(\frac{2\pi \text{ rad}}{1 \text{ r}}\right)$$

$$= 104.7 \text{ rad/s}$$

(b) 1. 若發電機連接至 0.8 PF 落後之額定電流負載，則其相量圖將會如圖 4-21a 所示。在此相量圖中，我們已知 $\mathbf{V}_\phi$ 的角度為 0°，$\mathbf{E}_A$ 的大小為 277 V，且 $jX_S\mathbf{I}_A$ 的量為

$$jX_S\mathbf{I}_A = j(1.0 \text{ }\Omega)(60 \angle -36.87° \text{ A}) = 60 \angle 53.13° \text{ V}$$

在此相量圖中有兩個量是未知的，即 $\mathbf{V}_\phi$ 的大小及 $\mathbf{E}_A$ 的角度 δ。要找出這些值最簡單的方法即在相量圖上建構一個直角三角形，如圖所示。由圖 4-21a，此直角三角形告訴我們

$$E_A^2 = (V_\phi + X_S I_A \sin\theta)^2 + (X_S I_A \cos\theta)^2$$

因此，0.8 PF 落後之額定負載時的相電壓為

第四章　同步發電機　213

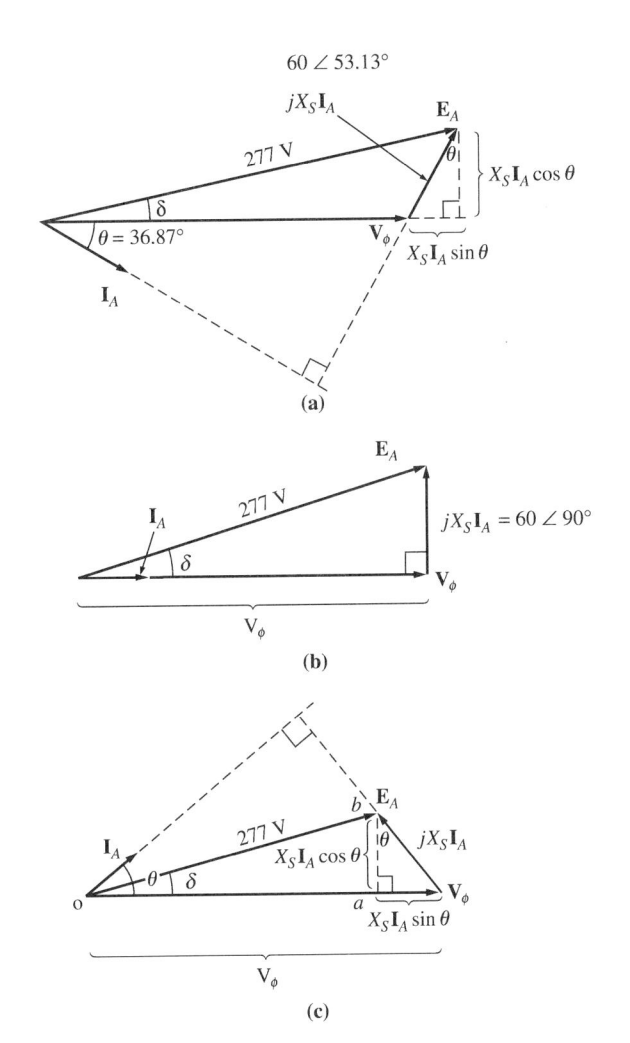

圖 4-21 例題 4-3 中之發電機相量圖。(a) 落後功率因數；(b) 單位功率因數；(c) 領先功率因數。

$$(277 \text{ V})^2 = [V_\phi + (1.0\ \Omega)(60\text{ A}) \sin 36.87°]^2 + [(1.0\ \Omega)(60\text{ A}) \cos 36.87°]^2$$
$$76{,}729 = (V_\phi + 36)^2 + 2304$$
$$74{,}425 = (V_\phi + 36)^2$$
$$272.8 = V_\phi + 36$$
$$V_\phi = 236.8 \text{ V}$$

因為發電機是 Y 連接的，$V_T = \sqrt{3}\ V_\phi = 410$ V。

2. 若發電機連接至單位功率因數之額定負載，則相量圖將會如圖 4-21b 所示。此處利用直角三角形的特性求 $\mathbf{V}_\phi$ 為

$$E_A^2 = V_\phi^2 + (X_S I_A)^2$$
$$(277 \text{ V})^2 = V_\phi^2 + [(1.0 \text{ }\Omega)(60 \text{ A})]^2$$
$$76{,}729 = V_\phi^2 + 3600$$

$$V_\phi^2 = 73{,}129$$
$$V_\phi = 270.4 \text{ V}$$

因此，$V_T = \sqrt{3}\ V_\phi = 468.4 \text{ V}$。

3. 當發電機連接至 0.8 PF 領先之額定負載，則相量圖將會如圖 4-21c 所示。在此情形下欲求 $\mathbf{V}_\phi$，我們在圖中建構如 OAB 所示之三角形。所得之方程式為

$$E_A^2 = (V_\phi - X_S I_A \sin\theta)^2 + (X_S I_A \cos\theta)^2$$

因此，0.8 PF 領先之額定負載下的相電壓為

$$(277 \text{ V})^2 = [V_\phi - (1.0 \text{ }\Omega)(60 \text{ A})\sin 36.87°]^2 + [(1.0 \text{ }\Omega)(60 \text{ A})\cos 36.87°]^2$$
$$76{,}729 = (V_\phi - 36)^2 + 2304$$
$$74{,}425 = (V_\phi - 36)^2$$
$$272.8 = V_\phi - 36$$
$$V_\phi = 308.8 \text{ V}$$

因為此發電機為 Y 連接，$V_T = \sqrt{3}\ V_\phi = 535 \text{ V}$。

(c) 當發電機供應 0.8 PF 落後之 60 A 電流時，其輸出功率為

$$P_{\text{out}} = 3 V_\phi I_A \cos\theta$$
$$= 3(236.8 \text{ V})(60 \text{ A})(0.8) = 34.1 \text{ kW}$$

其輸入機械功率為

$$P_{\text{in}} = P_{\text{out}} + P_{\text{elec loss}} + P_{\text{core loss}} + P_{\text{mech loss}}$$
$$= 34.1 \text{ kW} + 0 + 1.0 \text{ kW} + 1.5 \text{ kW} = 36.6 \text{ kW}$$

此發電機之效率為

$$\eta = \frac{P_{\text{out}}}{P_{\text{in}}} \times 100\% = \frac{34.1 \text{ kW}}{36.6 \text{ kW}} \times 100\% = 93.2\%$$

(d) 發電機之輸入轉矩可由下式而得

$$P_{\text{in}} = \tau_{\text{app}} \omega_m$$

所以

$$\tau_{\text{app}} = \frac{P_{\text{in}}}{\omega_m} = \frac{36.6 \text{ kW}}{125.7 \text{ rad/s}} = 291.2 \text{ N} \cdot \text{m}$$

感應反轉矩為

$$P_{\text{conv}} = \tau_{\text{ind}}\omega_m$$

所以
$$\tau_{\text{ind}} = \frac{P_{\text{conv}}}{\omega_V} = \frac{34.1 \text{ kW}}{125.7 \text{ rad/s}} = 271.3 \text{ N} \cdot \text{m}$$

(e) 發電機之電壓調整率定義為

$$\text{VR} = \frac{V_{\text{nl}} - V_{\text{fl}}}{V_{\text{fl}}} \times 100\% \tag{3-67}$$

根據此定義，電壓調整率在落後、單位、領先功率因數時分別為

1. 落後功因：$\text{VR} = \dfrac{480 \text{ V} - 410 \text{ V}}{410 \text{ V}} \times 100\% = 17.1\%$

2. 單位功因：$\text{VR} = \dfrac{480 \text{ V} - 468 \text{ V}}{468 \text{ V}} \times 100\% = 2.6\%$

3. 領先功因：$\text{VR} = \dfrac{480 \text{ V} - 535 \text{ V}}{535 \text{ V}} \times 100\% = -10.3\%$ ◀

在例題 4-3 中，落後負載造成端電壓的降低，單位功因負載對 V_T 造成微小的作用，而領先負載造成了端電壓的升高。

例題 4-4 若例題 4-3 之發電機運轉於無載下，端電壓 480 V，畫出發電機的端點特性 (端電壓對線電流) 當電樞電流由無載變化至滿載在功因 (a) 0.8 落後；(b) 0.8 領先。假設場電流為定值。

解： 發電機的端點特性由端電壓與線電流由線來表示。因發電機為 Y 接，其相電壓 $V_\phi = V_T/\sqrt{3}$。若無載時 $V_T = 480$ V，則 $V_\phi = E_A = 277$ V。因場電流保持固定，E_A 會保持在 277 V。因為 Y 接，所以發電機之輸出電流 I_L 與電樞電流 I_A 是相同的。

(a) 若發電機加一功因 0.8 PF 落後負載，其相量圖如圖 4-22a 所示。在相量圖中，$\mathbf{V}_\phi$ 角度為 0°，$\mathbf{E}_A$ 大小為 277 V，$jX_S\mathbf{I}_A$ 介於 $\mathbf{V}_\phi$ 與 $\mathbf{E}_A$ 間。相量圖中未知兩個量為 $\mathbf{V}_\phi$ 大小與 $\mathbf{E}_A$ 角度 δ，要求 V_ϕ，最容易的方法為在相量圖上畫一直角三角形，如圖所示，由圖 4-22a 之直角三角形可得

$$E_A^2 = (V_\phi + X_S I_A \sin\theta)^2 + (X_S I_A \cos\theta)^2$$

此式可求得以 I_A 為函數之 V_ϕ

$$V_\phi = \sqrt{E_A^2 - (X_S I_A \cos\theta)^2} - X_S I_A \sin\theta$$

一 MATLAB M-檔用來計算 V_ϕ (也就是 V_T) 為電流函數，如下所示：

```
% M-file: term_char_a.m
% M-file to plot the terminal characteristics of the
%   generator of Example 4-4 with an 0.8 PF lagging load.

% First, initialize the current amplitudes (21 values
% in the range 0-60 A)
i_a = (0:1:20) * 3;

% Now initialize all other values
v_phase = zeros(1,21);
e_a = 277.0;
x_s = 1.0;
theta = 36.87 * (pi/180);    % Converted to radians

% Now calculate v_phase for each current level
for ii = 1:21
  v_phase(ii) = sqrt(e_a^2 - (x_s * i_a(ii) * cos(theta))^2) ...
                    - (x_s * i_a(ii) * sin(theta));
end

% Calculate terminal voltage from the phase voltage
v_t = v_phase * sqrt(3);

% Plot the terminal characteristic, remembering the
% the line current is the same as i_a
plot(i_a,v_t,'Color','k','Linewidth',2.0);
xlabel('Line Current (A)','Fontweight','Bold');
ylabel('Terminal Voltage (V)','Fontweight','Bold');
title ('Terminal Characteristic for 0.8 PF lagging load', ...
    'Fontweight','Bold');
grid on;
axis([0 60 400 550]);
```

此程式執行結果如圖 4-22a 所示。

(b) 若發電機加一功因 0.8 PF 領先負載，其相量圖如 4-21c 所示。要求 V_ϕ，最容易的方法為在相量圖上畫一直角三角形，如圖所示。由圖 4-21c 之直角三角形可得

$$E_A^2 = (V_\phi - X_S I_A \sin\theta)^2 + (X_S I_A \cos\theta)^2$$

此式可求得以 I_A 為函數之 V_ϕ：

$$V_\phi = \sqrt{E_A^2 - (X_S I_A \cos\theta)^2} + X_S I_A \sin\theta$$

此式可用來計算與畫出端點特性如 (a) 所述。所得之端點特性如圖 4-22b 所示。◀

4.9　交流發電機之並聯運轉

在現今的世界上，單獨運轉之同步發電機只供應本身之負載，而獨立於其他發電機者已

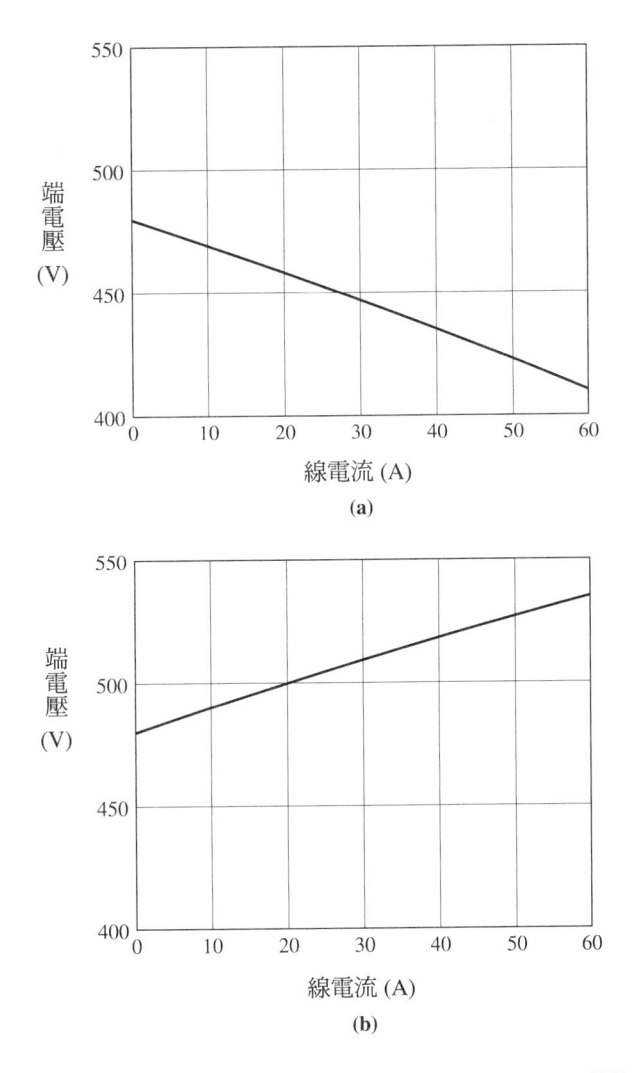

圖 4-22 (a) 例題 4-4 發電機端點特性,當加 0.8 PF 落後負載時。(b) 發電機端點特性,當加 0.8 PF 領先負載時。

經非常少了。這種情況只有在一些偏僻的應用上才有,譬如緊急發電機。一般的發電機應用中,通常有多於一個的發電機並聯運轉供應負載所需之功率。這種情況的一個特殊例子就是美國電力網路,在此電力網路中有上千部的發電機共同分擔系統的負載。

為什麼發電機要並聯運轉?如此運轉有下列的幾個優點:

1. 數個發電機可比一個單獨的電機供應更大的負載。
2. 擁有許多部發電機可增加電力系統的可靠度,因為其中任一部的故障不致造成負載的所有功率流失。
3. 擁有許多部發電機並聯運轉使得其中的一、兩部可以被移走,做停機或預防保養的

動作。
4. 若只有一部發電機且並非運轉於滿載,則這是相當沒有效率的。但是若數個小的電機則可以只運轉其中的一部分。運轉中的那些電機是以接近滿載運轉而會更有效率。

本節中會探討交流發電機並聯運轉的需求,並且看看同步發電機並聯運轉時的行為。

並聯運轉所需的條件

圖 4-23 所示為同步發電機 G_1 供應功率至負載,另一個發電機 G_2 則在關上開關 S_1 後將可和 G_1 並聯。在關上開關 S_1 並且使兩個發電機連接在一起之前,我們必須達到哪些條件?

如果在某一瞬間任意地將開關關上,很可能會造成發電機的嚴重損害,且負載可能無法得到功率。若連接在一起的導線中其電壓並非完全相同,將會導致開關關上時有很大的電流流過。要避免這個問題,三相中的任何一相與其所連接的導線間必須有完全相同的電壓強度及相角。換句話說,a 相中的電壓必須在 a' 相中的電壓完全相同,在 b-b' 及 c-c' 相中也是同樣的道理。要達到如此之匹配,必須符合如下的並聯條件 (paralleling condition):

1. 兩發電機線電壓 (line voltage) 之根均方值必須相等。
2. 兩發電機必須有相同的相序 (phase sequence)。
3. 兩者的 a 相之相角必須相等。
4. 新發電機稱為即臨發電機 (oncoming generator),其頻率必須比正在運轉之系統的頻率要高一點。

我們必須對這些並聯條件做一些說明。第一個條件是顯而易見的——為了使兩組電

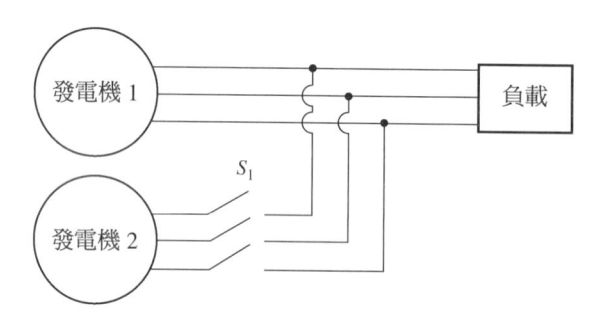

圖 4-23 發電機並聯於正在運轉中之電力系統。

$\mathbf{V}_C$ $\mathbf{V}_B$
$\mathbf{V}_A$ $\mathbf{V}_A$
ω ω
$\mathbf{V}_B$ $\mathbf{V}_C$
abc 相序　　　　　　　*acb* 相序

(a)

(b)

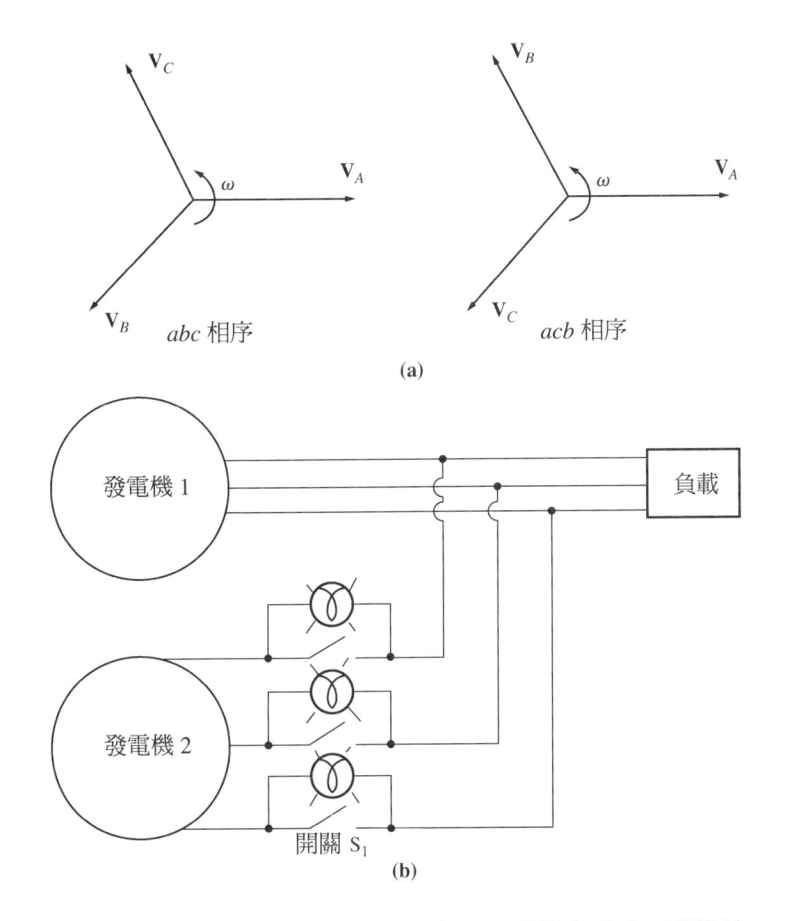

圖 4-24　(a) 三相系統兩種可能出現的相序。(b) 檢驗相序之三燈泡法。

壓完全相同，當然必須要有同樣的電壓根均方值。如果 *a* 相和 *a'* 相中之電壓有相同的相角及強度，則在任何時間下，其電壓與角度會完全相同，此點可說明第三個條件。

　　第二個條件保證了在兩發電機中，其相電壓峯值之順序是相同的。若相序不同 (如圖 4-24a 中所示)，則即使有一對電壓同相 (*a* 相)，其他兩對電壓也會有 120° 的異相。若發電機是如此連接的，則在 *a* 相上不會有問題，但在 *b* 相及 *c* 相中會有很大的電流流過，將兩個電機損毀。欲改正相序的問題，只要在其中的一部電機上簡單地把三相中的兩相對調連接即可。

　　若當兩部發電機連接在一起時，其頻率並非足夠接近，則在發電機穩定於一共通的頻率之前會發生大的電力暫態。兩部電機的頻率必須非常地接近，但卻不能完全一樣，兩頻率間必須相差一點點，以使即臨發電機之相角會隨著運轉系統之相角做緩慢的改變。如此一來，可觀察電壓間的角度且開關 S_1 可在系統已完全同相時關上。

發電機並聯之一般程序

假設發電機 G_2 如圖 4-24 中所示連接至運轉中之系統。欲達成並聯運轉，必須採取下列步驟。

首先，使用伏特計，即臨發電機之磁場電流必須被調至使其端電壓和運轉系統的線電壓相同。

其次，即臨發電機之相序必須和運轉系統之相序做比較。相序可使用許多方法來檢測。其中的一個方法是將一個小的感應電動機依序分別連接至兩個發電機。若感應電動機兩次均以同方向旋轉，則此兩個發電機之相序是相同的。若感應電動機以不同的方向旋轉，則其相序不同，且即臨發電機上的兩根導線必須反接。

另一個檢驗相序的方法稱為三燈泡法 (three-light-bulb method)。在此法中，如圖 4-24b 所示，三個燈泡分別跨在連接發電機及系統的開關的兩端，且開關是開路的。當兩個系統間之相位改變時，燈泡會先亮 (大的相差)，然後再變成微亮 (小的相差)。若三個燈泡一齊變亮變暗，則此兩系統有相同的相序。若燈泡依序變亮，則此兩系統有相反的相序，且其中的一個必須要反相。

再來，即臨發電機之頻率要調至比運轉系統的頻率稍微高一點。首先要看頻率計，然後在頻率接近時觀察兩系統間之相位變化。即臨發電機要調至有稍微高一點的頻率，所以在其連接好之後，它將會在線上扮演發電機的角色供應功率，而非像電動機一樣消耗功率 (這一點稍後會做解釋)。

一旦頻率已經非常接近了，兩系統中的電壓對彼此的相位變化會非常慢。當觀察此相位變化，且相角是相等的時候，把連接兩個系統的開關關上。

如何才能知道何時這兩個系統終於同相了？有一個簡單的方法即利用前述有關相序的討論時所提到的三燈泡法。當三個燈泡都不亮時，可知跨於其上之電壓差為零而系統為同相。這種簡單的作法是可行的，但卻不是非常準確。比較好的方法是使用同步儀。同步儀 (synchroscope) 是一種可量測兩系統的 a 相間之相差的儀器。同步儀之外觀如圖 4-25 所示。標度盤顯示出兩個 a 相間的相差，指向頂部代表 0° (即同相之義) 而指向底部代表 180°。因為兩系統的頻率只有一點點不同，同步儀上的相角會變化得非常緩

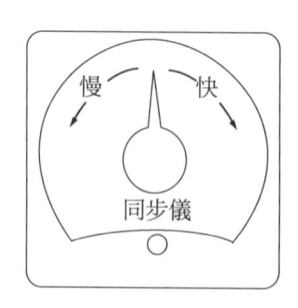

圖 4-25 同步儀。

慢。如果即臨發電機或即臨系統比運轉中之系統要快 (希望的狀況)，則相角漸增且同步儀之指針為順時針旋轉。若即臨之電機為比較慢的，則指針為逆時針旋轉。當同步之指針位於垂直之位置，則電壓為同相，可將開關關上以連接兩系統。

注意，雖然同步儀可檢測單相間的關係，但對於相序卻無法提供任何資訊。

在電力系統中的大型發電機中，並聯新發電機至線路的整個過程都是自動化的，利用電腦來完成此工作。雖然如此，在小型發電機中，操作者可以手動的方式進行剛才所描述的並聯步驟。

同步發電機之頻率-實功率特性及電壓-虛功率特性

所有的發電機都是由原動機 (prime mover) 所驅動，這就是發電機之機械功率的來源。最常見的原動機是蒸汽機，但也有其他種類的原動機包括柴油引擎、氣渦輪機、水渦輪機甚至有風渦輪機。

不管使用何種功率源，所有的原動機都趨向於類似的行為模式——當從其所汲取的功率增加時，其轉速會下降。通常其轉速之下降是非線性的，但常在系統中加入某種形式的控制機構，以使其在需求功率上升時轉速能線性地下降。

無論在原動機上使用何種控制機構，通常都被調整至在負載增加時可提供輕微下降的特性。原動機之轉速降 (speed droop, SD) 可由下式定義

$$\text{SD} = \frac{n_{nl} - n_{fl}}{n_{fl}} \times 100\% \tag{4-27}$$

其中 n_{nl} 是無載時之原動機轉速，而 n_{fl} 是滿載時之原動機轉速。大多數的發電機的原動機有 2% 到 4% 的轉速降，如式 (4-27) 中所定義。此外，大多數的控制器使用某種型式的設定點調整法使得渦輪機之無載轉速可以變動。典型的轉速-對-實功率圖如圖 4-26 所示。

由於轉軸轉速與所造成之電頻率間的關係如式 (3-34) 所示：

$$f_{se} = \frac{n_{sm}P}{120} \tag{3-34}$$

所以同步發電機之輸出實功率和其頻率有關。一個頻率對實功率之例圖如圖 4-26b 所示。這種頻率——實功率特性在同步發電機並聯時扮演了重要的角色。

頻率和實功率間的關係可由下式定量地描述

$$P = s_P(f_{nl} - f_{sys}) \tag{4-28}$$

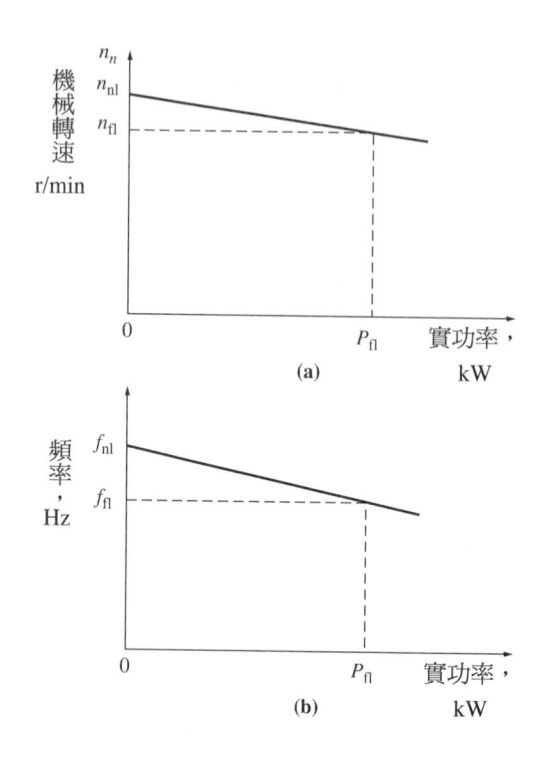

图 4-26 (a)典型原動機之轉速-對-實功率曲線。(b) 所造成之發電機頻率-對-實功率曲線。

其中　P＝發電機之輸出實功率
　　　f_{nl}＝發電機之無載頻率
　　　f_{sys}＝系統之運轉頻率
　　　s_P＝曲線斜率，kW/Hz 或 MW/Hz

在虛功率 Q 和端電壓 V_T 間也可推導出類似的關係。如前面所提到的，當同步發電機加入落後負載時，其端電壓會下降。同樣地，同步發電機若加入領先負載，其端電壓會上升。我們可以繪出端電壓對虛功率的圖，而這樣的圖像圖 4-27 中一樣有著遞減的特性。此特性並不一定要是線性，但許多發電機之電壓調整器中都包括了可使其為線性的特性。此特性曲線藉由改變電壓調整器之無載端電壓設定點可以上下移動。正如頻率-實功率特性一樣，此曲線在同步發電機並聯時也扮演了重要的角色。

端電壓和虛功率間的關係可用類似於頻率和實功率間之關係的等式 [式 (4-28)] 來表示，前提是電壓調整器能使得虛功率和端電壓間的關係為線性。

重要的是我們必須瞭解，當單一發電機獨自運轉時，發電機所供應的實功率 P 和虛功率 Q 是由連接至發電機的負載來決定其量——供應的 P 和 Q 並不能由發電機之控制器來控制。因此，就給定之實功率而言，使用控制器以定點的方法來控制發電機之運轉頻率 f_e，而就給定之虛功率而言，利用磁場電流來控制發電機之端電壓 V_T。

第四章　同步發電機　223

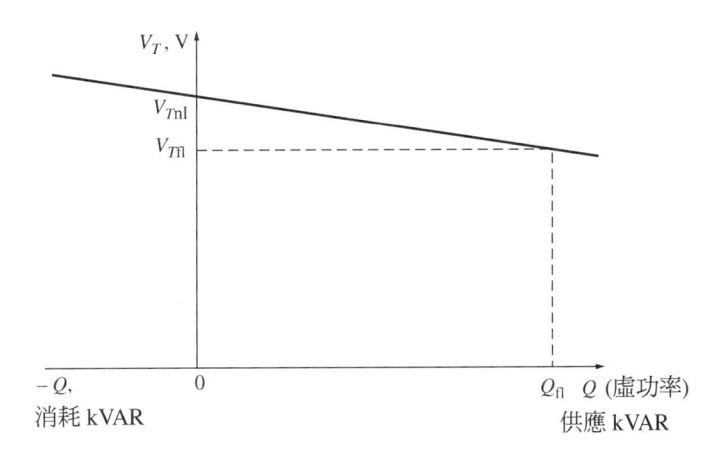

圖 4-27　同步發電機之端電壓 (V_T) -對-虛功率 (Q) 曲線。

例題 4-5　圖 4-28 所示為連接負載之發電機。第二個負載正要和第一個負載並聯。發電機之無載頻率為 61.0 Hz，且斜率 s_P 為 1 MW／Hz。負載 1 在 0.8 PF 落後下消耗 1000 kW 的實功率，而負載 2 在 0.707 PF 落後下消耗 800 kW 的實功率。

(a) 在開關關上前，系統之運轉頻率為何？
(b) 連接負載 2 之後，系統之運轉頻率為何？
(c) 連接負載 2 之後，操作者可採取何種行動使系統頻率回到 60 Hz？

解：此題中提到發電機特性之斜率為 1 MW/Hz，且其無載頻率為 61 Hz。因此，發電機所產生的實功率為

$$P = s_P(f_{nl} - f_{sys}) \tag{4-28}$$

所以

$$f_{sys} = f_{nl} - \frac{P}{s_P}$$

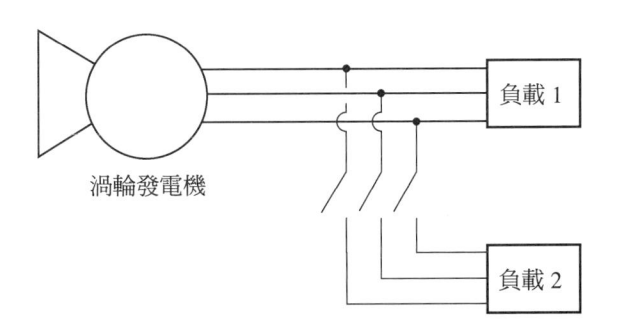

圖 4-28　例題 4-5 中的電力系統。

(a) 系統之初始頻率為

$$f_{sys} = f_{nl} - \frac{P}{s_P}$$

$$= 61 \text{ Hz} - \frac{1000 \text{ kW}}{1 \text{ MW/Hz}} = 61 \text{ Hz} - 1 \text{ Hz} = 60 \text{ Hz}$$

(b) 連接負載 2 之後,

$$f_{sys} = f_{nl} - \frac{P}{s_P}$$

$$= 61 \text{ Hz} - \frac{1800 \text{ kW}}{1 \text{ MW/Hz}} = 61 \text{ Hz} - 1.8 \text{ Hz} = 59.2 \text{ Hz}$$

(c) 在連接負載之後,系統頻率掉落至 59.2 Hz。欲將系統之運轉頻率回復至適當值,操作者應將控制器無載設定點向上調 0.8 Hz,至 61.8 Hz。這個動作可使系統頻率回復至 60 Hz。 ◀

總而言之,當發電機獨自運轉供應系統負載時,則

1. 發電機供應之實功率及虛功率的量是由其所連接之負載來決定。
2. 發電機之控制器設定點可控制電力系統的運轉頻率。
3. 磁場電流 (或磁場調整器設定點) 控制電力系統之端電壓。

這是在偏遠場所之環境中獨立之發電機的情形。

發電機與大型電力系統之並聯運轉

當一部同步發電機連接至電力系統時,電力系統之規模通常很大,以至於發電機之操作者所做的任何事都無法對整個電力系統產生大的影響。這種情形的一個例子就是連接一部發電機至美國電力網路。美國電力網路非常的大,以至於單一發電機在合理的範圍內不可能造成整個網路頻率有明顯的變化。

這種想法在無限匯流排的觀念中理想化了。無限匯流排 (infinite bus) 是一個很大的電力系統且無論多少的實功率及虛功率輸入或輸出,其頻率及電壓都維持不變。圖 4-31a 所示為此種系統之實功率 - 頻率特性,而圖 4-29b 所示為其虛功率 - 電壓特性。

欲瞭解連接至這樣一個大型系統之發電機的行為,檢視一個包括發電機和無限匯流排並聯供應負載的系統。假設發電機之原動機有控制器的機構,但是磁場是手動地以電阻來控制。在不考慮自動磁場電流調整器的情形下,比較容易解釋發電機之運轉,所以此處之討論將忽略加入磁場調整器時所造成的些微差異。圖 4-30a 所示為此系統。

當發電機並聯連接至另一發電機或一大型系統,所有電機之頻率及端電壓必須相同,因為它們的輸出導線是連在一起的。因此,它們的實功率-頻率及虛功率-電壓特

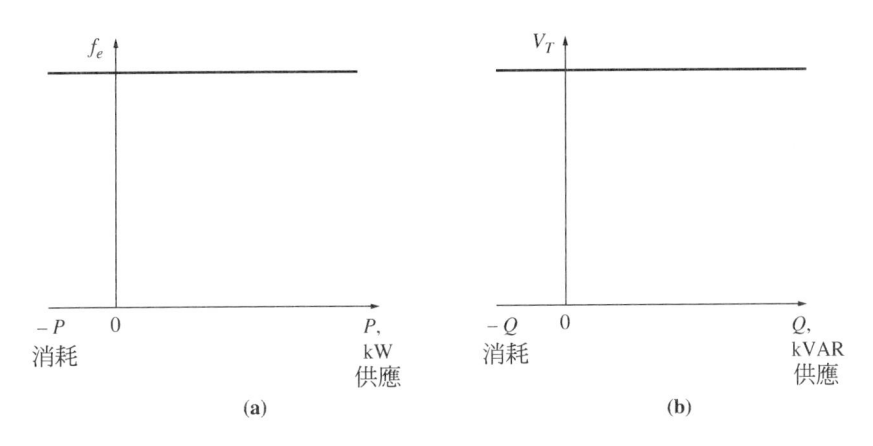

圖 **4-29** 無限匯流排的曲線：(a) 頻率-對-實功率；(b) 端電壓-對-虛功率。

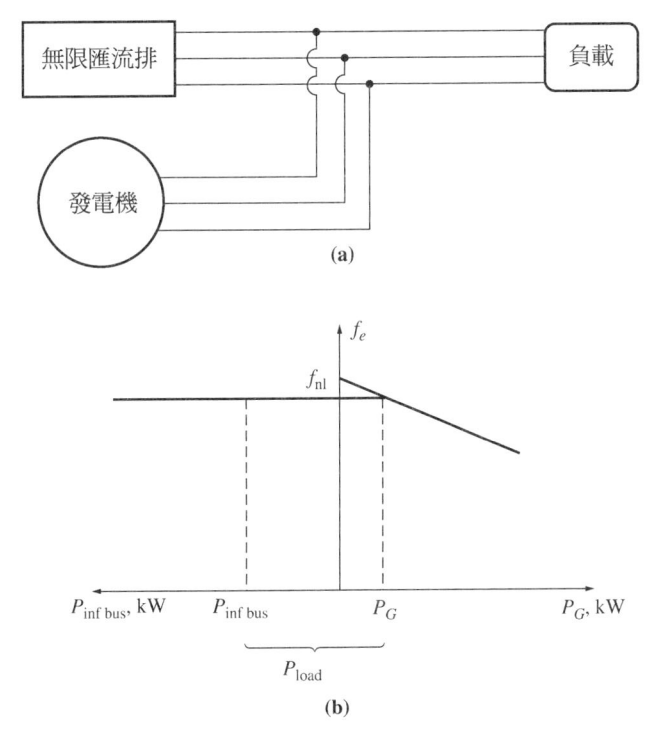

圖 **4-30** (a) 同步發電機與無限匯流排並聯運轉。(b) 同步發電機與無限匯流排並聯運轉之頻率-對-實功率圖 (或屋子圖)。

性可共用一個垂直軸，背對背地畫在一起。這種圖形有時非正式地稱為屋子圖 (house diagram)，如圖 4-30b 所示。

假設發電機根據前述的程序才剛剛和無限匯流排並聯。則本質上發電機是浮動於線上，供應少量的實功率，且供應少量的、甚至完全不供應虛功率。這種情形如圖 4-31

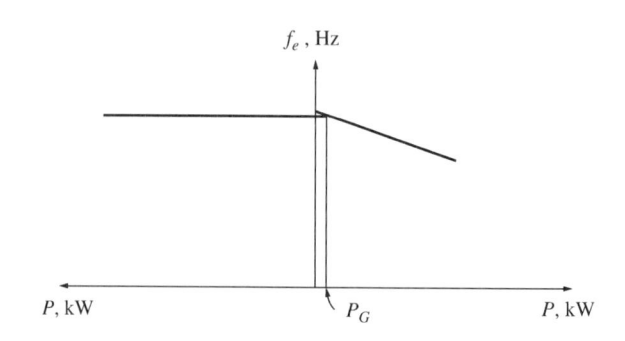

圖 4-31 完成並聯後的瞬間之頻率-對-實功率圖。

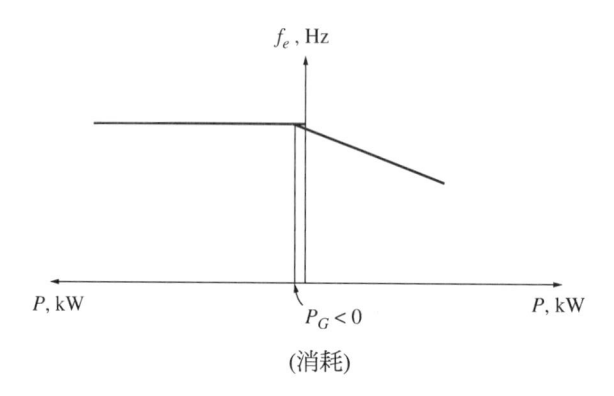

圖 4-32 若在並聯前發電機之無載頻率比運轉系統之頻率略低時,其頻率-對-實功率圖。

所示。

假設發電機已並聯至線上,但是頻率並非比運轉系統稍微高些,反而比較低。在這種情形下完成並聯後,其結果如圖 4-32 所示。注意到此時發電機之無載頻率比系統之運轉頻率為低。在這種頻率下,發電機供應的功率實際上是負的。換句話說,當發電機之無載頻率低於系統之運轉頻率時,發電機實際上是在消耗電功率,且是以電動機的型態在運轉。為了保證加入線上之發電機是供應功率而非消耗功率,即臨電機之頻率應調整至比運轉系統之頻率高。許多真實的發電機都連接有反向功率跳脫裝置,所以在並聯運轉時其頻率必定會比所連接之運轉系統的頻率為高。如果這種發電機一旦開始消耗功率,會自動地脫離線路。

一旦發電機已經連接好了,提升控制器設定點會發生什麼事?其影響是使得發電機之無載頻率向上移動。因為系統的頻率是不變的(無限匯流排的頻率是不能改變的),所以發電機供應之實功率會增加。此點可由圖 4-32a 之屋子圖中及圖 4-32b 的相量圖中看出。注意到在相量圖中,$E_A \sin \delta$(在 V_T 為常數時是正比於輸出功率的)已經增加了,但

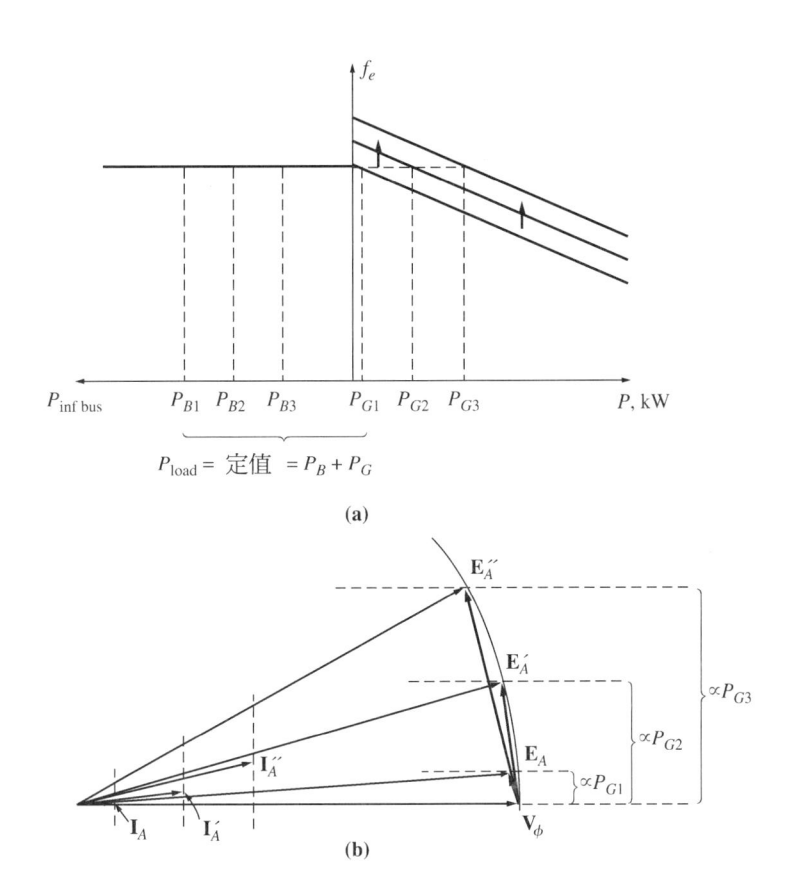

圖 4-33 提升控制器設定點所造成的影響：(a) 屋子圖；(b) 相量圖。

是 E_A 的大小 ($=K\phi\omega$) 卻保持定值，這是因為磁場電流 I_F 和轉速 ω 都不變。當再提升控制器設定點時使得無載頻率增加，且發電機供應之功率也增加。當輸出功率增加時，E_A 保持在固定的大小但 $E_A \sin \delta$ 仍增加。

在此系統中，若發電機之輸出功率持續增加而超越了負載所消耗的功率時，會發生什麼事？若發生這種情形，所產生之功率的多餘部分會回流至無限匯流排。根據定義，無限匯流排可供應或消耗任意數量的功率且不改變其頻率，所以多餘的功率被消耗掉了。

在發電機之實功率已被調至所需之值後，發電機之相量圖會如圖 4-33b 所示。注意到此時發電機實際上是工作在稍微領先的功率因數下，因此其表現像個電容器，供應負的虛功率。反過來說，我們可稱此發電機在消耗虛功率。要如何調整發電機使其能供應虛功率 Q 至系統？可藉由調整磁場電流來達到此目的。欲瞭解其原因，必須要考慮到在此種環境下發電機運轉的限制。

發電機上的第一個限制是當 I_F 改變時，發電機功率必須維持恆定。進入發電機之

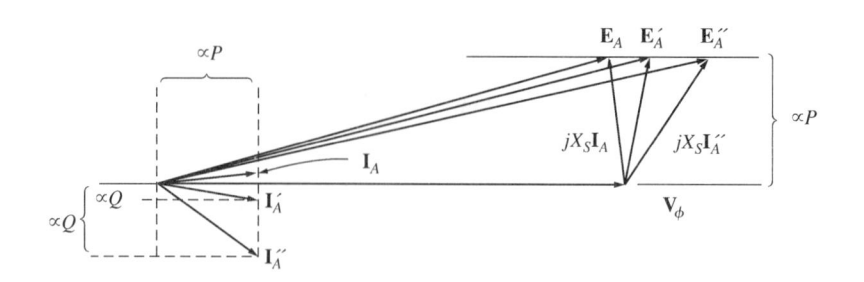

圖 4-34 增加發電機之磁場電流對電機之相量圖所造成的影響。

功率 (忽略損失) 是由方程式 $P_{in} = \tau_{ind}\omega_m$ 所決定。現在同步發電機之原動機在任一控制器設定下有著固定的轉矩-轉速特性。此曲線只有在控制器設定點改變時才會改變。因為發電機連接至無限匯流排，其轉速不能改變。若發電機之轉速不變而控制器設定點尚未變動，則發電機供應之功率會維持定值。

若當磁場電流改變時供應之功率為定值，則在相量圖中正比於功率的距離 ($I_A \cos\theta$ 和 $E_A \sin\delta$) 不變。當磁場電流增加，磁通 ϕ 增加，而且因此 $E_A(=K\phi\uparrow\omega)$ 增加。若 E_A 增加但 $E_A \sin\delta$ 保持定值，則相量 $\mathbf{E}_A$ 將沿定值功率線滑動，正如圖 4-34 所示。因為 $\mathbf{V}_\phi$ 是定值，$jX_S\mathbf{I}_A$ 的角度如圖所示地改變，因此 $\mathbf{I}_A$ 的角度及大小改變了。注意到結果正比於 Q 的距離 ($I_A \sin\theta$) 增加了。換句話說，當同步發電機與無限匯流排並聯運轉時，增加其磁場電流會使發電機之輸出虛功率增加。

總而言之，當發電機與無限匯流排並聯運轉時：

1. 同步發電機之頻率及端電壓是由其所連接之系統來決定的。
2. 發電機之控制器設定點控制了發電機供應至系統的實功率。
3. 發電機之場電流控制了發電機供應至系統的虛功率。

大多數真實的發電機在連接至非常大的電力系統時都是如此運轉的。

發電機與相同大小之其他發電機並聯運轉

當單一發電機獨自運轉時，發電機所供應之實功率及虛功率 (P 和 Q) 是固定的，被限制在與負載的需求同樣大小，而頻率和端電壓的改變是由控制器設定點和磁場電流所決定。當發電機和無限匯流排並聯運轉，頻率和端電壓受限於無限匯流排而為定值，而實功率和虛功率則是由控制器設定點及磁場電流來決定。如果現在同步發電機不接至無限匯流排而接至另一個相同大小的發電機一起並聯運轉，會發生什麼事呢？改變控制器設定點及磁場電流會產生什麼影響？

若發電機和另一個同樣大小的發電機一起並聯運轉，所形成之系統如圖 4-35a 所示。在此系統中最基本的限制就是，兩發電機所供應的實功率及虛功率之總和必須等於負載所需求的 P 和 Q。系統的頻率並不限定為常數，同樣的就任一給定之發電機其輸出功率也不限定為常數。圖 4-35b 所示為當 G_2 剛剛加入線上一起並聯運轉時，此系統之實功率-頻率圖。在此處，總實功率 P_{tot} (相等於 P_{load}) 可表為

$$P_{\text{tot}} = P_{\text{load}} = P_{G1} + P_{G2} \tag{4-29a}$$

而總虛功率可表為

$$Q_{\text{tot}} = Q_{\text{load}} = Q_{G1} + Q_{G2} \tag{4-29b}$$

當 G_2 的控制器設定點上升時會發生什麼事？當 G_2 的控制器設定點上升，G_2 的實功率-頻率曲線上升，如圖 4-35c 所示。不要忘了，供應至負載的總實功率是不變的。在原本的頻率 f_1 時，G_1 和 G_2 所供應之總實功率將會大於負載之需求，所以系統不能像過去一樣工作於以前的頻率。實際上，只有一個頻率能使得兩發電機之輸出實功率等於 P_{load}。此頻率 f_2 比原先系統之運轉頻率要高。在此頻率下，G_2 比以前供應更多的實功率，而 G_1 則比以前供應較少的實功率。

因此，當兩發電機一起並聯運轉時，提供其中一部發電機之控制器設定點，使得

1. 系統之頻率增加。
2. 此發電機供應之實功率增加，而另一部發電機供應之實功率減少。

當 G_2 的磁場電流增加時會發生什麼事？其產生的行為類似於實功率的情形且示於圖 4-36d 中。當兩發電機一起並聯運轉時，增加 G_2 之磁場電流，使得

1. 系統之端電壓增加。
2. 此發電機供應之虛功率增加，而另一部發電機供應之虛功率減少。

如果發電機之轉速降落 (頻率-實功率) 曲線的斜率及無載頻率已知，則任一發電機所供應之實功率及所造成之系統頻率將可以定量地決定出來。例題 4-6 顯示其作法。

例題 4-6 圖 4-35a 所示為共同供應負載之兩部發電機。發電機 1 之無載頻率為 61.5 Hz，而斜率 s_{P1} 為 1 MW/Hz。發電機 2 之無載頻率為 61.0 Hz 而斜率 s_{P2} 為 1 MW/Hz。此兩部發電機在 0.8 PF 落後下供應 2.5 MW 之總實功率。所形成系統之實功率-頻率圖或屋子圖如圖 4-36 所示。
(a) 此系統應運轉於何種頻率下，兩部發電機需分別供應多少實功率？

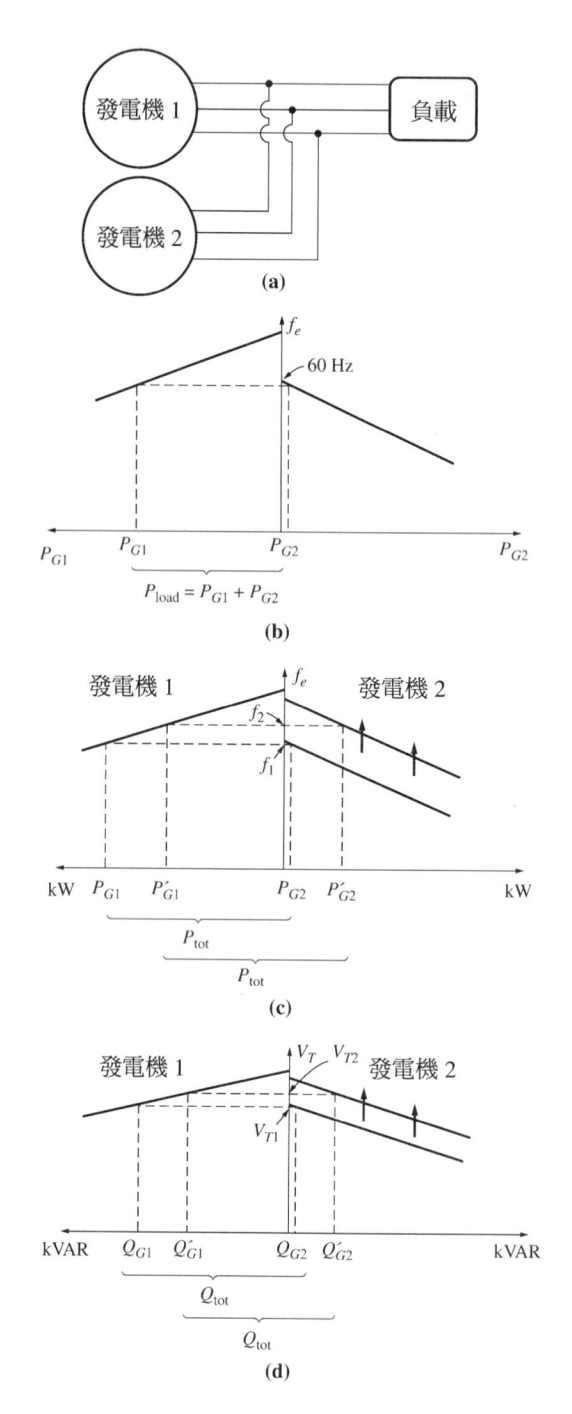

圖 4-35 (a) 發電機與另一部同樣大小之電機並聯連接。(b) 當發電機 2 與系統並聯瞬間之屋子圖。(c) 提升發電機 2 之控制器設定點對系統之運轉所造成的影響。(d) 增加發電機 2 之磁場電流對系統之運轉所造成的影響。

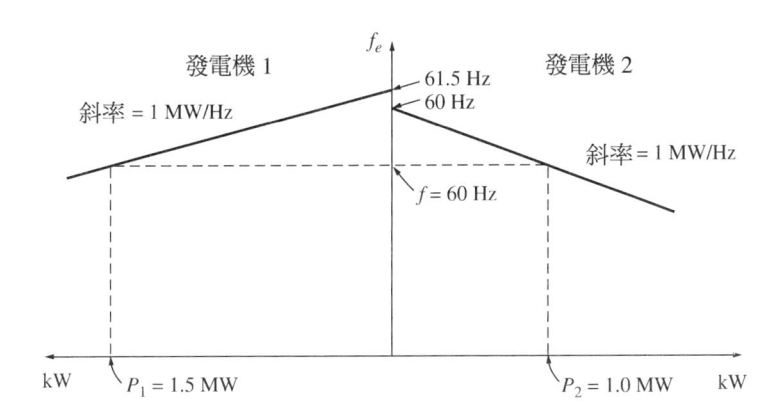

圖 4-36 例題 4-6 中的系統的屋子圖。

(b) 假設在此電力系統中加入額外的負載 1 MW。新的系統頻率應為何？而現在 G_1 和 G_2 會供應多少實功率？

(c) 就 (b) 中所述之系統而言，若 G_2 的控制器設定點上升 0.5 Hz，此新系統之頻率及發電機供應之實功率分別為何？

解：給定斜率及無載頻率之同步發電機所產生的實功率可由式 (4-28) 給定：

$$P_1 = s_{P1}(f_{nl,1} - f_{sys})$$

$$P_2 = s_{P2}(f_{nl,2} - f_{sys})$$

因為發電機所供應之總功率必須和負載所消耗的一樣大，

$$P_{load} = P_1 + P_2$$

此等式可用來回答所有問及之問題。

(a) 在第一個情形中，兩部發電機之斜率均為 1 MW/Hz，且 G_1 之無載頻率為 61.5 Hz，而 G_2 之無載頻率為 61.0 Hz。總負載為 2.5 MW。因此，系統之頻率可如下法求出：

$$\begin{aligned} P_{load} &= P_1 + P_2 \\ &= s_{P1}(f_{nl,1} - f_{sys}) + s_{P2}(f_{nl,2} - f_{sys}) \\ 2.5 \text{ MW} &= (1 \text{ MW/Hz})(61.5 \text{ Hz} - f_{sys}) + (1 \text{ MW/Hz})(61 \text{ Hz} - f_{sys}) \\ &= 61.5 \text{ MW} - (1 \text{ MW/Hz})f_{sys} + 61 \text{ MW} - (1 \text{ MW/Hz})f_{sys} \\ &= 122.5 \text{ MW} - (2 \text{ MW/Hz})f_{sys} \end{aligned}$$

因此 $$f_{sys} = \frac{122.5 \text{ MW} - 2.5 \text{ MW}}{(2 \text{MW/Hz})} = 60.0 \text{ Hz}$$

兩部發電機所供應之實功率分別為

$$P_1 = s_{P1}(f_{nl,1} - f_{sys})$$
$$= (1 \text{ MW/Hz})(61.5 \text{ Hz} - 60.0 \text{ Hz}) = 1.5 \text{ MW}$$
$$P_2 = s_{P2}(f_{nl,2} - f_{sys})$$
$$= (1 \text{ MW/Hz})(61.0 \text{ Hz} - 60.0 \text{ Hz}) = 1 \text{ MW}$$

(b) 當負載增加 1 MW，總負載變成 3.5 MW。新的系統頻率將為

$$P_{load} = s_{P1}(f_{nl,1} - f_{sys}) + s_{P2}(f_{nl,2} - f_{sys})$$
$$3.5 \text{ MW} = (1 \text{ MW/Hz})(61.5 \text{ Hz} - f_{sys}) + (1 \text{ MW/Hz})(61 \text{ Hz} - f_{sys})$$
$$= 61.5 \text{ MW} - (1 \text{ MW/Hz})f_{sys} + 61 \text{ MW} - (1 \text{ MW/Hz})f_{sys}$$
$$= 122.5 \text{ MW} - (2 \text{ MW/Hz})f_{sys}$$

因此
$$f_{sys} = \frac{122.5 \text{ MW} - 3.5 \text{ MW}}{(2 \text{MW/Hz})} = 59.5 \text{ Hz}$$

則實功率分別為

$$P_1 = s_{P1}(f_{nl,1} - f_{sys})$$
$$= (1 \text{ MW/Hz})(61.5 \text{ Hz} - 59.5 \text{ Hz}) = 2.0 \text{ MW}$$
$$P_2 = s_{P2}(f_{nl,2} - f_{sys})$$
$$= (1 \text{ MW/Hz})(61.0 \text{ Hz} - 59.5 \text{ Hz}) = 1.5 \text{ MW}$$

(c) 若 G_2 之控制器設定點上升了 0.5 Hz，則新系統頻率為

$$P_{load} = s_{P1}(f_{nl,1} - f_{sys}) + s_{P2}(f_{nl,2} - f_{sys})$$
$$3.5 \text{ MW} = (1 \text{ MW/Hz})(61.5 \text{ Hz} - f_{sys}) + (1 \text{ MW/Hz})(61.5 \text{ Hz} - f_{sys})$$
$$= 123 \text{ MW} - (2 \text{ MW/Hz})f_{sys}$$
$$f_{sys} = \frac{123 \text{ MW} - 3.5 \text{ MW}}{(2 \text{MW/Hz})} = 59.75 \text{ Hz}$$

則實功率分別為

$$P_1 = P_2 = s_{P1}(f_{nl,1} - f_{sys})$$
$$= (1 \text{ MW/Hz})(61.5 \text{ Hz} - 59.75 \text{ Hz}) = 1.75 \text{ MW}$$

注意此系統之頻率上升，G_2 的輸出實功率上升，而 G_1 的輸出實功率下降。 ◀

當兩部大小相近之發電機並聯運轉時，改變其中一部的控制器設定點將改變整個系統的頻率及功率的分配情形。通常我們所希望的是一次只調整其中的一個量。如何才能使電力系統中的功率分配能獨立於系統頻率而調整，或是系統頻率能獨立於功率分配而調整？

答案非常簡單。一部發電機的控制器設定點上升，使得此電機之供應功率增加而系統頻率升高。一部發電機控制器設定點下降，使得此電機之供應功率減少而系統頻率降低。因此，欲調整功率分配而不改變系統頻率，升高一部發電機之控制器設定點，且同

時降低另一部發電機之控制器設定點 (見圖 4-37a)。類似地，欲調整系統頻率而不改變功率分配，同時增或減兩部發電機之控制器設定點 (見圖4-37b)。

虛功率和端電壓的調整也是類似的情形。欲改變虛功率的分配而不影響 V_T，同時增加一部發電機之磁場電流，並減少另一部發電機之磁場電流 (見圖 4-37c)。欲改變 V_T 而不影響虛功率分配，同時增或減兩部發電機之磁場電流 (見圖 4-37d)。

綜而言之，當兩部發電機一起運轉時：

1. 此系統受限於兩部發電機供應之總功率必須等於負載消耗的量。f_{sys} 和 V_T 都不被限制為定值。
2. 欲調整兩發電機間之實功率分配而不改變 f_{sys}，同時升高一部發電機之控制器設定點，並降低另一部之控制器設定點。控制器設定點升高之電機要承受更大之負載。
3. 欲調整 f_{sys} 而不改變實功率的分配，同時增或減兩部發電機之控制器設定點。
4. 欲調整兩發電機間之虛功率分配，而不改變 V_T；同時增加一部發電機的磁場電流，並減少另一部之磁場電流。磁場電流增加之電機要承受更大的虛功率負載。
5. 欲調整 V_T 而不改變虛功率的分配，同時增或減兩部發電機之磁場電流。

重要的是，當同步發電機與其他電機並聯運轉時有著漸減的頻率-實功率特性。若兩發電機有著平坦或近似平坦的特性時，即使無載轉速的一個小小的變動也可能造成兩發電機間功率分配的巨幅變動。此問題由圖 4-38 示出。注意到即使其中一部發電機之 f_{nl} 有很小的改變，也會導致功率分配上的大幅移動。為了保證兩發電機之功率分配能有效地控制，其轉速降應在 2% 至 5% 的範圍內。

4.10　同步發電機暫態

當發電機之轉軸轉矩或發電機之輸出負載突然改變時，在發電機回復穩態之前，總是會有持續一段有限時間的暫態。舉例說明，當一部同步發電機和運轉中之電力系統並聯時，發電機一開始轉得比較快，而且有著比電力系統略高的頻率。一旦並聯之後，在發電機穩定下來並以線路之頻率運作之前，將會在開始供應小量的功率至負載時產生一段暫態。

欲說明此情形，參考圖 4-39。圖 4-39a 所示為發電機和電力系統並聯前的一瞬間其磁場及相量圖。在此處，即臨發電機並未供應負載，其定部電流為零，$\mathbf{E}_A = \mathbf{V}_\phi$ 且 $\mathbf{B}_R = \mathbf{B}_{net}$。

在時間恰為 $t=0$ 時，連接發電機與電力系統的開關關上，造成定部電流開始流通。因為發電機之轉部仍然轉得比系統轉速要快，它將持續地領先系統電壓 $\mathbf{V}_\phi$ 向外移

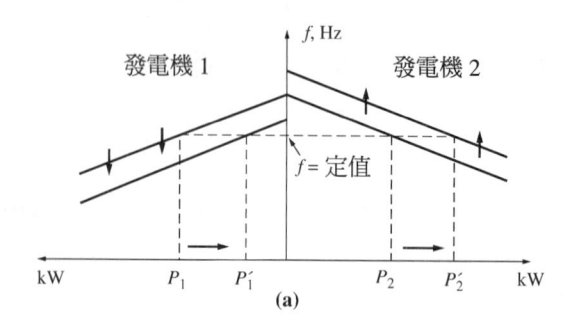

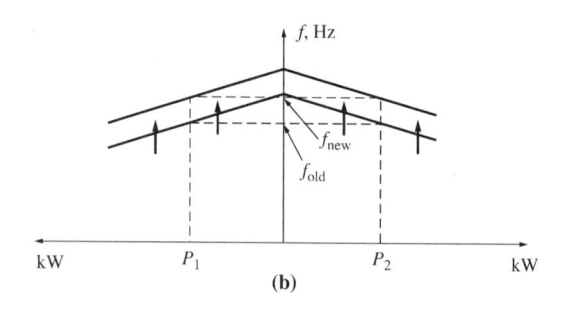

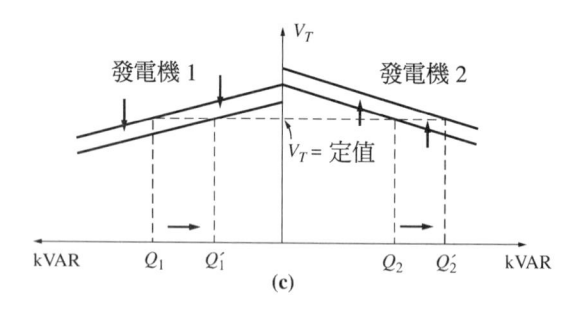

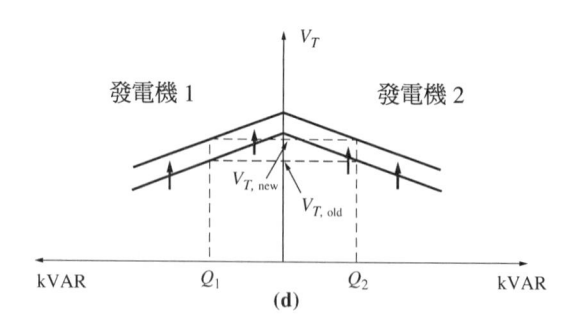

圖 4-37 (a) 改變功率分配但卻不影響系統頻率。(b) 改變系統頻率但卻不影響功率分配。(c) 改變虛功率分配但卻不影響端電壓。(d) 改變端電壓但卻不影響虛功率分配。

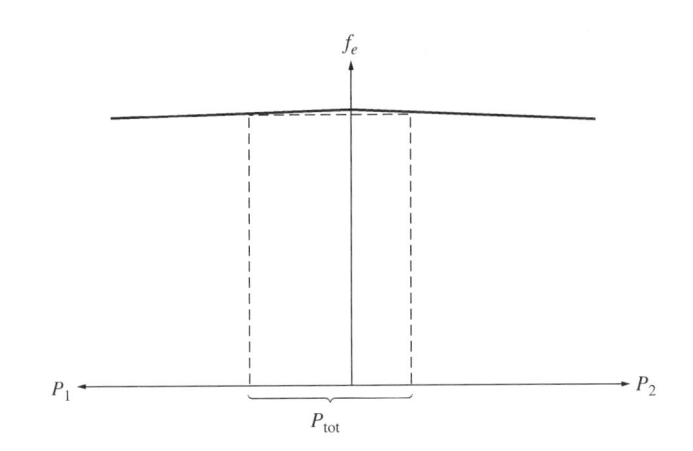

圖 4-38 兩部有著平坦的頻率-實功率特性之同步發電機。其中任一部發電機之無載頻率若有微小的變化，會導致功率分配的巨幅移動。

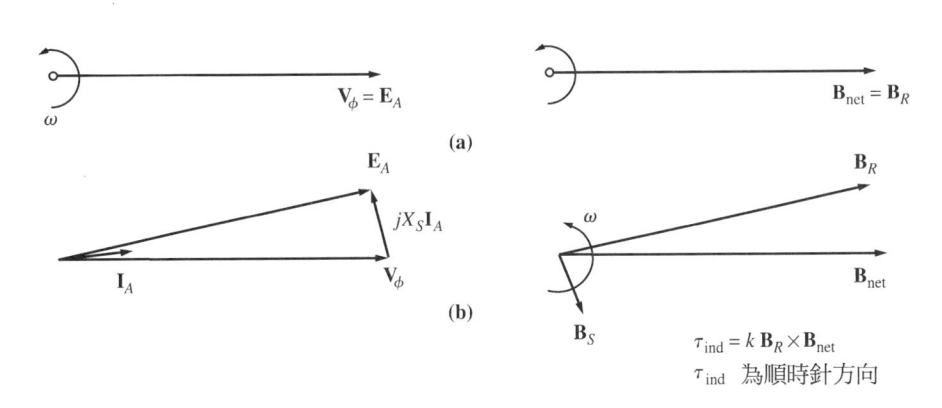

圖 4-39 (a) 當發電機與大型電力系統並聯時的一瞬間之磁場及相量圖。(b) 緊接著 (a) 之後的相量圖及磁場圖。此處轉部已移至領先淨磁場，產生順時針方向之轉矩。此轉矩使轉部減速至電力系統的同步轉速。

動。發電機轉軸上之感應轉矩為

$$\tau_{\text{ind}} = k\mathbf{B}_R \times \mathbf{B}_{\text{net}} \tag{3-60}$$

此轉矩的方向和運動方向是相反的，而且隨著 $\mathbf{B}_R$ 和 $\mathbf{B}_{\text{net}}$ 間 (或 $\mathbf{E}_A$ 和 $\mathbf{V}_\phi$ 間) 的相角增加而增加。此與運動方向相反之轉矩可使發電機轉速下降直至發電機終於和電力系統中其餘的部分一起同步運轉。

相似地，若當發電機並聯至電力系統時其轉速低於系統之同步轉速，則轉部則落後於淨磁場，且電機之轉軸將有一個和運動方向同向之感應轉矩作用於其上。此轉矩會使

同步發電機之暫態穩定度

之前我們有談過同步發電機靜態穩定度之極限，為任何情況下可供應最大功率之能力。發電機所能供應之最大功率如式 (4-21) 所示：

$$P_{\max} = \frac{3V_\phi E_A}{X_S} \tag{4-21}$$

且相對應之最大轉矩為

$$\tau_{\max} = \frac{3V_\phi E_A}{\omega_m X_S} \tag{4-30}$$

理論上，一發電機在變成不穩定運轉前，可供應高於此量之功率與轉矩。但實際上所能供應的最大負載，由於動態穩定度極限而被限制在較低的範圍。

為瞭解限制的原因，請再考慮圖 4-39 之發電機，若由原動機 (τ_{app}) 所提供轉矩突然增加，則發電機的軸將開始加速，且轉矩角 δ 將增加；當 δ 角增加，發電機之感應轉矩 τ_{ind} 也增加，一直到某個角 δ 其對應的 τ_{ind} 與 τ_{app} 相等且相反為止，此點即為發電機在新負載下之穩態操作點。因為轉子具慣量，所以轉矩角 δ 事實上已超過穩態點，且在一阻尼振盪後逐漸穩定下來，如圖 4-40 所示。正確阻尼振盪可由解非線性微分方程求得，此已超出本書範圍，參考文獻 4 第 261 頁有相關資料。

圖 4-40 之重點為在暫態響應任一點上之瞬時轉矩 ($\tau_{instantaneous}$) 超過 τ_{max}，則同步發電機將會不穩定。振盪大小視瞬間所加負載而定。若負載慢慢增加，則發電機幾乎會穩定

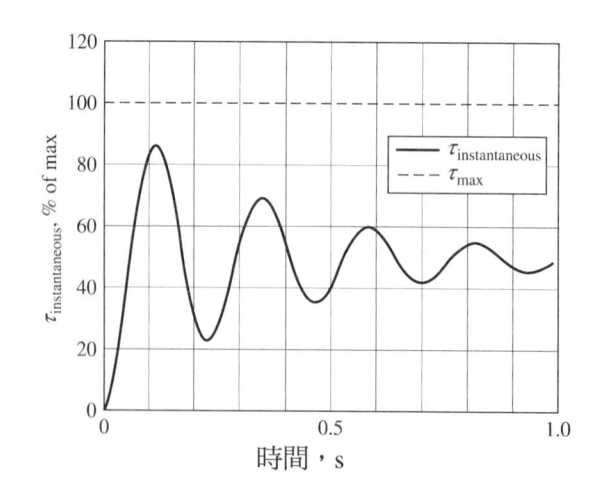

圖 4-40 當一等於 τ_{max} 之 50% 的負載轉矩瞬間加至一同步發電機之動態響應。

的到達靜態穩定極限,若負載快速增加,則發電機僅會在較低的輸出下穩定,且此點不容易計算得到。在負載突然變動下,動態穩定度極限將小於靜態穩定度極限一半。

同步發電機之短路暫態

顯然在同步發電機中所能發生最嚴重的暫態就是發電機的三個端點間突然短路。這種短路在電力系統中稱之為故障 (fault)。在發生短路的同步發電機中會出現幾種電流成分,將在底下介紹。在比較不嚴重的暫態中,如負載改變,也會產生一樣的效應,但是在如短路的極端例子中,此效應更是顯而易見。

當同步發電機發生故障時,發電機各相中所形成的電流將如圖 4-41 所示。圖 4-39 中所示之每相的電流可被表示為將直流暫態成分加在對稱的交流成分的頂端。而對稱的交流成分本身則示於圖 4-42。

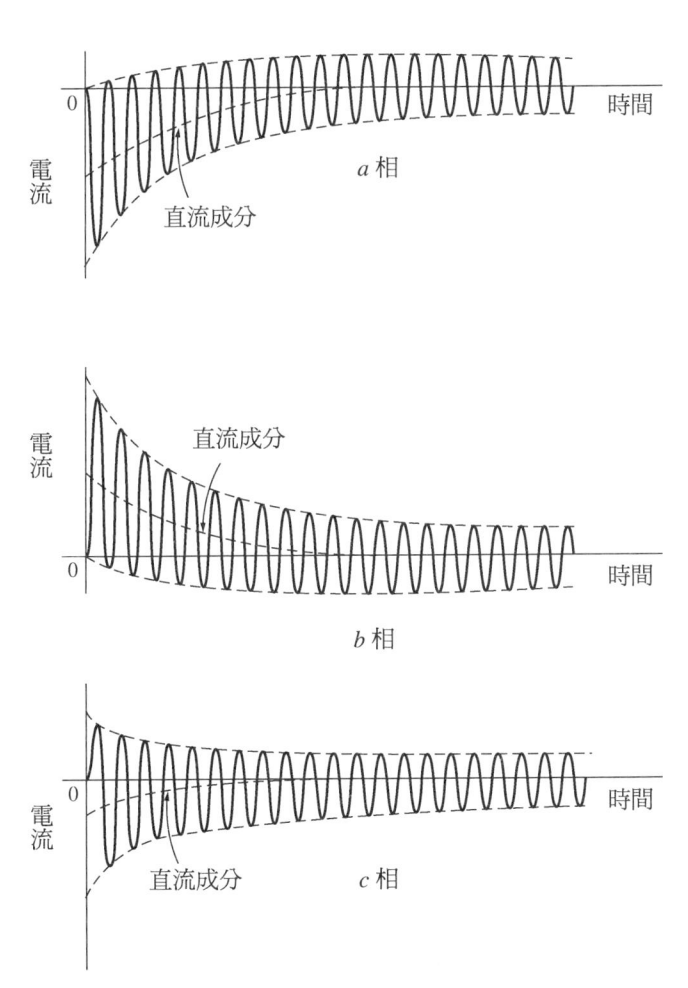

圖 4-41　當同步發電機之端點發生三相故障時,將故障電流以時間的函數來表示。

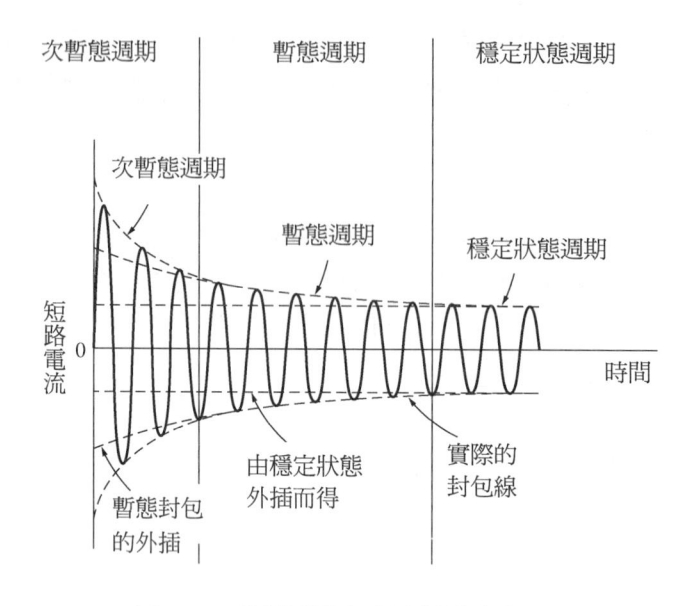

圖 4-42 故障電流之交流對稱成分。

在故障之前，發電機中只出現交流電壓及電流，在故障之後，直流和交流電流都會出現。直流電流是從那裡跑出來的？回憶同步發電機基本上是電感性的──它是由內部生成電壓和同步電抗串聯來構成模型。而且，回憶在電感中電流是不能立即改變的。當故障發生時，交流電流成分會跳至很大的值，但總電流不能瞬間改變。而直流電流成分則剛好大到使得故障後之直流及交流成分的和等於故障前的交流電流。因為故障發生的一瞬間各相中的電流瞬間值並不相同，所以各相中的直流電流成分其大小也會不同。

這些直流成分的電流很快就衰減了，但其平均初始值約為故障發生後瞬間交流電流之 50% 或 60%。因此初始電流的大小將會是單獨計算交流成分時的 1.5 或 1.6 倍。

圖 4-42 中所示為電流之交流對稱分量。大約可粗分為三段週期。在第一個週期中即當故障發生後，其交流電流很大並以很快的速度下降。這一段時間就稱為次暫態週期 (subtransient period)。在此結束後，電流繼續以較緩慢的速度下降，直到達到最後的穩定狀態為止。這一段以較緩慢的速度下降的時間稱為暫態週期 (transient period)，而在已經達到穩定狀態後的時間則稱為穩定狀態週期 (steady-state period)。

如果交流電流成分的根均方值依時間之函數繪於半對數紙上，可以看得出故障電流的三個週期。此種圖形如圖 4-43 所示。在此圖中可決定每一段週期的衰減時間常數。

在次暫態週期時流動於發電機內之電流的交流根均方值稱為次暫態電流 (subtransient current)，且使用符號 I'' 來表示。此電流是由同步發電機上的阻尼繞組所造成的 (見第五章中有關阻尼繞組之討論)。次暫態電流之時間常數以符號 T'' 表示，且可由圖 4-43 中圖形之次暫態電流的斜率來決定。此電流常常會是穩定狀態故障電流的 10

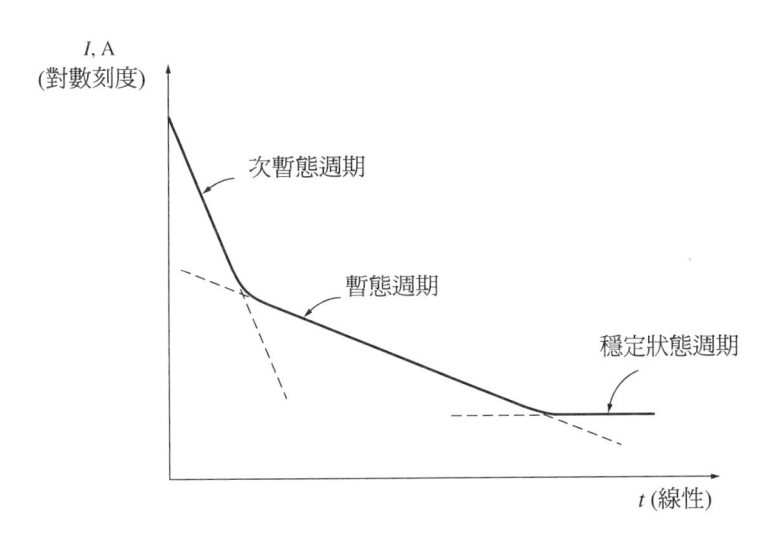

圖 4-43 故障電流之交流分量之大小以時間為函數之半對數圖形。次暫態時間常數及暫態時間常數可由此種圖形來決定。

倍大。

暫態週期時流動於發電機內之電流的交流根均方值稱為暫態電流 (transient current) 且使用符號 I' 來表示。此電流是由短路時磁場電路中感應之直流電流成分所造成的。此磁場電流使內部生成電壓增加且使故障電流增加。因為直流磁場電路之時間常數遠比阻尼繞組之時間常數要大，暫態週期會持續比次暫態週期更長的時間。此時間常數由符號 T' 表示。暫態週期中之平均電流常常會是穩定狀態故障電流的 5 倍大。

在暫態週期後，故障電流達到穩定狀態。故障時之穩定狀態電流以符號 I_{ss} 來表示。它可近似地由電壓中之內部生成電壓的基頻成分除以其同步電抗來表示：

$$I_{ss} = \frac{E_A}{X_S} \quad \text{穩定狀態} \tag{4-31}$$

同步發電機中交流故障電流之根均方值可視為時間的函數並持續地變動。若 I'' 是故障瞬間的電流之次暫態分量，I' 為故障瞬間的電流之暫態分量，而 I_{ss} 為穩態故障電流，則在故障發生後的任何時間，發電機端點所產生之電流其根方均值為

$$I(t) = (I'' - I')e^{-t/T''} + (I' - I_{ss})e^{-t/T'} + I_{ss} \tag{4-32}$$

習慣上定義同步電機之次暫態及暫態電抗作為描述故障電流之暫態分量及次暫態分量的簡便方法。同步發電機之次暫態電抗 (subtransient reactance) 定義為故障開始時，內部生成電壓之基頻分量和故障電流之次暫態分量的比值。其值為

$$X'' = \frac{E_A}{I''} \quad \text{次暫態} \tag{4-33}$$

相似地，同步發電機之暫態電抗 (transient reactance) 定義為故障開始時內部生成電壓之基頻分量和故障電流之暫態分量 I' 的比值。此電流之值可由暫態週期做外插法至時間為零之處而得，見圖 4-46：

$$X' = \frac{E_A}{I'} \quad \text{暫態} \tag{4-34}$$

為了要選定保護措施的大小，次暫態電流常被設為 E_A/X''，而暫態電流常被設為 E_A/X'，因為這些值是其對應電流之最大值。

注意到上述有關故障的討論是假設三相同時短路。若故障並不在三相相等的情形下發生，則必須使用更複雜的分析方法才能瞭解。這些方法 (稱為對稱分量法) 已超越了本書的範圍。

例題 4-7 一部 100 MVA，13.8 kV，Y 連接之三相 60 Hz 同步發電機，當在其端點上發生三相故障時，發電機正運轉於額定電壓且無載。其以電機本身之基數為基底之電抗標么值為：

$$X_S = 1.0 \quad X' = 0.25 \quad X'' = 0.12$$

其時間常數為

$$T' = 1.10\,\text{s} \quad T'' = 0.04\,\text{s}$$

此電機中之初始直流成分平均為初始交流成分之 50%。

(a) 發生故障後瞬間，發電機中的交流電流成分是多少？
(b) 發生故障之後發電機中流通之總電流 (直流加交流) 是多少？
(c) 在兩個週期後之交流電流成分為何？5 秒鐘後又為何？

解：此發電機之電流基值可由下式而得

$$I_{L,\text{base}} = \frac{S_{\text{base}}}{\sqrt{3}\,V_{L,\text{base}}} \tag{2-95}$$

$$= \frac{100\,\text{MVA}}{\sqrt{3}(13.8\,\text{kV})} = 4184\,\text{A}$$

其次暫態、暫態、穩態電流之標么值為

$$I'' = \frac{E_A}{X''} = \frac{1.0}{0.12} = 8.333$$
$$= (8.333)(4184 \text{ A}) = 34,900 \text{ A}$$
$$I' = \frac{E_A}{X'} = \frac{1.0}{0.25} = 4.00$$
$$= (4.00)(4184 \text{ A}) = 16,700 \text{ A}$$
$$I_{ss} = \frac{E_A}{X'} = \frac{1.0}{1.0} = 1.00$$
$$= (1.00)(4184 \text{ A}) = 4184 \text{ A}$$

(a) 初始交流電流成分為 $I'' = 34,900$ A。

(b) 故障開始時其總電流 (直流加交流) 為

$$I_{\text{tot}} = 1.5I'' = 52,350 \text{ A}$$

(c) 電流之交流成分以時間為函數可用式 (4-32) 而得：

$$I(t) = (I'' - I')e^{-t/T''} + (I' - I_{ss})e^{-t/T'} + I_{ss} \qquad (4\text{-}32)$$
$$= 18,200 e^{-t/0.04 \text{ s}} + 12,516 e^{-t/1.1 \text{ s}} + 4184 \text{ A}$$

在兩個週期後，$t = 1/30$ s，總電流為

$$I\left(\frac{1}{30}\right) = 7910 \text{ A} + 12,142 \text{ A} + 4184 \text{ A} = 24,236 \text{ A}$$

在兩個週期後，電流之暫態成分很明顯地是最大的一個，而且此時處於短路中的暫態週期。5 秒時，電流下降至

$$I(5) = 0 \text{ A} + 133 \text{ A} + 4184 \text{ A} = 4317 \text{ A}$$

這是在短路的穩定狀態週期。 ◀

4.11　同步發電機額定

對於同步發電機之轉速及功率存在著某些基本的限制。這些限制以電機上的額定 (ratings) 來表示。額定的目的是為了防止發電機因不當的操作而造成損害。為了這個目的，每一部電機都附有一塊列出其額定的名牌。

發電機上典型的額定有電壓、頻率、轉速、視功率 (仟伏安)、功率因數、磁場電流和服務因數。下列各段將討論這些額定及之間的關係。

電壓、轉速與頻率額定

同步發電機之額定頻率是根據其所連接之電力系統而定。今日常使用的電力系統頻率為 50 Hz (在歐洲、亞洲等地) 及 60 Hz (在美洲) 及 400 Hz (在特殊目的及控制應用時)。一旦運轉頻率已知,則在既定的極數下其可能的轉速是唯一的。頻率和轉速間的固定關係可由式 (3-34) 而得:

$$f_{se} = \frac{n_{sm}P}{120} \tag{3-34}$$

正如前面所述。

也許最明顯的額定是發電機被設計依其運轉的電壓。發電機之電壓是由電機之磁通、旋轉的速度與電機之機械結構而定。就給定之機架大小及轉速而言,欲得愈高之電壓,就要有愈高之磁通。然而磁通不能無限制地上升,因為磁場電流有最大值的限制。

在決定最大容許電壓時,另一點要考慮的是繞組絕緣之崩潰值——正常運轉時電壓不可太靠近崩潰值。

發電機是否可以在不同於其額定之頻率下操作?舉例說明,是否可以將 60 Hz 的發電機操作於 50 Hz 的環境下?答案是有條件的可以,只要能達到某些特定的條件。基本上,問題在於電機上可達到之最大磁通有限制,且因為 $E_A = K\phi\omega$,當轉速改變時最大容許之 E_A 也會改變。舉一特定之例,當 60 Hz 之發電機在 50 Hz 下運轉,則運轉電壓會降低至原來的 50/60 或 83.3%。當 50 Hz 之發電機在 60 Hz 下運轉時,會發生相反的效應。

視功率及功率因數額定

有兩個因素可決定電機之功率限制。一個是電機轉軸上的機械轉矩,另一個是電機繞組上的熱。在實際的同步電動機及發電機中,轉軸之機械強度足以承受比電機額定大得多的穩態功率,所以實際的穩態限制是由電機繞組所產生的熱來決定。

同步發電機中有兩個繞組,且兩者都必須有防止過熱的措施。此兩個繞組是電樞繞組和磁場繞組。最大可接受之電樞電流決定發電機之視功率,因為視功率 S 是由下式給定:

$$S = 3V_\phi I_A \tag{4-35}$$

若額定電壓已知,則最大可接受之電樞電流決定發電機之額定仟伏安:

$$S_{\text{rated}} = 3V_{\phi,\text{rated}} I_{A,\text{max}} \tag{4-36}$$

或

$$S_{\text{rated}} = \sqrt{3} V_{L,\text{rated}} I_{L,\text{max}} \tag{4-37}$$

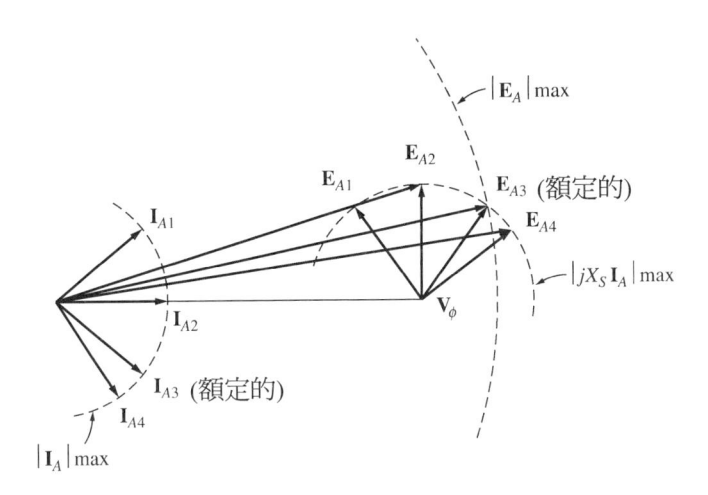

圖 4-44 轉部磁場電流是如何決定了發電機的額定功率因數。

重要的是要瞭解電樞電流的功率因數和電樞繞組產生的熱是無關的。定部銅損失造成的加熱效應為

$$P_{SCL} = 3I_A^2 R_A \tag{4-38}$$

而且是和電流與 $\mathbf{V}_\phi$ 之間所夾的角度無關的。因為電流的角度和電樞加熱無關，所以這些電機是以仟伏安作為額定，而非仟瓦。

另一個重要的繞組是磁場繞組。磁場的銅損失為

$$P_{RCL} = I_F^2 R_F \tag{4-39}$$

所以最大可接受的加熱決定了電機中的最大磁場電流。因為 $E_A = K\phi\omega$，E_A 最大可接受的值也被決定了。

在發電機以額定仟伏安運轉時，I_F 最大值及 E_A 最大值之限制的效應將直接演變為有最低可接受之功率因數的限制。圖 4-44 所示為一部以額定電壓及電樞電流運轉之同步發電機。如圖電流可設為許多不同的角度。內部生成電壓 $\mathbf{E}_A$ 是 $\mathbf{V}_\phi$ 和 $jX_S\mathbf{I}_A$ 的和。注意到在某些可能的電流角度下，所屬之 E_A 會超過 $E_{A,max}$。若發電機是以額定電樞電流及這些功率因數在運轉，則磁場繞組將會燒掉。

當 $\mathbf{V}_\phi$ 維持在額定值時，需要最大可能 $\mathbf{E}_A$ 的 $\mathbf{I}_A$ 之角度決定了發電機之額定功率因數。也可以在比額定更低 (更落後) 的功率因數下操作發電機，但必須要藉由降低發電機供應的仟伏安才能達成。

同步發電機能力曲線

同步發電機之定部和轉部的熱限制及外部限制,可利用發電機能力圖,且以圖形的方式來表示。所謂的能力圖 (capability diagram) 是複功率 $S=P+jQ$ 的圖。它是由發電機之相量圖所導出,並假定 $\mathbf{V}_\phi$ 固定於發電機之額定電壓值。

圖 4-45a 所示為同步發電機工作於落後功率因數及額定電壓時之相量圖。在相量圖上以 $\mathbf{V}_\phi$ 之頂端為原點,電壓為單位可繪出一組正交軸。在此圖中,垂直線段 AB 之長度為 $X_S I_A \cos\theta$,而水平線段 OA 之長度為 $X_S I_A \sin\theta$。

發電機之實功率輸出為

$$P = 3V_\phi I_A \cos\theta \tag{4-17}$$

而虛功率輸出為

$$Q = 3V_\phi I_A \sin\theta \tag{4-19}$$

而視功率輸出為

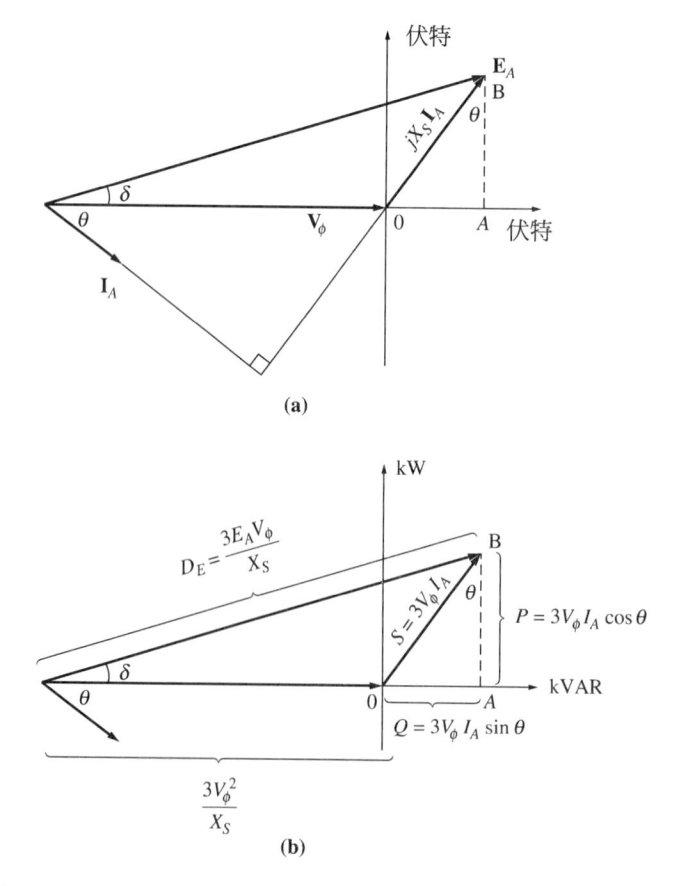

圖 4-45 同步發電機能力曲線之推導。(a) 發電機之相量圖;(b) 對應之功率單位。

$$S = 3V_\phi I_A \tag{4-35}$$

所以圖中之垂直軸及水平軸可重新標定刻度為實功率及虛功率 (圖 4-46b)。將單位由伏特轉變為伏安 (功率單位) 的轉換因子為 $3V_\phi/X_S$：

$$P = 3V_\phi I_A \cos\theta = \frac{3V_\phi}{X_S}(X_S I_A \cos\theta) \tag{4-40}$$

及

$$Q = 3V_\phi I_A \sin\theta = \frac{3V_\phi}{X_S}(X_S I_A \sin\theta) \tag{4-41}$$

就電壓軸而言，相量圖的原點是在水平軸的 $-V_\phi$ 處，所以此原點在功率圖上的位置是

$$Q = \frac{3V_\phi}{X_S}(-V_\phi)$$
$$= -\frac{3V_\phi^2}{X_S} \tag{4-42}$$

磁場電流正比於電機之磁通，而磁通正比於 $E_A = K\phi\omega$。在功率圖上 E_A 所對應的長度為

$$D_E = -\frac{3E_A V_\phi}{X_S} \tag{4-43}$$

電樞電流 I_A 正比於 $X_S I_A$，且在功率圖上 $X_S I_A$ 所對應的長度為 $3V_\phi I_A$。

最後可得如圖 4-46 所示之發電機能力曲線。這是一個 P 對 Q 的圖，實功率 P 為水平軸而虛功率 Q 為垂直軸。電樞電流 I_A 之定值線以 $S = 3V_\phi I_A$ 之定值線的型態出現，其為以原點為圓心之同心圓。磁場電流之定值線則對應 E_A 之定值線，其為半徑 $3E_A V_\phi/X_S$ 之圓弧，而圓心的位置為

$$Q = -\frac{3V_\phi^2}{X_S} \tag{4-42}$$

電樞電流的限制是以額定電流 I_A 或額定仟伏安所形成之圓的型態出現，而磁場電流的限制則是以額定 I_F 或額定 E_A 所形成之圓的型態出現。任何位於此兩圓之內的點都是此發電機之安全操作點。

在此圖上也可表示出其他的限制，例如原動機最大功率值和靜態穩定限制。圖 4-47 所示為也可反映出原動機最大功率值的能力曲線。

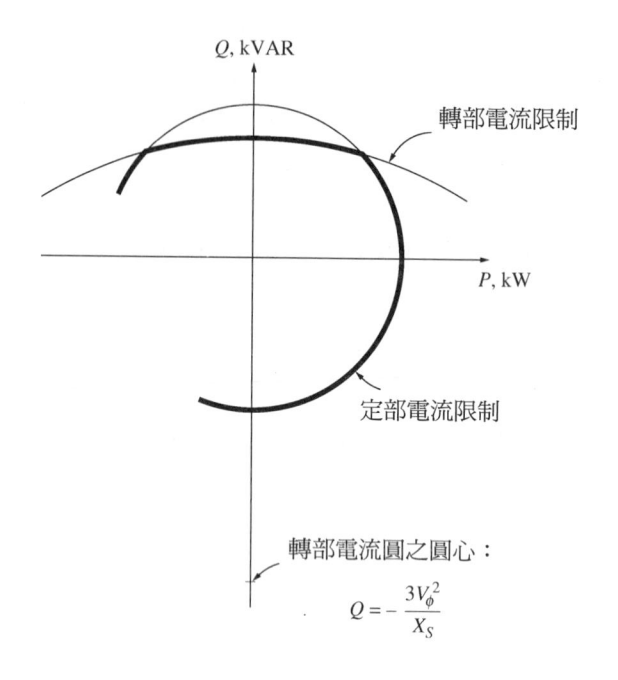

圖 4-46 所得之發電機能力曲線。

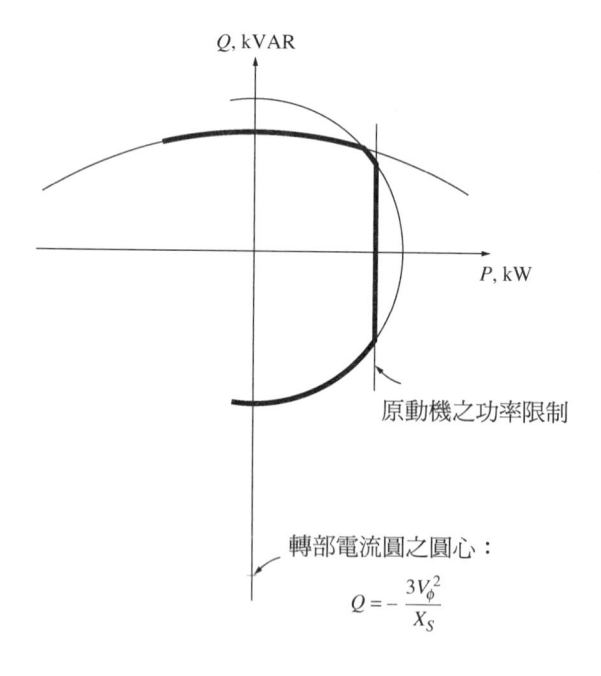

圖 4-47 可顯示出原動機功率限制之能力圖。

例題 4-8 一部 480 V，50 Hz，Y 連接之六極同步發電機，其額定為 50 kVA 且為 0.8 PF 落後。其每相之同步電抗為 1.0 Ω。假設此發電機連接至能供應 45 kW 之蒸汽機。摩擦及風阻損失為 1.5 kW，且鐵心損失為 1.0 kW。

(a) 繪出此發電機之能力曲線，且包含原動機之功率限制。
(b) 此發電機是否可於 0.7 PF 落後下供應 56 A 之線電流？為什麼？
(c) 此發電機可產生之最大虛功率為何？
(d) 若發電機供應 30 kW 的實功率，則同時可供應之虛功率最大值為何？

解：發電機中之電流最大值可由式 (4-36) 而得：

$$S_{rated} = 3V_{\phi,rated} I_{A,max} \tag{4-36}$$

此電機之電壓 V_ϕ 為

$$V_\phi = \frac{V_T}{\sqrt{3}} = \frac{480\ V}{\sqrt{3}} = 277\ V$$

所以最大電樞電流為

$$I_{A,max} = \frac{S_{rated}}{3V_\phi} = \frac{50\ kVA}{3(277\ V)} = 60\ A$$

根據這些資訊，現在可以回答各個問題。

(a) 最大容許之視功率為 50 kVA，這也限定了最大的安全電樞電流。E_A 圓的圓心位於

$$Q = -\frac{3V_\phi^2}{X_S} \tag{4-42}$$

$$= -\frac{3(277\ V)^2}{1.0\ \Omega} = -230\ kVAR$$

E_A 的最大值為

$$E_A = V_\phi + jX_S I_A$$
$$= 277 \angle 0°\ V + (j1.0\ \Omega)(60 \angle -36.87°\ A)$$
$$= 313 + j48\ V = 317 \angle 8.7°\ V$$

因此，正比於 E_A 的距離為

$$D_E = \frac{3E_A V_\phi}{X_S} \tag{4-43}$$

$$= \frac{3(317\ V)(277\ V)}{1.0\ \Omega} = 263\ kVAR$$

當原動機功率為 45 kW 時之最大可容許之實功率為

$$P_{\max,\text{out}} = P_{\max,\text{in}} - P_{\text{mech loss}} - P_{\text{core loss}}$$
$$= 45 \text{ kW} - 1.5 \text{ kW} - 1.0 \text{ kW} = 42.5 \text{ kW}$$

(此值是近似值,因為 I^2R 損失及雜散負載損失並未考慮。) 所得之能力圖如圖 4-48 所示。

(b) 0.7 PF 落後下 56 A 的電流可產生之實功率為

$$P = 3V_\phi I_A \cos\theta$$
$$= 3(277 \text{ V})(56 \text{ A})(0.7) = 32.6 \text{ kW}$$

且其虛功率為

$$Q = 3V_\phi I_A \sin\theta$$
$$= 3(277 \text{ V})(56 \text{ A})(0.714) = 33.2 \text{ kVAR}$$

將此點繪於能力圖上,可看出它安全地處於 I_A 最大值曲線內,但是卻在 I_F 最大值曲

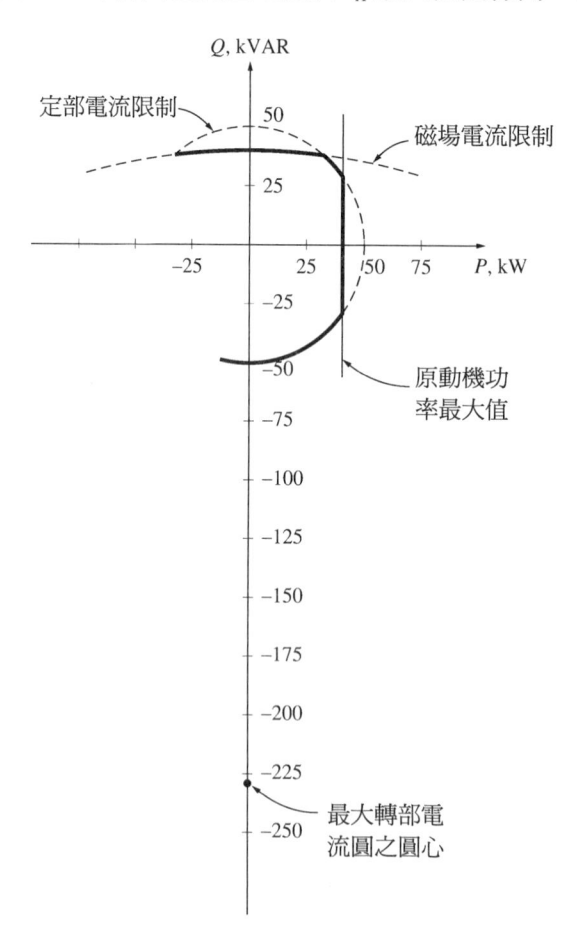

圖 4-48 例題 4-8 中之發電機的能力圖。

線外。因此，此點不是一個安全的操作狀況。
(c) 當發電機供應之實功率為零時，發電機所能供應之虛功率為最大值。此點正好在能力曲線的尖端。發電機所能供應的 Q 為

$$Q = 263 \text{ kVAR} - 230 \text{ kVAR} = 33 \text{ kVAR}$$

(d) 若發電機正供應 30 kW 的實功率，則發電機所能供應之最大虛功率為 31.5 kVAR。此點之求法為自 30 kW 處切入能力圖中，並以固定之仟瓦線向上延伸直至達到極限。在此例中造成限制的是磁場電流——電樞電流的限制要到 39.8 kVAR 才會達到。◀

圖 4-49 所示為一實際同步發電機之典型能力曲線。注意對一發電機而言，能力曲線邊界不是一完整的圓，這對具凸極的同步發電機而言是為真，這是因為有一些額外效應在作模式化時所沒考慮到的。有關這些效應請參考附錄 C。

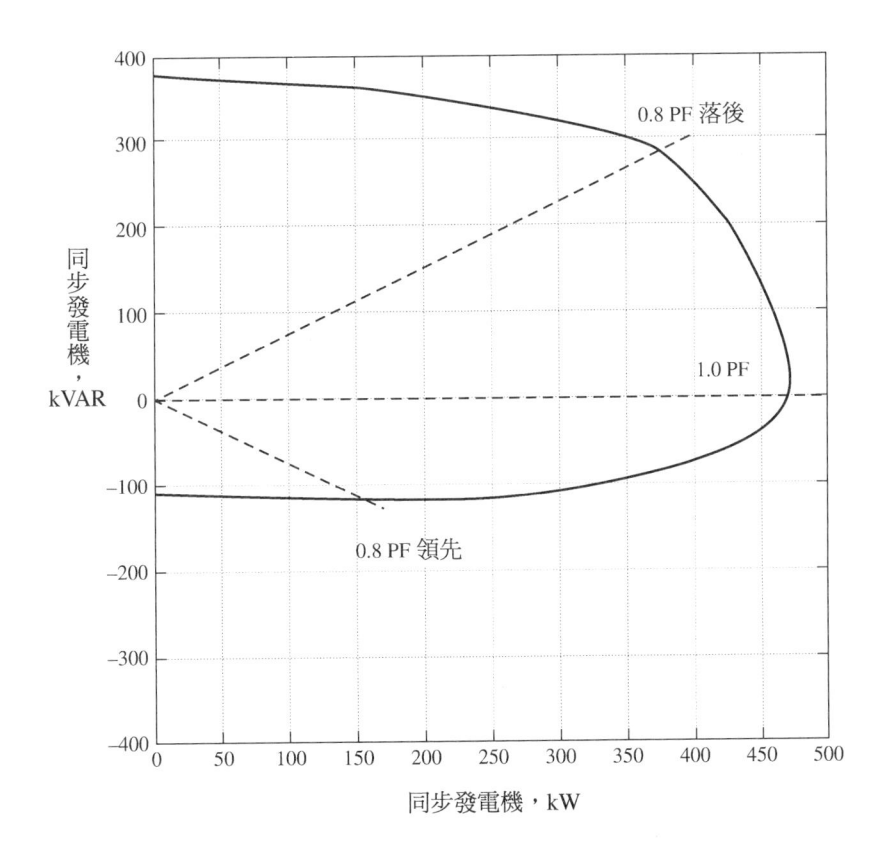

圖 4-49 一同步發電機額定在 470 kVA 時之能力曲線。(圖表由 *Marathon Electric Company* 提供。)

短時間運轉及服務因數

同步發電機在穩定狀態運轉時，最重要的限制就是電樞及磁場繞組所產生的熱。無論如何，發生熱限制的點通常要比達到發電機磁性上及機械上所能供應之最大功率的點要低。實際上，典型的同步發電機通常可以供應其額定功率的 300% 一小段時間 (直到繞組被燒毀)。此種可供應超出額定量功率的能力，通常用在電動機啟動時及類似的負載暫態所形成的瞬間功率突波。

也可能長時期地將發電機使用於超過額定功率的狀態，只要在多餘的負載移走前繞組還來不及燒壞。舉例說明，一部可長期供應 1 MW 的發電機可以供應 1.5 MW 的功率達一分鐘而不造成嚴重的損害，且在較低的功率位準下更可供應更長的時間。然而，最後負載仍要移走，否則繞組將過熱。供應之功率超過額定值愈多，電機所能忍受的時間就愈短。

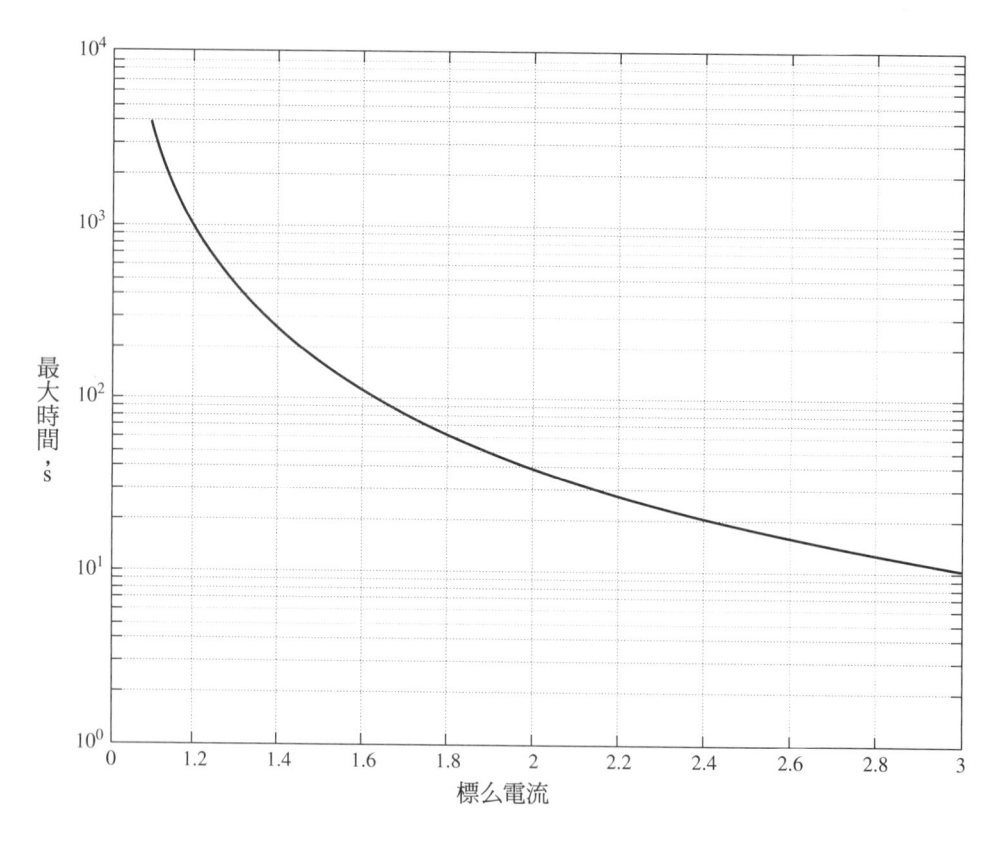

圖 4-50 說明此效應，圖中所示為一典型電機機械因過載而造成過熱損害所需之時

圖 4-50 典型同步機之熱損害曲線，假設在過載發生以前繞組已經到達運轉溫度。

間秒數，其繞組在溫載發生之前是在正常溫度下運轉。在此電機中，20% 過載可忍受 1000 秒，100% 過載可忍受約 30 秒，200% 溫載可忍受約 10 秒鐘不發生危險。

一部電機所能接受的最大溫升是根據其繞組的絕緣等級 (insulation class) 而定。共有四種標準的絕緣等級：A、B、F 與 H。不過其可接受的溫度會依據電機之特殊結構和溫度的測量法而有一些改變，一般來說這些等級所對應之溫升為 60、80、105 與 125°C (就周遭環境而言)。給定電機之絕緣等級愈高，則在不造成繞組過熱的情形下發電機所能供應的功率也愈大。

在電動機和發電機中繞組過熱是一件非常嚴重的問題。有一個古老的經驗法則認為：若每超過電機之額定繞組溫度 10°C，則其平均壽命會減半 (見圖 3-20)。現在的絕緣材料並不至於如此容易崩潰，但是溫升仍然嚴重地縮短其壽命。基於此，同步發電機除非在絕對需要的情形下，還是不應該在過載的情形下使用。

一個有關過熱的問題是：如何能知道一部電機的功率需求呢？在安裝之前，對負載通常只有粗略的估計。因此，通用電機常會有一個服務因數 (service factor)。服務因數的定義為實際最大功率和電機之名牌值的比值。服務因數為 1.15 的發電機實際上可長期在額定負載的 115% 的功率下運轉而不造成損害。電機上的服務因數在負載估計不良時提供了一個誤差邊界。

4.12 總　結

同步發電機是一個在特定電壓及頻率下將原動機之機械功率轉換為電功率的設備。同步這個術語是指電機之電頻率鎖定於或同步於轉軸之機械旋轉速率。現今全球絕大部分之電力是使用同步發電機來產生。

此種發電機之內部生成電壓是依據轉軸之旋轉速率及磁場磁通之大小而定。由於發電機之電樞反應及電樞繞組中的內電阻和內電抗，電機之相電壓將和其內部生成電壓有所不同。發電機之端電壓和相電壓之關係可能是相等或為 $\sqrt{3}$ 倍，端視此電機為 Δ 連接或 Y 連接。

在實際電力系統中同步發電機之運轉行為是依據發電機上的限制而定。當發電機單獨運轉時，實功率和虛功率必須是由負載來決定供應的量，而控制器設定點和磁場電流則可控制頻率及端電壓。當發電機連接至無限匯流排時，其頻率和電壓為固定值，所以控制器設定點和磁場電流可分別控制由發電機輸出之實功率及虛功率。在實際系統中包含了大小相近的發電機，控制器設定點將影響頻率和輸出實功率，而磁場電流則將影響端電壓及輸出虛功率。

同步發電機供應電力之能力的主要限制為電機內部的發熱問題。當發電機繞組過熱，電機之壽命將嚴重地縮短。因為發電機中有兩組不同的繞組 (電樞及磁場)，所以造成兩種不同的限制。電樞繞組之最大可接受熱限制決定了電機所供應的最大仟伏安值，而磁場繞組之最大可接受熱限制決定了 E_A 的最大值。E_A 的最大值和 I_A 的最大值一起決定了發生的額定功率因數。

問　題

4-1 為什麼同步發電機之頻率鎖定於其轉軸之旋轉速率？

4-2 為什麼當交流機連接至落後負載時，其電壓會迅速地下降？

4-3 為什麼當交流機連接至領先負載時，其電壓會上升？

4-4 繪出同步發電機之相量圖及磁場關係圖，當其運轉於 (a) 單位功率因數，(b) 落後功率因數，(c) 領先功率因數。

4-5 解釋在同步發電機中如何決定同步阻抗及電樞電阻。

4-6 為什麼 60 Hz 的發電機在 50 Hz 下運轉時需要降低額定？要降多少的額定？

4-7 就同樣的功率及電壓額定下，你認為 400 Hz 的發電機會比 60 Hz 的發電機大或小？為什麼？

4-8 在並聯運轉兩部同步發電機時，有哪些條件是必須具備的？

4-9 為什麼即臨發電機並聯電力系統時，其頻率必須高於系統頻率？

4-10 何謂無限匯流排？它對於與其並聯的發電機會產生什麼限制？

4-11 如何可以控制兩部發電機間之實功率分配，而不影響系統之頻率？如何可以控制兩部發電機間之虛功率分配而不影響系統之端電壓？

4-12 如何可以調整大型電力系統之系統頻率而不影響系統中各發電機間之實功率分配？

4-13 如何延伸 4.9 節中之概念，以計算三部或更多部發電機並聯運轉時，其系統頻率及發電機間之實功率分配情形？

4-14 為什麼過熱對發電機而言，是一件如此嚴重的事？

4-15 詳細解釋能力曲線所依據之原理。

4-16 何謂短時間額定？為什麼就正常的發電機運轉而言，它們非常重要？

習　題

4-1 在歐洲某地區，必須供應 1000 kW 的 60 Hz 功率。唯一可用的功率源是 50 Hz 的。決定要使用電動機-發電機的模式來發電，使用同步電動機來驅動同步發電機。為了要轉換 50 Hz 的電力至 60 Hz 的電力，此兩部電機各需多少磁極？

4-2 一部 13.8 kV、50 MVA、0.9 PF 落後之 60 Hz、四極、Y 接的同步發電機，其同步電抗為 2.5 Ω，而電樞電阻為 0.2 Ω。在 60 Hz 下，其摩擦及風阻損失為 1 MW，且其鐵心損失為 1.5 MW。磁場電路之直流電壓為 120 V，最大之 I_F 為 10 A。場電流為 0 至 10 A 可調，圖 P4-1 所示為此發電機之 OCC 曲線。

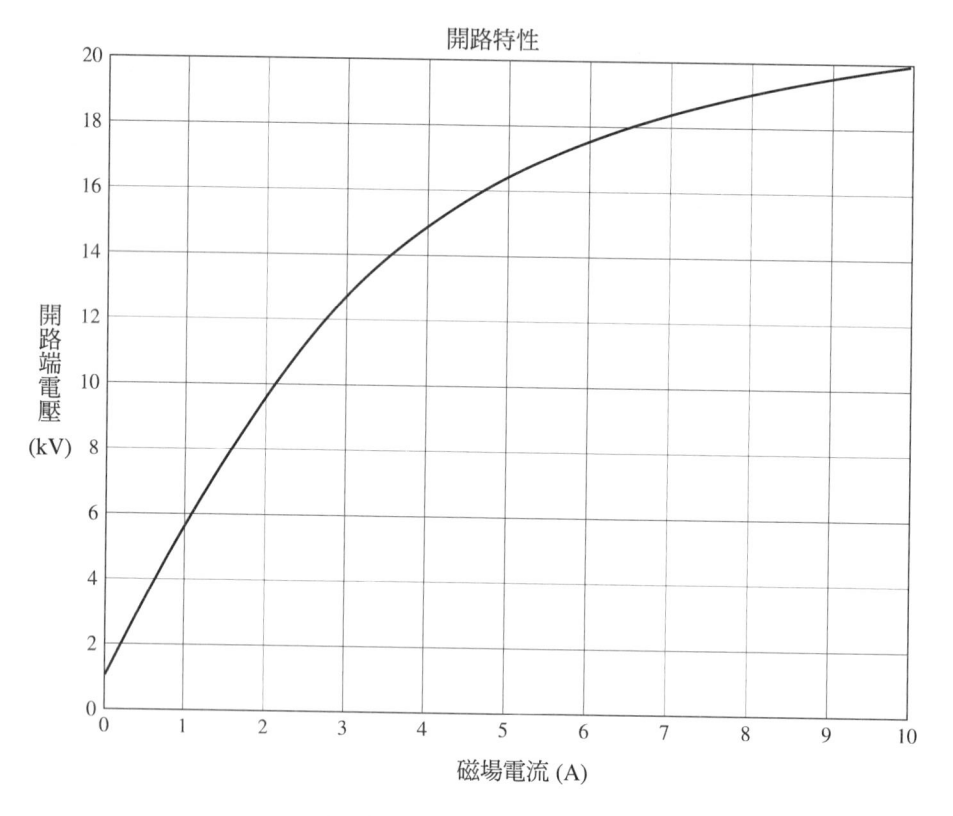

圖 P4-1　習題 4-2 中之發電機開路特性曲線。

(a) 發電機無載運轉時，欲使 V_T (或線電壓 V_L) 為 13.8 kV，則需要多大的磁場電流？
(b) 額定時此電機之內部生成電壓 E_A 為何？
(c) 額定時發電機之相電壓 V_ϕ 是多少？
(d) 發電機在額定情況下運轉，欲使 V_T 為 13.8 kV，則需要多大的磁場電流？
(e) 假設發電機原本於額定情況下運轉，若在不改變場電流下將負載移除，則發電機的端電壓會變為多少？
(f) 為能在額定下運轉，此發電機之原動機必須能供應多大的穩態功率及多大的轉矩？

(g) 試繪出此發電機之能力曲線。

4-3 假設習題 4-2 中發電機磁場電調為 5 A。
(a) 如果發電機連接至 24∠25° Ω 之 Δ 接負載，則其端電壓為何？
(b) 繪出此發電機之相量圖。
(c) 在此狀況下發電機之效率為何？
(d) 現在假設有另一個相同的 Δ 接負載和第一個負載並聯。則發電機之相量圖有何變化？
(e) 在此負載加入後之新的端電壓為何？
(f) 欲使端電壓回復原先之值必須要如何進行？

4-4 在以下各小題中，假設在習題 4-2 中發電機場電流被調在滿載且 13.8 kV 之額定電壓。
(a) 此發電機在額定負載時之效率為何？
(b) 若此發電機連接 0.9 PF 落後之額定仟伏安負載，則其電壓調整率為何？
(c) 若此發電機連接 0.9 PF 領先之額定仟伏安負載，則其電壓調整率為何？
(d) 若此發電機連接單位功率因數之額定仟伏安負載，則其電壓調整率為何？
(e) 使用 MATLAB 畫出在三個功因下，以負載為函數的發電機端點電壓。

4-5 假設在習題 4-2 中，調整場電流使發電機運轉於功因為 1 額定負載電流時，供應額定電壓。
(a) 在功因為 1，供應額定電流時，發電機之轉矩角 δ 是多少？
(b) 當場電流被調到此電流值時，發電機能提供單位功因負載之最大功率是多少？
(c) 當發電機運轉在滿載單位功因時，它多接近此機之靜態穩定度極限？

4-6 一三相 Y 接同步發電機之內部生成電壓 E_A 為 14.4 kV，端電壓 V_T 為 12.8 kV，同步電抗為 4 Ω，電樞電阻可忽略。
(a) 若發電機之轉矩角 $\delta = 18°$，則此時發電機能提供多少功率？
(b) 此時發電機之功因為何？
(c) 繪出此情況下之相量圖。
(d) 忽略發電機的損失，則在此操作情況下，帶動發電機軸之原動機轉矩需為多少？

4-7 一 100 MVA，14.4 kV，0.8 PF 落後，50 Hz，兩極，Y 接同步發電機之標么同步電抗為 1.1，標么電樞電阻為 0.011。

(a) 其同步電抗與電樞電阻的歐姆值是多少？
(b) 在額定條件下，其內部生成電壓 E_A 為何？轉矩角 δ 是多少？
(c) 忽略發電機的損失，則在滿載情況下，帶動發電機軸之原動機轉矩需為多少？

4-8 一 200 MVA，12 kV，0.85 PF 落後，50 Hz，20 極，Y 接水渦輪發電機之標么同步電抗為 0.9，標么電樞電阻為 0.1，此發電機與一大電力系統 (無限匯流排) 並聯運轉。
(a) 此發電機軸的轉速是多少？
(b) 在額定條件下，其內部生成電壓 E_A 為何？
(c) 在額定條件下，其轉矩角是多少？
(d) 其同步電抗與電樞電阻的歐姆值是多少？
(e) 若場電流保持固定，則發電機的最大輸出功率是多少？在滿載時其備轉功率和轉矩是多少？
(f) 在絕對最大功率下，此發電機提供或消耗多少虛功率？繪出其對應的相量圖。(假設 I_F 未改變。)

4-9 一部 480 V，250 kVA，0.8 PF 落後 60 Hz 之雙極三相同步發電機，其原動機之無載轉速為 3650 r/min，而滿載轉速為 3570 r/min。其與一部 480 V，250 kVA，0.85 PF 落後 60 Hz 之四極同步發電機並聯運轉，且此發電機之原動機無載轉速為 1800 r/min，且滿載轉速為 1780 r/min。兩發電機所供應之負載為 300 kW、0.8 PF 落後。
(a) 計算發電機 1 及發電機 2 之轉速降。
(b) 找出此電力系統之運轉頻率。
(c) 找出此系統中兩發電機分別供應之功率。
(d) 為使運轉頻率為 60 Hz，則發電機操作者該如何調整？
(e) 若線電壓為 460 V，則端電壓過低時發電機操作者該如何處理？

4-10 三個形體相同之同步發電機並聯運轉。它們均額定於 0.8 PF 落後之 100 MW 滿載。發電機 A 之無載頻率為 61 Hz。且其轉速降為 3%。發電機 B 之無載頻率為 61.5 Hz，且其轉速降為 3.4%；發電機 C 之無載頻率為 60.5 Hz，且其轉速降為 2.6%。
(a) 若此系統所供應之負載為 230 MW，則系統頻率為何？且三部發電機間之功率分配情形為何？
(b) 畫出以總功率對所有負載為函數之每部發電機所供應功率之曲線 (可使用

MATLAB 來產生)。在何負載下會有發電機超出額定？哪一部發電機會先超額定？

(c) 在 (a) 中功率分配的情形是否可以接受？為什麼或為什麼不？

(d) 欲改善發電機間之功率分配情形，操作者應採取何種行動？

4-11 某紙廠已安裝三個蒸汽產生器 (鍋爐) 以提供所需之蒸汽並利用剩下的部分作為能源。因為其超出之能量，此紙廠也安裝了三個 10 MW 的渦輪發電機以利用之。每個發電機都是 4160 V，12.5 MVA，60 Hz，0.8 PF 落後之雙極 Y 接同步發電機，其同步電抗為 1.10 Ω 且電樞電阻為 0.03 Ω。發電機 1 和 2 的實功率-頻率特性曲線斜率為 $s_P=5$ MW/Hz，而發電機 3 之斜率為 6 MW/Hz。

(a) 若三部發電機之無載頻率均調至 61 Hz，當實際系統頻率為 60 Hz 時，此三部電機供應多少的實功率？

(b) 在此狀況下若任何一部發電機之額定均不超過，則三部發電機可供應之最大功率為何？

(c) 欲使三部發電機供應額定實功率及虛功率且工作頻率為 60 Hz，必須採取何種方法？

(d) 在此情形下三部發電機之內部生成電壓為何？

4-12 若你是一工程師正規劃一新的汽電共生廠，你只能選擇兩部 10 MW 渦輪發電機或一部 20 MW 渦輪發電機，每種選擇之優缺點為何？

4-13 一部 25 MVA，三相，12.2 kV，雙極，0.9 PF 落後，Y 連接，60 Hz 之同步發電機進行開路試驗，其氣隙電壓由外插法可得如下之結果：

開路試驗					
磁場電流，A	320	365	380	475	570
線電壓，kV	13.0	13.8	14.1	15.2	16.0
經外插而得之氣隙電壓，kV	15.4	17.5	18.3	22.8	27.4

接著進行短路試驗而得到如下結果：

短路試驗					
磁場電流，A	320	365	380	475	570
電樞電流，A	1040	1190	1240	1550	1885

每相電樞電阻為 0.6 Ω。

(a) 找出此發電機之未飽和同步電抗並以每相歐姆值及標么值表示。

(b) 在磁場電流為 380 A 時找出飽和同步電抗 X_S 之近似值。將答案以每相歐姆值及標么值表示。
(c) 在磁場電流為 475 A 時找出飽和同步電抗之近似值。將答案以每相歐姆值及標么值表示。
(d) 找出此發電機之短路比。
(e) 在額定下,其內部生成電壓是多少?
(f) 在額定負載時,需多少場電流才可到達額定電壓?

4-14 一 Y 接同步發電機於短路試驗時,在加 2.5 A 場電流下,產生每相 100 A 之短路電樞電流,所測得的開路線電壓為 440 V。
(a) 求此操作條件下之飽和同步電抗。
(b) 若每相電樞電阻為 0.3 Ω,在此場電流下,發電機供應每相 3 Ω Y 接負載,60 A 電流,求此負載下之電壓調整率。

4-15 一部三相 Y 連接同步發電機之額定為 120 MVA、13.8 kV、0.8 PF 落後,60 Hz。其每相同步電抗為 1.2 Ω,每相電樞電阻為 0.1 Ω。
(a) 其電壓調整率為何?
(b) 此發電機以同於 60 Hz 時之電樞,及磁場損失在 50 Hz 下運轉,則電壓及視功率額定為何?
(c) 在 50 Hz 下此發電機之電壓調整率為何?

習題 4-16 至 4-26 是以一部六極,Y 連接之同步發電機為參考,其額定為 1 MVA,3.2 kV,60 Hz 及 0.9 PF 落後。其電樞電阻 R_A 為 0.7 Ω,鐵損在額定下為 8 kW,摩擦風阻損為 10 kW。圖 P4-2 所示為其開路及短路特性。

4-16 (a) 額定時此發電機之飽和同步電抗為何?
(b) 此發電機之未飽和同步電抗為何?
(c) 畫出以負載為函數之飽和同步電抗。

4-17 (a) 此發電機之額定電流及內部生成電壓為何?
(b) 欲運轉此發電機於額定電壓、電流及功率因數,需要多少磁場電流?

4-18 在額定電流及功率因數下此發電機之電壓調整率為何?

4-19 若發電機在額定狀況下運轉且負載突然被移去,端電壓會變成多少?

4-20 此發電機在額定下的電損失有多少?

4-21 若此發電機運轉在額定狀況下,必須供應多少輸入轉矩至發電機之轉軸?將答案

第四章 同步發電機 259

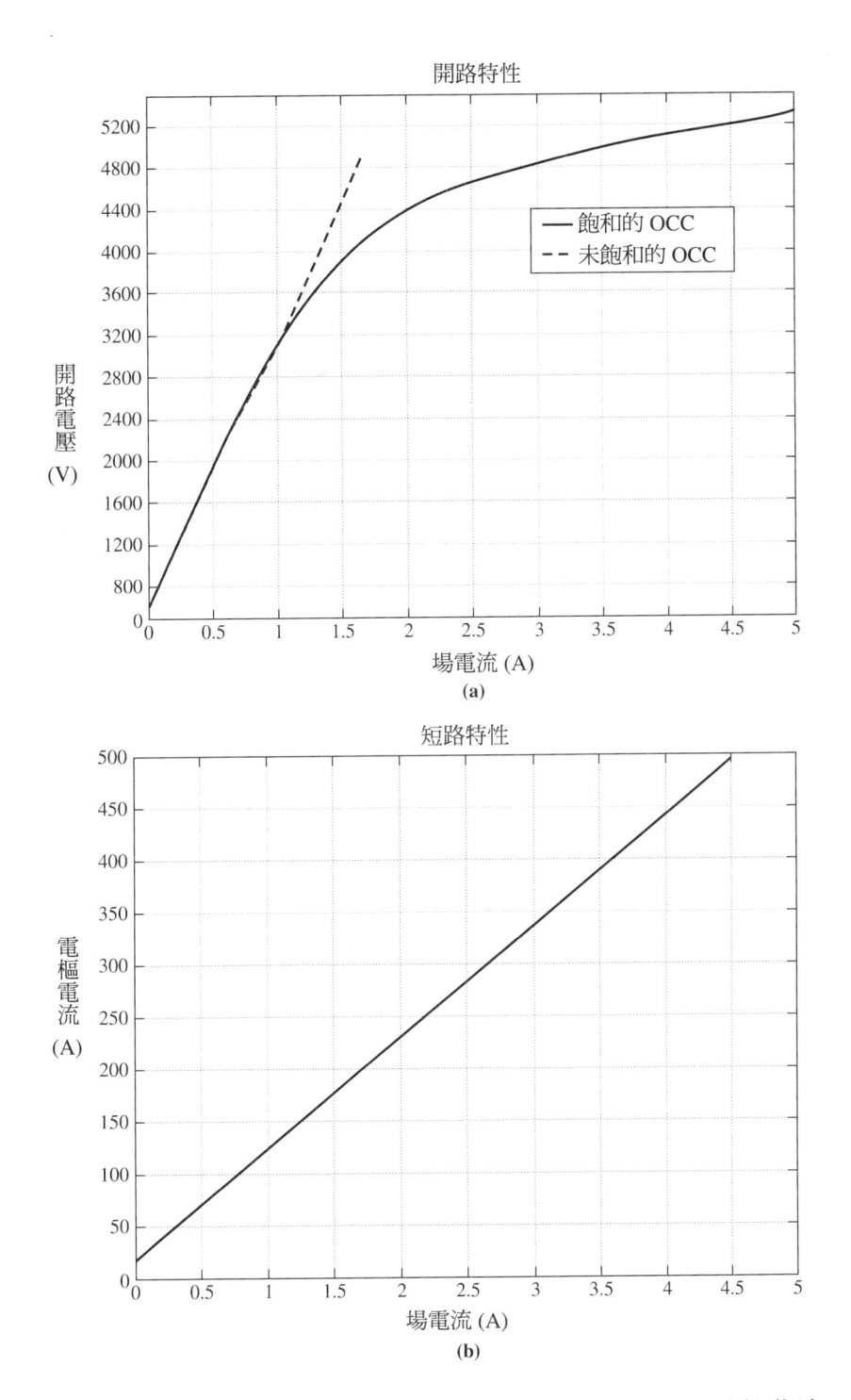

圖 P4-2 習題 4-16 至 4-26：(a) 發電機開路特性曲線；(b) 短路特性曲線。

分別以牛頓-公尺及英磅-呎表示。

4-22 在額定狀況下發電機之轉矩角 δ 是多少？

4-23 若在額定下調整場電流使發電機供應 3200 V，其靜態穩定度極限為何？(注意：可忽略 R_A 以簡化計算。) 滿載下會多接近靜態穩定度極限？

4-24 若在額定下調整場電流使發電機供應 3200 V，畫出以轉矩角 δ 為函數的發電機供應功率。

4-25 若在額定負載電流與功因下，調整場電流使發電機供應額定電壓，若場電流與負載電流保持固定，則當由 0.9 PF 落後變化至 0.9 PF 領先時，其端電壓之變化為何？畫出端電壓對負載阻抗角之曲線。

4-26 若發電機連接至一 3200 V 之無限匯流排，且調整場電流使它供應額定功率與功因至匯流排。回答下列問題時，可忽略電樞電阻 R_A。

(a) 若場磁通 (也就是 E_A) 減少 5%，則發電機所供應之實功與虛功有何變化？

(b) 若磁通由額定狀況下之 80% 變化至 100% 時，畫出以磁通 φ 為函數之發電機實功率曲線。

(c) 若磁通由額定狀況下之 80% 變化至 100% 時，畫出以磁通 φ 為函數之發電機虛功率曲線。

(d) 若磁通由額定狀況下之 80% 變化至 100% 時，畫出以磁通 φ 為函數之發電機線電流曲線。

4-27 兩部相同的 2.5 MVA，1200 V，0.8 PF 落後，60 Hz 三相同步發電機並聯連接供應負載。此兩部發電機之原動機有不同之轉速降特性。當兩部發電機之磁場電流相等時，其中一部送出 0.9 PF 落後 1200 A 的電流，而另一部送出 0.75 PF 落後 900 A 的電流。

(a) 兩部發電機分別供應多少的實功率及虛功率？

(b) 整體負載之功率因數為何？

(c) 欲使兩部發電機以相同之功率因數運轉，磁場電流應分別往什麼方向調整？

4-28 一電力系統之發電廠共有四部 300 MVA，15 kV，0.85 PF 落後同步發電機有相同之轉速降特性且並聯運轉。發電機之原動上的控制器調整為在滿載和無載之間產生 3 Hz 的轉速降。其中三部發電機各在 60 Hz 下供應穩定功率 200 MW，而第四部發電機 (稱為搖擺發電機) 負責系統上負載的變化增量以使系統頻率維持在 60 Hz。

(a) 在某一給定瞬間，系統之總負載為 650 MW 且頻率為 60 Hz。系統中每部發電

機之無載頻率為何？

(b) 若系統之負載升至 725 MW 且發電機之控制器設定點不變，新的系統頻率將為何？

(c) 為了將系統頻率回復至 60 Hz，搖擺發電機之無載頻率必須要調整為多少？

(d) 若系統是以 (c) 所述之狀況運轉，若搖擺發電機脫離線路 (和電力線不連接) 會發生什麼事情？

4-29 一部 100 MVA，14.4 kV，0.8 PF 落後，Y 連接同步發電機，其同步電抗之標么值為 1.0，而其電樞電阻可忽略。發電機並聯連接於 60 Hz，14.4 kV 之無限匯流排，其可供應或消耗任意大小之實功率或虛功率且不會改變頻率及端電壓。

(a) 試以歐姆值表示此發電機之同步電抗。

(b) 在額定狀況下此發電機之內部生成電壓 E_A 為何？

(c) 在額定狀況下此發電機之電樞電流 I_A 為何？

(d) 假設發電機一開始是在額定狀況下運轉。若內部生成電壓 E_A 下降 5%，則新的電樞電流 I_A 將為何？

(e) 當 E_A 分別減少 10%、15%、20% 與 25% 時，重作 (d) 問題。

(f) 將電樞電流 I_A 的大小以 E_A 的函數繪出 (你可用 MATLAB 來畫此函數)。

參考文獻

1. Chaston, A. N.: *Electric Machinery,* Reston Publishing, Reston, Va., 1986.
2. Del Toro, V.: *Electric Machines and Power Systems*, Prentice-Hall, Englewood Cliffs, N.J., 1985.
3. Fitzgerald, A. E., and C. Kingsley, Jr.: *Electric Machinery*, McGraw-Hill Book Company, New York, 1952.
4. Fitzgerald, A. E., C. Kingsley, Jr., and S. D. Umans: *Electric Machinery*, 5th ed., McGraw-Hill Book Company, New York, 1990.
5. Kosow, Irving L.: *Electric Machinery and Transformers*, Prentice-Hall, Englewood Cliffs, N.J., 1972.
6. Liwschitz-Garik, Michael, and Clyde Whipple: *Alternating-Current Machinery*, Van Nostrand, Princeton, N.J., 1961.
7. McPherson, George: *An Introduction to Electrical Machines and Transformers*, Wiley, New York, 1981.
8. Slemon, G. R., and A. Straughen: *Electric Machines*, Addison-Wesley, Reading, Mass., 1980.
9. Werninck, E. H. (ed.): *Electric Motor Handbook*, McGraw-Hill Book Company, London, 1978.

CHAPTER 5

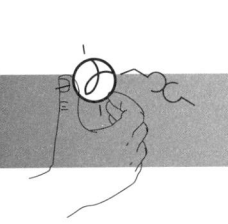

同步電動機

學習目標

- 瞭解同步電動機的等效電路。
- 能夠畫同步電動機之相量圖。
- 瞭解同步電動機的功率與轉矩方程式。
- 瞭解當同步電動機的負載增加時,其功因如何改變。
- 瞭解當同步電動機的場電流改變時,其功因如何改變——"V"曲線。
- 瞭解同步電動機如何啟動。
- 能夠說明一同步機是當電動機或發電機操作,以及藉由檢視其相量圖來判斷是供應或消耗虛功率。
- 瞭解同步電動機的額定。

同步電動機就是將電功率轉換為機械功率的同步電機。本章將探討同步電動機之基本運轉並比較同步發電機之行為及同步電動機行為。

5.1 電動機之基本運轉原理

欲瞭解同步電動機之基本概念,先看看圖 5-1,此圖中所示為雙極之同步電動機。電動機之磁場電流 I_F 產生一穩定狀態磁場 $\mathbf{B}_R$。一組三相電壓供應至電機定部而在繞組中產

生三相之電流。

如第三章中所示,電樞繞組中的一組三相電流產生均勻的旋轉磁場 $\mathbf{B}_S$。因此,在電機中出現兩個磁場,且轉部磁場會趨於和定部磁場排成一列,正如兩根磁鐵棒放在附近時會趨於排成一列。因為定部磁場是旋轉的,轉部磁場 (和轉部本身) 將會持續地試著要趕上定部磁場。兩磁場間所夾的角度愈大 (就某一特定之最大值而言),電機轉部之轉矩也愈大。同步電動機運轉的基本原理是轉部沿著圓圈「追趕」定部旋轉磁場,但卻永遠沒有辦法追上。

既然同步電動機在實體上是和同步發電機相同的電機,所以其基本的轉速、功率與轉矩方程式可使用第三及四章中所述之方程式直接應用。

同步電動機之等效電路

除了功率的流向相反,同步電動機和同步發電機在各方面都是一樣的。因為電機中的功率流向是相反的,所以可預期電動機中定部的電流流向也會相反。因此,除了 $\mathbf{I}_A$ 的參考方向相反之外,同步電動機之等效電路實際上就是同步發電機之等效電路,所形成之完整等效電路如圖 5-2a 所示,且每相等效電路示於圖 5-2b。和從前一樣,等效電路之三相可能是 Y 連接或 Δ 連接。

由於 $\mathbf{I}_A$ 方向的改變,等效電路的克希荷夫電壓定律方程式也跟著改變了。新的等效電路的克希荷夫電壓定律方程式可寫為

$$\boxed{\mathbf{V}_\phi = \mathbf{E}_A + jX_S\mathbf{I}_A + R_A\mathbf{I}_A} \tag{5-1}$$

或

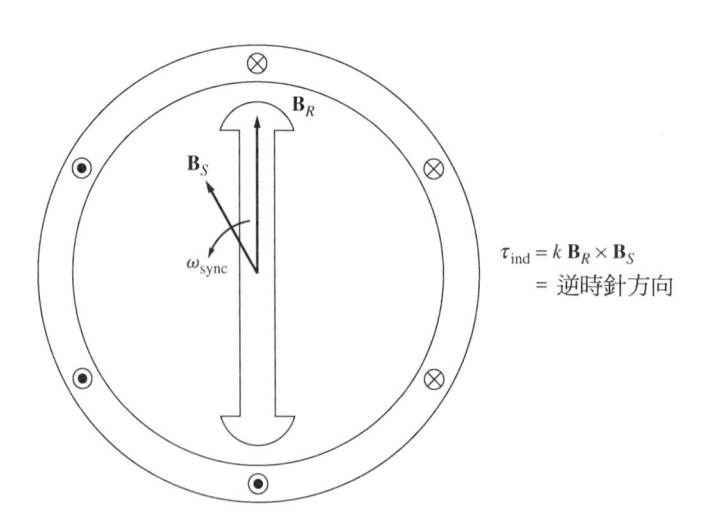

圖 5-1 雙極同步電動機。

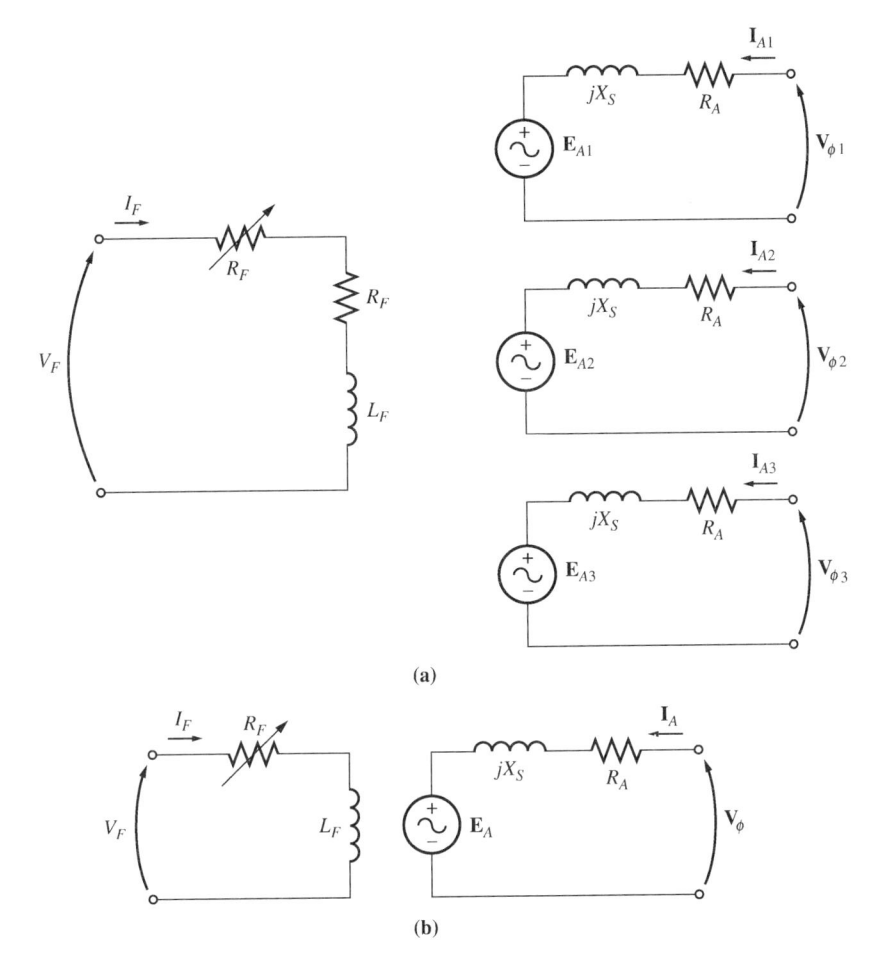

圖 5-2 (a) 三相同步電動機之完整等效電路。(b) 每相等效電路。

$$\mathbf{E}_A = \mathbf{V}_\phi - jX_S\mathbf{I}_A - R_A\mathbf{I}_A \tag{5-2}$$

除了電流這一項的正負號相反之外，這正是發電機等效電路的方程式。

由磁場來透視同步電動機

要開始瞭解同步電動機的運轉，先看看同步發電機連接至無限匯流排的情形。發電機之原動機會轉動發電機之轉軸並造成其旋轉。由原動機供應之轉矩 τ_app 的方向和運動方向同向，因為一開始是原動機使發電機旋轉。

圖 5-3a 中所示為發電機以大磁場電流運轉時之相量圖，圖 5-3b 所示則為對應之磁場圖。如前所述，$\mathbf{B}_R$ 對應於 (產生) $\mathbf{E}_A$，$\mathbf{B}_\text{net}$ 對應於 (產生) $\mathbf{V}_\phi$ 而 $\mathbf{B}_S$ 對應於 $\mathbf{E}_\text{stat}$

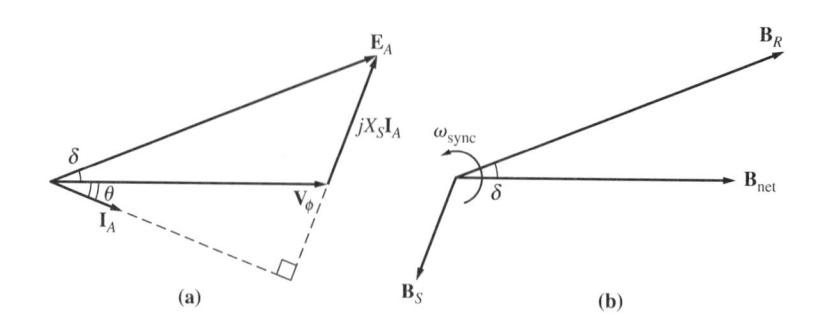

圖 5-3 (a) 同步發電機於落後功率因數下運轉時之相量圖。(b) 對應之磁場圖。

$(=-jX_S\mathbf{I}_A)$。在圖中所示之相量圖及磁場圖的旋轉方向都是逆時針方向，依據標準數學上角度增加的習慣。

發電機中的感應轉矩可由磁場圖而得。由式 (3-60) 及 (3-61)，感應轉矩為

$$\tau_{\text{ind}} = k\mathbf{B}_R \times \mathbf{B}_{\text{net}} \tag{3-60}$$

或

$$\tau_{\text{ind}} = kB_R B_{\text{net}} \sin\delta \tag{3-61}$$

注意在磁場圖中電機的感應轉矩為順時針方向，和旋轉方向相反。換句話說，發電機中之感應轉矩是逆轉矩，和由外部轉矩 τ_{app} 造成的旋轉反向。

假設原動機突然失去功率而不再將轉軸以運動的方向推動，反而開始拖住電機的轉軸。現在電機會發生什麼事？由於轉軸被拖住所以轉部會慢下來，然後掉到電機之淨磁場的後面 (見圖 5-4a)。當轉部，也就是指 $\mathbf{B}_R$，掉到 $\mathbf{B}_{\text{net}}$ 之後，電機的運轉突然間改變了。由式 (3-60)，當 $\mathbf{B}_R$ 在 $\mathbf{B}_{\text{net}}$ 之後，感應轉矩的方向將逆向且變成逆時針方向。換句話說，電機的轉矩現在是和運動方向同向了，而電機則以電動機的型態在動作。轉矩角 δ 的增加使得在旋轉方向的轉矩愈來愈大，直到電動機的轉矩終於和加於其轉軸上之負載轉矩一樣大。在此時，電機將可再度在穩態及同步轉速下運轉，只不過此時是電動機。

圖 5-3a 所示為對應於發電機運轉之相量圖，而圖 5-4a 所示則為對應於電動機運轉之相量圖。在發電機中量 $jX_S\mathbf{I}_A$ 是由 $\mathbf{V}_\phi$ 指向 $\mathbf{E}_A$ 而在電動機中是由 $\mathbf{E}_A$ 指向 $\mathbf{V}_\phi$，其原因是在電動機等效電路中 $\mathbf{I}_A$ 之參考方向是定義為反向於發電機。同步電機中電動機運轉和發電機運轉基本的不同是可由磁場圖及相量圖中看出的。在發電機中，$\mathbf{E}_A$ 位於 $\mathbf{V}_\phi$ 之前，且 $\mathbf{B}_R$ 位於 $\mathbf{B}_{\text{net}}$ 之前。在電動機中，$\mathbf{E}_A$ 位於 $\mathbf{V}_\phi$ 之後，且 $\mathbf{B}_R$ 位於 $\mathbf{B}_{\text{net}}$ 之後。在電動機中感應轉矩是和運動方向同向，而在發電機中感應轉矩則是相反於運動方向的一個逆轉矩。

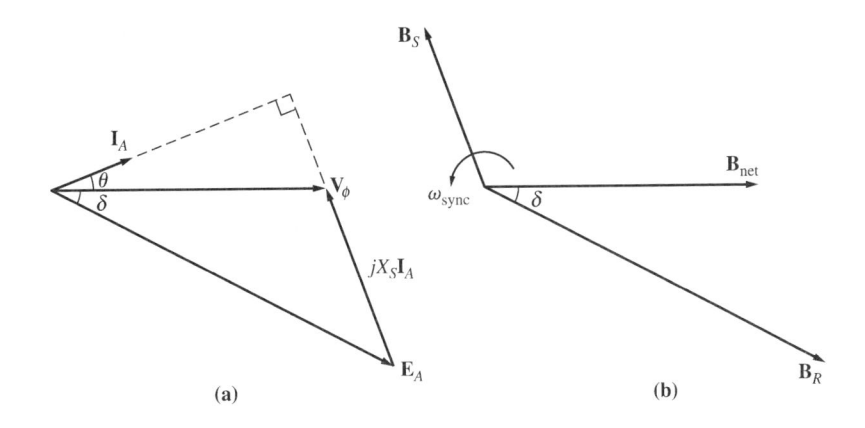

圖 5-4 (a) 同步電動機之相量圖。(b) 對應之磁場圖。

5.2 同步電動機穩態運轉

本節中將探討同步電動機在變化的負載及磁場電流下的行為,並提及使用同步電動機做功率因數矯正的問題。接下來的討論中為了簡單起見一般將忽略電樞電阻。然而,在某些實用的數值計算中仍要用到 R_A。

同步電動機轉矩-轉速特性曲線

同步電動機供應功率至基本上為定轉速設施之負載。它們通常連接至比個別電動機大得多的電力系統,所以對這些電動機而言電力系統可視為無限匯流排。這表示不管電動機汲取多少的功率,端電壓和系統頻率將不會有所改變。電動機的旋轉速度被鎖定在旋轉磁場的變化率,而所供給的機械場旋轉速率被鎖定在供給的電頻率,因此不管負載為何,同步電動機的轉速是固定的,其轉速可表示

$$n_m = \frac{120 f_{se}}{P} \tag{5-3}$$

其中 n_m 為機械速率,f_{se} 為定子之電的頻率,P 為電動機的極數。

圖 5-5 所示為所得之轉矩-轉速特性曲線。電動機之穩態轉速自無載一直到電動機可供應之最大轉矩 [稱為脫出轉矩 (pullout torque)] 都為定值,故其速度調整率為 0% [式 (3-68)]。轉矩之方程式為

$$\tau_{ind} = k B_R B_{net} \sin \delta \tag{3-61}$$

或

$$\boxed{\tau_{ind} = \frac{3 V_\phi E_A \sin \delta}{\omega_m X_S}} \tag{4-22}$$

268 電機機械基本原理

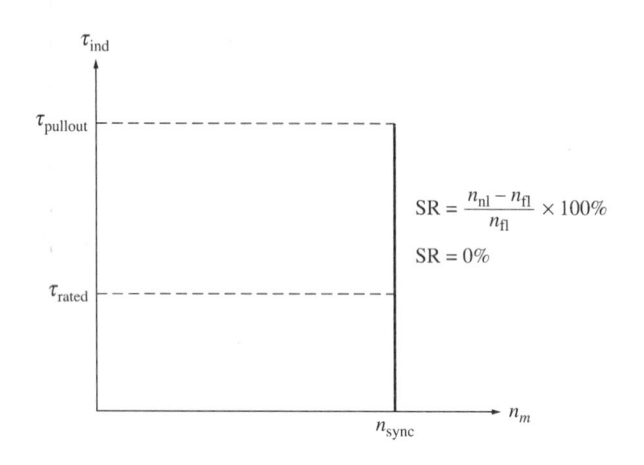

圖 5-5 同步電動機之轉矩-轉速特性。因為電動機之轉速為定值,所以其轉速調整率為 0。

最大或脫出轉矩在 $\delta = 90°$ 時產生。然而,正常的滿載轉矩要比它小多了。實際上,脫出轉矩之典型值可能是電機之滿載轉矩的 3 倍大。

當同步電動機轉軸之轉矩超過脫出轉矩時,轉部將不再能鎖住定部及淨磁場。相反地,轉部開始滑落在它們之後。當轉部慢下來之後,定部的磁場開始重複地重疊於其上,且每經過一次,轉部感應轉矩的方向就相反一次。所造成的巨大轉矩突波,先是這個方向而後又是另一個方向,造成整個電動機劇烈震動。在超逾脫出轉矩後之同步化損失稱為滑動極 (slipping pole)。

電動機之最大或脫出轉矩為

$$\tau_{\max} = kB_R B_{\text{net}} \tag{5-4a}$$

或

$$\boxed{\tau_{\max} = \frac{3V_\phi E_A}{\omega_m X_S}} \tag{5-4b}$$

這些方程式意指當磁場電流愈大 (即 E_A 愈大),電動機之最大轉矩也愈大。因此將電動機以大磁場電流或大 E_A 運轉,將有穩定度上的益處。

負載變化對同步電動機的影響

若負載連接至同步電動機轉軸,電動機會產生足夠的轉矩以使電動機和其負載以同步轉速運轉。當同步電動機的負載變化時會發生什麼事?

欲找出答案,先檢視同步電動機一開始以領先功率因數運轉的情形,如圖 5-6 所示。若電動機轉軸上之負載增加,轉部會開始慢下來。轉部慢下來,轉矩角 δ 就變大

了,且感應轉矩也變大了。感應轉矩增加之後反而又使轉部加速,而電動機則再次以同步轉速運轉,只不過此時之轉矩角 δ 變大了。

在此過程中相量圖看起來是如何?欲解之,先檢視在負載變化時電機的限制。圖 5-6a 所示為負載增加前電動機之相量圖。內部生成電壓 E_A 等於 $K\phi\omega$,因此只和電機之磁場電流及電機之轉速有關。轉速受輸入之電源供應的限制而為定值,而沒人去碰過磁場電流,因此磁場電流也一樣是定值。所以 $|E_A|$ 在負載改變時必須維持定值。正比於實功率的線段距離會增加 ($E_A \sin \delta$ 和 $I_A \cos \theta$),但 E_A 的大小必須維持定值。當負載增加,E_A 如圖 5-6b 中所示之方式擺動而下。當 E_A 一直向下擺動,量 jX_SI_A 必須增加以連接 E_A 和 V_ϕ 的頂端,因此電樞電流 I_A 必須增加。注意到功率因數角 θ 也改變了,領先得愈來愈少而顯得愈來愈落後了。

例題 5-1 一部 208 V,45 hp,0.8 PF 領先,Δ 連接,60 Hz 之同步電機,其同步電抗為 2.5 Ω 且忽略其電樞電阻,其摩擦及風阻損失為 1.5 kW,且其鐵心損失為 1.0 kW。剛開始時,轉軸供應 15 hp 之負載,且電動機之功率因數為 0.80 領先。

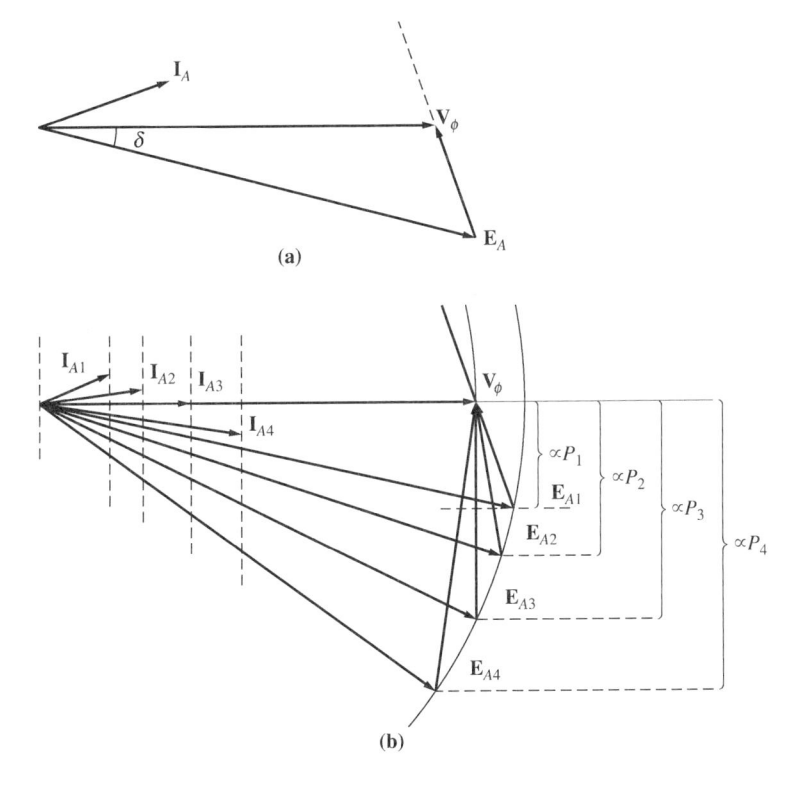

圖 5-6 (a) 以領先功率因數運轉之電動機相量圖。(b) 負載上的增加對同步電動機之運轉所造成的影響。

(a) 繪出此電動機之相量圖並找出 I_A、I_L 與 E_A 之值。
(b) 假設轉軸負載現在增加至 30 hp。繪出相量圖中對應於此變化之行為。
(c) 找出在負載改變後之 I_A、I_L 與 E_A。電動機新的功率因數為何？

解：

(a) 一開始，電動機之輸出功率為 15 hp。其對應之輸出功率為

$$P_{out} = (15\text{ hp})(0.746\text{ KW/hp}) = 11.19\text{ kW}$$

因此，供應至電機之電功率為

$$P_{in} = P_{out} + P_{mech\ loss} + P_{core\ loss} + P_{elec\ loss}$$
$$= 11.19\text{ kW} + 1.5\text{ kW} + 1.0\text{ kW} + 0\text{ kW} = 13.69\text{ kW}$$

因為電動機之功率因數為 0.80 領先，所形成之線電流為

$$I_L = \frac{P_{in}}{\sqrt{3}\,V_T \cos\theta}$$
$$= \frac{13.69\text{ kW}}{\sqrt{3}(208\text{ V})(0.80)} = 47.5\text{ A}$$

且電樞電流為 $I_L/\sqrt{3}$，0.8 PF 領先，可得結果如下

$$\mathbf{I}_A = 27.4\angle 36.87°\text{ A}$$

欲找出 $\mathbf{E}_A$，使用克希荷夫電壓定律 [式 (5-2)]：

$$\mathbf{E}_A = \mathbf{V}_\phi - jX_S\mathbf{I}_A$$
$$= 208\angle 0°\text{ V} - (j2.5\ \Omega)(27.4\angle 36.87°\text{ A})$$
$$= 208\angle 0°\text{ V} - 68.5\angle 126.87°\text{ V}$$
$$= 249.1 - j54.8\text{ V} = 255\angle -12.4°\text{ V}$$

所得之相量圖如圖 5-7a 所示。

(b) 當轉軸上之功率增加至 30 hp，轉軸瞬間慢了下來，且內部生成電壓 $\mathbf{E}_A$ 向外擺動至更大的角度 δ 並維持定值的大小。所得之相量圖如圖 5-7b 所示。

(c) 在負載改變後，電機之輸入電功率變成

$$P_{in} = P_{out} + P_{mech\ loss} + P_{core\ loss} + P_{elec\ loss}$$
$$= (30\text{ hp})(0.746\text{ kW/hp}) + 1.5\text{ kW} + 1.0\text{ kW} + 0\text{ kW}$$
$$= 24.88\text{ kW}$$

根據以轉矩角表示的功率方程式 [式 (4-20)]，將可以找出角 δ 的大小 (記住 $\mathbf{E}_A$ 的大小是定值)：

第五章　同步電動機　**271**

(a)

(b)

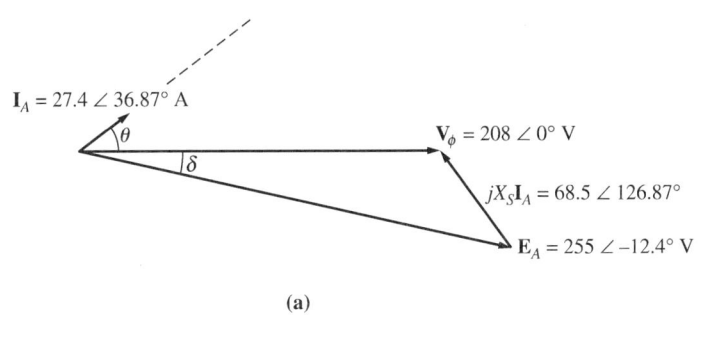

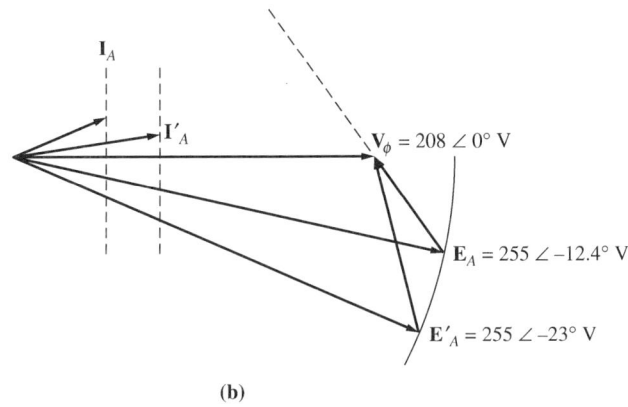

圖 5-7　(a) 例題 5-1a 中電動機之相量圖。(b) 例題 5-1b 中電動機之相量圖。

$$P = \frac{3V_\phi E_A \sin \delta}{X_S} \quad \text{(4-20)}$$

所以

$$\delta = \sin^{-1} \frac{X_S P}{3V_\phi E_A}$$

$$= \sin^{-1} \frac{(2.5 \ \Omega)(24.88 \ \text{kW})}{3(208 \ \text{V})(255 \ \text{V})}$$

$$= \sin^{-1} 0.391 = 23°$$

所以內部生成電壓變成 $\mathbf{E}_A = 355 \angle -23°$ V。因此，$\mathbf{I}_A$ 將會變成

$$\mathbf{I}_A = \frac{\mathbf{V}_\phi - \mathbf{E}_A}{jX_S}$$

$$= \frac{208 \angle 0° \ \text{V} - 255 \angle -23° \ \text{V}}{j2.5 \ \Omega}$$

$$= \frac{103.1 \angle 105° \ \text{V}}{j2.5 \ \Omega} = 41.2 \angle 15° \ \text{A}$$

且 I_L 將會變成

$$I_L = \sqrt{3}I_A = 71.4 \text{ A}$$

最後之功率因數將會變成 cos (−15°) 或 0.966 領先。 ◀

磁場電流改變對同步電動機的影響

我們已經看過了轉軸負載的改變對同步電動機所造成的影響。在同步電動機上還有一個量可以很容易地調整——那就是磁場電流。當同步電動機之磁場電流改變時會造成什麼影響?

欲找出答案,看看圖 5-8。圖 5-8a 所示為一開始以落後功率因數運轉之同步電動機。現在,增加其磁場電流並且看看電動機會發生什麼事。注意到磁場電流的增加會使得 E_A 的大小增加,但是卻不會影響電動機所供應之實功率。電動機所供應的功率只有在轉軸負載轉矩改變時才會變動。因為 I_F 的改變並不會影響到轉軸轉速 n_m,且連接至轉軸的負載並未改變,供應之實功率也不變。當然,V_T 也是定值,因為供應電動機之功率源將其限制為定值。在相量圖上正比於實功率的線段長度 ($E_A \sin \delta$ 和 $I_A \cos \theta$) 也因此必定是定值。當磁場電流增加,E_A 必須增加,但它只能夠沿著定功率線向外滑出。

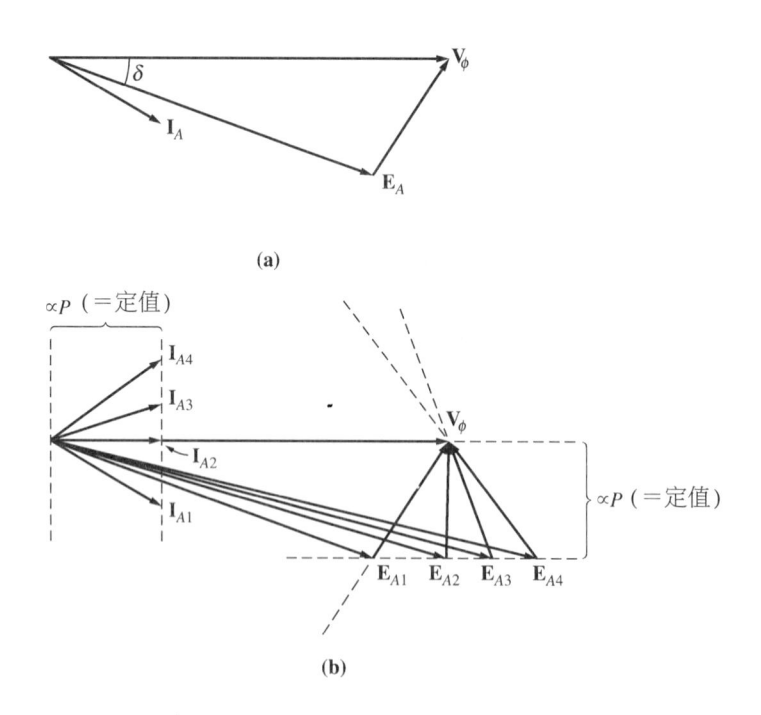

圖 5-8 (a) 以落後功率因數運轉的同步電動機。(b) 磁場電流的增加對發電機之運轉造成的影響。

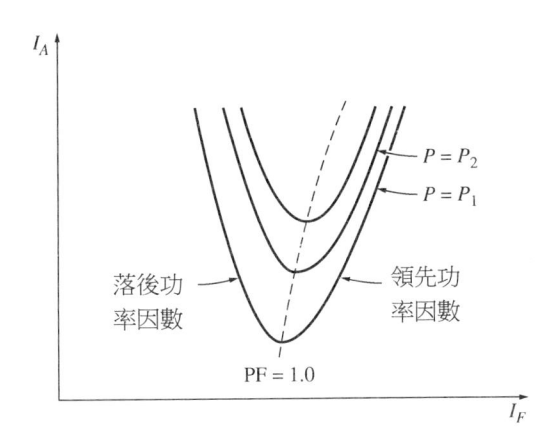

圖 5-9　同步電動機 V 曲線。

此效應如圖 5-8b 所示。

注意到當 $\mathbf{E}_A$ 的值增加時，電樞電流 $\mathbf{I}_A$ 的大小一開始先減少然後又增加。在低的 $\mathbf{E}_A$ 時，電樞電流是落後的，而電動機則是一個電感性負載。其動作會像是電感-電阻的組合，消耗虛功率 Q。當磁場電流增加，電樞電流終將和 $\mathbf{V}_\phi$ 共向，而電動機可視為純電阻性。當磁場電流再增加，電樞電流變成領先，而電動機成為電容性負載。此時其動作可視為電容-電阻的組合，消耗負的虛功率 $-Q$，或反過來說，供應虛功率 Q 至系統。

圖 5-9 所示為同步電機之 I_A 對 I_F 圖。此種圖形稱為同步電動機 V 曲線，很明顯的是因為它的外表像個字母 V。一共畫出了數條的 V 曲線，分別對應不同的實功率水平。就每條曲線而言，電樞電流之最小值發生在單位功率因數時，此時只有實功率供應至電動機。在曲線上任何一個其他的點，總會有些虛功率供應至電動機或由電動機供應。當磁場電流比造成 I_A 最小值時之磁場電流值還小，電樞電流是落後的，消耗 Q。當磁場電流比造成 I_A 最小值時之磁場電流值還大，電樞電流是領先的，供應 Q 至電力系統就像一個電容器。因此，藉由控制同步電動機之磁場電流，可控制電力系統所消耗或供應的虛功率 (reactive power)。

當相量 $\mathbf{E}_A$ 在 $\mathbf{V}_\phi$ 上的投影 ($E_A \cos \delta$) 比 $\mathbf{V}_\phi$ 本身短時，同步電動機有落後的電流並消耗 Q。因為在此情形下磁場電流較小，電動機稱為欠激磁 (underexcited)。換句話說，當相量 $\mathbf{E}_A$ 在 $\mathbf{V}_\phi$ 上的投影比 $\mathbf{V}_\phi$ 本身長時，同步電動機有領先的電流並供應 Q 至電力系統。因為在此情形下磁場電流較大，電動機被稱為過激磁 (overexcited)。圖 5-10 所示，可用相量圖來解釋說明這些概念。

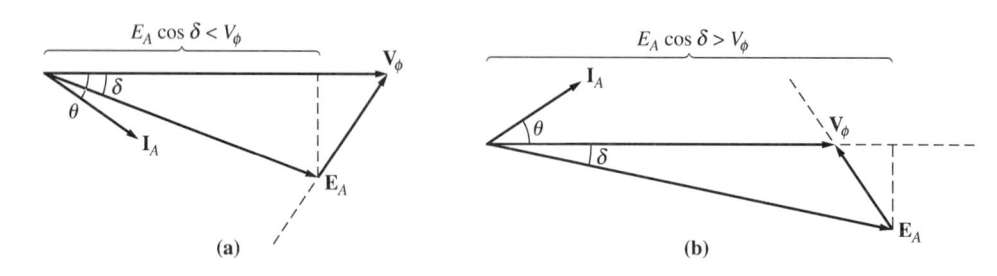

圖 5-10 (a) 欠激磁同步電動機之相量圖。(b) 過激磁同步電動機之相量圖。

例題 5-2 上一個例題中之 208 V，45 hp，0.8 PF 領先，Δ 連接，60 Hz 同步電動機正以初始功率因數 0.85 PF 落後供應 15 hp 之負載。在這些條件下之場電流 $I_F = 4.0$ A。

(a) 繪出此電動機之初始相量圖並找出 $\mathbf{I}_A$ 及 $\mathbf{E}_A$ 之值。

(b) 若電動機磁通增加了 25%，繪出此電動機新的相量圖。現在電動機之 $\mathbf{E}_A$、$\mathbf{I}_A$ 及功率因數為何？

(c) 若電動機磁通隨場電流 I_F 作線性變化，畫在 15 hp 負載下之 I_A 對 I_F 曲線。

解：

(a) 由前一個例題，將所有損失包括在內的輸入電功率為 $P_{in} = 13.69$ kW。因為電動機之功率因數為 0.85 落後，形成之電樞電流為

$$I_A = \frac{P_{in}}{3V_\phi \cos\theta}$$

$$= \frac{13.69 \text{ kW}}{3(208 \text{ V})(0.85)} = 25.8 \text{ A}$$

角 θ 為 $\cos^{-1} 0.85 = 31.8°$，所以電流相量 I_A 等於

$$\mathbf{I}_A = 25.8 \angle -31.8° \text{ A}$$

欲找出 $\mathbf{E}_A$，使用克希荷夫電壓定律 [式 (5-2)]：

$$\mathbf{E}_A = \mathbf{V}_\phi - jX_S\mathbf{I}_A$$
$$= 208 \angle 0° \text{ V} - (j2.5 \text{ Ω})(25.8 \angle -31.8° \text{ A})$$
$$= 208 \angle 0° \text{ V} - 64.5 \angle 58.2° \text{ V}$$
$$= 182 \angle -17.5° \text{ V}$$

所得之相量圖如圖 5-11 所示，並將 (b) 的結果也列入。

(b) 若磁通 ϕ 增加了 25%，則 $E_A = K\phi\omega$ 將也會增加 25%：

第五章 同步電動機 **275**

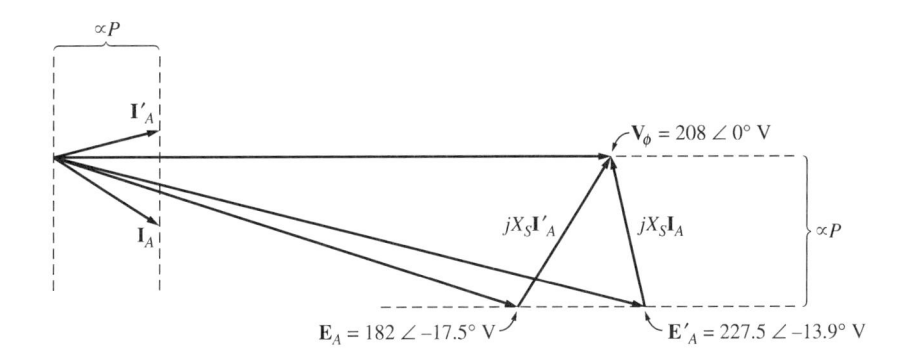

圖 5-11 例題 5-2 中電動機之相量圖。

$$E_{A2} = 1.25\, E_{A1} = 1.25(182\text{ V}) = 227.5\text{ V}$$

無論如何,供應至負載的功率必須維持定值。因為線段 $E_A \sin \delta$ 之長度正比於功率,此相量圖上之距離從原本的磁通位準至新的磁通位準都會是定值。因此,

$$E_{A1} \sin \delta_1 = E_{A2} \sin \delta_2$$

$$\begin{aligned}
\delta_2 &= \sin^{-1}\left(\frac{E_{A1}}{E_{A2}} \sin \delta_1\right) \\
&= \sin^{-1}\left[\frac{182\text{ V}}{227.5\text{ V}} \sin(-17.5°)\right] = -13.9°
\end{aligned}$$

現在電樞電流可由克希荷夫定律求得:

$$\begin{aligned}
\mathbf{I}_{A2} &= \frac{\mathbf{V}_\phi - \mathbf{E}_{A2}}{jX_S} \\
\mathbf{I}_A &= \frac{208\angle 0°\text{ V} - 227.5\angle -13.9°\text{ V}}{j2.5\text{ Ω}} \\
&= \frac{56.2\angle 103.2°\text{ V}}{j2.5\text{ Ω}} = 22.5\angle 13.2°\text{ A}
\end{aligned}$$

最後,現在的電動機功率因數為

$$\text{PF} = \cos(13.2°) = 0.974 \quad \text{領先}$$

圖 5-11 所示為在此情況下同步電動機運轉之相量圖。

(c) 因為假設磁通與場電流作線性變化,所以 E_A 也與場電流作線性變化。已知 E_A 在場電流 4.0 A 時為 182 V,所以在任意場電流下,可求得 E_A 為

$$\frac{E_{A2}}{182\text{ V}} = \frac{I_{F2}}{4.0\text{ A}}$$

或
$$E_{A2} = 45.5\, I_{F2} \tag{5-5}$$

在任意場電流下，轉矩角 δ 可由供給負載功率必須保持固定之事實求得：

$$E_{A1} \sin \delta_1 = E_{A2} \sin \delta_2$$

則
$$\delta_2 = \sin^{-1}\left(\frac{E_{A1}}{E_{A2}} \sin \delta_1\right) \tag{5-6}$$

由以上兩式可求得 $\mathbf{E}_A$ 相量，一旦求得 $\mathbf{E}_A$，新的電樞電流可由克希荷夫電壓定律求得：

$$\mathbf{I}_{A2} = \frac{\mathbf{V}_\phi - \mathbf{E}_{A2}}{jX_S} \tag{5-7}$$

利用式 (5-5) 到 (5-7)，得到 I_A 對 I_F 曲線之 MATLAB M-檔如下所示：

```
% M-file: v_curve.m
% M-file create a plot of armature current versus field
% current for the synchronous motor of Example 5-2.

% First, initialize the field current values (21 values
% in the range 3.8-5.8 A)
i_f = (38:1:58) / 10;

% Now initialize all other values
i_a = zeros(1,21);           % Pre-allocate i_a array
x_s = 2.5;                   % Synchronous reactance
v_phase = 208;               % Phase voltage at 0 degrees
delta1 = -17.5 * pi/180;     % delta 1 in radians
e_a1 = 182 * (cos(delta1) + j * sin(delta1));

% Calculate the armature current for each value
for ii = 1:21
    % Calculate magnitude of e_a2
    e_a2 = 45.5 * i_f(ii);

    % Calculate delta2
    delta2 = asin ( abs(e_a1) / abs(e_a2) * sin(delta1) );

    % Calculate the phasor e_a2
    e_a2 = e_a2 * (cos(delta2) + j * sin(delta2));

    % Calculate i_a
    i_a(ii) = ( v_phase - e_a2 ) / ( j * x_s);
end

% Plot the v-curve
plot(i_f,abs(i_a),'Color','k','Linewidth',2.0);
xlabel('Field Current (A)','Fontweight','Bold');
ylabel('Armature Current (A)','Fontweight','Bold');
title ('Synchronous Motor V-Curve','Fontweight','Bold');
grid on;
```

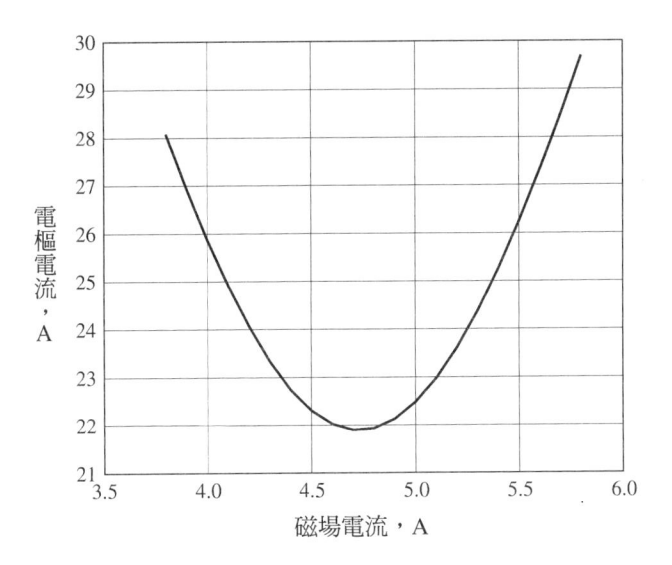

圖 5-12　例題 5-2 同步電動機之 V 曲線。

其所得結果如圖 5-12 所示。注意到場電流 4.0 A 時之電樞電流為 25.8 A，此與 (a) 所得結果相吻合。◀

同步電動機及功率因數矯正

圖 5-13 所示為一無限匯流排，其輸出經由輸電線連接至在遙遠處之工廠。圖中所示的工廠包含了三個負載。負載中的兩個是以落後功率因數運轉之感應電動機，而第三個負載則是可變動功率因數之同步電動機。

有能力設定其中的一個負載的功率因數對整個電力系統會有什麼幫助呢？欲解之，先檢視接下來的例題。(注意：三相功率方程式及其用途之複習已置於附錄 A。某些讀者在研讀此問題時可能會想參考這些東西。)

例題 5-3　圖 5-13 中的無限匯流排運轉於 480 V。負載 1 是一部感應電動機並以 0.78 PF 落後消耗 100 kW 的功率，而負載 2 是一部感應電動機並以 0.8 PF 落後消耗 200 kW 的功率。負載 3 是一部同步電動機並消耗 150 kW 的實功率。

(a) 若調整同步電動機使其功率因數為 0.85 落後，則系統中之輸電線電流為何？
(b) 若調整同步電動機使其功率因數為 0.85 領先，則系統中之輸電線電流為何？
(c) 假設輸電線損失為

$$P_{LL} = 3I_L^2 R_L \qquad \text{線路損失}$$

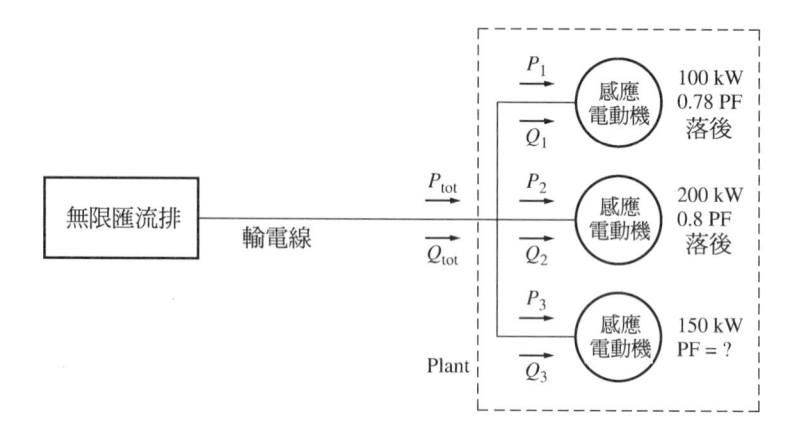

圖 5-13 一個簡單的電力系統包括了一個無限匯流排經由輸電線供應一座工廠。

其中 LL 表示線路損失。在兩種情況中試比較其輸電線損失。

解：

(a) 在第一個例子中，負載 1 之實功率為 100 kW，且負載 1 之虛功率為

$$Q_1 = P_1 \tan \theta$$
$$= (100 \text{ kW}) \tan (\cos^{-1} 0.78) = (100 \text{ kW}) \tan 38.7°$$
$$= 80.2 \text{ kVAR}$$

負載 2 之實功率為 200 kW，且負載 2 之虛功率為

$$Q_2 = P_2 \tan \theta$$
$$= (200 \text{ kW}) \tan (\cos^{-1} 0.80) = (200 \text{ kW}) \tan 36.87°$$
$$= 150 \text{ kVAR}$$

負載 3 之實功率為 150 kW，而負載 3 之虛功率為

$$Q_3 = P_3 \tan \theta$$
$$= (150 \text{ kW}) \tan (\cos^{-1} 0.85) = (150 \text{ kW}) \tan 31.8°$$
$$= 93 \text{ kVAR}$$

所以，總實負載為

$$P_{\text{tot}} = P_1 + P_2 + P_3$$
$$= 100 \text{ kW} + 200 \text{ kW} + 150 \text{ kW} = 450 \text{ kW}$$

且其總虛負載為

$$Q_{\text{tot}} = Q_1 + Q_2 + Q_3$$
$$= 80.2 \text{ kVAR} + 150 \text{ kVAR} + 93 \text{ kVAR} = 323.2 \text{ kVAR}$$

所以等效之系統功率因數為

$$\text{PF} = \cos\theta = \cos\left(\tan^{-1}\frac{Q}{P}\right) = \cos\left(\tan^{-1}\frac{323.2 \text{ kVAR}}{450 \text{ kW}}\right)$$
$$= \cos 35.7° = 0.812 \quad 落後$$

最後，可得線電流為

$$I_L = \frac{P_{\text{tot}}}{\sqrt{3}V_L \cos\theta} = \frac{450 \text{ kW}}{\sqrt{3}(480 \text{ V})(0.812)} = 667 \text{ A}$$

(b) 負載 1 和負載 2 之實功率及虛功率不變，而負載 3 之實功率也是不變的。負載 3 之虛功率為

$$Q_3 = P_3 \tan\theta$$
$$= (150 \text{ kW}) \tan(-\cos^{-1} 0.85) = (150 \text{ kW}) \tan(-31.8°)$$
$$= -93 \text{ kVAR}$$

所以，總實負載為

$$P_{\text{tot}} = P_1 + P_2 + P_3$$
$$= 100 \text{ kW} + 200 \text{ kW} + 150 \text{ kW} = 450 \text{ kW}$$

且其總虛負載為

$$Q_{\text{tot}} = Q_1 + Q_2 + Q_3$$
$$= 80.2 \text{ kVAR} + 150 \text{ kVAR} - 93 \text{ kVAR} = 137.2 \text{ kVAR}$$

等效之系統功率因數為

$$\text{PF} = \cos\theta = \cos\left(\tan^{-1}\frac{Q}{P}\right) = \cos\left(\tan^{-1}\frac{137.2 \text{ kVAR}}{450 \text{ kW}}\right)$$
$$= \cos 16.96° = 0.957 \quad 落後$$

最後，可得線電流為

$$I_L = \frac{P_{\text{tot}}}{\sqrt{3}V_L \cos\theta} = \frac{450 \text{ kW}}{\sqrt{3}(480 \text{ V})(0.957)} = 566 \text{ A}$$

(c) 第一個例子中之輸電線損失為

$$P_{\text{LL}} = 3I_L^2 R_L = 3(667 \text{ A})^2 R_L = 1,344,700 \, R_L$$

第二個例子中之輸電線損失為

$$P_{\text{LL}} = 3I_L^2 R_L = 3(566 \text{ A})^2 R_L = 961,070 \, R_L$$

注意到在第 2 個例子中其輸電線功率損失比第 1 個例子中要少了 28%，而供應至負載之功率卻是相同。　◀

正如例題 5-3 中所示，在電力系統中若有能力調整一個或多個負載的功率因數可以明顯地影響電力系統的運轉效率。系統之功率因數愈低，則饋電線之功率損失愈大。在典型電力系統中大部分的負載是感應電動機，所以電力系統幾乎都是不變地落後功率因數。在系統中有一個或數個領先負載(過激磁之同步電動機)是有益的，其原因如下：

1. 領先的負載可以供應一些虛功率 Q 給鄰近的落後負載，而不是來自發電機。因為虛功率不需要流過漫長且有相當高電阻之輸電線，輸電線電流將會減少且電力系統之損失也會少得多(這可由前一個例題中看出)。
2. 因為輸電線傳送較少的電流，就給定之額定流通功率而言，輸電線可以比較小些。較低的裝備電流額定可明顯地減低電力系統之成本。
3. 此外，需要一部同步電動機以領先功率因數運轉就是指此電動機必須在過激磁下運轉。此種運轉模式可增加電動機之最大轉矩並減少突然超過了脫出轉矩的機會。

使用同步電動機或其他設備以增加電力系統整體的功率因數，稱為*功率因數矯正* (power-factor correction)。因為同步電動機可提供功率因數矯正及較低的電力系統損失，許多可接受定轉速電動機之負載(雖然它們並不一定需要)都是由同步電動機所驅動。雖然就個別的基準而言，同步電動機可能比感應電動機的成本高，使用同步電動機在領先功率因數下運轉，以改善功率因數的能力，卻可為工廠省錢。這也導致了同步電動機的購置及使用。

任何在工廠中存在的同步電動機都是以過激磁狀況來運轉，為的是達到功率因數矯正的目的及增加脫出轉矩。無論如何，使用過激磁運轉同步電動機需要高的磁場電流及磁通，這導致了轉部明顯地加熱。操作者必須要小心別使磁場電流超過額定而使得磁場繞組過熱。

同步電容器

欲驅動負載而購置之同步電動機可用來運轉於過激磁的情形下以供應虛功率 Q 至電力系統。實際上，有些同步電動機不是買來和負載一起運轉的，只是為了作功率因數矯正而已。圖 5-14 所示為同步電動機在無載時過激磁運轉之相量圖。

因為並沒有從電動機汲取實功率，正比於實功率之線段長度 ($E_A \sin \delta$ 和 $I_A \cos \theta$) 為零。因為同步電動機之克希荷夫電壓定律為

$$\mathbf{V}_\phi = \mathbf{E}_A + jX_S \mathbf{I}_A \tag{5-1}$$

量 $jX_S\mathbf{I}_A$ 指向左方，而因此電樞電流 $\mathbf{I}_A$ 指向正上方。若檢視 $\mathbf{V}_\phi$ 及 $\mathbf{I}_A$，它們的電壓-電流關係像是電容器。對電力系統而言一部無載且過激磁運轉之同步電動機看起來像是一個

圖 5-14 同步電容器之相量圖。

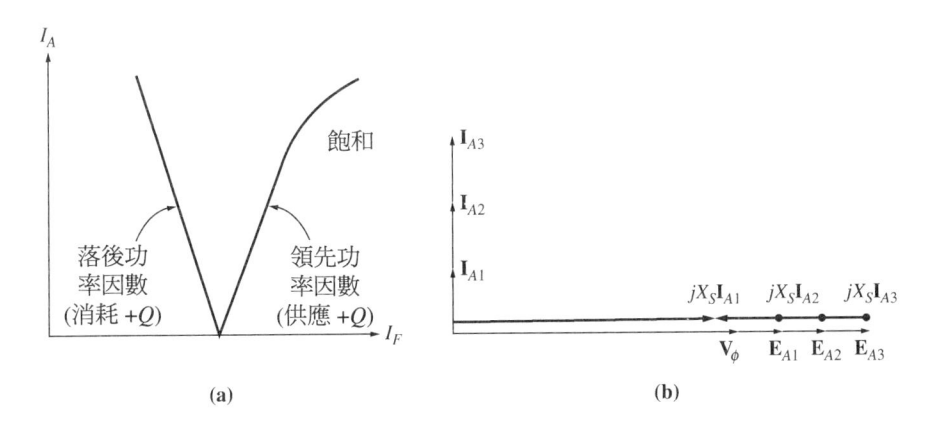

圖 5-15 (a) 同步電容器之 V 曲線。(b) 對應之電機相量圖。

很大的電容器。

有些同步電容器特別被用來作功率因數矯正之用。這些電機的軸甚至沒有經過電動機的機架——就算有人想將之連接負載也辦不到。這種特殊目的之同步電動機通常稱為同步電容器 (synchronous condenser 或 synchronous capacitor，因為 condenser 是 capacitor 之舊稱)。

同步電容器之 V 曲線如圖 5-15a 所示。因為供應至電機之實功率為零 (除了損失)，在單位功率因數下電流 $I_A=0$。當磁場電流增加至此點之上，線電流 (和電動機所供應之虛功率) 以接近於線性的方式上升直至達到飽和。圖 5-15b 所示為增加磁場電流對電動機之相量圖所造成的影響。

時至今日，普通的靜電容器買起來和用起來都比同步電容器要經濟。然而，在舊式的工廠中仍然使用了大量的同步電容器。

5.3 啟動同步電動機

5.2 節解釋了同步電動機在穩定狀態下的行為。在其中，電動機總是被假設為一開始就已經是以同步轉速在運轉。有一個問題尚未考慮：電動機一開始是如何達到同步轉速的？

282 電機機械基本原理

　　欲瞭解啟動問題的本質，參考圖 5-16。此圖中所示為當功率供應至一部同步電動機定部繞組的瞬間。電動機的轉部是靜止的，因此磁場 $\mathbf{B}_R$ 是靜止的。定部磁場 $\mathbf{B}_S$ 要開始以同步轉速繞著電動機掃過。

　　圖 5-16a 所示為時間 $t=0$ s 之電機而 $\mathbf{B}_R$ 和 $\mathbf{B}_S$ 正好排成一直線。由感應轉矩方程式

$$\tau_{\text{ind}} = k\mathbf{B}_R \times \mathbf{B}_S \tag{3-58}$$

轉部轉軸上之感應轉矩為零。圖 5-16b 所示為時間 $t=1/240$ s 時之情形。在如此短的時間中，轉部幾乎沒有動，但定部磁場現在卻指向左方。由感應轉矩方程式，轉部轉軸上之轉矩現在是逆時針方向。圖 5-16c 所示為時間 $t=1/120$ s 時之情形。在此刻 $\mathbf{B}_R$ 和 $\mathbf{B}_S$ 指向相反的方向，而 τ_{ind} 又再次等於零。在 $t=3/240$ s 時，定部磁場現在指向右方，而所形成之轉矩是順時針方向。

　　最後，在 $t=1/60$ s 時，定部磁場再次與轉部磁場排成一直線，且 $\tau_{\text{ind}}=0$。在一個電週期中，轉矩一開始是逆時針接著變成順時針，而整個週期的平均轉矩則是零。而對電動機造成的作用就是使其每一個電週期就劇烈震盪一次，最後造成過熱。

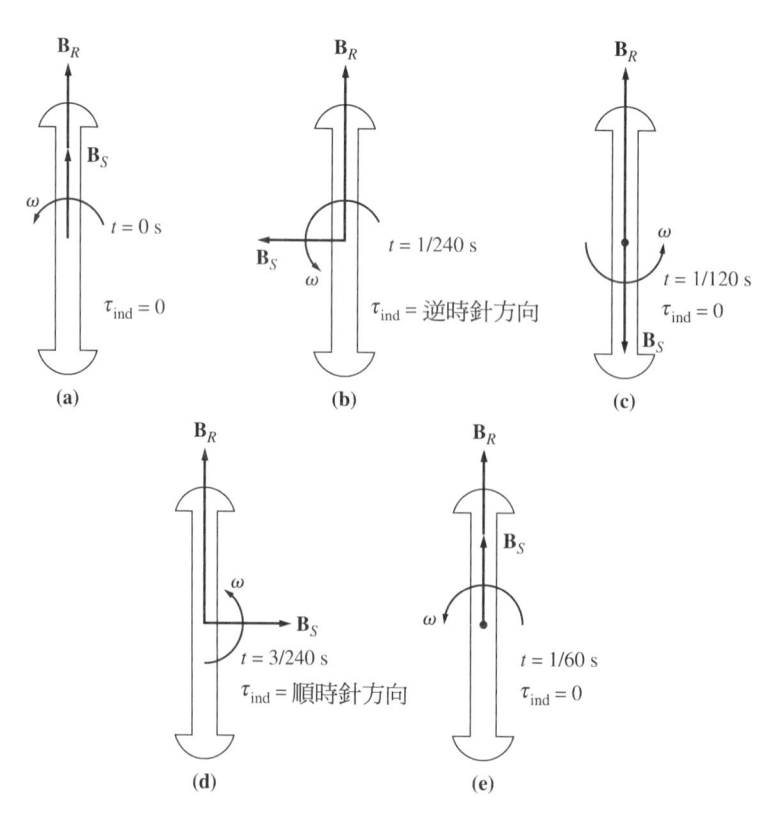

圖 5-16 同步電動機中之啟動問題——轉矩的大小和方向迅速地變換，所以淨啟動轉矩為 0。

這種啟動同步電動機的方法是很難令人滿意的——管理者會責怪那些燒壞他們昂貴設備的職員。到底要如何來啟動同步電動機？

三個基本的作法可用來安全地啟動同步電動機：

1. 降低定部磁場之轉速至足夠低的值以使轉部能在磁場旋轉的半週期內加速並趕上定部磁場。這可以利用減低供應電功率之頻率而達成。
2. 使用外部原動機將同步電動機加速至同步轉速，經由並聯程序將電機以發電機的型態接至線上。然後，關掉或撤掉原動機將可使其成為同步電動機。
3. 使用阻尼繞組 (damper winding) 或阻尼籠繞組 (amortisseur winding)。阻尼繞組的功能及其在啟動電動機時的用處將在以下說明。

下面將依序說明這些啟動電動機的方法。

降低電頻率以啟動電動機

若同步電動機中之定部磁場以夠低的轉速旋轉，則轉部毫無疑問地可以加速並趕上鎖定住定部磁場。藉由逐漸地增加 f_{se} 至正常之 50 或 60 Hz，可以使定部磁場之轉速增加至運轉之轉速。

這種啟動同步電動機的方法是很有意義的，但它的確存在一個大問題：何處才能取得可變之電頻率？正規的電力系統都很小心地規定在 50 或 60 Hz，所以直到最近以前，可變頻率的電壓源都是由專門的發電機所提供。這種情況除了在特殊情形外，很明顯地是不實際的。

現在情況已不同了。固態馬達控制器可用來將固定之輸入頻率轉化為所需之輸出頻率。由於此種現代化的固態變頻驅動裝備的開發，將可完美地將供應至電動機之電頻率由幾分之一赫茲至滿載頻率，甚至更高的頻率，以全程連續性方式控制。在此種可變頻率的驅動裝置已包含在電動機之控制電路中以達到轉速控制的目的，則啟動同步電動機將會變得很簡單——只要在啟動時把頻率調至非常低的值，然後在要開始進入正常運作時把頻率調至所需之值即可。

同步電動機若以低於額定之轉速運轉時，其內部生成電壓 $E_A = K\phi\omega$ 將會比正常的小。若 E_A 的大小降低了，則為了使定部電流保持在安全位準，供應至電動機的端電壓勢必也要降低。在任何變頻驅動器及變頻啟動電路中，其電壓和供應之頻率間的關係必須粗略地以線性方式變動。

欲瞭解更多有關這些固態電動機驅動單元，請參考參考文獻 9。

由外部原動機啟動電動機

第二種啟動同步電動機的方法是連接一部外部啟動電動機且將同步電動機的轉速以外部原動機帶動至全速。則同步電機可以發電機的型態與電力系統並聯，且啟動電動機則可和此電機之轉軸分離。一旦啟動電動機關上了，電機之轉軸會慢下來，轉部磁場 $\mathbf{B}_R$ 掉到 $\mathbf{B}_{net}$ 之後，而同步電機開始以電動機的型態運轉。一旦並聯已經完成，同步電動機將可以一般的方式加上負載。

這整個程序並不是像它聽起來的那麼反常，因為許多同步電動機都是電動機──發電機組中的一部分，且電動機──發電機組中之同步電機可利用其他的電機作為啟動電動機來啟動。而且同步電動機之啟動電動機只須克服其慣量而不含負載──在電動機和電力系統並聯以前將不會連接任何負載。因為只需要克服電動機之轉動慣量，啟動電動機可以比它所要啟動的同步電動機有小得多的額定。

因為大部分大型同步電動機在其轉軸上都裝設有無電刷激磁系統，通常可以使用這些激磁機作為啟動電動機。

就許多中大型的同步電動機而言，唯一可能的解決之道可能是使用外部啟動電動機或使用激磁機，因為它們所連接的電力系統可能無法處理底下所述使用阻尼籠繞組時所必須產生的啟動電流。

由阻尼籠繞組啟動電動機

到目前為止啟動同步電動機的方法中最受歡迎的就是使用阻尼繞阻 (amortisseur 或 damper winding)。阻尼繞組是一種置於同步電動機轉部表面所刻畫的凹槽中的特殊條棒並使用一個大的短路環 (shorting ring) 把尾端連接起來。圖 5-17 所示為有一組阻尼繞組之極面。

欲瞭解一組阻尼籠繞組能在同步電動機中做什麼，先檢視圖 5-18 中所示之突極式雙極轉部之模型。此轉部上可看出阻尼籠繞組，及在兩個轉部磁極尾端表面並以導線相連的短路環（這不算是正常電機的構造，但卻對說明此繞組之功用有很大的幫助）。

假設一開始主轉部磁場繞組並未連接，且一組三相電壓供應至電機之定部。當時間 $t=0$ s 功率一開始供應時，假設磁場 $\mathbf{B}_S$ 是垂直的，如圖 5-18a 中所示。當磁場 $\mathbf{B}_S$ 以逆時針方向掃過時，它在阻尼籠繞組的棒上所感應之電壓可由式 (1-45) 中而得：

$$e_{\text{ind}} = (\mathbf{v} \times \mathbf{B}) \cdot \mathbf{l} \qquad (1\text{-}45)$$

其中　$\mathbf{v}$ ＝條棒相對於磁場的速度

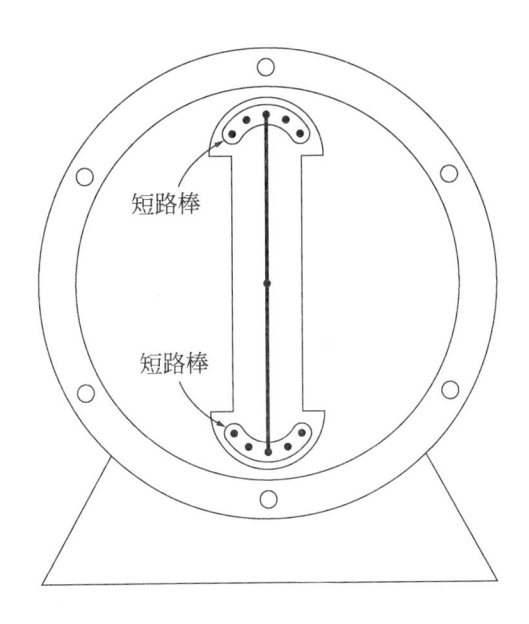

圖 5-17　有阻尼籠繞組之凸極式雙極電機之簡圖。

B = 磁通密度向量
l = 磁場內導體長度

在轉部頂端的條棒相對於磁場是向右移動，所以所得之感應電壓的方向是出紙面。相似地，在末端的條棒其感應電壓方向是入紙面。這些電壓產生了由頂端條棒流出而流入末端條棒之電流，造成了繞組磁場 **B**$_W$ 指向右方。由感應轉矩方程式可得

$$\tau_{\text{ind}} = k\mathbf{B}_W \times \mathbf{B}_S$$

在條棒上 (和轉部上) 所得之轉矩為逆時針方向。

在圖 5-18b 中所示為 $t = 1/240$ s 時之情形。此處，定部磁場已轉了 90°，而轉部則幾乎沒有移動 (它沒辦法在這麼短的時間內加速)。此時，阻尼籠繞組中所感應的電壓為零，因為 **v** 和 **B** 平行。沒有感應電壓，繞組中就沒有電流，而感應轉矩為零。

圖 5-18c 中所示為 $t = 1/120$ s 時之情形。現在定部磁場已經轉了 90°，而轉部仍然還沒有移動。阻尼籠繞組中之感應電壓 [由式 (1-45) 而得] 在末端條棒為出紙面而在頂端條棒為入紙面。所形成之電流在末端條棒為出紙面而在頂端條棒為入紙面，造成了指向左方的磁場 **B**$_W$。所形成之感應轉矩

$$\tau_{\text{ind}} = k\mathbf{B}_W \times \mathbf{B}_S$$

為逆時針方向。

最後，圖 5-18d 中所示為時間 $t = 3/240$ s 時的情形。在此處，就像 $t = 1/240$ s 處，感應轉矩為零。

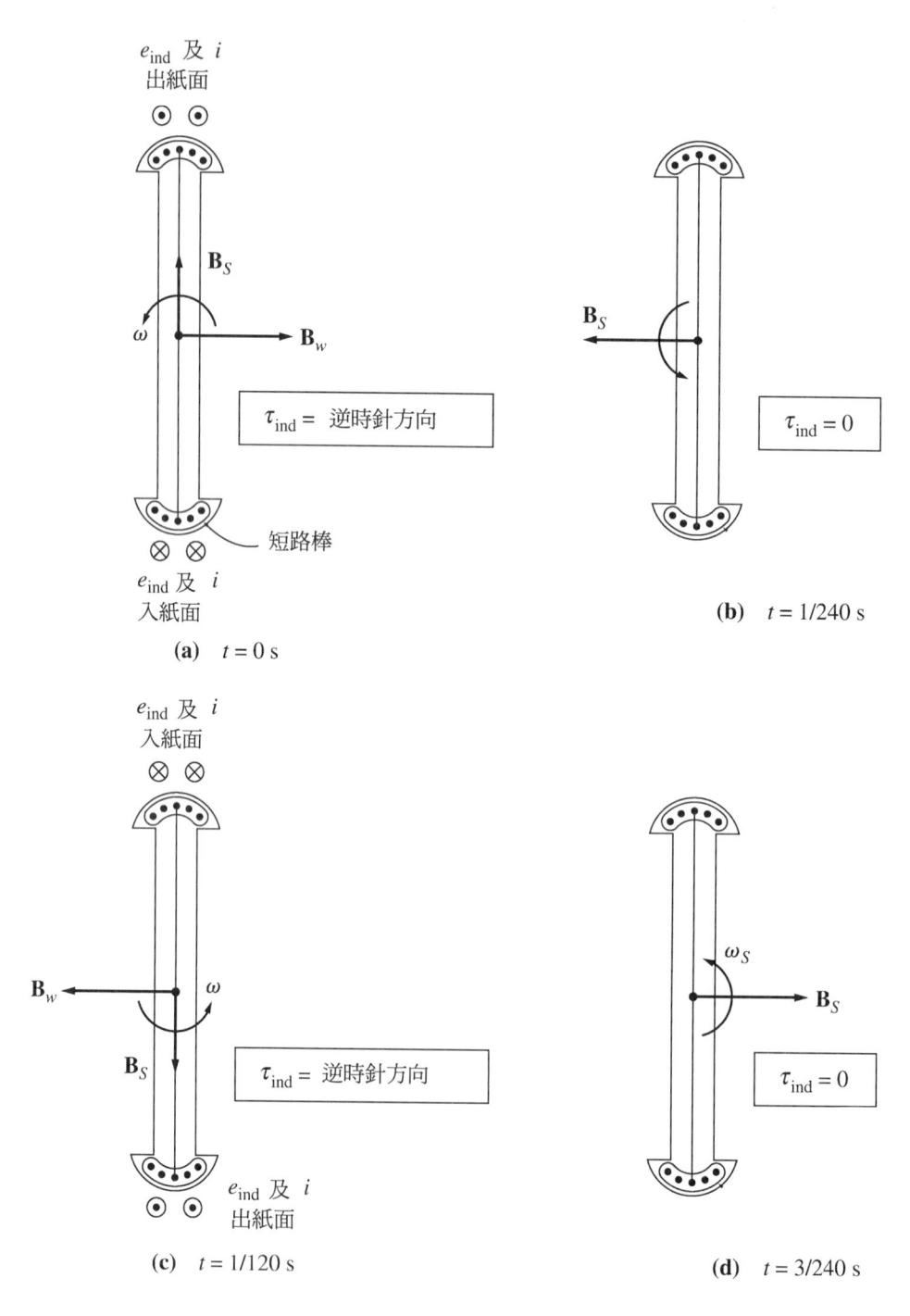

圖 5-18 使用同步電動機阻尼籠繞組發展出單一方向之轉矩。

(a) $t = 0$ s — $\tau_{\text{ind}} =$ 逆時針方向
(b) $t = 1/240$ s — $\tau_{\text{ind}} = 0$
(c) $t = 1/120$ s — $\tau_{\text{ind}} =$ 逆時針方向
(d) $t = 3/240$ s — $\tau_{\text{ind}} = 0$

注意到轉矩有時候是逆時針方向而有時候是零，但它總是同一方向的。因為其在某一方向上有淨轉矩，電動機之轉部會加速。(這和使用正常磁場電流來啟動同步電動機的情形是完全不同的，因為在那個情形中轉矩一開始是順時針方向然後又變成逆時針方向，平均出來是零。在這個情形中，轉矩永遠都是同方向的，所以有一個非零的平均轉矩。)

　　雖然電動機之轉部會加速，但卻永遠不能真正地達到同步轉速。這是很容易瞭解的。假設轉部以同步轉速運轉。則定部磁場 B_S 的轉速會和轉部轉速一樣，則 B_S 和轉部之間沒有相對運動。若沒有相對運動，繞組中之感應電壓為零，所形成之電流也為零，則繞組磁場也是零。因此，轉部上沒有轉矩使其保持運轉。雖然轉部沒有辦法完全加速至同步轉速，卻也很接近了。當足夠接近 n_{sync} 時開啟正常磁場電流，而轉部可以跟得上定部磁場。

　　在實際電機中，在啟動程序中磁場繞組並非開路。若磁場繞組開路，則在啟動時它們會產生很高的電壓。若在啟動時磁場繞組短路，不會產生危險的電壓，而感應之磁場電流的確會對電動機貢獻一些額外的啟動轉矩。

　　總而言之，若電機具備阻尼籠繞組，它可依下列程序啟動之：

1. 將磁場繞組自直流功率源撤離並使之短路。
2. 加入三相電壓至電動機定部，並使轉部加速至接近同步轉速。電動機之轉軸上不應有負載，這樣它的轉速可以盡可能地接近 n_{sync}。
3. 將直流磁場電流連接至其功率源。在此之後，電動機將會鎖定同步轉速，而負載此時將可以加至其轉矩。

阻尼籠繞組對電動機穩定度之影響

若在電機中加入阻尼籠繞組是為了啟動，則我們免費地得到了額外的益處——增進電機之穩定度。定部磁場以定轉速 n_{sync} 旋轉，這只在系統頻率變動時才會改變。若轉部以 n_{sync} 運轉，則阻尼籠繞組上完全沒有感應電壓。若轉部轉速低於 n_{sync}，則轉部和定部磁場之間會產生相對運動且在繞組中將感應出電壓。此電壓產生電流，而電流產生磁場。兩磁場間的交互作用產生一個轉矩試圖使電機再次加速。換句話說，若轉部比定部磁場轉得還快，則會產生一個試圖將轉部減速之轉矩。如此一來，由阻尼籠繞組所產生之轉矩將可使慢電機加快而快電機減慢。

因此電機上的這些繞組傾向於壓制負載或其他暫態。這也是為什麼阻尼籠繞組也稱為阻尼繞組 (damper winding)。阻尼籠繞阻也用在同步發電機上，當發電機在無限匯流排上與其他發電機並聯時可提供類似的穩定功能。若發電機之轉軸轉矩發生變化，其轉部會瞬間加速或減速，而阻尼籠繞組將會對付這些變化。阻尼籠繞組藉由減低功率的大小及轉矩暫態而改善了整體的電力系統穩定度。

阻尼籠繞組對故障同步電機中之次暫態電流是有響應的。發電機端點的短路情形正好是另一種形式之暫態，而阻尼籠繞組對其反應非常之快。

5.4　同步發電機和同步電動機

同步發電機是將機械功率轉換為電功率的同步電機，而同步電動機則是將電功率轉換為機械功率的同步電機。實際上，它們在形體上是相同的電機。

同步電機可供應實功率至電力系統，或電力系統消耗實功率，且可供應虛功率至電力系統，或力系統消耗虛功率。所有四種實功率流及虛功率流的組合都是可能的，而圖 5-19 所示為這些狀況之相量圖。

在圖中我們要注意到：

1. 同步發電機之 $\mathbf{E}_A$ 在 $\mathbf{V}_\phi$ 前面 (供應 P)，這個特性不同於電動機之 $\mathbf{E}_A$ 在 $\mathbf{V}_\phi$ 的後面。
2. 供應虛功率 Q 之電機其特性為 $E_A \cos \delta > \mathbf{V}_\phi$，不管電機是以發電機或電動機的型態運轉。消耗虛功率 Q 之電機則是 $\mathbf{E}_A \cos \delta < \mathbf{V}_\phi$。

5.5　同步電動機額定

因為同步電動機和同步發電機在形體上是一樣的，基本的電機額定是一樣的。一個很大的不同是大的 E_A 會造成領先功率因數而非落後功率因數，因此最大磁場電流限制的影響是表為領先功率因數時之額定。因為同步電動機之輸出為機械功率，故同步電動機之功率額定通常是以馬力 (在美國) 或非仟瓦 (在其他地方) 來表示，以取代同步發電機以伏安額定和功因來表示其規格。

大型同步電動機的名牌上除了載明必要資訊外，較小的同步電動機會將服務因數置於名牌上。

一般而言，同步電動機比感應電動機更適合低轉速、高功率之應用 (見第六章)。因此它們常被用為低轉速、高功率之負載。

	供應虛功率 Q $E_A \cos \delta > V_\phi$	消耗虛功率 Q $E_A \cos \delta < V_\phi$
供應 實功率 P 發電機 E_A 領先 V_ϕ	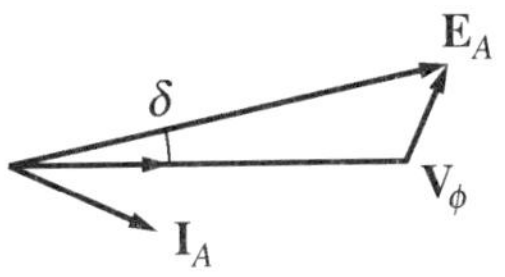	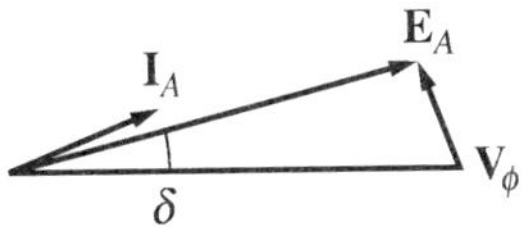
消耗 實功率 P 發電機 E_A 落後 V_ϕ	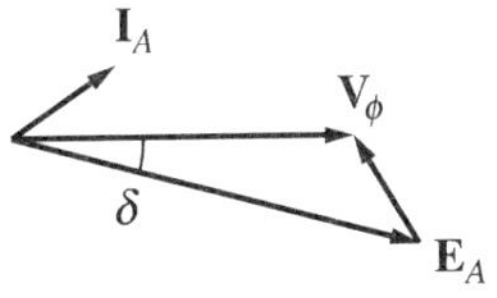	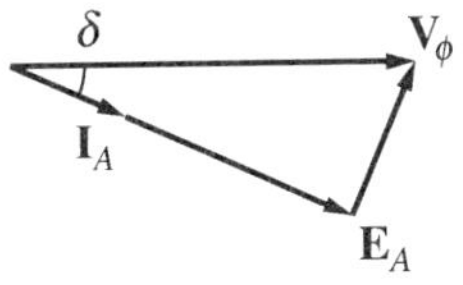

圖 5-20 同步發電機及同步電動機產生或消耗實功率 P 及虛功率 Q 之相量圖。

5.6 總　結

同步電動機和同步發電機在形體上是一樣的，除了實功率的流向是相反的之外。因為同步電動機通常連接至包含比電動機大得多的發電機之電力系統，同步電動機之頻率及端電壓是固定的 (亦即對電動機而言此電力系統可視為無限匯流排)。

同步電動機之等效電路與同步發電機相同，除了電樞電流的假設方向相反。

同步電動機之轉速自無載至電動機上最大可能之負載都是定值。旋轉的轉速為

$$n_m = \frac{120 f_{se}}{P} \tag{5-3}$$

同步電動機可能產生之最大功率為

$$P_{max} = \frac{3V_\phi E_A}{X_S} \tag{4-21}$$

與最大可能轉矩為

$$\tau_{max} = \frac{3V_\phi E_A}{\omega X_S} \tag{4-22}$$

若超過此值，轉部將無法再鎖定定部磁場下去了，而此電動機將會滑極 (slip poles)。

若忽略電與機械的損失效應，則電動機內由電轉換成機械形式的功率為

$$P_{conv} = \frac{3V_\phi E_A}{X_S} \sin \delta \tag{4-20}$$

若輸入電壓 $\mathbf{V}_\phi$ 為定值，則功率轉換 (也就是功率供應) 直接正比於 $E_A \sin \delta$，當畫電動機的相量圖時可使用此關係。例如，當場電流增加或減少，電動機內部的生成電壓也會增加或減少，但保持為定值 $E_A \sin \delta$。此定值關係將更容易畫電動機的相量圖之變動 (見圖 5-9) 和計算其 V 曲線。

若當轉軸負載維持不變時同步電動機之磁場電流變動了，則電動機所供應或消耗的虛功率將會改變。若 $E_A \cos \delta > V_\phi$，電動機會供應虛功率，而若 $E_A \cos \delta < V_\phi$，則電動機會消耗虛功率。同步電動機通常操作在 $E_A \cos \delta > V_\phi$，所以同步電動機供應虛功率給電力系統，且會減少負載的總功因。

同步電動機沒有淨啟動轉矩所以不能靠自己啟動。有三個主要的啟動同步電動機的方法：

1. 減低定部頻率至安全之啟動位準。
2. 使用外部原動機。
3. 在電動機上加入阻尼籠繞組使其在直流電流尚未加入磁場繞組前使電動機加速至接近

同步轉速。

若在電動機上加入阻尼繞組，將有助於在負載暫態時增進電動機穩定度。

問 題

5-1 同步電動機與同步發電機有什麼不同？

5-2 同步電動機之速度調整率為何？

5-3 在什麼樣情況下使用同步電動機不需用到其定轉速之特性？

5-4 為什麼同步電動機無法自己啟動？

5-5 欲啟動同步電動機有何方法？

5-6 何謂阻尼籠繞組？為什麼在啟動時其產生之轉矩是定方向的，而主繞組所產生的轉矩則是變方向的？

5-7 何謂同步電容器？使用此種設備之目的為何？

5-8 利用相量圖解釋同步電動機之磁場電流改變時，會造成什麼情形？並以此相量圖導出同步電動機之 V 曲線。

5-9 當同步電動機以領先或落後的功率因數運轉時其磁場電路是否有過熱的危險？請以相量圖解釋。

5-10 一部同步電動機以固定之實負載運轉時，其磁場電流增加。如果其電樞電流會下降，則此電動機一開始是以領先或落後的功率因數運轉？

5-11 當同步電動機以低於其額定之頻率運轉時，為什麼必須降低其電壓額定？

習 題

5-1 一480 V，60 Hz，400 hp，0.8 PF 領先，8 極，Δ 接之同步電動機，其同步電抗為 0.6 Ω，而電樞電阻、摩擦損、風阻損和鐵損可忽略。假設 $|\mathbf{E}_A|$ 直接正比於 I_F (亦即假設電動機操作於磁化曲線之線性區)，當 I_F＝4A 時，$|\mathbf{E}_A|$＝480V。

(a) 此電動機的轉速為何？

(b) 若電動機開始供應 400 hp、0.8 PF 落後，則 $\mathbf{E}_A$ 和 $\mathbf{I}_A$ 的大小和相角是多少？

(c) 此電動機產生多少轉矩？轉矩角 δ 是多少？在此場電流下，所產生的轉矩和最大可能感應的轉矩差多少？

(d) 若 $|\mathbf{E}_A|$ 增加 30%，則新的電樞電流大小為何？電動機的新功因是多少？

(e) 在此負載條件下，計算並繪此電動機的 V 曲線。

5-2 假設習題 5-1 之電動機操作在額定情況下。

(a) E_A、I_A 與 I_F 的大小和角度是多少？

(b) 若將負載移除，則 E_A 和 I_A 的大小和角度是多少？

5-3　一 230 V，50 Hz，雙極同步電動機，在單位功因與滿載時，由電源汲取 40 A 電流，若電動機無損失，回答下列問題：

(a) 此電動機的輸出轉矩是多少？以牛頓-公尺和磅-呎表示。

(b) 若要將功率因數改變為 0.85 領先，則需如何做？利用相量圖來說明如何做。

(c) 若功率因數被調成 0.85 領先，則線電流大小將是多少？

5-4　一部 2300 V，1000 hp，0.8 PF 落後、60 Hz 之雙極 Y 連接同步電動機其同步電抗為 5.0 Ω，電樞電阻為 0.3 Ω。在 60 Hz 時，其摩擦及風阻損失為 30 kW 而鐵心損失為 20 kW。其磁場電路之直流電壓為 200 V，而最大之 I_F 為 10 A。此電動機之開路特性如圖 P5-1 所示。回答下列有關此電動機之問題，假設此電動機是由無限匯流排所供電。

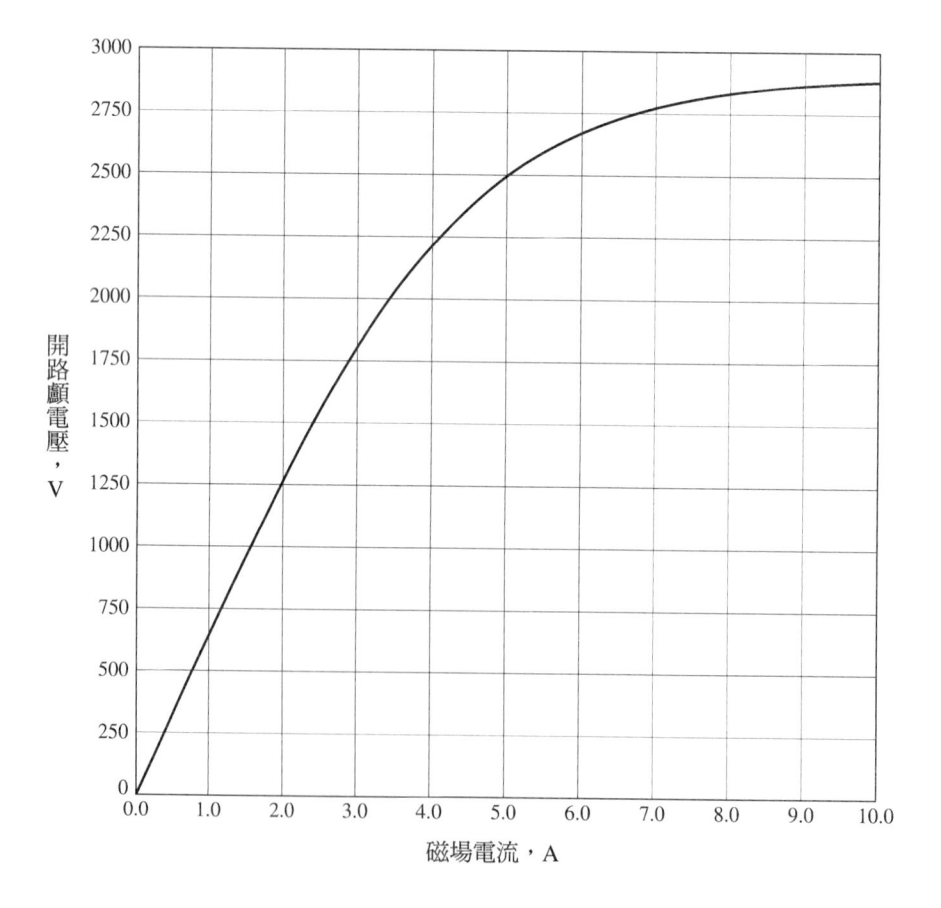

圖 P5-1　習題 5-4 和 5-5 中電動機之開路特性。

(a) 欲使此電機在單位功率因數及滿載下運轉，需要多少的磁場電流？

(b) 電動機在滿載及單位功率因數時其效率為何？

(c) 若磁場電流增加 5%，則新的電樞電流值為何？新的功率因數為何？此電動機供應或消耗之虛功率有多少？

(d) 此電動機在單位功率因數下理論上之可能最大轉矩為何？若在 0.8 領先功率因數時？

5-5 畫出習題 5-4 同步電動機在無載、半載與滿載下之 V 曲線 (I_A 對 I_F)。(注意到圖 P5-1 開路特性之電子版在本書網址可找到，它可減化此題計算要求。)

5-6 若一部 60 Hz 之同步電動機在 50 Hz 下運轉，其同步電抗會和在 60 Hz 時相同，或者會改變？(提示：推想有關 X_S 的推導。)

5-7 一部 208 V，Y 連接，同步電動機在單位功率因數時由 208 V 之電力系統汲取 50 A。此時之磁場電流為 2.7 A。同步電抗為 1.6 Ω。假設其開路特性為線性。

(a) 求此狀況下之 $\mathbf{E}_A$ 和 $\mathbf{V}_\phi$。

(b) 找出轉矩角 δ。

(c) 此狀況下之靜態穩定度功率極限是多少？

(d) 欲使電動機運轉於 0.8 PF 領先需要多少磁場電流？

(e) 在 (d) 中之新轉矩角為何？

5-8 一 4.12 kV，60 Hz，3000 hp，0.8 PF 領先，Δ 接，三相同步電動機，其同步電抗為 1.1 標么 (pu)，電樞電阻為 0.1 標么。若此電動機於 300 A，0.85 PF 領先線電流下，運轉於額定電流，求電動機每相之內部生成電壓是多少？轉矩角 δ 是多少？

5-9 圖 P5-2 所示為運轉於領先功率因數及不計 R_A 下之同步電動機相量圖。就此電動機而言，轉矩角為

$$\delta = \tan^{-1}\left(\frac{X_S I_A \cos\theta}{V_\phi + X_S I_A \sin\theta}\right)$$

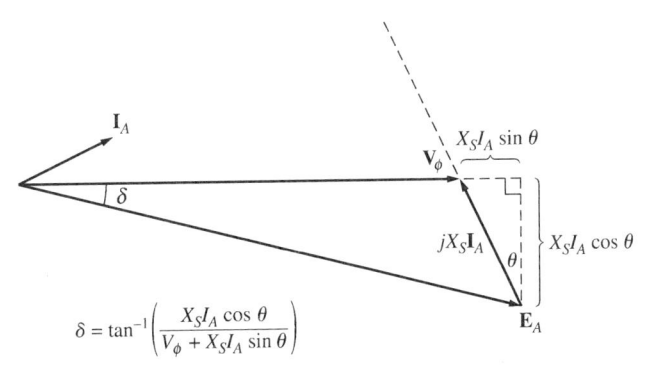

圖 P5-2 領先功率因數下電動機之相量圖。

$$\tan \delta = \frac{X_S I_A \cos \theta}{V_\phi + X_S I_A \sin \theta}$$

$$\delta = \tan^{-1} \left(\frac{X_S I_A \cos \theta}{V_\phi + X_S I_A \sin \theta} \right)$$

若考慮電樞電阻時試推導出同步電動機轉矩角之方程式。

5-10 一部同步電機其每相同步電抗為 1.0 Ω，且每相電樞電阻為 0.1 Ω。若 $\mathbf{E}_A = 460\angle -10°$ V，且 $\mathbf{V}_\phi = 480\angle 0°$ V，則此電機是電動機或發電機？此電機供應多少實功率 P 至電力系統或自電力系統消耗多少實功率？此電機由電力系統消耗或供應多少虛功率 Q？

5-11 一 500 kVA，600 V，0.8 PF 領先，Y 接，同步電動機，其同步電抗為 1.0 標么 (pu)，電樞電阻為 0.1 標么。在此時 $\mathbf{E}_A = 1.00\angle 12°$ pu，$\mathbf{V}_\phi = 1\angle 0°$ pu。
(a) 此電機此時是作電動機或發電機操作？
(b) 此電機由電力系統消耗或供應多少功率 P？
(c) 此電機由電力系統消耗或供應多少虛功率 Q？
(d) 此電機操作在它的額定限度之內？

5-12 圖 P5-3 所示為一由三相 480 V 電源供電的小型工廠，工廠內有三個主要負載。同步電動機的額定為 100 hp，460 V，0.8 PF 領先，同步電抗為 1.1 標么 (pu)，電樞電阻為 0.01 標么，其 OCC 如圖 P5-4 所示。
(a) 若同步電動機的開關被打開，則發電機供給工廠多少實功、虛功和視在功

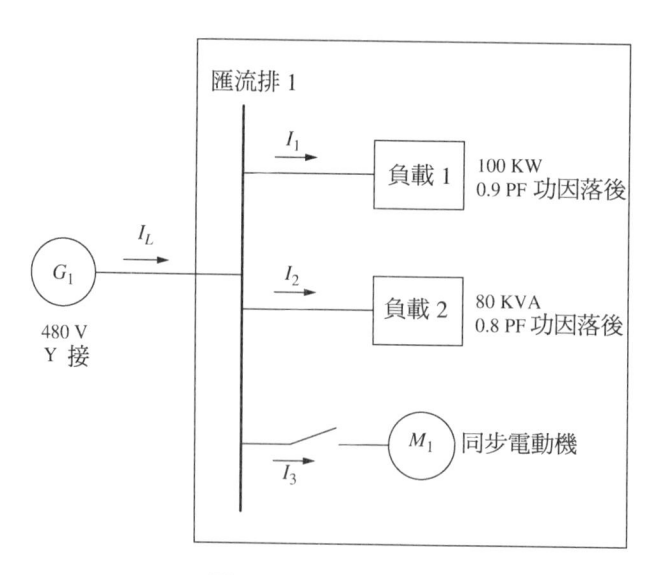

圖 P5-3 小型工廠。

開路特性曲線

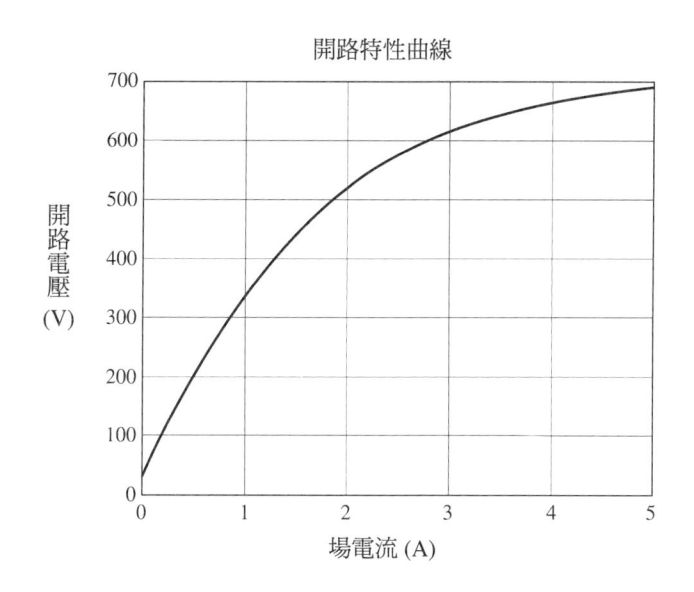

圖 P5-4 同步電動機之開路特性曲線。

　　率？輸電線線電流 I_L 是多少？

現開關閉合且場電流調到 1.5 A，同步電動機運轉於額定功率。

(b) 供給電動機的實功和虛功是多少？

(c) 電動機的轉矩角是多少？

(d) 電動機的功因是多少？

(e) 此工廠汲取多少實功、虛功和視在功率？輸電線線電流 I_L 是多少？

現若場電流增加至 3.0 A。

(f) 供給電動機的實功和虛功是多少？

(g) 電動機的轉矩角是多少？

(h) 電動機的功因是多少？

(i) 此工廠汲取多少實功、虛功和視在功率？輸電線線電流 I_L 是多少？

(j) 場電流為 1.5 A 時之線電流與 3.0 A 相比差多少？

5-13　一部 480 V，100 kW，0.8 PF 領先，50Hz，四極，Y 接同步電動機，其同步電抗為 1.8 Ω 且電樞電阻可忽略。旋轉損失亦可忽略。此電動機運轉於轉速範圍 300 至 1500 r/min，而轉速的改變是藉由固態驅動裝置控制其系統頻率而達成。

(a) 欲使轉速在上述之範圍中，則輸入頻率必須在何範圍內變動？

(b) 電動機額定情形下之 E_A 為何？

(c) 若 E_A 如 (b) 所計算，則電動機在額定速度下之最大產出功率為何？

(d) 在 300 r/min 時之最大可能 E_A 為何？
(e) 假設供應之電壓 V_ϕ 以同樣於 E_A 之量降低額定，則此電動機在 300 r/min 時所能供應之最大功率為何？
(f) 同步電動機的功率能力與其轉速間之關係為何？

5-14 一部 2300 V，400 hp，60 Hz，八極，Y 接同步電動機，其額定功率因數為 0.85 PF 領先。滿載時，其效率為 90%。電樞電阻為 0.8 Ω，同步，電抗為 11 Ω。當此電機以滿載運轉時試求下列各值：
(a) 輸出轉矩；(b) 輸入功率；(c) n_m；(d) E_A；
(e) $|I_A|$；(f) P_{conv}；(g) $P_{mech}+P_{core}+P_{stray}$

5-15 一 Y 接同步電動機之名牌同步電抗之標么值為 0.70，且電阻之標么值為 0.02。
(a) 此電動機之額定輸入功率為何？
(b) 在額定狀況下 E_A 之大小為何？
(c) 若電動機之輸入功率為 12 MW，則電動機可同時供應之最大虛功率為何？限制虛功率輸出的是電樞電流還是磁場電流？
(d) 磁場電路在額定狀況下消耗多少的功率？
(e) 此電動機滿載時之效率為何？
(f) 額定狀況下電動機之輸出轉矩為何？將答案分別以牛頓-公尺及磅-呎來表示。

5-16 一部 480 V，500 kVA，0.8 PF 落後，Y 接之同步發電機之同步電抗為 0.4 Ω 且可忽略電樞電阻。此發電機供應功率至一部 480 V，80 kW，0.8 PF 領先，Y 接同步電動機其同步電抗為 2.0 Ω，而電樞電阻可略，同步發電機已調至當電動機於單位功率因數汲取額定功率時有 480 V 之端電壓？
(a) 計算兩部電機之 E_A 的大小及角度。
(b) 若電動機之磁通增加了 10%，電力系統之端電壓會有何變化？其新值為何？
(c) 在電動機磁通增加後其功率因數為何？

5-17 一部 440 V，60 Hz，三相，Y 接之同步電動機，其每相同步電抗為 1.5 Ω。磁場電流已被調至當發電機供應 90 kW 時其轉矩角 δ 為 25°。
(a) 在此電機中內部生成電壓 E_A 之大小為何？
(b) 此電機電樞電流之大小及角度為何？電動機之功率因數為何？
(c) 若磁場電流維持定值，電動機可供應之最大絕對功率為何？

5-18 一部 460 V，200 kVA，0.85 PF 領先，400 Hz，四極，Y 接之同步電動機之同步

電抗標么值為 0.9，而電樞電阻可忽略。忽略所有損失。

(a) 電動機之旋轉速率為何？
(b) 在額定狀況下電動機之輸出轉矩為何？
(c) 在額定狀況下電動機之內部生成電壓為何？
(d) 若磁場電流之值維持在 (c) 中電動機之值，電機之最大可能在輸出功率為何？

5-19 一部 100 hp，440 V，0.8 PF 領先，Δ 接，同步電動機，其電樞電阻為 0.3 Ω，且其同步電抗為 4.0 Ω。其滿載時之效率為 96%。

(a) 在額定狀況下電動機之輸入功率為何？
(b) 額定時電動機之線電流為何？相電流又為何？
(c) 額定時電動機所供應或消耗之虛功率為何？
(d) 額定時電動機之內部生成電壓 $\mathbf{E}_A$ 為何？
(e) 額定時電動機之定部銅損失為何？
(f) 額定時之 P_{conv} 為何？
(g) 若 E_A 減少 10%，電動機所供應或消耗之虛功率為何？

5-20 關於習題 5-19 中之電機，試回答下列問題。

(a) 若 $\mathbf{E}_A = 430 \angle 15°$ V 且 $\mathbf{V}_\phi = 440 \angle 0°$ V，則此電機是供應或是消耗實功率至電力系統？而其是供應或是消耗虛功率至電力系統？
(b) 計算此電機在 (a) 的狀況中所供應或消耗之實功率及虛功率為何？在此條件下此電機是以額定運轉嗎？
(c) 若 $\mathbf{E}_A = 470 \angle -20°$ V 且 $\mathbf{V}_\phi = 440 \angle 0°$ V，此電機是供應實功率至電力系統或是自電力系統消耗實功率？此電機是供應虛功率或是消耗虛功率？
(d) 計算此電機在 (c) 的狀況中所供應或消耗之實功率 P 及虛功率 Q 為何？在此條件下此電機是以額定運轉嗎？

參考文獻

1. Chaston, A. N. *Electric Machinery*. Reston, Va.: Reston Publishing, 1986.
2. Del Toro, V. *Electric Machines and Power Systems*. Englewood Cliffs, N.J.: Prentice-Hall, 1985.
3. Fitzgerald, A. E., and C. Kingsley, Jr. *Electric Machinery*. New York: McGraw-Hill, 1952.
4. Fitzgerald, A. E., C. Kingsley, Jr., and S. D. Umans. *Electric Machinery*, 6th ed. New York: McGraw-Hill, 2003.
5. Kosow, Irving L. *Control of Electric Motors*. Englewood Cliffs, N.J.: Prentice-Hall, 1972.
6. Liwschitz-Garik, Michael, and Clyde Whipple. *Alternating-Current Machinery*. Princeton, N.J.: Van Nostrand, 1961.
7. Nasar, Syed A. (ed.). *Handbook of Electric Machines*. New York: McGraw-Hill, 1987.
8. Slemon, G. R., and A. Straughen. *Electric Machines*. Reading, Mass.: Addison-Wesley, 1980.
9. Vithayathil, Joseph. *Power Electronics: Principles and Applications*. New York: McGraw-Hill, 1995.
10. Werninck, E. H. (ed.). *Electric Motor Handbook*. London: McGraw-Hill, 1978.

CHAPTER 6

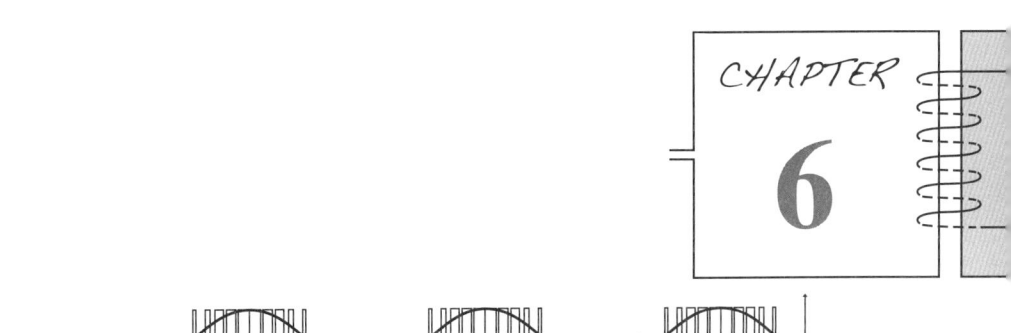

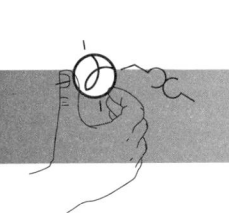

感應電動機

學習目標

- 瞭解同步電動機和感應電動機之主要差別。
- 瞭解轉子滑差觀念和滑差與轉子頻率關係。
- 瞭解並知道如何使用感應機的等效電路。
- 瞭解感應機的功率潮流和功率潮流圖。
- 能使用轉矩-速度特性方程式。
- 瞭解轉矩-速度特性曲線如何隨不同的轉子設計而改變。
- 瞭解感應機的啟動技術。
- 瞭解如何控制感應機的轉速。
- 瞭解如何量測感應機的電路模型參數。
- 瞭解如何將感應機當發電機使用。
- 瞭解感應機的額定。

在第五章我們曾經討論過，同步電動機中的阻尼繞組在不需要供應外加場電流的情形下如何建立啟動轉矩。事實上，阻尼繞組的效果極佳，使得我們完全不需要同步電動機中的主直流磁場電路就可以製造出電動機。只使用阻尼繞組的電機我們稱為感應電動機 (induction machine)，稱它們為感應電動機是因為轉子電壓 (其產生轉子電流以及轉子磁

場) 是感應在轉子繞組上,而非經由實際的接線產生。感應電動機的特點就在於運轉時不需要直流磁場電路。

雖然可以把感應電機當作電動機或發電機來使用,但是當作發電機用時有許多缺點,因此很少使用於發電機場合。基於此理由,感應電機通常是指感應電動機而言。

6.1 感應電動機的構造

感應電動機的定子實體和同步電機一樣,而轉子的結構卻不相同。典型兩極感應電動機的定子看起來 (事實上是) 和同步電機的定子是相同的。有兩種不同型式的感應電動機轉子可以置於定子內,其中之一叫作鼠籠式轉子 (squirrel-cage rotor),或簡稱籠式轉子 (cage rotor);另一種叫作繞線式轉子 (wound rotor)。

圖 6-1 顯示鼠籠式感應電動機的轉子,鼠籠式感應電動機轉子是由一串鑲嵌於轉子表面凹槽的導體棒組成,並且在兩端用大的短路環圈 (shorting ring) 將其短路在一起。這種設計方式被稱為鼠籠式轉子就是因為,由轉子導體看起來像是松鼠或大頰鼠在上面跑的練習輪圈一般。

另外一型轉子是繞線式轉子,繞線式轉子 (wound rotor) 有一組完整的三相繞組,類似於定子繞組。三相轉子繞組通常是 Y 接的型式,三條轉子線路的尾端連接到轉子軸的滑環。因此繞線式轉子感應電動機可以在定子電刷的位置,取到轉子電流來檢查,也可以在轉子電路中插入額外的電阻。利用此特徵就可以修正電動機的轉矩-轉速的特性,

繞線轉子感應電動機比鼠籠式感應電動機昂貴,且須更多維修,因為其電刷與滑環會磨損,因此,繞線轉子感應電動機已很少使用。

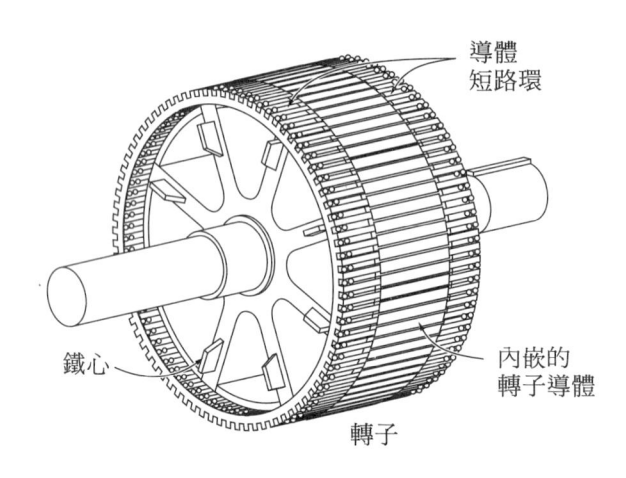

圖 6-1　鼠籠式轉子的概圖。

6.2 感應電動機的基本觀念

感應電動機的運轉，基本上與同步電動機的阻尼繞組是一樣的，現在將複習基本的運轉原理，並定義感應電動機的一些重要名稱。

感應電動機中感應轉矩的建立

圖 6-2 顯示一個鼠籠式感應電動機，定子上加上一組三相電壓，並流通一組三相的定子電流。這些電流產生一個依逆時針方向旋轉的磁場 $\mathbf{B}_S$，磁場旋轉的轉速如下式

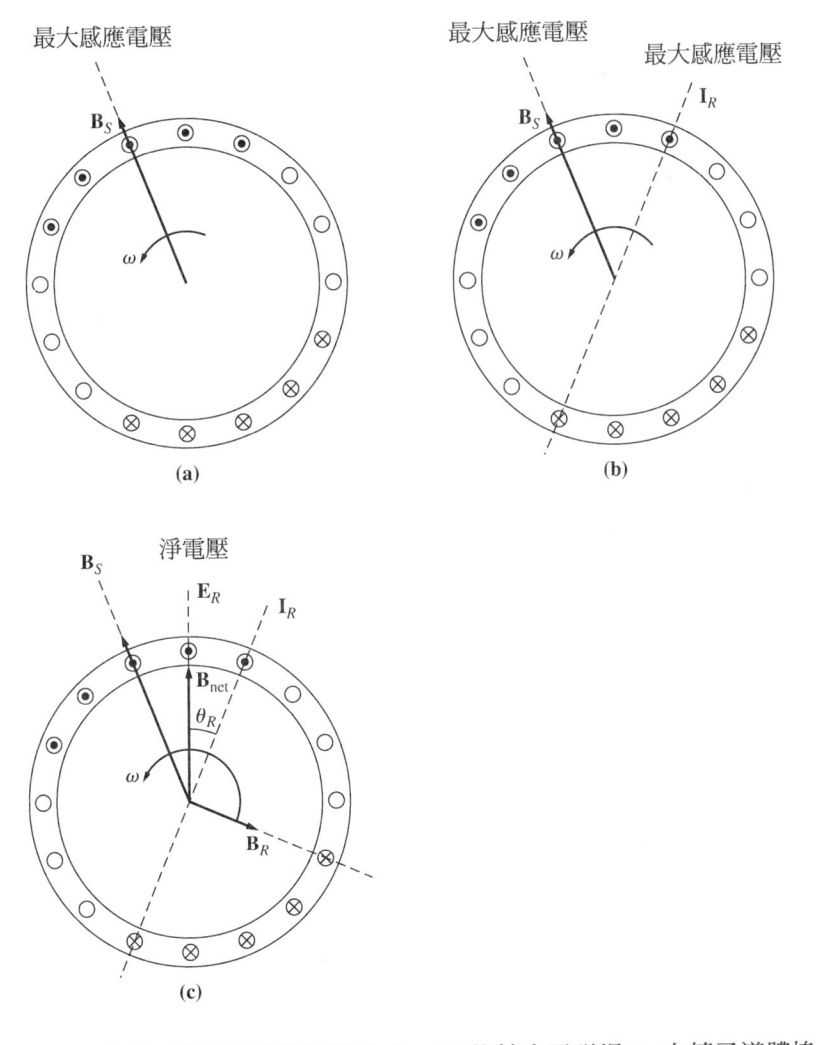

圖 6-2 感應電動機感應轉矩的建立。(a) 旋轉定子磁場 $\mathbf{B}_S$ 在轉子導體棒感應出電壓；(b) 轉子電壓產生轉子電流，因為轉子電感的關係電流落後電壓；(c) 轉子電流產生落後它 90° 的轉子磁場 $\mathbf{B}_R$ 和 $\mathbf{B}_{net}$ 交互作用在電動機上產生逆時針方向的轉矩。

$$n_{\text{sync}} = \frac{120 f_{se}}{P}$$ (6-1)

式子中 f_{se} 是供電給定子之系統的頻率，單位為赫茲，P 是電機的極數。旋轉磁場 $\mathbf{B}_S$ 通過轉子的導體棒，並在上面感應出電壓。

在轉子導體棒上感應的電壓可以由下式表示

$$e_{\text{ind}} = (\mathbf{v} \times \mathbf{B}) \cdot \mathbf{l}$$ (1-45)

上式中　$\mathbf{v}$ = 相對於磁場的轉子導體棒速度
　　　　$\mathbf{B}$ = 定子磁通量密度向量
　　　　$\mathbf{l}$ = 磁場中導體長度

轉子導體棒上的感應電壓，是由於轉子相對於定子磁場的相對運動所產生的。上層轉子導體棒於磁場的相對速度是向右，所以感應出來的電壓是穿出頁面，而下層導體棒的感應電壓方向是指入頁面，因此感應出來的電流方向是從上層導體棒流出，而流進下層導體棒。然而，因為轉子整體組件是電感性的，最大轉子電流會落後最大轉子電壓(見圖6-2b)，轉子電流再產生轉子磁場 $\mathbf{B}_R$。

最後，因為在電動機上的感應轉矩是

$$\tau_{\text{ind}} = k\mathbf{B}_R \times \mathbf{B}_S$$ (3-58)

所以產生的轉矩是逆時針方向，因此轉子就往逆時針方向加速。

然而電動機的轉速有一個上限，如果感應電動機轉子是以同步速度在旋轉，轉子導體棒相對於磁場是靜止的，因此沒有感應電壓存在。如果 e_{ind} 等於零，就沒有轉子電流與轉子磁場。沒有轉子磁場，感應轉矩等於零，轉子會因為摩擦的損失而慢慢減速。因此感應電動機可以加速到接近同步速度，但是絕對不能正好到達同步速度。

注意到正常運轉下，轉子與定子磁場 $\mathbf{B}_R$ 與 $\mathbf{B}_S$ 以同步速度 n_{sync} 旋轉，而轉子是以低於同步速度旋轉。

轉子轉差率的觀念

感應電動機轉子導體棒的感應電壓大小視轉子相對於磁場的速度而定，因為感應電動機的行為是根據轉子的電壓與電流而定，因此用相對轉速來表示通常是比較合邏輯的。有兩個術語經常被用來定義轉子與磁場之間的相對運動，一個是轉差速度 (slip speed)，定義為同步速度與轉子速度的差：

$$n_{\text{slip}} = n_{\text{sync}} - n_m$$ (6-2)

上式中　n_{slip}＝電動機的轉差速度

n_{sync}＝磁場的速度

n_m＝電動機機械轉軸的速度

另一個用來描述相對運動的術語是**轉差率** (slip)，等於是表現於標么或百分比基礎上的相對速度。轉差定義為

$$s = \frac{n_{\text{slip}}}{n_{\text{sync}}}(\times 100\%) \tag{6-3}$$

$$\boxed{s = \frac{n_{\text{sync}} - n_m}{n_{\text{sync}}}(\times 100\%)} \tag{6-4}$$

上式也可以用角速度 ω (弳度每秒) 來表示

$$\boxed{s = \frac{\omega_{\text{sync}} - \omega_m}{\omega_{\text{sync}}}(\times 100\%)} \tag{6-5}$$

注意如果轉子運轉於同步速度，$s=0$，而如果轉子靜止，$s=1$。所有正常的電動機轉速都介於這兩個極值之間。

我們也可以用同步速度與轉差率來表示感應電動機的機械轉速，根據式 (6-4) 與 (6-5)，可以推導出機械轉速

$$\boxed{n_m = (1 - s)n_{\text{sync}}} \tag{6-6}$$

或

$$\boxed{\omega_m = (1 - s)\omega_{\text{sync}}} \tag{6-7}$$

這些方程式可以用來推導感應電動機的轉矩和功率之間的關係。

轉子上的電機頻率

感應電動機的運轉是靠著在電動機的轉子感應出電壓及電流，因此有時候稱它為**旋轉變壓器** (rotating transformer)。和變壓器一樣，一次側繞組 (定子) 在二次側 (轉子) 會感應出電壓，但是和變壓器不同的是，二次側的頻率不一定要和一次側的一樣。

如果電動機的轉子被鎖住以至於不能轉動，那麼轉子的頻率就會和定子的一樣。反過來說，如果轉子運轉於同步速度，轉子的頻率就是零。那麼當轉子旋轉於任何速度時，轉子頻率會是多少呢？

在 $n_m=0$ r/min 時，轉子頻率 $f_{re}=f_{se}$，而轉差率 $s=1$。在 $n_m=n_{\text{sync}}$ 時，轉子頻率 f_{re}

=0 Hz，而轉差率 $s=0$。在介於之間的任何速度，轉子頻率直接正比於磁場速度 n_{sync} 和轉子速度 n_m 的差。由於轉子的轉差率是定義為

$$s = \frac{n_{\text{sync}} - n_m}{n_{\text{sync}}} \tag{6-4}$$

因此轉子頻率可以表示為

$$\boxed{f_{re} = sf_{se}} \tag{6-8}$$

此式可以有許多不同形式的表示，其中一種最常見的表示方法是將式 (6-4) 的轉差率代入式 (6-8)，然後再代入式子中分母部分的 n_{sync}：

$$f_{re} = \frac{n_{\text{sync}} - n_m}{n_{\text{sync}}} f_{se}$$

而 $n_{\text{sync}} = 120 f_{se}/P$ [由式 (6-1)]，所以

$$f_{re} = (n_{\text{sync}} - n_m) \frac{P}{120 f_{se}} f_{se}$$

因此，

$$\boxed{f_{re} = \frac{P}{120}(n_{\text{sync}} - n_m)} \tag{6-9}$$

例題 6-1 一部 208 V，10 hp，四極，60 Hz，Y 接感應電動機，滿載轉差率是 5%，試回答下列問題。

(a) 此電動機的同步速度是多少？
(b) 此電動機在額定負載時的轉子速度是多少？
(c) 此電動機在額定負載時的轉子頻率是多少？
(d) 此電動機在額定負載時的軸轉矩是多少？

解：
(a) 此電動機的同步速度是

$$n_{\text{sync}} = \frac{120 f_{se}}{P} \tag{6-1}$$

$$= \frac{120(60 \text{ Hz})}{4 \text{ poles}} = 1800 \text{ r/min}$$

(b) 此電動機的轉子速度由下式求得

$$n_m = (1 - s)n_{\text{sync}} \tag{6-6}$$
$$= (1 - 0.05)(1800 \text{ r/min}) = 1710 \text{ r/min}$$

(c) 此電動機的轉子頻率是
$$f_{re} = sf_{se} = (0.05)(60 \text{ Hz}) = 3 \text{ Hz} \tag{6-8}$$

另外從式 (6-9) 也可以求得頻率：
$$f_{re} = \frac{P}{120}(n_{\text{sync}} - n_m) \tag{6-9}$$
$$= \frac{4}{120}(1800 \text{ r/min} - 1710 \text{ r/min}) = 3 \text{ Hz}$$

(d) 軸負載轉矩表示為
$$\tau_{\text{load}} = \frac{P_{\text{out}}}{\omega_m}$$
$$= \frac{(10 \text{ hp})(746 \text{ W/hp})}{(1710 \text{ r/min})(2\pi \text{ rad/r})(1 \text{ min}/60 \text{ s})} = 41.7 \text{ N} \cdot \text{m}$$

軸負載轉矩在英制單位裡是由式 (1-17) 所表示：
$$\tau_{\text{load}} = \frac{5252P}{n}$$

上式中，τ 的單位是磅-呎，P 是馬力數，而 n_m 的單位則是每分鐘幾轉。
因此，
$$\tau_{\text{load}} = \frac{5252(10 \text{ hp})}{1710 \text{ r/min}} = 30.7 \text{ lb} \cdot \text{ft}$$
◀

6.3 感應電動機的等效電路

一部感應電動機的運轉，是根據由定子電路 (變壓器作用) 感應在轉子電路上的電壓與電流而定。因為在感應電動機的轉子電路上感應出來的電壓與電流，基本上是變壓器的動作，因此感應電動機的等效電路將會很類似變壓器的等效電路。因為電源只供應定子電流，所以感應電動機被稱為單激磁電機 (相對於雙激磁電機的同步電動機而言)。因為感應電動機沒有獨立的磁場電流，其模型將不會包含如同步電動機中內生電壓 $\mathbf{E}_A$ 般的內部電壓源。

我們可以用變壓器的相關知識，與已知隨著感應電動機轉速而變化的轉子頻率來推導感應電動機的等效電路。感應電動機模型的建立將從第二章的變壓器模型開始，然後再決定如何將轉子頻率的變化以及其他類似的感應電動機效應考慮進來。

感應電動機的變壓器模型

圖 6-3 所示為表示感應電動機操作的變壓器單相等效電路。如任何的變壓器一樣，在一次側（定子）有一些電阻和自感，這些值必須表示在電動機的等效電路中。定子電阻將稱作 R_1，而定子的漏感抗將稱為 X_1，這兩個零件置放於電動機模型輸入的右端。

同時像任何鐵心變壓器一樣，電動機的磁通量和外加電壓 $\mathbf{E}_1$ 的積分有關。圖 6-4 比較了感應電動機與電力變壓器類似的磁動勢-對-磁通量曲線，可以發現感應電動機的磁動勢-磁通量曲線斜率比一個正常變壓器斜率小得多。這是因為在感應電動機裡一定要有氣隙，因此大為增加了磁通路徑的磁組，而減少一次側和二次側繞組之間的耦合。由於氣隙導致磁阻增加，表示需要更大的磁化電流才能達到給定的磁通量。因此，等效電路中的磁化電抗 X_M 會比普通變電器的電抗值小得多 (或是電納 B_M 會有較大的值)。

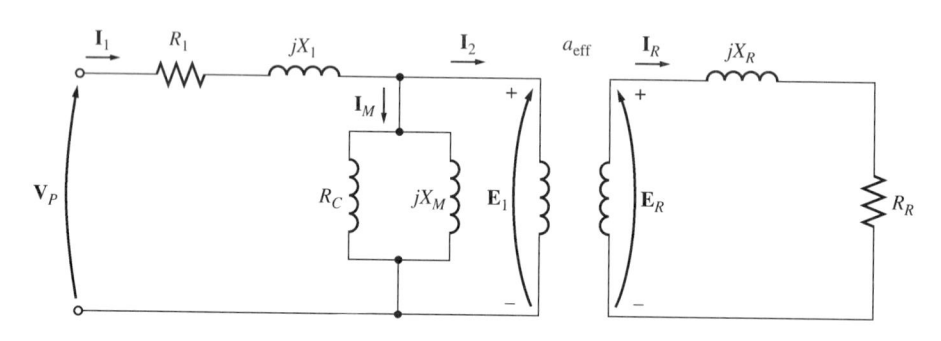

圖 6-3 感應電動機的變壓器模型，其中轉子與定子是以匝數比為 a_eff 的理想變壓器連接。

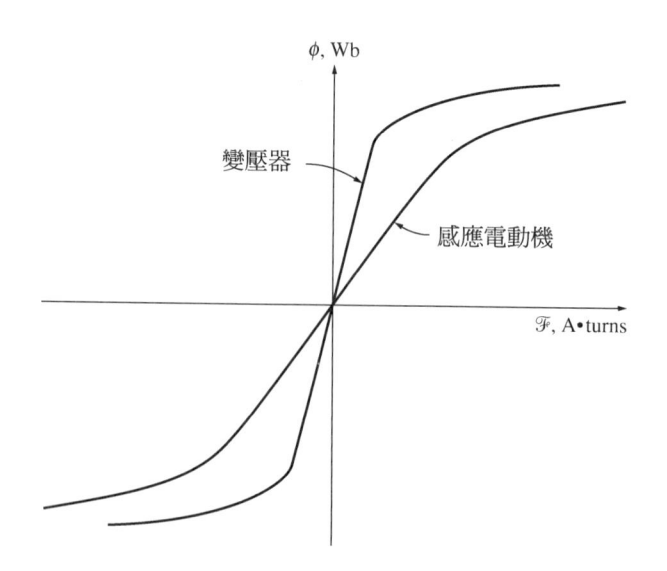

圖 6-4 感應電動機與變壓器磁化曲線的比較。

一次側的內部定子電壓 $\mathbf{E}_1$，經由一個具有等效匝數比 a_{eff} 的理想變壓器耦合到二次側 $\mathbf{E}_R$。在繞線式轉子的電動機中，等效匝數比 a_{eff} 很容易就可以求得——基本上是定子每相的導體數，與經過修正不同的節距和分佈因數後轉子每相導體數的比值。至於在鼠籠式轉子電動機的情況下，因為轉子上沒有明顯的繞組，所以很難精確地定義 a_{eff}。然而，在這兩種不同的電機都有一個等效的匝數比存在。

在轉子產生的電壓 $\mathbf{E}_R$ 會在電動機的短路轉子 (或二次側) 電路上產生電流。

感應電動機一次側的阻抗與磁化電流，和同等的變壓器電路中對等的組成零件非常相似。感應電動機等效電路和變壓器等效電路最主要的不同是變化的轉子頻率會對轉子電壓 $\mathbf{E}_R$ 和轉子阻抗 R_R 以及 jX_R 造成影響。

轉子電路模型

在感應電動機中，當電壓加在定子繞組時，有電壓會感應在電動機的轉子繞組上。一般而言，轉子與定子磁場之間的相對運動愈大，產生的轉子電壓也愈大。最大的相對運動發生在轉子靜止時，這些狀況稱為轉子鎖住或轉子擋住，也是產生最大的感應電壓的時候。最小的電壓 (0 V) 和頻率 (0 Hz) 則是發生於轉子速度和定子磁場一樣，沒有任何相對運動時。介於這些極值之間所感應的轉子電壓是直接正比於轉子的轉差率，因此，如果在轉子鎖住時感應的電壓是 E_{R0}，則在任何轉差率的感應電壓將表示為下式

$$E_R = sE_{R0} \tag{6-10}$$

且在任意轉差率下之感應電壓頻率為

$$f_{re} = sf_{se} \tag{6-8}$$

此電壓是感應於含有電阻和電抗的轉子上，轉子電阻 R_R 是一個常數 (不考慮集膚效應)，與轉差率無關，而轉子電抗則會受轉差率的影響。

感應電動機轉子的電抗，根據轉子的電感值以及轉子電壓電流的頻率而定。轉子的電感值若為 L_R，轉子電抗就可以表示

$$X_R = \omega_{re}L_R = 2\pi f_{re}L_R$$

根據式 (6-8)，$f_{re}=sf_{se}$，所以

$$\begin{aligned} X_R &= 2\pi sf_{se}L_R \\ &= s(2\pi f_{se}L_R) \\ &= sX_{R0} \end{aligned} \tag{6-11}$$

上式中 X_{R0} 是轉子擋住時的轉子電抗。

推導出來的轉子等效電路如圖 6-5 所示，可以求出轉子電流為

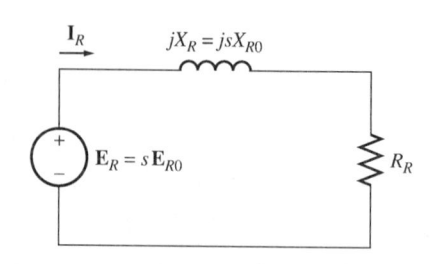

圖 6-5 感應電動機的轉子電路模型。

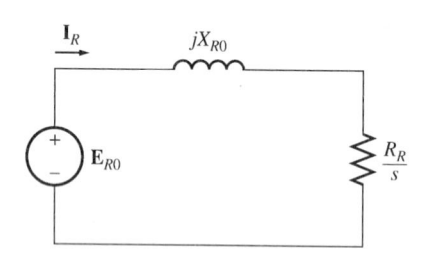

圖 6-6 將所有頻率 (轉差率) 效應集中於電阻 R_R 的轉子電路模型。

$$\mathbf{I}_R = \frac{\mathbf{E}_R}{R_R + jX_R}$$

$$\boxed{\mathbf{I}_R = \frac{\mathbf{E}_R}{R_R + jsX_{R0}}} \tag{6-12}$$

或

$$\boxed{\mathbf{I}_R = \frac{\mathbf{E}_{R0}}{R_R/s + jX_{R0}}} \tag{6-13}$$

從式 (6-13) 可以看出，所有因為變化的轉子速度而導致的轉子效應，可以看作由固定電壓源 $\mathbf{E}_{R0}$ 供電的變化阻抗所引起的。從此觀點推導的等效轉子阻抗為

$$Z_{R,\text{eq}} = R_R/s + jX_{R0} \tag{6-14}$$

圖 6-6 顯示利用此表示法的轉子等效電路，在此等效電路中，轉子電壓是常數 $\mathbf{E}_{R0}$ V，而轉子阻抗 $Z_{R,\text{eq}}$ 則包含所有變化轉子轉差率的效應。在式 (6-12) 與 (6-13) 推導的轉子電流繪於圖 6-7。

注意到在很低的轉差率時，電阻項 $R_R/s \gg X_{R0}$，因此轉子阻抗主要由轉子電阻決定，而且轉子電流與轉差率成線性變化。在高轉差率時，X_{R0} 遠大於 R_R/s，而且當轉差率變得很大時，轉子電流會趨近一個穩態值。

完整的等效電路

要建立感應電動機完成的單相等效電路，必須將模型轉子的部分換算到定子側，換算到

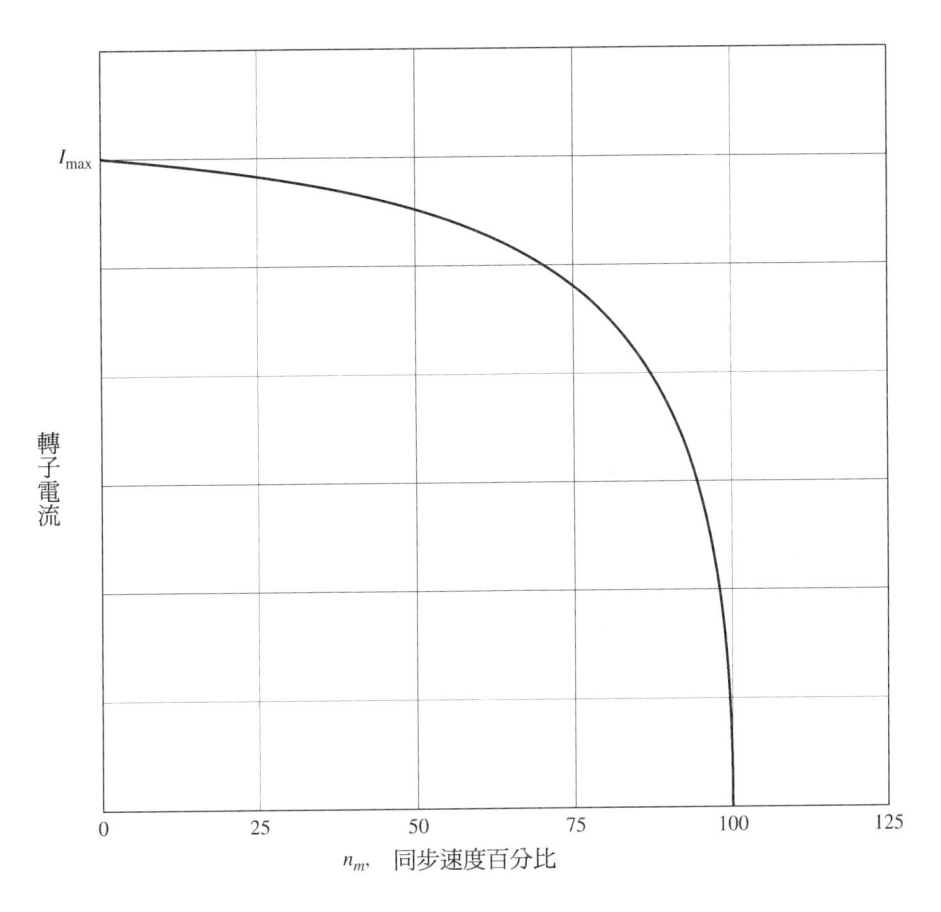

圖 6-7 轉子電流對轉子速度的函數關係。

定子側的轉子電路模型顯示於圖 6-6，在此圖中所有速度變化的效應都集中於阻抗項。

在普通的變壓器中，二次側的電壓、電流與阻抗可以利用變壓器的匝數比換算到一次側：

$$\mathbf{V}_P = \mathbf{V}'_S = a\mathbf{V}_S \tag{6-15}$$

$$\mathbf{I}_P = \mathbf{I}'_S = \frac{\mathbf{I}_S}{a} \tag{6-16}$$

和

$$Z'_S = a^2 Z_S \tag{6-17}$$

上式中，右上撇號表示換算過後的電壓、電流與阻抗值。

相同的轉換可以應用到電動機的轉子電路中，如果感應電動機的等效匝數比是 a_{eff}，則轉換後的轉子電壓變成

$$\mathbf{E}_1 = \mathbf{E}'_R = a_{\text{eff}} \mathbf{E}_{R0} \tag{6-18}$$

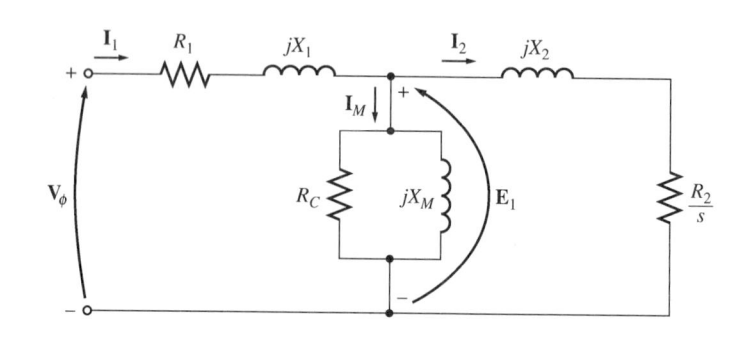

圖 6-8 感應電動機的單相等效電路。

轉子電流變成

$$\mathbf{I}_2 = \frac{\mathbf{I}_R}{a_{\text{eff}}} \tag{6-19}$$

而轉子阻抗變為

$$Z_2 = a_{\text{eff}}^2 \left(\frac{R_R}{s} + jX_{R0} \right) \tag{6-20}$$

如果現在我們作下列的定義：

$$R_2 = a_{\text{eff}}^2 R_R \tag{6-21}$$

$$X_2 = a_{\text{eff}}^2 X_{R0} \tag{6-22}$$

則感應電動機最後的單相等效電路就會如圖 6-8 所示。

轉子電阻 R_R 和轉子鎖住的轉子電抗 X_{R0} 很難或不可能由鼠籠式轉子直接求得的，且等效的匝數比 a_{eff} 也是很難在鼠籠式轉子上獲得。雖然如此，幸運的是即使在 R_R、X_{R0} 和 a_{eff} 都是未知的情況下，我們也可以量測到能直接求得換算電阻 R_2 與電抗 X_2。有關感應電動機參數的測量將在 6.7 節中討論。

6.4 感應電動機的功率與轉矩

因為感應電動機是單激磁的電機，其功率與轉矩的關係和先前在同步電機中討論的關係有很大的差異。本節將要探討感應電動機中的功率與轉矩關係。

損失與功率潮流圖

一部感應電動機基本上可以描述成是一部旋轉的變壓器，其輸入是一組三相的電壓與電流系統。對一般的變壓器而言，二次側會輸出電功率，然而因為在感應電動機中的二次繞組 (轉子) 是短路的，所以正常操作的感應電動機並沒有電功率的輸出，而是機械性

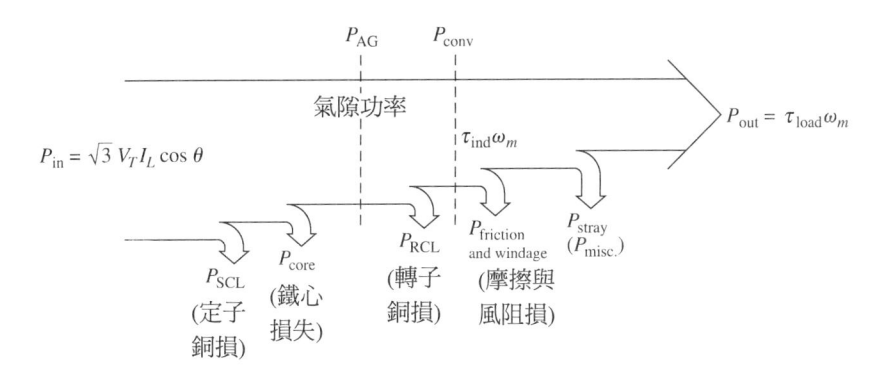

圖 6-9　感應電動機的功率潮流圖。

的輸出功率。感應電動機的輸入電功率與輸出機械功率之間的關係，示於如圖 6-9 的功率潮流圖中。

送至感應電動機的輸入功率 P_{in} 是以三相的電壓電流的形式表示，電動機中的第一項損失是在定子繞組中的 I^2R 損失 (定子銅損 P_{SCL})。接著有一些功率耗損於定子的磁滯損失及渦流電流損失中 (P_{core})，此時剩餘的功率經由定子與轉子之間的氣隙傳輸到電動機的轉子部分。這部分的功率稱為電動機的氣隙功率 P_{AG}。功率傳送到轉子後，一部分耗損於 I^2R 損失上 (轉子銅損 P_{RCL})，剩下的部分從電功率轉換為機械功率的形式 (P_{conv})。最後再減掉摩擦損失、風阻損 $P_{F\&W}$ 以及雜散損失 P_{misc}，剩餘的功率就是電動機的輸出功率 P_{out}。

鐵心損失 (core loss) 不一定要出現於如圖 6-9 的功率潮流圖中，要不要將鐵損考慮在電動機內是隨意的。一部感應電動機的鐵損，部分由定子電路產生，部分則由轉子電路來。由於感應電動機通常運轉於同步速度附近，因此磁場對轉子表面的相對運動很慢，所以轉子鐵損與定子鐵損比較起來微不足道。因為大部分的鐵損來自定子電路，所以才將所有的鐵損集中起來顯示於圖中所示的位置。在感應電動機的等效電路中，這些損失是以電阻 R_C (或導納 G_C) 來表示。如果鐵損只是用一個數字 (X 瓦特) 來代替電路元件，則經常將它們集中一起稱為機械損失，並且從圖中機械損失的位置減掉。

感應電動機的轉速愈高，其摩擦損失、風阻損及雜散損失就愈高。相反地，電動機的轉速愈高 (高到 n_{sync})，其鐵損就愈少。因此，有時候會將這三類損失合在一起稱為旋轉損失 (rotational loss)。因為元件的損失和速度成反比，因此即使在速度變動下，可以將總旋轉損失視為定值。

例題 6-2 一部 480 V，60 Hz，50 hp，三相感應電動機，在 0.85 PF 落後的情況下汲取 60 A 電流，定子銅損是 2 kW，轉子銅損是 700 W，摩擦與風阻損是 600 W，鐵心損失是 1800 W，而雜散損失可忽略。試求出以下各項的值。

(a) 氣隙功率 P_{AG}
(b) 轉換的功率 P_{conv}
(c) 輸出功率 P_{out}
(d) 電動機的效率

解：參考感應電動機的功率潮流圖 (圖 6-9) 來回答以上的問題。

(a) 氣隙功率可由輸入功率減去定子 I^2R 損失而得，輸入功率由下式表示

$$P_{in} = \sqrt{3} V_T I_L \cos\theta$$
$$= \sqrt{3}(480 \text{ V})(60 \text{ A})(0.85) = 42.4 \text{ kW}$$

根據功率潮流圖，氣隙功率可以求得為

$$P_{AG} = P_{in} - P_{SCL} - P_{core}$$
$$= 42.4 \text{ kW} - 2 \text{ kW} - 1.8 \text{ kW} = 38.6 \text{ kW}$$

(b) 根據功率潮流圖，從電功率轉換到機械形式的功率有

$$P_{conv} = P_{AG} - P_{RCL}$$
$$= 38.6 \text{ kW} - 700 \text{ W} = 37.9 \text{ kW}$$

(c) 根據功率潮流圖，輸出功率為

$$P_{out} = P_{conv} - P_{F\&W} - P_{misc}$$
$$= 37.9 \text{ kW} - 600 \text{ W} - 0 \text{ W} = 37.3 \text{ kW}$$

或者，以馬力為單位，

$$P_{out} = (37.3 \text{ kW}) \frac{1 \text{ hp}}{0.746 \text{ kW}} = 50 \text{ hp}$$

(d) 因此，此部感應電動機的效率為

$$\eta = \frac{P_{out}}{P_{in}} \times 100\%$$
$$= \frac{37.3 \text{ kW}}{42.4 \text{ kW}} \times 100\% = 88\%$$

感應電動機的功率與轉矩

圖 6-8 所示為感應電動機的單相等效電路，仔細地觀察此等效電路，便可以用來推導控制電動機運轉的功率與轉矩方程式。

將輸入電壓除以總等效阻抗，可以求得電動機單相的輸入電流為：

$$\mathbf{I}_1 = \frac{\mathbf{V}_\phi}{Z_{eq}} \tag{6-23}$$

上式中

$$Z_{eq} = R_1 + jX_1 + \cfrac{1}{G_C - jB_M + \cfrac{1}{V_2/s + jX_2}} \tag{6-24}$$

因此，定子的銅損、鐵損與轉子的銅損就可以求得。三相的定子銅損是

$$\boxed{P_{SCL} = 3I_1^2 R_1} \tag{6-25}$$

鐵損則由下式表示

$$\boxed{P_{core} = 3E_1^2 G_C} \tag{6-26}$$

因此可以求得氣隙的功率為

$$\boxed{P_{AG} = P_{in} - P_{SCL} - P_{core}} \tag{6-27}$$

仔細觀察轉子的等效電路，在等效電路中唯一可以消耗氣隙功率的元件是電阻 R_2/s，因此氣隙功率 (air-gap power) 可以表示為

$$\boxed{P_{AG} = 3I_2^2 \frac{R_2}{s}} \tag{6-28}$$

實際上在轉子電路中的電阻損失，則是如下式所列

$$P_{RCL} = 3I_R^2 R_R \tag{6-29}$$

由於當功率經過理想變壓器的轉換時並不會改變，因此轉子的銅損也可以表示為

$$\boxed{P_{RCL} = 3I_2^2 R_2} \tag{6-30}$$

從電動機的輸入功率減去定子銅損、鐵損及轉子的銅損後，剩餘的功率將從電氣轉換為機械的形式。這個轉換的功率，有時稱為產生的機械功率，可以表示為

$$P_{\text{conv}} = P_{\text{AG}} - P_{\text{RCL}}$$

$$= 3I_2^2 \frac{R_2}{s} - 3I_2^2 R_2$$

$$= 3I_2^2 R_2 \left(\frac{1}{s} - 1\right)$$

$$\boxed{P_{\text{conv}} = 3I_2^2 R_2 \left(\frac{1-s}{s}\right)} \tag{6-31}$$

從式 (6-28) 與 (6-30)，我們可以發現轉子銅損等於氣隙功率乘以轉差率：

$$P_{\text{RCL}} = sP_{\text{AG}} \tag{6-32}$$

因此，電動機的轉差率愈低，轉子損失就會愈少。同時也要注意如果轉子靜止，轉差率 $s=1$，氣隙功率會全部消耗於轉子內。這是合理的，因為如果轉子沒有轉動，輸出功率 P_{out} ($=\tau_{\text{load}} \omega_m$) 一定是零。因為 $P_{\text{conv}} = P_{\text{AG}} - P_{\text{RCL}}$，我們可以得到氣隙功率與轉換功率之間的另一個關係式

$$P_{\text{conv}} = P_{\text{AG}} - P_{\text{RCL}}$$

$$= P_{\text{AG}} - sP_{\text{AG}}$$

$$\boxed{P_{\text{conv}} = (1-s)P_{\text{AG}}} \tag{6-33}$$

最後，如果摩擦損失、風損以及雜散損失已知，可以求得輸出功率為

$$\boxed{P_{\text{out}} = P_{\text{conv}} - P_{\text{F\&W}} - P_{\text{misc}}} \tag{6-34}$$

電動機中的感應轉矩 τ_{ind} 定義為，由內部電氣到機械功率轉換所產生的轉矩。此轉矩與在電動機端點實際可得的，相差了摩擦與風阻轉矩的大小，感應的轉矩可以表示為下式

$$\tau_{\text{ind}} = \frac{P_{\text{conv}}}{\omega_m} \tag{6-35}$$

這個轉矩也稱為電動機的產生轉矩。

感應電動機所感應的轉矩也可以用不同的形式表示，式 (6-7) 以同步速度與轉差率來表示實際的轉速，而式 (6-33) 則利用 P_{AG} 和轉差率來計算 P_{conv}，將這兩個方程式代入式 (6-35) 可以求得

$$\tau_{\text{ind}} = \frac{(1-s)P_{\text{AG}}}{(1-s)\omega_{\text{sync}}}$$

第六章　感應電動機　315

$$\tau_{\text{ind}} = \frac{P_{\text{AG}}}{\omega_{\text{sync}}}$$

(6-36)

最後這一項方程式特別有用，因為它直接用氣隙功率和不會改變的同步速度來表示感應轉矩，只要知道 P_{AG} 就可以直接求得 τ_{ind}。

在感應電動機等效電路中分開表示轉子銅損與轉換的功率

感應電動機經由氣隙傳輸的功率，有一部分是消耗於轉子銅損，有一部分則是轉換成機械功率以推動電動機轉軸。我們可以分離氣隙功率的這兩部分，並且在電動機的等效電路中分開表示。

式 (6-28) 表示感應電動機中所有的氣隙功率，而式 (6-30) 則表示電動機的實際銅損。氣隙功率指的是消耗在電阻值為 R_2/s 上的功率，而轉子銅損則是指消耗於電阻值為 R_2 上的功率。它們之間的差是 P_{conv}，此功率必須消耗於如下的電阻值上

$$R_{\text{conv}} = \frac{R_2}{s} - R_2 = R_2\left(\frac{1}{s} - 1\right)$$

$$\boxed{R_{\text{conv}} = R_2\left(\frac{1-s}{s}\right)}$$

(6-37)

具轉子銅損和轉換成機械功率形式並以不同元件表示之單相等效電路如圖 6-10 所示。

例題 6-3　一部 460 V，25 hp，60 Hz，四極，Y 接的感應電動機，其換算到定子電路的單相阻抗如下所列：

$$R_1 = 0.641\ \Omega \quad R_2 = 0.332\ \Omega$$
$$X_1 = 1.106\ \Omega \quad X_2 = 0.464\ \Omega \quad X_M = 26.3\ \Omega$$

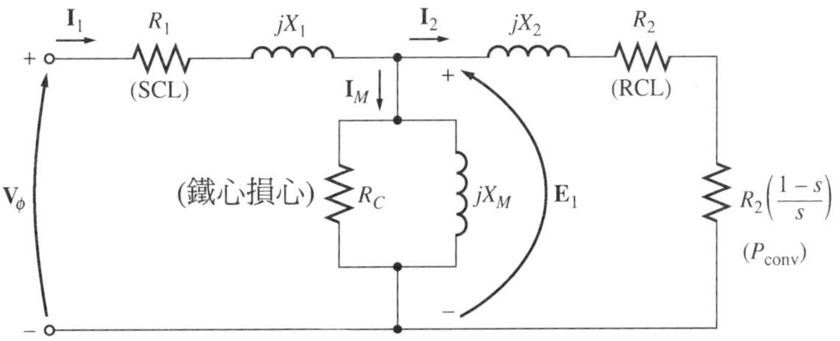

圖 6-10　轉子損失與 P_{conv} 分開表示的單相等效電路。

總旋轉損失是 1100 W，假設此損失是定值。鐵損則集中包括在旋轉損失內，若轉子轉差率在額定電壓與頻率時是 2.2%，試求出電動機的

(a) 轉速
(b) 定子電流
(c) 功率因數
(d) P_{conv} 和 P_{out}
(e) τ_{ind} 和 τ_{load}
(f) 效率

解：此電動機的單相等效電路示於圖6-8，而功率潮流圖則示於圖6-9，因為鐵損與摩擦損失、風損和雜散損失集中在一起計算，所以把它們當作是機械損失，並依功率潮流圖在 P_{conv} 之後減掉。

(a) 同步速度是

$$n_{\text{sync}} = \frac{120 f_{se}}{P} = \frac{120(60 \text{ Hz})}{4 \text{ poles}} = 1800 \text{ r/min}$$

或

$$\omega_{\text{sync}} = (1800 \text{ r/min})\left(\frac{2\pi \text{ rad}}{1 \text{ r}}\right)\left(\frac{1 \text{ min}}{60 \text{ s}}\right) = 188.5 \text{ rad/s}$$

轉子機械轉軸的速度是

$$n_m = (1 - s)n_{\text{sync}}$$
$$= (1 - 0.022)(1800 \text{ r/min}) = 1760 \text{ r/min}$$

或

$$\omega_m = (1 - s)\omega_{\text{sync}}$$
$$= (1 - 0.022)(188.5 \text{ rad/s}) = 184.4 \text{ rad/s}$$

(b) 要求定子電流，先算電路的等效阻抗。第一個步驟是將換算後的轉子阻抗與並聯的激磁枝路組合，再加上串聯的定子阻抗。換算後的轉子阻抗為

$$Z_2 = \frac{R_2}{s} + jX_2$$
$$= \frac{0.332}{0.022} + j0.464$$
$$= 15.09 + j0.464 \text{ } \Omega = 15.10\angle 1.76° \text{ } \Omega$$

轉子阻抗與激磁電路並聯後成為

$$Z_f = \frac{1}{1/jX_M + 1/Z_2}$$
$$= \frac{1}{-j0.038 + 0.0662\angle -1.76°}$$
$$= \frac{1}{0.0773\angle -31.1°} = 12.94\angle 31.1° \text{ } \Omega$$

因此，總阻抗為

$$Z_{tot} = Z_{stat} + Z_f$$
$$= 0.641 + j1.106 + 12.94\angle 31.1° \; \Omega$$
$$= 11.72 + j7.79 = 14.07\angle 33.6° \; \Omega$$

結果定子電流為

$$\mathbf{I}_1 = \frac{\mathbf{V}_\phi}{Z_{tot}}$$
$$= \frac{266\angle 0° \; \text{V}}{14.07\angle 33.6° \; \Omega} = 18.88\angle -33.6° \; \text{A}$$

(c) 電動機的功率因數為

$$PF = \cos 33.6° = 0.833 \quad \text{落後}$$

(d) 電動機的輸入功率為

$$P_{in} = \sqrt{3} V_T I_L \cos\theta$$
$$= \sqrt{3}(460 \; \text{V})(18.88 \; \text{A})(0.833) = 12{,}530 \; \text{W}$$

此電機的定子銅損為

$$P_{SCL} = 3I_1^2 R_1$$
$$= 3(18.88 \; \text{A})^2(0.641 \; \Omega) = 685 \; \text{W} \tag{6-25}$$

氣隙功率可以求得為

$$P_{AG} = P_{in} - P_{SCL} = 12{,}530 \; \text{W} - 685 \; \text{W} = 11{,}845 \; \text{W}$$

因此，轉換的功率是

$$P_{conv} = (1-s)P_{AG} = (1 - 0.022)(11{,}845 \; \text{W}) = 11{,}585 \; \text{W}$$

P_{out} 功率可以求得為

$$P_{out} = P_{conv} - P_{rot} = 11{,}585 \; \text{W} - 1100 \; \text{W} = 10{,}485 \; \text{W}$$
$$= 10{,}485 \; \text{W}\left(\frac{1 \; \text{hp}}{746 \; \text{W}}\right) = 14.1 \; \text{hp}$$

(e) 感應的轉矩為

$$\tau_{ind} = \frac{P_{AG}}{\omega_{sync}}$$
$$= \frac{11{,}845 \; \text{W}}{188.5 \; \text{rad/s}} = 62.8 \; \text{N} \cdot \text{m}$$

所以輸出功率可以求得為

$$\tau_{\text{load}} = \frac{P_{\text{out}}}{\omega_m}$$

$$= \frac{10{,}485 \text{ W}}{184.4 \text{ rad/s}} = 56.9 \text{ N} \cdot \text{m}$$

(以英制單位表示,這些轉矩量分別是 46.3 與 41.9 磅-呎。)

(f) 在這個運轉狀況下的電動機效率是

$$\eta = \frac{P_{\text{out}}}{P_{\text{in}}} \times 100\%$$

$$= \frac{10{,}485 \text{ W}}{12{,}530 \text{ W}} \times 100\% = 83.7\%$$

6.5 感應電動機的轉矩-速度特性

當負載改變時,感應電動機轉矩如何改變?在啟動時感應電動機可以提供多大轉矩?當感應電動機的轉軸負載增加時,轉速會掉多少?要求出這些問題的答案,必須清楚地瞭解電動機之轉矩、轉速與功率間的關係。

接著將先從電動機磁場行為的物理觀點來檢視轉矩-轉速的關係。然後,將從感應電動機的等效電路 (圖 6-8) 推導出以轉差率來表示轉矩函數的方程式。

從物理觀點看的感應轉矩

圖 6-11a 顯示一部鼠籠式轉子的感應電動機,在無載的狀況下剛運轉,因此轉速非常靠近同步速度。此部電機的淨磁場 $\mathbf{B}_{\text{net}}$,是由在電動機等效電路 (見圖 6-8) 的磁化電流 $\mathbf{I}_M$ 所產生。因此磁化電流與 $\mathbf{B}_{\text{net}}$ 的大小直接正比於電壓 $\mathbf{E}_1$。如果 $\mathbf{E}_1$ 是固定的常數,則電動機的淨磁場也是常數。在實際的電動機中,因為定子阻抗 R_1 與 X_1 的關係,變化的負載會導致變化的電壓降,因此 $\mathbf{E}_1$ 會隨著負載的改變而變化。然而,這些壓降在定子繞組中非常小,所以 $\mathbf{E}_1$ (還有 $\mathbf{I}_M$ 及 $\mathbf{B}_{\text{net}}$) 在負載變化的情況下仍然幾乎是一個常數。

圖 6-11a 顯示在無載情況下的感應電動機,無載時,轉子的轉差率很小,因此轉子與磁場之間的相對運動,以及轉子頻率也很小。因為相對運動小,轉子導體棒感應的電壓 $\mathbf{E}_R$,以及產生的電流 $\mathbf{I}_R$ 也很小。同時,因為轉子頻率很小,轉子電抗幾乎是零,而最大的轉子電流 $\mathbf{I}_R$ 幾乎與轉子電壓 $\mathbf{E}_R$ 同相。轉子電流因此會產生一個小磁場 $\mathbf{B}_R$,落後淨磁場 $\mathbf{B}_{\text{net}}$ 一個稍微大於 90° 的角度。注意即使在無載的情況下定子電流也一定很大,因為它必須供應大部分的 $\mathbf{B}_{\text{net}}$ (這也是為何與其他形式的電動機比較起來,感應電動機會有較大的無載電流的原因。感應機的無載電流約為滿載電流的 30% 至 60%)。

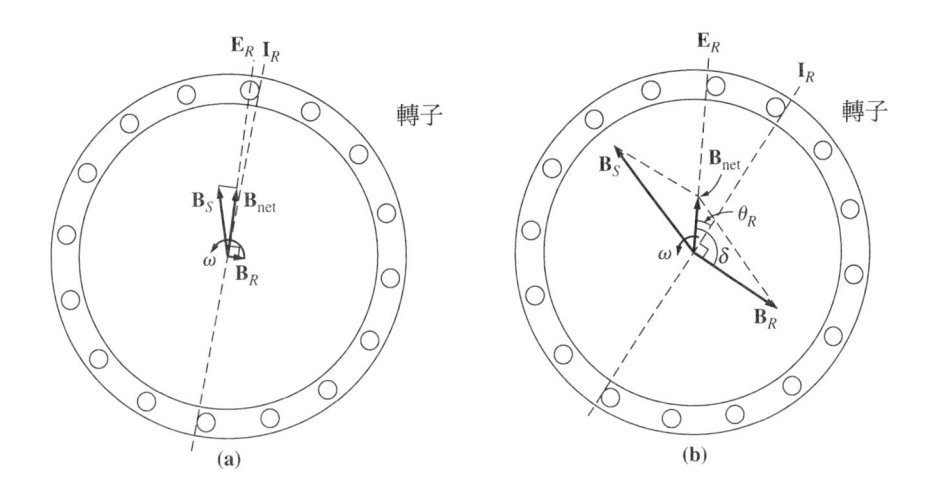

圖 6-11　(a) 感應電動機在輕載下的磁場。(b) 感應電動機在重載下的磁場。

維持轉子旋轉的感應轉矩可以由下式表示之

$$\tau_{\text{ind}} = k\mathbf{B}_R \times \mathbf{B}_{\text{net}} \tag{3-60}$$

其大小則為

$$\tau_{\text{ind}} = k\mathbf{B}_R \mathbf{B}_{\text{net}} \sin \delta \tag{3-61}$$

因為轉子磁場很小，感應的轉矩也很小——只夠克服電動機的旋轉損失。

現在我們假設感應電動機加上負載 (圖 6-11b)，當電動機負載增加時，轉差率增加，而電動機的轉速減慢。由於電動機的轉速變慢，轉子與定子磁場之間的相對運動變大。更大的相對運動會產生更大的轉子電壓 $\mathbf{E}_R$，因而產生更大的轉子電流 $\mathbf{I}_R$。隨著轉子電流的增加，轉子磁場 $\mathbf{B}_R$ 也跟著增加。同時，轉子電流的相角也隨著 $\mathbf{B}_R$ 而改變，因為當轉子轉差率增加時，轉子頻率會提高 ($f_{re} = s f_{se}$)，導致轉子電抗增加 ($\omega_{re} L_R$)。所以轉子電流會更落後轉子電壓，而轉子磁場也會跟著電流而改變。圖 6-11b 顯示感應電動機是運轉於相當重的負載。注意圖中轉子電流和相角 δ 都增加了。B_R 的增加會使轉矩增加，但是相角 δ 的增加卻會減少轉矩 (τ_{ind} 正比於 $\sin \delta$，而 $\delta > 90°$)。因為前項的影響比第二項大，因此總合的感應轉矩會增加以提供電動機增加的負載。

感應電動機何時會達到脫出轉矩？當轉軸上的負載一直增加到 $\sin \delta$ 項減少的量大於 B_R 增加的量時，就會發生。此時再增加負載，τ_{ind} 就會減少而導致電動機停止運轉。

我們可以利用對電動機磁場的瞭解，來大約推導感應電動機輸出轉矩—對—轉速的特性。記得電動機感應轉矩的大小是

$$\tau_{\text{ind}} = kB_R B_{\text{net}} \sin \delta \tag{3-61}$$

上式中每一項都可以分開考慮來推導整個電動機的行為。這些各別的項如下：

1. B_R。只要轉子未達飽和，轉子磁場直接正比於轉子電流，根據式 (6-13)，轉子電流會隨著轉差率的增加 (轉速的減少) 而增加。此電流曾畫於圖 6-7，我們在圖 6-12a 重繪此曲線。
2. B_{net}。電動機的淨磁場正比於 E_1，因此大概是一個常數 (事實上 E_1 會隨著電流增加而減少，但是此效應與其他兩者比較起來太小了，因此我們在繪圖的過程中將把它忽略)。B_{net} 對轉速的曲線如圖 6-12b 所示。
3. $\sin \delta$。淨磁場與定子磁場之間的相角 δ 可以用很方便的方式表示。見圖 6-11b，在此圖中可以清楚地看見相角 δ 正好等於轉子的功率因數角加上 $90°$：

$$\delta = \theta_R + 90° \tag{6-38}$$

因此，$\sin \delta = \sin (\theta_R + 90°) = \cos \theta_R$，此項就是轉子的功率因數。轉子的功率因數角可以由下式算出

$$\theta_R = \tan^{-1} \frac{X_R}{R_R} = \tan^{-1} \frac{sX_{R0}}{R_R} \tag{6-39}$$

因此轉子的功率因數是

$$PF_R = \cos \theta_R$$

$$\boxed{PF_R = \cos \left(\tan^{-1} \frac{sX_{R0}}{R_R} \right)} \tag{6-40}$$

轉子功率因數對轉速的圖形示於圖 6-12c。

因為感應的轉矩正比於此三項的乘積，感應電動機的轉矩-轉速特性可以從前三個圖 (圖 6-12a 到 c)，以圖形乘積的方法求得。推導出的感應電動機轉矩-轉速特性曲線示於圖 6-12d。

此特性曲線大致可以分為三個區域，第一區是曲線上的低轉差率區 (low-slip region)。在此區內，電動機轉差率大致會隨著負載的增加呈線性增加，而轉子的機械轉速卻大約是呈線性地減少。運轉在此區域內，轉子電抗可忽略，所以轉子的功率因數大概等於 1，而轉子電流會隨著轉差率線性增加。感應電動機整個正常穩態運轉區包含在此線性低轉差率區域內，因此在正常的運轉時，感應電動機具有線性的速度降落。

感應電動機曲線的第二個區域稱為中轉差率區 (moderate-slip region)。在此區內，轉子頻率較高，轉子電抗的大小大約與轉子電阻同階。因此轉子電流不再像以前增加地那麼快，而且功率因數開始掉落。電動機最大轉矩 (脫出轉矩) 發生於當負載有一增

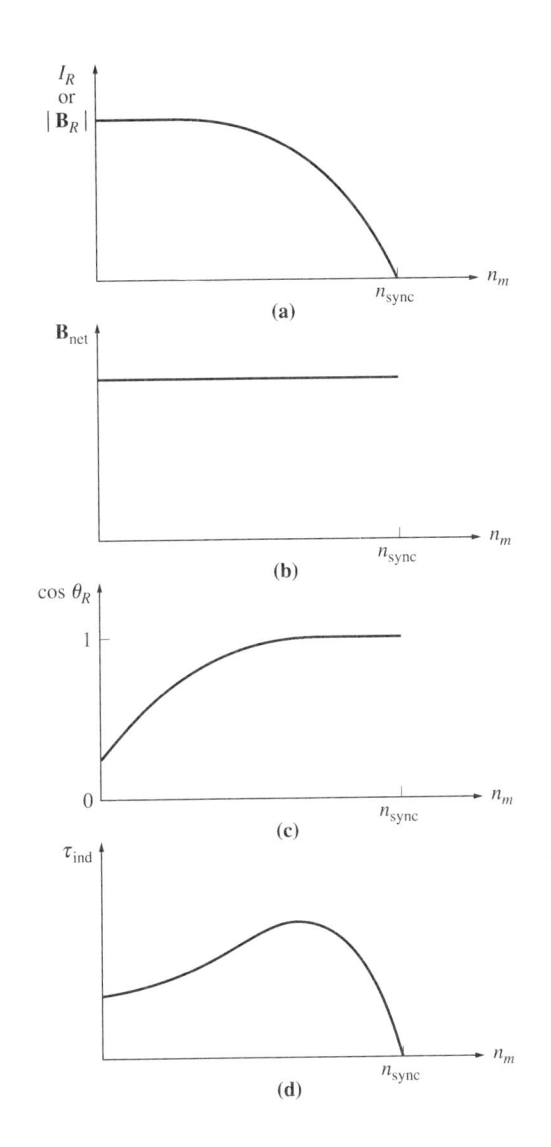

圖 6-12 感應電動機轉矩-轉速特性的圖形推導過程。(a) 感應電動機轉子電流 (以及 $|\mathbf{B}_R|$) 對轉速的圖形；(b) 電動機淨磁場對轉速的關係圖；(c) 電動機轉子的功率因數對轉速的圖形；(d) 推導出的轉矩-轉速特性曲線。

量，而轉子電流增加的量正好與轉子功率因數減少的部分抵消時。

感應電動機曲線的第三個區域稱為**高轉差率區** (high-slip region)，在此區域內，因為轉子電流增加的量完全被轉子功率因數減少的部分遮蔽，應感的轉矩事實上是隨著負載的增加而減少的。

對一部典型的感應電動機而言，曲線上的脫出轉矩是電動機額定滿載轉矩的 200% 到 250%，而啟動轉矩 (在零轉速的轉矩) 大約是滿載轉矩的 150%。不像同步電動機，感應電動機可以在轉軸承擔滿載的情形下啟動。

感應電動機感應轉矩方程式的推導

利用感應電動機的等效電路與電動機的功率潮流圖,我們可以推導出以速度為函數的感應轉矩之一般表示式。感應電動機的感應轉矩如式 (6-35) 或 (6-36):

$$\tau_{ind} = \frac{P_{conv}}{\omega_m} \tag{6-35}$$

$$\tau_{ind} = \frac{P_{AG}}{\omega_{sync}} \tag{6-36}$$

式 (6-36) 特別有用,因為在給定頻率與極數的情況下,同步轉速是一個常數。由於 ω_{sync} 是固定值,知道氣隙功率就可以求出電動機的感應轉矩。

氣隙功率是從定子電路經過氣隙傳送到轉子電路的功率,也就是電阻 R_2/s 吸收的功率。如何求出此功率?

參考圖 6-13 所示的等效電路,根據此圖,可以看出供應到電動機其中一相的氣隙功率是

$$P_{AG,1\phi} = I_2^2 \frac{R_2}{s}$$

因此,總氣隙功率是

$$P_{AG} = 3I_2^2 \frac{R_2}{s}$$

如果可以求出 I_2,那麼就可以知道氣隙功率及感應的轉矩。

雖然有幾個方法可以求出如圖 6-13 所示電路的電流 I_2,但最簡單的方法是先算出圖中打 X 處左側部分電路的戴維寧等效電路。戴維寧定理指出,任何可以由兩個端點將其與系統分開的線性電路,都可以用一個單一電壓源串聯一個等效阻抗來代替。如果我們應用此定理於感應電動機的等效電路上,所得到的電路將如圖 6-14c 所示,是幾個元件簡單的串聯組合。

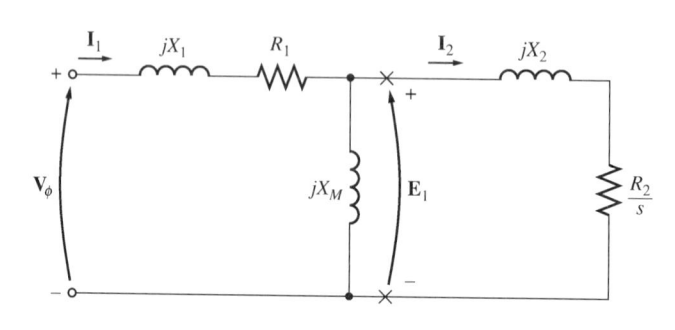

圖 6-13 感應電動機的單相等效電路。

第六章　感應電動機

要在感應電動機等效電路的輸入側作戴維寧等效處理，首先在打 X 端點處開路，然後求出此處的開路電壓。接著利用將相電壓短路算出從端點處看進去的等效阻抗 Z_{eq} 得到戴維寧等效阻抗。

圖 6-14a 所示為用來求戴維寧電壓的開路端點，根據電路分壓規則

$$\mathbf{V}_{TH} = \mathbf{V}_\phi \frac{Z_M}{Z_M + Z_1}$$

$$= \mathbf{V}_\phi \frac{jX_M}{R_1 + jX_1 + jX_M}$$

戴維寧電壓 $\mathbf{V}_{TH}$ 的大小為

$$\boxed{V_{TH} = V_\phi \frac{X_M}{\sqrt{R_1^2 + (X_1 + X_M)^2}}} \qquad (6\text{-}41a)$$

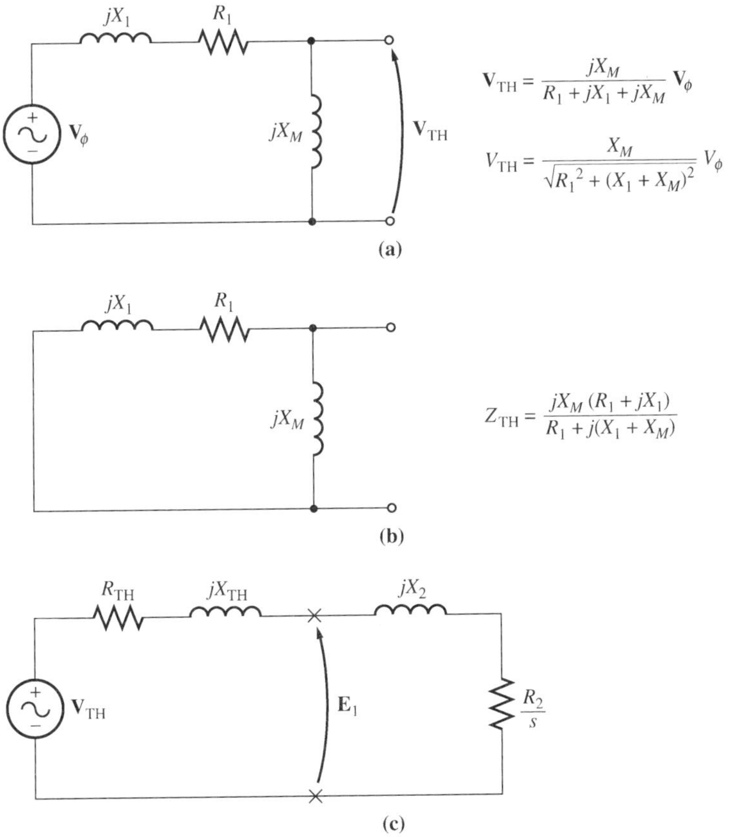

圖 6-14　(a) 感應電動機輸入側電路的戴維寧等效電壓。(b) 輸入側電路的戴維寧等效阻抗。(c) 感應電動機最後的簡化等效電路。

由於激磁阻抗 $X_M \gg X_1$ 而且 $X_M \gg R_1$，所以戴維寧電壓的大小大約是

$$\boxed{V_{\text{TH}} \approx V_\phi \frac{X_M}{X_1 + X_M}} \tag{6-41b}$$

此近似值的準確性相當高。

圖 6-14b 所示為將輸入電壓源短路後的輸入側電路，兩個阻抗是並聯的，組成的戴維寧阻抗是

$$Z_{\text{TH}} = \frac{Z_1 Z_M}{Z_1 + Z_M} \tag{6-42}$$

此阻抗可以化簡為

$$Z_{\text{TH}} = R_{\text{TH}} + jX_{\text{TH}} = \frac{jX_M(R_1 + jX_1)}{R_1 + j(X_1 + X_M)} \tag{6-43}$$

因為 $X_M \gg X_1$ 而且 $X_M + X_1 \gg R_1$，所以戴維寧電阻與電抗可以大約近似為

$$\boxed{R_{\text{TH}} \approx R_1 \left(\frac{X_M}{X_1 + X_M}\right)^2} \tag{6-44}$$

$$\boxed{X_{\text{TH}} \approx X_1} \tag{6-45}$$

最後推導的等效電路如圖 6-14c 所示，由此等效電路可以求出電流 $\mathbf{I}_2$ 為

$$\mathbf{I}_2 = \frac{\mathbf{V}_{\text{TH}}}{Z_{\text{TH}} + Z_2} \tag{6-46}$$

$$= \frac{\mathbf{V}_{\text{TH}}}{R_{\text{TH}} + R_2/s + jX_{\text{TH}} + jX_2} \tag{6-47}$$

此電流的大小值為

$$I_2 = \frac{V_{\text{TH}}}{\sqrt{(R_{\text{TH}} + R_2/s)^2 + (X_{\text{TH}} + X_2)^2}} \tag{6-48}$$

因此氣隙功率可以求得為

$$P_{\text{AG}} = 3I_2^2 \frac{R_2}{s}$$

$$= \frac{3V_{\text{TH}}^2 R_2/s}{(R_{\text{TH}} + R_2/s)^2 + (X_{\text{TH}} + X_2)^2} \tag{6-49}$$

而轉子的感應轉矩是

$$\tau_{\text{ind}} = \frac{P_{\text{AG}}}{\omega_{\text{sync}}}$$

$$\boxed{\tau_{\text{ind}} = \frac{3V_{\text{TH}}^2 R_2/s}{\omega_{\text{sync}}[(R_{\text{TH}} + R_2/s)^2 + (X_{\text{TH}} + X_2)^2]}} \qquad (6\text{-}50)$$

表示為轉速 (及轉差率) 函數的感應電動機轉矩圖如圖 6-15 所示，而顯示在正常電動機運轉以上及以下的轉速圖則畫於圖 6-16。

應感電動機轉矩-速度曲線圖的討論

繪於圖 6-15 與 6-16 之感應電動機轉矩-速度圖，提供了幾項有關感應電動機運轉的重要資訊，總結如下：

1. 電動機在同步速度時的感應轉矩為零，這個事實在先前已討論過。
2. 轉矩-速度曲線在無載與滿載之間幾乎是線性的，在此區域內，轉子電阻遠大於轉子電抗，所以轉子電流、轉子磁場與感應轉矩會隨著轉差率增加而呈線性的增加。
3. 不能超過最大可能產生的轉矩，這個稱為脫出轉矩或崩潰轉矩的值，是電動機滿載轉矩的 2 到 3 倍。本章的下一節將介紹計算脫出轉矩的方法。

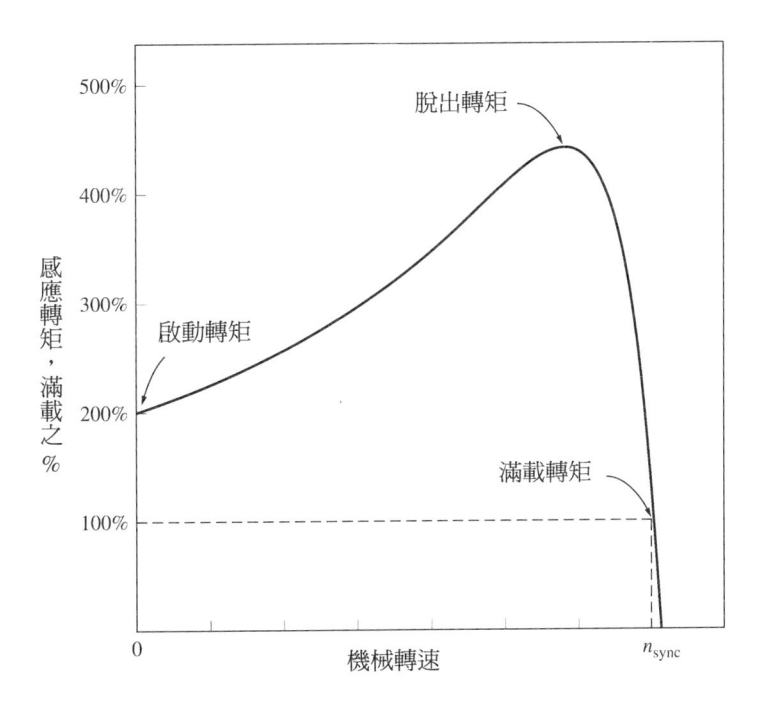

圖 6-15 典型感應電動機轉矩-速度特性曲線圖。

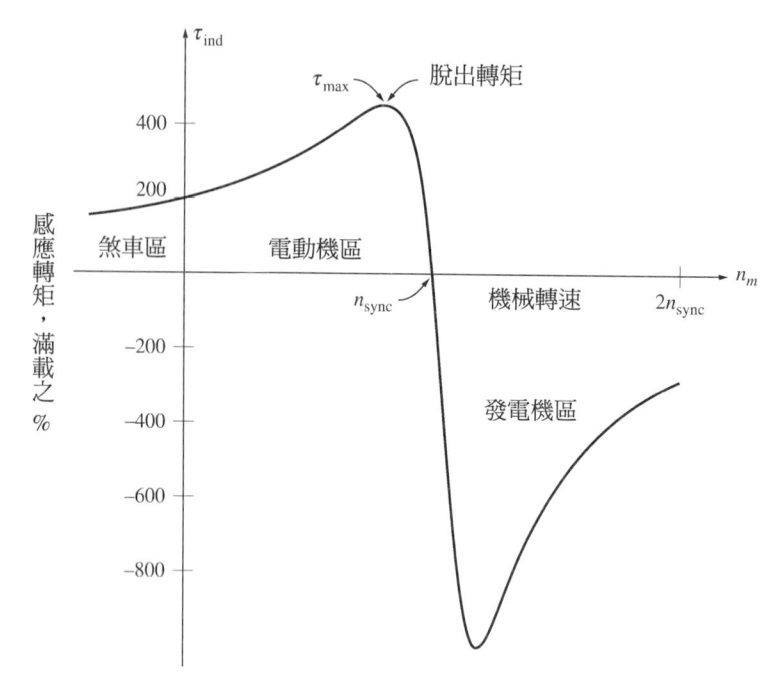

圖 6-16 感應電動機轉矩-速度特性曲線，顯示延伸的操作區域 (煞車區與發電機區)。

4. 電動機的啟動轉矩稍微大於其滿載轉矩，因此感應電動機可以在任何負載，包含滿載的情況下啟動。
5. 注意在給定轉差率的情況下，電動機的轉矩會隨著外加電壓的平方而變化，此項事實可以用來作為感應電動機速度控制的一種形式，這將在以後討論。
6. 如果感應電動機的轉子轉動得比同步速度快，電動機感應轉矩的方向會相反，且感應電機變為發電機，將機械功率轉換為電功率。把感應電機當作發電機的使用方法將在以後說明。
7. 如果電動機旋轉的方向與磁場方向相反，電動機的感應轉矩會很快地使電動機停止，並驅使它向反方向旋轉。因為使磁場旋轉方向轉向只需簡單地調換定子的任兩相，所以這個特性可以作為迅速停止感應電動機的方法。調換兩相以迅速停止電動機的動作我們稱為插入。

感應電動機轉換成機械形式的功率等於

$$P_{conv} = \tau_{ind} \omega_m$$

此功率曲線如圖 6-17 所示。我們可以看到感應電動機供應最大功率的轉速與產生最大轉矩的速度是不同的；而且，當轉子靜止時當然沒有功率會轉換成機械形式。

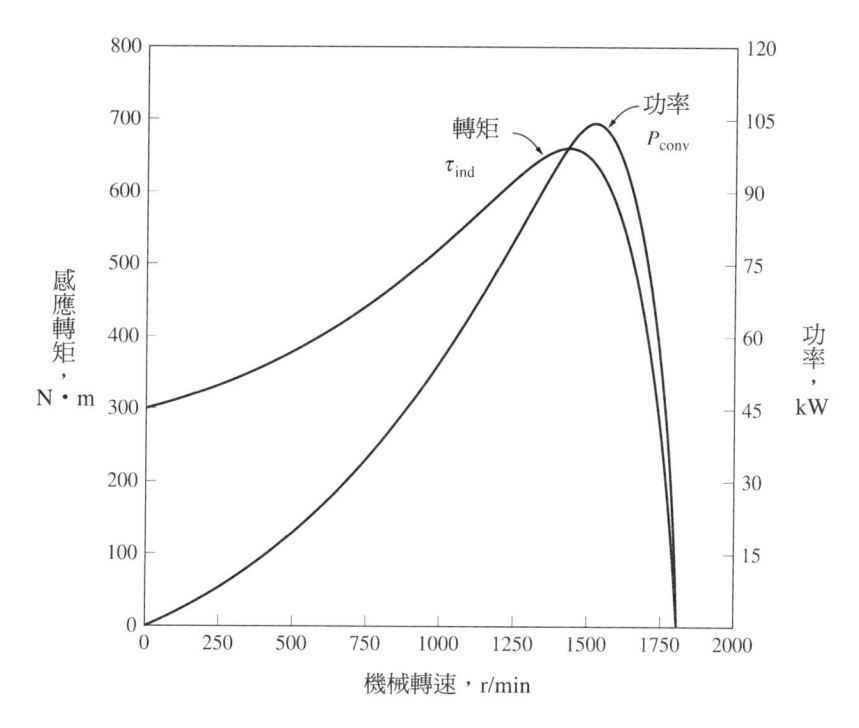

圖 6-17 四極感應電動機的感應轉矩以及轉換功率對電動機速度曲線，轉速單位為 rpm。

感應電動機的最大 (脫出) 轉矩

因為感應轉矩等於 P_{AG}/ω_{sync}，所以最大可能的轉矩是發生於氣隙功率最大時。由於氣隙功率等於消耗在電阻 R_2/s 上的功率，所以最大轉矩會發生於當消耗在此電阻的功率為最大時。

什麼時候供應到 R_2/s 的功率為最大？參考圖 6-14c 的簡化等效電路，當負載阻抗的相角固定時，根據最大功率傳輸理論，當負載阻抗的大小等於電源阻抗大小時，傳送到負載電阻 R_2/s 的功率將為最大。電路中的等效電源阻抗為

$$Z_{source} = R_{TH} + jX_{TH} + jX_2 \tag{6-51}$$

所以最大的功率傳送發生於當

$$\frac{R_2}{s} = \sqrt{R_{TH}^2 + (X_{TH} + X_2)^2} \tag{6-52}$$

解式 (6-52) 求轉差率，我們可以求得在發生脫出轉矩時的轉差率為

$$\boxed{s_{max} = \frac{R_2}{\sqrt{R_{TH}^2 + (X_{TH} + X_2)^2}}} \tag{6-53}$$

注意上式中換算過後的轉子電阻 R_2 只出現在分子項,所以在最大轉矩時的轉子轉差率直接正比於轉子電阻。

要求得最大轉矩的值,可以將最大轉矩的轉差率表示式代入轉矩方程式中 [式 (6-50)],最大或脫出轉矩的方程式可求得為

$$\tau_{\max} = \frac{3V_{TH}^2}{2\omega_{sync}[R_{TH} + \sqrt{R_{TH}^2 + (X_{TH} + X_2)^2}]} \quad (6\text{-}54)$$

此轉矩正比於電源電壓的平方,並且與定子阻抗及轉子電阻的大小呈反比關係。電動機的電抗愈小,可以產生的最大轉矩就愈大。注意到發生最大轉矩時之轉差率直接正比於轉子電阻 [式 (6-53)],但最大轉矩值與轉子電阻值無關 [式 (6-54)]。

繞線式轉子感應電動機的轉矩-速度特性示於圖 6-18。因為轉子電路是經由滑環連接到定子,所以可以外插電阻於轉子電路內。注意圖中當轉子電阻增加時,電動機的脫出轉速會減少,但是最大的轉矩仍維持不變。

我們可以利用繞線式轉子感應電動機的這項特性來啟動很大的負載,如果在轉子電路加入電阻,可以調整最大轉矩的發生是在啟動狀況時。因此,可以得到最大可能的轉矩來啟動重載。另一方面,一旦負載開始旋轉,多餘的電阻就可以從電路中抽出,使得最大轉矩可以維持到接近同步轉速,以供電動機的正常運轉。

例題 6-4 一部雙極 50 Hz 的感應電動機在轉速為 2950 r/min 時供應 15 kW 到負載。

(a) 電動機的轉差率是多少?
(b) 電動機的感應轉矩為多少 N·m?
(c) 如果轉矩加倍,電動機的轉速會變成多少?
(d) 當轉矩加倍時,電動機要供應多少功率?

解:
(a) 此部電動機的同步速度是

$$n_{sync} = \frac{120f_{se}}{P} = \frac{120(50\text{ Hz})}{2\text{ poles}} = 3000 \text{ r/min}$$

因此,電動機的轉差率為

$$\begin{aligned} s &= \frac{n_{sync} - n_m}{n_{sync}} (\times 100\%) \\ &= \frac{3000 \text{ r/min} - 2950 \text{ r/min}}{3000 \text{ r/min}} (\times 100\%) \\ &= 0.0167 \text{ 或 } 1.67\% \end{aligned} \quad (6\text{-}4)$$

$$R_1 < R_2 < R_3 < R_4 < R_5 < R_6$$

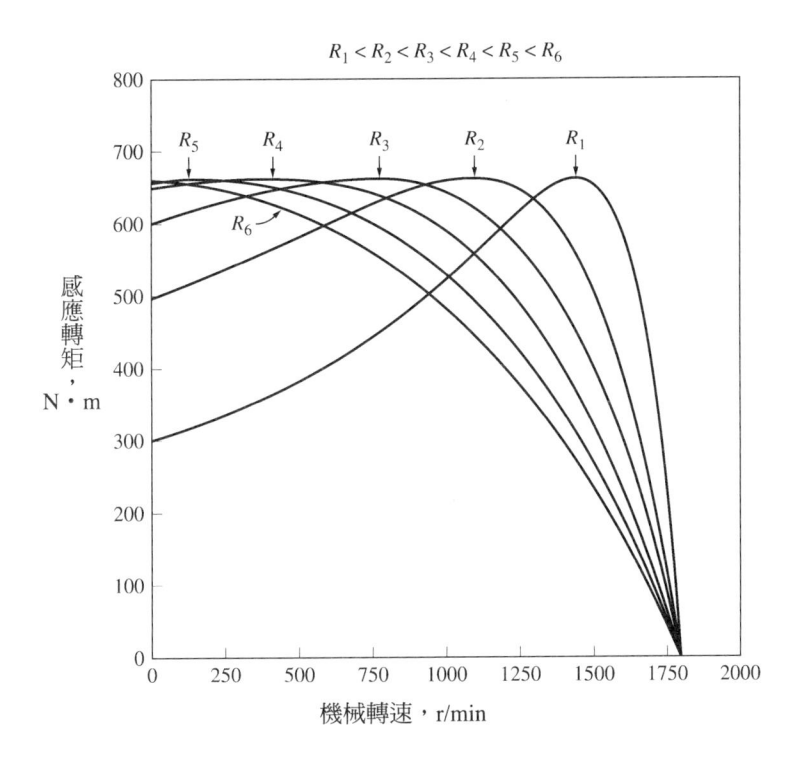

圖 6-18 變動轉子電阻在繞線式轉子感應電動機之轉矩-速度特性上之效應。

(b) 因為沒有指明機械損失，因此必須假設電動機的感應轉矩等於負載轉矩，而 P_conv 必須等於 P_load。由此可以算出轉矩為

$$\tau_\text{ind} = \frac{P_\text{conv}}{\omega_\text{m}}$$
$$= \frac{15 \text{ kW}}{(2950 \text{ r/min})(2\pi \text{ rad/r})(1 \text{ min}/60 \text{ s})}$$
$$= 48.6 \text{ N} \cdot \text{m}$$

(c) 在低轉差率區，轉矩-速度曲線是線性的，則感應轉矩直接正比於轉差率。因此，若轉矩加倍，則新的轉差率會變成 3.33%，電動機的轉速就可以求出為

$$n_m = (1 - s)n_\text{sync} = (1 - 0.0333)(3000 \text{ r/min}) = 2900 \text{ r/min}$$

(d) 由電動機供應的功率是

$$P_\text{conv} = \tau_\text{ind}\omega_m$$
$$= (97.2 \text{ N} \cdot \text{m})(2900 \text{ r/min})(2\pi \text{ rad/r})(1 \text{ min}/60 \text{ s})$$
$$= 29.5 \text{ kW}$$

例題 6-5 一部 460 V，25 hp，60 Hz，四極，Y 接繞線轉子感應電動機，其參考於定子電路之每相阻抗如下：

$$R_1 = 0.641 \ \Omega \quad R_2 = 0.332 \ \Omega$$
$$X_1 = 1.106 \ \Omega \quad X_2 = 0.464 \ \Omega \quad X_M = 26.3 \ \Omega$$

(a) 試求出此電動機的最大轉矩？會發生於多少轉速與轉差率下？
(b) 試求出此電動機的啟動轉矩？
(c) 當轉子電阻加倍時，求在什麼轉速下會產生最大的轉矩？以及此電動機新的啟動轉矩為何？
(d) 計算並畫出電動機在原本轉子電阻與轉子電阻加倍時之轉矩-速度特性曲線。

解： 此電動機的戴維寧電壓為

$$V_{TH} = V_\phi \frac{X_M}{\sqrt{R_1^2 + (X_1 + X_M)^2}} \quad \text{(6-41a)}$$

$$= \frac{(266 \ \text{V})(26.3 \ \Omega)}{\sqrt{(0.641 \ \Omega)^2 + (1.106 \ \Omega + 26.3 \ \Omega)^2}} = 255.2 \ \text{V}$$

戴維寧電阻為

$$R_{TH} \approx R_1 \left(\frac{X_M}{X_1 + X_M} \right)^2 \quad \text{(6-44)}$$

$$\approx (0.641 \ \Omega) \left(\frac{26.3 \ \Omega}{1.106 \ \Omega + 26.3 \ \Omega} \right)^2 = 0.590 \ \Omega$$

戴維寧電抗為

$$X_{TH} \approx X_1 = 1.106 \ \Omega$$

(a) 發生最大轉矩的轉差率可以由式 (6-53) 求出：

$$s_{max} = \frac{R_2}{\sqrt{R_{TH}^2 + (X_{TH} + X_2)^2}} \quad \text{(6-53)}$$

$$= \frac{0.332 \ \Omega}{\sqrt{(0.590 \ \Omega)^2 + (1.106 \ \Omega + 0.464 \ \Omega)^2}} = 0.198$$

此轉差率對應的機械轉速是

$$n_m = (1 - s)n_{sync} = (1 - 0.198)(1800 \ \text{r/min}) = 1444 \ \text{r/min}$$

在此轉速下的轉矩為

$$\tau_{\max} = \frac{3V_{\text{TH}}^2}{2\omega_{\text{sync}}[R_{\text{TH}} + \sqrt{R_{\text{TH}}^2 + (X_{\text{TH}} + X_2)^2}]} \quad \text{(6-54)}$$

$$= \frac{3(255.2 \text{ V})^2}{2(188.5 \text{ rad/s})[0.590 \text{ }\Omega + \sqrt{(0.590 \text{ }\Omega)^2 + (1.106 \text{ }\Omega + 0.464 \text{ }\Omega)^2}]}$$

$$= 229 \text{ N} \cdot \text{m}$$

(b) 此電動機的啟動轉矩可由式 (6-50) 設 $s=1$ 時求得為

$$\tau_{\text{start}} = \frac{3V_{\text{TH}}^2 R_2}{\omega_{\text{sync}}[(R_{\text{TH}} + R_2)^2 + (X_{\text{TH}} + X_2)^2]}$$

$$= \frac{3(255.2 \text{ V})^2(0.332 \text{ }\Omega)}{(188.5 \text{ rad/s})[(0.590 \text{ }\Omega + 0.332 \text{ }\Omega)^2 + (1.106 \text{ }\Omega + 0.464 \text{ }\Omega)^2]}$$

$$= 104 \text{ N} \cdot \text{m}$$

(c) 如果轉子電阻加倍，在最大轉矩的轉差率也會加倍，因此，

$$s_{\max} = 0.396$$

而且在最大轉矩的轉速為

$$n_m = (1 - s)n_{\text{sync}} = (1 - 0.396)(1800 \text{ r/min}) = 1087 \text{ r/min}$$

最大轉矩仍然維持在

$$\tau_{\max} = 229 \text{ N} \cdot \text{m}$$

而啟動轉矩變成

$$\tau_{\text{start}} = \frac{3(255.2 \text{ V})^2(0.664 \text{ }\Omega)}{(188.5 \text{ rad/s})[(0.590 \text{ }\Omega + 0.664 \text{ }\Omega)^2 + (1.106 \text{ }\Omega + 0.464 \text{ }\Omega)^2]}$$

$$= 170 \text{ N} \cdot \text{m}$$

(d) 我們利用 MATLAB M-檔在計算並畫出電動機在原本轉子電阻與轉子電阻加速時之轉矩-速度特性。M-檔計算戴維寧阻抗利用正確公式算 V_{TH} 與 Z_{TH} [式 (6-41a) 與 (6-43)]，取代近似公式，因為電腦可以執行正確計算。它可利用式 (6-50) 計算感應轉矩與畫出結果。其 M-檔如下：

```
% M-file: torque_speed_curve.m
% M-file create a plot of the torque-speed curve of the
%   induction motor of Example 6-5.

% First, initialize the values needed in this program.
r1 = 0.641;              % Stator resistance
x1 = 1.106;              % Stator reactance
r2 = 0.332;              % Rotor resistance
x2 = 0.464;              % Rotor reactance
```

```
xm = 26.3;                      % Magnetization branch reactance
v_phase = 460 / sqrt(3);        % Phase voltage
n_sync = 1800;                  % Synchronous speed (r/min)
w_sync = 188.5;                 % Synchronous speed (rad/s)

% Calculate the Thevenin voltage and impedance from Equations
% 6-41a and 6-43.
v_th = v_phase * ( xm / sqrt(r1^2 + (x1 + xm)^2) );
z_th = ((j*xm) * (r1 + j*x1)) / (r1 + j*(x1 + xm));
r_th = real(z_th);
x_th = imag(z_th);

% Now calculate the torque-speed characteristic for many
% slips between 0 and 1.  Note that the first slip value
% is set to 0.001 instead of exactly 0 to avoid divide-
% by-zero problems.
s = (0:1:50) / 50;              % Slip
s(1) = 0.001;
nm = (1 - s) * n_sync;          % Mechanical speed

% Calculate torque for original rotor resistance
for ii = 1:51
  t_ind1(ii) = (3 * v_th^2 * r2 / s(ii)) / ...
        (w_sync * ((r_th + r2/s(ii))^2 + (x_th + x2)^2) );
end

% Calculate torque for doubled rotor resistance
for ii = 1:51
  t_ind2(ii) = (3 * v_th^2 * (2*r2) / s(ii)) / ...
        (w_sync * ((r_th + (2*r2)/s(ii))^2 + (x_th + x2)^2) );
end

% Plot the torque-speed curve
plot(nm,t_ind1,'Color','b','LineWidth',2.0);
hold on;
plot(nm,t_ind2,'Color','k','LineWidth',2.0,'LineStyle','-.');
xlabel('\bf\itn_{m}');
ylabel('\bf\tau_{ind}');
title ('\bfInduction motor torque-speed characteristic');
legend ('Original R_{2}','Doubled R_{2}');
grid on;
hold off;
```

所得的轉矩-速度曲線如圖 6-19 所示。注意到最大轉矩與啟動轉矩值與 (a) 到 (c) 所計算相符合，且當 R_2 增加時，啟動轉矩增加。◀

6.6 感應電動機轉矩-速度特性曲線的變化

6.5 節包含了有關感應電動機其轉矩-速度特性曲線的推導。事實上，許多特性曲線和轉子電阻有關。例題 6-5 則舉出了一位感應電動機設計者兩難的地方，如果設計高的轉子電阻，可以獲得相當高的啟動轉矩，但是轉差率在正常運轉狀況下也會很高。還記得

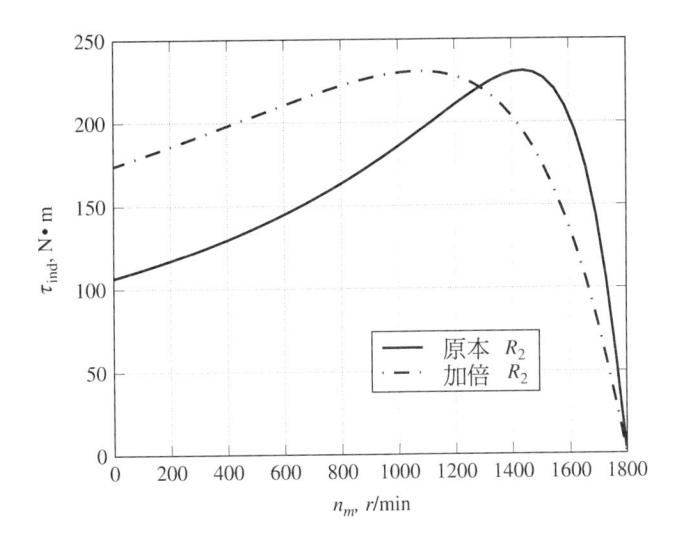

圖 6-19 例題 6-5 電動機之轉矩-速度曲線。

$P_{conv} = (1-s)P_{AG}$，所以轉差率愈高，實際上轉換為機械形式的氣隙功率就愈小，因此電動機的效率就愈低。一部具有高轉子電阻的電動機有很好的啟動轉矩但在正常運轉狀況下卻有較差的效率。相反地，低轉子電阻的電動機有低的啟動轉矩，但其在正常運轉狀況下的效率卻相當高，因此感應電動機的設計者便被強迫必須在高啟動轉矩與高效率這兩個互相衝突的要求之間做一個折衷。

在 6.5 節中曾經建議過一個可行方法來解決此設計上的難處，就是使用一部繞線式轉子的感應電動機，並於啟動時在轉子插入外加的電阻。外加的電阻在正常運轉時可以完全移開以獲得更高的效率。很不幸地，繞線式轉子電動機比鼠籠式轉子電動機價錢高，需要更多的維護，且自動控制的電路更複雜。同時，當電動機置放於危險或易爆炸的環境中時，將它完全密封是很重要的，且用完全獨立的轉子較容易做到這一點。如果可以想出某個方法，不需要滑環也不需要操作員或加入控制電路，就能夠在電動機啟動時加入額外的轉子電阻並在正常運轉時移掉此外加電阻，情況就會好多了。

圖6-20顯示了期望的電動機特性。圖上畫了兩組繞線式轉子電動機的特性，一個具有高電阻另一個具有低電阻。在高轉差率時，所要的電動機行為應該像是一高電阻的繞線式轉子電動機曲線；在低轉差率時，應該表現得像低電阻繞線式轉子電動機的曲線。

很幸運地，我們可以適當地利用在設計感應電動機時轉子存在的漏電抗，來達到此希望的效果。

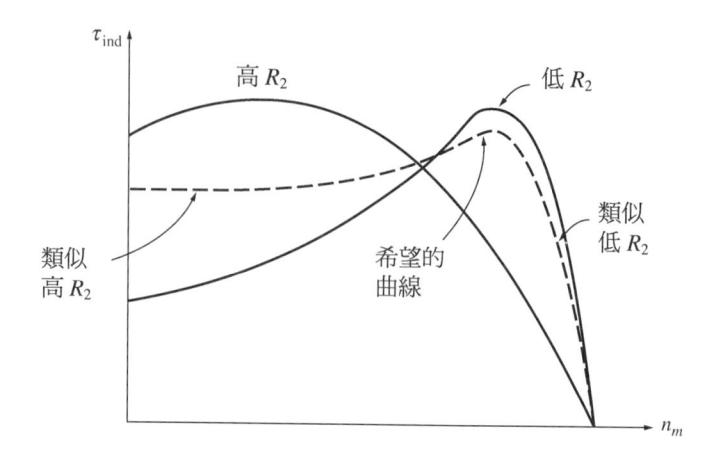

圖 6-20 組合在低轉速 (高轉差率) 的高電阻效應以及在高轉速 (低轉差率) 的低電阻效應之轉矩-速度特性曲線。

利用鼠籠式轉子的設計來控制電動機特性

感應電動機等效電路中的電抗 X_2，代表轉子漏電抗換算過後的形式。漏電抗就是由於沒有與定子繞組耦合的轉子磁通線所產生的電抗。一般而言，轉子導體棒或導體棒的部分離定子愈遠，其漏電抗就愈大，這是因為導體棒的磁通只有一小部分可以到達定子。因此，如果鼠籠式轉子的導體棒置放於靠近轉子表面的地方，將只有很小的漏磁通，而等效電路中的電抗 X_2 也會很小。相反地，如果轉子導體棒放得較深入轉子表面，漏磁通會較多而轉子電抗 X_2 也會增加。

轉子的導體棒相當大，而且置放於靠近轉子表面處。這樣的設計將導致低電阻 (因為大的截面積) 以及低漏電抗與 X_2 (因為導體棒的位置靠近定子)。由於轉子電阻小，脫出轉矩會發生於相當接近同步速度的地方 [見式 (6-53)]，因此電動機效率會很高。回顧以下的式子

$$P_{\text{conv}} = (1 - s)P_{\text{AG}} \qquad (6\text{-}33)$$

因此只是很少部分的氣隙功率耗損在轉子電阻中。然而，因為 R_2 小，電動機的啟動轉矩也小，導致大的啟動電流。這一型的設計稱為國家電機製造協會 (NEMA) 設計等級 A。它或多或少是一種典型的感應電動機，其特性基本上與一部沒有外加插入電阻的繞線式轉子是相同的。此型電動機的轉矩-速度特性如圖 6-21 所示。

因為置放於感應電動機轉子表面的導體棒的截面面積小，所以轉子電阻相當高。由於導體棒靠近定子，轉子漏電抗仍然很小。這種電動機很像是轉子外加插入電阻的繞線式轉子感應電動機，因為轉子電阻大。此電動機的脫出轉矩發生於高轉差率時，且啟動轉矩很高。具有此種轉子架構的鼠籠式電動機我們稱為 NEMA 設計等級 D，具轉矩-速度特性也顯示於圖 6-21。

深棒式與雙鼠籠式轉子的設計

先前兩者轉子的設計方式，基本上都類似具有一個固定轉子電阻的繞線式轉子電動機。要怎麼樣才能產生一個可變的轉子電阻，使得等級 D 的高啟動轉矩和低啟動電流，以及等級 A 的低正常運轉轉差率和高效率可以組合起來？

我們可以利用深的轉子導體棒或雙鼠籠式轉子來產生可變的轉子電阻。基本的概念可以由如圖 6-22 中的深棒式轉子來說明，圖 6-22a 顯示電流流經一個深轉子導體棒的上層部分。因為流過那個區域的電流緊密地耦合到定子，此區域的漏電感就很小。圖 6-22b 顯示電流流經導體棒較深的部分，此處的漏電感就會大一些。因為轉子導體棒的所有部分都是電氣上並聯，導體棒基本上是代表並聯電路的串聯組合，上層部分的電感較小而低層部分的電感則較大 (圖 6-22c)。

在低轉差率時，轉子的頻率很小，且所有經過導體棒平行路徑的電抗與電阻比較起來小得多。導體棒所有部分的阻抗大致相同，所以流經導體棒所有部分的電流也相等。而大的切面面積使得轉子電阻相當小，在低轉差率時可以有很好的效率。在高轉差率時(啟動狀況)，轉子導體棒的電抗比電阻大，因此所有的電流被迫流經靠近定子的低電抗區。因為有效的切面變小了，導體轉子電阻比以前大。由於在啟動狀態有較高的轉子電阻，因此啟動轉矩相當高而且啟動電流比等級 A 的設計小得多。此種架構典型的轉矩-速度特性如圖 6-21 中的設計等級 B 曲線。

雙鼠籠式轉子有一組深埋於轉子的低電阻大導體棒，以及一組置於轉子表面高電阻小導體棒所組成。它與深棒式轉子很類似，但在低轉差率與高轉差率運轉之間的差異更明顯。在啟動狀況，只有小導體棒有效，所以轉子電阻相當高。這個高電阻會導致大的啟動轉矩。但是在正常的運轉速度，兩種導體棒都有效，因此電阻幾乎與深棒式轉子一樣低。這種雙鼠籠式轉子被用來產生 NEMA 等級 B 與等級C 的特性。利用此類設計的轉子，其可能的轉矩-速度特性如圖 6-21 所示的設計等級 B 與設計等級 C。

雙鼠籠式轉子的缺點是價格比其他型的鼠籠式轉子貴，但它們比繞線式轉子的設計便宜。這種轉子具有一些繞線式轉子電動機的優點 (高啟動轉矩，低啟動電流以及在正常運轉狀況時效率高)，但是其成本低而且不需要滑環與電刷的維修。

感應電動機的設計等級

我們可以藉由改變感應電動機的轉子特性，來產生很多不同的轉矩-速度曲線。為了幫助工業界在整數馬力範圍內的各種應用中，選擇適當的電動機，美國的 NEMA 與歐洲的國際電機技術委員會 (IEC) 定義了一系列具有不同轉矩-速度曲線的標準設計。這些標準設計就是所謂的設計等級，每一個電動機都可以稱為是設計等級 X 電動機。這就是先前所指的 NEMA 與 IEC 設計等級。圖 6-21 顯示了四種標準 NEMA 設計等級的典型轉矩-速度曲線，以下將說明每種標準設計等級的特徵。

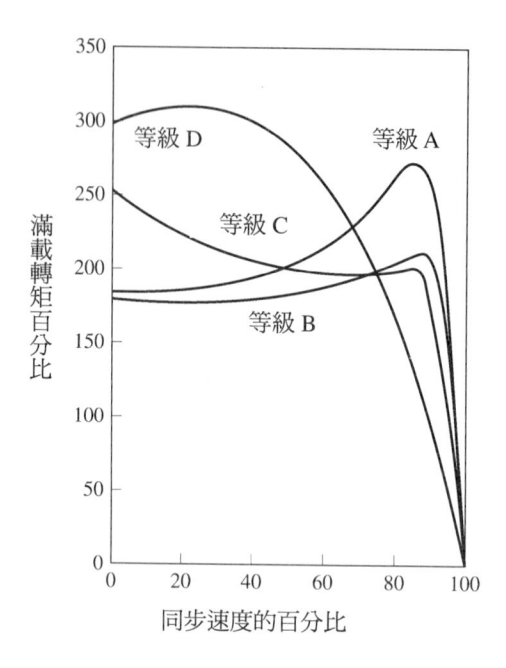

圖 6-21 不同轉子設計的典型轉矩-速度曲線。

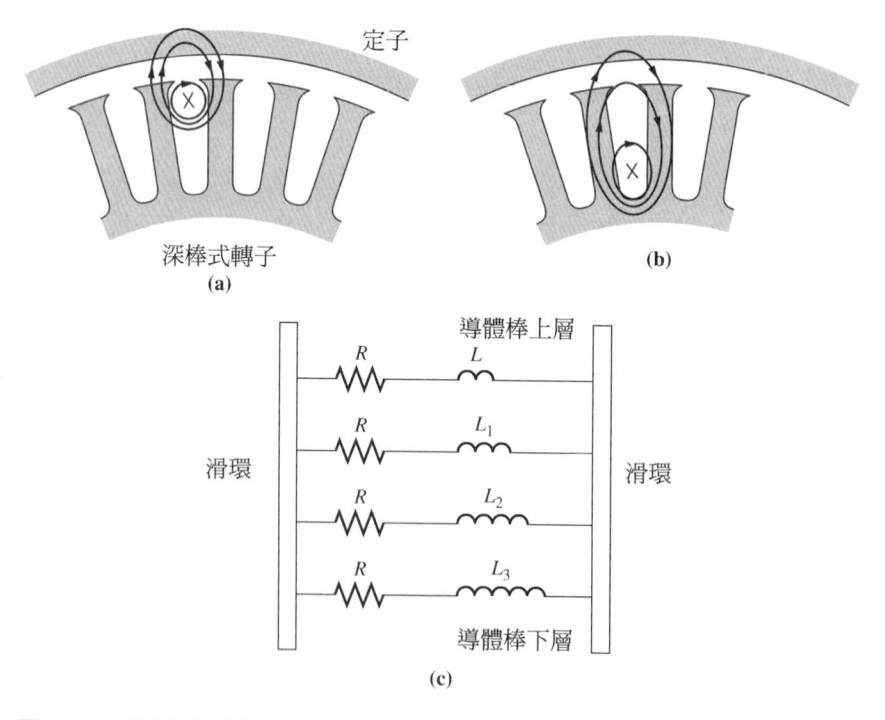

圖 6-22 深棒式轉子的磁通交鏈。(a) 當電流流經導體棒上層時，磁通緊密地交鏈至定子，漏電感小；(b) 當電流流經導體棒底部時，磁通鬆散地交鏈到定子，漏電感大；(c) 以進入轉子深度為函數的轉子導體棒之等效電路。

A 級設計。A 級設計的電動機是標準的電動機設計，有一個正常的啟動轉矩，正常的啟動電流以及低轉差率。A 級設計電動機的滿載轉差率必須小於 5%，而且必須小於同等額定值的 B 級設計電動機。脫出轉矩大約是滿載轉矩的 200% 到 300%，而且發生於低轉差率 (小於 20%)。此種設計的啟動轉矩在大型電動機時至少必須是額定轉矩，在小型電動機時是 200% 或更多的額定轉矩。這種設計等級的主要問題在於啟動時有太大的湧入電流，啟動時的電流大約是額定值的 500% 到 800%。在超過 7.5 hp 的機型中，必須使用某種形式的減少電壓啟動法，以避免在啟動連接的電力系統時之電壓掉落問題。在過去，A 級設計電動機對大部分在 7.5 hp 以下及 200 hp 以上的應用而言是標準的設計，但近幾年來它們大都已被 B 級設計的電動機代替。這類電動機的典型應用包括風扇、吹風機、抽水機、車床及其他機械工具。

B 級設計。B 級設計的電動機有正常的啟動轉矩、較低的啟動電流及低轉差率。這種電動機可以用大約少了 25% 的電流，來產生與 A 級電動機大約一樣的啟動轉矩。脫出轉矩等於或大於額定負載轉矩的 200%，但由於轉子電抗增加而比 A 級設計小。轉子轉差率在滿載時仍然相當低 (小於 5%)，應用範圍大概與 A 級設計相似，但 B 級設計因為其低啟動電流的需求而較受歡迎。在新裝設的機組中，B 級設計的電動機已取代了大部分的 A 級設計電動機。

C 級設計。C 級設計電動機有高啟動轉矩，低啟動電流與滿載時低轉差率 (小於 5%)。脫出轉矩比 A 級電動機稍微小一些，而啟動轉矩卻可以到達滿載轉矩的 250%。這些電動機由雙鼠籠轉子構成，因此它們比前兩級的電動機要貴。通常使用於需要高啟動轉矩的負載，像是上載的幫浦、壓縮機以及輸送帶。

D 級設計。D 級設計的電動機有很高的啟動轉矩 (額定轉矩的 275% 或更大) 以及低啟動電流，但是在滿載時有高轉差率。基本上它們是普通的 A 級感應電動機，但是轉子的導體棒較小且電阻較高。高轉子電阻會將最大轉矩變換至非常低的轉速區。甚至有可能讓最大轉矩發生於零轉速時 (100% 的轉差率)，因為高轉子電阻的關係，這類電動機的滿載轉差率相當高。通常介於 7% 到 11% 之間，但也可以高達 17% 或更高。這類電動機應用於需要加速的超高慣性負載，特別是使用於鑽孔壓平機或剪斷機的巨大飛輪。在這些應用中，此類電動機慢慢地加速巨大飛輪直至全速，然後再驅動鑽孔機。完成一次鑽孔動作後，電動機要花費一段相當長的時間來減速飛輪，以供下一次運轉使用。

除了這四種設計等級外，NEMA 在過去也承認 E 級與 F 級設計，這些被稱為軟啟動的感應電動機。這類設計不同的地方在於有很低的啟動電流，並且使用於低啟動轉矩而啟動電流是很在意的負載，現在已廢棄不用了。

例題 6-6

一 460 V，30 hp，60 Hz，四極，Y 接感應電動機轉子有兩種可能設計，單鼠籠與雙鼠籠轉子 (兩者定子是一樣的)。單鼠籠轉子參考到定子電路之每相阻抗為：

$$R_1 = 0.641\ \Omega \qquad R_2 = 0.300\ \Omega$$
$$X_1 = 0.750\ \Omega \qquad X_2 = 0.500\ \Omega \qquad X_M = 26.3\ \Omega$$

雙鼠籠轉子馬達可被模型化為一高電阻以鬆弛方式並聯連接之外鼠籠，和一低電阻的內鼠籠之緊密耦合。定子與磁化電阻與電抗與單鼠籠設計一樣。

外鼠籠之電阻與電抗為：

$$R_{2o} = 3.200\ \Omega \qquad X_{2o} = 0.500\ \Omega$$

注意到電阻較大，因為外部導體之截面積較小，而電抗與單一鼠籠轉子感抗一樣，因為外鼠籠很接近定子，且漏電感也小。

內鼠籠之電阻與電抗為

$$R_{2i} = 0.400\ \Omega \qquad X_{2i} = 3.300\ \Omega$$

其電阻較小，因其導體截面積較大，但其漏電感相當大。

計算此兩種設計之轉矩-速度特性曲線，其比較為何？

解：單一鼠籠轉子之轉矩-速度特性可以例題 6-5 方式計算得到，而雙鼠籠轉子亦可以相同方式求得，除了在每個轉差下之轉子電阻與電抗為內與外鼠籠阻抗之並聯組合。在低轉差時，轉子電抗較不重要，但大的內鼠籠卻扮演運轉重要角色。在高轉差時，大的內鼠籠電抗，幾乎可將它從電路中移除。

計算並繪此兩特性曲線之 MATLAB M-檔如下所示：

```
% M-file: torque_speed_2.m
% M-file create and plot of the torque-speed curve of an
%   induction motor with a double-cage rotor design.

% First, initialize the values needed in this program.
r1 = 0.641;                % Stator resistance
x1 = 0.750;                % Stator reactance
r2 = 0.300;                % Rotor resistance for single-
                           %   cage motor
```

```
r2i = 0.400;                % Rotor resistance for inner
                            %   cage of double-cage motor
r2o = 3.200;                % Rotor resistance for outer
                            %   cage of double-cage motor
x2 = 0.500;                 % Rotor reactance for single-
                            %   cage motor
x2i = 3.300;                % Rotor reactance for inner
                            %   cage of double-cage motor
x2o = 0.500;                % Rotor reactance for outer
                            %   cage of double-cage motor
xm = 26.3;                  % Magnetization branch reactance
v_phase = 460 / sqrt(3);    % Phase voltage
n_sync = 1800;              % Synchronous speed (r/min)
w_sync = 188.5;             % Synchronous speed (rad/s)

% Calculate the Thevenin voltage and impedance from Equations
% 6-41a and 6-43.
v_th = v_phase * ( xm / sqrt(r1^2 + (x1 + xm)^2) );
z_th = ((j*xm) * (r1 + j*x1)) / (r1 + j*(x1 + xm));
r_th = real(z_th);
x_th = imag(z_th);

% Now calculate the motor speed for many slips between
% 0 and 1.  Note that the first slip value is set to
% 0.001 instead of exactly 0 to avoid divide-by-zero
% problems.
s = (0:1:50) / 50;          % Slip
s(1) = 0.001;               % Avoid division-by-zero
nm = (1 - s) * n_sync;      % Mechanical speed

% Calculate torque for the single-cage rotor.
for ii = 1:51
   t_ind1(ii) = (3 * v_th^2 * r2 / s(ii)) / ...
       (w_sync * ((r_th + r2/s(ii))^2 + (x_th + x2)^2) );
end

% Calculate resistance and reactance of the double-cage
% rotor at this slip, and then use those values to
% calculate the induced torque.
for ii = 1:51
   y_r = 1/(r2i + j*s(ii)*x2i) + 1/(r2o + j*s(ii)*x2o);
   z_r = 1/y_r;             % Effective rotor impedance
   r2eff = real(z_r);       % Effective rotor resistance
   x2eff = imag(z_r);       % Effective rotor reactance

   % Calculate induced torque for double-cage rotor.
   t_ind2(ii) = (3 * v_th^2 * r2eff / s(ii)) / ...
       (w_sync * ((r_th + r2eff/s(ii))^2 + (x_th + x2eff)^2) );
end

% Plot the torque-speed curves
plot(nm,t_ind1,'b-','LineWidth',2.0);
hold on;
plot(nm,t_ind2,'k-.','LineWidth',2.0);
xlabel('\bf\itn_{m}');
```

```
ylabel('\bf\tau_{ind}');
title ('\bfInduction motor torque-speed characteristics');
legend ('Single-cage design','Double-cage design');
grid on;
hold off;
```

所得到之曲線如圖 6-23 所示。注意到在正常操作範圍內,與單鼠籠轉子設計相較,雙鼠籠設計有較高轉差,較小之最大轉矩與較大的啟動轉矩。此結果與本節所述相符合。

6.7 感應電動機的設計趨勢

感應電動機的基本想法是在 1880 年代晚期由 Nicola Tesla 所發展的,此想法也讓他在 1888 年獲得專利。在那個時候,他於美國電機工程學會 (AIEE,今日 IEEE 的前身) 發表論文之前,描述了繞線式感應電動機的基本原理,以及其他兩類重要交流電動機——同步電動機與磁阻電動機的觀念。

雖然感應電動機的想法已經在 1888 年被提出,但電動機本身仍未具有很完整的形式。先是有一段初期快速的發展,接著是一連串延續至今,緩慢的,改革性的改進。

在 1888 年到 1895 年之間,感應電動機才呈現目前的形式。在那個時期,已經發展出兩相與三相的電源以供應電動機產生旋轉磁場,且引進了鼠籠式轉子。在 1896 年之前,完整功能及可承認的三相感應電動機已經可以商購。

在那時與 1970 年代早期之間,鋼的品質、鑄造技術、絕緣以及感應電動機所使用的架構特性都在持續不斷地改善中。這些趨勢導致了給定輸出功率時,電動機的大小可以縮小,因此節省了可觀的架構成本。事實上,現代 100 hp 電動機的大小和1897年7.5 hp 電動機的大小是相同的。

然而,這些感應電動機設計上的改善並不一定可以導致電動機運轉效率的改善。最主要的設計重點是朝向減少電動機的初始材料價格,而非提高它們的效率。設計重點當時會擺在那個方向是因為電力很便宜,使得電動機本身的價格成為購買者在選擇時的最主要考慮。

自從 1973 年石油價格開始劇烈地上升,電動機生命期的運轉成本變得愈來愈重要,反而其初期裝設成本顯得不那麼重要。由於這些趨勢的結果,新的重點現在擺在電動機的效率上,分別從設計者以及電動機使用者兩方面來進行。

新系列高效率的感應電動機現在正由所有主要製造廠商生產中,而且他們正形成一個利潤持續增加中的感應電動機市場。相對於傳統標準效率設計方法的一些技術,正用來改善這些電動機的效率,包括:

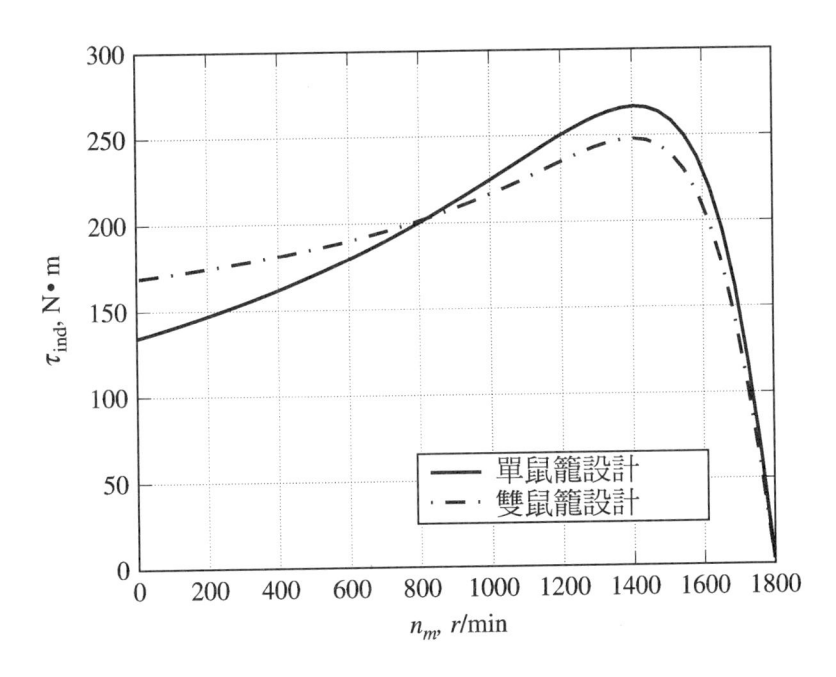

圖 6-23 例題 6-6 單與雙鼠籠轉子轉矩-速度特性之比較。

1. 使用更多的銅來製造定子繞組以減少銅損。
2. 增加轉子與定子鐵心長度，以減少電動機中氣隙的磁通密度。如此可以降低電動機的磁飽和，減少鐵心損失。
3. 使用更多的鋼來製造電動機定子，可以讓更多的熱量傳送出電動機以降低其運轉溫度。然後重新設計轉子風扇以降低風損。
4. 使用特殊的高級電氣鋼材製造定子，以降低磁滯損失。
5. 鋼片的厚度製作得特別薄 (也就是說，鋼片之間很接近)，且內阻相當大。這兩種效果趨向於減少電動機的渦流損失。
6. 仔細地製造轉子，以產生均勻的氣隙，減少電動機的雜散負載損失。

除了如上所示的一般技術外，每家製造廠商都有其自己的獨特製程以改善電動機的效率。

其他的標準組織也建立了一些感應電動機的效率標準,其中最重要的有英國 (BS-269)、IEC (IEC 34-2) 與日本 (JEC-37) 標準。不過,由於每一種標準用來測量感應電動機效率的技術不同,因此對同一種電動機會導致不同的結果。如果有兩部電動機都標示有 82.5% 的效率,但它們是用不同的標準測量,則它們的效率可能不相同。當比較兩部電動機時,重要的是要在相同的測量標準下來比較效率。

6.8 感應電動機的啟動

感應電動機並沒有如同步電動機般的啟動問題,在許多情況中,可以很簡單地將感應電動機接到電力線以啟動它們。然而,有時候這樣做不太好,例如,所需的啟動電流可能會引起電力系統的電壓掉落,以致無法接受直接上線啟動。

對繞線式轉子而言,可以在啟動階段於轉子電路插入外加電阻以達到相當低的啟動電流。這個外加的電阻不僅增加了啟動轉矩同時也降低了啟動電流。

對鼠籠式感應電動機而言,啟動電流變化範圍很廣,主要根據在啟動狀態時的電動機額定功率與有效的轉子電阻而定。為了估算啟動時的轉子電流,現在所有的鼠籠式電動機在其名牌上都有一個啟動字母碼 (不要與其設計等級字母混淆)。這個字母碼設限了電動機於啟動狀態時可以吸收的電流量。

要決定一部感應電動機的啟動電流,先從其名牌上讀出其額定電壓、馬力以及字母碼。然後可以求出電動機的啟動視功率為

$$S_{\text{start}} = (額定馬力)(字母碼因數) \tag{6-55}$$

而啟動電流可以從下式求得

$$I_L = \frac{S_{\text{start}}}{\sqrt{3}V_T} \tag{6-56}$$

第六章　感應電動機　343

　　如果有需要，可以利用啟動電路來降低感應電動機的啟動電流，但是這樣做也會減少電動機的啟動轉矩。

　　一種減少啟動電流的方法為於啟動過程中將 Δ 接電動機變成 Y 接，電動機的定子繞組由 Δ 接變成 Y 接，其繞組相電壓將由 V_L 減少為 $V_L/\sqrt{3}$，最大的啟動電流也以相同比例減少。當電動機加速到接近全速，定子繞組再恢復原來的 Δ 接 (見圖 6-24)。

　　有一種減少啟動電流的方法是在啟動時，於電源線插入外加的電感或電阻，但現今很少用這種方法。另一種方式是在啟動時利用自耦變壓器來降低電動機的端電壓。圖 6-25 所示為一個利用自耦變壓器來降壓的典型啟動電路。在啟動時，接頭 1 和 3 閉合，供應一個較低的電壓給電動機。一旦電動機轉速開始上升，就打開那些接頭並閉合接頭 2。接頭 2 會把全部的電源線電壓加在電動機上。

　　重要的是要瞭解當啟動電流隨著端電壓成正比的減少時，啟動轉矩會隨著外加電壓的平方而減少。因此，當電動機在轉軸有負載的情況下要啟動時，只能作某個限量下的啟動電流減少。

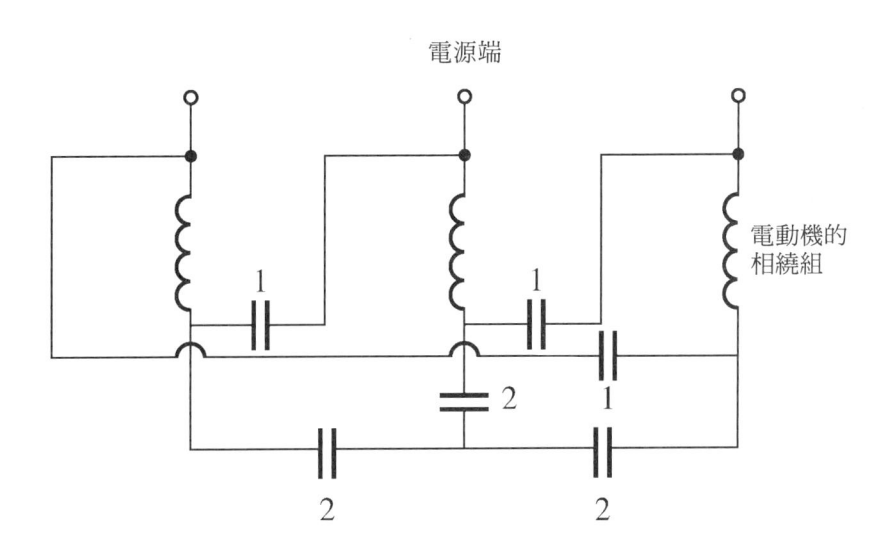

啟動順序：

(a) 閉合 1
(b) 當電動機旋轉後打開 1
(c) 閉合 2

圖 6-24　感應機之 Y-Δ 啟動器。

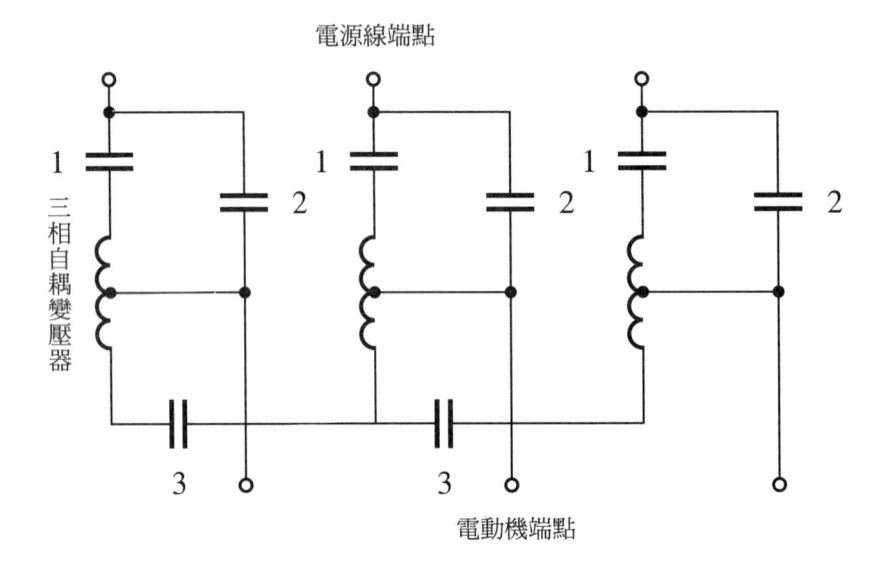

啟動順序：
(a) 閉合 1 和 3
(b) 打開 1 和 3
(c) 閉合 2

圖 6-25 感應電動機的自耦變壓器啟動電路。

感應電動機的啟動電路

典型的全壓或跨線磁感應電動機啟動電路如圖6-26所示，圖中所使用符號的意義解釋於圖 6-27。這個電路的操作非常簡單，按下啟動鈕時，繼電器（或接觸器）線圈 M 被激能，使得常開接頭 M_1、M_2 和 M_3 閉合。當這些接頭閉合時，電力會加到感應電動機上以啟動電動機。接頭 M_4 也是閉合的，可以短路啟動開關，允許操作員在不會將電力從 M 繼電器移開的情況下釋放啟動開關。當按下停機鈕時，M 繼電器被除能，所有的接頭都會打開，電動機便停止運轉。

這類型的電磁啟動電路有一些內建的保護特性：

1. 短路保護
2. 過載保護
3. 欠壓保護

電動機的短路保護 (short-circuit protection) 是由保險絲 F_1、F_2 和 F_3 所提供，如果在電動機內突然發生短路現象，並導致大於額定電流數倍的電流，這些保險絲將會熔斷，從電源切離電動機以避免電動機燒燬。但是這些保險絲不能在正常的電動機啟動時熔斷，所以必須設計可以在開路前容忍數倍滿載電流的額度。也就是說經由高電阻和／或多電動機負載而產生的短路，將不會引起保險絲的動作。

電動機的過載保護 (overload protection) 則是由圖中符號為 OL 的裝置所提供，這些過載保護裝置由兩個部分所組成，一個是過載加熱器元件，另一個則是過載接頭。在正常的狀況下，過載接頭是閉合。但是，當加熱器元件上升到足夠的溫度時，OL 接頭會打開，除能繼電器 M，然後打開常開的 M 接頭，以切離電動機的電力。

當感應電動機過載時，最後會因為高電流所產生的過熱而損壞。然而這種損壞是長期的，感應電動機通常不會因為短暫的大電流（例如啟動電流）而受損。只有當這個大電流維持夠久時才會造成傷害。過載加熱器元件根據熱度來決定其操作狀況，所以也不會受到啟動時短暫大電流的影響，不過它們在長時間大電流下仍能操作，在電動機受損前就可以將電力切離。

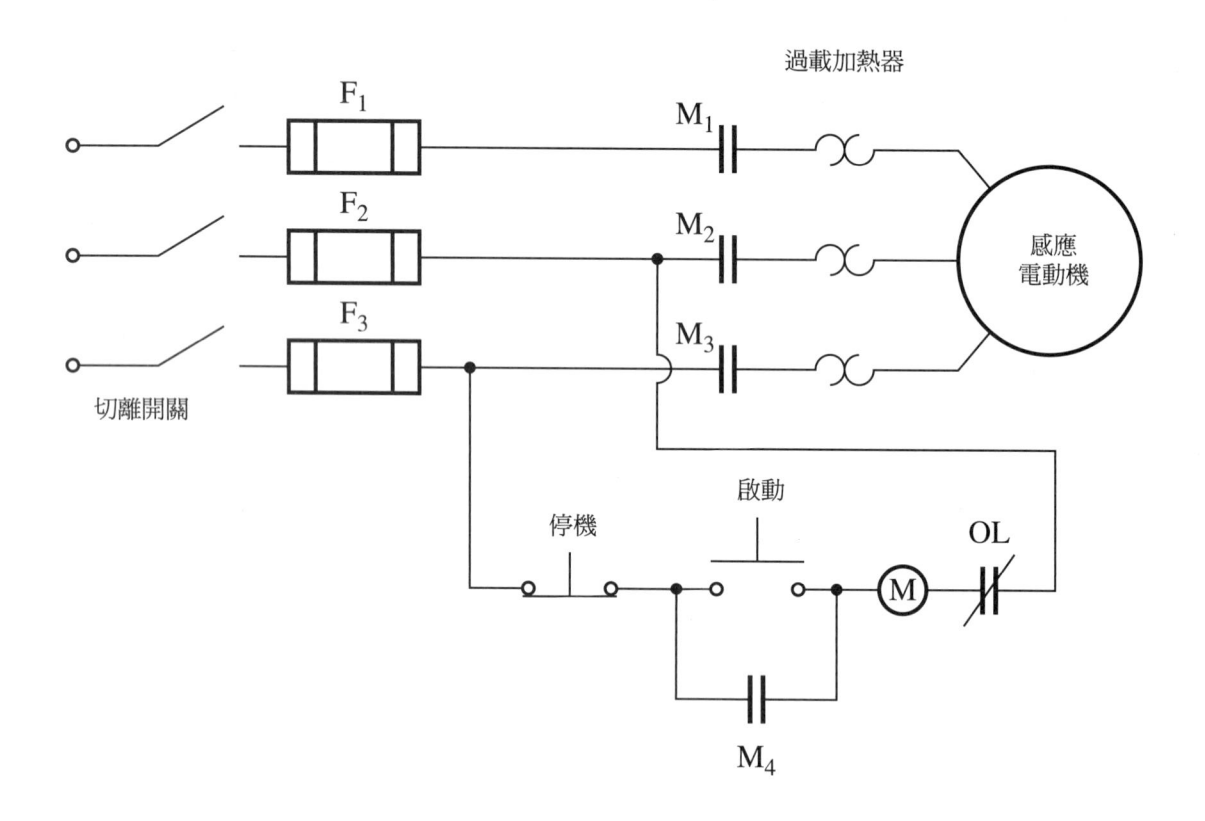

圖 6-26　感應電動機典型的跨線啟動器。

第六章 感應電動機 347

切離開關

按鈕：一按就閉合

按鈕：一按就打開

保險絲

繼電器線圈；當線圈致能
時會改變開關狀態

常開　　當線圈除能時接頭打開

常閉　　當線圈除能時接頭閉合

過載加熱器

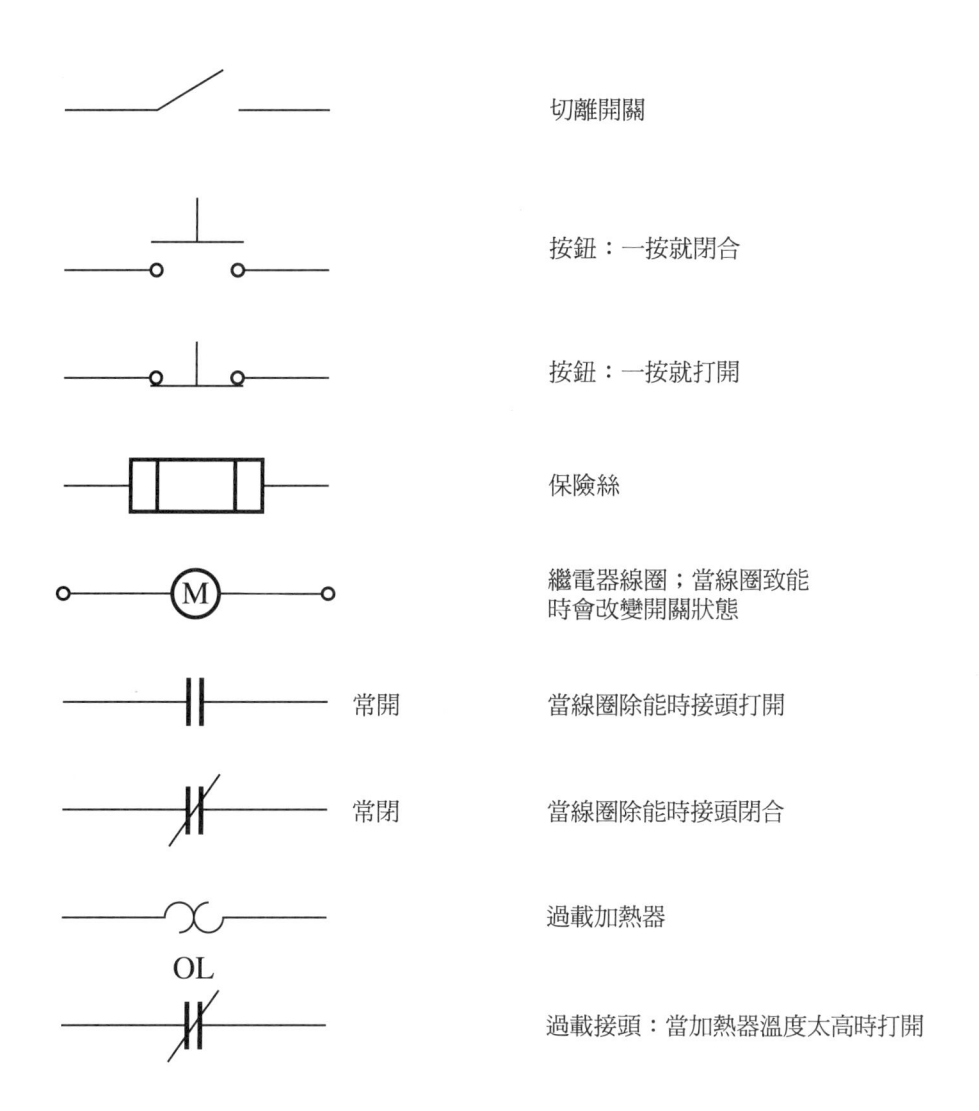

過載接頭：當加熱器溫度太高時打開

圖 6-27　感應電動機控制電路中典型的元件。

欠壓保護功能 (undervoltage protection) 也是由控制器所提供，從圖中我們可以發現，M 繼電器的控制電源是直接從送至電動機的電線跨接來的，如果加到電動機的電壓掉得太多，加到 M 繼電器的電壓也會減少，而使得繼電器除能。然後 M 接頭會打開，將電源從電動機端點移開。

一具電阻以減少啟動電流的感應電動機啟動電路如圖 6-28 所示，這個電路與前一個類似，只是多了控制移掉啟動電阻的額外零件。圖 6-28 中的繼電器 1TD、2TD 與 3TD 稱為時間延遲電路，意思是指當它們被激磁時，在接頭閉合之前有一段設定的延遲時間。

在此電路按下啟動鈕時，M 繼電器致能並且電源如前地加在電動機上，因為 1TD、2TD 與 3TD 接頭都是打開的，全部的啟動電阻與電動機串聯在一起，因此減少了啟動電流。

當 M 接頭閉合時，注意 1TD 繼電器被致能。但是在 1TD 接頭閉合之前有一段延遲時間。此時，電動機部分加速，而啟動電流則下降了一些。過了延遲時間後，1TD 接頭閉合，切離部分啟動電阻並同時致能 2TD 繼電器。經過另一段延遲時間後，2TD 接頭閉合，切離電阻的第二部分並致能 3TD 繼電器。最後，3TD 接頭閉合，而整個啟動電阻從電路中隔開。

藉著適當地選擇電阻值與延遲時間，這個啟動電路可以用來預防電動機的啟動電流過大而導致危險，同時仍然可以提供足夠的電流，以確保立即地加速到正常運轉速度。

6.9 感應電動機的速度控制

在現代固態驅動器發明之前，一般認為感應電動機在需要大範圍速度控制的應用中並不適用。典型感應電動機 (A、B 與 C 級設計) 的正常運轉範圍限制於 5% 的轉差率內，在此範圍的速度變化或多或少與電動機轉軸的負載成正比。因為轉子銅損直接正比於電動機的轉差率 (回顧 $P_{RCL} = sP_{AG}$)，所以即使轉差率可以調大，電動機的效率還是很差。

事實上只有兩種技術可以控制感應電動機的轉速，一種是改變同步速度，也就是定子與轉子磁場的速度，因為轉子速度總是維持在 n_{sync} 附近。另一種方法是在固定負載下改變電動機的轉差率，以下將更詳細地討論這兩種控速方法。

感應電動機的同步速度可由下式表示

$$n_{sync} = \frac{120 f_{se}}{P} \tag{6-1}$$

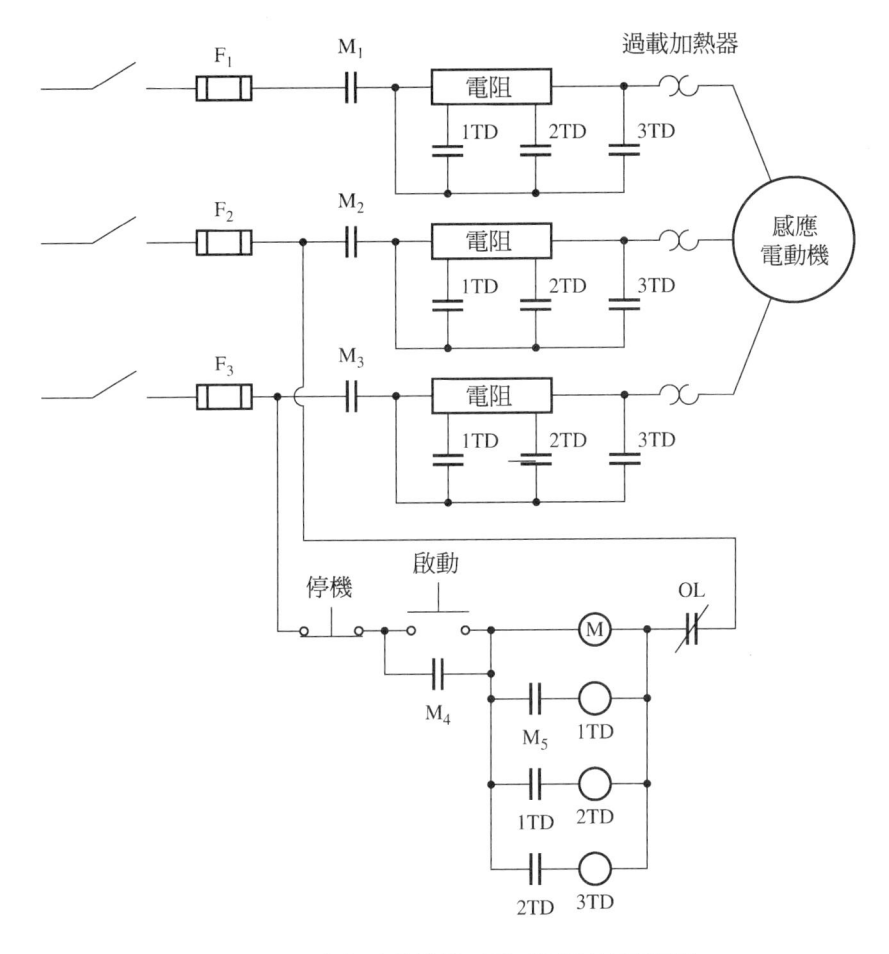

圖 6-28 感應電動機的三段式電阻性啟動器。

所以唯一可以改變電動機同步速度的方法是：(1) 改變電力頻率與 (2) 改變電動機的極數。轉差率控制則可以利用改變轉子電阻或電動機端電壓來達成。以下將逐項地討論這些技術。

利用極數改變控制感應電動機轉速

有二種主要的方法可以改變感應電動機的極數：
1. 庶極法
2. 多重定子繞組

庶極法 (method of consequent poles) 是轉速控制法中相當老舊的一種，最早發展於 1897 年。這種方法是根據感應電動機定子繞組上的極數，可以簡單地利用改變線圈的連接法而作 2：1 的改變。圖 6-29 所示為一部適合作極致改變的雙極感應電動機定子。

注意圖上每一個各別線圈的節距都很短 (60° 到 90°)，圖 6-30 獨立顯示這些繞組的 a 相，以供仔細觀察。

圖 6-30a 顯示於正常運轉時某一瞬間 a 相定子繞組的電流，注意在上層相群磁場的方向是離開定子 (北極) 而在下層相群則是進入定子 (南極)，因此這個繞組產生兩個定子磁極。

現在假設在定子下層相群的電流方向相反(圖 6-30b)，則在上層與下層相群中的磁場方向都是離開定子——兩個都是磁北極。這部電動機的磁通量必須在兩組相群之間返回定子，而產生一對必然的南磁極。注意現在定子有四個磁極——比先前多 1 倍。

這類電動機的轉子一定設計成鼠籠式，因為鼠籠式轉子感應的極數和定子一樣多，這樣才能配合改變的定子極數。

當電動機由兩極重接到四極運轉時，感應電動機產生的最大轉矩可以和以前相同(固定轉矩連接法)，以前的一半 (平方轉矩連接法，供風扇等使用) 或以前的 2 倍 (固定輸出功率連接法)，根據如何重排定子繞組而定。圖 6-31 顯示可能的定子連接法以及其對轉矩-速度曲線的影響。

庶極法控制最主要的缺點是轉速比例必須是 2：1，傳統解決此限制的方法是使用具有不同極數的多重繞組定子，並且每次只使用一組。例如，一部電動機的定子繞組可能繞成一組四極與一組六極的架構，其同步速度在 60 Hz 系統中可以從 1800 切換到 1200 r/min，只需將電源送到另一組繞組即可。不幸地，多重定子繞組增加了電動機的價格，因此只在絕對需要時才會使用。

組合庶極法與多重定子繞組法，我們可以建立四段速度的感應電動機。例如，利用分開的四極與六極繞組，我們可以產生一部能夠運轉於 600、900、1200 與 1800 r/min 的 60 Hz 電動機。

改變線頻的速度控制法

如果改變加到感應電動機定子上的電頻率，則磁場 n_{sync} 的旋轉速度會隨電頻率改變而成正比的改變，轉矩-速度特性曲線上的無載點也會跟著改變 (見圖 6-32)。電動機在額定狀態的同步速度稱為基準速度，利用變頻控制，我們可以調整電動機的速度為大於或小於基準速度。經過適當設計的變頻感應電動機驅動器彈性很大，它可以控制感應電動機的速度在很大的範圍內變化，小至基準速度的 5%，大至基準速度的 2 倍。但是在變化頻率時，要注意維持電動機電壓與轉矩在某個限制以上以確保安全的操作。

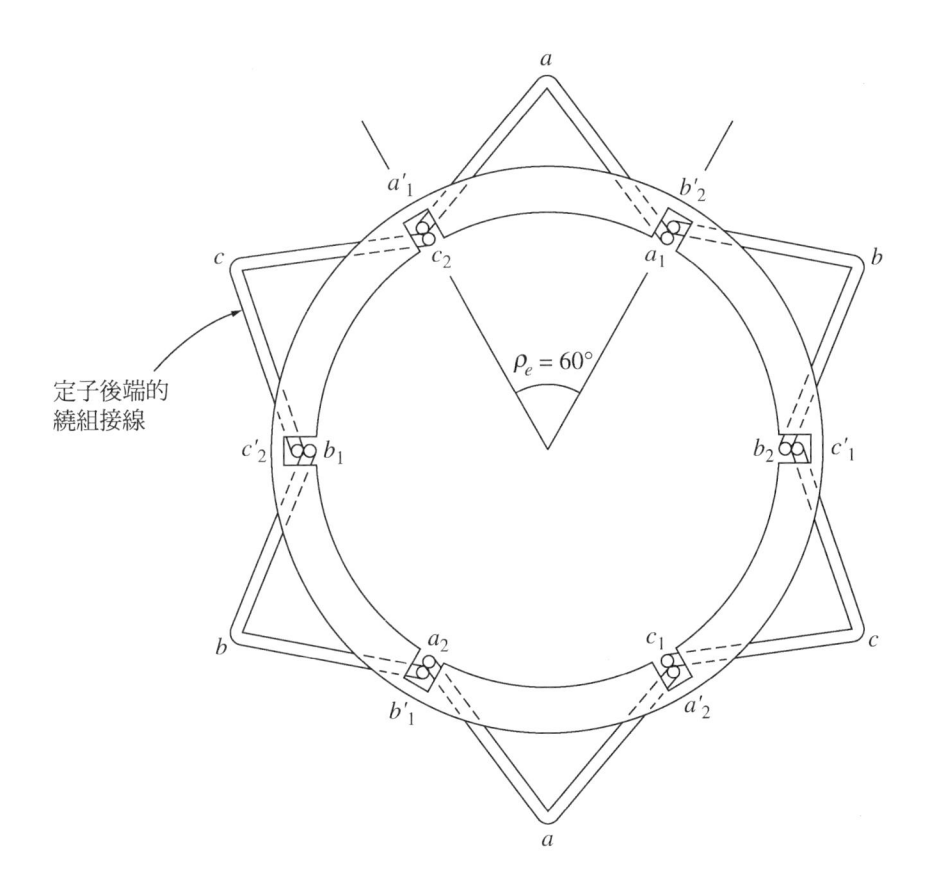

圖 6-29 適合極數改變的兩極定子繞組。注意這些繞組上非常小的轉子節距。

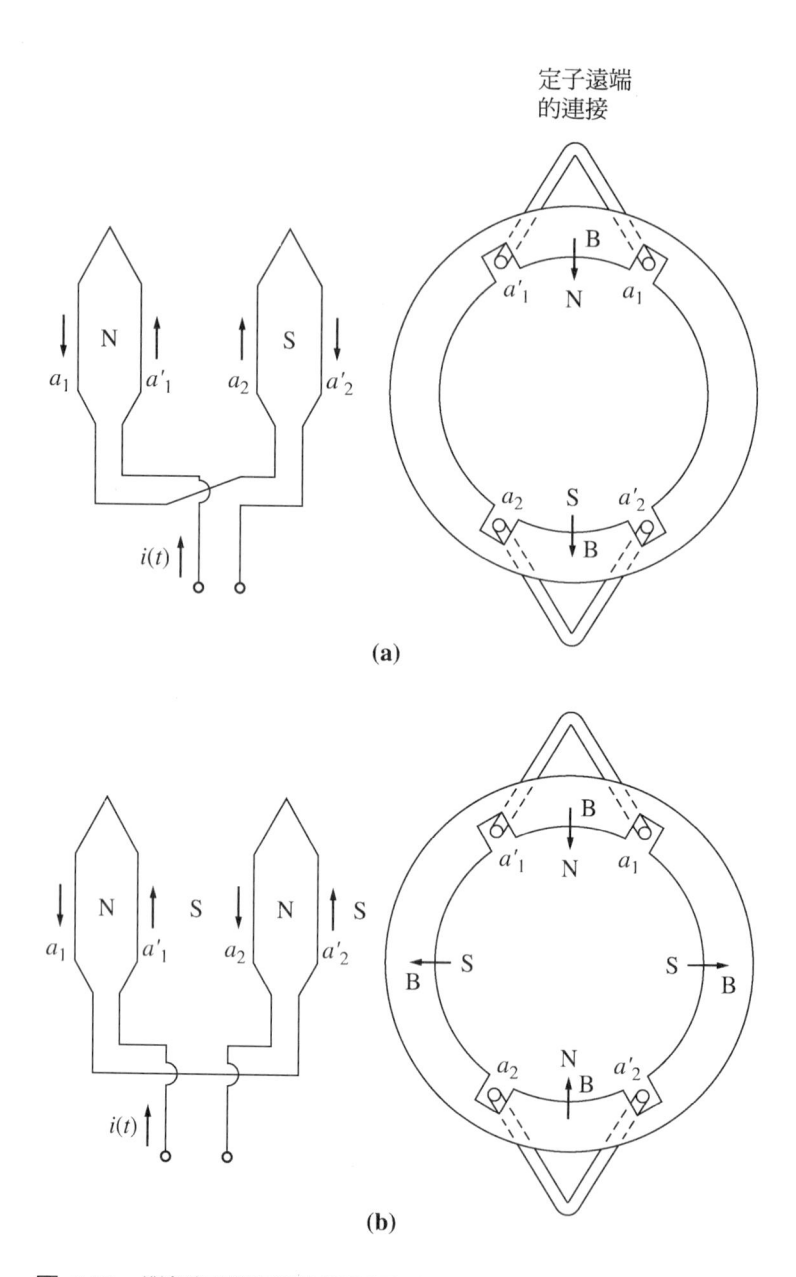

圖 6-30 單相極變繞組的詳細圖示。(a) 在兩極架構中，一個線圈是北極而另一個是南極。(b) 當兩個線圈的其中之一相反連接時，它們都是北極，而磁通量在兩線圈中間的位置返回定子，這些南極稱為*庶極*，且繞組現在變為四極的架構。

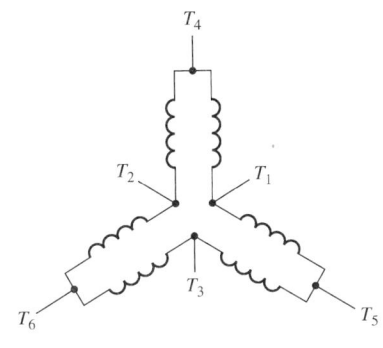

第六章 感應電動機 353

速度	電源線 L_1	L_2	L_3	
低	T_1	T_2	T_3	T_4, T_5, T_6 打開
高	T_4	T_5	T_6	T_1-T_2-T_3 連接

(a)

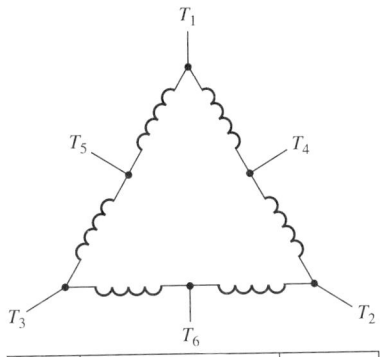

速度	電源線 L_1	L_2	L_3	
低	T_4	T_5	T_6	T_1-T_2-T_3 連接
高	T_1	T_2	T_3	T_4, T_5, T_6 打開

(b)

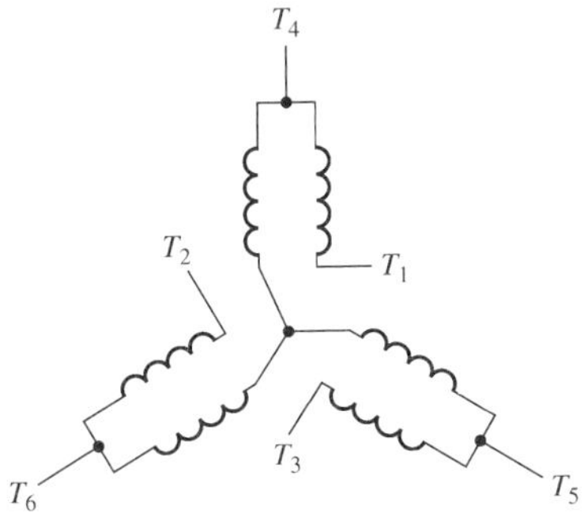

速度	電源線 L_1	L_2	L_3	
低	T_1	T_2	T_3	T_4, T_5, T_6 打開
高	T_4	T_5	T_6	T_1-T_2-T_3 連接

(c)

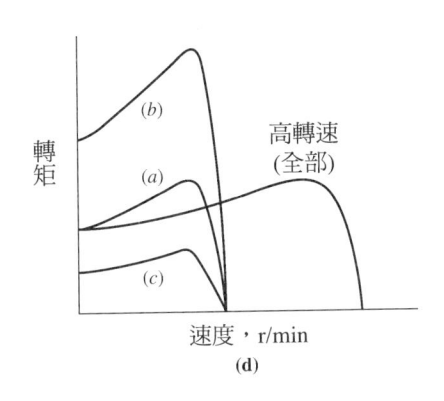

(d)

圖 6-31 極變電動機中定子線圈的可能連接法，以及產生的轉矩-速度特性：
(a) 固定轉矩連接法——在高速與低速連接中，電動機轉矩能力大約維持固定。
(b) 固定馬力連接法——在高速與低速連接中，電動機功率能力大約維持固定。
(c) 風扇轉矩連接法——電動機的轉矩能力隨速度而變，像風扇型負載一樣。

354 電機機械基本原理

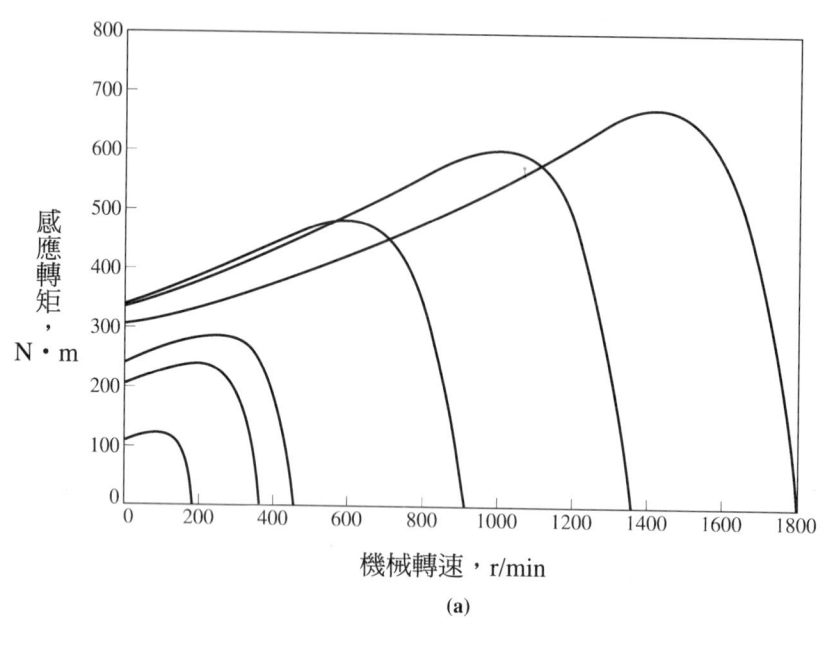

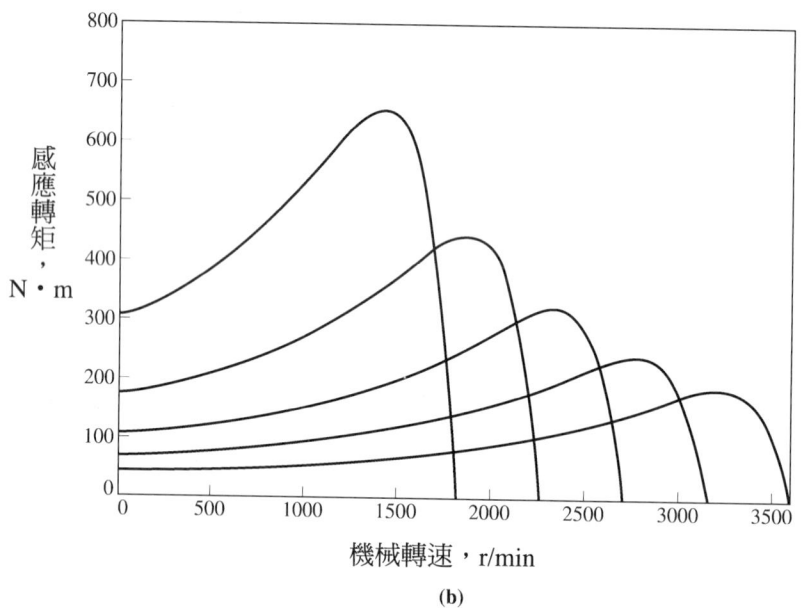

圖 6-32　感應電動機的變頻速度控制：(a) 基準速度以下轉速的轉矩-速度特性曲線組，假設線電壓隨著頻率線性減少。(b) 基準速度以上轉速的轉矩-速度特性曲線組，假設線電壓維持常數。

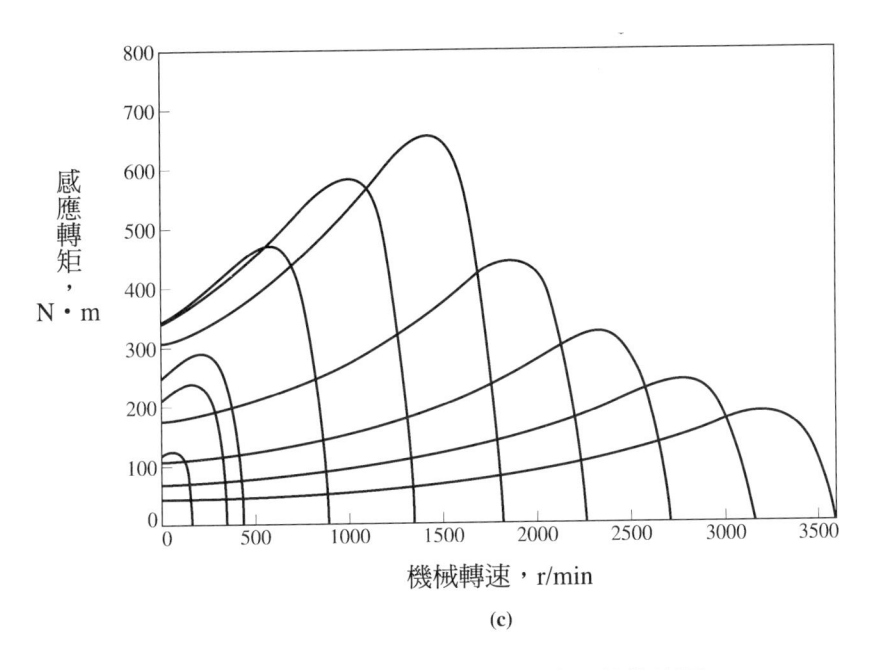

圖 6-32　(續) (c) 所有頻率之下的轉矩-速度特性曲線圖。

當電動機運轉於基準速度以下時，要降低加到定子的端電壓以確保正確的運轉。加至定子的端電壓應該隨著定子頻率的減少呈線性的減少，這個過程稱為降壓 (derating)。如果沒有經過此過程，感應電動機鐵心中的鋼材會飽和，並且會產生額外的磁化電流。

要瞭解降壓的必須性，記住感應電動機基本上是一個旋轉的變壓器。如同任何變壓器一樣，感應電動機鐵心中的磁通量可以從法拉第定律求出：

$$v(t) = -N \frac{d\phi}{dt} \tag{1-36}$$

若一電壓 $v(t) = V_M \sin \omega t$ 加於鐵心上，則可解得磁通量 ϕ 為

$$\phi(t) = \frac{1}{N_P} \int v(t)\, dt$$

$$= \frac{1}{N_P} \int V_M \sin \omega t\, dt$$

$$\boxed{\phi(t) = -\frac{V_M}{\omega N_P} \cos \omega t} \tag{6-57}$$

注意電頻率 ω 出現在上式的分母中，因此，如果加到定子的電頻率減少 10% 而加到定

子的電壓大小維持不變,則電動機鐵心的磁通將增加大約 10% 且電動機的磁化電流將增加。在電動機磁化曲線未飽和的區域中,磁化電流的增加量也將大約是 10%。但是,在電動機磁化曲線的飽和區,卻需要增加更多的磁化電流才能增加 10% 的磁通量。感應電動機通常都設計運轉於接近其磁化曲線的飽和點,所以因為頻率減少而增加的磁通量將導致電動機中過多的磁化電流。(同樣的問題也可以在變壓器中觀察到;見 2.12 節。)

要避免過多的磁化電流,通常的作法是,當頻率掉到電動機的額定頻率之下時,隨著頻率的減少,成正比的減少加在定子上的電壓。因為外加的電壓 v 出現於式 (6-57) 的分子而頻率 ω 出現在式 (6-57) 的分母,兩個效果會互相抵消,因此磁化電流不受影響。

當加到感應電動機上的電壓隨著低於基準速度的頻率呈線性變化時,電動機的磁通量將大約維持常數。因此,電動機可以供應的最大轉矩會維持相當高。但是,電動機的最大功率額定必須隨著頻率線性減少,以保護定子電路過熱。供應到三相感應電動機的功率是

$$P = \sqrt{3}V_L I_L \cos\theta$$

如果電壓 V_L 減少,則最大功率 P 也一定跟著減少,否則電動機的電流會變得過高,電動機將會過熱。

圖 6-32a 顯示一組在基準速度以下轉速的感應電動機轉矩-速度特性曲線,假設定子電壓的大小隨著頻率成線性變化。

當加到電動機的電頻率超過電動機的額定頻率時,定子電壓就必須固定在額定值。雖然在這種情形下,飽和的考慮允許電壓可以提高到額定值以上,為了保護電動機繞組的絕緣還是將其限制於額定值。電頻率超過基準速度愈高,式 (6-57) 的分母就會愈大。由於分子項在額定頻率以上是維持定值的,在電動機中產生的磁通量會減少且最大轉矩也會跟著減少。圖 6-32b 顯示一組在基準速度以上轉速的感應電動機轉矩-速度特性曲線,假設定子電壓的大小固定不變。

如果在基準速度以下定子電壓隨著頻率線性變化,而在基準速度以上維持於固定的額定值,則產生的轉矩-速度特性組將如圖 6-32c 所示。圖 6-32 中顯示的電動機額定速度是 1800 r/min。

在過去,用電頻率來控制變速的主要缺點是,需要精密的發電機或機械式的變頻器以供操作。這個問題已經隨著現代固態變頻電動機驅動器的發展得到解決,事實上,利用固態電動機驅動器來改變線頻率已經成為感應電動機變速的選擇方法之一。注意這種方法可以使用於任何感應電動機,不像極數改變技術,需要有特殊定子繞組的電動機。

典型的固態變頻感應電動機驅動器將在 6.10 節中討論。

改變線電壓的速度控制法

感應電動機建立的轉矩正比於外加電壓的平方，如果負載的轉矩-速度曲線如圖 6-33 所示，則電動機的速度可於某個有限的範圍內，經由改變線電壓來控制。這種速度控制的方法有時候使用於小電動機驅動的風扇。

改變轉子電阻的速度控制法

在繞線式轉子的感應電動機中，我們可以在電動機轉子電路插入外加的電阻以改變轉矩-速度曲線的形狀。產生的轉矩-速度特性曲線如圖 6-34 所示。如果負載的轉矩-速度曲線如圖中一般，則改變轉子電阻將可以改變電動機的運轉速度。但是，在感應電動機轉子電路中插入外加電阻將嚴重地降低電動機的效率。

此種控速方法是過去常用方法，但目前繞線轉子感應機已很少生產。由前段所提到效率問題，這種速度控制方法通常只能短時間使用。

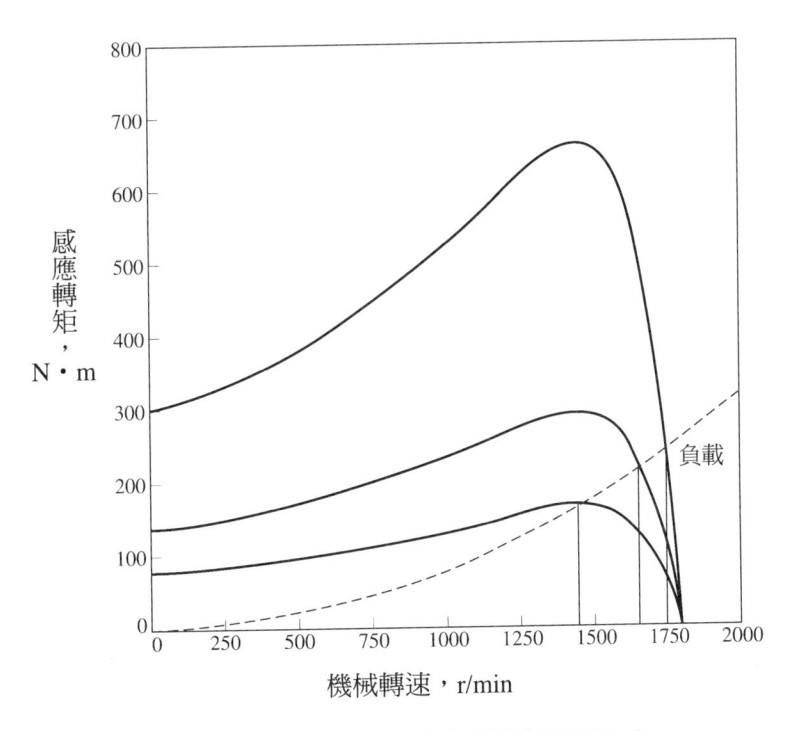

圖 6-33 感應電動機變線電壓的速度控制。

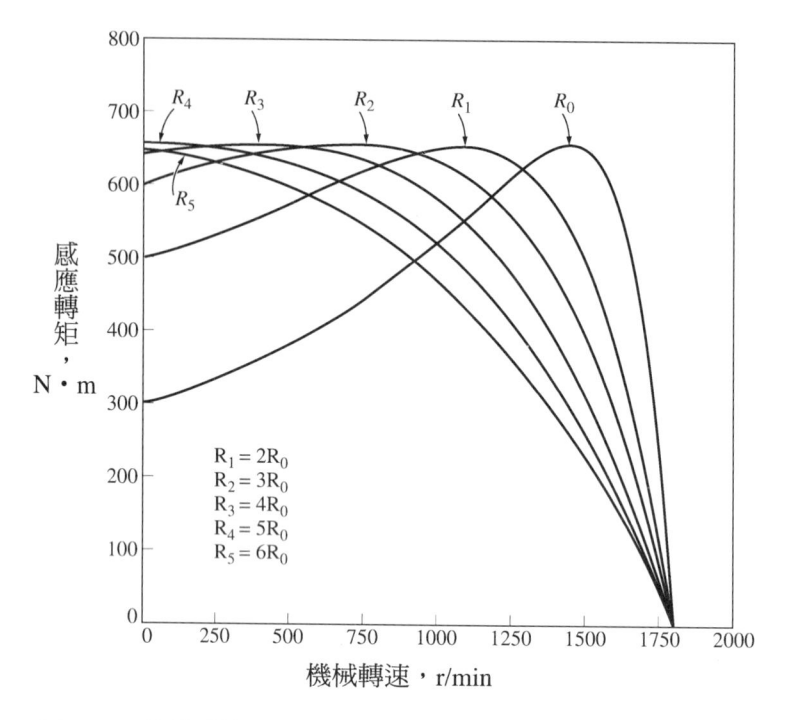

圖 6-34 繞線式轉子感應電動機利用改變轉子電阻的速度控制。

6.10 固態感應電動機驅動器

如前一節所述，現今所選擇感應電動機速度控制的方法就是固態變頻感應電動機驅動器。典型的驅動器是很具彈性的，輸入電源可以是單相或是三相的，50 或 60 Hz，電壓範圍從 208 到 230V。此驅動器的輸出是一組三相電壓，頻率可以從 0 變化到 120 Hz，而電壓大小可以從 0 V 變化到電動機的額定電壓。

輸出頻率與電壓的控制是利用波寬調變法 (PWM)[1] 來達成，輸出頻率與輸出電壓都可以用波寬調變法獨立地控制。圖6-35顯示 PWM 驅動器在維持固定電壓均方根值時，又可以控制輸出頻率的情形。圖6-36則顯示 PWM 驅動器在維持固定的頻率之下，仍可以控電壓均方根值的情況。

如6.9節所述，通常我們希望可以用線性的方法來改變輸出頻率與輸出電壓的均方根值。圖6-37 所示為驅動器典型的單相輸出電壓波形，其中頻率與電壓同時線性的變化。[2] 圖 6-37a 顯示頻率 60 Hz，電壓均方根值為 120 V 的輸出電壓調整方式，圖 6-37b 顯示頻率 30 Hz，電壓均方根值為 60 V 的輸出電壓調整方式，而圖 6-37c 則顯示頻率 20 Hz，電壓均方根值為 40 V 的輸出電壓調整方式。注意在這三種情況中，驅動器輸出電

---

[1] PWM 技術於本書網站上之補充教材「電力電子介紹」內有介紹。
[2] 圖 6-36所示的輸出波形事實上是簡化的波形，實際感應電動機驅動器的載波頻率比圖上所顯示的更高。

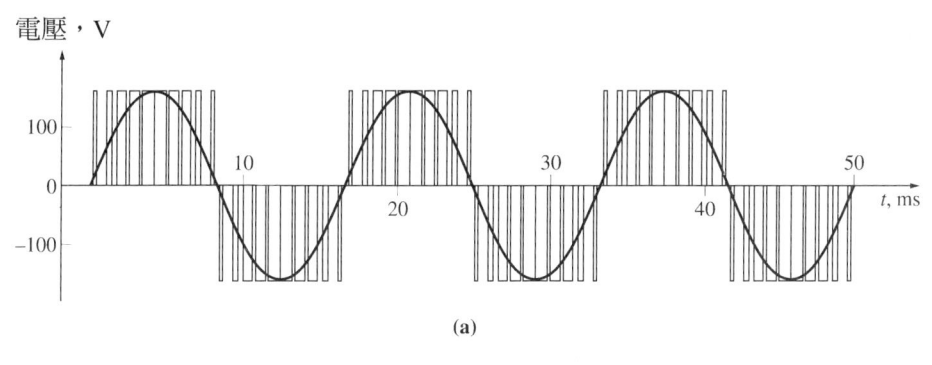

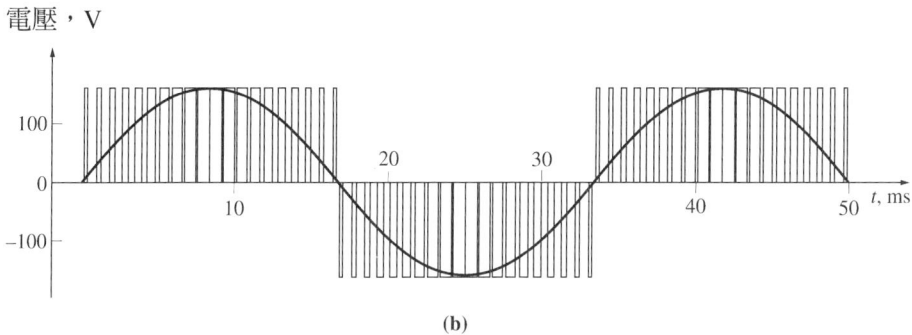

圖 6-35 PWM 波變頻控制：(a) 60 Hz，120 V，PWM 波；(b) 30 Hz，120 V，PWM 波。

壓的極值都是一樣的；電壓的均方根值是靠著電壓開啟的時間比例來控制，而頻率則是由脈波切換的極性從正切換到負再回到正的速率而定。

典型感應電動機驅動器，有許多內建的特性以增進其調整性與簡單使用。以下總結一些特性。

頻率 (轉速) 調整

驅動器的輸出頻率可以從鑲在驅動器機殼上的控制器來手動控制，或者可以用外部的電壓或電流信號來遙控。驅動器感應外部信號來調整頻率的能力是很重要的，因為它允許外接的電腦或程序控制器，能配合整個電動機所在的工廠來控制電動機的速度。

電壓與頻率樣式的選擇

連接到感應電動機的機械性負載的形式變化很大，有一些負載例如風扇，當啟動 (或運轉於低轉速) 時只需要很少的轉矩，而轉矩會隨著速度平方增加。另外有一些負載可能較難啟動，需要大於電動機的額定轉矩才能使負載動作。這類驅動器提供許多電壓-對-頻率樣式，可以從中選擇以配合感應電動機的轉矩與其負載所需要的負載，其中三種樣式顯示在圖 6-38 到 6-40。

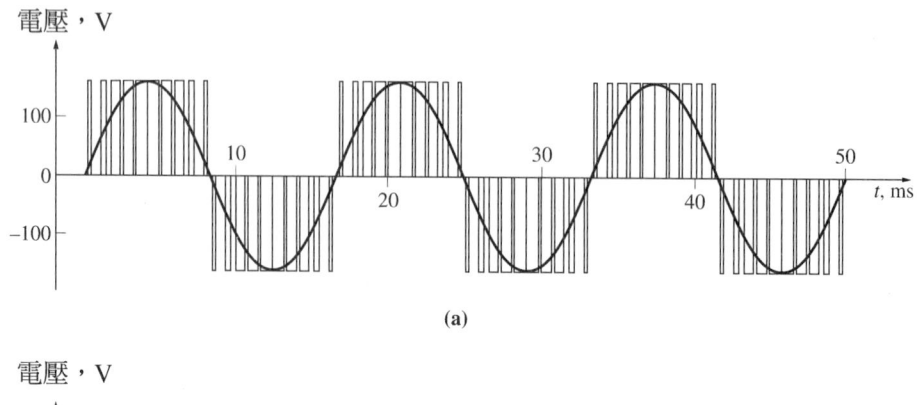

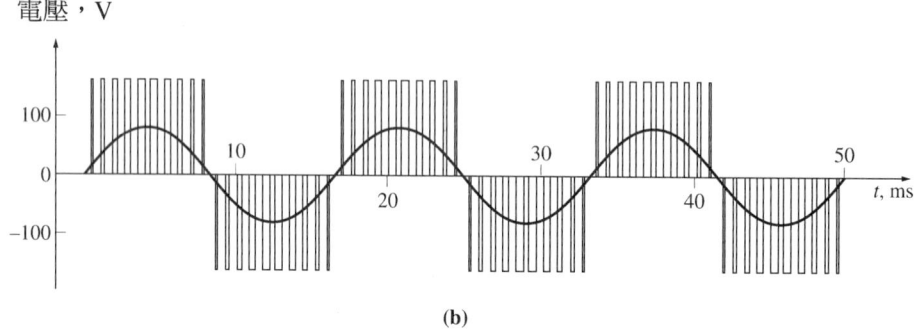

圖 6-36 PWM 波變壓控制：(a) 60 Hz，120 V，PWM 波；(b) 60 Hz，60 V，PWM 波。

　　圖 6-38a 顯示標準或一般用途的電壓-對-頻率樣式，如前一段所描述般。此樣式在基準速度以下的轉速時，會隨著輸出頻率的改變而線性地改變其輸出電壓，而在基準速度以上的轉速時，則維持固定的輸出電壓值(在很低頻率時需要一個小的固定電壓區域，以確保在很低轉速時仍然有一些啟動轉矩)。圖 6-38b 顯示在一些運轉速度於基準速度以下的感應電動機轉矩-速度特性。

　　圖 6-39a 顯然適用於有高啟動轉矩負載的電壓-對-頻率樣式，此樣式的輸出電壓在基準速度以下的轉速時，也隨著輸出頻率的改變成線性的改變，但是在頻率小於30Hz 的斜率較小。在任何低於 30Hz 的頻率時，輸出電壓都會比以前的樣式要大。這個較大的電壓會產生較大的轉矩，但是代價是磁飽和增加以及較大的磁化電流。增加的飽和及較高的電流，在啟動重載所需的短時間內通常是可以接受的。圖 6-39b 顯示一些運轉速度在基準速度以下的感應電動機轉矩-速度特性，注意與圖 6-38b 比較，可以發現於低頻率時多出的轉矩。

圖 6-40a 顯示使用於只需要低啟動轉矩的負載 (稱為柔性啟動負載) 之電壓-對-頻率樣式圖，此樣式在低於基準速度的轉速時，輸出電壓會隨著輸出頻率的改變成拋物線的改變。在頻率低於 60 Hz 時，輸出電壓會比標準樣式的電壓小，這個較小的電壓將產生較小的轉矩，提供緩慢、平穩的啟動給低轉矩負載。圖 6-40b 顯示一些運轉頻率在基準速度以下的感應電動機轉矩-速度特性圖，注意到相較於圖 6-38，減少的轉矩可用於低頻時。

可獨立調整的加速與減速斜波

當電動機所要的運轉速度改變時，控制它的驅動器會改變頻率而將電動機帶到新的運轉速度。如果突然的改變速度 (例如，瞬時地從 900 跳到 1200 r/min)，驅動器不會讓電動機瞬時地從舊的期望速度跳到新的期望速度。相反地，會利用裝置於驅動器電子內的特殊電路，將電動機加速度與減速度的速率限制在一個安全的等級內。這些加速度與減速度的速率可以獨立地調整。

電動機保護

感應電動機驅動器內有一些特別設計用來保護接至驅動器的電動機，驅動器可以偵測到過大的穩態電流 (過載情況)，過大的瞬時電流，過電壓情況或欠電壓情況。遇到以上任何狀況，驅動器都會讓電動機停機。

如以上所說明的感應電動機現今是具有彈性且可靠的，因此具備這些驅動器的感應電動機在許多需要大範圍速度變化的應用中，已經取代了直流電動機。

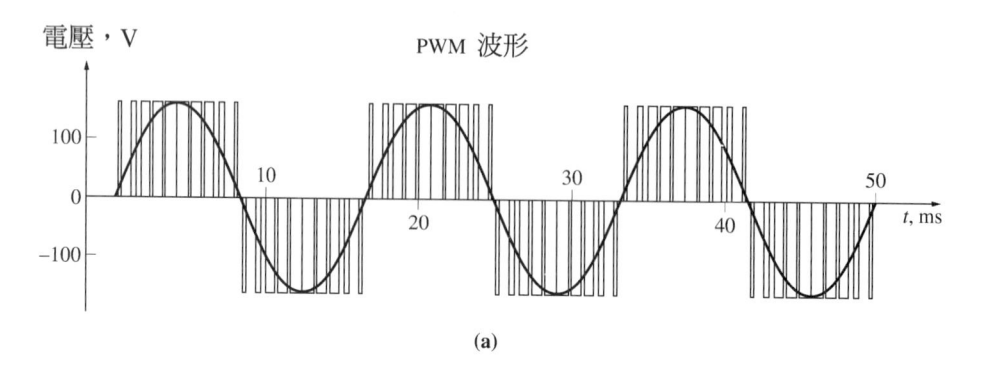

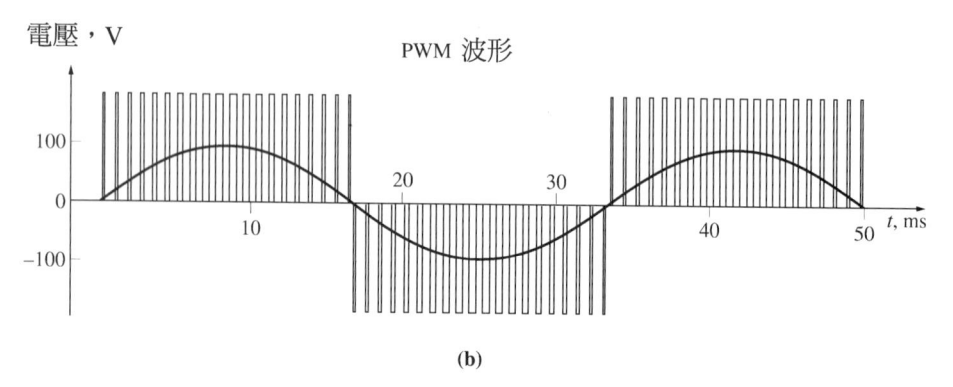

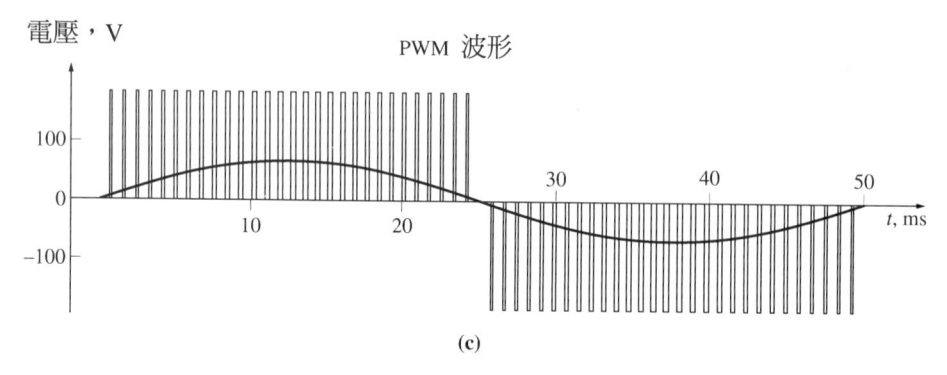

圖 6-37　PWM 波形同時的電壓與頻率控制：(a) 60 Hz，120 V，PWM 波形；(b) 30 Hz，60 V，PWM 波形；(c) 20 Hz，40 V，PWM 波形。

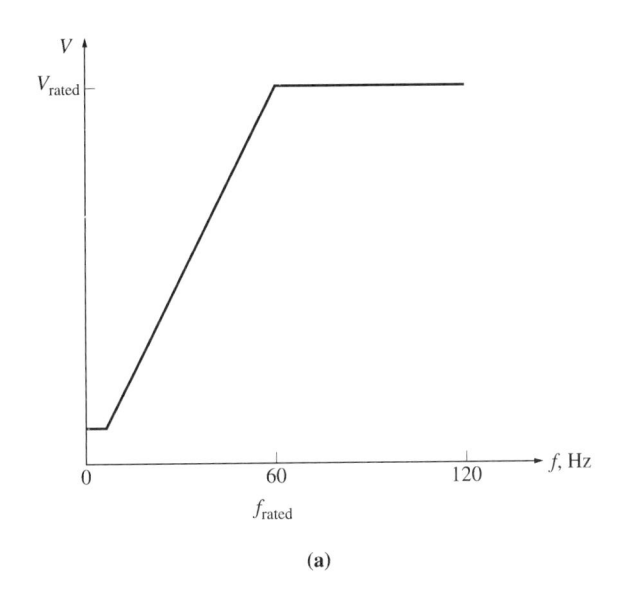

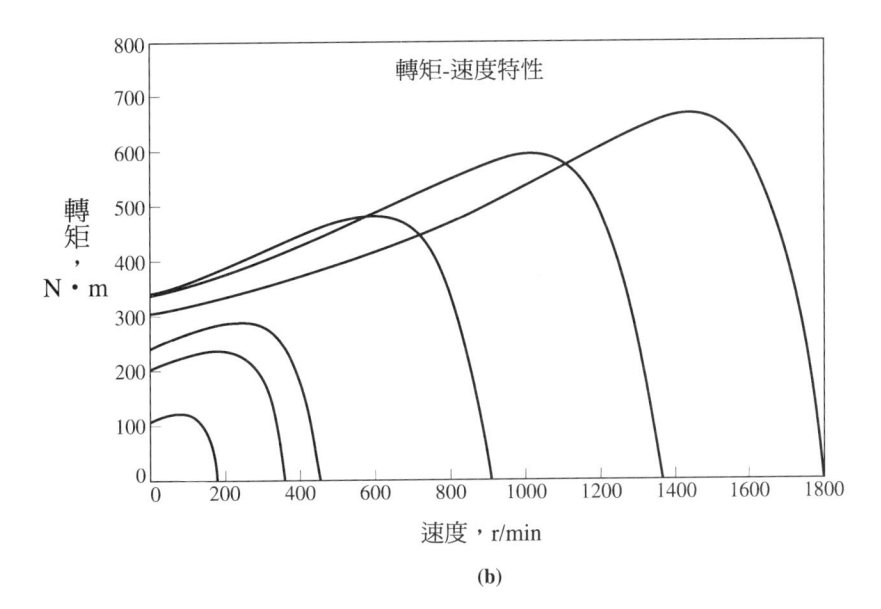

圖 6-38 (a) 固態變頻感應電動機驅動器可能的電壓-對-頻率樣式：一般用途樣式。此樣式包含一條在額定頻率以下的線性電壓-頻率曲線，以及於額定頻率以上的固定電壓。(b) 轉速在額定頻率以下所產生的轉矩-速度特性曲線 (如圖 6-31b 的額定頻率以上的轉速)。

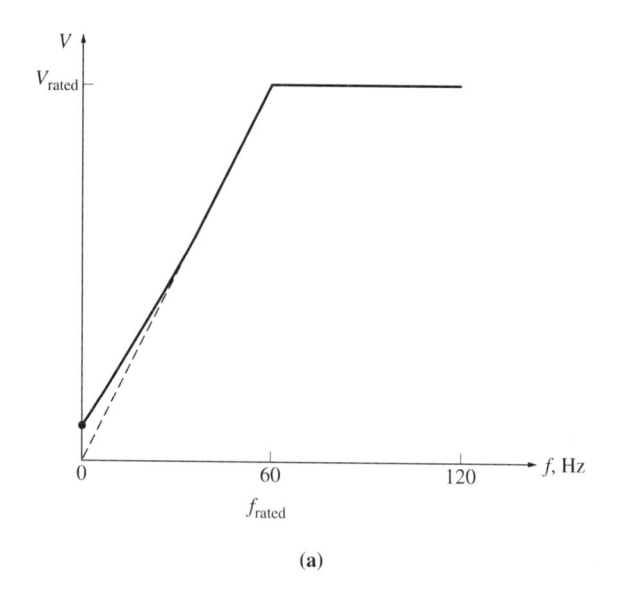

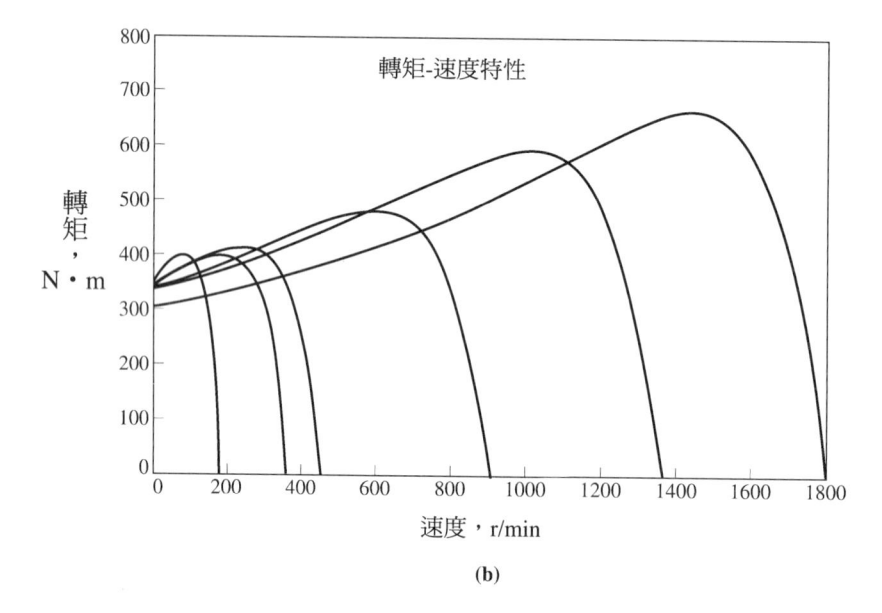

圖 6-39 (a) 固態變頻感應電動機驅動器可能的電壓-對-頻率樣式：高啟動轉矩樣式。這是修正過的電壓-頻率樣式，適合需要高啟動轉矩的負載。除了在低轉速以外，它和線性的電壓-頻率樣式一樣。在很低轉速時，電壓會不成比例的高，而在較高磁化電流的情況下產生額外的轉矩。(b) 轉速在額定頻率以下所產生的轉矩-速度特性曲線 (如圖 6-31b 的額定頻率以上的轉速)。

(a)

(b)

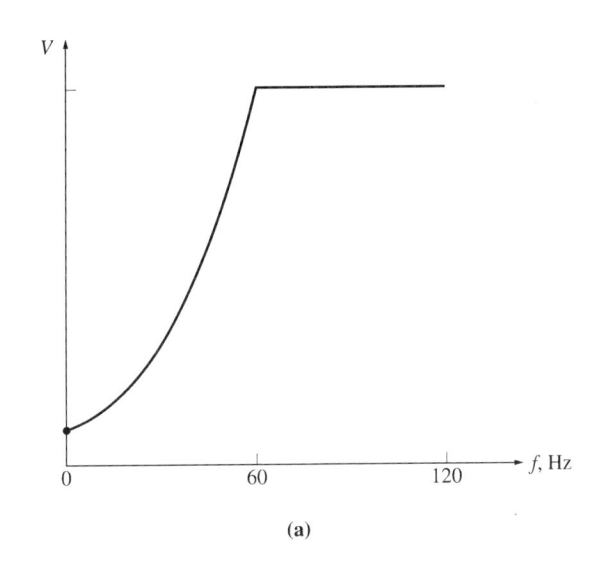

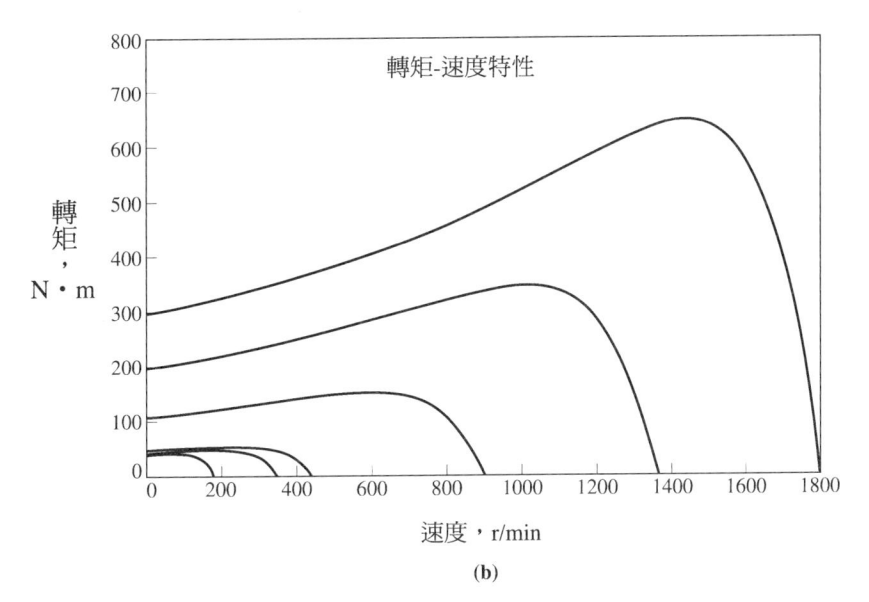

圖 6-40 (a) 固態變頻感應電動機驅動器可能的電壓-對-頻率樣式：風扇負載樣式。此電壓-頻率樣式適合驅動風扇及離心幫浦的電動機使用，所需的啟動轉矩很低。(b) 轉速在額定頻率以下所產生的轉矩-速度特性曲線(如圖 6-31b 的額定頻率以上的轉速)。

6.11 決定電路模型的參數

感應電動機的等效電路在決定電動機對負載改變的響應時,是很有用的工具,但是如果一個模型要當作實際電動機來使用,必須決定模型中元件的值。要怎麼決定一部實際電動機中的 R_1、R_2、X_1、X_2 與 X_M?

在感應電動機上執行一系列類似在變壓器上做的短路以及開路測試,就可以求得這些資料。因為電阻值會隨著溫度而變化,而且轉子電抗也會隨著轉子頻率而變化,因此這些測試必須在精確控制的狀態下執行,有關如何執行每項感應電動機測試以得到正確結果的詳細資料,在 IEEE 標準 112 中都有說明。雖然這些測試的細節都很複雜,其概念卻相當直接並將在此說明之。

無載測試

感應電動機的無載測試是要測量電動機的旋轉損失,並提供有關其磁化電流的資訊。測試電路如圖 6-41a 所示,瓦特計、電壓計與三個電流計連接到可以自由旋轉的感應電動機。電動機上唯一的負載是摩擦與風損,所以在此電動機中所有的 P_{conv} 都是消耗於機械損失,而且電動機的轉差率很低 (可能低到 0.001 或更少)。此電動機的等效電路示於圖 6-41b,因為其轉差率很低,符合其轉換功率的電阻,$R_2(1-s)/s$,遠大於符合其轉子銅損的電阻 R_2,也遠大於轉子電抗 X_2。在這種情況下,等效電路可以大致化簡成如圖 6-41b 的最後電路。圖中,輸出電阻與激磁電抗 X_M 和銅損電阻 R_C 並聯。

無載狀況下的電動機,其由量表測量的輸入功率必須等於電動機的損失。因為電流 I_2 非常的小 [由於大的負載電阻 $R_2(1-s)/s$ 的關係],所以轉子銅損可以忽略。定子銅損則為

$$\boxed{P_{\text{SCL}} = 3I_1^2 R_1} \tag{6-25}$$

所以輸入功率必須等於

$$\begin{aligned} P_{\text{in}} &= P_{\text{SCL}} + P_{\text{core}} + P_{\text{F\&W}} + P_{\text{misc}} \\ &= 3I_1^2 R_1 + P_{\text{rot}} \end{aligned} \tag{6-58}$$

上式中 P_{rot} 是電動機的旋轉損失:

$$P_{\text{rot}} = P_{\text{core}} + P_{\text{F\&W}} + P_{\text{misc}} \tag{6-59}$$

因此,給定電動機的輸入功率,就可以決定其旋轉損失。

在此狀況下描述電動機運轉情形的等效電路,包含了電阻 R_C 與 $R_2(1-s)/s$ 並聯激磁電抗 X_M。因為其氣隙的高磁阻,在感應電動機中要建立磁場所需的電流是相當大的,

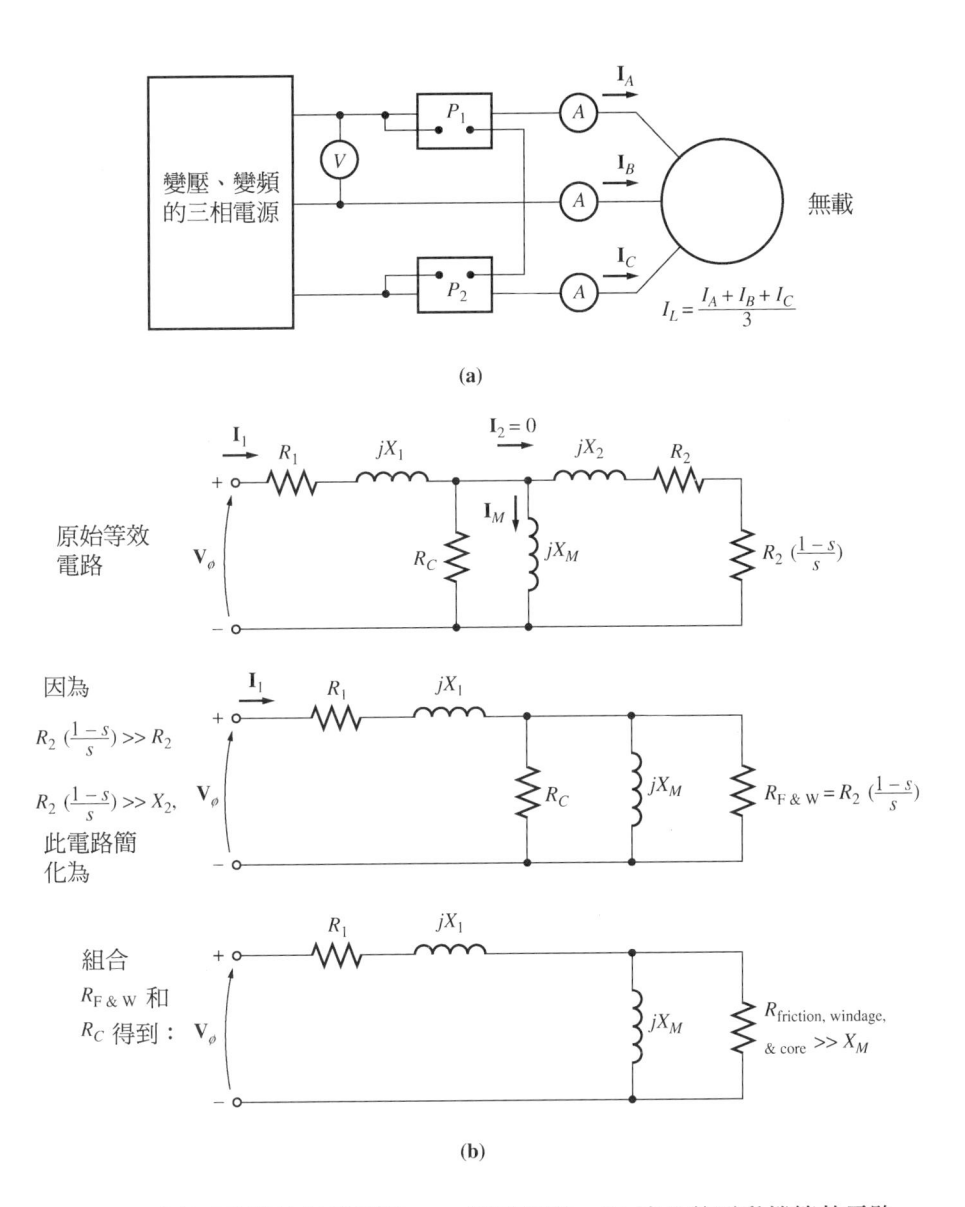

圖 6-41 感應電動機的無載測試：(a) 測試電路；(b) 產生的電動機等效電路。
注意在無載時，電動機的阻抗基本上是 R_1、jX_1 與 jX_M 的串聯組合。

所以電抗 X_M 比並聯的電阻小得多，並且全部的輸入功率因數也會很小。由於存在落後的大電流，大部分的電壓降會落於電路中的電感性元件上，等效輸入阻抗因此可以估算為

$$\left| Z_{\text{eq}} \right| = \frac{V_\phi}{I_{1,\text{nl}}} \approx X_1 + X_M \tag{6-60}$$

如果 X_1 可以用其他方法求出，則電動機的激磁阻抗 X_M 就可以得知。

求定子電阻的直流測試

轉子電阻 R_2 在感應電動機的運轉中扮演著非常重要的角色，例如，R_2 決定了轉矩-速度的曲線圖，決定發生脫出轉矩的速度。一種標準的電動機測試稱為轉子鎖住測試 (locked-rotor test)，可以用來決定全部的電動機電阻 (此測試將在下一節討論)。但是，此測試只能求出全部的電阻，要正確地求出轉子電阻 R_2，必須知道 R_1 再將它從總值中減掉。

有一種測試無關 R_2、X_1 和 X_2，可以求出 R_1，此測試稱為直流測試。基本上，把一直流電壓加到感應電動機的定子繞組上，因為電流是直流，在轉子電路上沒有感應電壓也不會產生轉子電流。同時，電動機的電抗在直流時是零。因此，唯一在電動機中可以限制電流的元件就是定子電阻，可以由此求出此電阻。

直流測試的基本電路如圖 6-42 所示，此圖顯示一直流電源連接到 Y 接感應電動機三個端點中的兩點。要執行測試，先將定子繞組中的電流調整到額定值，然後測量端點之間的電壓。將定子繞組的電流調整到額定值，是為了要加熱繞組使得它們的溫度與在正常的運轉時一樣 (記住，繞組電阻是溫度的函數)。

圖 6-42 中的電流流經兩個繞組，所以電流路徑上的總電阻是 $2R_1$。因此，

$$2R_1 = \frac{V_{\text{DC}}}{I_{\text{DC}}}$$

或

$$\boxed{R_1 = \frac{V_{\text{DC}}}{2I_{\text{DC}}}} \tag{6-61}$$

求得 R_1 的值，無載時的定子銅損就可以決定，且旋轉損失也可以求出，是無載時的輸入功率與定子銅損之間的差。

用這種方法求得的 R_1 值並不完全正確，因為忽略了當交流電壓加到繞組上時產生

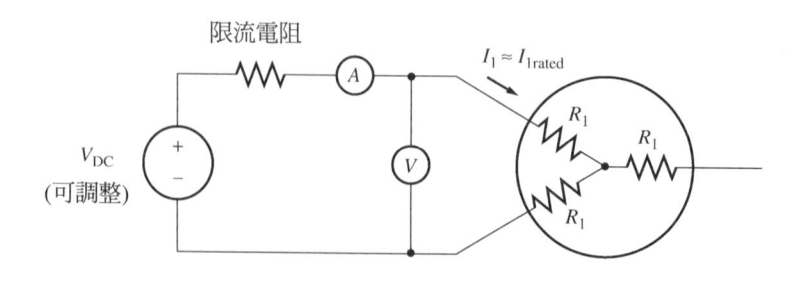

圖 6-42 直流電阻測試電路。

的集膚效應。在 IEEE 標準 112 中，可以找到有關修正溫度與集膚效應的更多細節。

轉子鎖住測試

第三種可以執行在感應電動機上以決定其電路參數的測試，稱為轉子鎖住測試 (locked-rotor test)，或有時候稱為轉子堵住測試 (blocked-rotor test)。這種測試對應於變壓器中的短路測試。在此測試中，轉子是鎖住或堵住的，因此轉子不能動，加一個電壓到電動機上，並測量產生的電壓、電流與功率。

圖 6-43a 顯示轉子鎖住測試的連接法，要執行轉子堵住測試，先加一個交流電壓到定子，然後調整電流使其大約是滿載的值。當電流達到滿載值，測量電動機的電壓、電流與功率。此測試的等效電路如圖 6-43b 所示，注意因為轉子不動，所以轉差率 $s=1$，且轉子電阻 R_2/s 正好等於 R_2 (相當小的值)。由於 R_2 與 X_2 都很小，幾乎所有的輸入電流都會流經它們，而不是流過較大的激磁電抗 X_M。因此，在這些情況下的電路看似 X_1、R_1、X_2 與 R_2 的串聯。

然而這種測試有一種問題，在正常運轉時，定子頻率是電力系統的線頻 (50 或 60 Hz)。在啟動的狀態下，轉子頻率也是線頻。但是，在正常的運轉情況下，大部分電動

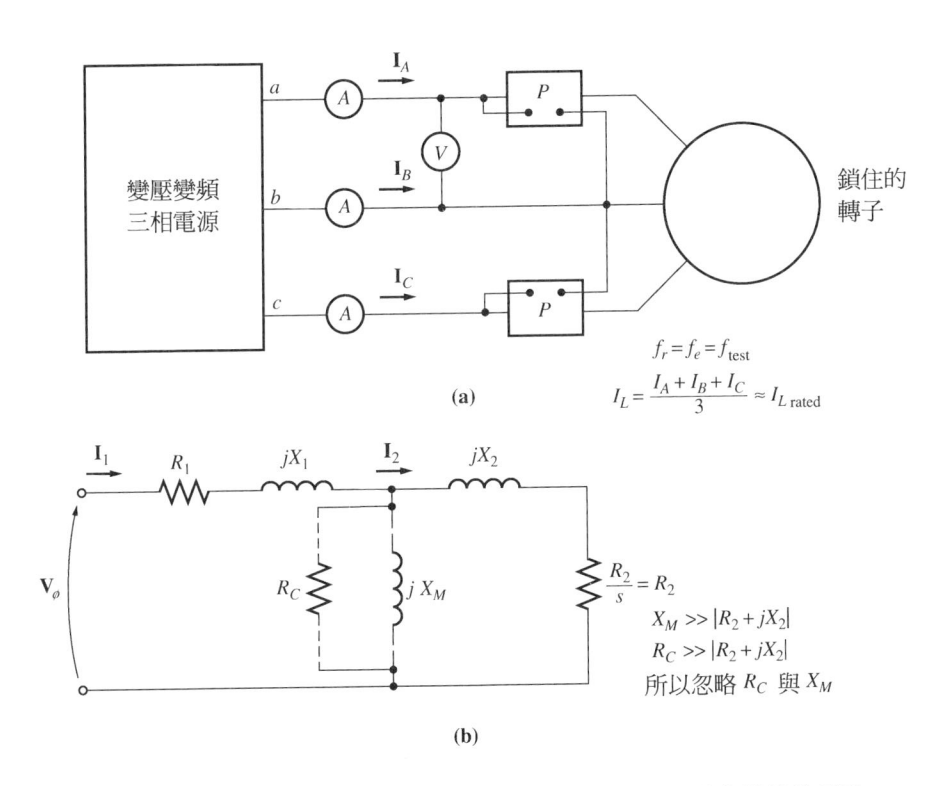

圖 6-43 感應電動機的轉子鎖住測試：(a) 測試電路；(b) 電動機等效電路。

機的轉差率只有 2% 到 4%，而產生的轉子頻率是在 1 到 3 Hz 的範圍內。這將產生一個問題就是，線頻不代表轉子的正常運轉狀況。因為有效的轉子電阻值在 B 級與 C 級設計的電動機中是強烈依賴頻率的函數，不正確的轉子頻率會導致測試的錯誤結果。典型的補救辦法是使用等於或小於額定頻率的 25% 的頻率。雖然這種方式對基本上是固定電阻的電動機 (A 級與 D 級設計) 而言可以接受，但是當我們要求出變化電阻轉子的正常電阻值時卻還有一段距離。因為這些以及類似的問題，在從事這些測試的測量時必須特別注意小心。

在測試電壓與頻率設立之後，很快地調整電動機的電流到大約額定值。然後在轉子溫度升高太多以前，測量輸入功率、電壓與電流。電動機的輸入功率是

$$P = \sqrt{3}V_T I_L \cos\theta$$

所以可以求出轉子鎖住的功率因數為

$$\boxed{\text{PF} = \cos\theta = \frac{P_{\text{in}}}{\sqrt{3}V_T I_L}} \quad \text{(6-62)}$$

而阻抗角度 θ 正好等於 $\cos^{-1}\text{PF}$。

這時電動機電路總阻抗的大小是

$$\boxed{|Z_{\text{LR}}| = \frac{V_\phi}{I_1} = \frac{V_T}{\sqrt{3}I_L}} \quad \text{(6-63)}$$

且總阻抗的角度是 θ，因此，

$$\begin{aligned} Z_{\text{LR}} &= R_{\text{LR}} + jX'_{\text{LR}} \\ &= |Z_{\text{LR}}|\cos\theta + j|Z_{\text{LR}}|\sin\theta \end{aligned} \quad \text{(6-64)}$$

轉子鎖住電阻 R_{LR} 等於

$$\boxed{R_{\text{LR}} = R_1 + R_2} \quad \text{(6-65)}$$

而轉子鎖住電抗 X'_{LR} 等於

$$X'_{\text{LR}} = X'_1 + X'_2 \quad \text{(6-66)}$$

上式中 X'_1 與 X'_2 分別是在測試頻率下的定子與轉子電抗。

現在可以求得轉子電阻 R_2 的值為

$$R_2 = R_{\text{LR}} - R_1 \quad \text{(6-67)}$$

上式中 R_1 可以在直流測試中求得，換算到定子側的總轉子電抗也可以知道。因為電抗

	以 X_{LR} 為函數所表示的 X_1 和 X_2	
轉子設計	X_1	X_2
繞線式轉子	0.5 X_{LR}	0.5 X_{LR}
A 級設計	0.5 X_{LR}	0.5 X_{LR}
B 級設計	0.4 X_{LR}	0.6 X_{LR}
C 級設計	0.3 X_{LR}	0.7 X_{LR}
D 級設計	0.5 X_{LR}	0.5 X_{LR}

圖 6-44 分離轉子與定子電路電抗的經驗法則。

直接正比於頻率，在正常運轉頻率之下的等效電抗可以求得為

$$X_{LR} = \frac{f_{rated}}{f_{test}} X'_{LR} = X_1 + X_2 \tag{6-68}$$

不幸地，沒有簡單的方法可以分開轉子與定子電抗。幾年來，經驗顯示對某類設計的電動機而言，在其轉子與定子電抗之間都有某個比例。圖 6-44 是這些經驗的總和。在實際情況中，怎麼分開 X_{LR} 並不重要，因為在所有轉矩方程式中，電抗都是以 X_1+X_2 的和來表示。

例題 6-7 以下的測試資料，是從一部 7.5 hp，四極 208 V，60 Hz，A 級設計的 Y 接感應電動機上測得的，其額定電流為 28 A。

直流測試：

$$V_{DC} = 13.6 \text{ V} \qquad I_{DC} = 28.0 \text{ A}$$

無載測試：

$$V_T = 208 \text{ V} \qquad f = 60 \text{ Hz}$$
$$I_A = 8.12 \text{ A} \qquad P_{in} = 420 \text{ W}$$
$$I_B = 8.20 \text{ A}$$
$$I_C = 8.18 \text{ A}$$

轉子鎖住測試：

$$V_T = 25 \text{ V} \qquad f = 15 \text{ Hz}$$
$$I_A = 28.1 \text{ A} \qquad P_{in} = 920 \text{ W}$$
$$I_B = 28.0 \text{ A}$$
$$I_C = 27.6 \text{ A}$$

(a) 畫出此電動機的單相等效電路。

(b) 試求出在脫出轉矩時的轉差率，以及脫出轉矩值。

解：

(a) 從直流測試的結果，

$$R_1 = \frac{V_{DC}}{2I_{DC}} = \frac{13.6 \text{ V}}{2(28.0 \text{ A})} = 0.243 \text{ }\Omega$$

從無載測試結果，

$$I_{L,av} = \frac{8.12 \text{ A} + 8.20 \text{ A} + 8.18 \text{ A}}{3} = 8.17 \text{ A}$$

$$V_{\phi,nl} = \frac{208 \text{ V}}{\sqrt{3}} = 120 \text{ V}$$

因此，

$$|Z_{nl}| = \frac{120 \text{ V}}{8.17 \text{ A}} = 14.7 \text{ }\Omega = X_1 + X_M$$

當 X_1 知道後，就可以求得 X_M，則定子銅損為

$$P_{SCL} = 3I_1^2 R_1 = 3(8.17 \text{ A})^2(0.243 \text{ }\Omega) = 48.7 \text{ W}$$

因此，無載旋轉損失為

$$\begin{aligned}P_{rot} &= P_{in,nl} - P_{SCL,nl} \\ &= 420 \text{ W} - 48.7 \text{ W} = 371.3 \text{ W}\end{aligned}$$

從轉子鎖住測試，

$$I_{L,av} = \frac{28.1 \text{ A} + 28.0 \text{ A} + 27.6 \text{ A}}{3} = 27.9 \text{ A}$$

轉子鎖住阻抗為

$$|Z_{LR}| = \frac{V_\phi}{I_A} = \frac{V_T}{\sqrt{3}I_A} = \frac{25 \text{ V}}{\sqrt{3}(27.9 \text{ A})} = 0.517 \text{ }\Omega$$

而阻抗角度 θ 是

$$\begin{aligned}\theta &= \cos^{-1}\frac{P_{in}}{\sqrt{3}V_T I_L} \\ &= \cos^{-1}\frac{920 \text{ W}}{\sqrt{3}(25 \text{ V})(27.9 \text{ A})} \\ &= \cos^{-1} 0.762 = 40.4°\end{aligned}$$

因此，$R_{LR} = 0.517 \cos 40.4° = 0.394 \text{ }\Omega = R_1 + R_2$。因為 $R_1 = 0.243 \text{ }\Omega$，$R_2$ 必須等於 0.151 Ω。在 15 Hz 的等效電抗為

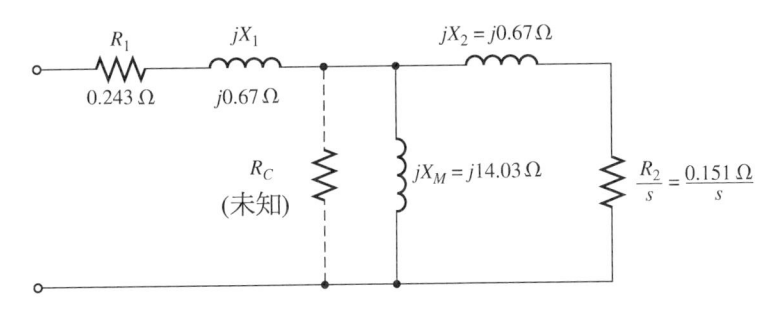

圖 6-45　例題 6-7 的電動機單相等效電路。

$$X'_{LR} = 0.517 \sin 40.4° = 0.335 \; \Omega$$

在 60 Hz 的等效電抗為

$$X_{LR} = \frac{f_{rated}}{f_{test}} X'_{LR} = \left(\frac{60 \text{ Hz}}{15 \text{ Hz}}\right) 0.335 \; \Omega = 1.34 \; \Omega$$

對 A 級設計的電動機而言，此電抗可以假設分為相同的轉子與定子，所以

$$X_1 = X_2 = 0.67 \; \Omega$$
$$X_M = |Z_{nl}| - X_1 = 14.7 \; \Omega - 0.67 \; \Omega = 14.03 \; \Omega$$

最後的單相等效電路如圖 6-45 所示。

(b) 從此等效電路，可以由式 (6-41b)、式 (6-44) 與 (6-45) 求得戴維寧等效值為

$$V_{TH} = 114.6 \text{ V} \qquad R_{TH} = 0.221 \; \Omega \qquad X_{TH} = 0.67 \; \Omega$$

因此，脫出轉矩的轉差率可以求得為

$$s_{max} = \frac{R_2}{\sqrt{R_{TH}^2 + (X_{TH} + X_2)^2}} \qquad (6\text{-}53)$$
$$= \frac{0.151 \; \Omega}{\sqrt{(0.243 \; \Omega)^2 + (0.67 \; \Omega + 0.67 \; \Omega)^2}} = 0.111 = 11.1\%$$

此電動機的最大轉矩則為

$$\tau_{max} = \frac{3V_{TH}^2}{2\omega_{sync}[R_{TH} + \sqrt{R_{TH}^2 + (X_{TH} + X_2)^2}]} \qquad (6\text{-}54)$$
$$= \frac{3(114.6 \text{ V})^2}{2(188.5 \text{ rad/s})[0.221 \; \Omega + \sqrt{(0.221 \; \Omega)^2 + (0.67 \; \Omega + 0.67 \; \Omega)^2}]}$$
$$= 66.2 \text{ N} \cdot \text{m}$$

◀

6.12 感應發電機

圖 6-16 中的轉矩-速度特性曲線顯示,如果感應電動機由外部的原動機驅動在大於 n_{sync} 的轉速,其感應轉矩的方向會相反而其行為像是一部發電機。當原動機加到轉軸的轉矩增加時,感應發電機產生的電也愈大。如圖 6-46 所示,在發電機運轉模式中有一個可能的最大感應轉矩,稱為發電機的俯衝轉矩 (pushover torque)。如果原動機加在感應發電機上的轉矩大於俯衝轉矩,發電機就會過速。

一部感應電動機當作發電機來使用有很嚴重的限制,因為它缺乏一個獨立的磁場電路,所以感應發電機無法產生虛功率。事實上,它會消耗虛功率,所以必須一直連接一部額外的虛功率電源,以維持其定子磁場。這個額外的虛功率電源也必須控制發電機的端電壓——沒有磁場電流,感應發電機無法控制自己的輸出電壓。一般來說,發電機的電壓是由其連接的外部電力系統來維持。

感應電動機最大的好處是簡單,一部感應發電機不需要獨立的磁場電路,也不必連續驅動於一固定轉速。只要電動機的轉速稍微大於其所接電力系統的 n_{sync},其功用就是發電機。加到其轉軸的轉矩愈大 (最大到某個值),所產生的輸出功率愈大。基於不需要特殊技巧調整的事實,使得此發電機對風力,熱回收系統以及其他類似接於原有電力系統的輔助電力系統而言,是一種良好的選擇。在這些應用中,功率因數矯正可以由電容提供,而發電機的端電壓可以由外接的電力系統來控制。

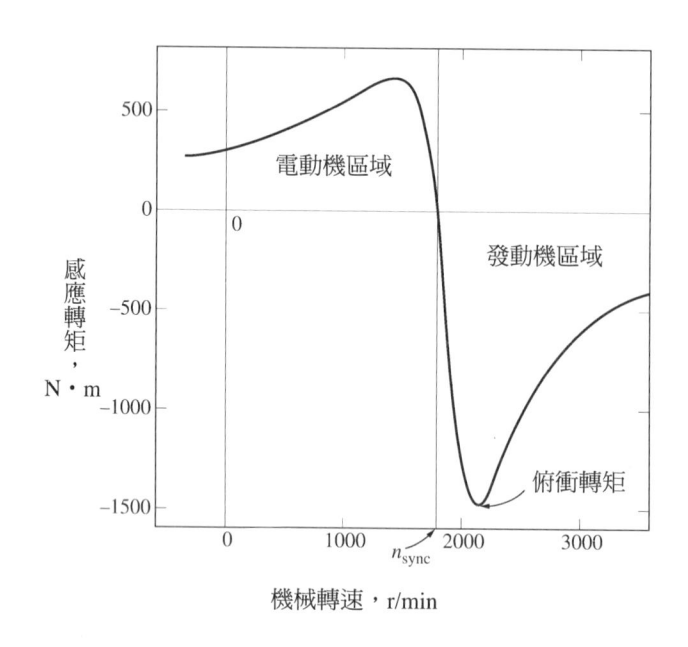

圖 6-46 感應電機的轉矩-速度特性,顯示發電機的運轉區域,注意俯衝轉矩。

單獨運轉的感應發電機

只要電容能夠供應發電機與其負載所需的虛功率，我們也可以利用感應電機當作獨立的發電機，而與任何電力系統無關。圖 6-47 顯示此類的隔離感應發電機。

利用把電機運轉成無載電動機，並測量其電樞電流與端電壓的關係，可以將感應電機所需要的激磁電流 I_M 當作端電壓的函數。圖 6-48a 顯示這樣的一條磁化曲線，在感應發電機中要達到某個電壓等級，外接的電容必須供應符合此等級的激磁電流。

因為電容可以產生的虛電流與所加電壓成正比，通過電容的電壓與電流的所有可能組合軌跡是一條直線。圖 6-48b 顯示就是在某個頻率之下的電壓對電流圖。如果一組三相的電容跨接於感應發電機的端點上，感應發電機的無載電壓將會是發電機磁化曲線與電容負載線的交點。圖 6-48c 所示為在三組不同電容下的感應發電機無載端電壓。

當感應發電機第一次開始啟動時它的電壓如何建立？當感應發電機第一次啟動運轉，場電路中的剩磁會產生一個小電壓，這個小電壓會產生電容性的電流，而使得電壓增加，再增加電容性電流，一直繼續直到電壓完全建立。如果直流電機中沒有剩磁，就無法建立電壓，場電流一下子就會消失。同樣地，如果感應發電機的轉子沒有剩磁，電壓無法建立，必須將其當成電動機運轉一陣短時間，才能建立電壓。

感應發電機最嚴重的問題是，其電壓會隨著負載的變化而劇烈地改變，尤其是電感性的負載。感應發電機並聯一個固定電容運轉的典型端點特性，顯示於圖6-49。我們可以發現，在電感性的負載下，電壓崩潰得很快。這是因為固定電容必須供應負載及發電機需要的所有虛功率，任何分到負載的虛功率都會使得發電機沿著其磁化曲線移動回去，導致發電機電壓嚴重的掉落。因此在由電感性發電機供應的電力系統上要啟動一部感應電動機是很困難的——必須使用特殊的技術，可以在啟動時增加有效的電容值，而

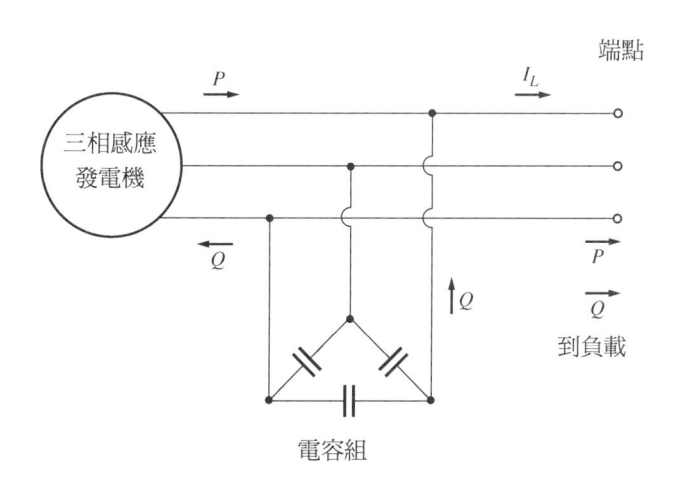

圖 6-47　單獨運轉的感應發電機，具備電容以供給虛功率。

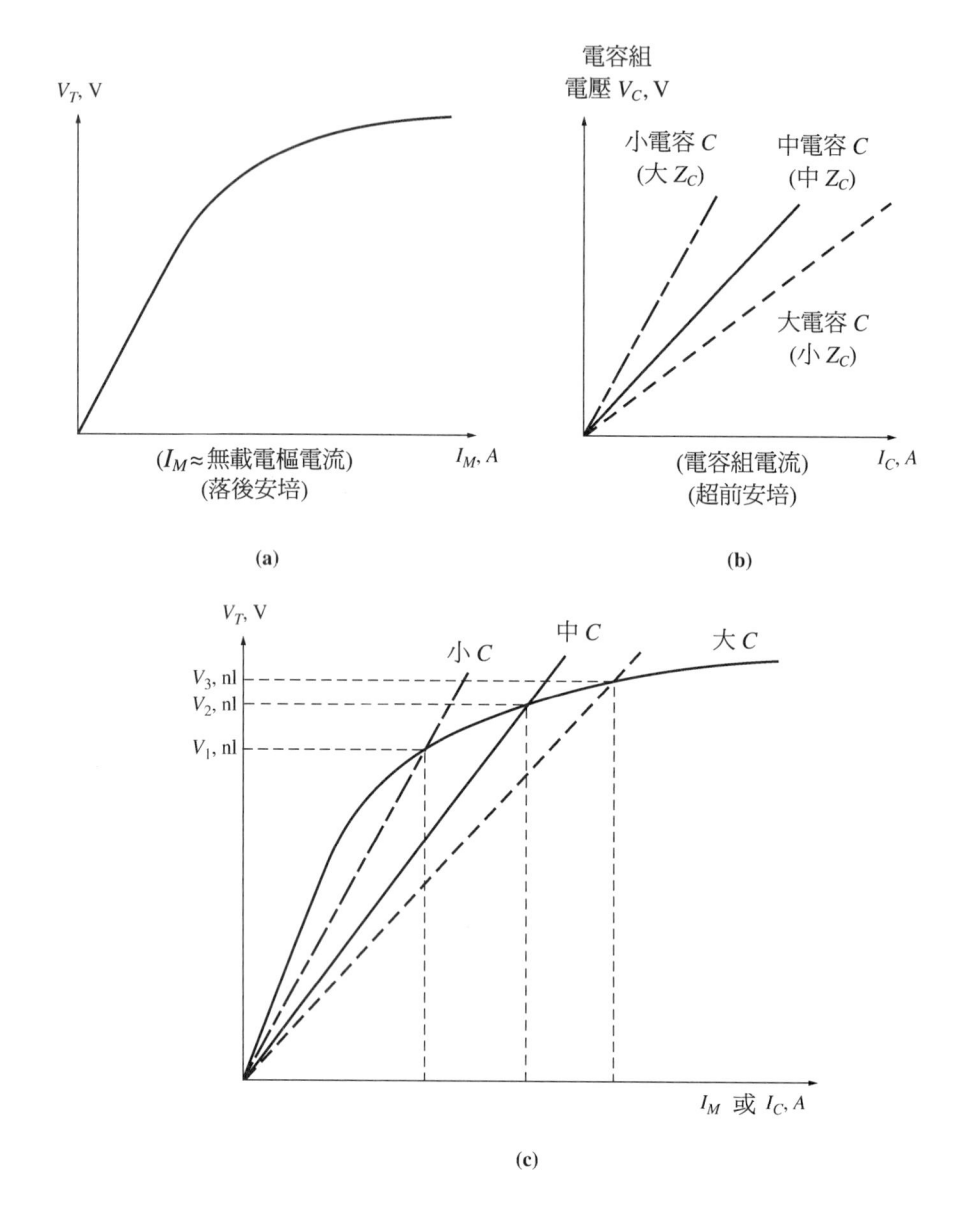

圖 6-48 (a) 感應電機的磁化曲線，畫的是以其激磁電流（落後相電壓大約 90°）為函數的電機端電壓。(b) 電容組的電壓-電流特性圖。注意當電容愈大時，某個電壓下的電流也愈大。此電流超前相電壓大約 90°。(c) 隔離感應發電機的無載端電壓，可以利用將發電機端點特性與電容電壓-電流特性畫在同一組軸上而求得。這兩條線的交點就是代表，發電機所需的虛功率恰巧由電容供應，同時此交點也代表發電機的無載端電壓。

圖 6-49 感應發電機在固定落後功因的負載情形下，其端點電壓-電流特性。

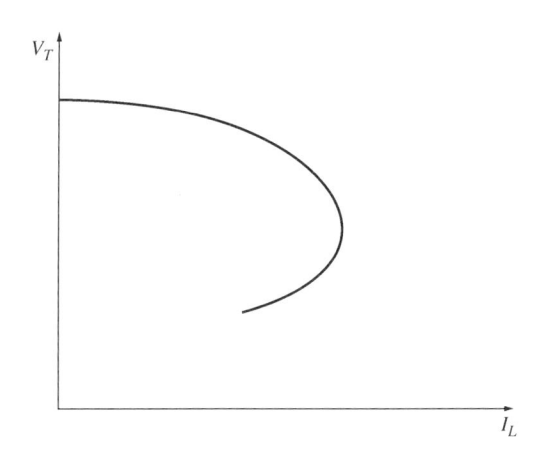

在正常運轉時降低電容值。

因為感應電機轉矩-速度特性的自然性質，感應發電機的頻率會隨著負載改變而變化；但是由於轉矩-速度特性在正常運轉範圍內斜率很大，全部的頻率變化通常限制在小於 5%。這個變化量在許多隔離的或緊急的發電機應用場合上是可以接受的。

感應發電機的應用

感應發電機自從二十世紀早期就開始使用，但是直到 1960 與 1970 年代已經有很多不再被使用。然而，自從 1973 年石油價格飛漲後，感應發電機又有復活的機會。在能源成本甚高，能源回收變成大部分工業製程的經濟中相當重要的一部分的今日，感應發電機是很適合這些應用的，因為它幾乎不需要什麼控制系統或維修。

由於它們的簡單與每千瓦輸出功率的小尺寸，感應發電機在小型風力發電相當受到歡迎。許多商用的風力發電系統是設計成與大電力系統並聯運轉，供應消費者全部所需功率的一部分。在這種應用上，可以利用電力系統來做電壓與頻率的控制，而靜態的電容器可以用來做功因修正。

將繞線轉子感應機連接至風車做感應發電機是令人感興趣的，但如前面所提過的，繞線轉子電機比鼠籠式轉子電機貴很多，且由於有滑環和電刷需要更多的維護。但如 6.9 節中所探討，繞線轉子電機其轉子電阻可控制，插入或移去轉子電阻可改變轉矩-速度特性曲線，亦即可改變電機的操作速度 (見圖 6-34)。

繞線轉子電機可變轉子電阻的特性，對於將其作風力發電機操作很重要。風是易變且不穩定的電源：有時候風會很強，有時候會很弱，有時候甚至不吹。利用一般鼠籠式轉子感應機當作發電機，帶動電機轉軸的風速需介於 n_{sync} 和俯衝速度之間 (如圖 6-46 所示)，這是相當窄的速度範圍，會限制風力發電機可以操作的風速條件。

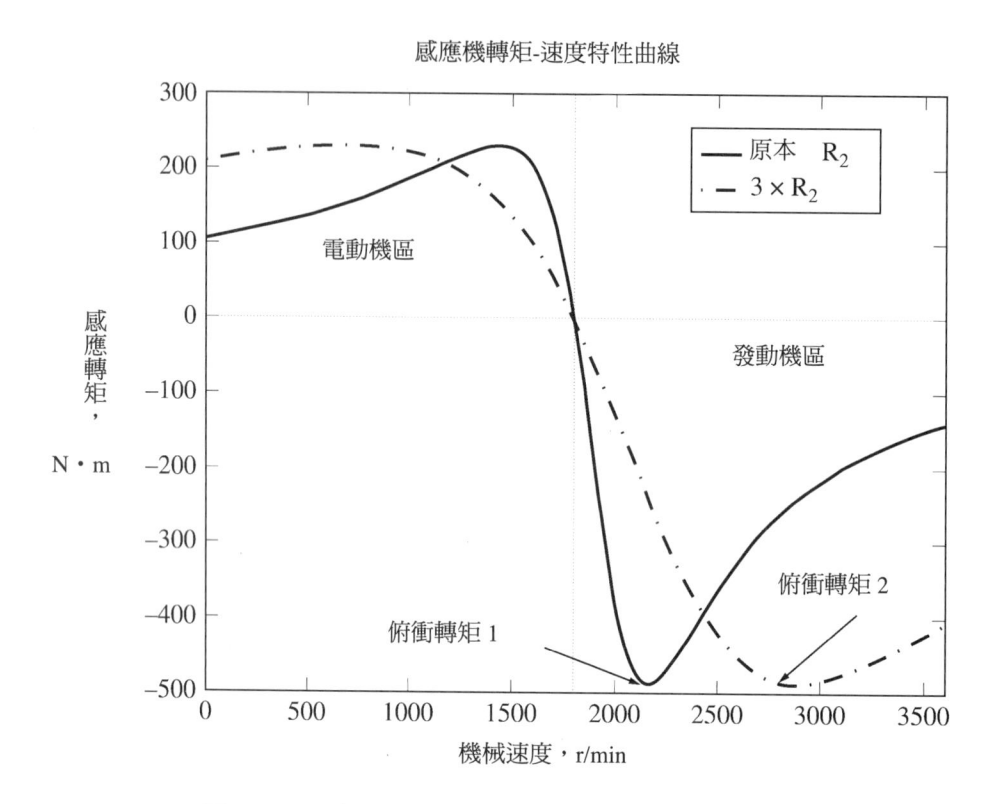

圖 6-50 具有原本轉子電阻 R_2 和三倍轉子電阻 $3R_2$ 的繞線轉子感應發電機的轉矩-速度特性曲線。注意到藉由加入轉子電阻，此電機可當成發電機操作的速度範圍大大地增加。

繞線轉子電機比較好，因為它可以插入轉子電阻來改變轉矩-速度特性曲線。圖 6-50 所示為一具有原本轉子電阻 R_2 和三倍轉子電阻 $3R_2$ 的例子，注意到兩者的俯衝轉矩相同，但有插入轉子電阻的發電機，其 n_{sync} 和俯衝轉速之間的速度範圍大得多，這使得此發電機可於更大的風速範圍產生可用的功率。

實際上，固態控制器已取代了實際電阻，但對於轉矩-速度特性的效應是一樣的。

6.13　感應電動機的額定

典型高效率、小到中容量感應電動機的名牌上所標示最重要的額定有

1. 輸出功率 (此在美國以馬力表示，其他國家以仟瓦表示。)
2. 電壓
3. 電流
4. 功率因數
5. 轉速
6. 標定效率
7. NEMA 設計等級
8. 啟動碼

一部典型標準效率感應電動機的名牌，與高效率電動機的名牌很類似，除了沒有標明標定效率以外。

　　電動機電壓的限制是根據最大可接受的磁化電流而定，因為電壓愈大，電動機的鐵心愈趨近飽和且其磁化電流會愈大，就像變壓器與同步電機一樣，一部 60 Hz 的感應電動機可以使用在 50 Hz 的電力系統上，但是成立的條件是電壓額定必須減少與頻率減少量成正比的值。這個降壓過程是必要的，因為電動機鐵心中的磁通量是正比於所加電壓的積分。要在積分時間增加的同時維持鐵心最大磁通量固定，就必須減少平均電壓等級。

　　感應電動機的電流限制是根據電動機繞組最大可容忍的熱量而定，而功率的限制則是由電壓與電流額定，還有電動機的功率因數與效率的組合設定。

6.14 總　結

由於其簡單性與容易運轉，感應電動機已經變成最受歡迎的交流電動機。感應電動機沒有分離的場電路；相反地，它根據變壓器的動作在其場電路中感應電壓與電流。事實上，感應電動機基本上是一個旋轉變壓器，除了速度變化的效應外，它的等效電路與變壓器的等效電路很相似。

感應電動機有兩種轉子，即鼠籠式和繞線式轉子。鼠籠式轉子是由許多並聯的導體條環繞著轉子，並將其兩端短路所構成。繞線式轉子是完整三相轉子繞組，這些相是透過滑環和電刷所帶出來。繞線式轉子比較昂貴且需更多維護，所以比較少用 (除了有時用作感應發電機)。

感應電動機通常運轉於接近同步速度的轉速，但是運轉的速度永遠不可能正好是 n_{sync}。必須要存在某個程度的相對運動，才能在感應電動機的場電路中感應出電壓。由轉子與定子磁場之間的相對運動所感應的轉子電壓，會產生轉子電流，而轉子電流與定子磁場相互作用，於電動機中產生感應轉矩。

在一部感應電動機中，發生最大轉矩的轉差率或速度，可以經由改變轉子電阻來控制。最大轉矩的值與轉子電阻無關，高轉子電阻會降低最大轉矩發生時的速度，並增加電動機的啟動轉矩。但是，高啟動轉矩的代價是在正常運轉範圍的速度調整率很差。反過來說，低轉子電阻會減少電動機的啟動轉矩，但是卻可以改善其速度調整率。任何正常的感應電動機設計，必須在這兩個衝突的需求中做妥協。

一種達到這種折衷的方法是使用深棒式或雙鼠籠式轉子，這些轉子在啟動時的有效電阻高，而在正常運轉狀況時的有效電阻低，因此達成了在同一部電動機中有高啟動轉矩與良好速度調整率的目的。如果改變轉子場電阻，繞線式轉子感應電動機也可以達到相同的效果。

根據它們的轉矩-速度特性，感應機被分成不同的 NEMA 設計等級，A 級設計為標準感應機，具一般啟動轉矩，有較高的啟動電流、低轉差率與高脫出轉矩。這類感應機直接加線電壓啟動時，會有高啟動電流問題。相較於 A 級設計，B 級設計使用深棒方式以產生一般的啟動轉矩、較低啟動電流、較大一點的轉差率，和較低一點的脫出轉矩。因 B 級電機要求小於 25% 的啟動電流，所以可以良好工作於電力系統不會提供高湧入電流處的應用。C 級利用深棒式或雙鼠籠設計，以產生高啟動轉矩、低啟動電流，但所付出的代價為較大的轉差率和較低的脫出轉矩，此種電動機適用於需要高啟動轉矩但不會汲取過大線電流處。D 級設計有相當高的脫出轉矩，但只發生在極高的轉差率時。

感應電動機的速度控制可以利用以下的方法來實現，改變電動機的極數、改變所加的電頻率、改變所加的端電壓或改變繞線式轉子感應電動機的轉子電阻。這些方法一般可用來做速度控制 (除了改變轉子電阻外)，但目前最常用的控速技術為利用固態控制器來改變所供應的電源頻率。

　　感應機的啟動電流為其額定電流的好幾倍，這會對供電給感應機的電力系統造成困擾。感應機的啟動電流由印在馬達名牌上的 NEMA 之字母碼來規範，當啟動電流大到電力系統都無法負荷時，必須使用啟動電路來降低啟動電流至安全準位。啟動電路可於啟動程序時藉由改變 Δ 接變 Y 接、插入外加電阻或減少供應電壓 (與頻率) 來減少啟動電流。

　　只要電力系統有某種虛功率電源 (電容或同步機)，感應電動機也可以當作發電機來使用。一部單獨運轉的感應發電機有嚴重的電壓調整問題，但是當與一個大型電力系統並聯運轉時，電力系統就可以控制某電壓。感應發電機通常較小，主要使用於當作替代的能源，例如，風力發電或能源回收系統。幾乎所有實際上在使用的大型發電機都是同步發電機。

問 題

6-1 何謂感應電動機的轉差率與轉差速度？

6-2 感應電動機如何建立轉矩？

6-3 為什麼感應電動機不可能運轉於同步速度？

6-4 畫出並解釋典型感應電動機的轉矩-速度特性曲線的形狀。

6-5 對於發生脫出轉矩時的轉速，等效電路中的哪一個元件影響最大？

6-6 為什麼感應電動機(繞線式轉子或鼠籠式)的效率在高轉差率時會很差？

6-7 舉出並說明四種控制感應電動機速度的方法。

6-8 為什麼當電頻率降低時，必須要降低加到感應電動機上的電壓？

6-9 為什麼端電壓速度控制法的運轉範圍會有限制？

6-10 何謂啟動碼因數？其與感應電動機的啟動電流有何關係？

6-11 感應電動機電阻性的啟動電路要如何動作？

6-12 從轉子鎖住測試可以得到什麼資訊？

6-13 從無載測試可以得到什麼資訊？

6-14 現代高效率感應電動機採用何種方法改善其效率？

6-15 何者控制單獨運轉感應發電機的端電壓？

6-16 感應發電機通常應用在什麼場合？

6-17 要如何使用繞線式轉子感應電動機當作變頻機？

6-18 不同的電壓-頻率樣式如何影響感應電動機的轉矩-速度特性？

6-19 說明 6.10 節所述的固態感應電動機驅動器之主要特點。

6-20 製造了兩部 480 V，100 hp 的感應電動機，其中之一是設計運轉於 50 Hz，另一部是設計運轉於 60 Hz，除此之外這兩部電動機都一樣，試問哪一部電動機較大？

6-21 一部感應電動機運轉於額定狀態，如果轉軸負載增加，以下各項的變化如何？
(a) 機械轉速
(b) 轉差率
(c) 轉子感應電壓
(d) 轉子電流
(e) 轉子頻率
(f) P_{RCL}
(g) 同步速度

習 題

6-1 一部 220 V，三相，六極，50 Hz 感應電動機運轉於轉差率為 3.5% 的情況下，試求：
(a) 磁場的速度，單位為 rpm
(b) 轉子速度，單位為 rpm
(c) 轉子轉差率速度
(d) 轉子頻率，單位為 Hz

6-2 對一 480 V，三相，兩極，60 Hz 感應電動機運轉於轉差率為 0.025 的情況下，回答如習題 6-1 的問題。

6-3 一部三相，60 Hz 感應電動機，以 715 r/min 的轉速運轉於無載情況下，和以 670 r/min 的轉速運轉於滿載情況下。
(a) 試求此電動機的極數？
(b) 試求額定負載時的轉差率？
(c) 試求四分之一額定負載時的轉速？
(d) 試求四分之一額定負載時的轉子電頻率？

6-4 一部 50 kW，460 V，50 Hz，兩極感應電動機運轉於滿載狀況時的轉差率為 5%，滿載時的摩擦與風阻損為 700 W，鐵損為 600 W。試求出在滿載時以下各值：
(a) 轉軸速度 n_m
(b) 輸出功率，單位瓦特。
(c) 負載轉矩 τ_{load}，單位為牛頓-米。
(d) 感應轉矩 τ_{ind}，單位為牛頓-米。
(e) 轉子頻率，單位為 Hz。

6-5 一部 208 V，四極，60 Hz，Y 接繞線式轉子感應電動機額定為 30 hp，其等效電路元件值為

$R_1 = 0.100\ \Omega$　　　　$R_2 = 0.070\ \Omega$　　　　$X_M = 10.0\ \Omega$
$X_1 = 0.210\ \Omega$　　　　$X_2 = 0.210\ \Omega$
$P_{mech} = 500\ W$　　　　$P_{misc} \approx 0$　　　　$P_{core} = 400\ W$

當轉差率為 0.05，試求
(a) 線電流 I_L
(b) 轉子銅損 P_{SCL}
(c) 氣隙功率 P_{AG}
(d) 從電轉換到機械形式的功率 P_{conv}
(e) 感應轉矩 τ_{ind}
(f) 負載轉矩 τ_{load}
(g) 總電動機效率 η
(h) 電動機轉速，單位為 rpm 與弳度／秒

6-6 如習題 6-5 中的電動機，試求脫出轉矩時的轉差率？試求此電動機的脫出轉矩？

6-7 (a) 計算並畫出習題 6-5 之電動機轉矩-速度特性曲線。
(b) 計算並畫出習題 6-5 之電動機之輸出功率對速度曲線。

6-8 如習題 6-5 的電動機，需要加多少額外的電阻 (換算到定子側電路) 到轉子電路上，使得最大轉矩可以發生於啟動時 (當轉軸不動時)？並畫出外加電阻時之轉矩-速度特性曲線。

6-9 如習題 6-5 的電動機如果要運轉於 50 Hz 的電力系統上，其電源電壓要做何修正？為什麼？試求在 50 Hz 時的等效電路元件值？試對電動機運轉於轉差率為 0.05 及適當電壓的情況下，回答習題 6-5 的習題。

6-10 一部三相，60 Hz，兩極，感應電動機運轉於無載的轉速為 3580 r/min，運轉於滿載的轉速為 3440 r/min。試計算在無載與滿載情況下的轉差率與轉子電頻率。速度調整率是多少 [式 (3-68)]？

6-11 輸入到一六極，60 Hz，運轉於 1100 r/min 轉速之感應機轉子電路的功率為 5 kW，求此電動機之轉子銅損是多少？

6-12 一 60 Hz，四極感應機其氣隙功率為 25 kW，由電轉換到機械形式的功率為 23.2 kW。
(a) 此時電動機之轉差率是多少？
(b) 感應轉矩是多少？
(c) 若在此轉差率下之機械損為 300 W，則負載轉矩是多少？

6-13 圖 6-14a 顯示一個由電壓源，一個電阻及兩個電抗所組成的簡單電路。試求此電路端點的戴維寧等效電壓與阻抗，然後推導如式 (6-41b) 與 (6-44) V_{TH} 與 R_{TH} 的大小表示式。

6-14 圖 P6-1 顯示由一個電壓源，兩個電阻與兩個串聯的電抗所組成的簡單電路，如果電阻 R_L 可以變化，其他的元件則維持固定，試求 R_L 在何值時可從電源取得最大可能的功率？證明你的答案。（提示：推導以 V、R_S、X_S、R_L 與 X_L 表示的負載功率式，並將此式對 R_L 取偏微分。）使用此結果推導如式 (6-42) 的脫出轉矩表示式。

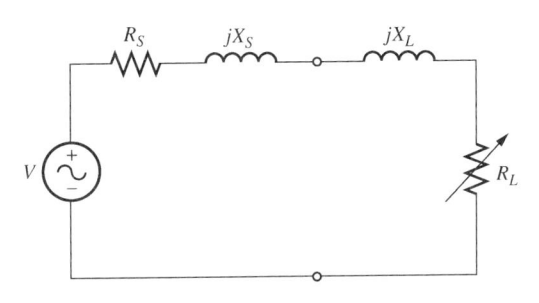

圖 P6-1 習題 6-14 的電路。

6-15 一部 460 V，60 Hz，四極，Y 接感應電動機的額定為 25 hp，等效電路的參數為

$R_1 = 0.15\ \Omega$　　　　$R_2 = 0.154\ \Omega$　　　　$X_M = 20\ \Omega$
$X_1 = 0.852\ \Omega$　　　$X_2 = 1.066\ \Omega$
$P_{F\&W} = 400$ W　　　$P_{misc} = 150$ W　　　$P_{core} = 400$ W

當轉差率為 0.02，試求
(a) 線電流 I_L
(b) 定子功因
(c) 轉子功因
(d) 轉子頻率
(e) 定子銅損 P_{SCL}
(f) 氣隙功率 P_{AG}
(g) 從電能轉換至機械形式的功率 P_{conv}
(h) 感應轉矩 τ_{ind}
(i) 負載轉矩 τ_{load}
(j) 總電機效率 η
(k) 電動機轉速多少 r/min 與 rad/s

6-16 如習題 6-15 中的電動機，試求其脫出轉矩？試求在脫出轉矩時的轉差率？試求在脫出轉矩時的轉子速度？

6-17 如果從 460 V，50 Hz 的電力系統驅動如習題 6-15 的電動機，試求其脫出轉矩？試求在脫出轉矩時的轉差率？

6-18 習題 6-15 之電動機，當轉差率由 0% 變至 10% 時，畫出下列之量：(a) τ_{ind}；(b) P_{conv}；(c) P_{out}；(d) 效率 η。在什麼轉差率下 P_{out} 會等於電動機額定功率？

6-19 一部 460 V，Δ 接，100 hp 的感應電動機執行直流測試，如果 $V_{DC}=21$ V 且 $I_{DC}=72$ A，試求定子電阻 R_1？為什麼可以求出 R_1？

6-20 一部 208 V，六極，Y 接，25 hp，B 級設計的感應電動機，在實驗室的測試結果如下：

無載：208 V，24.0 A，1400 W，60 Hz
轉子鎖住：24.6 V，64.5 A，2200 W，15 Hz
直流測試：13.5 V，64 A

試求此電動機的等效電路，並畫轉矩-速度特性曲線。

6-21 一 460 V，10 hp，四極，Y 接，絕緣等級 F，供給因數 1.15 之感應機的參數如下：

$R_1 = 0.54\ \Omega$　　　　$R_2 = 0.488\ \Omega$　　　　$X_M = 51.12\ \Omega$
$X_1 = 2.093\ \Omega$　　　　$X_2 = 3.209\ \Omega$
$P_{F\&W} = 150\ W$　　　　$P_{misc} = 50\ W$　　　　$P_{core} = 150\ kW$

當轉差率為 0.02 時，求

(a) 線電流 I_L

(b) 定子功因

(c) 轉子功因

(d) 轉子頻率

(e) 定子銅損 P_{SCL}

(f) 氣隙功率 P_{AG}

(g) 由電轉換到機械形式的功率 P_{conv}

(h) 感應的轉矩 τ_{ind}

(i) 負載轉矩 τ_{load}

(j) 電機總效率 η

(k) 電動機轉速是多少 r/min 與 rad/s

(l) 畫此電動機功率潮流圖

(m) 在所設計的絕緣等級下，此馬達最大可接受的溫升是多少？

(n) 電動機的供給因數意義為何？

6-22 畫習題 6-21 之電動機的轉矩-速度特性曲線，並求其啟動轉矩。

6-23 一部 460 V，四極，75 hp，60 Hz，Y 接三相感應電動機，設計當運轉於 60 Hz 與 460 V，在轉差率為 1.2% 時達到其滿載感應轉矩，電動機的單相電路模型阻抗為

$R_1 = 0.058\ \Omega$　　　　$X_M = 18\ \Omega$
$X_1 = 0.32\ \Omega$　　　　$X_2 = 0.386\ \Omega$

在此機械、鐵心與雜散損失可以省略。

(a) 試求轉子電阻 R_2。

(b) 試求 τ_{max}、s_{max} 與電動機最大轉矩時的轉子速度。

(c) 試求電動機的啟動轉矩。

6-24 如習題 6-21 中的電動機，回答以下的問題。
  (a) 如果電動機是由 460 V 的無限匯流排驅動，啟動時電動機啟動電流為多少？
  (b) 如果使用每相阻抗為 $0.50+j0.35\ \Omega$ 的傳輸線將感應電動機連接到無限匯流排，試求電動機的啟動電流？啟動時的電動機端電壓為多少？
  (c) 如果一部理想 1.4：1 降壓自耦變壓器接在傳輸線與電動機之間，啟動時傳輸線上的電流為何？啟動時傳輸線的電動機末端電壓為何？

6-25 在本章，我們學到降壓自耦變壓器可用來減少感應電動機之啟動電流。但就技術上來說，自耦變壓器比較貴。一較便宜方式為使用 Y-Δ 啟動器 (本章先前有敘述)。若一感應電動機平常為 Δ 接，當它啟動時，它可以藉著 Y 連接來減低相電壓 V_ϕ (因此減低啟動電流)，而當它正常運轉時再回到 Δ 接。回答以下習題。
  (a) 啟動與正常運轉時之相電壓比較為何？
  (b) 啟動時，Y 接啟動電流與保持為 Δ 接之啟動電流比較為何？

6-26 一部 460 V，50 hp，六極，Δ 接，60 Hz，三相感應電動機，其滿載轉差率是 4%，效率 91%，功率因數是 0.87 落後。啟動時，電動機轉矩是滿載轉矩的 1.75 倍，但是電流在額定電壓時是額定電流的 7 倍。此電動機要使用一部自耦變壓器降壓啟動器來啟動。
  (a) 啟動電路的輸出電壓應該為多少，才能減少啟動轉矩直到其等於電動機的額定轉矩？
  (b) 在此電壓下的電動機啟動電流與電源電流各是多少？

6-27 一部繞線式轉子運轉電動機在額定電壓與頻率下運轉，滑環短路並且負載是電動機額定值的 25%，如果在轉子電路中插入額外的電阻，使得電動機的轉子電阻加倍，試解釋以下各項會發生什麼樣的變化：
  (a) 轉差率 s
  (b) 電動機速度 n_m
  (c) 轉子的感應電壓
  (d) 轉子電流
  (e) τ_{ind}
  (f) P_{out}
  (g) P_{RCL}
  (h) 總效率 η

6-28 一 460 V，75 hp，四極，Y 接感應機的參數如下：

$R_1 = 0.058\ \Omega$　　　　$R_2 = 0.037\ \Omega$　　　　$X_M = 9.24\ \Omega$
$X_1 = 0.320\ \Omega$　　　　$X_2 = 0.386\ \Omega$
$P_{F\&W} = 650\ W$　　　　$P_{misc} = 150\ W$　　　　$P_{core} = 600\ kW$

當轉差率為 0.01 時，求

(a) 線電流 I_L

(b) 定子功因

(c) 轉子功因

(d) 轉子頻率

(e) 定子銅損 P_{SCL}

(f) 氣隙功率 P_{AG}

(g) 由電轉換到機械形式的功率 P_{conv}

(h) 感應的轉矩 τ_{ind}

(i) 負載轉矩 τ_{load}

(j) 電機總效率 η

(k) 電動機轉速是多少 r/min 與 rad/s

(l) 畫此電動機功率潮流圖

6-29 畫習題 6-28 之電動機的轉矩-速度特性曲線，並求其啟動轉矩。

6-30 當需要很快地停止感應電動機時，許多感應電動機控制器會切換任意兩個定子接線，以倒轉磁場旋轉的方向。當磁場旋轉的方向倒轉時，電動機會建立一個與電流旋轉方向相反的感應轉矩，所以可以很快地停機並開始往相反的方向旋轉。如果在轉子速度通過零的時候從定子電路切斷電源，電動機就可以很快地停止。這種很快停止感應電動機的技術稱為插入。如習題 6-23 的電動機運轉於額定狀況，並且將用插入的方法停機。

(a) 插入前的轉差率 s 為何？
(b) 插入前的轉子頻率為何？
(c) 插入前的感應轉矩 τ_{ind} 為何？
(d) 切換定子接線後那一瞬間的轉差率 s 為何？
(e) 切換定子接線後那一瞬間的轉子頻率為何？
(f) 切換定子接線後那一瞬間的感應轉矩 τ_{ind} 為何？

6-31 一 460 V，10 hp，雙極，Y 接感應機的參數如下：

$R_1 = 0.54\ \Omega$　　　　$X_1 = 2.093\ \Omega$　　　　$X_M = 51.12\ \Omega$
$P_{F\&W} = 150\ W$　　　　$P_{misc} = 50\ W$　　　　$P_{core} = 150\ kW$

轉子為雙鼠籠設計，是由緊密耦合的高電阻外銅棒，和鬆弛耦合的低電阻內銅棒所組成 (見圖 6-25c)。外銅棒的參數為

$R_2 = 3.20\ \Omega$　　　　$X_2 = 2.00\ \Omega$

由於截面積較小，故其電阻較大，而由於轉子和定子間緊密耦合，使得電阻相對的低。內銅棒的參數為

$R_2 = 0.382\ \Omega$　　　　$X_2 = 5.10\ \Omega$

由於截面積較大，故其電阻較小，而由於轉子和定子間耦合較鬆弛，使得電阻相對的高。求此電動機的轉矩-速度特性曲線，並與習題 6-21 中之單鼠籠設計轉子做比較，兩曲線的差別為何？請說明其差異處。

參考文獻

1. Alger, Phillip. *Induction Machines*, 2nd ed., Gordon and Breach, New York, 1970.
2. Del Toro, V.: *Electric Machines and Power Systems*. Prentice Hall, Englewood Cliffs, N.J., 1985.
3. Fitzgerald, A. E., and C. Kingsley, Jr.: *Electric Machinery*. McGraw-Hill, New York, 1952.
4. Fitzgerald, A. E., C. Kingsley, Jr., and S. D. Umans. *Electric Machinery*, 6th ed., McGraw-Hill, New York, 2003.
5. Institute of Electrical and Electronics Engineers. *Standard Test Procedure for Polyphase Induction Motors and Generators*, IEEE Standard 112-1996, IEEE, New York, 1996.
6. Kosow, Irving L.: *Control of Electric Motors*. Prentice Hall, Englewood Cliffs, N.J., 1972.
7. McPherson, George. *An Introduction to Electrical Machines and Transformers*. Wiley, New York, 1981.
8. National Electrical Manufacturers Association: *Motors and Generators*, Publication No. MG1-2006, NEMA, Washington, 2006.
9. Slemon, G. R., and A. Straughen. *Electric Machines*, Addison-Wesley, Reading, Mass., 1980.
10. Vithayathil, Joseph: *Power Electronics: Principles and Applications*, McGraw-Hill, New York, 1995.
11. Werninck, E. H. (ed.): *Electric Motor Handbook*, McGraw-Hill, London, 1978.

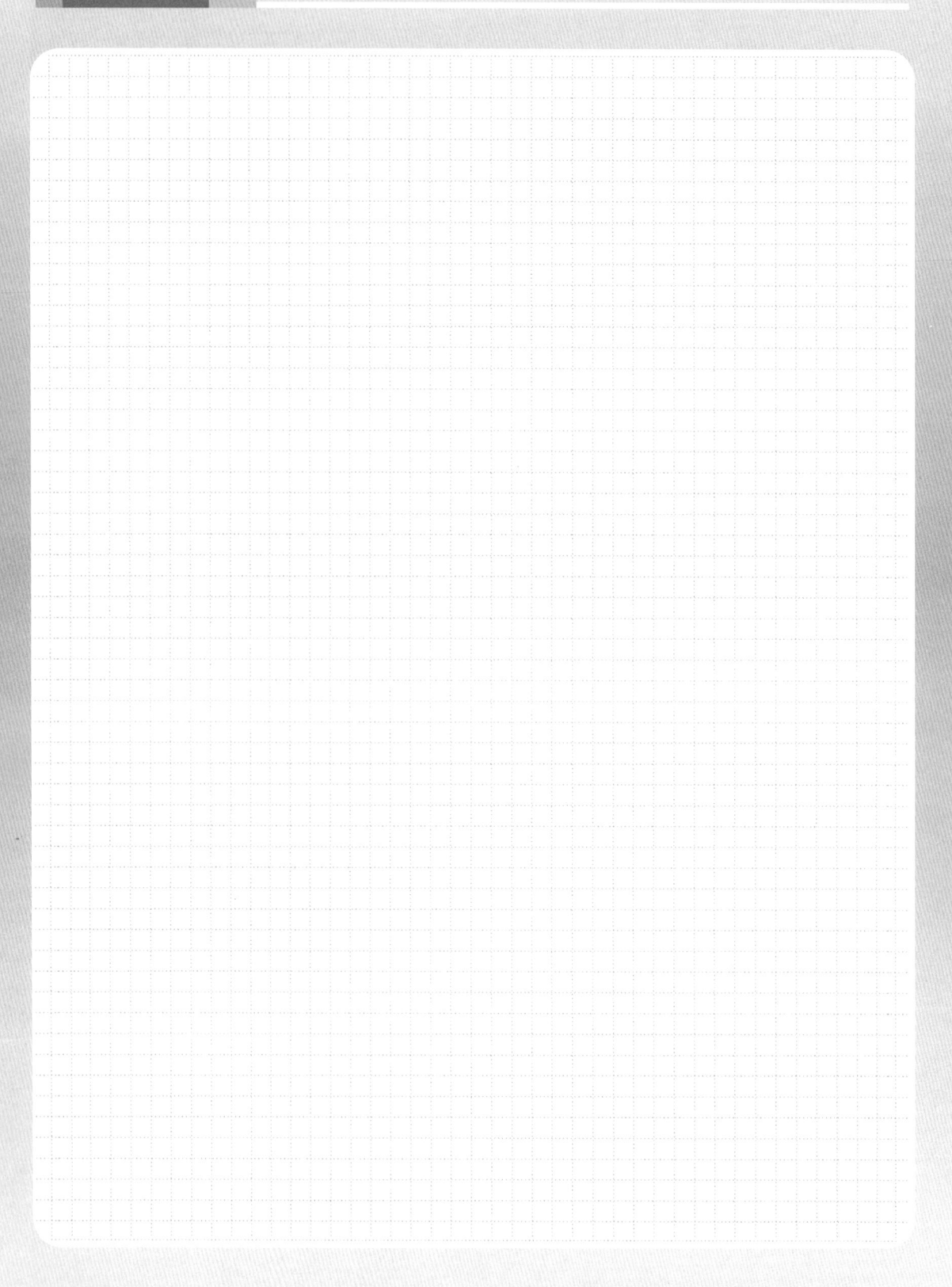

NOTE

NOTE

NOTE

CHAPTER 7

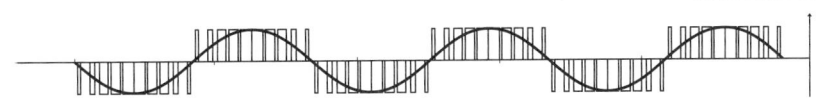

直流電機原理

學習目標

- 瞭解旋轉線圈如何感應電壓。
- 瞭解彎曲的極面如何產生一定磁通,因而有更多的定輸出電壓。
- 瞭解並能利用直流機之感應電壓和轉矩方程式。
- 瞭解換向。
- 瞭解換向所產生的問題,包含電樞反應和 $L\dfrac{di}{dt}$ 效應。
- 瞭解直流機之功率潮流圖。

直流電機中,將機械能轉換成電能的稱為發電機,而將電能轉換成機械能的稱為電動機。大部分的直流電機與交流電機一樣,具有交流的電壓和電流──直流電機有直流電輸出,是因為其內部有將交流轉換為直流之設備。這設備稱為換向器,所以直流電機也稱為換向電機 (commutating machinery)。

直流電機的運轉所包含的基本原理是很簡單的。不幸的是,因為實際機械之複雜構造,而經常使人無法明瞭。本章首先藉著一簡單例子來說明直流電機之運轉原理,然後再考慮發生在實際電機上之複雜行為。

7.1 曲線極面間之簡單旋轉迴圈

1.8 節所研究之線性電機可當成是探討基本電機行為之介紹。它對負載和磁場改變之響應很接近於第八章所要介紹之實際直流發電機和電動機之行為。但實際發電機和電動機不作直線運動——它們是轉動的。瞭解實際直流電機之下一步驟是去研究最簡單的旋轉電機例子。

最簡單可能之旋轉直流電機如圖 7-1 所示。它由單一迴圈導線旋轉於固定轉軸所組成。此電機之旋轉部分稱為轉子 (rotor)，靜止部分稱為定子 (stator)。此電機之磁場是由如圖 7-1 所示之定子上南北磁極之磁鐵所提供。

注意轉子導線迴圈位於鐵心之槽切口內。鐵製轉子和極面外形之曲線一致，且轉子與定子之間有一固定寬度之空氣隙。記得第一章所提過的，空氣的磁阻會比鐵心之磁阻大很多。為了減少電機磁路之磁阻，磁通必須走極面與轉子面間之最短路徑通過氣隙。

因為磁通必須走最短路徑通過氣隙，所以它與極面下之轉子面的每處都成垂直。又因為空氣隙寬度一定，所以極面下各處之磁阻是相同的。固定的磁阻意味著極面下各處之磁通密度都是固定的。

旋轉迴圈內之感應電壓

若電機之轉子已轉動，線圈將會有感應電壓。為了決定電壓的大小與外形，請見圖 7-2。線圈為長方形，ab 與 cd 邊與紙面垂直，bc 與 da 邊平行於紙面。極面下各處之磁場是固定且垂直於轉子表面，且在通過磁極邊緣時很快的降至零。

為了決定線圈上之總電壓 e_{tot}，先分別檢查線圈之每一段，然後再將所產生之電壓加起來。每一線段上之電壓由式 (1-45)：

$$e_{ind} = (\mathbf{v} \times \mathbf{B}) \cdot \mathbf{l} \qquad (1\text{-}45)$$

1. ab 線段。此段中，導線之速度與旋轉路徑正切。極面下各處之磁場 $\mathbf{B}$ 向外與轉子面垂直且通過極面邊緣時為零。極面下，速度 $\mathbf{v}$ 垂直於 $\mathbf{B}$，則 $\mathbf{v} \times \mathbf{B}$ 之量為進入紙面。因此，此段之感應電壓為

$$e_{ba} = (\mathbf{v} \times \mathbf{B}) \cdot \mathbf{l}$$
$$= \begin{cases} vBl & \text{正進入紙面} \quad \text{在極面下} \\ 0 & \text{磁極邊緣} \end{cases} \qquad (7\text{-}1)$$

2. bc 線段。此段中，$\mathbf{v} \times \mathbf{B}$ 之量為進或出紙面，而長度 $\mathbf{l}$ 在紙面上，所以 $\mathbf{v} \times \mathbf{B}$ 垂直於 $\mathbf{l}$。因此 bc 段之電壓將為零：

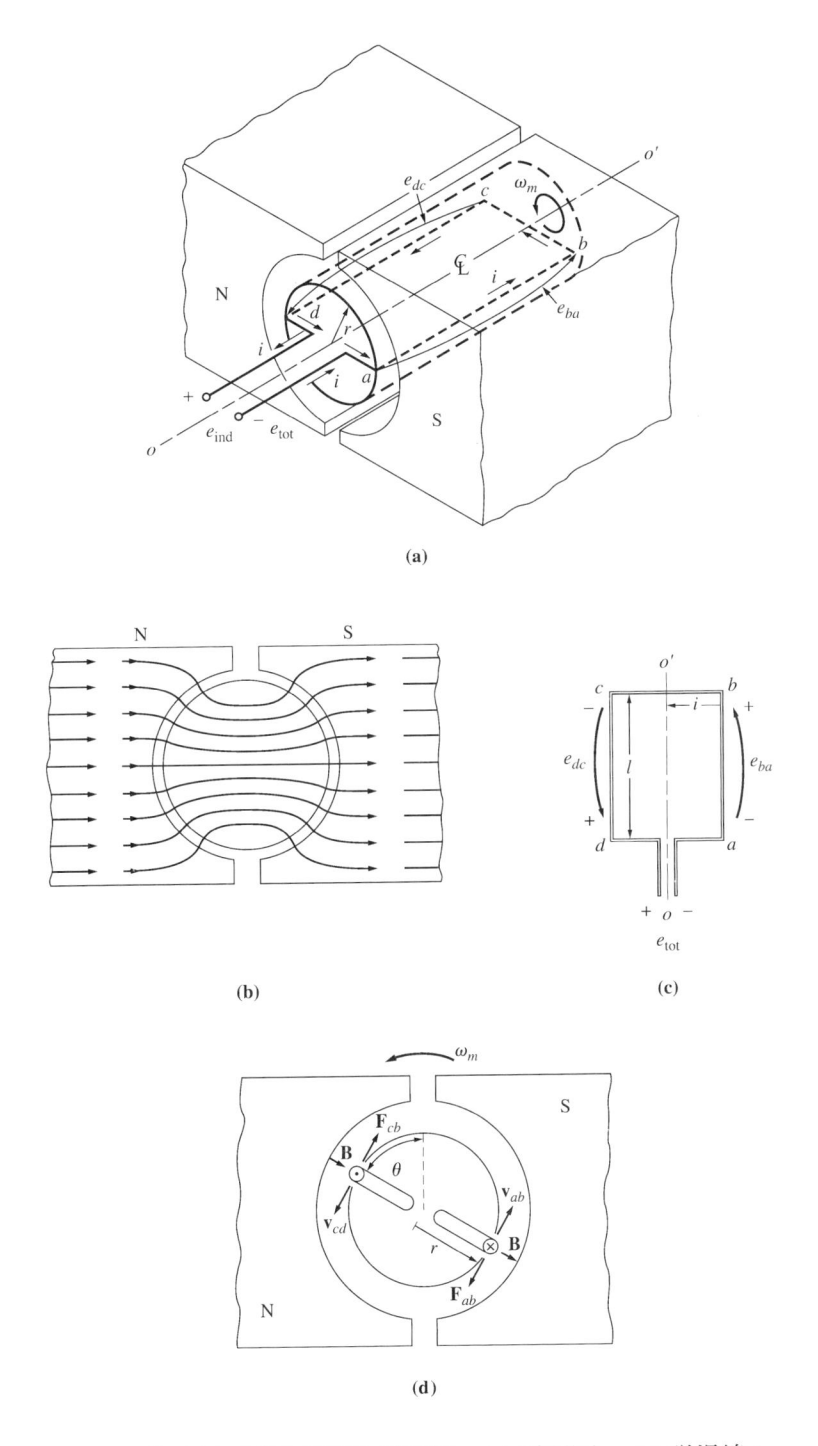

圖 7-1　曲線極面間之簡單旋轉迴圈。(a) 透視圖； (b) 磁場線；
(c) 頂視圖； (d) 前視圖。

398 電機機械基本原理

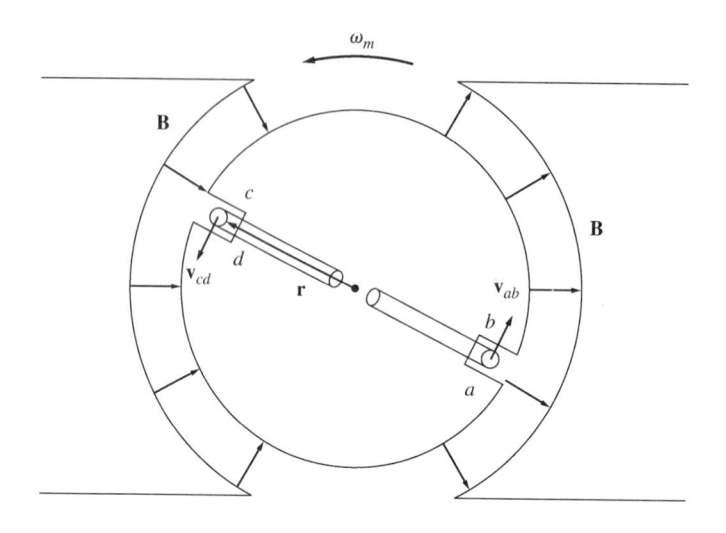

圖 7-2 線圈中感應電壓方程式之推導。

$$e_{cb} = 0 \tag{7-2}$$

3. **cd 線段**。此段中，導線速度與旋轉路徑正切。極面下各處之磁場 **B** 向內垂直於轉子面，且通過極面邊緣時為零。極面下，速度 **v** 垂直於 **B**，而 **v**×**B** 之量為離開紙面。因此此段之感應電壓為

$$\begin{aligned}e_{dc} &= (\mathbf{v} \times \mathbf{B}) \cdot \mathbf{l} \\ &= \begin{cases} vBl & \text{正離開紙面} \quad \text{在極面下} \\ 0 & \text{遠離磁極邊緣} \end{cases}\end{aligned} \tag{7-3}$$

4. **da 線段**。就像 bc 線段一樣，**v**×**B** 垂直於 **l**。因此此段之電壓也將為零：

$$e_{ad} = 0 \tag{7-4}$$

線圈上之總電壓 e_{ind} 為

$$e_{\text{ind}} = e_{ba} + e_{cb} + e_{dc} + e_{ad}$$

$$\boxed{e_{\text{ind}} = \begin{cases} 2vBl & \text{極面下} \\ 0 & \text{遠離磁極邊緣} \end{cases}} \tag{7-5}$$

當線圈轉了 180°，ab 線段已移動到 N 極下而不在 S 極下。此時，線段上之電壓反向，但大小仍固定。產生之電壓 e_{tot} 之時間函數如圖 7-3 所示。

有另一種方式來表示式 (7-5)，它可清楚地表示出單獨的線圈與更大、實際的直流電機之行為的關係。為了推導另一表示式，請看圖 7-4。注意線圈邊緣之正切速度可表

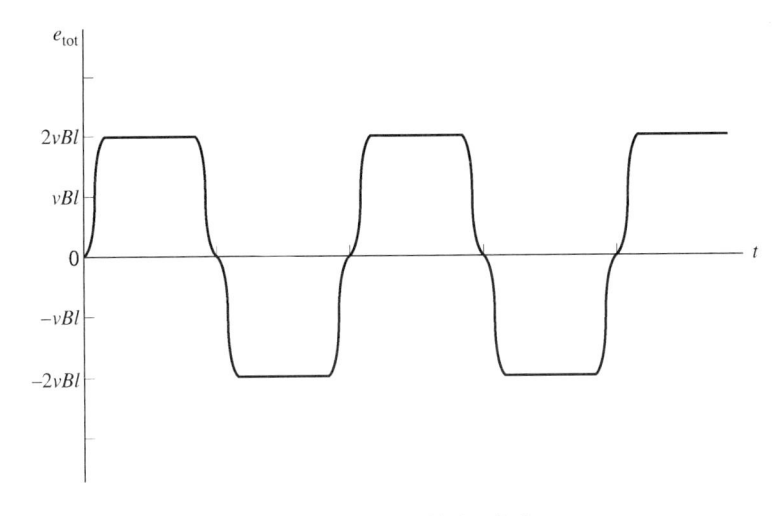

圖 7-3 線圈之輸出電壓。

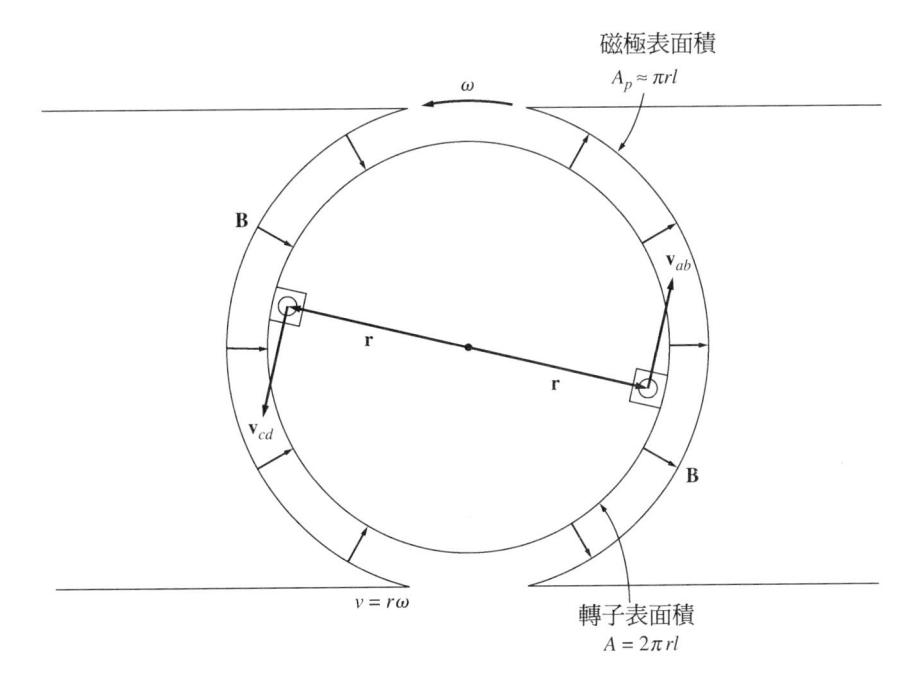

圖 7-4 另一種形式之感應電壓方程式之推導。

示為

$$v = r\omega_m$$

其中 r 為旋轉軸至線圈外圍之半徑,而 ω_m 是線圈之角速度。將此式代入式 (7-5)

$$e_{\text{ind}} = \begin{cases} 2r\omega_m Bl & \text{極面下} \\ 0 & \text{遠離磁極邊緣} \end{cases}$$

$$e_{\text{ind}} = \begin{cases} 2rlB\omega_m & \text{極面下} \\ 0 & \text{遠離磁極邊緣} \end{cases}$$

注意由圖 7-4 轉子面為一圓柱體,所以轉子表面積 A 等於 $2\pi rl$。因為有兩極,每極下(忽略極間之小間隙)之轉子面積為 $A_P = \pi rl$。因此,

$$e_{\text{ind}} = \begin{cases} \dfrac{2}{\pi} A_P B\omega_m & \text{極面下} \\ 0 & \text{遠離磁極邊緣} \end{cases}$$

因為極面下空氣隙各處之磁通密度是 B 固定的,每極之總磁通恰好是磁極面積乘以它的磁通密度:

$$\phi = A_P B$$

因此,電壓方程式之最後形式為

$$\boxed{e_{\text{ind}} = \begin{cases} \dfrac{2}{\pi} \phi\omega_m & \text{極面下} \\ 0 & \text{遠離磁極邊緣} \end{cases}}$$

(7-6)

如此,此電機所產生之電壓等於它的內部磁通與旋轉速度之乘積,再乘以代表此電機結構之一常數。通常,任何實際電機之電壓也依三個相同因素而定:

1. 電機中之磁通
2. 旋轉速度
3. 代表電機構造之常數

旋轉線圈直流輸出電壓之獲得

圖 7-3 所示為旋轉線圈所產生之電壓 e_{tot}。如圖所示,線圈之輸出電壓為一固定正值與一固定負值互相交換。現在此電機如何能做到產生直流電壓而不是交流電壓呢?

有一種方式可以做到,如圖 7-5a 所示。兩個半圓形之導電片加於線圈之端點,且

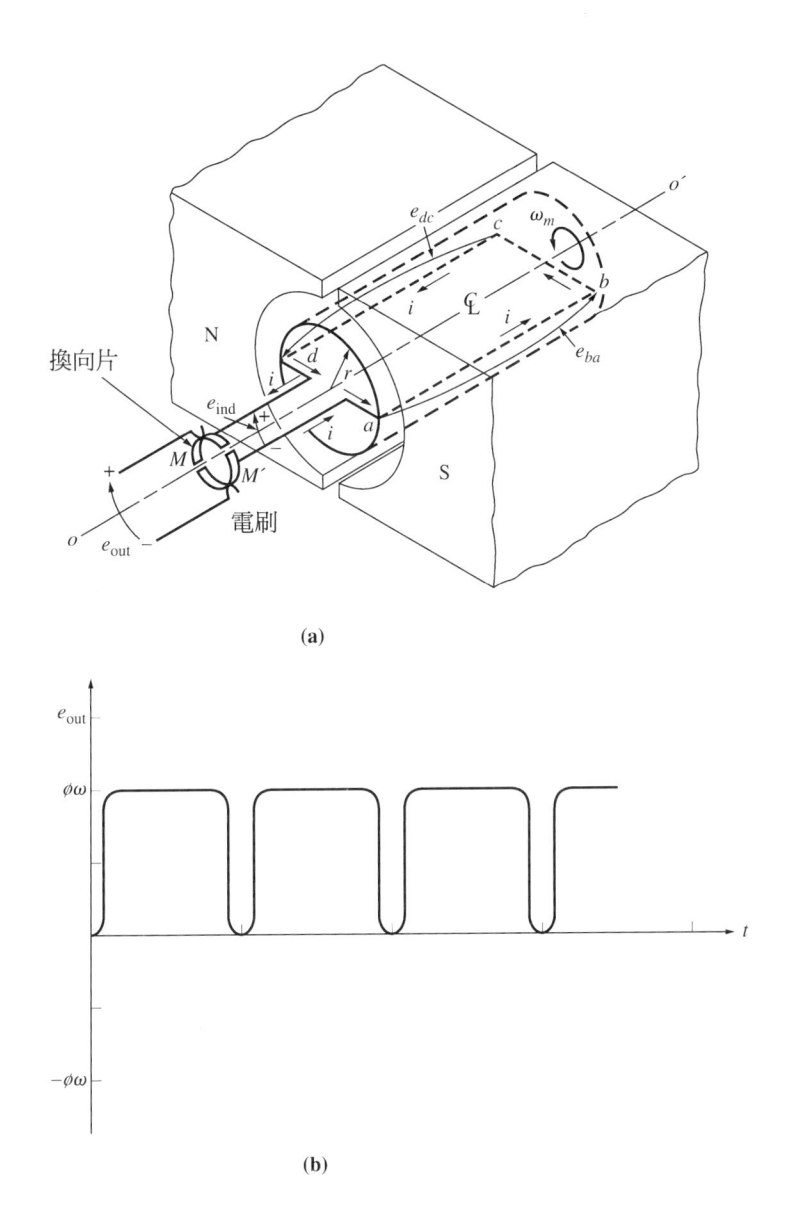

圖 7-5 用換向片電壓和電刷以產生直流電輸出。(a) 透視圖；(b) 產生之輸出電壓。

有兩固定接點放於線圈上電壓為零瞬間之角度上，接點短路兩片導電片。這種方式，每次當線圈電壓改變方向，接點也改變連接，使得接點的輸出永遠在相同方向 (見圖 7-5b)。這種連接切換過程稱為換向。旋轉的半圓導電片稱為換向片，而固定的接點稱為電刷 (brush)。

旋轉線圈之感應轉矩

假設現有一蓄電池加於圖 7-5 之電機。所產生之架構如圖 7-6 所示。當開關閉合且有電流流入,則此線圈能產生多少的轉矩?為了決定此轉矩,請詳細觀察圖 7-6b 之線圈。

決定線圈上轉矩之方法為一次只看線圈之一段,然後再將各段的結果加起來。線圈上一段之力由式 (1-43) 為:

$$\mathbf{F} = i(\mathbf{l} \times \mathbf{B}) \tag{1-43}$$

此段之轉矩為

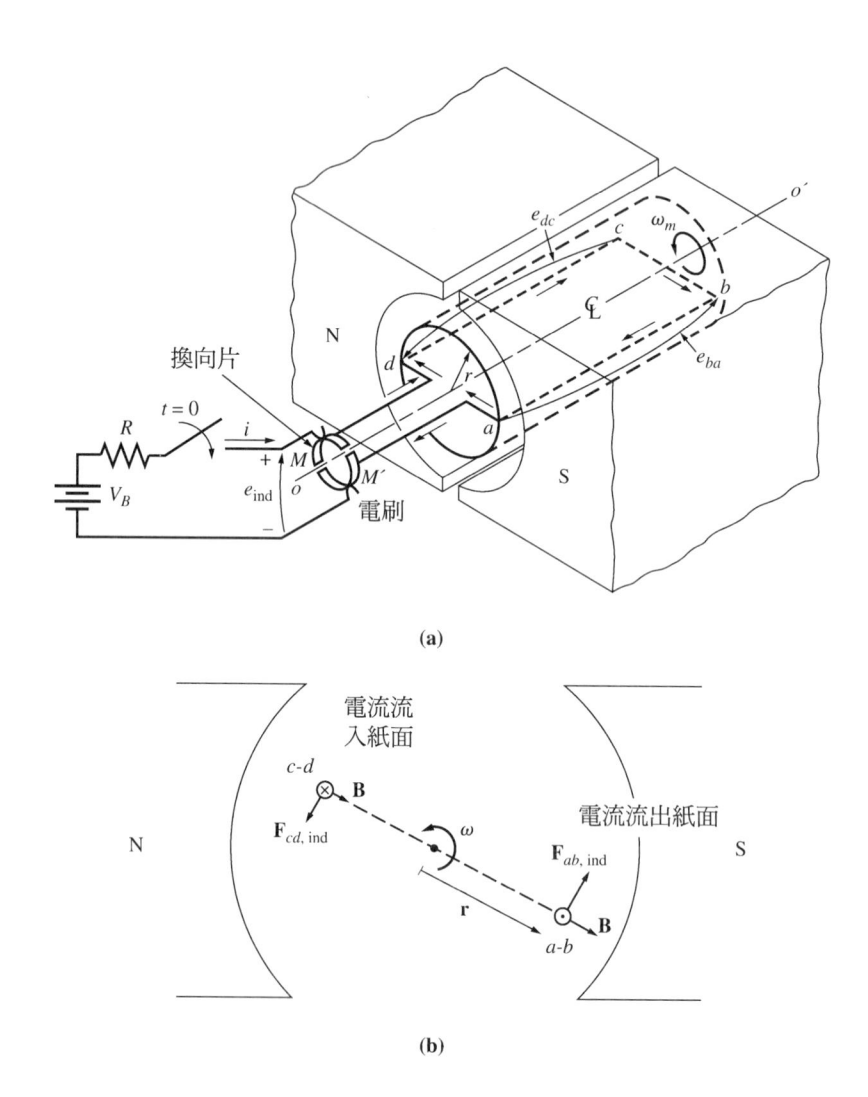

圖 7-6 線圈中感應轉矩方程式之推導。注意:為了清楚,(b) 中之鐵心沒有表示出來。

$$\tau = rF \sin \theta \tag{1-6}$$

其中 θ 是 **r** 和 **F** 間之夾角。當線圈位於磁極邊緣時，此轉矩為零。

然而當線圈位於極面下時，轉矩為：

1. *ab* 線段。在 *ab* 段中，電流由蓄電池流出紙面。極面下之磁場由轉子輻射出來，所以導線上之力為

$$\begin{aligned} \mathbf{F}_{ab} &= i(\mathbf{l} \times \mathbf{B}) \\ &= ilB \quad \text{與運動方向正切} \end{aligned} \tag{7-7}$$

由此力所產生之轉子轉矩為

$$\begin{aligned} \tau_{ab} &= rF \sin \theta \\ &= r(ilB) \sin 90° \\ &= rilB \quad \text{逆時針方向 (CCW)} \end{aligned} \tag{7-8}$$

2. *bc* 線段。在 *bc* 中，蓄電池電流由圖之上左側流到下右側。導線上之感應力為

$$\begin{aligned} \mathbf{F}_{bc} &= i(\mathbf{l} \times \mathbf{B}) \\ &= 0 \quad \text{因為 } \mathbf{l} \text{ 與 } \mathbf{B} \text{ 平行} \end{aligned} \tag{7-9}$$

因此

$$\tau_{bc} = 0 \tag{7-10}$$

3. *cd* 線段。在 *cd* 段中，蓄電池之電流直接流入紙面。極面下之磁輻射進入轉子，所以導線上之力為

$$\begin{aligned} \mathbf{F}_{cd} &= i(\mathbf{l} \times \mathbf{B}) \\ &= ilB \quad \text{與運動方向正切} \end{aligned} \tag{7-11}$$

由此力所產生之轉力轉矩為

$$\begin{aligned} \tau_{cd} &= rF \sin \theta \\ &= r(ilB) \sin 90° \\ &= rilB \quad \text{(CCW)} \end{aligned} \tag{7-12}$$

4. *da* 線段。在 *da* 段中，蓄電池之電流由圖之上左側流到下右側。導線所感應之力為

$$\begin{aligned} \mathbf{F}_{da} &= i(\mathbf{l} \times \mathbf{B}) \\ &= 0 \quad \text{因為 } \mathbf{l} \text{ 與 } \mathbf{B} \text{ 平行} \end{aligned} \tag{7-13}$$

因此，

$$\tau_{da} = 0 \tag{7-14}$$

線圈所產生之總感應轉矩為

$$\tau_{\text{ind}} = \tau_{ab} + \tau_{bc} + \tau_{cd} + \tau_{da}$$

$$\tau_{\text{ind}} = \begin{cases} 2rilB & \text{極面下} \\ 0 & \text{遠離磁極邊緣} \end{cases} \tag{7-15}$$

使用 $A_P \approx \pi rl$ 和 $\phi = A_P B$,轉矩公式可化簡為

$$\tau_{\text{ind}} = \begin{cases} \dfrac{2}{\pi} \phi i & \text{極面下} \\ 0 & \text{遠離磁極邊緣} \end{cases} \tag{7-16}$$

如此,此電機所產生之轉矩為電機之磁通與電流的乘積,再乘以一些代表機械構造(極面涵蓋轉子之百分比)之量。通常,任何實際電機之轉矩依相同的三樣因素而定:

1. 電機之磁通
2. 電機之電流
3. 代表機械構造之常數

例題 7-1　圖 7-6 為一在曲線極面間的簡單的旋轉線圈,此線圈經開關與電池及電阻連接。電阻表示了電機中蓄電池之總電阻與導線電阻之模型。電機之實際尺寸和特性為

$$r = 0.5 \text{ m} \qquad l = 1.0 \text{ m}$$
$$R = 0.3 \ \Omega \qquad B = 0.25 \text{ T}$$
$$V_B = 120 \text{ V}$$

(a) 當開關閉合時發生什麼現象?
(b) 此電機之最大啟動電流是多少?無載時之穩態角速度是多少?
(c) 假設有一負載加於線圈,產生之負載轉矩為 10 N·m。則新的穩態轉速為何?有多少功率加於電機之軸?蓄電池供應多少功率?此電機是電動機還是發電機?
(d) 假設電機不加負載,有一 7.5 N·m 之轉矩與旋轉方向相同加於軸上。新的穩態速度是多少?此電機現在是電動機還是發電機?
(e) 假設此電機為不加負載運轉。若磁通密度減少至 0.20 T,則轉子最後之穩定轉速是多少?

解:
(a) 當圖 7-6 之開關閉合,則線圈會有電流流入。因為線圈最初是靜止的,$e_{\text{ind}} = 0$。因此,電流為

$$i = \frac{V_B - e_{\text{ind}}}{R} = \frac{V_B}{R}$$

此電流流過轉子線圈,產生一轉矩

$$\tau_{\text{ind}} = \frac{2}{\pi}\phi i \qquad (\text{CCW})$$

此感應轉矩產生一逆時針方向之角加速度,所以電機之轉子會開始轉動。但當轉子開始轉動時,電動機所產生之感應電壓為

$$e_{\text{ind}} = \frac{2}{\pi}\phi\omega_m$$

所以電流 i 減少。當電流減少,$\tau_{\text{ind}}=(2/\pi)\phi i\downarrow$ 減少,當 $\tau_{\text{ind}}=0$ 時獲得穩態,而蓄電池電壓 $V_B = e_{\text{ind}}$。

此與先前所見到的線性直流電機的行為有相同的性質。

(b) 在啟動時,電機之電流為

$$i = \frac{V_B}{R} = \frac{120 \text{ V}}{0.3 \text{ }\Omega} = 400 \text{ A}$$

在無載穩態情況下,感應轉矩 τ_{ind} 必定為零。但 $\tau_{\text{ind}}=0$ 隱含著電流 i 也必定為零。因為 $\tau_{\text{ind}}=(2/\pi)\phi i$,且磁通 ϕ 不為零。此 $i=0$ A 之事實意味著蓄電池電壓 $V_B = e_{\text{ind}}$。因此,轉子之轉速為

$$V_B = e_{\text{ind}} = \frac{2}{\pi}\phi\omega_m$$

$$\omega_m = \frac{V_B}{(2/\pi)\phi} = \frac{V_B}{2rlB}$$

$$= \frac{120 \text{ V}}{2(0.5 \text{ m})(1.0 \text{ m})(0.25 \text{ T})} = 480 \text{ rad/s}$$

(c) 若有一 10 N・m 之負載轉矩加於電機軸上,它會開始變慢。但當 ω 減少,$e_{\text{ind}}=(2/\pi)\phi\omega\downarrow$ 減少,且轉子電流增加 $[i=(V_B-e_{\text{ind}}\downarrow)/R]$。當轉子電流增加,$\tau_{\text{ind}}$ 也增加,直到 $|\tau_{\text{ind}}| = |\tau_{\text{load}}|$ 在一較低轉速 ω_m 下。

在穩態時,$|\tau_{\text{load}}| = |\tau_{\text{ind}}| = (2/\pi)\phi i$。因此,

$$i = \frac{\tau_{\text{ind}}}{(2/\pi)\phi} = \frac{\tau_{\text{ind}}}{2rlB}$$

$$= \frac{10 \text{ N} \cdot \text{m}}{(2)(0.5 \text{ m})(1.0 \text{ m})(0.25 \text{ T})} = 40 \text{ A}$$

由克希荷夫電壓定律,$e_{\text{ind}} = V_B - iR$,所以

$$e_{ind} = 120 \text{ V} - (40 \text{ A})(0.3 \text{ }\Omega) = 108 \text{ V}$$

最後，軸之轉速為

$$\omega_m = \frac{e_{ind}}{(2/\pi)\phi} = \frac{e_{ind}}{2rlB}$$

$$= \frac{108 \text{ V}}{(2)(0.5 \text{ m})(1.0 \text{ m})(0.25 \text{ T})} = 432 \text{ rad/s}$$

加到軸之功率為

$$P = \tau\omega_m$$
$$= (10 \text{ N} \cdot \text{m})(432 \text{ rad/s}) = 4320 \text{ W}$$

蓄電池輸出之功率為

$$P = V_B i = (120 \text{ V})(40 \text{ A}) = 4800 \text{ W}$$

此電機當電動機運轉，將電功率轉變為機械功率。

(d) 若於運動方向加一轉矩，轉子會加速。當轉速 ω_m 增加，內部電壓 e_{ind} 增加且超過 V_B，所以電流由金屬棒頂端流出而進入蓄電池。此電機現作發電機用。此電流產生一反運動方向之感應轉矩。如感應轉矩反對外加轉矩，且使 $|\tau_{load}| = |\tau_{ind}|$ 在一較高轉速 ω_m 下。

轉子之電流為

$$i = \frac{\tau_{ind}}{(2/\pi)\phi} = \frac{\tau_{ind}}{2rlB}$$

$$= \frac{7.5 \text{ N} \cdot \text{m}}{(2)(0.5 \text{ m})(1.0 \text{ m})(0.25 \text{ T})} = 30 \text{ A}$$

內電壓 e_{ind} 為

$$e_{ind} = V_B + iR$$
$$= 120 \text{ V} + (30 \text{ A})(0.3 \text{ }\Omega)$$
$$= 129 \text{ V}$$

最後，軸之轉速為

$$\omega_m = \frac{e_{ind}}{(2/\pi)\phi} = \frac{e_{ind}}{2rlB}$$

$$= \frac{129 \text{ V}}{(2)(0.5 \text{ m})(1.0 \text{ m})(0.25 \text{ T})} = 516 \text{ rad/s}$$

(e) 因為在原始情況下電機不加負載，轉速 $\omega_m = 480$ rad/s。若磁通減少，會有暫態發生。當暫態結束，此電機之轉矩會再度為零，因為軸上仍沒有負載。若 $\tau_{ind}=0$，則轉子上之電流必為零，且 $V_B = e_{ind}$。而軸之轉速為

$$\omega = \frac{e_{ind}}{(2/\pi)\phi} = \frac{e_{ind}}{2rlB}$$

$$= \frac{120 \text{ V}}{(2)(0.5 \text{ m})(1.0 \text{ m})(0.20 \text{ T})} = 600 \text{ rad/s}$$

注意當電機之磁通減少,它的轉速增加。這與線性電機之行為相同且跟實際直流電機之性能一樣。 ◀

7.2 簡單之四迴圈直流電機之換向

換向 (commutation) 是直流電機將轉子之交流電壓和電流轉換為端點之直流電壓和電流之過程。它是任何直流電機之設計與運轉之最重要部分。所以需要更詳細之研究此轉換是如何發生且去找有關於此之問題。在本節中,將說明比 7.1 節之單旋轉線圈複雜,但比實際直流電機簡單之換向技巧。7.3 節會接著說明實際直流電機之換向。

圖 7-7 所示為一簡單四迴圈兩極之直流電機。此電機有四個完整的迴圈埋於鋼片壓製而成之轉子槽切口內。極面是彎曲的,以提供固定寬度之空氣隙和極面下各處有相同的磁通密度。

此四迴圈以一特殊方法放於電機槽內。每一迴圈之未裝好端為每槽之最外面導線,而每一迴線之「裝好」端則在直接相對的槽中之最裡面導線。圖 7-7b 所示為繞組與電機換向片之連接。注意迴圈 1 接於換向片 a 與 b 之間,迴圈 2 接於換向片 b 和 c 之間等等環繞著轉子。

在圖 7-7 所示之瞬間,迴圈之 1、2、3′ 和 4′ 端位於 N 極極面下,而 1′、2′、3 和 4 端位於 S 極極面下。在 1、2、3′ 和 4′ 端之電壓為

$$e_{\text{ind}} = (\mathbf{v} \times \mathbf{B}) \cdot \mathbf{l} \tag{1-45}$$

$$e_{\text{ind}} = vBl \qquad \text{正離開紙面} \tag{7-17}$$

在迴圈的 1′、2′、3 和 4 端之電壓為

$$e_{\text{ind}} = (\mathbf{v} \times \mathbf{B}) \cdot \mathbf{l} \tag{1-45}$$

$$= vBl \qquad \text{正進入紙面} \tag{7-18}$$

圖 7-7b 所示為全部之結果。在圖 7-7b 中,每個線圈代表迴圈之一邊 (或導體)。若在任一邊之感應電壓為 $e = vBl$,則電刷之總電壓為

$$\boxed{E = 4e \qquad \omega t = 0°} \tag{7-19}$$

注意有兩條電流的並聯路徑。所有換向架構都存在著兩條或更多的轉子電流並聯路徑之一般特點。

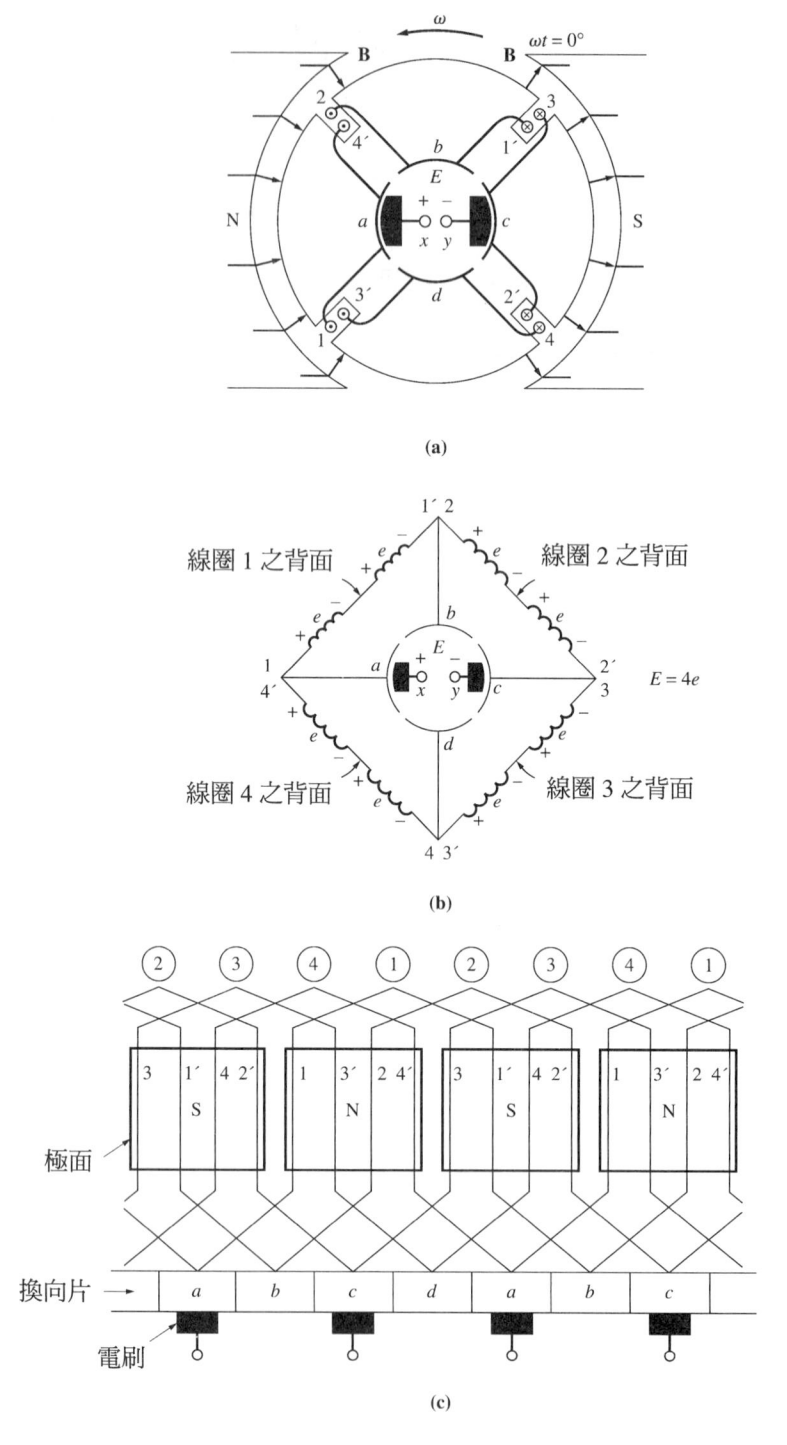

圖 7-7 (a) $\omega t = 0°$ 時之四迴圈兩極直流電機。(b) 此時轉子導體之電壓。(c) 轉子迴圈內部連接之繞組圖。

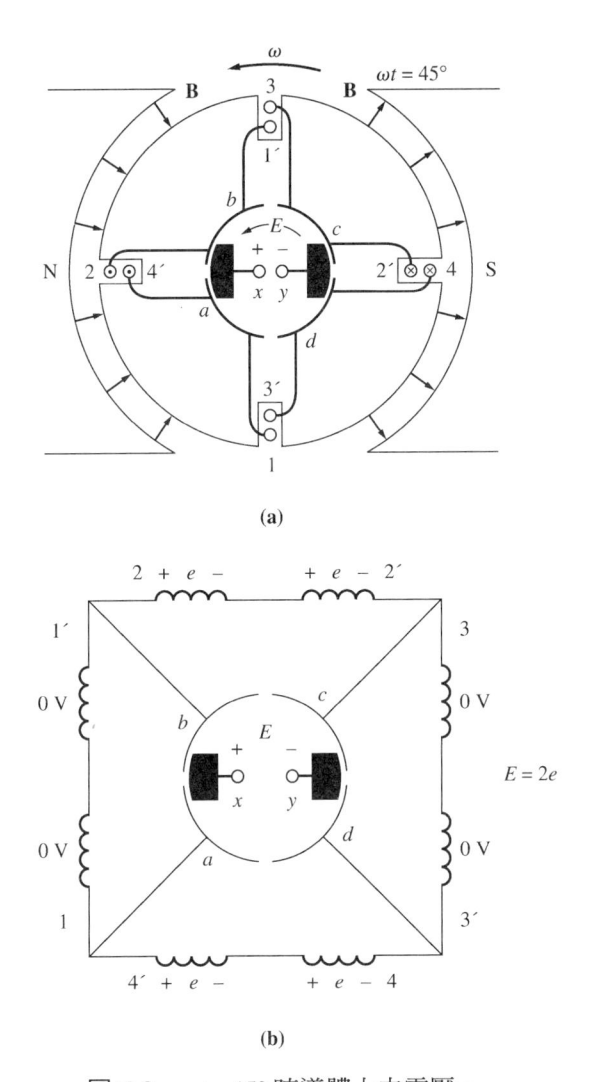

圖 7-8 $\omega t = 45°$ 時導體上之電壓。

　　當轉子連續旋轉時，端電壓 E 會發生什麼變化？為求得解答，請看圖 7-8。此圖所示為電機在 $\omega t = 45°$ 時。在此時，迴圈 1 和 3 已旋轉至兩磁極間之間隙，所以兩迴圈上之電壓為零。注意在此瞬間，電刷短路了換向片 ab 和 cd。這剛好發生於迴圈間換向片電壓為零之時刻，所以被短路之換向片不會有問題。在此時，只有迴圈 2 和 4 位於極面下，所以端電壓 E 為

$$E = 2e \qquad \omega t = 45° \tag{7-20}$$

　　現在若轉子連續旋轉經過另一個 45°。所產生之情況如圖 7-9 所示。此處，迴圈 1′、2、3 和 4′ 端位於 N 極極面下，而 1、2′、3′ 和 4 端位於 S 極極面下。N 極極面下

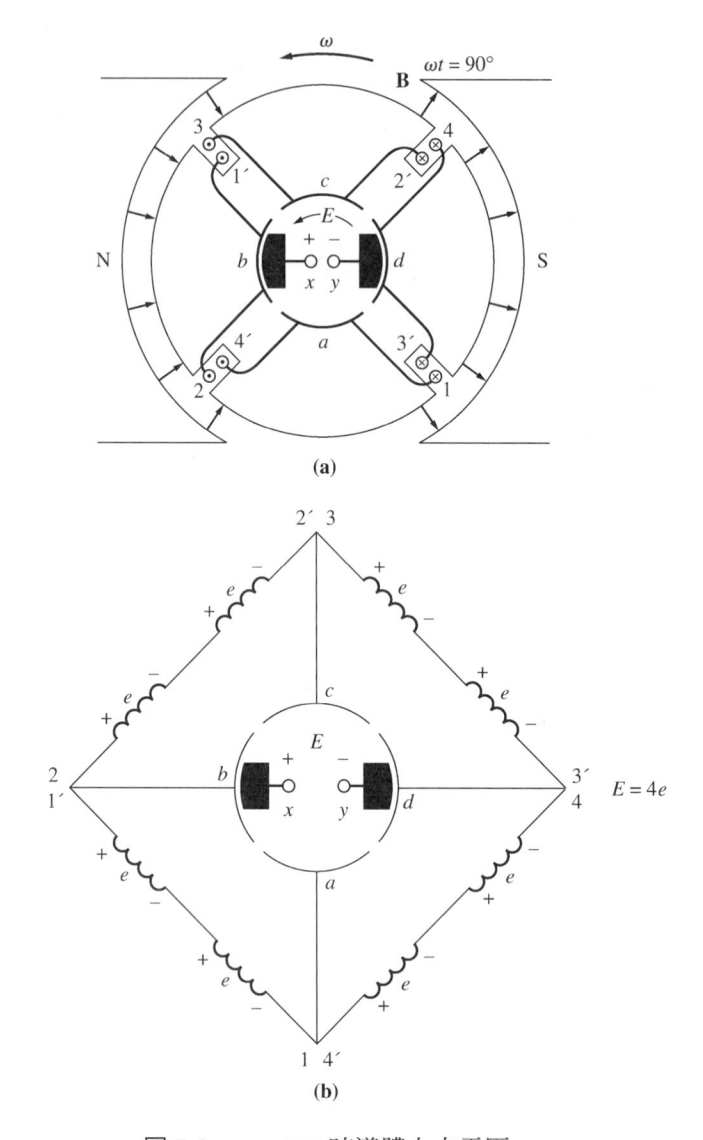

圖 7-9 $\omega t = 90°$ 時導體上之電壓。

所建立之電壓為離開紙面，而 S 極極面下之電壓為進入紙面。所產生之電壓如圖 7-9b 所示。現在經過電機之每一並聯路徑有四個載電壓

$$E = 4e \qquad \omega t = 90° \tag{7-21}$$

比較圖 7-7 與圖 7-9。注意迴圈 1 和 3 之間的電壓已經反向，但因為它們的連接也反向，所以總電壓仍建立跟以前相同之方向。此事實是每種換向架構之重點。無論何時當迴圈電壓反向，迴圈之連接也跟著變動，而總電壓仍建立在原來的方向上。

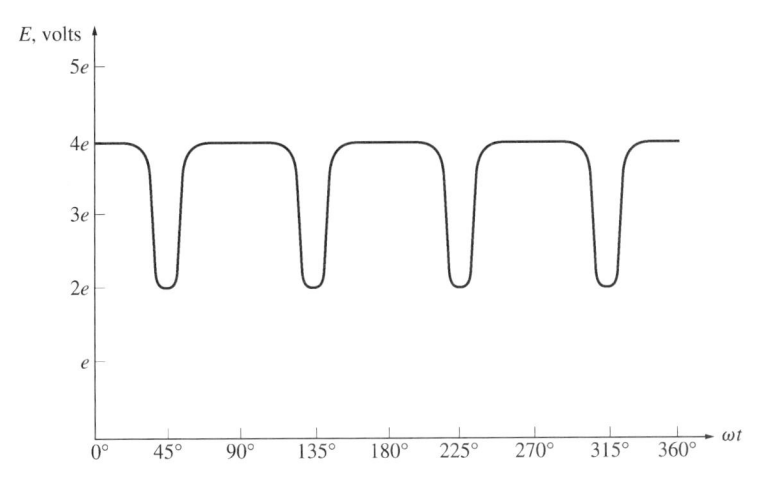

圖 7-10　圖 7-7 之電機所產生之輸出電壓。

此電機端電壓之時間函數如圖 7-10 所示。它比 7.1 節中單一旋轉迴圈所產生之電壓更近似一固定直流位準。當轉子上之迴圈數目增加，此近似完美的直流電壓會變得愈來愈好。

總之，

換向就是在迴圈中之電壓改變極性時去改變電機轉子迴圈之接線，以保持一固定直流電壓的輸出。

當在簡單旋轉迴圈的情況下，與迴圈接觸的片段稱為換向片 (commutator segment)，而騎在移動部分頂部之靜止部分稱為電刷 (brush)。在實際的電機中換向片是由銅棒製成。電刷則是由含有石墨的混合物製成，所以當它們摩擦到旋轉中的換向片時，只產生很小的摩擦力。

7.3　實際直流電機之換向和電樞構造

在實際直流電機中，轉子上之迴圈 [又稱為電樞 (armature)] 與換向片之連接有許多方式。不同的連接影響到轉子之並聯電流路徑數，轉子輸出電壓，和騎在換向片上之電刷的數目和位置。我們將研究實際直流轉子線圈之構造與它們是如何與換向片連接以產生直流電壓。

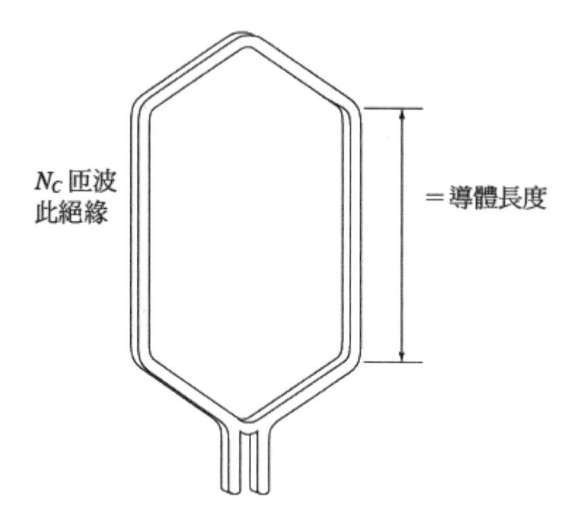

圖 7-11 典型的轉子線圈外形。

轉子線圈

不管繞組與換向片之接線方式如何，大部分的轉子繞組是菱形的線圈所構，而以一個單位插入於電樞槽內。每個線圈由許多匝 (turn) (迴圈) 的導線組成，每匝均與其他匝及轉子槽絕緣。一匝的每一邊稱為導體 (conductor)。一電機電樞之導體數為

$$Z = 2CN_C \tag{7-22}$$

其中　Z　＝轉子導體數
　　　C　＝轉子線圈數
　　　N_C＝每個線圈之匝數

一般情況下，一個線圈佔了 180° 電角度。此意味著當線圈一邊位於一磁極之中央時，線圈的另一邊必定在相反極性磁極 (opposite polarity) 之中央。實際上之磁極可能不位於 180° 機械角位置，但磁場由一磁極旋至一磁極時，極性是完全相反的。一電機中電機角與機械角之關係為

$$\theta_e = \frac{P}{2}\theta_m \tag{7-23}$$

其中　θ_e = 電機角，單位為度
　　　θ_m = 機械角，單位為度
　　　P = 電機之磁極數

若一線圈跨於 180° 之電機角，線圈兩邊導體之電壓在所有時間內恰好是大小相等而方向相反。這樣之線圈稱為全節距線圈 (full-pitch coil)。

有時候一個線圈的跨距不到 180° 電角度。此種線圈稱為部分節距線圈 (fractional-pitch coil)，而轉子繞組以此部分節距繞組所繞成的稱為弦繞組。繞組中弦的量可用節距因數 (pitch factor) p 來描述，可用下式來定義

$$p = \frac{\text{線圈電機角}}{180°} \times 100\% \tag{7-24}$$

直流電機中為了改善換向，通常轉子繞組使用小的弦量。

大部分的轉子繞組是雙層繞組，此意味不同線圈之邊會放於每一槽內。每個線圈之一邊在槽之底部，則另一邊會在另一槽之頂部。這樣的構造需要一很精巧之步驟才能將每個線圈放於轉子槽內。每個線圈之一邊放於一槽之底部，然後所有底部的邊放好後，線圈的另一邊放於槽之頂部。這種方式所有繞組均組合在一起，增加了最後結構之機械強度與均勻度。

與換向片之連接

一旦將繞組配置於轉子槽中，它們必須與換向片連接。有許多的連接方式，且不同的繞組排列也會產生不同的優缺點。

與一個線圈兩端相連接之換向片間之距離 (以換向片的數目表示) 稱為換向片節距 (commutator pitch) y_c。若將一線圈 (波繞結構之一組線圈) 的末端連接於它開始連接之換向片的頭，則此種繞組稱為前進繞組 (progressive winding) (見圖 7-12a)。若一線圈末端連接於開始連接換向片之後，此種繞組稱為後退繞組 (retrogressive winding) (見圖 7-12b)。若除此其餘均相同，則前進繞的旋轉方向與後退繞的旋轉方向會相反。

轉子(電樞)繞組可依據繞組之工(plex)加以分類。單工(simplex)之轉子繞組是一種單獨的，完全閉合的繞於轉子之繞組。雙工(duplex)轉子繞組是轉子上繞有兩組完全且獨立之繞組。若轉子有雙工繞組，則每一繞組必定與不同的換向片聯結：一繞組將連接換向片 1、3、5 等，而另一繞組會與換向片 2、4、6 等連接。同理，一三工(triplex)繞組有三組完全且獨立之繞組，每一繞組與轉子上三分之一之換向片連接。總之，凡超過一組繞組之電樞皆稱為多工繞組(multiplex winding)。

最後，電樞繞組依其與換向片連接之順序分類。有兩種基本的電樞繞組連接順

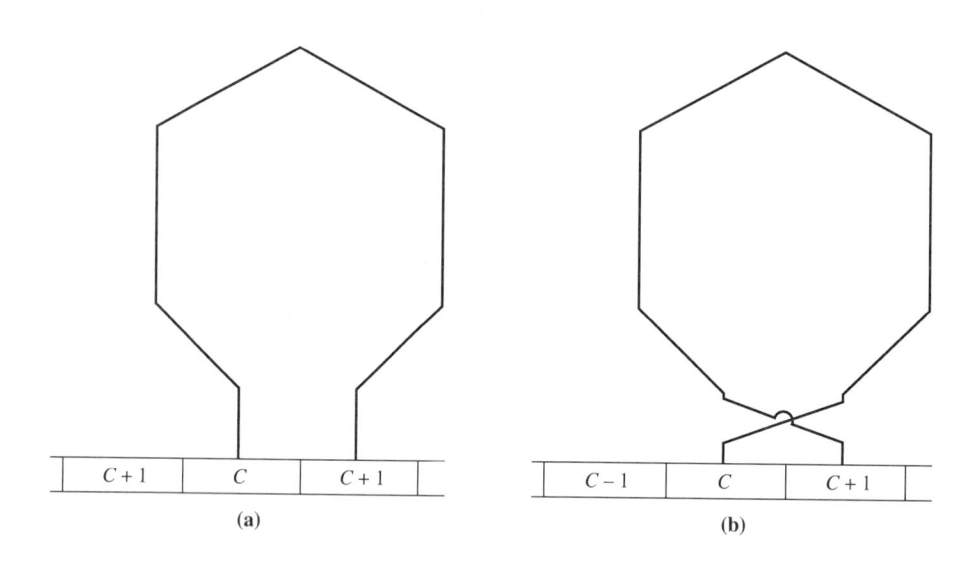

圖 7-12　(a) 前進繞轉子繞組之線圈。(b) 後退繞轉子繞組之線圈。

序──疊繞繞組(lap winding)和波繞繞組(wave winding)。另外，還有第三種型式繞組，稱為蛙腿繞組(frog-leg winding)，它是疊繞和波繞之組合。以下將各別介紹這些繞組和它的優缺點。

疊繞繞組

現代直流電機所使用之最簡單繞組型式為單工串聯(series)或稱疊繞繞組(lap winding)。一單工繞組是其轉子繞組由一或多匝之導線線圈所組成，而每個線圈之端點連接於相鄰之換向片(圖 7-12)。若線圈之端點與開始連接之換向片之後的換向片連接，稱為前進疊繞 $y_c = 1$；若線圈之端點與開始連接之換向片之前的換向片連接，稱為後退疊繞 $y_c = -1$。圖 7-13 所示為一簡單兩極疊繞電機。

單工疊繞有一重要特性就是並聯的電流路徑與電機之極數相等。若 C 是線圈和換向片數，P 是電機之極數，則 P 個並聯電流路徑每個有 C/P 個線圈。有 P 個電流路徑則需有 P 個電刷以便將每極上之電流分路引出。此觀念可用如圖 7-14 所示之簡單四極電動機來說明。注意此電動機有四個電流路徑，每路徑有相等電壓。有許多電流路徑在一多極電機之事實，使得疊繞適合於低電壓高電流之電機，因為大的電流需要被分成許多不同路徑。電流被分開使得轉子之各個導體維持合理之大小，甚至當總電流變得很大時也是如此。

有許多並聯路徑通過多極疊繞電機之事實會導致一嚴重問題。為了要瞭解此問題，請看圖 7-15 所示之六極電機。因為長時間使用，此電機之軸承已有輕微磨損，使下面導線比上面更接近極面。結果，下面之極面下的電流路徑之導線的電壓比上面路徑大。因為所有路徑是並聯連接，會有一環流自某個電刷流出而進到另一電刷，如圖 7-16 所示。不用說，這對電機是不好的。因為轉子電路之繞組電阻很小，並聯路徑間一很小不平衡之電壓將會造成電刷間有很大的環流而產生嚴重之過熱問題。

四極或多極電機並聯路徑內之環流問題是無法完全解決，但它可藉均壓器 (equalizer) 或均壓繞組 (equalizing winding) 來減少。均壓器為銅棒狀，將其放於直流電壓之疊繞轉子，而使不同之並聯路徑短路在一起以使電壓相等。短路作用是要使環流流動到較小部分之繞組內，如此短路在一起可預防環流流動電刷。這些環流甚至會中和磁通不平衡，而使它們存在於原始位置。圖 7-14 之四極電機加了均壓器後如圖 7-17 所示。

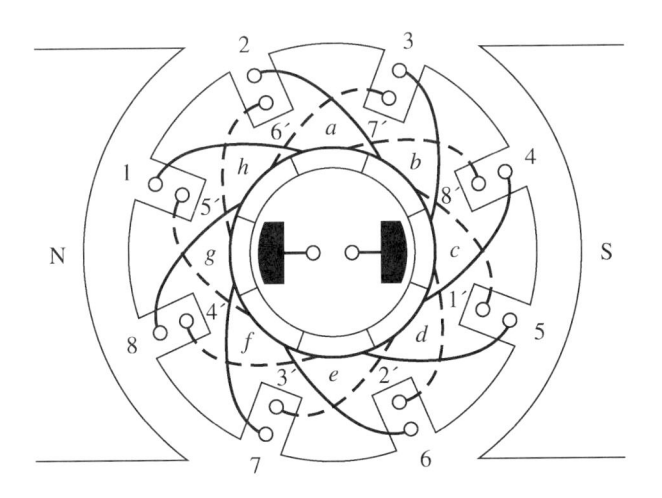

圖 7-13 簡單兩極疊繞直流電機。

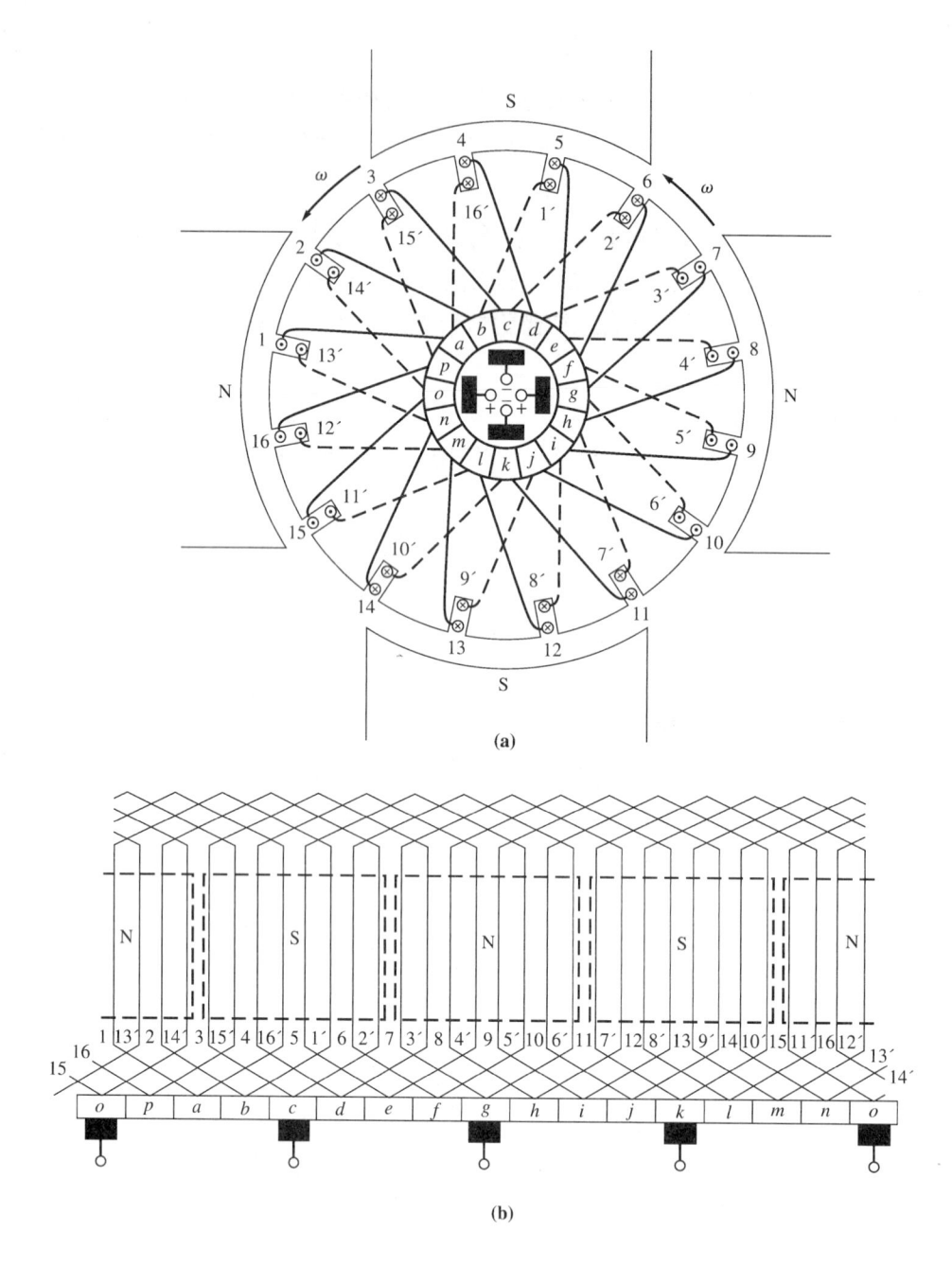

圖 7-14 (a) 四極疊繞直流電動機。(b) 轉子繞組圖。注意在換向片上之每個繞組末端恰好在其開始連接之後一片。這是前進疊繞。

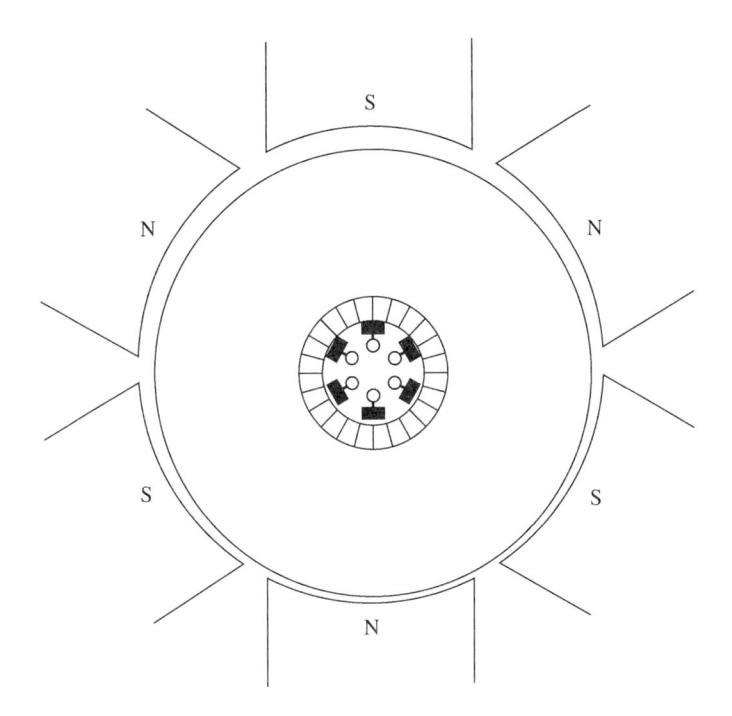

圖 7-15 六極直流電動機，顯示軸承磨損後之效應。注意其轉子比較接近下面之磁極。

　　若一疊繞組是雙工，則有兩完全獨立之繞組繞於轉子上，而每一換向片則與兩繞組相連接。因此，在第二個換向片上之線圈端由它開始向下，而 $y_c = \pm 2$ (視繞組為前進或後退繞組而定)。因為每組繞組之電流路徑數與電機之極數相等，雙工疊繞繞組之電流路徑為電機極數之 2 倍。

　　通常，m-工疊繞繞組之換向片節距 y_c 為

$$\boxed{y_c = \pm m} \quad \text{疊繞繞組} \tag{7-25}$$

而電流路徑數為

$$\boxed{a = mP} \quad \text{疊繞繞組} \tag{7-26}$$

其中　$a =$ 轉子之電流路徑數
　　　$m =$ 繞組之工數 (1、2、3 等)
　　　$P =$ 電機之極數

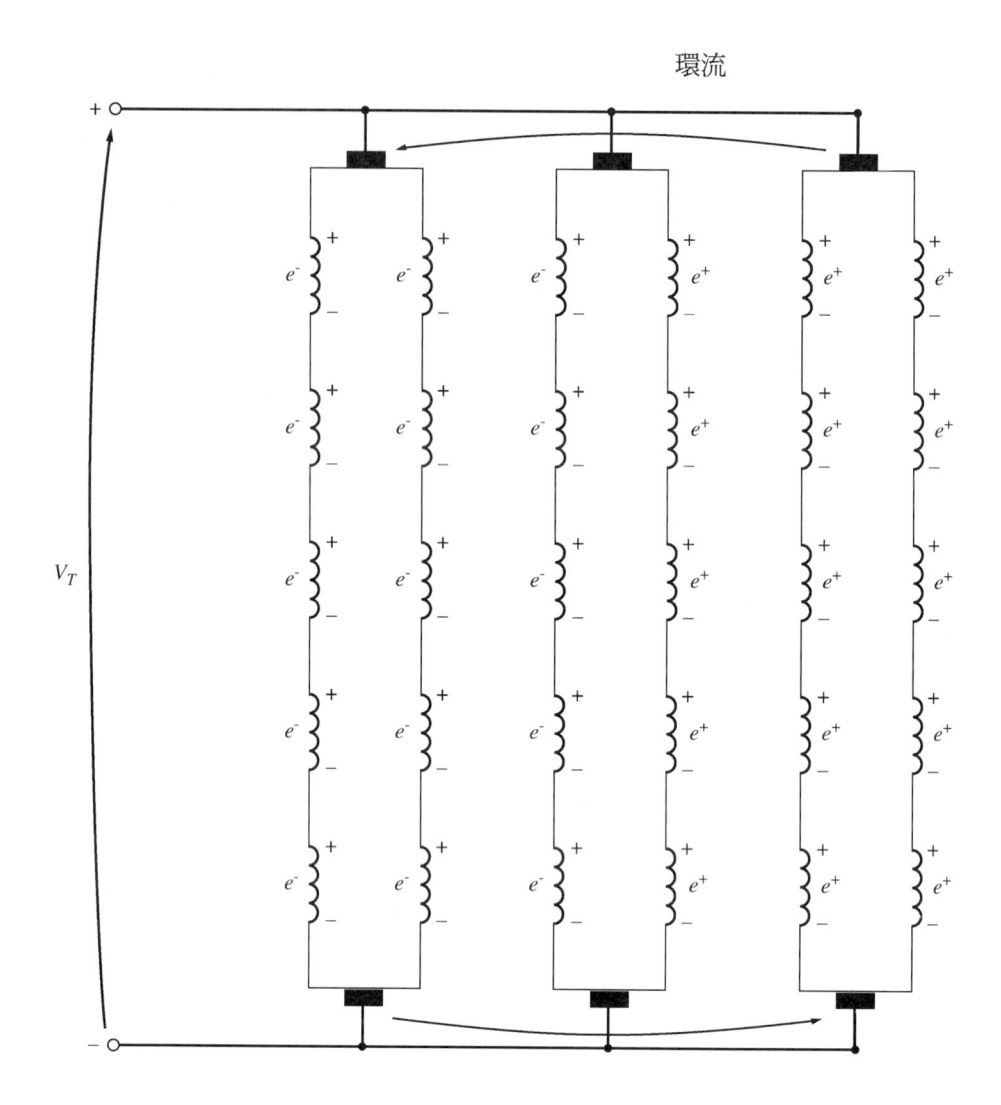

e^+ 稍高之電壓
e^- 稍低之電壓

圖 7-16 圖 7-15 中電機轉子導體之電壓，顯示流過電刷之環流。

第七章　直流電機原理　**419**

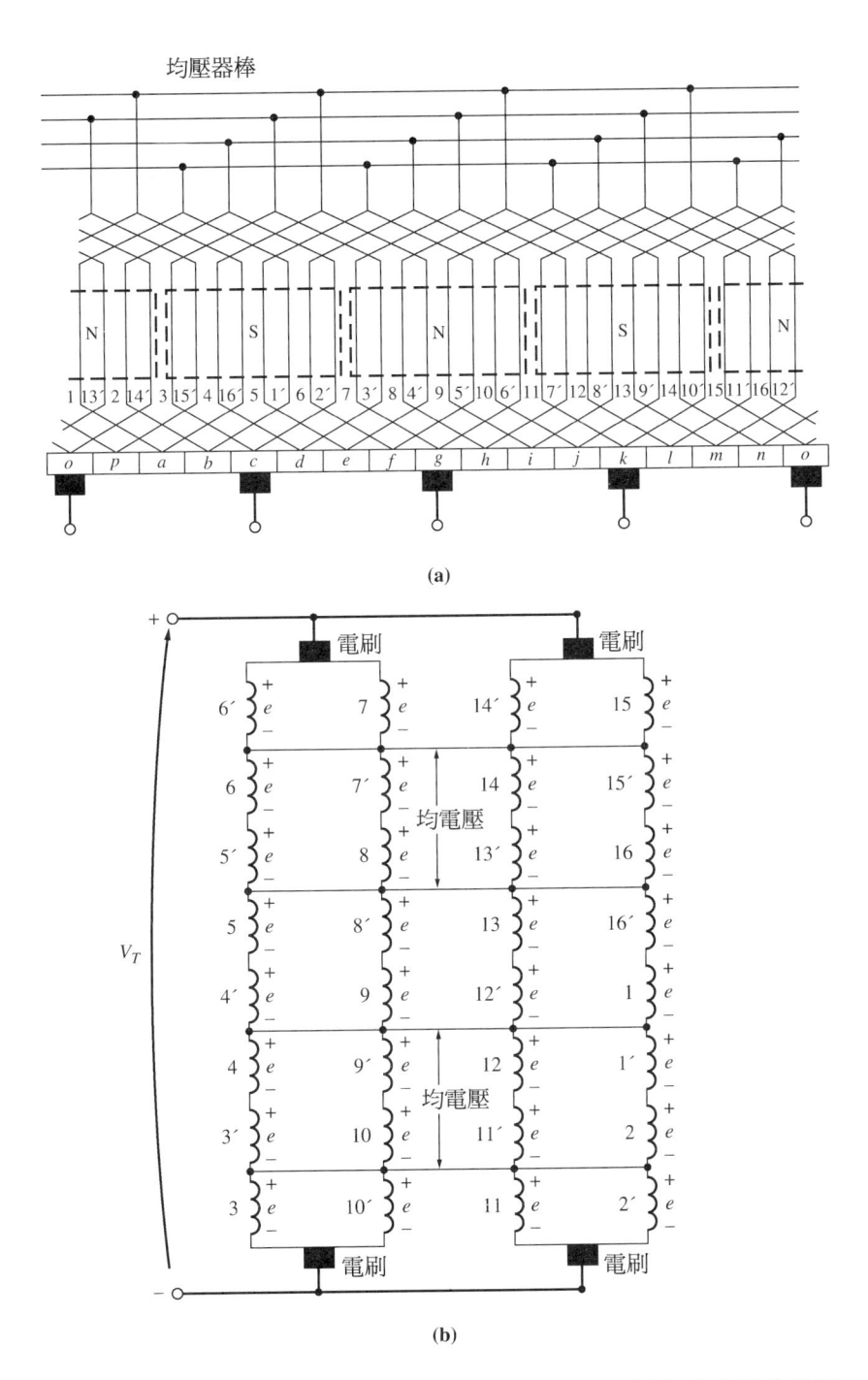

圖 7-17 (a) 連接於圖 7-14 四極電機之均壓器。(b) 被均壓器短路之點的電壓。

波繞繞組

串聯 (series) 或波繞繞組 (wave winding) 是另一種轉子線圈連接到換向片之方式。圖 7-18 所示為一簡單四極單工波繞電機。在此單工波繞中，每一其他轉子線圈回接至第一個線圈開始接線之相鄰換向片上。因此，相鄰兩換向片間有兩個線圈串聯。另外，由於相鄰換向片間之每對線圈有一個邊在極面下，而所有輸出電壓為每極效應之和，因此不會有電壓不平衡問題。

第二個線圈之引線可能與第一線圈開始接線之換向片之前或後換向片連接。若第二個線圈連接到第一個線圈之前的換向片，則此為前進繞；若連接到第一線圈之後的換向片，則為後退繞。

通常，一 P 極電機，兩相鄰換向片間有 $P/2$ 個線圈串聯。若第 $P/2$ 個線圈連接到第一個線圈之前的換向片，則此繞組為前進繞。若第 $P/2$ 個線圈連接到第一個線圈之後的換向片，則此繞組為後退繞。

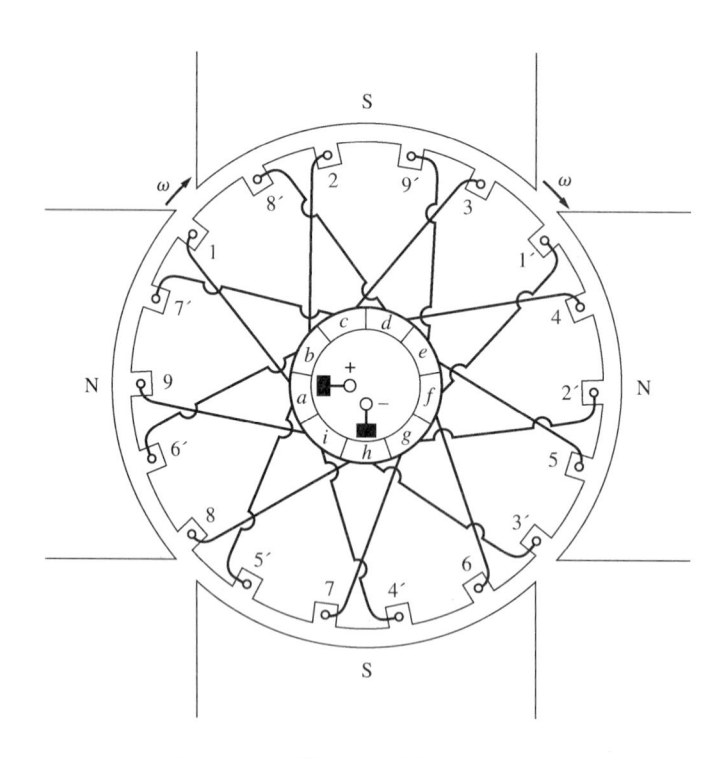

圖 7-18 簡單四極波繞直流電機。

在單工波繞中，只有兩電流路徑。每個電流路徑有 C/2 或一半的繞組。此種電機電刷放置位置彼此相距均為全節距。

波繞之換向片節距是多少？圖 7-18 所示為九個線圈之前進繞組，由起點向下有五個換向片在其線圈之末端。於後退波繞中，線圈末端有四個換向片自其起點向下。故，四極波繞繞組中之線圈的末端必定連接在由其起點開始繞半個圓之點前面或剛好是後面的點相連接。

任何單工波繞繞組之換向片節距之表示為

$$y_c = \frac{2(C \pm 1)}{P} \quad \text{單工波繞} \tag{7-27}$$

其中 C 是轉子之線圈數，而 P 是電機之極數。正號表示前進繞，而負號表示後退繞。圖 7-19 所示為一單工波繞繞組。

因為只有兩電流路徑經過單工波繞轉子，所以只需兩個電刷來引出電流。這是因為正在換向之換向片與在所有極面下的等電壓點連接。如果需要可在相距 180° 電機角處加上更多電刷，因為它們等電位且藉正在換向的導體連接在一起。即使不需要也常常將額外電刷加於波繞電機上，因為這些電刷可減少單一電刷之電流量。

波繞繞組適合於高壓直流電機，因為換向片間串聯的線圈比疊繞繞組容易建立高電壓。

多工波繞繞組為轉子上有多個獨立之波繞繞組。這些額外繞組各有兩個電流路徑，所以在多工波繞繞組中之電流路徑數為

$$a = 2m \quad \text{多工波繞} \tag{7-28}$$

蛙腿繞組

蛙腿繞組 (frog-leg winding) 或稱自均壓繞組 (self-equalizing winding)，由它線圈的外形而得名，如圖 7-20 所示。它由疊繞和波繞繞組組合而成。

均壓器在一般疊繞繞組是連接於電壓相等的點。波繞繞組所到達之相同極性之連續極面下之各點電壓相等。在相同位置上用均壓器聯結在一起。蛙腿式繞或自均壓繞組由波繞和疊繞繞組組成，所以波繞繞組可當成疊繞繞組之均壓器。

蛙腿式電流路徑數為

$$a = 2Pm_{\text{lap}} \quad \text{蛙腿繞組} \tag{7-29}$$

其中 P 是電機之極數，而 m_{lap} 是疊繞繞組之工數。

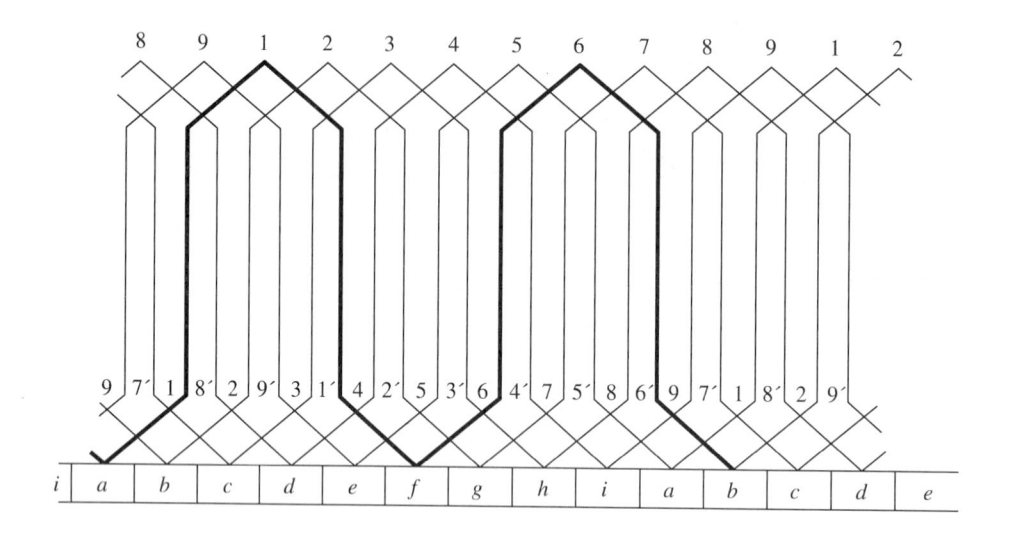

圖 7-19 圖 7-18 中電機轉子繞組。注意每個第二線圈之末端與第一線圈之後的換向片、串聯連接。此為前進波繞。

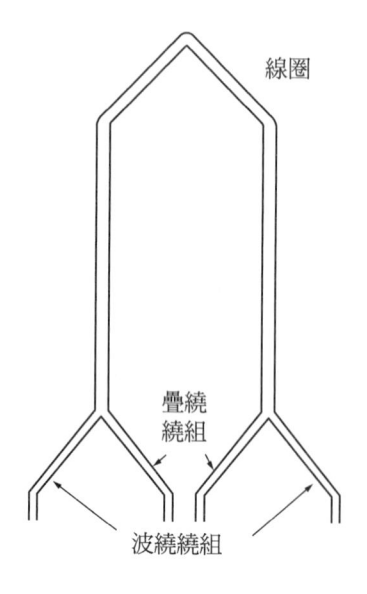

圖 7-20 蛙腿或自均壓繞組線圈。

例題 7-2 描述 7.2 節中四迴圈電機之轉子繞組排列。

解：7.2 節中所描述之電機有四個線圈，每個為一匝，總共有八根導體。它有前進疊繞繞組。 ◀

7.4 實際電機之換向問題

在 7.2 和 7.3 節中所描述之換向處理，在實際電機上並不像理論上那麼簡單，因為實際世界中有兩個主要效應干擾它：

1. 電樞反應
2. $L\,di/dt$ 電壓

本節將要探討這些問題之本質以及減低這些效應之方法。

電樞反應

若一直流電機之磁場繞組與電源供應器連接，而其轉子由外部之機械功率源帶動，則轉子導體上會感應一電壓。經由換向作用，此電壓會被整流成直流輸出。

現於電機端連接一負載，電樞繞組會有電流流動。此電流會產生它自己的磁場，此磁場會使原本電機磁極所產生之磁場造成扭曲現象。當電機負載增加時所造成之磁通扭曲稱為**電樞反應** (armature reaction)。它在實際的直流電機中造成兩個嚴重問題。

由電樞反應所引起之第一個問題是**中性面移動** (neutral-plane shift)。電機內磁中性面 (magnetic neutral plane) 之定義為轉子之導線速度正好平行於磁通線之面，所以此平面上導體之 e_{ind} 正好為零。

為了瞭解中性面移動問題，請看圖 7-21。圖 7-21a 為一二極直流電機。注意磁通很均勻地分佈於極面下。N 極極面下之轉子繞組產生進入紙面之電壓，而 S 極極面下之導體產生離開紙面之電壓。此電機之中性面正好是垂直的。

現假設有一負載接到電機上，它作用像是發電機。電流會從發電機正端流出，所以 N 極極面下之導體電流會流進紙面，而 S 極極面下之導體電流會流出紙面。此電流會從轉子繞組產生一磁場，如圖 7-21c 所示。此轉子磁場會影響產生發電機電壓由磁極所產生之原本磁場。在極面某些位置下，它與磁極磁通相減，而在其他位置與磁極磁通相加。全部所產生之氣隙中的磁通如圖 7-21d 與 e 所示。注意轉子上導體感應電壓為零 (中性面) 之位置已經移動了。

圖 7-21 所示之發電機，磁中性面往旋轉方向移動。若此電機為電動機，轉子上之

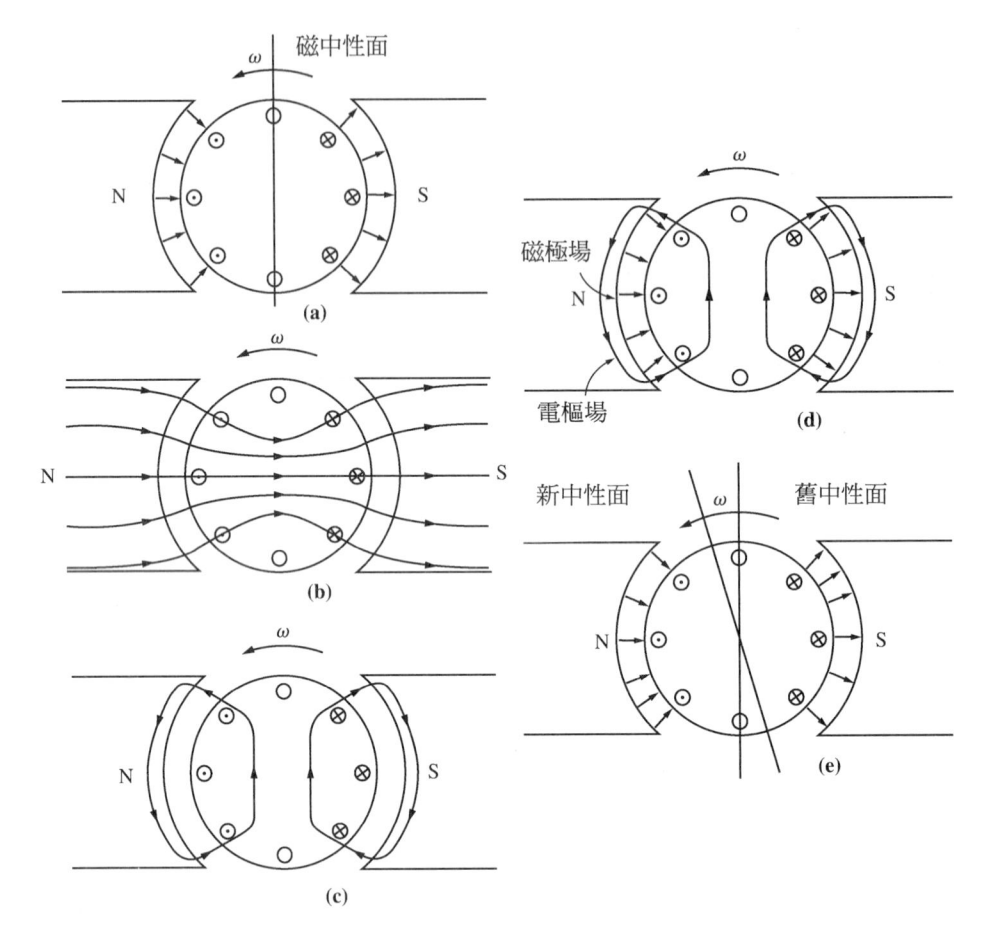

圖 7-21 直流發電機電樞反應之發展。(a) 最初極磁通均勻分佈且磁中性面是垂直的；(b) 氣隙對極磁通分佈之效應；(c) 當負載加於電機時所產生之電樞磁場；(d) 轉子及極磁通均顯示，指示其相加和相減之處；(e) 磁極下所產生之磁通，中性面已往運動方向移動。

電流會反向且磁通會往圖所示之相反角落靠攏。結果，磁中性面會往另外方向移動。

通常，發電機之中性面會往運動方向移動，而電動機會往反運動方向移動。而且，移動之大小視轉子電流也就是負載大小而定。

所以對於中性面之偏移有何對策？就是這樣：當換向片上之電壓為零時才將換向片短路。若電刷在垂直面上短路導體，則換向片間之電壓為零，一直到電機加上負載。當電機加載，中性面會偏移，而被電刷短路之換向片還有電壓。結果被短路的換向片間會產生環流及大的火花，在電刷離開換向片而將電流切斷的時候。最後結果是電刷上有電弧及火花。這是很嚴重的問題，因為它嚴重地縮短電刷的壽命，使換向片凹陷，以及大幅增加維護費用。注意，此問題不能將電刷固定在克服滿載之中性面位置，因為在無載

第七章　直流電機原理　425

ϕ, Wb

$\Delta\phi_i$
$\Delta\phi_d$

$\mathcal{F}$, A・turns

磁極磁動勢－電樞磁動勢
磁極磁動勢
磁極磁動勢＋電樞磁動勢

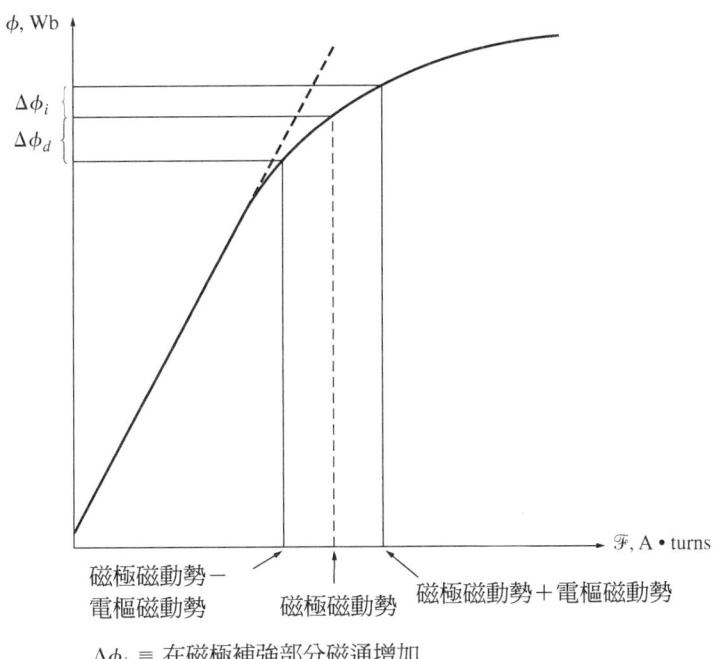

$\Delta\phi_i \equiv$ 在磁極補強部分磁通增加
$\Delta\phi_d \equiv$ 在磁極減弱部分磁通減小

圖 7-22 典型磁化曲線，顯示電樞磁動勢與磁極磁動勢相加的位置上之磁極飽和效應。

時它們仍會產生火花。

在非常情形下，中性面偏移會在換向片接近電刷位置造成閃絡現象 (flashover)。電刷所產生之火花將靠近電刷之空氣解離。當相鄰換向片得到足夠大的電壓去維持解離空氣之電弧時，閃絡就會產生。如果發生閃絡時，其產生之電弧甚至會熔化換向片表面。

電樞反應所造成之第二個主要問題為磁通減弱 (flux weakening)。為了瞭解磁通減弱現象，參考圖 7-22 之磁化曲線。大部分電機運轉於磁通密度接近飽和之點。因此，在轉子磁動勢與磁極動勢相加的極面位置上，磁通只發生小量的增加。但在轉子磁動勢與磁極磁動勢相減之極面位置上，磁通有很大的減少。此所得結果，整個極面下之平均磁通是減少的 (見圖 7-23)。

磁通減弱在發電機與電動機均會產生問題。在發電機中，磁通減弱之效應為減少發電機供給負載之電壓。在電動機中，此效應比較嚴重。就如本章前面例子所示，當電動機之磁通減少，它的轉速會增加。但轉速的增加會增加其負載，而產生更大的磁通減弱。弱磁會使某些直流分激電動機到達脫速情況；而電動機之轉速會繼續升高，一直到電機切離電源線或毀壞為止。

[圖示:直流電機極面下之磁通和磁動勢]

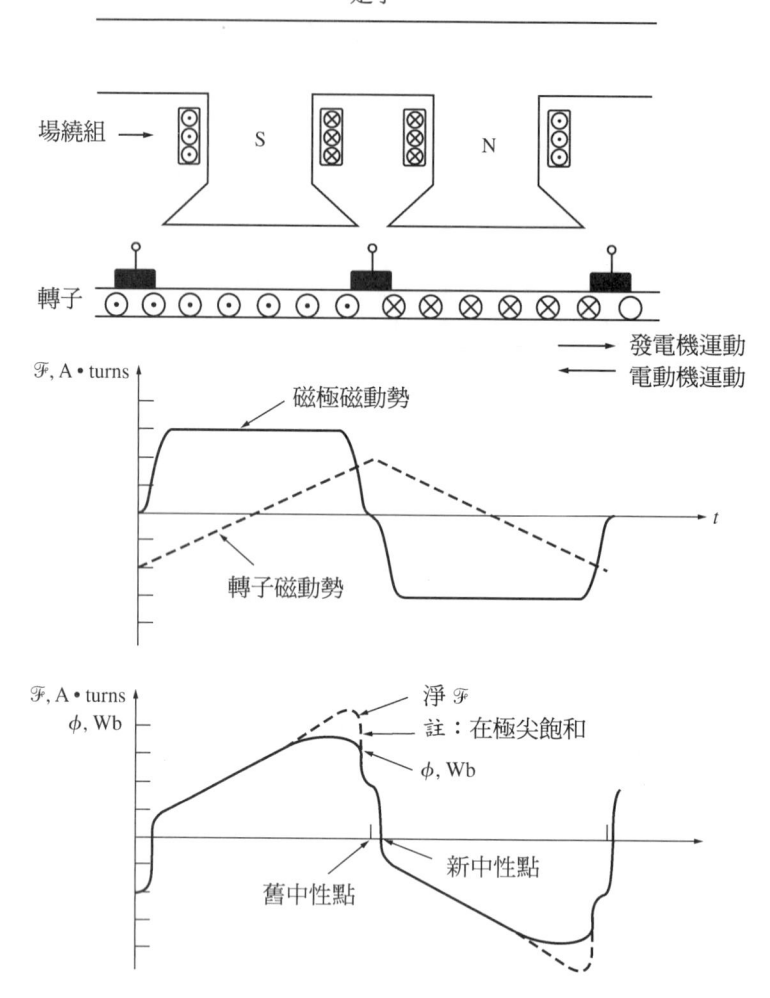

圖7-23 直流電機極面下之磁通和磁動勢。在磁動勢相減的點,其磁通與鐵心中之淨磁動勢密合,而在磁動勢相加之點,磁飽和限制總磁通出現。且轉子中性點已經偏移。

L di/dt 電壓

第二個主要問題是發生在被電刷所短路的換向片中的 L di/dt 電壓,此電壓有時稱為電感性反衝 (inductive kick)。要瞭解這種問題,見圖 7-24。此圖為一串換向片與它們之間所連接之導體。假設電刷內之電流為 400 A,每個路徑上之電流為 200 A。注意當換向片被短路時,流經換向片之電流必定反向。這種反向要多快速?假設電機以 800 r/min 之速度運轉,且有 50 個換向片 (典型電動機之合理數目),則每個換向片在電刷下運動,而在 $t=0.0015$ s 後再度離開。因此,在短路迴圈中電流對時間的變化率之平均為

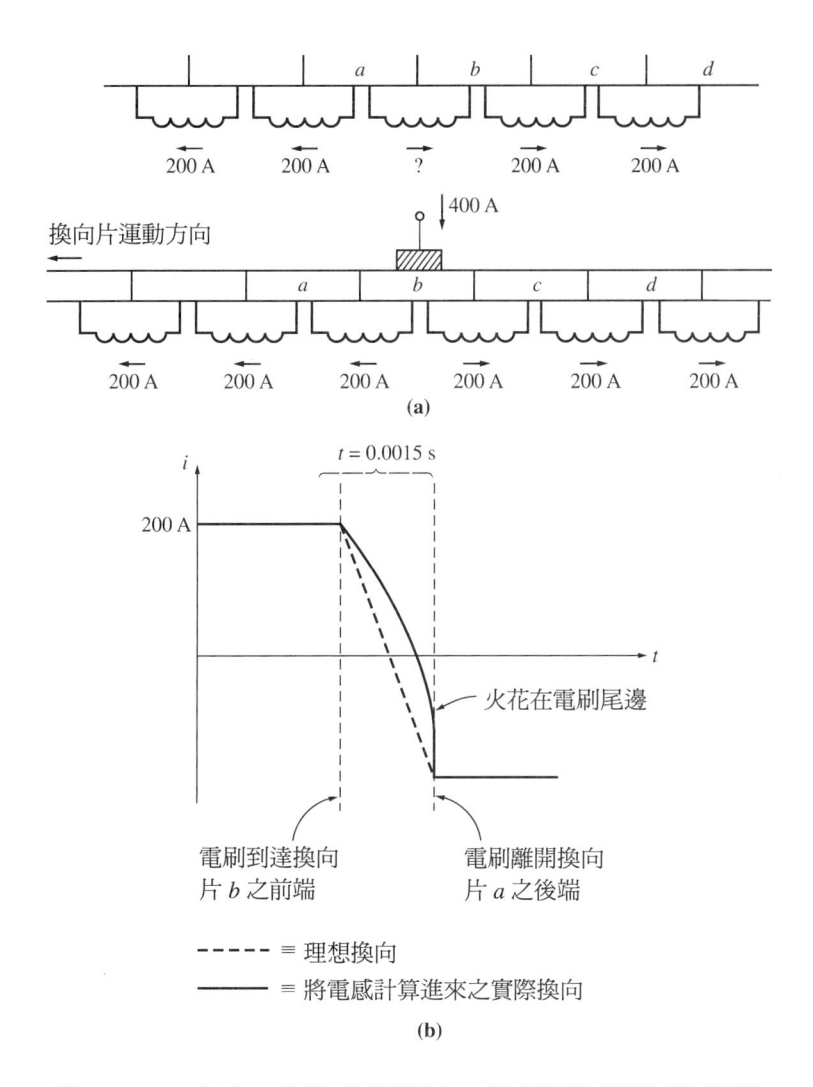

圖 7-24 (a) 換向中之線圈電流反向。注意當電刷短路這兩個換向片時，換向片 a 與 b 之間的線圈中流必定反向。(b) 理想與實際換向之正在換向中之線圈電流反向之時間函數，線圈電感而加入計算。

$$\frac{di}{dt} = \frac{400 \text{ A}}{0.0015 \text{ s}} = 266{,}667 \text{ A/s} \tag{7-30}$$

只要迴圈中有很小的電感存在，在短路的換向片中也會感應一很大的電感性電壓反衝 $v = L\, di/dt$。此大的電壓會在電機之電刷上產生火花，也產生如中性面偏移所造成之同樣的電弧問題。

換向問題之解決方法

目前有發展三種方法可完全或部分地解決電樞反應和 $L\,di/dt$ 電壓問題：

1. 移動電刷
2. 換向或中間極
3. 補償繞組

以下將介紹每種方法以及它的優缺點。

移動電刷 由過去歷史知道，首先企圖去改善直流電機之換向處理是由減少因中性面面偏移而在電刷所產生之火花及 $L\,di/dt$ 效應開始作起。電機設計所使用之第一個方法是很簡單的：若電機的中性面偏移，何不也移動電刷以停止火花之產生？它似乎是個好主意，但有許多嚴重問題隨之而來。例如每次負載改變中性面就移動，且當電機是作電動機與發電機時移動的方向相反。因此，必須去調整電刷在每次負載改變時移動的情形。另外，移動電刷雖可阻止電刷跳火花，但卻加重了電機中電樞反應所造成之弱磁效應。有兩種效應存在使它為真：

1. 轉子之磁動勢有一反對磁極磁動勢之向量分量 (見圖 7-25)。
2. 電樞電流分佈之變化引起磁通之靠攏，尤其是在極面的飽和部分。

　　另外一種稍有不同之方法為將電刷固定在折衷位置 (一個在三分之二滿載不會發生火花之位置)。在這種情況下，電機有時在無載、有時在滿載會有火花，但若是其大部分時間是運轉於三分之二滿載，則火花會最小。當然，此種電機無法當作發電機使用──否則火花之情形會更可怕。

　　但大約在 1910 年後，利用移動電刷去控制火花產生之方法就廢棄不用了。今天，只有小的且依同一方向運轉之電機才使用電刷移動。在此種小的電動機中，使用這種方法是最佳最簡單但不經濟。

換向磁極或中間極 因為以上所說之缺點，特別是必須有人在負載改變時去調整電刷位置，所以另一種解決電刷火花問題之方法就發展出來。這種方法之基本想法是，若換向中的導線之電壓能為零，則電刷就不會產生火花。要實現這情況，可在主磁極間之中間設置小的磁極，稱為換向極 (commutating pole) 或中間極 (interpole)。這些換向極放置於正對著正在換向中之導體。由換向極所提供之磁通，正在換向中之線圈的電壓可被抵消。若能恰當抵消，則電刷就不會跳火花。

　　換向極不會改變電機之運轉，因為它們很小且作用只限於正在換向中之幾根導體。

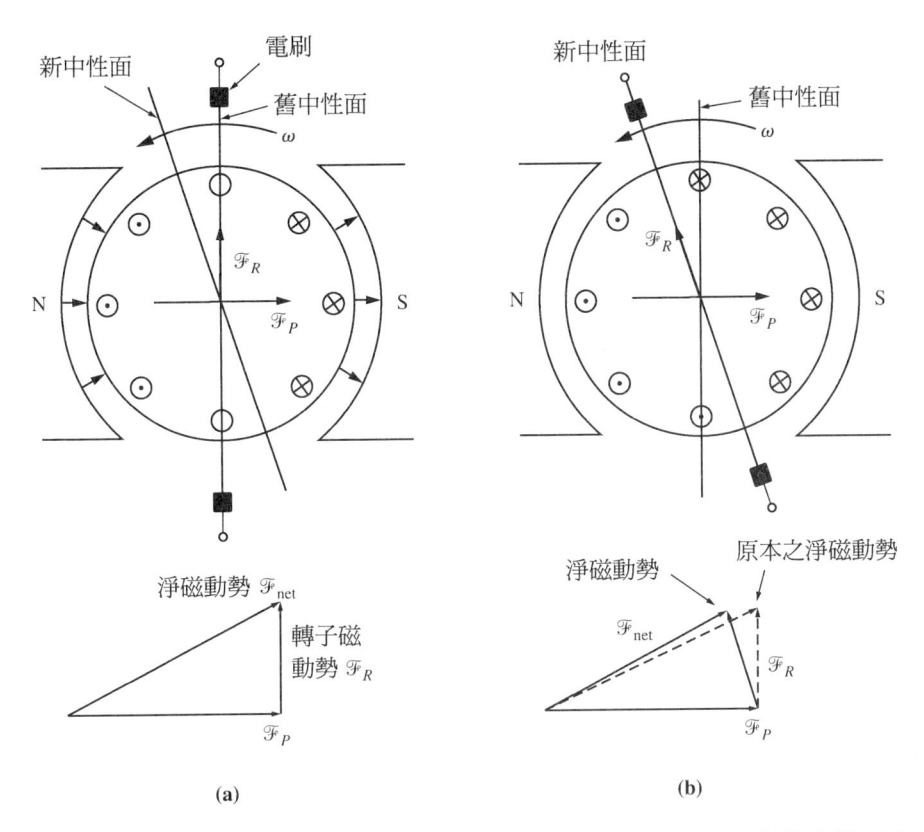

圖 7-25 (a) 電刷在垂直面時直流電機之淨磁動勢。(b) 電刷超過偏移中性面時之淨磁動勢。注意現有一電樞磁動勢之分量直流相反於極磁動勢，使得此電機之淨磁動勢減少。

注意在主極面下的電樞反應是不受影響的，因為換向極之效應不會擴展那麼遠。此意味著換向極對電機之弱磁作用是不影響的。

換向片上之電壓在所有負載下是如何被消除的？只要簡單的將中間極繞組與轉子繞組串聯即可，如圖 7-26 所示。當負載增加而使轉子電流增加時，中性面偏移之量與 $L\,di/dt$ 之效應均增加。這些效應使得換向中之導體電壓增加。但是，中間極之磁通也增加，而導體上產生一較大電壓以反對因中性面偏移所產生之電壓。所得之結果就是在廣大範圍內的負載均可抵消它們的效應。注意中間極可工作於電動機或發電機，因為當電機由電動機變成發電機，在轉子和中間極內之電流皆反向。因此，所產生之電壓仍互相抵消。

中間極之磁通極性為什麼極性？中間極必須在換向中的導體感應一電壓以反對因中性面偏移及 $L\,di/dt$ 效應所產生之電壓。在發電機中，中性面往旋轉方向偏移，意味著正在換向中的導體所產生之電壓與其離開磁極之電壓有相同極性 (見圖 7-27)。為了反對這

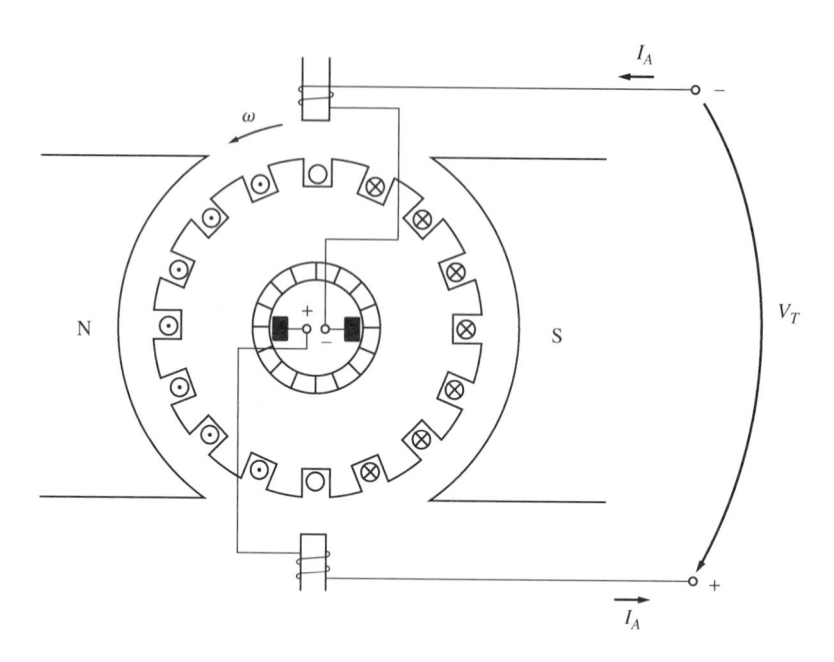

圖 7-26 有中間極之直流電機。

電壓,中間極必須有反向磁通,也就是與將進來之磁極的磁通相同。在電動機中,中性面反旋轉方向移動,正在換向中的導體其磁通與正要到達之磁極的磁通相同。為了反對此電壓,中間極必須與先前之主磁極有相同極性。因此,

1. 在發電機中,中間極必須與下一個將要到來之主磁極同極性。
2. 在電動機中,中間極必須與先前之主磁極有相同極性。

　　使用換向極或中間極是很普遍的,因為它們解決直流電機跳火花問題在相當低的價格。在一馬力或更大的直流電機中幾乎都有使用換向極。雖然它們對於極面下之磁通分佈沒有影響,但在實際上是非常重要的,所以磁通減弱之問題仍無法靠中間極來解決。大部分中容量、一般用途之電動機利用中間極解決火花問題,而只留下磁通減弱之效應。

補償繞組　對於負荷重且長期必須使用之電動機而言,弱磁問題是十分嚴重的。為了完全消除電樞反應也就是消除中性面偏移和弱磁問題,另一種不同技巧已發展出來。這第三種方法為放補償繞組於極面槽切口內且平行於轉子導體,以消除電樞反應之扭曲效應。這些繞組與轉子繞組串聯連接,所以無論何時轉子負載改變,在補償繞組內之電流也會改變。圖 7-28 所示為此基本概念。在圖 7-28a 中,只顯示磁極本身之磁通。在圖 7-28b 中,顯示了轉子磁通與補償繞組磁通。圖 7-28c 為這些磁通之和,它恰好等於原

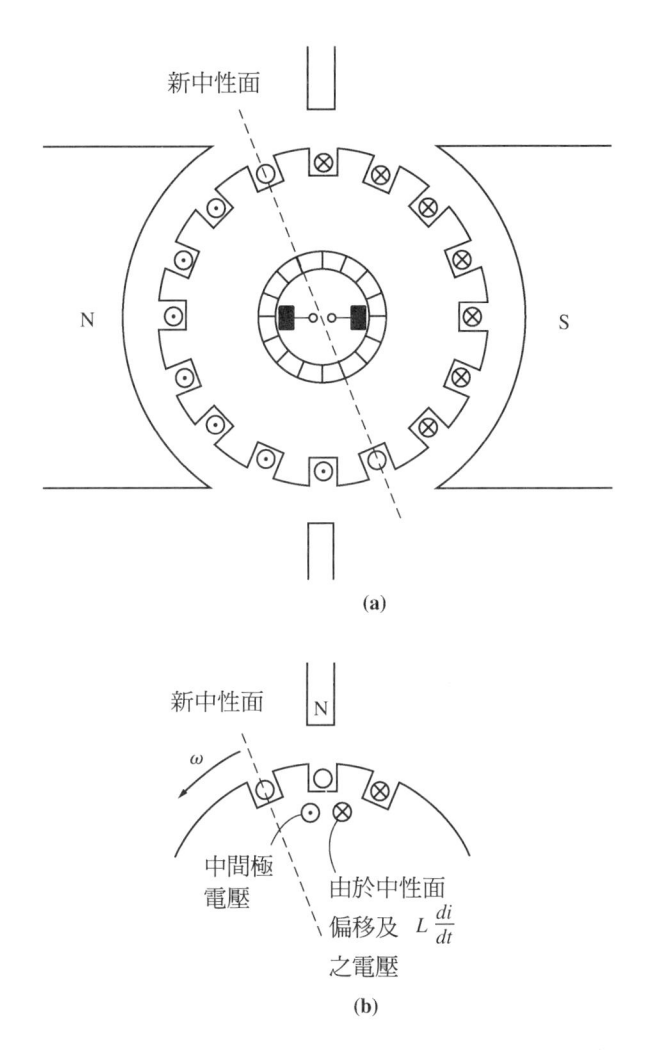

图 7-27 中間極極性之決定。中間極之磁通必須產生一反對導體中存在之電壓的電壓。

本之磁極磁通。

圖 7-29 更詳細的指出補償繞組對直流電機之效應。注意由於補償繞組所產生之磁動勢會與轉子在極面下每點所產生之磁動勢相等且方向相反。而所得之淨磁動勢為磁極之磁動勢，所以無論電機之負載為何，其磁通都沒改變。

補償繞組之主要缺點為太昂貴，因為它們必須被放入極面內。任何電動機除使用補償繞組外還須有中間極，因為補償繞組無法消除 $L\,di/dt$ 效應。然而因為中間極不是很強大，因此它們只能消除 $L\,di/dt$ 電壓，而無法消除因中性偏移所產生之電壓。因為同時裝有補償繞組與中間極之電機較昂貴，所以只有在要求電動機責任較重處才使用它們。

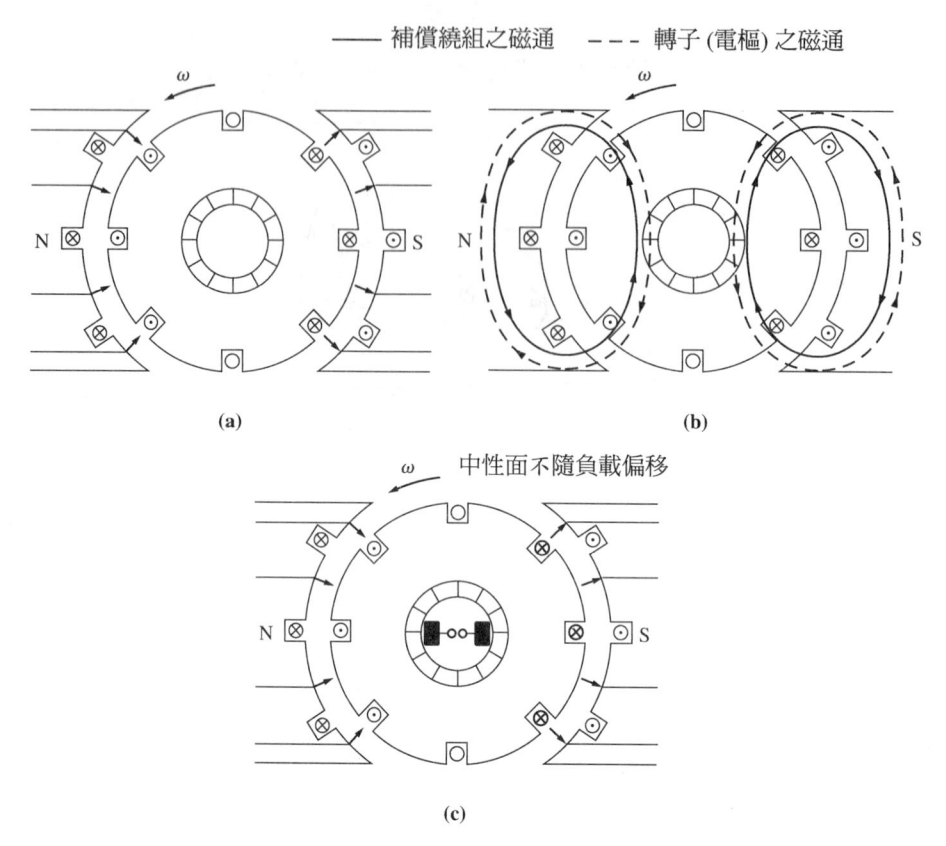

圖 7-28 補償繞組在直流電機之效應。(a) 電機之磁極磁通； (b) 電樞和補償繞組之磁通。注意它們相等且反向； (c) 電機之淨磁通，恰好等於原本之磁極磁通。

7.5 實際直流電機之內生電壓及感應轉矩方程式

實際直流電機可產生多少電壓？在任何電機中之感應電壓依三個因素而定：

1. 電機之磁通 ϕ
2. 電機轉子之轉速 ω_m
3. 依據電機結構而定之常數

實際電機中轉子繞組內之電壓如何決定？電樞輸出之電壓為每條電流路徑之導體數乘以每根導體上之電壓。極面下任何單一根導體之電壓為

$$e_{\text{ind}} = e = vBl \tag{7-31}$$

因此實際電機電樞之輸出電壓為

第七章 直流電機原理 **433**

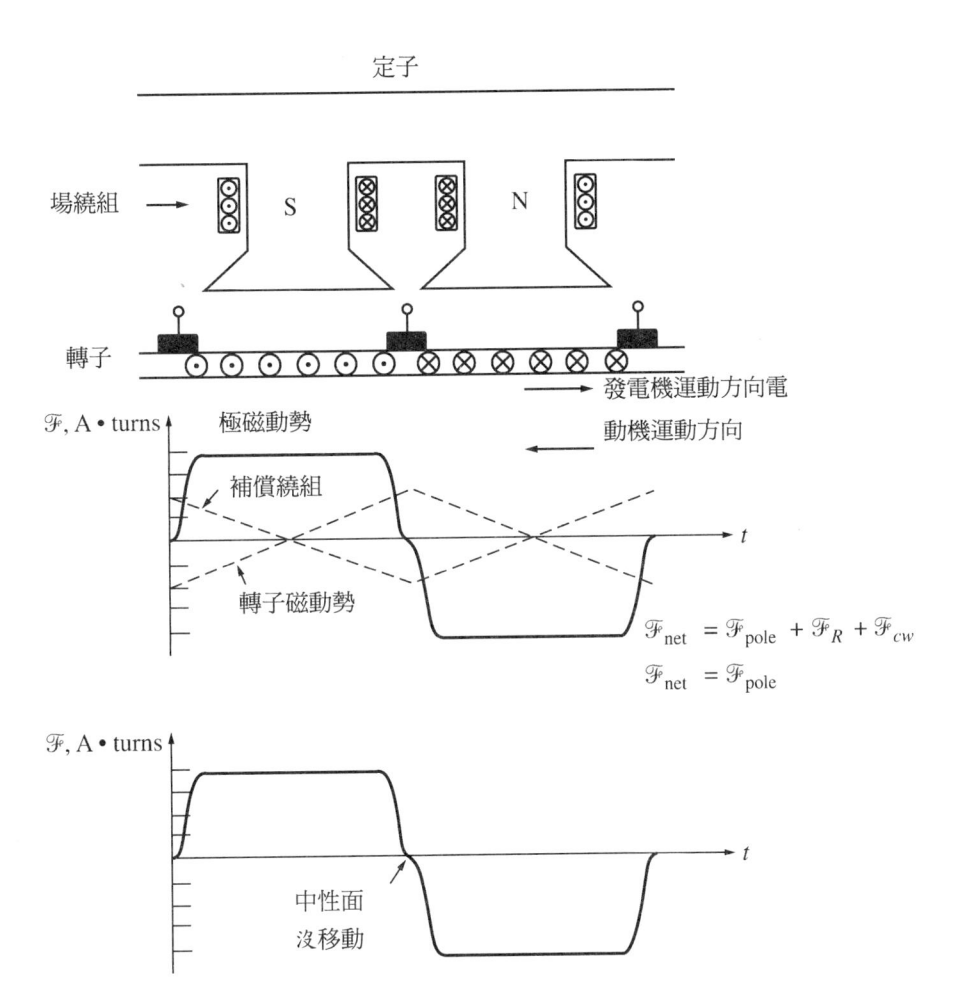

圖 **7-29** 有補償繞組之直流電機的磁通及磁動勢。

$$\mathcal{F}_{net} = \mathcal{F}_{pole} + \mathcal{F}_R + \mathcal{F}_{cw}$$
$$\mathcal{F}_{net} = \mathcal{F}_{pole}$$

$$E_A = \frac{ZvBl}{a} \tag{7-32}$$

其中 Z 是總導體數，a 為電流路徑數。轉子內每根導體之速度可表示成 $v=r\omega_m$，其中 r 是轉子之半徑，所以

$$E_A = \frac{Zr\omega_m Bl}{a} \tag{7-33}$$

此電壓可用更普通形式來表示，因每極之磁通為磁極下之磁通密度乘以磁極的面積：

$$\phi = BA_P$$

轉子之外形像圓柱體，所以它的面積為

$$A = 2\pi rl \tag{7-34}$$

若電機有 P 極，則相對於每極之面積為面積 A 除以極數 P：

$$A_P = \frac{A}{P} = \frac{2\pi rl}{P} \tag{7-35}$$

每極之總磁通為

$$\phi = BA_P = \frac{B(2\pi rl)}{P} = \frac{2\pi rlB}{P} \tag{7-36}$$

因此，電機之內生電壓可表示成

$$E_A = \frac{Zr\omega_m Bl}{a} \tag{7-33}$$

$$= \left(\frac{ZP}{2\pi a}\right)\left(\frac{2\pi rlB}{P}\right)\omega_m$$

$$\boxed{E_A = \frac{ZP}{2\pi a}\phi\omega_m} \tag{7-37}$$

最後，

$$\boxed{E_A = K\phi\omega_m} \tag{7-38}$$

其中

$$\boxed{K = \frac{ZP}{2\pi a}} \tag{7-39}$$

在現代工業上，一般電機轉速之表示是用每分鐘多少轉代替每秒弳。每分鐘之轉數變為每秒弳為

$$\omega_m = \frac{2\pi}{60}n_m \tag{7-40}$$

所以，以每分鐘之轉數所表示之電壓方程式為

$$E_A = K'\phi n_m \qquad (7\text{-}41)$$

其中

$$K' = \frac{ZP}{60a} \qquad (7\text{-}42)$$

實際直流電機之電樞所感應之轉矩是多少？任何電機之轉矩依三種因素而定：

1. 電機之磁通 ϕ
2. 電機之電樞 (或轉子) 電流 I_A
3. 依據電機構造而定之常數

實際電機轉子上之轉矩如何決定呢？電樞所產生之轉矩為導體數 Z 乘以每根導體產生之轉矩。極面下任何一根導體之轉矩為

$$\tau_{\text{cond}} = rI_{\text{cond}}lB \qquad (7\text{-}43)$$

若電機有 a 條電流路徑，則總電樞電流 I_A 分成 a 條電流路徑，則在單一根導體之電流為

$$I_{\text{cond}} = \frac{I_A}{a} \qquad (7\text{-}44)$$

所以，電動機單根導體所感應之轉矩可表示成

$$\tau_{\text{cond}} = \frac{rI_A lB}{a} \qquad (7\text{-}45)$$

因為有 Z 根導體，則總感應轉矩為

$$\tau_{\text{ind}} = \frac{ZrlBI_A}{a} \qquad (7\text{-}46)$$

電機每極之磁通可表示成

$$\phi = BA_P = \frac{B(2\pi rl)}{P} = \frac{2\pi rlB}{P} \qquad (7\text{-}47)$$

所以總感應轉矩可表示成

$$\tau_{\text{ind}} = \frac{ZP}{2\pi a}\phi I_A \qquad (7\text{-}48)$$

最後，

$$\tau_{\text{ind}} = K\phi I_A \qquad (7\text{-}49)$$

其中

$$K = \frac{ZP}{2\pi a} \tag{7-39}$$

以上內生電壓與感應轉矩方程式僅僅是近似的，因為在任一時間內並非所有導體均在極面下而且並非每極之極面能完全蓋住轉子表面之 1/P。為了得到更精確的表示，可用轉子之總導體數代替極面下之導體數。

例題 7-3 一六極直流電機之電樞繞組為雙工疊繞，有六個電刷，每個距離為兩個換向片。電樞有 72 個線圈，每個有 12 匝。每極之磁通為 0.039 Wb，電機運轉在 400 r/min。
(a) 此電機有多少電流路徑？
(b) 它的感應電壓 E_A 是多少？

解：
(a) 電流路徑數為

$$a = mP = 2(6) = 12 \quad \text{條電流路徑} \tag{7-26}$$

(b) 感應之電壓為

$$E_A = K'\phi n_m \tag{7-41}$$

且

$$K' = \frac{ZP}{60a} \tag{7-42}$$

電機之導體數為

$$Z = 2CN_C = 2(72)(12) = 1728 \quad \text{根導體} \tag{7-22}$$

因此，常數 K' 為

$$K' = \frac{ZP}{60a} = \frac{(1728)(6)}{(60)(12)} = 14.4$$

而電壓 E_A 為

$$\begin{aligned} E_A &= K'\phi n_m \\ &= (14.4)(0.039 \text{ Wb})(400 \text{ r/min}) \\ &= 224.6 \text{ V} \end{aligned}$$

◀

例題 7-4 一 12 極直流發電機，電樞為單工波繞，有 144 個線圈，每個有 10 匝。每匝之電阻為 0.011 Ω。每極之磁通為 0.05 Wb，且運轉於 200 r/min。

(a) 此電機有多少電流路徑？
(b) 感應電壓是多少？
(c) 有效之電樞電阻是多少？
(d) 若有一 1 kΩ 之電阻接於發電機端，則電機軸上所產生之感應反轉矩是多少？(忽略內部電樞電阻。)

解：

(a) 有 $a=2m=2$ 條電流路徑。

(b) 有 $Z=2CN_C=2(144)(10)=2880$ 根導體。

因此，

$$K' = \frac{ZP}{60a} = \frac{(2880)(12)}{(60)(2)} = 288$$

因此，感應電壓為

$$\begin{aligned} E_A &= K'\phi n_m \\ &= (288)(0.05 \text{ Wb})(200 \text{ r/min}) \\ &= 2880 \text{ V} \end{aligned}$$

(c) 有兩條並聯路徑經過轉子，每條路徑有 $Z/2=1440$ 根導體，或是 720 匝。因此，每條電流路徑之電阻為

$$\text{電阻／路徑} = (720 \text{ 匝})(0.011 \text{ Ω／匝}) = 7.92 \text{ Ω}$$

因為有兩條平行路徑，則有效電樞電阻為

$$R_A = \frac{7.92 \text{ Ω}}{2} = 3.96 \text{ Ω}$$

(d) 若一 1000 Ω 之負載接於發電機端點，若 R_A 忽略，則電流 $I=2880$ V/1000 Ω $=2.88$ A。常數 K 為

$$K = \frac{ZP}{2\pi a} = \frac{(2880)(12)}{(2\pi)(2)} = 2750.2$$

因此，軸之反轉矩為

$$\begin{aligned} \tau_{\text{ind}} &= K\phi I_A = (2750.2)(0.05 \text{ Wb})(2.88 \text{ A}) \\ &= 396 \text{ N·m} \end{aligned}$$

7.6 直流電機之構造

圖 7-30所示為一簡化之直流電機圖形。實際電機構造由兩部分組成：定子 (stator) 或靜止部分與轉子 (rotor) 或旋轉部分。靜止部分包括提供物理支撐之機架 (frame)，以及向內凸出而提供磁通路徑之極片 (pole piece)。靠近轉子之磁片端伸展出蓋過轉子表面，而將磁通均勻的分佈在轉子表面。這些端稱為極靴 (pole shoe)。極靴所露出之表面稱為極面 (pole face)，極面和轉子間之距離稱為空氣隙 (air gap)。

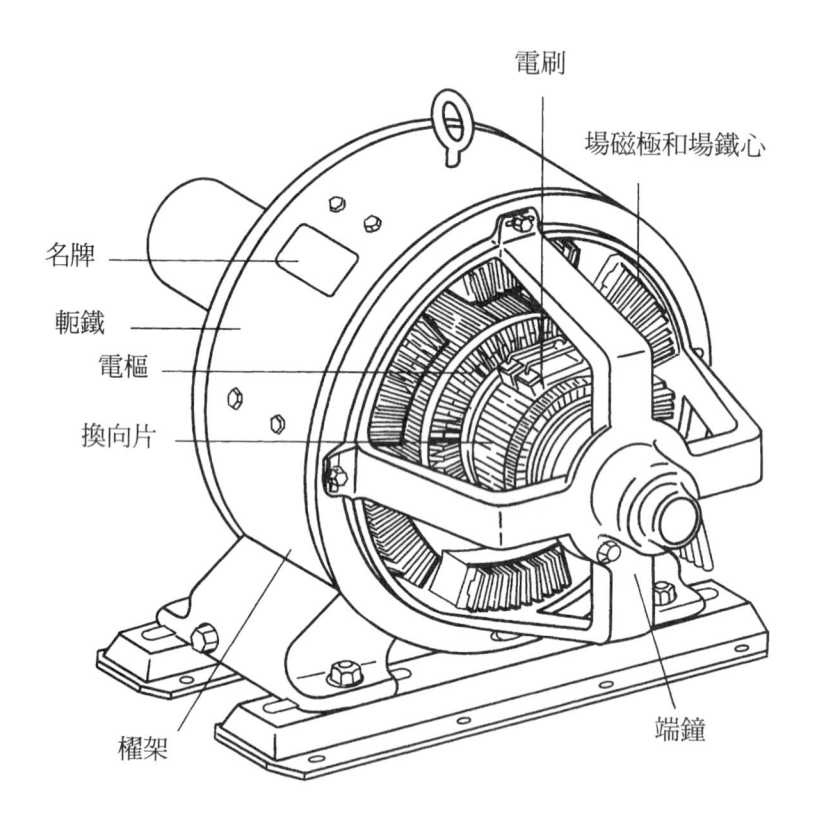

圖 7-30　直流電機之簡化圖。

直流電機有兩個主要繞組：電樞繞組和場繞組。電樞繞組 (armature winding) 之定義為能感應電壓之繞組；場繞組 (field winding) 之定義為能產生主磁場之繞組。在一般直流電機，電樞繞組是位於轉子，而場繞組位於定子。因為電樞繞組在轉子，所以有時稱直流電機之轉子為電樞。

典型直流電動機構造之一些主要特徵描述於下。

磁極與機架構造

舊式直流電機之主磁極通常是以單一金屬鑄片製成，而場繞組則纏繞在上面。常常在鑄片上裝有疊片的極尖以減少極面中的鐵損。因為固態驅動包裝已相當普遍，新式電機之主磁極全部由疊片材料製成。因為電力中有更多的交流容量供應於由固態驅動所驅動之直流電機，所以會在定子產生較大之渦流損。典型之極面構造常是去角 (chamfered) 或偏心 (eccentric) 之情形，也就是極尖部分與轉子之空間比極面中心稍為寬了些 (見圖 7-31)。這種作用增加了極尖上之磁阻，也因此因電樞反應所造成之磁通靠攏效應。

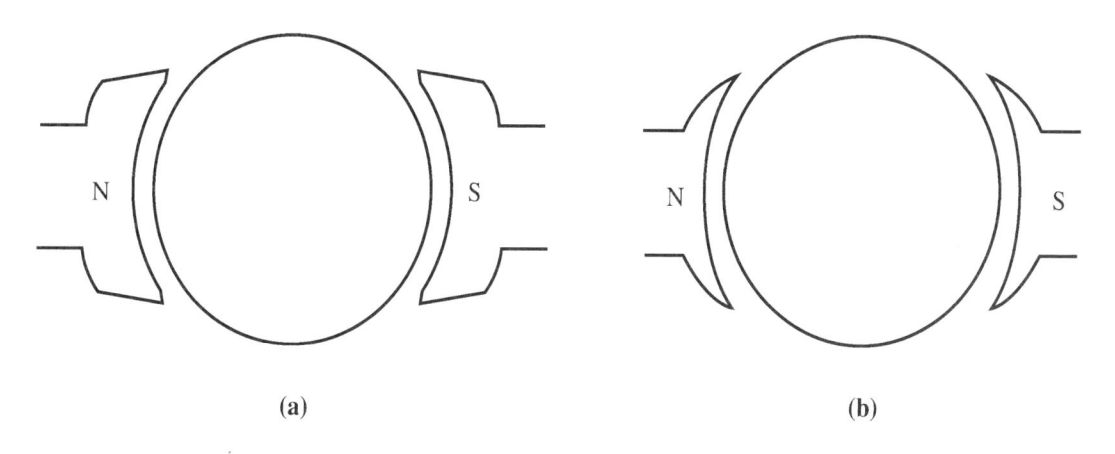

圖 7-31 在極尖有較大的空氣隙寬度以減少電樞反應。(a) 去角之磁極；(b) 偏心或不均勻傾斜之磁極。

直流電機之磁極稱為凸極 (salient pole)，因為突出於定子之表面。

直流電機之中間放於主磁極之間。因為它們與主磁極一樣有相同之損失問題，所以更常用疊片構成。

一些製造廠甚至將機架之一部分，磁通的返回路徑（軛鐵）用疊片做成，以減少 SCR 驅動之電動機的鐵損。

轉子或電樞之構造

直流電機之轉子或電樞，是由鋼條和建立在上面之鐵心所構成之機械軸。鐵心是許多疊片貼於鋼板上所組成，表面上有切口好放置電樞繞組。換向片做在鐵心之一端的轉子軸上。電樞線圈放在鐵心的槽內；如 7.4 節所述，而它們的端點則接到換向片。

換向片與電刷

直流電機之換向片是由銅棒製成而以雲母級材料絕緣。銅棒是足夠厚以容許電動機正常壽命使用之磨損。換向片間之雲母絕緣材料之硬度比換向片本身材料大很多，所以當電機老化後，必須去削掉換向片絕緣，以確保它不會超過銅棒的位置。

電機之電刷是由碳、石墨、金屬石墨或由碳和石墨之混合物所構成。它們有高的導電性以減少電的損失以及低的摩擦係數以減少過度的磨損。它們是由比換向片軟的材料所構成，所以換向片表面所受之磨損非常小。電刷硬度的選擇是一種折衷性的：若電刷太軟，就必須常常更換；但若太硬，則換向片表面會過度磨損而減少電機壽命。

為了將轉子的交流電壓轉換成電機端的直流電壓，會有電刷直接摩擦換向片之現象，而這是所有換向片表面發生磨損之原因。若電刷之壓力太大，電刷和換向片會過度摩擦。但是，若電刷壓力太小，則電刷會輕微跳動且在電刷——換向片間之接面會有火花產生。此火花會損壞電刷和換向器表面。因此，在換向器表面之電刷壓力必須小心調整以維持最長壽命。

另一影響電刷與換向片磨損之因素為電機之電流量。電刷正常是騎在換向片表面之薄氧化層上，此薄層可減少電刷在換向片上運動之摩擦。如果電流很小，此氧化層會崩潰，使電刷與換向片間之摩擦大大增加。此摩擦之增加造成快速的磨損。為了延長電刷壽命，電機於運動時至少要加上部分負載。

繞組絕緣

除了換向片外,直流電動機設計最重要的部分是其繞組之絕緣。若電動機之繞組絕緣崩潰,電動機會短路。修理絕緣短路之電機費用是十分昂貴的,若還可修理的話。為了預防電機之繞組絕緣破壞而產生過熱現象,需要去限制繞組之工作溫度。可以供應冷空氣循環做到一部分,但最根本的是最大的繞組溫度限制了連續所能供給電機之最大功率。

在某些臨界溫度下絕緣很少會瞬間崩潰而壞掉。另一方面,溫度之上升使絕緣逐漸退化,加上由於衝擊、振動或電的張力使它損壞。有一種傳統的規則說明,當繞組溫度上升 10% 時,在某種絕緣下之電機繞組之壽命就會減半。此規則在現今某些範圍內之絕緣仍適用。

為了標準化電機絕緣之限制,美國國家電工製造協會 (NEMA) 定義了一系列的絕緣等級。每個絕緣等級規定了最大容許之溫升。整數馬力之直流電機有四種標準的 NEMA 絕緣等級:A、B、F、H。每種等級代表之繞組容許溫度皆比其前一等級高。例如,在連續運轉之電機的周圍溫度,可由溫度測得其電樞繞組之溫升,它被限制為 A 級不超過 70°C,B 級不超過 100°C,F 級不超過 130°C,以及 H 級不超過 155°C。

溫度規定在 NEMA 標準 MG1-1993,電動機和發電機內有更詳細的記載。國際電機工會 (IEC) 以及其他國家中之各國標準機構也有類似之規定標準。

7.7 直流電機之電力潮流及損失

直流發電機取機械功率而產生電功率,而直流電動機取電功率而產生機械功率。在其他情況中,並不是所有輸入電機之功率都以有用的形式出現在另一端——此處理過程總是會有損失。

直流電機之效率定義為

$$\boxed{\eta = \frac{P_{\text{out}}}{P_{\text{in}}} \times 100\%} \tag{7-50}$$

電機之輸入功率與輸出功率間之差為發生於內部之損失。因此,

$$\boxed{\eta = \frac{P_{\text{out}} - P_{\text{loss}}}{P_{\text{in}}} \times 100\%} \tag{7-51}$$

直流電機損失

直流電機內所發生之損失可分成五類：

1. 電或銅損 (I^2R 損失)
2. 電刷損失
3. 鐵心損失
4. 機械損失
5. 雜散負載損失

電或銅損　銅損為發生於電機電樞與場繞組之損失。電樞和場繞組之損失為

$$電樞損失： P_A = I_A^2 R_A \tag{7-52}$$

$$場損失： P_F = I_F^2 R_F \tag{7-53}$$

其中　P_A ＝電樞損失
　　　P_F ＝場電路損失
　　　I_A ＝電樞電流
　　　I_F ＝場電流
　　　R_A ＝電樞電阻
　　　R_F ＝場電阻

這些計算的電阻通常是正常運轉溫度下之電阻。

電刷損失　電刷壓降損失是電刷接觸電位之損失。它為

$$P_{BD} = V_{BD} I_A \tag{7-54}$$

其中　P_{BD} ＝電刷壓降損失
　　　V_{BD} ＝電刷壓降
　　　　I_A ＝電樞電流

電刷損失以此計算之理由為在電樞電流很大時跨於電刷上之壓降幾乎是定值的。除非有特殊規定，否則電刷壓降通常都假定大約是 2 V。

鐵心損失　鐵損是發生在電動機金屬部分之磁滯損和渦流損。這些損失在第一章中已經描述過了。這些損失隨磁通密度平方 (B^2) 和旋轉速度之 1.5 次方 ($n^{1.5}$) 而變動。

機械損失　機械損失是直流電機中有關於機械效應之損失。有兩種基本型式之損失：磨擦 (friction) 損失及風阻 (windage) 損失。磨擦損失是由電機軸承之磨擦所造成，而風阻損失是由電機之轉動部分與電動機內之空氣磨擦所造成。這些損失以旋轉速度之三次方變動。

雜散損失 (或雜項損失)　雜散損失就是不能列入前面幾種各類之損失。不論如何小心地計算各種損失，總有一些會疏忽掉。所有這些損失都集中於雜散損失。大部分電機，雜散損失可以滿載之 1% 來計算。

功率潮流圖

計算功率損失之一種簡便方法就是*功率潮流圖* (power-flow diagram)。圖 7-32a 所示為直流發電機之功率潮流圖。在此圖中，機械功率輸入電機，然後扣掉雜散損失、機械損失和鐵心損失。這些被扣掉後，所剩之功率就是真正轉換成電形式之功率 P_{conv}。此機械功率轉換成

$$P_{\text{conv}} = \tau_{\text{ind}}\omega_m \tag{7-55}$$

而所產生之電功率為

$$P_{\text{conv}} = E_A I_A \tag{7-56}$$

但這並不是出現在電機端點之功率。在到達端點前，還須扣除 I^2R 損失及電刷損失。

在直流電動機情況時，只要將功率潮流圖反向即可。圖 7-32b 所示為電動機之功率潮流圖。

在第八和九章中所舉之例題就包含效率之計算問題。

7.8　總　結

直流電機轉換機械功率為直流電功率，或相反。在本章中，我們藉由探討簡單線性電機開始，接著研究單一旋轉迴圈之組成來說明直流電機運轉之基本觀念。

還介紹了利用換向片將轉子導體之交流電壓變成直流輸出電壓之觀念，也探索了它所造成之問題。另外也介紹了直流轉子之導體可能之繞組排列 (疊繞和波繞) 問題。

然後推導出感應電壓和轉矩之方程式，以及電機之實際構造。最後，介紹了各種型式之損失以及整個電機之運轉效率。

444 電機機械基本原理

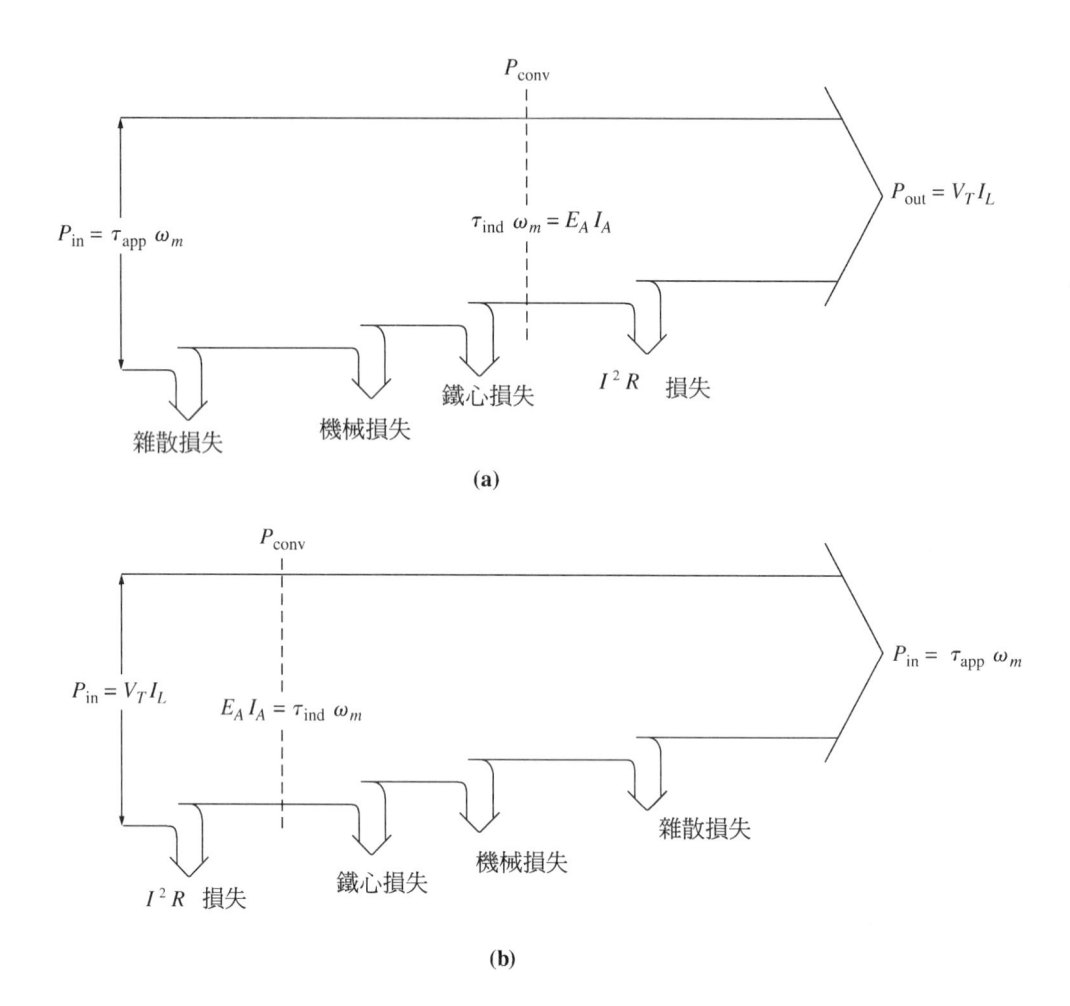

圖 7-32 直流電機之功率潮流圖：(a) 發電機； (b) 電動機。

問 題

7-1 什麼是換向片？換向片如何將電樞之交流電壓轉換成端點之直流電壓？
7-2 為何彎曲的極面會有比較平滑之直流電壓輸出？
7-3 一個線圈之節距因數為何？
7-4 說明電機角之觀念。轉子導體中電壓之電機角與電機轉軸之機械角關係如何？
7-5 換向片節距為何？
7-6 什麼是電樞繞組之工數？
7-7 疊繞和波繞繞組有何不同？
7-8 什麼是均壓器？為何疊繞電機需要均壓器而波繞電機不需要？
7-9 什麼是電樞反應？它對直流電機之運轉有何影響？
7-10 說明正在換向中之導體之 $L\, di/dt$ 電壓問題。
7-11 電刷偏移對直流電機火花問題之影響如何？
7-12 什麼是換向極？如何使用它們？
7-13 補償繞組是什麼？它最嚴重之缺點是什麼？
7-14 取代直流電機結構為何使用疊片磁極？
7-15 什麼是絕緣等級？
7-16 直流電機內存在哪些損失？

習 題

7-1 以下之資訊是關於圖 7-6 之簡單旋轉迴圈：

$B = 0.4$ T　　　　　$V_B = 48$ V
$l = 0.5$ m　　　　　$R = 0.4\ \Omega$
$r = 0.25$ m　　　　$\omega = 500$ rad/s

(a) 說明電機是當電動機或發電機運轉？
(b) 電流 i 流入或流出電機？電力潮流是流入或流出電機？
(c) 若轉子之轉速改變至 550 rad/s，則電流是流入或流出電機？
(d) 若轉子之轉速改變至 450 rad/s，則電流會流入或流出電機？

7-2 參考圖 P7-1 之簡單兩極八線圈電機。下列是關於此電機之資訊：

$\mathbf{B} = 1.0$ T 在空氣隙
$l = 0.3$ m (線圈邊長度)
$r = 0.10$ m (線圈半徑)
$n = 1800$ r/min　　逆時針方向

每個轉子線圈電阻為 $0.04\ \Omega$。
(a) 所示之電樞繞組是前進或是後退繞？
(b) 有幾條電流路徑經過電樞？
(c) 電刷電壓之大小與極性為何？
(d) 電樞電阻 R_A 是多少？
(e) 若有 $5\ \Omega$ 連接於電機之端點，會有多少電流？決定電流時考慮內部電阻。
(f) 感應轉矩之大小及方向為何？
(g) 若轉速與磁通密度固定，畫出以電機所吸收電流為函數之端電壓。

7-3 證明單一旋轉迴圈之感應電壓方程式為

$$e_{\text{ind}} = \frac{2}{\pi} \phi \omega_m \tag{7-6}$$

正好是一般直流電機感應電壓之特殊情況

$$E_A = K \phi \omega_m \tag{7-38}$$

```
Given: B = 1.0 T 在空氣隙
       l = 0.3 m (邊長度)
       r = 0.10 m (線圈半徑)
       n = 1800 r/min
```

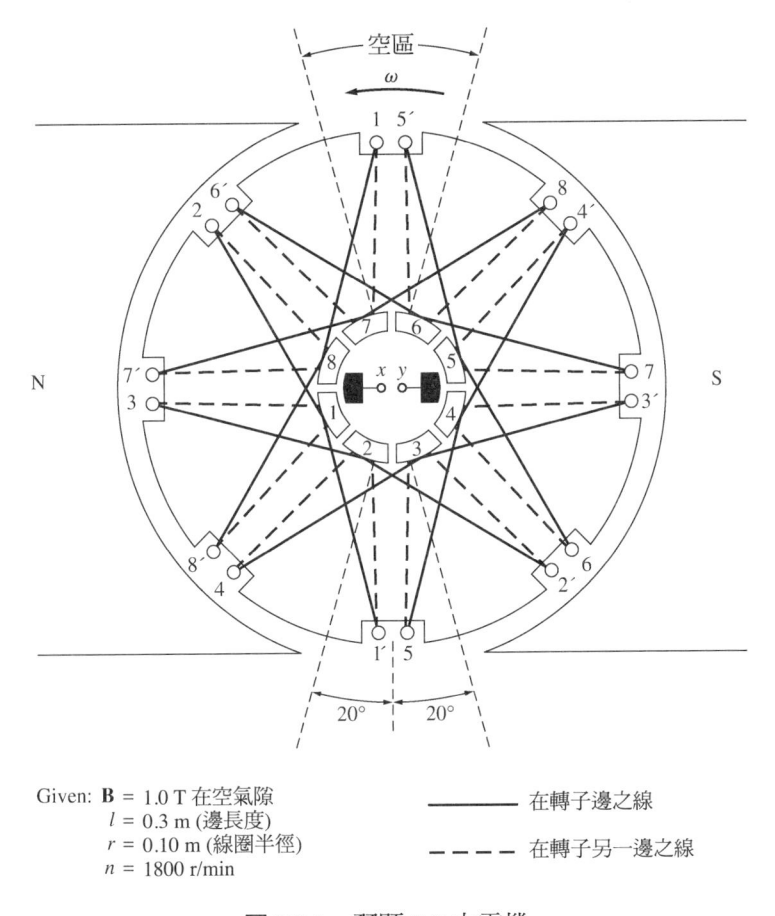

────── 在轉子邊之線
- - - - - 在轉子另一邊之線

圖 P7-1 習題 7-2 之電機。

7-4 一 8 極額定電流 120 A 之直流電機。在額定情況下有多少電流流動,若 (a) 單工疊繞,(b) 雙工疊繞,(c) 單工波繞?

7-5 若一 20 極電機的電樞是 (a) 單工疊繞,(b) 雙工波繞,(c) 三工疊繞,(d) 四工波繞,其電樞中有多少並聯電流路徑?

7-6 直流電動機內功率由一種轉換至另一種形式為

$$P_{\text{conv}} = E_A I_A = \tau_{\text{ind}} \omega_m$$

使用 E_A 和 τ_{ind} 方程式 [式 (7-38) 和 (7-49)] 去證明 $E_A I_A = \tau_{\text{ind}} \omega_m$;也就是證明在功率變換的點上所消失電功率恰好等於在此點出現之機械功率。

7-7 一 8 極，25 kW，120 V，雙工疊繞電樞之直流發電機有 64 個線圈，每個線圈有 10 匝。它的額定轉速是 3600 r/min。
　(a) 在無載時，每極之需要多少磁通才能產生額定電壓？
　(b) 在額定負載時，每條路徑之電流是多少？
　(c) 在額定負載時之感應轉矩是多少？
　(d) 此電機需要多少電刷？每個之寬度是多少？
　(e) 若每匝之電阻為 0.011 Ω，則電樞電阻 R_A 是多少？

7-8 圖 P7-2 所示為二極小直流電動機，有八個轉子線圈，每個線圈有 10 匝。每極之磁通為 0.006 Wb。
　(a) 若電動機連接一 12 V 之直流蓄電池，則無載之轉速是多少？
　(b) 若蓄電池之正端連接至最右側之電刷，則旋轉方向為何？
　(c) 若電動機加上負載，所以它自蓄電池吸收 600 W 功率，則感應轉矩是多少？（忽略內部電阻。）

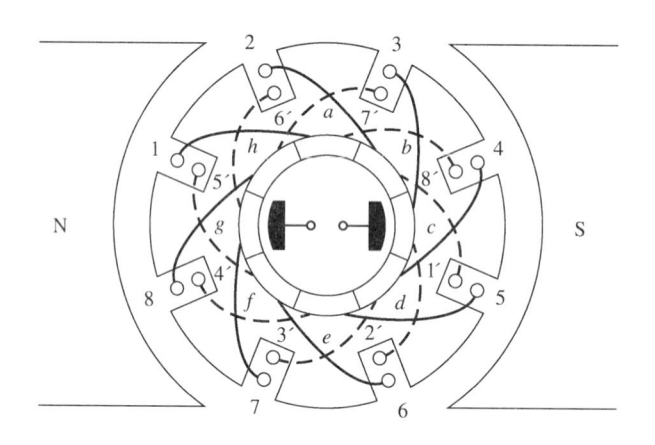

圖 P7-2　習題 7-8 之電機。

7-9 參考圖 P7-3 之電機繞組。
　(a) 電樞繞組有多少並聯之電流路徑？
　(b) 電刷應放於何處，電機才能適當的換向？電刷寬度為何？
　(c) 此電機之工數是多少？

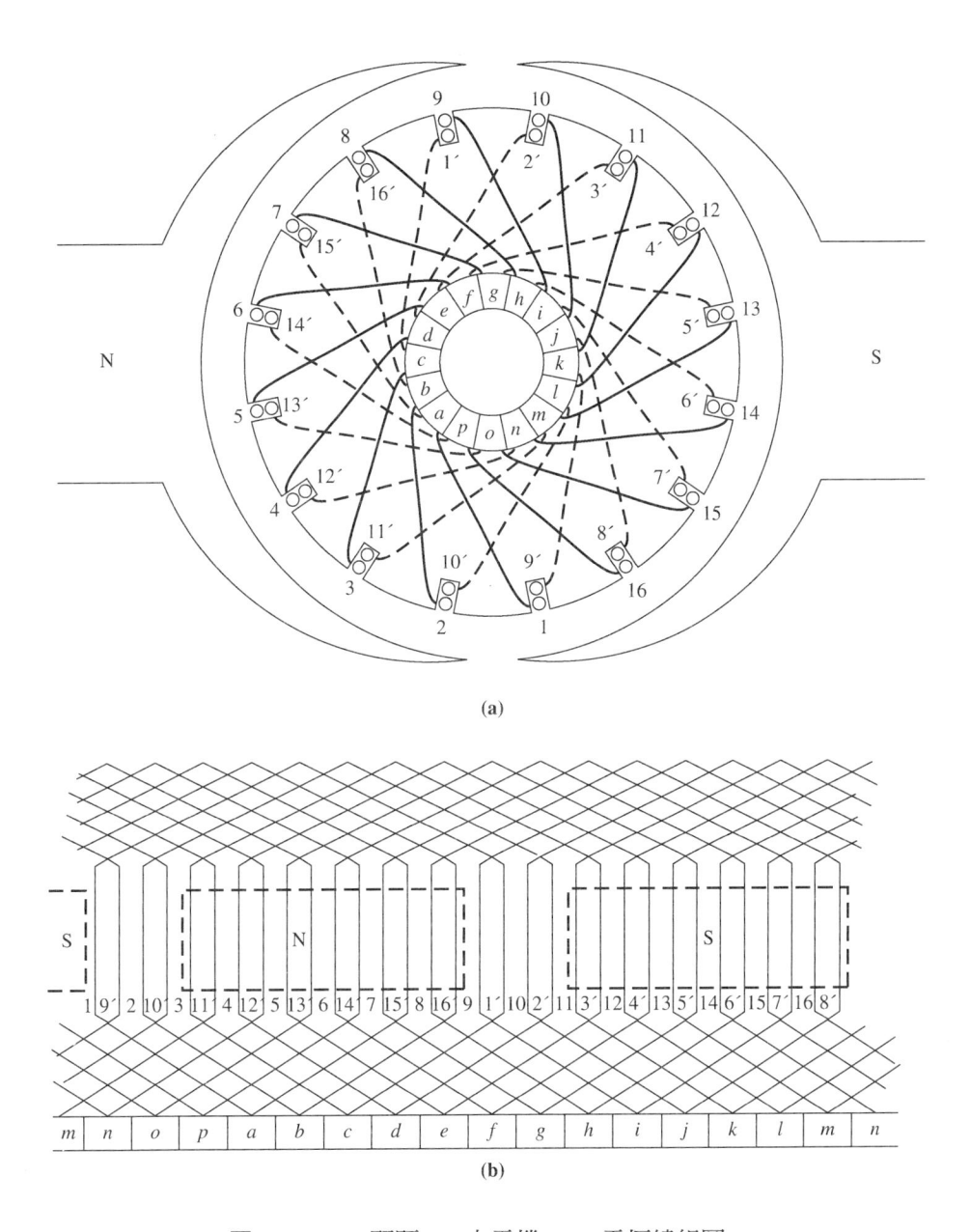

圖 P7-3　(a) 習題 7-9 之電機。(b) 電樞繞組圖。

(d) 若極面下任一根導體之電壓為 e，則電機端之電壓是多少？

7-10 詳細描述圖 P7-4 之電機繞組。若一正的電壓加於位在 N 極極面下之電刷，電動機會往哪個方向轉？

450 電機機械基本原理

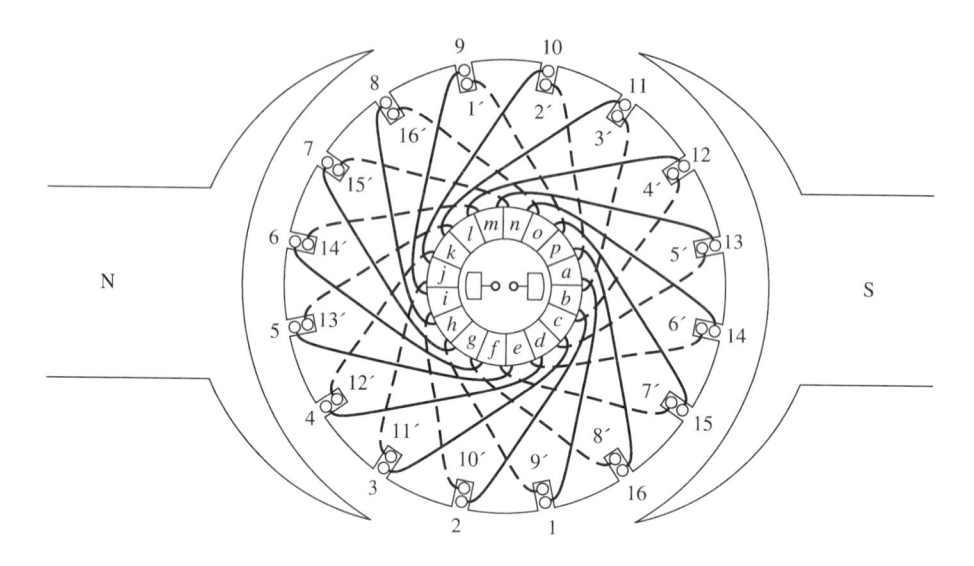

圖 **P7-4**　習題 7-10 之電機。

參考文獻

1. Del Toro, V.: *Electric Machines and Power Systems,* Prentice Hall, Englewood Cliffs, N.J., 1985.
2. Fitzgerald, A. E., C. Kingsley, Jr., and S. D. Umans: *Electric Machinery,* 6th ed., McGraw-Hill, New York, 2003.
3. Hubert, Charles I.: *Preventative Maintenance of Electrical Equipment,* 2d ed., McGraw-Hill, New York, 1969.
4. Kosow, Irving L.: *Electric Machinery and Transformers,* Prentice Hall, Englewood Cliffs, N.J., 1972.
5. National Electrical Manufacturers Association: *Motors and Generators*, Publication No. MG1-2006, NEMA, Washington, D.C., 2006.
6. Siskind, Charles: *Direct Current Machinery,* McGraw-Hill, New York, 1952.
7. Werninck, E. H. (ed.): *Electric Motor Handbook,* McGraw-Hill, London, 1978.

CHAPTER 8

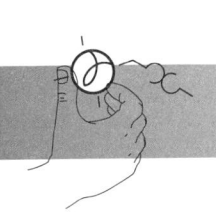

直流電動機與發電機

學習目標

- 知道一般使用的直流電動機之型式。
- 瞭解直流電動機之等效電路。
- 瞭解如何推導外激、分激、串激和複激式電動機之轉矩-速度特性。
- 能夠在考慮電樞反應效應下,利用磁化曲線作直流電動機非線性分析。
- 瞭解如何控制不同型式直流電動機之速度。
- 瞭解直流串激電動機之特殊特性與適用場合。
- 能夠說明差複激直流電動機之問題。
- 瞭解安全啟動直流電動機的方法。
- 瞭解直流發電機之等效電路。
- 瞭解直流發電機如何在沒有外部電壓源下作啟動。
- 瞭解如何推導外激、分激、串激和複激式直流發電機之電壓-電流特性。
- 能夠在考慮電樞反應效應下,利用磁化曲線作直流發電機非線性分析。

直流電動機是將直流機當作電動機操作,而直流發電機為將直流機當作發電機操作。如第七章所述,相同構造的機器可當成電動機或發電機來運轉——流過機器的電流方向是一個簡單問題。本章將探討不同型式的直流電動機,並且說明每種電動機的優缺點;以

及直流電動機之啟動方法與固態電子控制。最後，本章還將介紹直流發電機。

8.1 直流電動機簡介

美國最早的電力系統是直流系統 (見圖 8-1)，但早在 1890 年代，交流電力系統已取代直流系統。雖然如此，從 1960 年代起，每年依舊有大量的直流電動機銷售到美國 (在過去 40 年來此部分已逐漸減少)。在直流電力系統已經相當少的情況下，為何直流電動機還如此被普遍使用呢？

在目前直流電動機依舊受歡迎有幾個原因。一是在汽車、卡 (貨) 車和飛機上仍使用直流電。當交通工具 (vehicle) 是使用直流電力時，很明顯地，會使用直流電動機。直流電動機另一個應用為需要大範圍改變速度之場合。直到最近電力電子整流器一變頻器大量使用後，直流電動機在速度控制方面的應用才比較不那麼卓越。即使無現成的直流電可用，固態整流器和截波器電路可以產生所需的直流電，如此即可作直流電動機之速度控制。(現今，在速度控制應用場合，雖然感應電動機固態驅動器之發展已和直流電動機不相上下，但在許多以速度控制為目的的場所，仍舊選擇直流電動機。)

直流電動機通常會比較其速度調整率。直流電動機的速度調整率 (speed regulation, SR) 的定義為

$$\text{SR} = \frac{\omega_{m,nl} - \omega_{m,fl}}{\omega_{m,fl}} \times 100\% \tag{8-1}$$

$$\text{SR} = \frac{n_{m,nl} - n_{m,fl}}{n_{m,fl}} \times 100\% \tag{8-2}$$

它是電動機的轉矩-速度特性形狀的大概量測——正的速率調整率意味著負載增加時電動機速率會下降，而負的速率調整率代表電動機速率會因負載增加而上升。速率調整率的大小，說明了轉矩-速度曲線之斜率之陡峭。

直流電動機當然是由直流電源驅動。除非有特殊規定，否則輸入到直流電動機的電壓被視為是固定的，因為這樣的假定有助於簡化電動機的分析和不同型式的電動機之比較。

一般常用的直流電動機有五種主要的型式：

1. 外激式直流電動機
2. 分激式直流電動機
3. 永磁式直流電動機
4. 串激式直流電動機
5. 複激式直流電動機

以下將輪流探討每種型式的直流電動機。

8.2 直流電動機的等效電路

直流電動機之等效電路如圖 8-1 所示。在圖中，電樞電路以一理想電壓源 E_A 與一電阻 R_A 來表示。此為整個轉子構造之戴維寧等效電路，包含轉子線圈、中間極與補償繞組（若有存在）。電刷壓降由一小的電池 V_{brush} 與電流反方向來表示。產生磁通之場繞組由 L_F 與 R_F 表示。電阻 R_{adj} 表一用來控制場電流大小之外加可變電阻。

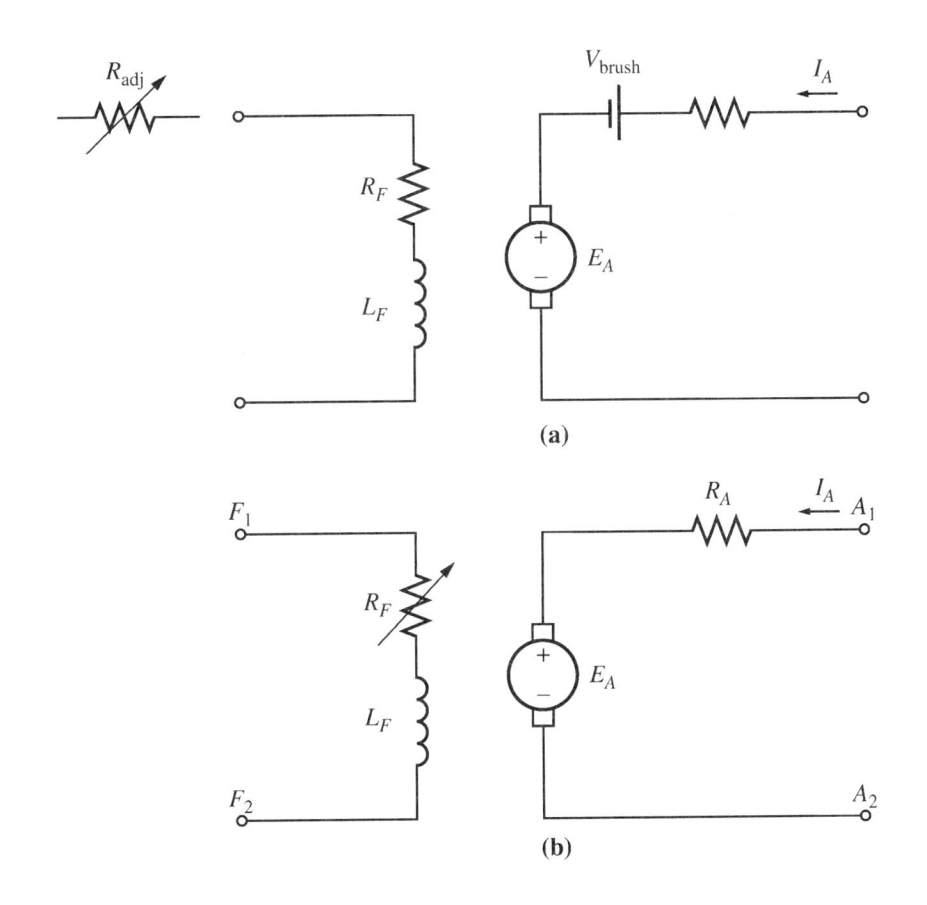

圖 8-1　(a) 直流電動機的等效電路。(b) 省略電刷壓降以及將 R_{adj} 合併到場電阻之簡化等效電路。

此基本等效電路可做一些改變與簡化，電刷壓降通常只佔產生的電壓之很小部分，所以，通常可省略或包含在 R_A 內。又，場繞組電阻有時與可變電阻併在一起，總稱為 R_F (見圖 8-1b)。另一個改變為有些電動機有多個場繞組，所有將會出現在等效電路上。

直流電動機內部產生的電壓可表示為

$$E_A = K\phi\omega_m \tag{7-38}$$

它感應的轉矩為

$$\tau_{ind} = K\phi I_A \tag{7-49}$$

這兩個方程式、電樞電路之克希荷夫電壓定律方程式以及電動機的磁化曲線，為分析直流電動機行為與性能所需之工具。

8.3 直流機的磁化曲線

直流電動機或發電機產生的內電勢 E_A 可以式 (7-38) 表示為：

$$E_A = K\phi\omega_m \tag{7-38}$$

E_A 直接和電機的場磁通以及轉速成正比。然而此電機的內電勢和其場電流有什麼關係？

電機中磁場電流所產生的磁動勢為 $\mathcal{F} = N_F I_F$。根據它的磁化曲線，磁動勢在電機中產生磁通 (圖 8-2)。由於場電流和磁動勢成正比，E_A 和場磁通成正比，因此習慣上將磁化曲線表示成在轉速 ω_0 固定下 E_A 和場電流的關係 (圖 8-4)。

值得一提的是，為了得到電機單位重量的最大功率輸出，大部分的發電機和馬達都被設計在接近磁化曲線的飽和點工作 (即是在曲線的膝點處運轉)。意指在接近滿載時，為了要略微增加 E_A，必須要增加很大的磁場電流。

本書所使用之直流機磁化曲線，亦可藉由 MATLAB 以電子型式來簡化問題的解。每條磁化曲線儲存在各別 MAT 檔內，每個 MAT 檔包含三個變數：`if_values`，包含場電流值；`ea_values`，包含相對應 E_A 值；與 `n_0`，包含以每分鐘幾轉為單位之磁化曲線量測速率。

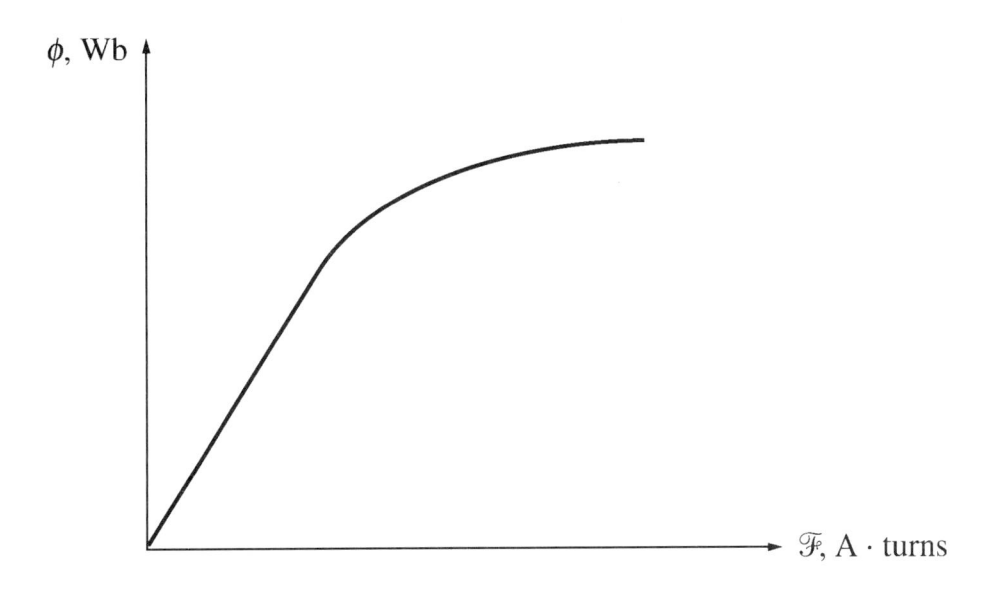

圖 8-2　鐵磁材料的磁化曲線 (ϕ 對 $\mathcal{F}$)

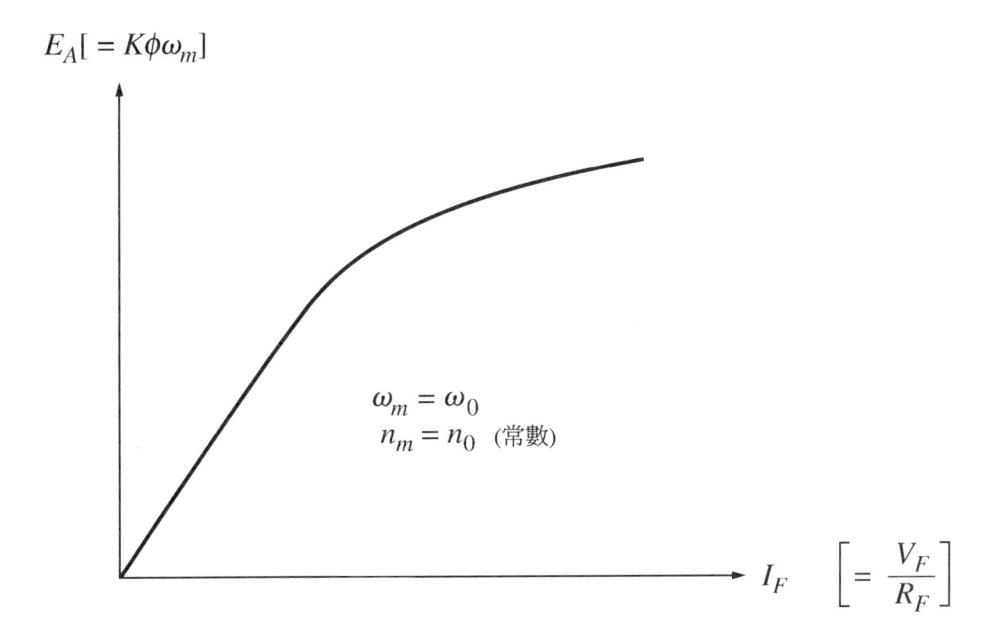

圖 8-3　在固定轉速下表示為 E_A 對 I_F 的磁化曲線。

8.4 外激和分激式直流電動機

外激式直流電動機之等效電路如圖8-4a所示,圖8-4b為分激式直流電動機之等效電路,外激式直流電動機的場電路是由外部定電壓電源所供應,而直流分激式電動機的場電路是由電動機本身電樞端直接供給電源。當供給電動機的電壓假定是固定時,外激式與分激式電動機是沒什麼差異的。除非有特殊規定,否則分激式電動機所具有的行為,

$$I_F = \frac{V_F}{R_F}$$

$$V_T = E_A + I_A R_A$$

$$I_L = I_A$$

(a)

$$I_F = \frac{V_T}{R_F}$$

$$V_T = E_A + I_A R_A$$

$$I_L = I_A + I_F$$

(b)

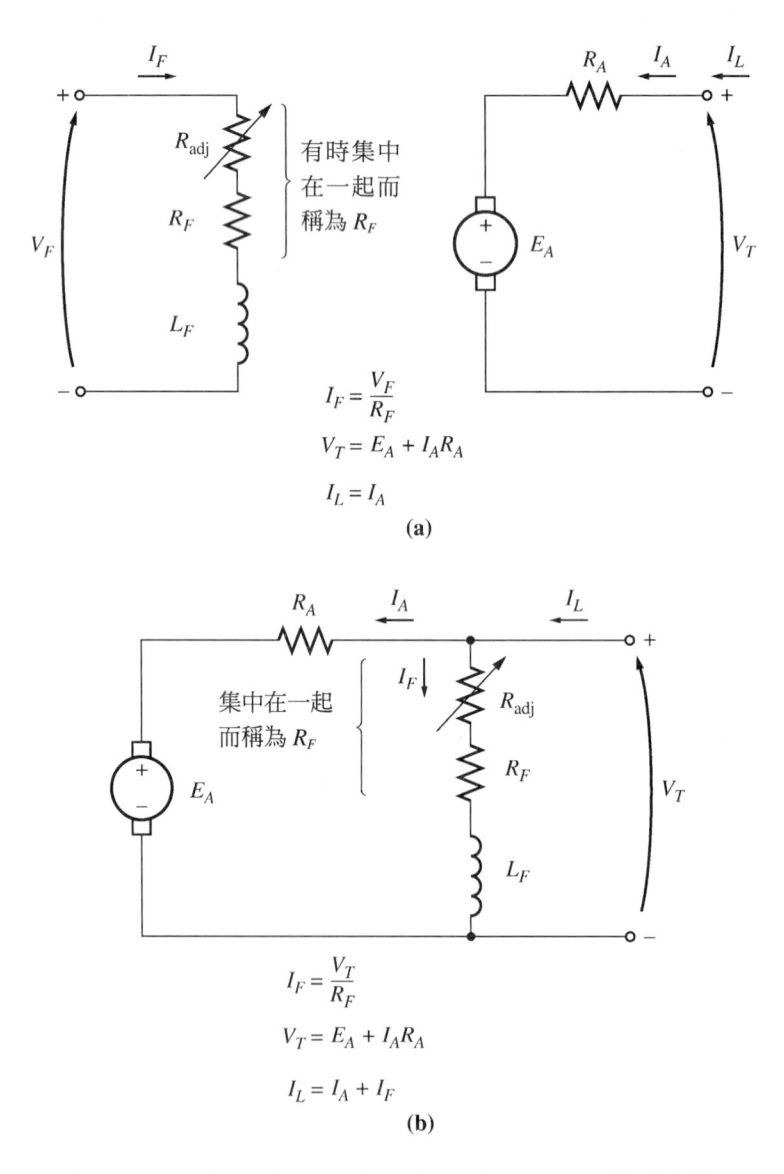

圖 8-4　(a) 外激式直流電動機之等效電路。(b) 分激式直流電動機之等效電路。

外激式電動機也具有相同特性。

這些電動機的電樞電路克希荷夫電壓定律 (KVL) 方程式為

$$V_T = E_A + I_A R_A \qquad (8\text{-}3)$$

分激式直流電動機之端點特性

一台機器的端點特性是它的輸出量對其他量之關係圖。對電動機而言，輸出量是軸轉矩與速度，所以，一部電動機的端點特性為輸出轉矩對速度之關係圖。

直流分激電動機對負載的反應為何？假設分激式電動機的軸上負載增加，則負載轉矩 τ_{load} 將超過電動機所感應的轉矩 τ_{ind}，結果電動機速度將會減速。當電動機速度變慢，它的內電勢會下降 ($E_A = K\phi\omega_m\downarrow$)，則電動機的電樞電流 $I_A = (V_T - E_A\downarrow)/R_A$ 會增加。當電樞電流上升，電動機感應的轉矩會增加 ($\tau_{ind} = K\phi I_A\uparrow$)，而最後在一較低的機械轉速 ω_m 下，感應的轉矩將會與負載轉距相等。

分激式直流電動機的輸出特性曲線，可由電動機的感應電壓和轉矩方程式加克希荷夫電壓定律推導得到。分激式電動機的 KVL 方程式為

$$V_T = E_A + I_A R_A \qquad (8\text{-}3)$$

感應電壓 $E_A = K\phi\omega_m$，則

$$V_T = K\phi\omega_m + I_A R_A \qquad (8\text{-}4)$$

因為 $\tau_{ind} = K\phi I_A$，電流 I_A 可表示為

$$I_A = \frac{\tau_{ind}}{K\phi} \qquad (8\text{-}5)$$

由式 (8-4) 和 (8-5) 可得

$$V_T = K\phi\omega_m + \frac{\tau_{ind}}{K\phi} R_A \qquad (8\text{-}6)$$

最後，可解得電動機速度為

$$\omega_m = \frac{V_T}{K\phi} - \frac{R_A}{(K\phi)^2}\tau_{ind} \qquad (8\text{-}7)$$

此方程式為具有負斜率之直線。分激式直流電動機所得到的轉矩-速度特性如圖 8-6a 所示。

有一點很重要必須瞭解：為了使電動機速度對轉矩作線性變化，表示式內其他各項

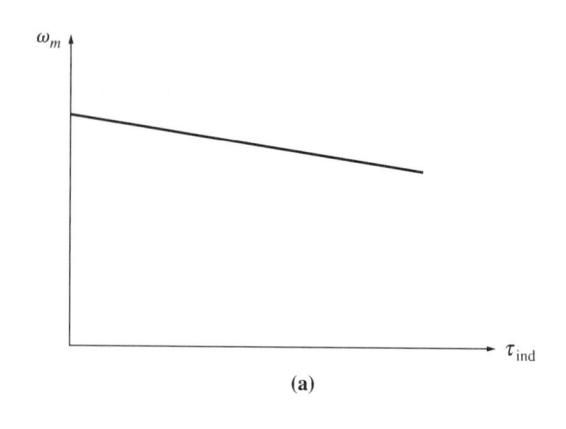

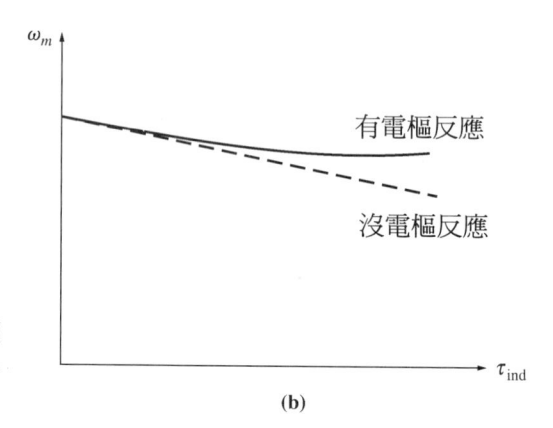

圖 8-5 (a) 有補償繞組消除電樞反應之直流分激或外激式電動機之轉矩-速度特性曲線。(b) 存在電樞反應之轉矩-速度特性曲線。

當負載變化時必須保持固定。由直流電源所供應的端點電壓假定是固定——假如不是固定，則電壓的變動將會影響轉矩-速度曲線的形狀。

另一個影響電動機轉矩-速度曲線形狀的內在因素是電樞反應。若一部電動機有電樞反應，則當負載增加時，去磁效應將會減少磁通。如式 (8-7) 所示，磁通減少效應，在沒有電樞反應下，於所給的任意負載，電動機速度會增加，超過當時負載運轉速度。分激式電動機有電樞反應下之轉矩-速度特性曲線如圖 8-5b 所示。假如電動機有補償繞組，則電動機不會有弱磁問題，而且電機磁通會保持一定。

假如一部分激式直流電動機有補償繞組，則它的磁通是固定的，且它的速度和電樞電流，在任意負載值下是已知，則在其他任意負載值之速度是可以計算的，只要在那負載下的電樞電流是已知或是能被決定。例題 8-1 說明此計算。

例題 8-1 一部 50 hp，250 V，1200 r/min 帶有補償繞組之直流分激式電動機，電樞電阻 (包含電刷、補償繞組和中間極) 為 0.06 Ω。場電路總電阻 $R_{adj} + R_F$ 為 50 Ω，所產生

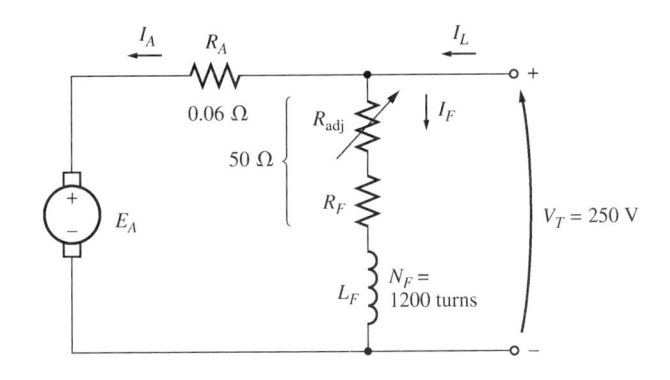

第八章 直流電動機與發電機 **459**

圖 8-6 例題 8-1 之分激式電動機。

無載速度為 1200 r/min，分激磁場繞組與極有 1200 匝 (見圖 8-6)。
(a) 求當電動機的輸入電流為 100 A 時之速度。
(b) 求當電動機的輸入電流為 200 A 時之速度。
(c) 求當電動機的輸入電流為 300 A 時之速度。
(d) 利用這些求得的點畫出電動機的轉矩-速度特性曲線。

解：直流電動機內部產生之電壓利用它每分鐘的旋轉速度來表示為

$$E_A = K'\phi n_m \tag{7-41}$$

因為電動機的場電流是固定的 (因為 V_T 和場電阻兩者固定)，而且因為沒有電樞反應效應，電動機的磁通是固定的。電動機速度與內部產生電壓之間的關係，在不同的負載情況下是這樣

$$\frac{E_{A2}}{E_{A1}} = \frac{K'\phi n_{m2}}{K'\phi n_{m1}} \tag{8-8}$$

常數 K' 可消去，因為對於所給的任意電動機，它為常數 ϕ，磁通中如上所述亦可消去。因此，

$$n_{m2} = \frac{E_{A2}}{E_{A1}} n_{m1} \tag{8-9}$$

無載時，電樞電流為零，所以 $E_{A1} = V_T = 250$ V，當速度 $n_{m1} = 1200$ r/min。若我們能計算在其他負載下之內電勢，則由式 (8-9) 可求出在此負載下之轉速。

(a) 假如 $I_L = 100$ A，則電動機的電樞電流為

$$I_A = I_L - I_F = I_L - \frac{V_T}{R_F}$$
$$= 100 \text{ A} - \frac{250 \text{ V}}{50 \text{ }\Omega} = 95 \text{ A}$$

因而，在此負載下 E_A 為

$$E_A = V_T - I_A R_A$$
$$= 250 \text{ V} - (95 \text{ A})(0.06 \text{ }\Omega) = 244.3 \text{ V}$$

則電動機所產生的速度為

$$n_{m2} = \frac{E_{A2}}{E_{A1}} n_{m1} = \frac{244.3 \text{ V}}{250 \text{ V}} 1200 \text{ r/min} = 1173 \text{ r/min}$$

(b) 假如 $I_L = 200$ A，則電動機的電樞電流為

$$I_A = 200 \text{ A} - \frac{250 \text{ V}}{50 \text{ }\Omega} = 195 \text{ A}$$

因而，在此負載下 E_A 為

$$E_A = V_T - I_A R_A$$
$$= 250 \text{ V} - (195 \text{ A})(0.06 \text{ }\Omega) = 238.3 \text{ V}$$

則電動機所產生的速度為

$$n_{m2} = \frac{E_{A2}}{E_{A1}} n_{m1} = \frac{238.3 \text{ V}}{250 \text{ V}} 1200 \text{ r/min} = 1144 \text{ r/min}$$

(c) 假如 $I_L = 300$ A，則電動機的電樞電流為

$$I_A = I_L - I_F = I_L - \frac{V_T}{R_F}$$
$$= 300 \text{ A} - \frac{250 \text{ V}}{50 \text{ }\Omega} = 295 \text{ A}$$

因而，在此負載下 E_A 為

$$E_A = V_T - I_A R_A$$
$$= 250 \text{ V} - (295 \text{ A})(0.06 \text{ }\Omega) = 232.3 \text{ V}$$

則電動機所產生的速度為

$$n_{m2} = \frac{E_{A2}}{E_{A1}} n_{m1} = \frac{232.3 \text{ V}}{250 \text{ V}} 1200 \text{ r/min} = 1115 \text{ r/min}$$

(d) 為了畫電動機的輸出特性曲線，找出每個速度下所對應的轉矩是必須的。無載時，感應的轉矩 τ_{ind} 很清楚為零。而在其他負載時的感應轉矩可由直流電動機電力轉換的事實求得為

$$\boxed{P_{\text{conv}} = E_A I_A = \tau_{\text{ind}} \omega_m} \qquad (7\text{-}55 \text{,} 7\text{-}56)$$

由此方程式，電動機所感應的轉矩為

$$\tau_{\text{ind}} = \frac{E_A I_A}{\omega_m} \tag{8-10}$$

因此,當 $I_L = 100$ A 時之感應轉矩為

$$\tau_{\text{ind}} = \frac{(244.3 \text{ V})(95 \text{ A})}{(1173 \text{ r/min})(1 \text{ min}/60\text{s})(2\pi \text{ rad/r})} = 190 \text{ N} \cdot \text{m}$$

當 $I_L = 200$ A 時之感應轉矩為

$$\tau_{\text{ind}} = \frac{(238.3 \text{ V})(95 \text{ A})}{(1144 \text{ r/min})(1 \text{ min}/60\text{s})(2\pi \text{ rad/r})} = 388 \text{ N} \cdot \text{m}$$

當 $I_L = 300$ A 時之感應轉矩為

$$\tau_{\text{ind}} = \frac{(232.3 \text{ V})(295 \text{ A})}{(1115 \text{ r/min})(1 \text{ min}/60\text{s})(2\pi \text{ rad/r})} = 587 \text{ N} \cdot \text{m}$$

此電動機所產生的轉矩-速度特性曲線畫於圖 8-7。◀

分激式直流電動機非線性分析

直流機之磁通 ϕ 與內電勢 E_A 為其磁動勢之非線性函數。因此,任何磁勢之改變將會造成內電勢之非線性效應。因為 E_A 的改變無法以分析方式計算得到,所以磁化曲線必須被用來精確計算在某一磁動勢下之 E_A。磁動勢主要是由場電流與電樞反應所構成,若它們存在。

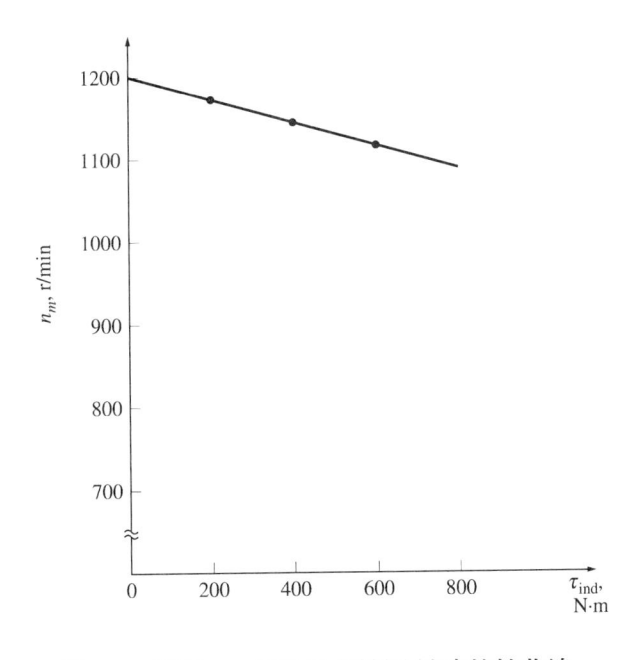

圖 8-7 例題 8-1 電動機之轉矩-速度特性曲線。

因為磁化曲線為在設定的轉速 ω_O 下，E_A 對 I_F 之曲線，所以場電流改變效應，可以直接由磁化曲線求得。

若電機有電樞反應，則它的磁通將隨著負載增加而減少。分激式電動機之總磁動勢為場電路磁動勢扣除電樞反應 (AR) 減少之磁動勢：

$$\mathscr{F}_{\text{net}} = N_F I_F - \mathscr{F}_{\text{AR}} \tag{8-11}$$

因為磁化曲線是由 E_A 對場電流所畫成，它習慣上定義一當所有磁動勢組合所產生相同輸出電壓之等效場電流。則 E_A 可由此等效場電流位在磁化曲線所對的位置求得。分激電動機之等效場電流為

$$I_F^* = I_F - \frac{\mathscr{F}_{\text{AR}}}{N_F} \tag{8-12}$$

當利用非線性分析來求內電勢時，另一個效應必須加以考慮。磁化曲線是在某一特定轉速下所求得，通常為在額定轉速下。若電動機運轉在非額定轉速時，其場電流效應應如何求得？

當一直流機之轉速以 rpm 表示時，其感應電勢方程式為

$$E_A = K'\phi n_m \tag{7-41}$$

在一有效場電流下，電機內磁通是固定的，所以內電勢與轉速關係為

$$\boxed{\frac{E_A}{E_{A0}} = \frac{n_m}{n_0}} \tag{8-13}$$

其中 E_{A0} 與 n_0 分別為電壓與轉速之參考值。若由磁化曲線可得知參考條件，則由克希荷夫電壓定律可求得正確 E_A，且由式 (8-13) 可求得真正轉速。下面例子說明磁化曲線，式 (8-12) 與 (8-13) 用來分析具電樞反應之直流電動機。

例題 8-2 一 50 hp，250 V，1200 r/min 沒有補償繞組之直流分激電動機，電樞電阻 (包括電刷與中間極) 為 0.06 Ω。場電路之總電阻 $R_F + R_{\text{adj}}$ 為 50 Ω，無載轉速為 1200 r/min。分激場繞組每極有 1200 匝，電樞反應在負載電流 200 A 時產生 840 安·匝之去磁磁動勢。電動機之磁化曲線如圖 8-8 所示。

(a) 求輸入電流為 200 A 時之轉速。
(b) 此電動機除了無補償繞組外，其餘與例題 8-1 完全相同，在負載為 200 A 時之轉速與先前例子相比較為何？
(c) 計算並畫出此電動機之轉矩-速度曲線。

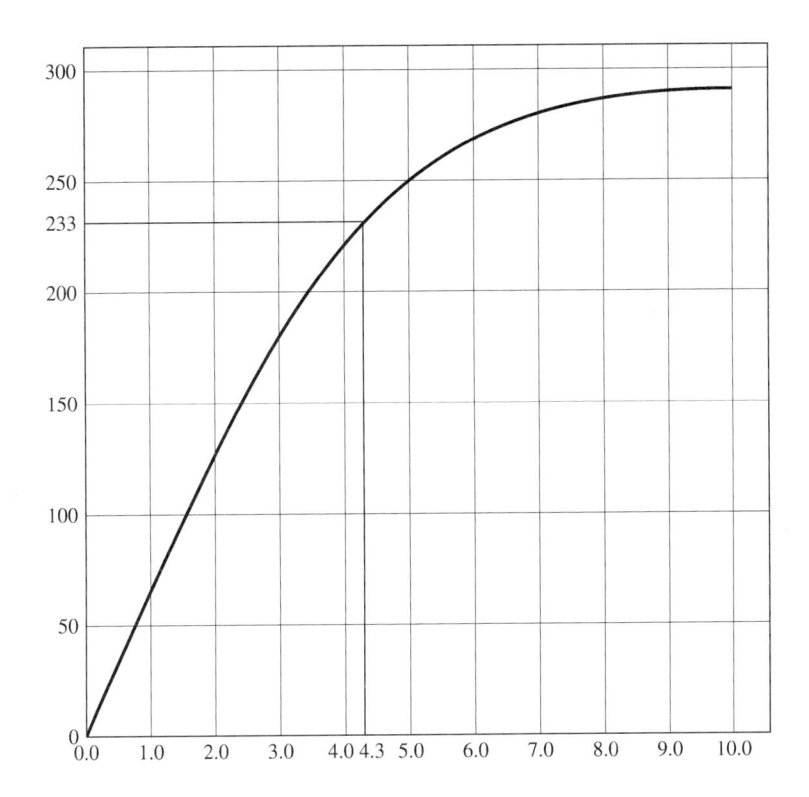

圖 8-8 典型 250 V 直流電動機，轉速在 1200 r/min 時所得之磁化曲線。

解：

(a) 當 $I_L = 200$ A，則電樞電流為

$$I_A = I_L - I_F = I_L - \frac{V_T}{R_F}$$
$$= 200 \text{ A} - \frac{250 \text{ V}}{50 \text{ }\Omega} = 195 \text{ A}$$

因此，內電勢為

$$E_A = V_T - I_A R_A$$
$$= 250 \text{ V} - (195 \text{ A})(0.06 \text{ }\Omega) = 238.3 \text{ V}$$

在 $I_L = 200$ A 時，電動機之去磁磁動勢為 840 安·匝，所以有效分激場電流為

$$I_F^* = I_F - \frac{\mathscr{F}_{AR}}{N_F} \tag{8-12}$$
$$= 5.0 \text{ A} - \frac{840 \text{ A} \cdot \text{turns}}{1200 \text{ turns}} = 4.3 \text{ A}$$

由磁化曲線可知此有效電流在轉速 n_0 為 1200 r/min 時，將產生 233 V 之內電勢

E_{A0}。

若真正之內電勢 E_A 為 238.3 V,但當轉速 E_{A0} 為 1200 r/min 時,此內電勢變為 233 V,則電動機之真正轉速為

$$\frac{E_A}{E_{A0}} = \frac{n_m}{n_0} \tag{8-13}$$

$$n_m = \frac{E_A}{E_{A0}} n_0 = \frac{238.3 \text{ V}}{233 \text{ V}} (1200 \text{ r/min}) = 1227 \text{ r/min}$$

(b) 負載為 200 A 時,例題 8-1 之轉速 $n_m = 1144$ r/min。本例中,電動機之轉速為 1227 r/min。電動機在無電樞反應時之轉速比有電樞反應時高。此轉速之增加是因為電樞反應所造成磁通減弱之現象所引起。

(c) 為了推導轉矩-速度特性,我們必須計算在不同負載下之轉矩與速度。不幸地,去磁電樞反應磁動勢僅有在 200 A 負載下存在,因為沒有其他條件可用,我們將假設 $\mathcal{F}_{AR}$ 強度隨負載電流線性變化。

以下所示為自動計算並畫出轉矩-速度特性之 MATLAB M-檔。它執行與 (a) 相同之步驟來求得每一負載電流下之轉速,且計算在此轉速下之感應轉矩。注意到它由 `fig8_9.mat` 讀得磁化曲線,此檔與其他本章所用之磁化曲線,可由本書網址下載得到(見序言)。

```
% M-file: shunt_ts_curve.m
% M-file create a plot of the torque-speed curve of the
%   the shunt dc motor with armature reaction in
%   Example 8-2.

% Get the magnetization curve.  This file contains the
% three variables if_value, ea_value, and n_0.
load fig8_9.mat.

% First, initialize the values needed in this program.
v_t = 250;            % Terminal voltage (V)
r_f = 50;             % Field resistance (ohms)
r_a = 0.06;           % Armature resistance (ohms)
i_l = 10:10:300;      % Line currents (A)
n_f = 1200;           % Number of turns on field
f_ar0 = 840;          % Armature reaction @ 200 A (A-t/m)

% Calculate the armature current for each load.
i_a = i_l - v_t / r_f;

% Now calculate the internal generated voltage for
% each armature current.
e_a = v_t - i_a * r_a;

% Calculate the armature reaction MMF for each armature
% current.
f_ar = (i_a / 200) * f_ar0;
```

```
% Calculate the effective field current.
i_f = v_t / r_f - f_ar / n_f;

% Calculate the resulting internal generated voltage at
% 1200 r/min by interpolating the motor's magnetization
% curve.
e_a0 = interp1(if_values,ea_values,i_f,'spline');

% Calculate the resulting speed from Equation (8-13).
n = ( e_a ./ e_a0 ) * n_0;

% Calculate the induced torque corresponding to each
% speed from Equations (7-55) and (7-56).
t_ind = e_a .* i_a ./ (n * 2 * pi / 60);

% Plot the torque-speed curve
plot(t_ind,n,'k-','LineWidth',2.0);
hold on;
xlabel('\bf\tau_{ind} (N-m)');
ylabel('\bf\itn_{m} (r/min)');
title ('\bfShunt DC motor torque-speed characteristic');
axis([ 0 600 1100 1300]);
grid on;
hold off;
```

所得到轉矩-速度特性曲線如圖 8-9 所示。注意到在任意負載下，電動機有電樞反應之轉速比無電樞反應時高。

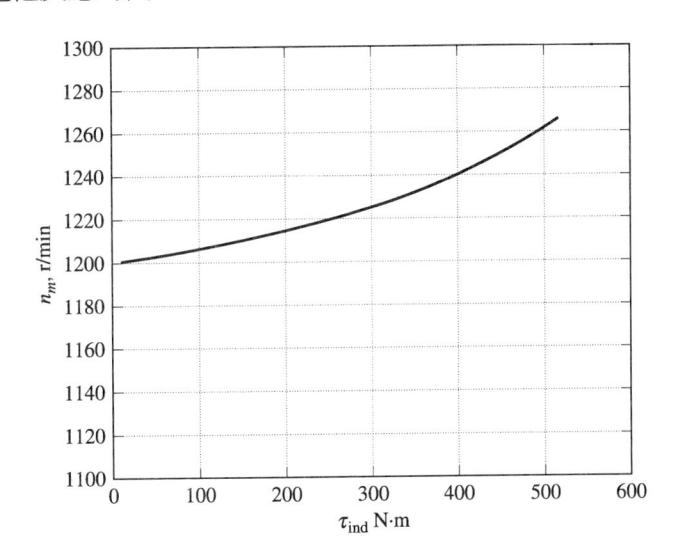

圖 8-9　例題 8-2 具電樞反應之電動機轉矩-速度特性曲線。

分激直流電動機之轉速控制

分激式直流電動機之轉速如何控制呢？有兩種常用與一種較不常用的控制方法。兩種常用的控制方法在第一及七章簡單的原型電機中已見過。兩種常用的的轉速控制方法是藉：

1. 調整磁場電阻 R_F (亦即調整場磁通)。
2. 調整電樞端點之電壓。

較不常用的控制方法是藉：

3. 在電樞電路上串聯一電阻。

以下將詳細探討每種方法。

改變場電阻　為了瞭解直流電動機當場電阻改變時所發生之效應，假設場電阻增加，並加以觀察它的反應。若場電阻增加，則場電流會減小 ($I_F = V_T/R_F\uparrow$)，當場電流減小，磁通中會隨之減小。磁通減小會使內電勢 E_A ($=K\phi\downarrow\omega_m$) 同時減小，如此會造成電樞電流大量增加，因為

$$I_A\uparrow = \frac{V_T - E_A\downarrow}{R_A}$$

電動機所感應之轉矩為 $\tau_{ind} = K\phi I_A$。因為當電流 I_A 增加時，磁通中會減小，那麼感應轉矩會如何變化？回答這問題最簡單方式是看個例子。圖 8-10 所示為內部電阻 0.25 Ω 之直流分激電動機。它下端電壓為 250 V，內電勢 245 V 下運轉。則所流過之電樞電流 $I_A = (250\text{ V} - 245\text{ V})/0.25\text{ Ω} = 20\text{ A}$。當磁通減少 1% 時會發生什麼情況？若磁通減少 1%，則 E_A 也減少 1%，因為 $E_A = K\phi\omega_m$。因此 E_A 會降為

$$E_{A2} = 0.99\, E_{A1} = 0.99(245\text{ V}) = 242.55\text{ V}$$

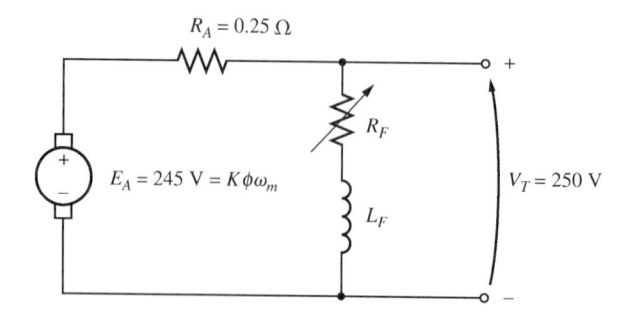

圖 8-10　一具有典型 E_A 和 R_A 值之 250 V 直流電動機。

電樞電流會上升為

$$I_A = \frac{250 \text{ V} - 242.55 \text{ V}}{0.25 \text{ }\Omega} = 29.8 \text{ A}$$

如此，磁通減少 1%，造成電樞電流增加 49%。

所以，回到原來討論點，電流之增加大大超過磁通的減少，則感應轉矩上升：

$$\tau_{\text{ind}} = K\overset{\downarrow}{\phi}\overset{\Uparrow}{I_A}$$

因為 $\tau_{\text{ind}} > \tau_{\text{load}}$，所以電動機之轉速會上升。

總之，當電動機之轉速上升，內電勢 E_A 也上升，而使得 E_A 下降。當 I_A 下降，感應轉矩也下降，最後 τ_{ind} 與 τ_{load} 會在另一比原來轉速高的平衡狀態下相等。

此種速度控制方法之因-果關係簡單整理如下：

1. R_F 增加，使 $I_F\,(=V_T/R_F\uparrow)$ 減少。
2. I_F 減少，ϕ 也跟著減少。
3. ϕ 減少，會造成 $E_A\,(=K\phi\downarrow\omega_m)$ 變小。
4. E_A 變小，使得 $I_A=(V_T-E_A\downarrow)/R_A$ 增加。
5. I_A 增加，使得 $\tau_{\text{ind}}\,(=K\phi\downarrow I_A\Uparrow)$ 增加 (I_A 的變化大於磁通變化)。
6. τ_{ind} 增加，使得 $\tau_{\text{ind}} > \tau_{\text{load}}$，而造成轉速 ω_m 上升。
7. ω_m 增加，$E_A=K\phi\omega_m\uparrow$ 隨即增加。
8. E_A 增加，I_A 會減少。
9. I_A 減少，τ_{ind} 亦隨之減少，直到 $\tau_{\text{ind}}=\tau_{\text{load}}$ 在另一較高轉速 ω_m。

分激式電動機場電阻增加之效應其輸出特性如圖 8-11a 所示。注意當磁通減少時，電動機無載轉速會增加，而轉矩-速度曲線之斜率變得更陡。當然減少 R_F，所有的效應會相反，且電動機之轉速會下降。

有關於場電阻速度控制之警告　直流分激電動機增加場電阻之輸出特性效應如圖 8-11 所示。注意當磁通減少時，無載轉速增加，而轉矩-速度曲線之斜率更陡。此曲線為式 (8-7) 之結果，描述了電動機之端點特性。在式 (8-7) 中，電動機轉速與磁通成反比，而曲線的斜率與磁通平方成比例。因此，磁通的減少會使轉矩-速度曲線之斜率更陡。

圖 8-11a 為電動機從無載到滿載情況之端點特性。在這範圍內場電阻增加，電動機轉速如本節所述會增加。因為電動機運轉於無載至滿載情況下，增加 R_F，確實如預期的會增加轉速。

接著看圖 8-11b。圖 8-11b 為電動機運轉於整個範圍從無載到失速情況下之端點特

468 電機機械基本原理

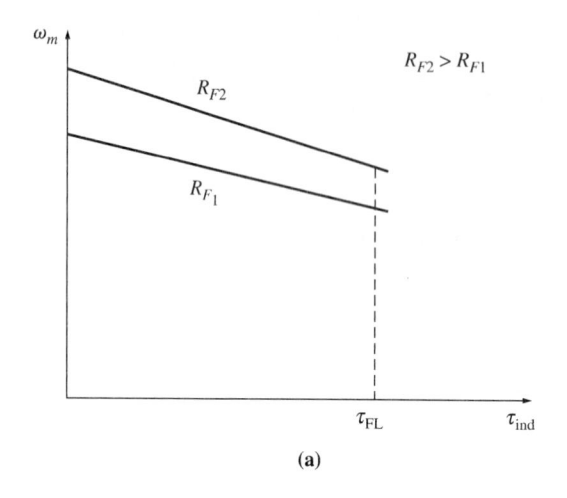

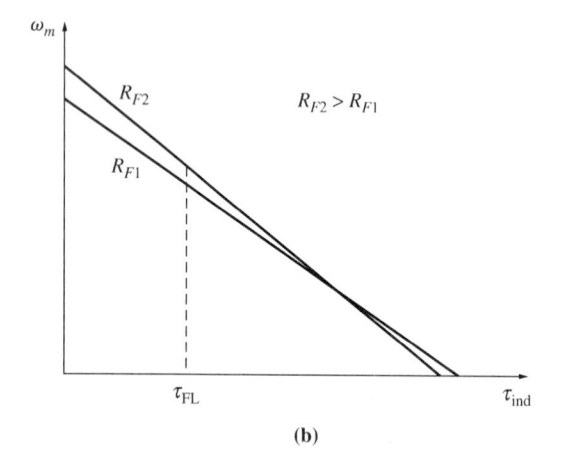

圖 8-11 場電阻轉速控制對於分激電動機之轉矩-速度特性效應：(a) 電動機正常操作範圍；(b) 從無載到失速之整個範圍。

性。由圖中很明顯可看出在很低轉速時，增加場電阻會降低電動機轉速。會發生這種效應是因為在低轉速時，電樞電流之增加使得 E_A 減少到不足以去補償感應轉矩中磁通之減少。又磁通之減少實際上大於電樞電流之增加，所以感應轉矩減少，而且轉速會變慢。

有些小的直流電動機，使用時為了控制上目的，轉速運轉於接近失速情況。當場電阻增加時，這些電動機也許沒有任何影響，也許甚至會降低轉速。因為這結果是無法預測的，所以場電阻轉速控制法不適合此種型式之直流電動機。取而代之，電樞電壓控制法將被採用。

改變電樞電壓　第二種轉速控制型式為改變加到電動機電樞之電壓；但不改變加到磁場之電壓。類似圖 8-12 之連接是此種控制方法所必需的。事實上，為了使用電樞電壓控制法，電動機必須由外部激磁。

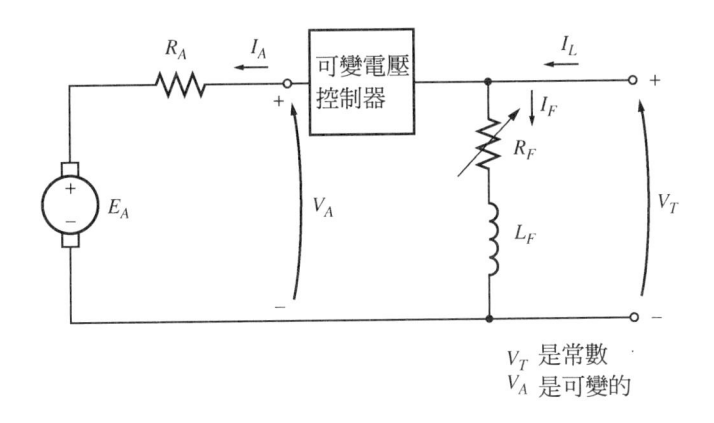

第八章 直流電動機與發電機 469

V_T 是常數
V_A 是可變的

圖 8-12 分激 (或外激) 式直流電動機之電樞電壓控制。

若電壓 V_A 增加，則電樞電流會上升 $[I_A=(V_A\uparrow -E_A)/R_A]$。當 I_A 增加，感應轉矩 τ_{ind} ($=K\phi I_A\uparrow$) 將增加，使得 $\tau_{ind} > \tau_{load}$，而使得轉速 ω_m 增加。

但是，當轉速 ω_m 增加時，內電勢 E_A ($=K\phi\omega_m\uparrow$) 將會增加，而使得電樞電流減少。I_A 減少感應轉矩也減少，使得 τ_{ind} 會在一較高旋轉速度 ω_m 下相等於 τ_{load}。

此種轉速控制方法之因-果關係，簡單整理如下：

1. V_A 增加，使得 $I_A [=(V_A\uparrow -E_A) / R_A]$ 增加。
2. I_A 增加，使得 τ_{ind} ($=K\phi I_A\uparrow$) 增加。
3. τ_{ind} 增加，使得 $\tau_{ind} > \tau_{load}$，而造成 ω_m 增加。
4. ω_m 增加，使得 E_A ($=K\phi\omega_m\uparrow$) 增加。
5. E_A 增加，使得 $I_A [=(V_A\uparrow -E_A) / R_A]$ 減少。
6. I_A 減少，使得 τ_{ind} 減少，直到 $\tau_{ind}=\tau_{load}$ 在一較高 ω_m。

外激式電動機增加 V_A 在轉矩-速度特性上之效應，如圖 8-13 所示。注意電動機的無載轉速可藉此控制方法來移動，但曲線斜率仍舊保持固定。

電樞電路串聯電阻 若有一電阻串聯於電樞電路，它會造成電動機的轉矩-速度特性曲線之斜率急劇增加，使得電動機於有載下運轉之轉速更慢 (圖 8-14)。由式 (8-7) 中可很容易看出此事實。內插電阻的速度控制方法是很不經濟的，因為內插電阻的損失很大。因為這原因，所以此方法很少使用。此控速方法只有在電動機幾乎運轉於滿速度或是在便宜而不需用更好方式之控制法之應用場合。

分激電動機常用的兩種速度控制方法——改變場電阻和電樞電壓——兩者有不同的安全運轉範圍。

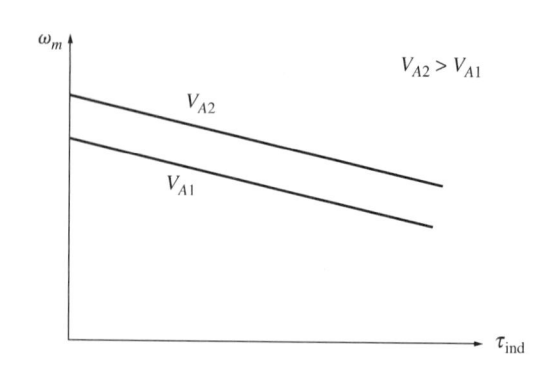

圖 8-13 電樞電壓轉速控制法對直流電動機轉矩-速度特性之效應。

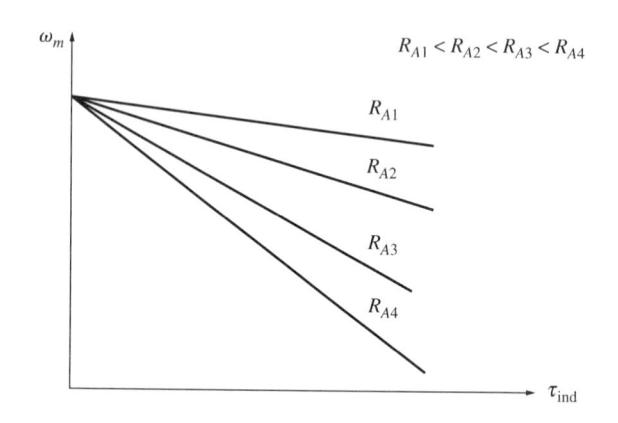

圖 8-14 電樞電阻轉速控制法對於分激式電動機之轉矩-速度特性之效應。

　　在場電阻控制法中，分激 (或外激) 直流電動機之場電流愈小，它的轉速愈快；而場電流愈大轉速愈慢。因為場電流增加而造成轉速下降，藉由場電路控制，可得到一最小的速度。此最小的轉速發生於當電動機之場電路有最大可允許之電流流過時。

　　若電動機操作於它的額定端電壓、功率和場電流，則它將運轉於額定轉速，也就是基速 (base speed)。場電阻控速法，只能控制電動機之轉速高於基速，而無法做低於基速之控制。為了要達到低於基速之場電路控制，需要額外的場電流，而此額外電流可能會燒毀場繞組。

　　在電樞電壓控速法中，加於外激式直流電動機之電樞電壓愈低，電動機之轉速愈慢，而電樞電壓愈高，轉速愈快。因為電樞電壓增加而造成轉速增加，藉由電樞電壓控制，可得到一最大的速度。而此最大速度發生於當電樞電壓到達它最大允許值時。

　　若電動機操作於它的額定電壓、場電流和功率，它將運轉於基速下。電樞電壓控制法，只能作低於基速之控制，而無法做高於基速之控制。電樞電壓控速法若為了達到大

於基速之控制,需要額外之電樞電壓,而此額外之電樞電壓可能會損毀電樞電路。

這兩種速度控制技巧很明顯是互補的。電樞電壓控制法適合低於基速之控制,而場電阻或場電流控制法適合高於基速之控制。若結合這兩種控制方法於同一部電動機中,就可能做到其轉速變動的範圍增加至 40:1,甚至更高的比值。很明顯地,在需要速度變動範圍很大之應用場合中,分激或外激電動機是很好的選擇,特別是必須精確的控制速度變動之場合。

這兩種速度控制方法之電動機,它的轉矩和功率之極限有很大差別。此限制因素為電樞所產生之熱,也就是最大電樞電流 I_A 之限制。

在電樞電壓控制法中,電動機之磁通是固定的,所以最大轉矩為

$$\tau_{\max} = K\phi I_{A,\max} \tag{8-14}$$

此最大轉矩是固定的,不論電動機之轉速為何。因為電動機之輸出功率 $P=\tau\omega$,則在電樞電壓控制法之任意轉速下,電動機之最大功率為

$$P_{\max} = \tau_{\max}\omega_m \tag{8-15}$$

所以,利用電樞電壓控制法,電動機之最大輸出功率直接正比於它的運轉速度。

另一方面,利用場電阻控制法時,磁通是可變的。在此法中,電動機磁通之減少,會造成轉速增加。為了不超過電樞電流之限制,當速度增加時,感應轉矩之極限必須減少。因為電動機輸出功率 $P=\tau\omega$,當轉速增加時,轉矩之極限會減少,則在場電流控制下,直流電動機之最大輸出功率是固定的,但最大轉矩與轉速成反比變化。

直流分激電動機之功率和轉矩極限於安全運轉下,將其表示成轉速之函數,如圖 8-15 所示。

以下例子將說明電動機於場電阻或電樞電壓控制法下,如何去找出新的轉速。

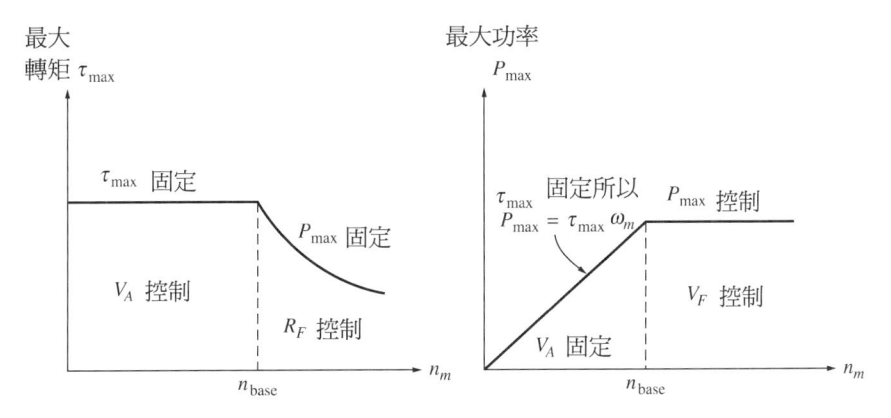

圖 8-15 分激電動機於電樞電壓與場電阻控制下,將功率和轉矩極限表示成轉速之函數。

例題 8-3 圖 8-16a 為 100 hp，250 V，1 200 r/min 之直流分激電動機，電樞電阻 0.03 Ω，場電阻 41.67 Ω。因為有補償繞組，所以忽略電樞反應。為了計算方便，機械損失和鐵損亦忽略。假設電動機於定轉矩負載下被驅動，線電流 126 A，最初轉速為 1103 r/min。為了簡化問題，假設電樞電流是固定的。

(a) 若電機之磁化曲線如圖 8-8 所示，若場電阻增至 50 Ω 時，其轉速為何？
(b) 若在固定電流負載下，計算並畫出以場電阻 R_F 為函數之電動機轉速。

解：

(a) 電動機最初線電流為 126 A，則最初電樞電流為

$$I_{A1} = I_{L1} - I_{F1} = 126 \text{ A} - \frac{150 \text{ V}}{41.67 \text{ Ω}} = 120 \text{ A}$$

因此，內電勢電壓為

$$E_{A1} = V_T - I_{A1}R_A = 250 \text{ V} - (120 \text{ A})(0.03 \text{ Ω})$$
$$= 246.4 \text{ V}$$

場電阻增加至 50 Ω 後，場電流變為

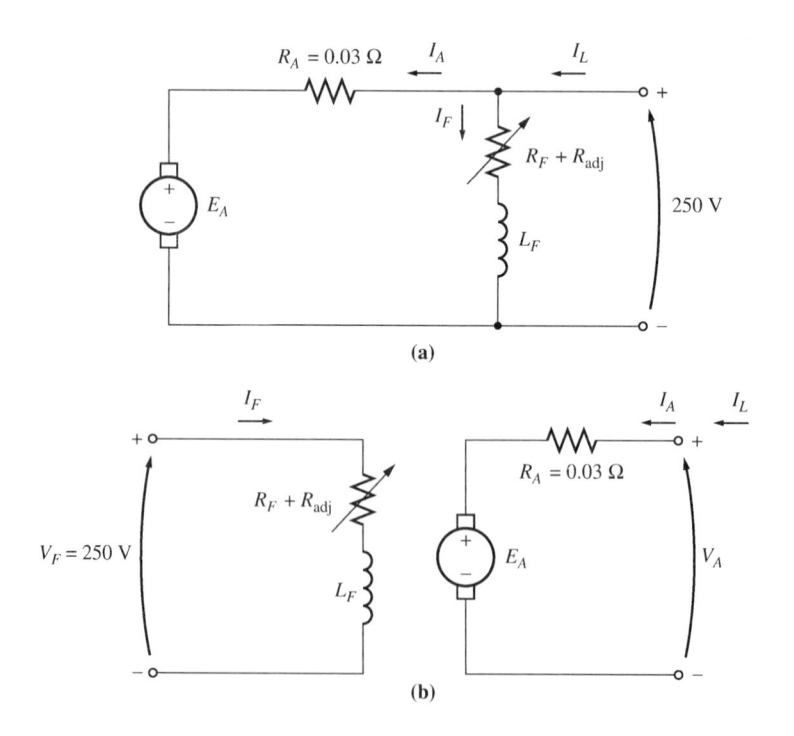

圖 8-16 (a) 例題 8-3 之分激電動機。(b) 例題 8-4 之分激電動機。

$$I_{F2} = \frac{V_T}{R_F} = \frac{250 \text{ V}}{50 \text{ }\Omega} = 5 \text{ A}$$

兩個不同轉速下內電勢之比例由式(7-41)可表為

$$\frac{E_{A2}}{E_{A1}} = \frac{K'\phi_2 n_{m2}}{K'\phi_1 n_{m1}} \tag{8-16}$$

因假設電樞電流固定，$E_{A1}=E_{A2}$，則此式可改寫成

$$1 = \frac{\phi_2 n_{m2}}{\phi_1 n_{m1}}$$

或

$$n_{m2} = \frac{\phi_1}{\phi_2} n_{m1} \tag{8-17}$$

磁化曲線是在所給的轉速下，E_A 對 I_F 所畫成的。因為在曲線中 E_A 的值直接比例於磁通大小，由曲線上所得之內電勢比，會等於磁通比例。在 $I_F = 5$ A，$E_{A0} = 250$ V，而當 $I_F = 6$ A，$E_{A0} = 268$ V，因此，磁通比為

$$\frac{\phi_1}{\phi_2} = \frac{268 \text{ V}}{250 \text{ V}} = 1.076$$

則電動機新轉速為

$$n_{m2} = \frac{\phi_1}{\phi_2} n_{m1} = (1.076)(1103 \text{ r/min}) = 1187 \text{ r/min}$$

(b) 計算以 R_F 為函數之電動機轉速的 MATLAB M-檔如下所示。

```
% M-file: rf_speed_control.m
% M-file create a plot of the speed of a shunt dc
%   motor as a function of field resistance, assuming
%   a constant armature current (Example 8-3).

% Get the magnetization curve.  This file contains the
% three variables if_value, ea_value, and n_0.
load fig8_9.mat

% First, initialize the values needed in this program.
v_t = 250;              % Terminal voltage (V)
r_f = 40:1:70;          % Field resistance (ohms)
r_a = 0.03;             % Armature resistance (ohms)
i_a = 120;              % Armature currents (A)

% The approach here is to calculate the e_a0 at the
% reference field current, and then to calculate the
% e_a0 for every field current.  The reference speed is
% 1103 r/min, so by knowing the e_a0 and reference
% speed, we will be able to calculate the speed at the
% other field current.
```

```
% Calculate the internal generated voltage at 1200 r/min
% for the reference field current (5 A) by interpolating
% the motor's magnetization curve.  The reference speed
% corresponding to this field current is 1103 r/min.
e_a0_ref = interp1(if_values,ea_values,5,'spline');
n_ref = 1103;

% Calculate the field current for each value of field
% resistance.
i_f = v_t ./ r_f;

% Calculate the E_a0 for each field current by
% interpolating the motor's magnetization curve.
e_a0 = interp1(if_values,ea_values,i_f,'spline');

% Calculate the resulting speed from Equation (8-17):
% n2 = (phi1 / phi2) * n1 = (e_a0_1 / e_a0_2 ) * n1
n2 = ( e_a0_ref ./ e_a0 ) * n_ref;

% Plot the speed versus r_f curve.
plot(r_f,n2,'k-','LineWidth',2.0);
hold on;
xlabel('\bfField resistance, \Omega');
ylabel('\bf\itn_{m} \rm\bf(r/min)');
title ('\bfSpeed vs \itR_{F} \rm\bffor a Shunt DC Motor');
axis([40 70 0 1400]);
grid on;
hold off;
```

所得曲線如圖 8-17 所示。

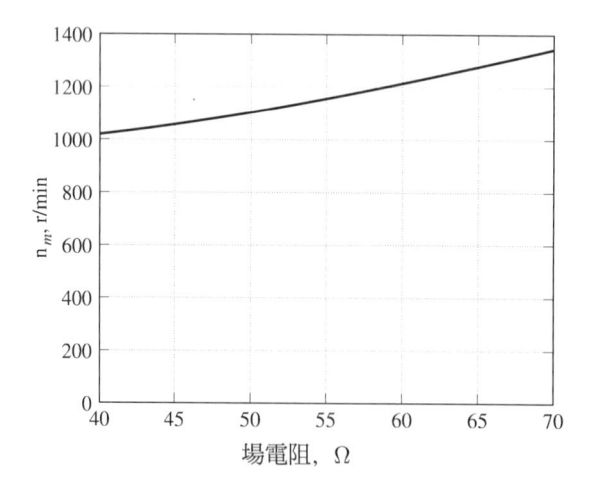

圖 8-17 例題 8-3 分激式直流電動機之轉速對場電阻曲線。

注意到當 R_F 改變時，電樞電流固定之假設對際負載而言不是很好的假設。電樞電流將隨著轉速以電動機所加不同負載之轉矩需求型式變化。此差異使得轉速對 R_F 曲線

與圖 8-17 所示稍有不同,但有類似外形。

例題 8-4 將例題 8-3 之電動機連接成外激式,如圖 8-16b 所示。電動機最初運轉於 $V_A = 250$ V,$I_A = 120$ A,$n_m = 1103$ r/min,所加負載為定轉矩負載。若 V_A 減少至 200 V 時,電動機之轉矩為多少?

解:電動機之初始線電流為 120 A,電樞電壓 V_A 為 250 V,則內電勢 E_A 為

$$E_A = V_T - I_A R_A = 250 \text{ V} - (120 \text{ A})(0.03 \text{ Ω}) = 246.4 \text{ V}$$

應用式 (8-16) 且磁通 ϕ 是固定,則電動機轉速為

$$\frac{E_{A2}}{E_{A1}} = \frac{K'\phi_2 n_{m2}}{K'\phi_1 n_{m1}} \tag{8-16}$$

$$= \frac{n_{m2}}{n_{m1}}$$

$$n_{m2} = \frac{E_{A2}}{E_{A1}} n_{m1}$$

利用克希荷夫電壓定律可求得 E_{A2}:

$$E_{A2} = V_T - I_{A2} R_A$$

因為轉矩和磁通是固定,則 I_A 也固定。則電壓為

$$E_{A2} = 200 \text{ V} - (120 \text{ A})(0.03 \text{ Ω}) = 196.4 \text{ V}$$

因此,電動機最後轉速為

$$n_{m2} = \frac{E_{A2}}{E_{A1}} n_{m1} = \frac{196.4 \text{ V}}{246.4 \text{ V}} 1103 \text{ r/min} = 879 \text{ r/min}$$ ◀

場電路開路之效應

本章前一節探討了分激電動機利用場電阻改變來作轉速控制。當場電阻增加,轉速隨之增加。若場電阻增加至很大,則將發生什麼影響?若電動機運轉時場電路開路,又將發生什麼事?由前面之討論可知,電動機磁通會急遽下降至 ϕ_{res},且 E_A ($= K\phi\omega_m$) 亦隨之下降。如此會造成電樞電流大量增加,而使得感應轉矩遠大於負載轉矩。最後電動機轉速會一直保持上升。

場電路開路所造成之結果是相當驚人的。在作者是大學生在路易斯安那州立大學電機工程系實驗室時,就曾經發生過這樣的錯誤。當大家用一組很小的電動-發電機組去驅動一部 3 馬力分激直流電動機。在連接好準備開始時,卻犯了一個小錯誤——在連接

場電路時,用 0.3 A 保險絲取代原本應為 3 A 之保險絲。

當電動機啟動時,大約運轉了 3 秒,突然保險絲產生火花斷掉。電動機轉速隨即往上衝。在將主電路開關關掉後的幾秒鐘,附於電動機上之轉速計顯示在 4000 r/min。而電動機之額定轉速才 800 r/min。

不用說,這經驗嚇壞了在場每個人,而使他們更小心於場電路之保護。在直流電動之啟動和保護電路中,有一場脫離繼電器,當發生場電路斷路時,會將電動機切離電源。

當傳統分激直流電動機運轉於小激磁而電樞反應相當嚴重情況下,也會發生類似的效應。若直流電動機之電樞反應相當嚴重,當負載增加時,將造成磁通嚴重減弱,而使電動機轉速上升。然而,大部分負載所具有之轉矩-速度曲線之轉矩隨速度增加,故電動機因轉速增加而增加負載,也因此增加了電樞反應,而使磁通更減弱。此較弱的磁通造成轉速更上升,也使負載更增加等等,一直到電動機超速。這就是所謂脫速 (runaway)。

當電動機運轉於負載變動和責任週期很重的情形下,弱磁問題可藉裝置補償繞組而獲得解決。不幸的是,補償繞組對傳統製造廠之電動機而言太昂貴。解決脫速問題可採用較便宜、任務較輕之電動機,在其磁極上加一或二匝積複激繞組,當負載增加時,串激繞組之磁動勢增加,此磁動勢會抵消電樞反應之去磁磁動勢。裝有此種串聯匝數的分激電動機稱為穩定化分激電動機 (stabilized shunt motor)。

8.5　永磁式直流電動機

永磁式直流電動機 [permanent-magnet dc (PMDC) motor] 是一種磁極為永久磁鐵之直流電動機。在某些應用場合,永磁式比分激式直流電動機提供更多的好處。因為此類電動機不需要外部場電路,相對於分激電動機,它們沒有場電路銅損。因為不需要場繞組,所以它們可做得比相同容量之分激電動機小。PMDC 電動機一般最大容量約為 10 hp,近幾年有些容量可到 100 hp。但一般 PMDC 為分數且小馬力的容量,其中外激磁場電路之花費和空間不計。

相對於具分激場之直流電動機,PMDC 電動機一般較便宜、容量較小、構造較簡單、效率也較高,這些優勢使它們在許多直流機應用場合很受歡迎。PMDC 的電樞和具有分激場電路的直流機相同,所以它們的成本也類似。但定子上沒有分激場,可減少定子之大小、成本和場電路的損失。

無論如何,PMDC 電動機也有缺點。永久磁鐵無法產生像外部所供應之分激場那樣大的磁通密度,所以,具有相同容量與構造之分激電動機相比,每安培的電樞電流所產

生之感應轉矩 τ_{ind}，PMDC 電動機會比較小。此外，PMDC 電動機會有去磁化之危險。如第七章所述，直流電動機之電樞電流 I_A 會產生它自己的電樞磁場。電樞磁動勢 (mmf) 減去某極極面下之 mmf 再加上其他部分之磁極之 mmf (見圖 7-21 和 7-23)，會使淨磁通減少。此效應稱為電樞反應 (armature reaction)。在 PMDC 電動機中，磁極之磁通正好是永久磁鐵之剩磁。若電樞電流變得很大，會有電樞 mmf 使磁極去磁之危險，長久下來會減少且重新適應它自己的剩磁。去磁也可能因電擊或長時間的過載所產生的熱造成，此外，PMDC 所用的材質比一般鋼材還脆弱，所以其定子結構受限於實際轉矩的需求。

圖 8-18a 為典型軟磁性材料之磁化曲線。它是由磁通密度 **B** 對磁場強度 **H** [或是磁通 ϕ 對磁動勢 (mmf) $\mathscr{F}$] 所畫成。當有一很強的外部磁動勢加於這材料，然後移去，則會有一殘留磁通密度 $\mathbf{B}_{res}$ 留在此材料中。為逼使剩磁為零，必須要加一與原來磁場強度 **H** 相反極性之矯頑磁化強度 $\mathbf{H}_C$。對於應用於一般電機轉子與定子之軟磁性材料，應該儘可能取小一點之 $\mathbf{B}_{res}$ 與 $\mathbf{H}_C$，因為如此材料有較低之磁滯損失。

另一方面做為 PMDC 電動機之磁極的好材料，應儘可能有大的殘留磁通密度 $\mathbf{B}_{res}$，也就是要具有大的矯頑磁化強度 $\mathbf{H}_C$。此種材料之磁化曲線如圖 8-18b 所示。大的 $\mathbf{B}_{res}$ 在電機上產生大的磁通，然而大的 $\mathbf{H}_C$ 意味著必須有很大的電流才能將磁極去磁。

在過去的 40 年中，有一些新的磁性材料已被開發出來，這些材料具有製造永久磁

(a)

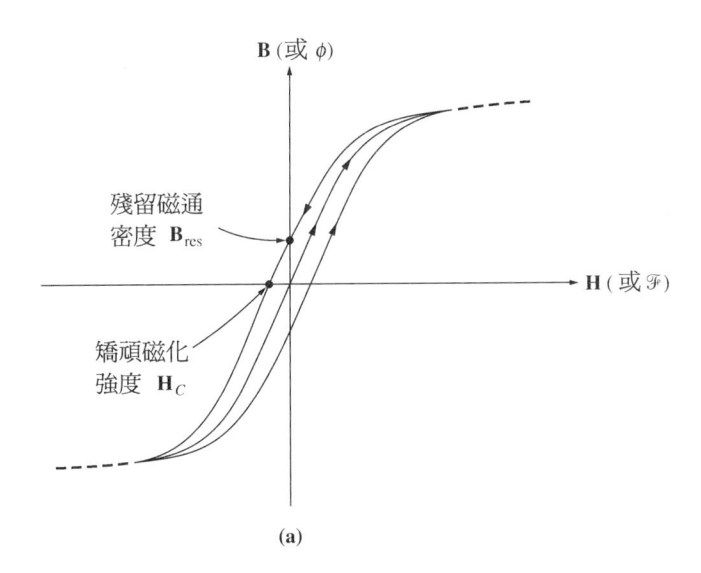

圖 8-18 (a) 典型軟磁性材料磁化曲線。注意磁滯迴線，加一大的磁化強度 **H** 然後移去，鐵心上仍然留有一殘留磁通密度 $\mathbf{B}_{res}$。此磁通可用一反極性之矯頑磁化強度 $\mathbf{H}_C$ 將其抵消。在此情況下，一相當小的 **H** 值即可使鐵心去磁。

478 電機機械基本原理

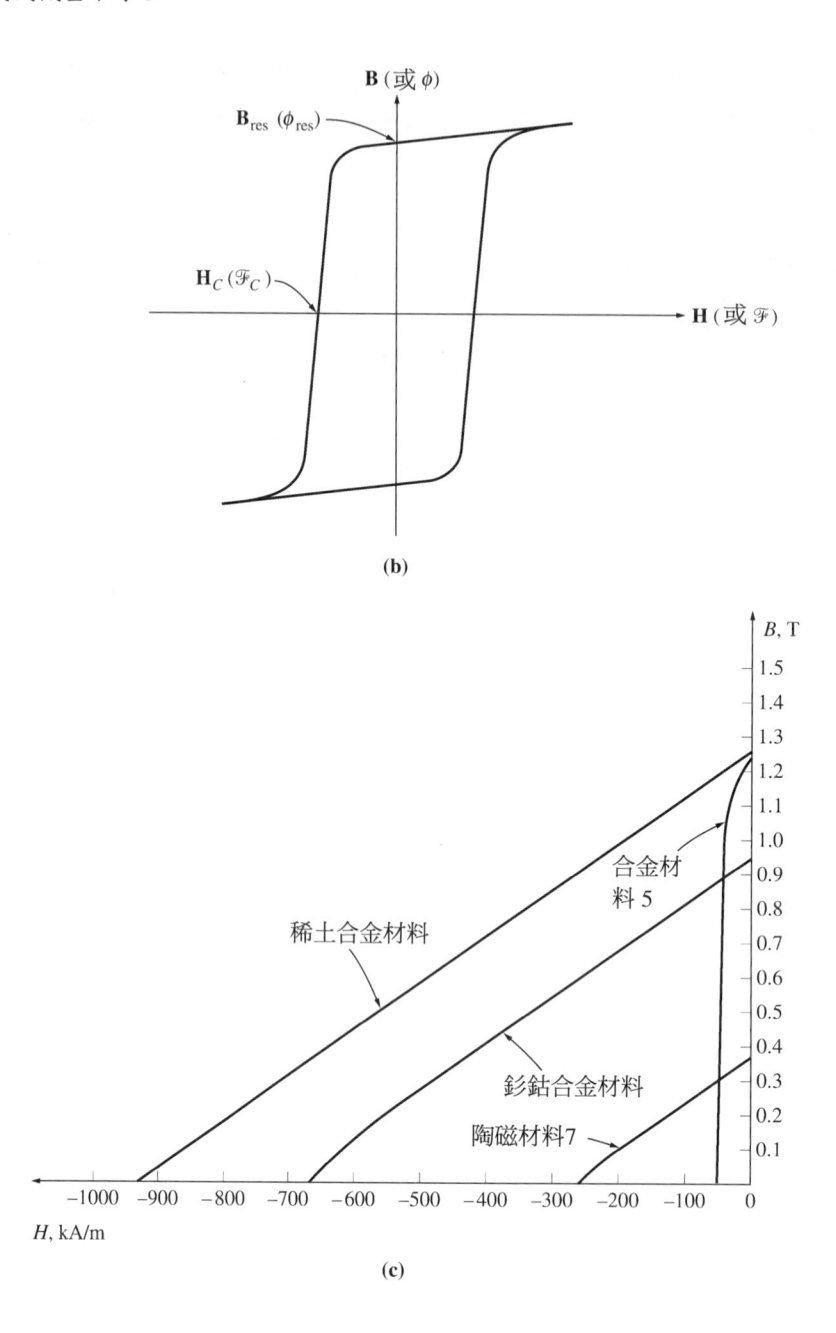

圖 8-18 (續) (b) 軟磁性材料之磁化曲線適合做永久磁鐵。注意到具有大的殘留磁通密度 B_{res} 和大的矯頑磁化強度 H_C。(c) 一些典型磁性材料之磁化曲線之第二象限。注意稀土磁石擁有高殘留磁通與矯頑磁化強度。

鐵所需之特性。主要有陶磁 (肥粒) 和稀土磁性材料。圖 8-18c 為一些典型陶磁和稀土磁石之磁化曲線第二象限，與傳統的軟磁性合金 (Alnico 5) 磁化曲線之比較。從比較中可以很明顯看出，最好的稀土磁石能產生與一般最佳的錳鐵混合物相同之殘留磁通密度。然而對於電樞反應所產生之去磁問題也是無法避免。

永磁式直流電動機基本上與分激電動機是相同的，除了 PMDC 電動機之磁通是固定的。因此，不可能藉著改變 PMDC 之場電流或磁通來控制轉速。PMDC 電動機唯一可用的速度控制方法是電樞電壓控制和電樞電阻控制。

分析 PMDC 電動機的技巧基本上和分析具有固定場電流的分激電動機一樣。

有關於 PMDC 電動機之更多資訊，請看參考文獻 4 和 10。

8.6　直流串激電動機

串激式直流電動機為較少匝數之場繞組與電樞電路串聯之直流電動機。直流串激電動機之等效電路如圖 8-19 所示。在串激電動機中，電樞電流、場電流和線電流全都相同。此電動機之克希荷夫電壓定律方程式為

$$V_T = E_A + I_A(R_A + R_S) \tag{8-18}$$

串激式直流電動機之感應轉矩

串激式直流電動機之端點特性與先前研究過的分激電動機有很大差別。串激電動機之基本行為是由於磁通直接比例於電樞電流之事實，此比例至少一直到飽和到達。當電動機之負載增加時，它的磁通也增加。如稍早所見，磁通增加使得電動機之轉速變慢。此結果使得串激電動機之轉矩-速度特性有很大的落差。

串激電動機之感應轉矩，可由式 (7-49) 表示為：

$I_A = I_S = I_L$
$V_T = E_A + I_A(R_A + R_S)$

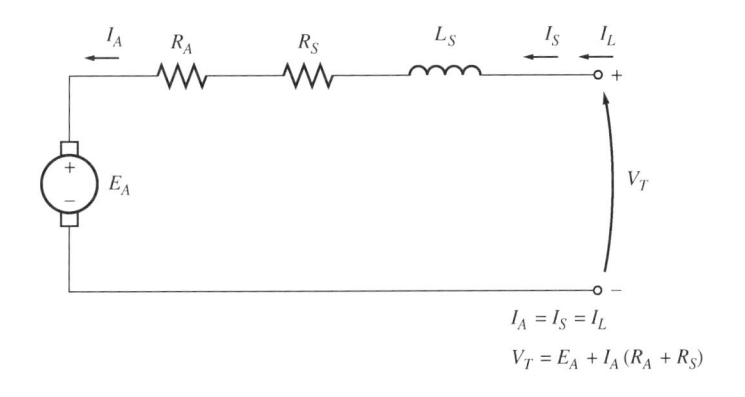

圖 8-19　直流串激電動機之等效電路。

$$\tau_{\text{ind}} = K\phi I_A \tag{7-49}$$

磁通直接比例於它的電樞電流 (至少在鐵心飽和前都是)。因此,磁通可表示成

$$\phi = cI_A \tag{8-19}$$

其中 c 是比例常數。則感應轉矩變為

$$\tau_{\text{ind}} = K\phi I_A = KcI_A^2 \tag{8-20}$$

換句話說,串激電動機之感應轉矩是比例於它的電樞電流之平方。由此關係可知,每安培的電樞電流,串激電動機所提供之轉矩比其他直流電動機大。因它常應用於需要較大轉矩之場所。例如卡車之啟動電動機、電梯電動機,和牽引機之運轉電動機。

直流串激電動機之端點特性

為了決定直流串激電動機之端點特性,將做一分析,基於線性磁化曲線之假設,而飽和效應將用圖形方式來分析。

線性磁化曲線之假設,意味著此電動機之磁通可用式 (8-19) 表示:

$$\phi = cI_A \tag{8-19}$$

利用此方程式,可導出串激電動機之轉矩-速度特性曲線。

串激電動機轉矩-速度特性之推導,由克希荷夫電壓定律開始:

$$V_T = E_A + I_A(R_A + R_S) \tag{8-18}$$

由式 (8-20),電樞電流可表示成

$$I_A = \sqrt{\frac{\tau_{\text{ind}}}{Kc}}$$

又 $E_A = K\phi\omega_m$。代入式 (8-18) 可得

$$V_T = K\phi\omega_m + \sqrt{\frac{\tau_{\text{ind}}}{Kc}}(R_A + R_S) \tag{8-21}$$

若能將此式之磁通消去,可得到電動機之轉矩與速度之直接關係。為了消去磁通,注意到

$$I_A = \frac{\phi}{c}$$

感應轉矩方程式可改寫成

$$\tau_{\text{ind}} = \frac{K}{c}\phi^2$$

因此,電動機之磁通可改寫成

$$\phi = \sqrt{\frac{c}{K}} \sqrt{\tau_{\text{ind}}} \tag{8-22}$$

式 (8-22) 代入式 (8-21)，並且化簡速度可得

$$V_T = K\sqrt{\frac{c}{K}}\sqrt{\tau_{\text{ind}}}\,\omega_m + \sqrt{\frac{\tau_{\text{ind}}}{Kc}}(R_A + R_S)$$

$$\sqrt{Kc}\sqrt{\tau_{\text{ind}}}\,\omega_m = V_T - \frac{R_A + R_S}{\sqrt{Kc}}\sqrt{\tau_{\text{ind}}}$$

$$\omega_m = \frac{V_T}{\sqrt{Kc}\sqrt{\tau_{\text{ind}}}} - \frac{R_A + R_S}{Kc}$$

所得到之轉矩-速度關係為

$$\omega_m = \frac{V_T}{\sqrt{Kc}}\frac{1}{\sqrt{\tau_{\text{ind}}}} - \frac{R_A + R_S}{Kc} \tag{8-23}$$

如此，我們瞭解串激電動機之轉速與轉矩之平方根成倒數變化。這是十分不平常關係！理想的轉矩-速度特性如圖 8-20 所示。

　由方程式中可看出串激電動機之一個缺點。當電動機之轉矩變為零，它的轉速會變成無窮大。實際上，因為機械性能關係，轉矩不完全變為零，鐵心和雜散損失必須克服。總之，若無其他負載加於電動機，它的轉速將快到足以將本身摧毀。所以串激電動機絕不可無載運轉；而且不可用皮帶與其他負載連接。若是發生皮帶斷裂則電動機將無載運轉，如此會造成嚴重後果。

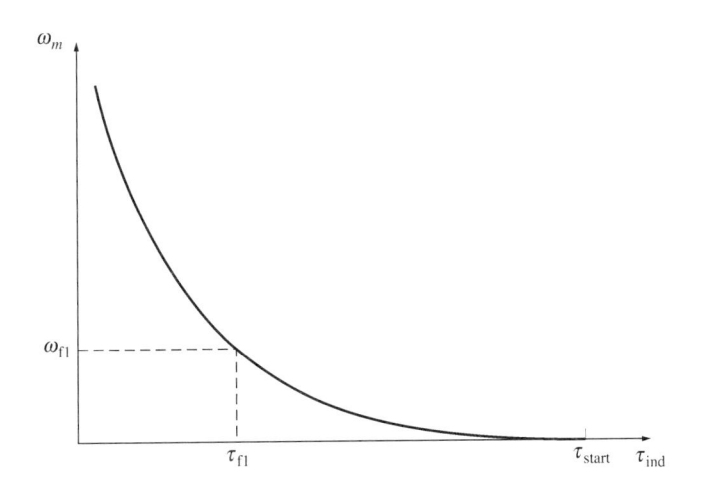

圖 8-20　直流串激電動機之轉矩-速度特性曲線。

直流串激電動機有磁飽和效應，但忽略電樞反應之非線性分析，可用例題 8-5 來說明。

例題 8-5　圖 8-19 為 250 V 直流串激電動機，加有補償繞組，總串聯電阻 $R_A + R_S$ 為 0.08 Ω。串激場每極有 25 匝，磁化曲線如圖 8-21所示。

(a) 當電樞電流為 50 A 時，求電動機之轉速與感應轉矩。

(b) 計算並畫出轉矩-轉速特性曲線。

解：

(a) 為了分析串激電動機在飽和時之行為，沿著操作曲線取幾個點，並且求出這些點之轉矩和轉速。注意磁化曲線是在磁動勢(安·匝)對 E_A 在轉速 1200 r/min 之情況下所得到的，所以在計算 E_A 時，必須用在 1200 r/min 時之等效值去決定電動機之真正轉速。

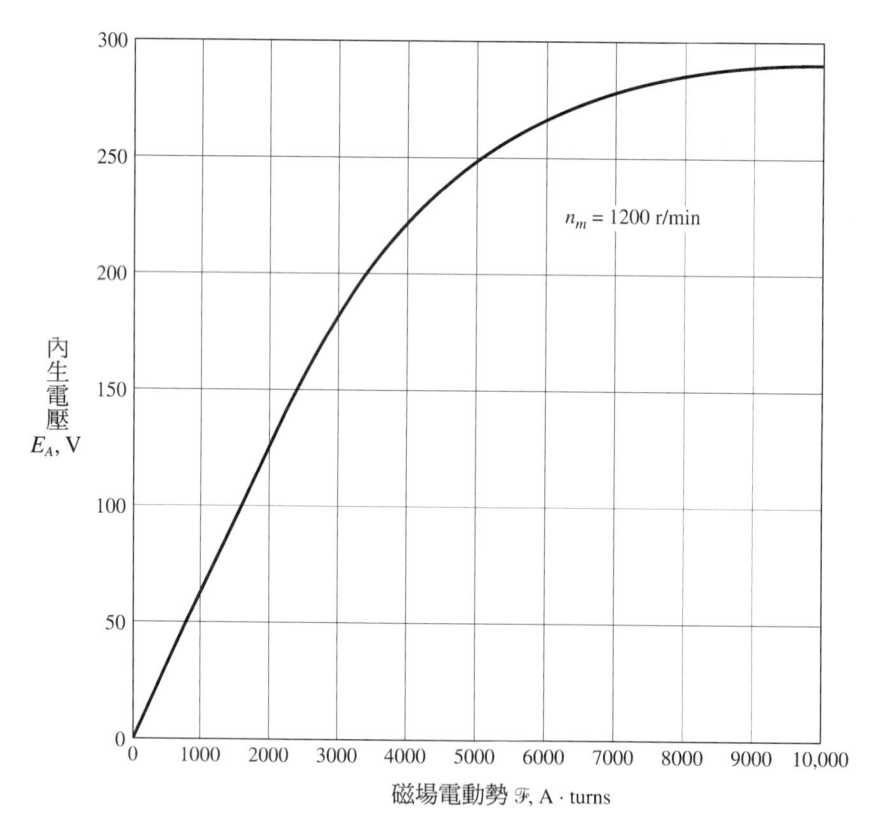

圖 8-21　例題 8-5 電動機之磁化曲線。此曲線是在轉速 $n_m = 1200$ r/min 時所得到。

當 $I_A = 50$ A,

$$E_A = V_T - I_A(R_A + R_S) = 250 \text{ V} - (50\text{A})(0.08 \text{ }\Omega) = 246 \text{ V}$$

因為 $I_A = I_F = 50$ A,則磁動為

$$\mathcal{F} = NI = (25 \text{ 匝})(50 \text{ A}) = 1250 \text{ 安•匝}$$

由磁化曲線在 $\mathcal{F} = 1250$ 安•匝,$E_{A0} = 80$ V,為了得到正確電動機轉速,由式 (8-13),

$$n_m = \frac{E_A}{E_{A0}} n_0$$
$$= \frac{246 \text{ V}}{80 \text{ V}} 120 \text{ r/min} = 3690 \text{ r/min}$$

為了求在此轉速下之感應轉矩,利用 $P_{\text{conv}} = E_A I_A = \tau_{\text{ind}} \omega_m$。因此,

$$\tau_{\text{ind}} = \frac{E_A I_A}{\omega_m}$$
$$= \frac{(246 \text{ V})(50 \text{ A})}{(3690 \text{ r/min})(1 \text{ min}/60 \text{ s})(2\pi \text{ rad/r})} = 31.8 \text{ N•m}$$

(b) 為了計算完整的轉矩-速度特性,必須重複 (a) 之步驟在不同的電樞電流下,一 MATLAB M-檔用來計算串激電動機之轉矩-速度特性,如下所示。注意到此題所用之磁化曲線以場磁動勢取代有效場電流。

```
% M-file: series_ts_curve.m
% M-file create a plot of the torque-speed curve of the
%   the series dc motor with armature reaction in
%   Example 8-5.

% Get the magnetization curve.  This file contains the
% three variables mmf_values, ea_values, and n_0.
load fig8_22.mat

% First, initialize the values needed in this program.
v_t = 250;              % Terminal voltage (V)
r_a = 0.08;             % Armature + field resistance (ohms)
i_a = 10:10:300;        % Armature (line) currents (A)
n_s = 25;               % Number of series turns on field

% Calculate the MMF for each load
f = n_s * i_a;

% Calculate the internal generated voltage e_a.
e_a = v_t - i_a * r_a;

% Calculate the resulting internal generated voltage at
% 1200 r/min by interpolating the motor's magnetization
% curve.
```

```
e_a0 = interp1(mmf_values,ea_values,f,'spline');

% Calculate the motor's speed from Equation (8-13).
n = (e_a ./ e_a0) * n_0;

% Calculate the induced torque corresponding to each
% speed from Equations (7-55) and (7-56).
t_ind = e_a .* i_a ./ (n * 2 * pi / 60);

% Plot the torque-speed curve
plot(t_ind,n,'Color','k','LineWidth',2.0);
hold on;
xlabel('\bf\tau_{ind} (N-m)');
ylabel('\bf\itn_{m} \rm\bf(r/min)');
title ('\bfSeries DC Motor Torque-Speed Characteristic');
axis([ 0 700 0 5000]);
grid on;
hold off;
```

所得特性曲線如圖 8-22 所示，注意到在小的轉矩時有嚴重的超速現象。

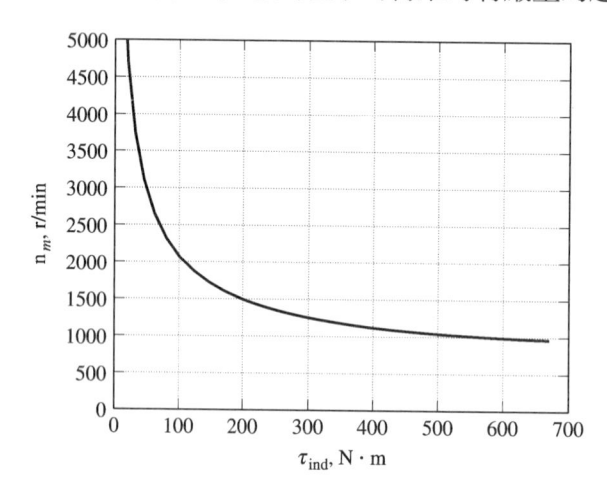

圖 8-22 例題 8-5 直流串激電動機之轉矩-速度特性曲線。

直流串激電動機之轉速控制

不像分激電動機，只有一個有效的方法來改變串激電動機之轉速。此方法就是改變串激電動機之端點電壓。若端點電壓增加，式 (8-23) 之第一項會增加，結果在所給的任何轉矩下，會得到較高轉速。

直流串激電動機之轉速還可用串聯電阻於電動機電路來控制，但這種方法很浪費電力且只適用於間歇性啟動之電動機。

最近 40 年，沒有較方便的方法去改變 V_T，所以唯一可用的轉速控制是較浪費之串

聯電阻法。現今,由於固態控制電路之引進,此情形將全部改觀。

8.7 複激式直流電動機

直流複激式電動機為具有分激與串激場之電動機。如圖 8-23 所示。兩個場線圈上點 (·) 的用法和在變壓器中一樣:電流流入點代表正的磁動勢。若電流流入兩個場線圈的點,則兩磁動勢相加以產生一更大的總磁動勢,此情況稱為積複激 (cumulative compounding)。若電流流入其中一個場線圈,另一個為流出,則所得到的磁動勢為相減。在圖 8-23 中,圓的點表示積複激,方的點代表差複激。

直流複激電動機之克希荷夫電壓定律方程式為

$$V_T = E_A + I_A(R_A + R_S) \tag{8-24}$$

複激電動機之電流關係為

$$I_A = I_L - I_F \tag{8-25}$$

$$I_F = \frac{V_T}{R_F} \tag{8-26}$$

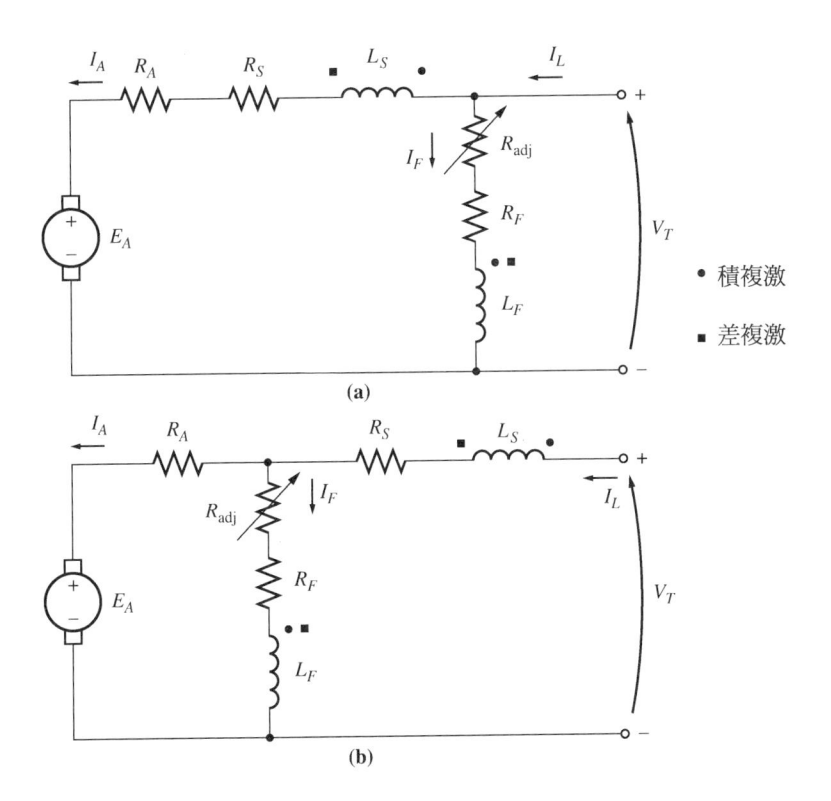

圖 8-23 複激式直流電動機之等效電路:(a) 長分激連接;(b) 短分激連接。

淨磁動勢與有效分激場電流為

$$\mathscr{F}_{net} = \mathscr{F}_F \pm \mathscr{F}_{SE} - \mathscr{F}_{AR} \tag{8-27}$$

和

$$I_F^* = I_F \pm \frac{N_{SE}}{N_F} I_A - \frac{\mathscr{F}_{AR}}{N_F} \tag{8-28}$$

其中方程式之正號代表積複激，而負號代表差複激。

積複激直流電動機之轉矩-速度特性

在積複激直流電動機中，有一磁通分量是固定而另一分量比例於它的電樞電流 (也就是它的負載)。因此，積複激電動機之啟動轉矩比分激電動機高 (因分激式磁通固定)，但比串激電動機低 (因串激式磁通比例於電樞電流)。

因此，積複激直流電動機結合了分激與串激電動機之優點。像串激電動機有大的啟動轉矩；又擁有分激電動機無載時不會超速之優點。

於輕載時，串激場響應很小，所以電動機行為近似於分激電動機。重載時，串激磁通變得相當重要，並且轉矩-速度特性曲線看起來很像是串激電動機的特性。各種型式電動機之轉矩-速度特性之比較如圖 8-24 所示。

為了利用圖形分析來決定積複激電動機之特性曲線，此方法與先前用於分激與串激電動機之分析方法很類似。這樣的分析將用後面例題來說明。

差複激直流電動機之轉矩-速度特性

在差複激直流電動機中，分激磁動勢與串激磁動勢彼此是相減的。此隱含著當負載增加時，I_A 增加且電動機之磁通會減少。但當磁通減少，轉速會上升，轉速增加使得負載更增加，負載更增加，造成 I_A 更增加，而使磁通更減小，也使得轉速更增加。結果會使得差複激電動機不穩定且會發生脫速現象。此不穩定比分激電動機之電樞反應更糟。最嚴重的是此現象使得差複激電動機於所有的應用中幾乎都是不穩定的。

更糟的是，沒有辦法自行啟動。在要啟動時，電樞電流和串激場電流很大。因為串激場磁通與分激場磁通相減。此串激場會使磁極之極性反向。因為大的電樞電流使得電動機仍靜止或是變慢而使電樞發熱。當此種電動機已被啟動，它的串激場必須短路，所以在已啟動後，它的行為就像一般分激電動機。

差複激電動機因為有穩定度問題，幾乎從未有計畫來使用它。差複激電動機於電力潮流方向改變後，會變成積複激發電機。因為這緣故，若積複激發電機用來供給一系統

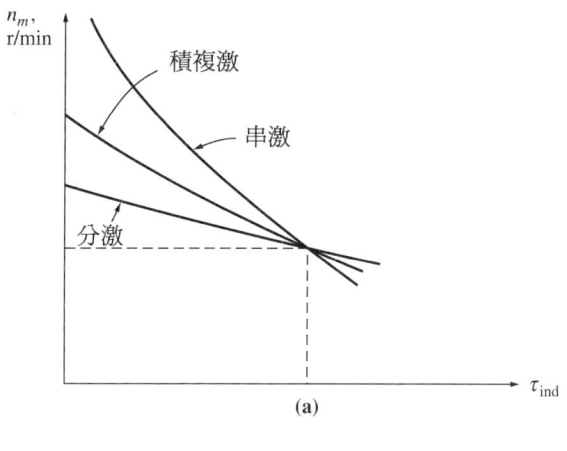

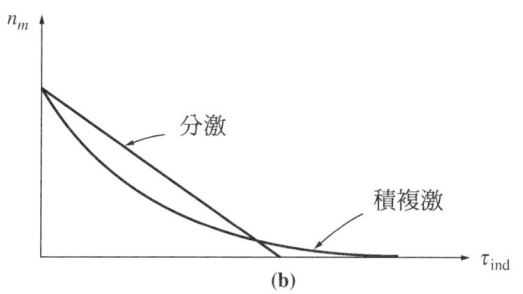

圖 8-24 (a) 在小的滿載額定下，積複激直流電動機之轉矩-速度特性與串激和分激電動機之比較。(b) 於相同之無載轉速下，積複激電動機之轉矩-速度特性與分激電動機之比較。

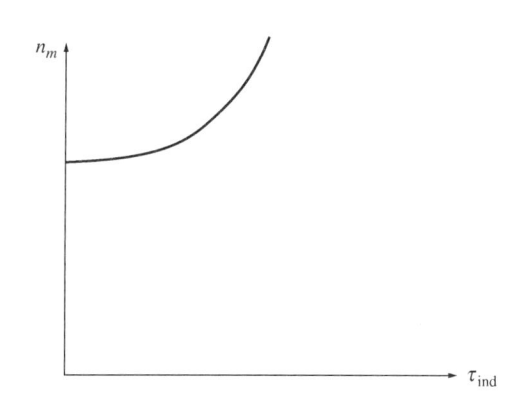

圖 8-25 差複激直流電動機之轉矩-速度特性。

電力，將會有一逆向電力過程電路去切斷它們與電源線的聯繫。設有電動-發電機組之電力是希望雙方向流，則可使用差複激發電機。

典型差複激電動機之端點特性如圖 8-25 所示。

複激式直流電動機之非線性分析

例題 8-6 說明了利用圖形來決定複激式電動機之轉矩和轉速。

例題 8-6 一 100 hp，250 V 具補償繞組之複激式直流電動機，內電阻包括串激繞組為 0.04 Ω。分激場每極有 1000 匝，串激場每極有 3 匝。電動機如圖 8-26 所示，圖 8-8 為它的磁化曲線。無載時調整場電阻使電動機運轉於 1200 r/min。鐵損、機械損失和雜散損失均忽略。

(a) 求無載時之分激場電流。
(b) 若此電動機為積複激，求 $I_A = 200$ A 時之轉速。
(c) 若此電動機為差複激，求 $I_A = 200$ A 時之轉速。

解：
(a) 無載時，電樞電流為零，所以內電勢會等於 V_T，亦即是 250 V。由磁化曲線 5 A 的場電流將產生 250 V 的電壓 E_A 在 1200 r/min 時。因此，分激場電流為 5 A。

(b) 當電樞電流為 200 A，它的內電勢為

$$E_A = V_T - I_A(R_A + R_S)$$
$$= 250\ \text{V} - (200\ \text{A})(0.04\ \Omega) = 242\ \text{V}$$

積複激電動機之有效場電流為

$$I_F^* = I_F + \frac{N_{SE}}{N_F}I_A - \frac{\mathscr{F}_{AR}}{N_F} \tag{8-28}$$

$$= 5\ \text{A} + \frac{3}{1000}200\ \text{A} = 5.6\ \text{A}$$

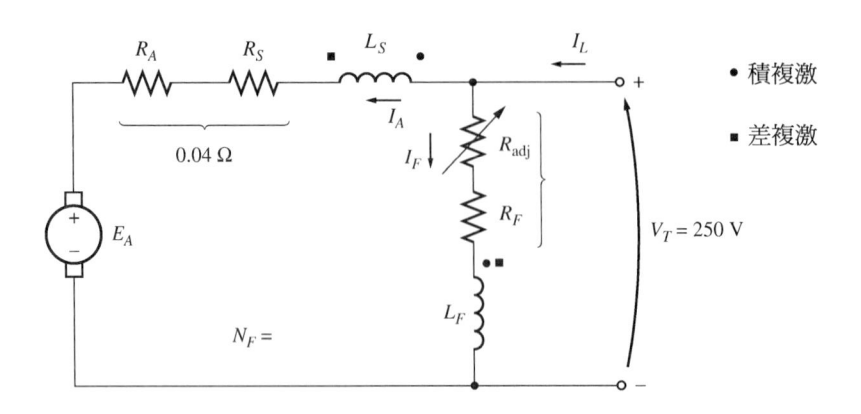

圖 8-26 例題 8-6 之複激式直流電動機。

由磁化曲線，$E_{A0} = 262$ V 在轉速 $n_0 = 1200$ r/min。因此，電動機之轉速為

$$n_m = \frac{E_A}{E_{A0}} n_0$$
$$= \frac{242 \text{ V}}{262 \text{ V}} 1200 \text{ r/min} = 1108 \text{ r/min}$$

(c) 若為差複激時，有效場電流為

$$I_F^* = I_F - \frac{N_{SE}}{N_F} I_A - \frac{\mathscr{F}_{AR}}{N_F} \tag{8-28}$$

$$= 5 \text{ A} - \frac{3}{1000} 200 \text{ A} = 4.4 \text{ A}$$

由磁化曲線，$E_{A0} = 236$ V 在轉速 $n_0 = 1200$ r/min。因此，電動機轉速為

$$n_m = \frac{E_A}{E_{A0}} n_0$$
$$= \frac{242 \text{ V}}{236 \text{ V}} 1200 \text{ r/min} = 1230 \text{ r/min}$$

注意，積複激電動機之轉速因負載而減少，而差複激電動機之轉速因負載而增加。

◀

積複激直流電動機之速度控制

積複激直流電動機可用之轉速控制技術與分激電動機相同：

1. 改變場電阻 R_F。
2. 改變電樞電壓 V_A。
3. 改變電樞電阻 R_A。

改變 R_F 或 V_A 之效應與先前所述之分激式電動機很類似。

理論上，差複激電動機可用類似的方法來控制。因為差複激電動機幾乎從不使用，事實上是不重要的。

8.8　直流電動機啟動器

為了使直流電動機適合應用性能之要求，必須要有一些特別控制和保護設備。這些設備的目的為：

1. 保護電動機避免因設備短路而受到損害。

2. 保護電動機避免因長期過載而受到損害。
3. 保護電動機避免因過大的啟動電流而損害。
4. 提供一方便的操作速度控制方法。

本節將探討前三項功能,第四項功能將留在 8.9 節中再討論。

直流電動機啟動問題

為了使直流電動機有適當的性能,於啟動期間必須保護電動機避免於實際損壞。啟動時,電動機不轉動,所以 $E_A=0$ V。因為一般直流電動機之內電阻與它的容量 (中容量電動機之 3% 至 6%) 相比是相當小,所以會有很大的電流流過電樞。

例如,例題 8-1,50 hp,250 V 之電動機,電樞電阻 R_A 為 0.06 Ω。滿載電流小於 200 A,但啟動電流為

$$I_A = \frac{V_T - E_A}{R_A}$$

$$= \frac{250 \text{ V} - 0 \text{ V}}{0.06 \text{ Ω}} = 4167 \text{ A}$$

此電流超過額定滿載電流的 20 倍。此電流會使電動機造成相當嚴重的損壞,即使只持續一會兒。

解決啟動期間電流過大的問題,可在電樞串聯一啟動電阻 (starting resistor) 去限制電流,直到 E_A 建立起來為止。此電阻不可永久留在電路上,因為它會造成很大的損失,而且會因負載增加而使轉矩-速度特性嚴重下降。

因此,啟動時必須插入一電阻於電樞電路,以限制電流,且在電動機轉速建立後,必須將此電阻移去。目前的作法是將啟動電阻做成一段段串接起來,在電動機轉速成功建立之前逐段將電阻移去,但為了限制電動機之電流在一安全範圍內,不可為了快速啟動而將電阻減少太多。

圖 8-27 為裝有啟動電阻之分激電動機,此電阻可分段切離電路藉著閉合接點 1A,2A 和 3A。為了使電動機啟動,有兩件事是必須的。第一是挑選所需電阻之大小與段數,以便將啟動電流限制在所要的範圍內。第二是設計一控制電路在適當時機下旁路掉電阻。

一些舊式的直流電動機啟動器,使用連續的啟動電阻,以人去移動把手 (圖 8-28) 逐次將電阻切離電路。此種啟動器會有問題,因為以人去移動把手方式,不是太快就是會太慢,這對電動機之啟動有很大影響。若電阻太快被切離 (在電動機轉速尚未足夠前),會導致太大的電流。另一方面,若是太慢切離電阻,啟動電阻會燒毀。

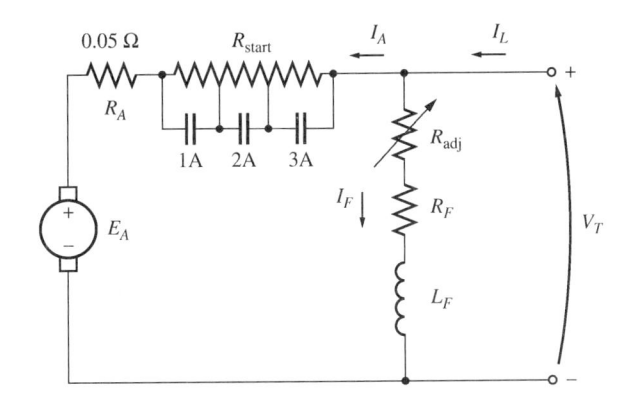

圖 8-27　啟動電阻與電樞串聯之分激電動機。當接點 1A、2A 和 3A 閉合時，啟動電阻會被短路掉。

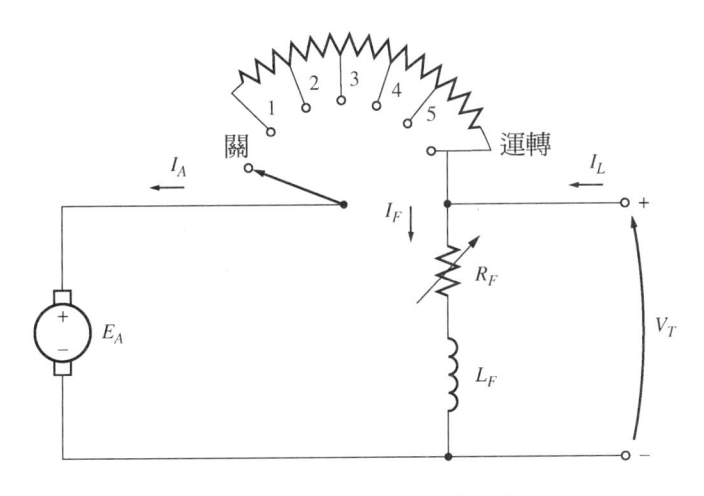

圖 8-28　人工直流電動機啟動器。

因為必須依靠人為的正確操作，這些啟動器主要受限於人為誤差問題。在新的自動啟動器電路出現後，舊式啟動器已完全淘汰了。

例題 8-7 說明自動啟動器電路之電阻大小與段數的選擇。切斷電阻之適當時間在稍後再討論。

例題 8-7　圖 8-27 為 100 hp，250 V，350 A 直流分激電動機，電樞電阻 0.05 Ω。希望設計一啟動器電路，限制最大啟動電流為額定電流兩倍，並且在電樞電流下降至低於它的額定值時，將電阻切斷。
(a) 需要多少段的啟動電阻以限制電流在規定範圍內？

(b) 每段之電阻值為多少？每段之電壓為多少時須把電阻切離？

解：

(a) 首先連接至電源線之啟動電阻必須選擇使電流等於電動機額定電流之兩倍。當電動機轉速開始上升，將有一內電勢 E_A 產生。因為此電壓反對電動機之端電壓，故內電勢增加時，電動機電流會減少。當電流低於額定電流時，一部分之啟動電阻必須拿掉，以增加啟動電流為額定電流之 200%。當電動機轉速連續上升，E_A 也一直上升，而電樞電流連續下降。當電流再度降至額定電流時，另一部分之啟動電阻必須被切離。重複此過程，一直到該段啟動電阻小於電動機電樞電路之電阻為止。在該點電動機之電樞電阻會自己限制電流在一安全值內。

需要多少段來完成電流限制呢？定義 R_{tot} 為啟動電路之原本電阻。則 R_{tot} 為每段啟動電阻與電樞電阻之和：

$$R_{tot} = R_1 + R_2 + \cdots + R_A \tag{8-29}$$

現在定義 $R_{tot,i}$ 為 1 到 i 段已被短路後剩下之啟動電阻。在 1 到 i 段被移去後留下之電阻為

$$R_{tot,i} = R_{i+1} + \cdots + R_A \tag{8-30}$$

注意最初之啟動電阻為

$$R_{tot} = \frac{V_T}{I_{max}}$$

在啟動電路的第一段，電阻 R_1 必須被切離，當電流 I_A 降至

$$I_A = \frac{V_T - E_A}{R_{tot}} = I_{min}$$

當此部分之電阻切離後，電樞電流必須跳回到

$$I_A = \frac{V_T - E_A}{R_{tot,1}} = I_{max}$$

因為 $E_A\ (= K\phi\omega_m)$ 直接比例於電動機轉速，無法瞬間改變，在電阻切離瞬間，$V_T - E_A$ 必須是常數。因此，

$$I_{min}R_{tot} = V_T - E_A = I_{max}R_{tot,1}$$

或是在第一段電阻切離後留下之電阻為

$$R_{tot,1} = \frac{I_{min}}{I_{max}} R_{tot} \tag{8-31}$$

第八章　直流電動機與發電機　493

以此類推，在第 n 段電阻切離後，留下之電阻為

$$R_{\text{tot},n} = \left(\frac{I_{\min}}{I_{\max}}\right)^n R_{\text{tot}} \tag{8-32}$$

當 $R_{\text{tot},n}$ 小於或等於內部電樞電阻 R_A 時，啟動的程序就算完成了。在此點，R_A 會限制電流至所要的值。在 $R_A = R_{\text{tot},n}$ 之邊界

$$R_A = R_{\text{tot},n} = \left(\frac{I_{\min}}{I_{\max}}\right)^n R_{\text{tot}} \tag{8-33}$$

$$\frac{R_A}{R_{\text{tot}}} = \left(\frac{I_{\min}}{I_{\max}}\right)^n \tag{8-34}$$

解得 n

$$n = \frac{\log(R_A/R_{\text{tot}})}{\log(I_{\min}/I_{\max})} \tag{8-35}$$

其中 n 必須取整數值，因為不可能有小數段。若 n 有小數部分，則當最後一段之啟動電阻移去時，電樞電流將會上升到比 $I_{\max}$ 小之值。

在此問題中，$I_{\min}/I_{\max}$ 之比 $=0.5$，且 R_{tot} 為

$$R_{\text{tot}} = \frac{V_T}{I_{\max}} = \frac{250 \text{ V}}{700 \text{ A}} = 0.357 \text{ }\Omega$$

所以

$$n = \frac{\log(R_A/R_{\text{tot}})}{\log(I_{\min}/I_{\max})} = \frac{\log(0.05 \text{ }\Omega/0.357 \text{ }\Omega)}{\log(350 \text{ A}/700 \text{ A})} = 2.84$$

所需段數為三。

(b) 電樞電路包含電樞電阻 R_A 和三啟動電阻 R_1、R_2 和 R_3，如圖 8-27 所示之排列。

最初，$E_A = 0$ V 且 $I_A = 700$ A，所以

$$I_A = \frac{V_T}{R_A + R_1 + R_2 + R_3} = 700 \text{ A}$$

因此，總電阻為

$$R_A + R_1 + R_2 + R_3 = \frac{250 \text{ V}}{700 \text{ A}} = 0.357 \text{ }\Omega \tag{8-36}$$

此總電阻將會留在電路上，直到電流降至 350 A。此發生當

$$E_A = V_T - I_A R_{\text{tot}} = 250 \text{ V} - (350 \text{ A})(0.357 \text{ }\Omega) = 125 \text{ V}$$

當 $E_A = 125$ V，I_A 已降至 350 A，而此時該是切離第一段電阻 R_1 的時候。當 R_1 電阻切離後，電流會跳回 700 A。因此

$$R_A + R_2 + R_3 = \frac{V_T - E_A}{I_{\max}} = \frac{250 \text{ V} - 125 \text{ V}}{700 \text{ A}} = 0.1786 \ \Omega \tag{8-37}$$

此總電阻將會留在電路上，直到 I_A 再度降至 350 A。此發生當 E_A 到達

$$E_A = V_T - I_A R_{\text{tot}} = 250 \text{ V} - (350 \text{ A})(0.1786 \ \Omega) = 187.5 \text{ V}$$

當 $E_A = 187.5$ V，I_A 已降至 350 A，而此時該是切離第三段啟動電阻 R_2 之時候。當 R_2 切離後，電流又跳回 700 A。因此

$$R_A + R_3 = \frac{V_T - E_A}{I_{\max}} = \frac{250 \text{ V} - 187.5 \text{ V}}{700 \text{ A}} = 0.0893 \ \Omega \tag{8-38}$$

此總電阻將留在電路上直到 I_A 再度降至 350 A。此發生當 E_A 到達

$$E_A = V_T - I_A R_{\text{tot}} = 250 \text{ V} - (350 \text{ A})(0.0893 \ \Omega) = 218.75 \text{ V}$$

當 $E_A = 218.75$ V，I_A 已降至 350 A，而此時該是切離第三段啟動電阻 R_3 之時候。當 R_3 切離後，只剩電樞電阻留下。現在，只剩 R_A 來限制電動機之電流到

$$I_A = \frac{V_T - E_A}{R_A} = \frac{250 \text{ V} - 218.75 \text{ V}}{0.05 \ \Omega}$$
$$= 625 \text{ A} \quad (\text{比允許最大值小})$$

由此點起，電動機可自行加速。

由式 (8-34) 到 (8-36)，所需之電阻值為：

$$R_3 = R_{\text{tot},3} - R_A = 0.0893 \ \Omega - 0.05 \ \Omega = 0.0393 \ \Omega$$
$$R_2 = R_{\text{tot},2} - R_3 - R_A = 0.1786 \ \Omega - 0.0393 \ \Omega - 0.05 \ \Omega = 0.0893 \ \Omega$$
$$R_1 = R_{\text{tot},1} - R_2 - R_3 - R_A = 0.357 \ \Omega - 0.1786 \ \Omega - 0.0393 \ \Omega - 0.05 \ \Omega = 0.1786 \ \Omega$$

且當 E_A 到達 125、187.5 和 218.75 V 時，R_1、R_2 和 R_3 被切離。 ◀

直流電動機啟動電路

一旦啟動電阻選擇好，如何去控制這些短路接點在最正確時機去切離啟動電阻呢？有許多不同的架構用來完成這些切換，本節將介紹兩種最常用的方法。在此之前，必須先介紹一些啟動電路常用之元件。

圖 8-29 為一些電動機控制電路常用的元件。有保險絲、按鈕開關、繼電器、計時

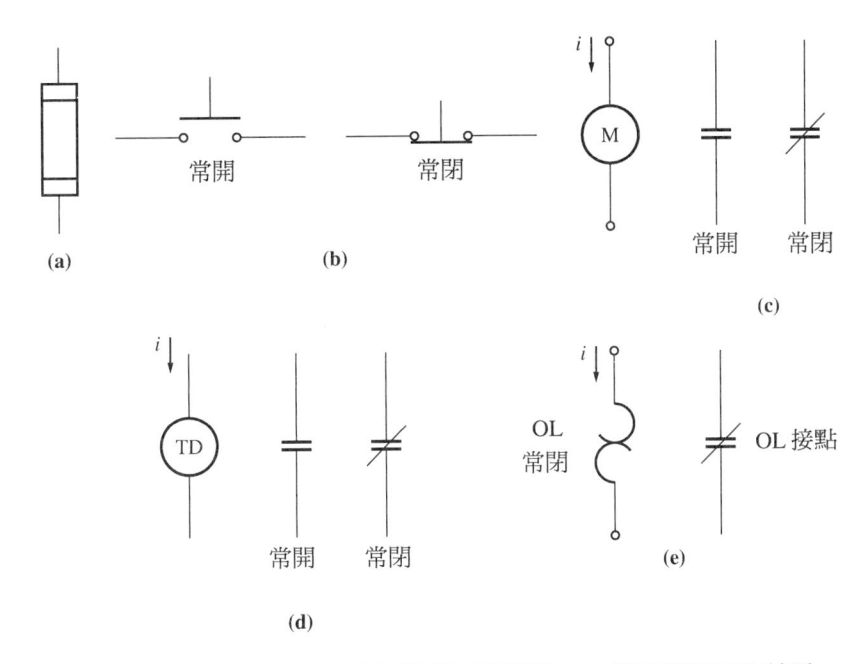

圖 8-29 (a) 保險絲。(b) 常開和常閉扭鈕開關。(c) 繼電器線圈和接點。(d) 計時繼電器和接點。(e) 過載和它的常閉接點。

器和過載保護器。

圖 8-29a 為保險絲符號，在電動機控制電路用來保護電動機預防短路之危險，裝設於電源線與電動機之間。若電動機發生短路，保險絲會燒斷，在任何損壞發生前將電路切斷。

圖 8-29b 為彈簧型式之按鈕開關。此種開關有兩種基本型式——常開和常閉。常開接點於按鈕靜止時是開路的，反之，按鈕按下時是閉路的；而常閉接點於按鈕靜止時是閉路的，於按鈕按下時是開路的。

圖 8-29c 所示為繼電器，由一主線圈和一些接點組成。主線圈用圓符號表示，而接點用平行線表示。這些接點有兩種型式——常開和常閉。當繼電器去能時，常開接點是開路。當電能加至繼電器（繼電器被充能），接點改變狀態：常開接點閉合，常閉接點開路。

圖 8-29d 為計時繼電器，行為與一般繼電器相同，除了當充能時，在其接點狀態改變之前會有一可調整之延遲時間。

過載保護如圖 8-29e 所示。它由一熱線圈和一些常閉接點組成。電流流到電動機會經過此熱線圈。若電動機之負載太大，則流到電動機之電流會使熱線圈加熱，使常閉接點過載而打開。在某些型式之電動機保護電路，這些接點會輪流動作。

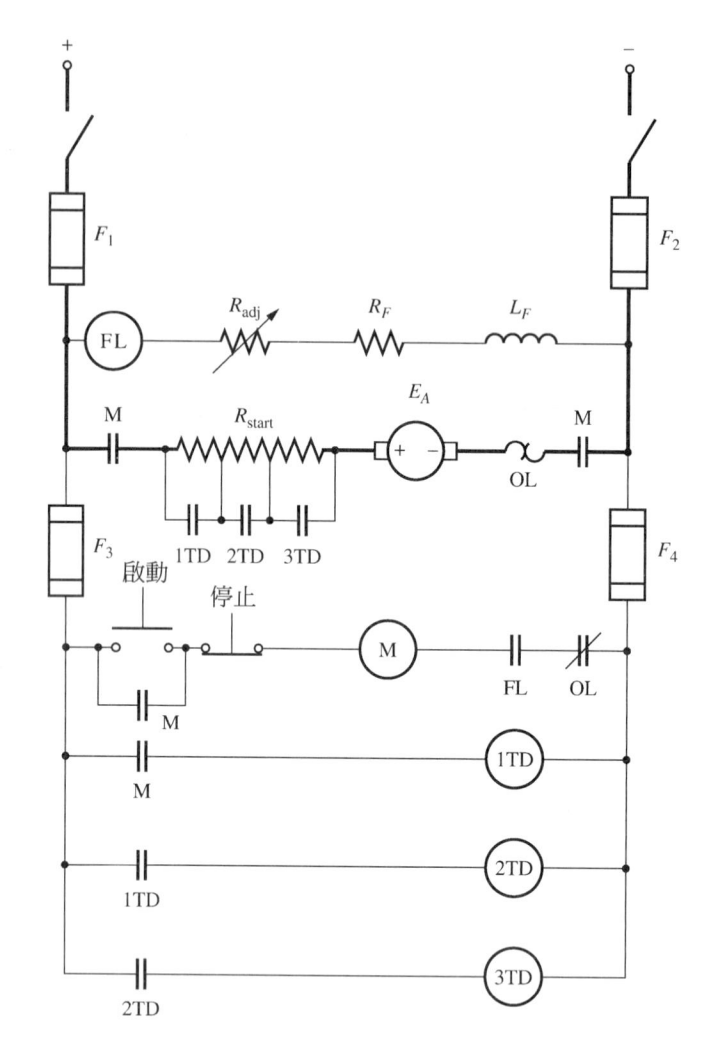

圖 8-30 直流電動機之啟動電路，使用時間延遲繼電器去切離啟動電阻。

圖 8-30 為使用這些元件之常用電動機啟動電路。在此電路中，一串時間延遲之繼電器關閉接點，而移去啟動電阻的每部分，在電源加到電動機後的正確時間內。當按下啟動按鈕，電動機的電樞電路會連接到電源，此時電動機會在全部電阻下啟動。在電動機啟動同時，繼電器 1TD 被充能，經過一些時間延遲，1TD 之接點會閉合，而從電路中移去部分的啟動電阻。同時繼電器之 2TD 被充能，在另一時間延遲後 2TD 接點閉合，移去第二部分之啟動電阻。當 2TD 接點閉合，3TD 繼電器被充能，重複同樣的過程，最後電動機會運轉於全速下而沒有任何的啟動電阻存在。若延遲時間取得十分適當，啟動電阻會在正確的時間被切離，而限制電動機啟動電流在所設計的值內。

圖 8-31 為另一型式之電動機啟動器。一串的繼電器去感測 E_A 的值且當 E_A 上升至

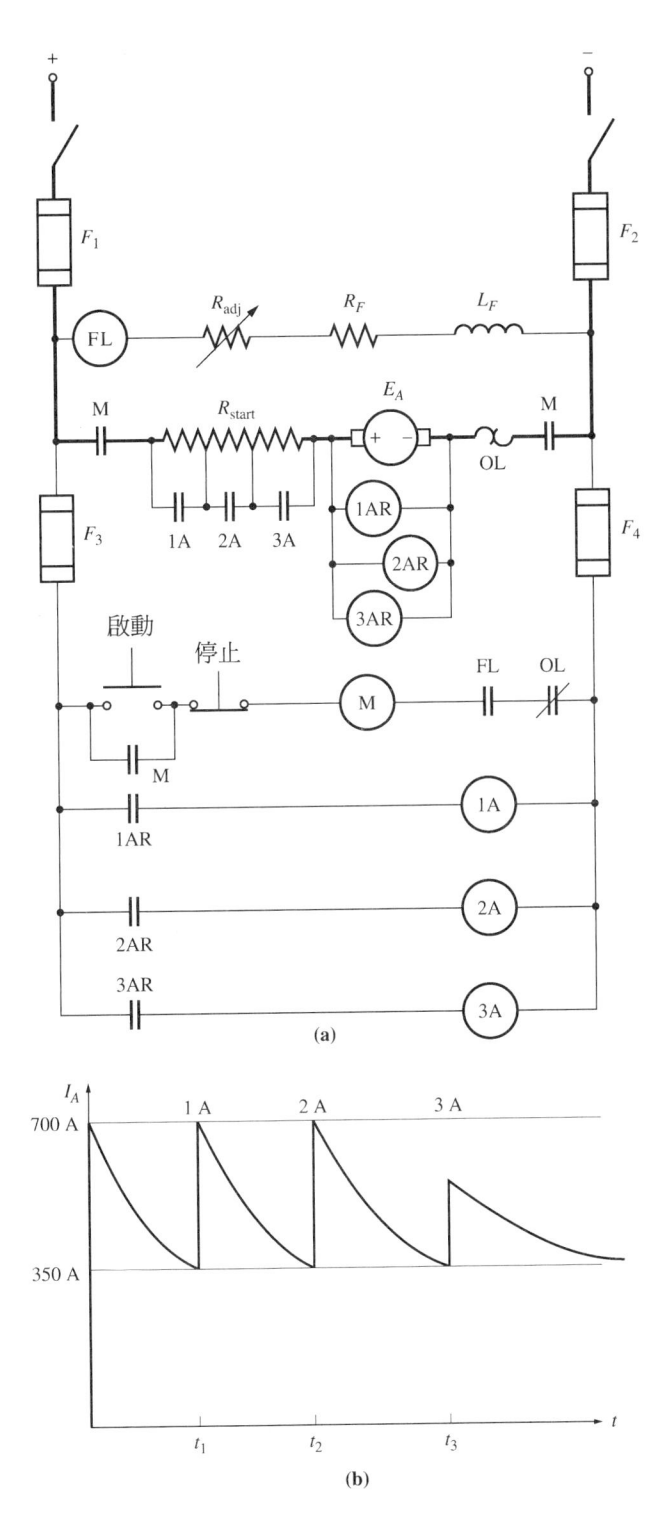

圖 8-31 (a) 直流電動機之啟動電路，使用電壓計數感測繼電器去切離啟動電阻。(b) 啟動期間之電樞電流。

預設的準位時,將啟動電阻切離。此種型式之啟動器比前面好,因為若電動機之負載很重比正常情況較慢啟動,它的電樞電阻仍會被切離當電流降至相當值時。

注意兩啟動電路都有一 FL 繼電器在場電路上,此為場損失繼電器 (field loss relay)。若是場電流在任何原因下消失,場損失繼電器會被去能,此會關掉 M 繼電器之電源。當 M 被去能,它的常開接點會打開而使電動機切離電源。此繼電器是為了預防電動機因場電流消失而造成脫速現象。

還須注意的是每種電動機啟動電路有一過載保護。若電動機之功率變得太大,這些過載保護會變熱,而打開 OL 常閉接點,如此將會關掉 M 繼電器。當 M 去能,它的常閉接點打開而使電動機切離電源,這是保護電動機免於因長時間過載而損壞。

8.9　華德-里翁納德系統和固態速度控制器

外激、分激或複激式直流電動機之轉速可用三種方法中之一種加以改變:改變場電阻,改變電樞電壓,或改變電樞電阻。這些方法中,也許最常用的是電樞電壓控制,因為它允許大範圍的速度變化而不會影響電動機的最大轉矩。

一些電動機控制系統已經發展好幾年了,它們利用控制直流電動機之電樞電壓,而有大轉矩,可變轉速之優點。在固態電子元件問世以前,要產生一可變電壓是很困難的。事實上,改變直流電動機最常用方法是由它自己的外激直流發電機供應電壓。

如此的電樞電壓控制系統如圖 8-32 所示。圖中一交流電動機用來當作直流發電機之原動機,此發電機用來供給直流電動機一直流電壓。這樣的電機系統稱為華德-里翁納德系統 (Ward-Leonard system),它具有多種用途。

在這樣的電機控制系統,電動機的電樞電壓可改變發電機之場電流來控制此電樞電壓。此電樞電壓允許電動機之轉速在基速與很小值之間做平滑變化。藉著減少電動機之場電流,可調整轉速高於基速。在這種可撓性的設置下,控制電動機的所有轉速是可能的。

而且,若發電機的場電流反向,則發電機電樞電壓極性也反向,這使得電動機之旋轉方向相反。因此,利用華德-里翁納德直流電動機控制系統去得到不同旋轉方向且速度改變範圍很大之控制是有可能的。

華德-里翁納德系統另一個優點是它的「再生」,也就是可將能量送回電源。若華德-里翁納德系統之電動機開始加很重負載,然後負載變小,當負載減輕時,直流電動機之行為像發電機,供應電力回電力系統。此種作法,在先前需較多能量去抬起負載就可獲補償,而減少操作成本。

圖 8-33 為可能操作模式之轉矩-速度圖。若電動機運轉於正常方向,且提供一同方

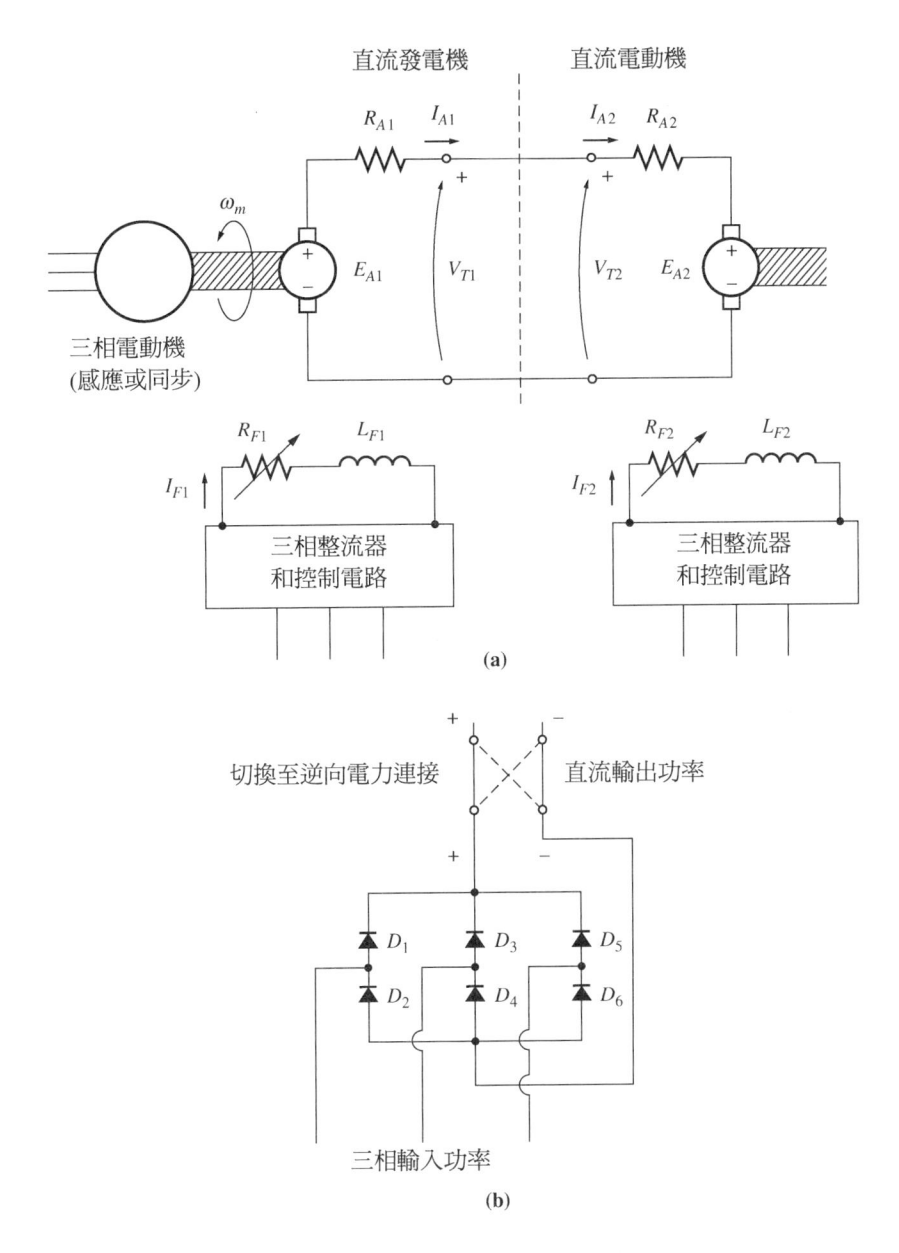

第八章 直流電動機與發電機 499

圖 8-32 (a) 直流電動機轉速控制之華德-里翁納德系統。
(b) 直流發電機和電動機產生場電流之電路。

向之轉矩，它操作於第一象限。若發電機之場電流反向，發電機之端點電壓也反向，使得電動機之電樞電壓也反向。當電動機之電樞電壓反向，但場電流方向不變，則轉矩和轉速是反向的，而電動機操作於第三象限。若只有轉矩或轉速單獨反向，而其他量不變，則電動機變成發電機，送功率回電力系統。因為華德-里翁納德系統允許旋轉和再

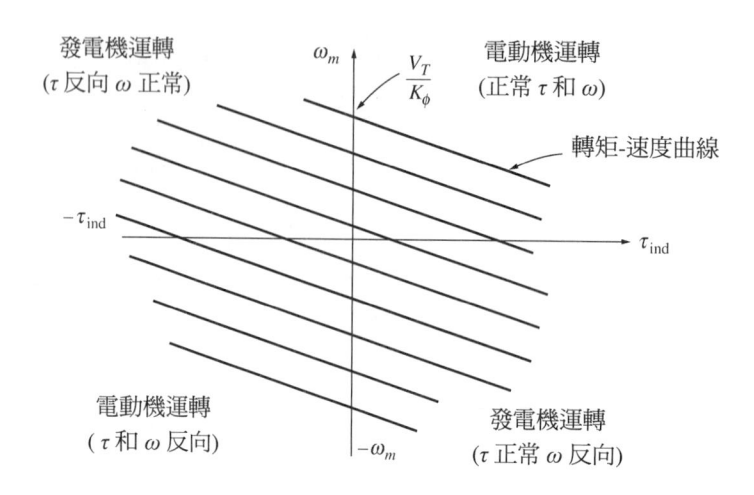

圖 8-33 華德-里翁納德電動機控制系統之操作範圍。電動機可運轉於正(象限 1)或反(象限 3)方向，且能再生在象限 2 和 4。

生在不同方向，所以被稱為**四象限控制系統** (four-quadrant control system)。

華德-里翁納德系統的缺點是很明顯的。一是使用者被迫購買三部額定相同之電機，且價格很昂貴。另一是三部電機之效率必定比一部低。因為太昂貴且效率低，華德-里翁納德系統已被閘流體控制電路所取代。

圖 8-34 為簡單直流電樞電壓控制器電路。供給電動機電樞之平均電壓，也就是電動機之平均速度，視加於電樞電壓多少時間而定。也就是視整流電路中閘流體被觸發的相對角度而定。此電路只能供給單一極性之電樞電壓，所以僅能藉改變場連接的極性使電動機反向。特別注意的是，電樞電流不可能由電動機正端流出，因為電流無法流回閘流體。因此，電動機無法再生，且任何供給電動機之能量無法還原。此型式之控制電路為兩象限控制器，如圖 8-34b 所示。

圖 8-35 為另一種可供給電樞電壓不同極性之改良電路。此電樞電壓控制器允許電流從發電機的正端流出，故此型式控制之電動機可再生。若電動機場電路之極性也能切換，則此固態電路就如同華德-里翁納德系統一樣是四象限控制器。

通常閘流體所組成之二象限或四象限控制器比需要兩部完全相同電機之華德-里翁納德系統便宜，所以在新的應用上，固態轉速控制系統已完全取代華德-里翁納德系統。

典型兩象限分激直流電動機驅動電樞電壓當作轉速控制系統，其藉由三相全波整流器供給固定的場電壓，而由六個閘流體組成之三相全波整流器來供給可變的電樞電壓。改變閘流體的點火角，即可控制供給之電樞電壓。因為電動機有固定的場電壓與可變的電樞電壓，只能控制電動機之轉速小於或等於基速(見 8.4 節「改變電樞電壓」)。此控

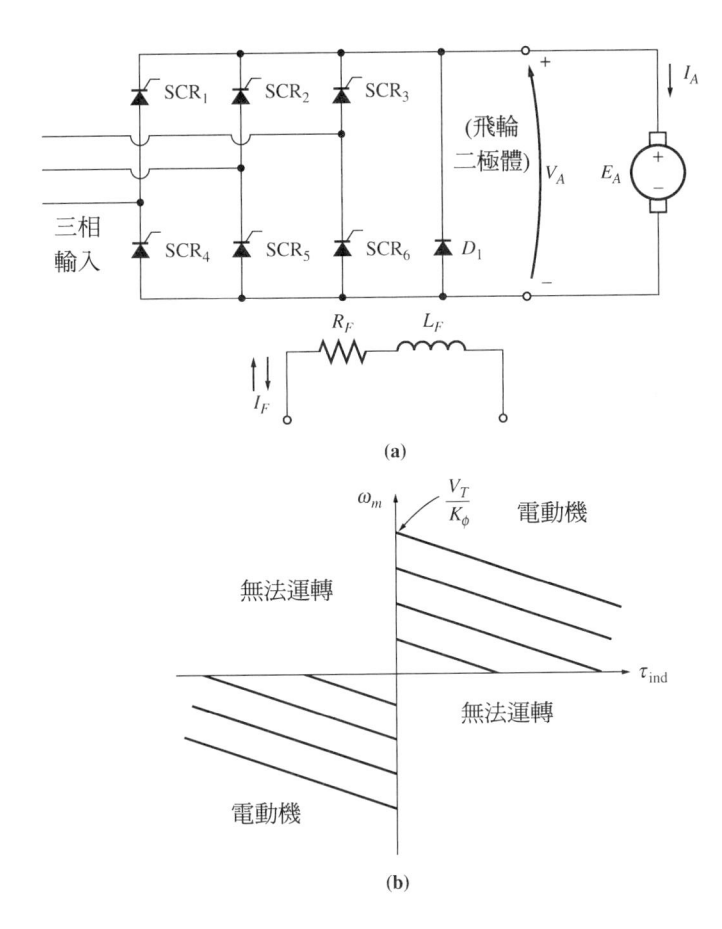

圖 8-34 (a) 兩象限固態直流電動機控制器。因為電流無法由電樞正端流出，此電動機無法變成發電機送功率回系統。(b) 此控制器可能操作的象限。

制器電路與圖 8-34 所示完全相同，除了控制電子電路與回授電路。

直流電動機驅動器之主要部分包括：

1. 保護電動機因太大電樞電流，低的端點電壓，和場電流消失而損壞之保護電路。
2. 啟動／停止電路以連接和切斷電源線。
3. 大功率電子電路轉換三相交流電為直流電以供給電動機之電樞和場電路。
4. 低功率電子電路提供點火脈波給閘流體，此部分包含許多小部分，將在以下做描述。

保護電路部分

保護電路是由許多不同的設備組成，以確保電動機能安全運轉。這些安全設備包括：

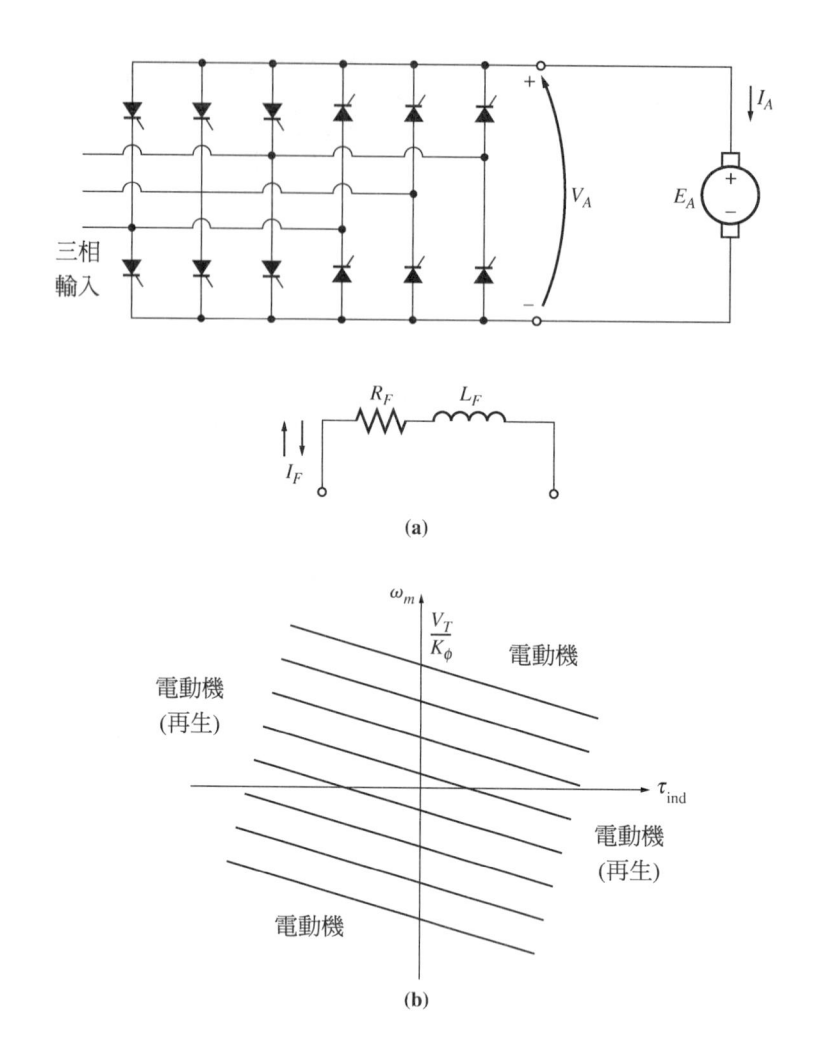

圖 8-35 (a) 四象限固態直流電動機控制器。(b) 此電動機控制器可以操作的象限。

1. **限流熔絲**，當有短路發生時很快且安全的將電動機切離電源。限流熔絲能啟斷幾十萬安培電流。
2. **瞬間靜止跳脫**，它能關掉電動機當電樞電流超過 300% 的額定值時。若電樞電流超過最大的允許值，跳脫電路會使故障繼電器動作，而使得動作中之繼電器去能，打開主要接點且將電動機切離電源。
3. **反時間之過載跳脫**，它能保護當過載電流大到足以損壞電動機，但不能夠觸發瞬間靜止跳脫之情況。反時間的意思是當過電流愈大，過載保護會愈快跳脫 (見圖 8-37)。例如，一反時間跳脫會在幾分鐘後跳脫，若是電流是額定電流之 200%，則在 10 秒鐘後它就會跳脫。

4. 低電壓跳脫,它能關掉電動機,假如供給之線電壓降低超過 20% 時。
5. 磁場消失跳脫,它能關掉電動機,假如場電路斷路。
6. 超溫跳脫,它能關掉電動機,假如電動機有過熱的危險。

啟動／停止路部分

啟動／停止路部分包含需要去啟動或停止電動機藉著打開或關閉與電源線連接之主要接點的控制。按下運轉鈕電動機會啟動,按下停止鈕或加能給故障繼電器去能,使連接電動機與電源線之主接點開路。

高功率電子電路部分

高功率電子電路部分包含一三相全波二極體整流器,提供一定電壓給場電路,和一三相全波閘流體整流器,提供一可變電壓給電樞電路。

低功率電子電路部分

低功率電子電路部分提供點火脈波給閘流體以供應電樞電壓給電動機。藉著調整閘流體之點火時間,低功率電子電路可調整電動機之平均電樞電壓。低功率電子電路包含以下幾個部分電路:

1. 速度調整電路。此電路利用轉速計量測電動機轉速,然後與所要之轉速 (一參考電壓準位) 比較,增加或減少電樞電壓以保持轉速固定於所希望的值。例如,假設軸上的負載增加,則轉速會變慢。速度減少會減少轉速計產生的電壓,此電壓送到速度調整電路。因為對應到轉速的電壓準位已低於參考電壓,轉速調整電路會增加閘流體的點火時間,以產生較大的電樞電壓。此較大的電樞電壓將會使電動機轉速朝所需要的值增加 (見圖 8-38)。在適當的設計下,此種電路可提供 0.1% 的速率調整率於無載和滿載情況下。

　　電動機所希望之運轉速度可藉著改變參考電壓的準位來控制。參考電壓可由如圖 8-38 所示之小的電位差計來調整。

2. 限流電路。此電路量測穩態時電動機之電流,和所希望之最大電流 (藉著一參考電壓準位的設定) 比較,且降低電樞電壓以保持電流不會超過所要的最大值。所希望之最大電流可在一大範圍內調整,由 0 到 200% 或更多的額定電流。電流限制一般設定高於額定電流,所以在滿載情況下電動機仍可加速。

3. 加速／減速電路。此電路限制電動機在一安全值內加速和減速。任何時候當有一劇烈的轉速變化命令,此電路介入去確定從原來轉速到新的轉速是平滑的轉變,而且不會造成太大的電樞電流。

504 電機機械基本原理

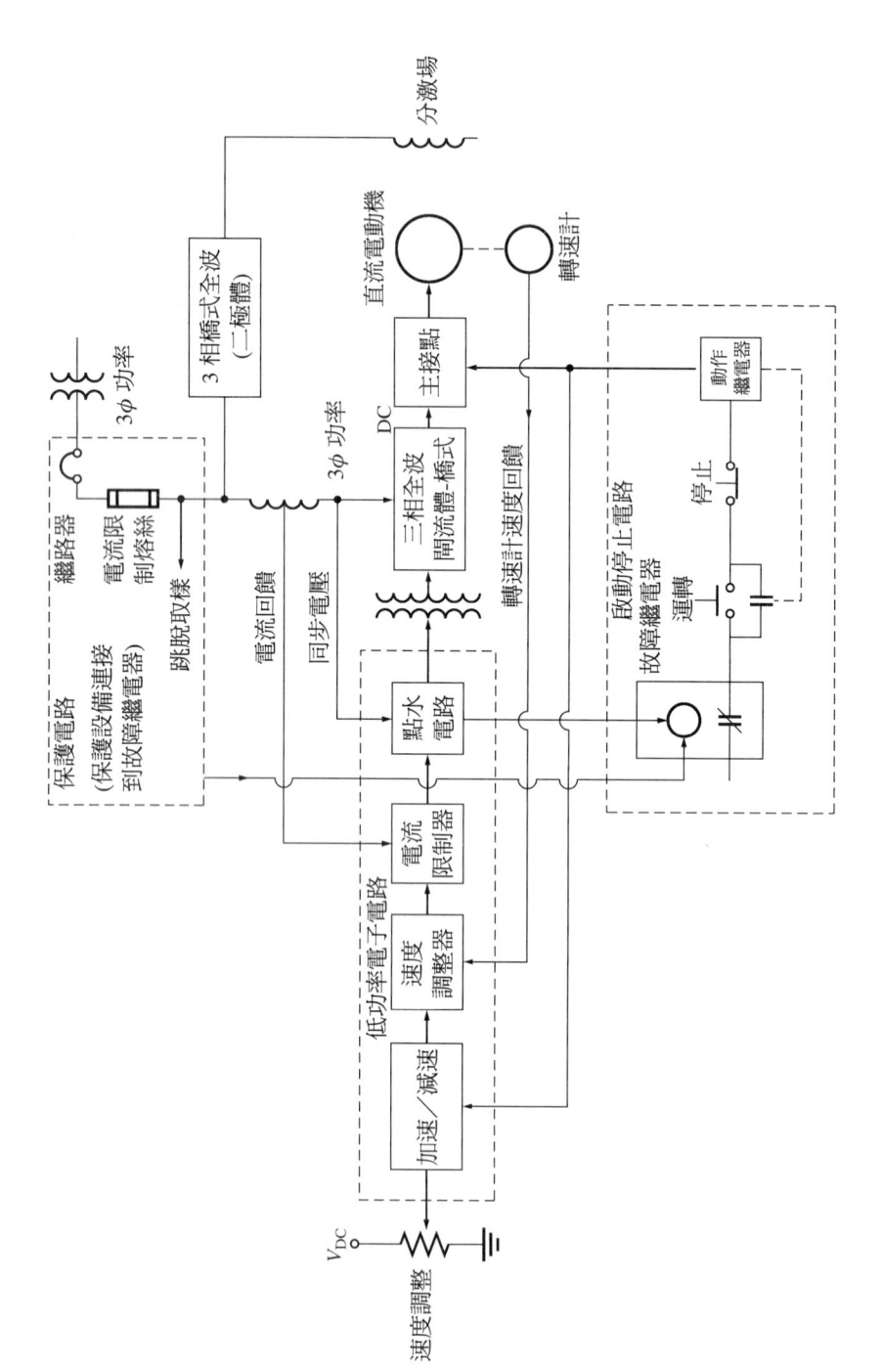

圖 8-36　圖 8-35 中直流分激電動機固態驅動器之簡化方塊圖。

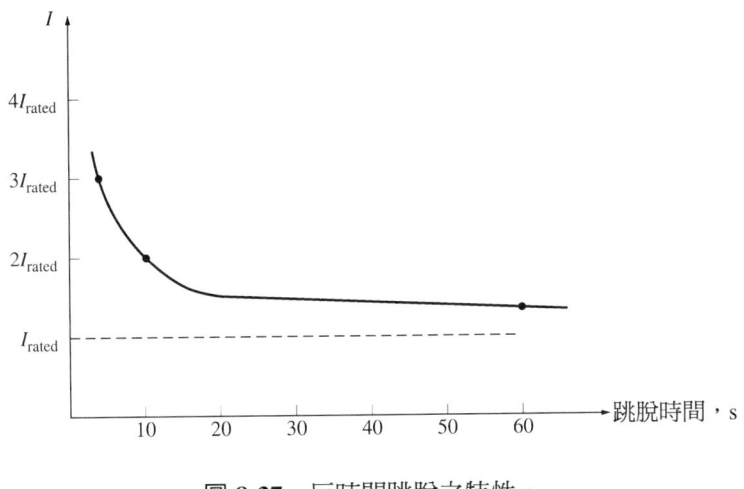

圖 8-37　反時間跳脫之特性。

　　加速／減速電路完全消除對啟動電阻之需求，因為電動機之啟動是另一種大速度改變，而加速／減速電路會使整個運轉期間平滑的增加轉速。此逐漸平滑的增加轉速會限制電樞電流於一安全值內。

8.10　直流電動機效率之計算

為了計算直流電動機之效率，以下的損失必須決定：

1. 銅損
2. 電刷壓降損失
3. 機械損失
4. 鐵損
5. 雜散損失

　　電動機之銅損為電樞與場電路之 I^2R 損失。知道電流與兩電阻之大小即可求出銅損。為了決定電樞電路之電阻，將轉子堵住，使它無法轉動且加一小的直流電壓給電樞端。調整電壓直到電樞電流與額定電流相等。所供給的電壓與產生的電樞電流之比就是 R_A。因測試時 R_A 隨溫度改變，故電流應該大約等於滿載時之電流，滿載電流運轉時，電樞繞組不會運轉於正常的溫度。

506 電機機械基本原理

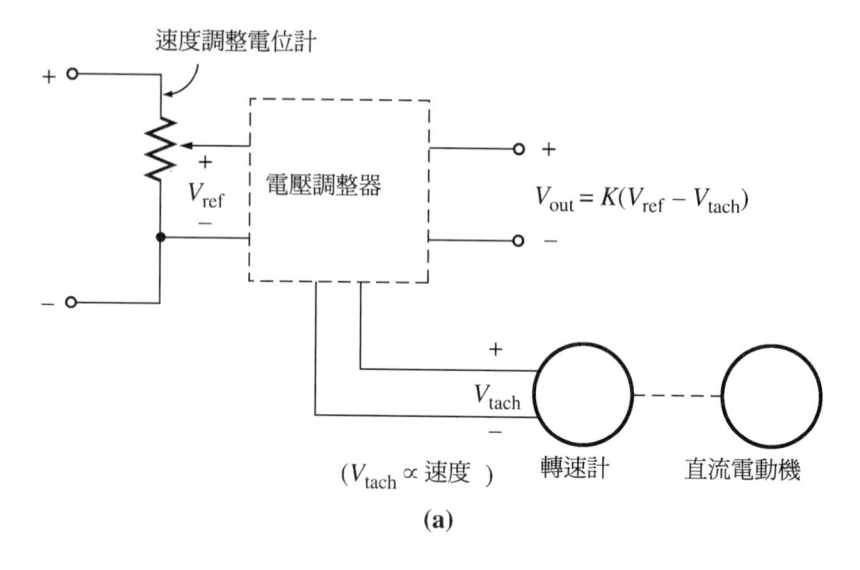

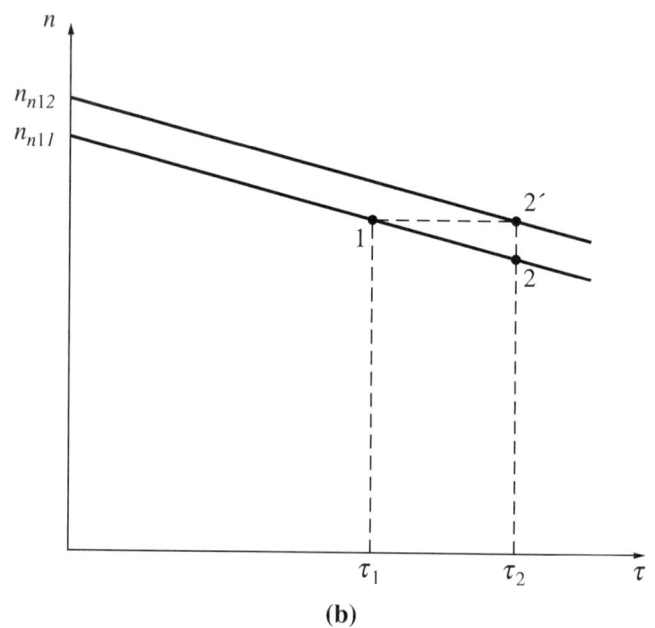

圖 8-38 (a) 速度調整電路於所要轉速與真正轉速差之輸出電壓產生一比例。此輸出電壓以這樣方式來供給點火電路：當輸出電壓愈大，閘流體愈早被觸發，而平均端電壓變得愈大。(b) 負載增加對一有速率調整器之直流分激電動機之影響。當負載增加若無調整器後，它偵測到速度減少，而提升電樞電壓去補償。將整個電動機之轉矩-速度特性曲線往上提，而運轉於點 2'。

所得到的電阻不完全正確，因為：

1. 當電動機旋轉時絕不可能做冷卻工作。
2. 於正常運轉時轉子導體會有一交流電壓，受到些集膚效應的影響，所得之電樞電阻會增加。

若有需要，可使用 IEEE 標準 113 (參考文獻 5)，其在處理此測試程序時，提供比較精確的程序來決定 R_A。

場電阻之決定是加額定電壓至場電路，量測所產生之場電流。場電阻 R_F 正好是場電壓與場電流之比。

電刷壓降損一般是與銅損一起計算。若是分開處理，則它們可由使用電刷一小部分的接觸電位對所使用的特別型式之電流的圖形電流來決定。電刷壓降損失正好是電刷壓降 V_{BD} 和電樞電流 I_A 之乘積。

鐵損與機械損失通常是一起決定。若電動可於無載和額定轉速時自由旋轉，則沒有功率輸出。因為電動機無載，I_A 很小而使電樞銅損可忽略。因此若由輸入功率扣掉場電阻銅損，所剩之輸入功率必為機械損失和鐵損之和。這些損失稱為無載旋轉損 (no-load rotational loss)。只要電動機之轉速維持在測得這些損失之轉速，無載旋轉損是機械損失與鐵損之一很好的估計。

例題 8-8 為一計算電動機效率之範例。

例題 8-8　一 50 hp，250 V，1200 r/min 直流分激電動機，額定電樞電流 170 A，額定場電流 5 A。當轉子被堵住，10.2 V (不包括電刷) 之電樞電壓產生 170 A 電流，250 V 之場電壓產生 5 A 之場電流。假設電刷電壓為 2 V。無載時之端電壓 240 V，電樞電流為 13.2 A，場電流 4.8 A，電動機轉速為 1150 r/min。

(a) 在額定情況下，電動機輸出多少功率？
(b) 電動機之效率為多少？

解：電樞電阻大約為

$$R_A = \frac{10.2 \text{ V}}{170 \text{ A}} = 0.06 \text{ }\Omega$$

場電阻為

$$R_F = \frac{250 \text{ V}}{5 \text{ A}} = 50 \text{ }\Omega$$

因此，滿載電樞 I^2R 損失為

$$P_A = (170 \text{ A})^2(0.06 \text{ }\Omega) = 1734 \text{ W}$$

場電路 I^2R 損失為

$$P_F = (5 \text{ A})^2(50 \text{ }\Omega) = 1250 \text{ W}$$

滿載時之電刷損失為

$$P_{\text{brush}} = V_{\text{BD}}I_A = (2 \text{ V})(170 \text{ A}) = 340 \text{ W}$$

滿載與無載之旋轉損基本上是相同的，因為無載和滿載轉速不會相差太大。這些損失可藉著決定輸入到電樞之無載功率和假設電樞銅損與電刷損失忽略下而被確定，也就是無載的電樞輸入功率會等於旋轉損失。

$$P_{\text{tot}} = P_{\text{core}} + P_{\text{mech}} = (240 \text{ V})(13.2 \text{ A}) = 3168 \text{ W}$$

(a) 在額定負載下電動機之輸入功率為

$$P_{\text{in}} = V_T I_L = (250 \text{ V})(175 \text{ A}) = 43{,}750 \text{ W}$$

輸出功率為

$$\begin{aligned} P_{\text{out}} &= P_{\text{in}} - P_{\text{brush}} - P_{\text{cu}} - P_{\text{core}} - P_{\text{mech}} - P_{\text{stray}} \\ &= 43{,}750 \text{ W} - 340 \text{ W} - 1734 \text{ W} - 1250 \text{ W} - 3168 \text{ W} - (0.01)(43{,}750 \text{ W}) \\ &= 36{,}820 \text{ W} \end{aligned}$$

其中雜散損失為輸入功率之 1%。

(b) 滿載時之效率為

$$\eta = \frac{P_{\text{out}}}{P_{\text{out}}} \times 100\%$$

$$= \frac{36{,}820 \text{ W}}{43{,}750 \text{ W}} \times 100\% = 84.2\%$$

8.11 直流發電機簡介

直流電機當發電機來使用就叫直流發電機。正如前幾章所說,發電機和馬達除了功率流向不同外並沒有差別。根據不同的場磁通建立方式,直流發電機可分為五種主要之型式:

1. **他激式發電機**。在他激式發電機中,場磁通由外界之電源供給而不由發電機供給。
2. **分激式發電機**。在分激式發電機中,直接將磁場電路跨接在發電機的兩端。
3. **串激式發電機**。在串激式發電機中,將磁場電路和發電機的電樞串聯。
4. **積複激發電機**。在積複激發電機中,同時有分激和串激磁場,兩者具有相同的極性。
5. **差複激發電機**。在差複激發電機中,同時有分激和串激磁場,但是兩者的極性相反。

上述之直流發電機,其電壓-電流特性都不同,所以應用的場合也不一樣。

直流發電機之特性可比較其電壓、功率額定、效率以及電壓調整率。電壓調整率(voltage regulation,VR)之定義如下:

$$\text{VR} = \frac{V_{nl} - V_{fl}}{V_{fl}} \times 100\% \tag{8-39}$$

其中 V_{nl} 是發電機之無載端電壓,V_{fl} 則是發電機之滿載端電壓。電壓調整率是對發電機之電壓-電流特性曲線之形狀的一種粗略測量——正電壓調整率代表下降的特性曲線,負電壓調整率則代表上升的特性曲線。

所有的發電機都是由機械功率所驅動,其通常稱為發電機的原動機(prime mover)。直流發電機的原動機可能是蒸氣渦輪、柴油引擎、甚至是電動馬達。因為發電機的輸出電壓受原動機的速度影響,而原動機的速度特性變化範圍很大,所以為了比較不同發電機的電壓調整率及輸出特性,通常假設原動機之速度為一常數。在本章中除非特別聲明,否則均假設發電機的轉速為常數。

直流發電機在現代電力系統十分稀少,即使如汽車之直流電系統也是使用交流發電機加整流來產生直流電。但在過去幾年直流發電機因供電給手機中繼站而有復甦跡象。

直流發電機之等效電路如圖 8-39 所示,而一簡化的等效電路如圖 8-40 所示。它們與直流電動機類似,除了電流方向與電刷損失是相反的。

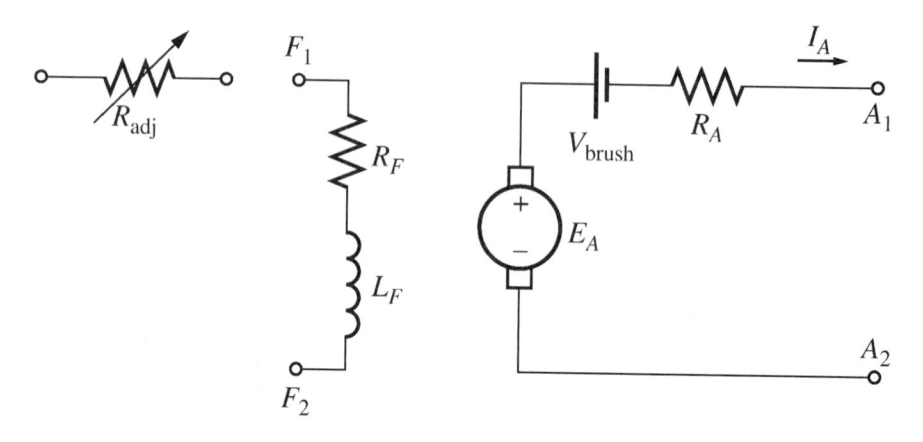

圖 8-39 直流發電機的等效電路。

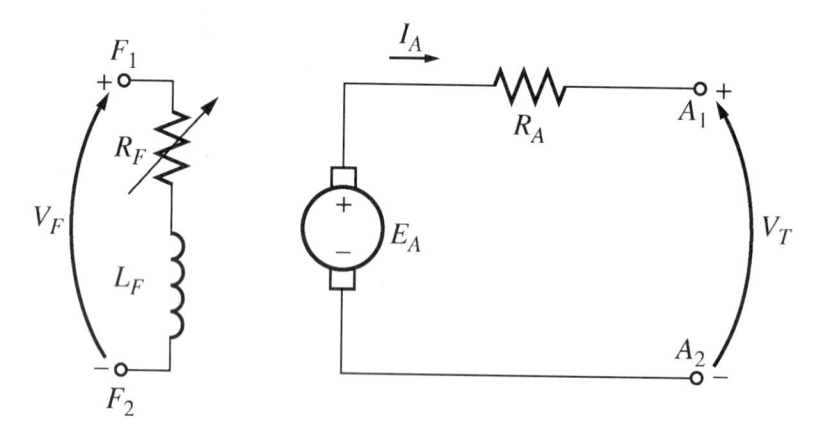

圖 8-40 簡化後的等效電路，R_F 和 R_{adj} 已合併。

8.12 他激式發電機

他激式發電機的場電流是由發電機外部之獨立直流電壓源所提供。圖8-41是其等效電路。V_T 是由發電機兩端測到的電壓，I_L 是由發電機端點流出之線電流。E_A 是發電機的內電勢，I_A 是電樞電流。在他激式發電機中：

$$I_A = I_L \tag{8-40}$$

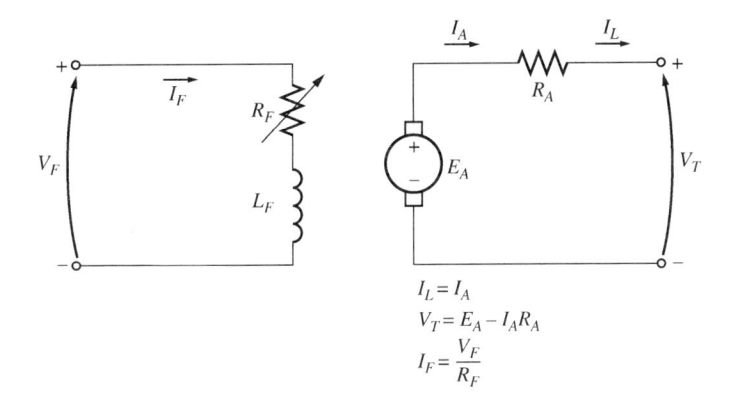

圖 8-41　他激式發電機的等效電路。

他激式直流發電機的端點特性

對一元件來說，其端點特性就是將不同輸出間的關係繪成圖形的表示法。而對直流發電機而言，所謂的不同輸出即是指發電機的端電壓和線電流。他激式發電機的特性曲線即是在固定轉速 ω 下 V_T 對 I_L 的圖形。根據克希荷夫電壓定律，端電壓

$$V_T = E_A - I_A R_A \qquad (8\text{-}41)$$

對他激式發電機而言，E_A 和 I_A 沒有關係，所以其特性曲線如圖 8-42a 所示為一直線。

當負載增加時，I_L（或 I_A）也增加，因此 $I_A R_A$ 壓降增加，端電壓下降。

不過，特性曲線並非完全是直線。若是發電機沒有裝補償繞組，電流 I_A 的增加會加大電樞反應而減弱場磁通。因為 $E_A = K\phi\omega_m$，ϕ 下降故 E_A 下降，端電壓也下降，形成如圖 8-42b 的特性曲線。除非特別聲明，否則均假設發電機有裝置補償繞組。但是在沒有補償繞組時，瞭解電樞反應對特性曲線的影響是很重要的。

端電壓的控制

欲控制他激式發電機的端電壓 V_T 可藉由改變發電機內電勢 E_A 而達成。根據 $V_T = E_A - I_A R_A$，E_A 增加則 V_T 增加，E_A 減少則 V_T 減少。而內電勢 $E_A = K\phi\omega_m$，所以要控制發電機之電壓有兩種方法：

1. 改變轉速。ω 增加，則 $E_A = K\phi\omega_m\uparrow$ 增加，$V_T = E_A\uparrow - I_A R_A$ 也增加。
2. 改變場電流。若 R_F 減少，則 $I_F = V_F/R_F\downarrow$ 增加，所以電機中的場磁通 ϕ 也增加。而 $E_A = K\phi\uparrow\omega_m$ 隨之增加。故 $V_T = E_A\uparrow - I_A R_A$ 增加。

512 電機機械基本原理

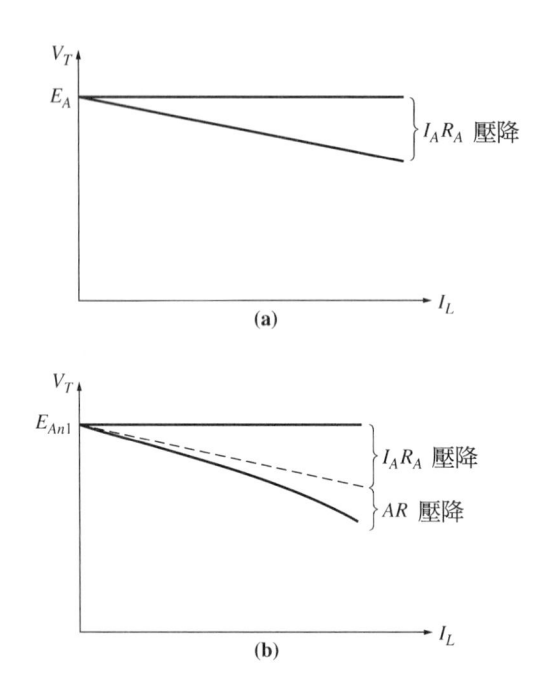

圖 8-42 他激式直流發電機的特性曲線：(a) 有；(b) 沒有補償繞組。

在許多應用的場合，原動機的轉速無法做太大的變動，所以通常藉由改變磁場電流來控制端電壓。圖 8-43a 所示為他激式發電機供應一電阻性負載的情形。圖 8-43b 是減少磁場電阻時端電壓變化的情形。

他激式直流發電機的非線性分析

由於發電機的內電勢是磁動勢的非線性函數，對一已知的磁場電流無法預先分析得出 E_A 的值。要準確計算輸出電壓，必須用到發電機的磁化曲線。

另外，若是發電機有電樞反應，其磁通會因負載增加而減少，E_A 也因此減少。對於有電樞反應的發電機而言，要正確地計算其輸出電壓，唯一的方便是用圖解法分析。

他激式發電機的總磁動勢為磁場的磁動勢減去因電樞反應 (AR) 產生的磁動勢：

$$\mathscr{F}_{\text{net}} = N_F I_F - \mathscr{F}_{\text{AR}} \tag{8-42}$$

如同直流電動機，它習慣上定義一等效磁場電流 (equivalent field current)，而此電流所產生的電壓即是電機內所有磁動勢的合成電壓。所以求出了等效磁場電流，便可在磁化曲線上找出相對應的 E_{A0} 值。對他激式發電機而言，等效磁場電流為：

$$I_F^* = I_F - \frac{\mathscr{F}_{\text{AR}}}{N_F} \tag{8-43}$$

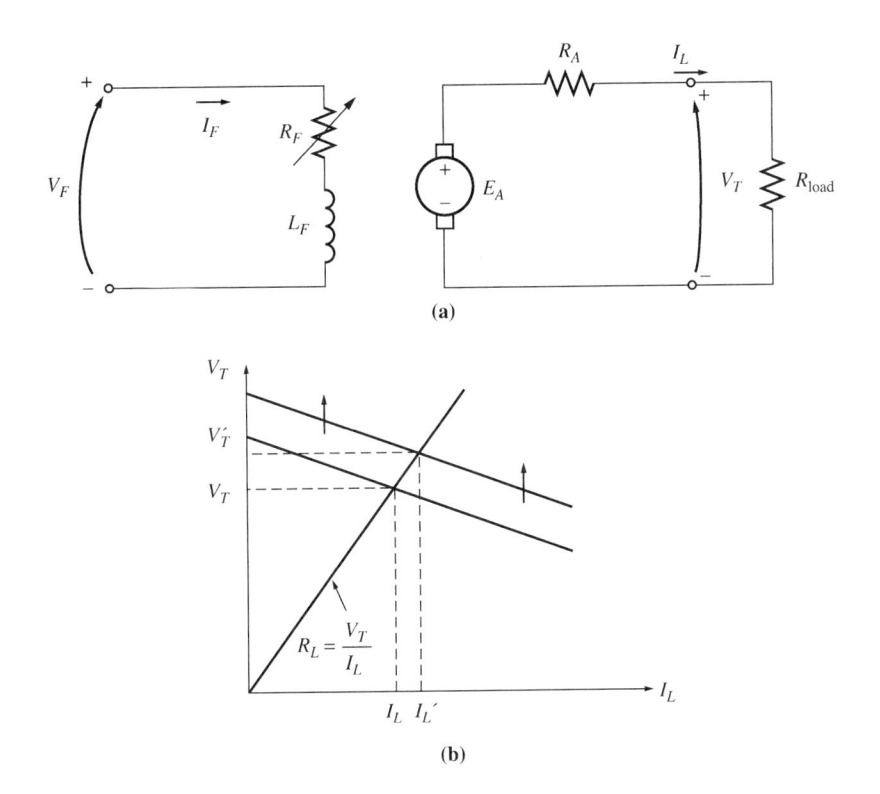

圖 8-43 (a) 具電阻性負載的他激式發電機。
(b) 減少磁場電阻對發電機輸出電壓的影響。

又，磁化曲線的轉速與實際發電機的轉速間之差，可由式 (8-13) 計算得到：

$$\frac{E_A}{E_{A0}} = \frac{n_m}{n_0} \tag{8-13}$$

下面例子說明如何用圖解法分析他激式直流發電機。

例題 8-9 某個有補償繞組的他激式直流發電機。其額定為 172 kW，430 V，400 A，1800 r/min。如圖 8-44 所示。圖 8-45 是其磁化曲線。電機的其他數據為：

$R_A = 0.05\ \Omega$ 　　　$V_F = 430$ V
$R_F = 20\ \Omega$ 　　　$N_F = 1000$ 匝／極
$R_{adj} = 0$ 到 $300\ \Omega$

(a) 如果將磁場電路中的可變電阻 R_{adj} 調至 63 Ω，使原動機在 1600 r/min 下運轉，求發電機的無載端電壓。

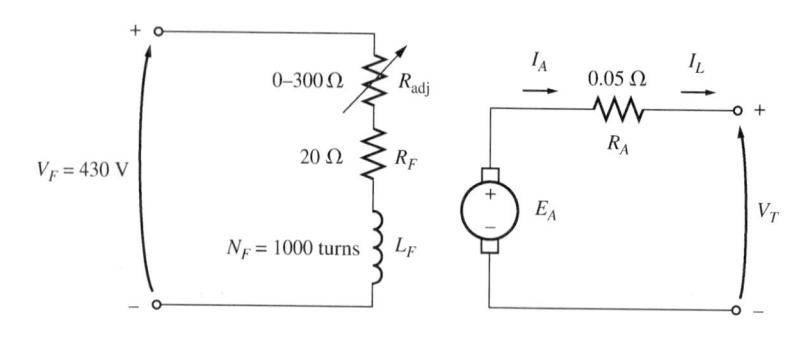

圖 8-44 例題 8-9 中的他激式發電機。

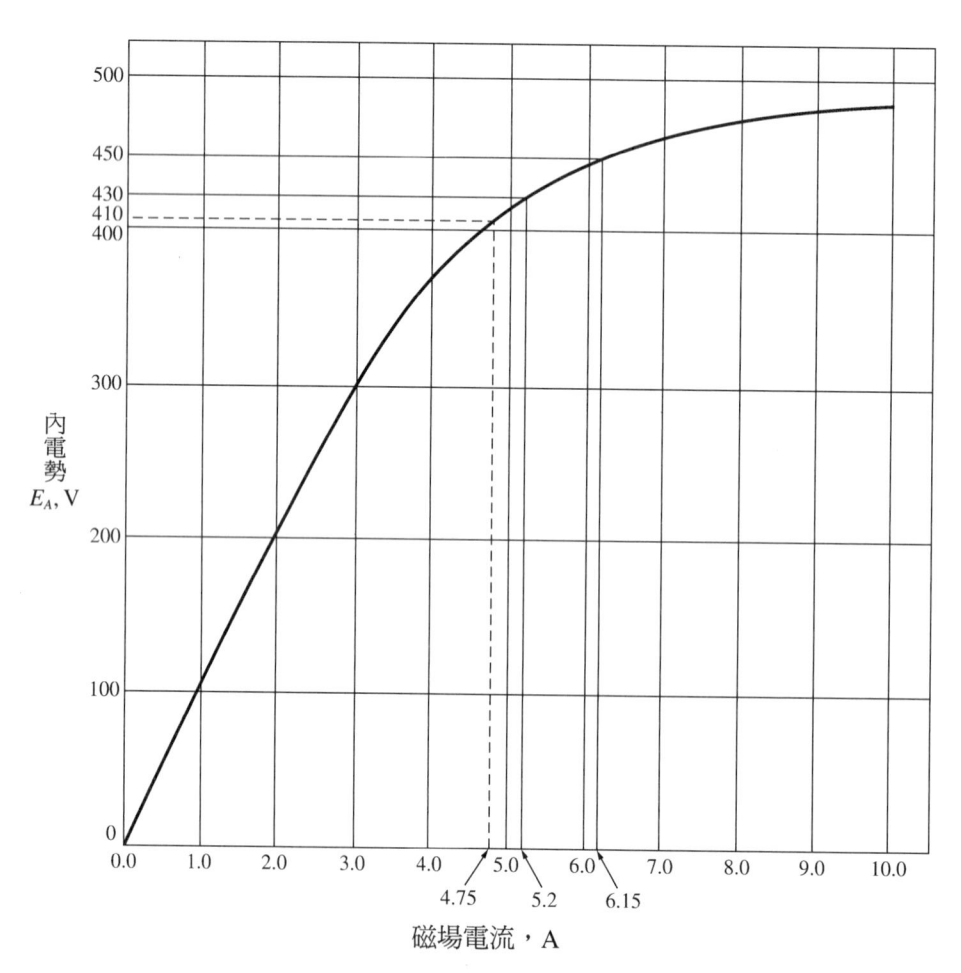

圖 8-45 例題 8-9 的磁化曲線。

注意：當場電流為零時，E_A 大約是 3V。

(縱軸：內電勢 E_A, V；橫軸：磁場電流，A)

(b) 如果接上 360 A 的負載至輸出端，求端電壓？假設發電機有補償繞組。

(c) 若有一 360 A 負載接於端點，但發電機無補償繞組，求其端電壓？假設此時電樞反應為 450 安·匝。

(d) 欲將端電壓提升至 (a) 所求之值，須做何種調整？

(e) 欲恢復電壓到無載時的值需多少場電流？（若發電機有補償繞組。）所需的電阻 R_{adj} 是多少？

解：

(a) 總磁場電阻為
$$R_F + R_{adj} = 83\ \Omega$$

磁場電流
$$I_F = \frac{V_F}{R_F} = \frac{430\ \text{V}}{83\ \Omega} = 5.2\ \text{A}$$

如磁化曲線所示，這樣大小的磁場電流在轉速為 1800 r/min 時所產生之電壓 $E_{A0} = 430$ V。但是實際轉速 $n_m = 1600$ r/min，欲求內電勢 E_A

$$\frac{E_A}{E_{A0}} = \frac{n_m}{n_0} \tag{8-13}$$

$$E_A = \frac{1600\ \text{r/min}}{1800\ \text{r/min}} 430\ \text{V} = 382\ \text{V}$$

由於無載時 $V_T = E_A$，所以輸出電壓為 382 V。

(b) 接上 360 A 之負載，發電機端電壓為
$$V_T = E_A - I_A R_A = 382\ \text{V} - (360\ \text{A})(0.05\ \Omega) = 364\ \text{V}$$

(c) 若一 360 A 負載接至發電機端點且發電機有 450 安·匝之電樞反應，則有效場電流為

$$I_F^* = I_F - \frac{\mathscr{F}_{AR}}{N_F} = 5.2\ \text{A} - \frac{450\ \text{A}\cdot\text{turns}}{1000\ \text{turns}} = 4.75\ \text{A}$$

由磁化曲線，$E_{A0} = 410$ V，所以在 1600 r/min 時之內部電壓為

$$\frac{E_A}{E_{A0}} = \frac{n_m}{n_0} \tag{8-13}$$

$$E_A = \frac{1600\ \text{r/min}}{1800\ \text{r/min}} 410\ \text{V} = 364\ \text{V}$$

因此，發電機之端電壓為

$$V_T = E_A - I_A R_A = 364 \text{ V} - (360 \text{ A})(0.05 \text{ Ω}) = 346 \text{ V}$$

由於電樞反應使得電壓降低。

(d) 因為發電機端電壓下降，欲回復到原來的值，必須提升端電壓。亦即增加 E_A，可令 R_{adj} 減小使得磁場電流增加。

(e) 端電壓回升至 382 V，其 E_A 為

$$E_A = V_T + I_A R_A = 382 \text{ V} + (360 \text{ A})(0.05 \text{ Ω}) = 400 \text{ V}$$

在 $n_m = 1600$ r/min 時 $E_A = 400$ V，欲求在 1800 r/min 下之 E_{A0}。

$$\frac{E_A}{E_{A0}} = \frac{n_m}{n_0} \tag{8-13}$$

$$E_{A0} = \frac{1800 \text{ r/min}}{1600 \text{ r/min}} 400 \text{ V} = 450 \text{ V}$$

由磁化曲線可知，此時的場電流 $I_F = 6.15$ A，再求 R_{adj}。

$$R_F + R_{adj} = \frac{V_F}{I_F}$$

$$20 \text{ Ω} + R_{adj} = \frac{430 \text{ V}}{6.15 \text{ A}} = 69.9 \text{ Ω}$$

$$R_{adj} = 49.9 \text{ Ω} \approx 50 \text{ Ω}$$

注意一點，在相同的磁場電流和負載電流下，具電樞反應的電機其輸出電壓比不具電樞反應者為低。而一部設計良好的發電機，其電樞反應並不像上例中那麼誇張。本章中的設計只是為了使讀者能瞭解其影響故在數字上較為誇張。

8.13 分激式直流發電機

分激式發電機乃是將磁場電路直接跨接在發電機的兩端，而自己供應自己磁場電流的直流發電機。其等效電路如圖 8-46 所示，在此電路中，電樞電流同時供應給磁場和發電機所接之負載。

$$\boxed{I_A = I_F + I_L} \tag{8-44}$$

而根據克希荷夫電壓定律

$$\boxed{V_T = E_A - I_A R_A} \tag{8-45}$$

和他激式發電機比較起來，分激式發電機的優點是不須額外的電源供給磁場電路。

$$I_A = I_F + I_L$$
$$V_T = E_A - I_A R_A$$
$$I_F = \frac{V_T}{R_F}$$

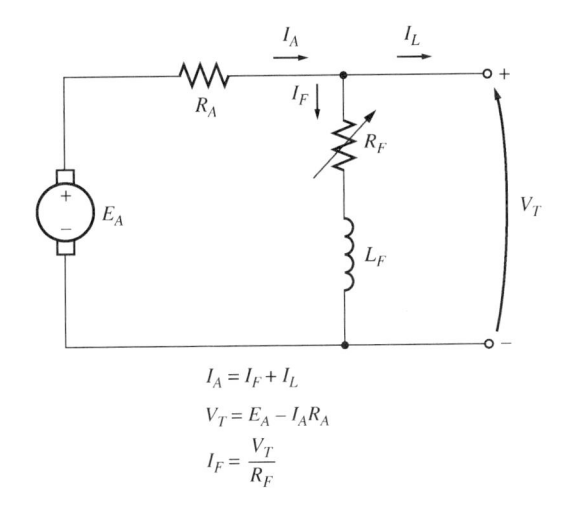

圖 8-46　分激式直流發電機的等效電路。

但卻必須面對一個問題：在開始運轉時如何取得初始磁通？

分激式發電機中的電壓建立

假設圖 8-46 中的發電機不接負載，然後原動機帶動發電機的軸開始運轉，發電機端的初始電壓為何？

發電機電壓的建立必須依靠磁極的剩磁 (residual flux)。當發電機開始啟動時，所產生的內電勢為

$$E_A = K\phi_{res}\omega_m$$

此內電勢呈現在發電端，雖然可能僅有一兩伏，但仍能使電流流入磁場繞組 ($I_F = V_T\uparrow / R_F$)，此電流在磁極中產生磁動勢，進而增加場磁通，又造成 $E_A = K\phi\uparrow \omega_m$ 增加，使端電壓增加，而端電壓的增加又造成 I_F 增加，再增加 ϕ，使端電壓再增加。

圖 8-47 便是磁通建立的過程，注意當磁極飽和後將限制 V_T 繼續上升而達一極限值。

圖 8-47 用分段的方式說明電壓建立的方法，可以明顯看出發電機內電勢和磁場電流間有正回授的關係。而事實上電壓並非如此一步一步增加的，E_A 和 I_F 幾乎立即增加至穩定狀態。

分激式發電機在啟動時基於某些因素，其電壓無法建立之原因可能為：

1. 發電機中沒有剩磁，則在啟動時 $\phi_{res}=0$，$E_A=0$，端電壓永遠無法建立。發生此種問

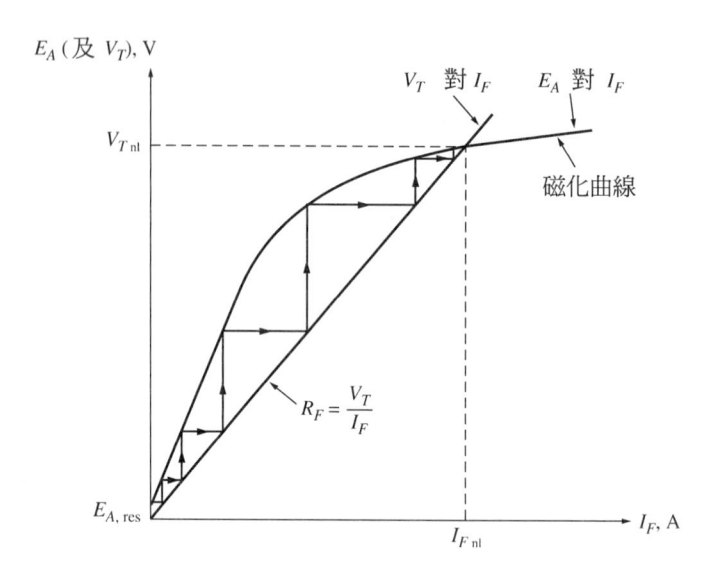

圖 8-47 分激式發電機的電壓建立。

題時，可以將磁場繞組和電樞電路分開，外接直流電源供應電流給磁場繞組，經過一段時間後將電源移走，這時磁極中已有剩磁，便可以正常啟動了。此法又稱「充磁法」。

2. 發電機旋轉方向相反或磁場反接，在此兩種情形下，剩磁建立之內電勢 E_A 產生磁場電流，但是磁通方向和剩磁相反，ϕ_{res} 下降，端電壓無法建立。

發生此種情形時，可以改變旋轉方向，或是將磁場反接，或對磁極逆向充磁皆可。

3. 磁場電阻大於臨界電阻。參考圖 8-48 便可瞭解這個問題。正常情形下，分激式發電機的電壓建立於磁化曲線和磁場電阻線的交點。如 R_2 的磁場電阻線幾乎和磁化曲線平行，因此在 R_F 或 I_A 上一點小變動便能使 E_A 改變很大，而 R_2 電阻值便稱為臨界電阻 (critical resistance)。如果 R_F 大於臨界電阻 (如圖中的 R_3)，則穩態操作下的電壓將維持在剩磁所建立的小電壓，故電壓無法建立。解決此問題的方法是減小 R_F。

因為在磁化曲線中的電壓是原動機轉速的函數，而臨界電阻值也隨轉速而改變。一般說來，轉速愈慢，則臨界電阻值愈小。

分激式直流發電機的輸出特性

分激式直流發電機和他激式直流發電機的輸出特性並不一樣，因為場電流的大小是由輸出電壓決定的。欲瞭解分激式發電機的輸出特性，可從無載開始慢慢增加負載來觀察。

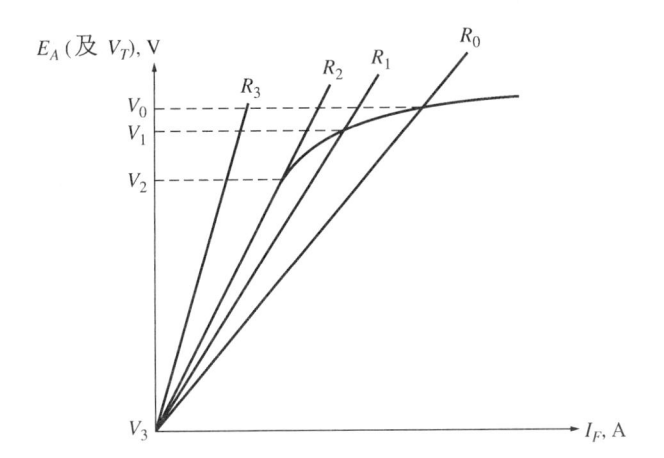

圖 8-48 分激磁場電阻對發電機無載端電壓的效應，若 $R_F > R_2$ (臨界電阻) 則發電機端電壓無法建立。

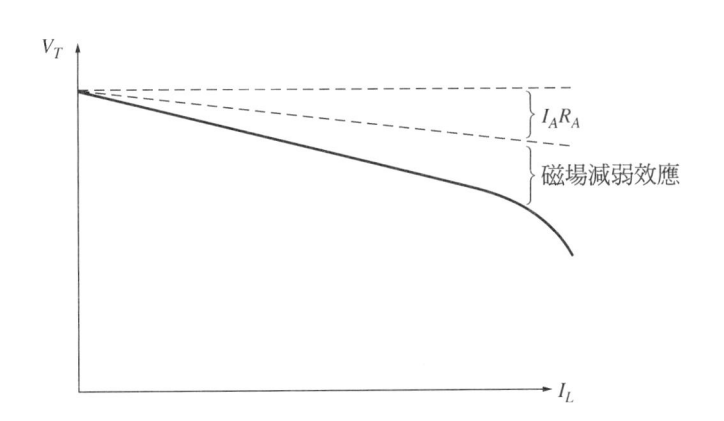

圖 8-49 分激式直流發電機的輸出特性。

當發電機負載增加時，I_L 增加，而 $I_A = I_F + I_L \uparrow$ 也增加。I_A 的增加造成電樞電阻上之壓降 $I_A R_A$ 增加，因此 $V_T = E_A - I_A \uparrow R_A$ 減少，此點和他激式發電機相同。但是當 V_T 減小時，分激式發電機的磁場電流也會隨著減少，造成場磁通減少，使得 E_A 下降，又造成 $V_T = E_A \downarrow - I_A R_A$ 下降。其輸出特性如圖 8-49 所示。和他激式發電機的 $I_A R_A$ 壓降比較起來，其電壓降較多，換句話說，分激式發電機的電壓調整率較差。

分激式直流發電機的電壓控制

和他激式發電機一樣，有兩種方法可以控制分激式發電機的電壓：

1. 改變發電機轉速 ω_m。
2. 改變磁場電阻，藉以改變磁場電流。

改變磁場電阻是實際控制分激式發電機之端電壓的主要方法。若 R_F 減小，則 $I_F = V_T/R_F \downarrow$ 增加，當 I_F 增加，場磁通 ϕ 也增加，使內電勢 E_A 增加，因此端電壓上升。

分激式直流發電機的圖解分析

分激式發電機的圖解分析較他激式複雜，因為磁場電流的大小和輸出電壓有關。在此先不考慮電樞反應，稍後再併入其效應。

圖 8-50 是分激式發電機在正確轉速下的磁化曲線，而場電阻 $R_F = V_T/I_F$ 則如圖上直線所示。無載時 $V_T = E_A$，發電機之工作點為磁化曲線和磁場電阻線的交點。

要瞭解分激式發電機的圖解分析法，其要點便是克希荷夫電壓定律 (KVL)：

$$V_T = E_A - I_A R_A \tag{8-45}$$

或

$$\boxed{E_A - V_T = I_A R_A} \tag{8-46}$$

E_A 和 V_T 的差異在 $I_A R_A$ 壓降。而磁化曲線代表所有可能的 E_A 值，磁場電阻線 ($I_F = V_T/R_F$) 代表所有可能的 V_T 值。因此，在某給定負載下，欲得出端電壓，只要先求出 $I_A R_A$ 壓降，然後在圖上找出 E_A (磁化曲線) 和 V_T (磁場電阻線) 差距恰為 $I_A R_A$ 的地方即為所求。在圖上至多有兩個位置適合此條件，而接近無載電壓的才是正常工作點。

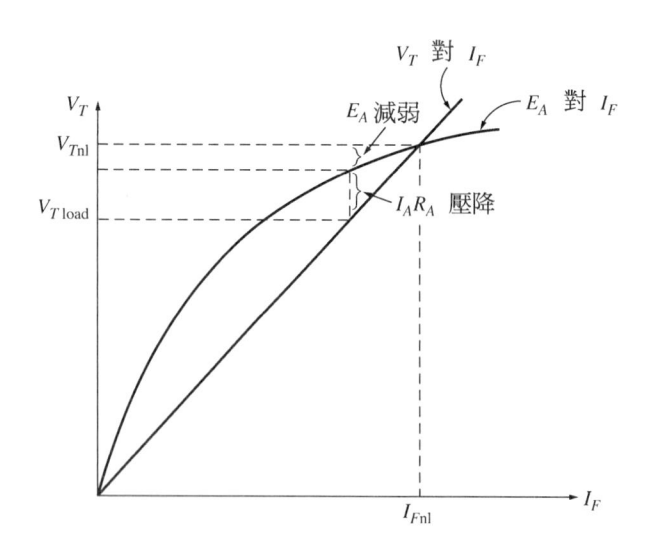

圖 8-50 具補償繞組之分激式發電機的圖解分析。

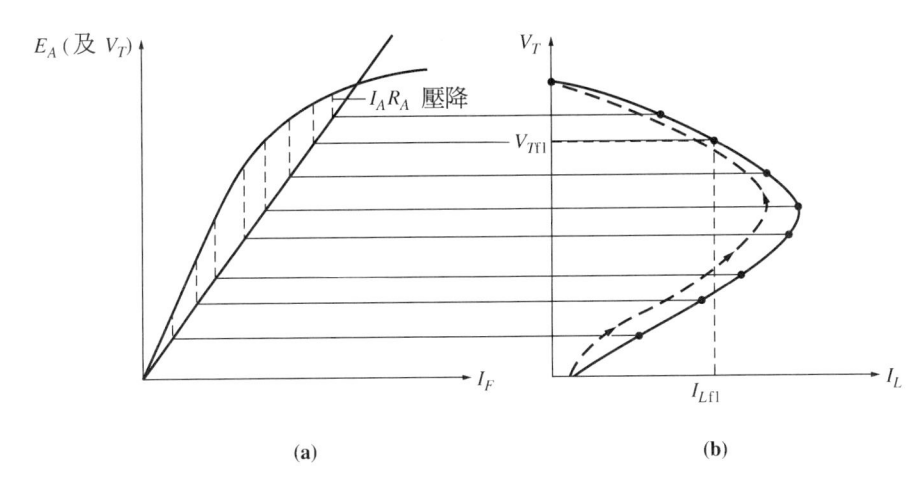

圖 8-51 利用圖解分析求出分激式發電機之特性曲線。

圖 8-51 是根據磁化曲線所繪出較詳細的輸出特性曲線。圖 8-51b 中虛線和實線分別表示負載遞增和遞減時的輸出特性，這兩條曲線不重疊的原因是由於定子磁極中的磁滯效應。

若是電機有電樞反應，分析起來會較為複雜。因為電樞反應使電機中除了 $I_A R_A$ 壓降外，還多了其所造成的去磁磁動勢。為了分析具電樞反應的分激式發電機，先假定電樞電流為已知，如此 $I_A R_A$ 壓降及去磁磁動勢均可決定。

為了分析直流發電機之電樞反應，假設其電樞電流為已知，則可得到 $I_A R_A$ 壓降，且也可得知電樞電流之去磁磁動勢。發電機的端電壓必須足夠大，以提供發電機在扣除電樞反應之去磁效應後之足夠磁通。因此去磁磁通勢及 $I_A R_A$ 壓降恰為 E_A 與 V_T 之差異。若去磁磁動勢為已知，只要在圖上找出一由磁化曲線及磁場電阻線所夾之直角三角形（見圖 8-52），其縱軸股長為 $I_A R_A$ 壓降，橫軸股長則是由去磁磁動勢轉換成的等效磁場電流，如此 E_A 及 V_T 值便可求出。

8.14 串激式直流發電機

串激式發電機的磁場電路和電樞電路串聯。由於電樞電流比分激式的磁場電流大得多，因此串激電機的磁場繞組通常僅有幾匝，而且繞組所用的導線也比分激電機粗大。因為磁動勢 $\mathcal{F} = NI$，因此匝數少而電流大或匝數多而電流小的情形皆可產生相同的磁動勢。而滿載電流會流經串激磁場電路，因此磁場電阻的設計愈小愈好。圖 8-53 是串激式發電機的等效電路，由此圖可知電樞電流、磁場電流、線電流均相等，根據克希荷夫電壓定律可得

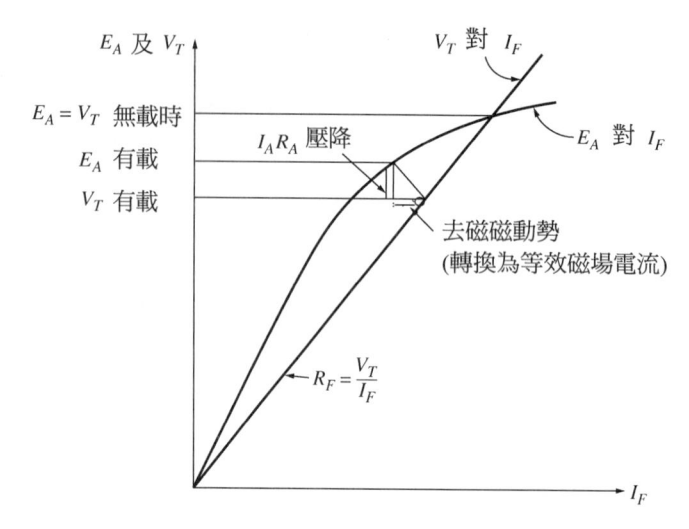

圖 8-52　具電樞反應之分激式發電機的圖解分析。

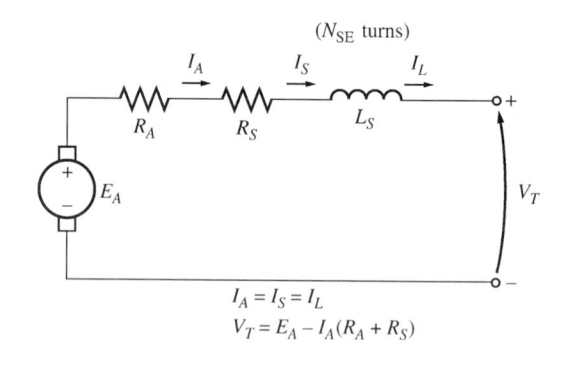

圖 8-53　串激發電機的等效電路圖。

$$V_T = E_A - I_A(R_A + R_S) \tag{8-47}$$

串激式直流發電機的輸出特性

串激式發電機的磁化曲線和其他型式的發電機十分相似，而無載時沒有磁場電流，因此 V_T 僅為由剩磁建立的幾伏特。當負載增加時，磁場電流增加，E_A 快速上升。但是 $I_A(R_A+R_S)$ 壓降也在增加，不過一開始 E_A 增加的速度較 $I_A(R_A+R_S)$ 快，故 V_T 漸增。當磁場趨近飽和時，E_A 近似常數。之後 $I_A(R_A+R_S)$ 漸大，V_T 開始下降。

圖 8-54 是其輸出特性曲線，由圖可看出串激式發電機是很差的定電壓源，其電壓調整率為一很大的負值。

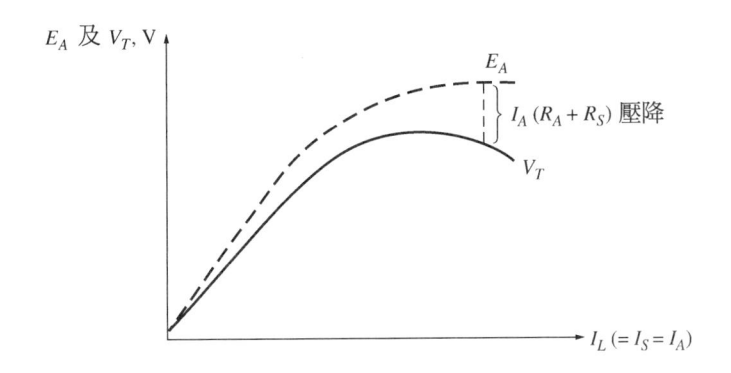

圖 8-54 串激式發電機的輸出特性曲線。

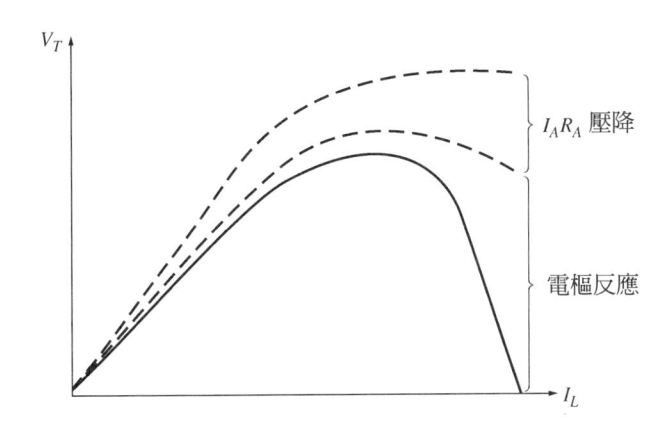

圖 8-55 適用於電焊機的串激發電機的特性曲線。

串激式發電機僅供適合此種陡峭特性曲線的設備使用。例如電焊機。電焊機使用的串激式發電機都設計成有很大的電樞反應，其特性曲線如圖 8-55 所示。電焊機的兩電極在電焊前接觸在一起，此時有很大的電流通過。當作業員把兩電極分開時，發電機電壓很快的上升，但電流仍很大。這個電壓使兩電極間空氣隙的電弧繼續保持著，以便供焊接使用。

8.15 積複激直流發電機

積複激直流發電機就是同時具有串激和分激磁場的發電機，而這兩種磁場的磁動勢方向相同。圖 8-56 是積複激發電機的等效電路，其為「長並式」(long-shunt) 連接。圖中的點記號和變壓器的點記號意義相同：電流流入具點記號的一端會產生正的磁動勢。注意電樞電流流入串激場繞組具點記號的一端，而分激場電流 I_F 也流入分激場繞組的正端，因此電機的總磁動勢為

$$\mathscr{F}_{net} = \mathscr{F}_F + \mathscr{F}_{SE} - \mathscr{F}_{AR} \tag{8-48}$$

524 電機機械基本原理

$$I_A = I_L + I_F$$
$$V_T = E_A - I_A(R_A + R_S)$$
$$I_F = \frac{V_T}{R_F}$$
$$\mathcal{F}_{net} = N_F I_F + N_{SE} I_A - \mathcal{F}_{AR}$$

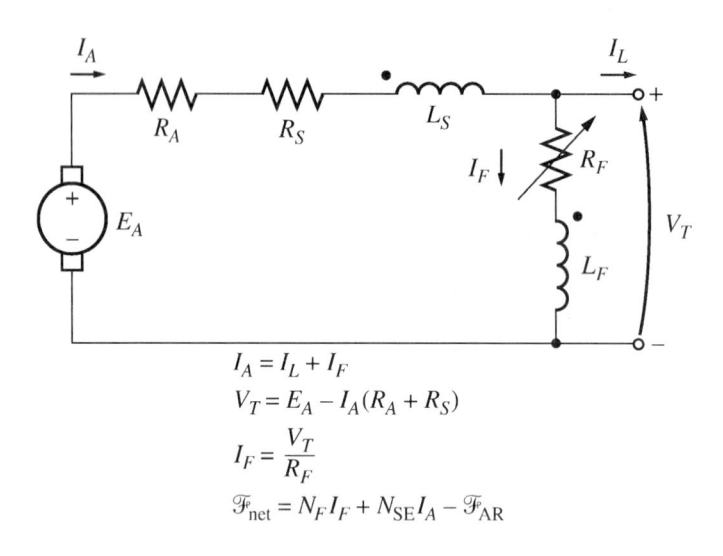

圖 8-56 長並式連接之積複激發電機的等效電路。

其中 $\mathcal{F}_F$ 為分激場磁動勢，$\mathcal{F}_{SE}$ 為串激場磁動勢，而 $\mathcal{F}_{AR}$ 為電樞反應磁動勢。而電機的等效分激磁場電流可由下式得出：

$$N_F I_F^* = N_F I_F + N_{SE} I_A - \mathcal{F}_{AR}$$

$$\boxed{I_F^* = I_F + \frac{N_{SE}}{N_F} I_A - \frac{\mathcal{F}_{AR}}{N_F}} \tag{8-49}$$

而電機中其他電壓、電流的關係為

$$\boxed{I_A = I_F + I_L} \tag{8-50}$$

$$\boxed{V_T = E_A - I_A(R_A + R_S)} \tag{8-51}$$

$$\boxed{I_F = \frac{V_T}{R_F}} \tag{8-52}$$

積複激發電機還有另一種「短並式」連接法，如圖 8-57 所示，串激繞組在分激繞組之外，因此流過串激磁場電路的電流是 I_L 而不是 I_A。

積複激直流發電機的輸出特性

要瞭解積複激發電機的輸出特性，讀者須先瞭解發生在電機中的競爭特性。

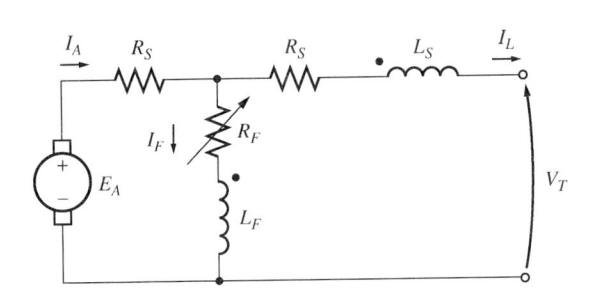

圖 8-57 短並式積複激發電機的等效電路。

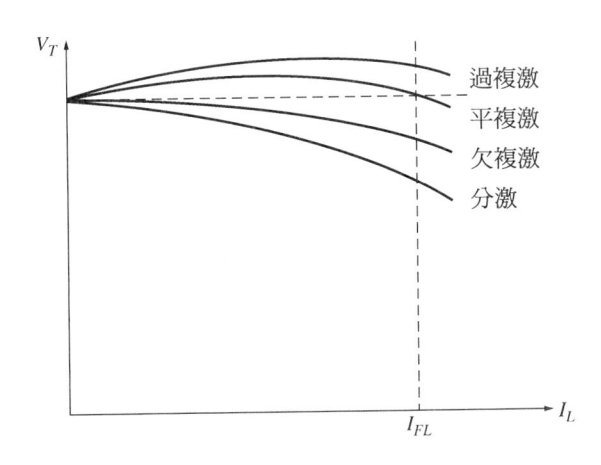

圖 8-58 積複激直流發電機的輸出特性曲線。

假設發電機上之負載增加。於是當負載電流 I_L 漸增，因為 $I_A = I_F + I_L \uparrow$，電樞電流 I_A 也漸增，此時電機中有兩種效應發生：

1. I_A 增加時，$I_A(R_A + R_S)$ 壓降也增加。造成端電壓 $V_T = E_A - I_A \uparrow (R_A + R_S)$ 下降。
2. I_A 增加，串激磁場的磁動勢 $\mathcal{F}_{SE} = N_{SE}I_A$ 也增加。因此總磁動勢 $\mathcal{F}_{tot} = N_F I_F + N_{SE} I_A \uparrow$ 的增加使得電機中磁通量增加，造成 E_A 上升，而此效應使得 $V_T = E_A \uparrow - I_A(R_A + R_S)$ 增加。

上述兩效應的效果恰好相反，前者減少 V_T，而後者則使 V_T 上升。要決定那一個效應較顯著，可根據串激場繞組的匝數決定，分成以下三種情形來討論：

1. 串激場繞組的匝數很少時 (N_{SE} 很小)。電阻壓降對 V_T 影響較大，端電壓如同分激式發電機一般隨負載增加而下降，但下降趨勢較為緩慢。此種情形電機之滿載端電壓較無載端電壓低，稱為欠複激 (undercompounded) (圖 8-58)。

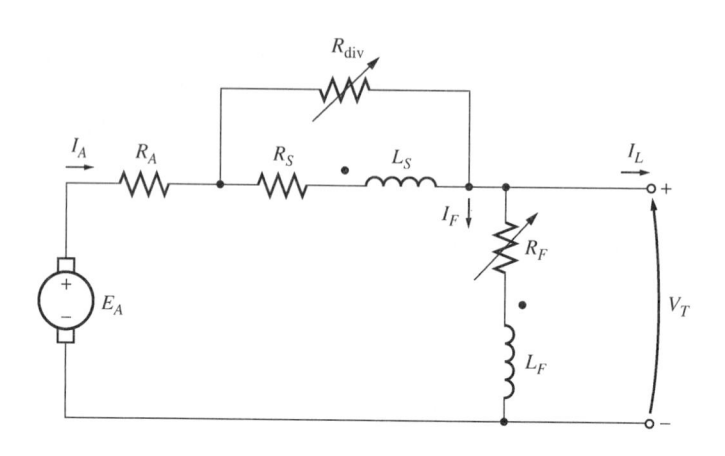

圖 8-59 具有分流電阻的積複激發電機。

2. **串激繞組匝數較多 (N_{SE} 較大)**。負載剛增加時，磁場增強效應較佔優勢，端電壓隨負載增加而上升。但負載增加至磁飽和附近時，電阻壓降效應較佔優勢，使端電壓有先升後降的情形。而當串激繞組之匝數恰使發電機的滿載端電壓等於無載端電壓時，稱為平複激 (flat-compounded)。

3. **串激繞組匝數再增加 (N_{SE} 大)**。磁場增強效應持續更久才被電阻壓降效應所主導，造成滿載端電壓高於無載端電壓的情形，稱為過複激 (overcompounded)。

所有可能如圖 8-58 所示。

若加一分流電阻則可於單一發電機實現所有的電壓特性。圖 8-59 所示為具有較多的串激場匝數 N_{SE} 的積複激發電機，分流電阻沿著串激場連接。如果將 R_{div} 調得大一些，則電樞電流主要流經串激繞組，是為過複激。若 R_{div} 調小，則大部分的電流會流經 R_{div} 而不通過串激繞組，是為欠複激。只要適當調整 R_{div} 的大小，便可獲得各種不同輸出特性的積複激發電機。

積複激發電機的電壓控制

控制積複激發電機之電壓的方法和分激式發電機是一樣的：

1. **改變轉速**。ω 增加使 $E_A = K\phi\omega_m \uparrow$ 上升，因此端電壓 $V_T = E_A \uparrow - I_A(R_A + R_S)$ 上升。
2. **改變磁場電流**。令 R_F 減小使 $I_F = V_T/R_F \downarrow$ 上升，因此總磁動勢增加。$\mathscr{F}_{tot}$ 的增加帶動 ϕ 上升，$E_A = K\phi\uparrow\omega_m$ 也升高，因此 V_T 上升。

積複激發電機的圖解分析

式 (8-53) 與 (8-54) 是描述積複激發電機之輸出特性的關鍵。因為串激磁場與電樞反應所

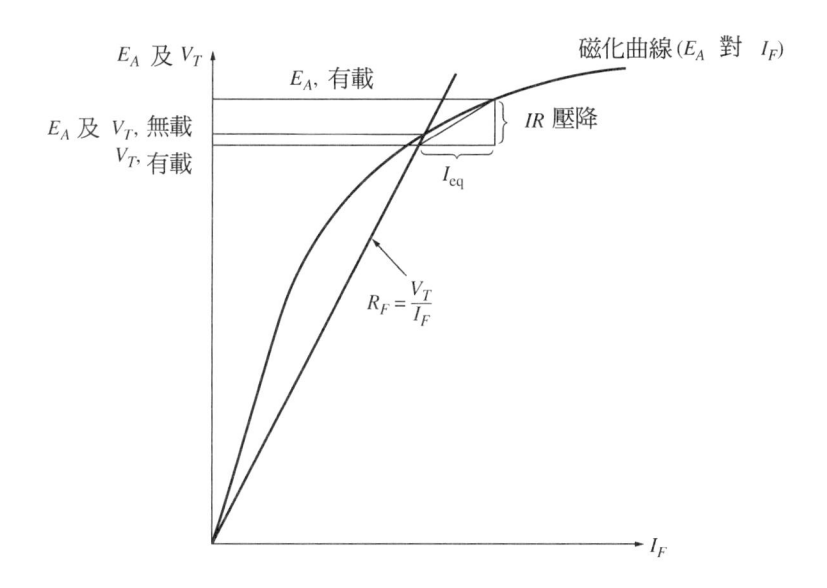

圖 8-60 積複激發電機的圖解分析。

造成的等效串激場電流為

$$I_{\text{eq}} = \frac{N_{\text{SE}}}{N_F} I_A - \frac{\mathcal{F}_{\text{AR}}}{N_F} \tag{8-53}$$

因此全部的有效分激場電流為

$$I_F^* = I_F + I_{\text{eq}} \tag{8-54}$$

等效電流 I_{eq} 代表沿著磁化曲線到場電阻線 ($R_F = V_T/R_F$) 左邊或右邊的水平距離。

電阻壓降 $I_A(R_A + R_S)$ 則是沿著磁化曲線垂直軸上的長度。等效電流 I_{eq} 和 $I_A(R_A + R_S)$ 壓降的大小都和 I_A 的大小有關，而兩者形成一三角形的兩股，股長為 I_A 的函數。要找出某固定負載下的輸出電壓，只要先決定三角形的大小，然後從磁場電阻線及磁化曲線間找出適合此三角形的位置即可。

圖 8-60 用來說明圖解分析的過程。無載時端電壓依舊是磁場電阻線和磁化曲線的交點。當發電機的負載漸增時串激場的磁動勢增加，等效分激場電流和 $I_A(R_A + R_S)$ 壓降都漸增，為了求發電機新的輸出電壓，此時將三角形的左頂點靠在磁場電阻線上逐漸向上移，直到其上方頂點剛好碰到磁化曲線為止，三角形上緣和磁化曲線的交點便是 E_A，而左端和電阻線的交點便是 V_T。

重複使用上述步驟，便可畫出如圖 8-61 般的發電機輸出特性曲線。

528 電機機械基本原理

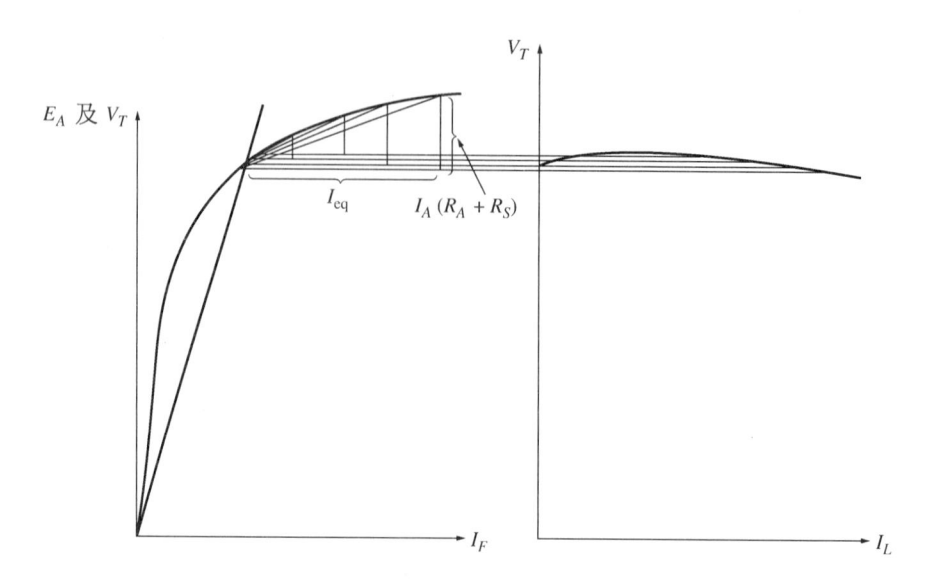

圖 8-61 用圖解分析求出電機的輸出特性曲線。

8.16　差複激直流發電機

差複激直流發電機和積複激發電機一樣，同時具有分激和串激磁場，不同的是其兩磁場的磁動勢是相減的。圖 8-62 是其等效電路圖，注意電樞電流是流出串激繞組的打點端，而分激磁場的電流卻是流入繞組之打點端，因此電機的淨磁動勢為

$$\mathscr{F}_{\text{net}} = \mathscr{F}_F - \mathscr{F}_{\text{SE}} - \mathscr{F}_{\text{AR}} \tag{8-55}$$

$$\mathscr{F}_{\text{net}} = N_F I_F - N_{\text{SE}} I_A - \mathscr{F}_{\text{AR}} \tag{8-56}$$

而串激場與電樞反應造成的等效分激場電流為

$$I_A = I_L + I_F$$
$$I_F = \frac{V_T}{R_F}$$
$$V_T = E_A - I_A(R_A + R_S)$$

$$\mathscr{F}_{\text{net}} = N_F I_F - N_{\text{SE}} I_A - \mathscr{F}_{\text{AR}}$$

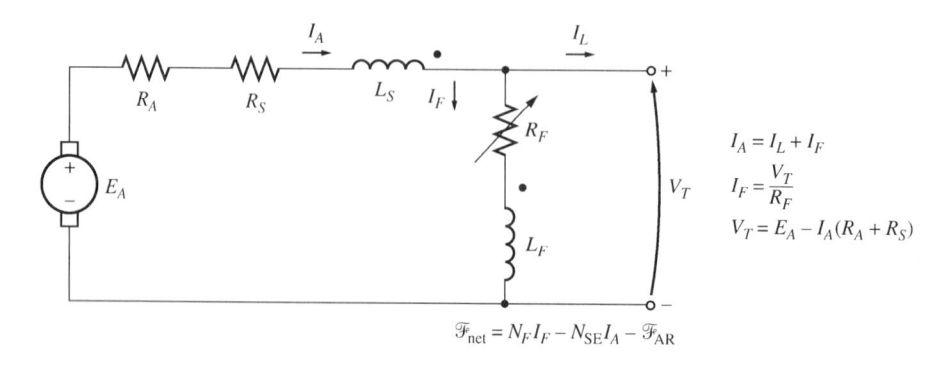

圖 8-62 長並式差複激發電機的等效電路。

$$I_{\text{eq}} = -\frac{N_{\text{SE}}}{N_F}I_A - \frac{\mathscr{F}_{\text{AR}}}{N_F} \quad (8\text{-}57)$$

全部的有效的分激場電流為

$$I_F^* = I_F + I_{\text{eq}} \quad (8\text{-}58\text{a})$$

或

$$I_F^* = I_F - \frac{N_{\text{SE}}}{N_F}I_A - \frac{\mathscr{F}_{\text{AR}}}{N_F} \quad (8\text{-}58\text{b})$$

就像積複激發電機，差複激發電機有長並式及短並式兩種接法。

差複激直流發電機的輸出特性

加上負載後差複激發電機和積複激發電機一樣會有兩種效應發生，但此時兩效應之方向相同：

1. I_A 增加，$I_A(R_A+R_S)$ 壓降增加，因此 $V_T = E_A - I_A\uparrow(R_A+R_S)$ 下降。
2. I_A 增加，串激場磁動勢 $\mathscr{F}_{\text{SE}} = N_{\text{SE}}I_A$ 增加，因此電機中的淨磁動勢（$\mathscr{F}_{\text{tot}} = N_F I_F - N_{\text{SE}}I_A\uparrow$）減少，$\phi$ 下降，造成 E_A 下降，V_T 也隨之減少。

上述兩種效應都使 V_T 下降，因此負載增加時端電壓會急劇下降，造成如圖 8-63 的輸出特性曲線。

差複激發電機的電壓控制

雖然差複激發電機的壓降特性很差，但在接上負載時仍可控制其端電壓，調整端電壓的

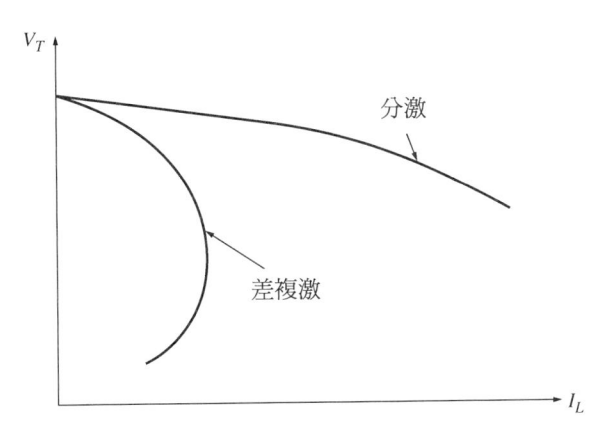

圖 8-63 差複激發電機的輸出特性曲線。

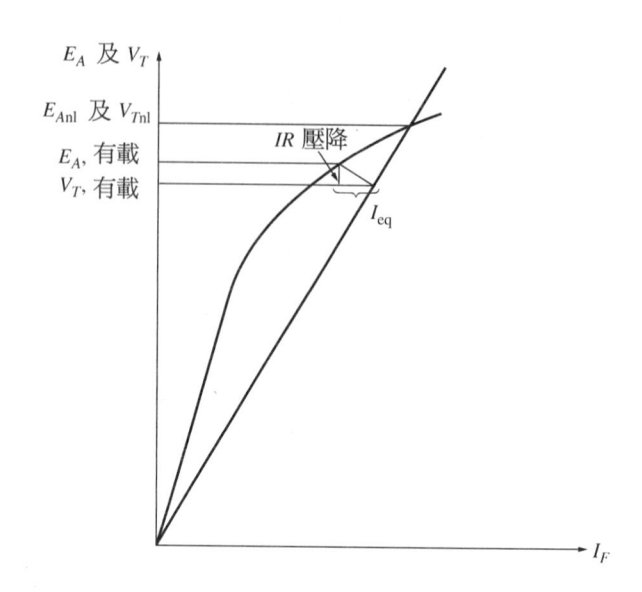

圖 8-64 差複激發電機的圖解分析。

控速技巧與分激式和積複激發電機所用技巧一樣：

1. 改變轉速 ω_m。
2. 改變磁場電流 I_F。

差複激發電機的圖解分析

欲決定差複激發電機的輸出特性所用的圖解分析法和積複激發電機是一樣的，參考圖 8-64。

真正流過分激磁場電路的電流為 V_T/R_F，其餘的有效場電流為 I_{eq}，I_{eq} 為串激磁場和電樞反應效應的和，等效電流 I_{eq} 代表沿著磁化曲線軸的負水平距離，因此串激場和電樞反應都是負的。

而電阻壓降 $I_A(R_A+R_S)$ 為沿著磁化曲線垂直軸之長度。為了求出所給負載下的輸出電壓，先求由電阻壓降和 I_{eq} 所形成的三角形大小，接著找出適合於場電流線和磁化曲線間的一點即為所求。

將以上步驟重複幾次便可畫出如圖 8-65 的輸出特性曲線。

8.17 總　結

有許多不同型式之直流電動機，差別在於場磁通獲得之方式。這些電動機有外激、分激、永磁式、串激和複激。磁通獲得方式不同，會影響它對負載的改變，進而影響整個

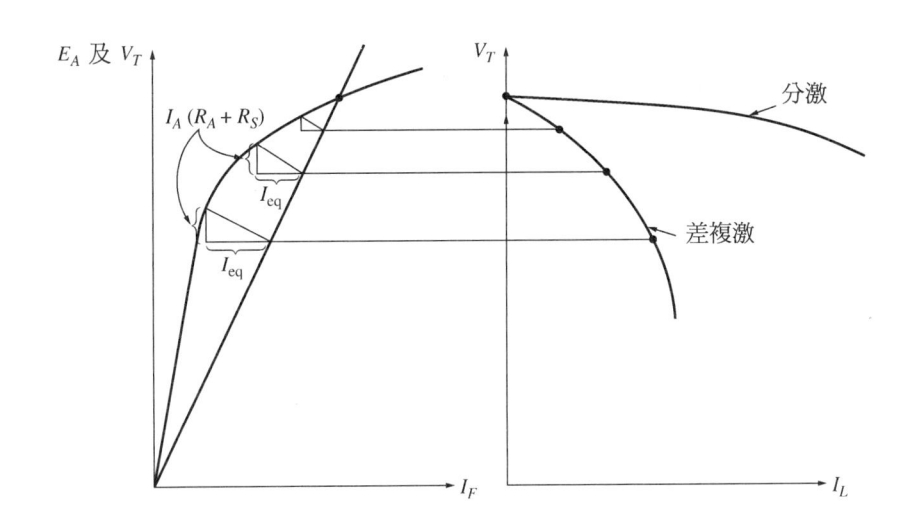

圖 8-65 以圖解法得出差複激發電機的輸出特性曲線。

電動機之轉矩-速度特性。

分激或外激式直流電動機,具有轉速因轉矩增加而線性下降之轉矩-速度特性。可藉著改變場電流、電樞電壓,或電樞電阻來控制轉速。

永磁式直流電動機基本上是相同的電機,除了它的磁通是由永久磁鐵供給。它的轉速可用以上任一方法來控制,除了改變場電流。

串激式電動機有最大的啟動轉矩,但無載時會有超速。它適合於需要大轉矩,而速率調整不重要之場合,如汽車啟動器。

積複激電動機為介於串激與分激之間之電動機,擁有兩者之最佳特性。另一方面,差複激電動機是一災害,它是不穩定且在加上負載時會超速。

直流發電機就是當作發電機來使用的直流電機。根據磁通取得方式的不同,直流發電機可分成幾種不同的型式,其輸出特性曲線也不相同。較常用的型式有他激、分激、串激、積複激及差複激。

分激與複激式發電機的磁化曲線因為有非線性部分才得以使其輸出電壓穩定。若磁化曲線是一條直線,則其和磁場電阻線將永不相交,以致發電機沒有穩定的無載端電壓。因為此非線性部分是問題的重心,在求解端電壓時只能用圖解分析法或靠電腦作分析。

目前大量的直流發電機已由交流電源或固態電子元件所取代,即使在使用直流電源最廣的汽車業都是如此。

問　題

8-1 什麼是直流電動機之速率調整率？

8-2 如何控制直流分激電動機之轉速？請詳細說明。

8-3 外激式與分激式電動機之實際差別為何？

8-4 分激電動機之電樞反應對轉矩-速度特性有何影響？電樞反應之影響會很嚴重嗎？如何去預防這問題？

8-5 在 PMDC 電機中所要的永久磁鐵特性為何？

8-6 串激式電動機之主要特性為何？它的用途為何？

8-7 積複激式電動機的特性為何？

8-8 差複激式電動機之問題為何？

8-9 當直流分激電動機運轉時場電路開路會發生什麼？

8-10 為何直流電動機需要啟動電阻？

8-11 如何才能於恰當時間將電動機之啟動電阻切離電樞電路？

8-12 什麼是華德-里翁納德電動機控制系統？它的優缺點為何？

8-13 什麼是再生？

8-14 與華德-里翁納德系統比較，固態驅動器之優缺點為何？

8-15 磁場消失繼電器之目的為何？

8-16 固態直流電動機驅動器有哪些保護特性？它們如何工作？

8-17 如何使外激式電動機反轉？

8-18 如何使分激式電動機反轉？

8-19 如何使串激式電動機反轉？

8-20 試述本章提到的五種發電機及其特性。

8-21 試述分激發電機啟動時電壓如何建立。

8-22 試求電壓無法建立的原因。如何解決？

8-23 他激式發電機中，電樞反應如何影響輸出電壓？

8-24 為何差複激發電機的電壓隨負載增加而急速下降？

習　題

習題 8-1 到 8-12 參照以下之直流電動機：

$$P_{\text{rated}} = 30 \text{ hp} \qquad I_{L,\text{rated}} = 110 \text{ A}$$
$$V_T = 240 \text{ V} \qquad N_F = 2700 \text{ 匝／極}$$

n_{rated} = 1800 r/min　　　N_{SE} = 14 匝／極
R_A = 0.19 Ω　　　　　　R_F = 75 Ω
R_S = 0.02 Ω　　　　　　R_{adj} = 100 到 400 Ω

滿載時之旋轉損＝3550 W。

磁化曲線如圖 P8-1 所示。

在習題 8-1 到 8-7 假設可連接成分激式電動機，其等效電路如圖 P8-2 所示。

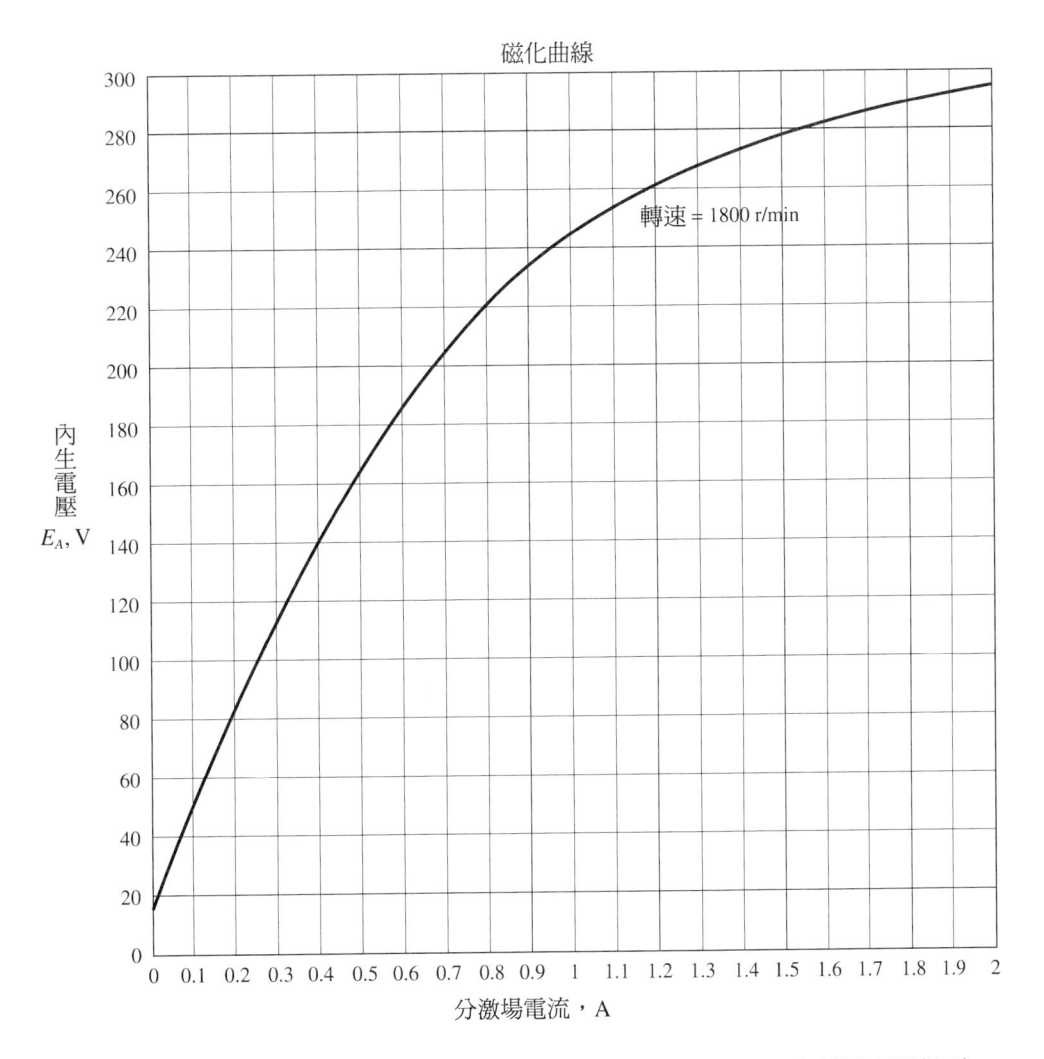

圖 P8-1　習題 8-1 至 8-12 之磁化曲線。此曲線是在 1800 r/min 之轉速下所得到。

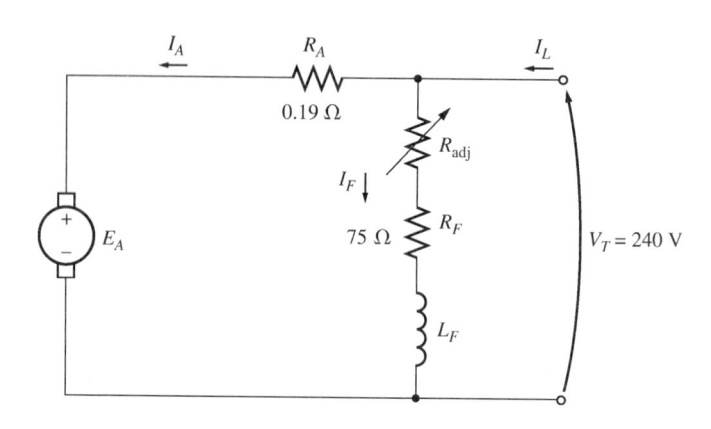

圖 P8-2 習題 8-1 到 8-7 之分激式電動機等效電路。

8-1 若電阻 R_{adj} 調整到 175 Ω，則無載情況下之電動機轉速是多少？

8-2 假設無電樞反應，則滿載之轉速為何？電動機之速率調整率是多少？

8-3 若電動機於滿載運轉且 R_{adj} 增加至 250 Ω，則電動機之新轉速為何？比較 R_{adj} = 175 Ω 時之滿載轉速與 R_{adj} = 250 Ω 時之滿載轉速 (假設無電樞反應)。

8-4 假設電動機運轉於滿載下且 R_{adj} 為 175 Ω，若電樞反應為 2000 安‧匝，則電動機之轉速是多少？與習題 8-2 之比較為何？

8-5 若 R_{adj} 可在 100 到 400 Ω 間調整，則可能之最大與最小無載轉速是多少？

8-6 若直接加電壓 V_T 來啟動，則啟動電流是多少？此啟動電流與滿載電流相比為何？

8-7 畫出此電動機之轉矩-速度特性曲線假設沒有電樞反應，與假設有 1200 安‧匝之全載電樞反應 (假設電樞反應隨著電樞電流線性增加)。

習題 8-8 和 8-9，將分激式電動機改成外激式，如圖 P8-3 所示。它有一固定場電壓 V_F = 240 V 和一可變電樞電壓 V_A，從 120 到 240 V。

8-8 當 R_{adj} = 175 Ω 且 (a) V_A = 120 V，(b) V_A = 180 V，(c) V_A = 240 V 時，此外激式電動機之無載轉速為何？

8-9 習題 8-8 之外激式電動機：
(a) 藉著改變 V_A 和 R_{adj} 所能得到之最大無載轉速是多少？
(b) 藉著改變 V_A 和 R_{adj} 所能得到之最小無載轉速是多少？
(c) 在額定時電動機效率是多少？[註：假設 (1) 電刷壓降為 2 V；(2) 鐵損是在電樞電壓等於滿載時的電樞電壓下求得；(3) 雜散損失為滿載的 1%。]

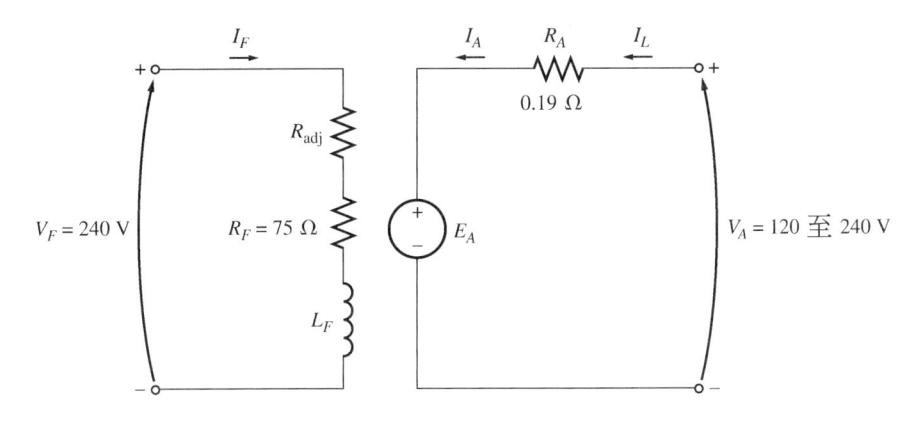

圖 **P8-3** 習題 8-8 至 8-9 之外激式電動機之等效電路。

習題 8-10 到 8-11，其電動機連接成如圖 P8-4 所示之積複激電動機。

8-10 若接成積複激電動機且 $R_{adj} = 175\ \Omega$：
(a) 無載轉速為何？
(b) 滿載轉速為何？
(c) 速率調整率是多少？
(d) 計算並畫出轉矩-速度特性曲線 (忽略電樞效應)。

8-11 將它連接成積複激電動機且運轉於滿載下。若 R_{adj} 增加至 $250\ \Omega$，則其新的轉速為何？此新的轉速與習題 8-10 比較其結果為何？

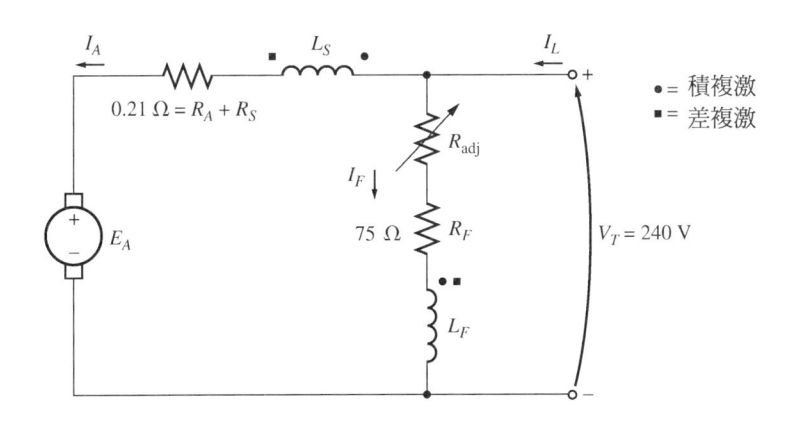

圖 **P8-4** 習題 8-10 至 8-12 複激電動機之等效電路。

習題 8-12，其電動機連接成如圖 P8-4 所示之差複激。

8-12 現將它接成差複激電動機。

(a) 若 $R_{adj}=175\ \Omega$，則無載轉速為何？

(b) 當電樞電流到達 20 A、40 A、60 A 時之電動機轉速是多少？

(c) 畫此電動機之轉矩-速度特性曲線。

8-13 一 15 hp，120 V 串激電動機，電樞電阻 0.1 Ω 串激場電阻 0.08 Ω。在滿載下，輸入電流 115 A，額定轉速 1050 r/min。圖 P8-5 為其磁化曲線。鐵損為 420 W，在滿載下機械損失 460 W。假設機械損失是隨轉速的三次方變化，而鐵損是固定的。

(a) 滿載下電動機之效率為何？

(b) 當電動機運轉於電樞電流 70 A 時之轉速與效率是多少？

(c) 畫此電動機之轉矩-速度特性曲線。

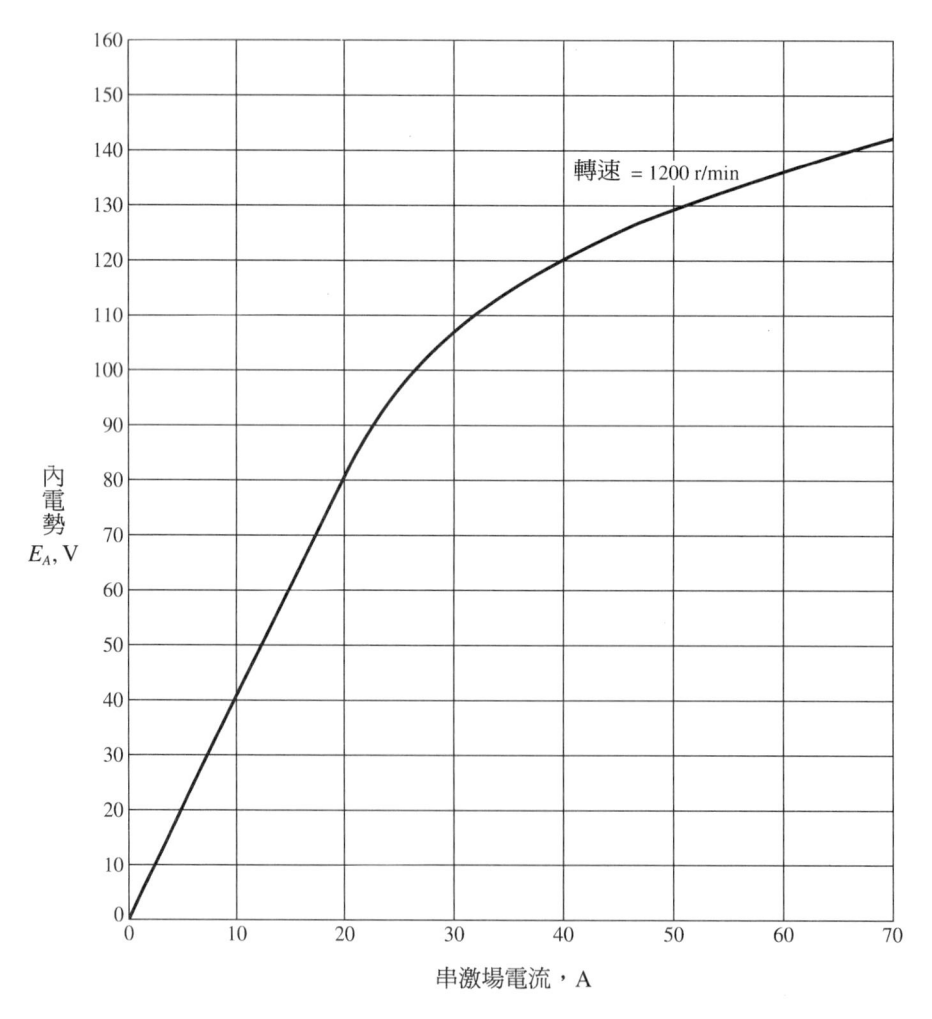

圖 P8-5 習題 8-13 串激式電動機之磁化曲線。此曲線在 1200 r/min 時得到。

8-14 一 20 hp，240 V，76 A，900 r/min 串激式電動機，每極之場繞有 33 匝。電樞電阻 0.09 Ω，場電阻 0.06 Ω，磁化曲線用磁動勢對 E_A 在 900 r/min 來表示如下表：

E_A, V	95	150	188	212	229	243
$\mathscr{F}$, A·turns	500	1000	1500	2000	2500	3000

忽略電樞反應。

(a) 計算電動機之轉矩、轉速和輸出功率在 33%、67%、100% 和 133% 之滿載電樞電流時。(忽略旋轉損。)

(b) 畫出此機之端點特性。

8-15 一 300 hp，440 V，560 A，863 r/min 分激式電動機，測試所得之資料為：

堵住轉子試驗：

V_A = 14.9 V 扣除電刷電壓　　V_F = 440 V
I_A = 500 A　　　　　　　　I_F = 7.52 A

無載運轉：

V_A = 440 V 包含電刷電壓　　I_F = 7.50 A
I_A = 23.1 A　　　　　　　　n = 863 r/min

在額定下電動機效率為何？(註：假設 (1) 電刷壓降 2 V；(2) 鐵損是在電樞電壓等於滿載下之電樞電壓下而求得；(3) 雜散損失為滿載時之 1%。)

習題 8-16 至 8-19 為 240 V，100 A 有分激和串激繞組之直流電動機。特性為

R_A = 0.14 Ω　　　　　　　N_F = 1500 匝
R_S = 0.05 Ω　　　　　　　N_{SE} = 15 匝
R_F = 200 Ω　　　　　　　n_m = 3000 r/min
R_{adj} = 0 到 300 Ω，現為 120 Ω

此電動機有補償繞組和中間極。磁化曲線在 3000 r/min 時如圖 P8-6 所示。

8-16 將其接成分激式電動機。

(a) 當 R_{adj} = 120 Ω 時之無載轉速為何？

(b) 滿載轉速是多少？

(c) 速率調整是多少？

(d) 畫此電動機之轉矩-速度特性曲線。

(e) 無載下，調整 R_{adj} 可得到什麼範圍之轉速？

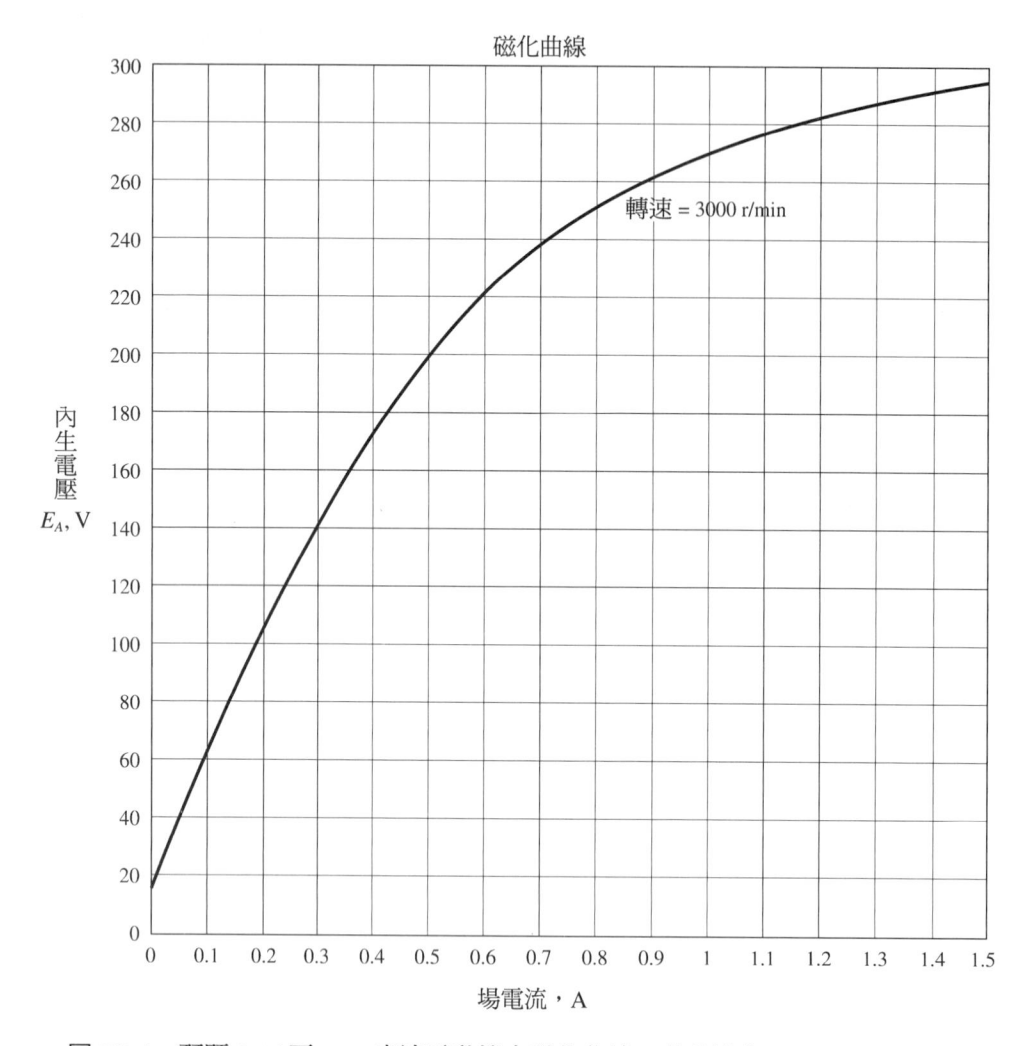

圖 P8-6 習題 8-16 至 8-19 直流電動機之磁化曲線。此曲線在 3000 r/min 時得到。

8-17 將其接成積複激電動機，且 $R_{adj} = 120\ \Omega$。
(a) 無載轉速為何？
(b) 滿載轉速為何？
(c) 速率調整率是多少？
(d) 畫轉矩-速度特性曲線。

8-18 若將其接成差複激式電動機，$R_{adj} = 120\ \Omega$。推導其轉矩-速度特性曲線。

8-19 將分激場拿掉，而使此電機成為串激式電動機。推導其轉矩-速度特性曲線。

8-20 一 20 hp，240 V，75 A 之分激式電動機，它有一自動啟動器電路馬達的電樞電阻

0.12 Ω，分激場電阻 40 Ω。電動機以不超過 250% 的額定電樞電流下啟動，且電流很快的降至額定值，一段啟動電阻就被切離。則需要多少段啟動電阻，且每段電阻值是多少？

8-21 一 10 hp，120 V，1000 r/min 之分激式電動機，當運轉於滿載時之電樞電流為 70 A。電樞電阻 R_A = 0.12 Ω，場電阻 R_F = 40 Ω。場電路之可調電阻 R_{adj} 可於 0 到 200 Ω 間變化，目前為 100 Ω。電樞反應可忽略。此電動機於 1000 r/min 之轉速下之磁化曲線如下表所示：

E_A, V	5	78	95	112	118	126
I_F, A	0.00	0.80	1.00	1.28	1.44	2.88

(a) 當電動機運轉於上面所規定之額定情況下之轉速是多少？
(b) 額定時電動機之輸出功率為 10 hp。則其輸出轉矩是多少？
(c) 滿載時之銅損及旋轉損失是多少 (忽略雜散損)？
(d) 滿載時之電動機效率是多少？
(e) 若電動機於無載情況下，且不改變其端電壓或 R_{adj}，則其無載轉速是多少？
(f) 假設 (e) 所述電動機運轉於無載情況下，若場電路開路則將發生什麼狀況？在此情況下若忽略電樞反應，則電動機之最後穩態速度是多少？
(g) 此電動機可能之無載轉速範圍為何？場電阻 R_{adj} 之可調範圍為何？

8-22 圖 P8-7 是一部他激式發電機的磁化曲線，其額定為 6 kW，120 V，50 A，1800 r/min，磁場電流額定為 5 A，圖 P8-8 是電機的等效電路，其他數據為：

R_A = 0.18 Ω 　　　　V_F = 120 V
R_{adj} = 0 至 40 Ω 　　R_F = 20 Ω
N_F = 1000 匝／極

假設發電機沒有電樞反應，回答下列問題。
(a) 若發電機在無載下運轉，則調整 R_{adj} 所能控制的電壓範圍為何？
(b) R_{adj} 的範圍是 0 到 30 Ω，發電機的轉速可以從 1500 變化至 2000 r/min，求發電機無載時的最高和最低電壓。

8-23 若習題 8-22 中的發電機之電樞電流為 50 A，轉速為 1700 r/min，端電壓 106 V，求發電機的磁場電流。

8-24 假設習題 8-22 中的發電機在滿載時的電樞反應為 400 安·匝，當 I_F = 5 A，n_m = 1700 r/min 且 I_A = 50 A，端電壓是多少？

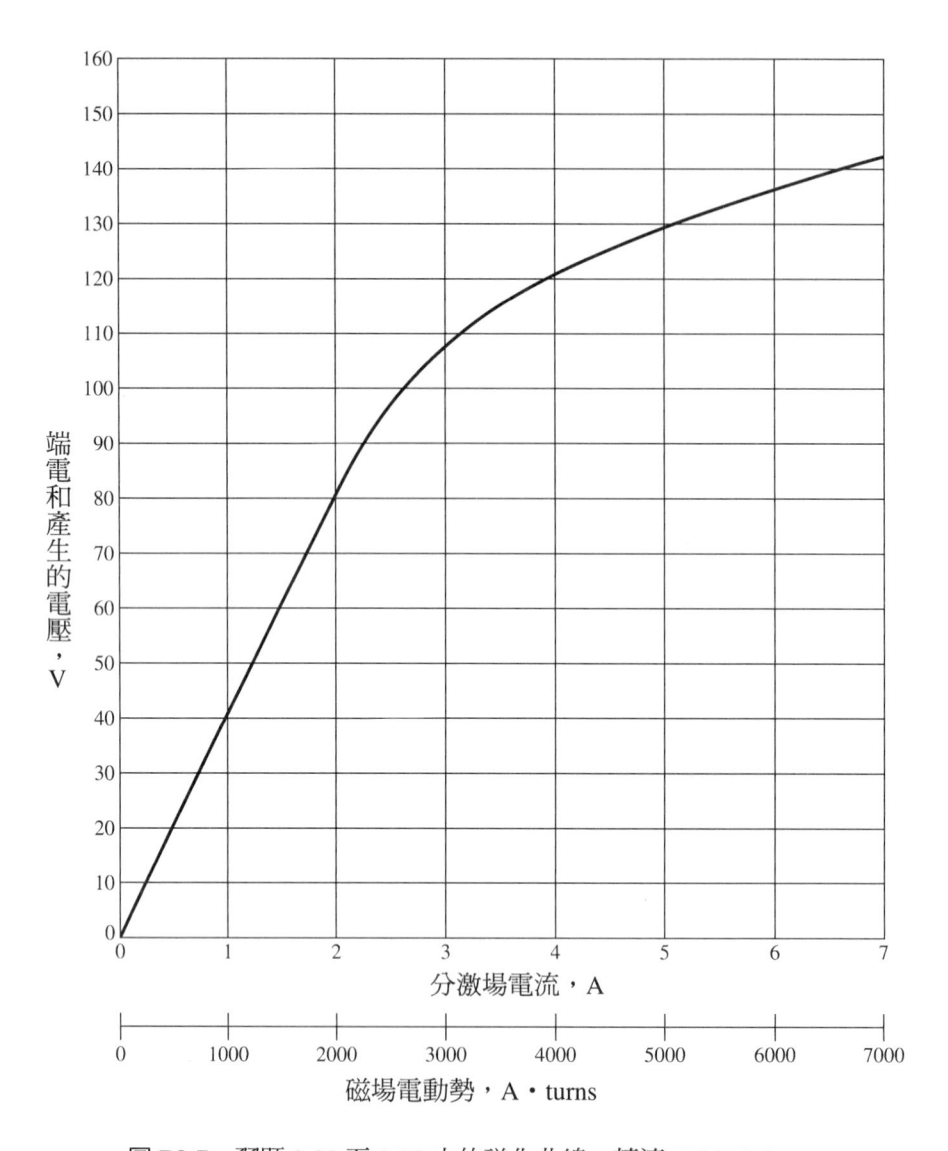

圖 P8-7　習題 8-22 至 8-28 中的磁化曲線，轉速 1800 r/min。

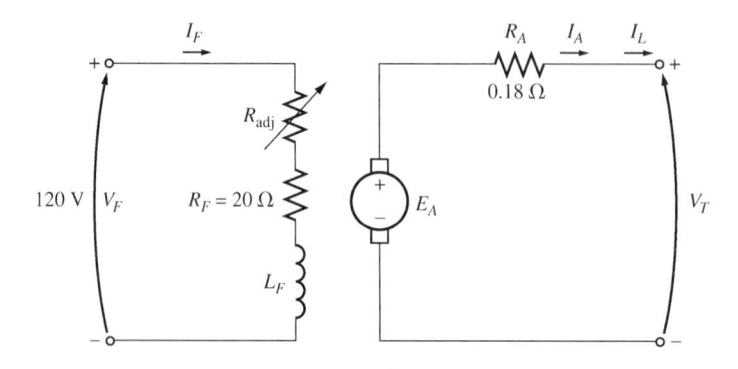

圖 P8-8　習題 8-22 至 8-24 中的他激式發電機。

8-25 將習題 8-22 中之發電機連接成分激式,如圖 P8-9 所示,分激場電阻 R_{adj} 調至 10 Ω,發電機的轉速為 1800 r/min。
(a) 求發電機的無載端電壓?
(b) 假設無電樞反應,求電樞電流為 20 A、40 A 時的端電壓。
(c) 若滿載時具電樞反應為 300 安·匝,求電樞電流為 20 A、40 A 時的端電壓?
(d) 計算並畫出此發電機在有與沒有電樞反應時之端點特性。

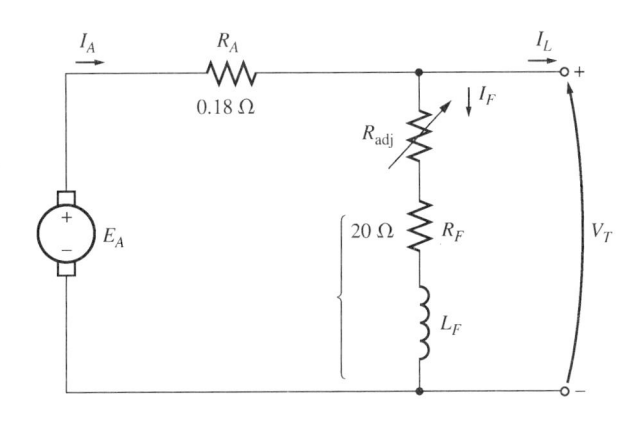

圖 P8-9 習題 8-25 至 8-26 中的分激式發電機。

8-26 若習題 8-25 中的發電機轉速為 1800 r/min,場電阻 R_{adj} = 10 Ω,電樞電流 I_A = 25 A,試求其端電壓?若 R_{adj} = 5 Ω 而 I_A = 25 A,求此時的端電壓 (假設沒有電樞反應)。

8-27 一部 120 V,50 A 的積複激發電機,有下列特性參數:

$R_A + R_S = 0.21\ \Omega$ $N_F = 1000$ 匝
$R_F = 20\ \Omega$ $N_{SE} = 25$ 匝
$R_{adj} = 0$ 至 $30\ \Omega$,目前為10 Ω $n_m = 1800$ r/min

發電機的磁化曲線如圖 P8-7 所示,其等效電路如圖 P8-10 所示,假設沒有電樞反應,回答下列問題。
(a) 求無載時的端電壓。
(b) 若 I_A = 20 A,求端電壓。
(c) 若 I_A = 40 A,求端電壓。
(d) 計算並繪出端點特性曲線。

542　電機機械基本原理

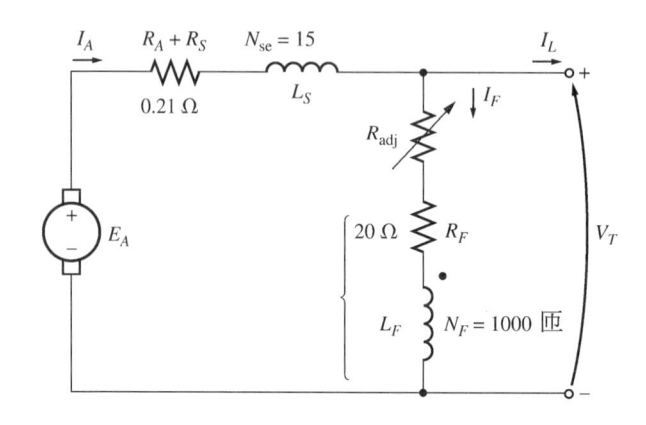

圖 P8-10　習題 8-27 至 8-28 中的複激發電機。

8-28　將習題 8-27 的發電機連接成差複激式，根據習題 8-27 的方式繪出電機的輸出特性曲線。

8-29　一部積複激發電機原先以平複激的方式運轉，停止後將發電機的分激磁場反接。
(a) 若發電機仍以相同的方向運轉，則電壓是否能建立？何故？
(b) 若發電機以反方向運轉，電壓能否建立？何故？
(c) 重新建立端電壓後，此發電機為積複激或差複激？

8-30　一三相同步電機以機械式耦合至一分激式直流電機，形成一電動機-發電機組，如圖 P8-11 所示。此直流機連接至一 240 V 之直流電力系統，且交流機連接至 480 V，60 Hz 之無限匯流排。

　　此直流機有四極額定為 50 kW，240 V，0.03 標么 (per-unit) 之電樞電阻。交

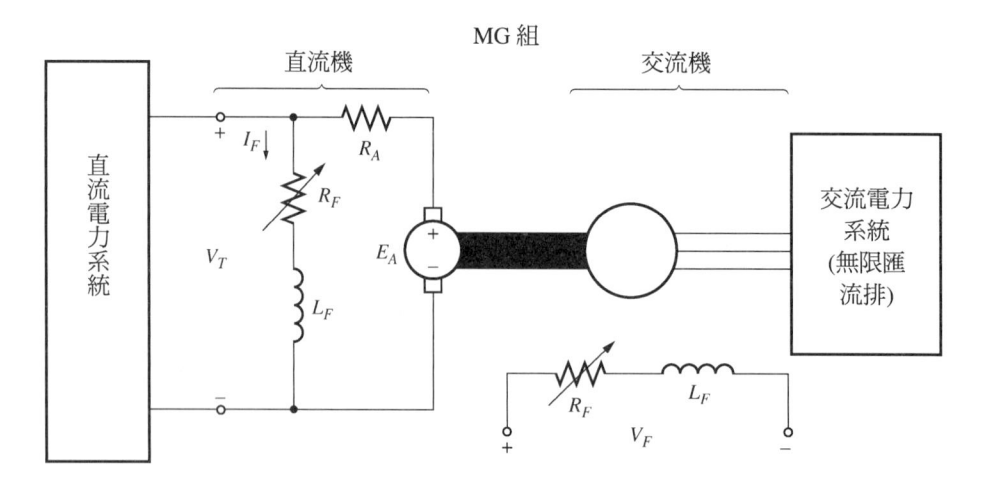

圖 P8-11　習題 8-30 之發動機-發電機組。

流機為四極 Y 接，額定為 50 kVA，480 V，0.8 PF，飽和同步電抗每相 3.0 Ω。

除了直流機的電樞電阻損失，其他損失均可忽略，並假設兩機之磁化曲線皆為線性。

(a) 開始交流機供應 50 kVA，0.8 PF 落後功率至交流電力系統。
　1. 直流電力系統可供應多少功率給直流動機？
　2. 直流機可產生多大內電勢 E_A？
　3. 交流機可產生多大內電勢 E_A？

(b) 若交流機場電流減少 5%，則此改變對電動-發電機組所供應之實功影響為何？對所供應虛功影響為何？計算在此情況下交流機所供應或消耗之實與虛功率，畫出場電流改變前與改變後交流機之相量圖。

(c) 在 (b) 情況下，若直流機之場電流減少 1%，則由電動-發電機組所供應之實功與虛功的影響為何？計算在此情況下，交流機所供應或消耗的實功與虛功率，並畫出直流機場電流改變前與後之交流機相量圖。

(d) 由前面結果，回答以下問題：
　1. 如何透過交流-直流電動-發電機組來控制實功率潮流？
　2. 如何藉由交流機來控制虛功供應或消耗而不會影響實功率潮流？

參考文獻

1. Chaston, A. N.: *Electric Machinery*, Reston Publications, Reston, Va., 1986.
2. Fitzgerald, A. E., and C. Kingsley, Jr.: *Electric Machinery*, McGraw-Hill, New York, 1952.
3. Fitzgerald, A. E., C. Kingsley, Jr., and S. D. Umans: *Electric Machinery*, 6th ed., McGraw-Hill, New York, 2003.
4. Heck, C.: *Magnetic Materials and Their Applications*, Butterworth & Co., London, 1974.
5. IEEE Standard 113-1985, *Guide on Test Procedures for DC Machines*, IEEE, Piscataway, N.J., 1985. (Note that this standard has been officially withdrawn but is still available.)
6. Kloeffler, S. M., R. M. Kerchner, and J. L. Brenneman: *Direct Current Machinery*, rev. ed. Macmillan, New York, 1948.
7. Kosow, Irving L.: *Electric Machinery and Transformers*, Prentice Hall, Englewood Cliffs, N.J., 1972.
8. McPherson, George: *An Introduction to Electrical Machines and Transformers*, Wiley, New York, 1981.
9. Siskind, Charles S.: *Direct-Current Machinery*, McGraw-Hill, New York, 1952.
10. Slemon, G. R., and A. Straughen. *Electric Machines*, Addison-Wesley, Reading, Mass., 1980.
11. Werninck, E. H. (ed.): *Electric Motor Handbook*, McGraw-Hill, London, 1978.

CHAPTER 9

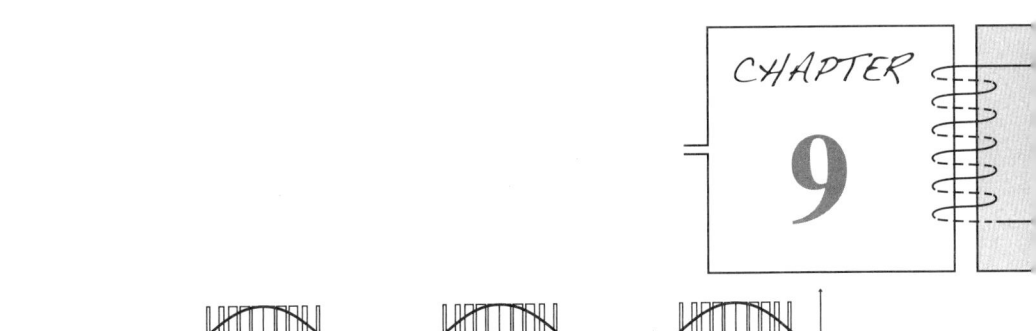

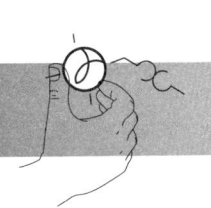

單相及特殊用途電動機

學習目標

- 瞭解為何萬用電動機被稱為「萬用」。
- 瞭解由單相感應電動機之脈動磁場來建立單方向的轉矩是可行的。
- 瞭解如何啟動一單相感應機。
- 瞭解分相式、電容啟動和蔽極式單相感應機之特性。
- 能夠計算單相感應機的感應轉矩。
- 瞭解磁阻和磁滯電動機的基本操作。
- 瞭解步進馬達的操作。
- 瞭解無刷直流電動機的操作。

第三到六章我們討論了在三相 (three-phase) 電力系統中兩種主要的交流電機 (同步機與感應機) 之操作，此種形式的電機主要安裝於大型的工業或商業場所。但是，大部分的家庭與小型的商業場所中並沒有提供三相電源，因此在上述的場所中，所有的電動機必須由單相電源來驅動。本章將討論兩種最主要的單相電機：萬用電動機及單相感應電動機之理論及操作，其中 9.1 節所要討論的萬用電動機乃是串激直流電動機之延伸形式。

單相感應電動機則將在 9.2 至 9.5 節中討論，單相電動機在設計上的主要問題乃是單相電源並不像三相電源會產生旋轉磁場，相對地，單相電源所產生的磁場會固定於某

一個位置且隨著時間脈動 (pulse)，由於沒有淨旋轉磁場，傳統的感應電動機將無法工作，且需要特殊的設計才能使其動作。

另外有一些特殊用途的電動機可以在單相或三相下運轉，這些電動機將在 9.6 節討論。

9.1　萬用電動機

要設計一部單相電機，最簡單的方法可能是拿一部直流電機而將其接於交流電源運轉，回憶第七章中，直流電動機所感應的轉矩為

$$\tau_{\text{ind}} = K\phi I_A \tag{7-49}$$

如果將輸入串激或並激直流電動機之電壓極性反轉，磁場磁通與電樞電流的方向均會反轉，而感應轉矩則將維持與電壓未反轉前相同的方向。也就是說，我們可以將直流電動機連接於交流電源以獲得一固定方向之脈動轉矩。

由於電樞電流與場電流必須同時反轉，以上的設計將只適用於串激直流電動機 (見圖 9-1)。對並激直流電動機而言，由於其過高的磁場電感將延遲場電流的反轉，此因素將使平均輸出轉矩嚴重的降低而令人無法接受。

為了使串激直流電動機能在交流輸入下有效的工作，電動機的磁極及定子框架必須完全由薄鋼片組成。如果不這麼做，鐵心損失將十分的嚴重。我們常將磁極及定子均以薄鋼片組成的電動機稱為**萬用電動機** (universal motor)，因為他們可以同時操作於直流或交流電源之下。

當萬用電動機操作於交流電源之下時，它的換向情況將比操作於直流電源之下時惡劣許多，這是因為線圈在換向時因變壓器作用，而感應的電壓將在電刷處造成額外的火花。這些火花會明顯的減低電刷的壽命，且在某些環境下對周圍的電信設備造成干擾。

典型的萬用電動機轉矩-速度特性曲線如圖 9-2 所示。基於以下的兩個原因，此曲線將與由直流電源驅動之同一電動機特性曲線有所不同：

1. 電樞與磁場線圈在 50 Hz 或在 60 Hz 之下會有很大的電抗。這會造成輸入電壓在這些

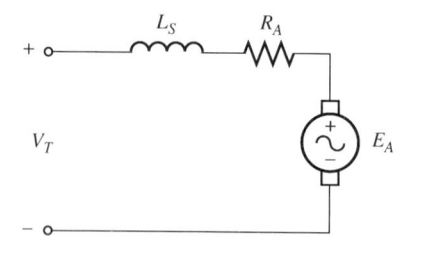

圖 9-1　萬用電動機的等效電路。

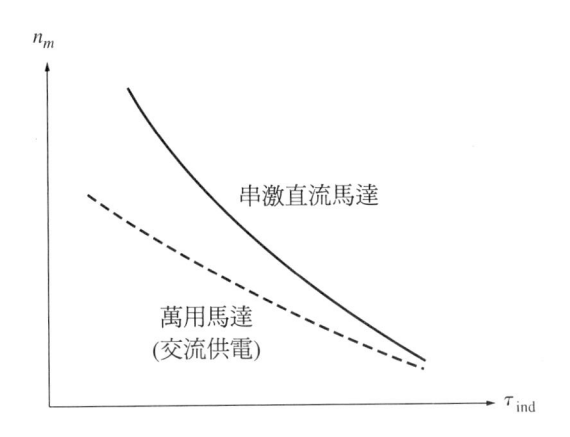

圖 9-2　萬用電動機操作於直流及交流電源時之轉矩-速度特性比較。

電抗上有明顯的壓降。如此一來，在交流輸入情況下的內電壓 E_A 將比直流輸入情況下低。由於 $E_A = K\phi\omega_m$，若電樞電流與感應轉矩給定時，交流操作下之電動機將比直流操作下慢。

2. 另外，由於交流電壓的峯值是均方根值的 $\sqrt{2}$ 倍，因此磁飽和可能會在電動機電流達到峯值時產生。這飽和現象會在給定的電流準位下減少電動機磁通的均方根值，進而降低電動機之感應轉矩。而對直流電動機而言，磁通的降低將相對地造成轉速增加，這個效應將對第一點所造成之速度減低提供部分的補償。

萬用電動機的應用

萬用電動機之轉矩-速度特性曲線的下降，較直流串激電動機陡峭，因此它較不適合於定轉速的應用。但是，萬用電動機體積較小，且每安培可提供的轉矩較任何單相電動機均為大，因此適用於需要重量輕及高輸出轉矩的場合。

典型萬用電動機的應用場合為真空吸塵器、鑽孔機、手工具及廚房用具等。

萬用電動機的速度控制

與直流串機電動機相同，控制萬用電動機速度之最佳方法為控制其輸入電壓之均方根值。輸入電壓之均方根值愈高，電動機之轉速將愈快。典型萬用電動機之轉矩-速度特性曲線對速度變化情形，如圖 9-3 所示。

在實際的場合中，萬用電動機的平均輸入電壓是隨著固態速度控制電路而變的。圖 9-4 為兩種用來提供速度控制功能的電路。圖中的可變電阻即用來調整電動機的速度(也就是說，此一電阻可以作為變速鑽孔機之觸發器)。

548 電機機械基本原理

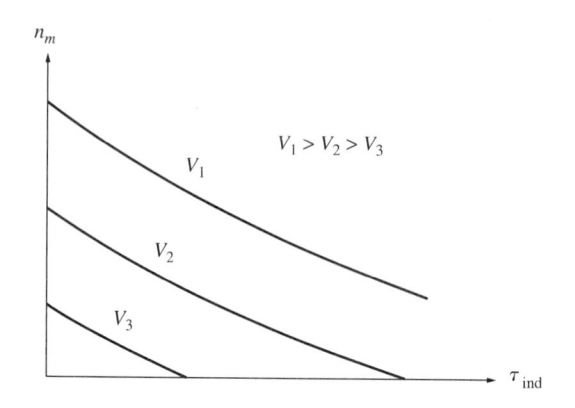

圖 9-3 改變萬用電動機的端電壓對轉矩-速度特性曲線造成的影響。

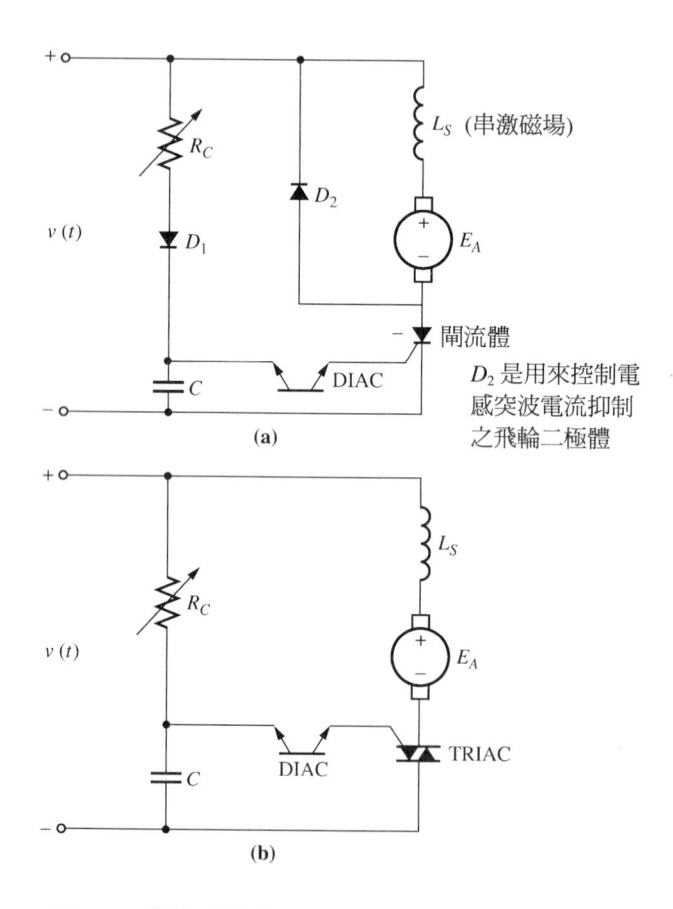

D_2 是用來控制電感突波電流抑制之飛輪二極體

圖 9-4 萬用電動機控速裝置。(a) 半波；(b) 全波。

9.2 單相感應電動機之簡介

另一種常用的單相電動機為單相感應電動機。圖 9-5 為一具有鼠籠式轉子及單相定子之感應電動機。

單相感應電動機有一極不利的缺點。由於它的定子上只有單相繞組，單相感應電動機將不會產生旋轉磁場。相對地，它只能產生一隨時間脈動的磁場，先變大，然後變小，但總是停留在固定的方向。由於單相感應電動機沒有旋轉磁場，因此單相感應電動機沒有啟動的轉矩。

當轉子固定不動時，我們可以很簡單的看出這個事實。定子上的磁通首先變大然後變小，但總是固定在同一個方向。由於定子磁場並不旋轉，定子磁場與轉子便沒有相對運動。也就是說，轉子沒有因相對運動而產生的電壓及電流，同時也就不會有感應轉矩。事實上，轉子上有由變壓器反應 $d\phi/dt$ 產生的感應電壓，而由於轉子線圈是短路的，電流亦在轉子中流動。但此一產生的磁場與定子的磁場成一直線，將無法在轉子上產生淨轉矩。

$$\begin{aligned}\tau_{\text{ind}} &= k\mathbf{B}_R \times \mathbf{B}_S \\ &= kB_R B_S \sin\gamma \\ &= kB_R B_S \sin 180° = 0\end{aligned}$$ (3-58)

因此在靜止的情況下，單相感應電動機可視為一個二次側短路之變壓器 (見圖 9-6)。

單相感應電動機沒有自生啟動轉矩的事實，在感應電動機早期的發展中形成很大的障礙。當感應電動機在 1880 年代末及 1890 年代初剛發展時，當時可用的交流電力系統為 133 Hz。以當時的材料及技術而言，做出一運轉良好的電動機幾乎是不可能的。感應

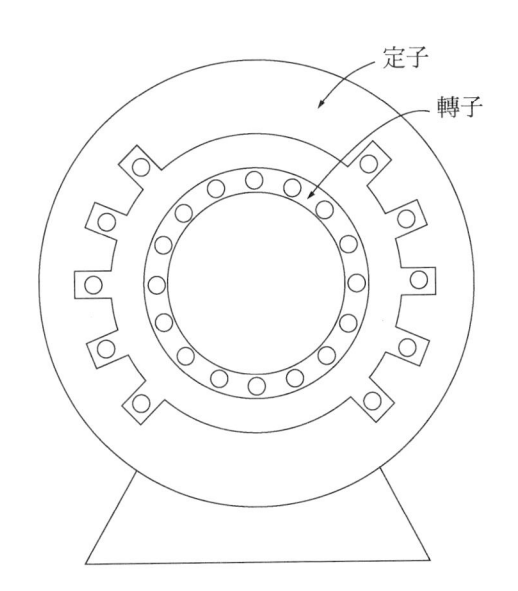

圖 9-5 單向感應電動機。其轉子與三相感應電動機相同，但定子只有單相。

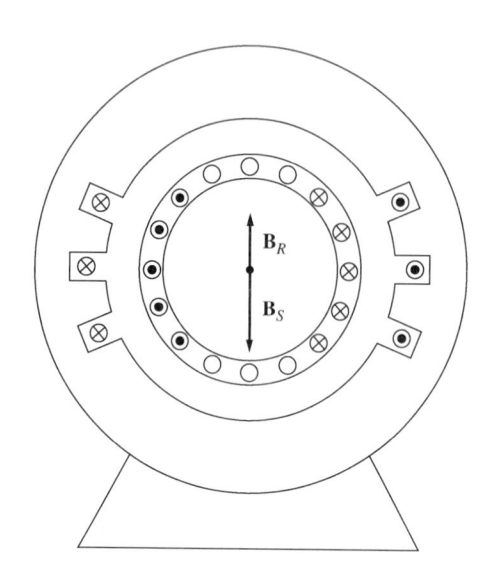

圖 9-6 單相感應電動機啟動時的狀況。定子繞組在轉子上感應反向的電壓及電流。產生與定子磁場成一直流的轉子磁場。$\tau_{\text{ind}}=0$。

電動機一直到 1890 年代中期 25 Hz 的三相電力系統被發展出來時才真正成為可應用的產品。

無論如何，一旦轉子開始轉動，單相感應電動機便能感應出轉矩。有兩個理論可以解釋為何一旦轉子開始轉動，單相感應電動機就可以感應出轉矩。它們分別是單相感應電動機的雙旋轉磁場理論及單相感應電動機的相交磁場理論。這兩個理論將在下節說明。

單相感應電動機的雙旋轉磁場理論

單相感應電動機的雙旋轉磁場理論，基本上是將靜止的脈動磁場分解成兩個大小相同卻旋轉方向相反的磁場。這兩個磁場將分別影響感應電動機，同時電動機所生的淨轉矩則為此二磁場所感應出的轉矩之總和。

圖 9-7 說明了如何將靜止的脈動磁場分解成兩個同大小，但旋轉方向相異的旋轉磁場。靜止磁場的磁通密度如下式所示

$$\mathbf{B}_S(t) = (\mathbf{B}_{\max} \cos \omega t)\hat{\mathbf{j}} \tag{9-1}$$

順時針方向旋轉的磁場可以下式表示

$$\mathbf{B}_{\text{CW}}(t) = \left(\frac{1}{2} B_{\max} \cos \omega t\right)\hat{\mathbf{i}} - \left(\frac{1}{2} B_{\max} \sin \omega t\right)\hat{\mathbf{j}} \tag{9-2}$$

逆時針方向旋轉的磁場則可以表示成

$$\mathbf{B}_{\text{CCW}}(t) = \left(\frac{1}{2} B_{\max} \cos \omega t\right)\hat{\mathbf{i}} + \left(\frac{1}{2} B_{\max} \sin \omega t\right)\hat{\mathbf{j}} \tag{9-3}$$

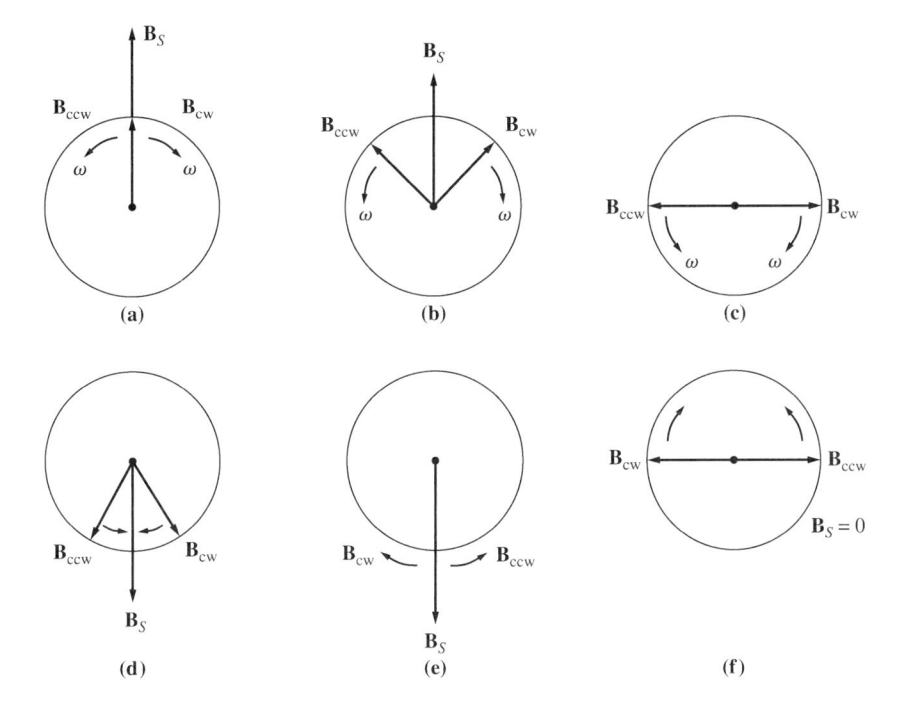

圖 9-7 將單相脈動磁場分解成兩個同大小但旋轉方向相異的旋轉磁場。注意任何時刻兩磁場的和均在垂直平面上。

注意到順時針與逆時針方向旋轉的磁場的總和即為靜止的脈動磁場 $\mathbf{B}_S$：

$$\mathbf{B}_S(t) = \mathbf{B}_{CW}(t) + \mathbf{B}_{CCW}(t) \tag{9-4}$$

三相感應電動機對應於單一旋轉磁場的轉矩-速度特性曲線如圖 9-8a 所示。兩個旋轉磁場都會對單向感應電動機產生影響，所以電動機中產生的淨轉矩將為兩轉矩-速度特性曲線的相減。圖 9-8b 為淨轉矩的曲線，值得注意的是在轉速為零時並沒有感應轉矩，因此電動機沒有啟動轉矩。

圖 9-8b 所示的轉矩-速度特性曲線並不十分精確，它是由疊加兩條三相感應電動機的特性曲線而得，同時忽略了磁場是同時加在電動機上的事實。

如果將電源輸入一個被迫逆轉的三相電動機，電動機中的轉子電流將會非常高 (見圖 9-9a)。同時，因為轉子的頻率也非常高，這將使轉子電抗比電阻大很多。由於轉子電抗非常大，轉子電流將落後電壓大約 90°，同時產生一個落後於定子磁場 180° 的磁場 (見圖 9-10)。電動機中的感應轉矩是正比於兩個磁場相差角度的正弦函數值，而 180° 的正弦函數值是一個非常小的數。除非特別高的轉子電流造成磁場角度的位移 (見圖 9-9b)，電動機的轉矩將會非常小。

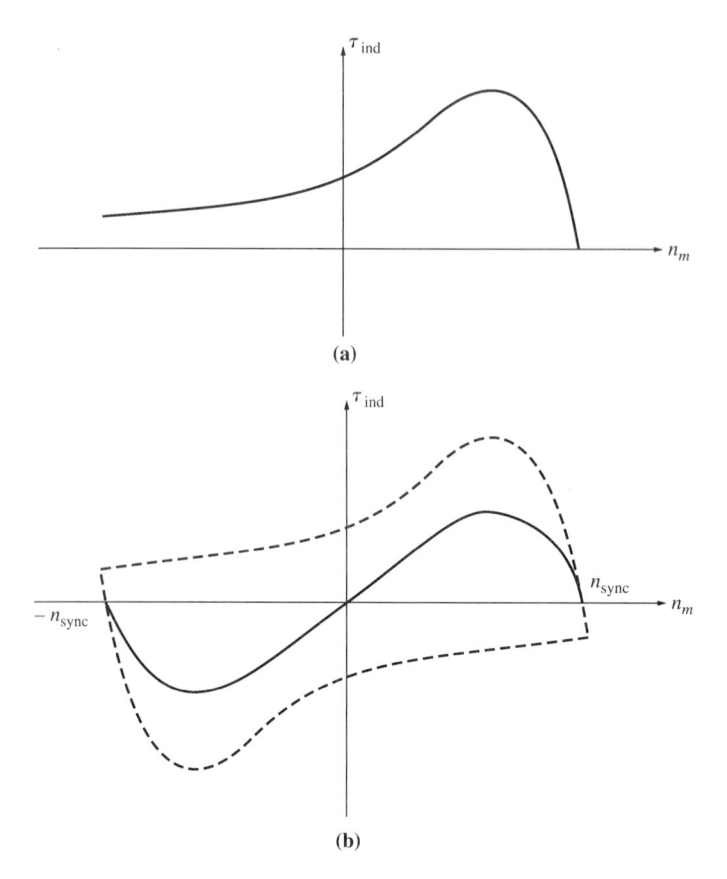

圖 9-8 (a) 三相感應電動機的轉矩-速度特性曲線。(b) 兩個同大小但反向的定子旋轉磁場產生的轉矩-速度特性曲線。

另一方面，在單相感應電動機中，順向和逆向的磁場均是由同一個電流所產生。電動機中順向及逆向的磁場均構成定子電壓的一部分，而且等效上可看成是串聯的。由於兩個磁場均存在，正向旋轉磁場 (有很高的等效轉子電阻 R_2/s) 將限制電動機的定子電流 (此電流會同時產生正向及反向的磁場)。由於供應反向定子磁場的電流會被限制在一個小的值，且由於反向磁場與正向磁場中有很大的角度差，因此在同步轉速附近，由反向磁場產生的轉矩非常小。圖 9-11 所示為單相感應電動機較精確的轉矩特性曲線。

圖 9-11 所示只是單相感應電動機的平均淨轉矩，除此之外，電動機中上有兩倍定子頻率的轉矩脈動。這些轉矩脈動的成因乃是因為在每週期中正向與反向磁場會互相交會兩次。這些脈動轉矩並不會產生平均轉矩，但它們會造成電動機的振動，這也是單相感應電動機較同大小的三相感應電動機噪音大的原因。由於輸入電動機的功率總是脈動的形式，這些轉矩脈動不可能消除，所以電動機設計者必須使電動機的機械結構能承受這些脈動。

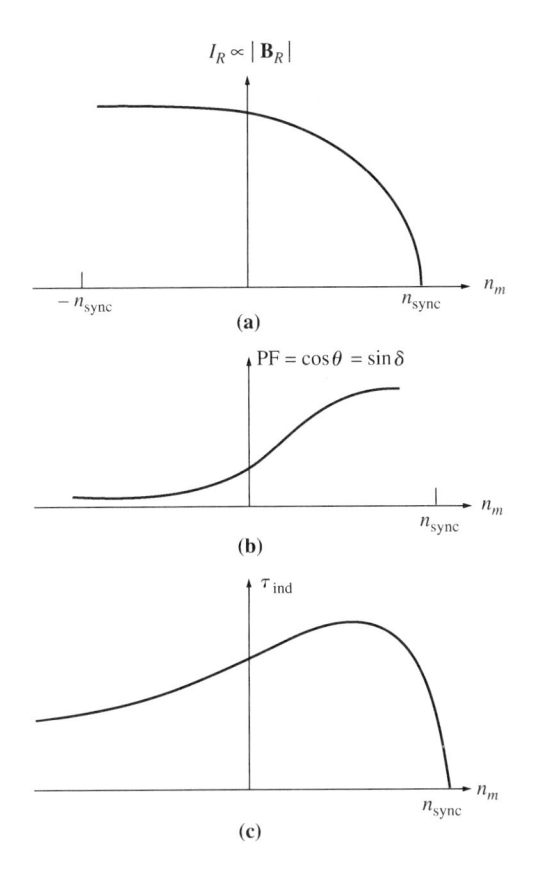

圖 9-9 三向感應電動機的轉矩-速度特性曲線正比於轉子磁場強度及兩磁場間角度的正弦值。當轉子反轉，I_R 及 I_S 會非常高，但磁場間角度也會非常大，此一角度將抑制電動機的感應轉矩。

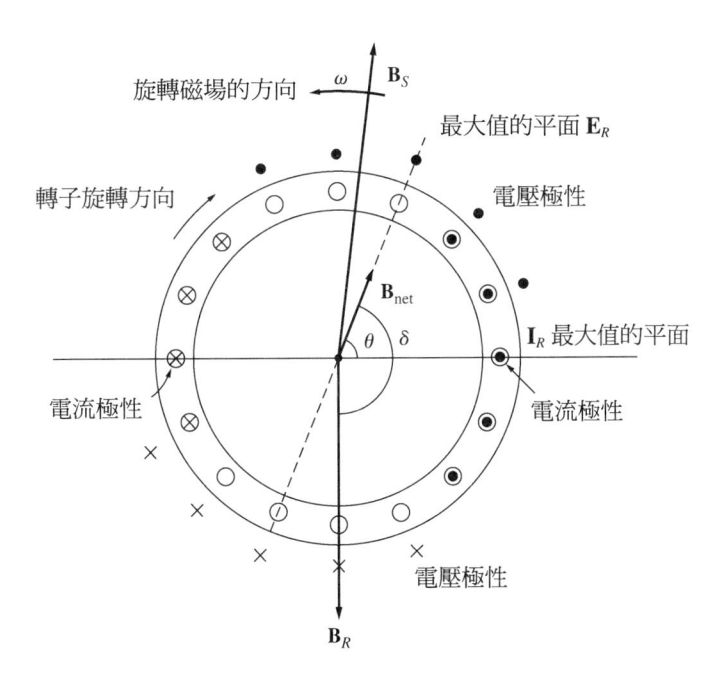

圖 9-10 當電動機轉子被強迫反轉，B_R 與 B_S 間的角度趨近 180°。

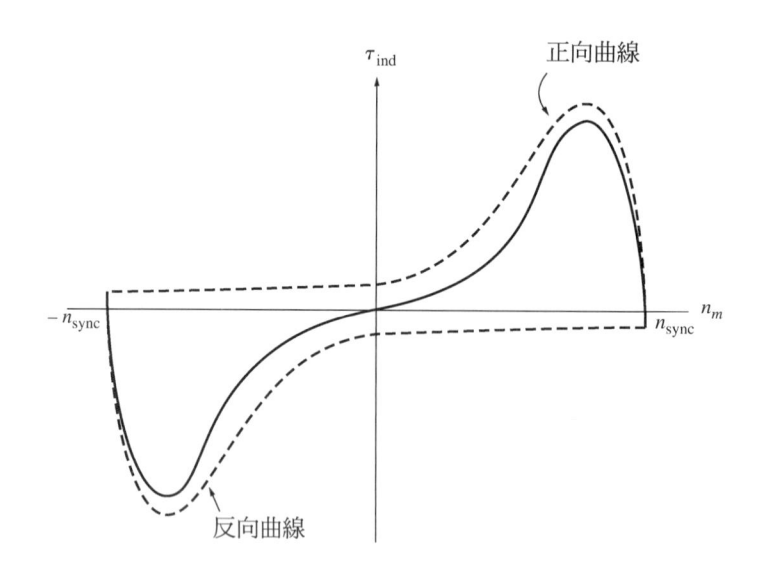

圖 9-11 單向電動機的轉矩-速度特性曲線。此圖將反向旋轉磁場的電流限制考慮進來。

單相感應電動機的交磁理論

單相感應電動機的交磁理論，以另一種完全不同的觀點來探討單相感應電動機。本理論主要考慮當轉子轉動時，定子磁場將會在轉子導體上感應出電壓及電流。

考慮一個已經以某種方法使得轉子開始轉動的單相感應電動機，如圖 9-12a 所示，轉子的導體上將感應出電壓，而電壓的峯值將出現在轉子線圈在定子線圈的正下方時。轉子電壓會使得轉子中有電流流動，由於轉子上的極大電抗，電流將落後電壓約 90°。而由於轉子的轉速接近同步速度，轉子電流的 90° 落後將造成峯值電流與峯值電壓間的 90° 相角差。產生的轉子磁場如圖 9-12b 所示。

由於轉子上的損失，轉子磁場會比定子磁場略小且在空間與時間上均與定子磁場相差 90°。如果在不同的時間將此二磁場加入，將可得到一個逆時針方向旋轉的磁場 (見圖 9-13)。若電動機中有如此的一個旋轉磁場，單相感應電動機將產生一個同方向的淨轉矩，此一轉矩將使得電動機持續轉動。

若電動機原先是順時針轉動的，產生的淨轉矩將是順時針方向，同時會使得電動機持續轉動。

9.3 單相感應電動機的啟動

如前節所述，單相感應電動機沒有自生的啟動轉矩。一般有三種方法可用來啟動一單相感應電動機，同時單相感應電動機也依此來分類。這三種方法在價格上及所能產生的啟

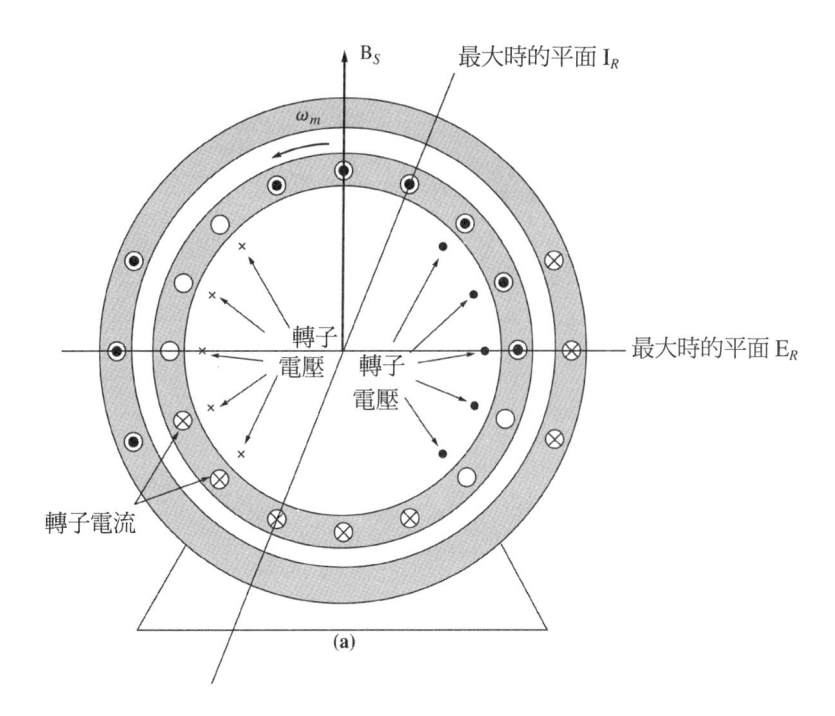

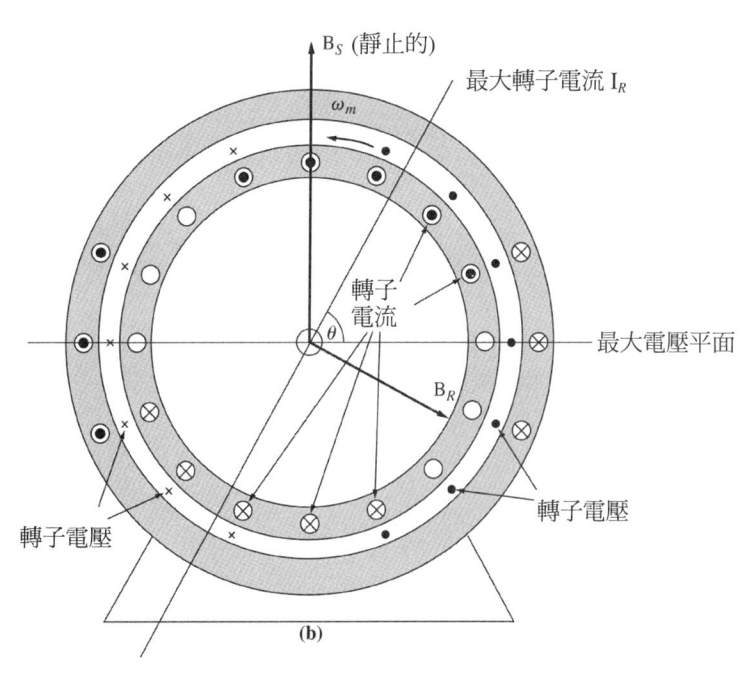

第九章 單相及特殊用途電動機 555

圖 9-12 (a) 以交磁理論解釋之單向感應電動機中的感應轉矩。如果定子磁場是脈動的，它將會依圖上的標示在轉子導體上感應電壓。無論如何，轉子電流落後於轉子電壓幾乎 90°。而若轉子是轉動的，轉子電流的峯值將會落後於電壓一個角度。(b) 此一轉子電流將產生落後定子旋轉磁場一個角度的轉子旋轉磁場。

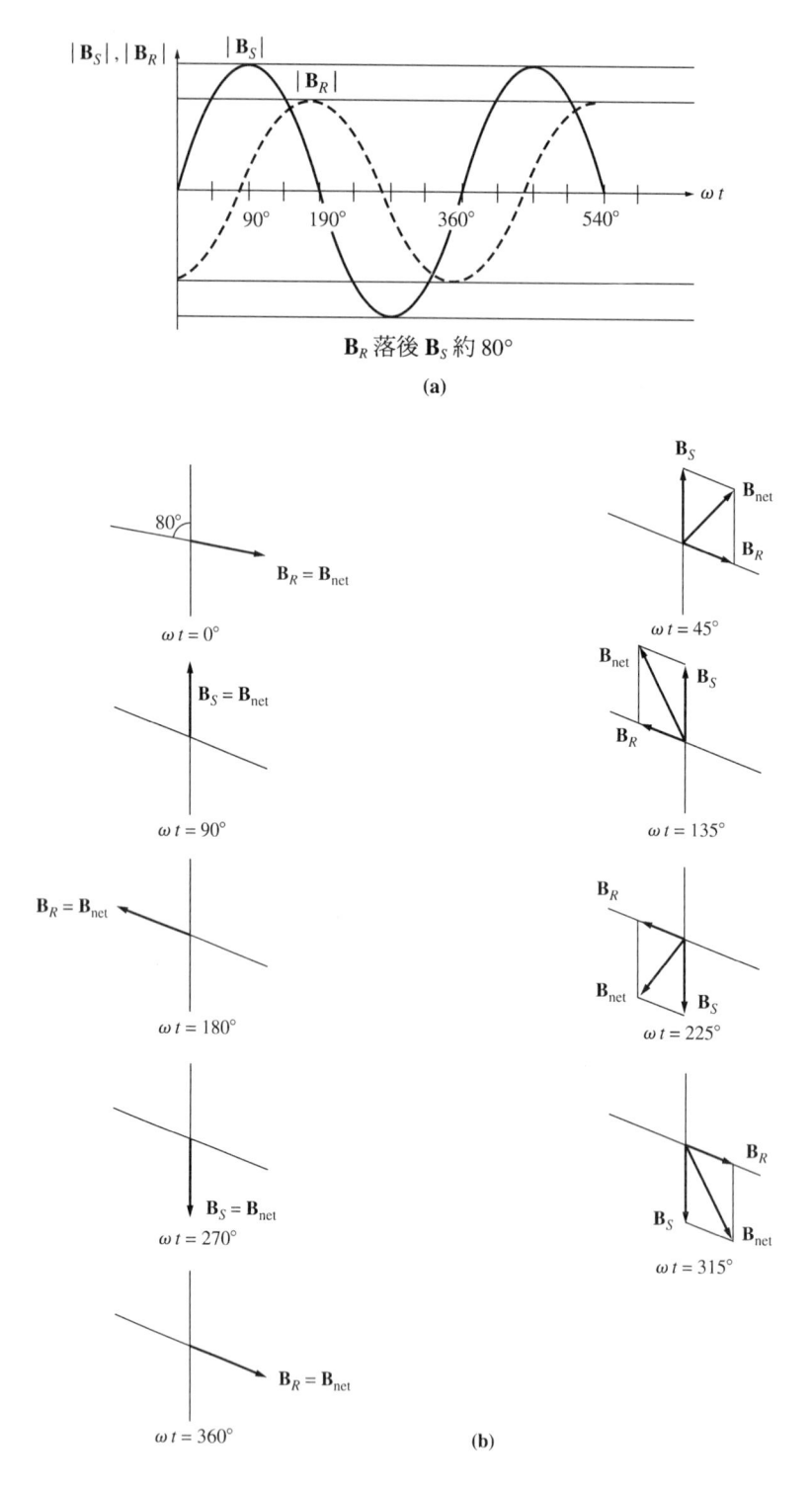

圖 9-13　(a) 旋轉磁場的大小對時間的函數。(b) 不同時間下轉子與定子磁場之向量和，此圖顯示淨磁場是反轉的。

動轉矩上均有所不同。工程師們通常選用能產生足夠啟動轉矩的最便宜的方法。這三種啟動方法依序為：

1. 分相繞組法
2. 電容啟動繞組
3. 蔽極啟動法

上述的三種方法均是使電動機中的兩個旋轉磁場的大小不同，從而使得電動機順著某方向啟動。

分相繞組法

分相繞組法是在單相感應電動機中裝置兩組繞組，一為主繞組 (M)，而另一為輔助繞組 (A) (見圖 9-14)。這兩個繞組在電氣上相差 90°，輔助繞組將在電動機到達一預設之速度時，由離心開關切離。輔助繞組較主繞組有較高的電阻／電抗比，因此輔助繞組上的電流將會超前於主繞組電流。通常要得到較高 R/X 比，可在輔助繞組上使用較細的線。由於輔助繞組主要是用來啟動，並不須持續的承受滿載的電流，因此使用較細的線是可接受的。

由圖 9-15 可瞭解輔助繞組的功能。由於輔助繞組的電流超前於主繞組電流，因此輔助繞組的磁場峯值 B_A 亦會超前於主繞組的磁場峯值 B_M。由於 B_A 之峯值較 B_M 早產生，如此將產生一逆時針旋轉的淨磁場。換句話說，輔助繞組使得兩個反向旋轉的定子

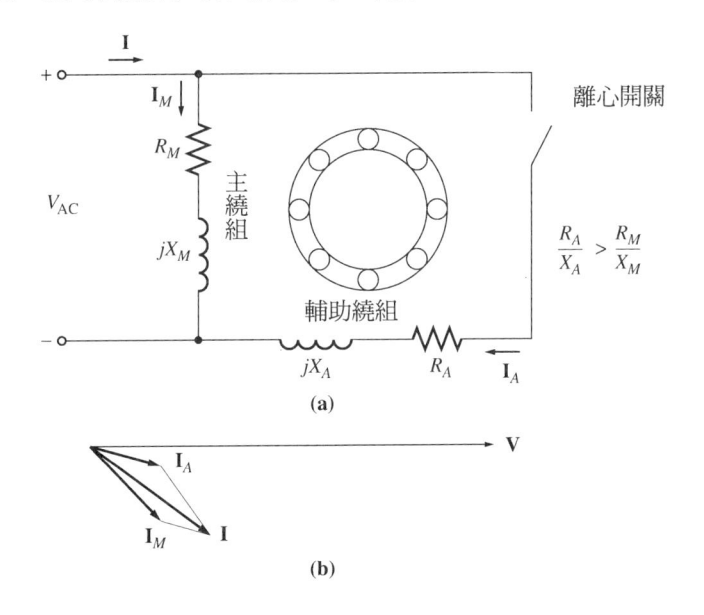

圖 **9-14** (a) 分相感應電動機。(b) 啟動時電動機中的電流。

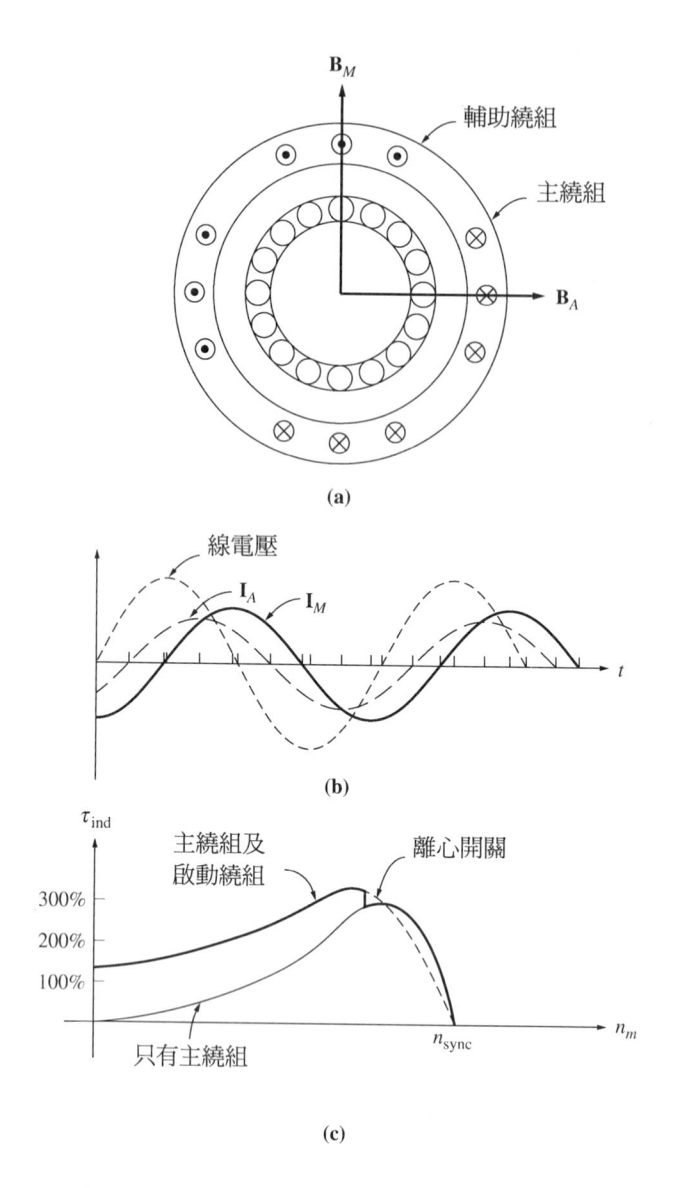

圖 9-15 (a) 主磁場和輔助磁場的關係。(b) 由於 $\mathbf{I}_A$ 之峯值超前於 $\mathbf{I}_M$，將有一個逆時針的淨旋轉磁場。所產生的轉矩-速度特性曲線如 (c) 所示。

磁場大小不相同，藉此在電動機中產生了淨啟動轉矩。典型的轉矩-速度特性曲線如圖 9-15c 所示。

分相電動機可在相當小的啟動電流下提供適當的啟動轉矩，因此這種電動機大部分應用在不需很高啟動轉矩的場合。諸如風扇、吹風機及離心式抽水機等。有許多分數馬力級的分相電動機可供使用，且並不昂貴。

在分相電動機中，輔助繞組的電流峯值超前於主繞組電流峯值，因此輔助繞組的磁場峯值亦會超前於主繞組的磁場峯值。電動機旋轉的方向取決於輔助繞組的磁場是超前於主繞組磁場 90° 或是落後於主繞組磁場 90°。由於將輔助繞組的端點交換即可使超前 90° 變成落後 90°。因此我們可以藉由固定主繞組的連接方式，並切換輔助繞組的連接點來改變電動機旋轉的方向。

電容啟動電動機

在某些應用場合中，分相電動機所提供的啟動轉矩並不足以啟動電動機上所連接的負載，這時便需要電容啟動電動機 (圖 9-16)。在電容啟動電動機中，電容與電動機中的輔助繞組串聯。適當的選擇電容的大小，可使得輔助繞組的磁動勢等於主繞組的磁動勢，且輔助繞組的電流超前主繞組 90°。當這兩個繞組在空間上相差 90° 時，電流的 90° 相角差將會產生一固定大小的定子旋轉磁場，而電動機將予以三相電源啟動之特性相同。在這種情況下，電動機的啟動轉矩將會達額定值的 300% 以上 (見圖 9-17)。

電容啟動電動機較分相電動機昂貴，故多用於需要較高啟動轉矩的場合，典型的應用為壓縮機、幫浦、冷氣機及其他需要高啟動轉矩的設備。

永久分相電容及電容啟動電容運轉電動機

由於啟動電容對電動機的轉矩-速度特性曲線有很大的改善，因此有時會將一小電容永久的留在電動機電路中。如果適當的選擇電容大小，電動機將與三相感應電動機相同，在某一特定的負載下有一完美的固定大小之旋轉磁場。以這個方式設計的電動機通常稱為永久分相電容電動機或電容啟動-運轉電動機 (圖 9-18)。由於永久分相電容電動機並不須開關來將輔助繞組切離，它將較電容啟動電動機構造簡單。在正常的負載情況下，永久分相電容電動機較傳統的單相感應電動機較有效率，有更高的功因及更平滑的轉矩曲線。

無論如何，由於永久分相電容電動機的電容必須調整使得正常負載時主繞組與輔助繞組的電流達到平衡，因此其啟動轉矩將較電容啟動電動機為低。由於啟動電流比正常電流大很多，一個使得正常負載時電流平衡的電容，將導致啟動時電流的非常不平衡。

如果同時需要高啟動轉矩及良好的運轉狀況，有時必須在輔助繞組上使用兩個電容器。裝置兩個電容的電動機通常稱為電容啟動電容運轉電動機或雙值電容電動機 (見圖 9-19)。較大的電容用於啟動，可以保證啟動時主繞組電流及輔助繞組電流的大略平衡及提供非常高的啟動轉矩。當電動機運轉至某一特定速度時，離心開關打開，輔助繞組上只剩下一較小的永久電容，此一電容足以使得正常負載下的電流平衡同時使得電動機可以較有效率的提供高轉矩及高功因。永久電容大約是啟動電容的 10% 至 20% 大小。

同樣地，我們可以以改變輔助繞組連接的方式來改變電動機的旋轉方向。

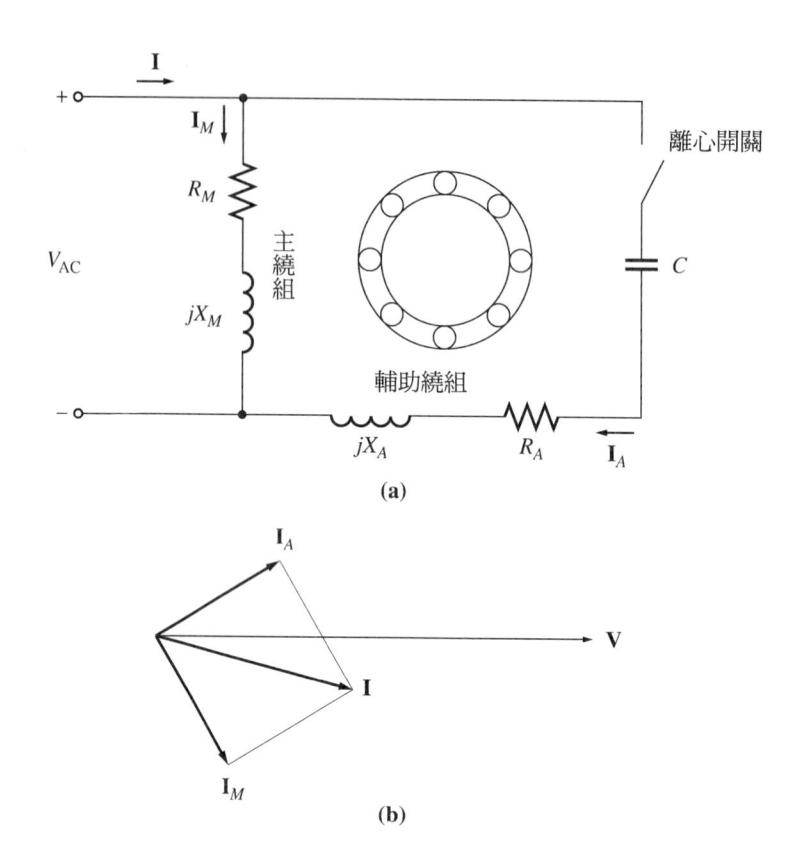

圖 9-16 (a) 電容啟動感應電動機。(b) 啟動時電動機中的電流角。

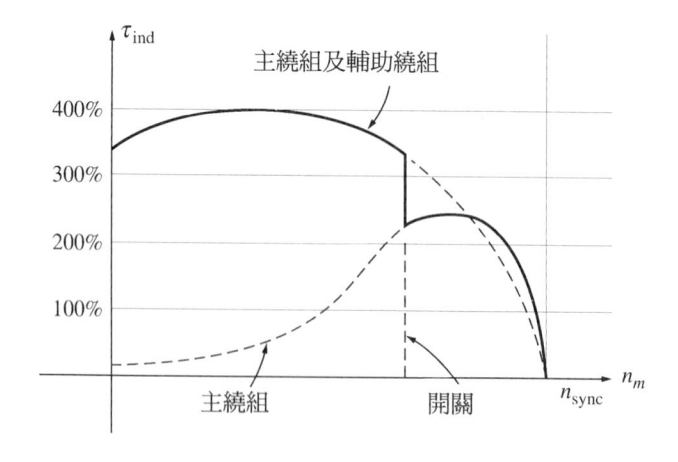

圖 9-17 電容啟動感應電動機的轉矩-速度特性曲線。

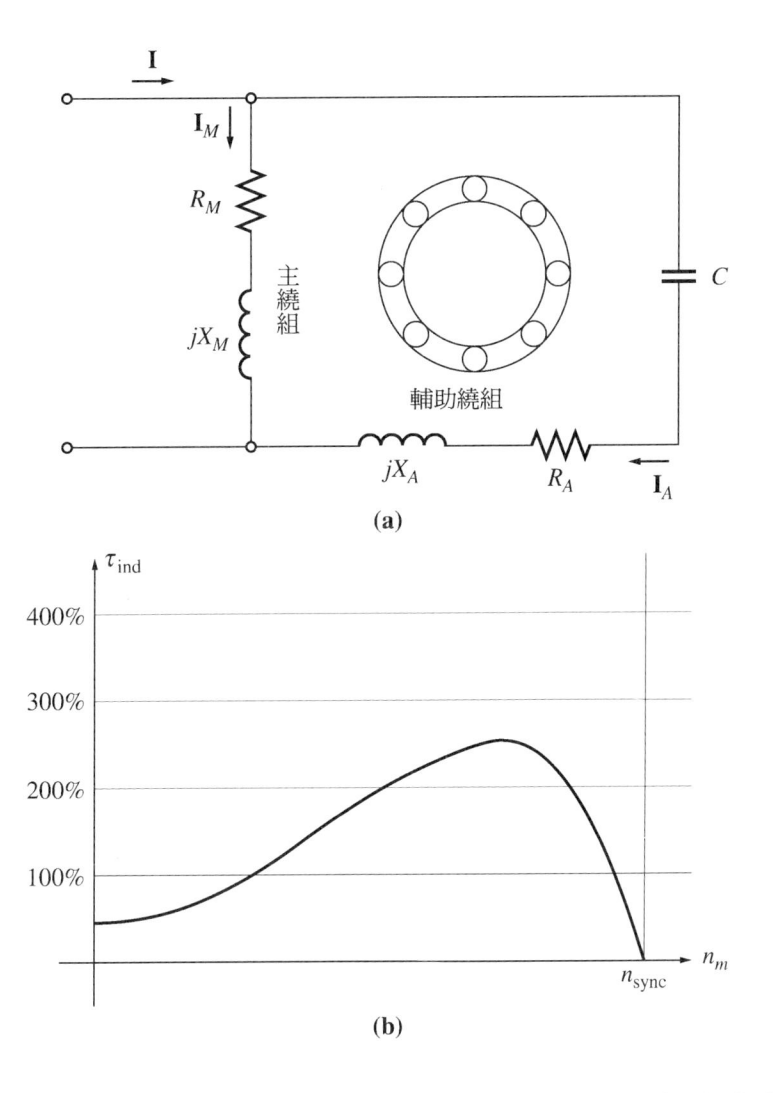

圖 9-18　(a) 永久電容分相電動機。(b) 此一電動機之轉矩-速度特性曲線。

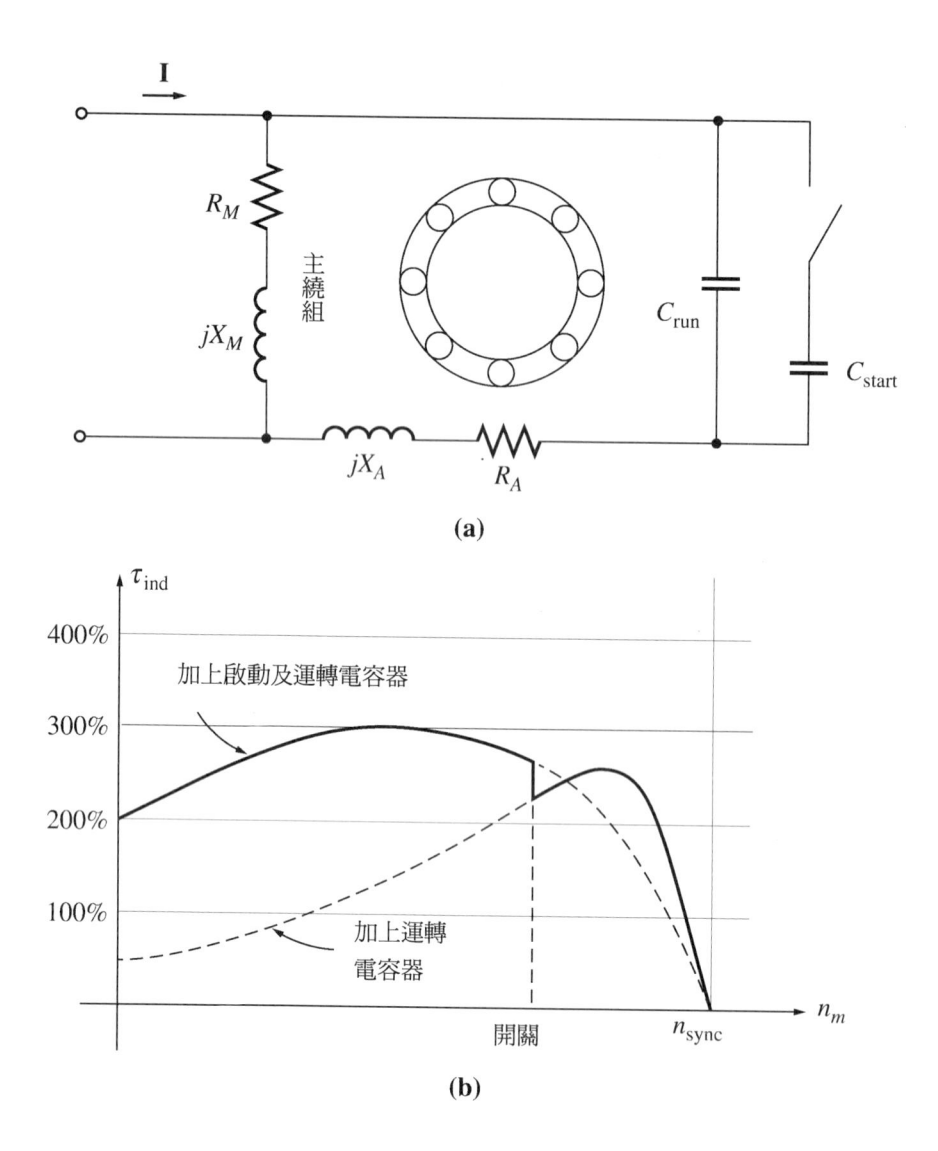

圖 9-19　(a) 電容啟動，電容運轉電動機。(b) 此一電動機之轉矩-速度特性曲線。

蔽極電動機

蔽極電動機是只有主繞組的感應電動機。它並沒有輔助繞組，但相對地蔽極電動機在主磁極上有凸極，且凸極上繞有短路線圈，稱為蔽極線圈 (shading coil) (見圖 9-20a)。主繞組將在磁極上產生時變的磁通，當磁通改變時，蔽極線圈上將感應出一電壓電流，以反抗磁通之變化，這種反抗現象導致主磁通變化遲緩，繼而造成兩反向旋轉磁場輕微不平衡。這將造成一淨旋轉磁場，淨轉動方向乃是由主磁極上沒有蔽極線圈的一邊到有蔽極線圈的一邊。蔽極電動機之轉矩-速度特性曲線如圖 9-20b 所示。

蔽極電動機的啟動轉矩較其他單相電動機啟動方式為小。同時蔽極電動機啟動法之效率較低且轉差率也較高。因此此一方法通常只用於非常小 (小於 1/20 hp) 且只須非常小啟動轉矩的場合。但在上述的場合下，蔽極電動機是最便宜的選擇。

因為蔽極電動機僅能靠蔽極線圈來產生啟動轉矩，因此要反轉此一型電動機是不可能的，唯一可使蔽極電動機反轉的方法必須在主磁極上裝兩個蔽極線圈，並選擇性的將其中的一線圈短路。

各種單相感應電動機的比較

下列為根據啟動和運轉特性的優劣，依序列出最好到最差的單相感應電動機：

1. 電容啟動，電容運轉電動機 (雙值電容電動機)
2. 電容啟動電動機
3. 永久分相電容電動機
4. 分相電動機
5. 蔽極電動機

通常特性最好的電動機，其價錢也最高，特性最差者其價格則最便宜。同時，針對不同的電動機大小及需求所適用的啟動方式亦不同。工程師必須針對所需應用的場合選擇較便宜且適合的電動機以供使用。

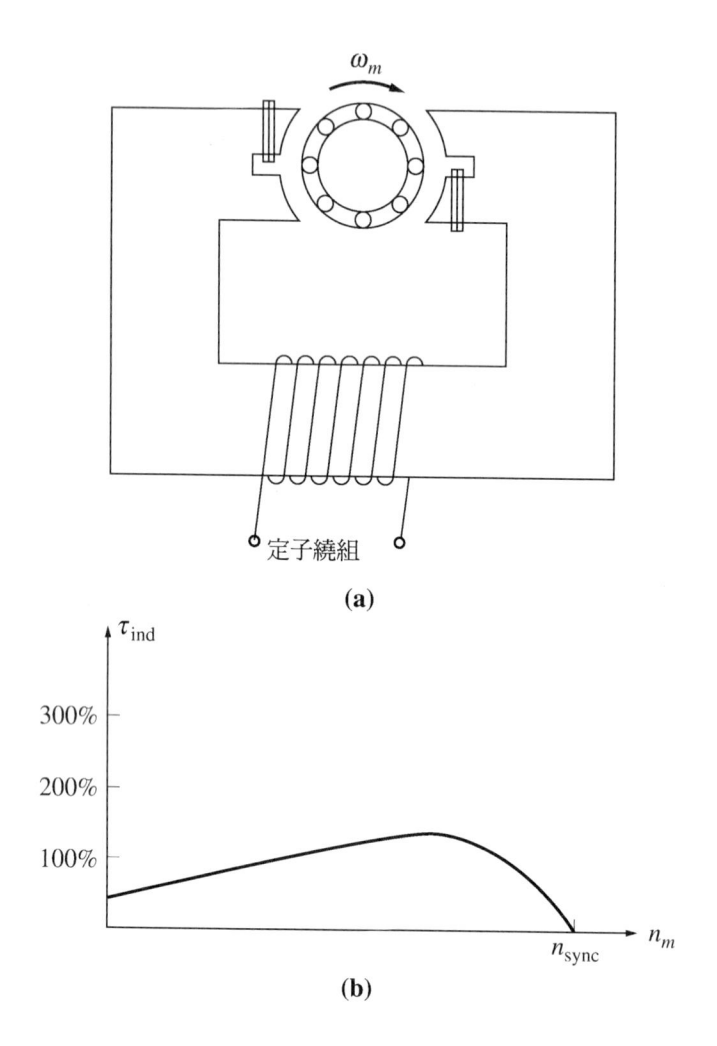

圖 9-20 (a) 蔽極感應電動機。(b) 此一電動機之轉矩-速度特性曲線。

9.4 單相感應電動機之速度控制

通常單相感應電動機的速度控制方法與多相感應電動機所用者相同。對於鼠籠式轉子的電動機而言，可用的有下列三種控速方法：

1. 改變定子頻率
2. 改變極數
3. 改變外加電壓 V_T

在實際的應用上，對高轉差率的電動機通常使用改變外加電壓大小的方法來控速，而改變外加電壓的大小有下列三種：

1. 使用自耦變壓器可以連續的調整輸入電動機的線電壓，此一方法的價格最高，因此通常只在電動機須非常平滑的速度控制時才使用。
2. 使用固態控制器電路以交流相位控制的方法，來減低輸入的均方根值電壓。固態控制電路較自耦變壓器便宜許多，因此此一方法愈來愈普遍。
3. 在電動機之定子電路上插入電阻，以降低電動機端電壓，此一方法最便宜。但因電阻上將消耗功率，整個的運轉效率將會變低。

另一種使用於諸如蔽極電動機等高轉差率電動機的技巧是，並不額外的外加一自耦變壓器，而直接將定子繞組當成自耦變壓器使用。圖 9-21 為此法的一種組態，可以看到圖中的主繞組上有數個分接頭，由於主繞組是繞在鐵心上的線圈，此種接法將使主繞組可以視同為一自耦變壓器。

當額定的電壓加在主繞組上時，感應電機操作在正常的工作狀態下，設想此時將電壓加在分接頭──即繞組的中間接頭上，線圈的上半部將感應出一同樣的電壓。也就是說等效上施於主繞組上的電壓將加倍。

同理，將電壓施於小段的分接頭上將使整個主繞組上之電壓變得更高，也就是說，在給定的相同負載下此時的轉速將變得更高(見圖 9-22)。

上述的方法常用於電風扇或吹風機上，由於此法僅須在定子繞組上拉出分接頭及使用一個普通的開關，因此十分的便宜，同時此法亦有避免外接自耦變壓器之功率損失的優點。

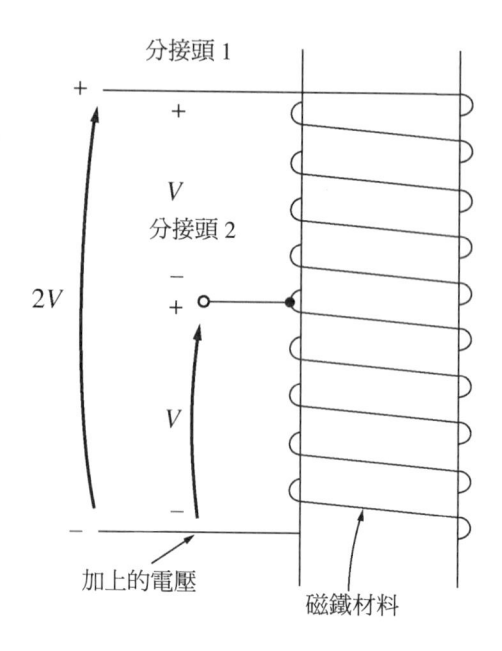

圖 9-21 將定子繞組當成自耦變壓器使用。如果將電壓 V 施於中心分接頭，整個繞組上的電壓將為 2 V。

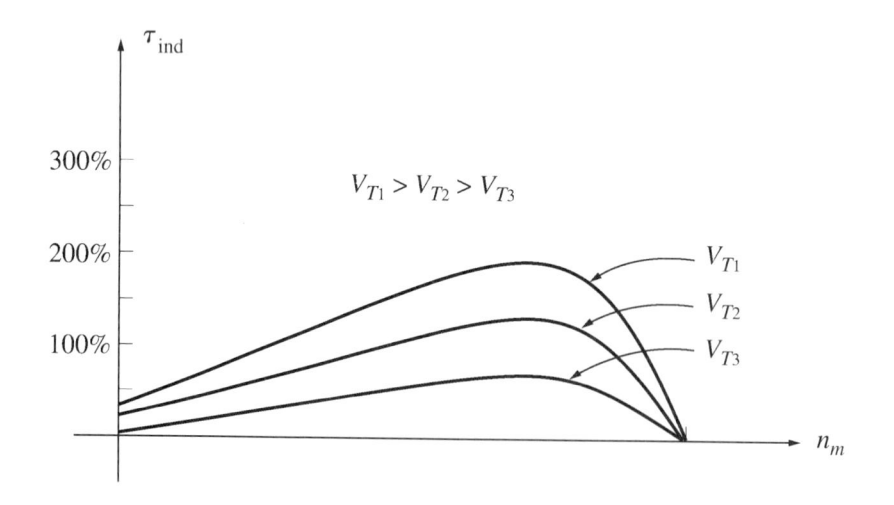

圖 9-22 當端電壓改變時之轉矩-速度特性曲線。直接增高電壓或切換至較低的分接頭均可以將端電壓等效升高。

9.5 單相感應電動機之電路模型

如前所述,單相感應電動機的感應轉矩之產生,可以雙旋轉磁場理論或單相感應電機之交磁理論來解釋。這兩種理論均可導出單相感應電動機的等效電路,藉此得出轉矩-速度特性曲線。

本節主要是以雙旋轉磁場理論來導出電動機的等效電路,更嚴謹的說,本節只探討了雙旋轉磁場理論的某一個特例下所導出的等效電路。我們將探討單相感應電動機中只有主繞組時的等效電路。要分析同時具有主繞組及輔助繞組的單相感應電動機需要對稱成分此一技巧,而本書並沒有包含此一技巧的討論,因此我們將不探討同時具有主繞組及輔助繞組的單相感應電機的情況。若須更詳盡的關於單相感應電機的探討,請參閱參考文獻 4。

要探討單相感應電動機,最好的方法就是由它靜止的狀態來開始分析。當電動機靜止時,它就像是一個二次側短路的單相變壓器,因此其等效電路將如圖 9-23a 所示,與變壓器的等效電路相同。在圖 9-23a 中,R_1 與 X_1 為定子線圈之電阻及電抗,X_M 為磁化電抗,R_2 與 X_2 則為轉子線圈之電阻及電抗。電動機的鐵損將與機械損及雜散損失合併成電動機之旋轉損,而沒有表示在圖中。

回憶前節所述,電動機在靜止時氣隙中之脈動磁通可以分成兩個同大小但反向旋轉的磁場。由於這兩個磁場的大小相同,他們在轉子電路上的電阻及電抗上所產生的壓降亦會相等。我們可以將轉子分成兩個部分藉以表示出兩個磁場的影響。這樣的分析下之電動機等效電路如圖 9-23b 所示。

現在假設電動機藉輔助繞組而開始轉動,並在電動機達到轉速甚高時將輔助繞組切離。如第八章所述,轉子上的有效電阻將與定子旋轉磁場與轉子旋轉磁場間的相對移動有關。而單相感應電機中有兩個旋轉磁場,且兩個磁場的相對移動量並不相同。

對正向的磁場而言,轉子旋轉的速度及正向旋轉磁場速度的標么差即為轉差率 s,此一轉差率的定義與三相感應電動機中所定義之轉差率相同。因此,在此部分的轉子電阻將變成 $0.5R_2/s$。

正相旋轉磁場的旋轉速度是 n_{sync},反相旋轉磁場的旋轉速度為 $-n_{\text{sync}}$。也就是說,正向旋轉磁場速度及反向旋轉磁場速度的標么差為2。由於轉子是以低於正向旋轉磁場一個轉差率的速度旋轉,因此轉子旋轉速度與反向旋轉磁場速度的標么差為 $2-s$。相對於此部分的轉子電阻將變成 $0.5R_2/(2-s)$。

最後我們可得到如圖 9-24 所示的等效電路圖。

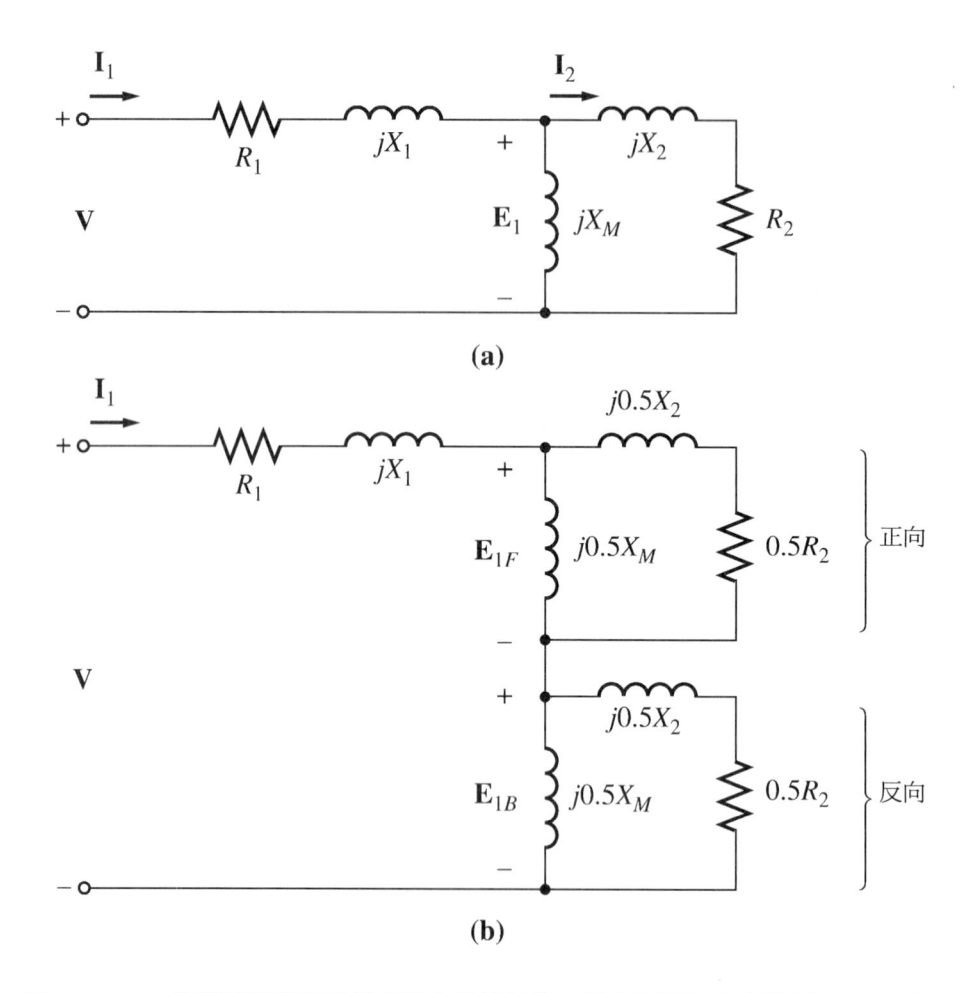

圖 9-23 (a) 單相感應電動機靜止時之等效電路。只有主繞組內有能量。(b) 正向及反向磁場效應分開之等效電路。

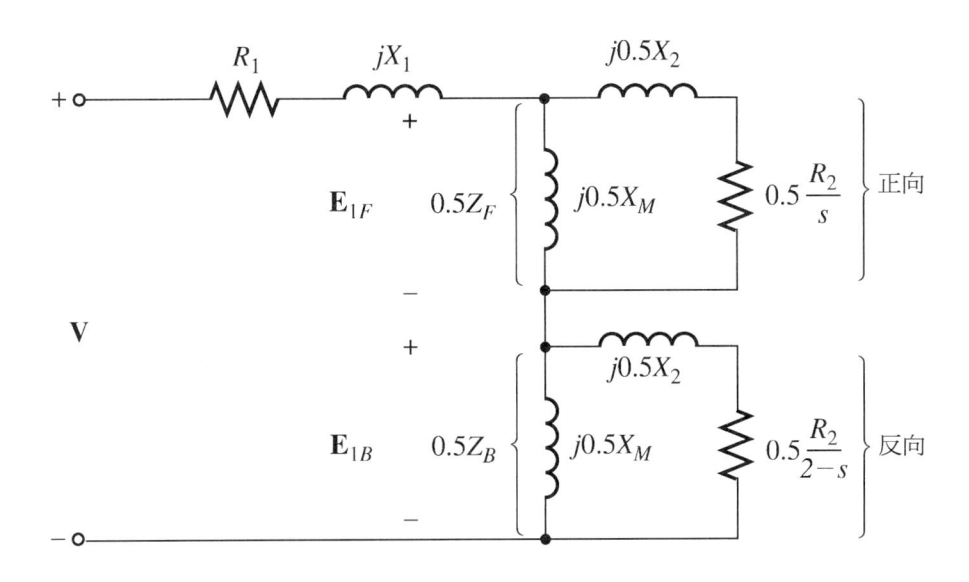

圖 9-24 單相感應電動機某一速度下之等效電路。只有主繞組內有能量。

單相感應電動機等效電路之電路分析

除了模型中同時有正向及反向的成分之外，圖 9-24 所示的單相感應電動機等效電路模型與三相感應電機之等效電路模型幾乎相同。可以應用至三相感應電動機之轉矩及功率的關係式亦可應用在單相感應電動機的正向及反向成分上，而單向感應電動機的淨轉矩則為正向成分與反向成分的差值。

圖 9-25 為可供參考的單向感應電動機之功率流向圖。

為了要使輸入電動機的電流之計算變得簡單些，我們定義了兩個阻抗，Z_F 及 Z_B，其中 Z_F 為相對於正向旋轉磁場所有阻抗之等效阻抗，Z_B 則為相對於反向旋轉磁場所有阻抗之等效阻抗 (見圖 9-26)。這兩個阻抗可以由下式獲得

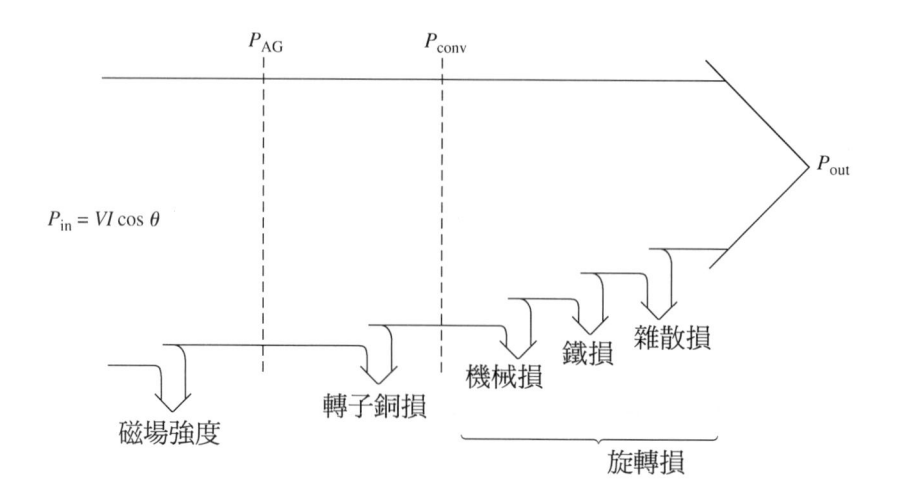

圖 9-25 單相感應電動機的功率潮流圖。

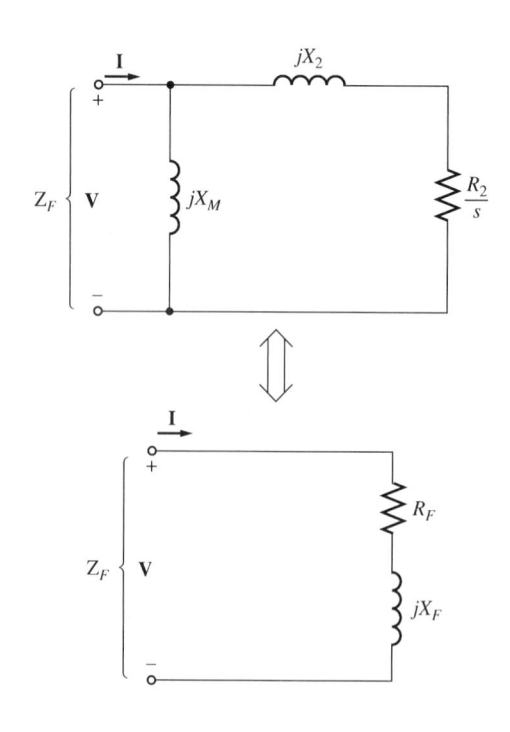

圖 9-26 串聯的 R_F 及 jX_F 為正向電路之戴維寧等效電路，也就是說 R_F 必須消耗與 R_2/s 一樣多的能量。

$$Z_F = R_F + jX_F = \frac{(R_2/s + jX_2)(jX_M)}{(R_2/s + jX_2) + jX_M} \tag{9-5}$$

$$Z_B = R_B + jX_B = \frac{[R_2/(2-s) + jX_2](jX_M)}{[R_2/(2-s) + jX_2] + jX_M} \tag{9-6}$$

使用 Z_F 及 Z_B,流入電動機定子線圈的電流變成

$$\mathbf{I}_1 = \frac{\mathbf{V}}{R_1 + jX_1 + 0.5Z_F + 0.5Z_B} \tag{9-7}$$

對三相感應電動機而言,每相的氣隙功率即為消耗在轉子電阻 $0.5R_2/s$ 上之功率。依此類推,正向旋轉磁場在單相感應電動機中所產生之氣隙功率為消耗於正向成分轉子電阻 $0.5R_2/s$ 上的功率,而反向旋轉磁場在單相感應電動機中所產生之氣隙功率則為消耗於反向成分轉子電阻 $0.5R_2/(2-s)$ 上的功率。因此,電動機的氣隙功率可由正向電阻 $0.5R_2/s$ 所產生的功率,反向電阻 $0.5R_2/(2-s)$ 的功率,以及上述兩者之差值計算出來。

在上述的計算中,最難的部分應是在計算分別流入兩個轉子電阻的電流大小。幸運地,我們可以作一些簡化而使計算變得可能。首先注意到等效阻抗 Z_F 中只含有一個電阻 R_2/s。由於 Z_F 是原來電路的等效阻抗,因此 Z_F 上所消耗的功率即為原電路所消耗的功率,又因為 Z_F 中只含有一個電阻,因此電阻 R_2/s 上的消耗功率即為 Z_F 上所消耗的功率。因此,正向旋轉磁場上產生的氣隙功率可表示成

$$P_{\text{AG},F} = I_1^2(0.5\,R_F) \tag{9-8}$$

同樣的,反向旋轉磁場上產生的氣隙功率可表示成

$$P_{\text{AG},B} = I_1^2(0.5\,R_B) \tag{9-9}$$

上列兩式的優點在於只須計算出 I_1 便可同時計算出正向及反向的功率。

單相感應電動機中的總和氣隙功率為

$$P_{\text{AG}} = P_{\text{AG},F} - P_{\text{AG},B} \tag{9-10}$$

三相感應電動機中的感應轉矩可由下式獲得

$$\tau_{\text{ind}} = \frac{P_{\text{AG}}}{\omega_{\text{sync}}} \tag{9-11}$$

其中 P_{AG} 即為式 (9-10) 中所定義的淨氣隙功率。

轉子銅損可由正向旋轉磁場產生的轉子銅損與反向旋轉磁場產生的轉子銅損的和而求得

$$P_{RCL} = P_{RCL,F} + P_{RCL,B} \tag{9-12}$$

對三相感應電機而言，轉子銅損為轉差率乘以氣隙功率。相同地，單相感應電機的正向轉子銅損為

$$P_{RCL,F} = sP_{AG,F} \tag{9-13}$$

反向轉子銅損則為

$$P_{RCL,B} = sP_{AG,B} \tag{9-14}$$

雖然這兩項轉子損失式在不同的頻率下得到，轉子的總損失仍為此兩者之加總。

單相感應電動機中電功率所產生的機械功率將與三相感應電機中所導出的相同如 P_{conv}，以下式表示

$$P_{conv} = \tau_{ind}\omega_m \tag{9-15}$$

由於 $\omega_m = (1-s)\omega_{sync}$，上式可改寫成

$$P_{conv} = \tau_{ind}(1-s)\omega_m \tag{9-16}$$

由式 (9-11)，$P_{AG} = \tau_{ind}\omega_{sync}$，所以 P_{conv} 可以表示成

$$P_{conv} = (1-s)P_{AG} \tag{9-17}$$

如同三相應感電機中所討論的，主軸輸出功率並不等於 P_{conv}，兩者間還差了電機的旋轉損失。以單相感應電機而言，必須在 P_{conv} 中將鐵損、機械損及雜散損減掉以求得 P_{out}。

例題 9-1 一個 1/3 hp，110 V，60 Hz，六極，分相感應電動機之阻抗如下：

$$R_1 = 1.52 \,\Omega \qquad X_1 = 2.10 \,\Omega \qquad X_M = 58.2 \,\Omega$$
$$R_2 = 3.13 \,\Omega \qquad X_2 = 1.56 \,\Omega$$

此一電動機的鐵損為 35 W，摩擦、風損及雜散損為 16 W。電動機操作在額定電壓及頻率下，啟動繞組已切離，電動機的轉差率為 5%。依此情況求出下列的量：
(a) 以 rpm 表示的轉速
(b) 定子電流
(c) 定子功率因數

(d) 輸入功率 P_{in}

(e) 氣隙功率 P_{AG}

(f) 轉換功率 P_{conv}

(g) 感應轉矩 τ_{ind}

(h) 輸出功率 P_{out}

(i) 負載轉矩 τ_{load}

(j) 效率

解：當轉差率為 5% 時的正向及反向阻抗為

$$Z_F = R_F + jX_F = \frac{(R_2/s + jX_2)(jX_M)}{(R_2/s + jX_2) + jX_M} \tag{9-5}$$

$$= \frac{(3.13 \ \Omega/0.05 + j1.56 \ \Omega)(j58.2 \ \Omega)}{(3.13 \ \Omega/0.05 + j1.56 \ \Omega) + j58.2 \ \Omega}$$

$$= \frac{(62.6\angle 1.43° \ \Omega)(j58.2 \ \Omega)}{(62.6 \ \Omega + j1.56 \ \Omega) + j58.2 \ \Omega}$$

$$= 39.9\angle 50.5° \ \Omega = 25.4 + j30.7 \ \Omega$$

$$Z_B = R_B + jX_B = \frac{[R_2/(2-s) + jX_2](jX_M)}{[R_2/(2-s) + jX_2] + jX_M} \tag{9-6}$$

$$= \frac{(3.13 \ \Omega/1.95 + j1.56 \ \Omega)(j58.2 \ \Omega)}{(3.13 \ \Omega/1.95 + j1.56 \ \Omega) + j58.2 \ \Omega}$$

$$= \frac{(2.24\angle 44.2° \ \Omega)(j58.2 \ \Omega)}{(1.61 \ \Omega + j1.56 \ \Omega) + j58.2 \ \Omega}$$

$$= 2.18\angle 45.9° \ \Omega = 1.51 + j1.56 \ \Omega$$

以下的值可利用來求電動機中之電流、功率及轉矩：

(a) 電動機的同步轉速

$$n_{sync} = \frac{120 f_{se}}{P} = \frac{120(60 \text{ Hz})}{6 \text{ pole}} = 1200 \text{ r/min}$$

由於電動機操作於轉差率為 5%，電動機的機械轉速為

$$n_m = (1-s)n_{sync}$$

$$n_m = (1-0.05)(1200 \text{ r/min}) = 1140 \text{ r/min}$$

(b) 電動機中的定子電流為

$$\mathbf{I}_1 = \frac{\mathbf{V}}{R_1 + jX_1 + 0.5Z_F + 0.5Z_B} \tag{9-7}$$

$$= \frac{110\angle 0° \text{ V}}{1.52 \ \Omega + j2.10 \ \Omega + 0.5(25.4 \ \Omega + j30.7 \ \Omega) + 0.5(1.51 \ \Omega + j1.56 \ \Omega)}$$

$$= \frac{110\angle 0° \text{ V}}{14.98 \ \Omega + j18.23 \ \Omega} = \frac{110\angle 0° \text{ V}}{23.6\angle 50.6° \ \Omega} = 4.66\angle -50.6° \text{ A}$$

(c) 電動機中定子之功率因數為

$$PF = \cos(-50.6°) = 0.635 \quad 落後$$

(d) 電動機的輸入功率為

$$P_{in} = VI \cos\theta$$
$$= (110 \text{ V})(4.66 \text{ A})(0.635) = 325 \text{ W}$$

(e) 正向氣隙功率為

$$P_{AG,F} = I_1^2(0.5\ R_F) \tag{9-8}$$
$$= (4.66 \text{ A})^2(12.7\ \Omega) = 275.8 \text{ W}$$

反向氣隙功率為

$$P_{AG,B} = I_1^2(0.5\ R_B) \tag{9-9}$$
$$= (4.66 \text{ A})2(0.755 \text{ V}) = 16.4 \text{ W}$$

總和氣隙功率為

$$P_{AG} = P_{AG,F} - P_{AG,B} \tag{9-10}$$
$$= 275.8 \text{ W} - 16.4 \text{ W} = 259.4 \text{ W}$$

(f) 轉換成的機械功率為

$$P_{conv} = (1-s)\ P_{AG} \tag{9-17}$$
$$= (1-0.05)(259.4 \text{ W}) = 246 \text{ W}$$

(g) 電動機中的感應轉矩為

$$\tau_{ind} = \frac{P_{AG}}{\omega_{sync}} \tag{9-11}$$

$$= \frac{259.4 \text{ W}}{(1200 \text{ r/min})(1 \text{ min}/60 \text{ s})(2\pi \text{ rad/r})} = 2.06 \text{ N}\cdot\text{m}$$

(h) 輸出功率為

$$P_{out} = P_{conv} - P_{rot} = P_{conv} - P_{core} - P_{mech} - P_{stray}$$
$$= 246 \text{ W} - 35 \text{ W} - 16 \text{ W} = 195 \text{ W}$$

(i) 電動機的負載轉矩為

$$\tau_{load} = \frac{P_{out}}{\omega_m}$$

$$= \frac{195 \text{ W}}{(1140 \text{ r/min})(1 \text{ min}/60 \text{ s})(2\pi \text{ rad/r})} = 1.63 \text{ N}\cdot\text{m}$$

(j) 最後，電動機的效率為

$$\eta = \frac{P_{\text{out}}}{P_{\text{in}}} \times 100\% = \frac{195 \text{ W}}{325 \text{ W}} \times 100\% = 60\%$$

9.6 其他形式的電動機

磁阻電動機及磁滯電動機這兩種其他形式的電動機通常用於特殊的應用場合。這兩種電動機的轉子結構與前節所述的電動機不同，定子設計則相同。如同感應電動機，此二種電動機也有單相及三相的差別。第三種本節要介紹的電動機則為步進電動機，與前述兩者不同的是，步進電動機須多相定子，但並不須三相的電源供應。最後要討論的是無刷直流電動機，是由直流電源供應來運轉。

磁阻電動機

所謂*磁阻電動機* (reluctance motor) 是靠磁阻轉矩來運轉的電動機，而磁阻轉矩是由外部磁場在鐵製物體上的感應轉矩，此一轉矩企圖使物體與外部磁場連成一直線。磁阻轉矩的發生是由於外部磁場在鐵製物體內感應出內部磁場，此二磁場的交互作用將產生出扭轉物體使其與外部磁長成一直線的轉矩，此即即為磁阻轉矩。為了要能在物體中產生磁阻轉矩，在相對於外部磁場相鄰兩極間角度的軸上必須加長。

圖 9-27 為一簡單的兩極磁阻電動機之架構。可以看出施於轉子上之轉矩正比於 sin 2δ，其中 δ 代表定子及轉子磁場間的長度。也就是說，電動機中的最大磁阻轉矩將發生

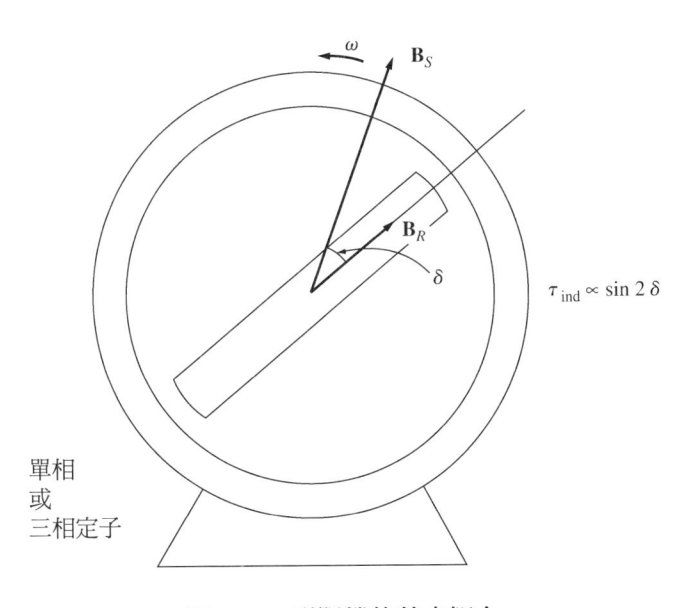

圖 9-27 磁阻機的基本概念。

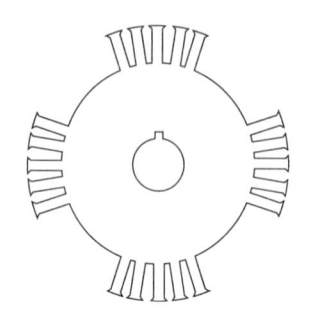

圖 9-28 「同步感應電動機」或「自啟動磁阻機」的轉子設計。

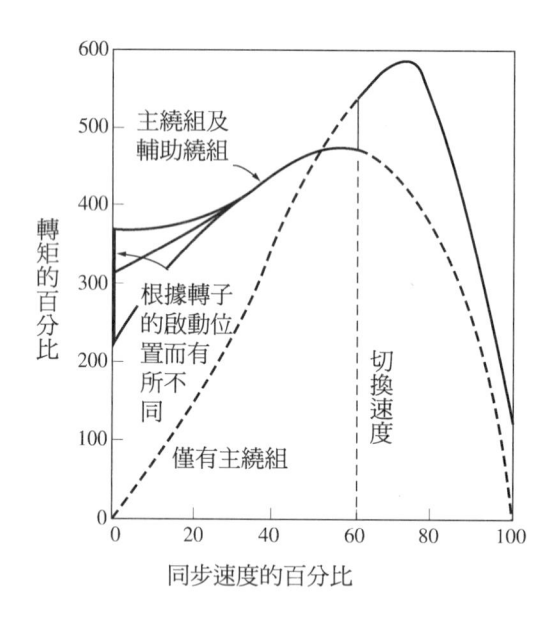

圖 9-29 單相自啟動磁阻電動機之轉矩-速度特性曲線。

於定子與轉子磁場相差 45° 時。

如圖 9-27 所示的磁阻電動機是同步電動機 (synchronous motor) 的一型，在不超過脫出轉矩的情況下，轉子將一直鎖住定子磁場而運轉於同步速度。跟同步電動機一樣，這樣的電動機並沒有啟動轉矩而無法自行啟動。

若我們將感應機的轉子改成圖 9-28 所示的形狀，則可以作出可自行啟動的磁阻電動機 (self-starting reluctance motor)，此一電動機在不超過最大磁阻轉矩時會保持在同步運轉。圖中的轉子包括了磁阻電動機穩態操作所需的凸極及啟動所需的鼠籠或阻尼繞組。此種電動機可以有單相或三相的定子。圖 9-29 為這個所謂的同步感應電動機 (synchronous induction motor) 的轉矩-速度特性曲線。

磁阻電動機的另一種有趣的變形為 Synchrospeed 電動機，此種電動機是美國

MagneTek公司所做的。這種電動機利用「磁導」來增加相鄰極面之間的耦合進而增加電動機的最大磁阻轉矩。利用磁導，最大磁阻轉矩將增加至原額定的 150%，相較於原磁阻電動機的 100% 為高。

磁滯電動機

另一種利用磁滯現象來產生轉矩的特殊電動機稱為磁滯電動機，此種電動機的轉子是磁性材料所製成的平滑圓柱，且其表面沒有任何的槽齒或繞組。此種電動機的定子可以是單相或三相的，若定子量是單相的形式，則必須加入輔助繞組及永久電容以提供平滑的磁場，否則將大大的增加電動機的損失。

圖 9-30 所示為磁滯電動機的操作情形。當三相的電源(或單相電源並使用輔助繞組)加在電動機的定子上時，電動機中將產生旋轉磁場。這些旋轉磁場會將磁性材料磁化並在其中感應出磁極。

當電動機操作在低於同步轉速時，電動機中將有兩種轉矩來源，但大部分的轉矩是由磁滯產生。當定子的磁場掃過轉子表面時，轉子的磁通因轉子本身材料的磁滯損失的關係將無法準確的追隨定子磁場。轉子本身材料的磁滯損失愈大，轉子磁通落後於定子磁通的角度便愈大。由於定子磁通與轉子磁通間會有角度差，電動機中將感應出有限的轉矩。除此之外，定子磁場會在轉子中產生渦流電流，這些渦流電流會產生自己的磁場進而增加轉子上感應出的轉矩。當轉子磁場與定子磁場間的相對運動愈大，所產生的渦流電流及渦流電流轉矩也會愈大。

當電動機達到同步速度時，定子磁場與轉子間不再有相對運動，此時轉子有如一永久磁鐵，電動機的轉矩就隨著兩磁場間的角度而增，直到達一最大的角度為止。

磁滯電動機的轉矩-速度特性曲線如圖 9-31 所示。由於任一特定轉子的磁滯現象只與定子磁通密度及材料有關，因此在由零至同步速度的轉速下電動機中的磁滯轉矩幾乎保持一定值。而渦流電流轉矩則大約與轉差率成正比。這兩個事實構成了磁滯電動機的轉矩-速度特性曲線的大略外型。

由於磁滯電動機在低速時的轉矩較其同步轉速時的轉矩高，因此在磁滯電動機可以對正常運轉時的任意負載加速。

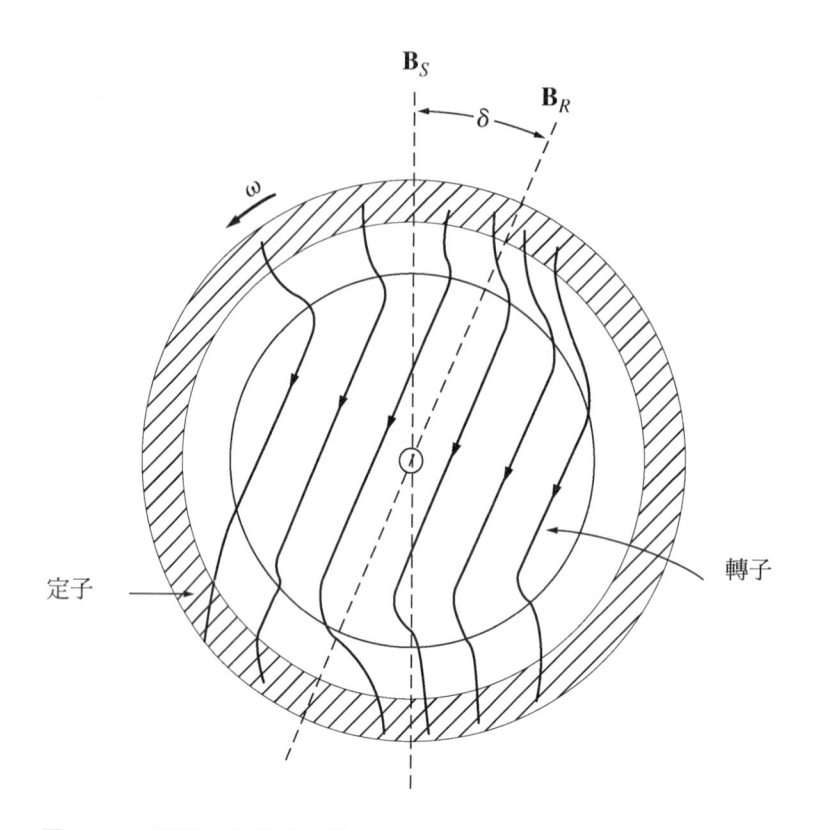

圖 9-30 磁滯電動機的結構。電動機轉矩的主要成分正比與定子磁場與轉子磁場間的角度。

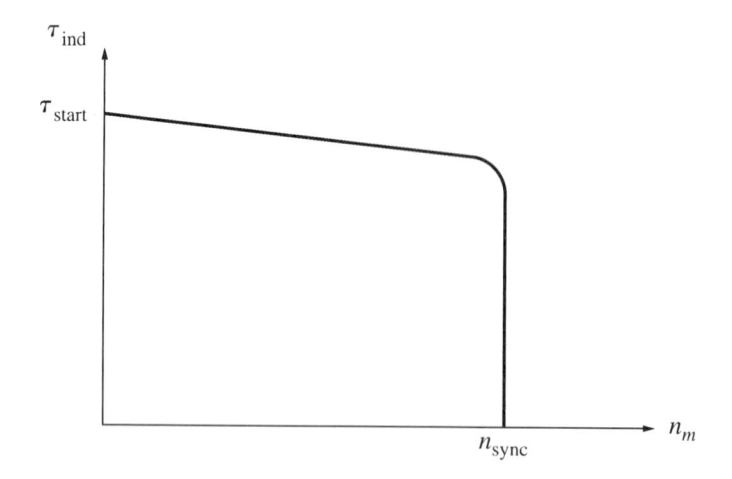

圖 9-31 電動機的轉矩-速度特性曲線。

將蔽極電動機的定子結構加入非常小的磁滯電動機中可做出非常小的自行啟動低功率的同步電動機。通常此種電動機是用來驅動電鐘內的機械結構，此一電鐘將與電動機的電源頻率有相同的準確度。

步進電動機

步進電動機 (stepper motor) 是設計成當接受控制單元的一個信號脈衝時便前進固定角度的同步電動機，通常一個脈衝將使電動機前進 7.5° 或 15°。此類的電動機多用於控制系統中，因為電動機的主軸或其他機械結構可以被很準確的控制。

圖 9-32 所示為一簡單的步進電動機及其相關的控制單元。圖 9-33 則用來解釋步進電動機的操作。圖中可看到此一電動機有兩極三相的定子及永久磁鐵式的轉子。當 a 相加上電壓而 b 相及 c 相不加電壓時，由圖 9-33b 可以看到轉子上將產生一轉矩以使轉子與定子磁場 $\mathbf{B}_S$ 成一直線。

現在假設將加在 a 相上的電壓除去並在 c 相上加一負的電壓，對原來的定子磁場而言，新的定子磁場轉了 60° 同時轉子也轉了 60°。繼續此種形式，我們將可建出一個表示出輸入定子的電壓及轉子位置間相互關係的表。當控制單元的脈衝產生的定子電壓如表 9-1 所示的順序時，步進電動機將隨著每一個脈衝而前進 60°。

當增加步進電動機的極數時，每一步所前進的度數將可減少。由式 (3-31) 可看出機械角度、極數及電角度間的關係為

$$\theta_m = \frac{2}{P} \theta_e \tag{9-18}$$

由於以表 9-1 而言，每一步前進 60°，當極數增加時每一步前進的機械角度將減少。例如，當極數變成八極時，電動機主軸每一次前進的角度將變成 15°。

表 9-1 兩極步進電動機中之轉子位置與電壓的關係

輸入脈波數	相電壓 a	相電壓 b	相電壓 c	轉子位置
1	V	0	0	0°
2	0	0	$-V$	60°
3	0	V	0	120°
4	$-V$	0	0	180°
5	0	0	V	240°
6	0	$-V$	0	300°

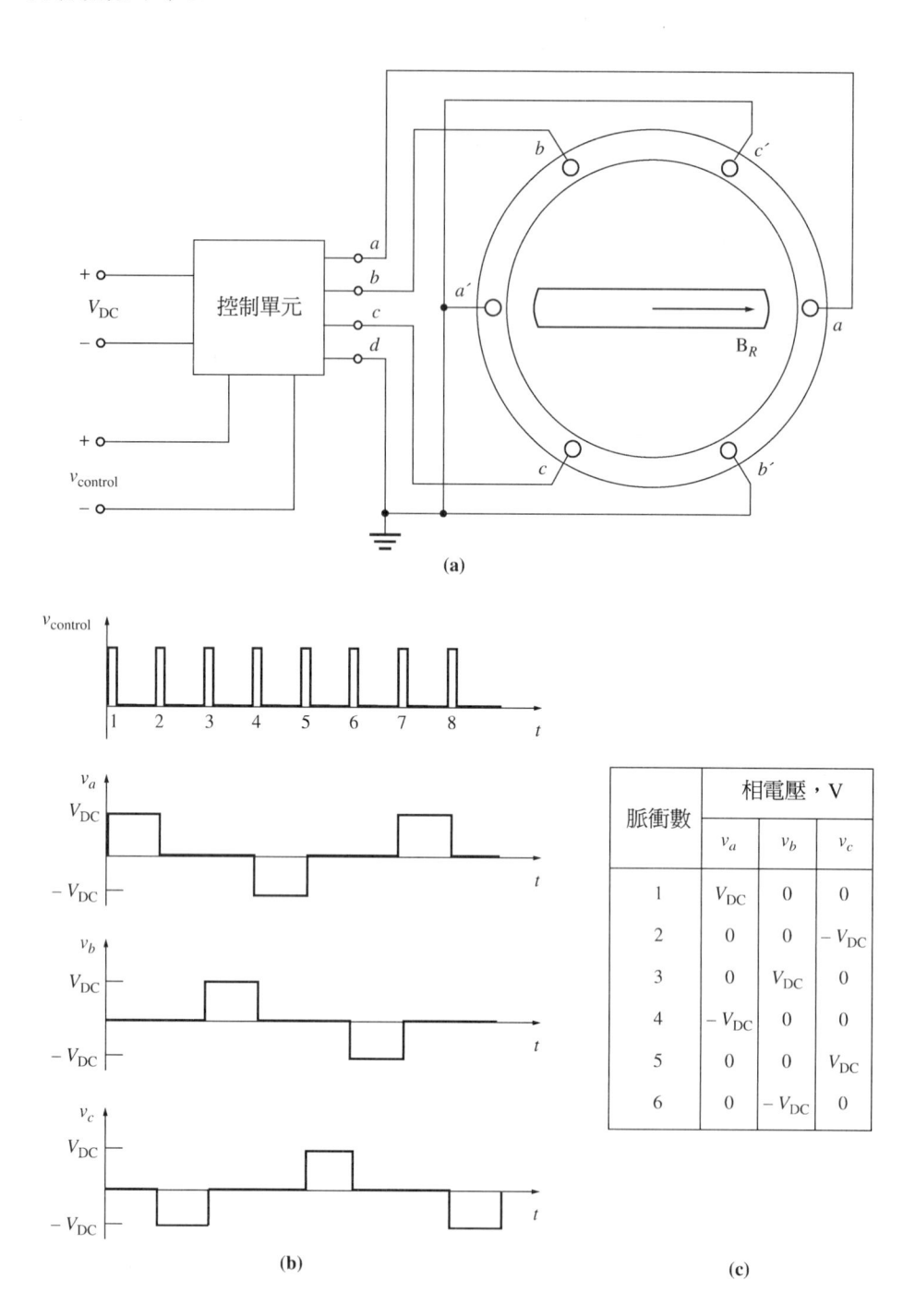

圖 9-32 (a) 簡單的三相步進電動機及其控制單元。控制單元的輸入為一直流電源及一連串的脈衝。(b) 當一連串的脈衝控制信號輸入時，控制單元的輸出電壓。(c) 脈衝數與控制單元輸出電壓的關係表。

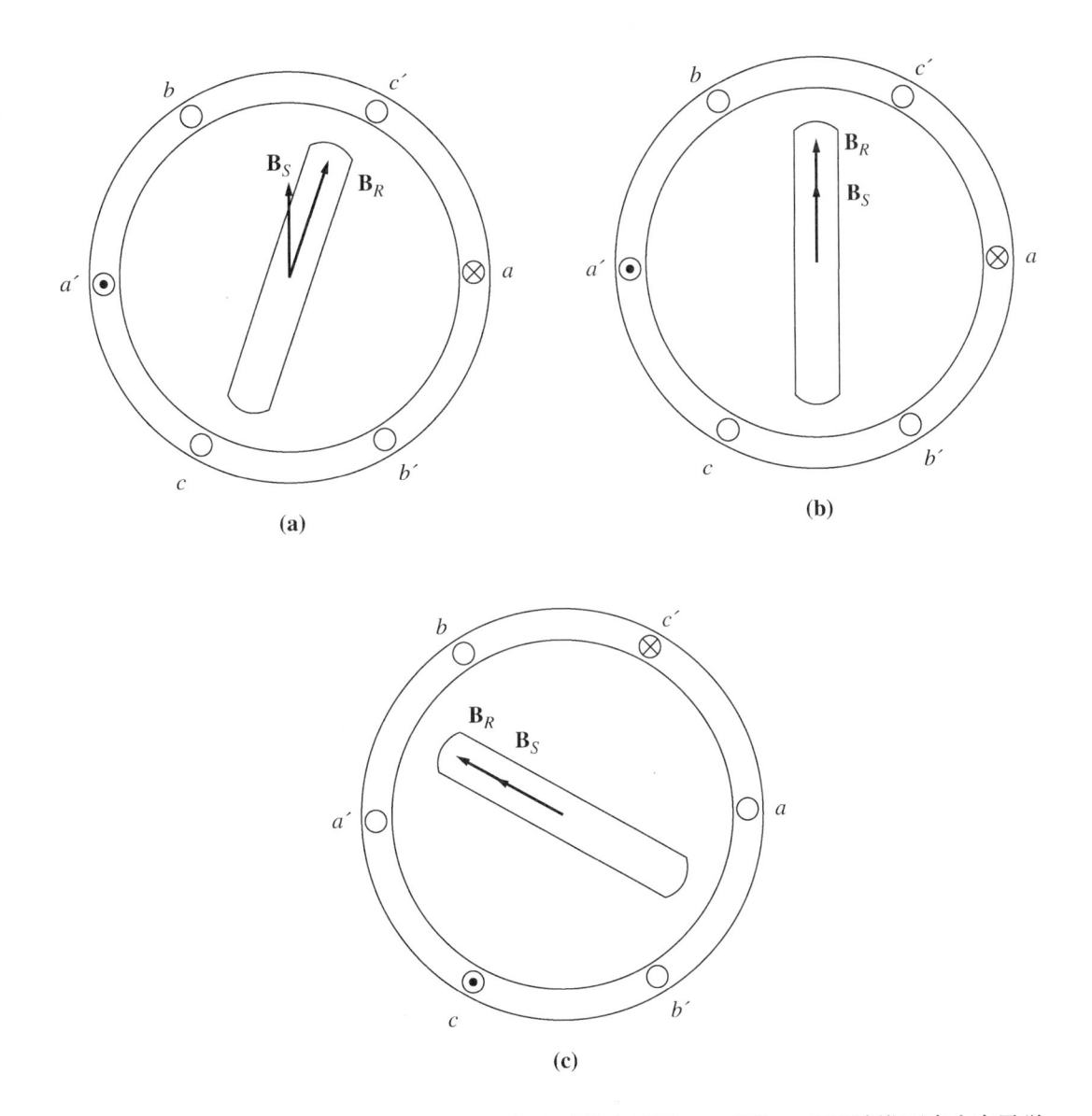

圖 9-33 步進電動機的操作。(a) 在 a 相的定子輸入電壓 V，產生 a 相電流進而產生定子磁場 $\mathbf{B}_S$。$\mathbf{B}_R$ 與 $\mathbf{B}_S$ 之間的交互作用會產生轉子上的反向轉矩。(b) 當轉子磁場與定子磁場連成一直線後，淨轉矩降為零。(c) 在 c 相的定子輸入電壓 $-V$，產生 c 相電流進而產生定子磁場 $\mathbf{B}_S$。$\mathbf{B}_R$ 與 $\mathbf{B}_S$ 之間的交互作用會產生轉子上的反向轉矩。使轉子可以固定在新的位置上。

步進電動機的速度可以由式 (9-18) 及控制單元每單位時間輸入的脈衝數決定。式 (9-18) 決定了機械角度及電角度之間的關係，若對式子兩邊作微分，我們可以得到電動機中機械轉速及電轉速的關係：

$$\omega_m = \frac{2}{P}\omega_e \qquad \text{(9-19a)}$$

或

$$n_m = \frac{2}{P}n_e \qquad \text{(9-19b)}$$

由於電氣上每旋轉一圈將產生六個脈衝，電動機的轉速與每分鐘脈衝數的關係將變成

$$\boxed{n_m = \frac{1}{3P}n_{\text{pulses}}} \qquad \text{(9-20)}$$

其中 n_{pulses} 為每分鐘的脈衝數。

有兩種基本形式的步進電動機。以轉子的形式分類可分成永磁式及磁阻式。永磁式步進電動機的轉子是由永久磁鐵製成而磁阻式步進電動機的轉子是由鐵磁材料製成。通常而言，永磁式轉子的步進電動機產生的轉矩較大，因為它的轉子可同時提供永磁式轉子磁場及磁阻效應。

通常磁阻式步進電動機的定子均作成四相，而非前面所討論的三相。當定子變成四相時每次前進的角度變成 45°。如前提到的，磁阻電動機的轉矩與 sin 2δ 有關，因此當角度為 45° 時磁阻電動機的轉矩將為最大值。也因此，四相的磁阻式步進電動機將比三相的磁阻式步進電動機產生較大的轉矩。

式 (9-20) 可以做一些改變以適用於所有的步進電動機。通常而言，若我們以 N 代表定子的相數，則當電動機電氣上旋轉一圈時將產生 $2N$ 個脈衝。也就是說，式 (9-20) 可以改寫成

$$n_m = \frac{1}{NP}n_{\text{pulses}} \qquad \text{(9-21)}$$

步進電動機在控制系統及定位系統中相當有用，因為我們不須由電動機上回授任何信號便可以精確的知道步進電動機的轉速及位置。舉例而言，若有一控制系統送每分鐘 1200 個脈衝給圖 9-38 中所示的二極步進電動機，則此一電動機的速度將為

$$n_m = \frac{1}{3P}n_{\text{pulses}} \qquad \text{(9-20)}$$
$$= \frac{1}{3(2 \text{ poles})}(1200 \text{ pulses/min})$$
$$= 200 \text{ r/min}$$

另外，若是電動機主軸的初始位置已知的話，電腦可以經由計算送出的脈衝總數而計算出目前電動機的主軸位置。

例題 9-2 一個三相永磁式的步進電動機必須符合下列的要求以應用於一特殊的場合下,它的每一脈衝的移動角度必須為 7.5°,且它必須達到的轉速為 300 r/min,試問:
(a) 此一電動機須多少極?
(b) 當電動機速度必須是 300 r/min 時,控制單元所送出的脈衝數必須為何?

解:
(a) 對一個三相的步進電動機而言,每一個脈衝將使電動機前進電角度 60°。相對於所要求的機械角度。利用式 (9-18) 解 P 可得 P 為

$$P = 2\frac{\theta_e}{\theta_m} = 2\left(\frac{60°}{7.5°}\right) = 16 \text{ poles}$$

(b) 利用式 (9-21) 解 n_{pulses} 可得 n_{pulses} 為

$$\begin{aligned}n_{pulses} &= NPn_m \\ &= (3 \text{ phases})(16 \text{ poles})(300 \text{ r/min}) \\ &= 240 \text{ pulses/s}\end{aligned}$$

無刷直流馬達

傳統上直流馬達被用在有提供直流電源的應用上,如飛機與汽車上。然而,這些較小馬達有一些缺點,主要缺點為火花與碳刷磨損。小又快的直流馬達因太小而無法裝補償繞組與中間極,所以電樞反應與 $L\,di/dt$ 效應造成在換向器電刷上產生火花。另外,高的轉速增加碳刷磨損而需定期維修。若馬達需在低壓力環境 (如在高空飛機上) 中工作,則碳刷需在低於一個小時運轉後必須更換。

在某些應用上,對於碳刷必須定期維修是無法接受的。例如人工心臟內之直流馬達——定期維修需打開病人胸部。在其他應用上,碳刷上火花會造成爆炸危險,或無法接受的 RF 雜訊。在這些應用中,對於小又快的直流馬達之要求為高度可靠性、低雜訊與耐久。

在過去 25 年來,此種馬達藉著組合具有轉子感測器與固態電子切換電路之類似永磁式步進馬達已被發展成功。這種馬達稱為無刷直流馬達 (brushless dc motor),因為只需直流電源即可運轉,而不需換向器與電刷。圖 9-34 所示為一小的無刷直流馬達。轉子與永磁式步進馬達類似,但它無凸極。定子可分為三或更多相。

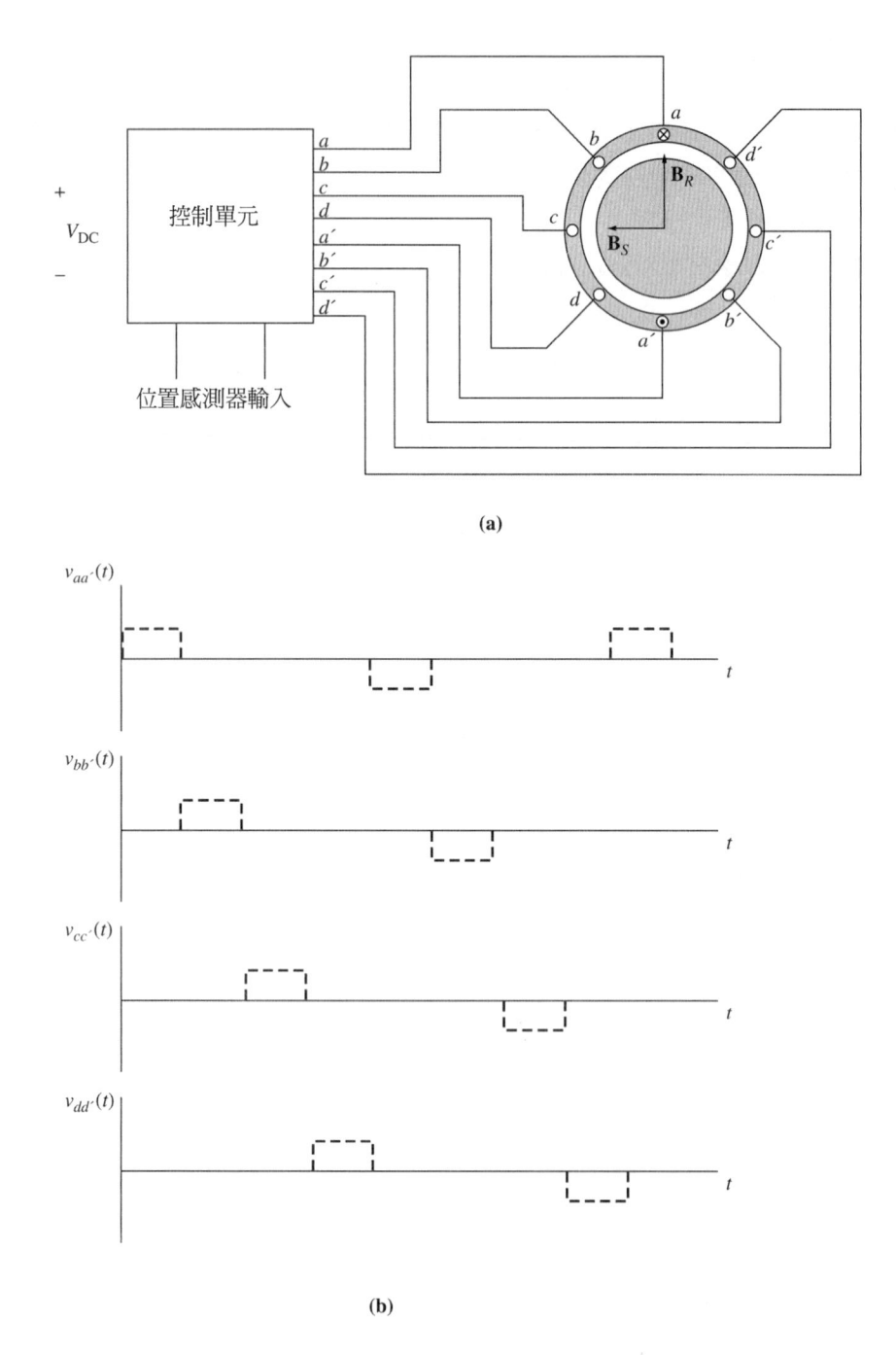

圖 9-34 (a) 簡單無刷直流馬達與它的控制單元。控制單元的輸入是由直流電源與比例於目前轉子位置之信號所組成。(b) 加到定子線圈之電壓。

構成無刷直流馬達之基本元件有：

1. 永磁式轉子
2. 三、四或多相繞組之定子
3. 轉子位置感測器
4. 控制轉子繞組相位之電子電路

無刷直流馬達功能是由以固定直流電壓激磁一定子線圈而來，當一線圈被激磁，定子會產生一磁場 $\mathbf{B}_S$，且轉子上所產生的轉矩為

$$\tau_{\text{ind}} = k\mathbf{B}_R \times \mathbf{B}_S$$

此轉矩使得轉子與定子磁場排成一列。在圖 9-34a 中，定子磁場 $\mathbf{B}_S$ 指向左方，而永磁式轉子磁場 $\mathbf{B}_R$ 指向上，結果在轉子上產生逆時針方向轉矩，使得轉子往左運動。

若線圈 a 一直被激磁，則轉子將轉動直到兩磁場排成一線為止，就像步進馬達一樣。無刷直流馬達運轉關鍵在於它有位置感測器 (position sensor)，所以控制電路知道何時轉子會與定子磁場成一線。在那時刻下，線圈 a 被消磁，而線圈 b 被激磁，使得轉子再產生逆時針方向轉矩，而繼續旋轉。若以 a、b、c、d、$-a$、$-b$、$-c$、$-d$ 等順序連續激磁這些線圈，則馬達將可連續運轉。

電子控制電路是用來控制馬達的速度與方向。此種設計為馬達接直流電源即可運轉，且其轉速與方向是完全可控的。

無刷直流馬達僅用於小容量外，最高為 20 W 左右，但在此應用範圍內有許多優點，包括：

1. 高效率
2. 壽命長且可靠度高
3. 少或不用維修
4. 相較於有碳刷直流馬達，其 RF 雜訊很少
5. 高轉速 (超過 50,000 r/min)

而其主要缺點為比有碳刷直流馬達昂貴。

9.7 總結

前幾章所提到的交流電動機均需三相的電源才能適當的運轉,但在住宅區或小型的商業區中卻只有單相的電源,因此這些電動機將無法正常的工作。於是本章討論了一系列可操作在單相電源上的電動機。

第一個討論的是萬用電動機,萬用電動機基本上是一個操作在交流電源下的串激直流電動機,其轉矩-速度特性曲線與串激直流電動機非常類似。萬用電動機有很高的輸出轉矩,但其速度調整率很差。

單相感應電動機沒有自生的啟動轉矩,但一旦開始轉動,它們的轉矩-速度特性曲線幾乎與相同大小的三相感應電動機一樣好。啟動則可以外加輔助繞組以產生與主繞組不同相位的電流或使用蔽極線圈來完成。

單相感應電動機的啟動轉矩與主繞組及輔助繞組電流間的相位差有關,當兩者間的相位差達到 90° 時,其轉矩亦達到最大值。由於分相電動機的主繞組及輔助繞組電流間的相位差較小,因此其啟動轉矩中等。電容啟動電動機的相角差幾乎達到 90°,因此其啟動轉矩較大。永久分相電容電動機因其容質較小的關係,其啟動轉矩介於上兩者之間。蔽極電動機則因其有效的相位差最小,故其啟動轉矩亦最小。

磁阻電動機及磁滯電動機則是兩種特殊用途的電動機,它們不須磁場繞組便能在同步速度下運轉,而且可以自行加速至同步速度。這兩種電動機單相及三相皆可使用。

步進電動機被用於當接受脈衝時便需前進一固定距離的場合。它們被大量的應用於定位式的控制系統。

除了具有位置感測器外,無刷直流馬達類似於有永磁轉子之步進馬達。位置感測器是用來當轉子與定子磁場快成一線時,切換被激磁的定子線圈用,藉由控制電路可使轉子於設定速度下旋轉。無刷直流馬達比一般直流馬達昂貴,但甚少維修且可靠度高,壽命長,與低 RF 雜訊。它們僅使用於小容量下 (20 W 以下)。

問 題

9-1 必須對串激直流電動機作那些改變才能使它操作於交流的電源下？

9-2 萬用電動機接於交流電源時的轉矩-速度特性曲線與同一電動機接於直流電源時的轉矩-速度特性曲線有何不同？

9-3 為何單相感應電動機若沒有使用輔助繞組則無法啟動？

9-4 單相感應電機如何建立啟動轉矩？(a) 以雙旋轉磁場理論說明。(b) 以交磁理論說明。

9-5 輔助繞組如何提供單相感應電動機啟動轉矩？

9-6 分相電動機中，如何使主繞組電流與輔助繞組電流間產生相角差？

9-7 電容啟動電動機中，如何使主繞組電流與輔助繞組電流間產生相角差？

9-8 對於相同大小的分相電動機及電容啟動電動機而言，其啟動轉矩有何差異？

9-9 如何使分相電動機或電容啟動電動機反轉？

9-10 蔽極電動機如何產生啟動轉矩？

9-11 磁阻電動機如何啟動？

9-12 磁阻電動機為何能操作於同步速度？

9-13 磁滯電動機如何產生啟動轉矩？

9-14 磁滯電動機如何產生同步轉矩？

9-15 解釋步進電動機的操作狀況？

9-16 永磁式步進電動機及磁阻式步進電動機的差異為何？

9-17 磁阻式步進電動機每相間的最佳間隔為何，為什麼？

9-18 與一般有刷直流馬達相比，無刷直流馬達之優缺點為何？

習 題

9-1 一部 120 V，1/4 hp，60 Hz，四極，分相感應電動機具有下列的阻抗：

$$R_1 = 2.00\ \Omega \qquad X_1 = 2.56\ \Omega \qquad X_M = 60.5\ \Omega$$
$$R_2 = 2.80\ \Omega \qquad X_2 = 2.56\ \Omega$$

當轉差率為 0.05 時，電動機的旋轉損為 51 瓦。假設旋轉損在電動機的正常操作範圍內保持一定。試問當轉差率為 0.05 時，求此電動機的
(a) 輸入功率
(b) 氣隙功率
(c) 轉換功率 P_{conv}
(d) 輸出功率 P_{out}
(e) 感應轉矩 τ_{ind}
(f) 負載轉矩 τ_{load}
(g) 整體效率
(h) 定子功率因數

9-2 重作習題 9-1，轉差率改為 0.025。

9-3 假設習題 9-1 的電動機在啟動過程中，轉子加速至 400 r/min 時，輔助繞組故障而開路，試問此時單靠主繞組能產生多少轉矩？假設旋轉損仍為 51 W，那麼電動機將繼續加速或減速，證明你的答案。

9-4 忽略啟動繞組，利用 MATLAB 計算並畫出習題 9-1 內馬達之轉矩-速度特性曲線。

9-5 一部 220 V，1.5 hp，50 Hz，六極電容啟動感應機，有下列的阻抗：

$$R_1 = 1.30\ \Omega \qquad X_1 = 2.01\ \Omega \qquad X_M = 105\ \Omega$$
$$R_2 = 1.73\ \Omega \qquad X_2 = 2.01\ \Omega$$

當轉差率為 0.05 時，電動機的旋轉損為 291 W。假設旋轉損在電動機的正常操作範圍內保持一定。試問當轉差率為 5% 時，求此電動機：
(a) 定子電流
(b) 定子功率因數
(c) 輸入功率
(d) 氣隙功率 P_{AG}
(e) 轉換功率 P_{conv}
(f) 輸出功率 P_{out}
(g) 感應轉矩 τ_{ind}
(h) 負載轉矩 τ_{load}
(i) 整體效率

9-6 試求當習題 9-5 的電動機之轉差率為 5%，而輸入電壓分別為 (a) 190 V，(b) 208 V，(c) 230 V 時之感應轉矩？

9-7 對於下列的應用場合，選用哪種電動機較好？何故？
(a) 真空吸塵器
(b) 冰箱
(c) 冷氣機的壓縮機
(d) 冷氣機的風扇
(e) 變速的縫紉機
(f) 電鐘
(g) 電鑽

9-8 在一個特殊的應用場合中，要求步進電動機需有 10° 的增量，請問要用多少極來達成？

9-9 對習題 9-8 中的電動機而言，輸入的脈衝速度必須是每分鐘多少個才能使電動機的速度達到 600 r/min？

9-10 針對三相及四相電動機，建立極數與每步大小的關係，以表格的方式列出。

參考文獻

1. Fitzgerald, A. E., and C. Kingsley, Jr.: *Electric Machinery*, McGraw-Hill, New York, 1952.
2. National Electrical Manufacturers Association, *Motors and Generators*, Publication No. MG1-1993, NEMA, Washington, 1993.
3. Werninck, E. H. (ed.): *Electric Motor Handbook*, McGraw-Hill, London, 1978.
4. Veinott, G. C.: *Fractional and Subfractional Horsepower Electric Motors*, McGraw-Hill, New York, 1970.

附錄 A

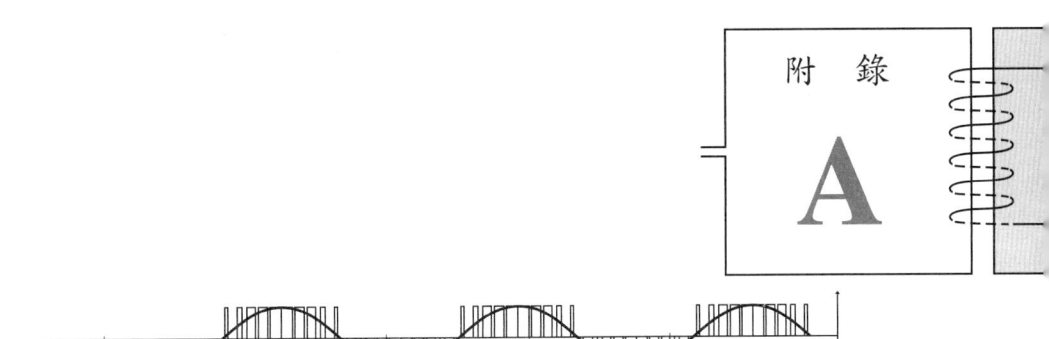

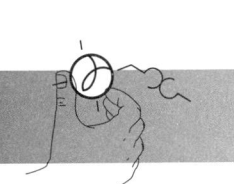

三相電路之複習

幾乎目前所有的電力系統中之發電及輸電均是三相交流的型式。一個三相電力系統包括三相發電機、三相傳輸線及三相負載。如同第二章中所提到的，交流電力系統可以調整其電壓準位以減少傳輸時之損失，這是交流電力系統比直流電力系統優異的地方。三相交流電力系統比單相交流電力系統的兩個主要優點為：(1) 一三相電機每公斤之金屬材質可由三相系統得到更多的功率；(2) 送給三相負載的功率隨時都固定，不像單相系統內之脈動功率。三相系統使得感應機的應用更容易，不需特別輔助啟動繞組也可自行啟動。

A.1 三相電壓及電流的產生

一部三相發電機包含了三部單相發電機，每部發電機發出的電壓大小均相等但相位各差120°。每部發電機均可以接上各自的負載而形成一如圖 A-1c 所示的電力系統。上述的系統是三個個別的相差 120° 的單相電路，其上所流的電流可以由下式得到

$$\mathbf{I} = \frac{\mathbf{V}}{\mathbf{Z}} \tag{A-1}$$

因此，每一相的電流為

$$\mathbf{I}_A = \frac{V\angle 0°}{Z\angle \theta} = I\angle -\theta \tag{A-2}$$

592 電機機械基本原理

$v_A(t) = \sqrt{2}\ V \sin \omega t$ V
$\mathbf{V}_A = V \angle 0°$ V

$v_B(t) = \sqrt{2}\ V \sin (\omega t - 120°)$ V
$\mathbf{V}_B = V \angle -120°$ V

$v_C(t) = \sqrt{2}\ V \sin (\omega t - 240°)$ V
$\mathbf{V}_C = V \angle -240°$ V

(a)

(b)

$\mathbf{Z} = Z \angle \theta$

(c)

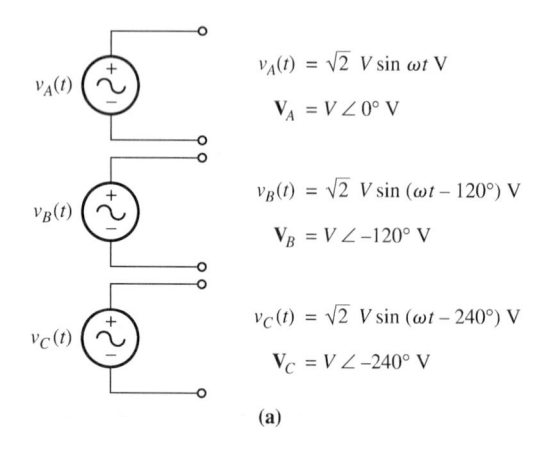

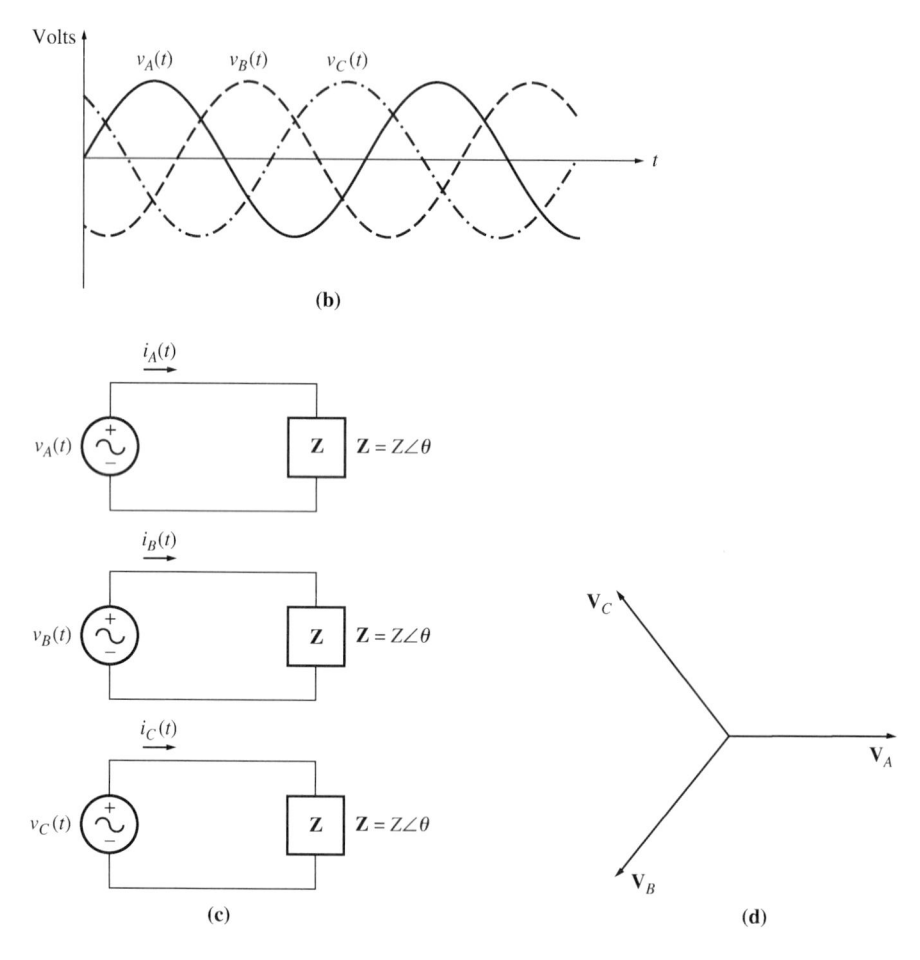

(d)

圖 A-1 (a) 三相發電機，包含了三個大小相同但相角差 120° 的電源。(b) 發電機每相電壓。(c) 發電機各相連接到三個相同負載。(d) 每相電壓之相量圖。

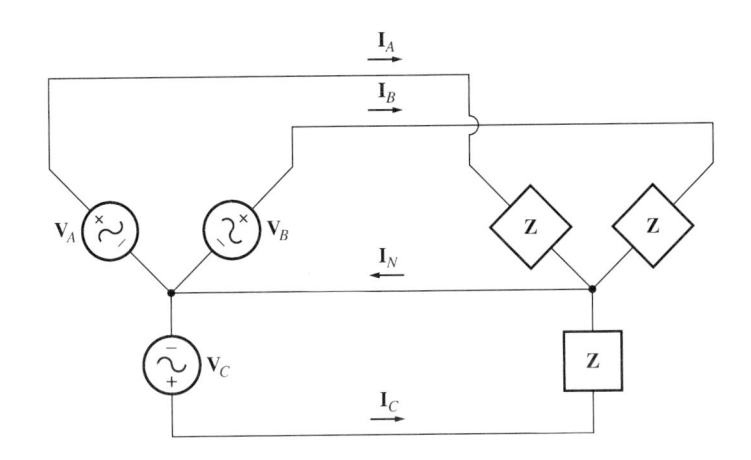

圖 A-2 以共同中性線連在一起的三相電路。

$$\mathbf{I}_B = \frac{V\angle-120°}{Z\angle\theta} = I\angle-120° - \theta \qquad \text{(A-3)}$$

$$\mathbf{I}_C = \frac{V\angle-240°}{Z\angle\theta} = I\angle-240° - \theta \qquad \text{(A-4)}$$

事實上，將每部發電機的負端及負載的負端分別連接在一起是可行的，則它們共享一條導線 [稱為中性線 (neutral)] 來提供電流的迴路，則結果如圖 A-2 所示；注意到現只需四條導線，即可將功率由三相發電機供給三相負載。

圖 A-2 中的中性線上將流過多少電流？此一電流可以由將流入電力系統中各自負載的電流加總而得到。此一電流為

$$\begin{aligned}\mathbf{I}_N &= \mathbf{I}_A + \mathbf{I}_B + \mathbf{I}_C \\ &= I\angle-\theta + I\angle-\theta-120° + I\angle-\theta-240° \\ &= I\cos(-\theta) + jI\sin(-\theta) \\ &\quad + I\cos(-\theta-120°) + jI\sin(-\theta-120°) \\ &\quad + I\cos(-\theta-240°) + jI\sin(-\theta-240°) \\ &= I[\cos(-\theta) + \cos(-\theta-120°) + \cos(-\theta-240°)] \\ &\quad + jI[\sin(-\theta) + \sin(-\theta-120°) + \sin(-\theta-240°)]\end{aligned} \qquad \text{(A-5)}$$

利用基本的三角恆等式：

$$\cos(\alpha-\beta) = \cos\alpha\cos\beta + \sin\alpha\sin\beta \qquad \text{(A-6)}$$

$$\sin(\alpha-\beta) = \sin\alpha\cos\beta - \cos\alpha\sin\beta \qquad \text{(A-7)}$$

利用此三角恆等可得到

$$\begin{aligned}
\mathbf{I}_N = &\ I[\cos(-\theta) + \cos(-\theta)\cos 120° + \sin(-\theta)\sin 120° + \cos(-\theta)\cos 240° \\
&+ \sin(-\theta)\sin 240°] \\
&+ jI[\sin(-\theta) + \sin(-\theta)\cos 120° - \cos(-\theta)\sin 120° \\
&+ \sin(-\theta)\cos 240° - \cos(-\theta)\sin 240°]
\end{aligned}$$

$$\begin{aligned}
\mathbf{I}_N = &\ I\left[\cos(-\theta) - \frac{1}{2}\cos(-\theta) + \frac{\sqrt{3}}{2}\sin(-\theta) - \frac{1}{2}\cos(-\theta) - \frac{\sqrt{3}}{2}\sin(-\theta)\right] \\
&+ jI\left[\sin(-\theta) - \frac{1}{2}\sin(-\theta) - \frac{\sqrt{3}}{2}\cos(-\theta) - \frac{1}{2}\sin(-\theta) + \frac{\sqrt{3}}{2}\cos(-\theta)\right]
\end{aligned}$$

$$\mathbf{I}_N = 0\ \text{A}$$

由以上的推導可以看出，只要三相的負載相等時，中性線上的電流將保持為零。若一個電力系統中，三個發電機發出的電壓大小均相等而相角各差 120°，三相的負載其大小及角度均相等，這樣的電力系統稱為一個三相平衡的系統。在三相平衡的系統中並不需要中性線，且可以三條線取代原本六條。

相序　一三相電力系統的相序 (phase sequence) 為各別相到峯值電壓的順序，圖 A-1 所示之三相電力系統相序為 *abc*，因為其三相電壓峯值出現之順序為 *a*、*b*、*c* (見圖 A-1b)，一具 *abc* 相序之電力系統相量圖如圖 A-3a 所示。

當然也可以將一三相電力系統接成電壓峯值以 *a* 相、*c* 相、*b* 相的順序出現，如此的電力系統稱為 *acb* 相序之電力系統，一具 *acb* 相序之電力系統相量圖如圖 A-3b 所示。

以上推導結果對 *abc* 與 *acb* 相序系統均適用，在其他情況下，只要電力系統是平衡的，則流進中性線內之電流將為 0。

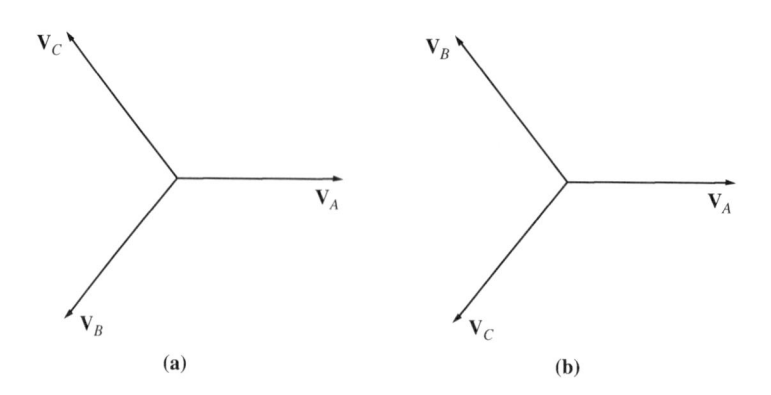

圖 A-3　(a) 具 *abc* 相序之電力系統的相電壓。(b) 具 *acb* 相序之電力系統的相電壓。

A.2 三相電路中之電壓及電流

圖 A-2 所示之連接方式稱為 Y 接,因為它看起來像字母 Y,而另一連接方式為 Δ 接,三相發電機頭尾相接,Δ 接是可行的因為三電壓和 $\mathbf{V}_A + \mathbf{V}_B + \mathbf{V}_C = 0$,所以當三個電源頭尾相連接時,不會有短路電流。

三相電力系統中之發電機及負載均可被接成 Y 接或 Δ 接,通常三相系統中之 Y 接或 Δ 接是混合使用的。

圖 A-4 所示為發電機接成 Y 接及 Δ 接的方式,在此圖中,每一單相發電機之電壓及電流被稱為相電壓 (phase voltage) 和相電流 (phase current),而連接發電機之導線上之電壓電流,則分別被稱為線電壓 (line voltage) 及線電流 (line current)。發電機或負載之線的量與相的量之間的關係視發電機或負載之連接方式而定,以下將就 Y 接與 Δ 接方式來探討這些關係。

Y 型連接的電壓和電流

圖 A-5 是具 *abc* 相序 Y 型連接的三相發電機供應電阻性負載的接線圖,發電機中每一相的電壓為

$$\begin{aligned} \mathbf{V}_{an} &= V_\phi \angle 0° \\ \mathbf{V}_{bn} &= V_\phi \angle -120° \\ \mathbf{V}_{cn} &= V_\phi \angle -240° \end{aligned} \quad \textbf{(A-8)}$$

由於假定是電阻性的負載,則發電機中每一相的電流將與電壓同相。也就是說,發電機中每一相的電流將為

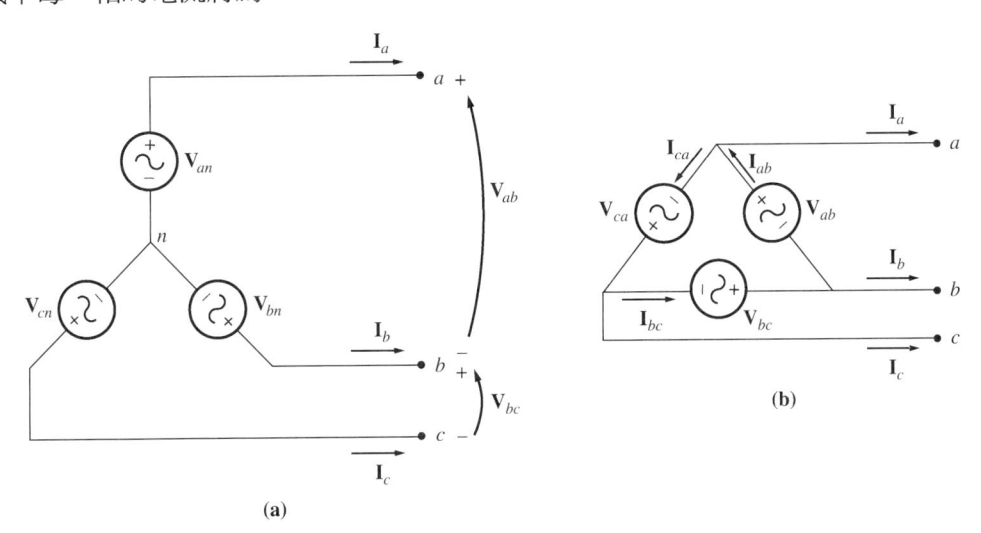

圖 A-4 (a) Y 型連接。(b) Δ 型連接。

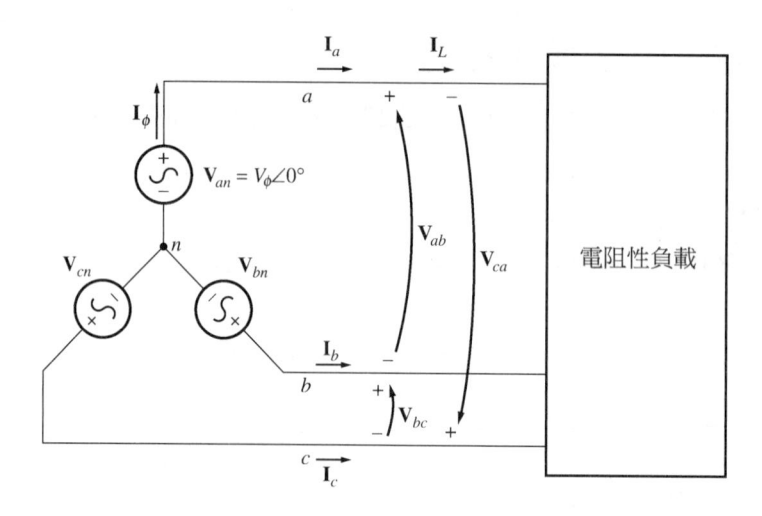

圖 A-5 接電阻負載的 Y 型連接之發電機。

$$\begin{aligned}\mathbf{I}_a &= I_\phi \angle 0° \\ \mathbf{I}_b &= I_\phi \angle -120° \\ \mathbf{I}_c &= I_\phi \angle -240°\end{aligned} \tag{A-9}$$

由圖 A-5 可知，每一條線上的電流將與相對應之相電流相等，因此在 Y 型的連接中

$$I_L = I_\phi \qquad \text{Y 型連接} \tag{A-10}$$

至於相電壓及線電壓之間的關係則比較複雜，根據克希荷夫電壓定律，線電壓 $\mathbf{V}_{ab}$ 為

$$\begin{aligned}\mathbf{V}_{ab} &= \mathbf{V}_a - \mathbf{V}_b \\ &= V_\phi \angle 0° - V_\phi \angle -120° \\ &= V_\phi - \left(-\frac{1}{2}V_\phi - j\frac{\sqrt{3}}{2}V_\phi\right) = \frac{3}{2}V_\phi + j\frac{\sqrt{3}}{2}V_\phi \\ &= \sqrt{3}V_\phi \left(\frac{\sqrt{3}}{2} + j\frac{1}{2}\right) \\ &= \sqrt{3}V_\phi \angle 30°\end{aligned}$$

因此，在 Y 型連接發電機或負載中，線電壓與相電壓的大小間之關係為

$$V_{LL} = \sqrt{3}V_\phi \qquad \text{Y 型連接} \tag{A-11}$$

另外線電壓和其相對的相電壓有 30° 的相位移。圖 A-6 所示即為圖 A-5 Y 型連接中相電壓和線電壓的相量圖。

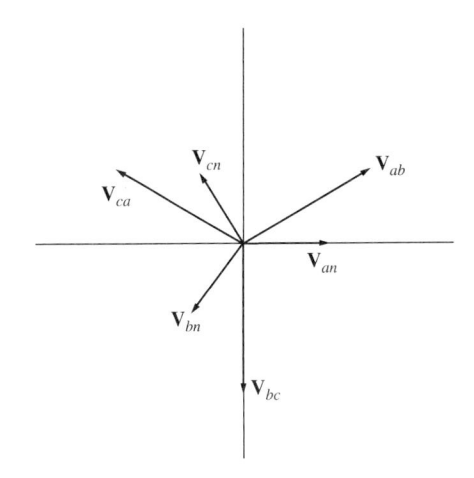

圖 A-6 圖 A-5 中 Y 型連接系統之線電壓與相電壓 (線對中性線)。

注意到如圖 A-5 所示之具 *abc* 相序之 Y 接系統，其線電壓領先對應的相電壓 30°；而對於 *acb* 相序之 Y 接系統，線電壓落後對應的相電壓 30°，此結果在附錄習題內將要求讀者作證明。

雖然在 Y 接的系統中線與相電壓和電流間關係是假設在單位功因下推導得到，但這些關係對於任意功因之推導仍然有效，單位功因的假設是為了簡化推導過程的數學運算。

Δ 型連接的電壓與電流

圖 A-7 是 Δ 型連接時，三相發電機供應電阻性負載的接線圖，發電機中每一相的電壓為

$$\mathbf{V}_{ab} = V_\phi \angle 0°$$
$$\mathbf{V}_{bc} = V_\phi \angle -120°$$
$$\mathbf{V}_{ca} = V_\phi \angle -240°$$

(A-12)

由於是電阻性的負載，則發電機中每一相的電流將為

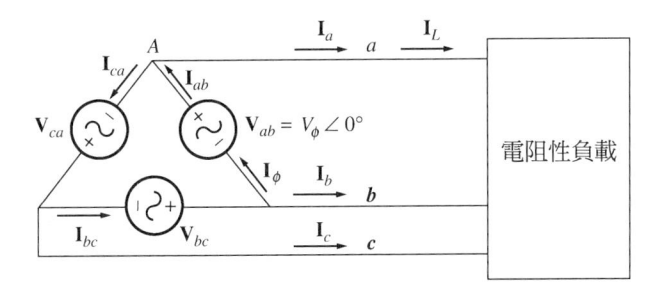

圖 A-7 接電阻負載的 Δ 型連接發電機。

$$\mathbf{I}_{ab} = I_\phi \angle 0°$$
$$\mathbf{I}_{bc} = I_\phi \angle -120° \qquad \text{(A-13)}$$
$$\mathbf{I}_{ca} = I_\phi \angle -240°$$

由圖可知，每一條線上的電壓將與相對應之相電壓相等，因此在 Δ 型的連接中

$$\boxed{V_{LL} = V_\phi \qquad \Delta \text{ 型連接}} \qquad \text{(A-14)}$$

至於相電流及線電流之間的關係則比較複雜，根據克希荷夫電流定律，對節點 A 而言

$$\begin{aligned}\mathbf{I}_a &= \mathbf{I}_{ab} - \mathbf{I}_{ca} \\ &= I_\phi \angle 0° - I_\phi \angle -240° \\ &= I_\phi - \left(-\frac{1}{2}I_\phi + j\frac{\sqrt{3}}{2}I_\phi\right) = \frac{3}{2}I_\phi - j\frac{\sqrt{3}}{2}I_\phi \\ &= \sqrt{3}I_\phi \left(\frac{\sqrt{3}}{2} - j\frac{1}{2}\right) \\ &= \sqrt{3}I_\phi \angle -30° \end{aligned}$$

因此在 Δ 型連接的發電機或負載中，線與相電流大小之關係為

$$\boxed{I_L = \sqrt{3}I_\phi \qquad \Delta \text{ 型連接}} \qquad \text{(A-15)}$$

且線電流落後對應相電流 30°。

注意到對如圖 A-7 所示具 abc 相序之 Δ 接系統，線電流落後對應的相電流 30° (見圖 A-8)；而對 acb 相序之 Δ 接系統，其線電流領先對應的相電流 30°。

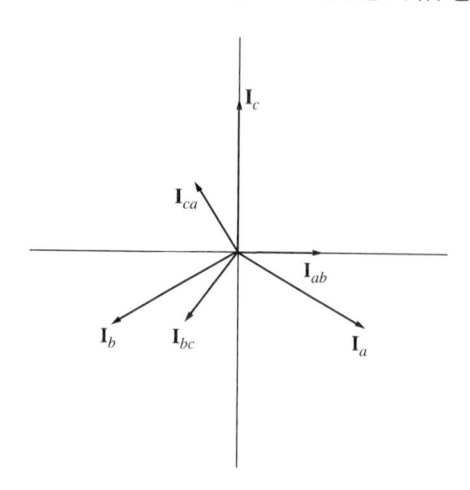

圖 A-8 圖 A-7 Δ 接系統中之線與相電流。

表 A-1　Y 接與 Δ 接系統中電壓與電流關係整理

	Y 接	Δ 接
電壓大小	$V_{LL} = \sqrt{3}\,V_\phi$	$V_{LL} = V_\phi$
電流大小	$I_L = I_\phi$	$I_L = \sqrt{3}\,I_\phi$
abc 相序	$\mathbf{V}_{ab}$ 領先 $\mathbf{V}_a$ 30°	$\mathbf{I}_a$ 落後 $\mathbf{I}_{ab}$ 30°
acb 相序	$\mathbf{V}_{ab}$ 落後 $\mathbf{V}_a$ 30°	$\mathbf{I}_a$ 領先 $\mathbf{I}_{ab}$ 30°

Y 接與 Δ 接的電源與負載之電壓和電流關係整理在表 A-1 中。

A.3　三相電路中的功率關係

圖 A-9 是一組 Y 型連接的三相平衡負載，每一相的阻抗 $\mathbf{Z}_\phi = Z\angle\theta°$，若供給負載之三相電壓為

$$\begin{aligned} v_{an}(t) &= \sqrt{2}V \sin \omega t \\ v_{bn}(t) &= \sqrt{2}V \sin(\omega t - 120°) \\ v_{cn}(t) &= \sqrt{2}V \sin(\omega t - 240°) \end{aligned} \tag{A-16}$$

流入相負載的三相電流為

$$\begin{aligned} i_a(t) &= \sqrt{2}I \sin(\omega t - \theta) \\ i_b(t) &= \sqrt{2}I \sin(\omega t - 120° - \theta) \\ i_c(t) &= \sqrt{2}I \sin(\omega t - 240° - \theta) \end{aligned} \tag{A-17}$$

其中 $I = V/Z$。有多少功率流入此一負載中？

供應至每一相負載之瞬時功率可以以下式表示

$$\boxed{p(t) = v(t)i(t)} \tag{A-18}$$

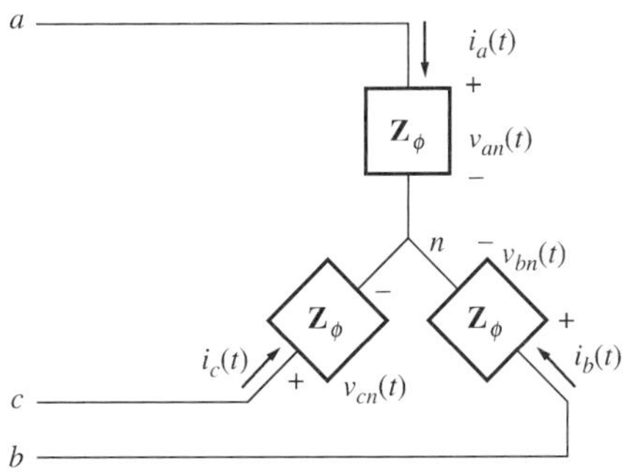

圖 A-9　平衡的三相 Y 接負載。

因此，供應至每相之瞬時功率為

$$p_a(t) = v_{an}(t)i_a(t) = 2VI\sin(\omega t)\sin(\omega t - \theta)$$
$$p_b(t) = v_{bn}(t)i_b(t) = 2VI\sin(\omega t - 120°)\sin(\omega t - 120° - \theta) \quad \textbf{(A-19)}$$
$$p_c(t) = v_{cn}(t)i_c(t) = 2VI\sin(\omega t - 240°)\sin(\omega t - 240° - \theta)$$

根據三角恆等式

$$\sin\alpha\sin\beta = \frac{1}{2}[\cos(\alpha - \beta) - \cos(\alpha - \beta)] \quad \textbf{(A-20)}$$

將上式代入式 (A-19) 中可得到供應至每相負載的功率之新表示式

$$p_a(t) = VI[\cos\theta - \cos(2\omega t - \theta)]$$
$$p_b(t) = VI[\cos\theta - \cos(2\omega t - 240° - \theta)] \quad \textbf{(A-21)}$$
$$p_c(t) = VI[\cos\theta - \cos(2\omega t - 480° - \theta)]$$

因此供應至三相負載之總功率為供給個別相功率之和，而供給每相之功率是由一固定量加一脈動量所組成，而在三相系統中脈動的量會彼此對消，因為彼此之相位差為 120°，使得最後由三相電力系統所提供之功率為常數。此總功率可以下式表示為

$$p_{tot}(t) = p_A(t) + p_B(t) + p_C(t) = 3VI\cos\theta \quad \textbf{(A-22)}$$

a、b 與 c 相之瞬時功率表示成時間函數如圖 A-10 所示，注意到供應至平衡三相負

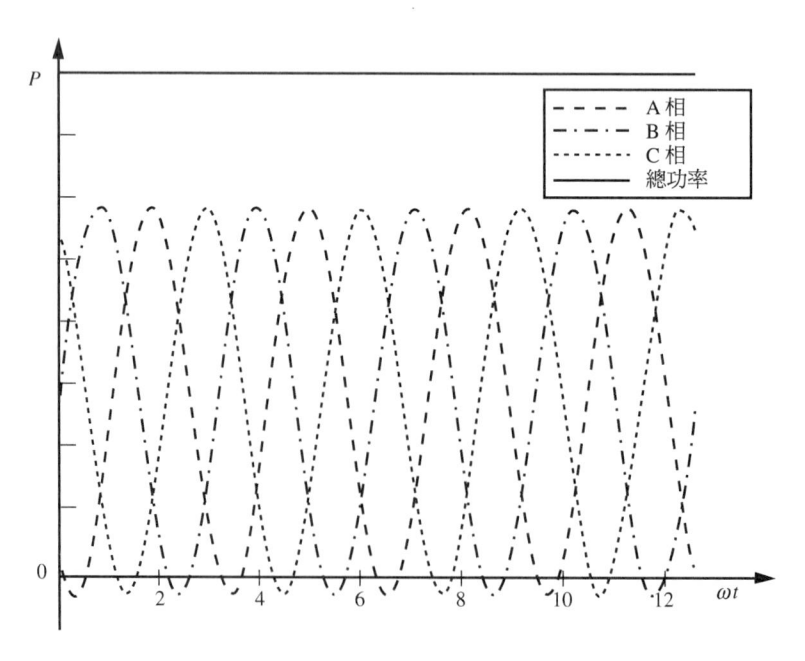

圖 A-10　供給負載之 a 相、b 相，與 c 相瞬時功率和總功率。

載的功率在任一時間下均為常數，固定功率供應也是三相系統較單相系統優良的地方。

包含相的量之三相功率方程式

將式 (1-60) 至 (1-66) 的單相方程式應用至平衡之 Y 接或 Δ 接的三相負載所應至平衡三相負載的實功率、虛功率及視在功率分別為

$$P = 3V_\phi I_\phi \cos \theta \quad \text{(A-23)}$$

$$Q = 3V_\phi I_\phi \sin \theta \quad \text{(A-24)}$$

$$S = 3V_\phi I_\phi \quad \text{(A-25)}$$

$$P = 3I_\phi^2 Z \cos \theta \quad \text{(A-26)}$$

$$Q = 3I_\phi^2 Z \sin \theta \quad \text{(A-27)}$$

$$S = 3I_\phi^2 Z \quad \text{(A-28)}$$

上式中的 θ 仍是表示任一相中電壓及電流之間的夾角 (對每一相而言是相同的)，而負載之功率因數仍是此一 θ 的餘弦值。同樣的功率三角形亦可應用於此處。

包含線的量之三相功率方程式

同樣的亦可以以線電壓及電流的量來表示一平衡三相負載之功率，因為對 Y 接及 Δ 接而言，線上的量與每相的量之間之關係並不相同，所以 Y 接與 Δ 接的表示式將分開討論。

對 Y 負載而言，供應至負載的功率可表示成

$$P = 3V_\phi I_\phi \cos \theta \quad \text{(A-23)}$$

對此種負載而言，$I_L = I_\phi$ 而 $V_{LL} = \sqrt{3} V_\phi$，因此負載吸收的功率可表示成

$$P = 3\left(\frac{V_{LL}}{\sqrt{3}}\right) I_L \cos \theta$$

$$P = \sqrt{3} V_{LL} I_L \cos \theta \quad \text{(A-29)}$$

對 Δ 接負載而言，供應至負載的功率可表示成

$$P = 3V_\phi I_\phi \cos\theta \tag{A-23}$$

對此種負載而言，$I_L = \sqrt{3} I_\phi$ 而 $V_{LL} = V_\phi$，因此供給負載之功率以線的量表示成

$$\begin{aligned} P &= 3V_{LL}\left(\frac{I_L}{\sqrt{3}}\right)\cos\theta \\ &= \sqrt{3}V_{LL}I_L\cos\theta \end{aligned} \tag{A-29}$$

我們可以發現上式與 Y 接所導出之功率公式完全相同，因此不論接法為何，供給一三相平衡負載之功率可以式 (A-29) 表示。同樣的負載之虛功率及視在功率亦可以線電壓電流表示成

$$Q = \sqrt{3}V_{LL}I_L\sin\theta \tag{A-30}$$

$$S = \sqrt{3}V_{LL}I_L \tag{A-31}$$

必須瞭解到式 (A-29) 與 (A-30) 內之 $\cos\theta$ 與 $\sin\theta$ 項，為相電壓與相電流間之夾角的餘弦與正弦值，而非線電壓與線電流之間的夾角的餘弦與正弦值。我們應還記得對 Y 接而言，線電壓及相電壓之間的夾角是 30°，同樣的 Δ 接的線電流與相電流亦有此種關係，因此切記不可取線電壓與線電流夾角的餘弦值。

A.4 平衡三相系統的分析

如果電力系統的三相是平衡的，我們將可以利用單相等效電路 (per-phase equivalent) 來決定三相電路中之電壓、電流與功率。以圖 A-11 來說明此種概念。圖 A-11a 為一 Y 接的發電機利用傳輸線接至 Y 接的負載的電力系統。

在上述的系統中，我們可以加入中性線，但是因為其上沒有電流通過，中性線是不必要的。圖 A-11b 為加入中性後的系統。記住除了每一相相差 120° 的相位差之外，三相是相同的。也就是說，我們可以分析僅含單相及中性線的電路，然後再將 120° 的相角差列入其他兩相的考慮以決定電壓電流。圖 A-11c 即為一單相的電路。

上述的分析方式會產生一個問題。也就是說在分析時我們需要一條中性線 (至少在概念上) 以提供電流由負載至發電機的回歸路徑。對 Y 型連接的方式而言這並不構成問題，但對 Δ 型連接而言，Δ 型連接並沒有中性線連接負載及發電機。

如何分析有 Δ 型連接電路的電力系統呢？最基本的方法乃是利用基本電路學中的 Y-Δ 轉換公式將 Δ 型連接的負載阻抗加以轉換。就一特別的平衡負載而言，若有一三相 Δ 型連接的負載，每個負載的阻抗值均為 Z，我們可以利用 Y-Δ 轉換公式將此一負載轉

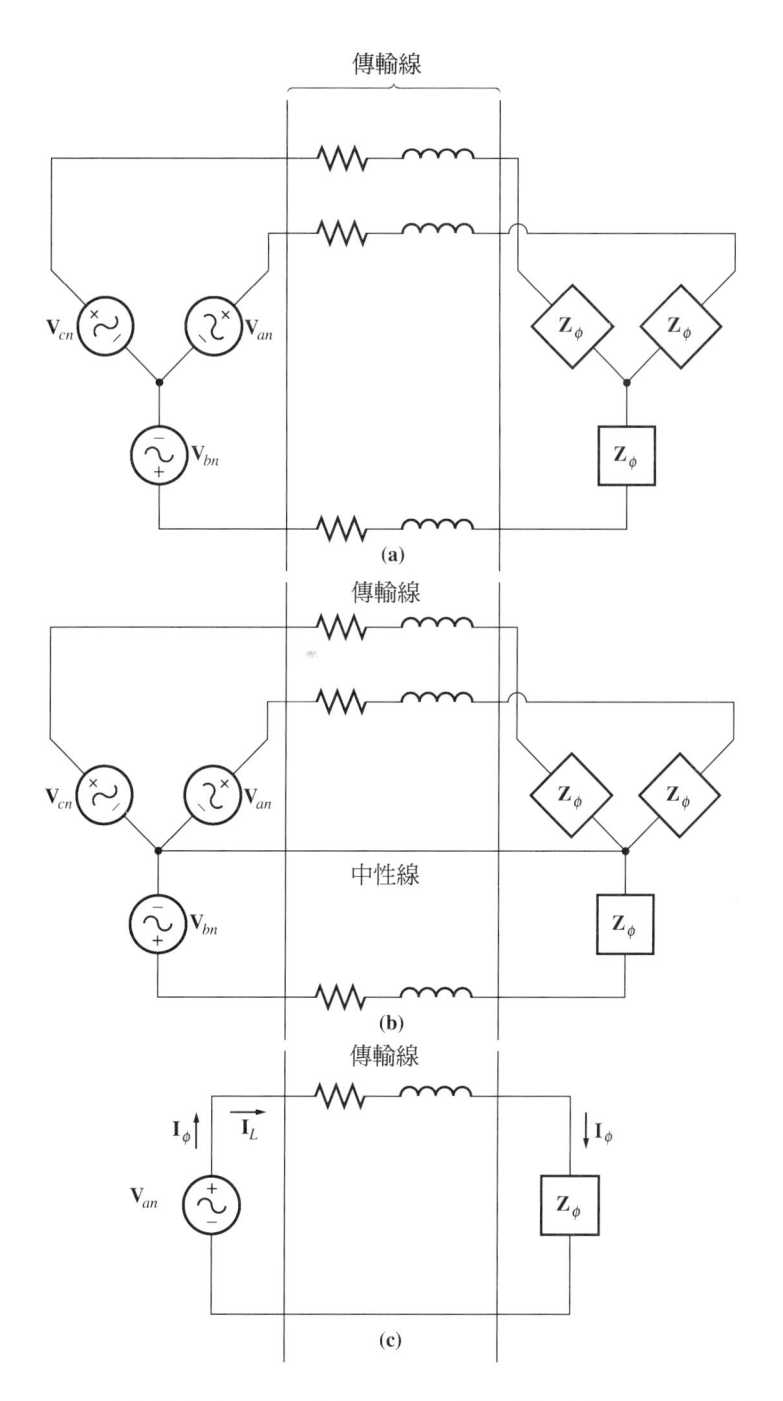

圖 **A-11** (a) Y 型連接之發電機及負載。(b) 具中性線的系統。(c) 單相等效電路。

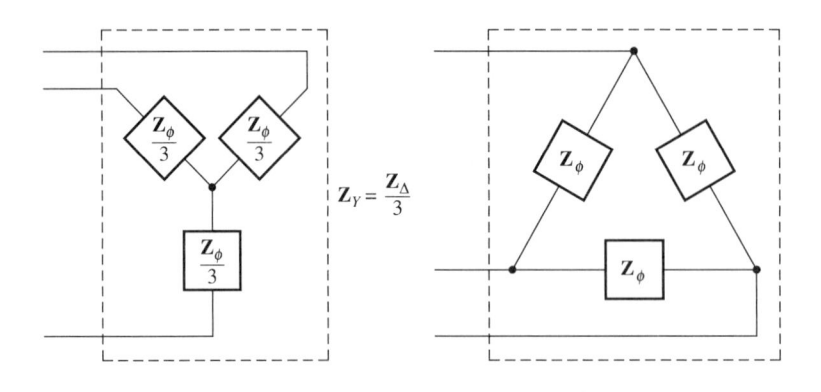

圖 A-12 Y-Δ 轉換。Y 連接的 Z/3 Ω 阻抗等於 Δ 連接的 Z Ω 阻抗。

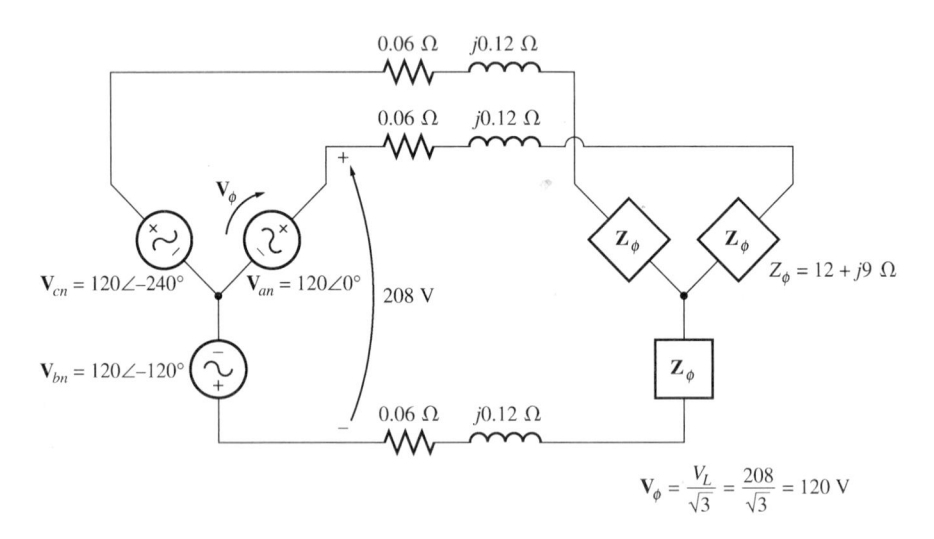

圖 A-13 例題 A-1 中的三相電路。

成每相均為 Z/3 大小的 Y 型連接 (見圖 A-12)。此等效意味著任何由外部以任何形式加至負載本身之電壓、電流與功率是相同的。

若 Δ 型連接的電壓源或負載包含電壓源,則電壓源大小必須以式 (A-11) 來計算,且必須將 30° 之相角差考慮進去。

例題 A-1 圖 A-13 是一個 208 V 的三相電力系統。此一系統包括了一理想的三相連接發電機,發電機經由傳輸線供應至負載,傳輸線的阻抗為 $0.06+j\,0.12\ \Omega$,每相的負載為 $12+j\,9\ \Omega$。對於此一簡單的電力系統,試求:

(a) 線電流 I_L 的大小

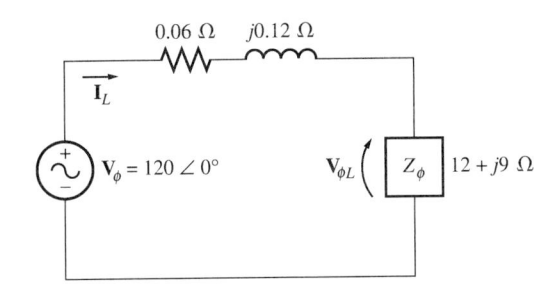

圖 A-14　例題 A-1 之單相等效電路。

(b) 負載上之線電壓 V_{LL} 和相電壓的大小 $V_{\phi L}$
(c) 負載吸收之實功率、虛功率和視在功率
(d) 負載之功率因數
(e) 傳輸線上所消耗的實功率、虛功率和視在功率
(f) 發電機所供應的實功率、虛功率和視在功率
(g) 發電機之功率因數

解：由於系統中之發電機及負載均是 Y 型連接的形式，因此我們可以很簡單的畫出單相等效電路，圖 A-14 為此一單相等效電路。

(a) 單相等效電路中之線電流為

$$\mathbf{I}_{\text{line}} = \frac{\mathbf{V}}{\mathbf{Z}_{\text{line}} + \mathbf{Z}_{\text{load}}}$$
$$= \frac{120 \angle 0° \text{ V}}{(0.06 + j0.12 \text{ }\Omega) + (12 + j9\Omega)}$$
$$= \frac{120 \angle 0°}{12.06 + j9.12} = \frac{120 \angle 0°}{15.12 \angle 37.1°}$$
$$= 7.94 \angle -37.1° \text{ A}$$

因此其大小為 7.94 A。

(b) 負載的相電壓即為跨於每相上之電壓。此一電壓可以相電流及每相阻抗的乘積表示之：

$$\mathbf{V}_{\phi L} = \mathbf{I}_{\phi L} \mathbf{Z}_{\phi L}$$
$$= (7.94 \angle -37.1° \text{ A})(12 + j9 \text{ }\Omega)$$
$$= (7.94 \angle -37.1° \text{ A})(15 \angle 36.9° \text{ }\Omega)$$
$$= 119.1 \angle -0.2° \text{ V}$$

因此，相電壓的大小為

$$V_{\phi L} = 119.1 \text{ V}$$

而線電壓的大小為

$$V_{LL} = \sqrt{3} V_{\phi L} = 206.3 \text{ V}$$

(c) 負載上所消耗的實功率為

$$P_{\text{load}} = 3V_\phi I_\phi \cos \theta$$
$$= 3(119.1 \text{ V})(7.94 \text{ A}) \cos 36.9°$$
$$= 2270 \text{ W}$$

負載上所消耗的虛功率為

$$Q_{\text{load}} = 3V_\phi I_\phi \sin \theta$$
$$= 3(119.1 \text{ V})(7.94 \text{ A}) \sin 36.9°$$
$$= 1702 \text{ var}$$

負載上所消耗的視在功率為

$$S_{\text{load}} = 3V_\phi I_\phi$$
$$= 3(119.1 \text{ V})(7.94 \text{ A})$$
$$= 2839 \text{ VA}$$

(d) 負載上之功率因數為

$$\text{PF}_{\text{load}} = \cos \theta = \cos 36.9° = 0.8 \quad \text{落後}$$

(e) 傳輸線上之電流為 $7.94\angle -37.1$ A，而傳輸線上之阻抗為每相 $0.06 + j\,0.12$ Ω 或 $0.134\angle 63.4$ Ω。因此，傳輸線上所消耗的實功率、虛功和視在功率為

$$P_{\text{line}} = 3I_\phi^2 Z \cos \theta \qquad \text{(A-26)}$$
$$= 3(7.94 \text{ A})^2 (0.134 \text{ Ω}) \cos 63.4°$$
$$= 11.3 \text{ W}$$

$$Q_{\text{line}} = 3I_\phi^2 Z \sin \theta \qquad \text{(A-27)}$$
$$= 3(7.94 \text{ A})^2 (0.134 \text{ Ω}) \sin 63.4°$$
$$= 22.7 \text{ var}$$

$$S_{\text{line}} = 3I_\phi^2 Z \qquad \text{(A-28)}$$
$$= 3(7.94 \text{ A})^2 (0.134 \text{ Ω})$$
$$= 25.3 \text{ VA}$$

(f) 發電機所供應之實功率及虛功率為傳輸線上及負載上所消耗之功率的加總：

$$P_{\text{gen}} = P_{\text{line}} + P_{\text{load}}$$
$$= 11.3 \text{ W} + 2270 \text{ W} = 2281 \text{ W}$$

$$Q_{\text{gen}} = Q_{\text{line}} + Q_{\text{load}}$$
$$= 22.7 \text{ var} + 1702 \text{ var} = 1725 \text{ var}$$

而發電機所發出的視在功率則為實功率之平方及虛功率之平方和再開平方根

$$S_{\text{gen}} = \sqrt{P_{\text{gen}}^2 + Q_{\text{gen}}^2} = 2860 \text{ VA}$$

(g) 由功率三角形，功率因數角 θ 為

$$\theta_{\text{gen}} = \tan^{-1}\frac{Q_{\text{gen}}}{P_{\text{gen}}} = \tan^{-1}\frac{1725 \text{ VAR}}{2281 \text{ W}} = 37.1°$$

因此，發電機之功率因數為

$$\text{PF}_{\text{gen}} = \cos 37.1° = 0.798 \quad 落後$$ ◀

例題 A-2 將例題 A-1 中的負載接成 Δ 型，試回答相同的問題。

解：此系統如圖 A-15 所示，由於此時的負載是 Δ 連接，因此必須先做 Y-Δ 轉換才能做單相等效電路分析。Δ 型連接時之阻抗為 $12+j9\,\Omega$，當轉成 Y 型連接時，阻抗變成

$$Z_Y = \frac{Z_\Delta}{3} = 4 + j3\,\Omega$$

最後產生之單相等效電路如圖 A-16 所示。

(a) 根據單相等效電路，線電流為

$$\mathbf{I}_{\text{line}} = \frac{\mathbf{V}}{\mathbf{Z}_{\text{line}} + \mathbf{Z}_{\text{load}}}$$

$$= \frac{120\angle 0° \text{ V}}{(0.06 + j0.12\,\Omega) + (4 + j3\,\Omega)}$$

$$= \frac{120\angle 0°}{4.06 + j3.12} = \frac{120\angle 0°}{5.12\angle 37.5°}$$

$$= 23.4\angle -37.5° \text{ A}$$

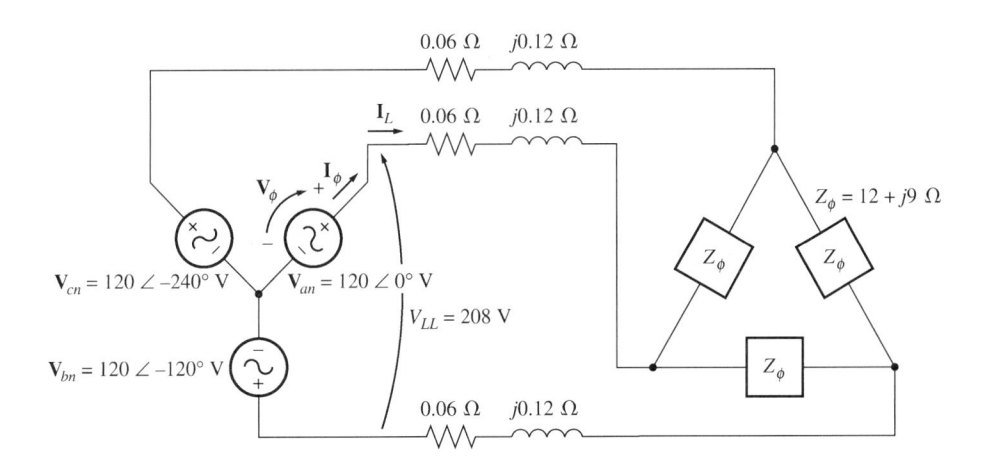

圖 A-15 例題 A-2 中的三相電路。

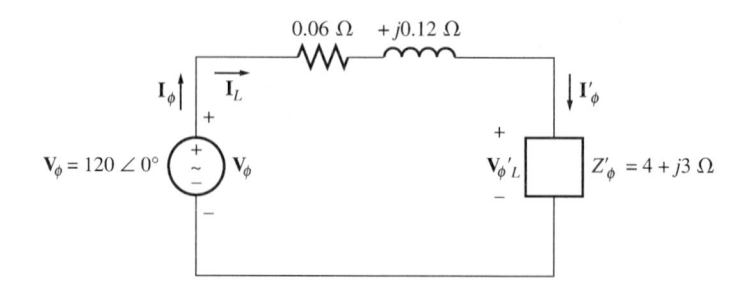

圖 A-16 例題 A-2 中的單相等效電路。

線電流的大小為 23.4 A。

(b) 在等效 Y 型連接負載上之電壓等於負載上的相電壓。此電壓為相電流及每相阻抗的相乘積：

$$V'_{\phi L} = I'_{\phi L} Z'_{\phi L}$$
$$= (23.4\angle -37.5°\text{ A})(4 + j3\text{ Ω})$$
$$= (23.4\angle -37.5°\text{ A})(5\angle 36.9°\text{ Ω}) = 117\angle -0.6°\text{ V}$$

轉換成原來 Δ 型連接的負載，電壓變成

$$V_{\phi L} = \sqrt{3}\,(117\text{ V}) = 203\text{ V}$$

因此線電壓的大小為

$$V_{LL} = V_{\phi L} = 203\text{ V}$$

(c) 等效 Y 型負載上之實功率消耗為 (與實際負載上之功率消耗相同)

$$P_{\text{load}} = 3V_\phi I_\phi \cos\theta$$
$$= 3(117\text{ V})(23.4\text{ A})\cos 36.9°$$
$$= 6571\text{ W}$$

等效 Y 型負載上之虛功率消耗為

$$Q_{\text{load}} = 3V_\phi I_\phi \sin\theta$$
$$= 3(117\text{ V})(23.4\text{ A})\sin 36.9°$$
$$= 4928\text{ var}$$

等效 Y 型負載上之視在功率消耗為

$$S_{\text{load}} = 3V_\phi I_\phi$$
$$= 3(117\text{ V})(23.4\text{ A})$$
$$= 8213\text{ VA}$$

(d) 負載上之功率因數為

$$PF_{load} = \cos\theta = \cos 36.9° = 0.8 \quad \text{落後}$$

(e) 傳輸線上之電流為 $23.4\angle-37.5°$ A，而傳輸線上之阻抗為每相 $0.06+j\,0.12$ Ω 或 $0.134\angle 63.4°$ Ω。因此，傳輸線上所消耗的實功率、虛功率及視在功率為

$$\begin{aligned} P_{line} &= 3I_\phi^2 Z \cos\theta \\ &= 3(23.4\text{ A})^2(0.134\text{ Ω})\cos 63.4° \\ &= 98.6\text{ W} \end{aligned} \qquad \text{(A-26)}$$

$$\begin{aligned} Q_{line} &= 3I_\phi^2 Z \sin\theta \\ &= 3(23.4\text{ A})^2(0.134\text{ Ω})\sin 63.4° \\ &= 197\text{ var} \end{aligned} \qquad \text{(A-27)}$$

$$\begin{aligned} S_{line} &= 3I_\phi^2 Z \\ &= 3(23.4\text{ A})^2(0.134\text{ Ω}) \\ &= 220\text{ VA} \end{aligned} \qquad \text{(A-28)}$$

(f) 發電機所供應之實功率及虛功率為傳輸線上及負載上所消耗之功率的加總：

$$\begin{aligned} P_{gen} &= P_{line} + P_{load} \\ &= 98.6\text{ W} + 6571\text{ W} = 6670\text{ W} \\ Q_{gen} &= Q_{line} + Q_{load} \\ &= 197\text{ var} + 4928\text{ VAR} = 5125\text{ var} \end{aligned}$$

而發電機所發出的視在功率則為實功率之平方及虛功率之平方和再開平方根

$$S_{gen} = \sqrt{P_{gen}^2 + Q_{gen}^2} = 8411\text{ VA}$$

(g) 由功率三角形，功率因數角 θ 為

$$\theta_{gen} = \tan^{-1}\frac{Q_{gen}}{P_{gen}} = \tan^{-1}\frac{5125\text{ var}}{6670\text{ W}} = 37.6°$$

因此，發電機之功率因數為

$$PF_{gen} = \cos 37.6° = 0.792 \quad \text{落後} \qquad \blacktriangleleft$$

A.5 單線圖

就如在本章中所看到的，一平衡三相電力系統有三條導線連接每個電源與負載，一相一條導線。三相都類似，有著大小相等、相位差互差 120° 之電壓與電流。因為三相都相同，所以習慣上以簡單的一條線來代表實際電力系統的三個相。此種單線圖提供一種簡

潔方式來表示一電力系統內之相互連接情形；典型單線圖包含電力系統內之主要元件，如發電機、變壓器、傳輸線與負載，傳輸線以單線方式表示，每個發電機與負的電壓與連接型式，通常以圖形表示，一簡單的電力系統與其相對應之單線圖如圖 A-17 所示。

A.6　使用功率三角形

如果電力系統中之傳輸線阻抗可忽略的話，我們可以用一較簡化的方法來計算三相的電流及功率。這項簡化是在不同的系統的操作點上利用每一負載上的實、虛功來決定其上的電流及功率因數。

例如考慮圖 A-17 所示之簡單電力系統，若假設系統內之傳輸線沒有損失，則發電機之線電壓等於負載之線電壓，若發電機電壓已知，則可求出此電力系統內任一點之電流和功因，步驟如下：

1. 求發電機與負載之線電壓，因為假設傳輸線無損失，則兩電壓會相等。
2. 求系統內每個負載之實功與虛功，可用已知的負載電壓來作此計算。

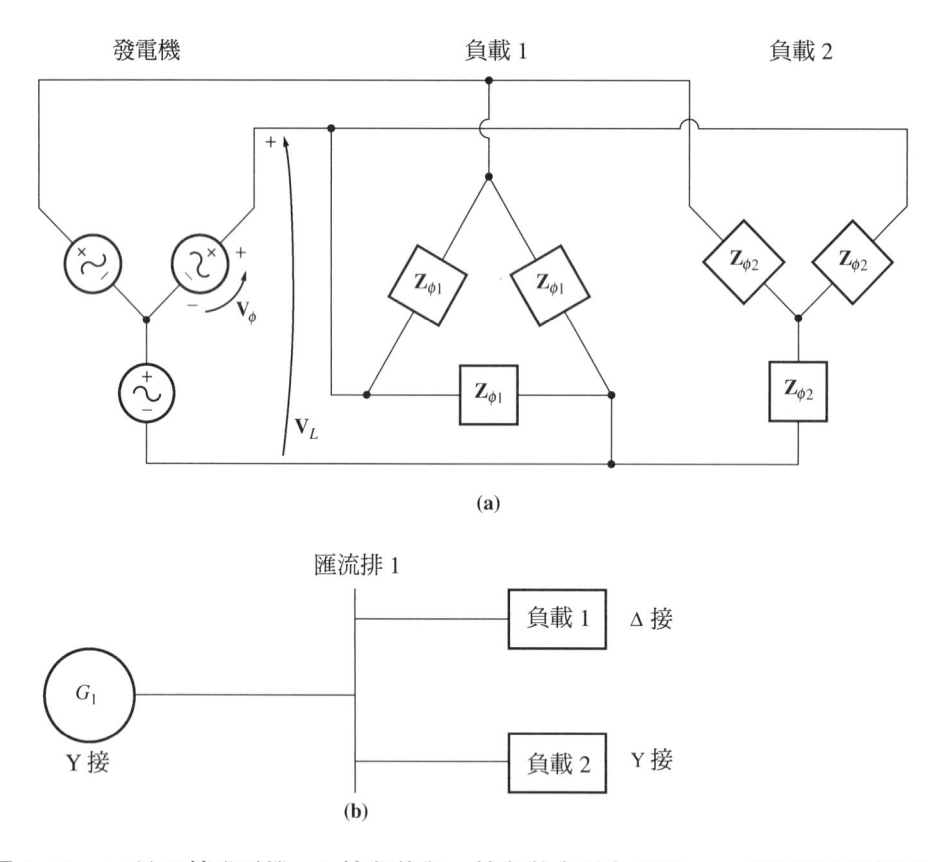

圖 A-17　(a) 具 Y 接發電機、Δ 接負載與 Y 接負載之電力系統。(b) 其對應之單線圖。

3. 求由計算點「以下」供給所有負載之總實功與虛功。
4. 利用功率三角形關係求該計算點之系統功因。
5. 利用式 (A-29) 或式 (A-23) 求該點之線電流或相電流。

此種方法一般是工程師用來估算工廠之配電系統上各點的電流與功率潮流的方法，就單一工廠而言，其傳輸線長度很短且阻抗很小，所以若忽略阻抗，則只會產生很小的誤差。工程師一般將線電壓當作固定，並使用功率三角形方法可很快計算得到增加一負載時，對於整個系統的電流與功因的影響。

例題 A-3 圖 A-18 為一小型的工業配電系統，此系統提供 480 V 的定電壓，配電線上的阻抗可忽略。一號負載為 Δ 型連接，每一相的阻抗為 $10\angle 30°\ \Omega$，二號負載為 Y 接，每一相的阻抗為 $5\angle -36.87°\ \Omega$。

(a) 試求整個配電系統的功率因數。
(b) 試求整個配電系統供應的總電流。

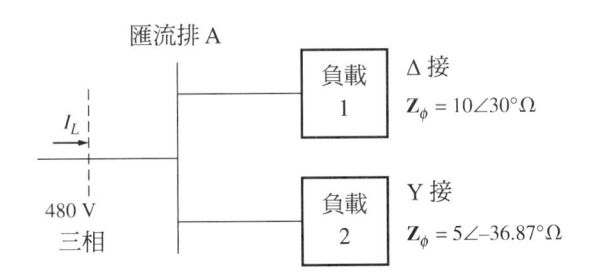

圖 A-18 例題 A-3 中的電力系統。

解：忽略配電線的阻抗，因此電壓降的問題可以不考慮。一號負載是 Δ 接，其相電壓為 480 V；二號負載 Y 接，其相電壓為 $480/\sqrt{3} = 277$ V。因此，一號負載的相電流為

$$I_{\phi 1} = \frac{480\ \text{V}}{10\ \Omega} = 48\ \text{A}$$

一號負載的實功率及虛功率為

$$P_1 = 3V_{\phi 1}I_{\phi 1}\cos\theta$$
$$= 3(480\ \text{V})(48\ \text{A})\cos 30° = 59.9\ \text{kW}$$
$$Q_1 = 3V_{\phi 1}I_{\phi 1}\sin\theta$$
$$= 3(480\ \text{V})(48\ \text{A})\sin 30° = 34.6\ \text{kvar}$$

二號負載的相電流為

$$I_{\phi 2} = \frac{277 \text{ V}}{5 \text{ }\Omega} = 55.4 \text{ A}$$

因此,二號負載的實功率及虛功率為

$$\begin{aligned}P_2 &= 3V_{\phi 2}I_{\phi 2}\cos\theta \\ &= 3(277 \text{ V})(55.4 \text{ A})\cos(-36.87°) = 36.8 \text{ kW} \\ Q_2 &= 3V_{\phi 2}I_{\phi 2}\sin\theta \\ &= 3(277 \text{ V})(55.4 \text{ A})\sin(-36.87°) = -27.6 \text{ kvar}\end{aligned}$$

(a) 配電系統所供應之總實功率及虛功率為

$$\begin{aligned}P_{\text{tot}} &= P_1 + P_2 \\ &= 59.9 \text{ kW} + 36.8 \text{ kW} = 96.7 \text{ kW} \\ Q_{\text{tot}} &= Q_1 + Q_2 \\ &= 34.6 \text{ kvar} - 27.6 \text{ kvar} = 7.00 \text{ kvar}\end{aligned}$$

根據功率三角形,有效阻抗的功率因數角 θ 為

$$\begin{aligned}\theta &= \tan^{-1}\frac{Q}{P} \\ &= \tan^{-1}\frac{7.00 \text{ kvar}}{96.7 \text{ kW}} = 4.14°\end{aligned}$$

因此系統的功率因數為

$$\text{PF} = \cos\theta = \cos(4.14°) = 0.997 \quad 落後$$

(b) 總線電流為

$$\begin{aligned}I_L &= \frac{P}{\sqrt{3}V_L\cos\theta} \\ I_L &= \frac{96.7 \text{ kW}}{\sqrt{3}(480 \text{ V})(0.997)} = 117 \text{ A}\end{aligned}$$

問 題

A-1 對三相發電機與負載而言,何種型式連接是可行的?

A-2 在一平衡的三相系統內,「平衡」的意義為何?

A-3 Y 接系統中相與線電壓和電流之關係為何?

A-4 Δ 接系統中相與線電壓和電流之關係為何?

A-5 何謂相序?

A-6 以線和相的量來寫出三相電路之實功、虛功與視在功率方程式。

A-7　Y-Δ 轉換為何？

習　題

A-1　三個 4+j3 Ω 連接成 Δ 型的阻抗，此負載由三相 208 V 的電源驅動。試求 I_ϕ、I_L、P、Q、S 和功率因數。

A-2　圖 PA-1 是一個三相電力系統供應兩組負載，Δ 型連接的發電機提供 480 V 的線電壓，傳輸線阻抗為 $0.09+j0.16$ Ω。一號負載是 Y 接，每相阻抗為 $2.5\angle 36.87°$ Ω；二號負載是 Δ 接，每相阻抗為 $5\angle -20°$ Ω。

(a) 求出兩個負載之線電壓。
(b) 求出傳輸線上之電壓降。
(c) 求出供應至每個負載的實功率及虛功率。
(d) 求出傳輸線上所損失之實功率及虛功率。
(e) 求出發電機所供應之實功率及虛功率與功率因數。

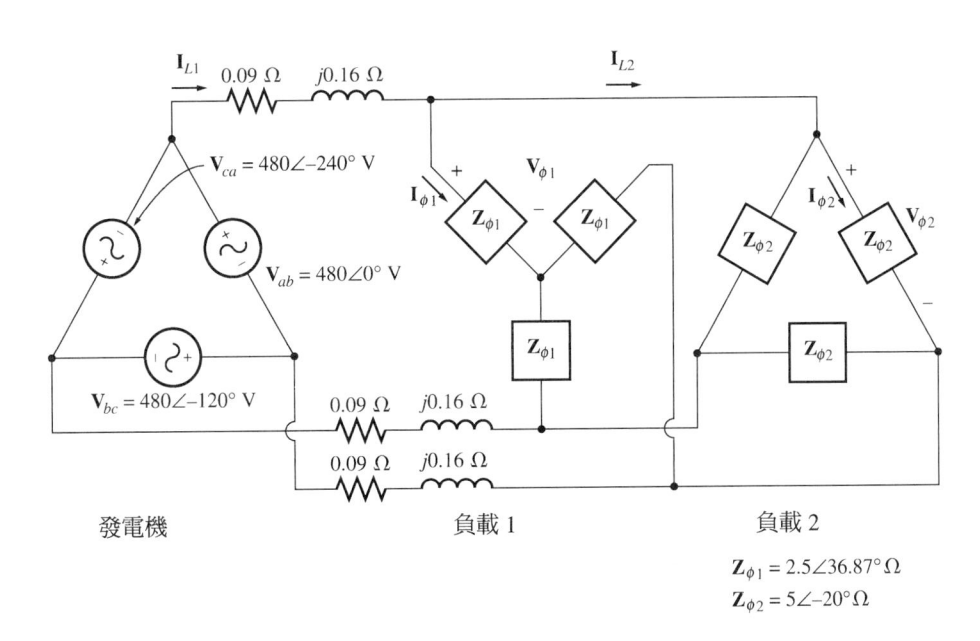

圖 PA-1　習題 A-2 中的電力系統。

A-3　圖 PA-2 所示為包含單一 480 V 發電機與三個負載之電力系統的單線圖，若傳輸線無損失，請回答下列問題。

(a) 假設負載 1 為 Y 接，則求負載內之相電壓與電流？
(b) 假設負載 2 為 Δ 接，則求負載內之相電壓與電流？

(c) 當開關打開時，求發電機供應之實功、虛功與視在功率？
(d) 當開關打開時，總線電流 I_L 為何？
(e) 當開關閉合時，求發電機供應之實功、虛功與視在功率？
(f) 當開關閉合時，總線電流 I_L 為何？
(g) 總線電流 I_L 與三個別電流 $I_1+I_2+I_3$ 的和是否有差異？若不相等，原因為何？

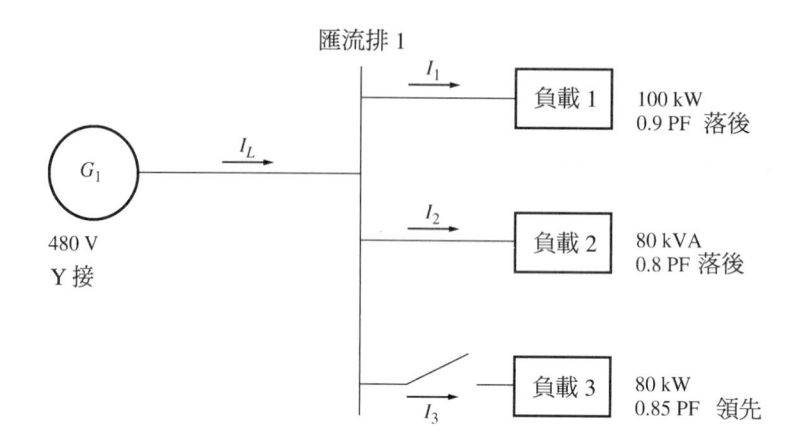

圖 PA-2　習題 A-3 之電力系統。

A-4　證明一 *acb* 相序 Y 接發電機之線電壓落後其對應之相電壓 30°，並畫此發電機之相與線電壓之相量圖。

A-5　求出圖 PA-3 中負載之每一線電壓、線電流、相電壓、相電流之大小及相角。

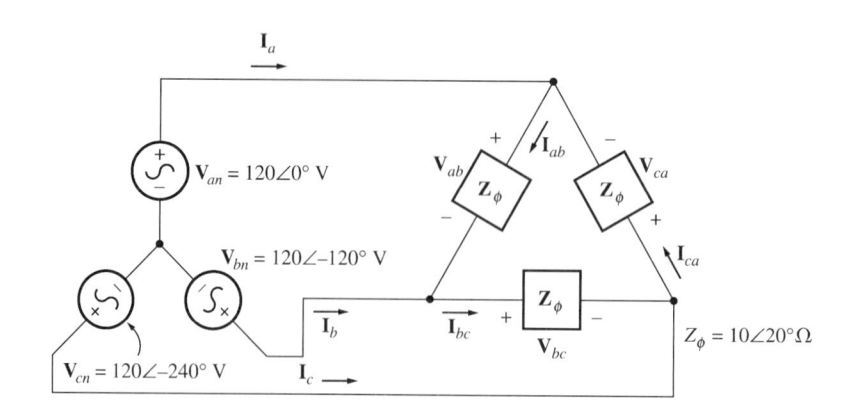

圖 PA-3　習題 A-5 中的電力系統。

A-6　圖 PA-4 所示為一工廠內 480 V 配電系統之單線圖，一工程師想要知道有與沒有加電容組到系統時，電力公司所吸收之電流差異，為作此計算，工程師假設系統

內導線阻抗為零。

(a) Y 開關打開，求系統內之實功、虛功與視在功率，並求電力公司送至配電系統之總電流。

(b) 當開關閉合時，重作 (a)。

(c) 當開關閉合時，電力系統所供應之總電流有何變化？為什麼？

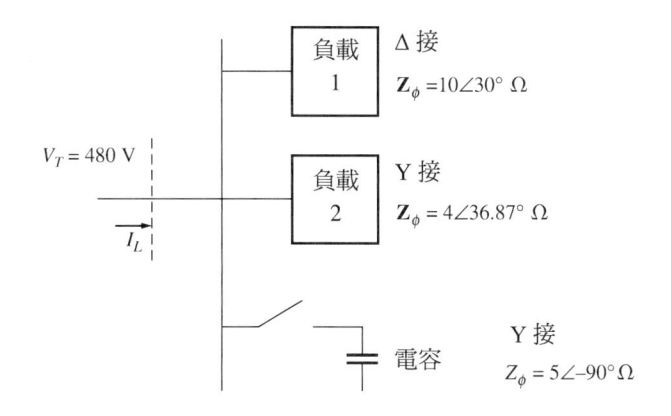

圖 **PA-4**　習題 A-6 中的電力系統。

參考文獻

1. Alexander, Charles K., and Matthew N. O. Sadiku: *Fundamentals of Electric Circuits,* McGraw-Hill, 2000.

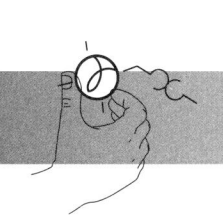

附錄 B 線圈節距與分佈繞組

如第三章所述,僅有氣隙磁通密度的諧波成份有被壓制情況下,交流機之感應電勢才是弦波。本附錄描述兩種電機設計者用來控制電機諧波之技術。

B.1 交流電機線圈節距之效應

在 3.4 節的簡單例子中,因為氣隙的磁通密度分佈是弦波式的,所以定子線圈的輸出電壓也是弦波式的。如果氣隙的磁通密度分佈不是弦波式的,那麼定子的輸出電壓會和磁通密度分佈有相同的形狀,也是非弦波式的。

一般來說,氣隙的磁通密度分佈不會是弦波式的。電機的設計者盡他們最大的努力想要產生弦波式的磁通分佈,但是仍然沒有完美的設計。真正的磁通分佈會有一個基本的弦波組成,再加上諧波的成分,而這些諧波成分將會造成定子電壓和電流的諧波成分。

定子電壓和電流中的諧波成分是我們不想要的,因此發展出各種技巧來消除這些諧波成分,其中一個重要的技巧就是使用分數節距繞組 (fractional-pitch winding)。

線圈節距

極距 (pole pitch) 是電機中相鄰兩極的角度距離。一部電機的極距以機械角 (mechanical degree) 表示為

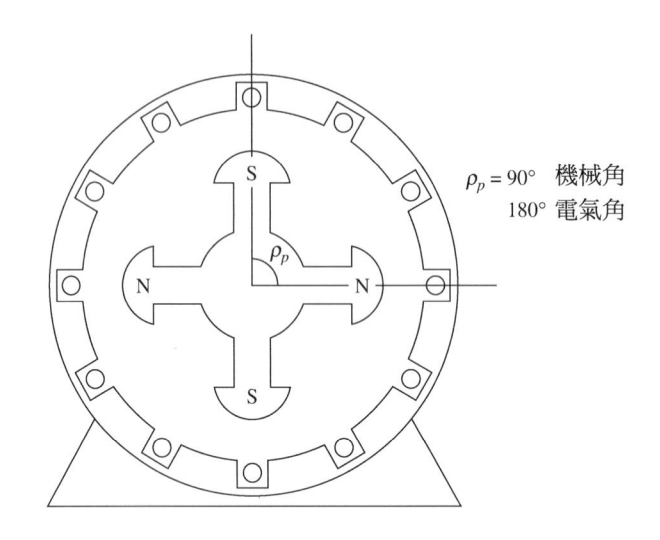

圖 B-1 四極電機的極距為 90° 機械角或 180° 電氣角。

$$\rho_p = \frac{360°}{P} \qquad \text{(B-1)}$$

式中 ρ_p 是以機械角 (mechanical degree)表示的極距，P 是極數。若不考慮電機中的極數，極距永遠是 180°的電氣角 (electrical degree)。(見圖 B-1)

　　如果定子線圈跨過等於一個極距的角度，就稱為是全節距線圈 (full-pitch coil)；如果定子線圈所跨過的角度小於一個極距，則稱為是分數節距線圈 (fractional-pitch coil)。一個分數節距線圈的節距通常表示為分數，而這個分數是表其所跨的角度於一個極距中所佔的比例。比如說 5/6 節距就是跨過兩相鄰極間距離的六分之五。一分數節距線圈的節距也可用電氣角來表示：

$$\rho = \frac{\theta_m}{\rho_p} \times 180° \qquad \text{(B-2a)}$$

式中 θ_m 為以角度表示的線圈所涵蓋的機械角，而 ρ_p 是以機械角表示的極距，或

$$\rho = \frac{\theta_m P}{2} \times 180° \qquad \text{(B-2b)}$$

式中 θ_m 為以角度表示的線圈所涵蓋的機械角，P 是極數。大多數實際電機定子線圈都是分數節距，因為分數節距繞組有些很重要的好處，稍後我們將會說明。採用分數節距線圈的繞組也稱為弦式繞組 (chorded winding)。

分數節距線圈的感應電壓

分數節距對線圈的輸出電壓會有何效應？要求答案，先察看圖 B-2 所示含分數節距繞組的簡單兩極電機。該機的極距為 180°，線圈節距為 ρ。和以前一樣，藉著求出每一線圈邊的電壓即可得出由旋轉磁場在該迴路　所產生的電壓，總電壓即等於各單獨邊電壓的總和。

就像以前一樣，在轉子和定子間之氣隙中的磁場密度向量 **B**，其大小是隨著機械角度作弦波式的變化，而 **B** 的方向都是輻射狀向外。如果 α 是以轉子磁通密度峯值為基準所量得的角度，那麼轉子上一點的磁通密度向量 **B** 的大小為

$$B = B_M \cos \alpha \tag{B-3a}$$

因為轉子本身以 ω_m 的角速度在定子內旋轉，所以定子周圍任一角度 α 其上的磁通密度向量 **B** 的大小為

氣隙磁通密度：
$B(\alpha) = B_M \cos(\omega t - \alpha)$

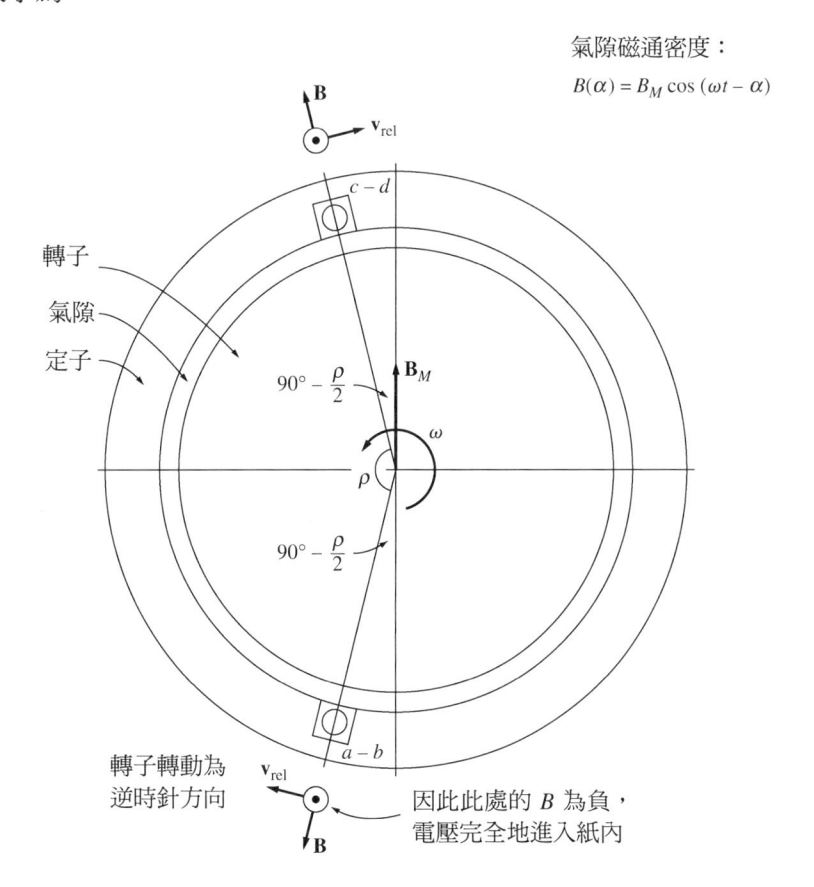

圖 B-2 節距 ρ 的分數節距繞組，上面顯示了線圈各邊的向量磁通密度和速度。圖中所示的速度是將磁場視為靜止來當作參考。

一導線內感應電壓的方程式為

$$B = B_M \cos(\omega t - \alpha) \tag{B-3b}$$

$$e_{\text{ind}} = (\mathbf{v} \times \mathbf{B}) \cdot \mathbf{l} \tag{1-45}$$

式中　$\mathbf{v}$ ＝導線相對磁場之運動速度
　　　$\mathbf{B}$ ＝磁場之磁通密度向量
　　　$\mathbf{l}$ ＝磁場內導體長度

可是上式只能使用在以靜止磁場為參考的情況下。若以磁場為參考，則磁場視為靜止而導線就像在運動一般，那麼上式就能適用。圖 B-2 說明從一靜止磁場和運動導線的觀點所看到的向量磁場和速度。

1. ab 段。對分數節距線圈的 ab 段來說，$\alpha = 90° + \rho/2$。假設 $\mathbf{B}$ 的方向是由轉子輻射狀向外，則在 ab 段 $\mathbf{v}$ 和 $\mathbf{B}$ 之間的夾角為 $90°$，而 $\mathbf{v} \times \mathbf{B}$ 的方向和 $\mathbf{l}$ 平行，因此

$$\begin{aligned} e_{ba} &= (\mathbf{v} \times \mathbf{B}) \cdot \mathbf{l} \\ &= vBl \quad \text{方向指向紙外} \\ &= -vB_M \cos\left[\omega_m t - \left(90° + \frac{\rho}{2}\right)\right] l \\ &= -vB_M l \cos\left(\omega_m t - 90° - \frac{\rho}{2}\right) \end{aligned} \tag{B-4}$$

式中的負號是由於電壓的極性和我們原先假設的極性相反。

2. bc 段。因為向量 $\mathbf{v} \times \mathbf{B}$ 和 $\mathbf{l}$ 互相垂直，所以 bc 段的電壓為零

$$e_{cb} = (\mathbf{v} \times \mathbf{B}) \cdot \mathbf{l} = 0 \tag{B-5}$$

3. cd 段。對 cd 段來說，$\alpha = 90° - \rho/2$。假設 $\mathbf{B}$ 的方向是由轉子輻射狀向外，則在 cd 段 $\mathbf{v}$ 和 $\mathbf{B}$ 之間的夾角為 $90°$，而 $\mathbf{v} \times \mathbf{B}$ 的方向和 $\mathbf{l}$ 平行，因此

$$\begin{aligned} e_{dc} &= (\mathbf{v} \times \mathbf{B}) \cdot \mathbf{l} \\ &= vBl \quad \text{方向指向紙外} \\ e_{ba} &= -vB_M \cos\left[\omega_m t - \left(90° - \frac{\rho}{2}\right)\right] l \\ &= -vB_M l \cos\left(\omega_m t - 90° + \frac{\rho}{2}\right) \end{aligned} \tag{B-6}$$

4. da 段。因為向量 $\mathbf{v} \times \mathbf{B}$ 和 $\mathbf{l}$ 互相垂直，所以 da 段的電壓為零

$$e_{ad} = (\mathbf{v} \times \mathbf{B}) \cdot \mathbf{l} = 0 \tag{B-7}$$

整個單匝分數節距線圈的總電壓等於

$$\begin{aligned} e_{\text{ind}} &= e_{ba} + e_{dc} \\ &= -vB_M l \cos\left(\omega_m t - 90° - \frac{\rho}{2}\right) + vB_M l \cos\left(\omega_m t - 90° + \frac{\rho}{2}\right) \end{aligned}$$

根據三角恆等式,

$$\cos\left(\omega_m t - 90° - \frac{\rho}{2}\right) = \cos(\omega_m t - 90°)\cos\frac{\rho}{2} + \sin(\omega_m t - 90°)\sin\frac{\rho}{2}$$

$$\cos\left(\omega_m t - 90° + \frac{\rho}{2}\right) = \cos(\omega_m t - 90°)\cos\frac{\rho}{2} - \sin(\omega_m t - 90°)\sin\frac{\rho}{2}$$

$$\sin(\omega_m t - 90°) = -\cos\omega_m t$$

故得最後的總電壓為

$$\begin{aligned} e_{\text{ind}} &= vB_M l \Big[-\cos(\omega_m t - 90°)\cos\frac{\rho}{2} - \sin(\omega_m t - 90°)\sin\frac{\rho}{2} \\ &\quad + \cos(\omega_m t - 90°)\cos\frac{\rho}{2} - \sin(\omega_m t - 90°)\sin\frac{\rho}{2} \Big] \\ &= -2vB_M l \sin\frac{\rho}{2}\sin(\omega_m t - 90°) \\ &= 2vB_M l \sin\frac{\rho}{2}\cos\omega_m t \end{aligned}$$

因為 $2vB_M l$ 等於 $\phi\omega$,在單匝線圈裡的電壓最後可表為

$$\boxed{e_{\text{ind}} = \phi\omega \sin\frac{\rho}{2}\cos\omega_m t} \tag{B-8}$$

除了 $\sin\rho/2$ 項之外,上式和全節距線圈所得電壓是一樣的。由此可定義線圈的節距因數 k_p,線圈節距因數為

$$\boxed{k_p = \sin\frac{\rho}{2}} \tag{B-9}$$

若以節距因數表示,則單匝數圈之感應電壓為

$$e_{\text{ind}} = k_p \phi \omega_m \cos\omega_m t \tag{B-10}$$

所有 N 匝分數節距線圈的總電壓是

$$e_{\text{ind}} = N_C k_p \phi \omega_m \cos \omega_m t \tag{B-11}$$

且其峯值電壓為

$$E_{\max} = N_C k_p \phi \omega_m \tag{B-12}$$

$$= 2\pi N_C k_p \phi f \tag{B-13}$$

所以有此三相定子內任意一相的電壓均方根為

$$E_A = \frac{2\pi}{\sqrt{2}} N_C k_p \phi f \tag{B-14}$$

$$= \sqrt{2} \pi N_C k_p \phi f \tag{B-15}$$

注意到對一全節距線圈而言，$\rho = 180°$ 且式 (B-15) 簡化後和前面所得結果相同。

對超過兩極的電機而言，若線圈節距 p 是電氣角，則式 (B-9) 就代表節距因數。若 p 是機械角，則節距因數應為

$$\boxed{k_p = \sin \frac{\theta_m P}{2}} \tag{B-16}$$

諧波問題與分數節距繞組

基於在實際電機中因為非弦波式的磁通密度分佈的問題，我們使用了分數節距繞組。圖 B-3 說明了這種情形，圖中所示為一凸極同步機的轉子掃過定子表面。因為所有磁路中以通過轉子中心點的磁路其磁阻最小 (因為轉子中心的氣隙比兩邊的小)，磁通強烈地集中在該點 (轉子中心)，且磁通密度在該處非常高，結果在繞組內所產生的電壓如圖 B-3 所示。注意此電壓不是弦波式的，其中含有許多諧波頻率成分。

因為所產生的電壓波形對稱於轉子磁通的中心，所以在相電壓裡不含偶次諧波成分。而所有奇次諧波 (第三、第五、第七、第九等等) 在設計實際交流電機時必須要考慮到。一般說來，愈高次的諧波頻率成分，它在輸出相電壓裡的波幅就愈小。所以超過某一特定點 (約高於第九次諧波)，再高次的諧波效應就可以忽略了。

若三相系統是 Y 接或 Δ 接，則會有某些諧波不會出現在電機的輸出中。如第三次諧波就是其中之一。若已知三相的每一基本波電壓為

$$e_a(t) = E_{M1} \sin \omega t \quad \text{V} \tag{B-17a}$$

$$e_b(t) = E_{M1} \sin (\omega t - 120°) \quad \text{V} \tag{B-17b}$$

$$e_c(t) = E_{M1} \sin (\omega t - 240°) \quad \text{V} \tag{B-17c}$$

則第三次諧波電壓為

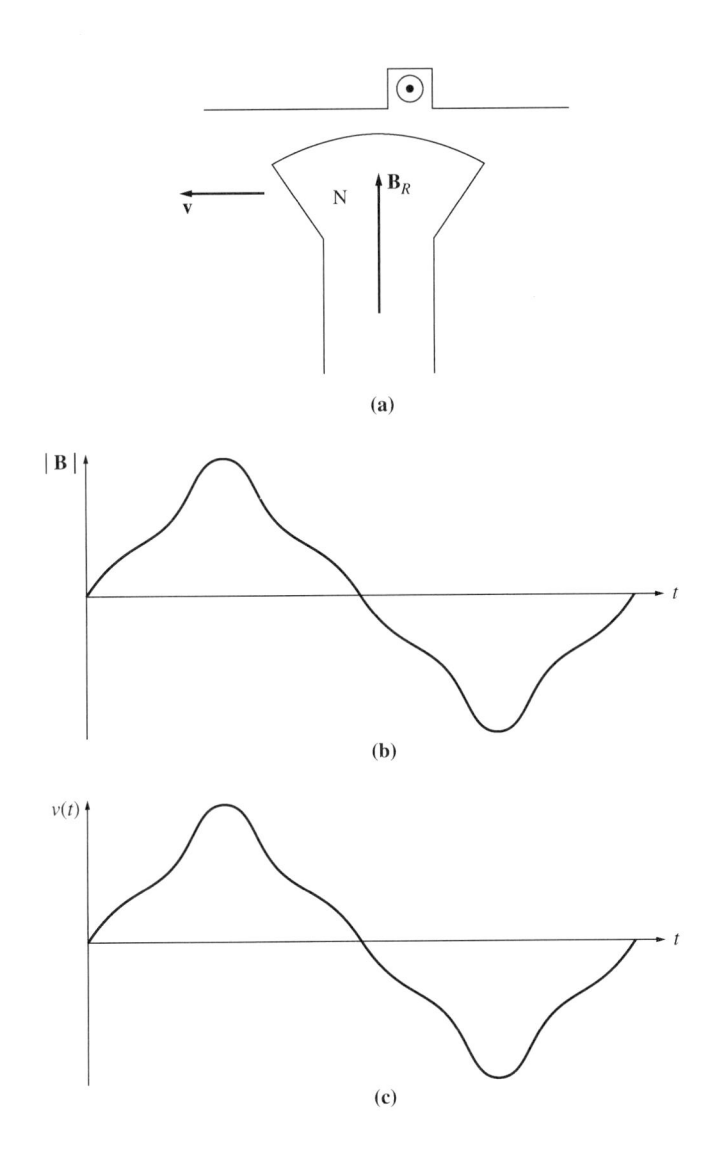

圖 B-3　(a) 一鐵磁性轉子掃過定子導體。(b) 在定子表面上某一點磁場的磁通密度分佈為一時間函數。(c) 在導體內產生的感應電壓。注意該電壓在任一時間都直接和磁通密度成正比。

$$e_{a3}(t) = E_{M3} \sin 3\omega t \qquad \text{V} \tag{B-18a}$$

$$e_{b3}(t) = E_{M3} \sin (3\omega t - 360°) \qquad \text{V} \tag{B-18b}$$

$$e_{c3}(t) = E_{M3} \sin (3\omega t - 720°) \qquad \text{V} \tag{B-18c}$$

注意第三次諧波在每相中都相等。若同步機是 Y 接，則在任二端點間的第三諧波電壓為零 (雖然在每一單相裡第三諧波的電壓成分可能很大)。如果是 Δ 接，則第三諧波成分都相加起來，並導致有一第三諧波電流在電機的 Δ 繞組內流通。因第三諧波的壓降是在

電機內部阻抗上，故在端點間還是無第三諧波的電壓成分。

以上結果不僅是存在於第三諧波，凡是第三諧波的倍數諧波 (如第九諧波) 都有上述情形。此種特殊諧波頻率稱為三倍數諧波 (triplen harmonics)，其在三相電機裡會自動地受到抑制。

剩餘的諧波頻率為第五、第七、第十一、第十三諧波等等。因為電壓的諧波成分的強度隨頻率增加而減小，同步機的弦波輸出 實際的主要誤差是因第五及第七諧波頻率所造成，有時稱之為帶諧波 (belt harmonics)。若能找出方法除去這些諧波成分，同步機的輸出電壓將會是一個基本頻率 (50 或 60 Hz) 的純正弦波。

我們要如何才能消除繞組端電壓裡的部分諧波成分？

有一種方式是將轉子本身的磁通分佈設計成近似弦波式的形狀，此舉雖有助於減少輸出電壓的諧波成分，但還不夠理想。還有另一種方法就是利用分數節距繞組。

分數節距繞組對定子電壓的主要效應就是第 n 次諧波的電氣角是基本頻率成分電氣角的 n 倍。換句話說，如果一線圈對其基本頻率而言是跨了 150°，則對第二諧波是 300°，第三諧波是 450°，依此類推。如果線圈基本波頻率所跨的電氣角為 ρ，而 ν 代表諧波數目，則此線圈對該諧波而言，將跨過 $\nu\rho$ 的電氣角。所以在諧波頻率的線圈距因數為

$$k_p = \sin \frac{\nu\rho}{2} \tag{B-19}$$

此處最重要的一點就是繞組的節距因數是隨諧波頻率不同而有所差異。藉著選擇適當的定子節距可以幾乎把電機輸出電壓中的諧波頻率成分消除掉。由以下例題我們可以明白如何來抑制諧波。

例題 B-1 一三相、兩極的定子，其節距線圈為 5/6。在此器線圈內各諧波的節距因數為何？此節距是否有助於抑制所產生電壓裡的諧波成分？

解：此電機以機械角表示之極距為

$$\rho_p = \frac{360°}{P} = 180° \tag{B-1}$$

所以此線圈的機械節距角為 180° 的六分之五，或 150°。由式 (B-2a)，以電氣角表示的節距為

$$\rho = \frac{\theta_m}{\rho_p} \times 180° = \frac{150°}{180°} \times 180° = 150° \tag{B-2a}$$

因為這是兩極的電機，所以機械的節距角和電氣的節距角相等。對其他極數而言，就不會相等。

因此對基本波及較高的奇次諧波頻率(記住，偶次諧波不存在)而言，節距因數為

基本波： $k_p = \sin \frac{150°}{2} = 0.966$

第三諧波： $k_p = \sin \frac{3(150°)}{2} = -0.707$ (此為不在三相輸出端出現之三倍數諧波)

第五諧波： $k_p = \sin \frac{5(150°)}{2} = 0.259$

第七諧波： $k_p = \sin \frac{7(150°)}{2} = 0.259$

第九諧波： $k_p = \sin \frac{9(150°)}{2} = -0.707$ (此為不在三相輸出端視之三倍數諧波)

使用此種線圈節距，第三和第九諧波成分僅微受壓抑，但這並不重要，因為它們並不出現在輸出端。由於三倍數諧波效應及線圈節距效應，第三、五、七、九諧波和基本波頻率比較，相對的都受到抑制。因此利用分數節距繞組將大量減低電機輸出電壓裡的諧波成分，且僅略微減少基本波電壓。◀

圖 B-4 所示為全節距繞組及 $\rho = 150°$ 的節距繞組之同步機輸出電壓。注意分數節距

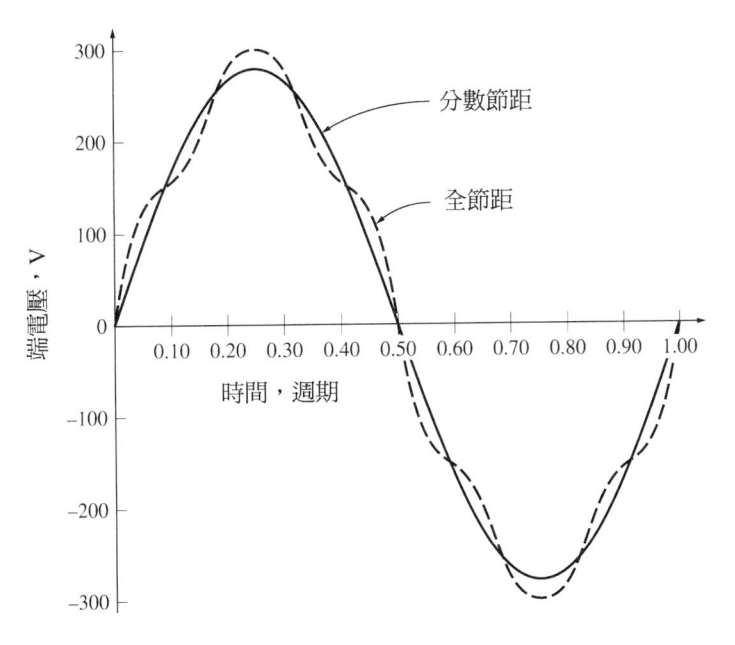

圖 B-4 使用全節距和分數節距繞組的三相發電機之輸出線電壓。雖然分數節距的電壓峯值略小於全節距的電壓峯值，但其輸出電壓較為接近純正弦波。

繞組對波形品質造成顯著改善。

有些高頻諧波，稱為齒諧波 (tooth harmonics) 或槽諧波 (slot harmonics)，是無法利用改變定子線圈的節距來抑制的。這些槽諧波將在 B.2 節中和分佈繞組一起討論。

B.2　交流電機之分佈繞組

在前一節中，交流電機每一相的線圈都假設為只集中在定子表面的單一對槽中，實際上的線圈是分佈在相鄰的好幾對槽中，因為要將所有的線圈都集中在一槽中是不可能的。

在實際的交流電機中，定子的繞組構造是相當複雜的。通常交流機定子在每一相都是由數個線圈組成，分佈於定子內表面的槽中。在較大型的電機裡，每一線圈是由許多匝組成的預成形單元，每匝互相絕緣且和定子本身亦絕緣。每一單匝的電壓非常小，所以必須串聯許多匝才夠產生合理的電壓。這麼大數目的線圈通常分為數個線圈，且線圈被等距離地置於定子表面的槽中。

定子相鄰兩槽相距以角度表示稱為定子槽節距 (slot pitch) γ。槽節距可以機械角或電氣角表示。

除了非常小的電機外，定子線圈通常為雙層繞組 (double-layer winding)，如圖 B-5 所示。雙層繞組較易製造 (相同線圈數目而用較少的槽)，且比單層繞組較易連接端線，也因此造價便宜許多。

圖 B-5 所示為具有分佈全節距繞組的兩極機。此繞組裡，每相有四個線圈，且每一相的所有線圈邊都放置於相鄰的槽中，這些線圈邊稱為相帶 (phase belt) 或相群 (phase group)。注意此兩極機中有六個相帶。通常 P 極定子有 $3P$ 個相帶，每一相有 P 個相帶。

圖 B-6 所示為用分數節距線的分佈繞組。注意此繞組仍有相帶，但是在每個單獨槽中線圈的相可以混合。這些線圈的節距為 5/6 或 150° 電氣角。

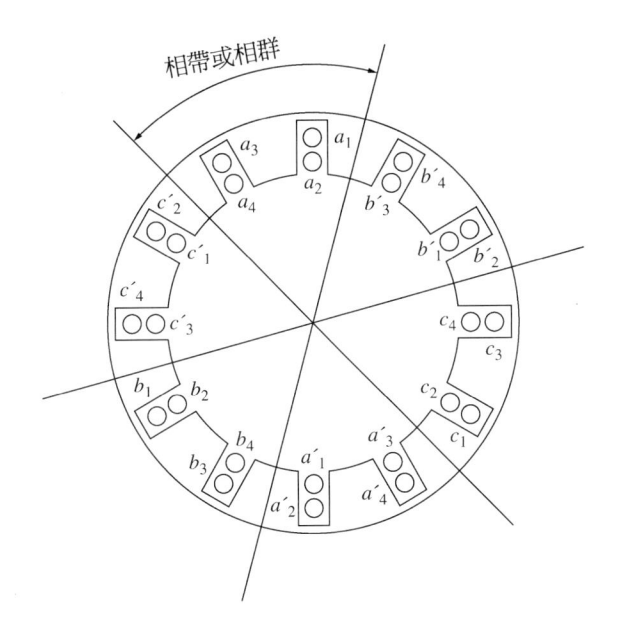

圖 B-5 簡單的雙層全節距分佈繞組之兩極交流電機。

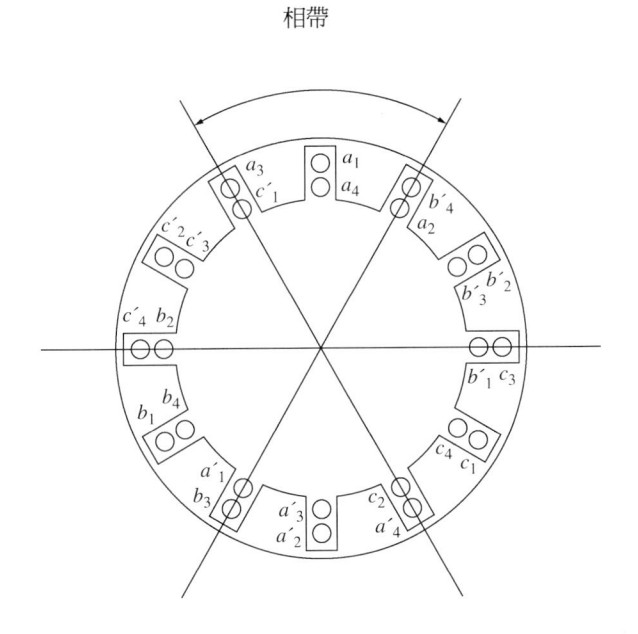

圖 B-6 使用雙層分數節距分佈繞組的兩極交流電機。

分佈因數

將所需的總匝數分為線圈組成可以對定子內表面有較高利用效率,又因為定子表面的槽可以造的較小,所以有較佳的結構強度。事實上,將線圈匝在各相裡以不同的角度配置,將會得到比預期為低的電壓。

要明白這個問題,請參閱圖 B-7。該電機為單層繞組,定子的每相 (相帶) 繞組在三個槽裡間隔 20° 分佈著。

如果 a 相中間線圈的初始電壓為

$$\mathbf{E}_{a2} = E \angle 0° \text{ V}$$

則 a 相中另外二個線圈的電壓為

$$\mathbf{E}_{a1} = E \angle -20° \text{ V}$$
$$\mathbf{E}_{a3} = E \angle 20° \text{ V}$$

a 相中總電壓為

$$\begin{aligned}\mathbf{E}_a &= \mathbf{E}_{a1} + \mathbf{E}_{a2} + \mathbf{E}_{a3} \\ &= E \angle -20° + E \angle 0° + E \angle 20° \\ &= E \cos(-20°) + jE \sin(-20°) + E + E \cos 20° + jE \sin 20° \\ &= E + 2E \cos 20° = 2.879 E\end{aligned}$$

此電壓和所有線圈都集中於同個槽中的不完全一樣,即電壓 E_a 應該等於 $3E$ 而不是 $2.879E$。分佈繞組所得實際電壓和集中繞組應得電壓的比值稱為繞組的寬度因數 (breadth factor) 或分佈因數 (distribution factor)。分佈因數定義為

$$k_d = \frac{實際的 \ V_\phi}{沒有分佈時的期望 \ V_\phi} \tag{B-20}$$

圖 B-7 中電機的分佈因數為

$$k_d = \frac{2.879E}{3E} = 0.960 \tag{B-21}$$

分佈因數是表示定子繞組的線圈在空間分佈,導致電壓降低的一種簡便方式。

參考文獻 1 中證明:對每相帶有 n 槽,每槽間隔 γ 度的繞組而言,分佈因數為

$$\boxed{k_d = \frac{\sin(n\gamma/2)}{n \sin(\gamma/2)}} \tag{B-22}$$

以前例而言,$n=3$,$\gamma=20°$,則分佈因數為

$$k_d = \frac{\sin(n\gamma/2)}{n \sin(\gamma/2)} = \frac{\sin[(3)(20°)/2]}{3 \sin(20°/2)} = 0.960 \tag{B-22}$$

和前面結果一致。

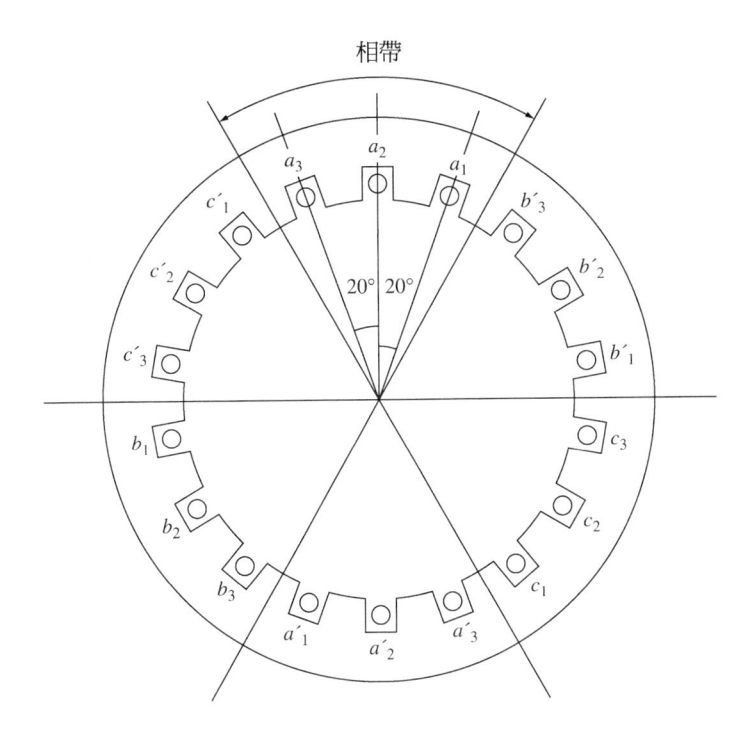

圖 B-7 每相由各相隔 20°、單層繞組的三個線圈所組成之兩極定子。

含分佈效應的產生電壓

有 N_C 匝及節距因數為 k_p 的單一線圈,其均方根值電壓已求出為

$$E_A = \sqrt{2}\pi N_C k_p \phi f \tag{B-15}$$

若定子每相有 i 個線圈,每線圈為 N_C 匝,總計每相有 $N_P = iN_C$ 匝。每相電壓應該是將 N_P 匝視為在同一槽所產生電壓再乘以分佈因數後所得的電壓,故每相電壓為

$$\boxed{E_A = \sqrt{2}\pi N_P k_p k_d \phi f} \tag{B-23}$$

有時將繞組的節距因數和分佈因數結合在一起,稱為繞組因數 (winding factor) k_w,即定子繞組因數為

$$\boxed{k_w = k_p k_d} \tag{B-24}$$

根據此定義,每相電壓為

$$\boxed{E_A = \sqrt{2}\pi N_P k_w \phi f} \tag{B-25}$$

例題 B-2 一簡單兩極式，三相，Y 接的同步發電機定子，有如圖 B-6 所示的雙層繞組結構，每相有四個線圈分佈，每個線圈有 10 匝，繞組節距為 150° 電氣角。轉子 (和磁場) 轉速為 3000 r/min，每極磁通量為 0.019 Wb。

(a) 定子的槽節距為多少機械角？多少電氣角？
(b) 定子線圈跨過多少槽？
(c) 定子每相電壓大小為何？
(d) 端電壓為多少？
(e) 分數節距繞組對電壓的第五諧波成分相對於基本波成分來說，被抑制了多少？

解：

(a) 本定子有六個相帶，每帶有 2 槽，所以共有 12 槽，整個定子為 360°，所以定子槽節距為

$$\gamma = \frac{360°}{12} = 30°$$

因為是兩極式，故此為電氣節距也是機械節距。

(b) 定子兩極共 12 槽，故每極有 6 槽，線圈節距為 150°，150°/180°＝5/6，故線圈須跨 5 槽。

(c) 本機的頻率為

$$f = \frac{n_m P}{120} = \frac{(3000 \text{ r/min})(2 \text{ poles})}{120} = 50 \text{ Hz}$$

利用式 (B-19)，電壓基波成分的節距因數為

$$k_p = \sin \frac{\nu\rho}{2} = \sin \frac{(1)(150°)}{2} = 0.966 \qquad \textbf{(B-19)}$$

雖然一相帶裡的繞組有三個槽，但在外面的兩個槽中各僅有一個線圈在該相裡，所以繞組實際上佔有兩個完整的槽，繞組分佈因數是

$$k_d = \frac{\sin(n\gamma/2)}{n \sin(\gamma/2)} = \frac{\sin[(2)(30°)/2]}{2 \sin(30°/2)} = 0.966 \qquad \textbf{(B-22)}$$

故得定子每相的電壓為

$$\begin{aligned} E_A &= \sqrt{2}\ \pi N_P k_p k_d \phi f \\ &= \sqrt{2}\ \pi (40 \text{ turns})(0.966)(0.966)(0.019 \text{ Wb})(50 \text{ Hz}) \\ &= 157 \text{ V} \end{aligned}$$

(d) 此電機的端電壓為

$$V_T = \sqrt{3}E_A = \sqrt{3}(157 \text{ V}) = 272 \text{ V}$$

(e) 對第五諧波成分的節距為

$$k_p = \sin \frac{\nu\rho}{2} = \sin \frac{(5)(150°)}{2} = 0.259 \quad \text{(B-19)}$$

因電壓基本波成分的節距因數為 0.966，而第五諧波成分的節距因數為 0.259，基本波成分被減少 3.4%，而第五諧波成分被減少 74.1%，所以電壓的第五諧波成分比基本諧波成分多減少了 70.7%。 ◀

齒或槽諧波

雖然分佈繞組比集中繞組有較好的定子強度，利用率較佳和結構簡單等優點，可是分佈繞組也使電機設計時產生新的問題。定子內部均勻分佈的槽使得磁阻和定子表面的磁通呈規律的變化，這種規律變化所產生的諧波成分稱為齒 (tooth) 或槽諧波 (slot harmonics) (見圖 B-8)。槽諧波發生的頻率是由相鄰槽的間隔決定，如下式所示

$$\boxed{\nu_{\text{slot}} = \frac{2MS}{P} \pm 1} \quad \text{(B-26)}$$

式中 ν_{slot} ＝諧波成分的數目
　　　S ＝定子槽數
　　　M ＝整數
　　　P ＝極數

當 $M=1$ 時產生最低的槽諧波頻率，也是最麻煩的一種。

因為這類諧波是由相鄰線圈槽的間隔決定，所以改變線圈節距和分佈是沒有效果的。若不考慮線圈節距，則槽諧波必由某一槽開始而由某一槽結束，因此線圈間隔是導致槽諧波的初始位置的基本間隔之整數倍。

例如一個 72 槽，六極的交流定子裡，最低也是最麻煩的兩個定子諧波是

$$\nu_{\text{slot}} = \frac{2MS}{P} \pm 1 \quad \text{(B-26)}$$
$$= \frac{2(1)(72)}{6} \pm 1 = 23, 25$$

在頻率 60 Hz 的電機裡，就是 1380 和 1500 Hz。

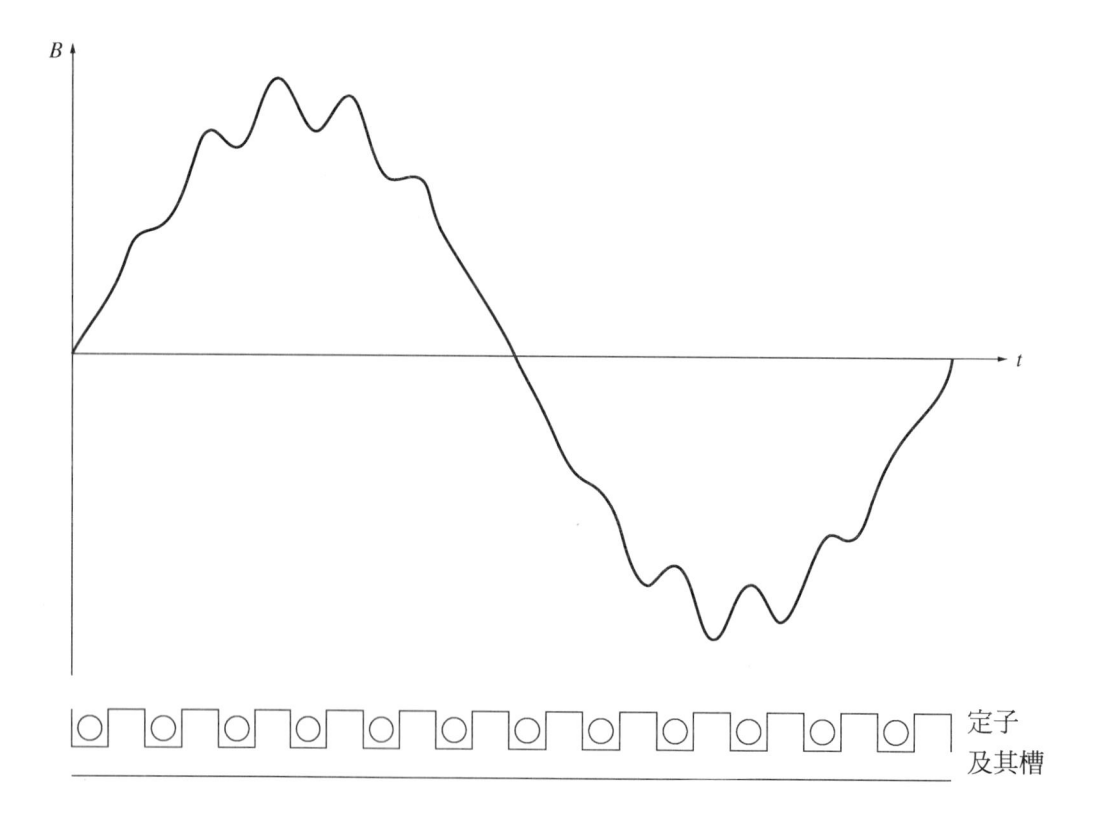

圖 B-10 由於齒或槽諧波所產生氣隙中的磁通密度變化。因為每個槽的磁阻比槽之間的金屬表面的磁阻來得大，所以槽上方的磁通密度都會較低。

槽諧波在交流電機中產生下列問題：

1. 在交流發電機的產生電壓裡造成諧波。
2. 在感應電動機裡因定子和轉子槽諧波互相作用產生渦流轉矩，這種轉矩嚴重的影響電動機的轉矩-轉速特性曲線的形狀。
3. 產生電動機振動和噪音。
4. 因電壓的高頻成分和流入定子齒中的電流使鐵心損增加。

在感應電動機中槽諧波特別麻煩，因為其會在轉子磁路裡產生相同頻率的諧波，更會影響電機的轉矩。

通常有兩種方法來減輕槽諧波，那就是利用分數槽繞組 (fractional-slot winding) 和轉子斜導體 (skewed rotor conductor)。

分數槽繞組就是轉子每極槽數是分數值。所有前述分佈繞組的例子都是整數槽繞組，即每極的槽數為 2、3、4 或其他的整數。從另一方面來看，一個分數槽定子可製成每極有 $2\frac{1}{2}$ 槽。由分數槽繞組在兩相鄰極之間產生的補償作用，有助於減輕相帶諧波和槽諧波。此種減少諧波的方式可用於所有型式的交流電機中。分數槽諧波在參考文獻 1 和 2 裡有詳細說明。

另一種漸漸普遍用來減少槽諧波的方式，就是將電機轉子導體置成斜向。這種方式主要應用在感應電動機。將感應電動機轉子的導體輕微的扭轉一下，使其一端位在某槽之下，而另一端正好位於鄰槽之下。因為轉子的單一導體從一線圈槽延伸至下一槽中 (剛好對應於最低的槽諧波頻率整個電氣週期的距離)，由槽諧波造成的磁通改變的電壓成分就被消除掉。

B.3 總　結

在實際電機中，定子線圈通常為分數節距，意即線圈不全完由一磁極跨至下一磁極。此種定子繞組分數節距會略微減低輸出電壓，但同時也大大地減弱電壓的諧波成分，而產生較為平滑許多的輸出電壓。定子繞組若使用數節距線圈的話，通常稱之為弦式繞組 (chorded winding)。

某些特定的高次諧波，稱為齒或槽諧波，無法以分數節距線圈來抑制。這些諧波在感應電動機裡特別麻煩。利用分數槽繞組或感應機之轉子斜向導體兩種方式可以減弱槽諧波。

實際電機中定子每相不單只有一個線圈，為了得到適當的電壓輸出，可以使用數個各含許多匝的線圈。這需要將繞組分佈在定子表面的一段範圍裡。在一相中將定子繞組分散佈置，將輸出電壓降低為 (分佈因數) k_d 倍，但實際上這麼做可以更容易的將更多繞組置於電機裡。

問　題

B-1　為何交流機定子用分佈繞組代替集中繞組？

B-2　(a) 什麼是定子繞組的分佈因數？(b) 集中定子繞組的分佈因數的值為多少？

B-3　何謂弦式繞組？交流定子繞組為何使用它？

B-4　何謂節距？何謂節距因數？兩者關係為何？

B-5　為什麼在三相交流機輸出電壓中不含第三諧波成分？

B-6　何謂三倍數諧波？

B-7　何謂槽諧波？如何減弱它們？

B-8　如何讓交流機的磁力 (和磁通) 分佈更為接近弦波式？

習　題

B-1　一 3 相兩極式的定子，若使用分數節距繞組，想要消除電壓的第五諧波成分，繞組節距的最佳選擇為何？

B-2　導出式 (B-22) 的繞組分佈因數 k_d 的關係式？

B-3　一 3 相，4 極，96 槽的同步機，槽中為雙層繞組 (每槽兩個線圈)，每個線圈有 4 匝，線圈節距為 19/24。
(a) 求以電氣角表示之槽和線圈節距。
(b) 求出此電機之節距、分佈及繞組因數。

(c) 此繞組對於消除第三、五、七、九及十一次諧波的效果如何？注意必須將線圈節距及繞組分佈的效應考慮進去。

B-4 3 相，4 極的雙層繞組安裝於一 48 槽的定子，定子繞組節距為 5/6，每個線圈有 10 匝，每相線圈為串聯，三相為 Δ 聯接。每極磁通量為 0.054 Wb，磁場轉速為 1800 r/min。
(a) 此繞組的節距因數為何？
(b) 此繞組的分佈因數為何？
(c) 此繞組所產生電壓的頻率為何？
(d) 此定子的相電壓及端電壓為何？

B-5 一 3 相，Y 接，6 極的同步發電機，定子繞組每極有 6 槽，其為分數節距雙層繞組，每個線圈有 8 匝。分佈因數 $k_d=0.956$，節距因數 $k_p=0.981$。每極磁通量為 0.02 Wb，轉速為 1200 r/min。求本發電機所產生的線電壓大小為何？

B-6 一 3 相，Y 接，50 Hz 的兩極同步機，其定子有 18 槽，線圈以雙層弦式繞組 (每槽兩個線圈)，每線圈為 60 匝，節距因數為 8/9。
(a) 轉子的磁通量應為多大才可生 6 kV 的線電壓？
(b) 此線圈節距對減低電壓之第五諧波成分的效果如何？對第七諧波成分的效果又如何？

B-7 交流機電樞 (定子) 須用怎樣的節距才能完全消除電壓裡的第七諧波成分？在八極繞組中最少須有多少槽才能正好是該種節距？該種節距對電壓第五諧波成分有何效應？

B-8 一 13.8 kV，Y 接，60 Hz，12 極，3 相之同步發電機有 180 槽，其為雙層繞組，每線圈有 8 匝。定子線圈節距為 12 槽，每相之所有相帶的導體為串聯。
(a) 每極磁通量須為多少才可使無載線電壓為 13.8 kV？
(b) 本機繞組因數 k_w 為何？

參考文獻

1. Fitzgerald, A. E., and Charles Kingsley. *Electric Machinery*. New York: McGraw-Hill, 1952.
2. Liwschitz-Garik, Michael, and Clyde Whipple. *Alternating-Current Machinery*. Princeton, N.J.: Van Nostrand, 1961.
3. Werninck. E. H. (ed.). *Electric Motor Handbook*. London: McGraw-Hill, 1978.

附錄 C

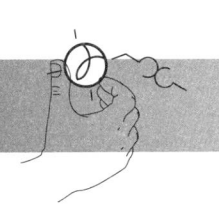

同步電機的凸極理論

第四章中所推導出之同步發電機的等效電路只適用於整圓形的轉子，並不適用於凸極式轉子。同樣地，式 (4-20) 中所述之轉矩角及功率間之關係亦只適用於整圓形轉子。在第四章中，我們忽略了凸極式轉子的效應而假設整圓形轉子理論可應用於全部的轉子形態。這在穩態分析中其結果尚可以接受，但在暫態分析中此結果便變得十分不佳了。

感應電動機之簡單等效電路的問題在於忽略了磁阻轉矩 (reluctance torque) 的效應。為了要了解此一概念，參考圖 C-1。此圖為一沒有繞組在其上的凸極式轉子置於三相定子中。如果定子產生圖示的磁場，則此一磁場將在轉子上感應出另一磁場。由於轉子的直軸較交軸更易建立磁場，因此轉子感應磁場的方向將與轉子方向相同。這兩個磁場間

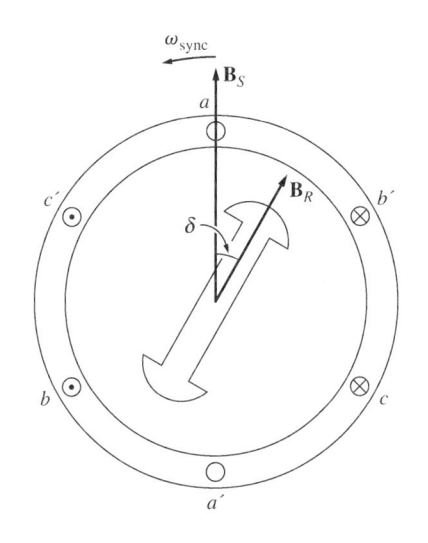

圖 C-1 凸極式轉子，提出磁阻式轉矩的概念。定子磁場在轉子上會感應磁場，此一磁場與 $\sin 2\delta$ 成正比。

有 δ 的夾角，因此會有轉矩產生，使轉子企圖和定子磁場成一直線，此感應轉矩與 sin 2δ 成正比。

由於當我們以整圓形轉子方式來分析同步電機時，忽略了此一在不同方向會產生不同強度磁場之效應 (磁阻轉矩效應)，因此當我們分析之轉子變成凸極式時，其結果便不正確。

C.1　凸極式同步發電機等效電路之建立

與整圓形轉子理論相同的，本同步發電機之模型亦有四個基本部分：

1. 發電機的內電壓 E_A
2. 同步發電機之電樞反應
3. 定子繞組的自感
4. 定子繞組的阻抗

對凸極式的同步發電機而言，第一、三及四部分並沒有改變。只有第二項電樞反應需做修正，以解釋磁場在某一方向比另一方向容易建立的情形。

我們以下列對電樞反應的修正來說明此一情形。圖 C-2 為一兩極的凸極轉子以反時針方向在定子中旋轉，轉子的磁場設為 B_R，其方向為向上 (如圖所示)。根據在磁場中運動導體的感應電壓公式

$$e_{\text{ind}} = (v \times B) \cdot l \tag{1-45}$$

定子中上半部導體內的感應電壓方向為指向紙外，下半部導體內的感應電壓方向為指向紙內。任何時間之最大感應電壓均在轉子的直軸面上。

如果一個落後功因的負載接至發電機的端點上，則定子中所流之電流，其峯值將落後於定子電壓峯值。圖 C-2b 為此一電流。

如圖 C-2c 所示，此一定子電流將產生落後於此電流 90° 的磁動勢。在整圓轉子理論中，此一磁動勢將會產生與定子磁動勢同一直線的定子磁場 B_S。但是，對凸極式轉子而言，轉子直軸方向比交軸方向容易建立磁場。因此，我們將定子的磁動勢分成與轉子垂直及與轉子平行的分量。這兩個磁動勢分量均會產生磁場，但直軸方向所建立之磁場將較交軸方向建立的磁場大。

相對於整圓式轉子產生的磁場而言，所產生的定子磁場如圖 C-2d 所示。

同樣地，定子磁場的各個部分會因電樞反應產生電壓，圖 C-2e 為這些因電樞反應產生的電壓。

定子中的總電壓為

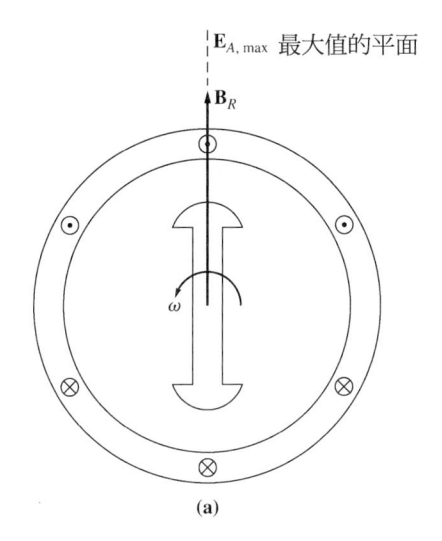

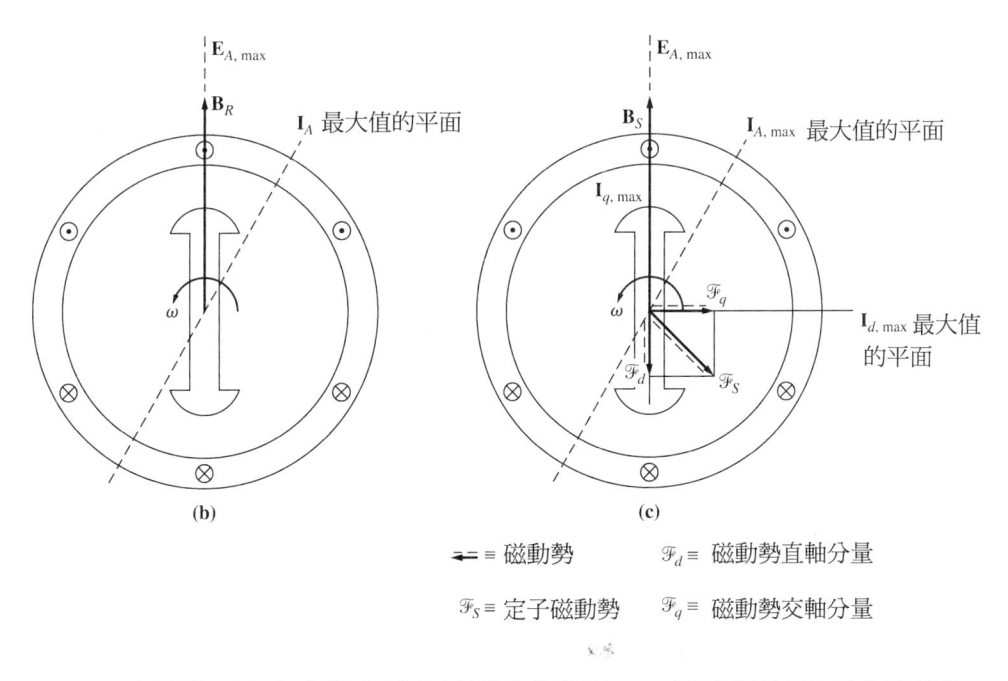

圖 C-2 凸極式的同步發電機因電樞反應產生的效應。(a) 轉子磁場在定子上感應出一個電壓，此一電壓在直軸達到峯值。(b) 如果負載是落後性的，定子電流的峯值會落後 E_A 一個角度。(c) 此一定子電流 I_A 將在電機中產生一個磁動勢。

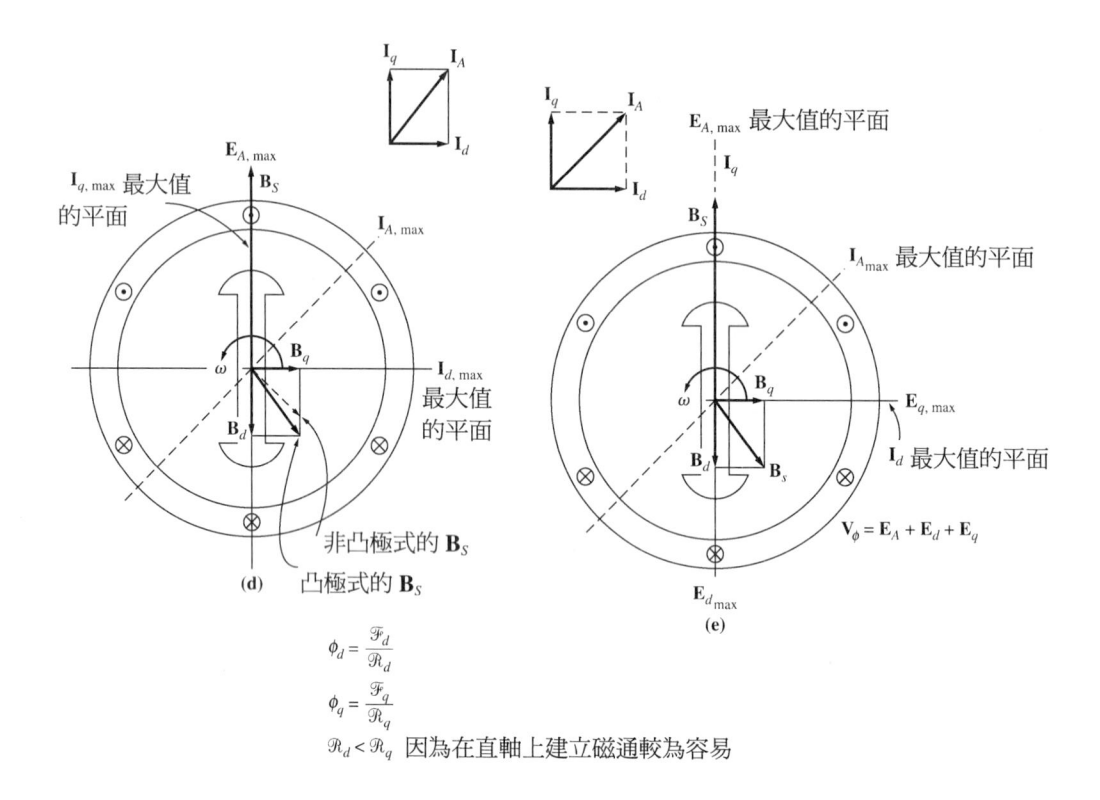

$$\phi_d = \frac{\mathcal{F}_d}{\mathcal{R}_d}$$

$$\phi_q = \frac{\mathcal{F}_q}{\mathcal{R}_q}$$

$\mathcal{R}_d < \mathcal{R}_q$ 因為在直軸上建立磁通較為容易

圖 C-2 (續) (d) 定子磁動勢產生定子磁通 $\mathbf{B}_S$。由於直軸路徑上的磁阻比直軸路徑上的磁阻小，因此磁動勢將在直軸上產生較大的磁通。(e) 直軸及交軸定子磁通將在電機的定子中產生電樞反應電壓。

$$\mathbf{V}_\phi = \mathbf{E}_A + \mathbf{E}_d + \mathbf{E}_q \tag{C-1}$$

其中 $\mathbf{E}_d$ 為電樞反應電壓的直軸分量，而 $\mathbf{E}_q$ 則為電樞反應電壓的交軸分量 (見圖 C-3)。在整圓轉子的理論中，電樞反應電壓與定子電流成正比且落後於定子電流 90°。因此，電樞電壓可以以下列模型表示

$$\mathbf{E}_d = -jx_d\mathbf{I}_d \tag{C-2}$$

$$\mathbf{E}_q = -jx_q\mathbf{I}_q \tag{C-3}$$

總定子電壓變成

$$\mathbf{V}_\phi = \mathbf{E}_A - jx_d\mathbf{I}_d - jx_q\mathbf{I}_q \tag{C-4}$$

接著將定子的電阻及自感列入考慮。由於電樞自感 X_A 與轉子的所在角度無關，因此通常我們將它與電樞的交直軸電抗相加而產生發電機的直軸同步電抗 (direct synchronous reactance) 及交軸同步電抗 (quadrature synchronous reactance)：

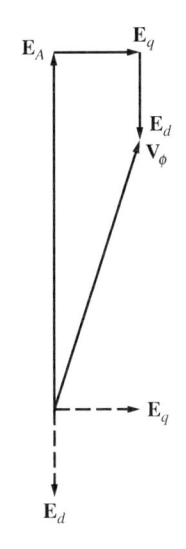

圖 C-3 發電機的相電壓為內電壓及電樞電壓的總和。

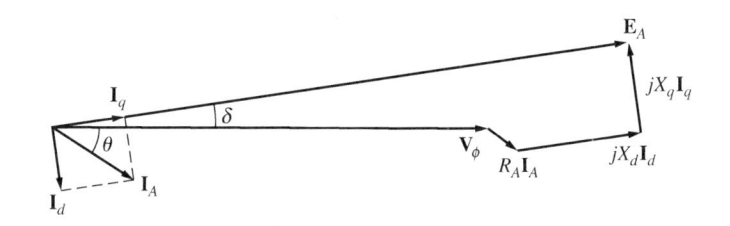

圖 C-4 凸極式同步電動機之向量圖。

$$X_d = x_d + X_A \tag{C-5}$$

$$X_q = x_q + X_A \tag{C-6}$$

電樞電阻上的壓降為電樞電阻乘以電樞電流 $\mathbf{I}_A$。

因此，凸極式同步電動機相電壓的最後表示式為

$$\mathbf{V}_\phi = \mathbf{E}_A - jX_d\mathbf{I}_d - jX_q\mathbf{I}_q - R_A\mathbf{I}_A \tag{C-7}$$

圖 C-4 為其向量圖。

注意到此一向量圖將電樞電流分解成與 $\mathbf{E}_A$ 平行及與 $\mathbf{E}_A$ 垂直的兩個分量。但是，$\mathbf{E}_A$ 與 $\mathbf{I}_A$ 間的角度為 $\delta+\theta$，在建構此一向量圖前通常我們不知道 δ 這個角度。通常而言，我們能預先知道的只有 θ 角度。

但仍有可能在 δ 角度未知前就能建立向量圖，圖 C-5 為此法之示意圖。圖 C-5 中的

642 電機機械基本原理

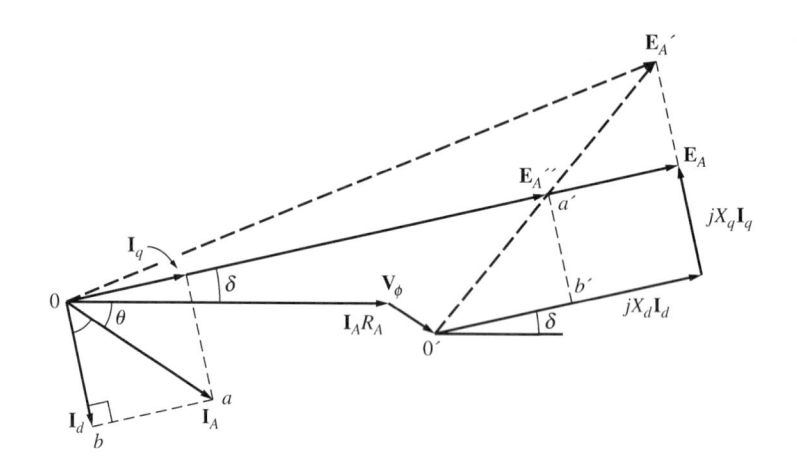

圖 C-5 在不知道 δ 的情況下畫出相量圖。$\mathbf{E}_A''$ 與 $\mathbf{E}_A$ 在一直線上,而 $\mathbf{E}_A''$ 可由發電機端點上的其他值決定出來。藉此可以求出 δ 角度,然後將電流分成 d 軸及 q 軸的分量。

實線與圖 C-4 中的意義相同,而虛線則代表當電機為整圓形轉子,且同步電抗為 X_d 時之向量圖。

$\mathbf{E}_A$ 的 δ 角度可以經由使用發電機端點的資訊來求得。注意 $\mathbf{E}_A''$ 向量,它可以表示成

$$\mathbf{E}_A'' = \mathbf{V}_\phi + R_A \mathbf{I}_A + jX_q \mathbf{I}_A \tag{C-8}$$

而且 $\mathbf{E}_A''$ 與 $\mathbf{E}_A$ 在同一直線上。由於 $\mathbf{E}_A''$ 可以由發電機的端電流決定,δ 角度也可以由電樞電流決定。而一旦 δ 角度已知,我們就能將電樞電流分成直軸及交軸的分量,藉此求得發電機的內電壓。

例題 C-1 一部 480 V,60 Hz,Δ 型連接之四極同步發電機,其直軸電抗為 0.1 Ω,交軸電抗為 0.075 Ω。其電樞阻抗可以忽略。在滿載時,此一發電機供應為 0.8 PF 落後之 1200 A 電流。

(a) 假設此一發電機之轉子為整圓形,轉子阻抗為 X_d,試求滿載時之內電壓 $\mathbf{E}_A$。
(b) 假設此一發電機之轉子為凸極式,請求滿載時之內電壓 $\mathbf{E}_A$。

解:
(a) 由於此一發電機為 Δ 型連接,滿載時之電樞電流為

$$I_A = \frac{1200 \text{ A}}{\sqrt{3}} = 693 \text{ A}$$

此一電流為 0.8 PF 落後，因此負載的阻抗角 θ 為

$$\theta = \cos^{-1} 0.8 = 36.87°$$

因此，產生的內電壓為

$$\begin{aligned}\mathbf{E}_A &= \mathbf{V}_\phi + jX_S\mathbf{I}_A \\ &= 480\angle 0° \text{ V} + j(0.1\ \Omega)(693\angle -36.87°\text{ A}) \\ &= 480\angle 0° + 69.3\angle 53.13° = 524.5\angle 6.1°\text{ V}\end{aligned}$$

注意轉矩角度 δ 為 $6.1°$。

(b) 假設轉子是凸極式的。要將電樞電流分成直軸及交軸的分量，首先必須知道 $\mathbf{E}_A$ 的方向。此一方向可以式 (C-8) 求得：

$$\begin{aligned}\mathbf{E}_A'' &= \mathbf{V}_\phi + R_A\mathbf{I}_A + jX_q\mathbf{I}_A \\ &= 480\angle 0°\text{ V} + 0\text{ V} + j(0.075\ \Omega)(693\angle -36.87°\text{ A}) \\ &= 480\angle 0° + 52\angle 53.13° = 513\angle 4.65°\text{ V}\end{aligned}\tag{C-8}$$

$\mathbf{E}_A$ 的方向為 $\delta = 4.65°$。因此直軸電流分量的大小為

$$\begin{aligned}I_d &= I_A \sin(\theta + \delta) \\ &= (693\text{ A})\sin(36.87 + 4.65) = 459\text{ A}\end{aligned}$$

交軸電流分量的大小為

$$\begin{aligned}I_q &= I_A \cos(\theta + \delta) \\ &= (693\text{ A})\cos(36.87 + 4.65) = 519\text{ A}\end{aligned}$$

以大小及角度同時表示則為

$$\begin{aligned}\mathbf{I}_d &= 459\angle -85.35°\text{ A} \\ \mathbf{I}_q &= 519\angle 4.65°\text{ A}\end{aligned}$$

因此產生的內電壓為

$$\begin{aligned}\mathbf{E}_A &= \mathbf{V}_\phi + R_A\mathbf{I}_A + jX_d\mathbf{I}_d + jX_q\mathbf{I}_q \\ &= 480\angle 0°\text{ V} + 0\text{ V} + j(0.1\ \Omega)(459\angle -85.35°\text{ A}) + j(0.075\ \Omega)(519\angle 4.65°\text{ A}) \\ &= 524.3\angle 4.65°\text{ V}\end{aligned}$$

注意凸極並沒有影響產生之內電壓 $\mathbf{E}_A$ 大小，它只影響產生的內電壓 $\mathbf{E}_A$ 的角度。 ◀

C.2 凸極式同步電機的轉矩及功率方程式

第四章中曾導出整圓是轉子之同步發電機的功率方程式

$$P = \frac{3V_\phi E_A \sin \delta}{X_S} \quad \text{(4-20)}$$

上式忽略了電樞阻抗。使用相同的假設，凸極式發電機之功率方程式與轉矩角的關係為何？參考圖 C-6 以找出這一答案。同步發電機供應之總功率為直軸電流產生之功率與交軸電流產生之功率的和：

$$\begin{aligned} P &= P_d + P_q \\ &= 3V_\phi I_d \cos(90° - \delta) + 3V_\phi I_q \cos \delta \\ &= 3V_\phi I_d \sin \delta + 3V_\phi I_q \cos \delta \end{aligned} \quad \text{(C-9)}$$

由圖 C-6，直軸電流為

$$I_d = \frac{E_A - V_\phi \cos \delta}{X_d} \quad \text{(C-10)}$$

而交軸電流為

$$I_q = \frac{V_\phi \sin \delta}{X_q} \quad \text{(C-11)}$$

將式 (C-10) 及 (C-11) 代入式 (C-9) 可得

$$P = 3V_\phi \left(\frac{E_A - V_\phi \cos \delta}{X_d} \right) \sin \delta + 3V_\phi \left(\frac{V_\phi \sin \delta}{X_q} \right) \cos \delta$$

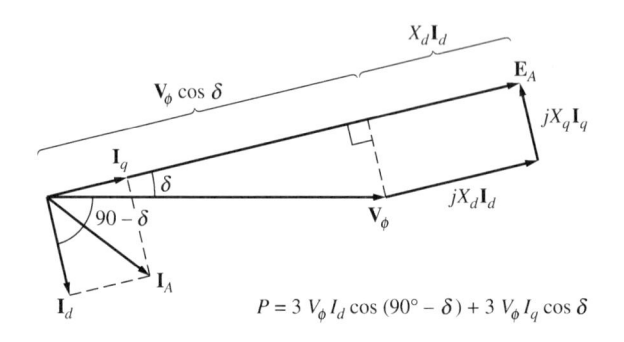

圖 C-6　同步發電機之輸出功率。依圖中所示，$\mathbf{I}_d$ 與 $\mathbf{I}_q$ 均產生功率的一部分。

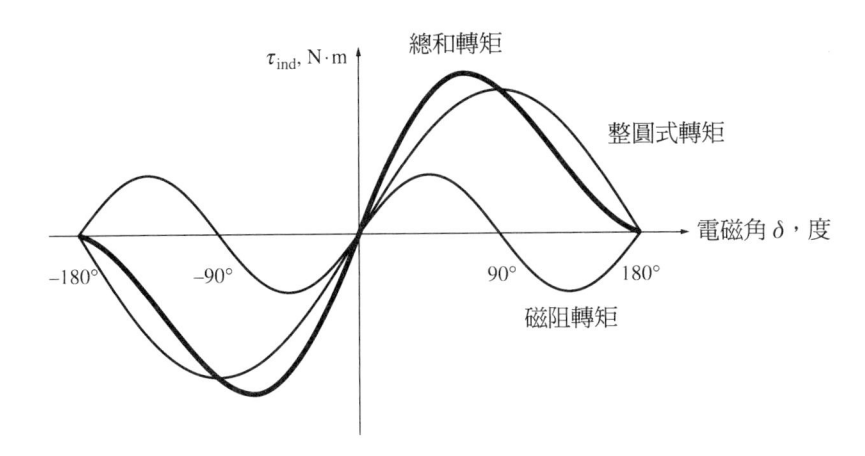

附錄 C　同步電機的凸極理論　**645**

圖 C-7　凸極式同步發電機之轉矩對轉矩角的圖。注意轉子磁阻所產生的轉矩。

$$= \frac{3V_\phi E_A}{X_d}\sin\delta + 3V_\phi^2\left(\frac{1}{X_q} - \frac{1}{X_d}\right)\sin\delta\cos\delta$$

由於 $\sin\delta\cos\delta = 1/2\sin 2\delta$，此式可簡化成

$$P = \frac{3V_\phi E_A}{X_d}\sin\delta + \frac{3V_\phi^2}{2}\left(\frac{X_d - X_q}{X_d X_q}\right)\sin 2\delta \qquad \text{(C-12)}$$

式中的第一項與整圓式轉子電機導出的相同，第二項則是因電機中的磁阻產生的額外功率。

由於發電機中的感應轉矩為 $\tau_{\text{ind}} = P_{\text{conv}}/\omega_m$，電動機中的感應轉矩可表示成

$$\tau_{\text{ind}} = \frac{3V_\phi E_A}{\omega_m X_d}\sin\delta + \frac{3V_\phi^2}{2\omega_m}\left(\frac{X_d - X_q}{X_d X_q}\right)\sin 2\delta \qquad \text{(C-13)}$$

圖 C-7 即為凸極式同步發電機之感應轉矩對轉矩角的圖。

習　題

C-1 一部 2300 V，1000 kVA，0.8 PF 落後，60 Hz，4 極，Y 接同步發電機，其直軸電抗為 1.1 Ω，交軸電抗為 0.8 Ω，電樞電阻 0.15 Ω。忽略摩擦、風阻及雜散損失。此發電機的開路特性曲線如圖 P4-1 所示，試回答下列問題：

(a) 在無載的情況下，需要多少的磁場電流才能使 V_T 等於 2300 V？

(b) 在額定條件下操作,求此發電機的內電壓?此 E_A 值與習題 4-2b 比較為何?
(c) 試求出轉子的磁阻轉矩產生的功率佔滿載功率的百分比?

C-2 一部 120 MVA,13.2 kV,0.8 PF 落後,60 Hz,14 極,Y 接,3 相水輪發電機,其直軸電抗為 0.62 Ω,交軸電抗為 0.40 Ω,忽略摩擦損失。
(a) 試求額定情況下操作所需的內電壓?
(b) 試求額定情況下的電壓調整率?
(c) 試畫出此一發電機之功率-轉矩角關係圖,在 δ 角為幾度時發電機有最大的輸出功率?
(d) 分別就此電機為凸極式及整圓式轉子的情況下,比較其最大功率。

C-3 假設將凸極式發電機當電動機使用。
(a) 試畫出凸極式同步電動機的相量圖。
(b) 試寫出描述此一電動機的電壓電流的方程式。
(c) 試證明此一電動機的 E_A 與 V_ϕ 的夾角 δ 為

$$\delta = \tan^{-1} \frac{I_A X_q \cos\theta - I_A R_A \sin\theta}{V_\phi + I_A X_q \sin\theta + I_A R_A \cos\theta}$$

C-4 假設將習題 C-1 的電機當成電動機使用,並使其運轉在額定的條件之下,試問當磁場電流為零時,電動機軸上所能輸出之最大轉矩?

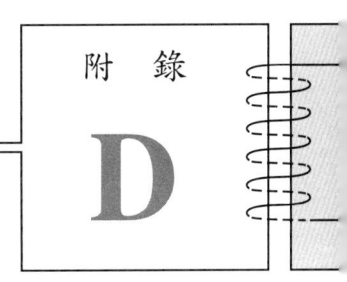

單位變換因數及常數表

常數

電子的電量	$e = -1.6 \times 10^{-19}$ C
空氣導磁率	$\mu_0 = 4\pi \times 10^{-7}$ H/m
空氣導電率	$\epsilon_0 = 8.854 \times 10^{-12}$ F/m

單位變換因數

長度	1 公尺 (m)	= 3.281 英尺 (ft)
		= 39.37 英寸 (in)
質量	1 公斤 (kg)	= 0.0685 斯拉 (slug)
		= 2.205 磅 (lbm)
力	1 牛頓 (N)	= 0.2248 磅 (lb·f)
		= 7.233 磅達 (poundals)
		= 0.102 公斤 (kg)
轉矩	1 牛頓·米 (N·m)	= 0.738 磅·呎 (lb·ft)
能量	1 焦耳 (J)	= 0.738 呎·磅 (ft·lb)
		= 3.725×10^{-7} 馬力-小時 (hp·h)
		= 2.778×10^{-7} 千瓦-小時 (kWh)
功率	1 瓦特 (W)	= 1.341×10^{-3} 馬力 (hp)
		= 0.7376 呎·磅／秒 (ft·lbf/s)
	1 馬力	= 746 瓦特 (W)
磁場	1 韋伯 (Wb)	= 10^8 馬克斯威爾 (maxwells)
磁通密度	1 泰斯拉 (T)	= 1 韋伯／平方米 (Wb/m^2)
		= 10,000 高斯 (gauss) (G)
		= 64.5 千線／平方英寸 (kiloline/in^2)
磁場強度	1 安·匝／米	= 0.0254 安·匝／英寸 (A·turns/in)
		= 0.0126 奧斯特 (oersted) (Oe)

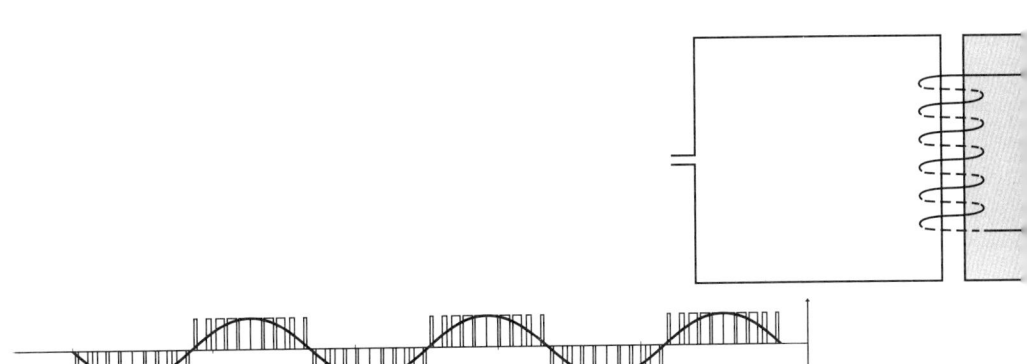

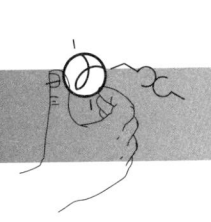

索 引

一 劃

一次側線圈 primary coil 76
一次繞組 primary winding 64

二 劃

二次繞組 secondary winding 64
力 force 4, 6
力矩 torque 7

三 劃

三工 triplex 414
三次繞阻 tertiary winding 64
三相 three-phase 545
三相功率 three-phase power 126
三倍數諧波 triplen harmonics 624
三燈泡法 three-light-bulb method 220
工 plex 414

四 劃

中性面移動 neutral-plane shift 423
中性線 neutral 593
中間極 interpole 428
中轉差率區 moderate-slip region 320
互磁通 mutual flux 76
內角 internal angle 192, 199
內部阻抗 internal machine impedance 202
內鐵式 core form 64
分佈因數 distribution factor 628
分域 domain 25
分接頭 tap 104
分數節距線圈 fractional-pitch coil 618
分數節距繞組 fractional-pitch winding 617
分數槽繞組 fractional-slot winding 633
升壓變壓器 step-up transformer 74
引導激磁機 pilot exciter 187
欠複激 undercompounded 525
欠激磁 underexcited 273
欠壓保護功能 undervoltage protection 348
比流器 current transformer 66, 135

649

比值 ratio 69
比壓器 potential transformer 66, 135
牛頓旋轉定律 Newton's law of rotation 6

五 劃

主變壓器 main transformer 126
凸 salient 186
凸極 salient pole 163, 186, 440
功因 power factor 49
功率三角形 power triangle 49
功率因數矯正 power-factor correction 280
功率潮流圖 power-flow diagram 178, 443
匝數比 turns ratio 67
去角 chamfered 439
四象限控制系統 four-quadrant control system 500
外鐵式 shell form 65
平均磁通 average flux 75
平滑極 non-salient pole 186
平複激 flat-compounded 526
未飽和同步電抗 unsaturated synchronous reactance 203
未飽和區 unsaturation region 22
永久磁鐵 permanent magnet 187
永磁式直流電動機 permanent-magnet dc (PMDC) motor 476

六 劃

交流發電機 alternator 186
交軸同步電抗 quadrature synchronous reactance 640
全節距線圈 full-pitch coil 413, 618
共同電流 common current 106
共同電壓 common voltage 106
共同繞組 common winding 106
同步 synchronous 188
同步發電機 synchronous generator 186
同步感應電動機 synchronous induction motor 576
同步電抗 synchronous reactance 192
同步電容器 synchronous condenser 281
同步電動機 synchronous motor 576
同步儀 synchroscope 220
同步機 synchronous machine 147
同相 in phase 46
多工繞組 multiplex winding 414
匝 turn 412
次暫態週期 subtransient period 238
次暫態電抗 subtransient reactance 239
次暫態電流 subtransient current 238
自行啟動的磁阻電動機 self-starting reluctance motor 576
自均壓繞組 self-equalizing winding 421

七 劃

串聯 series 414, 420
串聯電流 series current 106
串聯電壓 series voltage 106
串聯繞組 series winding 106
位置感測器 position sensor 585
低轉差率區 low-slip region 320
冷次定律 Lenz's law 28
即臨發電機 oncoming generator 219
均壓器 equalizer 415
均壓繞組 equalizing winding 415
步進電動機 stepper motor 579
每相等效電路 per-phase equivalent circuit 196

角度 angle　7, 87

八　劃

並聯條件 parallelling condition　219
兩相功率 two-phase power　126
初始速度 initial speed　45
定子 stator　148, 396, 438
定子槽節距 slot pitch　626
定子繞組 stator winding　186
定部 stator　191
弦式繞組 chorded winding　618, 634
法拉第定律 Faraday's law　27
波繞繞組 wave winding　414, 420
直軸同步電抗 direct synchronous reactance　640
空氣隙 air gap　438
阻尼繞組 damper winding　283, 284, 288
阻尼籠繞組 amortisseur winding　283
阻抗 impedance　69
阻抗角 impedance angle　46

九　劃

前進繞組 progressive winding　413
屋子圖 house diagram　225
後退繞組 retrogressive winding　413
相反極性磁極 opposite polarity　412
相序 phase sequence　218, 594
相帶 phase belt　626
相量圖 phasor diagram　96, 196
相群 phase group　626
相電流 phase current　595
相電壓 phase voltage　595
相對導磁係數 relative permeability　9
降壓 derating　355

降壓變壓器 step-down transformer　74
風阻 windage　178, 443

十　劃

俯衝轉矩 pushover torque　374
原動機 prime mover　197, 221, 509
氣隙 air-gap　18
氣隙功率 air-gap power　313
氣隙線 air-gap line　201
能力圖 capability diagram　244
能量 energy　26
脈動 pulse　546
配電變壓器 distribution transformer　66
閃絡現象 flashover　425
高轉差率區 high-slip region　323

十一　劃

偏心 eccentric　439
啟動電阻 starting resistor　490
基準值 base quantity　91
帶諧波 belt harmonics　624
庶極法 method of consequent poles　350
強制磁動勢 coercive magnet motive　25
旋轉損失 rotational loss　311
旋轉變壓器 rotating transformer　303
理想變壓器 ideal transformer　66
脫出轉矩 pullout torque　267
速度調整率 speed regulation, SR　178, 452
部分節距線圈 fractional-pitch coil　413

十二　劃

剩磁 residual flux　25, 517
單工 simplex　414
單位變壓器 unit transformer　66

單相等效電路 per-phase equivalent　602
場損失繼電器 field loss relay　498
場繞組 field winding　186, 439
換向 commutation　407
換向片 commutator segment　411
換向片節距 commutator pitch　413
換向極 commutating pole　428
換向電機 commutating machinery　395
最後速度 final speed　45
渦流 eddy current　30
渦流損失 eddy current loss　27, 83
無刷直流馬達 brushless dc motor　583
無負載旋轉損 no-load rotational loss　178
無限匯流排 infinite bus　225
無載旋轉損 no-load rotational loss　507
無電刷激磁機 brushless exciter　187
發電機 generator　1
原動機 prime mover　197, 221, 509
發電機操作 generator action　8, 34
短路互鎖器 shorting interlock　136
短路比 short-circuit ratio　204
短路保護 short-circuit protection　346
短路特性 short-circuit characteristic, SCC　202
短路試驗 short-circuit test　87, 99, 201
短路環 shorting ring　284
短路環圈 shorting ring　300
等效磁場電流 equivalent field current　512
華德-里翁納德系統 Ward-Leonard system　498
虛功率 reactive power　46, 273
蛙腿繞組 frog-leg winding　414, 421
距離 distance　6
軸 shaft　3

開路特性 open-circuit characteristic, OCC　190, 201
開路試驗 open-circuit test　85, 99, 201

十三　劃

感應電動機 induction machine　299
感應機型 induction machine　147
極片 pole piece　438
極性 polarity　68
極面 pole face　439
極距 pole pitch　617
極靴 pole shoe　439
滑動極 slipping pole　268
滑環 slip ring　186
節距因數 pitch factor　413
萬用電動機 universal motor　546
載切換分接頭變壓器 tap changing under load (TCUL) transformer　105
過載保護 overload protection　346
過複激 overcompounded　526
過激磁 overexcited　273
電刷 brush　186, 401, 411
電流 current　10
電氣角 electrical degree　618
電動機 motor　1
電動機操作 motor action　8, 32
電感性反衝 inductive kick　426
電樞 armature　411
電樞反應 armature reaction　191, 423, 477
電樞繞組 armature winding　186, 439
電機機械 electrical machine　1
電壓調整率 voltage regulation, VR　96, 178, 207, 509
電壓調整器 voltage regulator　105

飽和曲線 saturation curve　20
飽和區 saturation region　22
鼠籠式轉子 squirrel-cage rotor　300

十四　劃

滿載電壓調整率 full-load voltage regulation　96
漏磁通 leakage flux　13, 76, 83
磁中性面 magnetic neutral plane　423
磁化曲線 magnetization curve　20, 190
磁化電流 magnetization current　78
磁交鏈 flux linkage　29, 74
磁阻電動機 reluctance motor　575
磁阻轉矩 reluctance torque　637
磁動勢 magnetomotive force, mmf　11
磁通減弱 flux weakening　425
磁滯 hysteresis　25
磁滯迴線 hysteresis loop　25
磁滯損失 hysteresis loss　27, 83
磁導 permeance　12
銅損 copper loss　83
寬度因數 breadth factor　628

十五　劃

暫態週期 transient period　238
暫態電抗 transient reactance　240
暫態電流 transient current　239
槽諧波 slot harmonics　626, 631
標么系統 per-unit system, pu system　91
線性直流機 linear dc machine　34
線電流 line current　595
線電壓 line voltage　218, 595
蔽極線圈 shading coil　563
複數功率 complex power　48

齒 tooth　631
齒諧波 tooth harmonics　626

十六　劃

導納 admittance　86
導體 conductor　412
機架 frame　438
機械角 mechanical degree　617, 618
激磁電流 excitation current　80
磨擦 friction　178, 443
積複激 cumulative compounding　485
輸入繞組 input winding　64
輸出繞組 output winding　64
靜態穩定限度 static stability limit　199
臨界電阻 critical resistance　518
隱極式 nonsalient pole　163

十七　劃

點法則 dot convention　68

十八　劃

繞組因數 winding factor　629
繞線式轉子 wound rotor　300
轉子 rotor　148, 396, 438
轉子堵住測試 blocked-rotor test　369
轉子斜導體 skewed rotor conductor　633
轉子繞組 rotor winding　186
轉子鎖住試驗 locked-rotor test　368, 369
轉差率 slip　303
轉差速度 slip speed　302
轉矩 torque　4
轉矩角 torque angle　192, 199, 200
轉動慣量 moment of inertia　6
雙工 duplex　414

雙層繞組 double-layer winding　626

十九劃

穩定狀態週期 steady-state period　239

二十一劃以後

鐵心損失 core loss　27, 313
鐵心損失電流 core-loss current　78
鐵磁材料 ferromagnetic material　8

疊片 lamination　30
疊繞繞組 lap winding　414
籠式轉子 cage rotor　300
變電變壓器 substation transformer　66
變壓器 transformer　2, 63
變壓器操作 transformer action　8
teaser 變壓器 teaser transformer　126